中国海事局
CHINA MSA

“十二五”国家重点出版物出版规划项目

中华人民共和国
海事局志
(1998—2007)

中华人民共和国海事局 编著

人民交通出版社
China Communications Press

内 容 提 要

《中华人民共和国海事局志(1998—2007)》是中华人民共和国海事局的一部资料性著述，主要记述中华人民共和国海事局(交通部海事局)成立后的第一个十年内机关的业务、政务和事务的基本状况以及履行职能所做的主要工作，通过大量翔实的文献资料、统计数据、典型事例、写实照片，反映了国务院、交通部对中国海事事业所作出的历史性决策的深远意义，回顾了中华人民共和国海事局最初十年的发展历程和真实面貌，以及有关职能、有关决策、有关活动在全国水上交通安全监督管理中和在全国海事系统工作中的执行情况、实施结果。

图书在版编目(CIP)数据

中华人民共和国海事局志：1998－2007 / 中华人民和国海事局编著．—北京：人民交通出版社，2013．9

ISBN 978-7-114-10529-6

Ⅰ．①中…　Ⅱ．①中…　Ⅲ．①海上运输－交通运输史—中国—1998－2007　Ⅳ．①F552．9

中国版本图书馆 CIP 数据核字(2013)第 067189 号

zhōnghuárénmíngònghéguó hǎishìjúzhì

书　　名：中华人民共和国海事局志(1998－2007)

著 作 者：中华人民共和国海事局

责任编辑：谭　鸿　韩亚楠　赵瑞琴

出版发行：人民交通出版社

地　　址：(100011)北京市朝阳区安定门外外馆斜街 3 号

网　　址：http://www.ccpress.com.cn

销售电话：(010)59757973

总 经 销：人民交通出版社发行部

经　　销：各地新华书店

印　　刷：北京盛通印刷股份有限公司

开　　本：880×1230　1/16

印　　张：43.25

字　　数：1110 千

版　　次：2013 年 9 月　第 1 版

印　　次：2013 年 9 月　第 1 次印刷

书　　号：ISBN　978-7-114-10529-6

定　　价：180.00 元(内部使用)

序一

当我翻阅《中华人民共和国海事局志（1998—2007）》这本饱含着同志们心血和智慧的厚重著作的时候，海事从1998年到2007年这十年发展的脉络清晰地重新展现在我的面前，那些熟悉的身影、亲切的面容又一次浮现在我的脑海里，那一幕幕令人难忘的场景、一场场惊心动魄的生死救援犹如昨日、似在眼前，心情难以平静。这十年，海事与祖国各项事业共奋进，与交通运输发展同进步，走出了一条不寻常的发展道路。从2004年起，我有幸与海事系统的同志们共同工作，切实体会了海事工作的重要性和特殊性，对海事十年发展历程的认识和感悟也更加清晰和深刻。

十年的发展验证了一个主题：海事是水上安全不可或缺的力量。在我几十年的工作生涯中，大多数时间都是与“水”结缘，无论是担任远洋船长，还是在领导岗位上，遭遇威胁人船安全和水域清洁的事故险情，一直是最令人揪心、最让人心痛的时刻。如果没有强有力的水上安全监管、突发事件应急和航海保障，就没有我国安全、清洁、畅通、便捷的航运。尤其是只有强有力的安全保障，那些在惊涛骇浪里绝望无助的场景和生命瞬间消逝的悲剧才不会一次次上演。事实证明，深化水监体制改革，确立中国海事局统一领导的全国水上交通安全监督格局，既符合中国国情，又顺应了人民期待，在实践中显示出了巨大的优越性，海事已经成为保障水上交通安全的重要力量。这部志书，不仅记录了海事十年发展所走过的光辉历程，更记录了海事人为了保护水上人民群众生命安全、保护水域环境清洁、保护船员整体利益、维护国家主权的不懈追求。

十年，对于历史演进和事业发展来讲，不过是沧海一粟、长河一瞬。在国务院的正确领导下，全国水上安全监督管理体制改革顺利完成，水上安全监管能力不断提升，服务社会功能明显增强，队伍规模和整体素质迈上新的台阶，海事系统从小变大、由弱变强，走出了一条监管和服务能力同步提升、人员素质和技术水平共同进步、软硬实力协调增强的海事科学发展之路。同时，中国海事在与相关国家和国际组织的双边、多边合作中，迅速树立起负责任的海事大国的良好形象，在国际海事领域赢得了尊重和支持。毋庸讳言，只有亲身经历过这十年的人，才能对海事发展有着如此深刻的感受，也才能写出洋洋百万言的恢宏文字。从一定意义上讲，这部书所承载的，是海事人对事业的深沉热爱，对历史的尊重和敬畏，更是对海事未来发展的殷殷关切。

十年的发展诠释了一种“为全面履职而行动”的职业责任。人活着总是要有一点精神的。透过历史的云烟，我们也可以领悟到，一个民族、一份事业的生存和发展都离不开精神力量的支撑，都与人的奉献精神和执着信念紧密相联。这些年，我多次到海事工作的一线走访、调研，对海事人吃苦耐劳、坚韧不拔的品质，开放豁达、乐观向上的胸襟，甘于奉献、不为名利的精神有更加深切的感受，从险象丛生的搜救现场，到任务繁重的监管一线，从无垠大海中的孤岛灯塔，到激流险滩上的值守站点，海事人正是靠着对“让航行更安全、让海洋更清洁”使命的忠诚信仰，对“牢记责任、全面履职”理念的躬身实践，让航运业有了一个比较安全的发展环境，让人民群众有了一个更加放心的出行条件。这部志书不仅是写出了海事人的心，也是海事人用心在写。

以史为鉴，可以知兴替、明不足；以史书为鉴，可以知往事、资政事。回顾海事前十年的发展历程，我深深地感到，每一份事业都承载着自身的社会责任，每一代人都肩负着时代赋予的历史使命。我们能够为中国海事这个年轻的事业耕耘和奉献，这是历史对我们的垂青。在新的历史征程中，我们应更加重视总结历史经验，更加注重把握时代机遇，奋发图强，加快发展，创造出经得起检验、无愧于历史的业绩，为推动海事科学发展奠定更加坚实的基础。

是为序，与诸位共勉。

序二

这是中国海事历史的一段集体记忆，也是我在中国海事局工作时，最难忘怀的一段记忆。

1998年7月15日，根据国务院的决定，在交通部的领导下和交通部各个部门的支持下，中华人民共和国海事局（交通部海事局）组建工作开始筹备。10月27日，中华人民共和国海事局（交通部海事局）正式成立，中国海事事业开始新的起步。

中国海事局成立后的十年间：

——在交通部和各省（自治区、直辖市）人民政府的领导下，完成了全国水上安全监督管理体制改革任务，建立起适应现阶段中国国情的海事管理新体制。

——全国海事系统与全国交通系统一起，开展了为时三年的“水上运输安全管理年”活动，将“11·24”特大海难事故深刻的教训转化为“四个明显一个确保”目标的实现，以及水上交通安全工作长效管理机制的建立。此后持续保持了全国水上交通安全形势基本稳定。

——在我国航运界和海事界的共同努力下，中国籍船舶在世界范围内全面脱离港口国监督检查“黑名单”，此后继续保持良好的检查记录，巩固和提高了中国旗船队的国际形象。

——防治船舶污染措施逐步完善，基本建成国家、海区、省（市）、港口、码头、船舶六级溢油应急反应体系。探索建立我国船舶油污损害赔偿机制取得重要进展。

——船舶检验机构和人员的资质管理、船舶检验的技术管理和质量监督实现规范化，建立起新体制下的船舶检验管理模式。

——在完成履行有关海员国际公约的基础上，将船员素质提高与船员权益保护并重，以《船员条例》公布为标志，实现了中国海事船员管理理念新的提升。

——沿海和内河干线通航水域监管范围扩大，监控能力增强，重点水域实施船舶定线制等先进的通航管理制度，为水上交通运输、国家重点工程提供了安全便捷通畅的通航环境。

——中国沿海初步形成不同层次、交叉覆盖、功能先进的海区航标链；建成具有特色的中国民用沿海港口航道图测绘系统。

——中国海上搜救体制实现新的变革，国家海上搜救部际联席会议成为中国海上搜救工作的决策机构。中国海上搜救中心多次成功组织海（水）上遇险搜救行动，得到国务院和社会各界的肯定。

——中国连续十届当选为国际海事组织A类理事国，中国海事的国际合作与交流不断扩大与深化。2006 年在我国首次承办的国际航标协会第十六届大会上，选举产生了该协会理事会的首位中国主席。中国海事的国际地位日趋提高。

——经修订的《内河交通安全管理条例》公布施行，在推进立法进程、规范执法活动、强化执法监督上，依法行政在海事系统取得重要成果。2007 年，中国海事局获“全国政务公开工作先进单位”荣誉称号。

——船舶交通管理系统、航标测绘设施、巡逻船艇等一批批基础设施和装备建设相继完成，海事信息网络覆盖四级机构。海事系统监管能力和服务社会能力迈上一个新台阶。

——在直属海事系统两级领导班子建设、执法队伍建设、专业技术人才队伍建设取得明显成效的基础上，海事系统按照交通部党组确定的“全国海事一家人、水上监管一盘棋、行政执法一面旗”的指导思想，进入以提高依法行政、履行职责能力建设为重点的队伍建设新阶段。

……

十年，不过是一个很短的时间片段。而中国海事局成立后的前十年，却镌刻着一个新的行政机构在交通事业实现新的发展战略目标的背景下怎样起步、如何嬗变的历史标注，承载了中国海事跨越世纪，走向新千年过程中改革、发展、创新的历史信息；同时也印记了国务院、交通部在改革开放时期，关怀、领导中国海事事业所作出的具有深远意义的历史性决策。

鉴于此，2008 年 1 月，中国海事局决定编纂中国海事局志，并成立了编纂委员会及其工作机构，审定了编纂方案、编纂通则和篇目大纲。

经过编写组近五年的辛勤努力，终于完成了这部百多万字的志书。在编纂过程中，编写组学习借鉴其他志书编纂经验，收集、查阅、研究了大量海事档案和文献资料，咨询了有关工作和事件的当事人，拟订了分类合理、归属得当的篇目大纲，系统、经典地记述了中国海事局机关主要业务、政务、事务的基本状况和真实面貌，反映了海事事业十年来的发展主线和历史脉络；同时，也客观记载了十年间，海事工作开展过程中存在的问题和不足。《中华人民共和国海事局志（1998—2007）》是一本可信、可读、可用，有海事特色的资料性著述。

抚今追昔，思绪万千。《中华人民共和国海事局志（1998—2007）》，不仅会引起曾经在中国海事局工作过的同志回忆与思考，更会为一代一代海事工作者留下宝贵的历史资料，提供有价值的历史借鉴。

序三

岁月无声，修志却能近似还原历史的真貌。《中华人民共和国海事局志（1998—2007）》经过编撰人员的共同努力，即将与大家见面了。这部志书以翔实的文字资料、珍贵的写实照片、精确的统计数据，使我们清晰看到中国海事局带领全国海事系统十年奋斗的历史剪影和我国海事事业十年发展的时代回声。作为海事这十年发展历程的亲历者，我很荣幸能够成为这部志书的首批阅读者，感受海事的发展所带给每个海事人的喜悦。可以说，这部志书是一座桥梁，让大家走进海事，了解海事发展的主要脉络和值得铭记的重要时刻，也能在分享成功的同时，体味创业时的艰辛和快乐，收获发展中的教益和启迪。

从2001年起开展长江江苏段船舶定线制研究，到八年后全国沿海航路规划和船舶定线制规划在交通运输部海事局的统一部署下全面实施；从“水上交通安全惠民工程”的实施到全面履行保障民生的海事责任的整体推进；从2005年全国水上安全监督管理体制改革全面完成，到2009年核编转制改革正式启动；从“三个海事”（交通海事、阳光海事、数字海事）的提出到“四型海事”（学习型、责任型、服务型、创新型）的确立；……海事建设发展能在短短十几年的时间里取得巨大成绩，都是海事人在吐故纳新中汲取新知、在平凡岗位上共同进取、在全面履职中勇敢担当、在总结经验中创新探索而取得的。

经过十年的不懈努力，我们建立起了一个与社会主义市场经济基本相适应的海事法制体系；探索出了一条符合我国国情，具有中国特色，又与国际接轨，适应我国经济社会发展水平的水上交通安全监督管理的新途径。我们创造性地把实施有效监管与提供优质服务的思想结合起来，实施了一系列服务经济、改善民生、促进和谐的服务举措，拓展了海事工作为国家经济社会发展服务的境界和思路。同时，海事队伍建设取得了明显成效，海事基础设施建设实现长足进步，海事综合实力跃升到新的水平，海事话语权和国际地位不断提升，为海事事业的科学发展、安全发展奠定了比较坚实的基础。

回顾和总结历史，是为了更好地发展事业、开辟未来。海事之所以在短短十年间蓬勃发展，取得了令人赞叹的成绩，最重要的一点，是在科学发展观的指导下，形成了符合水上交通安全管理工作规律、适应中国海事发展实际的发展思路，即：始终坚持抓监管保安全、抓服务促发展、抓创新求实效、抓队伍强素质、抓政风树形象，努力提高安全监管、应急处置和服务保障能力。近年来，在这一发展思路的指引下，我们准确把握海事阶段性特征，进一步总结海事改革发展的经验和成果，秉承“三个一”（全国海事一家人、水上监管一盘棋、行政执法一面旗）和“三个海事”的理念，形成了建设“学习型、责任型、服务型、创新型”海事的发展理念。我相信，在这一凝结着全体海事人智慧和汗水、蕴含着科学发展观思想的理念指导下，海事科学发展之路必然越走越宽广，海事的未来必定无限美好。

读史明智，知古鉴今。新的时代赋予我们新的使命，新的使命需要我们承担新的任务。我们要充分运用《中华人民共和国海事局志（1998—2007）》传递的历史信息，认真总结历史经验，深入贯彻落实科学发展观，以水上交通安全监管工作为中心，全面履行好"三保一维护"（保障水上交通安全、保护水上环境清洁、保护船员整体权益，维护国家海上主权）的职责，不断开创中国海事事业新的局面，为交通运输事业的科学发展、安全发展作出新的贡献！

陈嘉平

《中国海事局志》编纂委员会
（2008 年 7 月—2009 年 11 月）

主 任 委 员 刘功臣

副主任委员 梁晓安 王金付 王国华 刘福生 杨省世 翟久刚 叶红军

委 员 陆卫东 郑 平 曾 晖 曹 玉 葛仁义 杜永东 宋 溱
鄂海亮 杨新宅 李恩洪 韩 伟 徐 春 贾 琪 邱 铭
解启杰 谢笑红 李树兵 张清汇 丁宝成 孙 继 宋永强

编纂工作办公室

主 任 王国华

副主任 孙 继 宋永强

《中国海事局志》编纂委员会
（2009年12月—2013年2月）

名誉主任委员　刘功臣

主 任 委 员　陈爱平

副主任委员　许如清　徐津津　刘福生　郑和平　曹德胜　智广路　翟久刚　王国华

委　　　　员　陆卫东　郑　平　曾　晖　曹　玉　葛仁义　李光辉　鄂海亮　杨新宅　李恩洪　韩　伟　马道玖　贾　琪　邱　铭　解启杰　谢笑红　李树兵　张清汇　丁宝成　卓　立　孙　继　宋永强

编纂工作办公室

主　任　徐津津

副主任　孙　继　宋永强

2012年4月增补

副主任委员　黄　何　李世新

委　　　　员　张吉庆　马　军　戴厚兴　徐新中　郝立志　王世锋　胡锡润

《中华人民共和国海事局志 （1998—2007)》专家评审组（2011 年 5 月）

组　　长	刘　娟
成　　员	赵继华　刘德洪　郭　苹　蒋国芳　梁　宇　钟起坤　薛超敏 谷秀英　王金付　刘晓明　张宝晨　陈　鹏　范亚祥　徐国毅 李青平　徐鹏展　宋　溱　赵东野

《中华人民共和国海事局志(1998—2007)》编写组

主　　编	孙　继
主要撰稿人员	孙　继　吴克彪　曹　楠　吴丽萍
编纂人员	刘根生　邓顺华　高　峙　张　宇

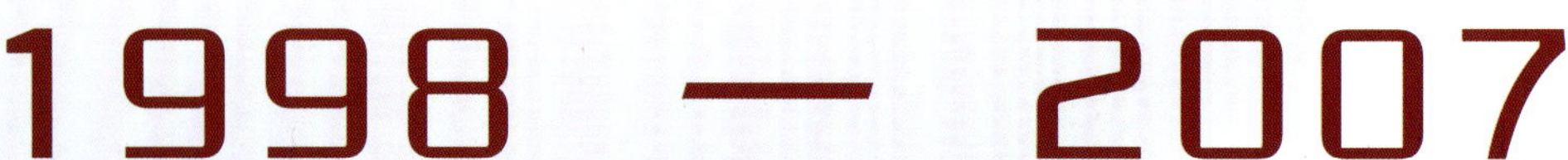

10月27日　　12月31日

1998 年 10 月 27 日，中华人民共和国海事局（交通部海事局）成立。图为交通部海事局领导班子成员于 11 月 18 日在举行揭牌仪式后合影

2002年2月11日，交通部部长黄镇东（左三），副部长胡希捷（左四）、张春贤（左二）、翁孟勇（右二）于春节前夕视察中国海上搜救中心值班室

2002年9月9日，交通部部长黄镇东（前右二）检查漓江水上交通安全工作

2003年7月12日，交通部部长张春贤 （左三）、副部长翁孟勇（左四）乘“海巡21”巡视船视察上海洋山深水港和海事工作

2003年12月24日，交通部副部长洪善祥（左一）视察大连船舶交通管理中心

2004年1月14日，交通部部长张春贤（前右三）视察宁波大榭海事处

2004年1月19日，交通部副部长洪善祥（前右一）一行在海口检查琼州海峡春运水上交通安全工作

2004年4月17日，交通部副部长胡希捷（左二）在出席长江润扬大桥南汊悬索桥钢箱梁合龙仪式后慰问江苏海事局干部职工

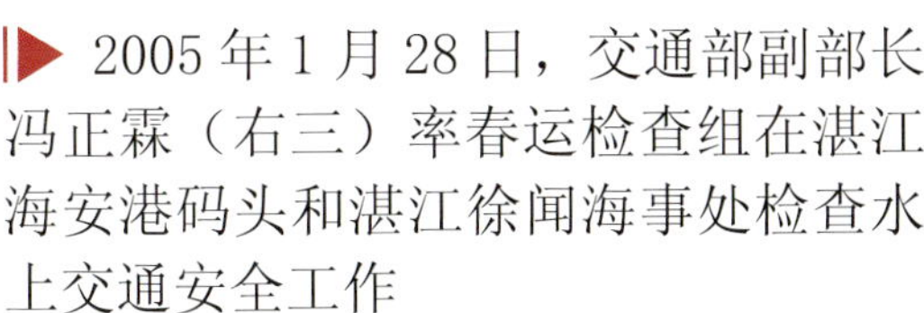

2005年1月28日，交通部副部长冯正霖（右三）率春运检查组在湛江海安港码头和湛江徐闻海事处检查水上交通安全工作

2006 年 3 月 21 日，交通部党组成员、中央纪委驻交通部纪检组组长金道铭（左二）在黑龙江海事局听取该局巩固“保持共产党员先进性教育活动”成果和党风廉政建设情况汇报

2006 年 4 月 19 日，交通部部长李盛霖（右四）视察天津北港海事处

2006 年 10 月 20 日，交通部副部长徐祖远（前左二）在宜昌海事局中水门办事处检查三峡水库 156 米蓄水和三峡船闸完建期水上交通安全保障工作开展情况

2006 年 11 月 22 日，交通部副部长黄先耀（前右二）视察厦门海事局政务中心

2007 年 3 月 31 日，交通部副部长徐祖远（左三）视察日照东港海事处政务中心

2007 年 6 月 19 日，交通部部长李盛霖（前左一）、江苏省副省长仇和（后左一）视察连云港海事局

2007 年 7 月 31 日，交通部党组成员、中央纪委驻交通部纪检组组长杨利民（前右一）参观河北海事局发展成就图片展

2007 年 11 月 19 日，交通部副部长翁孟勇（右一）乘船视察深圳港和深圳海事局快速反应基地

▲ 1999 年 2 月 26 日，交通部直属海事系统第一次工作会议在北京召开。图为全体会议代表合影

◀ 1999 年 6 月 14 日，交通部召开水上安全监督管理体制改革电话会议。图为北京主会场

▶ 2000 年 6 月 30 日，交通部召开水上交通安全工作紧急电视电话会暨“水上运输安全管理年”活动第二次工作会

2001 年 11 月 27 日，交通部海事局党委在北京首次举办直属海事系统局长书记培训班

2002 年 11 月 5 日，全国水上交通安全工作会议在杭州召开

2003 年 7 月 29 日，全国海事系统信息化工作会议在江苏扬州召开

2004 年 6 月 3 日，全国海事系统法制工作会议在北京召开

2005 年 10 月 27 日，第一次全国海事工作会议在北京召开

2005 年 12 月 7 日，国家海上搜救部际联席会议第一次会议在国务院召开

2006 年 7 月 6 日至 7 日，全国海事系统精神文明建设工作会议在青岛召开，会上颁发了“全国海事系统执法示范窗口标兵”标牌

2007 年 7 月 12 日，全国海事系统政风建设现场会在上海召开

2007 年 8 月 21 日，上海海事局“海巡 21”巡视船与河北海事局巡逻船在渤海进行联合巡航

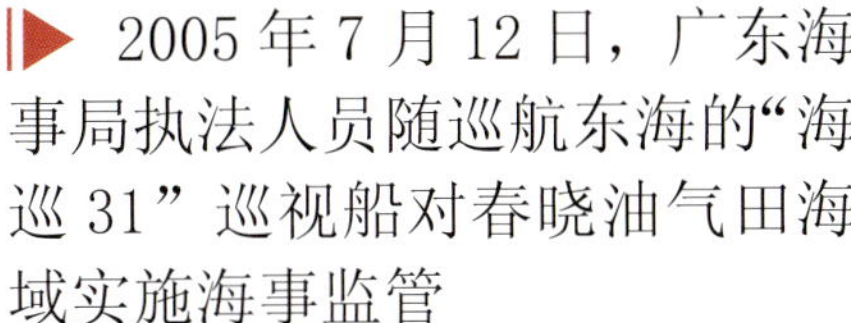

2005 年 7 月 12 日，广东海事局执法人员随巡航东海的“海巡 31”巡视船对春晓油气田海域实施海事监管

2004 年 11 月 16 日，辽宁海事局在大连港附近海域组织客滚船“辽海”轮火灾事故搜救行动

2006 年 6 月 7 日，钦州海事局成功救助七名遇险越南渔船船员

2005年3月30日，宁波海事局为比利时籍44万吨超大型油轮“泰欧”号顺利驶入宁波港护航

2004年4月14日，海南海事局执法人员对违法布设在粤海铁路南港港池内的渔排，下达“限期拆除通知书”

2006年5月24日，湛江海事局巡逻船在湛江海湾大桥工程水域维护水域秩序

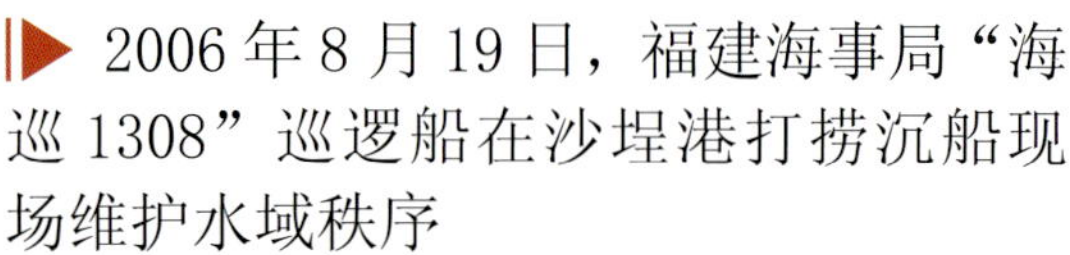

2006年8月19日，福建海事局“海巡1308”巡逻船在沙埕港打捞沉船现场维护水域秩序

◀| 2004 年 10 月 13 日，安徽省淮南市地方海事局执法人员为船东办理船舶登记证书

|▶ 2004 年 8 月 9 日，日照海事局执法人员登轮为运输电煤的船舶办理出港签证

◀| 2005 年 4 月 27 日，珠海海事局执法人员对外国籍液化气仓储船“紫荆花”号实施港口国监督检查

|▶ 2005 年 12 月 14 日，海口海事局执法人员在海口港对客滚船“信海 4 号”进行船舶安全检查

2005 年 10 月 29 日，青岛海事局执法人员对荷兰籍“阿拉斯加”轮装运 630 吨爆炸品适装许可和安全配载实施重点监管，30 日，该轮安全离港

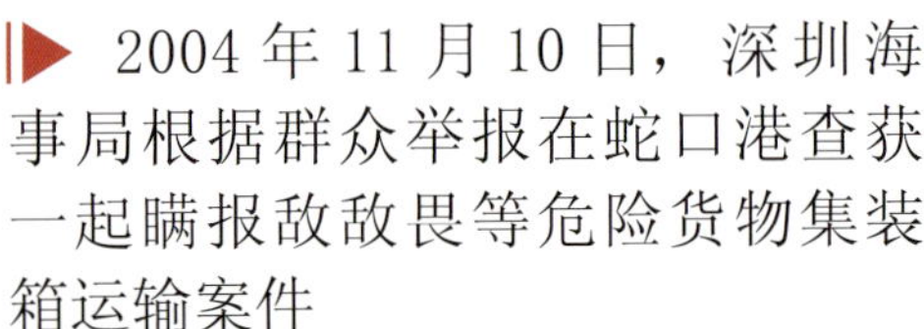

2004 年 11 月 10 日，深圳海事局根据群众举报在蛇口港查获一起瞒报敌敌畏等危险货物集装箱运输案件

2006 年 1 月 19 日，湛江海事局执法人员查处停泊在湛江港的一艘外国籍客滚船液压管路漏油事故

2006 年 8 月 23 日至 27 日，牡丹江海事局执法人员对镜泊湖旅游船舶供、受油作业及防污设备、防污文书记载、公告牌张挂、船舶生活垃圾、污油水排放处理情况进行专项检查

2004 年 4 月 30 日，中国海事局委托中国船级社代行船舶法定检验协议签字仪式在北京举行

2007 年 12 月 19 日，中国海事局天津船舶检验管理处向天津市船舶检验处颁发 B 类船舶检验资质认可证书

2004 年 6 月 5 日，西藏自治区验船人员第二期培训班在交通部海事局武汉培训中心举行

2006 年 2 月 17 日，舟山海事局联合中国船级社及当地交通部门、船检机构对老旧、改建的客滚船的船舶证书和技术状况进行检查

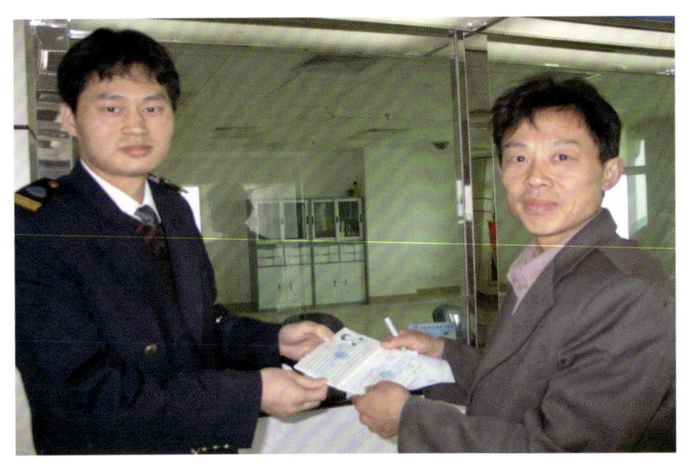

2004 年 3 月 17 日，厦门海事局向福建第一个以个人名义申办船员证件的船员发放船员适任证书

2005 年 6 月 15 日，丁类船员适任考试宁波考点进行无纸化计算机考试

2005 年 4 月 19 日，江苏海事局执法人员查获涉嫌造假的内河船员适任证书

2006 年 6 月 5 日至 6 日，中国海事局专家组对潍坊通达国际海运职业中等专业学校申请开展的海船甲类三副、三管轮适任考试培训资质进行验收

2005 年 10 月 2 日，海口航标处抢修被台风损坏的航标设施

2007 年 8 月 23 日，东海海区西蟹峙灯塔改建工程完成发光，结束了舟山港内无大型灯塔的历史

2006 年 8 月 3 日，上海海事局在洋山港举行共建上海国际航运中心洋山“安全畅通文明”航区海图赠送仪式，向 24 家单位赠送洋山深水港及附近海域最新版海图和潮汐表

2003 年 10 月，上海海事局“电子海图数据中心”开始运转

2006年12月21日，厦门海事局执法人员在一艘外国籍拖轮拖带的驳船上进行现场勘查，与舟山海事局联合调查认定一起外国籍拖带船组连续两次碰撞渔船的事故

2007年1月1日，广州海事局执法人员对发生爆炸事故的“昌运1”油轮船舱内的油污进行取样调查

2006年8月14日至17日，中国海事局组织审核组，完成对中海发展股份有限公司实施《国际安全管理规则》重新修订安全管理体系的第三次换证审核

2007年3月9日，海南海事局召开海南片区第三批国内航运公司实施《国内安全管理规则》宣贯会

2002 年“水上运输安全管理年”活动中，烟台海事局在蓬莱—长岛水域巡航，防控非法水产养殖碍航

2002 年，贵州省地方海事局与公安机关联动整治“三无”船舶

2003 年 4 月 30 日，镇江海事局船舶交通管理中心值班人员对辖区水域船舶实施严密监控

2004 年 4 月 1 日，浙江省湖州市地方海事局执法人员查处超载船舶

2004 年 11 月 19 日，宜昌海事局在现场维护监管三峡库区学生渡口渡运安全秩序

2004 年“五一”前夕，河北省地方海事局在衡水湖畔设置“安全乘船”提示牌

2006 年 8 月 10 日，宁德海事局执法人员深入现场检查船舶防抗台风“桑美”的安全措施

2007 年 8 月 30 日，天津海事局海岸电台向船舶播发海洋气象预报

2004 年 4 月 29 日，南通海事局在长江黄砂过驳平台上向船民进行安全生产宣传

2005 年 4 月 28 日，由四川省射洪县人民政府主办，射洪县交通局、射洪县地方海事处承办的“珍爱生命，关注安全，水上交通伴我安全出行”万人签名活动在射洪县香山镇举行

2005 年 11 月 25 日，安徽省蒙城县地方海事处执法人员，在开展“平安过渡宣传”活动中到蒙城县双涧镇中学宣讲渡运安全知识和向学生发放渡运安全宣传材料

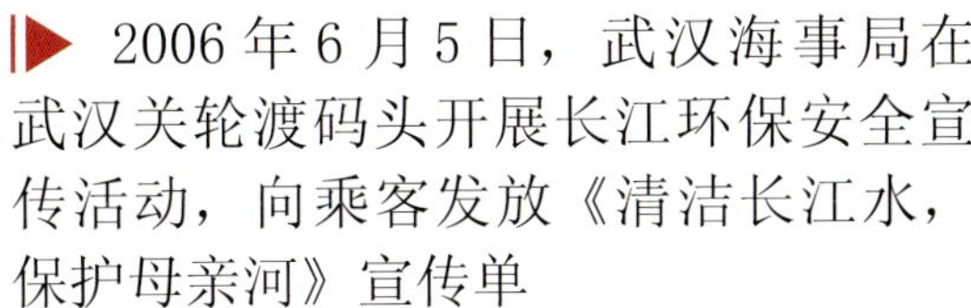

2006 年 6 月 5 日，武汉海事局在武汉关轮渡码头开展长江环保安全宣传活动，向乘客发放《清洁长江水，保护母亲河》宣传单

2006 年 6 月 23 日，黄骅海事局在旅游码头举行“安全生产月”旅游船艇安全知识咨询服务活动

2006 年 8 月，张家港海事局在船舶签证大厅推出水上交通安全动漫宣传片

2007 年 1 月 18 日，江门新会海事处在新会电视台录制题为“遵章守法，防止渡船事故发生”的《每周说法》宣传片

2007 年 7 月 11 日，在中国“航海日”宣传活动中，山东海事局人员向少年儿童讲解海上自救知识

2005 年 6 月 12 日，日照海事局“海巡 0723”巡逻船为在日照国际水上运动基地举行的全国翻波板锦标赛及全国青少年帆板锦标赛护航

2006 年 11 月 2 日，舟山海事局为瑞典“哥德堡”号仿古帆船寻梦渔都和舟山“绿眉毛”等 8 艘仿古船在沈家门水域巡游护航

2005 年 9 月，泉州海事局值班人员通过电视监控系统监视辖区水域通航环境，指挥船舶防抗 13 号台风“泰利”

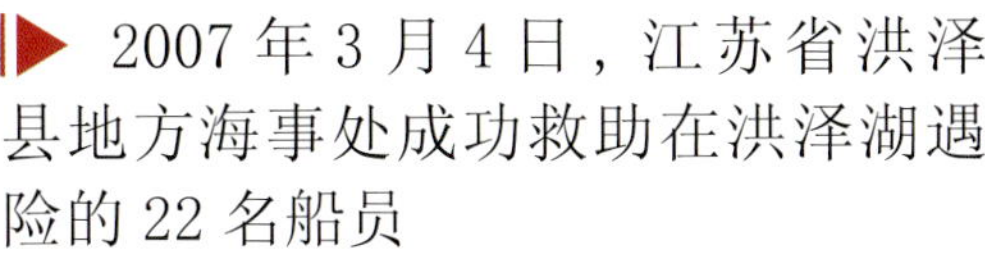

2007 年 3 月 4 日，江苏省洪泽县地方海事处成功救助在洪泽湖遇险的 22 名船员

2007年5月6日，佳木斯抚远海事处在黑龙江口岸监管抚远至俄罗斯哈巴罗夫斯克的国际客运船舶载客开航

2007年国庆节期间，扬州市地方海事局执法人员对瘦西湖水上游览线画舫船的消防救生器材等进行重点检查

2007年11月9日，天津海事局召开海河污染事件举报人奖励表彰会，推动全社会共同参与海河环境保护，海河辖区近20家港航单位参加会议

2007年12月3日，上海海事局召开船载外贸危险货物远程无纸化申报新闻通气会，上海港船载外贸危险货物进出口全面实现网上申报

2007 年 8 月 16 日，泉州海事局在泉州石狮海事处召开 15 家船东参加的《船员条例》宣贯会

2006 年 4 月 20 日，福建海事局组织执法人员适任考试

2005 年 12 月 2 日，宜昌海事局执法人员统一佩带 2005 年版《海事行政执法证》上岗。图为宜昌港区海事处举行海事执法人员持新证上岗宣誓仪式

授予：交通部海事局

全国政务公开工作
先进单位

全国政务公开领导小组
二〇〇七年九月

2007 年 9 月 3 日，交通部海事局被全国政务公开领导小组授予“全国政务公开工作先进单位”荣誉称号

2007 年 11 月 19 日至 30 日，交通部副部长徐祖远（前排左四）率团出席在英国伦敦召开的国际海事组织第 25 届大会，会上中国再次当选为 A 类理事国

2006 年 5 月 22 日至 27 日，以“数字世界的航标”为主题的国际航标协会（IALA）第 16 届大会在上海举行，大会选举交通部海事局常务副局长刘功臣（后排左三）为新一届理事会主席

2002 年 4 月 14 日至 25 日，中国海事局代表团出席在摩纳哥召开的国际海道测量组织第 16 届大会

2006 年 2 月 20 日，亚太地区港口国监督谅解备忘录网络计划座谈会在大连召开

2003 年 12 月 2 日，在北京举办的交通部直属海事系统局长书记培训班上，直属海事系统各单位主要负责人学习“三个代表”重要思想

2005 年 10 月 27 日，在北京召开的全国海事工作会议上，中国海事局向全国海事系统 10 名“海事行政执法标兵”颁发荣誉证书

2006 年 5 月 29 日，经过第一期高级海事调查官培训班（辽宁片区）培训的海事执法人员参加中华人民共和国高级海事调查官证书全国统考

2007 年 7 月 11 日，温州海事局执法人员庆祝中国“航海日”

中华人民共和国海事局志

（1998—2007）

凡 例

一、本志以马克思列宁主义、毛泽东思想、邓小平理论、“三个代表”重要思想和科学发展观为指导，坚持实事求是的原则，力求全面、客观地记述中华人民共和国海事局成立后前十年的发展历程。

二、本志为部门志，采用述、记、志、图、表、录等体裁，以志为主。本志不设“人物传”，设“人物名录”。

三、本志记述时间断限为1998年10月27日中华人民共和国海事局成立至2007年12月31日，但中华人民共和国海事局组建筹备工作自1998年4月开始记述。为体现记述事物的连续性、完整性，部分内容适当上溯。

四、本志记述范围为中华人民共和国海事局各项业务、政务、事务的基本状况和履行职能所做的主要工作，同时简要记述有关决策、有关工作、有关活动在海事系统的执行情况和实施效果。

五、本志正文设概述、章、节、条目和大事记。正文结构采用章节条目体，以章、节、条目分层，平头并列，横排竖写。章、节与条目的分类参照海事工作分类方法划分，并按照“以类系事，事以类从，类为一志”的原则适当进行调整。

概述以两种形式出现，即全书的“概述”及各章下的“简述”，综合反映基本情况。大事记主要采用编年体，辅以纪事本末体。

各节下设的实写条目，是全书的主体内容，分为主体性条目和典型性条目，【 】中为主体性条目名称，〖 〗中为典型性条目名称。主体性条目以事物某一侧面的历史进程为记述对象，以时为序写出一条线；典型性条目是对主体性条目难以细述的典型事物的提取和扩展，反映的是某一个点的情况，具有相对独立性。

全书共计21章63节388条目（主体性条目230，典型性条目158）。

六、除涉及机构、组织、职务、文件、规章等特定名称以及引用原文的情况，中华人民共和国海事局（交通部海事局）在对外业务管理章节中一般表述为“中国海事局”，在内部管理和行业管理章节中一般表述为“交通部海事局”。

对法律法规、国际公约、机构、组织、部门、社会团体、文件、会议等名称和专用名词的书写，一般使用全称或规范简称，若名称过长且需重复使用时加括号注明所用简称。

本志所述“九五”、“十五”、“十一五”，是指国家制定的国民经济和社会发展五年规划的规划时期，“九五”是指1996—2000年第九个五年规划时期，“十五”是指2001—2005年第十个五年规划时期，“十一五”是指2006—2010年第十一个五年规划时期。

七、根据《交通部工作规则》和《交通部公文处理办法》，以及交通部各部门、机构的职责分工，本志所述交通部、交通部办公厅制发的公文（包括令、公告、通告、通知、批复等），除涉及海事系统体制改革、机构编制、人事任免、法规规章制定、国际海事公约生效、规费征收、建设计划和项目审批的部分公文由有关部门草拟外，其余涉及海事系统履行职责、规划建设、内部管理以及交通安全生产行业管理、交通环境保护行业管理的交通部、交通部办公厅制发的公文由中华人民共和国海事局（交通部海事局）草拟。

八、本志使用现代语体文和标准简化汉字，计量单位使用国际单位制，货币“元”均指人民币。

穿插在文字中的图表，其序号由3个阿拉伯数字组成，第一个数字为章的序数，第二个数字为节的序数，第三个数字为图表在节内的排序。如“4-2-2”，指第四章第二节第二个表或图。

文中的注释主要采用页下注，用条界线（注线）将其与正文隔开。注释的序号采用注码 ①、②、③……，置所注释词句的右上角。对句中某些词语作简单注释，采用括号注。

九、本志资料、数据主要采自档案、文献和统计资料，少部分资料采自海事刊物、海事网络及知情者提供的材料。

目　录

第二章　交通部直属海事系统机构编制

第三章　法 制 工 作

第四章　海 事 规 划

第五章　海(水)上搜寻救助

第六章　通航安全管理

第七章　船舶监督管理

第八章　危管与防污

第九章　船舶检验管理

第十章　船 员 管 理

第十一章　海区航标管理

第十二章　沿海港口航道测绘管理

第十三章　水上交通事故管理

第十四章　交通安全生产行业管理

第十五章　航运公司安全管理

第十六章　交通环境保护

第十七章　国际合作及港澳台事务

第十八章　内部行政管理

第十九章　基础设施建设

第二十章　党群工作

第二十一章　干部人事工作

附　录

概　　述

1998 年 10 月 27 日，中华人民共和国海事局(交通部海事局)在北京成立。

中华人民共和国海事局(交通部海事局)是按照 1998 年 6 月 18 日国务院批准的《交通部职能配置、内设机构和人员编制规定》中关于水上安全监督管理体制改革的要求，由中华人民共和国港务监督局(交通部安全监督局)与中华人民共和国船舶检验局(交通部船舶检验局)合并组建的交通部直属机构，对交通部直属海事系统实行垂直管理体制。

根据《中华人民共和国海上交通安全法》、《中华人民共和国海洋环境保护法》、《中华人民共和国内河交通安全管理条例》、《中华人民共和国船舶和海上设施检验条例》、《中华人民共和国航标条例》等法律法规的授权和国务院于 1998 年 6 月 18 日批准的《交通部职能配置、内设机构和人员编制规定》、于 1999 年 6 月 5 日批准的《水上安全监督管理体制改革实施方案》，以及交通部 2002 年 2 月 19 日印发的《关于全国海事系统统一以海事局(处)名义履行海事行政执法的通知》精神，中华人民共和国海事局(交通部海事局)主要负责行使国家水上安全监督管理和防止船舶污染、船舶及海上设施检验、航海保障的管理职权，对全国水上安全监督工作实行业务领导，属法律、法规授权的具有管理公共事务职能的国家行政执法机关，履行国家法律、法规以及中华人民共和国缔结或加入的国际海事公约赋予原中华人民共和国港务监督局、中华人民共和国船舶检验局的法定职责和行政执法职能。

根据交通部于 1998 年 10 月 16 日印发的《关于调整交通部议事协调机构和临时机构的通知》、于 1998 年 11 月 11 日批准的中华人民共和国海事局(交通部海事局)主要职责、于 1999 年 7 月 20 日关于将部属水上安全监督机构等划归交通部海事局管理的决定，中华人民共和国海事局(交通部海事局)同时被交通部授权负责归口管理交通行业安全生产工作和交通行业环境保护工作，承担中国海上搜救中心及其办公室、交通部交通安全委员会及其办公室、交通部环境保护委员会及其办公室的具体工作，领导和管理交通部直属海事局、中国海事服务中心、交通部环境保护中心、交通安全质量管理体系审核中心。

中国海事局的成立，适应了水上安全监督管理体制改革和实行交通部直属海事系统垂直管理体制的需要，有利于加强水上交通安全的监督和管理，有利于实施维护国家主权的管理，有利于履行国际海事公约，有利于加强海事队伍建设，标志着中国海事事业迈出了一大步。

一

水上安全监督，是政府的一项行政职能，具体指对水上交通安全的监督管理。但日常使用“水上安全监督”概念，往往包括和涵盖水上交通安全监督管理和防止船舶污染、船舶及海上设施检验、航海保障的管理等职能。

中华人民共和国成立后，作为中央人民政府政务院主管全国公路、水路交通事业的职能部门——交通部于 1949 年 10 月开始组建，于 11 月 1 日正式办公，其水路交通行政职能包括船舶登记、船舶丈量、中外籍船舶进出港管理、海事处理等水上交通安全监督管理和船舶检验管理具体职能。1953 年 4 月 17 日，中央人民政府交通部发布《海运管理总局海务港务监督工作章程》，规定在交通部海运管理总局设海务、港务总监督室，其港务监督部分的主要职责是，监督港口水域及航道安全秩序，管理船舶进出港，领导并办理海事调查处理，领导船员考试发证，领导、组织引水、水上救护、信号工作，参加船舶登记、检验、丈量工作等；各港务局设港务监督室，对外称中华人民共和国××港港务监督。此后，随着经济、政治形势的发展和变化，水上安全监督机构和船舶检验机构，在交通部内部，经过十多次调整和改革，职能趋于明晰，机构逐步专业化。

1954 年 9 月，第一届全国人民代表大会将中央人民政府交通部更名为中华人民共和国交通部。1956 年 8 月，交通部设置港航监督局、船舶登记局（对外称中华人民共和国船舶登记局）。1958 年 6 月，船舶登记局更名为船舶检验局（对外称中华人民共和国船舶检验局）。1960 年，交通部设置安全监督局，与船舶检验局合署办公，负责车船安全生产和船舶检验。1964 年 7 月，交通部设置港务监督局。1970 年 6 月，交通部、铁道部和邮政总局合并，定名为中华人民共和国交通部。1972 年 12 月，交通部设置船检港监局（对外称中华人民共和国港务监督局和中华人民共和国船舶检验局），开始从船舶管理、船员管理、港口航道通航秩序管理、船舶检验等方面，全面加强水上交通安全监督管理工作。1973 年 3 月，邮政总局重归邮电部。1975 年 1 月，交通部与铁道部分开设置，恢复原建制，其职责明确包括负责水上安全监督、船舶及海上设施检验、防止船舶污染、航海保障、救助打捞等。1978 年 3 月，交通部恢复中华人民共和国船舶检验局，撤销船检港监局。进入改革开放时期，为适应经济体制改革和行政管理体制改革的需要，水上安全监督和船舶检验管理机构随交通部机构改革几经变革。1979 年 3 月，交通部设置安全监督局。1979 年 10 月，交通部设置港务监督局（对外称中华人民共和国港务监督局）。1982 年 9 月，交通部设置水上安全监督局（中华人民共和国港务监督局），由原港务监督局、安全局、全国海上安全指挥部、交通部环境保护办公室、基本建设局的海区航标部分等合并组建，负责水运安全、港务监督、船舶监督、救助指挥、海区航标、交通环保、安全综合工作。1988 年 7 月，国家机构编制委员会批准交通部机构改革方案，确定领导全国水上港航监督、船舶及海上设施检验、海难救助工作是交通部基本职责之一；将水上安全监督局更名为安全监督局（中华人民共和国港务监督局），主要负责水上交通安全和防止船舶污染水域监督管理、海上搜寻救助指挥、航海保障等职责，并承担交通部交通安全委员会办公室和环境保护办公室职责；交通部继续设置中华人民共和国船舶检验局（交通部船舶检验局）。至 1998 年 10 月，在交通部再次进行的机构改革中，中华人民共和国船舶检验局（交通部船舶检验局）与中国船级社实行“局社、政事分开”，同中华人民共和国港务监督局（交通部安全监督局）合并，成立了中华人民共和国海事局（交通部海事局）。

二

做好水上安全监督管理体制改革的实施工作，理顺直属海事系统管理关系，核定直属海事系统各级机构的职能配置和机构编制，是中国海事局成立后的一项重要工作。

水上安全监督管理体制改革是国家深化行政管理体制改革的重要举措，是长期以来水上安全监督工作克服机构重叠、政出多门、水域分割、监管不力等弊病，理顺和完善管理体制的内在要求，实施改革正逢难得机遇；同时改革需要重新调整中央政府和地方政府的事权分工，各地改革的水域、经济、社会环境也有较大差异，实施改革存在不少困难。对此，按照交通部的部署和要求，中国海事局在研究制定水上安全监督管理体制改革实施方案中，既要坚决执行国务院的文件精神，坚持原则性，又要实事求是，灵活处理问题，充分考虑到改革的复杂性和各种不同的情况及其处置措施，周密部署，精心设计，使方案更符合中国实际情况，更具有可操作性；同时，在实际操作中积极克服困难，抓住有利时机，实事求是地解决具体问题，按照积极稳妥的方针和“先海后江，先易后难，先外后内”的步骤，寻找突破口，循序渐进，精心组织。1999年4月，交通部水上安全监督管理体制改革领导小组成立，并在中国海事局设立办公室，中国海事局负责交通部水上安全监督管理体制改革领导小组办公室工作，承担水上安全监督管理体制改革实施过程中的具体任务。1999年6月5日，国务院转发交通部制定的《水上安全监督管理体制改革实施方案》；6月14日，交通部召开水上安全监督管理体制改革第一次电话会议，全国水上安全监督管理体制改革开始全面实施。

1999年5月7日，交通部副部长洪善祥与天津市副市长王述祖签署第一份部、省(自治区、直辖市)际水上安全监督管理体制改革协议——天津市实施水上安全监督管理体制改革协议。至2004年4月21日，交通部先后与18个省(自治区、直辖市)签署了水上安全监督管理体制改革协议。2004年底前，沿海各省(自治区、直辖市)和重庆市、湖南省基本完成有关业务、机构、人员、资产的划转交接工作，黑龙江、四川、云南省和内蒙古自治区也完成有关委托管理手续，20个交通部直属海事局和26个省(自治区、直辖市)地方海事局成立，全国水上安全监督管理体制改革任务大部分完成。但湖北、安徽、江西三省的划转交接工作较为缓慢。针对这一问题，交通部副部长徐祖远于2004年12月3日召开专题会议研究推进措施。2005年3月30日，徐祖远与湖北省人民政府副省长周坚卫签署《湖北省长江干线水上安全监督机构划转交通部管理交接协议书》，此后又分别与安徽、江西省的领导签署了划转交接协议，直接推动了三省业务、人员、资产划转交接工作于2005年7月1日前完成。2005年6月23日，西藏自治区地方海事局成立。至2005年7月1日，20个交通部直属海事局和各省(自治区、直辖市)地方海事局全部成立(广东、海南、黑龙江省和广西壮族自治区不设地方海事局)，全国水上安全监督管理体制改革任务全面完成。新疆生产建设兵团根据有关规定，也于2006年9月23日成立了海事局。在历时7年的水上安全监督管理体制改革过程中，界定中央管理和地方管理水域，确定职责分工，理顺管理关系，规范整合机构，进行业务、人员、资产的划转交接，妥善处理改革与稳定水上交通安全形势的关系，队伍不散，秩序不乱，国有资产不流失，顺利完成了各项改革任务，保证了水上交通安全监管工作不间断并持续向前推进。水上安全监督管理体制改革，结束了同一水域、同一港口和同一地区重复设置水上安全监督机构，监管水域分割的局面，确立了中国海事局统一领导全国水上安全监督业务的格局，规范了中央和地方各级海事机构名称、职权范围，统一了全国海事执法人员资格标准、执法依据和程序、执法监督制度，实现了“一水一监，一港一监”和统一政令、统一布局、统一监督管理的改革目标。水上安全监督管理体制改革，既从中国国情出发，又采取国际通行做法，逐步建立起与社会主义市场经济体制相适应的水上安全监督管理新体制，为中国水上安全监督工作开辟新的局面、中国海事事业迈入新的历史阶段奠定了坚实的基础。

1999年10月27日，国务院办公厅印发《交通部直属海事机构设置方案》，确立了在水上安全监督管理体制改革中形成的交通部直属海事系统机构的基本框架。中国海事局根据中央机构编制委员会办公室和交通部的批复、通知精神，一方面明确职权范围，核定机构编制，建立了中国海事局—直属海事局—海事分支机构—海事派出机构四个管理层级；另一方面，在直属海事系统适时推进内部改革，进一步优化职能配置和理顺管理关系。2001年完成航标管理体制改革。2001年至2002年，完成“一省一局”管理模式改革。2004年至2007年，开展海事执法管理模式改革。至2007年底，交通部直属海事系统共设置20个直属海事局(其中6个按分支机构进行管理)、112个分支机构、358个派出机构、5个船舶检验管理处、18个航标处、63个航标管理站、3个海测大队、22个船舶交通管理中心、7个船员考试中心、12个通信信息中心(电台)、2个溢油应急处理(技术)中心、1个航测科技中心、1个航海图书印制中心、1个电子海图数据中心，负责中央管理水域的水上安全监督工作。根据《水上安全监督管理体制改革实施方案》和1999年12月交通部印发的《关于规范地方水上安全监督机构名称的通知》以及各地实际情况，各省、自治区、直辖市相继建立了省、市、县三级地方海事机构，新疆生产建设兵团建立了兵团、师两级海事机构，负责中央管理水域以外的其他水域的水上安全监督工作。全国海事系统监管范围覆盖全国所有通航水域，形成中国政府工作和经济社会发展中不可或缺的一个行政管理序列。

三

水上安全监督是海事机构的中心工作，同时又是“政府统一领导，交通综合管理，海事机构监管，各相关部门配合，企业安全自律，群众参与监督，社会广泛支持”的水上交通安全管理机制中的一个重要环节。中国海事局自成立至2007年，既依法履行水上安全监督职能，同时具体承担水上交通安全行业管理职责。在交通部的领导下，中国海事局紧紧抓住水上安全监督中心工作不放，把稳定水上交通安全形势，保障船舶及人命财产安全，促进水运事业发展作为工作主题，在各项工作上取得明显成效。

1999年2月26日至28日，在北京召开的第一次交通部直属海事系统工作会议，提出了确保水上交通安全形势稳定，减少重、特大事故发生的工作目标，要求把注意力和工作重心放到水上交通安全预控工作的各个环节上。围绕这一目标和要求，中国海事局按照国务院和交通部的部署，在交通部水上交通安全行业管理工作中，承担了大量具体日常工作，并进行了艰苦但富有成效的探索。1999年11月24日，在山东烟台海域发生客滚船“大舜”轮特大火灾沉没事故，死亡失踪282人，造成很大社会影响，暴露了水上交通安全工作的薄弱基础和事故隐患环节。这起特大海难，也成为水上交通安全工作一个重大的历史节点——交通部和各级交通主管部门把安全工作放在更加突出的位置来抓，开展了为期三年的“水上运输安全管理年”活动，动员和组织交通行业各方面的力量和资源，抓教育，查隐患，促整改，搞整顿，打基础，并明确提出“十五”期间水上交通安全工作目标是“四个明显一个确保”（安全生产意识明显增强，安全规章制度明显完善，安全管理责任明显加强，安全管理水平明显提高，确保水上交通安全形势稳定）；更加强调建立健全交通安全生产责任制，以实施《国际安全管理规则》和《国内安全管理规则》为载体，全面推进航运企业建立安全生产责任体系，以落实交通部、国家经济贸易委员会2000年1月联合印发的《关于进一步加强乡镇船舶交通安全责任制的意见》和2002年8月1日施行的《中华人民共和国内河交通安全管理条例》为契机，不断完善乡镇船舶安全管理机制；更加重视对重点船舶和重点水域的整治和监管，明确重点船舶是“四客一危”［客滚铅、客（渡）船、高速客船、旅游船和危险品运输船］，重点水域是“四区一线”（渤海湾水域、舟山水域、琼州海峡水域、西南山区河流和长江干线），针对客滚船运输的特殊性，采取了一系列特别措施强化监管。经过三年“水上运输安全管理年”和2003年水上运输安全“巩固提高年”的集中治理，全国水上交通安全形势趋于稳定和好转，活动达到预期目的，并形成了专项整治与长效管理相结合，坚持长效管理的水上交通安全工作基本思路。2003年7月，交通部交通安全委员会印发《深化水上交通运输安全专项整治工作指导意见》。2004年5月，交通部提出到2010年，主要交通运输事故指标大幅度下降，实现全国交通安全生产形势明显好转的工作目标。2005年4月，交通部印发《建立水上交通安全长效管理机制指导意见》。2006年，交通部在“四客一危”、“四区一线”船舶和水域监管重点的基础上，又提出“四季三节”（春季防雾、夏季防台、秋季防火、冬季防风，春节、“五一”、“十一”长假防止发生群死群伤事故）的时段监管重点和“四船一链”（船公司是主体，船舶是基础，船员是重点，船长是关键，四者通过安全管理体系形成一条管理链）的环节监管重点。2007年，交通部在交通系统广泛开展平安建设活动中实施“水上交通安全惠民工程”。

中国海事局在水上安全监督工作中，按照交通部开展“水上运输安全管理年”活动和安全生产工作的总体部署，1999年至2007年，一方面完成了各项安全生产检查、专项整治、统一执法行动等任务；另一方面，组织海事系统全面履行水上安全监督法定职责，严格监督管理，在建立和完善海事监管长效机制上作出了积极努力。在通航管理上，扩大巡航范围，将船艇巡航与船舶交通管理系统监管、直升机空中巡航相结合，增强巡航效果，实现50海里有效监管；着力推行船舶定线制和船舶报告制，在沿海和长江12处水域实施了船舶定线制；制定和施行《水上水下施工作业通航安全管理规定》，建立通航安全评估制度，规范并公布引航员登陆点。在船舶管理上，制定（修订）和施行《海上滚装船舶安全监督管理规定》、《船舶最低安全配员规则》、《高速客船安全管理规则（2006）》；强化船舶签证现场监管；加大船舶开航前检查力度，调整船舶安全检查重点，提高船舶安全检查水平，开展小型船舶安全检查；建立重点船舶跟踪管理制度和船舶安全诚信管理制度。在船舶载运危险货物安全监管和防治船舶污染水域上，制定和施行《船舶载运危险货物安全监督管理规定》、《防治船舶污染内河水域管理规定》；建立对危险品船申报、审批、检查环节的监管预控体系和船载危险货物信誉管理机制；编制并与地方政府和有关部门共同组织实施国家、海区、省（市）、港口、码头、船舶的船舶溢油应急反应计划，建立重要水域船舶污染应急联动机制，增强沿海和内河主要港口海事机构和其他社会力量的船舶溢油应急反应能力。在船舶检验管理上，加强对老旧船和危险品船的检验管理；实行船舶检验机构、验船师资质认可管理制度和验船师统一培训、考试、持证上岗制度；建立船舶检验质量管理体系；开展低质量船舶专项治理活动，建立从检验发证源头上禁止低质量船舶进入航运市场的长效机制。在船员管理上，实施并完成海船船员履行国际公约换证培训、考试、发证工作，在长江、珠江实行内河船员统考制度，有针对性地制定船员各类专业和特殊培训、考试大纲规范；建立船员教育培训和考试评估发证质量管理体系；强化船员动态管理，实行船员违法记分管理制度，建立船员适任情况的闭环管理模式。在航运公司安全管理上，完成对国际航运公司实施《国际安全管理规则》审核发证工作；加大国内客船、危险品船公司安全管理体系审核力度，分批推进国内航运公司实施《国内安全管理规则》；监督和促进国际、国内水运企业不断改进和完善船舶安全生产自控体系。在水上交通事故管理上，重点加强事故调查和处理工作，完成了一批重大事故的调查处理和跟踪指导工作，并改进和完善了事故统计分析工作；在公开事故调查报告、规范事故调查结案管理、加强事故调查技术装备建设、修订完善有关法规、实行海事调查官制度等方面，进一步加强了水上交通事故调查处理的基础性工作。中国海事局综合利用法律、行政、技术手段，坚持预防预控原则、系统化管理原则、持续改进原则，强化源头管理、过程控制和纠错机制，不断增强对水上交通安全各个环节的可控性，不断解决船舶、船员、通航管理中出现的新问题，长效管理机制初显成效，开辟了中国海事执法监管工作新的局面。

海（水）上搜救工作，是水上交通安全工作的最后一道防线，是政府公共管理的重要职能。1999年至2007年，中国海上搜救中心和中国海事局在国务院的关怀下，在交通部的领导下，一方面完成了日常搜救工作，出色组织实施长江客货船碰撞事故救助行动、“5·7”空难海上搜救扫测行动、2002年寒潮大风搜救行动、“辽旅渡7”客滚船遇险搜救行动、“辽海”客滚船遇险搜救行动、“12·7”珠江口船舶溢油事故应急处置行动、“阿提哥”油轮搁浅溢油救助行动、2005年黄海渤海跨辖区寒潮大风搜救行动、在台风“珍珠”中遇险越南渔民搜救行动、“浙岱渔03520”轮沉没事故救助行动、防抗2007年温带风暴潮搜救行动、“地中海乔安娜”轮与“奋威”轮碰撞事故救助行动、西沙南沙被困中外渔民救助行动等重大搜救活动；另一方面，积极推进搜救体制改革和搜救机制的完善，使海上搜救工作纳入国家应急体系。2005年5月，国务院批准建立由交通部牵头的国家海上搜救部际联席会议制度，批准印发

《国家海上搜救应急预案》；12 月 7 日，国务委员兼国务院秘书长华建敏在国务院主持召开国家海上搜救部际联席会议第一次会议，国家海上搜救部际联席会议制度正式建立，并成为国家海上搜救工作的决策机构；12 月 21 日，中国海上搜救中心总值班室成立。至 2007 年底，在国家海上搜救部际联席会议制度的框架下，交通部（中国海上搜救中心）分别与公安部、卫生部、民政部、财政部、信息产业部、国家海洋局、中国民用航空总局、中国气象局、海军、农业部建立了海上搜救联动机制，形成了以中国海上搜救中心组织、协调、指挥的专业力量与社会力量相结合、地方与军队相结合、多部门协同配合的海上搜救格局。中国海上搜救中心和中国海事局还多次组织联合搜救演习，建立起搜救行动后评估制度，不断完善中国海（水）上搜救的应急预案、反应机制，不断提高海（水）上搜救的水平和效果。1998 年至 2007 年，中国海上搜救中心对在海（水）上遇险船舶和人员组织的搜救次数从 536 次增加到 1861 次，人员搜救成功率从 88% 提高到 96. 8% 。

中国海事局履行航海保障管理职能，具有公益性。中国海事局对沿海航标统一布局，加快建设，开展效能管理，推动技术创新，不断提高管理维护水平。从 1998 年实现让沿海航标灯亮起来，到 2007 年建成交叉覆盖中国沿海和主要港口的灯塔链，并开始逐步形成布局合理，层次分明、功能完善、性能可靠的综合航海保障体系，各类航标的正常率、维护正常率、信号可利用率除 2003 年 1 项指标稍低外，其余均超过部颁标准，为船舶助航提供了可靠有效的服务。中国海事局引进世界先进的测绘技术装备，不断推动测绘技术进步，加强质量管理。1998 年至 2007 年，测量海域面积从不足 8 千换算平方公里到超过 1. 6 万换算平方公里，绘制沿海港口航道图从仅涉及 16 个港口的 63 幅到覆盖沿海所有开放港口和重要水道的 181 幅，发行沿海港口航道图从不足 3 万张到 2007 年近 18 万张；电子海图制作数量和图幅逐年增加；编制的沿海港口航道图、电子海图等航海图书资料，有测绘周期短、质量高、出图快、现势性强等特点，实现从蓝图、双色图到四色标准海图的飞跃，形成具有鲜明特色的中国民用航海图书资料系列。中国海事局进一步规范沿海航行安全信息公布的标准、程序和方式，推动建立多层次覆盖、多方式协作的航行警（通）告播发体系，综合运用现代通信和信息传递手段，提高航行警（通）告对船舶及其所有人的覆盖面。2000 年至 2007 年，发布航行警（通）告份数，呈快速递增，初步形成了沿海灾害性气象、海况预警系统，并能及时发布水上交通秩序和水上交通环境变化情况等信息。中国海事局利用船舶交通管理系统、全球海上遇险与安全系统、船舶报告系统、各类视觉航标、无线电指向标—差分全球定位系统、船舶自动识别系统、电视监控系统、潮位观测网和全国统一的水上搜救专用电话号码“12395”提供海上助航服务和安全通信服务，组织船舶交通，接受并处理遇险船舶与人员报警，组织海（水）上搜救，满足了水上运输、水上水下工程、渔业开发、海上活动、国防建设等方面的需求。

四

中国海事局是组织实施国际海事公约的主管机关。在交通部的领导下，中国海事局参加有关国际组织的会议和活动，履行中国缔结和加入的国际公约，行使主权国家权利，承担船旗国、沿岸国、港口国相应的义务。

为在中国组织实施国际海事公约，在立法层面，中国海事局采取建议、参与、推动国际公约转化为国内法规的活动和制定规范性文件，发布行政指令两种措施；在执行层面，中国海事局组织海事系统和管理相对人、相关机构健全机制，履行国际公约规定，并进行监督检查。2000 年，中国首批进入国际海事组织完全和充分履行《1978 年海员培训、发证和值班标准国际公约（1995 年修正）》的白名单；

2002年，中国海事局完成《国际安全管理规则》组织实施工作，中国籍国际航行船舶及其公司全部通过安全管理体系审核。2003年12月，中国海事局向国际海事组织递交《中华人民共和国海船船员教育、培训、考试、评估和发证质量体系管理独立评价报告》，并通过审核。2004年7月前，中国海事局完成《国际船舶保安规则》组织实施工作，中国籍国际航行适用船舶取得《国际船舶保安证书》和《连续概要记录》。

为进一步促进中国对外开放，保障水上交通安全、维护国家主权和航运事业利益，1999年至2007年，中国海事局加强对外国籍船舶进出口岸的管理与检查，多次参加由东京备忘录等国际区域性港口国监督组织统一开展的港口国监督检查会战，为在全球共同消除低标准船舶而努力。中国海事局积极推动港口对外开放和电子口岸建设，审批国际航行船舶进入非对外开放港口和水域303件次，管理30个外国驻华船舶检验机构，与19个国家和地区的海事主管当局签署了海员适任证书承认协议，并对东海平湖、春晓油气田等水域实施了巡航监管。在搜救和应急事故处置方面，中国海事局认真履行国际义务和主权国家权利。先后妥善处置2004年珠江口巴拿马籍与德国籍船舶碰撞溢油事故、2006年搜救南海遇险的越南渔民行动、2007年渤海韩国籍货船碰撞沉没事故、2007年协调美国海岸警卫队搜救太平洋遇险的中国船员行动、2007年搜救被困南海的菲律宾渔民行动等，得到国际海事组织以及有关国家的赞赏和感谢。

在参与和推动国际海事合作方面，2000年5月，中国海事局提交的《成山角水域强制性船舶报告制》和《成山角水域船舶定线制》提案在国际海事组织获得通过；2001年8月，中国海事局在北京成功举办国际海道测量组织海图展览；2003年12月，中国海事局提出的“数字航标”概念，被国际航标协会确定为第十六届大会主题；2004年12月，中国海事局圆满完成国际海事组织在中国实施的“全球压载水管理项目”工作；2005年，中国海事局提交的《关于紧急沉船标志的建议》，被国际航标协会和国际海事组织采纳；2006年5月，中国海事局在上海成功举办第十六届国际航标协会大会，交通部海事局常务副局长刘功臣被推选为理事会主席，这是国际航标协会自1957年成立以来的首位中国主席；2007年11月，中国海事局完成国际海事组织成员国自愿审核机制准备工作。

1999年至2007年，中国海事局与30多个国家开展双边或多边的海事合作与交流，承办国际性或地区性的海事专业培训，举办国际海事论坛，尤其注重与周边国家开展海事合作与交流，先后与韩国、俄罗斯、日本、东盟建立了海事方面的磋商会谈机制。2001年7月，中国海事局与俄罗斯内河船舶登记局《关于合作与相互代理的协议》重新签署；2003年，在远东地区无线电导航服务协调组织框架下，中国海事局分别与日本、韩国完成无线电指向标—差分全球定位系统频率干扰问题的联合测试工作；2004年10月，中国海事局与菲律宾海岸警卫队举行联合沙盘搜救演习；2006年3月，中国海上搜救中心与日本海上保安厅举行联合海上搜救通信演习；2007年4月，《中华人民共和国政府与大韩民国政府搜寻救助合作协定》正式签署，这是中国与周边国家在海上搜寻救助合作领域签署的第一个政府间协定；2007年12月，在“西北太平洋行动计划溢油防备与反应区域合作”的框架下，应韩国政府请求，中国海事局组织了对韩国海域发生严重船舶溢油污染事故的清污援助行动。2005年至2007年，中国海事局先后与韩国、越南、蒙古、马绍尔、巴拿马等国家有关当局，开展了多起联合海事调查。

这一期间，中国海事局还与香港、澳门、台湾地区有关当局和组织，开展海事合作与交流。1999年5月，建立与香港特别行政区海事处定期举行海事会谈制度；2002年2月，台湾船员获准开始在大陆参加国际公约规定的适任培训和考试；2003年4月，建立与澳门特别行政区港务局定期举行海事会议制度。

五

加强海事系统的自身建设，是履行海事机构职能的根本保证。自中国海事局成立，至2007年底，在交通部的领导下和有关部门、单位的支持下，中国海事局在自身建设的各个阶段，注重研究海事工作战略定位和发展规划，有比较明确的阶段性目标和相应的落实措施，法制建设、装备和基础设施建设取得长足进步，队伍建设也迈上了一个新的台阶。

中国海事局自成立后，就着手总结“九五”期间工作与经验，研究21世纪初海事事业“十五”规划和发展战略目标。2001年12月，交通部印发《中国海事工作发展纲要(2001—2015年)》。在“九五”期间取得体制改革初步成果和基础设施扩容增能基础上，该纲要提出2005年近期目标是初步建成“监管立体化、反应快速化、执法规范化、管理信息化”的统一、规范、服务社会的海事系统，总体适应中国水运事业发展的需要；2015年，海事系统总体水平达到中等发达国家的海事管理水平。2004年，中国海事局在分析了全面建设小康社会和实现交通新的跨越式发展对海事工作的新要求后，提出要坚持科学发展观，加快实现海事新发展，并明确海事新发展的具体内涵是建设“三个海事”(交通海事、阳光海事、数字海事)，实现“船舶适航、船员适任、安全畅通、有效监管、优质服务”的海事工作总体目标。为促进全国海事机构平衡发展，进一步统筹协调水上执法监管工作，调动中央和地方两个积极性，在2005年10月召开的第一次全国海事工作会议上，“全国海事一家人，水上监管一盘棋”被确定为海事系统的指导思想。根据海事发展新的理念，中国海事局全面修订《中国海事工作发展纲要》。2006年4月，交通部印发《中国海事工作发展纲要(2006—2020)》。该纲要提出2010年目标是：在沿海和水网地区全面实现“监管立体化、反应快速化、执法规范化、管理信息化”的目标，内河非水网地区，初步实现“装备现代化、反应快速化、执法规范化、管理信息化”，海事综合能力和发展水平在经济执法队伍中处于最前列，水上交通安全监管主要指标达到中等发达国家水平；2020年目标是建立全方位覆盖、全天候运行、具备快速反应能力的现代化水上交通安全管理系统，水上交通安全监督管理主要指标达到发达国家管理水平。2007年4月，国务院批准《国家水上交通安全监管和救助系统布局规划》。2007年9月召开的全国海事工作会议，进一步提出了“行政执法一面旗”的工作理念。从此以后，中国海事局以“全国海事一家人，水上监管一盘棋，行政执法一面旗”的理念和第一个国家级水上交通安全监管中、长期建设规划统筹全国海事工作，促进海事事业走向全面、协调、可持续的科学发展新阶段。

法制统一，是水上安全监督管理体制改革后实现统一政令、统一布局、统一监督管理的基础。根据交通部法制工作总体部署，1999年至2007年，中国海事局坚持将依法行政作为海事法制工作的根本，坚持将海事法制建设与业务建设、廉政建设、信息化建设结合起来，把加强海事立法工作、规范海事执法行为和健全海事执法监督机制，作为一个系统工程来抓，取得了重要成果和明显成效。在海事立法方面，国务院于2002年公布经修订的《内河交通安全管理条例》，2007年公布《船员条例》；交通部先后公布18个部门规章和一批规范性文件；中国海事局公布27个船舶与海上设施法定检验规则。其中既有急需修订的法规、规章、规范，也有填补立法空白的法规、规章、规范，既有立足国情制定的特别规定、规则，也有为履行国际公约而制定的国内规定、规则，涉及水路交通安全法规、船舶法规、船员法规、防治船舶污染环境法规和海事综合法规5个子系统，以及国际、国内航行海船与内河船舶法定检验技术规范。在规范执法方面，全国海事系统统一以海事局(处)名义履行海事行政执法职责，统一使用《海事行政执法证》、中国海事局局徽和局旗，统一海事执法船艇、车辆标识，以规范海事行政执法主体；公布海事行政许可条件规定、海事行政处罚规定、海事行政强制实施程序暂行规定，推出八项便民措施，以规范海事行政执法活动；统一推行海事行政执法政务公开，统一海事执法文书格式和制作要求，开发运用海事行政执法处罚软件，在直属海事系统开展业务工作综合评价活动，以规范海事行政执法行为。在执法监督方面，颁布《海事行政执法监督实施办法（试行）》、《海事行政执法过错和错案责任追究暂行规定》，开展海事行政执法监督检查、考核评议、备案审核、随访和抽查，接受社会监督，推行海事行政执法责任制、执法公示制、错案责任追究制。至2007年底，适用海事行政执法和管理的法律、法规、规章和规范性文件达八百多件，连同已对中国生效的三十几个国际海事公约和议定书及其修正案，形成了相对健全的海事法律法规体系；通过规范执法工作，实施以执法责任制为核心的执法监督制度，全国海事系统依法行政能力和水平不断提高。2007年，中国海事局获得“全国政务公开工作先进单位”称号。按照2006年制定的《全国海事系统全面推进依法行政实施意见》中提出的工作目标，中国海事局继续推进海事系统建立比较完善的海事法律法规体系和依法行政的程序、制度、模式，为进一步提升海事依法行政能力和水平而努力。

水上安全监督装备和基础设施建设，作为交通支持保障系统的一部分，自1990年交通部提出建设“三主一支持”（公路主骨架、水运主通道、港站主枢纽和交通支持保障系统）规划设想后，得到了加强，逐步改变了薄弱落后状况，并形成了一定功能，为水上安全监督工作奠定了物质基础。中国海事局成立后，按照交通部的总体安排，完成了“九五”、“十五”时期的海事基本建设和造船任务，并开始实施“十一五”时期的海事基本建设和造船计划，海事基本建设明显加快，海事装备和监管手段明显改善。为满足交通事业新的跨越式发展对海事工作的需求，海事基础设施建设的思路，不仅考虑监管的功能性和方便性，更要侧重满足社会公众和管理相对人的实际需求，不断提高海事机构的公共服务水平；不仅要坚持合理布局，突出重点，强化配套，适应发展，还要坚持统筹兼顾，远近结合，优势互补，节约资源，保护环境，向基层和一线倾斜。至2007年底，交通部直属海事系统拥有各类海事船艇923艘，其中巡逻船艇812艘、航标船72艘、测量船14艘、特种船25艘；建成29座船舶交通管理系统和一批电视监控系统，覆盖了中国重要港口和通航密集区、事故多发区等重点水域；在中国沿海及主要港口布设和管理各类航标5096座，形成了交叉覆盖的航标链，其中无线电指向标—差分全球定位系统基准台站20座，在距中国沿岸300公里内提供高精度的船舶定位导航服务，船舶自动识别系统岸基站73座，形成覆盖中国沿海水域和重要内河水域的船舶自动识别系统网络；建成电子海图数据中心，形成了覆盖中国沿海44个港口电子海图制作能力；建成烟台溢油应急技术中心和秦皇岛海上溢油应急处理中心；建成覆盖交通部直属海事系统四级机构的海事信息网络，长江三角洲地区实现地方海事局与海事信息网的联结，船舶“一卡通”工程在直属海事系统和上海、江苏、浙江、安徽地方海事系统运用，船员远程计算机终端考试迅速推广，部分地区实现危险货物远程申报和监控；借助于海事卫星通信和电视监控系统，初步实现中国海上搜救中心总值班室实时接收显示船舶遇险现场视频图像信号。直属海事系统的基础设施建设，在1999年至2007年期间，按照交通部的统一规划，以事故多发区、船舶交通密集区和航运企业集中地以及快速反应为重点，以海事信息化带动海事现代化，各类设施建设和船舶建造进展加快，比较协调，朝着全面实现“监管立体化、反应快速化、执法规范化、管理信息化”的预期目标迈了一大步。

队伍建设，是中国海事局成立后面临的一项极其重要的任务。1999年2月，在北京召开的第一次交通部直属海事系统工作会议，提出在直属海事系统两级领导班子和领导干部中确保不出新的不廉洁问题的党风廉政建设工作目标，与确保水上交通安全形势稳定，减少重、特大事故发生的工作目标一起，简称为“两个确保”。会议同时强调要理顺工作关系，建立海事系统政令畅通的行政工作运行机制和考核监督保障机制，提出抓班子作表率，抓队伍打基础，抓行风树形象的队伍建设工作任务。此后，中国海事局以“两个确保”为基本要求，从思想上、组织上、行政上、制度上、作风上采取多种措施，狠抓队伍建设各项任务落实。2002 年 10 月，中国海事局提出抓好两级领导班子、海事执法人员、专业技术人才三支队伍建设的任务。2004 年 12 月，中国海事局提出要以能力建设为核心，抓好党政管理人才、执法专业人才、高层次拔尖人才的培养和管理。1999 年至 2007 年，在直属海事系统党的建设上，交通部海事局党委围绕水上安全监督管理中心工作，服务海事事业改革发展稳定大局，发挥政治核心作用，把组织、思想、纪律保证和监督贯穿于行政业务工作全过程，建立了党委参与行政业务重大问题决策，支持行政领导依法正确行使行政业务领导权和决策权的工作机制；结合直属海事系统特点，提出基层党建工作适应党组织关系属地管理、海事工作垂直管理体制的指导意见，以签订《党风廉政建设责任书》的形式，实行党风廉政建设责任制；在海事业务工作行政审批等关键环节建立监督制约机制，在基础设施建设中实行廉政合同签订制度，围绕领导干部廉洁从政、海事执法人员依法行政、海事基础设施建设廉政监督三条主线开展廉政建设，建立健全教育、制度、监督并重的惩治和预防腐败体系。在直属海事系统干部管理上，实行领导干部任前公示制、试用制、任期制和竞争上岗制度，实施大范围的以调任、转任、轮换和挂职锻炼为形式的领导干部交流，不断完善干部选拔任用机制，加大干部培训考评力度。在执法队伍建设上，开展执法人员学历教育、职业道德教育和岗位培训、专业培训；实行以考任制为核心的干部人事制度改革；完成了 2002 年至 2004 年直属海事系统执法队伍建设三年上台阶的任务；在全国海事系统评选出 10 名“海事行政执法标兵”和 100 名“海事行政执法优秀工作者”；颁布《海事行政执法人员守则》和八大纪律、八项措施，规范执法行为，整饬政风行风；在实现全国海事一家人，水上监管一盘棋，行政执法一面旗的工作中，不断推动海事执法队伍结构比例更加合理，专业素质不断增强，执法水平国内领先。在精神文明建设上，全国海事系统深入开展创建文明行业、“文明执法示范窗口”、“安全畅通文明”航区(航线)活动；进行形势任务教育、党风廉政建设警示教育、先进模范典型事迹教育；创办《中国海事》杂志、《海事研究》杂志，加强对重大海事活动、海事法规政策、海事成就的对外宣传报道，建立重大突发事件新闻报道应急反应机制；创作颁布《中国海事之歌》，开展海事文化建设，培育海事核心价值观。在建立行政管理秩序上，在直属海事系统实行局长负责制和目标管理责任制，建立健全行政决策机制；强化行政工作绩效管理和效能督察；推行内部管理制度化、标准化、程序化，推行“凡进必考、公开竞争、择优录取、民主监督”的工作人员录用机制和海事职务等级标识制，开展“规范管理年”活动，不断提升行政管理效能和依法行政能力。在完成初期海事队伍建设基础工作，实现海事执法队伍三年上台阶，到进入以提高依法行政、履行职责能力建设为重点，逐步实现全国海事一家人，水上监管一盘棋，行政执法一面旗的过程中，中国海事局把国家和交通部的总体要求与海事系统的实际相结合，以改革为动力，统筹规划，分类管理，完善机制，突出重点，合力推进，海事队伍建设取得实效，结构趋于合理，观念不断更新，素质整体提升，能力稳步增强，并加快步伐，为实现海事执法水平走在国家经济类执法队伍的前列而努力。

历经近十年的探索和努力，中国海事事业随着交通事业的不断发展，实现了新的突破。中国海事局领导全国海事系统不间断地强化对船舶、船舶检验、船员、通航环境和通航秩序、防治船舶污染的有效监管，着力提升保障船舶适航、船员适任、水域安全通畅清洁的服务水平，为水上交通运输和各项水上活动提供了安全、清洁、便捷的水上交通环境。1998 年至 2007 年期间，在水运生产量大幅增长情况下，水上交通事故主要指标大幅下降，重特大水上交通事故得到有效遏制，交通行业安全生产形势持续好转。2007 年，全社会水路运输货运量达到 28.1 亿吨，货物周转量达到 64284.9 亿吨公里，港口货物吞吐量达到 64.1 亿吨，分别是 1998 年的 2.6 倍、3.3 倍和 4 倍；港口集装箱吞吐量达到 1.14

亿标箱，船舶流量继续增加，水上水下施工和水上活动开展频繁。2007 年全国发生运输船舶水上交通事故 420 件，沉船 248 艘，死亡、失踪 372 人，分别比 1998 年下降 57. 3% 、15. 9% 和 38. 6% 。针对国家和地方经济社会发展中解决一些突出问题的需要和重点工程建设需要，中国海事局还采取了一些特别措施，提供积极主动的服务。在推动中国籍船舶降低在国外的滞留率，缓解华南、华东地区电煤运输紧张局面，遏制非法违规造船行为，规范中小型船舶造船市场，拓展海员进入渠道，推进中西部海员发展，为规划渤海超大型船舶航路和深水港建设提供决策依据的工作中，以及保障长江三峡水利枢纽、粤海铁路跨海运输、长江润扬大桥、上海东海大桥、杭州湾大桥、河北曹妃甸港、上海洋山深水港、长江苏通大桥、长江口深水航道、天津滨海新区等一批国家重点工程建设的工作中，海事系统为国民经济和社会发展服务，为建设社会主义新农村服务，为人民群众安全、便捷出行服务作出了应有贡献。

大 事 记

1998 年

6 月 18 日　经国务院批准，国务院办公厅印发《交通部职能配置、内设机构和人员编制规定》，其中确定了水上安全监督管理体制改革基本思路，决定组建中华人民共和国海事局(交通部海事局)；海事局为交通部直属机构，局长由交通部主管副部长兼任，实行垂直管理体制。

6 月 29 日　交通部印发通知，决定在原交通部安全监督局基础上，组建中华人民共和国海事局(交通部海事局)。

7 月 15 日　交通部印发通知，成立交通部海事局筹备组，交通部副部长洪善祥任筹备组组长。

9 月 29 日　交通部任命洪善祥为交通部海事局局长(兼)，刘功臣为常务副局长，黄先耀、宋家慧、刘德洪、王金付为副局长。交通部党组任命黄先耀为交通部海事局党委书记，孙继为党委副书记兼纪委书记，刘功臣、宋家慧、王金付为党委委员。

10 月 13 日　国务院办公厅印发《关于做好合并中央与地方水上安全监督机构工作的通知》。

10 月 16 日　交通部印发《关于调整交通部议事协调机构和临时机构的通知》，确定保留中国海上搜救中心及其办公室、中国便利海上运输委员会及其办公室、交通部交通安全委员会及其办公室、交通部环境保护委员会、交通部环境保护办公室，其具体工作由交通部海事局承担。

10 月 19 日　中央机构编制委员会办公室印发《关于中华人民共和国海事局(交通部海事局)主要职责和人员编制的批复》，明确中国海事局(交通部海事局)为事业单位，编制 90 名，局级领导职数 6 名。

10 月 27 日上午　交通部召开交通部海事局干部大会，副部长张春贤宣布对交通部海事局领导成员的任命。自即日起，中华人民共和国海事局(交通部海事局)和交通部海事局党委正式成立。部长黄镇东在会上讲话，明确提出交通部海事局的中心工作是加强水上交通安全管理。

10 月 27 日下午　交通部海事局召开干部大会，宣布局机关各部门负责人的任命。

11 月 6 日　中国海事局印发通知，公布“中华人民共和国海事局”英文名称。英文译名为 MARITIMESAFETY ADMINISTRATION OF PEOPLE'S REPUBLIC OF CHINA，英文缩写为 CHINA MSA。

11 月 10 日　交通部海事局纪律检查委员会成立。

11 月 11 日　交通部印发《关于中华人民共和国(交通部海事局)主要职责、内设机构和人员编制的通知》，明确交通部海事局暂定事业编制 90 名，参照公务员管理，处级领导职数 31 名。

11 月 18 日　中国海事局举行揭牌仪式，交通部副部长兼交通部海事局局长洪善祥为“中华人民共和国海事局”标牌揭幕。

11 月 18 日　交通部发布经修订的《航运公司安全管理体系审核发证规则》、《航运公司安全管理体系审核发证程序》。该规则和程序经再次修订后于 2001 年 10 月 8 日重新印发。

11 月 18 日　国家标准《中华人民共和国中(英)文航行警告标准格式》发布。

11 月 24 日　交通部海事局党委印发《中国共产党交通部海事局委员会工作规则(暂行)》。2004 年

12月14日印发《中国共产党交通部海事局委员会工作规则》。

11月30日—12月1日　交通部在厦门召开1998年全国水上交通安全工作会议。

12月15日　交通部海事局召开机关职工大会，选举产生交通部海事局机关工会第一届委员会。

12月31日　中国海事局印发通知，将船舶交通管理系统的设备维护管理纳入航标系列管理。

1999年

1月5日　中国海事局印发《关于加强船员教育和培训管理工作若干意见的通知》。

1月15日　交通部海事局印发《关于执行新的事业单位财务会计制度若干问题的补充规定》。

2月13日　中国海事局发布《中华人民共和国船员考试、评估和发证质量体系审核实施细则》。

2月26—28日　1999年直属海事系统工作会议在北京召开。

3月5日　中国海事局印发《海区航标、测绘小型技术改造、零星土建、设备购置项目管理工作的若干规定》。

3月8日　国务院同意2006年交通部在上海承办国际航标协会第十六届大会。

3月17日　交通部海事局印发《交通部海事局工作规则(暂行)》。2002年7月29日印发《交通部海事局工作规则》。

3月18日　中国海事局颁布《船舶载运散装油类安全与防污染监督管理办法》。

4月1日　沿海无线电指向标系统停机。22个无线电指向标站中10个站关闭，12个站至2000年底分三期被改造成无线电指向标—差分全球定位台站，完成沿海无线电导航体制调整。

4月3日　交通部环境保护委员会印发《关于加强长江、太湖流域治理船舶垃圾污染工作的通知》。

4月7日　交通部安全管理体系审核事务所更名为交通安全质量管理体系审核中心。

4月20日　交通部海事局党委印发《交通部直属海事系统党风廉政建设责任制实施办法(试行)》。2002年1月15日印发《交通部直属海事系统党风廉政建设责任制实施办法》。

4月23日　交通部海事局印发《直属海事系统定期审计实施办法》、《关于加强直属海事系统基本建设管理工作的若干规定》。

4月28日　交通部成立“水上安全监督管理体制改革领导小组”，领导小组在中国海事局设办公室。

5月4日　交通部海事局印发《直属海事系统工程项目审计规定》。

5月5日、5月7日　天津市副市长王述祖、交通部副部长洪善祥先后签署《交通部、天津市关于在天津实施水上安全监督管理体制改革的协议》。这是第一份部、省(自治区、直辖市)际水上安全监督管理体制改革协议。至2001年4月，洪善祥代表交通部，先后与上海、河北、广东、福建、辽宁、江苏、山东、广西、湖南、浙江、安徽、重庆、湖北、江西等省(自治区、直辖市)的有关领导签署实施水上安全监督管理体制改革的协议。

5月14日　国家标准《中国海区水上助航标志》、《航标术语》发布。

5月20日　中国海事局发布《关于第二批国际航行船舶及其公司强制实施〈国际安全管理规则〉的通告》。

5月21日　国务院港澳事务办公室函复交通部，同意中国海事局与香港海事处定期举行会议，就履行有关国际公约、船舶航行安全管理、海上搜救和船员发证等有关事宜进行洽谈。

6月1日　中国海事局印发《关于明确涉外水上交通事故调查处理有关事项的通知》。

6 月 5 日　经国务院同意，国务院办公厅转发《水上安全监督管理体制改革实施方案》。

6 月 7 日　交通部发布《三峡工程明渠汛期通航船舶及其辅助船舶检验规定》。

6 月 14 日　交通部召开第一次水上安全监督管理体制改革电话会议，水上安全监督管理体制改革实施工作全面展开。

6 月 18 日　中华人民共和国上海海事局成立。

6 月 29 日　交通部海事局党委印发《中国共产党交通部海事局纪律检查委员会工作规则（暂行）》。

7 月 8 日　中华人民共和国天津海事局成立。

7 月 19 日　中国海事局颁布《海事行政执法证管理办法》。《海事行政执法证》自 1999 年 8 月 1 日起启用。

7 月 20 日　交通部印发《关于部属海（水）监局等单位划归部海事局管理和部海事局与有关司局职责分工问题的通知》，决定将 15 个交通部直属海（水）上安全监督局和中国海事服务中心、交通部环境保护中心、交通安全质量管理体系审核中心划归交通部海事局管理，作为交通部海事局的直属单位。

7 月 21—22 日　交通部在大连召开 1999 年大型航运企业安全管理座谈会。

7 月 23 日　中国海事局批复中国船级社，确定中华人民共和国海事局《船舶与海上设施法定检验规则》封面和扉页样式。

8 月 17—26 日　交通部组织开展“小型船舶安全管理联合检查行动”。

9 月 6 日　交通部印发通知，公布《1969 年国际油污损害民事责任公约 1992 年议定书》于 2000 年 1 月 5 日起对中国生效。

9 月 8 日　交通部印发《中华人民共和国船舶检验局与中国船级社实行局社政事分开的实施意见》，明确中国海事局和中国船级社的职责分工、工作关系。

9 月 15 日　交通部海事局印发通知，要求直属海事系统严格执行国家有关行政性事业收费及罚款收入实行“收支两条线”的各项规定。

9 月 18 日　交通部海事局印发《交通部海事局直属单位工资管理暂行办法》。

10 月 1 日　上海市完成水上安全监督管理体制改革中机构人员资产划转交接工作。至 2004 年 10 月，广东、福建、天津、河北、辽宁、山东、广西、湖南、重庆、浙江、江苏等省（自治区、直辖市）相继完成水上安全监督管理体制改革中机构人员资产划转交接工作。

10 月 1 日—12 月 31 日　中国海事局参加东京备忘录组织开展的全球海上遇险与安全系统港口国监督集中检查会战。

10 月 8 日　交通部部长黄镇东签署［1999］第 4 号交通部令，公布《中华人民共和国水上水下施工作业通航安全管理规定》，自 2000 年 1 月 1 日起施行。

10 月 19—21 日　交通部在昆明召开 1999 年全国水上交通安全工作会议。

10 月 22 日　中国海事局印发《关于加强海员证管理的若干规定》。

10 月 27 日　经国务院批准，国务院办公厅印发《交通部直属海事机构设置方案》，决定在中央管理水域内设置 20 个交通部直属海事机构，下设分支机构、派出机构，明确海事机构是国家执法监督机构。

11 月 4—5 日　中国海事局组团参加在韩国举行的第一次中韩海上安全事务协商会议。

11 月 10 日　交通部公布中华人民共和国海事局局徽图案。

11 月 11 日　交通部批准成立海事、通信工程技术系列高级职务任职资格评审委员会。

11 月 17 日　中国海事局与公安部出入境管理局联合颁布《〈海员出境证明〉管理办法》。

11月24日 客滚船“大舜”轮在山东烟台附近海域发生特大火灾沉没事故，282人遇难。11月26日，交通部与山东省人民政府决定对“大舜”轮所属的烟大汽车轮渡股份有限公司给予停业整顿处理；11月30日，交通部在山东威海召开加强渤海湾客滚船安全管理现场会议。

12月3日 财政部、国家计划委员会印发通知，决定自2000年1月1日起取消第三批行政事业性收费项目，其中包括水上危险货物监督管理费和清除污染管理费。

12月14日 交通部印发《关于规范地方水上安全监督机构名称的通知》。

12月15日 交通部海事局党委印发《交通部直属海事系统领导班子工作规则》、《交通部直属海事系统领导干部交流管理实施办法》。

12月25日 国家主席江泽民签署第26号主席令，公布经修订的《中华人民共和国海洋环境保护法》，自2000年4月1日起施行。

12月27日 交通部召开第二次水上安全监督管理体制改革电话会议。

12月27日 国务院办公厅颁发20个交通部直属海事机构印章各1枚，其规格直径4.2厘米，中央刊国徽。

12月28日 中华人民共和国辽宁、河北、山东、福建、广东、广西、海南、深圳、营口、烟台、连云港、厦门、汕头、湛江海事局挂牌成立。

12月30日 中国海事局印发《关于明确给予事故责任人行政处罚有关问题的通知》。

是年，中国海事局组织研制出符合国际标准格式的电子海图。

2000年

1月1日 中华人民共和国海事局局徽、局旗正式启用。

1月1日 按照1999年5月1日开始执行的国家标准测量、编绘、印制的沿海港口航道图上不再标注“内部使用”字样，中国海事局出版的航海图书资料上统一使用中国海事局局徽作为新的图徽。

1月3日 信息产业部函复中国海事局，同意在全国范围内统一使用水上搜救专用电话号码12395。

1月3日 经国务院同意，交通部与国家经济贸易委员会联合印发《关于进一步加强乡镇船舶交通安全管理责任制的意见》。

1月4日 中国海事局印发《关于我国国际航线油船执行〈1992年国际油污损害民事责任公约〉的通知》。

1月11日 交通部印发《关于加强客滚船检验工作的通知》，规定所有跨省、区航行的海上客船、客滚船和客渡船一律由中国船级社检验。

1月14日 中国海事局印发《关于澳门回归后内地与澳门航线有关船舶和船员管理问题的通知》。

1月18日 中国海事局印发《航海图书资料印刷管理办法》、《沿海港口航道航行障碍物探测的一般规定(试行)》。

2月21—23日 2000年直属海事系统工作会议在北京召开。

2月23日 交通部印发《关于加强客滚船安全管理的通知》，对客滚船的开航气象条件限制、开航前船长声明等提出具体要求。

2月24日 交通部印发《关于开展“水上运输安全管理年”活动的通知》，“水上运输安全管理年”活动在全国交通系统全面展开。6月30日，交通部决定全国性的“水上运输安全管理年”活动连续开展三年。

2 月 24 日　中国海事局在北京召开直属海事系统《海洋环境保护法》宣传贯彻会议。

2 月 28 日　国家标准《液化气体船舶安全作业要求》发布。

2 月　《中国海事》杂志创刊，为内部资料性刊物。

2 月　交通部部长办公会决定交通部环境保护办公室使用交通部海事局人员编制，并作为交通部海事局内设机构进行管理。

3 月 3 日　交通部印发《关于开展客滚船运输安全评估的通知》，决定对从事省际运输的所有客滚船及其船公司、船员和停靠码头进行安全评估。

3 月 17 日　交通部海事局印发《关于深化水监体制改革实施海事系统规范管理的若干意见》。

3 月 21 日　交通部和国家环境保护总局联合发布《中国海上船舶溢油应急计划》及《北方海区溢油应急计划》、《东海海区溢油应急计划》、《南海海区溢油应急计划》、《台湾海峡水域溢油应急计划》，自同年 4 月 1 日起施行。

3 月 24 日　交通部与黑龙江省人民政府签署协议，交通部委托黑龙江省负责管理界河及内河干流中央管理水域的水上安全监督工作。8 月 3 日，中国海事局委托黑龙江省交通厅组建和管理中华人民共和国黑龙江海事局。

3 月 27 日　交通部海事局印发《海事系统“文明执法示范窗口”规范（试行）》。2004 年 4 月 8 日印发《海事系统文明执法示范窗口规范》。

4 月 3 日　交通部印发《交通部直属海事机构设置指导意见》，明确直属海事系统机构基本框架为直属海事机构、分支机构、派出机构三级。

4 月 7 日　交通部在“水上运输安全管理年”活动电话会议上，将“四客一危”（客滚船、客渡船、船载客车、旅游船和危险品运输船），“四区一线”（渤海湾水域、舟山水域、琼州海峡水域、西南山区河流和长江干线）确定为检查、监控重点；11 月 17 日，将“四客一危”重点船舶种类重新明确为客滚船、客（渡）船、高速客船、旅游船和危险品运输船。

4 月 17 日　24 个开展港口国监督检查的直属海事机构负责人与中国海事局在北京签署《开航前检查责任状》。

4 月 29 日　中国海事局印发《关于送鲜船舶管理若干问题的通知》，规定将送鲜船舶作为运输船舶管理。

5 月 8 日　国家标准《航海日志》发布。

5 月 10 日　中国共产主义青年团交通部海事局第一次团员大会在北京召开，选举产生共青团交通部海事局第一届委员会。2002 年 12 月 26 日，召开第二次团员大会；2007 年 5 月 16 日，召开第三次团员大会。

5 月 15 日　交通部海事局印发《交通部直属海事系统外事工作管理规定》。

5 月 19 日　《成山角水域船舶定线制》、《成山角水域强制性船舶报告制》通过国际海事组织海上安全委员会第 72 届会议审议，自同年 12 月 1 日起实施。

6 月 5 日　经国务院同意，中央机构编制委员会办公室批复交通部，批准交通部沿海直属海事机构设置 97 个分支机构。

6 月 5 日　交通部在深圳海域举行珠江口（粤、港、澳）搜救和溢油应急联合演习，这是自香港、澳门回归中国以后首次举行的粤、港、澳联合海上搜救和溢油应急演习。

6 月 8 日　交通部印发《三峡工程二期通航管理办法（修订本）》。

6 月 13 日　交通部印发《关于切实加强水上交通险情报告工作的通知》，就落实国务院批准建立的水上交通险情报告制度作出规定。

6 月 16 日　中国海事局印发《中国海事局国际海事研究委员会工作导则》。

6 月 18 日　坐落在秦皇岛市东山上的中国航标展馆建成并举行开馆揭幕仪式。

6 月 27 日　中国海事局为配合国家治理白色污染行动，印发《关于切实做好船舶白色污染治理工作的通知》。

6 月　全国海事系统“三年行政执法人员岗位培训”(1997 年 9 月—2000 年 6 月)结束。

7 月 1 日　中国海事局公布《长江上游南津关至羊角滩控制河段安全管理规定》。

7 月 1 日　中国 1400 多艘国际航行船舶及其公司全部纳入《国际安全管理规则》所规定的安全管理体系。

7 月 4 日　山东省地方海事局成立。

7 月 17 日　中国海事局印发《关于筹建船舶检验管理处的通知》，决定在辽宁、天津、上海、广东、长江海事局设置船舶检验管理处，作为中国海事局的派出机构，分片管理全国船舶检验业务工作。2001 年 1 月 1 日，5 个船舶检验管理处正式开展工作。

7 月 19—20 日　交通部在上海召开 2000 年水运安全生产座谈会。

7 月 26 日　中华人民共和国江苏海事局成立。

7 月 28 日　中华人民共和国长江海事局成立。

8 月 1 日　中国海事局发布《船舶登记工作程序》和《船舶名称管理办法》。《船舶名称管理办法》经修订后，于 2004 年 10 月 28 日重新发布。

8 月 1 日—9 月 18 日　交通部海事局党委开展“三讲”教育。

8 月 1—4 日　首次按照《中华人民共和国海船船员适任考试、评估和发证规则(1997)》实施的海船船员适任证书全国统考(总第 25 期)在全国各考区举行。

8 月 5 日　福建省地方海事局成立。

8 月 8 日　交通部海事局核准天津、上海、广州海事局内设机构方案时，将测绘处职能并入海测大队，实行处队合一管理体制。

8 月 9 日　交通部海事局党委印发《交通部直属海事系统中层领导职务任期制暂行办法》和《交通部直属海事系统中层领导干部任前公示暂行办法》。

8 月 17—31 日　交通部组织开展“2000 年水上统一执法行动”。

8 月 20 日　中华人民共和国黑龙江海事局成立。

8 月 28 日　河南省地方海事局成立。

8 月 30 日　中华人民共和国浙江海事局成立。

8 月 31 日　中国海事局印发《关于加强海上设施拖航检验及管理的通知》。

9 月 1 日　刘实任交通部海事局副局长，免去宋家慧交通部海事局副局长职务。

9 月 13 日　中国海事局印发通知，对全国海事系统船舶着色、标志、旗帜和命名提出统一规范和要求。

9 月 20 日　中国交通职工思想政治研究会海事分会会刊《海事研究》杂志开始出版发行。

10 月 10 日　交通部海事局党委印发《交通部海事局机关中层领导职务竞争上岗管理办法(试行)》。该办法经修订后，于 2002 年 2 月 19 日印发《交通部海事局机关处级领导职务竞争上岗管理办法(试行)》；于 2007 年 6 月 26 日印发《交通部海事局处级领导职位竞争上岗实施办法》。

10月　中国海事局在《中国海事》杂志第5期上首次公布水上交通事故调查报告。12月28日，编印《水上交通事故调查报告集》，公布部分水上交通事故调查报告。

11月1日　中国海事局印发《关于加强现有非国际航行散装液化气体船检验工作的通知》，规定由中国船级社负责散装液化气体船检验工作。

11月9日　交通部印发《船舶检验工作管理暂行办法》、《关于加强液化气船安全管理的通知》。

11月14日　中央机构编制委员会办公室函复交通部，明确海事机构依法履行行政执法监督职能，属行政机构。

11月15—17日　交通部在成都召开2000年全国水上交通安全工作会议。

11月27日　交通部环境保护委员会印发通知，成立“交通部环境保护专家委员会”。

12月6日　中国进入国际海事组织公布的“完全和充分履行《78/95船员培训值班国际公约》”首批白名单。中国海事机构签发的海船船员适任证书被国际航运界接受和认可。

12月20日　交通部海事局印发《交通部直属海事局工作人员录用暂行办法》。该办法规定交通部直属海事局工作人员录用参照《国家公务员录用暂行规定》执行。

是年，中国船旗继1998年7月脱离巴黎备忘录“黑名单”后，脱离美国港口国监督和东京备忘录“黑名单”，实现了三年“降滞脱黑”目标。

是年，交通部海事局领导班子被交通部党组评为2000年年度“五好班子”。

2001年

1月1日　经国务院批准，船舶吨税被纳入国家财政一般预算管理。

1月1日　《交通部直属海事局工作人员录用暂行办法》施行，开始建立“凡进必考、公开竞争、择优录取、民主监督”的工作人员录用机制。是年，直属海事系统首次面向社会公开招录工作人员。

1月7日　中国海事局印发《关于海船船员管理分工授权有关问题的通知》，决定将原设立在全国的6个海船船员考区调整为大连、天津、青岛、上海、广州5个考区。

1月12日　交通部党组印发《关于调整部属单位干部职务管理范围的通知》，委托交通部海事局党委代部管理部分领导干部职务。

1月15日　交通部印发《关于加强长江干线水上交通安全管理的通知》。

1月16日　交通部海事局党委印发《海事局机关及在京直属单位党建工作规则》。

2月7日　交通部印发《“十五”水上交通安全工作纲要》。

2月12—14日　2001年直属海事系统工作会议在广东佛山市召开。

2月23日　中国海事局印发《船舶交通管理系统运行管理考核办法》。

2月26日　中国海事局印发通知，调整实施《国际安全管理规则》的管理片区划分及牵头单位，将全国划分为11个管理片区。2003年1月1日增加到13个管理片区。

3月1日　甘肃省地方海事局成立。

3月2日　中国海事局印发《中华人民共和国海事局水上巡航管理办法(试行)》。

3月5日　河北省地方海事局成立。

3月7日　交通部海事局印发《海事系统执法人员考任制试点工作指导意见》，在直属海事系统扩大执法人员考任制试点范围。

3月10日　中华人民共和国海事局网站开通运行。

3 月 12 日　交通部印发《关于调整部分航标区行政管理关系的通知》，将 16 个原航标区统一更名为航标处，并组建北海航标处，17 个航标处分别划归天津、上海、广东、海南海事局管理。

3 月 12 日　交通部海事局党委、交通部海事局印发《关于直属海事系统深化干部人事制度改革的指导意见》。

3 月 20 日　根据交通部的部署，交通部海事局党委印发《关于在部直属海事系统行政执法队伍中开展“四项教育”的指导意见》，组织直属海事系统执法人员分期分批参加“四项教育”活动。

3 月 23 日　交通部海事局印发《交通部直属海事系统内部审计工作规定(试行)》。

3 月 23 日　中国海事局印发《关于加强港口航标管理工作的通知》。

4 月 10 日　中国海事局印发《关于海员证管理分工授权有关问题的通知》，授权 20 个直属海事局自 2001 年 6 月 1 日起开展海员证签发工作。

4 月 13 日　中国海事局颁布《中国船舶报告系统管理规定(试行)》，规定其他国家领海和内水以外的北纬 9°以北，东经 130°以西的海域为中国船舶报告区域。

4 月 23 日　交通部印发《中华人民共和国验船人员适任考试、发证规则》，自同年 10 月 1 日起实施。

4 月 24 日　江苏省地方海事局成立。

4 月 26 日　中国海事局印发《关于在全国海事系统推行统一政务公开的通知》。2004 年 6 月 22 日发布经修订的《关于在全国海事系统全面推行统一政务公开的通知》。2006 年 8 月 11 日，发布《海事行政执法政务公开实施意见》和《海事行政执法政务公开指南》。

4 月 28 日　交通部海事局印发《交通部直属海事系统航标机构定编与人事制度改革总体方案》。

5 月 17 日　中国海事局发布《移动式近海钻井平台公司安全管理体系审核若干准则》。

5 月 23 日　中国海事局发布《重点跟踪船舶监督检查管理规定》。同年 8 月 1 日，首次公布重点跟踪船舶名单。2004 年 7 月 13 日，该管理规定经修订后重新发布。

5 月 25 日　交通部海事局印发《海事行政执法人员守则》。

6 月 1 日　中国船舶报告系统开通试运行。

6 月 1 日　中国海事局颁布《水上交通事故调查处理结案管理规定(试行)》。2007 年 6 月 24 日颁布《水上交通事故调查结案管理规定》。

6 月 4 日　交通部海事局印发《交通部海事局机关非领导职务管理暂行办法》。

6 月 4 日　中国海事局印发《海事行政执法监督实施办法(试行)》。

6 月 7 日　交通部海事局印发《关于直属海事系统实施聘用(任)制改革试点工作的通知》。

6 月 7 日　云南省地方海事局成立。

6 月 24 日　中国交通职工思想政治工作研究会水监分会更名为中国交通职工思想政治工作研究会海事分会，并在北京召开第五届会员大会。

6 月 28 日　中国海事局印发通知，授权首批 92 个直属海事机构开展船舶登记工作。

7 月 2—4 日　交通部在哈尔滨召开中国海事局成立后的第一次全国船舶检验工作会议。

7 月 12 日　交通部发布《中华人民共和国船舶安全营运和防止污染管理规则(试行)》。

7 月 16—18 日　交通部在广州召开全国大型水运企业安全管理座谈会。

7 月 26 日　青海省地方海事局成立。

7 月　《中华人民共和国海事局与俄罗斯内河船舶登记局关于合作和相互代理的协议》在莫斯科签署。

8 月 2—3 日　交通部、国家经济贸易委员会在南京联合召开全国乡镇船舶安全管理工作会议。

8 月 6—9 日　中国海事局在北京承办国际海道测量组织海图展览。

8 月 9 日　交通部海事局党委印发《交通部直属海事局领导干部管理办法》。2003 年 1 月 11 日，2007 年 1 月 4 日，该管理办法经修订后先后重新印发。

8 月 15 日　交通部印发《全国海事系统深入开展创建文明行业活动的实施意见》。

9 月 3 日　国家标准《轮机日志和车钟记录簿》发布。

9 月 3 日　山西省地方海事局成立。

9 月 7 日　中国海事局印发《航运公司安全管理体系审核员管理规定》。2002 年 12 月 26 日，该管理规定经修订后重新印发。

9 月 11—13 日　中国海事局在北京主办亚太地区海事机构首脑论坛第五次会议。

9 月 20 日　交通部海事局印发《交通部直属海事系统各级海事机构主要职责分工的暂行规定（业务部分）》。

9 月 25 日　中国海事局印发《关于加强航行通告刊登发布工作的通知》。

9 月 27 日　中国海事局发布《关于划定长江三峡水利枢纽坝区水上交通管制区域的公告》。

10 月 9 日　免去黄先耀交通部海事局党委书记、副局长职务。

10 月 15 日　中国海事局印发《〈中华人民共和国验船人员适任考试、发证规则〉实施办法》。

10 月 16 日　交通部印发《中华人民共和国船舶检验机构资质认可与管理规则》。

11 月 5—6 日　交通部在南昌召开 2001 年全国水上交通安全工作会议。

11 月 13 日　中国海事局印发《海事系统收费票据管理暂行规定》。

11 月 19 日　何建中任交通部海事局党委书记、副局长。

11 月 27—29 日　交通部海事局党委在北京举办首次直属海事系统局长书记培训班。

11 月 28 日　中国海事局印发《水上交通事故调查处理指南》。

12 月 7 日　辽宁省地方海事局成立。

12 月 14 日　交通部印发《关于进一步明确水上交通安全管理工作职责的通知》，明确交通部和各省、自治区、直辖市交通厅（局、委），交通部直属海事局和各地方海事局在水上交通安全管理的职责。

12 月 20 日　国家计划委员会、财政部印发通知，批准自 2002 年 1 月 1 日起，适当调整船员考试收费标准，取消 8 项船员考试收费项目。

12 月 20 日　“海巡 21”巡视船交接仪式在上海举行，海事系统第一艘千吨级海上巡视船在上海海事局列编投入使用。

12 月 24 日　中国海事局印发《北方海区冬季恶劣气象条件下安全监督管理指导性意见》。

12 月 25—26 日　中国海员工会交通部海事局第一届委员会第一次全体会议在青岛召开，选举产生中国海员工会交通部海事局第一届委员会常务委员，主席孙继。

12 月 30 日　交通部印发《中国海事工作发展纲要（2001—2015 年）》。

是年，交通部海事局朱可欣获共青团中央授予的“全国优秀共青团员”称号。

是年，根据财政部部门预算改革的有关规定，交通部海事局在编制 2002 年年度部门预算中，将部门支出划分为基本支出和项目支出两部分；2003 年 6 月 20 日，印发《关于加强项目库管理的通知》；2006 年开始按照新的收支科目编制年度部门预算。

2002 年

1 月 1 日　中国海事局实施“一省一局”管理体制改革，营口海事局由辽宁海事局作为分支机构进行管理。之后，汕头、湛江、连云港、烟台、厦门海事局，自同年 5 月 1 日、6 月 1 日、7 月 1 日、9 月 1 日起，分别由广东、江苏、山东、福建海事局作为分支机构进行管理。

1 月 1 日　中国沿海无线电指向标—差分全球定位系统建成，正式对外开放。

1 月 1 日　《国际海运危险货物规则》第 30 套修正案开始实施。

1 月 14 日　中国海事局发布《航运公司安全管理体系审核发证机构资质管理办法》。

1 月 22—24 日　2002 年直属海事系统工作会议在天津召开。

1 月 30 日　中国海事局发布《船舶脱离重点跟踪船舶名单评审办法》。

2 月 10 日　中国海事局印发《海事法规体系框架》。

2 月 11 日　经国务院台湾事务办公室批准，中国海事局印发通知，同意台湾船员在大陆参加《78/95 海员培训值班国际公约》规定的培训和适任证书考试。

2 月 11 日　中国海事局调整修订《中国海区港口、航道图目录(1999 年)》。该目录经再次修订，于 2006 年 3 月出版新的《中国沿海港口航道图目录》，其总图幅调整为 312 幅。

2 月 19 日　交通部印发《关于全国海事系统统一以海事局(处)名义履行海事行政执法的通知》，规定自 2002 年 3 月 1 日起，全国海事系统各级海事机构统一以海事局(处)的名义，履行国家法律、法规以及中华人民共和国缔结或加入的国际海事公约赋予原中华人民共和国港务监督局、中华人民共和国船舶检验局及各级水上安全监督机构的法定职责和行政执法职能。

2 月 19 日　浙江省地方海事局成立。

2 月 19 日　交通部海事局党委印发《交通部海事局机关干部交流暂行办法(试行)》和《交通部海事局机关处级领导职务任期制暂行办法(试行)》。

2 月 25 日　经国务院同意，中央机构编制委员会办公室批复交通部，批准长江海事局设置 10 个分支机构，黑龙江海事局设置 5 个分支机构。

2 月 28 日　交通部海事局党委印发《关于加强直属海事系统执法队伍建设的意见》，提出力争在三年之内使直属海事系统执法队伍整体素质上一个台阶。

3 月 10 日　交通部海事局印发《直属海事系统领导人员任期经济责任审计规定》。

3 月 14 日　中央机构编制委员会办公室批复交通部，明确 20 个交通部直属海事机构使用事业编制 10076 名，全部由财政补贴。

4 月 1 日　全国海事行政执法人员开始统一使用《海事行政执法证》，原《水上安全监督行政执法证》停止使用。

4 月 4 日　交通部海事局印发《关于确定各直属海事局海域管辖范围的通知》。

4 月 5 日　中国海事局印发通知，对直属海事系统海事执法车辆的标志提出统一规范和要求。

4 月 9 日　交通部公布实施《船舶检验机构及验船人员工作过错追究办法》。

4 月 10 日　中国海事局发布《中华人民共和国海事局船舶安全检查员管理规定》。

4 月 22 日　交通部海事局印发《直属海事系统拔尖人才(学术带头人)培养工作实施意见》。

4 月 23 日　中国海事局发布《中华人民共和国海事局海事法规制订工作程序规定》。

4 月 26 日　郭莘、郑和平任交通部海事局副局长。

5月7日　北方航空公司CJ6136航班客机在大连海域坠毁。空难发生后，中国海上搜救中心、中国海事局迅速组织搜救、扫测、打捞行动，于5月14日、18日成功将失事飞机的语音记录器和数据记录器打捞出水。

5月28日　交通部海事局印发《直属海事系统实施执法人员考任制的指导意见》，在直属海事系统全面实施执法人员考任制。

5月30日　交通部部长黄镇东签署[2002]第1号交通部令，公布《海上滚装船舶安全监督管理规定》，自同年7月1日起施行。

6月7日　经国家统计局备案生效，交通部海事局印发《海事系统统计报表制度》。2005年8月22日印发《海事系统统计报表制度(2005年修订版)》。

6月26日　交通部海事局印发《交通部海事局机关各部门主要职责》。

6月28日　国务院总理朱镕基签署[2002]第355号国务院令，公布经修订的《中华人民共和国内河交通安全管理条例》，自同年8月1日起施行。

7月1日—9月30日　中国海事局参加东京备忘录、巴黎备忘录成员和美国海岸警卫队同步开展的《国际安全管理规则》实施情况港口国监督检查会战。

7月2日　中国海事局颁布《航行安全标准管理办法》。

7月9日　交通部海事局直属机关工会第一次会员代表大会召开，选举产生交通部海事局直属机关工会第一届委员会。

7月11日　中国海事局颁布《中华人民共和国船员违法记分管理办法(试行)》。

7月23—24日　交通部在哈尔滨召开2002年全国大型水运企业安全管理座谈会。

7月24日　贵州省地方海事局成立。

7月29日　四川省地方海事局成立。

8月1—2日　中国海事局举办以“建立我国船舶油污损害赔偿机制”为主题的2002年深圳海事论坛。

8月3日　交通部与云南省人民政府签署委托云南省人民政府对澜沧江对外开放水域及港口实施水上安全监督管理协议。之后，交通部于2003年11月3日、2004年4月21日，先后与四川省、内蒙古自治区人民政府签署委托管理该行政区域内中央管理水域水上安全监督管理工作的协议。

8月7日　江西省地方海事局成立。

8月12日　交通部印发《直属海事系统办公和业务用房建筑规划面积指标暂行规定》。

8月14日　安徽省地方海事局成立。

8月26日　交通部部长黄镇东签署[2002]第5号交通部令，公布《水上交通事故统计办法》，自同年10月1日起施行。

8月27日　中国海上搜救中心印发《中国海上搜救中心水上险情应急反应程序》。

8月29日　国家标准《原油过驳安全作业要求》发布。

8月30日　交通部印发《关于调整中国沿海航行警告和航行通告发布体系的通知》。

9月1日　《长江口水域船舶定线制》实施。

9月1—30日　中国海事局在沿海、长江干线和珠江水域开展液货船专项检查活动。

9月2日　中国海事局印发通知，明确长江地区实施《国内安全管理规则》，有关直属海事局和地方海事局对在本局登记的国内航行船舶及其所属航运公司开展安全管理体系审核发证工作的授权安排。2006年3月24日，中国海事局印发通知，决定取消对地方海事局实施《国内安全管理规则》审核发证的授权。

9月17日　交通部海事局印发通知，在上海海事局组织实施政府集中采购试点工作。

9月18日　内蒙古自治区地方海事处成立。

9月23日　湖北省地方海事局成立。

9月24日　中国海事局印发通知，授权首批216个地方海事机构开展内河船舶登记工作。

9月28日　中国海上搜救中心、中国海事局在上海吴淞口水域举行2002年海上搜救综合演习。

9月30日　重庆市地方海事局成立。

10月11日　中华人民共和国验船人员适任证书发证仪式在北京举行。

10月14—15日　交通部直属海事系统首次干部人事工作会议在杭州召开。

10月14日　陕西省地方海事局成立。

10月17日　首次海船船员适任证书计算机终端(无纸化)考试在上海举行。

10月17日　中国海事局印发通知，决定自2003年起统一组织航行于长江干线三等及以上船舶船员职务适任证书理论统考。

10月21日　中国海事局公布各省、自治区、直辖市船舶检验机构名称，开始对其进行资质审查。

10月24日　交通部印发《关于加强长江干线汽车渡船安全管理的通知》。

10月28日　中国海事局印发通知，决定全国海事系统的办公建筑物、船艇、执法机动车辆等的标识停用“中国港监”，统一更换为“中国海事”(字体为《中国海事》杂志刊题)。

10月29日　中国海事局发布《中华人民共和国小型船舶安全检查规定》。

11月5—6日　交通部在杭州召开2002年全国水上交通安全工作会议。

11月8日　专业化测量船“海测1504”建成下水。

11月18日　水上安全监督信息系统一期工程竣工。

11月20日　交通部海事局党委印发《直属海事系统局务公开实施办法(试行)》。

12月9日　交通部海事局印发《交通部直属海事系统人员控制数核定指导意见》。

12月16日—2003年2月28日，交通部交通安全委员会组织开展打击超载船、“三无”船舶(无船名船号、无舰舶证书、无船籍港的船舶)联动执法行动。

2003年

1月9日　中国海事局印发《中华人民共和国海事局VTS系统设备维护管理规则》。

1月30日　中国海事局印发通知，首次采用船舶安全检查指标的方式，向各直属海事局下达年度船舶安全检查任务。自此以后，中国海事局每年对船舶安全检查工作实行指标考核管理。

1月30日　中国海事局印发《中华人民共和国船舶法定检验质量管理办法》。

1月31日　交通部部长张春贤到中国海上搜救中心检查春节值班工作时指示，中国海上搜救中心要加大投入，把中国海上搜救中心办公室建成具有现代化、数字化、信息化管理水平，集水上安全管理、海上搜救决策、信息分析处理为一体的组织、协调、指挥中心。

2月8日　中央机构编制委员会办公室函复交通部，明确交通部直属海事机构履行国家水上安全监管等职责属于行政执法职能。

2月8日　为实施国务院批准的《渤海碧海行动计划》，交通部发布《渤海海域船舶排污设备铅封程序规定》，自2003年6月1日起，由环渤海湾的海事机构对渤海海域内的船舶实施铅封管理，禁止油污水排入渤海。

2 月 9 日　中国海事局印发《中华人民共和国船舶法定检验质量管理体系审核、发证管理规定》。

2 月 14 日　中国海事局颁布《沿海通航水域应急扫海测量管理办法》。

2 月 17—18 日　2003 年直属海事系统工作会议在上海召开。

2 月 22 日　大连渤海轮船公司"辽旅渡 7"客滚船在渤海海峡沉没。经中国海上搜救中心全力组织搜救，81 名旅客和船员全部被救起(其中 4 人因抢救无效死亡)。

2 月 24 日　免去王金付交通部海事局副局长职务。

2 月 25 日　交通部海事局党委印发《交通部直属海事系统中层领导职务竞争上岗工作暂行办法》和《交通部直属海事系统处级领导干部选拔任用工作暂行办法》。

3 月 1 日　海事办公政务系统(计算机软件)开始在交通部海事局机关试运行，交通部海事局内部网站开通。该系统经重新研制改版，于 2005 年 9 月 1 日正式运行，交通部海事局内部网站全面更新。

3 月 12 日　交通部海事局印发通知，开始施行直属海事局(年度)目标管理责任制。

3 月 19 日　中国海事局印发通知，决定 2003 年在全国范围内开展"船员培训质量管理年"活动。

3 月 31 日　中共中央政治局常委、国务院副总理黄菊和国务院副秘书长尤权视察中国海上搜救中心。

4 月 2 日　中共中央政治局委员、书记处书记、中央组织部部长贺国强，全国政协副主席、中央统战部部长刘延东等视察中国海上搜救中心。

4 月 2 日　中国海事局与澳门特别行政区港务局在北京签署"内地与澳门海上安全合作工作安排"，首次就澳门附近水域安全管理等建立合作与协调机制。

4 月 2 日　交通部海事局印发《交通部直属海事局转岗分流人员管理暂行办法》。

4 月 4 日　新疆维吾尔自治区地方海事局成立。

4 月 14 日—9 月 12 日　交通部海事局党委开展"保持共产党员先进性教育活动试点工作"。

4 月 18 日　交通部印发《关于交通部直属海事系统工作人员统一着装有关事宜的通知》，决定对直属海事系统工作人员制服装具(包括帽徽、领花、肩章、臂章、纽扣)式样，以中国海事局局徽为主体进行修改。

4 月 18 日　中国海事局印发《直属海事系统业务工作综合评价规则》和《直属海事系统业务工作综合评价指标体系》。

4 月 29 日　中国海事局发布《中华人民共和国海事局"安全诚信船舶"评选规定》。7 月 18 日，公布首批 146 艘"安全诚信船舶"名单。

5 月 1 日　宁夏回族自治区地方海事局成立。

5 月 6 日　交通部印发《长江江苏段船舶定线制规定》，自同年 7 月 1 日起施行。

5 月 13 日　交通部部长张春贤签署[2003]第 5 号交通部令，公布《交通建设项目环境保护管理办法》，自同年 6 月 1 日起施行。

5 月 16 日　交通部部长张春贤签署[2003]第 6 号交通部令，公布《长江三峡水利枢纽水上交通管制区域通航安全管理办法》，自同年 6 月 15 日起施行。

5 月 16 日　交通部发布《长江上游庙河至丰都河段通航安全管理办法》，自同年 5 月 25 日起施行。

5 月 20 日　中国海事局发布《中华人民共和国船舶检验机构资质认可与管理实施指南》。

6 月 3 日　中国海上搜救中心印发《搜救力量指定指南》。

6 月 20 日　徐国毅、李青平任交通部海事局副局长，免去刘德洪交通部海事局副局长职务。

6 月 20 日—7 月 20 日　中国海事局在全国范围开展对船载危险货物集装箱集中检查活动。

6 月 24 日　中国海事局印发《关于实施国际航行船舶海上保安工作的通知》。

7 月 1 日　北京市地方海事局成立。

7 月 10 日　交通部部长张春贤签署[2003]第 7 号、第 8 号交通部令，公布《海区航标管理办法》、《中华人民共和国海上海事行政处罚规定》，均自同年 9 月 1 日起施行。

7 月 24—25 日　交通部在青岛召开 2003 年全国大型水运企业安全管理座谈会。

7 月 29—30 日　交通部海事局在江苏扬州召开全国海事系统信息化工作会议。

7 月 30 日　交通部交通安全委员会印发《深化水上交通运输安全专项整治工作指导意见》。

8 月 7 日　天津市地方海事局成立。

8 月 12 日　交通部印发通知，公布经国务院决定第一批、第二批已取消和改变管理方式的交通部行政审批项目后续监管措施，其中包括 4 项已取消的海事行政审批项目后续监管措施。

8 月 19 日　交通部印发通知，发布“海事行政处罚执法文书”式样。

8 月 27 日　交通部海事局党委印发《关于进一步规范海事执法行为加强行风建设的通知》，提出直属海事系统规范执法行为的八项纪律。2006 年 6 月 2 日，交通部海事局颁布全国海事系统八大纪律。

8 月 27—29 日　首次长江干线内河三等及以上船舶船员职务适任证书理论统考在 9 个考区、25 个考点举行。

9 月 1 日—11 月 30 日　中国海事局参加东京备忘录组织开展的散货船结构安全港口国监督集中检查会战。

9 月 2 日　交通部印发《关于修改〈中华人民共和国内河避碰规则(1991)〉的决定》。

9 月 16 日　海事系统职工文艺调演在青岛举行。12 月 19 日，选取部分节目在北京向交通部汇报演出。

9 月 18 日　交通部印发《长江三峡库区船舶定线制规定(试行)》，自同年 10 月 1 日和 2004 年 1 月 1 日起分段施行。

9 月 23 日—10 月 7 日　中国海事局与长江航务管理局共同组织实施“长江三峡 135 米库区航路扫床工程”。

9 月 24 日　中华人民共和国澜沧江海事局成立。

9 月 28 日　交通部发布第 15 号公告，公布《1972 年国际海上避碰规则》修正案，于同年 11 月 29 日生效。

10 月 27—28 日　全国海事系统文明执法示范窗口建设和宣传思想工作座谈会在南京召开。

10 月 29—30 日　交通部在长沙召开交通环保工作 30 周年总结表彰大会。

10 月　电子海图数据中心在上海海事局建成运转。

11 月 6 日　中国海事局印发通知，决定自 2004 年 1 月 1 日起实行全国船舶检验人员持证上岗制度。

11 月 6—7 日　交通部在贵阳召开 2003 年全国水上交通安全工作会议。

11 月 17 日　中国海事局以“液化气船舶运输风险控制”为主题，首次举办上海国际海事论坛。

11 月 27 日　中国海事局公布《国内航行海船法定检验技术规则(2004 年)》、《内河船舶法定检验技术规则(2004 年)》。

11 月 30 日　交通部部长张春贤签署[2003]第 10 号交通部令，公布《中华人民共和国船舶载运危险货物安全监督管理规定》，自2004年1月1日起施行。

12月29日　交通部印发《关于制订乡镇渡口渡船检验规范若干事项的通知》，明确各省(自治区、直辖市)交通主管部门制订乡镇渡口渡船检验规范的有关事项。

12月　北方海区航标遥测遥控系统工程(一期)建成投入试运行。2004年3月和6月，南海海区(珠江口)、东海海区(长江口)航标遥测遥控系统先后建成试运行。

2004年

1月7日　海上搜救咨询专家组成立，中国海上搜救中心建立海(水)上搜救专家咨询机制。

1月8日　中国海事局颁布《海区航标应急反应管理办法(试行)》。

1月14日　交通部部长张春贤在视察舟山普陀山海事处时指出，基层海事执法队伍是一支团结、敬业、有纪律性和战斗力的集体；要求海事系统要始终保持昂扬向上的精神状态，在社会上树立一种崭新形象，解决好水上安全问题，加强队伍建设，切实履行职责。

1月15日　国务院在研究部署建立全国应急体系工作的专题会议上，将海上搜救应急体系纳入全国应急体系之中。中国海上搜救中心开始编制《国家海上搜救应急预案》。

1月30日　交通部海事局党委印发委托中国统计信息咨询中心对全国海事系统行风状况进行普遍调查后编制的《全国海事系统行风调查报告》。

2月3—4日　2004年直属海事系统工作会议在青岛召开。

2月9日　“珠江口海事三维地理信息系统”在广州通过中国海事局组织的技术鉴定。

2月16日　交通部海事局党委、交通部海事局印发决定，公布全国海事系统10名“海事行政执法标兵”、100名“海事行政执法优秀工作者”名单。

2月16日　交通部发布2004年第3号公告，公布“全国海事系统行政执法八项便民措施”。

2月16日—7月10日　中国海事局组织开展沿海小型船舶专项整顿活动。

2月24日　中国海事局印发《关于进一步加强船舶雾航安全管理的通知》。

2月27日　交通部海事局党委印发《关于加强海事系统宣传思想工作的意见》。

3月1日　交通部发布2004年第4号公告，公布《珠江口水域船舶定线制(试行)》和《珠江口水域船舶报告制(试行)》，自同年6月1日起施行。

3月11日　国务委员兼国务院秘书长华建敏、副秘书长尤权视察中国海上搜救中心。

3月18日　交通部印发《关于进一步加强水上交通事故调查处理的通知》，明确对死亡失踪10人及以上的水上交通事故，中国海事局将给予跟踪或组织调查。

3月20日　交通部印发《海事系统制服装具管理办法(试行)》。

3月23日　交通部印发《交通部交通安全委员会工作规则》。

4月1日—6月15日　交通部交通安全委员会组织开展2004年打击水上运输超载统一执法行动。

4月1—30日、9月1—30日　中国海事局在全国范围组织开展“四客一危”船舶专项安全检查活动。

4月5日　中国海事局印发《关于开展海事执法管理模式改革的指导意见》，在直属海事系统全面实施海事执法管理模式改革。2006年12月25日，印发《关于完善海事执法管理模式改革工作的意见》。

4月5日　中国海事政策法规与发展战略研究中心揭牌成立。

4月5日　交通部海事局印发《关于进一步加强航标管理的若干意见》，开始推行航标管理“管养分开”改革，将航标养护工作从各辖区航标管理处的工作中分离，成立相应的辖区航标养护中心。

4月14日　中国海事局发布《国际航行船舶配备〈连续概要记录〉规定》。

4月27日　中国海上搜救中心办公室被中央国家机关工会联合会授予中央国家机关“五一劳动奖状”。

4月30日　中国海事局印发《关于进一步加强VTS系统运行管理的指导意见》和《加强海上辖区巡航工作的指导意见》。

4月30日　中国海事局委托中国船级社代行船舶法定检验协议签字仪式在北京举行。

5月1日—6月30日　中国海事局组织在全国“四区一线”范围内开展对“四客一危”船舶检验质量督查活动。

5月9日　上海市地方海事局成立。

5月10日　交通部海事局党委印发《关于加强后备干部培养工作的意见》。

5月22日　“海巡21”巡视船起程赴日本观摩和参加日本海上保安厅检阅式及综合演习。

6月3日　交通部印发《关于建立反水上运输超载长效管理机制的实施意见》。

6月3—4日　全国海事系统法制工作会议在北京召开。

6月8日　范亚祥任交通部海事局党委副书记兼纪委书记，免去孙继交通部海事局党委副书记兼纪委书记职务。

6月16日　交通部发布《船舶保安规则》，自同年7月1日起施行。

6月22日　中国海事局印发《关于依法做好海事行政许可工作的通知》。

6月29日　国务院在对确需保留的行政审批项目设定行政许可的决定中，将3项海事行政审批项目列入确需保留的行政审批项目设定行政许可的项目目录中，将17项海事行政审批项目列入依法继续实施的行政审批项目目录中。

6月30日　交通部部长张春贤签署[2004]第6号、第7号交通部令，公布经修订的《中华人民共和国海船船员适任考试、评估和发证规则》、经修订的《中华人民共和国船舶最低安全配员规则》，均自同年8月1日起施行。

7月1日—9月30日　中国海事局参加东京备忘录组织开展的《国际船舶和港口设施保安规则》实施情况港口国监督集中检查会战。

7月7日　湖南省地方海事局成立。

7月12日　中央机构编制委员会办公室批复中国海上搜救中心人员编制和职责。

7月17日　在广东韶关召开的直属海事系统年中工作会议上，交通部海事局提出建设“三个海事”(交通海事、阳光海事、数字海事)的发展新理念，实现“三个追求”(勇于负责，追求社会满意度最高；干对干好，追求工作岗位业绩最优；创造环境，追求职工的归属感最强)的海事管理新要求，达到“船舶适航、船员适任、安全畅通、有效监管、优质服务”发展新目标。

7月20日　交通部副部长徐祖远兼任交通部海事局局长，免去洪善祥兼任的交通部海事局局长职务。

7月20日　中国海事局发布《船舶港内安全作业监督管理办法》。

7月20日　中国海事局印发《关于确保电煤运输的通知》，组织海事系统开展为期一个多月的“迎峰度夏，抢运煤炭”安全保障活动。

7月21日　交通部印发《关于实行长江干线海事巡航和救助一体化管理的通知》。

7 月 21 日　全国人民代表大会常务委员会副委员长成思危视察中国海上搜救中心。

7 月 22—23 日　交通部在南京召开 2004 年全国大型水运企业安全管理座谈会。

7 月 28 日　交通部海事局团委获共青团中央联合 23 个中央、国家机关有关部委局和单位授予的“十年全国青年文明号活动优秀组织奖”。

7 月 28 日　首次中日港口国监督双边合作会议在大连举行。

7 月 29 日　中共中央政治局常委、国务院总理温家宝指示要完善海上搜救体制改革。

8 月 27 日　交通部印发通知，公布经国务院决定第三批已取消和改变管理方式的交通部行政审批项目后续监管措施，其中包括 1 项已取消的海事行政审批项目后续监管措施。

8 月　为期 3 年的全国海事系统“执法人员大专文化层次学历证书培训”结束，共有 2317 人接受大专文化层次培训。

10 月 11 日　中国海事局印发《中国海区历史灯塔保护管理办法(暂行)》。

10 月 15 日　中国海事局印发决定，授予 52 名全国优秀验船师荣誉称号，表彰 46 名全国优秀船检工作者、5 名全国优秀船检科研工作者。

10 月 18—22 日　《中华人民共和国验船人员适任考试、发证规则》实施以来首次验船人员适任统考在全国 5 个地区 10 考点 39 个考场举行。

10 月 21 日　中国海事局与菲律宾海岸警卫队在马尼拉举行代号为“中菲合作 2004”中菲联合沙盘搜救演习。

10 月 24 日　中国海员工会交通部海事局第一届委员会第四次全体会议在杭州市召开，选举范亚祥接任中国海员工会交通部海事局第一届委员会主席。

10 月 26 日　中国海事局印发《海事行政执法过错和错案责任追究暂行规定》。

10 月 27 日　中国海事局颁布《中华人民共和国海事行政强制实施程序暂行规定》。

10 月 30 日　交通部公布《川江及三峡库区航行船舶检验管理暂行规定》。

11 月 1 日　中国海事局印发《船舶载运危险货物安全专项整治方案》，决定在 2005 年开展船舶载运危险货物安全专项整治活动。

11 月 2—3 日　交通部副部长徐祖远率团出席在温哥华召开的巴黎和东京港口国监督谅解备忘录第二届联合部长会议，并与他国代表共同签署了《强化责任链——采取区域间行动消除低标准航运》的部长联合声明。

11 月 3 日　交通部海事局党委向全国海事系统颁布《中国海事之歌》标准版。

11 月 9 日　吉林省地方海事局成立。

11 月 10 日　交通部印发《关于进一步落实引航机构安全管理责任的通知》。

11 月 13—14 日　交通部在重庆召开 2004 年全国水上交通安全工作会议。

11 月 22—25 日　中国海事局承办在上海召开的亚太地区港口国监督谅解备忘录委员会第 14 次会议。

11 月 30 日　中国海事局印发通知，决定在长江三角洲地区海事机构现场监督管理工作中推广使用船舶 IC 卡。同日发布《船舶 IC 卡管理规定》和《船舶 IC 卡管理工作程序》，自 2005 年 1 月 1 日起实施。

12 月 6 日　国家发展和改革委员会、财政部印发通知，决定自 2005 年 1 月 1 日起，降低行政机关和事业单位的部分收费标准，其中包括海事调解费、外轮节日和夜间的护航费。

12 月 7 日　交通部部长张春贤签署[2004]第 13 号交通部令，公布《中华人民共和国内河海事行政处罚规定》，自2005年1月1日起施行。

12月15—16日　首次直属海事系统人才工作会议在北京举行。

12月21日　中国海事局与农业部渔业局、渔业船舶检验局签署《关于理顺从事国际鲜销水产品冷藏运输船管理关系的意见》。

12月22日　交通部、建设部联合印发《三峡库区水域船舶垃圾接收和转运管理规定》。

12月26日　中共中央政治局常委、国务院副总理黄菊在北京参加全国交通工作会议前，接见在几次重大水上搜救行动中表现突出的先进集体代表和先进个人。

12月26日　交通部部长张春贤在2005年全国交通工作会议上，提出要按照"精干的队伍、精良的装备、精湛的技术，在关键时刻发挥关键作用"的要求，加强交通海事、救助队伍的装备和能力建设。

12月　中国实施的"全球压载水管理项目"在国际海事组织召开的全球压载水管理项目实施机构第六次会议上，被国际海事组织认为是唯一全部完成各个项目活动的国家。

2005年

1月1日　全国海事系统开始使用具有信息记录功能的新版《海事行政执法证》。

1月1日　交通部直属海事系统正式启用由财政部统一印制的《中华人民共和国海事行政事业性收费专用收据》。

1月1日　中华人民共和国黑龙江海事局管理体制调整，由交通部海事局直接管理。

1月5日　交通部在北京召开"辽旅渡7"轮沉船打捞协调会，成立"辽旅渡7"轮沉船打捞领导小组。4月15日，中国海事局完成对"辽旅渡7"轮沉船打捞方案和打捞作业现场监管方案的审核。11月4日，"辽旅渡7"轮沉船上所载15辆汽车和包括100吨苯酚的货物全部打捞出水，污染源被彻底消除。

1月23—24日　2005年直属海事系统工作会议在杭州召开。

2月6日　中国海事局发布《中华人民共和国海事局安全诚信船舶、安全诚信船长评选规定》。

2月22日　3000吨级大型巡视船"海巡31"建成交付广东海事局列编使用。

2月24日　交通部发文，撤销中国海上搜救中心办公室，成立中国海上搜救中心总值班室。

3月4日　中央机构编制委员会办公室印发《关于进一步明确水上交通安全监管职责分工有关问题的通知》。

3月11日　交通部印发通知，决定上海、广州海岸电台划回交通部管理后，自2005年3月1日起，分别移交上海、广东海事局管理。

3月21日　交通部部长张春贤签署[2005]第1号交通部令，公布《中华人民共和国内河船舶船员适任考试发证规则》，自同年6月1日起施行。

3月25日　交通部海事局印发《交通部直属海事系统教育培训管理办法》、《交通部直属海事系统基本建设管理办法(试行)》。

3月30日　交通部副部长徐祖远与湖北省副省长周坚卫签署《湖北省长江干线水上安全监督机构划转交通部管理交接协议书》。之后，徐祖远分别与安徽省、江西省有关领导签署长江干线水上安全监督机构划转交通部管理交接协议书。至2005年6月30日，湖北、安徽、江西省相继完成水上安全监督管理体制改革中机构人员资产划转交接工作。

4月5日　在武汉召开的交通部反水上运输超载协调会上，12个直属海事局及地方海事局与中国海事局签订《反超载承诺书》。

4月6日　交通部印发《建立水上交通安全长效管理机制指导意见》。

4月7日　交通部海事局印发通知，组织直属海事系统于2005年4月至9月开展工作船舶“管用养修”专项工作。

4月8日　中国海事局印发《关于实施船舶监督管理协查和信息通报工作制度的通知》。

4月13日　交通部、国防科学技术工业委员会、农业部、国家安全生产监督管理总局（简称四部委）联合发布《全国低质量船舶专项治理活动方案》，决定自2005年4月21日至11月30日在全国范围内开展低质量船舶专项治理活动。11月22日，四部委联合印发通知，将全国低质量船舶专项治理活动延续至2006年12月31日。

4月15日—6月15日　中国海事局在长江干线及其支流水域组织开展整治船员持假证上船任职统一执法行动集中会战。

4月27日　中国交通部部长张春贤与菲律宾交通通信部部长雷恩德洛·门多萨正式签署《中华人民共和国交通部与菲律宾共和国交通通信部海事合作谅解备忘录》。

4月　中国海事局在国际航标协会航标管理委员会第6次会议上，提出《关于紧急沉船标志的建议》提案。2006年11月，国际海事组织海上安全委员会第82届会议批准国际航标协会提交的《紧急沉船标识建议草案》。

5月8日　中国海事局颁布《中华人民共和国内河船舶船员适任考试大纲》。

5月8日　首座虚拟航标在辽宁海域投入使用。

5月22日　国务院函复交通部，同意建立由交通部牵头的国家海上搜救部际联席会议制度。

5月24日　经国务院同意，国务院办公厅印发《国家海上搜救应急预案》。

6月1—30日　中国海事局组织对沿海散、杂货船舶进行专项检查活动。

6月8日　交通部印发《长江安徽段船舶定线制规定》，自同年10月1日起施行。

6月10日　中华人民共和国呼伦贝尔海事局成立。

6月22日　中国海事局印发《关于船舶载运危险货物集装箱开箱检查程序的指导意见》。

6月23日　西藏自治区地方海事局成立。

6月28日　梁晓安任交通部海事局党委书记、副局长；免去何建中交通部海事局党委书记、副局长职务。

7月1日　长江干线安徽、江西、湖北、湖南、重庆段的水上安全监督工作统一由长江海事局负责。历时7年的全国水上安全监督管理体制改革全面完成。

7月5—6日　中国海事局举办以“船舶油污损害赔偿基金的征收和使用管理”为主题的2005年上海国际海事论坛。

7月7日　交通部和上海市人民政府在上海海域举行“2005年东海联合搜救演习”。

7月22日　交通部、国家安全生产监督管理总局印发《关于开展渡口渡船专项整治规范渡口渡船安全管理的意见》，决定在全国开展渡口渡船专项整治工作。渡口渡船安全管理专项整治活动于2005年9月27日至2007年9月30日在全国开展。

7月25日　中国海事局印发通知，决定实施船舶滞留专家复审制度。

7月29日　交通部在大连召开2005年全国大型交通企业安全工作会议。

8月8日　交通部海事局党委印发《交通部直属海事系统建立健全教育、制度、监督并重的惩治和预防腐败体系的实施意见（试行）》。2006年3月31日印发《交通部直属海事系统建立健全教育、制度、监督并重的惩治和预防腐败体系的实施意见》。

8月8日 《中国海事》杂志经新闻出版总署批准，对国内外公开发行。

8月12日 交通部海事局党委印发《关于全国海事系统开展“安全畅通文明”航区(航线)创建活动的意见》。

8月20日 交通部向国务院上报《关于全国水上安全监督管理体制改革情况的报告》

8月20日 交通部部长张春贤签署[2005]第11号交通部令，公布《中华人民共和国防治船舶污染内河水域环境管理规定》，自2006年1月1日起施行。

8月23日 中国海事局发布《船舶登记监督管理办法》。

9月1日—11月30日 中国海事局参加东京备忘录针对船舶操作性要求统一开展的港口国监督集中检查会战。

9月16日 中国海事测绘成立五十周年纪念活动在广州举行。

9月26日 中国共产党交通部海事局直属机关第一次党员代表大会召开，选举产生中国共产党交通部海事局直属机关第一届委员会，范亚祥兼任直属机关党委书记。

9月28日 交通部印发《关于进一步加强琼州海峡交通安全监督管理工作的通知》。

9月28日 中国海事局颁布《海事官员制式服装着装规定》。

10月7日 国家标准《航海常用术语及其代(符)号》、《水上安全监督常用术语》发布。

10月19日 中国海事局颁布《中华人民共和国海船船员适任考试大纲》。

10月20日 中国海事局印发通知，针对河南省驻马店市船舶检验所在船舶检验发证过程中出现重大过错，决定取消驻马店市船舶检验所船舶法定检验及发证权。

10月21—22日 中国海上搜救中心成功组织在寒潮大风中实施跨辖区的搜救行动。就此，国务委员、公安部部长周永康批示：对搜救中心及时启动应急预案，成功地组织了一起跨辖区搜救行动应当进行表彰。

10月27—28日 交通部在北京召开2005年全国海事工作会议，这是水上安全监督管理体制改革后的第一次全国海事工作会议。会议把“全国海事一家人，水上监管一盘棋”确定为海事事业发展理念。

10月29日 交通部部长张春贤在与直属海事系统党政正职领导干部座谈时，评价海事队伍状况是成绩显著，地位提高，心齐气顺，风正劲足；并对海事系统如何走以人为本、科学、可持续、内涵式发展道路提出新的要求。

11月1—4日 中国海事局在青岛举办全国船舶检验局长培训班。

11月11日 交通部印发《关于加强交通行业中央企业安全生产工作的通知》，明确了交通部直属海事局对7家交通行业中央企业安全生产的监管职责。

11月24日 交通部印发《关于进一步加强引航安全管理的通知》。

12月2日 中国海事局印发通知，公布《上海洋山深水港区及其附近水域通航安全管理规定》。

12月7日 国务委员兼国务院秘书长华建敏在国务院主持召开国家海上搜救部际联席会议第一次会议，国家海上搜救部际联席会议制度正式建立。

12月13日 交通部印发《天生桥(万峰湖)库区水上交通安全管理办法(试行)》。

12月14日 中国—东盟海事磋商机制第一次会议在广州召开。

12月14日 免去徐国毅交通部海事局副局长职务。

12月21日 中国海上搜救中心总值班室成立。

12 月 22 日　王金付任交通部海事局副局长。

12 月 28 日　交通部发布[2005]第 17 号公告，公布《长江上海段船舶定线制规定》和《上海黄浦江通航安全管理规定》，均自 2006 年 4 月 1 日起施行。

12 月 28 日　交通部海事局党委印发《全面推进“三个海事”指导意见》。

12 月 28 日　中国海事局印发《海事调查官管理规定(试行)》。

是年，根据国家国库集中支付制度改革的要求，交通部海事局开始实行财政授权支付和财政直接支付。

是年，交通部海事局财务会计处获“全国巾帼文明岗”称号。

2006 年

1 月 4 日　交通部海事局党委印发《关于进一步加强直属海事系统基层单位领导班子建设的意见》。

1 月 9 日　交通部部长李盛霖签署[2006]第 1 号交通部令，公布《中华人民共和国海事行政许可条件规定》，自同年 4 月 1 日起施行。

1 月 19 日　最高人民法院民事审判第四庭与中国海事局联合印发《关于规范海上交通事故调查与海事案件审理工作的指导意见》。

1 月 20 日　交通部印发《关于实现全国海事一家人水上监管一盘棋的指导意见》。

1 月 23 日　交通部、公安部、国家安全生产监督管理总局联合印发《关于进一步加强水路公路危险化学品运输管理的通知》。

1 月 26 日　人事部、交通部、农业部联合颁布《注册验船师制度暂行规定》，自同年 3 月 1 日起施行，验船人员适任考试同时停止。

2 月 1 日—4 月 30 日　中国海事局参加东京备忘录、巴黎备忘录各成员同步开展的实施《73/78 防污公约》附则 I 港口国监督集中检查活动。

2 月 10 日　中国海事局印发《关于进一步加强海岸电台值守的通知》。

2 月 16—17 日　2006 年直属海事系统工作会议在福州召开。

2 月 17 日　交通部印发《关于进一步明确部内单位安全管理职责的通知》。

2 月 24 日　交通部部长李盛霖签署[2006]第 4 号交通部令，公布经修订的《中华人民共和国高速客船安全管理规则》，自同年 6 月 1 日起施行。

3 月 1 日　交通部印发《交通行业中央企业安全工作考核管理办法》。

3 月 14 日　中国海事局与日本海上保安厅在北京举行中日联合海上搜救通信演习。

3 月 17 日　交通部海事局党委印发《直属海事系统 2006—2020 年人才发展规划》。

3 月 30 日　中国海事局印发《海事航测“十一五”工作总体思路》。

3 月 30 日　交通部海事局成立海事系统新船型研发工作组。8 月 22 日至 23 日，交通部海事局在北京召开论证会，确定新型 60 米级、40 米级和 30 米级海事巡逻船船型。

4 月 3 日　交通部印发《中国海事工作发展纲要(2006—2020)》。

4 月 4 日　交通部海事局发文，决定用 3 年至 5 年时间在全国海事系统开展“规范管理年”活动。

4 月 4 日　在北京召开的交通部交通安全委员会 2006 年第一次全体会议，将“四季三节”(春季防雾、夏季防台、秋季防火、冬季防风，春节、“五一”、“十一”长假防止发生群死群伤事故)作为监管的重点时段，将“四船一链”(船公司是主体，船舶是基础，船员是重点，船长是关键，四者通过安全管理体系形成一条管理链）作为监管企业安全管理体系的重点环节。

4月10日　交通部发文，决定自5月10日至8月18日在全国交通系统开展水上危险品运输“百日会战”安全专项整治行动。

4月14日　中国海事局印发《关于建立海事航测质量管理体系工作的通知》。

4月19—20日　中国海事局举办以“高素质海员”为主题的“2006年深圳国际海事论坛”。

4月19日　中国海事局颁布《船检技术法规制订程序规定》。

4月28日　交通部发布2006年第10号公告，公布《老铁山水道船舶定线制》和《老铁山水道船舶报告制》，自同年6月1日起施行。

5月12日　中国海事局印发通知，决定自6月1日起开展为期一个月的打击内河船舶海上施工作业的安全管理专项整治活动。

5月17日—6月2日　中国海上搜救中心成功组织了对在2006年“珍珠”台风中遇险的330名越南渔民的搜救行动。就此，5月22日，越南国家主席陈德良致电中国国家主席胡锦涛，对中方及时救助遇险越南渔民表示感谢。5月27日，国务院总理温家宝批示：发扬成绩，再接再厉，进一步加强海上安全监管和搜救工作。

5月22—27日　中国海事局在上海举办国际航标协会第十六届大会，交通部海事局常务副局长刘功臣当选为新一届理事会主席。这是国际航标协会1957年成立以来的首位中国主席。

5月25日　经中央机构编制委员会批准，中央机构编制委员会办公室批复交通部，同意将中华人民共和国河北海事局机构规格调整为正局级。

6月2日　交通部部长李盛霖在交通部主持召开国家海上搜救部际联席会议第二次会议。

6月20日　交通部印发《京杭运河通航管理办法（试行）》，自同年8月1日起施行。

6月22日　交通部和辽宁省人民政府在大连海域举行“2006年海上联合搜救演习”，国务委员兼国务院秘书长华建敏观摩演习。

6月23日　交通部印发《关于在交通系统开展平安建设的意见》。

6月—12月　中国海事局组织完成“渤海超大型船舶航路扫测工程”。

7月4日　中国海事局颁布施行《海船船员适任计算机终端考试实施办法（暂行）》。

7月6日　交通部发布2006年第15号公告，公布《经1978年修订的〈1973年国际防止船舶造成污染公约〉1997年议定书》于2006年8月23日对中国生效。该议定书新增附则Ⅵ《防止船舶造成空气污染规则》。

7月6—7日　全国海事系统精神文明建设工作会议在青岛召开。

7月13—14日　中国海事局在河南新乡召开“推进中西部海员发展工作座谈会”。

7月17日　中国海事局印发《船检机构执业道德准则》、《国内航行船舶船体建造检验管理暂行规定》、《国内航行船舶图纸审核管理规定》和《国内航行船舶变更船舶检验机构管理规定》。

7月17日　中国海事局印发《关于做好国际海事组织成员国自愿审核机制准备工作的通知》。2007年11月5日，自愿接受国际海事组织审核的基础文件《中华人民共和国IMO强制性文件履约报告》编制完成。

7月21—22日　交通部在昆明召开2006年全国大型交通企业安全工作会议。

8月7日　中国海事局印发通知，成立水上交通事故调查专家委员会。

8月18日　中国海事局印发《AIS岸基系统运行管理规定（试行）》。

8月19—21日　中国海事局组织完成因超强台风袭击造成的沙埕港沉船的扫测任务。

9 月 1 日　交通部海事局印发《海事信息化“十一五”发展规划》。

9 月 19 日　交通部交通安全委员会印发《水网地区与非水网地区海事结“对子”工作指导意见》。

9 月 21—22 日　交通部在河北省廊坊市召开 2006 年全国海事工作会议。

9 月 23 日　新疆生产建设兵团海事局成立。

9 月 29 日　中国海事局颁布《船员出境证件管理规定》。

10 月 9 日　交通部海事局党委、交通部海事局印发《海事文化建设纲要》、《全国海事系统“十一五”时期精神文明建设工作指导意见》。

10 月 11 日　交通部海事局党委印发《“十一五”时期直属海事系统党政领导班子建设规划纲要》。

10 月 23 日　中国海事局公布《沿海小型船舶法定检验技术规则》。

11 月 8 日　中国海事局公布《内河小型船舶法定检验技术规则》。

11 月 16 日　交通部海事局党委印发《中共交通部海事局直属机关党建工作三年规划》。

11 月 20 日　中国海事局印发《全国海事系统法制宣传教育第五个五年规划》和《全国海事系统全面推进依法行政实施意见》。

11 月 26 日　交通部发布 2006 年第 42 号公告，公布《琼州海峡船舶定线制》和《琼州海峡船舶报告制》，自 2007 年 1 月 1 日起施行。

11 月 29 日　叶红军任交通部海事局局长助理。

12 月 4 日　交通部部长李盛霖签署[2006]第 12 号交通部令，公布《中华人民共和国内河交通事故调查处理规定》，自 2007 年 1 月 1 日起施行。

12 月 8 日　中国海事局印发通知，决定自 12 月 18 日起在所有沿海营运船舶中开展为期三个月的船舶“一卡通”刷卡签证的试运行工作。

12 月 13 日　中国海事局发布《小型船舶船名标志管理暂行办法》。

12 月 23 日　交通部海事局印发《直属海事系统考试录用工作人员办法》和《直属海事系统考核录用工作人员办法》。

12 月 25 日　交通部发布 2006 年第 46 号公告，公布《经 1978 年修订的〈1973 年国际防止船舶造成污染公约〉》附则Ⅳ于 2007 年 2 月 2 日对中国生效。该公约附则Ⅳ为《防止船舶生活污水污染规则》。

12 月 26 日　杨省世任交通部海事局副局长，免去郭苹交通部海事局副局长职务。

12 月 27 日　交通部印发《非航海工科毕业生海员培训管理规定》。

2007 年

1 月 5 日　交通部印发《海事船舶配备管理规定(试行)》，规定直属海事系统各类、各型船舶的配置标准。

1 月 10 日　中国海事局印发《关于进一步加强海上施工船舶安全管理的通知》。

1 月 18—19 日　2007 年直属海事系统工作会议在深圳召开。

1 月 30 日　交通部海事局印发《直属海事系统工作船舶管理办法》。

2 月 14 日　交通部印发《关于进一步加强化工产品运输安全工作的通知》。

2 月 14 日　水上安全监督信息系统二期工程通过交通部组织的验收。

2 月 28 日　海事船舶、水上浮动标志统一保险项目签约仪式在北京举行。

3 月 1 日　交通部发布 2007 年第 7 号公告，公布《青岛水域船舶定线制》和《青岛水域船舶报告制》，自同年4月1日起施行。

3月23日　中国海事局在南通启动苏通大桥中跨钢箱梁吊装水上交通管制百日决战活动。

3月26日　交通部部长李盛霖签署[2007]第2号交通部令，公布《中华人民共和国国际船舶保安规则》，自同年7月1日起施行。

4月2日　中国海事局印发《关于加强沉船等碍航物安全管理的通知》。

4月5日　中国海事局印发《2007年限制船舶污染物排放专项行动实施方案》，决定扩大船舶排污设备铅封管理范围，开展限制船舶污染物排放专项行动，逐步实现全海域禁止排放油类污染物的目标。

4月10日　中国交通部部长李盛霖与韩国外交通商长官宋旻淳在韩国首尔签署两国海上搜寻救助合作协定，这是中国与周边国家在海上搜寻救助合作领域签署的第一个政府间协定。

4月10日　王国华任交通部海事局党委副书记兼纪委书记，免去范亚祥交通部海事局党委副书记兼纪委书记职务。翟久刚兼任交通部海事局副局长。

4月14日　国务院总理温家宝签署[2007]第494号国务院令，公布《中华人民共和国船员条例》，自同年9月1日起施行。

4月16日　免去郑和平交通部海事局副局长职务。

4月26日　交通部印发《沿海海域船舶排污设备铅封管理规定》，自2007年5月1日起实施。

5月15日　中国海事局印发《船舶载运散装液体物质分类评估管理办法》。

5月15日—6月4日　经中国政府同意，韩国海洋警察厅4艘船舶，在中国海上搜救中心统一指挥下，参加对沉没于渤海的韩国籍“金玫瑰”货船及其失踪船员的搜救行动；5月22日，韩国中央海洋安全审判院派员与中国海事局指派的海事调查官组成事故联合调查组，参与事故调查，6月15日，中韩事故调查组组长签署联合调查会议纪要。

5月21日　中国海事局印发《关于加强三峡库区水上交通安全工作的通知》。

5月22—23日　中国海员工会交通部海事局第二届委员会第一次全体会议在上海召开，选举产生中国海员工会交通部海事局第二届委员会常务委员会委员，主席王国华。

5月23日　交通部部长李盛霖签署[2007]第6号交通部令，公布《中华人民共和国航运公司安全与防污染管理规定》，自2008年1月1日起施行。

5月31日　交通部部长李盛霖签署[2007]第7号交通部令，公布经修订的《中华人民共和国船舶签证管理规则》，自同年10月1日起施行。

6月5日　交通部、河北省人民政府在秦皇岛附近海域举行2007年渤海船舶溢油应急演习。

6月7日　中国海事局印发《进一步提高VTS系统监管水平行动计划》。

6月17日　交通部印发通知，决定自7月1日至12月31日，在全国统一开展防船舶碰撞防泄漏(两防)专项整治活动。

6月22日　人事部、交通部、农业部印发《注册验船师资格考试实施办法》。

7月4日　中国海事局发布《中国籍船舶等效、免除管理暂行规定》。

7月5日　中国海事局印发《遇险安全通信人员守则》、《遇险安全通信人员值班制度》、《遇险安全通信业务人员职责》、《遇险安全通信设备维护人员职责》。

7月9日　交通部海事局印发通知，明确交通部海事局与各直属海事局对交通行业中央企业安全监管工作的管辖分工、监管内容和监管方式方法。

7月9日　中国海事局印发《中国海区应急沉船示位标设置管理规则(试行)》。

7月10日　中国海事局印发《船舶污染事故调查处理管理规定》。

7 月 18 日　交通部印发经国务院同意的《国家水上交通安全监管和救助系统布局规划》，这是中华人民共和国成立以来第一个水上交通安全监管和救助系统的国家级中长期规划。

7 月 23 日　中国海事局印发《航运公司安全诚信管理办法（试行）》。

7 月 26—27 日　交通部在长春召开 2007 年全国大型交通企业安全工作会议。

8 月 23 日　中国海事局印发《中国海区可航行水域桥梁助航标志（试行）》。

9 月 1 日—11 月 30 日　中国海事局参加东京备忘录、巴黎备忘录、黑海备忘录、印度洋备忘录及美国海岸警卫队联合组织的《国际安全管理规则》实施情况港口国监督集中检查活动。

9 月 3 日　中国海事局被全国政务公开领导小组授予“全国政务公开工作先进单位”荣誉称号。

9 月 19—20 日　交通部在成都召开 2007 年全国海事工作会议。会议提出海事系统开展“行政执法一面旗”建设的要求。

9 月 22 日　交通部和重庆市人民政府在重庆万州举行“2007 年长江三峡库区水上联合搜救演习”。

9 月 27 日　中国海事局与湖南、湖北、江西、四川、重庆、河南、山东 7 省（市）地方海事局签订船舶“一卡通”工程共建协议，水网地区整体实现船舶 IC 卡管理的船舶“一卡通”工程正式启动。

9 月 29 日　财政部和交通部联合印发《海（水）上搜救奖励专项资金管理暂行办法》。

10 月 15—19 日　中国海事局在北京承办第十六届“国际海事调查官论坛”。

10 月 25 日　中国海事局印发《船舶载运危险货物申报与集装箱装箱诚信管理办法》，自 2008 年 1 月 1 日起全面推行危险货物信誉管理制度。

10 月 26 日　中国海事局发文，决定自 2007 年 11 月 1 日至 2009 年 11 月 1 日在全国沿海开展砂石运输船、施工船安全管理专项整治活动。

11 月 7—8 日　中国海事局举办以“全球关注石油运输和海洋环境保护”为主题的 2007 年上海国际海事论坛。

11 月 13 日　中国海事局印发《船舶污染事故调查官管理规定（试行）》。

11 月 13 日　中国海事局在深圳举行深圳海事局海事职务等级标识授予仪式。深圳海事局是海事系统职务等级标识首家试点单位。

11 月 22 日　中国海事局组织华东片区上海、江苏、浙江、福建和长江海事局建立溢油应急联动机制，签署区域合作谅解备忘录。

11 月 22—28 日　中国海上搜救中心成功组织对受 2007 年第 25 号强热带风暴影响而被困在南中国海的 1022 名中外渔民及 52 艘渔船的搜救行动。就此，国务院总理温家宝于 12 月 1 日批示：交通部门多次成功实施海上救助，保护了国内外渔民的安全，受到普遍赞誉。希望继续发扬优良传统，再接再厉，更加有效地应对海上突发事件。

11 月 23 日　在英国伦敦召开的国际海事组织第 25 届大会上，中国再次当选该组织 A 类理事国，这是自 1989 年以来中国连续第十次当选该组织 A 类理事国。同日，出席本届大会的交通部副部长徐祖远与国际海事组织秘书长米乔普勒斯签署《中华人民共和国交通部和国际海事组织关于 IMO 技术合作的备忘录》。

11 月 27 日　中国海事局印发《建立和实施船舶定线制工作指南》、《通航安全评估管理办法》。

11 月 29 日　中国海事局公布《国际航行海船法定检验技术规则（2008 年）》。

12 月 10 日　中国海事局公布《敞口集装箱船检验暂行规则（2008）》。

12 月 13 日　中国海事局印发《关于加强大风天气下黄海北部及渤海海域部分散杂货船舶安全管理的通知》。

12 月 14—18 日　根据首次启动的《西北太平洋行动计划区域溢油应急计划》和韩国政府的请求，中国海事局组织山东、上海海事局开展对韩国海域严重船舶溢油污染事故的清污物资、技术援助行动，“海标 24”大型航标船赴韩国执行救援任务。

12 月 14 日　“全国海上搜救电视电话会议暨国家海上搜救部际联席会议第三次会议”在国务院召开，国务委员兼国务院秘书长华建敏出席会议并讲话。

12 月 24 日　交通部发布 2007 年第 46 号公告，公布全国主要港口 242 个引航员登轮点。

12 月 28 日　2 架海事轻型直升机购置合同签字仪式在北京举行。

12 月 29 日　中国海事局发布《外国船舶检验机构在中国设立验船公司管理办法》。

12 月　天津船舶交通管理系统完成改扩建工程投入试运行。至 2007 年底，沿海及长江中下游建成 29 个船舶交通管理系统（其中包括非交通部投资的 8 个）。

12 月　中国沿海船舶自动识别系统骨干网建设完成，共建成 73 座基站。

是年，交通部海事局被审计署评为 2005 年至 2007 年全国内部审计工作先进单位。

是年，交通部海事局党委被交通部直属机关党委评为“先进基层党组织”。

第一章　水上安全监督管理体制改革

简　　述

水上安全监督管理体制改革是1998年国务院有关行政管理体制方面的改革措施之一。为理顺和完善水上安全监督管理体制，使水上安全监督机构有效地履行职能，进一步适应社会主义市场经济需要，6月18日，国务院在批准交通部机构设置方案的文件中，决定实施全国水上安全监督管理体制改革，组建中华人民共和国海事局(交通部海事局)。

水上安全监督管理体制改革的起点，是要有效消除在计划经济体制上建立起来的水上安全监督管理体制弊端，改变中央与地方机构重叠、政出多门的现象；改革的主线，是实行"一水一监，一港一监"，在同一水域、同一港口和同一地区不得重复设置水上安全监督机构；改革的取向，是理顺关系，明确职责，统一政令、统一布局、统一监督管理，逐步建立起与社会主义市场经济体制相适应的，分工负责、运转协调、行为规范、办事高效、执法统一的水上安全监督管理新体制。因此，水上安全监督管理体制改革的基本思路是既要参照国际通行做法，便于与国际惯例接轨，又要切实考虑中国的具体国情；既要从当前实际出发，又要考虑长远发展的需要；既要有利于坚持统一领导，统一规划，加强行业管理，又要注意发挥中央和地方的两个积极性。具体做法是在统一领导体制下，明确界定中央与地方对全国水域的管理事权，沿海、对外开放水域和跨省(自治区、直辖市)重要通航水域的水上安全监督工作由交通部设置机构垂直管理，地方设置在这些水域的相应机构划转或合并为交通部直属水上安全监督机构，其他水域由各省(自治区、直辖市)交通主管部门设置机构管理，交通部对全国水上安全监督工作进行统筹规划和业务领导。

组建中华人民共和国海事局是水上安全监督管理体制改革的重要内容，也是交通部机构改革的重要内容。为落实第九届全国人民代表大会第一次会议关于国务院机构改革调整职能、精简机构、压缩编制和加强执法监管部门的要求，交通部将原履行水上安全监督职能的内设机构——交通部安全监督局撤销，在交通部安全监督局的基础上组建中华人民共和国海事局，成为交通部直属机构，并把对船舶检验的管理职能和对交通部直属水上安全监督机构的管理职能划归中华人民共和国海事局。在交通部的领导下，中华人民共和国海事局对沿海、对外开放水域和跨省(自治区、直辖市)重要通航水域的水上安全监督工作实施垂直管理，对全国水上安全监督工作实施业务领导。

由于水上安全监督管理体制改革需要重新调整中央政府和地方政府的事权分工，各地改革的水域、经济、社会环境也有较大差异，这不仅要求在实施方案制定中充分考虑各种不同的情况及处置措施，周密部署，精心设计，更需要在实际操作中实事求是地解决具体问题，循序渐进，精心组织。

在国务院的统一领导下，按照积极稳妥的方针和"先海后江，先易后难，先外后内"的步骤，交通部与各省(自治区、直辖市)人民政府配合协作，组织实施了为时7年的水上安全监督管理体制改革。

1998年10月27日，中华人民共和国海事局正式成立，标志着中国海事事业向统一政令、统一布局、统一监督管理的目标迈出了一大步。

1999年6月5日，国务院办公厅转发经国务院同意的交通部《水上安全监督管理体制改革实施方案》，全国水上安全监督管理体制改革全面实施。10 月 27 日，国务院办公厅印发《交通部直属海事机构设置方案》，规定了交通部在沿海、对外开放水域和跨省（自治区、直辖市）重要通航水域设置的水上安全监督机构的基本框架、职责、名称。12 月 14 日，交通部印发规范地方水上安全监督机构名称的通知。从 1999 年 5 月 7 日交通部与天津市签订全国第一个实施水上安全监督管理体制改革协议，到 2005 年 6 月 10 日交通部与江西省签订江西省长江干线水上安全监督机构划转交通部管理交接协议书，完成了涉及全国 19 个省（自治区、直辖市）水上安全监督管理事权的界定和分工、机构人员的划转和交接工作；从 1999 年 6 月 18 日中华人民共和国上海海事局举行挂牌仪式，到 2005 年 6 月 23 日西藏自治区地方海事局成立，交通部和各省（自治区、直辖市）人民政府分别在中央管辖水域、地方管辖水域相应设置了政令统一、名称规范的水上安全监督机构。至 2005 年 7 月 1 日，全国水上安全监督管理体制改革工作全面完成。

水上安全监督管理体制改革实现了“一水一监，一港一监”预期目标，新设置的海事机构精简、统一、效能。交通部原直属一级水上安全监督机构 17 个，二级水上安全监督机构 91 个；在存在水域分割、事权交叉、机构重叠、政出多门的 15 个省（自治区、直辖市）中，有相当于直属一级机构的地方水上安全监督机构 15 个，相当于直属二级机构的地方水上安全监督机构 122 个，划转合并到交通部直属水上安全监督机构。水上安全监督管理体制改革后，避免了在同一水域、同一港口和同一地区重复设置水上安全监督机构的现象，交通部设置 20 个一级水上安全监督机构（直属海事局），比原中央、地方 32 个一级水上安全监督机构减少 12 个，设置 112 个二级水上安全监督机构，比原中央、地方 213 个二级水上安全监督机构减少 101 个；地方交通主管部门设置的水上安全监督机构也进行了精简、规范、统一。

水上安全监督管理体制改革根据中国国情，建立了与社会主义市场经济体制相适应，与国际通行做法相一致的水上安全监督管理新格局。这个新格局，既发挥中央和地方两个积极性，交通部直属海事机构和地方海事机构分工负责，在各自管辖的水域行使水上安全监督职权，共同管理全国水上安全监督工作，又在全国通航水域实现了统一政令、统一布局、统一监督管理，有效促进了全国水上交通安全形势持续稳定和水运、港口事业健康发展。水上安全监督管理体制改革为交通行政执法工作提供了一个崭新模式。

水上安全监督管理体制改革为水上安全监督工作进一步深化改革，创新机制，规范管理提供了一个良好的体制环境，为海事事业的发展注入了新的活力。水上安全监督管理体制改革后，在交通部直属海事系统垂直管理体制下，中华人民共和国海事局实施了一系列内部管理模式和管理制度改革；在中华人民共和国海事局对全国水上安全监督业务工作统一领导下，水上安全监督工作进行了多项制度创新和机制创新；在逐步建立与社会主义市场经济体制相适应的，分工负责、运转协调、行为规范、办事高效、执法统一的水上安全监督管理新体制过程中，为中国水上安全监督管理迈入新的历史阶段，为海事机构转变为公共服务型政府机构奠定了坚实的基础。

本章记述中华人民共和国海事局组建过程和主要职责、机构编制，记述水上安全监督管理体制改革方案形成过程、主要内容及其具体实施过程。

第一节　组建中华人民共和国海事局

【中华人民共和国海事局组建筹备工作】

1998 年 4 月至 5 月，根据国务院机构改革精神和交通部的要求，交通部安全监督局结合全国水上安全监督管理体制改革需要，提出了安全监督局机构改革方案。为加强水上安全监督、防止船舶污染、船舶与海上设施检验和航海保障的管理，方案拟将交通部安全监督局和交通部船舶检验局合并，设置为交通部直属机构；为有利于与国际接轨，更好地履行国际海事组织成员国义务，机构名称拟改为"中华人民共和国海事局(交通部海事局)"。该方案经交通部同意，随交通部机构改革方案一起上报国务院。

1998 年 6 月 18 日，经国务院批准的《交通部职能配置、内设机构和人员编制规定》中决定，在水上安全监督管理体制改革中，中华人民共和国船舶检验局(交通部船舶检验局)与中国船级社实行"局社、政事分开"，同中华人民共和国港务监督局(交通部安全监督局)合并组建中华人民共和国海事局(交通部海事局)。中华人民共和国海事局(交通部海事局)为交通部直属机构，局长由交通部主管副部长兼任，实行垂直管理体制。6 月 29 日，交通部决定，在现有交通部安全监督局的基础上，组建中华人民共和国海事局(交通部海事局)。同日，交通部落实"三定"(定职责、定机构、定编制)方案动员大会召开，原交通部安全监督局人员和调整到交通部海事局工作的原交通部船舶检验局部分人员、交通部机关部分人员，开始筹建交通部海事局。

1998 年 7 月 15 日，交通部成立交通部海事局筹备组，负责交通部海事局筹备工作与水上安全监督管理日常工作，交通部副部长洪善祥为筹备组组长，原交通部安全监督局局长刘功臣、原交通部人事劳动司副司长黄先耀为筹备组副组长，原交通部安全监督局副局长宋家慧、王金付，原交通部船舶检验局副局长刘德洪，原交通部安全监督局助理巡视员兼办公室主任孙继为筹备组成员。1998 年 7 月 17 日，洪善祥主持召开筹备组第一次会议，研究安排交通部海事局筹备工作、水上安全监督管理体制改革工作和水上交通安全管理工作。会后，交通部海事局筹备组成立了筹备组办公室。

交通部海事局组建筹备工作主要从五个方面展开：一是研究起草中华人民共和国海事局(交通部海事局)"三定"(定职责、定机构、定编制)方案，拟订其英文名称；二是研究起草水上安全监督管理体制改革实施方案；三是开展组织、个人"双向选择"(人选岗位，组织选人)工作，了解、推荐、考核干部，定岗定人；四是落实、装修办公用房，申请开办经费，配置办公设备；五是做好与交通部有关部门衔接工作，拟订交通部海事局部门职责和急需的办公制度、人事制度、工资制度、财务制度。1998 年 8 月 1 日，交通部海事局筹备组在北京召集交通部直属海(水)上安全监督局主要负责人，通报海事局筹备工作情况和推进水上安全监督管理体制改革工作情况。9 月 22 日，交通部海事局筹备组宣布交通部海事局各部门筹备负责人名单，各部门业务工作全面展开。9 月 29 日，交通部任命洪善祥为交通部海事局局长，刘功臣为常务副局长，黄先耀、宋家慧、刘德洪、王金付为副局长。同日，交通部党组任命黄先耀为交通部海事局党委书记，孙继为党委副书记兼纪委书记，刘功臣、宋家慧、王金付为党委委员。9 月 30 日，交通部人事劳动司任命交通部海事局各部门处级负责人。

1998 年 10 月 27 日，交通部在交通部四楼会议室召开交通部海事局干部大会，副部长张春贤宣布交通部海事局领导成员的任命，同时宣布交通部原财务司副司长蒋国芳任交通部海事局助理巡视员。部长黄镇东在会上讲话，他说，成立海事局是交通部机构改革的重要内容，是交通部历史上一件大事，副部长兼任局长，意义重大；海事局成立后，中心工作是加强水上交通安全监督管理，当前还要集中力量做好水上安全监督管理体制改革工作，同时要坚持不懈地抓好海事队伍建设。黄镇东要求海事局第一届领导班子开拓进取，勇挑重担，加强学习，提高素质，顾全大局，团结协作，严于律己，勤奋廉洁，为海事局开头起好步。交通部副部长兼交通部海事局局长洪善祥主持会议并讲话，他说他兼任局长，主要抓大事、抓领导班子建设，抓队伍建设，要使海事系统有一个新的面貌、新的形象。同日，交通部海事局召开干部大会，宣布交通部海事局各部门处级负责人任命和局领导的分工，交通部海事局正式开始运行。

1998年10月29日，交通部副部长兼交通部海事局局长洪善祥主持交通部海事局局务会议，部署水上交通安全监督管理、水上安全监督管理体制改革和队伍建设工作，强调既要抓好海上安全监督与国际接轨，又要根据国情，抓好内河安全监督和行业管理，提出海事局的形象要求是开拓进取、务实高效、团结奉献、廉洁公正。同日，交通部海事局常务副局长刘功臣主持召开交通部海事局第一次局长办公会，审议通过《交通部海事局1998年第四季度行政工作要点》和交通部海事局公文文种及字号建议方案等。同日，交通部海事局公布本局机关各部门人员名单，共75人。11月2日，中华人民共和国海事局印章、交通部海事局印章正式启用，原交通部安全监督局、交通部船舶检验局印章同时停止使用。11月6日，中华人民共和国海事局英文名称印发。英文译名为MARITIME SAFETY ADMINISTRATION OF PEOPLE'S REPUBLIC OF CHINA，英文缩写为CHINA MSA。

1998年11月16日，交通部海事局工作人员搬迁至交通部大楼附楼五层、四层办公。11月18日上午，交通部海事局举行揭牌仪式，交通部副部长兼交通部海事局局长洪善祥为悬挂在交通部大楼附楼西门北侧的"中华人民共和国海事局"标牌揭幕，交通部海事局全体人员参加。

中华人民共和国海事局组建时人员来源一览　　表1-1-1

单　位	人　数	单　位	人　数
交通部安全监督局	37	交通部水运管理司	1
交通部船舶检验局	11	交通部基本建设管理司	3
交通部办公厅	5	交通部科学技术司	2
交通部体改法规司	2	交通部公安局	2
交通部综合计划司	4	监察部驻交通部监察局	1
交通部财务会计司	5	审计署驻交通部审计局	2
交通部人事劳动司	7	合计	82

说明：合计中有原挂职和交流人员6人（安全监督局4人、人事劳动司2人）、原返聘人员1人（安全监督局）。

2000年11月14日，中央机构编制委员会办公室复函交通部，明确中华人民共和国海事局（交通部海事局）性质属行政机构。

自交通部海事局成立以后，交通部对交通部海事局的领导成员多次进行调整。2004年7月20日，交通部任命交通部副部长徐祖远兼任交通部海事局局长。

【中华人民共和国海事局机构编制】

1998年10月19日，中央机构编制委员会办公室批复交通部上报的中华人民共和国海事局（交通部海事局）主要职责和人员编制。

中华人民共和国海事局（交通部海事局）主要职责是：

一、拟订和组织实施国家水上安全监督管理、防止船舶污染、船舶及海上设施检验、航海保障以及交通行业安全生产的方针、政策、法规和技术规范、标准。

二、统一管理水上安全和防止船舶污染。监督管理船舶所有人安全生产条件和水运企业安全管理体系；调查、处理水上交通事故、船舶污染事故及水上交通违法案件；归口管理交通行业安全生产工作。

三、负责船舶、海上设施检验行业管理以及船舶适航和船舶技术管理；管理船舶及海上设施法定检验、发证工作；审定船舶检验机构和验船师资质；审批外国验船组织在华设立代表机构并进行监督管理；负责中国籍船舶登记、发证、检查和进出港（境）签证；负责外国籍船舶入出境及在中国港口、水域的监督管理；负责船舶载运危险货物及其他货物的安全监督。

四、负责船员、引航员适任资格培训、考试、发证管理。审核和监督管理船员、引航员培训机构资质及其质量体系；负责海员证件的管理工作。

五、管理通航秩序、通航环境。负责禁航区、航道(路)、交通管制区、港外锚地和安全作业区等水域的划定；负责禁航区、航道(路)、交通管制区、锚地和安全作业区等水域的监督管理，维护水上交通秩序；核定船舶靠泊安全条件；核准与通航安全有关的岸线使用和水上水下施工、作业；管理沉船沉物打捞和碍航物清除；管理和发布全国航行警(通)告，办理国际航行警告系统中国国家协调人的工作；审批外国籍船舶临时进入中国非开放水域；办理港口对外开放有关审批工作和中国便利海上运输委员会日常工作。

六、负责航海保障工作。管理沿海航标、无线电导航和水上安全通信；管理海区港口航道测绘并组织编印相关航海图书资料；归口管理交通行业测绘工作；组织、协调和指导水上搜寻救助并负责中国海上搜救中心日常工作。

七、组织实施国际海事条约；履行“船旗国”及“港口国”监督管理业务，依法维护国家主权；负责有关海事业务国际组织事务和有关国际合作、交流事宜。

八、组织编制全国海事系统中长期发展规划和有关计划；管理所属单位基本建设、财务、教育、科技、人事、劳动工资、精神文明建设工作；负责船舶港务费、船舶吨税有关管理工作；负责全国海事系统统计和行风建设工作。

中华人民共和国海事局(交通部海事局)事业编制90名。局长由交通部主管副部长兼任。局级领导职数6名。

1998年10月29日，交通部海事局暂定本局机关各部门人员编制共75名，暂留机动人员编制9名。11月11日，在中央机构编制委员会办公室批复的基础上，交通部发文确定中华人民共和国海事局(交通部海事局)事业编制90名参照公务员管理，设置办公室、法规规范处、计划基建处、财务会计处、人事教育处、通航管理处(中国海上搜救中心办公室)、船舶监督处(中国便利海上运输委员会办公室)、船舶检验处、船员管理处、航标测绘处、安全管理处(交通部交通安全委员会办公室)、审计处12个职能部门和党委工作部、纪委办公室(监察处)2个党的工作机构；确定局级领导职数6名中，常务副局长1名，党委书记1名，副局长3名，党委副书记兼纪委书记1名；确定处级领导职数31名；明确中华人民共和国海事局保留使用中华人民共和国港务监督局和中华人民共和国船舶检验局的名称。

1999年7月20日，交通部印发通知，决定将交通部所属的15个海(水)上安全监督局和中国海事服务中心、交通部环境保护中心、交通安全质量管理体系审核中心等18个单位划归交通部海事局管理；除15个海(水)上安全监督局领导班子暂由交通部管理外，其他单位领导班子和18个单位的发展规划、基建计划、财务、人事、劳动工资、教育、外事等工作由交通部海事局负责。

2000年2月，交通部决定，交通部环境保护办公室使用交通部海事局人员编制3名。

2001年3月16日，交通部海事局确定本局机关各部门人员编制共83名，其中处级领导职数30名，暂留机动人员编制1名。

2001年5月22日，交通部批复同意交通部海事局设立工会办公室，人员编制2名，办公室主任(正处级)职数1名，所需人员编制在交通部海事局编制90名内调剂(实际使用交通部海事局1名人员编制)。2002年6月26日，交通部海事局印发交通部海事局机关各部门具体职责。

为完善海上搜救应急反应机制，根据中央机构编制委员会办公室的批复，2005年2月24日，交通部决定撤销中国海上搜救中心办公室，成立中国海上搜救中心总值班室，承担中国海上搜救中心各项工作，并明确中国海上搜救中心日常行政工作由交通部管理，业务工作委托交通部海事局管理，交通部海事局通航管理处不再承担中国海上搜救中心日常工作。

2007 年底中华人民共和国海事局（交通部海事局）内设机构职责一览　　表 1-1-2

机　构	职　责
办公室	负责组织协调海事系统日常政务工作；负责局机关的文秘、信息、档案、信访、保密和行政事务管理工作；归口管理海事系统有关海事业务的国际事务工作
法规规范处	负责组织拟订水上安全监督管理、防止船舶污染、船舶及海上设施检验、航海保障等海事管理法律、法规、规章和技术规范、标准、政策；负责跟踪研究有关国际海事公约；归口管理海事系统法制工作
计划基建处	负责组织编制、上报海事系统中长期发展建设规划和有关建设计划；负责组织实施直属海事系统固定资产投资计划和基本建设、海事装备、技术改造的前期审查、项目管理、竣工验收；负责直属海事系统装备管理和信息化网络管理、运行、维护工作；归口管理直属海事系统科研工作；归口管理海事系统统计工作
财务会计处	负责直属海事系统和局机关的资产管理和财务会计工作；负责直属海事系统年度经费收支计划核定、预算执行情况监督检查、财务预决算汇编；组织拟订船舶港务费、船舶吨税的收费标准和管理办法，负责直属海事系统船舶港务费的汇缴和管理工作
人事教育处	负责直属海事系统和局机关的人事、劳动工资、机构编制、教育培训和技术干部管理工作；归口管理海事系统职工业务培训工作
通航管理处	管理通航秩序和通航环境；组织实施水上巡逻和交通管制，维护水上交通秩序；负责航道（路）、禁航区、交通管制区、港外锚地和安全作业区等水域的划定和监督管理；负责水上水下施工作业（含使用岸线）碍航性审核、沉船沉物打捞、碍航物清除的管理和监督检查工作；负责航行警（通）告和船舶报告制工作；负责水上安全通信管理、搜救信息网络运行和国际搜救卫星组织事务
船舶监督处（中国便利海上运输委员会办公室）	负责船舶登记和船舶适航管理工作；负责船舶装运危险货物及其他货物安全监督、船舶安全检查、船舶最低安全配员管理、船舶进出港（境）管理工作；负责防止船舶污染的监督管理工作和船舶污染事故的调查处理；负责亚太地区港口国监督合作事务和中国便利海上运输委员会办公室日常工作
船舶检验处	负责船舶检验和船舶技术监督的管理工作；负责中国籍船舶、海上设施及在中国沿海作业的外国海上设施的法定检验发证的监督管理；负责法定检验的授权工作，审定船舶检验机构和验船师资质并实施监督管理；审批外国验船组织在中国设立代表机构并实施监督管理
船员管理处	组织制定船员、引航员、磁罗经校正人员和海上设施工作人员适任资格标准；管理船员、引航员、磁罗经校正人员和海上设施工作人员的培训、考试、发证工作；审定船员、引航员、磁罗经校正人员和海上设施工作人员技术培训机构的资质并管理其质量体系审核工作；负责海员证件管理工作
航标测绘处	负责沿海航标、无线电导航的管理工作；组织沿海公用航标、船舶交通管理系统等助航设施的维护管理工作；负责沿海港口航道测绘管理；组织中国海区有关航海图书资料的编印、出版、发行和改正工作；归口管理交通行业测绘工作
安全管理处（交通部交通安全委员会办公室）	负责水上安全综合管理工作，协调和指导水运安全生产工作，归口管理交通行业安全生产，承办交通部交通安全委员会日常工作；管理水上交通事故的报告、调查、处理、统计分析和跟踪结案工作，组织重大特大水上交通事故的调查处理和跟踪结案；管理并组织水运企业安全生产条件和安全管理体系审核发证工作
审计处	负责对直属海事系统各单位资产管理、财务收支、专项资金使用管理和船舶港务费、船舶吨税的征收管理情况及其领导干部经济责任履行情况进行审计监督；归口管理直属海事系统内部审计工作
党委工作部（党委组织部）	负责组织协调党委日常工作；按权限管理局机关干部和直属海事系统领导干部；负责局机关和在京直属单位党务工作；负责直属海事系统精神文明建设，指导全国海事系统的行风建设和宣传报道工作
纪委办公室（监察处）	负责直属海事系统各单位的纪律监督和行政监察；按权限调查、处理违纪案件；负责直属海事系统党风廉政建设和反腐败工作
工会办公室	负责中国海员工会交通部海事局委员会和交通部海事局直属机关工会的日常工作，指导直属海事系统各单位工会组织开展工作

1998—2007 年交通部海事局人员编制分布变化情况（单位：名）　　表 1-1-3

年　份	1998 年 10 月	2001 年 3 月	2001 年 6 月	2005—2007 年	处级领导职数(2007 年)	
					正职	副职
局领导	6	6	6	6	—	—
办公室	6	8	8	8	1	2
法规规范处	7	7	7	7	1	2
计划基建处	5	4	4	4	1	1
财务会计处	4	5	5	5	1	1
人事教育处	6	6	6	6	1	1
通航管理处	10	10	10	6	1	1
船舶监督处	7	6	6	6	1	1
船舶检验处	7	7	7	7	1	2
船员管理处	3	5	5	5	1	1
航标测绘处	6	6	6	6	1	1
安全管理处	5	5	5	5	1	1
审计处	2	2	2	2	1	—
党委工作部	5	6	6	6	1	2
纪委办公室	2	3	3	3	1	—
工会办公室	—	—	1	1	1	—
交通部环境保护办公室	—	3	3	3	1	—
机动编制数	9	1	—	4	—	1
合计	90	90	90	90	16	17

说明：① 在规定编制数内，人员编制数分配由交通部海事局自行调整。

② 交通部于 1998 年增设交通部海事局助理巡视员 1 名、于 2002 年后增设交通部海事局副局长 1 名，均不占用交通部海事局人员编制和局领导职数。

③ 2001 年 3 月以后，根据工作需要，船舶检验处和党委工作部分别增加 1 名处级领导副职职数。

④ 2005 年 2 月，交通部设置中国海上搜救中心总值班室，通航管理处不再承担中国海上搜救中心日常工作，其人员编制和处级领导职数均相应减少，处级领导职数副职原为 2 名。

⑤ 2006 年交通部海事局设 1 名专职直属机关党委副书记职位，使用党委工作部人员编制和处级领导职数。

1998—2007 年交通部海事局实有人员数量分布变化情况（单位：人）　　表 1-1-4

年　份	1998			2002			2003			2004			2005			2006			2007		
类别	在编	交流	聘用	在编	交流	聘用	在编	交流	聘用	在编	交流	聘用	在编	交流	聘用	在编	交流	聘用	在编	交流	聘用
局领导	6			7			7			7			7			7			8		
局级人员	1						1			1			1			1			1		
办公室	6		4	7	1	6	8	1	6	8		7	8		7	9	7	6	6	6	6
法规规范处	7			6	1		7	2		7	7		7	3		8	5		7	4	
计划基建处	3	1	1	4	1		4	2		4	4		4	3		5	5		4	16	
财务会计处	4			5	1		5	1		5	1		5			5			5	1	
人事教育处	5	1		5	1	1	6		1	6	1	1	5	3	1	5	4	1	5	1	
通航管理处	9	1		10	5		10	3		10	4		10	3		10	2		9	4	
船舶监督处	6	1		6	2		6	2		5	2		6			6	2		6	3	
船舶检验处	7			7	1		6	2		5	1		5	3		4	5		6	2	
船员管理处	3			5			4			5	2		4	3		3	3		5	2	
航标测绘处	5	1		5	1		5	1		5	1		5			5	3		6	2	
安全管理处	5			4	2		5	2		5	2		5	2		5	5		5	5	
审计处	2			2			2			2			2			2			2		
党委工作部	4	1		5			6			6	2		6			6	1		6	2	1
纪委办公室	2			3			3			3			3	1		3	2		3		
工会办公室				1		3	1		2	1		2	1		2	1		2	1		2
交通部环境保护办公室				3	1		3	1	1	3	1		3	2		2	3		2	2	
合计	75	6	5	85	17	10	89	17	10	88	28	10	87	23	10	87	47	9	87	50	9
总计	86			112			116			126			120			143			146		

说明：① 人员数量为每年年终统计数。局级人员包括助理巡视员和不再担任局领导的人员。

② 在编人员指使用正式编制的工作人员；交流人员指挂职或正式借调的工作人员；聘用人员指通过各种渠道聘用的工作人员，包括返聘的退休人员。

③ 缺 1999 年至 2001 年统计数据。

第二节　全国水上安全监督管理体制改革方案

【水上安全监督管理体制改革决策过程】

1986年，根据国务院关于港口体制改革精神和海上安全监督工作需要，交通部按照政企分开原则，将设置在直属港口的水上安全监督机构从港务局相继划出，组建为沿海14个海上安全监督局。但在计划经济体制下形成的水上安全监督管理体制，依然存在中央政府与地方政府的交通主管部门，在同一水域、同一港口分别设置水上安全监督管理机构的现象，个别地方水域还有其他部门设置机构实施水上安全监督工作。随着社会主义市场经济的建立与发展，这种机构重叠、政出多门的管理体制，一方面造成水域分割、监管不力、重复检查、重复收费等弊端，严重影响水上安全监督管理的统一性、权威性、有效性，另一方面也造成水上安全监督管理基础设施重复建设，行政执法资源重叠浪费，在一定程度上制约了水上运输事业的发展。鉴于这种情况，交通部从1993年起，开始对水上安全监督管理体制改革问题进行前期论证和调研，并与海南省人民政府协商，在海南全省进行水上安全监督管理体制改革试点。1993年11月29日，交通部与海南省人民政府决定，将交通部海南海上安全监督局与海南省港航监督局合并，组建交通部海南水上安全监督局，对海南省所属水域的交通安全和防止船舶污染实行统一监督管理。1994年1月1日，交通部海南水上安全监督局正式成立。1995年7月，国务院决定对深圳市口岸管理体制进行改革试点，其中水上安全监督管理体制改革按照海南省的经验，实行“两监合一”。1996年1月1日，深圳市海上安全监督局与交通部蛇口海上安全监督局合并，成立交通部深圳水上安全监督局，对深圳市所属水域的交通安全和防止船舶污染实行统一监督管理。海南省、深圳市水上安全监督管理体制改革试点实现“一水一监”，为制定全国水上安全监督管理体制改革方案提供了成功的经验和可行的依据。

1995年5月，交通部向国务院提出了包括水上安全监督管理体制改革在内的深化水运管理体制改革总体方案。1996年2月2日，国务院召开会议，研究水运管理体制改革问题，交通部部长黄镇东汇报水上安全监督、船舶检验、港口和长江航运管理体制改革的基本思路。3月14日，国务院印发会议纪要，原则同意交通部提出的水运管理体制改革基本思路，并明确水上安全监督、船舶检验、长江航运管理体制三项改革条件比较成熟，可先进行改革，要求交通部制定改革具体方案。该会议纪要指出，水上安全监督管理体制改革要明确同一水域、同一港口只设立一个监督机构；沿海、对外开放水域和跨省重要通航水域，由交通部统一设立机构管理，地方设立的管理机构和人员合并到交通部直属水上安全监督机构中去；由此造成地方水上安全监督管理经费上的不足，由交通部给予适当补偿；其他水域由地方政府设立机构管理，交通部负责统筹规划和行业管理。

1996年5月24日，交通部向国务院提出水上安全监督、船舶检验、长江航运管理体制三项改革基本原则和具体方案，其中包括沿海、对外开放水域和跨省重要通航水域的定义和具体范围。

中央机构编制委员会办公室在全国口岸管理体制改革调研工作基础上，于1997年7月3日，向中央机构编制委员会提出汇报提纲，其中在总结深圳口岸管理体制改革试点中将同一水域、同一港口原有两个水上安全监督机构合并为一个的成功经验后，提出应改变中央与地方在同一水域设置两个水上安全监督机构的状况。

经征求国家有关部门和各省(自治区、直辖市)的意见后，国务院在1998年政府机构改革中，决定进行水上安全监督管理体制改革。1998年6月18日，经国务院批准的《交通部职能配置、内设机构和人员编制规定》中明确，沿海(包括岛屿)海域和港口，对外开放水域，主要跨省(自治区、直辖市)内河(长江、珠江、黑龙江)干线及港口的水上安全监督管理，实行“一水一监，一港一监”(同一水域、同一港口只设一个监督机构)垂直管理体制，由交通部统一领导。在上述水域，合并中央与地方的水上安全监督机构，统一政令、统一布局、统一监督管理；在统一领导体制下，界定有关水域中央与地方的管理分工。10月13日，国务院办公厅印发《关于做好合并中央与地方水上安全监督机构工作的通知》，要求有关省(自治区、直辖市)人民政府和国务院有关部门顾全大局，密切配合，积极稳妥地做好合并中央与地方水上安全监督管理机构工作；交通部在充分听取有关地方人民政府意见的基础上，尽快提出中央与地方水上安全监督机构合并的实施方案；对中央与地方水上安全监督机构的人员编制、机构设置以及资产等实行冻结，中央与地方水上安全监督机构合并时，以1998年6月18日的有关数据为准。

1998年7月至1999年2月，交通部向20个有关省(自治区、直辖市)人民政府征求对水上安全监督管理体制改革实施方案的意见，并对17个省(自治区、直辖市)的水上安全监督机构进行调研。其中，9个省(自治区、直辖市)希望将本行政区内所有中央与地方的水上安全监督机构合并，并将全部水域交由交通部管理；多数省(自治区、直辖市)鉴于地方水上安全监督管理经费长期不足，靠其他经费调剂弥补，而沿海或内河干线所收水上安全监督规费又比较大，要求在改革中实行经费补贴或解决经费保障渠道。在此基础上交通部起草了《水上安全监督管理体制改革实施方案》。

1999年3月23日，国务院有关领导在听取交通部部长黄镇东、副部长洪善祥关于交通部落实水上安全监督管理体制改革决定所做的工作，有关省(自治区、直辖市)对水上安全监督管理体制改革的意见和建议，并就实施方案的几个主要问题进行请示的口头汇报后明确指出，国务院确定的水上安全监督管理体制改革大的原则不变，具体的由双方协商确定可作些调整。

根据国务院有关领导的指示精神，交通部对《水上安全监督管理体制改革实施方案》作进一步修改，并于1999年3月29日送中央机构编制委员会办公室审核。3月31日，中央机构编制委员会办公室函复交通部，原则同意《水上安全监督管理体制改革实施方案》。4月16日，交通部就实施方案中有关规费管理、国有资产管理问题征求财政部的意见。5月10日，财政部函复交通部，原则同意交通部提出的实施方案，并提出中华人民共和国海事局向地方水上安全监督机构返还规费的比例、数额商财政部确定，返还方式及交通部统一管理划转规费的具体办法，由财政部、交通部另行研究确定。按照财政部的意见修改后，交通部于1999年5月18日，将《水上安全监督管理体制改革实施方案》正式上报国务院审批。

【水上安全监督管理体制改革实施方案】

1999年6月5日，经国务院同意的《水上安全监督管理体制改革实施方案》，由国务院办公厅转发各省(自治区、直辖市)人民政府和国务院各部委、各直属机构执行。

该实施方案确定了水上安全监督管理体制改革的指导思想和总体目标：坚持精简、统一、效能的原则，在统一领导体制下，明确界定中央与地方对有关水域的管理分工，实行“一水一监，一港一监”；在同一水域、同一港口和同一地区不得重复设立水上安全监督管理机构。通过改革，进一步理顺关系，明确职责，统一政令，统一布局，统一监督管理，逐步建立起分工负责、运转协调、行为规范、办事高效、执法统一，与社会主义市场经济相适应的水上安全监督管理新体制。

该实施方案对中央和地方管理水域及其事权作出界定：沿海海域和港口，对外开放水域，主要跨省(自治区、直辖市)内河干线及港口为中央管理水域，其水上安全监督工作，由交通部统一领导；在中央管理水域以外的内河、湖泊、水库等其他水域的水上安全监督工作，由各省(自治区、直辖市)人民政府负责。沿海海域和港口是指北起辽宁鸭绿江口，南至广西北仑河口的中国沿海(包括岛屿)，国家管辖的一切海域和沿海港口的所有码头、装卸区、作业站点所在水域(包括入海河流口第一港水域及其下游水域)。对外开放水域是指按照国家有关规定批准的对外开放的沿海、内河港口以及允许国际航行船舶通达开放港口的内河通航水域。主要跨省(自治区、直辖市)内河干线及港口是指由四川宜宾至上海的长江干线及与其交汇的干支流河口水域和港口，由广西南宁及其以下西江干线、柳州及其以下柳江干线至广东各主要入海口的珠江(西江)主要干线及与其交汇的干支流河口水域和港口，内蒙古黑山头、吉林大安及其以下黑龙江干支流水域和港口。

该实施方案提出水上安全监督机构划转与合并的六项基本原则：一是中央管理水域内的水上安全监督工作由交通部设置专门机构进行管理，地方设置在这些水域的相应机构，均划转或合并为交通部直属水上安全监督机构；二是在中央管理水域以外的其他水域因过于分散或狭小，地方人民政府设置水上安全监督机构实施管理有困难，且有关省(自治区、直辖市)人民政府提出将这些水域的水上安全监督工作交由交通部管理的，可由双方协商确定，部分跨省(自治区、直辖市)的内河干线及港口的上游河段或季节性通航河段等中央管理水域，交通部拟委托有关省(自治区、直辖市)人民政府负责管理的，也由双方协商确定；三是在机构划转与合并中，一律按照 1998 年 6 月 18 日在册情况进行人员划转，与其他机构合署办公的，原则上从事水上安全监督业务的人员全部划转，综合管理人员和离退休人员按划转的水上安全监督业务人员占所有业务人员的比例划转；四是地方水上安全监督机构划归交通部管理后，其水上安全监督管理规费一并划转交通部管理，划转后由地方管理的水上安全监督机构经费受到影响的，可从划转的规费中返还一部分，返还比例及数额，以地方所有划转机构 1998 年实际支付给划转后由地方管理的水上安全监督机构的规费数额占所有划转机构全部规费收入的比例为依据，由交通部海事局商财政部确定，具体管理办法和划转方式，由财政部、交通部另行研究确定；五是划归交通部管理的地方水上安全监督机构的国有资产(包括土地、办公业务用房、职工宿舍以及监督管理设施、设备和交通工具)，以 1998 年年度经审计的财务会计决算为基础，按划转人员比例无偿划转；六是划转与合并的地方水上安全监督机构在建或已立项的基本建设项目，其投资渠道等问题由交通部与有关地方人民政府协商解决。

该实施方案对水上安全监督业务管理和机构设置作出规定：中华人民共和国海事局对全国水上安全监督工作实行业务领导，设在中央和地方管理水域的水上安全监督机构，分别负责所辖水域内水上安全监督工作，地方水上安全监督机构按照国家法律、法规、规章的规定，在管辖水域内依据水上安全监督业务授权范围履行职责；在中央管理水域中，根据中国水运经济的格局、船舶交通的特点、行政区划的情况和统一高效、分级负责的要求，由交通部在水运发达地区的主要港口城市或中心城市设置直属水上安全监督机构，其行政性收费和罚没收入实行收支两条线管理；在中央管理水域以外的其他水域设置的地方水上安全监督机构，由各省(自治区、直辖市)交通主管部门领导，交通部对其进行统筹规划、名称规范、行业管理。

该实施方案对水上安全监督管理体制改革组织实施工作提出要求：水上安全监督管理体制改革，在中央机构编制委员会办公室指导下，由交通部和有关省(自治区、直辖市)人民政府组织实施；实施过程中要坚持积极稳妥的方针，周密部署，精心组织，妥善处理好各方面的问题，保持正常的工作秩序，保证国有资产不流失，推动改革顺利进行；划转与合并水上安全监督机构，按照“先海后江”的顺序分步实施；交通部与有关省(自治区、直辖市)人民政府分别签署水上安全监督管理体制改革协议，并组成联合工作组负责办理机构划转与合并的具体事宜；地方设置水上安全监督机构工作，由各省(自治区、直辖市)人民政府统筹安排。

第三节　全国水上安全监督管理体制改革组织实施

【全国水上安全监督管理体制改革基本情况】

全国水上安全监督管理体制改革的实施过程大致经历了三个阶段。1999 年 4 月至 6 月为第一阶段，主要工作是成立专门机构、前期准备和组织动员。

1999 年 4 月 28 日，交通部成立水上安全监督管理体制改革领导小组，其主要任务是研究、制定贯彻落实国务院批准的水上安全监督管理体制改革实施方案的具体措施，统一领导、协调水上安全监督管理体制改革工作。交通部水上安全监督管理体制改革领导小组在交通部海事局设办公室，其主要任务是承担交通部水上安全监督管理体制改革领导小组布置的工作，负责与中央机构编制委员会办公室就水上安全监督管理体制改革问题联系与沟通，组织、参与同有关地方人民政府水上安全监督管理体制改革领导小组进行会谈等。水上安全监督管理体制改革领导小组成立后，召开过三次工作会议，根据《水上安全监督管理体制改革实施方案》，研究确定水上安全监督管理体制改革阶段性工作计划，并组织实施。

按照国务院关于水上安全监督管理体制改革文件精神，天津市人民政府、上海市人民政府率先分别于 1999 年 5 月 7 日、6 月 12 日，就天津市、上海市实施水上安全监督管理体制改革事宜与交通部达成协议。

1999 年 6 月 14 日，交通部召开水上安全监督管理体制改革电话会议，全国交通系统涉及水上安全监督管理体制改革有关单位的领导参加会议。交通部副部长洪善祥主持会议并宣读《水上安全监督管理体制改革实施方案》，交通部部长黄镇东和中央机构编制委员会办公室副主任顾家麒分别作动员讲话。黄镇东在讲话中阐述了搞好水上安全监督管理体制改革的重要性和必要性，指出水上安全监督管理体制改革具体内容主要包括划分事权，合并和划转有关水上安全监督机构，统一政令、分工负责三个方面；并对做好水上安全监督管理体制改革工作提出五点要求。顾家麒在讲话中指出，改革现行水上安全监督管理体制，是国务院机构改革的重要举措，“一水一监，一港一监”是水上安全监督管理体制改革指导思想的核心，强调加强领导，周密部署，精心组织，认真落实改革方案是水上安全监督管理体制改革取得成功的根本保证。会后，水上安全监督管理体制改革的组织实施在全国展开。

1999 年 7 月至 2001 年 6 月，全国水上安全监督管理体制改革实施过程进入第二阶段，签订协议、组织交接、设置机构三项工作全面展开，交叉进行。

这个阶段，交通部领导以面商或信函的方式，先后与河北省、广东省、福建省、辽宁省、江苏省、山东省、广西壮族自治区、湖南省、黑龙江省、浙江省、安徽省、重庆市、湖北省、江西省人民政府领导交换意见，签订实施水上安全监督管理体制改革协议，划定了中央管理水域的范围和界线。其中，广东、广西、黑龙江 3 个省(自治区)将全部水域交由中央管理；河北、福建、辽宁、江苏、山东、湖南、浙江、安徽、重庆、湖北、江西 11 个省(直辖市)的划转机构原用于补贴留在地方管理的水上安全监督机构的规费收入，在管理体制改革后按《水上安全监督管理体制改革实施方案》确定的原则仍返还地方。

水上安全监督管理体制改革中划转人员、资产的交接工作，是整个水上安全监督管理体制改革组织实施过程中最复杂、最困难的环节。为做好这项工作，1999 年 9 月 10 日，交通部向有关省、自治区交通厅印发通知，要求将划转机构的财务、资产、人员、劳动工资情况列表、造册，在交接完毕前，停止人员进入、调动、调整，冻结资产，做好交接准备工作。

1999 年 8 月，交通部人事劳动司、财务司、水上安全监督管理体制改革办公室和交通部海事局，开始派出人员与有关省（自治区、直辖市）交通厅（委、办）共同组成联合工作组，进行划转人员、资产交接工作，至 2001 年 5 月，先后与上海、广东、福建、天津、河北、辽宁、山东、江苏、浙江、广西等省（自治区、直辖市）有关部门签订了水上安全监督管理体制改革中机构人员资产划转交接协议。

为了解和推动水上安全监督管理体制改革实施工作，由国务院办公厅秘书三局牵头，会同中央机构编制委员会办公室二司、交通部水上安全监督管理体制改革办公室组成联合督查组，于 1999 年 10 月 10 日至 17 日赴浙江省、广东省、福建省对《水上安全监督管理体制改革实施方案》实施情况进行督查和调研。联合督查组肯定了三省实施《水上安全监督管理体制改革实施方案》的工作，并针对人员、资产划转难度较大，要求各地务必做好思想政治工作和离退休人员交接工作，在改革中确保水上交通安全和不发生其他问题，建议国务院尽快批准交通部直属海事机构设置方案。

1999 年 10 月 27 日，国务院批准交通部和中央机构编制委员会办公室拟订的《交通部直属海事机构设置方案》，决定在《水上安全监督管理体制改革实施方案》所确定的中央管理水域内，设置 20 个交通部直属海事机构，名称统一为“中华人民共和国××（地名或河流名）海事局”。

1999 年 12 月 14 日，交通部印发通知，统一规范地方水上安全监督机构名称，共分三级，即“××省（自治区、直辖市）地方海事局”，“××省（自治区、直辖市）××市（地、州、盟）地方海事局”，“××省（自治区、直辖市）××县（县级市、区、旗）地方海事处”；根据工作需要，地方海事处可下设工作站点，名称为“××省（自治区、直辖市）××县（县级市、区、旗）地方海事处××海事所”。

1999 年 12 月 27 日，交通部召开水上安全监督管理体制改革第二次电话会议，交通部副部长洪善祥主持。广东省交通厅、福建海事局、上海海事局分别介绍支持和做好水上安全监督管理体制改革工作的经验。黄镇东在会上讲话，总结和肯定了前一阶段水上安全监督管理体制改革工作，强调为适应加强水上安全监督管理工作需要，要进一步发挥海事机构作用，加快水上安全监督管理体制改革步伐，抓紧研究海事系统规范管理问题，争取尽早完成改革任务。

2000 年 6 月 5 日，国务院批准《交通部沿海直属海事机构的分支机构设置方案》，规定沿海直属海事机构在所辖重要港口共设置 97 个分支机构，省、自治区分支机构名称统一为“中华人民共和国××（港口名或地名）海事局”，直辖市和港口城市海事局分支机构名称统一为“中华人民共和国××（港口名或地名）海事处”。该方案明确，由交通部委托地方人民政府负责管理中央管理水域的地方，其水上安全监督机构如冠“中华人民共和国”名称，由交通部商有关地方人民政府确定后，报中央机构编制委员会办公室备案。

自 1999 年 6 月 18 日上海海事局正式挂牌后，天津、辽宁、河北、山东、福建、广东、广西、海南、深圳、营口、烟台、连云港、厦门、汕头、湛江、江苏、长江、黑龙江、浙江海事局相继在各地正式挂牌，至 2000 年 8 月底，交通部 20 个直属海事局全部成立。这个阶段，还先后有山东、福建、河南、甘肃、河北、江苏、云南省地方海事局成立。2001 年 6 月，长江干线江苏段夹江航道、航标养护管理工作和机构、人员、资产向交通部移交工作完成。至此，沿海各省（自治区、直辖市）水上安全监督管理体制改革工作基本完成，长江干线 5 省（直辖市）水上安全监督管理体制改革进入人员资产划转交接环节，对黑龙江、四川、云南省和内蒙古自治区水域委托管理问题也达成初步意见。

2001 年 7 月至 2005 年 6 月，全国水上安全监督管理体制改革实施过程进入第三阶段，主要是推进和完成长江干线安徽省、江西省、湖北省、湖南省、重庆市划转人员、资产的交接工作。

长江干线水上安全监督管理体制改革划转交接工作缓慢的原因主要有三个方面。一是历史上，沿长江干线五省（直辖市）地方水上安全监督机构和长江海事局的人员基数都较大，地方希望多划转一些，而大量增加人员，长江海事局又难以承受；二是由于地方水上安全监督机构在职能配置上，多为“一门多牌”（一个机构配置几个机构的职能），界定人员职能归属和确定是否划转存在困难；三是由于长江干线和支流的界线难以界定，船员管理、船舶登记的分工难于按水域划分，给确定划转人员带来很大困难。此外，长江三峡水利枢纽工程库区2003年开始蓄水，中央管理水域和地方管理水域需要重新界定，延缓了长江水上安全监督管理体制改革实施进度。

2002年2月25日，国务院批准《交通部长江黑龙江海事局分支机构设置方案》，规定长江海事局设置10个分支机构，黑龙江海事局设置5个分支机构，名称统一为“中华人民共和国××（港口名或地名）海事局”。

2002年3月和12月，重庆市、湖南省划转人员、资产交接先后完成。但湖北、安徽、江西三省的划转交接工作极为缓慢，主要问题是对划转人员数量达不成一致意见。针对这一问题，交通部副部长徐祖远于2004年11月，分别与三省交通厅的领导交换意见，摸清了问题症结所在，并于2004年12月3日，召集交通部有关司局和单位领导开会，专题研究推进措施，确定以2005年6月30日前完成长江干线水上安全监督管理体制改革为工作目标。会议还调整了交通部水上安全监督管理体制改革领导小组及其办公室成员。

水上安全监督管理体制改革领导小组及其办公室成员名单 表1-3-1

时间	1999年4月28日成立	2004年12月3日调整
领导小组	组　长：洪善祥（交通部副部长） 副组长：谭占海（交通部人事劳动司司长） 刘功臣（交通部海事局常务副局长） 成　员：何　捷（交通部人事劳动司副司长） 董学博（交通部综合规划司副司长） 薛庆祥（交通部体改法规司副司长） 徐文兴（交通部财务司副司长） 黄先耀（交通部海事局党委书记）	组　长：徐祖远（交通部副部长） 副组长：何　捷（交通部人事劳动司司长） 刘功臣（交通部海事局常务副局长） 成　员：沈宏光（交通部人事劳动司副司长） 庞　松（交通部综合规划司副司长） 徐文兴（交通部财务司副司长） 何建中（交通部海事局党委书记） 但乃越（交通部长江航务管理局副局长）
领导小组办公室	主　任：黄先耀（兼） 副主任：何　捷（兼） 黄　何（大连海上安全监督局副局长） 徐鹏展（交通部海事局，2000年9月11日任） 成　员：郝继业（交通部人事劳动司） 崔学忠（交通部综合规划司） 曹建国（交通部体改法规司） 付绪银（交通部财务司） 郑和平（交通部海事局） 钟起坤（交通部海事局） 时　骏（交通部海事局）	主　任：何建中（兼） 副主任：沈宏光（兼） 黄　何（天津海事局副局长） 但乃越（兼） 成　员：冯亚光（交通部人事劳动司） 崔学忠（交通部综合规划司） 付兴华（交通部财务司） 宋　溱（交通部海事局） 时　骏（交通部海事局） 李定国（交通部长江航务管理局） 李玉华（长江海事局）

2005年上半年，交通部副部长徐祖远与湖北、安徽、江西三省的领导磋商，分别签署了划转交接协议，直接推动了三省划转人员、资产交接完成。2004年12月和2005年3月，长江干线三峡库区中央管理水域和地方管理水域范围、界线重新划定。至2005年7月1日，长江干线水上安全监督管理体制改革工作全面完成。

这一阶段，交通部与黑龙江省人民政府调整了黑龙江海事局的管理关系，并先后与云南省、四川省、内蒙古自治区人民政府签署了委托管理该省（自治区）对外开放水域、长江干线协议。这一阶段，青海、山西、辽宁、浙江、贵州、四川、江西、安徽、内蒙古、湖北、重庆、陕西、新疆、宁夏、北京、天津、上海、湖南、吉林、西藏等省（自治区、直辖市）相继成立地方海事机构。2005年6月23日，交通部副部长徐祖远和西藏自治区人民政府副主席武继烈出席西藏自治区地方海事局揭牌仪式。

至2005年7月1日，全国水上安全监督管理体制改革工作全面完成。

2005年8月20日，交通部向国务院报告了全国水上安全监督管理体制改革工作全面完成情况。自1998年6月开始，到2005年6月，全国水上安全监督管理体制改革历时七年。七年的实施过程中，在划分事权方面，对19个省（自治区、直辖市）的水域，界定了中央和地方的管理分工，既坚持《水上安全监督管理体制改革实施方案》确定的原则，明确沿海海域和港口，对外开放水域，主要跨省（自治区、直辖市）内河干线及港口的水上安全监督工作，由交通部设置的机构垂直管理，其他内河、湖泊、水库等水域的水上安全监督工作，由各省（自治区、直辖市）人民政府交通行政主管部门设置的机构管理；又从实际情况出发，经过双方协商，对部分水域的管理事权作适当调整，将云南省、内蒙古自治区的对外开放水域和四川省的长江干线委托地方人民政府管理，将广东省、广西壮族自治区、黑龙江省的全部水域交由交通部设置的机构统一管理（海南省的全部水域已于1994年由交通部设置的机构统一管理）。在合并机构，划转人员、资产方面，共涉及15个省（自治区、直辖市）的县级以上水上安全监督机构300多个，交接人员7974人（不含划转长江航道局的43人）。在机构设置方面，按照“一水一监，一港一监”的要求，交通部设立了20个直属海事机构，下设112个分支机构，分布在17个省（自治区、直辖市），27个省（自治区、直辖市）建立了地方海事机构。其中黑龙江、广东、广西、海南4省（自治区）只设置交通部直属海事机构，辽宁、河北、天津、山东、江苏、上海、浙江、福建、安徽、江西、湖北、湖南、重庆13个省（直辖市）既设有交通部直属海事机构（含分支机构），也设有地方海事机构，其余14个省（自治区）只设地方海事机构。全国31个省（自治区、直辖市，不含港澳台地区）和新疆生产建设兵团（2006年9月23日成立海事局）均建立了名称统一规范的海事机构，实现了水上安全监督管理体制改革预期目标。

图1-3-1　2005年6月23日，西藏自治区地方海事局正式挂牌成立。图为交通部副部长徐祖远为西藏自治区地方海事局揭牌

【沿海水上安全监督管理体制改革】

沿海水上安全监督管理体制改革涉及辽宁、河北、天津、山东、江苏、上海、浙江、福建、广东、广西、海南11个省（自治区、直辖市），其中海南省和广东省的深圳市于20世纪90年代中期先行进行了水上安全监督管理体制改革试点，成立了由交通部垂直领导的水上安全监督局，并于1999年12月28日按照国务院批准的《交通部直属海事机构设置方案》，分别更名为中华人民共和国海南海事局和中华人民共和国深圳海事局。其他10省（自治区、直辖市）水上安全监督管理体制改革，自1999年5月签署交通部和天津市实施水上安全监督管理体制改革协议开始，到2004年10月江苏省实施水上安全监督管理体制改革完成职能、机构、人员、财务、资产划转交接手续，沿海水上安全监督管理体制改革工作全面完成。10省（自治区、直辖市）在水上安全监督管理体制改革中划转交通部管理的机构、人员分别与交通部大连、营口、秦皇岛、天津、烟台、青岛、日照、连云港、上海、宁波、汕头、广州、湛江海上安全监督局和交通部长江港航监督局下属的南京、镇江、张家港、南通长江港航监督局合并，组建成立中华人民共和国辽宁、营口、河北、天津、烟台、山东、连云港、上海、浙江、福建、厦门、汕头、广东、湛江、广西、江苏海事局（其中浙江、福建、厦门、广西海事局为交通部在浙江省、福建

省、广西壮族自治区新设置的水上安全监督机构)。辽宁、河北、天津、山东、江苏、上海、浙江、福建省(直辖市)也相继组建成立了地方海事局。

〖天津市水上安全监督管理体制改革〗

1999年5月5日和5月7日,天津市副市长王述祖、交通部副部长洪善祥先后签署《交通部、天津市关于在天津实施水上安全监督体制改革的协议》。该协议规定:天津市港航监督负责的海港管理、海船管理、海船船员管理等各项业务工作及相关人员划转交通部管理,与交通部天津海上安全监督局合并组建中华人民共和国天津海事局,由交通部垂直领导;中华人民共和国天津海事局统一管理天津市沿海水域和港口的水上安全监督工作,天津市港航监督负责天津市内河水域水上安全监督工作。该协议对天津海事局和天津市港航监督管辖水域作出划分,天津港范围以交通部和天津市批准的天津港港口规划界线为界,北塘港范围以天津市批准的港口范围为界;其他河海划界工作由交通部天津海上安全监督局与天津市港航监督协商划定。7月1日,交通部发文决定组建中华人民共和国天津海事局。7月8日,中华人民共和国天津海事局举行揭牌仪式,交通部副部长洪善祥、天津市副市长王述祖揭牌。12月31日,天津海事局和天津市交通局签署天津实施水上安全监督管理体制改革管辖范围分工和划转交接协议,规定了天津海事局和天津市港航监督具体管辖范围和北塘港水域、塘沽海水浴场水域、海河水域划界界线,以及海河下游水域内内河船舶、船员静态管理和动态管理的分工。2000年1月1日,天津市完成划转交接手续,实际交接人员10人。4月1日,河北省港航监督将划转人员4人移交天津海事局管理。2003年8月7日,天津市地方海事局成立。

图1-3-2 1999年7月8日,天津海事局举行揭牌仪式

〖上海市水上安全监督管理体制改革〗

1999年6月4日和6月12日,交通部副部长洪善祥、上海市副市长韩正先后签署《交通部、上海市人民政府关于上海水上安全监督管理体制改革的协议》。该协议规定:交通部上海海上安全监督局和上海市航务管理处的管辖范围基本维持不变,但其中崇明岛、横沙岛、长兴岛各河口以外长江水域的安全监督工作,由交通部设立的上海海事机构管辖,各河口以内的三岛水域的安全监督工作,由上海市航务管理处管辖,具体界线及因此而产生的管理人员、固定资产调整等问题,由交通部上海海上安全监督局与上海市航务管理处负责勘划和协商。6月15日,交通部发文决定组建中华人民共和国上海海事局。6月18日,中

图1-3-3 1999年6月18日,上海海事局举行揭牌仪式

华人民共和国上海海事局举行揭牌仪式，交通部副部长洪善祥、中央机构编制委员会办公室副主任顾家麒揭牌。8月30日，上海海事局和上海市航务管理处签署上海市实施水上安全监督管理体制改革管辖范围界线和划转交接协议，划定崇明岛、横沙岛、长兴岛连通长江的航道、通航河流、通航河口各河口内外的具体界线，确定崇明县、宝山区航务管理所划转人员名单。10月1日，上海市完成划转交接手续，实际交接人员34人。2004年5月9日，上海市地方海事局成立。

〖河北省水上安全监督管理体制改革〗

1999年7月16日，交通部副部长洪善祥、河北省副省长何少存签署《交通部、河北省关于在河北实施水上安全监督管理体制改革的协议》。该协议规定：河北省负责的沧州市（含黄骅市、海兴县）、秦皇岛市（含昌黎、抚宁、青龙、卢龙县）、唐山市（含丰南市和唐海、滦南、乐亭县）沿海水域和港口的水上安全监督管理机构（不含船舶检验机构）划转交通部，由交通部垂直领导；交通部在秦皇岛设置中华人民共和国河北海事局，统一管理河北省沿海水域和港口以及上述划转机构原管辖水域的水上安全监督工作，河北省其他内河水域水上安全监督工作和河北省船舶检验机构，由河北省交通厅设置机构负责管理。以上划转机构的水上安全监督业务人员和河北省港航监督处负责海船管理、海船船员管理的业务人员，以及相应比例的综合管理人员、离退休人员划转交通部管理，其中河北省港航监督处划转人员并入中华人民共和国天津海事局。12月28日，中华人民共和国河北海事局挂牌成立。2000年3月22日，交通部人事劳动司和河北省交通厅签署河北省实施水上安全监督管理体制改革划转交接协议，确定秦皇岛市港航管理局及其下属北戴河区、山海关区、开发区、海港区、昌黎县、抚宁县、青龙县、卢龙县港航监督站，唐山市港航监督处及其下属乐亭县、丰南市、滦南县、唐海县港航监督站，沧州市港航监督处及其下属黄骅市、海兴县港航监督站，黄骅海上安全监督局，河北省港航监督处划转人员名单。4月1日，河北省完成划转交接手续，实际交接人员112人（其中4人移交天津海事局）。2001年3月5日，河北省地方海事局在天津市成立。

图1-3-4　1999年7月16日，交通部副部长洪善祥（前排左二）、河北省副省长何少存（前排左一）签署《交通部、河北省关于在河北实施水上安全监督管理体制改革的协议》

〖广东省水上安全监督管理体制改革〗

1999年8月11日，交通部副部长洪善祥、广东省副省长钟启权签署《交通部、广东省关于在广东实施水上安全监督管理体制改革的协议》。该协议规定：广东省港务监督局（广东省船舶检验局）及其下属全部地市港务监督局（地市船舶检验局）成建制划转交通部，实行垂直管理，由交通部统一领导，广东省全省水域和港口的水上安全监督工作由交通部设置的海事机构负责；相应人员、资产划转交通部；原属广东省港务监督局的引航机构尽快交给广东省港口管理机构。9月21日，交通部和广东省联合工作组办理广东省实施水上安全监督管理体制改革划转人员、资产交接手续，11月1日后，其人员、资产由交通部负责管理。12月28日，中华人民共和国广东、汕头、湛江海事局分别在广州、汕头、湛江市挂牌成立。2000年6月29日，交通部海事局、广东海事局、广东省港务监督局、汕头海事局、湛江海事局就汕头、湛江港务监督局交接工作达成一致意见，确定由广东省港务监督局负责将汕头、湛江港务监督局（包括船舶检验、引航部分的人员和资产）分别移交给汕头海事局和湛江海事局，但船舶检验、引航业务由广东海事局领导。7 月 1 日，广东省港务监督局分别完成向广东海事局、汕头海事局、湛江海事局划转交接手续，实际交接人员 1898 人。2002 年 3 月 25 日，交通部海事局委托广东海事局办理广东省引航机构移交工作。根据各地港口管理体制改革情况，广东海事局在与地方政府协商基础上，按照成熟一个移交一个的原则，将原由广东海事局管理的引航工作和人员向广东省地方有关部门移交。

〖福建省水上安全监督管理体制改革〗

1999 年 8 月 23 日，交通部副部长洪善祥、福建省副省长黄小晶签署《交通部、福建省关于在福建实施水上安全监督管理体制改革的协议》。该协议规定：福建省沿海（包括岛屿）水域和港口的水上安全监督工作（包括所有海船管理和海船船员管理）由交通部设置机构管理，内河（湖泊、水库）水域水上安全监督工作（包括所有内河船舶管理和内河船员管理）由福建省设置机构管理，其划分原则以河口第一港港界为分界线，具体划界方案由联合工作组协商确定。该协议确定福州海上安全监督局（含通信导航站，不含闽江航政处下属监督站）、厦门海上安全监督局、福建省海上搜救中心办公室成建制划转交通部，泉州港务监督从泉州港务局分离并划转交通部，以上划转机构的相应人员、资产划转交通部。10 月 29 日，交通部和福建省联合工作组就福建省实施水上安全监督管理体制改革划转交接工作达成协议。11 月 1 日完成划转交接手续，实际交接人员 830 人。12 月 28 日，中华人民共和国福建、厦门海事局分别在福州、厦门市挂牌成立。2000 年 8 月 5 日，福建省地方海事局在福州市成立。2001 年 8 月 14 日，交通部海事局、福建省交通厅、厦门市人民政府办公厅、厦门市交通委员会、厦门海事局，就厦门海域乡镇运输船舶安全管理体制达成一致意见，确定将厦门市交通委员会原行使的对乡镇运输船舶监督管理职能（包括船舶登记、船舶检验、船员培训考试发证和现场监督管理）移交厦门海事局统一管理，厦门市交通委员会对乡镇船舶实行行业管理。

图 1-3-5　1999 年 12 月 28 日，辽宁海事局举行揭牌仪式

〖辽宁省水上安全监督管理体制改革〗

1999 年 9 月 21 日，交通部副部长洪善祥、辽宁省副省长赵新良签署《交通部、辽宁省关于在辽宁实施水上安全监督管理体制改革的协议》。该协议规定：交通部在大连、营口分别设置中华人民共和国辽宁、营口海事局；辽宁省沿海（包括岛屿）水域和港口以及丹东、大连、营口、盘锦、锦州、葫芦岛市（含所属县、市、区）的水上安全监督工作由交通部设置的辽宁海事局、营口海事局管理，其相应 30 个机构（辽宁省交通厅派出机构锦州港务监督 1 个，大连市港航监督及其下属 8 个港航监督站，丹东市港航监督及其下属 5 个港航监督站，锦州市港航监督及其下属 1 个港航监督站，营口市港航监督及其下属 4 个港航监督站，盘锦市港航监督，葫芦岛市港航监督及其下属 5 个港航监督站）和人员（包括辽宁省港航监督负责海船管理和海船船员管理的有关人员）、资产划转交通部管理，沈阳、鞍山、抚顺、本溪、阜新、辽阳、铁岭、朝阳市及其所属县（市、区）的

水上安全监督工作由辽宁省交通厅设置机构管理；辽宁海事局统一管理辽宁省沿海（营口市沿海除外）以及丹东、大连、锦州、葫芦岛市水上安全监督工作，营口海事局管理营口市沿海以及营口、盘锦市水上安全监督工作。辽宁省船舶检验管理体制改革在辽宁省政府机构改革中进行，实行全省垂直管理，统一领导。12 月 28 日，中华人民共和国辽宁、营口海事局挂牌成立。2000 年 4 月 5 日，交通部、辽宁省联合工作组就辽宁省实施水上安全监督管理体制改革划转交接工作达成协议。4 月 29 日，营口海事局和营口市交通局签署管辖范围和划转交接协议，明确营口市辖区 260 平方公里海域和营口市行政区划内内河、水库的可航行水域的水上安全监督工作划转中华人民共和国营口海事局管理。6 月 16 日，营口海事局和盘锦市交通局签署管辖范围和划转移交协议，明确盘锦市辖区 240 平方公里水域（通航水域 264 公里）的水上安全监督工作划转中华人民共和国营口海事局管理。至此，辽宁省完成划转交接手续，实际交接人员 286 人。2001 年 12 月 7 日，辽宁省地方海事局在沈阳市成立。

〖江苏省水上安全监督管理体制改革〗

1999 年 10 月 14 日，交通部副部长洪善祥、江苏省副省长陈必亭签署《交通部、江苏省关于在江苏实施水上安全监督管理体制改革的协议》。该协议规定：江苏省沿海（包括岛屿）水域和港口、长江干线（江苏段）水域和港口的水上安全监督工作（包括海船管理、海船船员管理）由交通部设置机构管理，原由江苏省交通厅管理的长江夹江的航道、航标养护工作一并移交交通部管理，相应机构、人员、资产划转交通部，江苏省其他内河（湖泊、水库）水域水上安全监督工作由江苏省设置机构负责管理。沿海水域和内河水域的划分原则上以河口第一港港界划界，河口没有港口或港界未明确的，依据现状和有利于管理的原则予以划定；长江干线与通航支流的划界原则上以河口长江堤岸岸线联线划界，但河口处设有港口（码头）且该港口（码头）在干线与支流上连接在一起的，以港口（码头）由一个水上安全监督机构管理为原则划定，具体划分方案由联合工作组协商确定。12 月 28 日，中华人民共和国连云港海事局挂牌成立。2000 年 7 月 26 日，中华人民共和国江苏海事局在南京市挂牌成立。10 月 12 日，交通部、江苏省联合工作组划定长江干线江苏海事局和江苏省地方海事机构管辖水域具体界线，其中以长江主江堤堤岸岸线联线划界的支流河口 156 处，确定长江干线（含江心洲岸侧）天然港池、人工港池管辖分工的 14 处，以长江支流开放水域与其相连水域划界的 2 处，江苏省地方海事机构划转江苏海事局管辖的内河水域 6 处。11 月 2 日、3 日，交通部海事局和江苏省交通厅签署江苏长江干线划转交接协议，确定南京市雨花、栖霞、浦口、大厂区和扬中市、句容县港航监督所成建制划转，南京市、丹阳市、镇江市、扬州市、泰州市、南通市港航监督处和江宁县、江浦县、六合县、丹徒县、仪征市、邗江县、江都市、泰兴市、靖江市、如皋市、通州市、海门市、启东市、常熟市、太仓市、江阴市港航监督所部分划转；11 月 15 日完成划转交接手续，实际交接人员 295 人。2001 年 4 月 24 日，江苏省地方海事局在南京市成立。5 月 31 日，交通部长江航道局和江苏省交通厅航道局签署协议，完成长江干线江苏段夹江，镇江老港区航道、航标划转交接手续，实际交接人员 43 人。2004 年 5 月 25 日，江苏海事局和江苏省地方海事局划定江苏省沿海水域通海河流 77 个支流河口界线原则

图 1-3-6　2004 年 10 月 28 日，江苏盐城沿海水上安全监督管理体制改革交接协议正式签字，盐城海事局揭牌成立

上以通海河流第一座桥梁、挡潮闸为界。交通部海事局和江苏省交通厅签署江苏省沿海水上安全监督机构、人员、财务、资产划转交接协议，其中赣榆县港航监督所成建制划转，连云港市、盐城市地方海事局和灌云县、灌南县、射阳县、响水县地方海事处部分人员划转江苏海事局管理，实际交接人员65人；赣榆县、盐城市沿海航标(共6座示位标)和赣榆县航道站机构、人员、财务、资产划转上海海事局管理，实际交接人员5人。同日，交通部人事劳动司和江苏省交通厅签署江苏省实施水上安全监督管理体制改革划转交接协议。10月28日，江苏省完成划转交接手续，其中划转江苏海事局360人、长江航道局43人、上海海事局5人，共计408人。

〖山东省水上安全监督管理体制改革〗

1999年10月15日，交通部副部长洪善祥、山东省副省长韩寓群签署《交通部、山东省实施水上安全监督管理体制改革协议》。该协议规定：山东省日照市、青岛市、威海市、烟台市、潍坊市、东营市、滨州地区水域和沿海水域、港口的水上安全监督管理机构以及黄河小清河水上安全监督局(不含船舶检验机构)划转交通部，与交通部设置的青岛、烟台、日照海上安全监督局合并，交通部在青岛、烟台分别设置中华人民共和国山东、烟台海事局。山东省港航监督局负责海船管理和海船船员管理的有关人员(不含船舶检验人员)以及山东省东风、东营、黄河小清河海(水)上安全监督局(处)与山东省海上搜救中心和潍坊、滨州地市的水上安全监督机构合并，组建山东海事局管理的副厅级济南海事局，管理滨州、东营、潍坊行政区域内水域和沿海水域、港口以及黄河小清河的水上安全监督工作。中华人民共和国山东海事局统一管理山东省(烟台市行政区域除外)沿海市地行政区域内水域和沿海水域、港口的水上安全监督工作，中华人民共和国烟台海事局统一管理烟台市行政区域内水域和沿海水域、港口的水上安全监督工作。在青岛、烟台、威海、济南等地设置船舶检验机构，仍由山东省交通厅(山东省船舶检验局)负责管理。山东省其他内河水域(包括山东省境内京杭运河)和港口的水上安全监督工作，由山东省交通厅统一领导，垂直管理。12月28日，中华人民共和国山东、烟台海事局挂牌成立。2000年8月31日，交通部人事劳动司和山东省交通厅签署山东省实施水上安全监督管理体制改革划转交接协议。7月4日，山东省地方海事局在济南市成立。9月，烟台海事局、山东省交通厅航运管理局与烟台市、龙口市、蓬莱市、莱州市地方政府设置的海上安全监督局、船舶检验局负责人签署该市海上安全监督局管理体制改革协议，明确烟台市、龙口市、蓬莱市、莱州市海上安全监督局中从事船舶检验工作人员及其相应比例综合部门管理人员划转当地船舶检验局，其他人员全部划转交通部海事局管理。10月1日，山东省完成划转交接手续，实际交接人员453人。2001年4月23日，交通部海事局同意济南海事局潍坊海事处接收在划转过程中遗漏的监督艇船员6人。

〖广西壮族自治区水上安全监督管理体制改革〗

1999年11月4日，交通部副部长洪善祥、广西壮族自治区副主席袁凤兰签署《交通部、广西壮族自治区实施水上安全监督管理体制改革协议》。该协议规定：广西壮族自治区港航监督局及其下属全部9个地市港务监督局和北海航道管理处(不含船舶检验机构)及其相应人员、资产划转交通部，实行垂直管理，由交通部统一领导，交通部在南宁设置中华人民共和国广西海事局，负责广西壮族自治区水域和港口的水上安全监督工作，广西壮族自治区地方船舶检验工作由广西壮族自治区交通厅设置机构管理。12月28日，中华人民共和国广西海事局挂牌成立。2001年4月30日，交通部人事劳动司和广西壮族自治区交通厅签署广西壮族自治区实施水上安全监督管理体制改革划转交接协议。5月1日，广西壮族自治区完成划转交接手续，实际交接人员793人。

〖浙江省水上安全监督管理体制改革〗

2000年6月16日，交通部副部长洪善祥、浙江省副省长卢文舸签署《交通部、浙江省关于在浙江实施水上安全监督管理体制改革的协议》。该协议规定：浙江省港航监督局的海上安全监督部分和宁波、舟山、台州、温州市设置的水上安全监督管理机构及绍兴市沿海水上安全监督部分（上虞市航运管理所）从现行港航监督管理机构中分离，同乍浦港务监督一并划转交通部（包括从事海上安全监督的业务人员和海上航标人员、50%的海上安全通讯人员）；交通部在杭州设置中华人民共和国浙江海事局，统一管理舟山、宁波、台州、温州四市行政区域内的所有水域（包括沿海水域）和嘉兴、绍兴两市的沿海（含钱塘江北纬30°20′线下游出海航道的整个杭州湾）港口和水域的水上安全监督工作；并在宁波设置副厅级的海事局，在舟山、台州、温州、乍浦分别设置正处级海事局，作为中华人民共和国浙江海事局的分支机构。浙江省其他水域水上安全监督工作，由浙江省人民政府设置机构负责统一管理。浙江省地方管理的船舶检验机构按有关规定负责浙江省内的船舶和海上设施及船用产品检验工作。8月30日，中华人民共和国浙江海事局挂牌成立。9月5日，交通部海事局、嘉兴市人民政府和浙江省交通厅签署浙江省乍浦港务监督划转移交协议，明确乍浦港务监督成建制划转交通部，组建中华人民共和国嘉兴海事局，由中华人民共和国浙江海事局领导；嘉兴海事局负责管辖乍浦港和嘉兴市行政区域沿海海域，包括原由中华人民共和国上海港务监督管理的陈山原油码头和由浙江省平湖港航监督管理的公路01（杭沪）省道闸桥北侧边线以南的乍浦港内河港池。2001年2月22日，交通部海事局和浙江省交通厅商定划转交接意见。2002年2月19日，浙江省地方海事局在杭州市成立。2003年12月12日，交通部海事局和浙江省交通厅签署浙江沿海航标管理移交协议，明确23座海上公用航标（原台州市港航管理局管辖的9座浮标，原杭州市港航管理局管辖的9座灯桩、立标，原嘉兴港务管理局管辖的嘉兴乍浦锚地5座灯浮标）移交交通部海事局管理；在浙江海事局管理的钱塘江北纬30°20′线下游出海航道的杭州湾水域中所属企业专用航标纳入交通部海事局航标行政管理范围。同日，交通部人事劳动司和浙江省交通厅签署浙江省实施水上安全监督管理体制改革划转交接协议，确定浙江省港航监督局，宁波市港航监督处及其下属宁波市区、北仑区、镇海区、鄞县、慈溪市、奉化市、余姚市、宁海县、象山县港航监督所，舟山市海上安全监督局及其下属定海区、普陀区、嵊泗县、岱山县港航监督所，台州市港航监督处及其下属路桥区、黄岩区、椒江区、临海市、温岭市、三门县、玉环县港航监督所，温州港务监督，温州市港航监督处及其下属温州市区、永嘉县、平阳县、乐清县、洞头县、瑞安市、苍南县、文泰、敖江港航监督所，上虞市港航监督所，乍浦港务监督划转人员名单。2004年1月1日，浙江省完成交接手续，实际交接人员1443人。

【长江干线水上安全监督管理体制改革】

长江干线水上安全监督管理体制改革涉及江苏、安徽、江西、湖北、湖南、重庆、四川七省（直辖市）。1966年4月4日，经国务院批准，交通部在武汉设置长江航政管理局，统一管理上自重庆大渡口，下至上海吴淞宝山长江干线的水上安全监督工作。1988年12月19日，交通部在与沿江各省协商后，调整了长江干线水上安全监督管理分工，明确长江航政管理局管辖的长江干线范围是上自四川省宜宾市合江门，下至江苏省浏河口。根据《中华人民共和国内河交通安全管理条例》规定，1989年6月1日，交通部长江航政管理局统一更名为交通部长江港航监督局。经交通部批准，1989年7月7日，长江港航监督局委托四川省港航监督局管理长江干线四川段。

在1999年开始实施全国水上安全监督管理体制改革过程中，交通部在南京设置中华人民共和国江苏海事局，在武汉设置中华人民共和国长江海事局，分别负责长江干线江苏段和长江干线安徽、江西、湖北、湖南、重庆段的水上安全监督工作。2000 年 7 月 26 日江苏海事局挂牌成立后，开始为正常运转进行筹备工作。2000 年 7 月 28 日，在交通部长江港航监督局基础上，长江海事局挂牌成立。2001 年 1 月 1 日，原交通部长江港航监督局所属南京、镇江、张家港、南通长江港航监督局划转江苏海事局管理。由于四个局划转江苏海事局管理后，长江海事局征收的船舶港务费（规费）来源减少，交通部决定自 2001 年起，以 1999 年长江港航监督局集中调剂南京、镇江、张家港、南通长江港航监督局的规费收入 2100 万元为基数，每年由交通部从交通部海事局的预算收入中安排专项科目，补助长江海事局。

至 2005 年 7 月 1 日，长江干线安徽、江西、湖北、湖南、重庆段的水上安全监督管理工作统一由长江海事局负责，长江干线水上安全监督管理体制改革工作全面完成。

〖湖南省水上安全监督管理体制改革〗

2000 年 1 月 14 日，交通部副部长洪善祥、湖南省副省长郑茂清签署《交通部、湖南省人民政府实施水上安全监督管理体制改革协议》。该协议规定：长江干线湖南段水域和港口以及城陵矶港区、华容县、临湘县、岳阳市云溪区行政区域内的水上安全监督工作由交通部设置机构管理；华容县、临湘县、陆城等港航监督所成建制划转交通部，湖南省港航监督局和岳阳市港口航务管理局中从事长江干线水上安全监督工作人员及其他相应人员、资产划转交通部；各划转机构与交通部设在湖南的水上安全监督机构合并，组建新的海事机构，由长江海事局领导。湖南省其他内河（湖泊、水库）水域的水上安全监督工作由湖南省交通厅设置机构管理。2002 年 11 月 21 日，交通部湖南省联合工作组签署划转交接协议，并具体划定长江干线（湖南段）水域、城陵矶港区水域和华容县、临湘县、岳阳市云溪区水域界线。2002 年 12 月 5 日，交通部海事局印发通知，明确长江海事局与湖南省地方海事局在水上安全监督现场执法和船舶登记、船员管理的业务分工。2002 年 12 月 26 日，中华人民共和国岳阳海事局成立。2003 年 1 月 1 日，湖南省完成划转交接手续，实际交接人员 78 人。2004 年 7 月 7 日，湖南省地方海事局在长沙市成立。

〖安徽省水上安全监督管理体制改革〗

2000 年 11 月 2 日，交通部副部长洪善祥、安徽省副省长黄岳忠签署《交通部、安徽省人民政府实施水上安全监督管理体制改革协议》。该协议规定：长江干线（安徽段）水域和港口的水上安全监督工作由交通部设置机构管理，具体划界方案由联合工作组协商确定；安庆、池州、铜陵、芜湖、马鞍山、巢湖市等港航监督机构中从事长江干线水上安全监督工作人员及其他相应人员、资产划转交通部；各划转机构与交通部设在安徽的水上安全监督机构合并，组建新的海事机构，由长江海事局领导。安徽省其他内河（湖泊、水库）水域的水上安全监督工作由安徽省交通厅设置机构管理。2002 年 8 月 14 日，安徽省地方海事局在合肥市成立。2003 年 1 月 26 日、2 月 28 日，中华人民共和国芜湖、安庆海事局成立。2005 年 5 月 8 日，交通部、安徽省联合工作组就安徽省划转交通部管理的交接事宜达成一致意见，确定安徽省地方海事局机关、皖江港监船检处和芜湖、巢湖、铜陵、马鞍山、安庆、池州市地方海事局划转人员名单，并具体划定长江海事局和安徽省地方海事机构管辖范围以及与长江干线（安徽段）相通的 28 处通航及不通航支流水域界线。同日，交通部副部长徐祖远、安徽省副省长黄海嵩签署《安徽省长江干线水上安全监督机构划转交通部管理交接协议书》，确定从 2005 年 6 月 1 日零时起，长江干线（安徽段）水上安全监督管理工作统一由长江海事局负责。2005 年 5 月 12 日，交通部海事局印发通知，明确长江海事局与安徽省地方海事局在水上安全监督现场执法和船舶登记、船员管理的业务分工。2005 年 6 月 1 日，安徽省完成划转交接手续，实际交接人员 400 人。

〖重庆市水上安全监督管理体制改革〗

2001 年 1 月 17 日，交通部副部长洪善祥、重庆市副市长吴家农签署《交通部、重庆市人民政府实施水上安全监督管理体制改革协议》。该协议规定：长江干线（重庆段）水域和港口的水上安全监督工作由交通部设置机构管理，具体划界方案由联合工作组协商确定；重庆市涪陵区、万州区港航监督处直属所和丰都县、忠县、云阳县、奉节县港航监督所等港航监督机构成建制划转交通部；与运管、航道管理机构合署办公或干支统管的重庆市港航监督局机关，重庆市万州区、涪陵区港航监督处机关以及永川、江津、巫山、石柱港航监督所和巴南、渝北、长寿航运管理所中从事长江干线水上安全监督工作人员及其他相应人员、资产划转交通部；各划转机构与交通部设在重庆的水上安全监督机构合并，组建新的海事机构，由长江海事局领导。重庆市其他内河（湖泊、水库）水域的水上安全监督工作由重庆市交通委员会设置机构管理。2001 年 7 月 6 日，交通部、重庆市联合工作组具体划定长江海事机构和重庆市地方海事机构管辖范围以及嘉陵江、乌江、大宁河和其他与长江干线相通的支流河口水域界线。12 月 28 日，交通部、重庆市联合工作组就重庆市划转交通部管理交接事宜达成协议。2002 年 4 月 1 日，重庆市完成划转交接手续，实际交接人员 390 人（其中在职 282 人、离退休 92 人、遗属 16 人）。8 月 28 日，交通部海事局印发通知，明确长江海事局与重庆市地方海事局在水上安全监督现场执法和船舶登记、船员管理的业务分工。9 月 30 日，重庆市地方海事局成立。10 月 18 日，中华人民共和国重庆海事局成立。2004 年 12 月 27 日，交通部海事局与重庆市交通委员会重新就长江干线（重庆段）三峡库区长江海事局和重庆市地方海事局管辖范围以及 99 条支流水域界线达成一致意见，确定河口基准线为三峡大坝蓄水 175 米水位河口两岸水沫线的联线。2005 年 7 月 1 日完成支流（汉、沱）的划界设标及交接工作。

图 1-3-7　2002 年 10 月 18 日，重庆海事局举行揭牌仪式

〖湖北省水上安全监督管理体制改革〗

2001 年 4 月 2 日，交通部副部长洪善祥、湖北省副省长周坚卫签署《交通部、湖北省人民政府关于水上安全监督管理体制改革的协议》。该协议规定：长江干线（湖北段）水域和港口的水上安全监督工作由交通部设置机构管理，干支水域划分以支流航道零公里（中洪水的河坎连线）为界；湖北省港航监督局和宜昌（包括葛洲坝地方船舶过闸处）、荆州、武汉、鄂州、黄冈、黄石、咸宁、恩施（市、自治州）港航监督机构中从事长江干线水上安全监督工作人员及其他相应人员、资产划转交通部；交通部在湖北长江干线设置海事机构，由长江海事局领导。湖北省其他内河（湖泊、水库）水域的水上安全监督工作由湖北省交通厅设置机构管理。2002 年 9 月 23 日，湖北省地方海事局在武汉市成立。为解决三峡水利枢纽工程导流明渠截流后，水上安全监督管理职能分工问题，2002 年 11 月 22 日，交通部在宜昌市召开长江三峡坝区水域海事执法协调会，决定三峡坝区水上安全监督管理体制改革正式交接前，船舶签证分工维持现状，即涉外旅游船、汽车滚装船等由三峡通航管理局负责签证，其他船舶由宜昌市港航监督局负责签证；水上安全监督管理体制改革正式交接后，三峡坝区水域的水上安全监督管理由三峡通航管理局统一负责。2003 年 1 月 25 日、26 日、27 日、28 日和 2 月 14 日，中华人民共和国武

汉、黄石、宜昌、荆州、三峡海事局相继成立。2005年3月30日，交通部、湖北省联合工作组就湖北省划转交通部管理的交接事宜达成一致意见，并具体划定长江海事局和湖北省地方海事局管辖范围以及与长江干线相通的82处通航和不通航支流水域界线，确定三峡库区按最高蓄水位175米划界。同日，交通部副部长徐祖远、湖北省副省长周坚卫签署《湖北省长江干线水上安全监督机构划转交通部管理交接协议书》，确定从2005年5月1日零时起，长江干线（湖北段）水上安全监督管理工作统一由长江海事局负责；划转人员范围为湖北省地方海事局机关，恩施、宜昌、荆州、咸宁、武汉、鄂州、黄石、黄冈等8个市（州）地方海事局，秭归县、宜昌市夷陵区、巴东县、宜都市、枝江市、松滋市、江陵县、公安县、洪湖市、石首市、监利县、赤壁市、嘉鱼县、武穴市、浠水县、蕲春县、黄梅县、团风县、黄州市、阳新县和武汉市洪山、新洲、黄陂、蔡甸、沌口、江夏、汉南区以及荆州市荆州区、沙市区等29个县（市、区）地方海事处，葛洲坝地方船舶过闸管理处的有关人员。4月7日，交通部海事局印发通知，明确长江海事局与湖北省地方海事局在水上安全监督现场执法和船舶登记、船员管理的业务分工。5月1日，湖北省完成划转交接手续，实际交接人员800人。

〖江西省水上安全监督管理体制改革〗

2001年4月3日，交通部副部长洪善祥、江西省副省长朱英培签署《交通部、江西省人民政府实施水上安全监督管理体制改革协议》。该协议规定：长江干线（江西段）水域和港口以及瑞昌市、彭泽县、九江县、九江市浔阳区行政区域内的水上安全监督工作由交通部设置机构管理；瑞昌市、彭泽县、九江县、九江市港航监督机构（庐山区蛤蟆石分站除外）成建制划转交通部，江西省航务管理局中从事长江干线水上安全监督工作人员及其他相应人员、资产划转交通部；各划转机构与交通部设在江西的水上安全监督机构合并，组建新的海事机构，由长江海事局领导。江西省其他内河（湖泊、水库）水域的水上安全监督工作由江西省交通厅设置机构管理。2002年4月21日，中华人民共和国九江海事局成立。8月7日，江西省地方海事局在南昌市成立。2005年6月10日，交通部副部长徐祖远、江西省副省长凌成兴签署《关于江西省长江干线水上安全监督机构划转交通部管理交接协议书》，确定自2005年7月1日零时起，长江干线（江西段）水上安全监督管理工作统一由长江海事局负责；确定鄱阳湖湖口与长江干线水域，以长江梅家洲尾长江侧高水位边缘由长江海事局和江西省地方海事局共同确定设置

图1-3-8　2002年9月13日，江西省地方海事局举行揭牌仪式

图1-3-9　2005年6月10日，交通部副部长徐祖远（前排左一）与江西省副省长凌成兴（前排左二）在南昌签署《关于江西省长江干线水上安全监督机构划转交通部管理交接协议书》

的标志杆与湖口县红旗造船厂后象山上电视塔之间联线为界，划转人员范围为江西省九江市地方海事局机关及瑞昌市、九江县、彭泽县、九江市地方海事处(庐山区蛤蟆石海事所除外)有关人员。6月14日，交通部海事局印发通知，明确长江海事局与江西省地方海事局在水上安全监督现场执法和船舶登记、船员管理的业务分工。7月1日江西省完成划转交接手续，实际交接人员88人。

〖四川省水上安全监督管理体制改革〗

2002年7月29日，四川省地方海事局在成都市成立。2003年11月3日，交通部副部长洪善祥、四川省副省长杨志文签署《交通部、四川省人民政府关于委托管理长江干线四川段水上安全监督管理工作的协议》。该协议规定：交通部将长江干线(宜宾至重庆)219公里中央管理水域和港口的水上安全监督管理工作委托四川省人民政府管理，具体工作由四川省地方海事局及四川省宜宾市、泸州市地方海事局负责，其机构设置、人员编制、管理关系由四川省人民政府确定；交通部对长江干线四川段水上安全监督管理工作所需基本建设、船舶等设施的投资给予补助。

【黑龙江干线水上安全监督管理体制改革】

1979年10月11日，交通部在哈尔滨市设置黑龙江港航监督局，负责管理黑龙江省水上安全监督工作。1983年经国务院批准，交通部设置黑龙江航运管理局，统一管理黑龙江水系的水上运输组织工作和水上安全监督工作，领导黑龙江港航监督局。20世纪90年代末，按照中共中央和国务院有关中央党政机关与所管理的直属企业脱钩的要求，交通部决定黑龙江航运管理局与交通部脱离行政隶属关系。根据国务院批准的《水上安全监督管理体制改革实施方案》规定，黑龙江为国境河流，其界河及跨省内河干支流水域和港口的水上安全监督管理属中央事权。2000年3月24日，交通部和黑龙江省人民政府在《关于黑龙江航运管理局移交黑龙江省管理有关问题的意见》中，商定交通部委托黑龙江省负责管理黑龙江界河及内河干流中央管理水域的水上安全监督工作。2000年8月3日，交通部海事局与黑龙江省交通厅达成协议，委托黑龙江省交通厅负责组建和管理中华人民共和国黑龙江海事局(含黑龙江船舶检验局)，并明确了双方职责。8月20日，中华人民共和国黑龙江海事局在哈尔滨市挂牌成立。由于黑龙江省财力有限，在资金投入方面难于满足水上安全监督工作快速发展需要，2004年7月9日，黑龙江省人民政府致函交通部，商请将黑龙江海事局交由交通部直接管理。11月12日，交通部复函黑龙江省人民政府，同意将黑龙江海事局管理体制调整为交通部直接管理。12月8日，交通部海事局与黑龙江省交通厅就黑龙江海事局管理体制调整为交通部直接管理划转移交达成协议，12月31日完成划转交接手续，实际移交交通部海事局人员502人(含离退休职工132人)。黑龙江省嫩江县水上安全监督工作，原由1987年嫩江县交通局设置的机构管理。根据《水上安全监督管理体制改革实施方案》

图1-3-10　2000年8月20日，黑龙江海事局举行揭牌仪式

和黑龙江海事局派出机构设置规定，经协商，2006 年 4 月 20 日，嫩江县人民政府同意将该县水上安全监督工作和相应机构划归黑龙江海事局管理；5 月 17 日，交通部海事局批复黑龙江海事局，同意在理顺嫩江县水上安全监督管理体制基础上，组建中华人民共和国齐齐哈尔嫩江海事处，接收相应划转人员。2007 年 3 月 28 日，嫩江海事处正式运转，实际接收划转人员 4 人。

【其他对外开放水域水上安全监督管理体制改革】

其他对外开放水域有云南省的澜沧江和内蒙古自治区的额尔古纳河。

2000 年 4 月 20 日，中国、老挝、缅甸、泰国政府签订了澜沧江—湄公河四国商船通航协议。2001 年 6 月 7 日，云南省地方海事局在昆明市成立。6 月 26 日，澜沧江—湄公河四国商船正式通航。根据国务院批准的《水上安全监督管理体制改革实施方案》规定，澜沧江对外开放水域及港口属中央管理水域。2002 年 8 月 3 日，交通部与云南省人民政府就委托管理澜沧江对外开放水域及港口的水上安全监督工作达成协议。该协议规定，澜沧江南德坝以下至国境 260 公里干线对外开放水域及港口的水上安全监督工作，由交通部委托云南省人民政府管理；在云南省设置中华人民共和国澜沧江海事局，与云南省地方海事局、云南省航务管理局合署办公，由云南省交通厅直接领导；中华人民共和国澜沧江海事局下设中华人民共和国思茅海事局和中华人民共和国西双版纳海事局，具体履行澜沧江对外开放水域及港口的水上安全监督管理职责。该协议还规定了交通部、云南省人民政府、澜沧江海事局的相应职责，明确以交通部为主负责安排澜沧江海事局的基本建设、船舶及设备购置所需投资。2003 年 9 月 24 日，中华人民共和国澜沧江海事局在昆明市揭牌成立。

图 1-3-11　2003 年 9 月 26 日，西双版纳海事局举行揭牌仪式

内蒙古自治区额尔古纳河是中国与俄罗斯的界河。1989 年 4 月，国务院批准额尔古纳河黑山头、室韦港口为一类开放口岸。根据国务院批准的《水上安全监督管理体制改革实施方案》规定，额尔古纳河对外开放水域及港口属中央管理水域。2004 年 4 月 21 日，交通部副部长洪善祥、内蒙古自治区副主席赵双连签署《交通部、内蒙古自治区人民政府关于委托管理额尔古纳河对外开放水域及港口水上安全监督管理的协议》。该协议规定：额尔古纳河黑山头、室韦两港口及所有对外开放水域的水上安全监督工作，由交通部委托内蒙古自治区人民政府管理；在内蒙古自治区呼伦贝尔市设置中华人民共和国呼伦贝尔海事局，与呼伦贝尔市地方海事局、呼伦贝尔市港航管理局合署办公，由呼伦贝尔市人民政府直接领导，统一负责额尔古纳河对外开放水域及港口的水上安全监督工作；中华人民共和国呼伦贝尔海事局下设中华人民共和国呼伦贝尔黑山头海事处和中华人民共和国呼伦贝尔室韦海事处，具体履行额尔古纳河对外开放水域及港口的水上安全监督管理职责。该协议还规定了交通部、内蒙古自治区交通厅、呼伦贝尔市人民政府、呼伦贝尔海事局的相应职责，明确以交通部为主负责安排呼伦贝尔海事局的基本建设、船舶及设备购置所需投资。2005 年 6 月 10 日，中华人民共和国呼伦贝尔海事局正式运转。

【新疆生产建设兵团海事局】

新疆生产建设兵团是党政军企合一的特殊组织，自行管理内部的行政、司法事务。1995 年，新疆生产建设兵团交通局成立后，未设专门的港航监督管理机构，造成水上安全监督管理职能缺位。随着人民生活水平的提高和国家西部大开发战略的实施，兵团管辖区内，以水上旅游和水上作业为主的水上运输发展迅速。为依法实施兵团辖区内水上安全监督管理，根据《水上安全监督管理体制改革实施方案》，2005 年 12 月 21 日，新疆生产建设兵团交通局提出《新疆生产建设兵团海事管理机构组建方案》，并向交通部上报《关于兵团交通系统开展水上安全监督管理的请示》。2006 年 4 月 11 日，交通部印发《关于新疆生产建设兵团交通系统开展水上交通安全监督管理的意见》，原则同意兵团交通局提出的《新疆生产建设兵团海事管理机构组建方案》，明确兵团海事机构依法负责兵团辖区内水上安全监督管理工作，其机构设置、人员编制、经费来源由兵团自行解决。

2006 年 9 月 23 日，新疆生产建设兵团海事局在乌鲁木齐市挂牌成立。

交通部直属海事局成立一览 表 1-3-2

名称	成立时间	管辖范围	成立时领导成员		
			局长	党委(组)书记	其他领导成员
中华人民共和国上海海事局	1999 年 6 月 18 日	上海市沿海、沿长江水域和港口	王志一	周尤喜	陈爱平、赵海林、茅光华、施石根、张云龙
中华人民共和国天津海事局	1999 年 7 月 8 日	天津市沿海水域和港口	王怀凤	肖维强	李增才、赵亚兴、魏占超、李振清、李国祥
中华人民共和国辽宁海事局	1999 年 12 月 28 日	辽宁省(营口市除外)沿海水域和港口，沿海各市内河水域和港口	熊国武	丛选斌	黄　何、程绍田、戴　东、王杰武、杨　春
中华人民共和国河北海事局	1999 年 12 月 28 日	河北省沿海水域和港口，沿海各市内河水域和港口	杨盘生	范河林	庞海燕、郭子瑞、赵兴林
中华人民共和国山东海事局	1999 年 12 月 28 日	山东省(烟台市除外)沿海水域和港口，沿海各市、地区内河水域和港口	姜　勇	肖维强	侯锦华、曲启文、吕贤德、迟双龙
中华人民共和国福建海事局	1999 年 12 月 28 日	福建省(厦门、漳州市除外)沿海水域和港口	杨水来	江德顺	邱志雄、胡江山、陈志武、申亚萍
中华人民共和国广东海事局	1999 年 12 月 28 日	广东省(汕头、深圳、湛江市除外)沿海、内河水域和港口	汪湘涛	钱保尔	吕锦尽、吴德训、满福海、莫　奇、李叔保
中华人民共和国广西海事局	1999 年 12 月 28 日	广西壮族自治区全区沿海、内河水域和港口	耿文福	耿文福	刘玉彬、黄开元、李华成、张志颖
中华人民共和国海南海事局	1999 年 12 月 28 日	海南省全省沿海、内河水域和港口	欧阳宝奎	林嘉祥	王同礼、夏建兰、杜梦怀、吴　辉
中华人民共和国深圳海事局	1999 年 12 月 28 日	深圳市沿海、内河水域和港口	吴显基	万松义	谭永烈、祁军辉、林志豪
中华人民共和国营口海事局	1999 年 12 月 28 日	营口市沿海、内河水域和港口	徐津津	李广平	柳絮深、李国平、王兴邦
中华人民共和国烟台海事局	1999 年 12 月 28 日	烟台市沿海、内河水域和港口	马喜臣	钟　阳	李炳岩、王俊波
中华人民共和国连云港海事局	1999 年 12 月 28 日	江苏省沿海水域和港口	丁培良	武　军	施俊标、韦之杰
中华人民共和国厦门海事局	1999 年 12 月 28 日	厦门市、漳州市沿海水域和港口	池津光	洪我追	陈正杰、郑卓凡、王宏生
中华人民共和国汕头海事局	1999 年 12 月 28 日	汕头市沿海、内河水域和港口	陈新流	徐俊池	江小明、刘楚兴、余汉坚、陈佳云
中华人民共和国湛江海事局	1999 年 12 月 28 日	湛江市沿海、内河水域和港口	张建斌	范亚祥	彭建忠、刘兆光、李华汉、邓本荣、陈云峰

续上表

名　　称	成立时间	管辖范围	成立时领导成员		
			局长	党委（组）书记	其他领导成员
中华人民共和国江苏海事局	2000年7月26日	长江干线江苏段水域和港口	陈爱平	于庆昌	张同斌、李国凯、张炳泉
中华人民共和国长江海事局	2000年7月28日	长江干线重庆、湖北、湖南、江西、安徽段以及湖南省城陵矶港区、华容县、临湘县、岳阳市云溪区和江西省瑞昌市、彭泽县、九江县、九江市浔阳区内河水域	胡体淦	刘开智	吴修鹏、朱伟桥、袁宗祥、李玉华
中华人民共和国黑龙江海事局	2000年8月20日	黑龙江省全省水域和港口	孙晓秋	卢晓萍	胡国强、王广德、金永灿、邵长青
中华人民共和国浙江海事局	2000年8月30日	浙江省沿海水域和港口，舟山、宁波、台州、温州市内河水域和港口	邱云龙	顾德裕	董永芳、施石根、张宝晨、冯　俊

说明：①管辖范围为各省（自治区、直辖市）水上安全监督体制改革完成时所划分的管辖水域。

②领导成员中，除深圳海事局为党组书记外，其余各局均为党委书记。

各省（自治区、直辖市）地方海事局成立一览　　表1-3-3

名　　称	成立时间	管辖范围	成立时领导成员		
			局长	党委（组）书记	其他领导成员
山东省地方海事局	2000年7月4日	山东省（沿海各市、地区除外）内河水域和港口	王　栋	王　栋	王廷章、张焕军、张德泉
福建省地方海事局	2000年8月5日	福建省内河水域和港口	马继烈	马继烈	林鸿滨、王朝武、杜光爱
河南省地方海事局	2000年8月28日	河南省水域和港口	江家治	王通林	魏培洲、温胜强、王进献
甘肃省地方海事局	2001年3月1日	甘肃省水域和港口	范志鹏	崔玉生	吴振科、朱富义、郭天兰
河北省地方海事局	2001年3月5日	河北省（沿海各市除外）内河水域和港口	秦章庆	秦章庆	王　茹
江苏省地方海事局	2001年4月24日	江苏省（长江干线除外）内河水域和港口	王昌宝	王昌宝	童小田、方建华、侯建宇
云南省地方海事局	2001年6月7日	云南省水域和港口（其中委托管理澜沧江开放水域和港口）	乔新民	徐恩瑞	曾昭文、王德忠、秦宗模
青海省地方海事局	2001年7月26日	青海省水域和港口	何东山	杨振周	—
山西省地方海事局	2001年9月3日	山西省水域和港口	李　灵	李　灵	孙　印
辽宁省地方海事局	2001年12月7日	辽宁省（沿海各市除外）内河水域和港口	裴　松	—	张玉林、王维东
浙江省地方海事局	2002年2月19日	浙江省（舟山、宁波、台州、温州市除外）内河水域和港口	郑惠明	顾裕奇	詹小张、任　忠、邵银泉、唐伟明、张小舜
贵州省地方海事局	2002年7月24日	贵州省水域和港口	刘永凯	刘永凯	刘　浩、唐金安
四川省地方海事局	2002年7月29日	四川省水域和港口（其中委托管理长江干线宜宾至重庆段水域和港口）	刘龙铸	刘龙铸	贺晓春、戴朝忠、伍　岗、王宗荣

续上表

名　称	成立时间	管辖范围	成立时领导成员		
			局长	党委(组)书记	其他领导成员
江西省地方海事局	2002年8月7日	江西省(长江干线和瑞昌市、彭泽县、九江县、九江市浔阳区除外)内河水域和港口	李天碧	王凯林	朱希雄、胡敬党、严春生、杨礼生、刘水生
安徽省地方海事局	2002年8月14日	安徽省(长江干线除外)内河水域和港口	李颇凡	张先道	蒋同富、徐启明、耿兴长、柳兆中、吴义林、李成春
内蒙古自治区交通厅地方海事处	2002年9月18日	内蒙古自治区水域和港口(其中委托管理额尔古纳河开放水域和港口)	沈　玲(处长)	—	—
湖北省地方海事局	2002年9月23日	湖北省(长江干线除外)内河水域和港口	高玉玲	高玉玲	陶维号、王　伟
重庆市地方海事局	2002年9月30日	重庆市(长江干线除外)内河水域和港口	雷　军	何爱平	窦运生、张小勇、张孟川、杨大伦
陕西省地方海事局	2002年10月14日	陕西省水域和港口	余茂华	冯　雷	李安群
新疆维吾尔自治区地方海事局	2003年4月4日	新疆维吾尔自治区水域和港口(新疆生产建设兵团辖区水域和港口除外)	张铭山	任存新	刘黎明、牙合甫·尤合甫、王速平
宁夏回族自治区地方海事局	2003年5月1日	宁夏回族自治区水域和港口	王喜武	—	—
北京市地方海事局	2003年7月1日	北京市水域和港口	丁保生	冯建民	何益海、姚　阔、于　傑、王春强
天津市地方海事局	2003年8月7日	天津市内河水域和港口	黑少恩	李梦骏	杨佩宏、韩金山
上海市地方海事局	2004年5月9日	上海市内河水域和港口(沿长江水域和港口除外)	任慈杰	李旭东	周元平、肖　风、陈立三
湖南省地方海事局	2004年7月7日	湖南省(长江干线和城陵矶港区、华容县、临湘县、岳阳市云溪区除外)内河水域和港口	胡铁牛	胡铁牛	陈健强、李金海、周志中、毛建军、陈益农
吉林省地方海事局	2004年11月9日	吉林省水域和港口	彭今海	—	张跃奇、颜长青、张　彪
西藏自治区地方海事局	2005年6月23日	西藏自治区水域和港口	徐功国	明　玛	达　穷
新疆生产建设兵团海事局	2006年9月23日	新疆生产建设兵团辖区水域和港口	许宏林	谢亚利	—

说明：内蒙古自治区地方海事处为内蒙古自治区交通厅机关一个职能部门。

水上安全监督管理体制改革前后人员数量变化情况(单位：人)　　表1-3-4

改革后机构名称	原交通部直属水上安全监督机构		地方水上安全监督机构划转人数					改革后在职总人数
	名称	在职人数	划转行政区域	在职	离退休	合计	交接日期	
中华人民共和国上海海事局	交通部上海海上安全监督局	2725	上海市	34	—	34	1999年10月1日	2764
			江苏省	5	—	5	2004年7月1日	
中华人民共和国天津海事局	交通部天津海上安全监督局	1290	天津市	10	—	10	2000年1月1日	1303
			河北省	3	1	4	2000年4月1日	
中华人民共和国辽宁海事局	交通部大连海上安全监督局	812	辽宁省	224	14	238	2000年5月1日	1036
中华人民共和国营口海事局	交通部营口海上安全监督局	219	营口市	20	2	22	2000年5月1日	259
			盘锦市	20	6	26	2000年6月16日	

续上表

改革后机构名称	原交通部直属水上安全监督机构		地方水上安全监督机构划转人数					改革后在职总人数
	名称	在职人数	划转行政区域	在职	离退休	合计	交接日期	
中华人民共和国河北海事局	交通部秦皇岛海上安全监督局	510	河北省	108	—	108	2000年4月1日	618
中华人民共和国山东海事局	交通部青岛海上安全监督局	661	山东省	271	30	301	2000年9月1日	938
			潍坊市	6	—	6	2001年4月23日	
中华人民共和国烟台海事局	交通部烟台海上安全监督局	722	烟台市	29	—	29	2000年9月1日	868
			龙口市	58	5	63	2000年9月1日	
			蓬莱市	37	1	38	2000年9月1日	
			莱州市	22	—	22	2000年9月1日	
中华人民共和国江苏海事局	交通部长江港航监督局（江苏段）	759	江苏省	265	30	295	2000年11月15日	1024
中华人民共和国连云港海事局	交通部连云港海上安全监督局	478	江苏省	62	3	65	2004年7月1日	540
中华人民共和国浙江海事局	交通部宁波海上安全监督局	750	浙江省	1010	433	1443	2004年1月1日	1760
中华人民共和国福建海事局	—	—	福建省	712	118	830	1999年11月1日	712
中华人民共和国厦门海事局								
中华人民共和国广东海事局	交通部广州海上安全监督局	1563	广东省	1604	294	1898	1999年11月1日	3940
中华人民共和国汕头海事局	交通部汕头海上安全监督局	242					2000年7月1日	
中华人民共和国湛江海事局	交通部湛江海上安全监督局	531					2000年7月1日	
中华人民共和国深圳海事局	交通部深圳水上安全监督局	191	—	—	—	—	—	191
中华人民共和国广西海事局	—	—	广西壮族自治区	648	145	793	2001年5月1日	648
中华人民共和国海南海事局	交通部海南水上安全监督局	811	—	—	—	—	—	811
中华人民共和国长江海事局	交通部长江港航监督局（不含江苏段）	2564	安徽省	311	89	400	2005年6月1日	3945
			江西省	71	17	88	2005年7月1日	
			湖南省	59	19	78	2003年1月1日	
			湖北省	658	142	800	2005年5月1日	
			重庆市	282	92	374	2002年4月1日	
中华人民共和国黑龙江海事局	交通部黑龙江港航监督局	370	嫩江县	4	—	4	2006年5月17日	374
合计		15198	—	6533	1441	7974	—	21731

说明：① 表中“交接日期”为地方划转机构、人员、资产正式划入直属海事机构实施管理的起始日期，但潍坊市、嫩江县“交接日期”为交通部海事局行文批复日期。

② 表中“改革后在职总人数”为原交通部各水上安全监督机构在职人数与地方划转在职人数之和。

③ 表中交通部黑龙江港航监督局“在职人数”为2005年1月1日，黑龙江海事局管理体制调整后交接的在职人数。

第二章　交通部直属海事系统机构编制

简　　述

1986年后，交通部相继组建的沿海大连、营口、秦皇岛、天津、烟台、青岛、日照、连云港、上海、宁波、汕头、广州、湛江13个海上安全监督局和海南、深圳2个水上安全监督局，与交通部长江港航监督局、交通部黑龙江港航监督局一起形成交通部直属水上安全监督系统，对相应港区水域和部分通航水域的水上交通安全实施监督管理；除海南水上安全监督局、长江港航监督局、黑龙江港航监督局下设分局，分局下设监督站外，其他各海(水)上安全监督局，均直接下设现场监督站。1999年全国开始实施水上安全监督管理体制改革，其中重要一环是在重新界定后的中央管理水域，组建由交通部统一领导的新的水上安全监督机构。组建基础分为三种情况：一是由原交通部直属水上安全监督机构与划转交通部垂直管理的地方水上安全监督机构、人员合并，组建交通部新的直属水上安全监督机构(如辽宁、营口、河北、天津、山东、烟台、江苏、连云港、上海、浙江、广东、汕头、湛江、长江)；二是在划转交通部垂直管理的地方水上安全监督机构、人员基础上组建交通部直属水上安全监督机构(如福建、厦门、广西)；三是以原交通部直属水上安全监督机构为基础更名组建为新的交通部直属水上安全监督机构(如海南、黑龙江、深圳)。1999年6月至2000年8月，20个新的水上安全监督机构——交通部直属海事机构相继成立，名称统一为"中华人民共和国××(地名或河流名)海事局"，形成交通部直属海事系统。

海事机构依法履行行政执法职能，是国家行政执法监督机构。水上安全监督管理体制改革后，直属海事系统是履行保障水上交通安全、维护国家主权两大职能的交通部直属行政执法队伍，其管辖范围覆盖中国沿海海域和港口，对外开放水域，长江、珠江、黑龙江干线水域和港口，以及部分其他水域(港澳台地区除外)，工作人员由改革前的15000余人，增加到2007年底近25000人。

按照国务院和交通部批准的机构设置原则和方案，直属海事系统在交通部领导下，依交通部海事局—直属海事局—分支机构—派出机构顺序确立隶属关系(长江海事局除外)。除各级执法机构序列外，直属海事系统还有一个航标测绘机构序列，负责沿海干线公用航标和主要港口航标的建设、维护、管理和功能保障，以及港口、航道的测绘工作，属于社会公益性机构。根据交通部1999年7月20日的决定，中国海事服务中心、交通部环境保护中心、交通安全质量管理体系审核中心划归交通部海事局管理，作为交通部海事局的直属单位，纳入直属海事系统序列。

水上安全监督管理体制改革后的一个重大变化，是直属海事系统的管辖范围扩展，业务领域延伸，管理方式转变，从管理港区水域扩展到整个辖区水域，从单点、单层管理方式转变为多层级管理方式。随着全国水上安全监督管理体制改革的推进和直属海事系统各级机构的建立，交通部海事局一方面梳理直属海事系统各级机构的职能划分和管理关系，健全和调整直属海事系统各级机构内设机构、下设机构，提出各级海事机构定编原则和人员编制控制数，以适应水上安全监督管理体制改革后初期工作的需要；另一方面，开始研究直属海事系统各类机构的功能性质、结构布局、管理模式、运作机制、资源配置、行政效能如何才能更好适应社会主义市场经济体制和航运经济的发展，才能符合中国国情实际和与国际接轨的需要，才能符合海事监管工作的内在特性和国家依法行政的要求。2000 年 3 月 17 日，交通部海事局在《关于深化水监体制改革实施海事系统规范管理的若干意见》中提出，直属海事系统将逐步实行从外部改革转向内部改革，从体制改革转向制度改革，从全国宏观改革转向基层组织改革。此后，直属海事系统在不断健全、适时调整各级、各类机构的基础上，实施了一系列机构改革，主要有"一省一局"管理模式改革、航标管理体制改革、海事执法管理模式改革。

"一省一局"管理模式改革和航标管理体制改革，虽然涉及人事、财务和业务管理关系变化，但具体做法是成建制机构整体划转交接，改革过程相对顺利、简短，实现了改革预期目标。而海事执法管理模式改革，打破传统执法模式，按照行政执法与执法监督分开、行政受理与行政审批分开、动态管理与静态管理分开的原则，调整分支机构和派出机构及其内设机构、下设机构的设置，不仅人员岗位、管理关系发生变化，更主要是涉及执法理念、执法方式、管理机制的深刻变革，以及人员安置、人员培训、装备更新、信息平台建设等配套措施的跟进，因此实施过程较为复杂、辗转。从 2003 年开始，经过试点、推广、评估、完善等阶段，到 2007 年底，海事执法管理模式改革完成阶段性工作，取得初步成效。海事执法管理模式改革使执法职能分工更趋于合理、执法资源配置得到优化，现场执法力度加大，应急反应速度加快，执法效能逐步提高。

本章记述交通部直属海事系统各级机构主要职责划分和机构编制演变情况，记述交通部海事局在交通部直属海事系统推行内部机构改革的主要内容和实施过程。

第一节　交通部直属海事机构序列

【交通部直属海事机构基本框架】

1999 年 10 月 27 日，国务院批准的《交通部直属海事机构设置方案》决定在中央管理水域内设置 20 个交通部直属海事机构，其中正厅级 12 个，副厅级 8 个，名称统一为"中华人民共和国××(地名或河流名)海事局"；交通部直属海事机构在所辖重要港口设置分支机构，名称统一为"中华人民共和国××(港口名或地名)海事局"，行政级别一般为正处级；交通部直属海事机构及其分支机构，可在所辖地域设置派出机构，名称统一为"中华人民共和国××(港口名或口岸名)海事处(科)"，行政级别为处(科)级。

为适应水上安全监督管理体制改革需要，交通部海事局自 1999 年 6 月开始，对直属海事系统的管理模式、职责划分、机构设置等问题，与中央机构编制委员会办公室、交通部人事劳动司和直属海事系统的有关领导、专家进行研讨，重点是机构设置如何体现规范统一、精简效能。在此基础上起草的《交通部直属海事机构设置指导意见》，由交通部于 2000 年 4 月 3 日印发。该指导意见明确直属海事系统机构基本框架为直属海事机构、分支机构、派出机构三级，规定了三级机构的内设机构方案。该指导意见还规定了其他机构设置方案。其中为维护港口水域通航秩序而建立的港区船舶交通管理系统，由该水域直属海事局通航管理处(值班室)管理，为维护特殊水域(航道)通航秩序而建立的非港区船舶交通管理系统，可设置船舶交通管理系统中心进行管理，作为直属海事机构的派出机构；直属海事机构或分支机构可设置船队，集中管理海事巡逻船艇；直属海事机构和分支机构设置后勤服务中心，统一管理后勤服务工作；航标管理机构按管事与人、财、物管理统一的原则进行调整。

【交通部直属海事局】

1999 年 7 月 20 日交通部印发通知，决定将交通部大连、营口、秦皇岛、天津、烟台、青岛、日照、连云港、上海、宁波、汕头、广州、湛江、深圳、海南15个海(水)上安全监督局划归交通部海事局管理，作为交通部海事局的直属单位。在水上安全监督管理体制改革中，交通部大连、营口、秦皇岛、天津、烟台、青岛、日照、连云港、上海、宁波、汕头、广州、湛江13个海上安全监督局与划转交通部垂直管理的地方水上安全监督机构、人员合并，先后组建为中华人民共和国辽宁、营口、河北、天津、烟台、山东、日照、连云港、上海、宁波、汕头、广东、湛江海事局，深圳、海南水上安全监督局也于1999年12月28日更名为中华人民共和国深圳、海南海事局，其中日照、宁波海事局分别是山东、浙江海事局的分支机构，其他13个海事局均为交通部直属海事机构。2000年4月6日，交通部发文明确，交通部海事局对其所属的交通部各直属海事局实施领导和管理。上述13个直属海事局和新组建的中华人民共和国江苏、浙江、福建、厦门、广西海事局隶属交通部海事局。

1999年12月27日，国务院办公厅颁发20个交通部直属海事机构印章各1枚，其规格均为直径4.2厘米，中央刊国徽。2000年1月31日，交通部海事局发文统一各直属海事机构英文名称为“××MARITIME SAFETY ADMINISTRATION，THE PEOPLE'S REPUBLIC OF CHINA”，英文缩写为“××MSA，CHINA”。

2002年，交通部海事局全面实施“一省一局”改革。营口、汕头、湛江、连云港、烟台、厦门海事局，先后自1月1日、5月1日、6月1日、7月1日、9月1日开始，由辽宁、广东、江苏、山东、福建海事局作为分支机构进行管理，对外保留直属海事局机构序列。

2002年3月14日，中央机构编制委员会办公室批复交通部，明确20个交通部直属海事机构事业编制10076名，全部由财政补贴。2003年2月8日，中央机构编制委员会办公室函复交通部，明确交通部直属海事机构是国家执法监督机构，其履行的国家水上安全监管等职责属于行政执法职能；考虑到政府换届在即，其人员编制待下一步统一部署后再行核定；要求进一步精简海事机构人员，严格控制人员规模。

交通部长江港航监督局原隶属交通部长江航务管理局，2002年3月15日，交通部发文明确，由原长江港航监督局与原地方设在长江干线(安徽、江西、湖北、湖南、重庆段)的水上安全监督机构合并组建的中华人民共和国长江海事局，仍隶属于交通部长江航务管理局。但根据国务院批准的《水上安全监督管理体制改革实施方案》规定，交通部海事局对长江海事局实行业务领导。

2002年10月21日，交通部海事局发文核定黑龙江海事局人员控制数为411名。12月9日，交通部海事局印发《交通部直属海事系统人员控制数核定指导意见》，并核定各直属海事局人员控制数。该指导意见提出人员控制数核定原则，即按照政事分开、分类管理原则，将履行海事执法监督职能人员与履行社会公益性、技术性、辅助性、服务性职能人员，分别核定执法类、社会公益类和其他类单位人员控制数；按照科学合理、远近结合原则，依据1994年交通部颁发的《海上交通安全监督系统机构设置与人员编制标准》，结合水上安全监督管理体制改革后各直属海事局实际情况和海事工作发展趋势，分别核定各直属海事局近期和远期人员控制数，满足当前，适应未来，逐步到位；按照精简人员、优化结构原则，在整体控制人员规模的基础上，人员配置向基层执法队伍倾斜，控制航标、测绘机构人员，压缩机关管理人员、通信和其他人员(执法人员、航标业务人员、测绘业务人员、通信人员、航标测绘船员及其后勤服务人员、机关后勤服务人员和机关其他人员分别按照现有人员数的5%、8%、5%、30%、15%、20%精简)；按照逐级分解、分级核定原则，交通部海事局负责核定各直属海事局的各类人员控制数及总数，各直属海事局向下分解核定。

2002 年直属海事机构人员控制数一览（单位：名）　　表 2-1-1

直属海事机构	近期人员控制数				远期人员控制数
	总数	执法机构执法与管理人员	航标测绘通信机构人员	其他机构人员	
辽宁海事局	864	606（含机关 100）	82	176	916
其中含营口海事局	185	133（含机关 60）	8	44	181
河北海事局	415	268（含机关 85）	—	147	325
天津海事局	1849	254（含机关 110）	1374	221	1641
山东海事局	1215	761（含机关 100）	118	336	1101
其中含烟台海事局	456	278（含机关 60）	33	145	399
江苏海事局	1224	871（含机关 66）	24	329	1183
其中含连云港海事局	237	143（含机关 60）	24	70	203
上海海事局	2617	718（含机关 130）	1382	517	2499
浙江海事局	1222	927（含机关 66）	28	267	1000
福建海事局	669	461（含机关 66）	93	115	771
其中含厦门海事局	252	160（含机关 60）	42	50	272
广东海事局	3515	2077（含机关 130）	740	698	3228
其中含汕头海事局	283	186（含机关 60）	18	79	244
其中含湛江海事局	308	185（含机关 60）	25	98	264
深圳海事局	210	188（含机关 70）	—	22	300
广西海事局	500	429（含机关 66）	14	57	450
海南海事局	668	251（含机关 85）	256	161	604
黑龙江海事局	411	—	—	—	—

说明：2002 年，长江海事局无经上级核定的人员编制数和控制数。

图 2-1-1　2006 年 9 月 18 日，河北海事局召开干部大会，交通部和交通部海事局宣读中央机构编制委员会批准河北海事局机构规格调整为正厅级的文件以及对河北海事局新的领导班子成员的任免决定

中华人民共和国黑龙江海事局原由交通部海事局委托黑龙江省交通厅组建和管理，后经黑龙江省人民政府与交通部协商，自 2005 年 1 月 1 日起，中华人民共和国黑龙江海事局调整为由交通部海事局直接管理。

2003 年 9 月和 2005 年 6 月，由交通部委托云南省、内蒙古自治区人民政府负责管理的澜沧江、额尔古纳河等中央管理水域的地方，先后组建的中华人民共和国澜沧江海事局和中华人民共和国呼伦贝尔海事局，分别由云南省交通厅、内蒙古自治区呼伦贝尔市人民政府直接领导，但其业务由交通部海事局实施领导。

为使海上安全监督管理责任与环渤海区域经济发展和曹妃甸港区建设需要相适应，2006 年 5 月 25 日，经中央机构编制委员会批准，中华人民共和国河北海事局机构规格调整为正厅级。

〖“一省一局”管理模式改革〗

由于历史原因，交通部在全国水上安全监督管理体制改革中设置的 20 个直属海事局，其中有 5 个省设有 2 个以上的直属海事局。一个省设置几个直属海事局，不利于与省人民政府统一联系、统一协调水上安全监督工作，对此，交通部海事局按照“先外后内”改革实施原则，自2000年开始研究和部署“一省一局”管理模式改革工作，目标是深化水上安全监督管理体制改革，完善区域管理模式，将列为直属海事机构的营口、烟台、连云港、厦门、汕头、湛江海事局分别改由辽宁、山东、江苏、福建、广东海事局实施领导。9月29日，交通部海事局发文决定在辽宁、山东、江苏、福建、广东5省建立省内海事工作协调机制，即成立由辽宁、山东、江苏、福建、广东海事局局长为组长，省内其他直属海事局局长为副组长的省内海事工作协调组，统一负责与省人民政府及其交通主管部门进行联系、沟通、协调和汇报有关水上安全监督工作，统一负责协调省内各直属海事局承担省人民政府布置的水上安全监督工作，统一负责与省人民政府协调省内水上搜救和重大船舶污染事故应急处置等工作。

2001年7月6日，交通部批准交通部海事局提出的“一省一局”管理模式改革试点工作方案。7月30日，交通部海事局选择辽宁、营口海事局开展“一省一局”管理模式改革试点工作，并组织实施。9月1日，辽宁海事局试行对营口海事局实施领导，改革试点推进顺利，各项管理关系平稳过渡，逐步到位。11月，改革试点工作基本结束，交通部海事局确定“一省一局”管理模式改革基本定位是营口海事局及其所属分支机构、派出机构的名称、级别等均保持不变，对外保留交通部直属海事机构序列，对内由辽宁海事局按分支机构进行管理。

图2-1-2　2001年11月24日至25日，交通部直属海事系统“一省一局”管理模式试点工作总结座谈会在大连召开

经交通部批准，2002年，交通部海事局在直属海事系统全面推进“一省一局”管理模式改革，正式调整营口、烟台、连云港、厦门、汕头、湛江海事局的管理关系，完成了“一省一局”管理模式改革工作。

【交通部直属海事局分支机构】

根据《交通部直属海事机构设置指导意见》，2000年5月31日，交通部海事局发文确定直属海事局分支机构领导职数为3至5名，其中直属海事局直属的海事处为3名，设在地市级行政区域的分支机构不超过5名，但辖区港口吞吐量在500万吨以下且所辖通航里程较短的设在地市级行政区域的分

图2-1-3　2000年9月29日，上海海事局举行所属分支机构更名为海事处揭牌仪式

图2-1-4　2001年2月8日，舟山海事局挂牌成立

支机构暂定为3名，并规定处级领导职数设置方案由交通部海事局审批。9月26日，交通部海事局发文，补充确定直属海事系统中，人员编制超过300名的分支机构领导职数可为5名，较大分支机构的党政正职领导职数可以分设，并规定了分设基本条件。

2000年6月5日，国务院批准《交通部沿海直属海事机构的分支机构设置方案》。该方案明确分支机构设置原则要在同一管辖区域内，合并中央与地方的水上安全监督机构，实行“一水一监，一港一监”；可在原有机构布局基础上按行政区域设置分支机构，也可根据水域统一管理、业务量大小、地理位置等情况，将不同行政区域内的水上安全监督机构适当合并，实行跨区域管理。该方案规定沿海直属海事机构共设置97个分支机构，其中济南海事局和宁波海事局为副厅级，其他各分支机构为正处级或副处级。

2002年2月25日，国务院批准《交通部长江黑龙江海事局分支机构设置方案》。该方案明确长江海事局设置10个分支机构，黑龙江海事局设置5个分支机构，其中重庆海事局为副厅级，其他各分支机构为正处级。

图2-1-5　2002年10月22日，黑河海事局挂牌成立

图2-1-6　2002年12月26日，岳阳海事局挂牌成立

根据《交通部沿海直属海事机构的分支机构设置方案》和《交通部长江黑龙江海事局分支机构设置方案》，交通部各直属海事局结合水上安全监督管理体制改革实际情况，先后组建所属分支机构112个。其中隶属福建海事局的漳州海事局，因考虑特定水域水上安全监督管理的实际需要，交通部于2000年6月12日发文决定，漳州海事局暂由厦门海事局管理。鉴于长江三峡水利枢纽工程和葛洲坝水利枢纽工程河段通航综合行政管理工作需要，交通部于1998年1月设置长江三峡通航管理局，并根据中央机构编制委员会办公室的批复，于2004年5月12日印发通知，明确隶属于长江海事局的分支机构——三峡海事局，同时作为长江三峡通航管理局的业务部门。

【交通部直属海事局派出机构】

根据《交通部直属海事机构设置指导意见》，2000年5月31日，交通部海事局发文确定直属海事局派出机构领导职数为2至3名，其中副处级派出机构设1名处级领导职数。2000年12月12日至2004年10月28日，交通部先后发文下达交通部各直属海事局所属派出机构设置方案，共设置派出机构353个。直属海事局派出机构设置的具体原则是：方便管理对象办事，便于实施现场管理；减少管理层次，能够由分支机构承担派出机构工作的不再设置派出机构，直辖市直属海事局和港口城市直属海事局所在城市内（不含下辖区、县）一般不再设置派出机构；派出机构一般设置到区、县层次，设置地点应是管理对象相对集中，业务量比较饱满，距离直属海事局或分支机构较远的码头、装卸点或其他重要水域；个别水域可设置直属海事局直接管理的派出机构；在派出机构下可适当设置若干工作站点，名称统一规范为“中华人民共和国××海事处(局)××办事处(海事所)”，工作站点不列入海事机构序列。

随着区域水运经济发展和水上安全监督管理的需要，交通部于2006年和2007年，又先后批准增设了5个派出机构，对个别海事处的机构规格进行了调整。至2007年底，交通部各直属海事局共设置派出机构358个。

图2-1-7　2006年11月16日，河北海事局举行唐山曹妃甸海事处揭牌仪式

图2-1-8　2007年12月18日，莆田湄洲岛海事处挂牌成立

【交通部直属海事机构职责】

1999年10月27日国务院批准的《交通部直属海事机构设置方案》，规定了交通部直属海事局及其下属分支机构、派出机构的主要职责。2000年4月3日交通部印发的《交通部直属海事机构设置指导意见》具体划分了直属海事局、分支机构、派出机构的基本职责。从横向看，各级直属海事机构的职责分为对外和对内两个部分，其职能配置原则突出了水上安全监督、防止船舶污染、船舶及海上设施检验管理、航海保障等对外管理主要功能；从纵向看，其职能配置原则体现分级管理层次，直属海事局以宏观综合管理为主，分支机构以业务管理为主，派出机构以现场管理为主；在对外管理职能配置方面，又分为法定职责和授权职责，授权职责是由上级机构依据地域条件、经济发展水平、管理模式的差异，按管理需要实施分类授权。2001年9月20日，交通部海事局印发《交通部直属海事系统各级海事机构主要职责分工的暂行规定(业务部分)》，该暂行规定根据分级管理、权责一致、简政放权、科学合理、依法授权、依法定责的原则，按照交通部海事局及其所属的直属海事局、分支机构、派出机构四级管理层级，对各级海事机构海事业务管理职责，从内部进行详细分工，以避免层级之间职能交叉，工作错位。其分工的指导思想是，交通部海事局负责海事系统各项业务工作的统一领导、监督检查和重大问题的组织协调，负责海事政策、法规的研究制定，代表国家对外履行国际海事公约；直属海事局负责辖区内各项海事业务工作和海事行政执法的统一管理、监督检查，承办辖区内重要海事业务的组织实施，协助地方拟订有地域性特点的特殊规定；分支机构具体负责水上安全监督管理的政策、法律、法规、规章、标准和操作规程在辖区范围内的贯彻执行，以承办有关海事业务的审核、审批工作为主；派出机构对辖区内水上交通安全实施现场监督和管理。该暂行规定还明确了不设派出机构的分支机构，同时履行派出机构职责，直辖市和港口城市直属海事局的分支机构履行某些分支机构职能

有困难或明显不合理的，这些职责可由直属海事局直接履行；直属海事局直属的派出机构，同时履行分支机构的业务工作职责。2002 年 4 月 4 日，交通部海事局确定各直属海事局水域管辖责任范围，并明确各直属海事局之间，在海事业务相互关联时的协商、协调和支持责任。

2000 年规定的各级直属海事机构的基本职责是：

一、直属海事局

（一）依法或按照授权，监督管辖水域内国家水上安全监督管理、防止船舶污染、船舶和海上设施检验、航海保障的法律、法规、规章、规范、标准及有关国际海事公约和多边、双边条约实施情况，并进行指导与管理；协助地方人民代表大会或人民政府拟订地域性的特殊海事管理规定。

（二）管理、协调、监督、检查所属各级海事机构业务工作和行政执法工作。

（三）在管辖水域内

1. 负责重大水上交通事故、船舶污染事故的应急处置和调查处理；组织实施重大水上搜寻救助行动和省级水上搜救中心日常工作。

2. 负责划定航路、锚地和重要通航水域，审核重大水上水下施工项目通航安全事项，发布航行警告、航行通告。

（四）按照授权范围

1. 负责国际航行船舶登记及其法定文书的审核签发，负责外国籍船舶管理工作，审核外国籍船舶和港澳地区船舶进入未开放水域或港口的申请和报批。

2. 负责船员培训机构、引航员培训机构、船员管理机构、引航机构安全资质和质量管理体系的审核工作，负责船员、引航员、磁罗经校正人员、海上设施工作人员适任资格考试、发证和管理工作；负责海员证及船员出境证明的签发与管理工作。

3. 负责航运公司安全管理体系的审核、发证工作。

4. 负责监督管理船舶及海上设施检验工作。

5. 负责海上干线公用航标和沿海港口航标规划、建设和管理工作；负责沿海港口航道测绘工作。

6. 管理或负责水上安全通信工作。

7. 负责海事公安工作。

（五）负责本局行政管理、规费征收、基本建设、党群组织等工作。

二、分支机构

（一）依法或按照授权，监督管辖水域内国家水上安全监督管理、防止船舶污染、船舶和海上设施检验、航海保障的法律、法规、规章、规范、标准实施情况，并进行指导与管理。

（二）管理、协调、监督、检查所属海事处业务工作和行政执法工作。

（三）在管辖水域内

1. 组织实施船舶预防台风和水上搜寻救助工作。按照管理权限负责水上交通事故、船舶污染事故、水上交通违法案件的调查处理工作。

2. 负责通航环境管理和通航秩序维护工作。

（四）按照授权范围

1. 负责管辖区内国内航行船舶和港澳航线船舶登记工作，负责规定范围内船舶法定文书的审核签发，受理外国籍船舶和港澳地区船舶进入未开放水域或港口的申请和报批。

2. 负责管辖区内船员适任资格的考试、发证和跟踪管理工作，负责船员服务簿的签发和管理工作，负责船员专业培训、特殊培训的管理、考试、发证工作。

3. 负责实施管辖区内港口国管理、国际航行船舶安全检查、强制引航监督、船舶装运危险货物和其他货物安全监督、靠泊安全监督、防止船舶污染水域监督等工作。

4. 负责实施管辖区内水上水下施工安全技术状况审核、锚地和重要水域划定、港区岸线使用安全审核、航行警告和航行通告发布等工作。

（五）负责本局（处）行政管理、规费征收、基本建设、党群组织等工作。

三、派出机构

（一）依法或按照授权，现场执法监督管辖水域内国家水上安全监督管理、防止船舶污染、船舶和海上设施检验的法律、法规、规章、规范、标准实施情况。

（二）负责管辖水域通航环境现场管理和通航秩序现场维护。

（三）负责管辖水域船舶预防台风和水上搜寻救助现场组织工作；按照管理权限具体实施水上交通事故、船舶污染事故、水上交通违法案件的调查处理工作。

（四）按照授权范围

1. 负责管辖水域国际航行船舶进出口岸查验、国内航行船舶进出港签证。

2. 负责管辖水域国内航行船舶安全检查和防污设备、证书、文书检查。

3. 负责审批管辖水域船舶装运危险货物、船舶靠泊和作业安全、防止船舶污染水域现场管理有关事项。

4. 负责管辖水域权限范围内船员考试、发证工作。

（五）负责本处行政管理、规费征收、党群组织等工作。

2007年底交通部直属海事机构、分支机构、派出机构序列　　表2-1-2

直属海事机构名称	分支机构名称	派出机构名称
中华人民共和国上海海事局（正厅级）	中华人民共和国上海吴淞海事处（正处级）	不设
	中华人民共和国上海董家渡海事处（正处级）	不设
	中华人民共和国上海兰州路海事处（正处级）	不设
	中华人民共和国上海吴泾海事处（正处级）	不设
	中华人民共和国上海金山海事处（正处级）	不设
	中华人民共和国上海外高桥海事处（正处级）	不设
	中华人民共和国上海宝山海事处（正处级）	不设
	中华人民共和国上海崇明海事处（正处级）	不设
		正处级海事处：洋山港海事处（直属上海海事局）
中华人民共和国天津海事局（正厅级）	中华人民共和国天津新港海事处（正处级）	不设
	中华人民共和国天津南疆海事处（正处级）	不设
	中华人民共和国天津海河海事处（正处级）	不设
		正处级海事处：北港海事处（直属天津海事局）
中华人民共和国辽宁海事局（正厅级）	中华人民共和国大连海事局（正处级）	正处级海事处：大港、香炉礁、大窑湾、甘井子海事处 副处级海事处：和尚岛、新港、旅顺海事处 正科级海事处：寺儿沟、黑嘴子、普兰店、长海、庄河、瓦房店海事处
	中华人民共和国丹东海事局（正处级）	正处级海事处：孤山海事处 正科级海事处：东港、浪头、凤城、宽甸海事处
	中华人民共和国锦州海事局（正处级）	正科级海事处：锦州港口海事处
	中华人民共和国葫芦岛海事局（正处级）	正科级海事处：兴城、绥中、龙港海事处

续上表

直属海事机构名称	分支机构名称	派出机构名称
中华人民共和国营口海事局（副厅级）	中华人民共和国营口老港区海事处(副处级)	不设
	中华人民共和国营口鲅鱼圈海事处(副处级)	不设
	中华人民共和国盘锦海事局(正处级)	正科级海事处：盘锦港区海事处
		正科级海事处：盖州海事处(直属营口海事局)
中华人民共和国河北海事局（正厅级）	中华人民共和国秦皇岛海事局(正处级)	副处级海事处：东港、西港、山海关海事处 正科级海事处：北戴河、青龙海事处
	中华人民共和国黄骅海事局(正处级)	副处级海事处：大港海事处
	中华人民共和国唐山海事局(正处级)	正处级海事处：曹妃甸海事处 副处级海事处：京唐港海事处
中华人民共和国山东海事局（正厅级）	中华人民共和国青岛海事局(正处级)	正处级海事处：大港、前湾、黄岛、小港海事处 副处级海事处：前海海事处 正科级海事处：即墨、胶南海事处
	中华人民共和国济南海事局(副厅级)	正处级海事处：潍坊、东营海事处 副处级海事处：滨州海事处
	中华人民共和国威海海事局(正处级)	正处级海事处：石岛海事处 副处级海事处：龙眼、南港海事处 正科级海事处：北港、文登、乳山海事处
	中华人民共和国日照海事局(正处级)	正处级海事处：岚山海事处 副处级海事处：东港海事处 正科级海事处：奎山海事处
中华人民共和国烟台海事局（副厅级）	中华人民共和国烟台港区海事处(正处级)	不设
	中华人民共和国蓬莱海事处(正处级)	不设
	中华人民共和国龙口海事处(正处级)	不设
	中华人民共和国莱州海事处(正处级)	不设
		正科级海事处：牟平、海阳、长岛海事处(直属烟台海事局)
中华人民共和国江苏海事局（正厅级）	中华人民共和国南京海事局(正处级)	正处级海事处：龙潭海事处 副处级海事处：梅山、大厂、新生圩、栖霞海事处 正科级海事处：浦口、仪征海事处
	中华人民共和国镇江海事局(正处级)	副处级海事处：大港、征润州海事处 正科级海事处：高资、大沙、扬中海事处
	中华人民共和国扬州海事局(正处级)	正科级海事处：港口、江都、邗江海事处
	中华人民共和国江阴海事局(正处级)	正科级海事处：利港、黄田、长山、靖江海事处
	中华人民共和国张家港海事局(正处级)	副处级海事处：张家港港区海事处 正科级海事处：锦丰、新港海事处
	中华人民共和国南通海事局(正处级)	副处级海事处：崇川、通州、启东、如东海事处 正科级海事处：如皋、海门海事处
		正处级海事处：常熟、泰州海事处(直属江苏海事局)
		副处级海事处：常州、太仓海事处(直属江苏海事局)
中华人民共和国连云港海事局（副厅级）	中华人民共和国连云港连云海事处(副处级)	不设
	中华人民共和国连云港墟沟海事处(副处级)	不设
	中华人民共和国连云港灌河海事处(副处级)	不设
	中华人民共和国盐城海事局(正处级)	正科级海事处：东台、大丰、射阳、滨海海事处
		正科级海事处：赣榆海事处(直属连云港海事局)

续上表

直属海事机构名称	分支机构名称	派出机构名称
中华人民共和国浙江海事局（正厅级）	中华人民共和国宁波海事局（副厅级）	正处级海事处：北仑、镇海海事处 副处级海事处：大榭、三江口、象山、鄞奉海事处 正科级海事处：宁海海事处
	中华人民共和国舟山海事局（正处级）	副处级海事处：沈家门、岱山、嵊泗海事处 正科级海事处：普陀山、定海、岙山海事处
	中华人民共和国温州海事局（正处级）	副处级海事处：瓯江、乐清湾、鳌江、飞云江海事处 正科级海事处：洞头海事处
	中华人民共和国台州海事局（正处级）	副处级海事处：椒江、玉环海事处 正科级海事处：三门、温岭海事处
	中华人民共和国嘉兴海事局（正处级）	正科级海事处：海盐海事处
		正处级海事处：杭州海事处（直属浙江海事局） 正科级海事处：上虞海事处（直属浙江海事局）
中华人民共和国福建海事局（正厅级）	中华人民共和国福州海事局（正处级）	副处级海事处：福清、马江海事处 正科级海事处：涫头、台江、罗源、松下港、平潭海事处
	中华人民共和国宁德海事局（正处级）	副处级海事处：三都澳海事处 正科级海事处：白马港、赛岐、福鼎、霞浦海事处
	中华人民共和国莆田海事局（正处级）	副处级海事处：秀屿港海事处 正科级海事处：湄洲岛、三江口、南日海事处
	中华人民共和国泉州海事局（正处级）	副处级海事处：泉港、晋江海事处 正科级海事处：丰泽、石狮、南安海事处
中华人民共和国厦门海事局（副厅级）	中华人民共和国厦门东渡海事处（副处级）	不设
	中华人民共和国厦门海仓海事处（副处级）	不设
	中华人民共和国厦门鹭江海事处（副处级）	不设
	中华人民共和国漳州海事局（正处级）	正科级海事处：港尾海事处
		副处级海事处：东山海事处（直属厦门海事局） 正科级海事处：同安海事处（直属厦门海事局）
中华人民共和国广东海事局（正厅级）	中华人民共和国广州海事局（正处级）	正处级海事处：黄埔、番禺、内港、沙角、南沙海事处 副处级海事处：五和、新港、新塘、新沙海事处
	中华人民共和国珠海海事局（正处级）	副处级海事处：九洲港、珠海港口海事处 正科级海事处：万山港、香洲、湾仔、横琴、斗门、唐家、前山海事处
	中华人民共和国佛山海事局（正处级）	副处级海事处：顺德、三水海事处 正科级海事处：南海、平洲、高明、澜石、黄岐、九江、石湾海事处
	中华人民共和国江门海事局（正处级）	副处级海事处：台山、新会海事处 正科级海事处：三埠、江门港口、鹤山、恩平海事处
	中华人民共和国中山海事局（正处级）	副处级海事处：中山港口海事处 正科级海事处：石岐、小榄、黄圃、神湾海事处
	中华人民共和国茂名海事局（正处级）	正科级海事处：水东、博贺海事处
	中华人民共和国阳江海事局（正处级）	正科级海事处：阳江港口、江城、闸坡海事处
	中华人民共和国惠州海事局（正处级）	副处级海事处：惠东海事处 正科级海事处：惠州港口、惠城海事处
	中华人民共和国东莞海事局（正处级）	副处级海事处：太平、沙田海事处 正科级海事处：长安、石龙、莞城、麻涌、中堂海事处
	中华人民共和国清远海事局（正处级）	正科级海事处：英德、清城、小北江海事处

续上表

直属海事机构名称	分支机构名称	派出机构名称
中华人民共和国广东海事局（正厅级）	中华人民共和国揭阳海事局（正处级）	正科级海事处：惠来、南河、揭东海事处
	中华人民共和国汕尾海事局（正处级）	正科级海事处：陆丰、红海湾海事处
	中华人民共和国潮州海事局（正处级）	副处级海事处：潮州港口海事处 正科级海事处：潮安海事处
	中华人民共和国肇庆海事局（正处级）	正科级海事处：肇庆港口、鼎湖、绥江、封开、德庆、高要海事处
	中华人民共和国云浮海事局（正处级）	正科级海事处：六都、南江口、都城海事处
	中华人民共和国韶关海事局（副处级）	正科级海事处：曲江、浈武江海事处
	中华人民共和国河源海事局（副处级）	正科级海事处：新港海事处
	中华人民共和国梅州海事局（副处级）	正科级海事处：大埔、东山、松口、丰顺、蕉岭海事处
中华人民共和国汕头海事局（副厅级）	中华人民共和国汕头港区海事处（副处级）	不设
	中华人民共和国汕头榕江海事处（正处级）	不设
	中华人民共和国潮阳海事处（副处级）	不设
	中华人民共和国南澳海事处（副处级）	不设
		副处级海事处：澄海、广澳海事处（直属汕头海事局）
中华人民共和国湛江海事局（副厅级）	中华人民共和国湛江港区海事处（正处级）	不设
	中华人民共和国湛江遂溪海事处（副处级）	不设
	中华人民共和国湛江徐闻海事处（副处级）	不设
		副处级海事处：霞海海事处（直属湛江海事局）
中华人民共和国深圳海事局（正厅级）	中华人民共和国深圳蛇口海事处（正处级）	不设
	中华人民共和国深圳南山海事处（正处级）	不设
	中华人民共和国深圳宝安海事处（正处级）	不设
	中华人民共和国深圳盐田海事处（正处级）	不设
	中华人民共和国深圳大铲海事处（正处级）	不设
	中华人民共和国深圳大亚湾海事处（正处级）	不设
中华人民共和国广西海事局（正厅级）	中华人民共和国南宁海事局（正处级）	副处级海事处：横县海事处 正科级海事处：邕宁、隆安、左江海事处
	中华人民共和国柳州海事局（正处级）	正科级海事处：融水、三江、柳城、柳江、象州、武宣、来宾海事处
	中华人民共和国桂林海事局（正处级）	正科级海事处：阳朔、平乐、漓江海事处
	中华人民共和国梧州海事局（正处级）	正科级海事处：藤县、苍梧、昭平、贺州海事处
	中华人民共和国贵港海事局（正处级）	副处级海事处：玉林海事处 正科级海事处：贵平、平南海事处
	中华人民共和国河池海事局（正处级）	正科级海事处：大化、东兰、天峨海事处
	中华人民共和国北海海事局（正处级）	正科级海事处：合浦、铁山港、涠洲、侨港海事处
	中华人民共和国防城港海事局（正处级）	副处级海事处：东兴海事处 正科级海事处：防城江、江山、企沙海事处
	中华人民共和国钦州海事局（正处级）	正科级海事处：钦州港区海事处
		正处级海事处：百色海事处（直属广西海事局）
中华人民共和国海南海事局（正厅级）	中华人民共和国海口海事局（正处级）	正科级海事处：海口港区、新港、新海、马村海事处
	中华人民共和国清澜海事局（副处级）	正科级海事处：铺前、琼海海事处
	中华人民共和国三亚海事局（正处级）	正科级海事处：新村海事处
	中华人民共和国洋浦海事局（正处级）	正科级海事处：白马井、金牌海事处
	中华人民共和国八所海事局（正处级）	不设

续上表

直属海事机构名称	分支机构名称	派出机构名称
中华人民共和国长江海事局（正厅级）	中华人民共和国重庆海事局（副厅级）	正处级海事处：朝天门、涪陵、万州海事处 副处级海事处：江津、丰都、奉节、巫山海事处 正科级海事处：永川、巴南、长寿、忠县、石柱、云阳海事处
	中华人民共和国三峡海事局（正处级）	副处级海事处：三峡坝区、三峡葛洲坝区海事处
	中华人民共和国宜昌海事局（正处级）	副处级海事处：巴东、宜昌港区、枝江海事处 正科级海事处：归州、宜都海事处
	中华人民共和国荆州海事局（正处级）	副处级海事处：沙市、石首海事处 正科级海事处：公安、江陵海事处
	中华人民共和国岳阳海事局（正处级）	副处级海事处：城陵矶、临湘、洪湖海事处 正科级海事处：监利、华容海事处
	中华人民共和国武汉海事局（正处级）	副处级海事处：咸宁、金口、沌口、武汉港区、青山、阳逻海事处 正科级海事处：新滩海事处
	中华人民共和国黄石海事局（正处级）	副处级海事处：鄂州、黄冈、黄石港区海事处 正科级海事处：蕲春、富池海事处
	中华人民共和国九江海事局（正处级）	副处级海事处：武穴、九江港区、湖口海事处 正科级海事处：新港、彭泽海事处
	中华人民共和国安庆海事局（正处级）	副处级海事处：安庆港区、池州海事处 正科级海事处：华阳、东流、牛头山、枞阳海事处
	中华人民共和国芜湖海事局（正处级）	副处级海事处：铜陵、荻港、芜湖港区、马鞍山港区海事处 正科级海事处：裕溪口、慈湖海事处
中华人民共和国黑龙江海事局（副厅级）	中华人民共和国哈尔滨海事局（正处级）	副处级海事处：太平海事处 副科级海事处：肇源、呼兰、巴彦、宾县、大顶子、木兰、高楞、沙河子、通河、依兰海事处
	中华人民共和国佳木斯海事局（正处级）	副处级海事处：前进、富锦、同江、抚远、饶河、萝北海事处 副科级海事处：莲江口、桦川、绥滨海事处
	中华人民共和国黑河海事局（正处级）	副处级海事处：爱辉、漠河、逊克、嘉荫海事处 副科级海事处：呼玛海事处
	中华人民共和国齐齐哈尔海事局（正处级）	副科级海事处：嫩江、富拉尔基、泰来海事处
	中华人民共和国牡丹江海事局（正处级）	副科级海事处：兴凯湖、镜泊湖、莲花湖、虎林海事处
合计	交通部直属海事系统共设置20个交通部直属海事机构，其中，正厅级13个，副厅级7个。 共设置112个分支机构，其中副厅级3个，正处级92个，副处级17个。 共设置358个派出机构，其中正处级31个，副处级110个，正科级196个，副科级21个	

说明：① 派出机构全称是在名称前冠以中华人民共和国和分支机构地名，或中华人民共和国和直属海事局地名。如中华人民共和国大连大港海事处、中华人民共和国上海洋山港海事处。

② 交通部于2000年12月12日下达辽宁、营口、河北、山东、烟台、江苏、福建、厦门、广东、汕头、湛江、海南海事局派出机构设置方案，于2001年5月11日下达浙江海事局派出机构设置方案，于2002年3月15日下达连云港海事局派出机构设置方案，并增设浙江杭州湾海事处，于2002年7月22日下达广西海事局派出机构设置方案，于2002年10月14日下达重庆海事局派出机构设置方案，于2002年11月8日增设上海洋山港海事处，于2003年4月24日下达黑龙江海事局派出机构设置方案，于2004年10月28日下达长江海事局三峡至芜湖段派出机构设置方案。

③ 河北海事局原为副厅级，2006年5月25日调整为正厅级。

④ 浙江杭州海事处原名为浙江杭州湾海事处，副处级，2007年6月27日更名并调整为正处级。

⑤ 2006年8月14日，增设天津北港海事处、唐山曹妃甸海事处（在曹妃甸港区建设期间，暂由河北海事局直接管理）、南通如东海事处。2007年8月1日，增设南京龙潭海事处、广州南沙海事处。

第二节　交通部直属海事机构内设机构和其他机构

【交通部直属海事机构内设机构】

20 世纪 80 年代末，因水上安全监督和航海保障治安保卫工作需要，交通部在天津、上海、广州海上安全监督局设置了公安处，其公安业务由交通部公安局领导。1999 年 11 月 23 日，交通部公安局同意将天津、上海、广州海上安全监督局公安处更名为天津、上海、广东海事局公安处，下设若干分处，并增加对管辖区域内的水上肇事逃逸案件、盗窃破坏通航安全保障设施案件、扰乱水上航行秩序案件和伪造海事公文、印章、证书案件等行使县级公安机关刑事侦查权和治安裁决权。

2000 年 4 月 3 日印发的《交通部直属海事机构设置指导意见》规定了直属海事局、分支机构、派出机构内设机构的设置原则和方案。强调要使直属海事系统同一层次的内设机构名称和职责基本统一，并根据不同层次海事机构的职责，分别突出综合管理、业务管理、现场管理功能。直属海事局内设机构分为基本处（室、部）和选设处，港口城市直属海事局一般只设基本处（室、部），其他直属海事局根据被授权职责和工作需要，可增加部分选设处。其基本处（室、部）为通航管理处（值班室）、船舶监督处、危管防污处、船员管理处、法规规范处、办公室、人事教育处、财务会计处、计划基建处、党委工作部、纪检监察处、工会办公室，共 12 个，选设处为船舶检验管理处、审计处、公安处、宣传处、技术装备处、航标处、测绘处（队）、通信处（站），共 8 个。分支机构内设机构分为基本科（室）和选设科，港口城市直属海事局分支机构一般只设基本科（室），其他直属海事局分支机构根据工作需要，可增加部分选设科。其基本科（室）为通航管理科（值班室）、船舶监督科、综合办公室，共 3 个；选设科为危管防污科、船员管理科、财务会计科、政工科，共 4 个。科级派出机构不内设机构，只设岗位；个别副处级派出机构内设机构，可参照分支机构基本科（室）设置。

2000 年 7 月 17 日，交通部海事局在辽宁、天津、上海、广东、长江海事局组建船舶检验管理处。这 5 个船舶检验管理处为交通部海事局的派出机构，受交通部海事局委托负责管辖区域内的船舶检验管理工作，其业务由交通部海事局直接管理，其他事务由各直属海事局管理，对外分别以中华人民共和国海事局大连、天津、上海、广州、武汉船舶检验管理处名称开展工作。8 月 8 日，交通部海事局批准各直属海事局（不含长江、黑龙江海事局）内设机构方案和机关人员编制控制数。其中营口、河北、烟台、江苏、连云港、浙江、福建、厦门、深圳、汕头、湛江、广西海事局机关设置 12 个基本处（室、部），其他局在机关设置基本处（室、部）的基础上，增设部分选设处。9 月 5 日，交通部海事局同意广州、青岛、大连海事局的内设机构方案参照港口城市直属海事局设置，但综合处（室）要减少，处（室）总数控制在 8 个以内；机关处（室）领导正职可按副处级配置，副职按正科级配置。9 月 30 日，交通部海事局批准黑龙江海事局的内设机构方案和机关人员编制控制数。12 月 19 日，交通部海事局批准宁波海事局机关设置 12 个基本处（室、部）；机关人员控制数 83 名，其中局领导干部职数 5 名，中层领导干部职数 24 名。12 月 21 日，交通部海事局批准济南海事局机关设置通航管理处（值班室）、船舶监督处、船员管理处、办公室、计划财务处、党委工作部 6 个基本处（室、部）和 1 个内河管理处（均为副处级）；机关人员控制数 40 名，其中局领导干部职数 3 名，中层领导干部职数 14 名。至 2007 年底期间，交通部海事局对部分直属海事局的内设机构和机关人员编制控制数进行了调整。

由于深圳海事局设置党组，2001 年 3 月 13 日，交通部海事局同意深圳海事局的内设机构党委工作部更名为党组工作部。9 月 17 日，交通部海事局在辽宁、天津、山东、江苏、上海、浙江、福建、广东、广西、海南、长江海事局设置安全管理体系审核办公室，暂列为各直属海事局直属单位，其职能是根据《中华人民共和国船舶安全营运和防止污染管理规则》，负责相应片区航运公司安全管理体系审核工作，并增加机关中层领导干部职数1名。2003年5月13日，交通部海事局印发通知，明确各局设置的安全管理体系审核办公室，可与某一业务部门合署办公，其人员编制为机关编制，在核定的各局机关人员控制数内调剂解决，属执法类岗位；同时决定河北、深圳海事局设置安全管理体系审核办公室，并增加机关中层领导干部职数1名。

2002年4月26日，经交通部批准，原中华人民共和国船舶检验局黑龙江分局和中华人民共和国船舶检验局哈尔滨、佳木斯、黑河、齐齐哈尔、牡丹江检验处分别更名为中华人民共和国黑龙江海事局船舶检验处和中华人民共和国黑龙江海事局哈尔滨、佳木斯、黑河、齐齐哈尔、牡丹江船舶检验处。10月21日，交通部海事局下发直属海事系统工会办事机构设置方案，规定直属海事局分支机构，300人以上的，设置工会办公室，300人以下的，不设工会办事机构；直属海事局所属航标处、海测大队、通信站、船队等单位，200人以上的，设置工会办公室，200人以下的，不设工会办事机构。12月9日，交通部海事局在印发《交通部直属海事系统人员控制数核定指导意见》时重新核定各直属海事局机关人员控制数。

为便于对外工作联系，2003年4月16日，交通部海事局党委决定，交通部海事局党委工作部，各直属海事局及济南、宁波海事局党委工作部增挂“××海事局党委组织部”牌子，但不涉及机构编制和职责调整。9月1日，交通部海事局决定在各直属海事局成立信息化工作办公室，列为各直属海事局内设机构序列，正处级(河北、黑龙江海事局信息化工作办公室为副处级)，负责本局信息网络的规划、建设、运行管理和维护；增加各直属海事局机关中层领导干部职数1名；信息化工作办公室可单独设置，也可与其他内设机构合署办公。

2004年4月5日，交通部海事局批准福建海事局机关设置船舶检验处，负责管理和指导各分支机构开展船舶检验工作，增加机关中层领导干部职数2名，各分支机构机关(包括厦门海事局)增设船舶检验部门和中层领导干部职数1名，并明确福建海事局履行福建省船舶检验局职能。3月19日，交通部长江航务管理局批准长江海事局的内设机构方案和机关人员编制数。长江海事局的机关设置局办公室(外事处)、人事教育处、财务会计处(征稽处)、计划基建处、技术装备处、审计处、宣传信息处(信息化工作办公室)、水上搜救指挥办公室(水上搜救及应急处置指挥中心值班室)、通航管理处、船舶监督处(安全管理体系审核办公室)、危管防污处、船员管理处、法规规范处、船舶检验管理处(交通部海事局派出机构)、党委办公室(团委、机关党委、综合治理办公室)、组织部、纪检办公室(监察处)、工会办公室18个处(室、部)；机关人员编制126名，其中局领导职数7名，处级领导职数44名。

2007年3月30日，长江海事局决定，将人事教育处更名为人事处(组织部)，原组织部职责分别调整到人事处(组织部)和党委办公室，保留组织部名称和印章；将审计处职责调整到纪检办公室，保留审计处名称和印章。

【交通部直属海事局其他机构】

本条目所述交通部直属海事局其他机构，系指交通部各直属海事局除分支机构、派出机构、航标机构、测绘机构及其内设机构以外的其他下设机构和单位。

2001年2月23日，交通部海事局明确天津海事局于1999年4月成立的《中国海事》杂志编辑部为正处级机构，其日常工作由天津海事局负责管理。11月2日，交通部长江航务管理局批准长江海事局在原武汉港航监督职工中等专业学校(1985年组建，2000年经湖北省教育厅调整为非学历教育培训中心)基础上，成立长江海事局职工培训中心和长江船员考试中心，均为正处级。

2002年1月25日，交通部海事局决定在上海海事局设立《海事研究》编辑部，与上海海事局宣传处合署办公。11月3日，交通部海事局批准成立广东海事局船员管理中心(2004年5月11日更名为广东海事局船员中心)，正处级，为广东海事局下属事业单位，主要负责该局船员的统一管理、调配。11月18日，交通部海事局批准成立深圳海事局快速反应基地，正处级，为深圳海事局下属机构，主要负责该局对海上交通事故和船舶污染事故应急反应措施的现场处置行动。

2003年3月7日，交通部海事局批准设立交通部海事局广东培训中心，驻地韶关，为广东海事局下属单位，正处级。

2004年，交通部海事局将直属海事局下设机构划分为执法类、社会公益类、支持保障类三类，实施分类管理。1月至5月，先后批复各直属海事局(不含长江海事局)执法类、社会公益类、支持保障类机构设置方案。4月5日，交通部海事局批准设立交通部海事局武汉培训中心，为长江海事局下属单位，正处级(与长江海事局职工培训中心一门二牌)。4月20日，长江航务管理局批复同意设立武汉内河交通安全法规研究所、长江海事局机关生活服务中心、长江海事局离退休干部服务中心、长江海事局环境保护中心、长江海事局信息中心，均为长江海事局下属正处级事业单位。

2005年12月15日，交通部海事局同意将烟台海事局成山头船舶交通管理中心调整为山东海事局成山头船舶交通管理中心，为山东海事局直属机构；同意将烟台海事局溢油应急技术中心与水域环境监测站合并，更名为中国海事局烟台溢油应急技术中心，并调整为山东海事局直属机构，正处级。12月27日，交通部海事局同意设立天津海事局船舶安全检查站，为天津海事局直属机构，副处级。

2002年7月29日，交通部决定将部属中国海员广州疗养院成建制划归广东海事局，作为其下属单位，实际交接人员182人。2004年11月26日，交通部决定将兴城交通疗养院划归交通部海事局管理，12月13日，交通部海事局决定，自2005年1月1日起，兴城交通疗养院划归河北海事局管理。2005年11月8日，交通部决定将北戴河交通疗养院交由交通部海事局代管，2006年11月23日，交通部海事局决定，北戴河交通疗养院由河北海事局代管。

图2-2-1　2006年3月14日，天津海事局船舶安全检查站揭牌成立

图2-2-2　2006年8月8日，广东海事局巡查执法支队揭牌仪式在珠海高栏海巡基地举行

2005年3月11日，交通部决定将上海、广州海岸电台(均为正处级)分别划归上海、广东海事局管理，作为上海、广东海事局的直属单位。4月19日，交通部海事局印发通知，明确上海、广州

海岸电台人员控制数分别为140名、130名，领导干部职数均为4名，分别在两局人员控制数外单独列编。

2007年7月24日，交通部海事局印发通知，决定交通安全质量管理体系审核中心在辽宁、河北、天津、山东、江苏、上海、浙江、福建、广东、广西、海南、长江、深圳海事局派驻审核业务工作部门，其名称为"交通安全质量管理体系审核中心××审核业务部"，与原设置的安全管理体系审核办公室"两个牌子，一套人员"；安全管理体系审核办公室机构性质、职责、隶属关系不变。

2007年底交通部直属海事局内设机构编制一览　　表2-2-1

直属海事机构	内设机构			机关人员控制数(名)			局领导干部职数（名）	中层领导干部职数（名）
	基本处（个）	选设处	行政级别	2000年12月	2002年12月	2005年12月		
辽宁海事局	12	增设：船舶检验管理处、审计处、信息化工作办公室、安全管理体系审核办公室	正处	105	100	100	6	31
营口海事局	12	无	副处	63	60	60	5	24
河北海事局	12	增设：信息化工作办公室、安全管理体系审核办公室、审计处	副处	85	85	85	6	28
天津海事局	12	增设：船舶检验管理处、航标导航处、公安处、宣传处、信息化工作办公室、安全管理体系审核办公室、技术装备处、审计处	正处	120	110	110	6	36
山东海事局	12	增设：信息化工作办公室、安全管理体系审核办公室、审计处	正处	105	100	100	6	29
烟台海事局	12	无	副处	83	60	60	5	24
江苏海事局	12	增设：信息化工作办公室、安全管理体系审核办公室、审计处	正处	66	66	66	6	29
连云港海事局	12	无	副处	63	60	60	5	24
上海海事局	12	增设：船舶检验管理处、航标导航处、公安处、宣传处、信息化工作办公室、安全管理体系审核办公室、技术装备处、审计处	正处	150	130	130	7	40
浙江海事局	12	增设：信息化工作办公室、安全管理体系审核办公室、审计处	正处	66	66	66	6	29
福建海事局	12	增设：船舶检验处、审计处、安全管理体系审核办公室、信息化工作办公室	正处	66	66	66	6	30
厦门海事局	12	增设：船舶检验处	副处	63	60	78	5	27
广东海事局	12	增设：船舶检验管理处、航标导航处、公安处、宣传处、信息化工作办公室、安全管理体系审核办公室、技术装备处、审计处	正处	150	130	130	7	39
汕头海事局	12	无	副处	63	60	60	5	24
湛江海事局	12	无	副处	73	60	60	5	24
深圳海事局	12	增设：信息化工作办公室、安全管理体系审核办公室	正处	73	70	70	5	26
广西海事局	12	增设：信息化工作办公室、安全管理体系审核办公室、审计处	正处	66	66	66	6	28

续上表

直属海事机构	内设机构			机关人员控制数（名）			局领导干部职数（名）	中层领导干部职数（名）
	基本处（个）	选设处	行政级别	2000年12月	2002年12月	2005年12月		
海南海事局	12	增设：信息化工作办公室、安全管理体系审核办公室、审计处	正处	85	85	85	6	28
长江海事局	12	增设：船舶检验管理处、水上搜救指挥办公室、审计处、技术装备处、组织部、宣传信息处	正处	—	—	126	7	44
黑龙江海事局	12	增设：船舶检验处、审计处、信息化工作办公室	副处	44	44	49	6	26

说明：① 2000年8月8日，交通部海事局首次核准除长江、黑龙江海事局以外的其他各直属海事局的内设机构方案（包括12个基本处、室、部和部分选设处）、机关人员编制控制数。

② 2001年9月17日，2003年5月13日，辽宁、天津、山东、江苏、上海、浙江、福建、广东、广西、海南海事局和河北、深圳海事局因设置安全管理体系审核办公室，机关中层领导干部职数增加1名。

③ 2002年6月13日，河北、江苏、浙江、福建、广西海事局内设机构增设审计处，机关中层领导干部职数增加1名。12月2日，上海海事局机关因设置机关党委，中层领导干部职数增加1名。

④ 2002年12月9日，交通部海事局重新核定除长江、黑龙江海事局以外的其他各直属海事局的机关人员控制数。

⑤ 2003年4月24日，厦门海事局设置船舶交通管理中心，与该局通航管理处（值班室）合署办公，负责船舶动态监督管理和水上交通动态信息咨询服务；人员控制数增加18名，机关中层领导干部职数增加2名。9月1日，交通部海事局决定在辽宁、河北、天津、山东、江苏、上海、浙江、福建、广东、广西、海南、黑龙江、深圳海事局成立信息化工作办公室，机关中层领导干部职数增加1名。

⑥ 长江海事局内设机构和机关人员编制，2004年3月19日由交通部长江航务管理局批准。

⑦ 黑龙江海事局内设机构，2000年9月30日，设置通航管理处（值班室）、船舶监督处、危管防污处、船员管理处、办公室、人事教育处、财务会计处、计划基建处、党委工作部9个基本处（室、部），机关人员控制数44名，中层领导干部职数18名；2002年4月26日，交通部批准原中华人民共和国黑龙江船舶检验分局更名为中华人民共和国黑龙江海事局船舶检验处，相应中层领导干部职数3名；8月22日，增设法规规范处，并增加机关中层领导干部职数1名；2005年10月11日，增设审计处、纪检监察处、工会办公室，机关中层领导干部职数增加3名，共26名，机关人员控制数在原44名基础上增加5名。

⑧ 2007年6月28日，天津海事局内设机构增设技术装备处。

⑨ 营口、烟台、连云港、厦门、汕头、湛江海事局2007年底的内设机构编制见本章第三节表2-3-1。

2007年底交通部直属海事局其他机构设置一览 表2-2-2

直属海事局	执法类机构	社会公益类机构	支持保障类机构	数量（个）
辽宁海事局	辽宁海事局巡查执法支队（正处） 营口海事局执法支队（副处） 辽宁海事局船员考试中心（正处） 大连海事局船舶交通管理中心（正处）	交通部海事局大连培训中心（正处） 辽宁海事局通信信息中心（正处） 大连危险货物运输研究中心（正处）	辽宁海事局服务中心（正处） 营口海事局服务中心（副处）	9
河北海事局	河北海事局巡查执法支队（副处） 秦皇岛海事局船舶交通管理中心（正科） 黄骅海事局船舶交通管理中心（正科）	秦皇岛海上溢油应急处理中心（正处） 兴城交通疗养院 北戴河交通疗养院（代管）	河北海事局服务中心（副处）	6
天津海事局	天津海事局巡查执法支队（正处） 天津海事局船员考试中心（正处） 天津海事局船舶交通管理中心（正处） 天津海事局船舶安全检查站（副处）	天津海事局通信信息中心（正处） 天津海事局航测科技中心（正处） 《中国海事》编辑部（正处）	天津海事局服务中心（正处）	8
山东海事局	山东海事局巡查执法支队（正处） 烟台海事局执法支队（副处） 山东海事局船员考试中心（正处） 青岛海事局船舶交通管理中心（副处） 山东海事局成山头船舶交通管理中心（正处）	山东海事局通信信息中心（正处） 烟台海事局通信信息中心（副处） 中国海事局烟台溢油应急技术中心（正处）	山东海事局服务中心（正处） 烟台海事局服务中心（副处）	10

续上表

直属海事局	执法类机构	社会公益类机构	支持保障类机构	数量(个)
江苏海事局	江苏海事局巡查执法支队(正处) 连云港海事局执法支队(副处) 江苏海事局船员考试中心(正处) 南京海事局船舶交通管理中心(正科) 江阴海事局船舶交通管理中心(正科) 南通海事局船舶交通管理中心(正科) 张家港海事局船舶交通管理中心(正科) 镇江海事局船舶交通管理中心(正科) 泰州海事局船舶交通管理中心(正科) 连云港海事局船舶交通管理中心(副处)	连云港海事局通信信息中心(副处)	江苏海事局服务中心(正处) 连云港海事局服务中心(副处)	13
上海海事局	上海海事局巡查执法支队(正处) 上海海事局船员考试中心(正处) 上海海事局船舶交通管理中心(正处) 中国船舶报告管理中心(正科)	交通部海事局上海培训中心(正处) 上海海事局航海图书印制中心(正处) 上海海事局电子海图数据中心(副处) 《海事研究》编辑部(正处) 上海海岸电台(正处)	上海海事局服务中心(正处)	10
浙江海事局	浙江海事局巡查执法支队(正处) 宁波海事局执法支队(副处) 宁波海事局船舶交通管理中心(副处) 舟山海事局马迹山船舶交通管理中心(正科)	宁波海事局通信信息中心(副处)	浙江海事局服务中心(正处) 宁波海事局服务中心(副处)	7
福建海事局	厦门海事局船舶交通管理中心(副处)	福建海事局通信信息中心(正处) 厦门海事局通信信息中心(副处)	福建海事局服务中心(正处) 厦门海事局服务中心(副处)	5
广东海事局	广东海事局巡查执法支队(正处) 广东海事局船员考试中心(正处) 广州海事局船舶交通管理中心(副处) 湛江海事局船舶交通管理中心(副处) 汕头海事局船舶交通管理中心(副处)	交通部海事局广东培训中心(正处) 广州海岸电台(正处) 中国海员广州疗养院	广东海事局服务中心(正处) 广东海事局船员中心(正处)	10
广西海事局	无	无	广西海事局服务中心(正处)	1
海南海事局	海南海事局巡查执法支队(正处) 海南海事局琼州海峡船舶交通管理中心(正处)	海南海事局通信信息中心(正处)	海南海事局服务中心(正处)	4
长江海事局	长江海事局船员考试中心(正处)	交通部海事局武汉培训中心(长江海事局职工培训中心，正处) 长江海事局环境保护中心(正处) 长江海事局信息中心(正处) 武汉内河交通安全法规研究所(正处) 长江引航中心(正处)	长江海事局机关生活服务中心(正处) 长江海事局离退休干部服务中心(正处)	8
黑龙江海事局	无	黑龙江海事局镜泊湖培训中心(副处) 黑龙江海事局通信信息中心(正处)	黑龙江海事局服务中心(副处)	3
深圳海事局	深圳海事局船舶交通管理中心(正处) 深圳海事局快速反应基地(正处)	无	深圳海事局服务中心(正处)	3

说明：① 交通部海事局于2004年1月4日批准辽宁海事局其他机构设置方案，于4月5日批准上海、江苏、浙江、福建、广西、深圳、山东、河北、天津海事局其他机构设置方案，于5月10批准黑龙江海事局其他机构设置方案，于5月11日批准广东、海南海事局其他机构设置方案。其中设置的营口、烟台、连云港、宁波海事局巡查执法大队，于2007年5月17日在海事执法模式改革中更名为营口、烟台、连云港、宁波海事局执法支队。其中设置的社会公益类机构航标处17个、海测大队3个见本章第四节。

② 长江航务管理局于2001年11月2日和2004年4月20日批准长江海事局其他机构设置方案。

③ 长江引航中心是1997年3月12日由交通部长江航务管理局批准成立的非经营性事业单位。

第三节　海事执法管理模式改革

【海事执法管理模式改革前期准备】

2000 年 3 月 17 日，交通部海事局在《关于深化水监体制改革实施海事系统规范管理的若干意见》中提出新的海事系统运作机制将较原有传统模式发生较大变化，要理顺直属海事系统各级机构之间的职能关系，酝酿确定派出机构的设置、归并及管辖水域划分的方案。此后，交通部海事局和各直属海事局开始对海事执法管理模式改革进行探索。2000 年 3 月 22 日，交通部海事局成立海事系统各级职责分工研究组。2001 年后，广东海事局在海事执法管理模式上，进行了多项改革尝试，如在广州番禺海事处推行扁平式管理模式，即基层海事处不内设机构，只设岗位，并强化现场执法职能；在佛山海事局整合执法资源配置，调整 4 个海事处的管理关系；实行海事执法船舶船员统一调配等。2003 年，浙江海事局试行海事监管模式改革，以海事处内设机构职能调整和下设办事处的撤并为切入点，实施海事执法静态业务和动态业务分类管理，建立分支机构政务受理工作机制和应急反应现场指挥机制。2004 年初，江苏海事局在南通海事局进行执法模式改革试点工作，撤销南通海事局 4 个原有海事业务管理科室，新设置船舶交通管理中心暨海事执法支队、政务中心和调查督察处，在各海事处成立执法大队，与海事处合署办公，按动静分离原则开展现场执法工作。交通部海事局总结了这些改革试点经验，强调海事执法管理模式改革，就是要使管理职能回归现场，改变原有模式中偏重于坐在办公室执法的习惯，指出海事执法管理模式改革是各级机构职能定位、动静分离执法运转机制、改革成效标准不断细化和完善的过程。在此基础上，交通部海事局制定了《关于开展海事执法模式改革的指导意见》，于 2004 年 2 月 3 日在当日召开的交通部直属海事系统工作会议上征求修改意见。

图 2-3-1　2005 年 3 月 1 日，南通海事局调查督察处督察人员走上船头，对海事执法情况进行现场监督检查

【海事执法管理模式改革指导意见】

2004 年 4 月 5 日，交通部海事局印发《关于开展海事执法管理模式改革的指导意见》，在直属海事系统全面实施海事执法管理模式改革。

《关于开展海事执法管理模式改革的指导意见》指出，为了巩固水上安全监督管理体制改革成果，促进海事事业新发展，为水运经济更好地服务，必须对现行海事执法管理模式进行必要的改革；改革以优化资源配置、改善运作方式、理顺层级关系为切入点，在依据《中华人民共和国行政许可法》合理划分和规范海事行政许可的受理审批权限以及保持四级海事管理层级关系不变的前提下，重点整合、调整分支机构、派出机构及其内设机构、下设机构的设置。具体内容是：

涉及当场行政许可的审批工作，原则上由基层海事处负责；其他海事行政许可的审批工作主要由分支机构负责；直属海事局尽量减少具体的行政许可审批工作，重点做好海事行政审批工作的监督和管理。

建立直属海事局以组织协调为主，分支机构以日常值班和现场指挥为主，基层海事处以现场处置为主的海事应急反应机制；加强分支机构日常值班和统一指挥功能建设，建立应急反应人员和设施待命制度，逐步取消基层海事处应急值班制度。

针对部分区域性海事机构设置不合理情况，可以打破行政区域界限，改变一些机构的管理层级和隶属关系，根据海事监管业务工作量和管辖范围等因素，对现有分支机构、派出机构进行整合、调整或重新设置；撤销或合并一些业务量少、功能单一的派出机构，减少办事处的设置。

图 2-3-2　2004 年 4 月 14 日至 16 日，交通部海事局党委书记何建中（左三）在宁波海事局调研海事监管模式改革工作

基层海事处推行扁平化管理，归并或减少内设机构，加强现场执法监管；分支机构推行海事执法静态业务、动态业务分开管理机制，归并或减少内设机构，按照海事执法静态业务、动态业务特性分类成立内设机构。

分支机构设立政务中心，对外受理海事行政审批事项；直属海事局、基层海事处原则上不设政务中心。

船舶交通管理系统的运行管理由分支机构负责；整合船舶交通管理系统信息处理职能和通航管理、搜救值班职能，提升船舶交通管理系统管理效能。

加强海事动态执法监管，增强水上机动巡查力量；直属海事局可成立综合执法巡查支队，并可委托给较大分支机构进行管理；业务量较大的分支机构可设执法巡查大队；其他海事机构原则上不设执法巡查机构。

《关于开展海事执法管理模式改革的指导意见》明确了海事执法管理模式改革的实施步骤，要求各直属海事局于 2004 年 4 月至 12 月，选择部分机构试行海事执法管理模式改革，并进行改革效果评估，不断完善改革方案；2005 年以后在直属海事系统全面实施海事执法管理模式改革。

【海事执法管理模式改革阶段性评估】

按照《关于开展海事执法管理模式改革的指导意见》，各直属海事局于 2004 年至 2005 年，分别选择部分分支机构、派出机构进行海事执法管理模式改革试点工作。2005 年 8 月至 10 月，交通部海事局对各直属海事局实施海事执法管理模式改革情况进行调研，并形成阶段性评估报告。

评估报告汇总了各局海事执法管理模式改革情况报告，表明各直属海事局在改革中，对海事执法权限进行一定程度重新划分，将海事静态业务与动态业务逐步分开，归并和调整部分机构，海事处实行扁平化管理，成立政务中心、巡查执法机构、执法督察机构，取得一定成效。南方各直属海事局改革需求大，改革力度较大，北方各直属海事局改革需求不及南方各局，改革范围较小；同时由于水域环境、业务数量和原有体制、机制的差异，各局在政务中心、巡查执法机构、执法督察机构以及海事处的职能配置和机构设置上差异较大。

评估报告指出海事执法管理模式改革存在的问题主要是：在对海事执法权限重新划分和调整中，直属海事局、分支机构、派出机构三级事权配置不平衡，海事动态管理事权有交叉，海事静态业务与动态业务的分离和衔接须规范；在机构归并和调整中，既有机构设置、名称、职责进一步统一的问题，也有机构设置、管理方式、工作流程因地制宜的问题；在其他方面，如对人员素质要求，专业技术人员需求，人员调配安置，执法装备改进，信息平台建设等也存在影响改革的问题。

针对以上问题，评估报告提出具体建议，强调海事执法管理模式改革要兼顾稳定与创新，适当统一、规范为2至3个管理模式，供各局根据差异，因地制宜，有所选择。

【完善和深化海事执法管理模式改革】

在对直属海事系统实施海事执法管理模式改革进行评估总结的基础上，交通部海事局于2006年12月25日，印发《关于完善海事执法管理模式改革工作的意见》。

该意见对直属海事系统分支机构、派出机构的内设、下设机构的名称、职能和设置条件统一规范。

该意见将直属海事系统分支机构分为已经作为分支机构管理的直属海事局和经交通部海事局批准的较大的分支机构、150人及以上规模分支机构、80至150人规模分支机构、30至80人规模分支机构、不满30人规模分支机构5类。

已经作为分支机构管理的直属海事局和经交通部海事局批准的较大的分支机构是指：营口、烟台、连云港、厦门、汕头、湛江6个直属海事局和大连、青岛、南京、宁波、广州海事局5个分支机构，其内设机构根据需要增设1至2个监管处，即监管二处(负责船舶装运危险货物管理、防止船舶污染管理)、监管三处(负责船员管理)，监管处其他职责由监管一处负责；还可根据需要增设人事教育处、装备与信息处；机关人员控制数量可适当增加，但最多不超过50名。

150人及以上规模分支机构内设指挥中心(名称为××海事局指挥中心，负责实施船舶交通管理、航行安全保障协调、水上交通安全动态信息处理、季节性水上安全、值班和应急反应现场指挥，履行海上搜救中心办公室职责)、监管处(负责船舶监督管理、水上水下施工安全审核、船舶装运危险货物管理、防止船舶污染管理、船员管理、航运公司安全管理体系审核、对基层海事处海事业务管理指导，承办有关口岸管理、港口国检查、开航前检查等事项)、督察处(负责对海事执法实施监督、审查和规范管理，负责海事调查和海事行政救济)、办公室(负责行政、后勤、人事教育、装备、信息管理)、党群工作部(负责党、团、工会组织和纪检工作)、财务处(也可将财务工作划归办公室负责)；机关人员数量按全局人员数量20%控制，最多不超过40名。

图2-3-3　2007年3月19日，修缮一新的佛山海事局政务中心启用

80至150人规模分支机构中，督察处与办公室合署办公，较大分支机构可单设财务处，机关人员数量按全局人员数量25%控制，最多不超过30名。

30至80人规模分支机构中，指挥中心与监管处，督察处与办公室、党群工作部合署办公，较大分支机构可单设党群工作部，机关人员数量按全局人员数量30%控制，最多不超过20名。

不满30人规模分支机构中，指挥中心、监管处、政务中心合署办公，督察处与办公室、党群工作部合署办公，机关人员数量在按全局人员数量30%控制的原则下，可根据需要增加1至2名。

除不满30人规模分支机构外，其他各类分支机构均设立政务中心，作为其内设机构的办事机构，不占用机关人员控制数，名称为××海事局政务中心，主要负责海事行政许可事项的受理、材料齐备性审查、审批结果送达和授权范围内海事行政许可事项审批，向社会提供海事业务宣传、咨询服务。各类分支机构均设立执法支队，作为其派出机构，名称为××海事局执法支队，负责辖区水域的现场执法工作。

上海、天津海事局所属海事处设立的水上航行安全动态管理机构名称为××海事局××指挥分中心。广东、福建海事局分支机构保留船舶检验处，负责船舶检验工作，其人员不计入机关人员控制数。分支机构原则上不设后勤部门，现有后勤人员划归办公室开展工作，不计入机关人员控制数。分支机构人员控制数中，海事业务人员和综合管理人员比例为6:4。

该意见将直属海事系统基层海事处分为人数(30人以上)或办事处(3个及以上)较多的海事处和人数(30人及以下)或办事处(2个及以下)较少的海事处两类。

人数(30人以上)或办事处(3个及以上)较多的海事处，实行海事静态业务与动态业务分开管理方式(条件适宜也可实行扁平化管理方式)，减少和归并内设机构，设置监管科和执法大队。

人数(30人及以下)或办事处(2个及以下)较少的海事处原则上实行扁平化管理，特殊情况，经批准可设监管科和执法大队。

为方便群众办事，基层海事处可设立政务中心，但不作为机构建制。

基层海事处一般不设非海事业务类的综合管理部门，相应工作逐步调整到分支机构统一管理；但为了与地方政府工作相协调，如管辖范围是完整行政区域的海事处，可设置办公室处理综合事务。

图2-3-4　2007年11月21日，丹东海事局执法支队在趸船上挂牌成立

按照《关于完善海事执法管理模式改革工作的意见》，各直属海事局于2006年至2007年，继续推进和完善海事执法管理模式改革，对所属分支机构、派出机构的内设、下设机构的名称、职能、数量、级别、编制进行统一规范，其中已作为分支机构管理的直属海事局和经交通部海事局批准的较大的分支机构的内设、下设机构设置方案和人员控制数，由交通部海事局于2007年5月17日批准后执行。至2007年底，海事执法管理模式改革完成阶段性工作。

2007年底作为分支机构管理的直属海事局和较大分支机构的机构编制一览　　表2-3-1

<table>
<tr><th rowspan="2">分支机构名称</th><th rowspan="2">分类</th><th rowspan="2">机构设置</th><th rowspan="2">机关人员控制数(名)</th><th colspan="3">其中：领导干部职数(名)</th></tr>
<tr><th>副处</th><th>正科</th><th>副科</th></tr>
<tr><td rowspan="5">大连海事局</td><td rowspan="2">内设机构</td><td>9个机关职能部门：指挥中心、监管一处、监管二处、监管三处、督察处、办公室、人事教育处、财务处、党群工作部(组织部)(均为副处级)</td><td rowspan="2">40
(含局领导职数)</td><td>9</td><td>9</td><td>—</td></tr>
<tr><td>机关办事机构：政务中心(副处级)</td><td>1</td><td>1</td><td>—</td></tr>
<tr><td rowspan="3">派出机构</td><td>局执法支队(副处级)</td><td rowspan="3">—</td><td>1</td><td>1</td><td>—</td></tr>
<tr><td>大港、和尚岛、新港、甘井子、大窑湾、旅顺海事处下设监管科、执法大队(均为正科级)</td><td rowspan="2">—</td><td rowspan="2">15</td><td rowspan="2">12</td></tr>
<tr><td>庄河海事处下设办公室、监管科、执法大队(均为正科级)</td></tr>
</table>

续上表

分支机构名称	分类	机构设置	机关人员控制数（名）	其中：领导干部职数（名）		
				副处	正科	副科
营口海事局	内设机构	12个机关职能部门：指挥中心、监管一处、监管二处、监管三处、督察处、办公室、人事教育处、财务处、装备与信息处、党群工作部（组织部）、纪检监察处（审计）、工会（均为副处级）	50 （含局领导职数）	12	11	—
		机关办事机构：政务中心（副处级）		1	1	—
	派出机构	局执法支队（副处级）	—	1	1	—
		鲅鱼圈、老港区海事处下设监管科、执法大队（均为正科级）		—	6	6
		盘锦海事局下设办公室、执法大队（均为正科级）				
烟台海事局	内设机构	12个机关职能部门：指挥中心、监管一处、监管二处、监管三处、督察处、办公室、人事教育处、财务处、装备与信息处、党群工作部（组织部）、纪检监察处（审计）、工会（均为副处级）	50 （含局领导职数）	12	11	
		机关办事机构：政务中心（副处级）		1	1	—
	派出机构	局执法支队（副处级）	—	1	1	—
		莱州、龙口、蓬莱、长岛海事处下设办公室、监管科、执法大队（均为正科级）		—	16	13
		港区海事处下设办公室、监管科、执法大队、客滚船执法大队（均为正科级）				
青岛海事局	内设机构	9个机关职能部门：指挥中心、监管一处、监管二处、监管三处、督察处、办公室、人事教育处、财务处、党群工作部（组织部）（均为副处级）	40 （含局领导职数）	9	9	—
		机关办事机构：政务中心（副处级）		1	1	—
	派出机构	局执法支队（副处级）	—	1	1	—
		前湾、大港海事处下设监管科、执法大队（均为正科级）		—	5	5
		黄岛海事处下设执法大队（正科级）				
连云港海事局	内设机构	12个机关职能部门：指挥中心、监管一处、监管二处、监管三处、督察处、办公室、人事教育处、财务处、装备与信息处、党群工作部（组织部）、纪检监察处（审计）、工会（均为副处级）	52 （含局领导职数）	12	11	—
		机关办事机构：政务中心（副处级）		1	1	—
	派出机构	局执法支队（副处级）	—	1	1	—
		盐城海事局下设指挥中心、监管科、政务中心、执法支队、办公室、党群工作部（组织部）（均为正科级）		—	6	6
南京海事局	内设机构	9个机关职能部门：指挥中心、监管一处、监管二处、监管三处、督察处、办公室、人事教育处、财务处、党群工作部（组织部）（均为正科级）	43 （含局领导职数）	—	9	9
		机关办事机构：政务中心（正科级）		—	1	1
	派出机构	局执法支队（副处级）	—	1	1	—
		局执法支队下设4个执法大队（均为正科级）		—	4	4
宁波海事局	内设机构	12个机关职能部门：指挥中心、监管一处、监管二处、监管三处、督察处、办公室、人事教育处、财务处、装备与信息处、党群工作部（组织部）、纪检监察处（审计）、工会（均为副处级）	70 （含局领导职数）	12	13	—
		机关办事机构：政务中心（副处级）		1	1	—

续上表

分支机构名称	分类	机构设置	机关人员控制数（名）	其中：领导干部职数（名）		
				副处	正科	副科
宁波海事局	派出机构	局执法支队（副处级）	—	1	1	—
		北仑、镇海、三江口、鄞奉、大榭、象山海事处下设办公室、监管科、执法大队（均为正科级）		—	18	20
		宁海海事处下设办公室、执法大队（均为副科级）				
厦门海事局	内设机构	12个机关职能部门：指挥中心、监管一处、监管二处、监管三处、督察处、办公室、人事教育处、财务处、装备与信息处、党群工作部（组织部）、纪检监察处（审计）、工会（均为副处级）	50（含局领导职数）	12	11	—
		机关办事机构：政务中心（副处级）		1	1	—
	派出机构	局执法支队（副处级）	—	1	1	—
		鹭江、东渡、海沧海事处下设办公室、监管科（均为正科级）		—	7	1
		东山海事处下设执法大队（正科级）				
		同安海事处下设执法大队（副科级）				
汕头海事局	内设机构	13个机关职能部门：指挥中心、监管一处、监管二处、监管三处、督察处、船舶检验处、办公室、人事教育处、财务处、装备与信息处、党群工作部（组织部）、纪检监察处（审计）、工会（均为副处级）	50（含局领导职数）	13	12	—
		机关办事机构：政务中心（副处级）	—	1	1	—
	派出机构	局执法支队（副处级）	—	1	1	—
		榕江、港区海事处下设办公室、监管科、执法大队（均为正科级）	—	—	12	12
		潮阳、南澳、澄海海事处下设办公室、执法大队（均为正科级）				
广州海事局	内设机构	13个机关职能部门：指挥中心、监管一处、监管二处、监管三处、督察处、船舶检验处、办公室、人事教育处、财务处、装备与信息处、党群工作部（组织部）、纪检监察处（审计）、工会（均为副处级）	66（含局领导职数）	13	13	—
		机关办事机构：政务中心（副处级）		1	1	—
	派出机构	局执法支队（副处级）	—	1	1	—
		黄埔、番禺、内港、沙角、新塘、五和海事处下设办公室、监管科、执法大队（均为正科级）		—	18	18
湛江海事局	内设机构	13个机关职能部门：指挥中心、监管一处、监管二处、监管三处、督察处、船舶检验处、办公室、人事教育处、财务处、装备与信息处、党群工作部（组织部）、纪检监察处（审计）、工会（均为副处级）	50（含局领导职数）	13	12	—
		机关办事机构：政务中心（副处级）		1	1	—
	派出机构	局执法支队（副处级）	—	1	1	—
		徐闻、港区海事处下设办公室、监管科、执法大队（均为正科级）		—	8	8
		遂溪海事处下设办公室、执法大队（均为正科级）				

说明：其他已经上级批复、核准的分支机构、派出机构、附属机构的设置和领导干部职数不变。

第四节　交通部直属海事系统航标测绘机构序列

【沿海航标处和航标站】

自1982年海上干线公用航标由海军移交划归交通部管理后，中国沿海公用航标基层管理机构是设置在沿海各地的航标区，航标区下设航标站。航标区的行政隶属关系因管理体制的变革而几经变化。到1989年，对航标区的管理实行双重领导格局，即各航标区由所在地的交通部海上安全监督局分别管理，且区、处合一，航标区既是一个基层单位，又是一个职能部门，而业务和财务则由天津、上海、广州海上安全监督局分海区统一管理。1995年1月14日，交通部进行沿海航标管理体制改革试点，将汕头航标区（处）成建制划归广州海上安全监督局管理，将海口航标区（处）的业务和财务管理职能由广州海上安全监督局移交海南水上安全监督局。这种管理状况延续至交通部海事局和各直属海事局成立后。

为使航标区（处）的人事、业务、财务管理统一、规范，且“区”作为事业单位的名称不恰当，2001年3月12日，交通部根据水上安全监督管理体制改革后的情况，调整部分航标区（处）行政管理关系，全国沿海16个航标区（处）统一更名为中华人民共和国××海事局××航标处，分别划归天津、上海、广东、海南海事局管理，为各局直属单位；在北海航道处和湛江航标区防城航标站的基础上组建广东海事局北海航标处，正处级；秦皇岛、连云港、湛江航标处调整为正处级，日照航标站并入青岛航标处。

在水上安全监督管理体制改革中，原地方设置的一批沿海航标及其管理机构，分别移交给相关的交通部直属海事局管理。为适应这种新情况，同时使沿海航标站的设置精简、统一、规范，2001年天津、上海、广东、海南海事局根据交通部海事局提出的设置航标站的条件，对各航标处管辖范围和航标站的设置进行了调整。12月27日，交通部海事局批复天津、上海、广东、海南海事局，原则同意各局航标管理站设置方案。

2002年12月24日，交通部海事局同意营口航标处下设锦州航标站。

2004年4月5日，交通部海事局批准天津海事局设置社会公益类机构大连、营口、秦皇岛、天津、烟台、青岛航标处，上海海事局设置社会公益类机构连云港、上海、镇海、温州、福州、厦门航标处。5月11日，交通部海事局批准广东海事局设置社会公益类机构汕头、广州、湛江、北海航标处，海南海事局设置社会公益类机构海口航标处。

图2-4-1　2006年9月21日，温州航标处洞头航标站举行揭牌仪式

图2-4-2　2006年12月28日，黄骅航标处举行揭牌仪式

2005 年 12 月 27 日，交通部海事局同意天津海事局设立黄骅航标处，为天津海事局直属单位，副处级。

交通部直属海事系统航标机构序列　　表 2-4-1

2001 年 3 月 12 日前	2001 年 3 月 12 日—2007 年 12 月 31 日		
机构名称	直属海事局	航标处	航标管理站
中华人民共和国辽宁海事局大连航标区（正处级）	中华人民共和国天津海事局	大连航标处（正处级）	大连灯塔管理站、长海航标站、大窑湾航标站、大港航标站
中华人民共和国营口海事局营口航标处（副处级）		营口航标处（副处级）	营口航标站、鲅鱼圈航标站、锦州航标站
中华人民共和国河北海事局秦皇岛航标处（副处级）		秦皇岛航标处（正处级）	秦皇岛港灯塔管理站、秦皇岛港航标站（原航标队）
中华人民共和国天津海事局天津航标区（正处级）		天津航标处（正处级）	天津港航标站（原航标队）
中华人民共和国烟台海事局烟台航标区（正处级）		烟台航标处（正处级）	石岛航标站、成山头航标站、威海航标站、芝罘湾航标站、蓬莱航标站、龙口航标站、潍坊航标站
中华人民共和国山东海事局青岛航标区（正处级）		青岛航标处（正处级）	青岛港航标站（原船队）、灯塔管理站、日照航标站（2001 年前为日照海事局下属单位）
		黄骅航标处（副处级）	
中华人民共和国连云港海事局连云港航标区（副处级）	中华人民共和国上海海事局	连云港航标处（正处级）	连云港航标站、大丰航标站、蒿枝港航标站
中华人民共和国上海海事局上海航标区（正处级）		上海航标处（正处级）	芦潮港航标站、宝山航标站（原关港航标站）、横沙航标站
中华人民共和国宁波海事局镇海航标区（正处级）		镇海航标处（正处级）	定海航标站、岱山航标站、镇海航标站、嵊泗航标站、石浦航标站
中华人民共和国上海海事局温州航标区（正处级）		温州航标处（正处级）	海门航标站、瓯江航标站、洞头航标站、瑞安航标站
中华人民共和国上海海事局福州航标区（正处级）		福州航标处（正处级）	福鼎航标站、亭江航标站、平潭航标站
中华人民共和国上海海事局厦门航标区（正处级）		厦门航标处（正处级）	泉州航标站、东渡航标站、镇海角航标站、古雷头航标站
中华人民共和国广东海事局汕头航标区（正处级）	中华人民共和国广东海事局	汕头航标处（正处级）	三百门航标站、汕头航标站、海门航标站、汕尾航标站
中华人民共和国广东海事局广州航标区（正处级）		广州航标处（正处级）	仑头航标站、深圳航标站、淇澳航标站、高栏航标站
中华人民共和国湛江海事局湛江航标区（副处级）		湛江航标处（正处级）	麻斜航标站、硇洲航标站
		北海航标处（正处级）	龙门航标站、钦州航标站、北海航标站、防城航标站
中华人民共和国海南海事局海口航标区（处，正处级）	中华人民共和国海南海事局	海口航标处（正处级）	海口航标站、木栏头航标站、抱虎航标站、清澜航标站、三亚航标站、八所航标站、洋浦航标站

说明：航标管理站均为正科级。至 2007 年底，交通部直属海事系统共设置 18 个航标处、63 个航标管理站。

【航标处内设机构和下设机构】

2001 年 4 月 28 日，交通部海事局制定《交通部直属海事系统航标处机构设置和人员编制意见》，根据航标处人员编制数，将航标处分为三类，即：人员编制超过 240 名，为 A 类航标处；人员编制

120 名至 240 名，为 B 类航标处；人员编制 120 名以下，为 C 类航标处。

航标处机关内设机构分基本科室和选设科室各 3 个。选设科室，A 类航标处可选设 2 至 3 个，B 类航标处可选设 1 至 2 个，C 类航标处可选设 1 个。

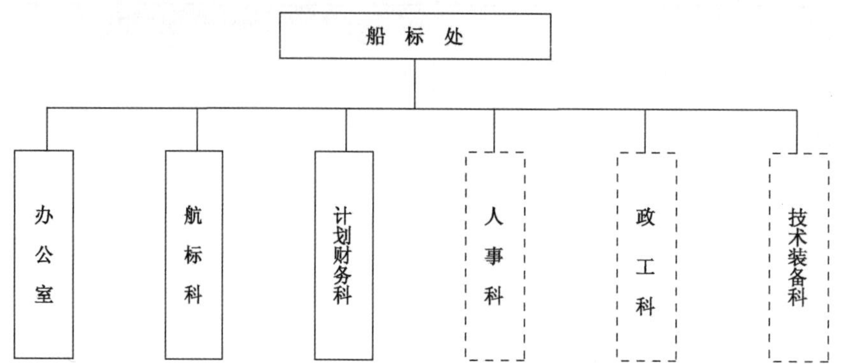

说明：实线框内为基本科室，虚线框内为选设科室（人事、政工、装备）。

图 2-4-3　2001 年航标处内设机构框架图

航标处下设机构的基本序列为航标站，其设置条件是航标站应具有灯塔管理、差分全球定位系统台站管理、航标船管理和航标维护 4 项职能中的 2 项及以上的职能，或航标站应管理各类航标 30 座以上且地点距离航标处较远。航标处根据实际条件可设置若干个航标站。除列为基本机构序列的航标站外，航标处下设机构还可根据条件设置修理、船队、后勤服务等机构。如每年吊回的大修浮标在 100 座次以上，或管理三级以上灯塔 20 座以上的航标处，可设置航标修理单位；管理 1 艘以上中型航标船和 2 艘以上小型航标船的航标处，可设置船队；A、B 两类航标处，可设置后勤服务中心。

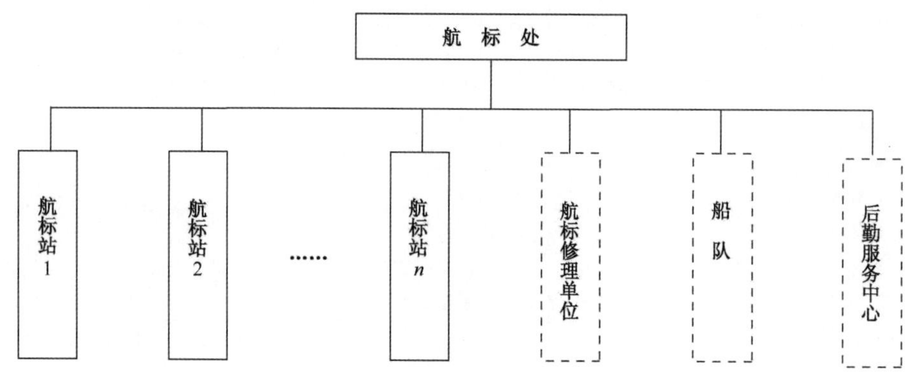

说明：实线框内为下设机构的基本序列，虚线框内为选设机构。

图 2-4-4　2001 年航标处下设机构框架图

【沿海港口航道测绘机构】

1955 年 5 月，交通部在广州成立海港测量队，直属交通部海运总局管理，负责全国沿海主要商港的定期测绘。1971 年，交通部在天津、上海、广州航道局组建航测大队，负责测绘业务管理，海港测量队为其下属单位，负责沿海港口航道测量和航海图书资料编绘。1980 年，交通部在天津、上海、广州航道局成立航标测量处，海港测量队为其下属单位。1986 年至 1988 年，天津、上海、广州航道局的航标测量处及其下属的海港测量队，分别划入在港口体制改革中成立的天津、上海、广州海上安全监督局。根据交通部的批复，天津、上海、广州海上安全监督局机关设置测绘处，海港测量队更名为海测大队。1998 年交通部海事局成立前，交通部设置的沿海港口航道测绘机构，是隶属于天津、上海、广州海上安全监督局的测绘处和海测大队（主要职责是分别负责中国北方、东海、南海海区港口航道测量和航海图书资料编绘工作，均为正处级），以及隶属于天津海上安全监督局的航测科技中心（正处级）、隶属于上海海上安全监督局的航海图书印刷厂（副处级）。

2000 年 4 月 3 日，交通部印发《交通部直属海事机构设置指导意见》，确定天津、上海、广州海事局测绘处与海测大队“处队合一”的原则。8 月 8 日，交通部海事局核批天津、上海、广州海事局内设机构方案时，未单独设置测绘处，测绘处职责由海测大队履行。2002 年 9 月 6 日，交通部海事局印发通知，将天津、上海、广州海上安全监督局所属的海测大队分别更名为天津海事局海测大队、上海海事局海测大队、广东海事局海测大队，行政级别不变。2004 年 4 月 5 日，交通部海事局批准天津海事局设置社会公益类机构海测大队、航测科技中心，上海海事局设置社会公益类机构海测大队、航海图书印制中心、电子海图数据中心。5 月 11 日，交通部海事局批准广东海事局设置社会公益类机构海测大队。

至 2007 年底，上述设置未发生变化。

第三章　法制工作

简　述

中国海事局成立前，全国水上安全监督系统的法制工作由交通部安全监督局负责归口管理。1998年10月成立的中国海事局，被赋予领导全国水上安全监督业务工作和管理全国海事系统法制工作的职能。从此，海事法制工作步入了新的发展阶段。

1999年2月26日，中国海事局在北京召开交通部直属海事系统第一次工作会议，明确提出海事法制工作的主要任务是，制定海事法规体系，推进海事立法进程，加大国际公约跟踪研究力度，加强海事执法机构和执法人员的管理与监督。2000年12月11日至13日，中国海事局在福州召开交通部直属海事系统法制工作会议，主要就海事立法年度计划，海事行政执法重点，国际海事公约、条约和其他国家相关法律的跟踪研究，海事执法队伍建设及执法监督机制等作出具体部署。会议强调，各直属海事局要设立专门法制工作部门，发挥法制部门职能作用，严格执行海事行政处罚与缴款分离和海事行政事业性收费制度，建立健全海事执法责任制、评议考核制、错案责任追究制和公示制。2004年6月3日至4日，中国海事局在北京召开全国海事系统法制工作会议。总结了2000年以来海事法制工作，部署了海事系统今后一个时期法制工作主要任务，并对海事系统贯彻实施《中华人民共和国行政许可法》和国务院《全面推进依法行政实施纲要》提出要求。交通部副部长徐祖远出席会议并讲话，要求全国海事系统必须把依法行政贯穿于海事管理和行政执法全过程，注意扭转重审批、轻监管的倾向，依法采取合理、有效、不扰民的监督措施。国务院法制办公室主任曹康泰在会上就学习贯彻《全面推进依法行政实施纲要》作辅导报告。会议强调，要本着“突出重点、理顺关系、填补空白、提高位阶”的指导思想，以海上搜救、防止船舶污染水域、“四客一危”船舶监管为重点，不断推进立法进程，并建立海事法规评估制度；在海事执法中，进一步规范行政许可、行政处罚、行政强制行为，加快电子政务建设，全面推行海事执法责任制和错案责任追究制，继续做好政务公开工作，切实落实八项便民措施。

图3-0-1　2000年12月11日，直属海事系统法制工作会议在福州召开

1998年至2007年，中国海事局依据交通部印发的《公路、水路交通法规体系框架和实施意见》，发布《海事法规体系框架》，初步确立起一套相互衔接、相互协调、相互补充的海事法规体系架构，成为海事立法活动的工作指南和立项基准。根据交通部下达的立法计划、有关立法机关委托的立法任务和中国海事局申报的立法项目，中国海事局在海事法律、法规、规章立法工作中承担了大量立项、调研、起草、审核、报批和废止等工作，国务院先后公布了经修订的《中华人民共和国内河交通安全管理

条例》和《中华人民共和国船员条例》，交通部先后公布了新制定或经修订的18部部门规章。在《中华人民共和国海洋环境保护法》的修订过程中，中国海事局积极配合立法机关开展调研论证工作，并提出许多有价值的修改意见被立法机关采纳。这一期间，中国海事局根据有关立法机关的立法计划，还组织了对《海上交通安全法》、《防止船舶污染海域管理条例》、《船舶和海上设施检验条例》、《船舶登记条例》、《打捞沉船管理办法》进行修订，起草《船舶法》、《海上搜寻救助条例》等。同时，完成了对海事行政审批项目和行政事业性收费项目的清理，取消了4项海事行政审批项目和11项收费项目，制定了后续监管措施。中国海事局重视履行国际海事公约，一方面根据公约规定的原则、内容和中国的实际情况，按照法定程序，将国际海事公约转化为国内海事法规或船舶检验技术规范；另一方面及时采取相应的行政措施，制定并发布规范性文件或行政指令，落实履行国际海事公约的承诺。至2007年底，海事监督管理适用的法律、行政法规、部门规章和规范性文件已达800余件，初步形成了相对健全有效的海事法规体系。

1998年至2007年，中国海事局全面履行船舶检验行政管理职能，充分利用中国船级社和地方船舶检验机构的立法资源和技术资源，根据水运事业和船舶建造的发展需要，以及海事管理重点、难点和国际海事公约的变化，不断更新、完善、补充《国际航行海船法定检验技术规则》、《国内航行海船法定检验技术规则》、《内河船舶法定检验技术规则》等船舶法定检验技术规范。中国海事局还先后组织制定、修订了37个航海安全技术标准和航标测绘技术标准，其中发布国家标准14个，发布交通行业标准17个。

中国海事局成立后，在重点推进海事立法工作的同时，还全面加强了对海事系统行政执法的规范和监督。1999年至2004年，中国海事局从海事行政执法主体、执法标志、执法行为、执法文书、政务公开等方面规范海事系统行政执法活动，在海事系统建立了执法责任制、执法备案审查制、执法评议考核制、执法督察检查制、错案责任追究制，扩大社会监督和舆论监督渠道，逐步形成有效健全的海事行政执法监督机制。2003年至2006年，中国海事局进一步严格规范海事系统行政处罚、行政许可、行政强制活动，推动了海事系统依法行政理念进一步转变。

2007年9月，全国海事系统开展"行政执法一面旗"建设活动，海事系统朝着行政执法队伍更加精干，执法活动更加规范，执法监管更加到位，执法手段更加先进，执法模式更加便民，执法行为更加文明的方向努力。9月3日，中国海事局被全国政务公开领导小组授予"全国政务公开先进单位"荣誉称号。

本章记述的海事立法活动，包括交通部下达的立法计划、有关立法机关委托的立法任务和中国海事局申报的立法项目，以及中国海事局在海事法律、法规、规章立法工作中承担的立项、调研、起草、审核、报批和废止等管理活动，在船舶检验技术法规立法工作中承担的立项、计划、制定、修改、公布等管理活动，在航行安全标准编制工作中承担的审查、报批等管理活动。本章记述的海事执法和监督，仅从法制工作角度，记述中国海事局所实施的一些基本制度和主要活动。

第一节　海事立法

【海事法规体系框架】

1999年8月12日，"海事法规规范体系"被中国海事局列为1999年海事系统年度科研计划项目之一。之后，中国海事局组织天津、福建海事局开展对国际海事法规体系和编制中国海事法规体系框架的研究。

依据2000年1月11日交通部印发的《公路、水路交通法规体系框架和实施意见》规定的编制原则、方法和水路交通法规体系框架，在“海事法规规范体系”课题研究成果基础上，中国海事局组织编制《海事法规体系框架》。经广泛征求意见，中国海事局于2002年2月10日印发通知，发布《海事法规体系框架》，作为编制海事立法年度计划的主要依据。该通知明确，对已列入《海事法规体系框架》的立法项目，有关部门在提交立法建议时，不需再附可行性研究报告；对未列入《海事法规体系框架》的立法项目，原则上不能立项，确需立项，应进行可行性研究。《海事法规体系框架》由水路交通安全法规、船舶法规、船员法规、防治船舶污染环境法规、海事综合法规5个子系统构成。每个子系统都对应1部或若干部法律；在法律之下，按照主要海事管理业务分类和相对独立的事项，分层次列出相应配套的行政法规和部门规章。

根据2004年交通部《关于完善公路、水路交通法规体系框架的实施意见》，自2005年后，中国海事局开始修订《海事法规体系框架》。至2007年底，《海事法规体系框架》尚在修订之中。

2002年海事法规体系框架一览　　表3-1-1

类别	法　律	行政法规	部门规章
水路交通安全法规子系统	海上交通安全法	①海上交通安全管理条例； ②内河交通安全管理条例； ③海上搜寻救助条例； ④沉船沉物打捞条例； ⑤水上交通事故调查处理条例； ⑥船舶引航条例； ⑦通航水域测绘条例； ⑧航标条例	①海上通航水域安全监督管理规定； ②内河通航水域安全监督管理规定； ③海上避碰规则； ④内河避碰规则； ⑤船舶交通管理系统实施规定； ⑥船舶报告制实施规定； ⑦水上水下施工作业通航安全管理规定； ⑧沉船沉物打捞管理规定； ⑨船闸通航安全管理规定； ⑩水上航行警告和航行通告管理规定； ⑪水上遇险与安全通信管理规定； ⑫非机动船舶航行规则； ⑬水上交通事故调查处理规则； ⑭通航水域测绘管理规定； ⑮海区航标管理规定； ⑯内河航标管理规定； ⑰船舶引航安全监督管理规定； ⑱海上搜寻救助实施规定； ⑲水上交通事故统计规则
船舶法规子系统	船舶法	⑨船舶登记条例； ⑩船舶和水上设施检验条例； ⑪船舶签证和安全检查条例； ⑫小型船舶管理条例	⑳船舶登记管理办法； ㉑舰艇升挂国旗管理办法； ㉒船舶签证管理规则； ㉓船舶安全检查规则； ㉔船舶最低安全配员规则； ㉕船舶日志管理规定； ㉖客船安全监督管理规则； ㉗船舶载运危险货物安全监督管理规则； ㉘公务船管理规定； ㉙小型船舶管理规定； ㉚船舶水上过驳作业安全监督管理规定； ㉛公司船舶安全与防污染资质管理办法； ㉜船舶检验管理办法； ㉝船舶检验机构资质管理办法； ㉞船舶检验人员资格管理规定

续上表

类别	法　律	行政法规	部门规章
船员法规子系统	船员法	⑬船员管理条例	㉟船员注册管理办法； ㊱海员出入境证件管理办法； ㊲船员公司管理规定； ㊳海船船员值班规则； ㊴内河船舶船员值班规则； ㊵海船船员任职资格管理办法； ㊶内河船舶船员任职资格管理办法； ㊷船舶引航员资格管理规定； ㊸磁罗经校正人员资格管理规定； ㊹船员培训管理办法； ㊺船员教育与培训机构资质管理办法
防治船舶污染环境法规子系统	海洋环境保护法； 水污染防治法； 大气污染防治法； 固体废物污染环境防治法； 环境噪声污染防治法	⑭防治船舶污染海洋环境管理条例； ⑮防治船舶污染内河环境管理条例； ⑯船舶油污染损害赔偿条例	㊻防治船舶液体货物污染水域管理规定； ㊼防治船舶压载水污染水域管理规定； ㊽防治船舶废气污染水域管理规定； ㊾防治船舶垃圾污染水域管理规定； ㊿防治船舶废气与噪声污染环境管理规定； 51防治船舶防污染系统污染水域管理规定； 52防治船舶污染环境监测与评估管理办法
海事综合法规子系统	立法法； 行政许可法； 行政强制法； 行政处罚法； 行政复议法； 行政诉讼法； 国家赔偿法	国务院颁布的一系列行政法规	53海事行政处罚规定； 54海事行政强制程序规定； 55海事行政执法责任追究规定； 56海事行政复议规定； 57辖区海事行政管理规定制定办法

【海事法规制定程序】

1999年5月4日，中国海事局依据1992年8月交通部发布的《交通法规制定程序规定》，制定印发《中华人民共和国海事局机关海事法规制定程序规定(试行)》，主要就海事法规制定范围、原则、计划、程序和机关各部门在海事法规制定过程中的职责分工等作出具体规定。

2000年7月1日，《中华人民共和国立法法》施行后，中国海事局对《中华人民共和国海事局机关海事法规制定程序规定(试行)》进行了修改，并更名为《中华人民共和国海事局海事法规制订工作程序规定》，于2002年4月23日发布，自同年5月1日起施行。其修改重点为：按照《立法法》规定，细化了海事法规制定过程中各个环节的具体要求，强调在海事法规制定过程中要广泛征求管理相对人、有关管理部门、社会各方面和专家的意见，提高海事法规制定工作的社会透明度与公众参与度；扩大了海事法规制定程序规定适用范围，对直属海事局参与起草地方性海事法规、规章和交通部、中国海事局下达或委托直属海事局起草海事法规的程序和要求作出规定；调整了海事法规制定工作职责分工，明确规定中国海事局及其各直属海事局的法制部门具体负责海事法规立项、调研、起草、审核、报批和废止的组织管理工作，中国海事局及其各直属海事局的其他业务主管部门依照该规定负责海事法规制定的有关工作。

2006年11月24日，交通部公布经修订的《交通法规制定程序规定》后，中国海事局即开始根据海事法规制定工作中遇到的新情况和新问题，对《中华人民共和国海事局海事法规制订工作程序规定》再次进行修改。至 2007 年底，海事法规制定工作程序规定修订草案尚在征求意见中。

【海事法规】

本条目所称海事法规是指具体授予中国海事局和海事机构法定职权的法律、法规和部门规章的总称。

1998 年 10 月中国海事局成立时，适用的海事法规主要有《中华人民共和国海上交通安全法》、《中华人民共和国海洋环境保护法》、《中华人民共和国水污染防治法》、《中华人民共和国公民出境入境管理法》4 部法律，《中华人民共和国内河交通安全管理条例》、《中华人民共和国船舶登记条例》、《中华人民共和国船舶和海上设施检验条例》、《中华人民共和国防止船舶污染海域管理条例》、《国际航行船舶进出中华人民共和国口岸检查办法》、《中华人民共和国航标条例》等 13 部行政法规，以及《中华人民共和国水上安全监督行政处罚规定》等 18 部部门规章。

中国海事局成立后，以"突出重点，理顺关系，填补空白，提高位阶"为指导思想，根据水上交通安全和防治船舶污染环境监督管理形势的需要，以及国际海事公约等方面出现的新变化，继续推进海事法规的制定、修订工作，取得新的进展。

1999 年至 2007 年，中国海事局完成了《中华人民共和国内河交通安全管理条例（修订草案）》、《中华人民共和国船员条例（草案）》和 18 部部门规章草案或修订草案的起草工作，并配合有关立法机关对海事法规草案或修订草案广泛征求意见，进行考察调研论证。2 部条例和 18 部部门规章在这一期间先后公布施行。

图 3-1-1　2003 年 3 月 28 日至 29 日，《中华人民共和国海上交通安全法》修订座谈会在青岛举行

2000 年 1 月 24 日，中国海事局印发通知，发布 1 月 19 日经交通部批准的《湛江海上安全监督管理规定》，自 2000 年 3 月 1 日起施行。①

1999 年至 2007 年，中国海事局还组织对《海上交通安全法》、《防止船舶污染海域管理条例》、《船舶和海上设施检验条例》、《船舶登记条例》、《打捞沉船管理办法》等进行了修订，组织起草了《船舶法》、《海上搜寻救助条例》，并组织对《安全生产法》、《海域使用管理法》、《港口法》、《消防法》、《水污染防治法》、《护照法》、《危险化学品安全管理条例》、《长江河道采砂管理条例》等法律法规的制定或修订提出修改意见和建议。

1999 年 2 月初，中国海事局收到全国人大环境资源委员会发来的《中华人民共和国海洋环境保护法（修订草案）》后，即组织有关船舶防治污染的专家和具有监督管理实践经验的人员研究该修订草案，提出修改意见，形成《〈海洋环境保护法（修订草案）〉修改稿》及其修改说明和建议。为配合全国人大法制工作委员会就修订海洋环境保护法进行调研论证，中国海事局邀请全国人大法制工作委员会、国务院参事室、国家环境保护总局有关人员出席 1999 年 8 月 23 日在珠海召开的"3·24"珠江口重大水上溢油污染事故分析座谈会；11 月，邀请全国人大法律委员会主任委员王维澄和环境与资源保护委员会副主任委员张皓若等在上海观摩上海海事局举行的船舶油污应急演习，在宁波视察船舶防治污染工作。

---

① 1998 年以前，交通部已先后发布营口、烟台、上海、秦皇岛、宁波、青岛、海南、连云港水上安全监督管理规则。

同年12月25日，经第九届全国人民代表大会常务委员会第十三次会议修订的《中华人民共和国海洋环境保护法》，由国家主席江泽民签署第26号主席令公布，自2000年4月1日起施行。经修订的《海洋环境保护法》，明确了海事机构在海洋环境保护方面的职责，采纳了中国海事局有关船舶溢油应急计划、船舶油污损害赔偿机制、防治船舶发生事故造成污染海域等修改意见，体现了国际海事公约的要求，为海事机构进一步加强船舶防治污染监督管理，保证国际海事公约在中国履行，提供了法律依据。随后，中国海事局配合全国人大法制工作委员会完成该法相关内容的释义工作，并于2000年2月18日至20日，在北京召开研讨会，讨论贯彻实施1999年修订的《海洋环境保护法》和做好船舶防治污染监督管理工作总体思路。2月24日，中国海事局在北京召开直属海事系统《海洋环境保护法》宣传贯彻会议，对加强船舶防治污染监督管理执法工作，修订完善《海洋环境保护法》配套法规进行了部署。

2000年3月13日，中国海事局印发通知，明确海事系统内涉及海事业务的法律、法规、规章及规范性文件的汇编工作，由中国海事局统一组织编纂。10月，《海事法规汇编(1949—1999)》(上下册)由人民交通出版社出版发行。该汇编由1949年10月1日至1999年12月31日期间与海事业务有关的法律、行政法规、地方性法规、部门规章、地方政府规章、技术规范和规范性文件汇总而成。自2001年起，中国海事局按年度，每年编纂上一年度的《海事法规汇编》。至2007年，已由人民交通出版社出版发行2000年至2006年各年度的《海事法规汇编》。

1998—2007年适用的主要海事法规一览　　表3-1-2

分类	序号	海事法规名称	令(文)号	公布日期	施行日期	备　注
法律	1	海洋环境保护法	第五届全国人大常委会令第9号	1982年8月23日	1983年3月1日	1999年12月25日修订
			国家主席令第26号	1999年12月25日	2000年4月1日	
	2	海上交通安全法	国家主席令第7号	1983年9月2日	1984年1月1日	
	3	水污染防治法	国家主席令第12号	1984年5月11日	1984年11月1日	1996年5月15日修订
			国家主席令第66号	1996年5月15日	1984年11月1日	
	4	公民出境入境管理法	国家主席令第32号	1985年11月22日	1986年2月1日	
	5	港口法	国家主席令第5号	2003年6月28日	2004年1月1日	
	6	护照法	国家主席令第50号	2006年4月29日	2007年1月1日	
行政法规	7	打捞沉船管理办法	交厅秘[57]朱字第173号文	1957年10月11日	1957年10月11日	1957年9月7日国务院批准
	8	对外国籍船舶管理规则	交港字[1979]1606号文	1979年9月18日	1979年9月18日	1979年8月25日国务院批准
	9	防止船舶污染海域管理条例	国发[1983]202号文	1983年12月29日	1983年12月29日	
	10	内河交通安全管理条例	国发[1986]109号文	1986年12月16日	1987年1月1日	2002年8月1日废止
			国务院令[2002]第355号	2002年6月28日	2002年8月1日	
	11	防止拆船污染环境管理条例	国发[1988]31号文	1988年5月18日	1988年6月1日	
	12	水污染防治法实施细则	国家环境保护局令[1989]第1号	1989年7月12日	1989年9月1日	1989年7月12日国务院批准
			国务院令[2000]第284号	2000年3月20日	2000年3月20日	1989年发布的该实施细则同日废止
	13	海上交通事故调查处理条例	交通部令[1990]第14号	1990年3月3日	1990年3月3日	1990年1月11日国务院批准

续上表

分类	序号	海事法规名称	令(文)号	公布日期	施行日期	备　注
行政法规	14	海上航行警告和航行通告管理规定	交通部令[1993]第44号	1993年1月11日	1993年2月1日	1992年12月22日国务院批准
	15	船舶和海上设施检验条例	国务院令[1993]第109号	1993年2月14日	1993年2月14日	
	16	船舶登记条例	国务院令[1994]第155号	1994年6月2日	1995年1月1日	
	17	国际航行船舶进出中华人民共和国口岸检查办法	国务院令[1995]第175号	1995年3月21日	1995年3月21日	
	18	航标条例	国务院令[1995]第187号	1995年12月3日	1995年12月3日	
	19	外国籍船舶航行长江水域管理规定	交通部令[1997]第7号	1997年8月1日	1997年8月1日	
			1983年4月9日国务院批准，4月20日交通部发布；1986年2月6日国务院批准第一次修订，1992年6月6日国务院批准第二次修订，1997年5月26日国务院批准第三次修订			
	20	船员条例	国务院令[2007]第494号	2007年4月14日	2007年9月1日	
部门规章	21	海员证管理办法	交通部令[1989]第7号	1989年8月14日	1989年12月1日	
	22	船舶交通事故统计规则	交通部令[1990]第16号	1990年6月16日	1990年8月1日	2002年10月1日废止
		水上交通事故统计办法	交通部令[2002]第5号	2002年8月26日	2002年10月1日	
	23	内河避碰规则(1991)	交通部令[1991]第30号	1991年4月28日	1992年1月1日	经修改后于2003年9月2日由交通部重新公布并自同日起施行
	24	船舶升挂国旗管理办法	交通部令[1991]第32号	1991年10月10日	1991年11月1日	
	25	内河船舶船员考试发证规则	交通部令[1992]第34号	1992年4月7日	1993年1月1日	2005年6月1日废止
		内河船舶船员适任考试发证规则	交通部令[2005]第1号	2005年3月21日	2005年6月1日	
	26	内河交通事故调查处理规则	交通部令[1993]第1号	1993年3月24日	1993年7月1日	2007年1月1日废止
		内河交通事故调查处理规定	交通部令[2006]第12号	2006年12月4日	2007年1月1日	
	27	船舶签证管理规则	交通部令[1993]第3号	1993年5月17日	1993年7月1日	2007年10月1日废止
			交通部令[2007]第7号	2007年5月31日	2007年10月1日	
	28	水路包装危险货物运输规则	交通部令[1996]第10号	1996年11月4日	1996年12月1日	水路危险货物运输规则第一部分
	29	海区航标设置管理办法	交通部令[1996]第12号	1996年12月25日	1997年3月1日	
	30	高速客船安全管理规则	交通部令[1996]第13号	1996年12月24日	1997年6月1日	2006年6月1日废止
			交通部令[2006]第4号	2006年2月24日	2006年6月1日	
	31	船舶交通管理系统安全监督管理规则	交通部令[1997]第8号	1997年9月15日	1998年1月1日	
	32	船舶最低安全配员规则	交通部令[1997]第9号	1997年9月24日	1998年5月1日	2004年8月1日废止
			交通部令[2004]第7号	2004年6月30日	2004年8月1日	
	33	海船船员值班规则	交通部令[1997]第11号	1997年10月20日	1998年1月1日	
	34	船员培训管理规则	交通部令[1997]第13号	1997年11月5日	1997年11月5日	
	35	海船船员适任考试、评估和发证规则	交通部令[1997]第14号	1997年11月5日	1998年8月1日	2004年8月1日废止
			交通部令[2004]第6号	2004年6月30日	2004年8月1日	

续上表

分类	序号	海事法规名称	令(文)号	公布日期	施行日期	备　注
部门规章	36	船舶安全检查规则	交通部令[1997]第15号	1997年11月5日	1998年3月1日	
	37	防止船舶垃圾和沿岸固体废物污染长江水域管理规定	交通部令[1997]第17号	1997年12月24日	1998年3月1日	交通部、建设部、国家环境保护局联合发布
	38	水上安全监督行政处罚规定(试行)	交通部令[1998]第7号	1998年9月2日	1998年10月1日	2003年9月1日废止
		海上海事行政处罚规定	交通部令[2003]第8号	2003年7月10日	2003年9月1日	
		内河海事行政处罚规定	交通部令[2004]第13号	2004年12月7日	2005年1月1日	
	39	水上水下施工作业通航安全管理规定	交通部令[1999]第4号	1999年10月8日	2000年1月1日	
	40	海上滚装船舶安全监督管理规定	交通部令[2002]第1号	2002年5月30日	2002年7月1日	
	41	长江三峡水利枢纽水上交通管制区域通航安全管理办法	交通部令[2003]第6号	2003年5月16日	2003年6月15日	
	42	沿海航标管理办法	交通部令[2003]第7号	2003年7月10日	2003年9月1日	
	43	船舶载运危险货物安全监督管理规定	交通部令[2003]第10号	2003年11月30日	2004年1月1日	
	44	防治船舶污染内河水域环境管理规定	交通部令[2005]第11号	2005年8月20日	2006年1月1日	
	45	海事行政许可条件规定	交通部令[2006]第1号	2006年1月9日	2006年4月1日	
	46	国际船舶保安规则	交通部令[2007]第2号	2007年3月26日	2007年7月1日	
	47	航运公司安全与防污染管理规定	交通部令[2007]第6号	2007年5月23日	2008年1月1日	

〖内河交通安全管理条例〗

1986年12月16日，国务院发布《中华人民共和国内河交通安全管理条例》。之后，内河水上交通运输蓬勃发展，尤以乡镇船舶发展特别迅猛。同时，超载运输、无证照运输、“三无”船舶航行作业、船舶适航状况差、船员素质较低等现象的大量出现，造成内河交通事故频发。1986年发布的《内河交通安全管理条例》许多方面已不适应形势发展的需要。因此，1995年交通部决定启动《内河交通安全管理条例》的修订工作。交通部安全监督局和1998年成立的中国海事局在对乡镇船舶安全管理状况进行广泛调研的基础上，将国务院、交通部和其他有关部委多年来对乡镇船舶安全管理的有关规定和一些地方的成熟经验吸收进来，形成《内河交通安全管理条例(修订草案)》，经交通部审核后，于1999年7月报送国务院审批。中国海事局配合国务院法制办公室广泛征求意见，进行实地考察和调研，对该修订草案进行了反复修改。

经国务院第60次常务会议审议通过，2002年6月28日，国务院总理朱镕基签署[2002]第355号国务院令，公布经修订的《中华人民共和国内河交通安全管理条例》，自同年8月1日起施行，1986年12月16日国务院公布的《内河交通安全管理条例》同时废止。

经修订的该条例共11章95条，包括总则，船舶、浮动设施和船员，航行、停泊和作业，危险货物监管，渡口管理，通航保障，救助，事故调查处理，监督检查，法律责任，附则。经修订的该条例对地方人民政府，船舶和浮动设施所有人、经营人的安全管理责任作出明确规定，并建立行政责任追究制度；引入“浮动设施”概念，将内河从事水上餐饮、旅店、游乐等经营活动的水上设施纳入管理范畴，对船舶、浮动设施的安全技术条件和船员任职资格作出更严格的规定；将内河避碰规则中的船舶航行一般原则上升为国务院行政法规，并从多角度对船舶、浮动设施的航行、停泊、作业等行为准则作出明确规定；针对船舶、浮动设施经营人重效益、轻安全等问题，从5个方面对船舶、浮动设施的经营安全行为规范作出规定；将渡口安全的日常监督检查责任，明确由渡口所在地县级人民政府指定的部门负责；进一步完善了海事机构在内河交通安全监督管理中的行政强制措施，加大了行政处罚力度；明确了海事机构监督检查责任，规定了追究海事机构行政责任的6种情形。

图3-1-2　2002年8月22日至23日，交通部《中华人民共和国内河交通安全管理条例》宣贯会在广州举行

2002年7月23日、8月12日，交通部先后在哈尔滨召开的大型水运企业安全管理座谈会上和在乌鲁木齐召开的非水网地区水上交通安全工作会议上，宣讲新修订的《内河交通安全管理条例》。8月16日，交通部印发通知，要求各级交通主管部门结合“水上运输安全管理年”活动，做好新修订的《内河交通安全管理条例》宣传贯彻工作，要求海事机构研究制定贯彻落实新修订的《内河交通安全管理条例》有关规定的具体要求和措施。8月22日至23日，交通部在广州召开新修订的《内河交通安全管理条例》宣传贯彻会议，由国务院法制办公室副司长陈富智讲解该条例，国家安全生产监督管理局副局长闪淳昌介绍《中华人民共和国安全生产法》。交通部副部长洪善祥在会上讲话，要求各级交通主管部门和海事机构，以新的《内河交通安全管理条例》施行为契机，落实责任制，严格执法，加大内河交通安全的监管力度。同时，中国海事局配合国务院法制办公室完成新条例的释义编写工作。2004年1月，《中华人民共和国内河交通安全管理条例释义》由人民交通出版社出版。

〖船员条例〗

《中华人民共和国船员条例》的起草工作始于1995年。鉴于当时中国的船员培训、适任考试、任职资格等管理制度虽已达到国际上中等水平，但国内的劳动和社会保障体系建设则正处于起步阶段，船员职业保障制度与其他航运发达国家相比尚有较大差距，因此，交通部决定先行起草一部以船员注册、培训、任职等管理制度为主体，同时原则规定船员职业保障的《船员管理条例》，待中国的劳动和社会保障体系与国际上船员职业保障体系比较接近时，再起草《船员法》。1995年5月，交通部安全监督局成立起草组，起草组搜集了其他国家和中国香港、台湾地区的船员法律作为参考，在研究以往船员管理经验和国际通行做法的基础上，形成了《船员管理条例(草案)》初稿，并相继组织召开三次专家研讨会，论证协调草案中的有关内容。1996年5月，交通部将《船员管理条例(草案)》印发有关部委和单位征求意见。

1998年中国海事局成立后，中国海事局继续推进《船员管理条例》的起草工作，于1999年6月29日至30日在北京召开第四次专家研讨会，全面研究了有关部委和单位对《船员管理条例(草案)》提出的意见和建议，国务院法制办公室、劳动和社会保障部、农业部、交通部、中国海员工会、大连海事大学和大型航运企业等有关部门、单位派员出席会议。根据第四次专家研讨会的意见，中国海事局对草案进行了全面修改，并于2000年3月13日将《船员管理条例(报批稿)》报送交通部体改法规司。该报批稿仅从水上安全监督管理方面对船员管理作出规定。在交通部立法审查阶段，中国海事局配合体改法规司，再次在全国范围内广泛征求意见，多次召开座谈会、论证会，至2003年，先后对《船员管理条例（报批稿）》修改达30余次，并更名为《中华人民共和国船员条例（送审稿）》，经2003年6月25日交通部部务会议审议通过，于2003年7月10日报送国务院审批。

在国务院法制办公室立法审查阶段，中国海事局和交通部体改法规司配合国务院法制办公室对船员条例的送审稿，进一步开展调研、进行论证。国务院法制办公室于2003年12月，在北京召开由相关政府管理部门、主要航运企业和中国海员建设工会以及有关专家参加的船员条例立法座谈会；于2004年将船员条例草案印发全国征求意见，并在国内部分省市开展立法调研工作，广泛听取船员、航运企业、海事法院、海事院校、船员培训机构和各级政府相关管理部门的意见。2005年，交通部和国务院法制办公室组成船员条例立法调研团，对欧洲航运发达国家的船员立法情况和管理制度作深入考察，并与国际劳工组织交换了意见。在国内外调研的基础上，国务院法制办公室对船员条例送审稿进行了重大调整和修改，增加了船员职业保障内容，特别是将国际劳工组织制定的、尚未生效的《2006年海事劳工公约》中关于船员职业保障等方面的基本原则和主要制度，结合中国国情，采取部分转化、原则表述、笼统规定、衔接处理、具体明确等方式，吸收到船员条例中来，进行了国际公约的国内立法转化。2006年，国务院法制办公室在交通部的配合下，就船员立法所涉及的体制、管理和利益关系等做了大量协调工作，于2006年12月完成了对《船员条例（草案）》立法审查工作。

经国务院第172次常务会议审议通过，2007年4月14日，国务院总理温家宝签署[2007]第494号国务院令，公布《中华人民共和国船员条例》，自同年9月1日起施行。

该条例共8章73条，包括总则、船员注册和任职资格、船员职责、船员职业保障、船员培训和船员服务、监督检查、法律责任、附则。其立法宗旨和核心内容是提高船员素质，保护船员合法权益。该条例借鉴国际通行做法，在船员注册、任职资格、船员法定职责、为船员创造体面工作条件和生活环境等方面与国际公约相衔接，同时，简化了行政许可程序，方便当事人，明确了政府有关部门和海事机构的管理职责。该条例规定了船员注册制度、船员适任资格制度、船员出入境资格制度、船员值班的责任制度、特殊船员的劳动和社会保障制度、船员教育和培训制度、船员培训许可制度、船员服务许可制度等。

2007年6月18日，交通部在北京召开《中华人民共和国船员条例》新闻发布会。6月19日至20日，交通部在北京召开《中华人民共和国船员条例》宣贯会。宣贯会上，国务院法制办公室副主任张穹、交通部副部长徐祖远讲话，交通部海事局常务副局长刘功臣部署宣贯工作，国务院法制办公室处长马森述作船员条例辅导报告。会议认为，船员条例是中国第一部专门保护船员合法权益、规范船员职业行为的行政法规，不仅填补了国家在船员立法方面的空白，而且在实质上实现了中国海事管理与现代国际海事管理理念的接轨。船员条例以人为本，将船员素质提高与船员权益保护并重，是中国水上安全管理理念的重大转变和提升。会议要求以实施船员条例为契机，认真解决船员工作中的各种问题，推进航运事业的可持续发展。劳动和社会保障部、农业部、商务部，中国海员建设工会、交通系统和大中小航运企业、船员培训机构、船员服务机构的代表以及船员代表参加会议。同时，中国海事局配合国务院法制办公室完成船员条例

图3-1-3　2007年6月19日至20日，《中华人民共和国船员条例》宣贯会在北京举行

释义的编写工作。2007 年 6 月，《中华人民共和国船员条例释义》由人民交通出版社出版。

〖海事行政处罚规定〗

1998 年 9 月 2 日，交通部部长黄镇东签署［1998］第 7 号交通部令，发布《中华人民共和国水上安全监督行政处罚规定》，自同年 10 月 1 日起施行，该规定将原《中华人民共和国海上交通安全监督管理处罚规定(试行)》和《中华人民共和国内河交通安全管理违章处罚规定(试行)》合并为一个统一的行政处罚规定，并设置了行政处罚的简易程序、一般程序和听证程序。1999 年 1 月 25 日至 26 日，中国海事局在北京召开该规定的宣贯会。6 月至 7 月，中国海事局在直属海事系统对所有执法人员进行《中华人民共和国水上安全监督行政处罚规定》及其相关法律法规知识测试。

之后，随着《中华人民共和国海洋环境保护法》、《中华人民共和国水污染防治法》和《中华人民共和国内河交通安全管理条例》等法律法规的陆续修订颁布，海事行政处罚的部分法律法规依据发生变化，且由于上位法之间在适用范围和处罚种类、幅度的不一致，使海上和内河的海事行政处罚规定合并立法已不可能；同时《中华人民共和国水上安全监督行政处罚规定》在实践中也显现出一些不适应的问题。为此，中国海事局自 2001 年开始对《中华人民共和国水上安全监督行政处罚规定》进行修订，并在广泛征求地方交通主管部门、海事机构和管理相对人意见的基础上，将海上和内河的海事行政处罚规定重新分开，先后于 2003 和 2004 年完成《中华人民共和国海上海事行政处罚规定(草案)》和《中华人民共和国内河海事行政处罚规定(草案)》起草任务，并报送交通部审批。

2003 年 7 月 10 日，交通部部长张春贤签署［2003］第 8 号交通部令，公布《中华人民共和国海上海事行政处罚规定》，自同年 9 月 1 日起施行，1998 年 9 月 2 日交通部公布的《中华人民共和国水上安全监督行政处罚规定》同时废止。该规定共 5 章 136 条，包括总则、海上海事行政处罚的种类和适用、海上海事行政违法行为和行政处罚、海上海事行政处罚程序、附则，适用于在中国管辖沿海水域及相关陆域发生的违反海上海事行政管理秩序的行为实施的行政处罚。该规定列明了违反海上海事行政管理秩序的 12 种行为、实施行政处罚所依据的 13 部法律法规、海事行政处罚的 11 个种类和适用，明确了海上海事行政处罚程序和执行程序以及管辖；为保护管理相对人的合法权益，增设了行政处罚监督程序，并在行政处罚一般程序中规定实行案件调查与行政处罚分开，要求在作出行政处罚决定前必须经过海事机构法制部门预审，为防止和减少错案提供了制度保障。

2004 年 12 月 7 日，交通部部长张春贤签署［2004］第 13 号交通部令，公布《中华人民共和国内河海事行政处罚规定》，自 2005 年 1 月 1 日起施行。该规定共 4 章 69 条，包括总则、内河海事行政处罚的适用、内河海事行政违法行为和行政处罚、附则。该规定针对内河交通安全管理特点，明确了 10 种内河海事行政违法行为及其相应的行政处罚种类和幅度，减少了行政处罚的自由裁量权，提高了行政处罚的可操作性，并明确内河海事行政处罚程序，适用《海上海事行政处罚规定》中有关程序的规定。2005 年 1 月 28 日，中国海事局召开全国海事系统《内河海事行政处罚规定》宣贯视频会议，要求加强海事执法能力建设，全面实施《内河海事行政处罚规定》。

2005 年，中国海事局对《海上海事行政处罚规定》和《内河海事行政处罚规定》进行了立法评估，具体工作由“海事政策法规与发展战略研究中心”承担。7 月至 8 月，对两个海事行政处罚规定实施情况进行调研。10 月，在北京召开海事行政处罚规定立法评估会，并提出《〈海上海事行政处罚规定〉和〈内河海事行政处罚规定〉实施情况调研报告》。该报告肯定了两个海事行政处罚规定处罚依据充分，处罚种类明确，相对缩小了执法人员自由裁量权，方便了执法；处罚幅度、处罚对象设定符合《行政处罚法》的立法思想；强化了对海事机构的执法监督。该报告认为，两个海事行政处罚规定实施后，加大了执法力度，维护水上交通安全和防止船舶污染管理秩序效果总体良好，推动了海事机构和海事执法人员执法理念转变，进一步规范了海事行政处罚工作。同时，该报告也指出由于上位法的缺失，两个海事行政处罚规定在实体和程序规定方面还存在一些问题，以及由于处罚信息不能完全共享等原因，致使两个海事行政处罚规定在实施中也存在一些问题，并提出了解决问题的建议。

〖水上水下施工作业通航安全管理规定〗

1998 年中国海事局成立后，针对当时各水域水上水下施工作业频繁，工程规模大、工期长，施工工艺复杂，各类船舶流量与密度高等特点，经过调研论证和反复修改，于 1999 年起草完成《中华人民共和国水上水下施工作业通航安全管理规定(草案)》。

1999 年 10 月 8 日，交通部部长黄镇东签署[1999]第 4 号交通部令，发布《中华人民共和国水上水下施工作业通航安全管理规定》，自 2000 年 1 月 1 日起施行。该规定共 6 章 30 条，包括总则、资格和申请、许可证、监督管理、法律责任、附则，主要就在码头、桥梁、船坞、闸坝、索道等区域进行水上水下施工，以及在水域内设置系船设施、铺设电缆或管道、救助遇难船舶、打捞、疏浚、爆破、打桩、挖砂、填埋等影响通航水域交通安全或对通航环境产生影响的 12 种施工作业的资格、申请方式、许可证核发和监督管理等作出具体规定；明确水上水下施工作业符合通航安全要求的，由港务监督机构核发《水上水下施工作业许可证》。

〖海上滚装船舶安全监督管理规定〗

1999 年 11 月 24 日，在山东烟台发生客滚船“大舜”轮特大火灾沉没事故，引发社会对海上滚装船舶安全状况的高度关注。对此，交通部采取了一系列强化滚装船安全监督管理的措施，其中要求中国海事局尽快制定适合滚装船运输特点、结构特点、安全特点和管理特点的安全监督管理规定。中国海事局在对滚装船管理现状调查研究并总结国内外滚装船舶事故教训的基础上，结合“水上运输安全管理年”活动实践经验，起草完成《海上滚装船舶安全监督管理规定(草案)》。

2002 年 5 月 30 日，交通部部长黄镇东签署[2002]第 1 号交通部令，公布《海上滚装船舶安全监督管理规定》，自同年 7 月 1 日起施行。该规定共 8 章 58 条，包括总则，滚装船舶运输经营人，滚装船舶、船员，滚装船舶检验，车辆、货物和乘客，监督检查，罚则，附则。该规定的核心内容是规定了地方人民政府交通主管部门、港口管理机构、船舶检验机构、海事机构以及船公司、船员在海上滚装船舶安全管理方面的职责和要求，并就滚装船舶不同于一般船舶安全管理特点，在滚装船舶及其公司和船员，滚装船舶法定检验，滚装船舶装载车辆、货物和乘客，滚装船舶监督检查等方面，作出操作性较强的特别规定；强调滚装船公司应建立安全管理体系，滚装船舶应核定安全开航的限制条件、车辆承载强度和系固能力，船长在开航前应签署滚装船舶安全适航的《船长开航前声明》等，明确了海事机构对滚装船舶重点监督检查的要求。

〖水上交通事故统计办法〗

1998 年中国海事局成立时，水上交通事故统计工作的依据是 1990 年 6 月 16 日交通部发布的《船舶交通事故统计规则》。随着政府机构改革、企业重组以及相关法律法规的修订颁布，该规则显现出一些不适应的地方。对此，中国海事局依据《中华人民共和国统计法》、《中华人民共和国海上交通安全法》和《中华人民共和国内河交通安全管理条例》，对该规则进行了修订完善并更名，形成《水上交通事故统计办法(草案)》。

2002年8月26日，交通部部长黄镇东签署[2002]第5号交通部令，公布《水上交通事故统计办法》，自同年10月1日起施行，1990年6月16日交通部发布的《船舶交通事故统计规则》同时废止。该办法共29条，从辖区管理和属地管理的原则出发，确定了县级以上地方政府交通主管部门、海事机构、中央直属航运企业负责本行政区、本辖区、本单位船舶发生事故的统计工作，就水上交通事故的统计范围与方法、事故类别与等级、报送渠道与时限等作出原则性规定。与原规则相比，新的办法将事故种类由原来的8类增至9类，增加了“自沉事故”类别；事故等级由原来的4个增至5个，增加了“特大事故”等级；与事故分级标准相对应的船舶吨位(功率)等级划分由原来的11个简化为3个，取消了以船舶沉没或全损作为确定事故分级标准的做法，并将直接经济损失额度标准作一定幅度的调增；增加了对相关部门及人员虚报、瞒报、伪造、拒报、迟报水上交通事故统计资料的行政处罚条款。

〖长江三峡水利枢纽水上交通管制区域通航安全管理办法〗

长江三峡水利枢纽水上交通管制区域，是指长江乐天溪至曲溪(长江上游航道里程37.0公里至57.5公里)水域。为配合长江三峡水利枢纽三期工程和三峡水库蓄水，中国海事局组织起草完成《长江三峡水利枢纽水上交通管制区域通航安全管理办法(草案)》。

2003年5月16日，交通部部长张春贤签署[2003]第6号交通部令，公布《长江三峡水利枢纽水上交通管制区域通航安全管理办法》，自同年6月15日起施行。该办法共6章40条，包括总则，船舶航行、停泊与作业，危险货物监管和水域防污染管理，安全保障，法律责任，附则，主要就长江三峡水利枢纽水上交通管制区域从事船舶航行、停泊、作业以及与该区域水上交通安全有关的活动作出具体规定。该办法明确交通部三峡海事机构统一负责长江三峡水利枢纽水上交通管制区域的水上交通安全监督管理，并将该区域划分为禁航区和交通管制区，规定了该区域通航安全的保障措施。

〖沿海航标管理办法〗

1998年中国海事局成立时，沿海航标管理工作具体依据是1982年8月23日交通部以规范性文件形式发布的《关于海区航标管理工作的若干规定》。国务院1995年12月3日颁布《中华人民共和国航标条例》后，由于缺少相应配套的实施细则，面对一些单位不履行审批手续擅自设置、变更航标，不按规定维护、保养航标等问题，海事机构难以实施有效的管理。为此，中国海事局经过两年多的调研论证和反复修改，于2003年起草完成《中华人民共和国沿海航标管理办法(草案)》。

2003年7月10日，交通部部长张春贤签署[2003]第7号交通部令，公布《中华人民共和国沿海航标管理办法》，自2003年9月1日起施行，交通部1982年发布的《关于海区航标管理工作的若干规定》同时废止。该办法共8章37条，包括总则、航标规划、航标配布、航标维护、航标保护、专用航标、监督检查与处罚和附则，主要就沿海航标管理机构、公用航标和专用航标定义、航标总体规划的编制与审批、航标配布设置与其经费开支渠道等作出明确规定，对航标工程设计、施工、监理的资质，航标维护质量和航标变更、迁移、拆除动态，以及航标保护与管理等方面提出了具体要求。

〖船舶载运危险货物安全监督管理规定〗

1981年10月29日，交通部以规范性文件形式颁布《中华人民共和国船舶装载危险货物监督管理规则》，成为水上安全监督机构对船舶载运危险货物监督管理的基本依据之一。1999年，交通部将《船舶载运危险货物安全监督管理规定》列入部门规章立法计划，由中国海事局负责组织起草工作。2001年12月12日，中国海事局局长办公会在审议《船舶载运危险货物安全监督管理规定》草案时，明确起草工作要注意减少行政审批，把海事机构的职责定位在安全适装适载控制，以及对过程和现场的监督管理上。

2003 年 11 月 30 日，交通部部长张春贤签署[2003]第 10 号交通部令，公布《中华人民共和国船舶载运危险货物安全监督管理规定》，自 2004 年 1 月 1 日起施行，交通部 1981 年颁布的《中华人民共和国船舶装载危险货物监督管理规则》同时废止。该规定共 7 章 37 条，包括总则、通航安全和防污染管理、船舶管理、申报管理、人员管理、法律责任、附则，主要就载运危险货物船舶的航行、停泊、作业、排放、应急和安全技术条件、应急预案、安全管理，船舶载运危险货物进、出港申报，载运危险货物船舶的船员适任要求，以及对海事机构实施船舶载运危险货物的安全监督管理责任、职权和程序等作出规定。

〖海船船员适任考试、评估和发证规则〗

1998 年中国海事局成立时，依据 1997 年 11 月 5 日交通部发布的《中华人民共和国海船船员适任考试、评估和发证规则》(简称《97 海船考试规则》)管理海船船员考试发证工作。由于 2003 年 8 月 27 日《中华人民共和国行政许可法》颁布后，《97 海船考试规则》显现出一些不符合该法要求的问题，加之航海技术发展对海员资质提出更高要求，为此，中国海事局对《97 海船考试规则》进行了修订完善。

2004 年 6 月 30 日，交通部部长张春贤签署[2004]第 6 号交通部令，公布经修订的《中华人民共和国海船船员适任考试、评估和发证规则》(简称《04 海船考试规则》)，自同年 8 月 1 日起施行，《97 海船考试规则》同时废止。《04 海船考试规则》共 13 章 100 条，包括总则、适任证书、申请适任证书的条件、特殊种类船舶的适任证书、适任考试和评估、船上培训和船上见习、适任证书的签发与管理、特免证明、外国证书的承认、公司的责任、监督管理、法律责任和行政措施、附则。其主要修改内容为：值班水手和值班机工必须持有适任证书；在考试科目设置与划分、适任证书格式与内容等方面作出新的调整；为提高船员实际操作技能，增加了适任评估和船上培训等内容；为保持海员适任能力，增加了新的管理手段，设立了船员适任考试、评估和发证质量控制体系以及证书再有效知识更新培训等制度；对高、中等航海类院校毕业生参加并通过适任证书全国统一考试才能取得适任证书作出明确规定；提高了申请适任证书者接受航海类学历教育或职业教育程度的门槛；对特殊类型船舶的高级船员任职资格作出专门规定；调整了船员考试和评估以及专业培训和特殊培训的项目设置。

〖船舶最低安全配员规则〗

1998 年中国海事局成立时，依据 1997 年 9 月 24 日交通部发布的《中华人民共和国船舶最低安全配员规则》管理船舶安全配员工作。随着中国航运事业和船舶技术的不断发展，该规则陆续显现出一些不适应的地方，为此，中国海事局对该规则进行了修订完善。

2004 年 6 月 30 日，交通部部长张春贤签署[2004]第 7 号交通部令，公布经修订的《中华人民共和国船舶最低安全配员规则》，自同年 8 月 1 日起施行。新修订的该规则共 5 章 27 条，包括总则、最低安全配员原则、最低安全配员管理、监督检查、附则。其主要修改内容为：适用范围由原部分中国籍机动船舶扩大至所有中国籍机动船舶；根据船舶的种类吨位、技术状况、主推进动力装置功率、航区、航行时间、通航环境等因素，调整了船舶在航时的船员构成及数量；对最低安全配员管理和监督检查等方面提出了新的要求，并授权中国海事局可根据有关法律、行政法规和相关国际公约对该规则附录所列最低安全配员表的内容进行修改。

〖内河船舶船员适任考试发证规则〗

1998 年中国海事局成立时，依据 1992 年 4 月 7 日交通部发布的《中华人民共和国内河船舶船员考试发证规则》(简称《92 内河考试规则》)管理内河船员考试发证工作。由于 2003 年 8 月 27 日《中华人民共和国行政许可法》颁布后，《92 内河考试规则》显现出一些不符合该法要求的问题，加之航海技术发展对船员资质提出更高要求，为此，中国海事局对《92 内河考试规则》进行了修订完善。

2005 年 3 月 21 日，交通部部长张春贤签署[2005]第 1 号交通部令，公布《中华人民共和国内河船舶船员适任考试发证规则》(简称《05 内河考试规则》)，自同年 6 月 1 日起施行，《92 内河考试规则》同时废止。《05 内河考试规则》共 7 章 48 条，包括总则、适任证书、水上服务资历和文化程度要求、适任考试与见习、发证和再有效审验、监督管理及法律责任、附则，主要对内河船舶船员的知识结构、实际操作水平和能力以及船员管理手段等方面作重大调整和修改。增加了特定类型船舶船员任职要求，对内河船舶船员整体素质提出了新的标准和要求，增加了电子考试方式；同时，还就内河船舶等级划分、船员职务设置、船员适任证书适任范围、申请适任考试的服务资历和文化程度要求、证书签发和再有效等作出新的规定；明确了考试发证机关考试授权的分工。

〖防治船舶污染内河水域环境管理规定〗

1998 年中国海事局成立时，依据 1984 年公布的《中华人民共和国水污染防治法》及其实施细则，以及交通部的一些规范性文件管理防治船舶污染内河水域工作。鉴于该法只作出了原则性规定，为使防治船舶污染内河水域的管理工作更加符合中国内河船舶航行、停泊和作业的实际情况，具有更强的可操作性，中国海事局于 2001 年开始组织起草《防治船舶污染内河水域环境管理规定》，经过 4 年多的调研论证和反复修改，于 2005 年完成《防治船舶污染内河水域环境管理规定(草案)》。

2005 年 6 月 20 日，交通部部务会议审议《防治船舶污染内河水域环境管理规定(送审稿)》。会议认为，制定《防治船舶污染内河水域环境管理规定》很有必要，并决定，由副部长徐祖远牵头组织体改法规司、水运司、海事局等相关单位，在充分吸收以前调研成果、征求各方面意见的基础上，进一步修改完善《防治船舶污染内河水域环境管理规定(送审稿)》。会议强调，修改完善《防治船舶污染内河水域环境管理规定(送审稿)》，要充分考虑实际情况，把握薄弱环节，区分重点和层次，保证实施操作性强、实际效果好。7 月，根据部务会议决定，体改法规司会同海事局、水运司召开专题讨论会，听取来自一线从事内河防污染和船舶管理人员意见，并对《防治船舶污染内河水域环境管理规定(送审稿)》作进一步修改和调整。

2005 年 8 月 20 日，交通部部长张春贤签署[2005]第 11 号交通部令，公布《中华人民共和国防治船舶污染内河水域环境管理规定》，自 2006 年 1 月 1 日起施行。该规定共 10 章 60 条，包括总则，一般规定，船舶载运污染危害性货物及相关作业，船舶垃圾和生活污水，船舶污染物排放与接收，船舶拆解、打捞、修造和其他水上水下施工作业，船舶污染事故应急反应，污染事故调查处理，法律责任，附则。主要内容是对船舶在中国内河水域从事航行、停泊、作业以及其他影响内河水域环境的相关活动作出具体规定；既有根据《水污染防治法》，对防治船舶污染内河水域环境作出的统一管理规定，也有根据内河船舶的实际情况，区别不同水域、不同种类船舶而作出的分重点、分层次的管理规定。

〖海事行政许可条件规定〗

2003 年 8 月 27 日，国家主席第 7 号令公布《中华人民共和国行政许可法》。根据国务院、交通部关于贯彻实施《行政许可法》的通知要求，中国海事局对海事行政许可规定进行了清理，并在清理工作的基础上，依据《行政许可法》的规定，组织起草《中华人民共和国海事行政许可条件规定(草案)》，对法律、行政法规设定的，或国务院决定的22个海事行政许可项目的许可条件作出具体规定。

2006年1月9日，交通部部长李盛霖签署[2006]第1号交通部令，公布《中华人民共和国海事行政许可条件规定》，自同年4月1日起施行。该规定共3章30条，包括总则、海事行政许可条件、附则，明确申请及审查、决定海事行政许可所依据的条件，应当遵守该规定；海事机构在审查、决定海事行政许可时，不得擅自增加、减少或者变更海事行政许可条件。

2006年3月16日至17日，中国海事局在北京召开《海事行政许可条件规定》宣贯会。会议要求全国海事机构以贯彻实施《海事行政许可条件规定》为契机，依法严格实施海事行政许可，克服重许可、轻监管的倾向，树立权责一致的理念；进一步统一规范海事行政许可项目、条件、程序及其实施主体、权限、文书、印章，以及相应的配套制度，做好海事行政许可政务公开，强化执法监督，推进电子政务。

〖高速客船安全管理规则〗

1998年中国海事局成立时，依据1996年12月24日交通部发布的《中华人民共和国高速客船安全管理规则》实施对高速客船的安全管理工作。为进一步加强对高速客船的安全管理，中国海事局在对高速客船管理现状调查研究的基础上，结合对高速客船监管实践经验的总结，对该规则进行了修订和完善。

2006年2月24日，交通部部长李盛霖签署[2006]第4号交通部令，公布经修订的《中华人民共和国高速客船安全管理规则》，自同年6月1日起施行，交通部1996年发布的《中华人民共和国高速客船安全管理规则》同时废止。新修订的该规则共8章35条，包括总则、船公司、船舶、船员、航行安全、安全保障、法律责任、附则。其主要修改内容为：对高速客船进行了重新定义，提高了高速客船的经营资质和适航条件，对船员见习航次和客船靠泊码头条件等提出新的具体要求。

〖内河交通事故调查处理规定〗

1998年中国海事局成立时，依据1993年3月24日交通部发布的《中华人民共和国内河交通事故调查处理规则》管理内河交通事故调查处理工作。根据2002年8月1日开始施行的经修订的《中华人民共和国内河交通安全管理条例》有关规定，中国海事局于2003年对该规则进行了修订，并更名为《中华人民共和国内河交通事故调查处理规定》，经征求意见后，于同年11月形成送审稿。

2006年12月4日，交通部部长李盛霖签署[2006]第12号交通部令，公布《中华人民共和国内河交通事故调查处理规定》，自2007年1月1日起施行，交通部1993年发布的《中华人民共和国内河交通事故调查处理规则》同时废止。该规定共6章39条，包括总则、报告、管辖、调查、处理、附则。其主要修改内容为：增加了对内河交通事故等级划分，确立了属地管辖为主，级别管辖与指定管辖为辅的内河交通事故管辖权制度，引入了事故调查回避制度、行政救济制度、公开制度，取消了事故调查民事调解内容，在保障管理相对人合法权益，规范海事机构事故调查处理行为，提高内河交通事故调查处理工作质量等方面，均作出明确规定。

〖国际船舶保安规则〗

根据2002年12月国际海事组织通过的《1974年国际海上人命安全公约》海上保安修正案和《国际

船舶和港口设施保安规则》，2004 年 6 月 16 日，交通部以规范性文件形式发布《船舶保安规则》，自同年 7 月 1 日起实施。6 月 29 日，国务院在 2004 年第 412 号令中决定将“国际船舶和港口设施保安证书核发”列为确需保留的行政审批项目之一。为提升国际船舶保安规则的法律效力，中国海事局在对《船舶保安规则》实施情况进行调查的基础上，对其进行了修改和完善，并更名为《中华人民共和国国际船舶保安规则》。

2007 年 3 月 26 日，交通部部长李盛霖签署[2007]第 2 号交通部令，公布《中华人民共和国国际船舶保安规则》，自同年 7 月 1 日起施行，2004 年交通部发布的《船舶保安规则》同时废止。该规则共 6 章 59 条，包括总则、船舶保安等级、船舶和公司的保安要求、海上保安报警和处置、监督检查与法律责任、附则。该规则将 2002 年国际海事组织通过的海上保安修正案和《国际船舶和港口设施保安规则》的内容，转化为国内行政规章规定；明确了国际航行船舶保安管理的具体要求，以及海事机构相应的职责和监督检查要求；规定船舶保安等级分为三级，由交通部发布。

〖航运公司安全与防污染管理规定〗

2001 年 7 月 12 日，为全面提高中国航运企业的安全管理水平，尽快扭转中国国内水上交通事故频发的被动局面，依照《国际船舶安全营运和防止污染管理规则》，交通部以规范性文件形式发布了《中华人民共和国船舶安全营运和防止污染管理规则(试行)》。2004 年 6 月 29 日，国务院在 2004 年第 412 号令中决定将“航运公司安全营运与防污染能力符合证明核发”列为确需保留的行政审批项目之一。为提升国内船舶安全营运和防止污染管理规则的法律效力，中国海事局在《中华人民共和国船舶安全营运和防止污染管理规则(试行)》的基础上，经过两年多调研论证和反复修改，起草完成《中华人民共和国航运公司安全与防污染管理规定(草案)》。

2007 年 5 月 23 日，交通部部长李盛霖签署[2007]第 6 号交通部令，公布《中华人民共和国航运公司安全与防污染管理规定》，自 2008 年 1 月 1 日起施行。该规定共 6 章 40 条，包括总则，航运公司安全与防污染责任，航运公司安全与防污染管理体系的审核、发证，监督检查，法律责任，附则。该规定将 1993 年国际海事组织通过的《国际船舶安全营运和防止污染管理规则》的主要规定，结合中国国情，转化到国内航运公司安全与防污染管理体系的建立、实施、保持、审核、发证及其相关监督管理活动之中；同时，规定了所有航运公司安全与防污染的责任及对其进行监督检查的要求，包括未强制要求建立安全与防污染管理体系的航运公司；明确需要建立安全与防污染管理体系的公司范围，由交通部公布。

〖船舶签证管理规则〗

1998 年中国海事局成立时，依据 1993 年 5 月 17 日交通部发布的《中华人民共和国船舶签证管理规则》管理船舶签证工作。2004 年 7 月 1 日《中华人民共和国行政许可法》实施后，该规则中规定的签证条件、工作程序、形式设置等不完全符合行政许可的原则和要求，同时，港口和航运经济的发展以及海事行政执法理念的提升，对船舶签证工作提出了新的要求。为此，中国海事局经过两年的调研论证和反复修改，起草完成《中华人民共和国船舶签证管理规则(修订草案)》。

2007 年 5 月 31 日，交通部部长李盛霖签署[2007]第 7 号交通部令，公布经修订的《中华人民共和国船舶签证管理规则》，自同年 10 月 1 日起施行，1993 年交通部发布的《中华人民共和国船舶签证管理规则》同时废止。新修订的规则共 5 章 37 条，包括总则、船舶签证、船舶签证簿、监督检查与法律责任、附则。其主要修改内容为：进一步明确了船舶签证的法律性质和功能定位、需要办理船舶签证的各种情形；进一步规范和简化了船舶签证程序，调整了船舶定期签证制度，新建船舶年度签证制度和船舶报告制度；确立电子签证法定地位；建立了船舶签证监督检查制度，明确了海事机构监督管理职责。

【履行国际海事公约】

自 1973 年 3 月中华人民共和国恢复在国际海事组织成员国地位以来，至 1998 年底，中国政府先后批准加入的国际海事组织制定或保存的国际公约和议定书 26 个、公约附则 4 个，并默认接受了其大部分历年的修正案。其中包括国际海事组织推行的成员国自愿审核机制所覆盖的《1974 年国际海上人命安全公约》、《1966 年国际船舶载重线公约》、《1969 年国际船舶吨位丈量公约》、《1972 年国际海上避碰规则公约》、《经 1978 年修订的〈1973 年国际防止船舶造成污染公约〉》、《1978 年海员培训、发证、值班标准国际公约》等 6 个强制性国际海事公约，以及其他涉及海上航行安全、防止船舶污染海洋及其责任与赔偿的国际海事公约和议定书。根据法律和行政授权，在交通部的领导下，中国海事局是代表中国政府履行这些国际海事公约中绝大部分条款的主管机关，承担着船旗国、港口国管理职能和部分沿岸国管理职能。国际海事公约是中国海事局和海事机构依法行政的依据之一。

1999 年至 2007 年底，中国又先后加入 2 个国际海事公约的议定书和 1 个附则，并默认接受了一批国际海事公约的修正案。

经国务院批准，中国于 1999 年 1 月 5 日加入《1969 年国际油污损害民事责任公约 1992 年议定书》；1999 年 9 月 6 日，交通部印发通知，公布该议定书于 2000 年 1 月 5 日对中国生效。

经国务院批准，中国于 2006 年 3 月 15 日加入《经 1978 年修订的〈1973 年国际防止船舶造成污染公约〉1997 年议定书》；2006 年 7 月 6 日，交通部发布第 15 号公告，公布该议定书于 2006 年 8 月 23 日对中国生效。该议定书新增附则Ⅵ《防止船舶造成空气污染规则》。

2007 年底对中国生效的国际海事组织主要公约一览　　表 3-1-3

序号	公约或议定书名称	公约生效日期	中国参加日期	对中国生效日期	备　注
1	国际海事组织公约	1958 年 3 月 17 日	1973 年 3 月 1 日	1973 年 3 月 1 日	
2	1974 年国际海上人命安全公约	1980 年 5 月 25 日	1980 年 1 月 7 日	1980 年 5 月 25 日	
3	1974 年国际海上人命安全公约 1978 年议定书	1981 年 5 月 1 日	1982 年 12 月 17 日	1983 年 3 月 17 日	
4	1974 年国际海上人命安全公约 1988 年议定书	2000 年 2 月 3 日	1995 年 2 月 3 日	2000 年 2 月 3 日	中国于 1993 年 7 月 1 日提前实施
5	1966 年国际船舶载重线公约	1968 年 7 月 21 日	1973 年 10 月 5 日	1974 年 1 月 5 日	
6	1966 年国际船舶载重线公约 1988 年议定书	2000 年 2 月 3 日	1995 年 2 月 3 日	2000 年 2 月 3 日	中国于 1993 年 7 月 1 日提前实施
7	1969 年国际船舶吨位丈量公约	1982 年 7 月 18 日	1980 年 4 月 8 日	1982 年 7 月 18 日	
8	1972 年国际海上避碰规则公约	1977 年 7 月 15 日	1980 年 1 月 7 日	1980 年 1 月 7 日	
9	1978 年海员培训、发证和值班标准国际公约	1984 年 4 月 28 日	1981 年 6 月 8 日	1984 年 4 月 28 日	
10	经 1978 年议定书修订的 1973 年国际防止船舶造成污染公约	1983 年 10 月 2 日	1983 年 7 月 1 日	1983 年 10 月 2 日	
11	经 1978 年议定书修订的 1973 年国际防止船舶造成污染公约附则Ⅰ	1983 年 10 月 2 日	1983 年 7 月 1 日	1983 年 10 月 2 日	防止油污染规则
12	经 1978 年议定书修订的 1973 年国际防止船舶造成污染公约附则Ⅱ	1987 年 4 月 6 日	1983 年 7 月 1 日	1987 年 4 月 6 日	控制散装有毒液体物质污染规则

续上表

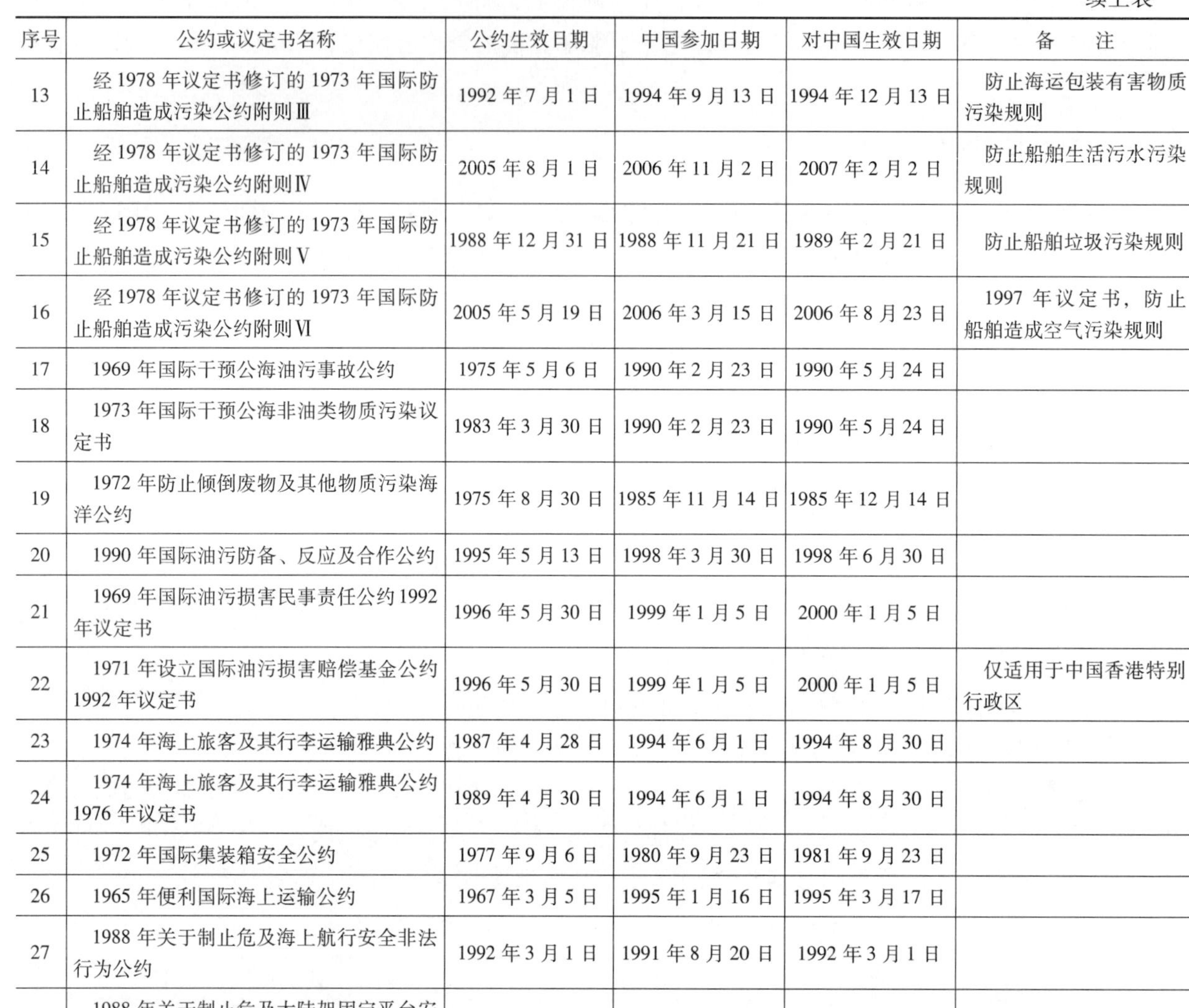

序号	公约或议定书名称	公约生效日期	中国参加日期	对中国生效日期	备注
13	经1978年议定书修订的1973年国际防止船舶造成污染公约附则Ⅲ	1992年7月1日	1994年9月13日	1994年12月13日	防止海运包装有害物质污染规则
14	经1978年议定书修订的1973年国际防止船舶造成污染公约附则Ⅳ	2005年8月1日	2006年11月2日	2007年2月2日	防止船舶生活污水污染规则
15	经1978年议定书修订的1973年国际防止船舶造成污染公约附则Ⅴ	1988年12月31日	1988年11月21日	1989年2月21日	防止船舶垃圾污染规则
16	经1978年议定书修订的1973年国际防止船舶造成污染公约附则Ⅵ	2005年5月19日	2006年3月15日	2006年8月23日	1997年议定书，防止船舶造成空气污染规则
17	1969年国际干预公海油污事故公约	1975年5月6日	1990年2月23日	1990年5月24日	
18	1973年国际干预公海非油类物质污染议定书	1983年3月30日	1990年2月23日	1990年5月24日	
19	1972年防止倾倒废物及其他物质污染海洋公约	1975年8月30日	1985年11月14日	1985年12月14日	
20	1990年国际油污防备、反应及合作公约	1995年5月13日	1998年3月30日	1998年6月30日	
21	1969年国际油污损害民事责任公约1992年议定书	1996年5月30日	1999年1月5日	2000年1月5日	
22	1971年设立国际油污损害赔偿基金公约1992年议定书	1996年5月30日	1999年1月5日	2000年1月5日	仅适用于中国香港特别行政区
23	1974年海上旅客及其行李运输雅典公约	1987年4月28日	1994年6月1日	1994年8月30日	
24	1974年海上旅客及其行李运输雅典公约1976年议定书	1989年4月30日	1994年6月1日	1994年8月30日	
25	1972年国际集装箱安全公约	1977年9月6日	1980年9月23日	1981年9月23日	
26	1965年便利国际海上运输公约	1967年3月5日	1995年1月16日	1995年3月17日	
27	1988年关于制止危及海上航行安全非法行为公约	1992年3月1日	1991年8月20日	1992年3月1日	
28	1988年关于制止危及大陆架固定平台安全非法行为议定书	1992年3月1日	1991年8月20日	1992年3月1日	
29	国际海事卫星组织公约	1979年7月16日	1979年7月13日	1979年7月16日	
30	1979年国际海上搜寻救助公约	1985年6月22日	1985年6月24日	1985年7月24日	
31	1989年国际救助公约	1996年7月14日	1994年3月30日	1996年7月14日	

说明：本表未列入中国已接受的各公约和议定书的修正案。

经国务院批准，中国于2006年11月2日加入《经1978年修订的〈1973年国际防止船舶造成污染公约〉》附则Ⅳ；2006年12月25日，交通部发布第46号公告，公布该附则于2007年2月2日对中国生效。该公约附则Ⅳ为《防止船舶生活污水污染规则》。

中国履行国际海事公约一般采取两种保障措施。一种措施是立法措施，即当国际海事公约对中国生效后，交通部组织中国海事局或其他机构，根据公约规定的原则、内容和中国的实际情况，按照法定程序，将国际海事公约转化为国内海事法规或船舶检验技术规范，以保证履行国际海事公约的可操作性。另一种措施是行政措施。即交通部或中国海事局对在中国生效的国际海事公约，特别是未采取立法措施的公约中的具体规定，制定并发布规范性文件或行政指令，作为有关方面执行的依据。中国海事局成立以后，至2007年底，中国履行国际海事公约采取的以上两种保障措施，分别在本书有关章节和条目中记述。

【海事法规清理】

1998年中国海事局成立后，按照国务院、交通部的统一部署，先后组织了多次海事行政审批项目和海事法规的清理工作。

2001年5月21日，中国海事局印发通知，组织直属海事系统对海事行政审批项目进行清理。之后，根据2001年10月18日国务院批转行政审批制度改革工作实施意见的通知精神，对海事行政审批项目进行了全面清理，共清理海事行政审批项目25项，其中上报应予取消的2项，保留23项。2002年11月1日，国务院在关于取消第一批行政审批项目的决定中，将"海员证申办单位、审批机构的资质审批"和"船员教育和培训质量体系的审核"2项列入决定取消的行政审批项目目录中。2003年2月27日，国务院在关于取消第二批行政审批项目的决定中，将"从事危险货物作业的码头资质核准"和"船员培训机构资质审批"2项列入决定取消的行政审批项目目录中。2003年8月12日，交通部印发通知，公布已取消和改变管理方式的交通部行政审批项目后续监管措施，其中包括4项已取消海事行政审批项目后续监管措施。

2003年8月27日《行政许可法》公布后，国务院、交通部要求在贯彻实施该法中，依法对行政许可规定和实施主体进行清理。这次清理工作，交通部共清理出涉及行政许可规定的法律、行政法规35部，其中涉及海事行政许可的20部；中国海事局清理出涉及海事行政许可的部门规章56件，规范性文件342件，上报拟废止规章18件，并在已取消4项海事行政许可事项的基础上，上报拟取消1项海事行政许可事项。12月2日，交通部令[2003]第11号公布《关于废止219件交通规章的决定》，其中包括涉及海事管理的部门规章18件。2004年5月19日，国务院在关于第三批取消和调整行政审批项目的决定中，将"外国籍船舶在港区水域内安全作业审批"列入决定取消的行政审批项目目录中。8月27日，交通部印发通知，公布第二批已取消和改变管理方式的交通部行政审批项目后续监管措施，其中包括"外国籍船舶在港区水域内安全作业审批"取消审批后的后续监管措施。

2004年6月29日，国务院在对确需保留的行政审批项目设定行政许可的决定中，将3项海事行政审批项目列入确需保留的行政审批项目设定行政许可的项目目录中，将17项海事行政审批项目列入依法继续实施的行政审批项目目录中(其中2项实际为分别各2项)。

2006年11月24日，交通部令[2006]第10号公布《关于废止33件交通规章的决定》，其中包括涉及海事管理的部门规章5件。

2007年4月14日，国务院公布的《中华人民共和国船员条例》中，规定了船员培训机构资质审批和船员服务机构资质审批两个海事行政审批项目。

截至2007年底，涉及海事监督管理方面的交通规章共计23件被废止；依法继续实施的海事行政审批项目24项，取消海事行政审批项目4项。

2007年底中国海事管理行政许可项目一览　　表3-1-4

序　号	行政许可项目名称	实 施 机 关
1	外国籍船舶进入非对外开放水域许可	交通部海事局
2	船舶进出港口许可	交通部直属海事机构、地方海事机构
3	船舶进入或穿越禁航区许可	交通部直属海事机构、地方海事机构
4	防止船舶污染港区水域作业许可	交通部直属海事机构、地方海事机构
5	水上拖带大型设施和移动式平台许可	交通部直属海事机构、地方海事机构

续上表

序　号	行政许可项目名称	实 施 机 关
6	在港内进行采掘、爆破等活动许可	港口所在地港口行政主管部门、交通部直属海事机构、地方海事机构
7	船舶液体危险货物水上过驳作业许可	交通部直属海事机构
8	船舶载运危险货物的适装许可	交通部直属海事机构、地方海事机构
9	通航水域岸线安全使用许可	交通部直属海事机构、地方海事机构
10	通航水域水上水下施工作业许可	交通部直属海事机构、地方海事机构
11	通航水域禁航区、航道（路）、交通管制区、锚地和安全作业区划定审批	交通部直属海事机构、地方海事机构
12	通航水域内沉船沉物打捞作业审批	交通部直属海事机构、地方海事机构
13	船员适任证书核发	交通部直属海事机构、地方海事机构、交通部海事局
14	外国籍船员在中国籍船舶上任职审批	交通部直属海事机构、地方海事机构、交通部海事局
15	船舶安全与防污染证书文书核发	交通部直属海事机构、地方海事机构
16	海员出入境证书核发	交通部直属海事机构
17	外国籍船舶或飞机入境从事海上搜救审批	交通部海事局
18	航标管理机关以外的单位设置、撤除航标审批	各级人民政府交通行政主管部门、交通部门设立的流域航道管理机构、交通部海事局及授权的直属海事机构
19	船舶国籍证书核发	交通部直属海事机构、地方海事机构
20	航运公司安全营运与防污染能力符合证明核发	交通部海事局、交通部直属海事机构
21	国际船舶保安证书核发	交通部、交通部海事局
22	设立引航及验船机构审批	交通部、交通部海事局
23	船员培训机构资质审批	交通部直属海事机构、地方海事机构、交通部海事局
24	船员服务机构资质审批	交通部直属海事机构、地方海事机构、交通部海事局

2007 年底中国海事局对取消的海事行政审批项目的后续监管措施一览　　表 3-1-5

序号	已取消的审批项目名称	后续监管方式	后续监管措施
1	海员证申办单位和审批机构的资质审批	备案审查制管理	海员证申办单位备案后，海事局将进行监督，对不符合条件的，海事局将不受理其办理考试、发证的申请
2	船员教育和培训质量体系的审核	实行质量控制管理（专家审核和行政监督相结合）	按照国际海事组织《海员培训、发证和值班标准国际公约》的规定，从事海员教育和培训的机构必须建立质量体系，并接受审核。完成质量体系审核工作是缔约国履约和列入国际“白名单”的重要条件之一。中国船员教育和培训质量体系将由中国海事局认可的审核机构实施，经中国海事局汇总后报国际海事组织
3	从事危险货物作业的码头资质核准	会签管理	根据《中华人民共和国海上交通安全法》、《中华人民共和国港口法》和《中华人民共和国内河交通安全管理条例》的规定，港口管理部门在对从事危险货物作业的码头核准投入使用前，应当就码头对船舶安全靠泊条件、防治船舶污染环境的条件是否符合安全和防污染的规定，会签海事机构
4	外国籍船舶在港区水域内安全作业	事前报备，现场监管	外国籍船舶在港区水域内安全作业审批取消后，依据《中华人民共和国海上交通安全法》、《中华人民共和国内河交通安全管理条例》、《中华人民共和国对外国籍船舶管理规则》，中国海事局制定《船舶港内安全作业监督管理办法》，对船舶港内安全作业提出具体要求，并加强作业期间现场监督管理

第二节　海事技术规范与标准

【船舶检验技术法规制定程序】

船舶检验技术法规系指对涉及航行安全和水域环境保护的船舶、海上设施、船用产品实施建造、营运法定检验的技术规则、规定、规程、方法(简称船检技术法规)。

中国海事局成立前，中华人民共和国船舶检验局根据《中华人民共和国船舶和海上设施检验条例》的规定，负责船检技术法规的制定，经交通部批准后公布实施。

中国海事局成立后，船检技术法规的制定工作，由中国海事局负责。1999 年 9 月 8 日，交通部印发《中华人民共和国船舶检验局与中国船级社实行局社政事分开的实施意见》，明确船检技术法规，由中国海事局委托中国船级社代行编制，并按中国海事局的有关法规编制规定执行，船检技术法规报交通部批准后，由中国海事局公布。船检技术法规的具体起草工作主要由中国船级社下属的上海、武汉船舶检验规范所承担。

2001 年 12 月 8 日至 10 日，中国海事局在厦门召开船检技术法规工作会议，提出了 2001 年至 2005 年船检技术法规编制规划。

由于中国各地区水域和船型差别较大，中国船级社编制船检技术法规以大、中型船舶为主。为适应各地航行于内河的小型船舶法定检验工作需要，中国海事局在委托中国船级社代行船检技术法规编制工作的同时，2002 年开始利用地方船舶检验机构的立法资源，编制适应各地实际情况的内河小船检验技术法规。9 月 10 日，交通部印发通知，决定在广西壮族自治区开展乡镇船舶检验试点工作，建立委托地方船舶检验机构起草区域性船检技术法规，由地方交通主管部门批准公布的制度。

经过几年的摸索，2003 年，中国海事局开始起草船检技术法规制定管理规定。11 月 18 日至 19 日，中国海事局在海口召开全国船检技术法规工作会议，讨论《船检技术法规制订管理规定(草案)》，提出船检技术法规制定、修订规范化管理意见，推进各地船舶检验机构开展内河小船检验技术规范编制工作。12 月 29 日，交通部印发《关于制订乡镇渡口渡船检验规范若干事项的通知》，明确各省(自治区、直辖市)交通厅(局、委)经向交通部(海事局)履行船检规范立项备案后，可结合当地实际，制定本行政区范围内近距离航行且载客 12 人以下或者船长 10 米以下的小型乡镇渡船的检验规范，该检验规范需报经省级人民政府批准发布，并报交通部备案，也可报交通部批准发布。

2004 年，中国海事局继续修改《船检技术法规制订管理规定(草案)》，重点解决什么是船检技术法规和区域性地方船检技术法规的适用范围两个问题，同时将该规定更名为《船检技术法规制订程序管理规定(草案)》，突出规范船检技术法规制定程序，并于 2005 年 1 月发文向全国交通系统征求修改意见。

2006 年 4 月 19 日，中国海事局颁布《船检技术法规制订程序规定》，自 2006 年 5 月 1 日实施。该规定明确交通部负责船检技术法规的批准工作，中国海事局负责船检技术法规的立项、计划、制定、修改、公布及组织实施等管理工作，中国船级社受中国海事局委托，负责全国性船检技术法规的调研、起草、函审、评审、报批等具体工作，中国船级社和各省级船舶检验机构经中国海事局委托，负责区域性或地方性船检技术法规的调研、起草、函审、评审、报批等具体工作，各省级交通主管部门经交通部委托负责地方船检技术法规的批准和组织实施工作。该规定对船检技术法规的立法计划、立法规程、起草要求、审核与报批、公布与实施等方面进行了具体规范，强调应尽可能公开、广泛征求和妥善处理船舶设计部门、船舶建造(修造)企业、航运企业、船舶检验机构、海事机构、科研院所和学校等单位及其专家对船检技术法规的编制意见。

【船舶检验技术法规】

船检技术法规根据不同的适用范围，有不同的分类。涉及法定检验技术规则的统称为《船舶与海上设施法定检验规则》，其中按航行区域分为国际航行海船、国内航行海船、内河船舶等法定检验技术规则；国内航行海船、内河船舶又有大船和小船之分；特殊类型船舶和特定区域船舶的法定检验技术规则一般以暂行规定、补充规定的形式公布。

中国海事局成立前，中华人民共和国船舶检验局依法制定了一系列船检技术法规。其中《内河船舶法定检验技术规则》和《国际航行海船法定检验技术规则》、《非国际航行海船法定检验技术规则》、《起重设备法定检验技术规则》、《海上拖航法定检验技术规则》在1998年编制完成后，经交通部批准，先后于1998年11月20日和1999年4月2日，由中华人民共和国船舶检验局发布。

中国海事局成立后，针对船舶航运安全的突出问题，在原有船检技术法规的基础上，按照健全船检技术法规，提高船检技术法规水平的工作目标，组织开展船检技术法规的研究、计划、制定、补充、修改、更新、审查、公布工作。

2000年11月8日，中国海事局委托中国船级社编制海船、河船检验技术规程、规则13项。此后，至2007年，多次委托中国船级社编制船检技术法规。

2000—2007年中国海事局委托中国船级社编制船检技术法规情况一览 表3-2-1

时　间	委托项目内容	数量(项)
2000年11月8日	包括海船、河船法定检验有关技术规程、技术规则、修改通报、暂行规定等	13
2001年5月	航母型水上设施法定检验有关技术规则	1
2002年6月25日	包括海船、河船法定检验有关技术规则，观光旅游载客潜水器、内河餐饮娱乐趸船法定检验暂行规定等	8
2003年9月12日	包括海船、河船法定检验有关技术规则修改通报，内河滚装船、三峡库区和大运河标准船型船舶法定检验补充规定，沿海小型船舶法定检验技术规则，敞口集装箱船法定检验补充规定等	11
2004年8月6日	包括海船、河船法定检验有关技术规则修改通报，重新编制国际海船法定检验技术规则，澜沧江—湄公河国际航行内河船舶、游艇法定检验暂行规定，内河散装运输液化气、危险化学品船舶法定检验技术规则等	9
2006年3月30日	包括内河航区等级标准划分规定，海船、河船法定检验有关技术规则修改通报，江海通航船舶法定检验技术规则，海船、河船法定检验技术规程综合统稿等	7
2007年7月3日	包括国际海船法定检验有关技术规则修改通报，国内海船、河船法定检验技术规则换版，沿海陆岛渡船、地效翼船法定检验暂行规定，内河高速船法定检验技术规则等	7

说明：因任务调整，各次委托项目在内容上有交叉。

1999年至2007年，中国海事局先后5次修改《国际航行海船法定检验技术规则》。1999年至2001年，中国海事局先后3次修改《非国际航行海船法定检验技术规则》，并于2003年11月将《非国际航行海船法定检验技术规则》修改更名为新版《国内航行海船法定检验技术规则(2004年)》，之后，至2007年，对《国内航行海船法定检验技术规则(2004年)》修改2次。1999年至2007年，中国海事局先后针对川江客滚船、京杭运河标准船型船舶、川江和三峡库区船舶、天生桥库区船舶，公布相应的《内河船舶法定检验技术规则》补充规定，并于2003年11月公布新版《内河船舶法定检验技术规则(2004年)》，之后，又对《内河船舶法定检验技术规则》修改2次。

1999年，中国海事局组织有关专家对三峡工程明渠汛期通航情况进行调研，修订了1998年2月发布的《三峡工程明渠汛期通航船舶及其辅助船舶检验规定》，在保证通航安全的基础上进一步增大明渠汛期通航能力，简化了船舶检验程序。该规定于 1999 年 6 月 7 日由交通部印发。

由原中华人民共和国船舶检验局组织编制的《海南内河小型船舶检验暂行规定》，经中国海事局审核并报经交通部批准后，于 1999 年 7 月 23 日，由中国海事局批复中国船级社，委托其负责《海南内河小型船舶检验暂行规定》的出版和发行工作，并规定了中华人民共和国海事局《船舶与海上设施法定检验规则》封面和扉页样式。12 月 7 日，中国海事局印发通知，公布实施《海南内河小型船舶检验暂行规定》。

2000 年 11 月 8 日，中国海事局委托中国船级社编制《船载航行数据记录仪技术条件和检验程序》。2001 年 4 月 2 日，中国海事局印发通知，公布实施《船载航行数据记录仪技术条件和检验程序(国内船舶试行)》，并明确中国籍国际航行船舶和进入中国水域的外国籍船舶，其船载航行数据记录仪应符合国际海事组织有关标准。

鉴于国内陆续出现购买航空母舰并改建为民用水上浮动游览设施的情况，为规范此类航母型水上设施技术检验要求，中国海事局于 2001 年委托中国船级社编制相应规定。经交通部批准，中国海事局于 2002 年 8 月 27 日印发通知，公布实施《航母型水上设施检验暂行规定》。

由于中国各地内河航行船舶的条件差异很大，现行的内河船舶检验规范和小型船舶检验规范不能完全适应各地实际情况，2002 年 6 月 25 日，中国海事局委托中国船级社编制《内河小型船舶法定检验技术规则》。

根据 2002 年 11 月全国船检业务工作会议要求，2003 年，福建海事局制定了《福建省 20 米以下沿海现有营运木制运输船舶检验暂行办法》，于 4 月 23 日上报中国海事局审定；5 月 26 日，中国海事局批复明确，根据 1996 年 11 月 1 日施行的《20 米以下沿海船舶检验暂行规定》，营运中木制船舶检验规定，由各省船舶检验机构制定，经省级交通主管部门批准公布实施。2003 年 6 月 23 日，福建海事局公布实施《福建省 20 米以下沿海现有营运木制运输船舶检验暂行办法》。

鉴于 20 米以下沿海船舶检验技术规范尚不完善，2003 年 9 月 12 日，中国海事局委托中国船级社编制《沿海小型船舶法定检验技术规则》。经交通部批准，中国海事局于 2006 年 10 月 23 日公布实施《沿海小型船舶法定检验技术规则》。该规则以船长 20 米及以下的常规钢质船为主，并纳入对玻璃钢船、铝合金船、高速船的检验技术要求。

2004 年 1 月 15 日，中国海事局印发通知，公布实施《敞口集装箱船检验暂行规则(2004)》。该规则适用于专门从事海上运输集装箱的敞口(无舱口盖)自航船舶，非敞口集装箱船可参照该规则执行。之后，在总结实践经验的基础上，中国船级社重新编制该规则。2007 年 12 月 10 日，中国海事局印发通知，公布实施《敞口集装箱船检验暂行规则(2008)》。

2005 年 7 月 18 日，中国海事局印发通知，公布实施《国际航行现有水产品运输船法定检验暂行规定》。该规定适用于亚洲地区海上国际航行的、小于 500 总吨且船长大于 24 米的中国籍水产品运输船，包括冷藏船和活水鱼运输船。

根据交通部《关于制订乡镇渡口渡船检验规范若干事项的通知》规定，海南省交通厅和海南海事局组织制定了《海南省地方小型船舶检验规定》，于 2005 年 6 月 20 日上报中国海事局审定；9 月 29 日，交通部批复原则同意该规定，并提出部分修改意见。经海南省人民政府批准，2006 年 5 月 22 日，海南省交通厅和海南海事局联合公布实施《海南省地方小型船舶检验规定》。

为适应中国不同地区小型船舶发展的需要，2005 年 9 月 29 日，中国海事局成立由天津海事局牵头，中国船级社、长江海事局和广东、四川、陕西、贵州、江苏、黑龙江省有关人员组成“内河小型船舶检验规范研究课题小组”。2006 年 6 月至 7 月，中国海事局就内河小型船舶检验规范研究课题中内

图 3-2-1　2006 年 1 月 17 日，内河小型船舶检验规范研究课题小组第一次工作会议在天津召开

河小型船舶检验规范的地区适用性问题，向中国船级社和全国各省（自治区、直辖市）的船舶检验机构以及船东进行问卷调查。截至 2006 年 10 月底，共回收 29 个省（自治区、直辖市）的调查问卷 897 份。在问卷调查的基础上，课题小组于 2006 年 12 月至 2007 年 6 月，对 12 个省（自治区）进行实地调查，对 237 艘内河小型船舶进行抽样调查，并于 2007 年对全国内河小型船舶及其检验规范的现状进行统计调查和汇总分析。

2007 年 8 月 1 日，中国海事局印发通知，要求中国船级社根据近几年公布的船检技术法规和国家标准，对《海船法定建造检验规程》、《海船法定营运检验规程》、《河船法定建造检验规程》、《河船法定营运检验规程》进行修改、复审，并尽快定稿。这四部规程是 2000 年 11 月 8 日中国海事局委托中国船级社编制的，2003 年已完成初稿的评审工作。至 2007 年底，四部规程仍在修改之中。

〖国际航行海船法定检验技术规则〗

国际航行海船法定检验技术规则适用于国际海上航行的中国籍民用船舶。1999 年 4 月 2 日，中华人民共和国船舶检验局发布《国际航行海船法定检验技术规则（1999）》。

针对当时非公约尺度船舶（即小于 300 总吨的国际航行货船）要完全满足全球海上遇险与安全系统的配备要求存在困难的情况，1999 年 11 月 9 日，中国海事局公布《关于〈国际航行海船法定检验技术规则（1999）补充规定〉生效的通告》，对非公约尺度船舶的无线电通信设备配备作补充规定。

2002 年 5 月 29 日，中国船级社向中国海事局报送《国际航行海船法定检验技术规则》修改通报报批稿，经审核批准，2003 年 5 月 13 日，中国海事局印发通知，公布实施《国际航行海船法定检验技术规则（2003 年修改通报）》。该通报对《国际航行海船法定检验技术规则（1999）》进行修改和补充，纳入 1999 年该技术规则公布以来至 2002 年已生效和即将生效的国际海事组织有关公约和规则的修正案及新的强制性规则。

2004 年 3 月 17 日，中国船级社向中国海事局报送《国际航行海船法定检验技术规则》修改通报报批稿，经审核和交通部批准，2004 年 5 月 8 日，中国海事局印发通知，公布实施《国际航行海船法定检验技术规则（2004 年修改通报）》。该修改通报纳入了国际海事组织新通过并于 2004 年生效的有关公约和规则修正案及新规则的规定。

2005 年 6 月 28 日，中国海事局印发通知，公布实施《国际航行海船法定检验技术规则（2005 年修改通报）》。该修改通报按照国际海事组织有关公约修正案的规定，对《国际航行海船法定检验技术规则》1999 年补充规定及其 2003 年、2004 年修改通报进行了修改和补充，连同《国际航行海船法定检验技术规则（1999）》及其《2003 年修改通报》、《2004 年修改通报》一并执行。

2007 年 11 月 29 日，中国海事局印发通知，公布实施《国际航行海船法定检验技术规则（2008 年）》。该规则将 1999 年版的《国际航行海船法定检验技术规则》及其以后所有的修改通报汇总，并纳入国际海事组织新通过并于 2008 年生效的有关公约和规则修正案及新规则的规定，形成 2008 年新的版本，包括六个分册，8 篇 6 个附则。

〚国内航行海船法定检验技术规则〛

国内航行海船法定检验技术规则适用于船长为20米及以上国内海上航行的中国籍船舶。1999年4月2日，中华人民共和国船舶检验局发布《非国际航行海船法定检验技术规则(1999)》。

1999年11月9日，中国海事局公布《关于〈非国际航行海船法定检验技术规则修改通报〉生效的通告》，规定400总吨以下的新船和现有船舶满足规定条件时，可免除有关安装滤油设备的要求。

2000年7月3日，中国海事局公布《关于〈非国际航行海船法定检验技术规则(1999)修改通报〉生效的通告》，规定150总吨及以上的新油船满足规定条件时，可免除安装排油监控系统和油水界面探测器。

针对《非国际航行海船法定检验技术规则(1999)》中对沿海船舶吨位丈量的规定与《海船法定检验技术规则(1992)》有较大不同，其中船舶净吨位计算的调整直接影响到国家对船舶的税收。为保证国家正常税费管理，2000年11月23日，交通部印发通知，决定停止执行《非国际航行海船法定检验技术规则(1999)》第二篇吨位丈量的规定，对沿海航行船舶的吨位丈量仍按《海船法定检验技术规则(1992)》第十篇吨位丈量有关国内航行船舶的规定执行。

1999—2007年中国海事局公布的《船舶与海上设施法定检验规则》一览　　表3-2-2

名　　称	公布日期	实施日期
国际航行海船法定检验技术规则(1999)补充规定	1999年11月9日	1999年11月9日
非国际航行海船法定检验技术规则(1999)修改通报	1999年11月9日	1999年11月9日
海南内河小型船舶检验暂行规定	1999年12月7日	2000年3月1日
非国际航行海船法定检验技术规则(1999)修改通报	2000年7月3日	2000年7月3日
执行吨位丈量有关问题的通知	2000年11月23日	2000年11月23日
船载航行数据记录仪技术条件和检验程序(国内船舶试行)	2001年4月2日	2001年4月20日
川江滚装船检验补充规定(2001)	2001年4月11日	2001年5月1日
修改《川江滚装船检验补充规定(2001)》的通知	2002年6月4日	2002年6月15日
航母型水上设施检验暂行规定	2002年8月27日	2002年10月1日
国际航行海船法定检验技术规则(2003年修改通报)	2003年5月13日	2003年7月15日
国内航行海船法定检验技术规则(2004年)	2003年11月27日	2004年3月1日
内河船舶法定检验技术规则(2004年)	2003年11月27日	2004年3月1日
敞口集装箱船检验暂行规则(2004年)	2004年1月15日	2004年3月1日
京杭运河型船舶检验补充规定(2004)	2004年3月1日	2004年3月1日
国际航行海船法定检验技术规则(2004年修改通报)	2004年5月8日	2004年7月1日
川江及三峡库区航行船舶检验补充规定	2004年8月18日	2004年9月1日
国际航行海船法定检验技术规则(2005年修改通报)	2005年6月28日	2005年9月1日
国际航行现有水产品运输船法定检验暂行规定	2005年7月18日	2005年9月1日
国内航行海船法定检验技术规则(2006年修改通报)	2006年1月4日	2006年3月1日
修订《国内航行海船法定检验技术规则(2004年)》有关条款通知	2006年8月9日	2006年8月9日
天生桥库区小型客／货渡船检验规定(试行)	2006年3月14日	2006年4月1日
沿海小型船舶法定检验技术规则	2006年10月23日	2007年3月1日
内河船舶法定检验技术规则(2007年修改通报)	2006年10月23日	2007年3月1日
内河小型船舶法定检验技术规则	2006年11月8日	2007年3月1日
国际航行海船法定检验技术规则(2008年)	2007年11月29日	2008年3月1日
敞口集装箱船法定检验技术暂行规则(2008)	2007年12月10日	2008年3月1日
内河船舶法定检验技术规则(2008年修改通报)	2007年12月10日	2008年3月1日

2001 年 11 月，中国船级社完成对《非国际航行海船法定检验技术规则(1999)》的修改初稿。2002 年 1 月 8 日至 10 日，中国海事局在上海召开评审会对该修改稿进行评审。中国船级社进一步修改后于 2002 年 4 月报送审批稿。中国海事局对其审查后，决定将修改内容纳入《非国际航行海船法定检验技术规则(1999)》，更名形成新版《国内航行海船法定检验技术规则(2004 年)》，并于 2003 年 9 月 10 日在北京召开船检技术法规换版评审会。经评审会审核同意和交通部批准，2003 年 11 月 27 日，中国海事局公布实施《国内航行海船法定检验技术规则(2004 年)》。新版规则明确海事局与各船检机构在管理与检验方面的职责关系，继续保持对 20 米及以上的海船实行统一检验技术规则，同时对技术规则进行补充和完善。

为吸取埃及“萨拉姆 98”沉船教训，针对中国现行的海船法定检验技术规则总体上低于国际公约标准的状况，中国海事局于 2006 年 1 月 4 日印发通知，公布实施《国内航行海船法定检验技术规则(2006 年修改通报)》。该修改通报在船舶稳性、消防和救生等方面进行修改和补充，基本与国际公约的要求保持一致，部分条款要求高于国际公约，与发达国家技术标准一致。5 月 9 日，中国海事局和中国船级社在大连联合召开该修改通报培训宣贯会。8 月 9 日，中国海事局印发通知，对《国内航行海船法定检验技术规则(2004 年)》中有关“干货船破损控制”条款进行修改。

〖内河船舶法定检验技术规则〗

内河船舶法定检验技术规则适用于中国籍内河(包括江、河、湖泊和水库)民用船舶。1998 年 11 月 20 日，中华人民共和国船舶检验局发布《内河船舶法定检验技术规则(1999)》。

针对川江出现用半舱驳改装成滚装船并投入滚装运输的情况，为规范新建或改建滚装船技术检验标准，2001 年 2 月，中国海事局委托中国船级社起草《川江滚装船检验补充规定》。并于 3 月 22 日至 24 日，在宜昌召开评审会，对《川江滚装船检验补充规定(初稿)》进行评审。经审核批准，4 月 11 日，中国海事局印发通知，公布实施《川江滚装船检验补充规定(2001)》。

2001 年 12 月，中国船级社完成对《内河船舶法定检验技术规则(1999)》的修改初稿。2002 年 3 月 19 日，中国海事局在武汉召开评审会对修改稿进行评审。中国船级社进一步修改后于 2002 年 5 月报送审批稿。中国海事局审查后，决定将修改内容纳入《内河船舶法定检验技术规则(1999)》，形成新版《内河船舶法定检验技术规则》，并于 2003 年 9 月 10 日在北京召开船检技术法规换版评审会。经评审会审核同意和交通部批准，2003 年 11 月 27 日，中国海事局印发通知，公布实施新版《内河船舶法定检验技术规则(2004 年)》。新版规则明确中国海事局与各船舶检验机构在管理与检验方面的职责关系，增加有关防止船舶污染水域和载运危险货物船舶特殊要求以及三峡库区航行船舶安装雷达装置要求等规定。

2002 年 6 月 4 日，中国海事局印发修改《川江滚装船检验补充规定(2001)》的通知，对载运特殊人员(指司机及随车工作人员)超过 30 人或船长在 80 米以上的现有滚装船的救生设备配备作补充规定。

为保障交通部实施京杭运河船型标准化示范工程顺利推进，2003 年 7 月 16 日，中国海事局印发通知，明确由中国船级社编制相应内河船舶法定检验技术规则。9 月 27 日至 28 日，中国海事局在武汉召开评审会，对中国船级社报送的《京杭运河型船舶检验补充规定(讨论稿)》进行评审。中国船级社进一步修改后于 11 月 25 日报送报批稿。经审核和交通部批准，2004 年 3 月 1 日，中国海事局印发通知，公布实施《京杭运河型船舶检验补充规定(2004)》。该补充规定符合已经渠化的京杭运河的特点，其船舶防污染技术要求能对京杭运河南水北调工程水质起到保护作用。

2004 年 8 月 18 日，中国海事局印发通知，公布实施《川江及三峡库区航行船舶检验补充规定》，根据《内河船舶法定检验技术规则(2004 年)》，对川江及三峡库区水域航行船舶检验进行补充规定。川江及三峡库区水域系指长江干流自重庆九龙坡港区至葛洲坝之间的水域，其中三峡库区系指长江干流丰都长石尾至葛洲坝之间的水域。

中国海事局委托广西壮族自治区船舶检验局起草的《天生桥库区小型客/货渡船检验规定(试行)》经审定和交通部批准后，由中国海事局于 2006 年 3 月 14 日印发通知公布实施。该规定适用于船长 5～20 米且主机功率不大于 22 千瓦，在天生桥库区内各乡镇之间，为解决当地生产、生活交通所用的现有客/货渡船(包括经营渡船和自用渡船)的检验。4 月 26 日，中国海事局在南宁召开《天生桥库区小型客/货渡船检验规定(试行)》宣贯会。

2005 年 10 月 18 日，中国海事局在武汉召开评审会，对中国船级社报送的《内河船舶法定检验技术规则(修改通报)》和《内河小型船舶法定检验技术规则》进行评审。经审核批准，2006 年 10 月 23 日，中国海事局印发通知，公布实施《内河船舶法定检验技术规则(2007 年修改通报)》。该修改通报主要对船舶结构形式和结构防火、结构防污染的要求进行了完善，首次提出内河船舶破舱稳性的具体要求。11 月 8 日，中国海事局印发通知，公布实施《内河小型船舶法定检验技术规则》。该规则提供了 5～20 米内河小型船舶合理可行的法定检验技术要求。2007 年 4 月 26 日，中国海事局在武汉举办《内河船舶法定检验技术规则(2007 年修改通报)》和《内河小型船舶法定检验技术规则》宣贯会。

2007 年 12 月 10 日，中国海事局印发通知，公布实施《内河船舶法定检验技术规则(2008 年修改通报)》。该修改通报主要对内河船舶的分类、法定检验和证书、长江水系航区分级、船体构造及机械电气消防设备、载运乘客条件定额等要求进行了完善，新增防止空气污染、防止噪声污染、载运危险货物有关规定。

【海事标准化工作】

1998 年中国海事局成立后，承继原交通部安全监督局职能，负责归口管理“交通部航海安全技术标准专业委员会”和“交通部航标测绘标准技术委员会”。

1999 年 12 月 27 日，经商交通部科技教育司同意，中国海事局将“交通部航海安全技术标准专业委员会”更名为“交通部航海安全标准技术委员会”，成员由交通部科技教育司、海事局、海上救助打捞局，中国船级社，直属海事系统以及相关科研院所、航海院校、航运公司等单位的专家学者组成，主任委员由交通部海事局分管副局长担任，秘书处设在交通部海事局法规处，主要负责通航管理、船舶监督、船员管理、船舶检验管理、水上交通安全行业管理等方面的标准化工作；将“交通部航标测绘标准技术委员会”更名为“交通部航测标准技术委员会”，成员由交通部科技教育司、海事局，直属海事系统，长江、广东航道局以及相关科研院所、航海院校、航标厂等单位的专家学者组成，主任委员由交通部海事局分管副局长担任，秘书处设在交通部海事局航标测绘处，主要负责航标、船舶交通管理系统和测绘等方面的标准化工作。

2001 年 3 月 12 日至 13 日，交通部航海安全标准技术委员会在北京召开年会，审议通过《交通部航海安全标准技术委员会章程》，推举产生了该委员会的组织机构，确定了近期工作目标和安排，并委托天津海事局承担该委员会秘书处日常工作。会议同时对交通行业标准《围油栏技术条件(送审稿)》进行了审查并通过。

2002 年 7 月 2 日，中国海事局颁布《航行安全标准管理办法》，就航行安全标准范畴及其计划项目的申报、制定或修订、审查、报批等作出具体规定，并明确中国海事局是航行安全标准的主管单位，交通部航海安全标准技术委员会(秘书处)负责航行安全标准的技术归口管理。

2006 年 10 月 11 日至 13 日，交通部航测标准技术委员会在天津召开第一次工作会议，审议通过《交通部航测标准技术委员会章程》，讨论《交通部航标测绘标准体系表》，确定了 2007 年工作计划。

1998 年至 2007 年，中国海事局及两个标准技术委员会共编制、修订完成 37 个标准。其中由国家技术监督局（2001 年 4 月后为国家质量监督检验检疫总局）已发布的国家标准 14 个，由交通部已发布的交通行业标准 17 个；国家标准《内河交通安全标志》于 2006 年 7 月 23 日通过审查，交通行业标准《钢质活节式灯桩通用技术条件》、《海区浮动助航标志配布规范》于 2006 年 10 月 11 日通过审查，交通行业标准《航标灯光强测量和灯光射程计算》、《钢管灯桩通用技术条件》、《VHF 应急无线电示位标》于 2007 年 7 月 22 日通过审查。

1998—2007 年中国海事局归口管理的国家标准发布情况 表 3-2-3

序 号	标准号及标准中文名称	发布日期	实施日期	备 注
1	GB 17577. 1—1998 中华人民共和国中文航行警告标准格式	1998 年 11 月 18 日	1999 年 9 月 1 日	
2	GB 17577. 2—1998 中华人民共和国英文航行警告标准格式	1998 年 11 月 18 日	1999 年 9 月 1 日	
3	GB 17566—1998 海洋运输船舶应变部署表	1998 年 12 月 15 日	1999 年 10 月 1 日	
4	GB 4696—1999 中国海区水上助航标志	1999 年 5 月 14 日	1999 年 12 月 1 日	替代 GB 4696—1984
5	GB/T 17765—1999 航标术语	1999 年 5 月 14 日	1999 年 12 月 1 日	
6	GB 18180—2000 液化气体船舶安全作业要求	2000 年 2 月 28 日	2001 年 7 月 1 日	
7	GB 18093—2000 航海日志	2000 年 5 月 8 日	2001 年 1 月 1 日	
8	GB 18188. 1—2000 溢油分散剂技术条件	2000 年 9 月 7 日	2001 年 10 月 1 日	
9	GB 18188. 2—2000 溢油分散剂使用准则	2000 年 9 月 7 日	2001 年 10 月 1 日	
10	GB 18434—2001 油船油码头安全作业规程	2001 年 9 月 3 日	2002 年 4 月 1 日	
11	GB 18436—2001 轮机日志和车钟记录簿	2001 年 9 月 3 日	2002 年 4 月 1 日	
12	GB/T 18819—2002 原油过驳安全作业要求	2002 年 8 月 29 日	2003 年 1 月 1 日	
13	GB/T 4099—2005 航海常用术语及其代（符）号	2005 年 10 月 7 日	2006 年 4 月 1 日	替代 GB/T 4099—1983
14	GB/T 19945—2005 水上安全监督常用术语	2005 年 10 月 7 日	2006 年 4 月 1 日	

1999—2007 年中国海事局归口管理的交通行业标准发布情况 表 3-2-4

序 号	标准号及标准名称	发布日期	实施日期	备 注
1	JT/T 407—1999 油船防静电缆绳技术条件	1999 年 10 月 21 日	1999 年 12 月 31 日	
2	JT 416—2000 液化气码头安全技术要求	2000 年 5 月 26 日	2000 年 9 月 1 日	
3	JT/T 451—2001 港口码头溢油应急设备配备要求	2001 年 8 月 30 日	2001 年 12 月 1 日	
4	JT/T 465—2001 围油栏	2001 年 12 月 14 日	2002 年 5 月 1 日	
5	JT 469—2002 船用儿童救生衣	2002 年 2 月 7 日	2002 年 5 月 1 日	
6	JT/T 138—2004 小型船舶船名牌	2004 年 6 月 3 日	2004 年 9 月 1 日	替代 JT/T 138—1994
7	JT/T 346—2004 船用气胀式救生衣	2004 年 6 月 3 日	2004 年 9 月 1 日	替代 JT/T 346—1995
8	JT 539—2004 船用抛绳器	2004 年 6 月 3 日	2004 年 9 月 1 日	替代 JT 4542—1992
9	JT/T 560—2004 船用吸油毡	2004 年 6 月 3 日	2004 年 9 月 1 日	
10	JT/T 100—2005 浮标锚链	2005 年 5 月 26 日	2005 年 9 月 1 日	替代 JT/T 100—1991
11	JT/T 660—2006 水上加油站安全与防污染技术要求	2006 年 6 月 23 日	2006 年 10 月 1 日	
12	JT/T 661—2006 散装危险货物码头安全与防污染管理体系要求	2006 年 6 月 23 日	2006 年 10 月 1 日	
13	JT/T 672—2006 海运危险货物集装箱装箱安全技术要求	2006 年 12 月 19 日	2007 年 3 月 1 日	
14	JT/T 673—2006 船舶污染物接收和船舶清舱作业单位接收处理能力要求	2006 年 12 月 19 日	2007 年 3 月 1 日	
15	JT/T 700—2007 固体散装危险货物海运安全技术要求	2007 年 12 月 29 日	2008 年 4 月 1 日	
16	JT/T 701—2007 水深测量数据采集与处理技术要求	2007 年 12 月 29 日	2008 年 4 月 1 日	
17	JT/T 702—2007 沿海港口航道图改正通告编写规范	2007 年 12 月 29 日	2008 年 4 月 1 日	

〖海事政策法规与发展战略研究中心〗

中国海事政策法规与发展战略研究中心的筹建工作始于 2000 年。2001 年 12 月 12 日，中国海事局决定将组建后的该中心作为中国海事局的附属机构。2004 年 3 月 15 日，中国海事局印发通知，成立中国海事政策法规与发展战略研究中心。其主要职责暂定为研究海事法律、法规、规章制定与修订的必要性和可行性，分析比较国际海事公约、国外海事法规与国内海事法规之间的同异性，提出改进或完善有关海事法律、法规、规章、国际公约以及海事技术规范和标准的建议；承担海事政策、法规、发展战略和执法模式等专项研究任务，研究国外先进的海事管理制度和管理模式，向中国海事局和海事系统提供海事政策、法规和发展战略研究方面的信息服务，提出中国海事工作发展战略和目标的建议；参与有关海事法规和技术规范、标准的起草、审议工作，跟踪了解有关海事法规和技术规范、标准的执行情况等。4 月 5 日，中国海事政策法规与发展战略研究中心在北京中关村清华同方科技广场 B 座大楼举行揭牌仪式，该中心正式开始办公，其人员编制借用交通安全质量管理体系审核中心的事业编制。2006 年 10 月，该中心迁至北京和平里东街 10 号院办公。

中国海事政策法规与发展战略研究中心成立后，至 2007 年底，根据中国海事局的要求，相继组织开展了“毗连区、专属经济区与大陆架海事管理的理论探讨”、“建立国家战略储备石油海上运输绿色安全通道”、“实现全国海事一家人，水上监管一盘棋指导意见”、“开展行政执法一面旗建设”、“加快推进直属海事系统实现中等发达国家海事监管水平”等工作和课题的调查研究；起草了《与海事管理职责相关的国内法与国际法规定的一览表》、《海事行政执法业务工作流程（第一部分）》，并对《港口法》、《港口危险货物管理规定》、《船舶载运危险货物安全监督管理规定》实施情况以及港口水域安全监督管理状况进行了调查，对“海事执法管理模式改革”进行了阶段性评估，对《海上海事行政处罚规定》、《内河海事行政处罚规定》进行了立法后评估，共编写《中华人民共和国海事局调查研究》专题报告 8 期。同时，中国海事政策法规与发展战略研究中心在中国海事局局域网发布“互联网海事信息摘要”100 期，不定期提供经搜集整理的国内外有关的海事信息；编辑《领导决策信息》20 期，搜集国内外重要海事动态信息、海事机构基层行政执法工作中的问题、社会各界对海事管理的评议以及行政管理体制改革动态，为局领导决策提供参考信息。

第三节 海事执法规范与执法监督

【海事执法标志】

中国海事局局徽是全国海事系统的标志和象征，中国海事局局旗是中国海事行政执法机关的标志和象征。

海事行政执法证是海事执法人员实施各项海事执法工作的唯一法定执法资格证明和执法身份标志。

中国海事局成立初期，各级海事机构沿用原中华人民共和国港务监督局的局旗、徽章、行政执法证、制服及装具等。

1999 年 11 月 10 日，交通部公布中华人民共和国海事局局徽图案。2000 年 1 月 1 日，中国海事局局徽、局旗正式启用。

1999 年 8 月 1 日，根据《海事行政执法证管理办法》规定，《海事行政执法证》开始启用。2001 年 10 月 26 日，中国海事局决定，自 2002 年 3 月 31 日起，原《水上安全监督行政执法证》全部停止使用；自 2002 年 4 月 1 日起，全国海事行政执法人员统一使用《海事行政执法证》。

2000 年 9 月 13 日，中国海事局印发通知，对全国海事系统船舶着色、标志、旗帜和命名提出了统一规范和要求。

2002 年 4 月 5 日，中国海事局印发通知，对直属海事系统海事执法车辆的标志提出统一规范要求。

2002 年 10 月 28 日，中国海事局印发通知，要求全国海事系统办公建筑物标识统一更换为“中国海事”(字体为《中国海事》杂志刊题，横排，金色)，原“中国港监”不再使用；全国海事系统的船艇、执法车辆也按此字体统一标识。

2003 年 4 月 18 日，交通部印发通知，要求海事机构工作人员赴现场执行任务应按规定标准着装，并决定对直属海事系统工作人员制服装具(包括帽徽、领花、肩章、臂章、纽扣)式样，以中国海事局局徽为主体进行统一修改。各地方海事机构可参照执行。

2004 年 3 月 20 日，交通部印发《海事系统制服装具管理办法(试行)》。

至 2007 年底，全国海事系统使用统一的中国海事局局徽、局旗，海事船舶着色、标志、旗帜、命名和海事执法车辆标志实现全国统一规范，绝大多数海事行政执法人员着装统一，并使用统一的《海事行政执法证》。

〖中国海事局局徽、局旗〗

1991 年 3 月 13 日，中华人民共和国港务监督局印发通知，决定自 1991 年 7 月 1 日起，各港务监督所属船舶开始悬挂新式港务监督旗帜。

中国海事局成立后，即开始组织设计局徽图案。1998 年底，邀请清华大学有关专业图案设计人员和海事系统有关人员，共同设计局徽图案。经在中国海事局机关和 1999 年初直属海事系统工作会议上征求意见，1999 年 4 月 1 日，中国海事局局长办公会初步审定，在备选的局徽图案八个方案中，选取第六方案，并决定再设计部分在不同场合使用的辅助图案；7 月 7 日，局长办公会审定了局徽的辅助拆分图案和公布方案，决定制定局徽使用管理办法后报交通部审批。

1999 年 11 月 10 日，经交通部党组批准，交通部公布中华人民共和国海事局局徽图案。同日，中国海事局印发《中华人民共和国海事局局徽使用管理办法》和《中华人民共和国海事局局旗使用管理办法》，决定于 2000 年 1 月 1 日启用中国海事局局徽、局旗，原水上安全监督机构的标志、旗帜可延用至 2000 年 6 月 30 日，但不得与中国海事局局徽、局旗混用。

中国海事局局徽是以铁锚、橄榄枝、五角星和中、英文“中国海事局”文字组成的圆形图案(简称标准图案)。相互环绕的正圆形及文字，象征海事局对水上交通安全和海洋环境的保护；五角星象征海事局的政府行政执法职能；铁锚象征海事局的管理对象和工作性质；环绕铁锚的橄榄枝象征海事局是代表中国政府履行国际海事公约的主体。局徽内圈底色为蔚蓝色(色标：C：100　M：40)，外圈及铁锚、橄榄枝为白色，外边沿、文字及五角星为海蓝色(色标：C：100　M：80　K：10)。(当局徽用于印刷品制作时，可采用单一色调。)局徽中中文字体为汉仪大黑简体，英文字体为 Helvetica Black。为便于不同场合的应用，在局徽标准图案基础上拆分出“铁锚和橄榄枝”辅助构图(简称拆分图案)。标准图案局徽悬挂于各海事机构办公、船舶交通管理中心等主体建筑顶部或明显、突出部位，以及会议厅、会议室等需要的场所；局徽直径的通用尺寸为 100 厘米、80 厘米、60 厘米、45 厘米 4 种。

中华人民共和国海事局局徽、局旗

字体注释：
中国海事局：汉仪大黑简体
CHINA MSA：Helvetica Black

C:100 M:40(局旗M:50)　C:100 M:80 K:10　C:10 M:20 Y:90 K:10

图 3-3-1　2000 年 1 月 1 日，中华人民共和国海事局局徽、局旗正式启用。图为中华人民共和国海事局局徽、局旗标准图案

中国海事局局旗是铁锚橄榄枝旗(局徽的拆分图案)。旗面颜色为海蓝色，铁锚和橄榄枝为金黄

色，铁锚和橄榄枝位于旗面正中央。局旗有 5 种通用尺寸和 3 种特别尺寸（见表 3-3-1），视情况悬挂于各海事机构办公主体建筑外部，海事监督、巡逻船艇及其他专用工作船，以及会议厅、会议室等需要的场所。

中华人民共和国海事局局旗尺寸一览（单位：毫米） 表 3-3-1

通用尺寸	1	2880 × 1920
	2	2400 × 1600
	3	1920 × 1280
	4	1440 × 960
	5	960 × 640
特别尺寸	特 1 号	5000 × 3300
	特 2 号	4000 × 2700
	桌旗	210 × 145

〖海事制式服装及装具〗

1986 年 3 月 1 日，经国务院批准，沿海及对外开放港口的港务监督人员更换新式制式服装及装具。新式制服式样分男女两种，男式为藏蓝色双排纽扣西服，大檐帽，女式为藏蓝色单排纽扣西服，大檐帽。帽徽为红色底刻有金色中华人民共和国国徽图案的金属圆形徽章；肩章为长方形黑色绒布硬牌，内侧缀一金色罗经花纹铜纽扣，中部镶嵌海蓝色底印有白色“HSA”文字的三角形标牌，外侧镶嵌两条金色丝织连体横道；领花为罗经花形金色铜质插纽。

2003 年 4 月 18 日，交通部印发《关于交通部直属海事系统工作人员统一着装有关事宜的通知》，决定对直属海事系统工作人员制服装具（包括帽徽、领花、肩章、臂章、纽扣）式样，以中国海事局局徽为主体进行修改，服装等式样基本维持原样不变。其具体修改方案为：帽徽分男式和女式两种，原女式大檐帽调整为软檐平顶帽；帽徽图案由中华人民共和国国徽、盾牌、橄榄枝、锚链及波浪组成，中华人民共和国国徽衬底为红色，其他部位为金黄色，徽体近似八面体；领花为折线形，图案由橄榄枝、锚链及波浪组成，通体为金黄色；肩章分为软硬两种，面料为深蓝色涤棉，内侧镶制一颗金色五角星，中间用金黄丝线绣制海事局局徽拆分图案，外侧嵌制三条凹凸边体金道；臂章面料为涤棉，图案由帽徽主体部分及“中国海事”、“CHINA MSA”中英文字组成，黑底黄边，国徽衬底部分由红丝线缝制，其他由金黄丝线缝制；纽扣为圆形，图案为内嵌式锚体凸出，通体为金黄色。该通知要求，海事机构工作人员赴现场执行任务，应按规定标准着装；并明确各地方海事机构可参照本通知执行。至 2003 年底，直属海事系统工作人员制服装具全部换新。

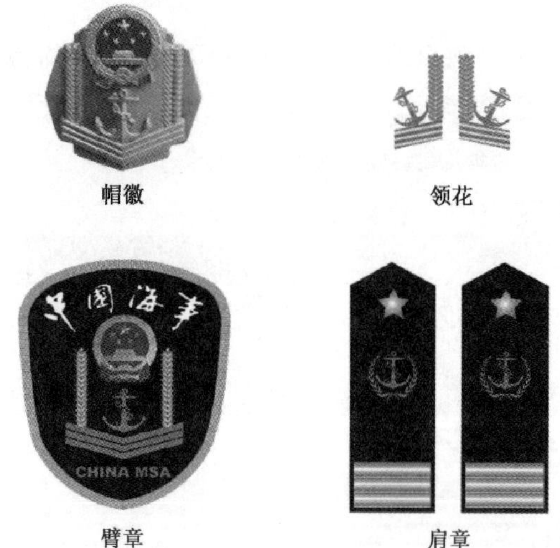

图 3-3-2 2003 年 4 月 18 日，交通部印发通知，决定对直属海事系统工作人员制服及装具进行调整和修改。图为经修改后的海事制服装具式样

2004 年 3 月 20 日，交通部印发《海事系统制服装具管理办法（试行）》，要求直属海事系统做到着装统一、式样统一、颜色统一、标志统一。该办法规定了海事制服发放范围和标准，以及海事制服发

放和管理的具体要求，明确海事制服由夏装、春秋装、冬装、工作值勤装组成，海事装具由执法装具（制服帽、作业帽、帽徽、肩章、臂章）、标志类装具（领带、皮腰带、纽扣等）和配套装具（皮鞋、手套、雨衣、雨靴等）组成；各地方海事机构在制服装具管理上参照本办法执行。3月23日，中国海事局印发《关于加强海事制服及装具配发和采购管理的通知》，要求海事系统认真贯彻《海事系统制服装具管理办法（试行）》，不得随意扩大海事制服发放范围，不得随意增加海事制服的种类，海事制服及装具应在中国海事局统一招标定点的制作厂家统一制作采购。11月11日，中国海事局印发通知，将海事制服外穿衬衫由灰蓝色统一调整为白色。

2005年3月4日，中国海事局印发通知，进一步明确直属海事系统海事制服配发范围为在岗在编工作人员，对于海事系统聘用人员，不纳入海事制服配发范围，并增调了航标、测绘、通信、后勤等工作人员的装具标准。9月28日，中国海事局颁布《海事官员制式服装着装规定》，就海事制服和海事装具着装标准、规范、风纪要求作出具体规定。该规定明确海事制式西装（裙）、制式茄克工作值勤服为藏青色，制式长（短）衬衫为白色；规定了热区、寒区、温区春、夏、秋、冬换装的时间，以及必须按标准制式服装着装和不得按标准制式服装着装的场合和情形；同时明确海事机构法制部门负责对海事官员制式服装着装风纪进行检查和督察以及对违反本规定进行处理的方式。

〖海事船艇和车辆标识〗

2000年9月13日，中国海事局印发《中国海事局船舶着色、标志、旗帜和命名办法》，要求全国海事系统各单位于2001年9月31日前，按本办法完成所属船舶统一命名和标识着色等更改工作。该办法规定，船舶水线以上船体、上层建筑及吊机、桅、旗杆、吊艇架、风筒等颜色为白色，所有室外甲板为墨绿色，锚机、绞盘、缆桩、导缆钳、锚穴、锚为黑色。船体标志为一条宽红色与四条蓝白相间宽度相等的斜线条构成；上层建筑标志是在烟囱两侧距甲板三分之二水平线与垂直中心线交点部位，或在驾驶室正面窗户下居中醒目部位标设中国海事局局徽主体；在位于主甲板上层建筑左右舷醒目部位标设“中国海事局 CHINA MSA”中英文字体。中华人民共和国国旗悬挂在船艉部旗杆，中国海事局局旗悬挂在船艏部旗杆或船舶主桅。直属海事局船舶命名由2个汉字加上2至4个阿拉伯数字组成（字体为楷体，颜色为深蓝色，色标：C100－M70－K10），表示船舶隶属单位、船舶功能和船舶序号。第一个汉字为“海”，代表中国海事局。第二个汉字按船舶功能分为4类，“巡”代表巡逻船，“标”代表航标船，“测”代表测量船，“特”代表辅助船舶。阿拉伯数字代表船舶隶属单位或所在海区编号和船舶序号，共分3大类，即：大型船舶是指千吨级以上船舶，由两位阿拉伯数字组成，第一位阿拉伯数字代

图3-3-3　2000年9月13日，中国海事局印发《中国海事局船舶着色、标志、旗帜和命名办法》。图为海事系统船艇统一标识使用模版

图3-3-4　2002年4月5日，中国海事局印发《关于直属海事系统执法车辆统一标志的通知》。图为直属海事系统执法车辆统一标识使用模版

表船舶所在海区，北方海区为“1”、东海海区为“2”、南海海区为“3”，第二位阿拉伯数字为船舶序号；中型船舶是指45～60米级船舶，由三位阿拉伯数字组成，第一、二位阿拉伯数字代表船舶隶属单位，第三位阿拉伯数字为船舶序号；小型船舶是指45米级以下船舶，由四位阿拉伯数字组成，第一、二位阿拉伯数字代表船舶隶属单位，第三、四位阿拉伯数字为船舶序号。各省(自治区、直辖市)地方海事机构所属的船舶命名由其地区规范简称加两个汉字再加阿拉伯数字组成。船舶的船籍港以其隶属的海事机构所在地命名，中文地名下加注汉语拼音(字体为黑体，颜色为深蓝色，色标：C100－M70－K10)。

2000年直属海事系统中小型船舶隶属单位编号一览　　表3-3-2

单位	编号	单位	编号	单位	编号	单位	编号
辽宁海事局	02	山东海事局	07	福建海事局	13	湛江海事局	17
营口海事局	03	江苏海事局	08	厦门海事局	20	广西海事局	19
河北海事局	04	连云港海事局	09	广东海事局	15	海南海事局	18
天津海事局	05	上海海事局	10	汕头海事局	12	长江海事局	31
烟台海事局	06	浙江海事局	11	深圳海事局	16	黑龙江海事局	32

2002年4月5日，中国海事局印发通知，对直属海事系统海事执法车辆的标志提出统一要求，规定车侧面自车底边起36厘米(约与车胎顶部平齐处)设“三江四海”(一条较宽红条加三条白条、四条蓝条)标识，与地面平行线斜率60度，其余部分为蓝色；车侧面“三江四海”标识上方设置中国海事局局徽、“中国海事”和“MSA”中英文字体以及数字编号；车顶配置海事执法警灯；车内配置通信和执法取证等设备。

2007年一季度，根据中国海事局的要求，全国海事系统开展了对执行《中国海事局船舶着色、标志、旗帜和命名办法》的专项检查。①

【海事行政执法证】

1997年11月，根据《行政处罚法》的实施要求，交通部发布《交通行政执法证件管理规定》，明确交通行政执法证件，包括交通行政执法证和水上安全监督行政执法证，实行全国统一制式，统一管理的制度。同年12月，根据《交通行政执法证件管理规定》的要求，中华人民共和国港务监督局颁布《水上安全监督行政执法证管理办法》，并于1998年开始启用水上安全监督行政执法证。

1999年7月19日，中国海事局颁布《海事行政执法证管理办法》，自1999年8月1日起施行，同时废止《水上安全监督行政执法证管理办法》，开始逐步以《海事行政执法证》取代《水上安全监督行政执法证》。该办法明确中国海事局是海事行政执法证管理的主管机关，负责全国海事机构行政执法人员的执法资格的审批和执法证的管理工作，中国海事局委托的海事机构是执法证的发证机关，并就海事行政执法证的发证条件和申领程序、使用和管理、持证违法执法的处理等进行了具体规定；明确从事船舶管理、船员管理、通航秩序管理、搜救现场协调指挥、防止船舶污染管理、船舶危险品运输管理、船舶及海上设施检验管理、航标监督管理的海事机构工作人员以及海事机构法制工作人员应持有海事行政执法证，海事行政执法证有效期为5年。

1999年9月29日，中国海事局印发《关于更换海事行政执法证的通知》，明确各省(自治区、直辖市)港务(航)监督，沿海各海事局、海(水)上安全监督局，长江、黑龙江港航监督局，珠江航务管理

---

① 2008年6月2日，中国海事局印发经修订的《中国海事局船舶着色、标志、旗帜和命名办法》，根据近几年的执行情况，其中船舶上层建筑的中英文字体修改为“中国海事 CHINA MSA”。

局为海事行政执法证的发证机关，规定海事行政执法证的职权范围为“水上安全监督”，同时对海事行政执法证的编号、样式、佩带要求、照片、制证单位等作出统一要求。考虑到当时水上安全监督管理体制改革尚在进行中，该通知明确，体制改革已完成的海事机构立即开始换发海事行政执法证的工作，体制改革未完成的海事机构的换证工作待改革完成之后办理。海事行政执法证由国徽、执法人照片、单位名称、职权范围和编号等信息组成。编号为7位阿拉伯数字，其中第一、二位数字代表各发证机关编号，第三至七位数字由各发证机关编制。12月20日，中国海事局印发通知，决定将《水上安全监督行政执法证》(有效期至1999年12月31日)延期使用，待换发海事行政执法证后收回，并规定同一管辖范围内新、旧证不能同时使用。

2000年1月12日，中国海事局批复天津海事局、日照港务监督局共计173人具备海事行政执法人员执法资格，可以更换海事行政执法证。此后，又陆续对水上安全监督管理体制改革完成的单位批复其执法人员的执法资格。8月9日，中国海事局印发通知，要求水上安全监督管理体制改革已完成的海事机构申请办理海事行政执法证，并明确了水上安全监督管理体制改革后海事行政执法证编号前两位数字(即海事行政执法证发证机关编号)。

2000年海事行政执法证发证机关编号一览 表3-3-3

一、直属海事局									
02 辽宁	03 营口	04 河北	05 天津	06 烟台	07 山东	08 江苏	09 连云港	10 上海	11 浙江
12 汕头	13 福建	15 广东	16 深圳	17 湛江	18 海南	19 广西	20 厦门	31 长江	32 黑龙江
二、珠江航务管理局　编号33									
三、地方海事机构									
51 吉林	52 辽宁	53 河北	54 天津	55 山西	56 内蒙古	57 山东	58 江苏	59 上海	60 浙江
61 安徽	62 江西	63 福建	64 河南	65 湖北	66 湖南	69 四川	70 重庆	71 贵州	72 云南
73 陕西	74 甘肃	75 宁夏	76 青海	77 新疆					

2000年10月13日，中国海事局颁发《海事行政执法证管理补充办法》。针对水上安全监督管理体制改革后，部分地方划转人员未取得高中及以上学历，达不到申请海事行政执法证要求的情况，该补充办法明确对1998年12月31日后进入海事机构的人员申请海事行政执法资格按《海事行政执法证管理办法》要求办理，对1998年12月31日前进入海事机构的人员，要求其必须具备3年以上海事行政执法经历，且须在2004年12月31日前完成补习高中以上文化课程并取得相应学历。该补充办法同时明确了海事机构中部管干部申请海事行政执法资格的培训要求，列出了不得申请海事行政执法证的人员的三种情况。

2001年10月26日，中国海事局印发通知，决定《水上安全监督行政执法证》于2002年3月31日前全部停止使用，自2002年4月1日起，全国海事行政执法人员全部使用海事行政执法证。

2004年，中国海事局对《海事行政执法证管理办法》进行了修订，并于4月7日重新颁布，自2004年5月1日起施行。经修订的《海事行政执法证管理办法》明确海事行政执法证是海事执法人员实施各项海事执法工作的唯一法定执法资格证明和执法身份标志，由中国海事局统一规定其格式、内容、编号和制作要求；对海事执法人员的资格管理，实行培训、考试、资格审定、持证上岗和跟踪考核的管理制度。修订后的《海事行政执法证管理办法》要求海事行政执法人员符合国家公务员的资格条件，并具备大专以上（含）文化程度，通过中国海事局规定的适任培训考试，有相应的海事执法资历或见习经历等；领取海事行政执法证，应组织海事执法人员履行宣誓仪式，誓词为中国海事局印发的《海事行政执法人员守则》内容；同时规定了对持证海事行政执法人员加强监督管理的措施，明确实行年度审验、换证审验以及累计积分管理制度。

为配合经修订的《海事行政执法证管理办法》和《海事行政执法过错和错案责任追究规定》的实施，同时考虑到全国海事系统当时使用的海事行政执法证到2004年底将全部到期，中国海事局对海事行政执法证进行了改版和升级，并于2004年10月15日印发《关于更换海事行政执法证的通知》。该通知明确，2005年1月1日起全国海事系统开始使用新版海事行政执法证（简称2005版海事行政执法证），届时未完成更换的旧版海事行政执法证的有效期延至2005年6月30日，2005年7月1日起全国海事系统全部统一使用2005版海事行政执法证。

图3-3-5　2005年7月1日，全国海事系统开始统一使用2005版海事行政执法证

2005版海事行政执法证增加了集成电路卡（IC卡）功能，记录执法人员的执法工作状况和考核情况，从资格审核、报批、审批、制证、考核、记分、统计，均采用统一的计算机管理系统软件并配备IC卡读卡器，实行联网统一管理。2005版海事行政执法证的编号由十位阿拉伯数字组成：第一、二位系各直属海事局和各省（自治区、直辖市）地方海事局的代码（见表3-3-4）；第三至六位系每个海事行政执法证持证人的档案序列号，与第一、二位数字共同构成该执法人员的永久档案号；第七至十位系该直属海事局或地方省级海事局海事行政执法证发证的流水号。

2005版海事行政执法证编号中海事机构代码一览　　表3-3-4

机构名称	代　码	机构名称	代　码	机构名称	代　码
中国海事局	00	北京市地方海事局	30	湖北省地方海事局	45
上海海事局	01	上海市地方海事局	31	湖南省地方海事局	46
天津海事局	02	天津市地方海事局	32	四川省地方海事局	47
辽宁海事局	03	重庆市地方海事局	33	贵州省地方海事局	48
河北海事局	04	吉林省地方海事局	34	云南省地方海事局	49
山东海事局	05	辽宁省地方海事局	35	陕西省地方海事局	50
江苏海事局	06	河北省地方海事局	36	甘肃省地方海事局	51
浙江海事局	07	山东省地方海事局	37	青海省地方海事局	52
福建海事局	08	江苏省地方海事局	38	内蒙古自治区交通厅地方海事处	53
广东海事局	09	浙江省地方海事局	39	宁夏回族自治区地方海事局	54
广西海事局	10	福建省地方海事局	40	新疆维吾尔自治区地方海事局	55
海南海事局	11	山西省地方海事局	41	西藏自治区地方海事局	56
长江海事局	12	安徽省地方海事局	42	新疆生产建设兵团海事局	57
黑龙江海事局	13	江西省地方海事局	43		
深圳海事局	14	河南省地方海事局	44	珠江航务管理局	81

说明：2007年补充新疆生产建设兵团海事局代码。

2007 年底持 2005 版海事行政执法证人员分布情况　　表 3-3-5

机构名称	持证人数	机构名称	持证人数	机构名称	持证人数
中国海事局	86	北京市地方海事局	294	湖北省地方海事局	1461
上海海事局	787	上海市地方海事局	591	湖南省地方海事局	887
天津海事局	283	天津市地方海事局	59	四川省地方海事局	142
辽宁海事局	561	重庆市地方海事局	616	贵州省地方海事局	0
河北海事局	243	吉林省地方海事局	273	云南省地方海事局	727
山东海事局	767	辽宁省地方海事局	145	陕西省地方海事局	674
江苏海事局	984	河北省地方海事局	326	甘肃省地方海事局	152
浙江海事局	990	山东省地方海事局	410	青海省地方海事局	44
福建海事局	501	江苏省地方海事局	2135	内蒙古自治区交通厅地方海事处	205
广东海事局	1812	浙江省地方海事局	936	宁夏回族自治区地方海事局	0
广西海事局	366	福建省地方海事局	373	新疆维吾尔自治区地方海事局	101
海南海事局	230	山西省地方海事局	139	西藏自治区地方海事局	128
长江海事局	2912	安徽省地方海事局	1322	新疆生产建设兵团海事局	60
黑龙江海事局	226	江西省地方海事局	477	珠江航务管理局	6
深圳海事局	196	河南省地方海事局	409	合计	24036

说明：贵州省和宁夏回族自治区地方海事局于 2008 年以后开始换发 2005 版海事行政执法证。

至 2007 年底，全国共有 24036 人持有 2005 版海事行政执法证(中国海事局机关 86 人，直属海事系统 10858 人，地方海事系统 13086 人，珠江航务管理局 6 人)。

【海事执法规范】

1999 年 7 月 6 日，中国海事局印发通知，对《中华人民共和国水上安全监督行政处罚规定》中有关问题及其文书样式的使用进行了说明，进一步统一了实施水上安全监督行政处罚中执法依据、罚款幅度、从轻减轻处罚、处罚地域管辖、证据登记保存以及处罚文书制作、使用的具体做法。7 月至 8 月，中国海事局组织 3 个检查组，对黑龙江流域、京杭运河、广东省海事机构治理水上“三乱”(乱设站、乱收费、乱罚款)情况进行了检查，没有发现水上“三乱”现象。

2000 年 8 月 21 日，中国海事局在北京举办一期海事系统行政法骨干培训班，之后在直属海事系统分片组织行政法干部培训班。

2001 年 4 月 16 日，交通部印发《交通部行政执法单位当场处罚罚款票据管理办法》，规定海事系统等交通行政执法单位实施当场收缴罚款的罚款票据实行提前申请、逐级发放、分次限量领用和财务部门专人管理制度。鉴于在水上安全监督管理体制改革中，原海(水)上安全监督、港务(航)监督机构改名为海事局(处)，4 月 25 日，交通部印发《关于海事管理机构行政执法处罚权限有关问题的通知》，明确各级海事机构履行国家法律、法规、规章中“港务监督”、“港航监督”、“港监机构”的管理和处罚职责，并明确了各级海事机构的处罚权限。7 月 23 日，交通部印发《交通部行政执法单位实行罚款决定与罚款收缴分离规定》，对海事系统等交通行政执法单位实行罚款决定与罚款收缴分离制度和依法实施当场收缴罚款行为，提出具体规范要求。

2001 年 5 月 25 日，中国海事局印发《海事行政执法人员守则》。守则分为全本和简本，以正面倡导和少写禁止语句的方式作出规范。

海事行政执法人员守则(简本)内容是：

政治坚定，热爱祖国海事事业。

忠诚法律，树立海事法治观念。

恪尽职守，维护海事管理秩序。

行为规范，体现海事执法文明。

接受监督，实行海事政务公开。

顾全大局，发扬海事协作精神。

廉洁自律，执行海事廉政规定。

努力学习，提高海事执法水平。

2002 年 2 月 19 日，交通部印发《关于全国海事系统统一以海事局(处)名义履行海事行政执法的通知》，就海事行政执法主体名称作出明确规定，要求自 2002 年 3 月 1 日起，全国海事系统各级海事机构统一以海事局(处)的名义，履行国家法律、法规以及中华人民共和国缔结或加入的国际海事公约赋予原中华人民共和国港务监督局、中华人民共和国船舶检验局和各级水上安全监督机构的法定职责和行政执法职能，对船舶检验的行政管理统一使用“中华人民共和国海事局 × × 船舶检验管理处”的名称；原港务监督、港航监督、海上安全监督局和船舶检验局(处)的名称、公章、专用章、局徽、局旗等一律自 2002 年 10 月 1 日起停止使用。9 月 23 日，中国海事局印发《关于落实在全国海事系统统一以海事局(处)名义履行海事行政执法的通知》，就海事行政处罚权限、地方船舶检验机构行政管理名称、地方海事机构英文名称作出说明；明确海事行政执法使用的文件、文书、证书、公告(包括航行通告、航行警告)、公章、专用章、标志，自 2002 年 10 月 1 日起，均须统一使用海事机构名称和中国海事局规定的标识，但部分因水上安全监督管理体制改革尚未完成的机构，可暂时沿用原有名称进行海事行政执法。

2003 年 8 月 19 日，交通部印发通知，发布“海事行政处罚执法文书”式样，包括当场海事行政处罚决定书、海事行政处罚证据登记保存清单、海事违法行为调查报告、海事违法行为通知书、海事行政处罚决定书、海事行政处罚文书送达回证、听证会通知等 7 种文书，适用于海上和内河的海事行政处罚。11 月 4 日，中国海事局印发《海事执法文书的制作要求及使用说明》，就海事行政处罚执法文书的印制、案号、编号、填写、使用等提出具体的统一规范要求。

2004 年 2 月 16 日，交通部发布第 3 号公告，公布“全国海事系统行政执法八项便民措施”；八项便民措施除第 5 项外，其余各项由交通部各直属海事局自 2004 年 3 月 1 日起施行，各地方海事局于 2004 年底前施行；第 5 项措施待履行相关程序并制定相应监督管理措施后施行。① 八项便民措施的主要内容为：公民可以以个人名义申办船员证件(海员证和海员出境证明除外)；《海员出境证明》当天领取，非工作日可预约申请；申请《海员证》可加急办理，由原 15 个工作日缩短到 10 个工作日，一套班子船员紧急出境可申请加急，1 至 2 个工作日内办毕；船舶进出港审验手续 24 小时办理，全年不休；船舶在港内安全作业由审批制改为报备制；对集装箱班轮的开航前检查和安全检查，实行提前申请，约时检查，在港停留少于 24 小时的船舶，进出口手续合并办理；对“安全诚信船舶”给予 24 个月免予例行的安全检查；对拥有中国籍国际航行船舶的航运公司的安全管理体系审核，实行一次审核可签发多个船旗国符合证明和相应的副本。2 月 24 日，中国海事局印发通知，就实施全国海事系统行政执法八项便民措施具体办法及有关事项作出统一规定，要求各海事机构抓紧修订有关工作程序和表单，公布相关站点和联系方式，以便落实八项便民措施。

---

① 见本书第七章第四节【船舶适航综合管理】条目。

为进一步规范海事行政处罚工作，2004 年 4 月 2 日，中国海事局启用计算机海事行政处罚管理软件。

为在海事系统贯彻落实《行政许可法》，2004 年 6 月 22 日，中国海事局印发《关于依法做好海事行政许可工作的通知》。该通知对海事系统实施海事行政许可审批和管理的项目、主体、权限、公示、受理、审批、送达、决定形式和对被许可行为的监督管理提出统一规范要求。强调实施海事行政许可必须执行受理、审核、审批"三分离"制度，实现权利制衡；实行"一个窗口对外"的集中办理制度，统一受理、统一送达，一次性告知；海事行政许可权应主要向分支机构集中，减少管理环节，体现便民、效率原则。为规范海事行政强制的实施，10 月 27 日，中国海事局颁布《中华人民共和国海事行政强制实施程序暂行规定》。该规定明确了海事机构依法实施海事行政强制措施的种类、方式、权限、程序以及海事行政强制执行实施程序。

2004 年海事行政强制措施种类一览　　表 3-3-6

序号	海事行政强制措施内容	序号	海事行政强制措施内容
1	责令立即离岗	10	拆除动力装置
2	责令临时停航、驶向指定地点	11	暂扣船舶或设施
3	责令停止作业	12	强制拆(清)除
4	责令停航	13	强制拖离(航)
5	责令改航	14	强制打捞
6	责令离港	15	强制设置标志
7	责令申请重新检验	16	抽样取证
8	禁止进港、离港	17	证据先行登记保存
9	强制卸载	18	法律、法规、规章以及交通部规定的其他强制措施

2006 年 3 月至 4 月，中国海事局在北京举办三期全国海事系统"行政诉讼"和"行政审批"管理培训班。11 月 20 日，中国海事局印发《全国海事系统法制宣传教育第五个五年规划》和《全国海事系统全面推进依法行政实施意见》，确立了海事系统法制宣传教育和依法行政工作的指导思想、工作目标、主要任务和具体措施。该规划提出，通过实施法制宣传教育第五个五年规划，进一步提高海事系统干部职工依法行政的能力和服务水运行业、服务社会的水平。该实施意见提出力争用十年左右的时间，在海事系统建立体现"合法、合理、公正、效率、责任"的依法行政程序和制度，促进海事管理方式的根本性转变。

为实现网上办理海事行政审批的工作目标，进一步规范海事行政执法工作，2007 年 1 月 16 日、4 月 13 日，中国海事局印发通知，在直属海事系统组织开展网上办理海事行政审批准备工作和海事行政执法业务工作流程编写工作。至当年底，完成海事行政许可、审批和报备项目业务流程 88 项，梳理海事行政执法职责 228 项。12 月 27 日，中国海事局转发交通部于 11 月 26 日印发的《交通行政执法忌语》和《交通行政执法禁令》，要求全国海事系统认真贯彻执行。

【海事执法监督】

交通部于 1995 年 3 月 30 日发布的《交通行政执法监督规定》和于 1996 年 9 月 25 日发布的《交通行政执法检查制度》、《交通行政执法重大行政处罚决定备案审查制度》、《交通规范性文件备案审查制度》、《交通行政赔偿案件备案审查制度》、《法律、法规、规章和规范性文件实施情况年度报告制度》、《交通行政执法错案追究制度》、《交通行政执法年度工作报告制度》是海事执法监督的重要依据。

2001 年 6 月 4 日，中国海事局印发《海事行政执法监督实施办法(试行)》，要求各直属海事局按该办法开展行政执法监督工作，地方海事机构应参照执行。该办法主要对执法责任制、执法公示制、执法监督、执法错案责任追究制、执法考核与评议等作出规定，明确海事系统开展行政执法监督，应当建立健全执法责任制、执法公示制、执法考核与评议制、执法错案责任追究制等有效机制和监督体系，采取行政监督和社会监督相结合，以海事系统内部日常行政执法监督为基础，执法公示制为先导，行政执法责任制和错案责任追究制为保障。该办法规定，海事行政执法监督，主要是对海事规范性文件的制定、修改与发布，海事行政许可、审批，海事行政强制，海事行政处罚的合法性进行审核并监督，采取对重要的海事规范性文件、执法文书备案、审核和通报，对现场海事执法活动进行随访和督察，主动接受社会监督等方式实施。该办法同时印发《海事行政执法错案责任界定导则》、《海事行政执法错案责任追究导则》。

该办法实施后，各级海事机构逐步建立健全了内部日常行政执法监督制度，并在海事执法管理模式改革中，探索从事前、事中和事后全过程加强对海事执法督察的有效机制；同时，通过聘请社会义务监督员，广泛接受社会公众、新闻媒体、管理相对人的社会监督。

2003 年 4 月 18 日，中国海事局印发《直属海事系统业务工作综合评价规则》和《直属海事系统业务工作综合评价指标体系》，开始对直属海事系统各局的海事业务工作和行政执法工作进行综合评价。2003 年 4 月至 9 月，中国海事局组织 6 个组采用对口交叉检查的方式，在直属海事系统开展行政执法监督检查工作。

2004 年 10 月 26 日，中国海事局印发《海事行政执法过错和错案责任追究暂行规定》。该规定主要对责任追究的种类及适用、过错和错案行为及其责任追究、责任追究的程序及实施等作出规定；明确责任追究的种类有违法违纪记分、执法警告、通报批评、临时收存海事行政执法证、暂扣海事行政执法证、吊销海事行政执法证六类；列出对一般执法、行政处罚、行政许可、行政强制等海事执法中出现的过错和错案行为进行责任追究的具体情形。

图 3-3-6　2007 年 10 月 16 日，中国海事局组织的海事行政执法监督检查组在肇庆海事局进行执法检查

图 3-3-7　2007 年 10 月 27 日，中国海事局组织的海事行政执法监督检查组在安徽省池州市地方海事局进行执法检查

2005 年 9 月至 11 月，中国海事局将行政执法监督对口交叉检查工作扩展到贵州、安徽、江西、河南、四川、湖南省地方海事局。2006 年和 2007 年，继续组织直属海事局和部分地方海事局进行行政执法监督对口交叉检查。

2000 年至 2007 年，直属海事系统共对 15 起海事行政执法过错和错案进行责任追究。其中 2000 年 2 起，2001 年 3 起，2003 年 8 起，2004 年 2 起；行政处罚类 6 起，行政强制类 9 起。

〖海事业务综合评价机制〗

2002年初，为准确反映各直属海事局业务工作状况，中国海事局决定成立课题组，开展对直属海事系统业务工作综合评价指标体系和统一标准的研究。经过半年多的调查和论证，确定选择海事业务综合评价指标的原则是，以现行法律法规授权的主要的水上安全监督管理职能为主，侧重评价海事业务工作水平和主观努力程度，兼顾业务工作数量和重要事件的影响，并提出了海事业务综合评价指标体系和评价规则。

2003年4月18日，中国海事局印发《直属海事系统业务工作综合评价规则》(简称《评价规则》)和《直属海事系统业务工作综合评价指标体系》(简称《评价体系》)，并在直属海事系统进行了试运行。《评价规则》明确评价内容是直属海事局的主要业务工作，包括船舶监督、通航管理、危防管理、船员管理、法规管理、航标与测绘、事故与应急、规费征收及社会满意等方面。评价指标体系由数量指标、质量指标和效果指标组成，通过各局在自评中对评价指标计分和中国海事局的核查，得出各局海事业务工作综合评价结果，用于直属海事系统业务考核与决策。《评价体系》规定了17个数量指标、18个质量指标、5个效果指标，以及这40个指标的定义、意义、数据来源、加权值、上下限值、记分方法、计算公式等。2003年12月9日，为做好首次海事业务综合评价试运行工作，中国海事局印发《关于实施直属海事系统业务工作综合评价的若干说明》，对各直属海事局开展海事业务综合评价工作的组织领导、评价计划和方案、评价报告、自我核查和上级核查的方法比例、各项数据来源的真实性和准确性等提出要求，并对评价指标及其记分方法作补充说明。之后，中国海事局对具体实施评价工作的人员进行了两次专题培训，并在各直属海事局安装了计算机评价软件。

图3-3-8　2002年4月25日，直属海事局业务工作综合评价指标体系调研座谈会在南通举行

2004年1月，14个直属海事局按照中国海事局的部署，开展了2003年年度海事业务综合试评价工作，对涉及评价指标的56个项目所采集的约310万个原始数据进行了统计分析，并提交了评价报告。中国海事局根据首次全面获得的直属海事系统的业务工作基础资料、各局综合评价得分和评价规则，对各直属海事局业务工作数量和业务工作水平进行了排序。尽管总体排名或单个指标排名存在一定偏差，但总体上较为客观地反映了各直属海事局的业务工作数量和管理工作水平状况，基本达到试评价的预期效果。4月5日，中国海事局在《海事工作简报》第七期，公布了2003年年度直属海事系统海事业务综合评价工作情况。

之后，中国海事局每年组织一次海事业务综合试评价工作，并适时对试评价工作进行调整、提出要求；试评价工作结束后，中国海事局印发通知，公布业务工作数量和业务工作水平排序结果。2004年针对当时没有建立事故通报制度的情况，将效果指标中的"登记船舶事故变化率"暂不纳入综合评价。2005年要求各局落实评价数据采集的责任制和核查制，确保数据采集的真实性和准确性。

2006年12月26日，中国海事局印发《关于实施直属海事系统业务工作综合评价的通知》，正式实施直属海事系统业务工作综合评价工作，并根据试运行期间存在的问题，对《评价规则》和《评价体系》进行了修改。修改的主要内容是规定数量指标、质量指标、效果指标总分各为1000分，增加"行政强

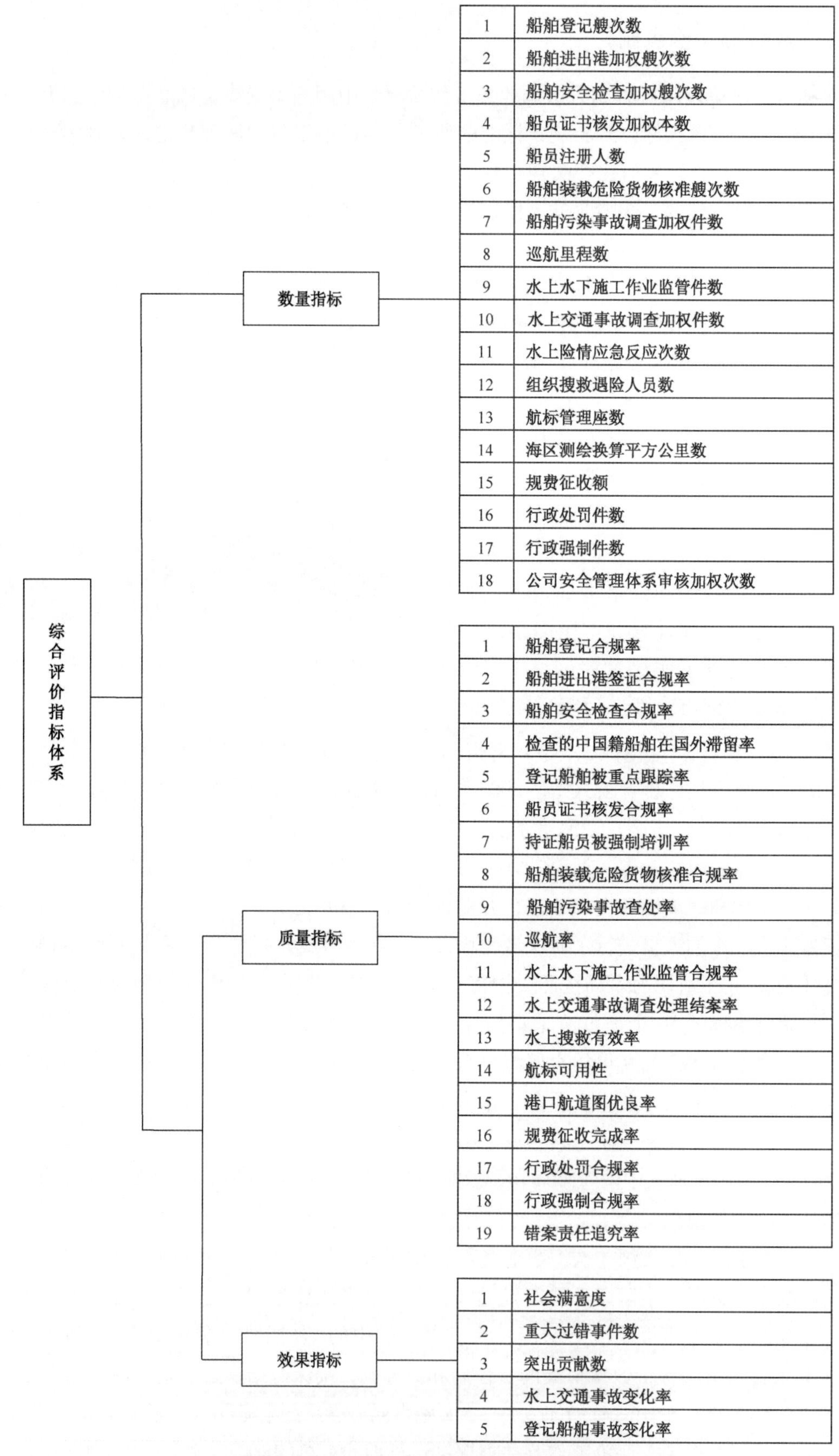

图 3-3-9 2007 年直属海事系统业务工作综合评价指标体系

制件数”和“行政强制合规率”2 项指标，对评价指标数据来源、加权值、记分方法等进一步完善，制定了《海事行政执法社会满意度调查办法》，要求以问卷调查形式广泛征求社会有关方面对海事行政执法社会满意度的意见。该通知明确“航标管理座数”、“海区测绘换算平方公里数”、“航标可用性”、“港口航道图优良率”4 项指标不列入综合评价排名，将评价指标“登记船舶事故变化率”暂由“水上交通事故死亡人数变化率”替代。2007 年 3 月 13 日，中国海事局印发通知，公布正式实施直属海事系统业务工作综合评价工作后的 2006 年年度直属海事系统业务工作综合评价结果。

【海事政务公开】

2001 年 4 月 26 日，中国海事局印发《关于在全国海事系统推行统一政务公开的通知》和《在全国海事系统推行统一政务公开的实施意见》、《中国海事系统政务公开指南》，要求各直属海事机构政务公开工作在 6 个月内达到该实施意见的规定要求，地方海事机构参照执行。该实施意见规定海事系统政务公开内容包括行政执法主体名称及其职权范围，办理部门、岗位和有关执法人员的姓名、执法证编号，行政执法依据、程序、条件和要求，收费项目及标准，法定办结时限和办理结果，管理相对人的权利和义务，行政执法监督机制等；政务公开的方式方法包括运用新闻媒体、互联网、政务公开栏、《政务指南》册子、便捷办事卡片、电子触摸屏、多媒体电脑查询系统、口头告知管理相对人等多种形式；明确了政务公开的监督保障措施和效果检验标准。该指南对 65 个公开项目的内容提出了统一规范。据 2003 年中国统计信息咨询中心对海事系统行风的调查显示，海事系统的政务公开工作得到行政管理相对人的基本认可和较好评价。

根据《行政许可法》和清理行政审批的结果，中国海事局对 2001 年印发的政务公开实施意见和政务公开指南进行了修订，于 2004 年 6 月 22 日发布。经修订的实施意见对政务公开的范围和内容，增加了海事机构设置审批文件、管辖范围、服务承诺和法定管理项目名称、控制数量、需提交的材料目录数量、格式文书及示范填写要求、海事行政决定形式及公布方式、行政救济方式或渠道等，并对政务公开的场所环境、布置、配置及便民条件提出统一规范要求，规定实行统一受理、统一送达，“一个窗口”集中对外，一次性告知制度。经修订的指南将政务公开项目调整为 31 个大项。

图 3-3-10　2007 年 5 月 15 日，丹东海事局举行政务公开宣传咨询活动

图 3-3-11　2007 年 11 月 14 日，珠海电视台专题采访珠海海事局政务中心

2006 年，中国海事局对《中国海事系统政务公开指南》进行再次修订并更名。8 月 11 日，中国海事局发布《海事行政执法政务公开实施意见》和《海事行政执法政务公开指南》。新修订的该指南，主要根据新公布的《中华人民共和国海事行政许可条件规定》明确的 22 项行政许可项目，将政务公开项目调整为 34 个大项；增加当事人接受海事机构现场检查并如实提供相关文书的义务；对政务公开指南中收费

标准的写法作了统一规范。

至2007年，全国海事系统已初步形成较为完善的政务公开及其监督管理体系。2007年9月3日，中国海事局被全国政务公开领导小组授予“全国政务公开工作先进单位”荣誉称号。11月9日，中国海事局决定在河北、广东海事局开展海事行政执法政务公开评价考核试点工作，于2008年2月前完成。

【海事行政复议】

1998年中国海事局成立初期，依据交通部1992年8月颁发的《交通行政复议管理规定》，对交通部直属的各港务监督机构和长江、黑龙江港航监督局作出的具体行政行为不服而申请的行政复议，由中国海事局管辖。

1999年7月，中国海事局在青岛举办《行政复议法》培训班。

2000年6月27日，根据《行政复议法》，交通部颁布《交通行政复议规定》。该规定明确，公民、法人或者其他组织对交通部直属海事机构的具体行政行为不服的，可以向交通部申请行政复议。根据该规定，中国海事局不再具有行政复议管辖权；但向交通部申请的海事行政复议案件由中国海事局负责具体承办，交通部作出行政复议决定。

2007年3月21日，中国海事局印发通知，要求全国海事系统对2004年至2006年的海事行政复议工作开展情况进行检查。9月3日，中国海事局印发《关于全国海事系统行政复议检查情况的通报》。该通报指出，全国海事系统重视行政复议工作，有比较完善的工作制度和组织机构，形成了较为畅通的海事行政复议渠道。2004年至2006年，全国海事系统共接到行政复议请求23件，复议被申请人均为直属海事机构，地方海事机构无行政复议案件。从复议案件类型看，行政处罚类(12件)和水上交通事故类(8件)居多，其他3件；从案件的申请人看，申请人为公民个人(13件)居多，申请人为法人和其他组织的10件；从案件的被申请人看，不服直属海事局下属分支机构和派出机构的案件较多，共21件，交通部受理的仅2件；从案件的处理情况看，不予受理4件，受理19件，其中复议决定对原具体行政行为维持的14件、撤销的1件、变更的2件，申请人撤回申请终止复议的2件。该通报同时指出，海事系统在行政复议工作中还存在一些制度上和实践上需进一步改进的问题，行政复议办案效率有待提高。通报要求各级海事机构认真学习贯彻《行政复议法实施条例》，进一步完善行政复议工作机制，不断提高行政复议办案效率和质量。

【海事规费征收项目及标准】

海事规费是国家行政事业性收费项目，包括船舶港务费、港务监督管理费、海岸电台无线电报电话费、船舶吨税等，其中港务监督管理费又包括船舶登记费、船员适任证书申请考试发证费、船员服务簿申请及证书费、海员单项专业训练考试发证费、海员证费、油污水化验费、海事调解费、水上危险货物监督管理费、船舶证明签证费、特种船舶和水上水下工程护航费、清除污染管理费、水上水下作业许可证费、船舶申请安全检查复查费、浮油回收费等。

1992年4月25日，国家物价局、财政部发布《交通部水上安全监督收费项目及标准》。之后，国家计划委员会、财政部、交通部、国家物价局等部门，于20世纪90年代对海员适任证书及单项专业训练考试发证费、国际国内航线船舶港务费、长江干线船舶港务费、海岸电台无线电报电话费、船舶吨税等规费标准作出过调整。这些项目和标准，是1998年中国海事局成立后，交通部直属海事系统实施海事规费征收的依据(其中，船舶吨税由海关征收)。

1999年，财政部、国家计划委员会对全国行政事业性收费项目进行清理，并于12月3日印发通知，决定自2000年1月1日起，取消第三批行政事业性收费项目，其中包括水上危险货物监督管理费和清除污染管理费。

2001年5月17日，根据《国家计委、财政部关于统一涉及境内外双重收费标准的通知》精神，交通部印发通知，将港澳船员和外国籍船员的船员适任证书申请考试发证费及各项海员专业训练的考试费、证书费和翻译费改按国内船员收费标准收取；对外国籍船舶签发《危险货物安全装载证书》也按中国籍船舶收费标准收取。12月20日，国家计划委员会、财政部印发通知，批准适当调整船员考试收费标准。自2002年1月1日起，将海船船员适任证书、引航员、磁罗经校正人员和验船师的理论考试及实操考试费收费标准均调整为每人450元，内河船舶船员适任证书的理论考试及实操考试费收费标准均调整为每人100元，船员专业培训和特殊培训考试费收费标准均调整为每人80元；将《海船船员适任证书》、《内河船舶船员适任证书》、《船员专业培训合格证书》、《船员特殊培训合格证书》、《船员服务簿》的证书工本费收费标准统一调整为每证10元，《海员证》证书工本费调整为每证50元；取消特免证书申请费、复核试卷费、证明费、签注费、试卷翻译费、适任证书签注费、船员服务簿签证费、船员注册费等8项收费项目，对港澳台及外国籍船员收取的考试费和证书工本费按该通知规定的标准执行，不再实行加倍收费。

为贯彻《行政许可法》，2004年，国家发展和改革委员会、财政部对行政机关和事业单位收费项目进行清理，并于11月24日印发通知，决定自2005年1月1日起取消103项收费项目，其中包括水上水下作业许可证工本费；于12月6日印发通知，降低部分收费标准，自2005年1月1日起执行。其中包括海事调解费，调解成功的收费标准由最高不超过损失金额的1%降低为0.7%，按当事人过失比例或约定数额分摊；调解不成功的收费标准由最高不超过损失金额的0.5%降低为0.35%，由当事各方平均分摊。特种船舶和水上水下工程护航费中对外轮节日和夜间的护航费收费标准，降为统一按国内收费标准执行。

2005年7月26日，国家发展和改革委员会致交通部《关于船舶港务费征收标准问题的复函》，确认沿海港口国内航线船舶港务费按每净吨(拖轮马力)0.25元征收；粤海铁路轮渡船舶港务费执行每净吨(拖轮马力)0.15元标准，执行期限自2005年8月1日至2008年7月31日。

2007年海事规费征收项目及标准一览 表3-3-7

一、船舶港务费

项目	航行国际航线船舶每净吨(马力)	航行国内航线船舶		长江航区	粤海铁路轮渡船舶每净吨(拖轮马力)(2005年8月1日—2008年7月31日)
		沿海每净吨(马力)	内河每净吨(马力)	每净吨(马力)	
收费标准	0.71元	0.25元	0.35元	0.55元	0.15元

二、港务监督管理费

(一) 船舶登记费

项 目	收费标准
所有权登记	基数为200元(未满50净吨的船舶基数为100元)，按船舶净吨加收，每净吨收1元，超过10000净吨，超过部分减半收费；拖轮每千瓦收0.50元
临时登记	1000净吨以下船舶200元；1000及1000净吨以上船舶400元
抵押登记	按抵押金额的0.5‰核收
租赁登记	按租赁总金额的1‰核收
船舶烟囱标志或公司旗注册(自愿申请)	每艘100元

续上表

项　目	收费标准
船舶更名或船籍港变更	100元
船舶登记项目变更	50元
船舶国籍证书	正本100元/本，副本25元/本
内河船舶登记证书	20元/本
内河船舶执照	10元/本
废钢船登记	100元/艘

（二）船员考试及证书费

项　目	收费标准
海船船员适任证书和引航员、磁罗经校正人员、验船师理论考试费	每人450元
内河船员适任证书理论考试费	每人100元
船员专业培训和特殊培训理论考试费	每人80元
各类船员实际操作考试费(全部科目)	按理论考试收费标准执行
理论考试和实际操作考试补考(无论几门)	分别按相应考试收费标准的50%计收
船员适任证书、培训合格证书、船员服务簿等证书工本费	每证10元
《海员证》工本费	每证50元
《海员证》加急办理费，在第一个工作日内领取或立等即取的	每本加收40元
《海员证》加急办理费，在第二个工作日内领取的	每本加收25元

（三）海事调解费

调解成功的，收取调解费最高不超过损失金额的0.7%，按当事人过失比例或约定数额分摊；调解不成功的，按最高不超过损失金额的0.35%计收调解费，由当事人各方平均分摊。

（四）船舶证明签证费：

项　目	收费标准
海事声明签证，签证费	正本每份100元，副本每份25元
在港期租船出具证明，签证费	每份30元
船舶其他事项申请签证，如发生病、伤等手续费	每份30元
油污损害民事责任保险或其他财产保险证书，证书签发费	正本每份50元，副本每份10元
油污损害民事责任信用证书，证书签发费	正本每份25元，副本每份5元
船舶残油接收处理证明	每份100元
船舶最低安全配员证书	国际航线船舶申领或者重新申领配员证书，收核发证书费100元
	国内航线和航行港澳500总吨以下船舶申领或者重新申领配员证书，收核发证书费50元

（五）特种船舶和水上水下工程护航费

对装载易燃、易爆、有毒和放射性等危险货物船舶的强制护航和其他特种船舶因操纵困难等原因申请护航的应由船方支付护航费，申请维护的水上水下工程需由申请方支付护航费。国际航线船舶护航费为0.25元/马力小时，国内航线船舶护航费为0.10元/马力小时。

（六）油污水化验费(委托服务)

船舶水中油含量、有毒害物质含量化验、生活污水中生化需氧量、大肠菌群、悬浮物等化验费，每个样品150元；同类化验，每增加一个样品50元。船舶油漆、油种和水面污油鉴别分析，每张图谱400元。

（七）船舶申请安全检查复查费

检查发现有缺陷的船舶，按检查人员指定港口纠正，船舶到达指定港口时，应主动申请复查，如中国籍船舶指定港口为国外港口，则在抵达中国第一港口时申请复查。申请复查的船舶应支付复查费用，收费标准为每艘次100元。

（八）浮油回收费

项　　目	收费标准
回收船航行收费(作业收费)	国际航线船舶0.25元/马力小时(最低收费80元)
	国内航线船舶0.10元/马力小时(最低收费20元)
回收船停泊待时费	25元/小时
围油栏费	国际航线船舶2元/米天
	国内航线船舶1元/米天
接收处理船舶含油污水作业费	15元/吨(最低收费60元)

三、海岸电台无线电报电话费

项　　目		收费标准	
		国际业务	国内业务
公众船舶电报岸台费		每字2.42元	每字0.96元
船舶电话岸台费	1. 中频(MF)	每分钟9.68元	每分钟4.84元
	2. 高频(HF)	每分钟16.28元	每分钟8.14元
	3. 甚高频(VHF)	每分钟7.48元	每分钟3.74元
船舶窄带直接印字电报岸台费		每分钟15.84元	每分钟7.92元

四、船舶吨税

船舶种类		净吨位	一般吨税(元/吨)		优惠吨税(元/吨)	
			90天	30天	90天	30天
机动船	轮船 汽船 拖船	500吨及以下	3.15	1.50	2.25	1.20
		501~1500吨	4.65	2.25	3.30	1.65
		1501~3000吨	7.05	3.45	4.95	2.55
		3001~10000吨	8.10	3.90	5.85	3.00
		10001吨以上	9.30	4.65	6.60	3.30
非机动船	各种人力 驾驶船及 驳船、帆船	30吨及以下	1.50	0.60	1.05	0.45
		31~150吨	1.65	0.90	1.35	0.60
		151吨以上	2.10	1.05	1.50	0.90

第四章　海事规划

简　　述

本章所述海事规划主要指海事工作的中长期发展和建设的纲要、规划(计划)。每个年度的海事工作目标、任务也在本章记述。

1996 年 9 月 20 日，交通部印发《中国水上安全监督工作发展纲要(1996—2010 年)》，用以指导全国水上安全监督工作的建设与发展。该纲要提出 2000 年的目标是，完成沿海、水网地区和内河干线水域水上安全监督机构的体制改革，管理水平和装备达到或接近中等发达国家 20 世纪 80 年代初期水平，基本适应国民经济和社会发展的需求。

至 2000 年，“一水一监”、“一港一监”的水上安全监督管理新体制在全国初步形成；各项海事管理工作不断加强，基本适应港口建设和水运经济发展的需要；海事管理手段在“九五”期间明显改善，基础设施初具规模，海事队伍素质有所提高，基本适应海事管理工作的需要。《中国水上安全监督工作发展纲要(1996—2010 年)》确定的 2000 年发展目标基本达到，但还存在法制建设、管理模式、管理手段、队伍建设不适应形势发展的问题。

1998 年 10 月交通部海事局成立，标志着中国水上安全监督工作进入一个新的发展阶段。随着国家经济社会的发展，中国水上安全监督工作面临新的形势和任务。水上安全监督管理体制改革的全面实施，管辖水域和管理职责的重新调整，直属海事机构和地方海事机构的相继建立，确立了中国海事工作发展新的组织基础；中国加入世界贸易组织，水运经济快速发展，船舶交通流量持续增长，使水上安全监督管理出现的新的特点；政府依法行政工作的逐步深化，履行国际海事公约的压力不断加大，特别是 1999 年“11 · 24”特大海难事故暴露出来的水上交通安全工作的薄弱环节，给海事工作提出了新的要求。根据这些情况，交通部海事局组织对《中国水上安全监督工作发展纲要(1996—2010 年)》进行了修订，并根据交通部的部署，起草编制了直属海事系统“十五”发展建设计划。直属海事系统的五年建设计划是交通部五年发展规划(计划)的组成部分。

2001 年 7 月 6 日，交通部在印发的《公路水路交通“十五”发展计划》中，确定了直属海事系统“十五”期间基础设施建设的主要目标和建设重点。12 月 30 日，交通部印发《中国海事工作发展纲要(2001—2015 年)》，用以指导全国海事工作。

《中国海事工作发展纲要(2001—2015 年)》实施以后，至 2005 年，中国海事工作取得令人瞩目的成就。水上安全监督管理体制改革全面完成，“统一政令、统一布局、统一监督管理”的海事管理一体化格局已经形成；海事法制体系框架初步确立，依法行政能力得到提高；立体化、快速化海事监管体系已显成效，在水运经济快速发展和港口吞吐量大幅度增长的背景下，水上交通安全形势保持基本稳定；海事基础设施建设明显加快，海事监管手段明显改善；海事队伍建设力度加大，海事系统的社会影响力显著提高。《中国海事工作发展纲要(2001—2015 年)》确定的 2005 年工作目标基本实现，但在法制建设、管理机制、协调发展、机构设置、监管设施、队伍素质等方面还存在问题。

在党的十六大提出的全面建设小康社会的奋斗目标指引下，中国经济社会各个领域发生巨大变化。

建设和谐社会，以人为本，坚持科学发展观，维护国家主权，社会主义市场经济体制的完善，改革开放不断深化，庞大的水路运输系统的形成和航运事业的快速发展，要求海事机构必须具备相应规模的保障能力、事故预控能力和应急处置能力，建立安全、便捷、可靠，经济、智能、可持续运转的水路运输支持保障系统；国务院《全面推进依法行政实施纲要》确定的行政法治建设的思路和框架，《行政许可法》的实施，船舶技术的不断进步，信息技术的广泛应用，要求海事机构在加强监管能力，提供公共服务，改革执法监管模式，提高执法效能，运用现代信息技术等方面，有一个大的转变。2004 年 7 月，交通部海事局提出建设“三个海事”(交通海事、阳光海事、数字海事)的海事发展新理念，确定“船舶适航、船员适任、安全畅通、有效监管、优质服务”为海事工作总体目标和要求。12 月，交通部部长张春贤在交通工作会议上，要求海事系统做到人员精干、装备精良、技术精湛，在关键时刻能起关键作用，加强装备建设(“三精两关键”)。2005 年 1 月，交通部副部长徐祖远在直属海事系统工作会议上提出“全国海事一家人，水上监管一盘棋”的指导思想。根据这些情况，交通部海事局组织对《中国海事工作发展纲要(2001—2015 年)》进行了修订，并根据交通部的部署，起草编制了直属海事系统“十一五”发展建设规划。

2006 年 4 月 3 日，交通部印发《中国海事工作发展纲要(2006—2020)》，由交通部海事局负责组织实施。9 月 5 日，交通部在印发的《公路水路交通“十一五”发展规划》中，确定了水上交通安全监管、应急设施的建设目标。

2007 年 4 月，国务院批准《国家水上交通安全监管和救助系统布局规划》，这是中华人民共和国成立以来针对水上交通安全监管和救助系统的第一个国家级中长期规划。该规划确定了 2010 年和 2020 年，中央管辖水域水上交通安全监管和救助系统基础设施建设的总体布局和规划目标。9 月在成都召开的 2007 年全国海事工作会议，提出了在全国海事系统开展“行政执法一面旗”建设活动的理念。

至 2007 年底，交通部海事局积极推进“全国海事一家人，水上监管一盘棋，行政执法一面旗”建设，全国海事系统开始全面实施《国家水上交通安全监管和救助系统布局规划》、《中国海事工作发展纲要(2006—2020)》。

第一节　海事发展目标任务

【中国海事工作发展思路】

在 1999 年 2 月召开的第一次交通部直属海事系统工作会议上，交通部海事局提出今后一个阶段的工作思路：以水上交通安全工作为中心，以深化改革为动力，在中国沿海海域、对外开放水域和主要跨省(自治区、直辖市)内河干线及港口，建立适应社会主义市场经济体制需要的、交通部实行垂直领导的水上安全监督管理体制；建立与国际接轨的现代管理模式，逐步实现装备现代化，管理科学化，法规体系化，执法规范化，应急快速化，管理水平达到中等发达国家 21 世纪初期总体水平；建设一支高素质的干部队伍和适应海事发展需要的职工队伍。

为适应水上安全监督管理体制改革全面实施后形势的变化，交通部海事局在 2000 年直属海事系统工作会议上，提出适时修订《中国水上安全监督工作发展纲要》的任务。

2000 年 4 月 26 日，交通部海事局成立《中国水上安全监督工作发展纲要(1996—2010 年)》修改编写组，并于 9 月组成两个调研组，分南、北两个片区进行《中国海事工作发展纲要》编写工作调研。编写组在对《中国水上安全监督工作发展纲要(1996—2010 年)》修订后，形成《中国海事工作发展纲要

(2001—2015 年)》征求意见稿。

2001 年 2 月在广东佛山召开的交通部直属海事系统工作会议，提出“十五”期间海事工作目标：提高海事系统水上安全监督管理的能力和水平，适应新的形势对水上交通安全管理提出的新要求；提高海事系统基础设施建设水平，适应水上安全监督管理体制改革后制度创新、管理创新和科技创新的新要求；提高海事系统队伍建设水平，适应履行海事职能的新要求；加强海事行政执法的监管力度，适应国家对水上安全形势宏观控制的需要。会议对《中国海事工作发展纲要(2001—2015 年)》征求意见稿进行了讨论。7 月 13 日至 15 日，交通部海事局在广州召开《中国海事工作发展纲要》审定会，邀请海事系统、航运企事业单位、有关院校的 21 位专家进行审议。12 月 30 日，交通部印发《中国海事工作发展纲要(2001—2015 年)》。

2003 年 2 月在上海召开的交通部直属海事系统工作会议，提出今后五年海事工作总的思路是：全面贯彻党的十六大精神，坚持以水上交通安全监督管理为中心，积极探索和努力适应新形势下海事工作的新特点、新规律和新要求，提高海事队伍素质，加快海事基础设施建设，提升行政执法能力，以海事工作信息化带动海事管理的现代化，不断开创海事工作新局面，努力为全面建设小康社会和水运经济的发展作出更大贡献。

2004 年 2 月，交通部海事局在青岛召开的交通部直属海事系统工作会议上，提出了推进海事工作新发展的新课题；并于 2 月 23 日，把修改《中国海事工作发展纲要(2001—2015 年)》列为 2004 年工作要点。7 月 17 日在广东韶关召开的直属海事系统年中工作会议上，交通部海事局进一步明确了海事新发展的具体内涵，提出了建设“三个海事”(交通海事、阳光海事、数字海事)，实现“三个追求”(勇于负责，追求社会满意度最高；干对干好，追求工作岗位业绩最优；创造环境，追求职工的归属感最强)的发展理念，确定了“船舶适航、船员适任、安全畅通、有效监管、优质服务”的海事监督管理工作总目标。

2005 年 1 月，在杭州召开的交通部直属海事系统工作会议上，交通部副部长徐祖远提出直属海事系统要树立“全国海事一家人，水上监管一盘棋”的指导思想。2005 年 10 月，交通部在北京召开的第一次全国海事工作会议上，把“全国海事一家人，水上监管一盘棋”确定为全国海事工作发展的重要理念。

2005 年 12 月 28 日，交通部海事局党委印发《全面推进“三个海事”指导意见》。该指导意见明确了“三个海事”的内涵，即：“交通海事”是指海事队伍是交通行业一支重要执法力量，是体现交通形象的一个重要窗口，海事工作是交通事业的一个重要组成部分，其发展要最能代表交通行业的形象，最能体现交通行业的管理水平；“阳光海事”是指海事系统代表国家履行水上交通安全监督管理职责，要以“公正透明、文明规范、廉洁高效”为标志，全面推进依法行政，大力加强行风建设，树立良好的社会形象；“数字海事”是指运用现代科技信息技术改善技术装备和监管手段，促进管理理念、管理方式的转变，提高监管能力和服务水平，实现以信息化带动海事管理的现代化。交通海事是前提，是对海事新发展的准确定位；阳光海事是核心，是海事系统体现“立党为公，执政为民”的本质要求；数字海事是保障，是实现有效监管、优质服务的基础条件。通过“三个海事”的建设，实现“三个追求”的目标。该指导意见提出了推进“三个海事”建设的基本原则、主要任务、工作要求。其主要任务是：从树立科学发展观，更新海事监管理念，培育海事精神，推进体制改革和机制创新等方面，构建政令统一的思想、组织保障体系；从加强行政执法能力，服务经济社会发展能力，应急处置能力，综合管理能力，参与处理国际海事事务能力建设等方面，构建依法行政的监管能力支撑体系；从建设满足全方位覆盖、全天候运行、快速反应要求的海事监管基础设施，建立完善的海事信息化公共服务体系和运行管理机制，探索加大海事安全管理设施建设投入机制等方面，构建现代化的基础设施支撑体系；从实施人才培养工程，推进学习型组织建设，深化文明行业创建活动，加强党的基层组织建设和党风廉政建设，加大海事对外宣传力度，构建以人为本的可持续发展支撑体系。

2006 年 2 月在福州召开的交通部直属海事系统工作会议，提出“十一五”期间直属海事系统工作总体要求是，坚持用科学发展观统领全局，按照交通部党组提出的“三精两关键”和“船舶适航、船员适任、安全畅通、有效监管、优质服务”的目标要求，以“全国海事一家人，水上监管一盘棋”和建设“三个海事”、实现“三个追求”、打造“三支队伍”(领导干部队伍、执法队伍、专业技术和拔尖人才队伍)为保障措施，以改革创新为动力，切实加快发展步伐，全面提高发展质量，确保水上交通安全监管和行政执法能力显著提高，确保水上交通安全形势持续稳定，确保综合能力和发展水平在经济执法队伍中处于最前列，确保“十一五”期末水上交通安全监管主要指标(安全指标、监管指标、应急指标、保障指标、法制指标、队伍指标、管理指标、行风指标)达到中等发达国家水平；并提出“十一五”期间海事工作主要任务是，着力建立健全海事法律法规体系，海事管理政策、法规、理论和技术研究体系，船舶有效监管体系，船员质量管理体系，危险货物运输安全监管体系，防止船舶污染管理体系，应急救援体系，通航监督管理体系，航海保障综合服务体系。

从 2004 年上半年起，至 2006 年初，交通部海事局根据交通部对海事工作的新要求，以及上述海事工作发展的新理念，对 2001 年印发的《中国海事工作发展纲要(2001—2015 年)》进行了全面修订。

2006 年 4 月 3 日，交通部印发《中国海事工作发展纲要(2006—2020)》。①

2007 年 9 月在成都召开的全国海事工作会议，提出在全国海事系统开展“行政执法一面旗”建设活动的理念，连同 2005 年提出的“全国海事一家人、水上监管一盘棋”的指导思想，形成了“三个一”的海事发展新理念。

〖中国海事工作发展纲要(2001—2015 年)〗

2001 年 12 月 30 日，交通部印发《中国海事工作发展纲要(2001—2015 年)》。

该纲要共有总则、现状与形势、发展目标、对策与措施、组织与实施 5 个部分。

该纲要明确 2005 年中国海事的发展目标是：围绕“十五”交通发展的总体目标，初步建成“监管立体化、反应快速化、执法规范化、管理信息化”的统一、规范、服务社会的海事系统，建成海事文明行业，队伍结构和资源配置的调整取得明显成效，管理、科技创新能力明显增强，水上交通安全局面明显好转，总体适应中国水运事业发展的需要。其具体内容是，初步建立适应社会主义水运市场经济及加入世界贸易组织后适应海事管理要求的海事法规体系；提高沿海海区海事管理的预控、监控能力，将 100 海里内的国际航线和海上设施等纳入监管范围，50 海里内重要干线航道

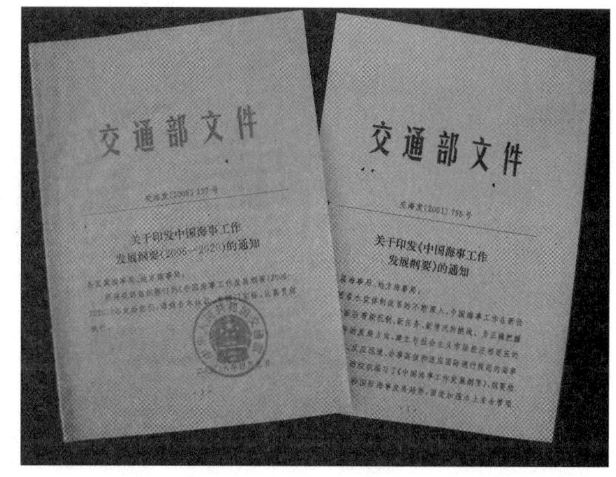

图 4-1-1　2001 年和 2006 年交通部印发的中国海事工作发展纲要

① 根据《中国海事工作发展纲要(2006—2020)》确定的 2010 年海事工作发展目标，交通部海事局于 2008 年 1 月 16 日印发《关于在全国海事系统进一步推进实现中等发达国家海事监管水平工作的指导意见》，于 12 月 24 日印发《中国海事监管科学发展目标》。

和重要港口附近的应急到达时间不大于3小时，交通管理系统有效覆盖重要水域和港口，并达到或接近国际先进水平，基本建成中国船舶自动识别系统，初步建立水上巡航统一执法的管理机制，在重点水域建立先进的通航管理制度；建立重大险情、重点水域溢油和化学品物质泄漏应急反应机制、船舶油污损害赔偿机制；建立和完善中国船舶履行国际公约和国内有关规章的白名单制度；船员培训、考试、发证和跟踪管理水平提高，人为因素造成的水上交通事故明显减少；实现对重点航运公司的跟踪管理，全面规范并完善航运公司的安全管理机制；健全船舶检验管理体系及造船安全技术规范；继续完善和提高视觉航标的性能，增设无线电航标，完善无线电指向标—差分全球定位系统建设，在重要港口、水域建成综合数字助航、导航网和遥测遥控网络，加强港口航道测绘能力，电子海图制作和纸海图生产接近发达国家同期水平；内河和地方海事管理与中国内河水路交通建设同步发展，管理设施和手段有较大改进；基础设施建设布局合理，适应海事管理需求；建成中国海事信息系统三级网络，形成全面覆盖的水上安全通信网；初步实现海事队伍结构优化，人员素质提高，职工教育培训体系形成，专门人才比例显著增长，建成一支政治合格、行为规范、办事高效、从政廉洁的海事队伍等。

该纲要明确2015年中国海事发展的战略目标是：提高中国海事在相关国际组织和国内社会的地位和作用，发挥中央统一管理的优势，建成符合中国国情，适应水运经济发展需求，履行国家赋予的各项职责，政令统一、结构合理、执法规范、装备先进、办事高效的现代化海事系统，总体水平达到中等发达国家的海事管理水平。

为实现上述目标，该纲要从法制建设、业务建设、基础设施建设、队伍建设、精神文明建设、党的建设等方面提出了33条对策与措施。

〖中国海事工作发展纲要(2006—2020)〗

2006年4月3日，交通部印发《中国海事工作发展纲要(2006—2020)》，

该纲要共有成就和问题、形势分析和发展走向、指导思想和发展原则、发展目标、主要任务、保障措施、组织和实施7个部分。

该纲要明确海事工作新发展的总目标是：水上交通安全监督管理做到“船舶适航、船员适任、安全畅通、有效监管、优质服务”，使航行更安全，水域更清洁，航运更便捷；迈向“交通海事、阳光海事、数字海事”新阶段，达到“人员精干、装备精良、技术精湛，关键时刻发挥关键作用”的要求，为实现交通新的跨越式发展提供有力保障。

该纲要明确2010年海事工作发展目标是：到2010年，在沿海和水网地区全面实现“监管立体化、反应快速化、执法规范化、管理信息化”的目标，重点水域、重要航段具备全方位覆盖、全天候运行、快速反应的能力；内河非水网地区，初步实现“装备现代化、反应快速化、执法规范化、管理信息化”。“三个海事”战略目标框架基本形成，确保水上交通安全监管和行政执法能力显著提高，确保水上交通安全形势持续稳定，确保综合能力和发展水平在经济执法队伍中处于最前列，确保水上交通安全监管主要指标达到中等发达国家水平。其具体内容是：水路客运运输亿人公里死亡人数、货运运输100亿吨公里死亡人数降至1人以下；万艘运输船舶重大事故率比在“十五”期间统计的平均数下降10%。海事有效监管范围基本覆盖中国专属经济区及其他管辖海域，内河主要通航水域的重要航段有效监管100%。按计划逐步扩大建立安全管理体系的公司和船舶范围；水网地区船舶检验机构100%实施船舶法定检验质量管理体系；船舶在国外的滞留率低于各港口国监督备忘录地区平均水平。海上人命救助成功率大于93%；距岸50海里内重要海域应急到达时间不超过150分钟，内河主要通航水域的重要航段应急到达时间不超过45分钟；“四区一线”和沿海主要港口一次溢油控制清除能力达到500

吨。沿海重点建设海巡飞机、千吨级及60米级多功能巡视船、综合应急保障基地，建成覆盖中国沿海的船舶自动识别网络系统，更新完善船舶交通管理系统及沿海通信系统；进一步提高测绘和航标维护能力；沿海及内河主要通航水域公共安全通信覆盖率100%；内河重点建设满足全方位覆盖、全天候运行、反应快速的通信信息系统，适合辖区特点的各类巡逻船艇、车辆及监管设施；基础设施的工程质量合格率达到100%。形成较完善的海事法规体系并与国际海事公约接轨；直属海事机构和分支机构的政务公开合规率达到90%以上，沿海和内河水网地区海事行政执法监督、考核中的执法过错和错案率不超过5%，发现的执法过错和错案责任100%追究；行政诉讼胜诉率达到90%以上；重大事故结案率及结案合规率均达到100%；沿海及内河水网地区海事机构重要海事行政许可项目实现网上办理，初步实现电子政务。海事人员工作条件和生活水平在全面建设小康社会进程中不断提高；队伍整体素质和结构满足履行职责和适应海事发展的需要；培养出各专业高层次人才达到200人，其中在相关国际组织有影响力的海事专家10人，国内各类高级专家50人。理顺并形成现代海事监管体制，内部组织结构合理，资源配置不断优化，职责划分清晰合理，岗位权责具体明确，管理制度系统科学，权力运行全面受控，内部管理基本实现科学化、规范化和信息化。省、部级"文明单位"达标率90%以上；服务对象满意率达到95%以上；领导班子和处级以上干部执政能力明显提高，处级以上干部职务违纪、违法案件人数控制在年均0.5%以下；职工违纪率控制在0.2%以下。

该纲要明确2020年远景目标是，到2020年，建立全方位覆盖、全天候运行、具备快速反应能力的现代化水上安全管理系统，全面实现"三个海事"战略目标，水上交通安全监督管理主要指标达到发达国家管理水平。其具体内容是：水路客运运输亿人公里死亡人数、货运运输100亿吨公里死亡人数降至0.8人以下；万艘运输船舶重大事故率较在"十一五"统计平均数据的基础上下降10%。海上人命救助成功率大于95%；距岸50海里内重要海域应急到达时间不超过90分钟，内河主要通航水域的重要航段不超过30分钟；沿海水域和内河主要通航水域的重要航段一次溢油控制清除能力达到1000吨。建立责任型、法制型、服务型海事机构；海事法规体系健全完善，执法严明，行为规范；全面实现电子政务；海事机构内外相关管理系统无缝连接、协同处理，全方位地向社会提供优质、规范、透明、符合国际水准的管理服务。实现海事人员的全面发展，各类人才满足海事工作需要；建成三支高素质的人才队伍，即建成一支政治坚定、求真务实、开拓创新、勤政廉政的领导干部队伍，一支政治合格、行为规范、办事高效、从政廉洁、结构合理的专业人才队伍，一支精通业务、技术领先、具有学术带头作用、具备国际竞争能力、适应国际合作和交流需要的拔尖人才队伍。

为实现上述目标，该纲要提出了建立健全船舶有效监管体系、船员管理质量体系、通航监督管理体系、水上交通安全应急救援体系、防止船舶污染管理体系、航海保障综合服务体系和加强事故调查处理，加强海事理论和技术研究，加强国际海事交流与合作等9项任务，以及18项保障措施。

【直属海事系统年度工作目标任务】

1998年交通部海事局成立后，研究部署直属海事系统年度工作目标任务，主要以召开年度直属海事系统工作会议、专业工作会议的方式进行；会后，交通部海事局发文下达年度工作计划、要点。

1999年2月26日至28日，1999年交通部直属海事系统工作会议在北京召开。这是交通部海事局成立后召开的第一次直属海事系统年度工作会议。会议在总结1998年工作和分析世纪之交海事工作面临的形势后，确定了交通部海事局成立后一段时期的工作思路，部署了1999年工作任务。交通部副部长洪善祥在会上发表《开好局，起好步，以新的姿态迎接新世纪》的讲话，对刚成立不久的交通部海事局以及整个直属海事系统，提出管好班子，带好队伍；加大安全监管力度，全力做好水上交通安全行业管理工作等要求。交通部海事局常务副局长刘功臣作《把握机遇，开拓进取，全面开创海事工作的新局面》的工作报告，提出1999年工作目标任务是：继续保持水上安全形势基本稳定，控制水上重、特大事故的发生；实施水上安全监督管理体制改革工作，初步理顺上下关系；抓好领导班子和队伍建设，促进行风进一步好转。交通部海事局党委书记黄先耀作会议总结讲话，强调海事工作要围绕水上安全管理这个中心，实现确保水上安全形势稳定，减少重、特大事故的发生，确保在交通部海事局和直属海事局两级领导班子中不再发生新的不廉洁问题两个目标；完成抓班子做表率、抓队伍打基础、抓行风树形象三项任务。会议审议了《直属海事系统党风廉政建设责任制实施办法》等文件，并首次举行了《党风廉政建设责任书》签订仪式。

图4-1-2　2000年2月21日至23日，交通部直属海事系统工作会议在北京召开

2000年2月21日至23日，交通部海事局在北京召开2000年交通部直属海事系统工作会议。这次会议是在水上安全监督管理体制改革全面展开，因发生1999年“11・24”“大舜”轮特大火灾沉没事故，交通部决定开展“水上运输安全管理年”活动的背景下召开的。会议审议了《关于深化水监体制改革实施海事系统规范管理的若干意见》、《海事系统组织开展水上运输安全管理年活动的工作意见》等文件。常务副局长刘功臣作《抓住机遇，深化改革，为21世纪海事事业的发展奠定基础》的工作报告，提出2000年工作目标和主要任务是：围绕“确保不发生重特大安全责任事故”的要求，以实施“水上运输安全管理年”为契机，继续落实安全监督管理各项措施；完成水上安全监督管理体制改革中的合并、交接和新机构的组建工作，确立海事系统管理模式；加强对国际公约、法规规范、内部制度的研究、评估和组织实施工作；组织开展“三讲”教育，促进党风廉政和行风建设进一步好转。党委书记黄先耀作会议总结讲话，他针对会议讨论中提出的海事工作存在不适应形势发展的差距和需要破解的课题，强调要实行由外部改革向内部改革转变，由领导机关宏观操作改革向基层单位实施改革转变，由体制改革向制度改革转变，并对队伍建设采取五项措施，即领导干部试用制、中层干部任期制、执法人员考任制、其他人员竞争制、干部任前公示制等工作进行了具体部署。会议结束前，交通部部长黄镇东、副部长洪善祥在会上讲话。黄镇东要求交通部海事局切实抓好“水上运输安全管理年”活动，坚决遏制住恶性重特大事故发生；要继续大力加强海事系统领导班子建设，认真解决领导班子廉洁从政、团结协作和纠正软、懒、散的问题；要采取有力措施，努力提高海事队伍的政治业务素质；海事局机关建设要在观念上、职能上、作风上实现转变，适应垂直管理体系工作需要。交通部副部长洪善祥要求交通部海事局加大监管力度，全力维护水上交通安全形势稳定；完善内部管理，继续加强直属海事系统队伍建设。

2001年2月12日至14日，交通部海事局在广东佛山召开2001年交通部直属海事系统工作会议。会议回顾了“九五”期间和2000年海事工作情况，提出了“十五”期间及2001年海事工作目标和任务，审议了《中国海事工作发展纲要(2001—2015年)》征求意见稿及干部人事制度改革等文件。交通部副部长洪善祥在会上讲话，要求直属海事系统把“水上运输安全管理年”活动作为2001年海事工作主线，确保水上交通安全形势稳定；要更严格地抓好直属海事系统领导班子建设，以执法队伍建设为重点，全面提高海事系统队伍整体素质。常务副局长刘功臣作《巩固改革成果，抓住发展机遇，推动海事事业在新的世纪全面发展》的工作报告，并作会议总结讲话。他在报告中提出2001年工作目标是：全面完成体制改革任务，切实履行海事执法管理职能，维护水上交通安全形势基本稳定，尽力避免重特大责任事故的发生，加强执法队伍建设，规范内部管理，全面做好各项工作，努力实现“十五”计划的良好开局。他在总结讲话中对继续深入开展“水上运输安全管理年”活动、推进干部人事制度改革等工作进行了具体部署。党委书记黄先耀在会上就海事队伍建设问题作专题讲话，提出今后一个时期海事队伍建设的基本思路是：以深化改革为动力，以领导班子、执法队伍建设为重点，调整结构，提高素质，控制总量，建立机制，努力建设一支政治合格、行为规范、办事高效、从政廉洁的海事队伍。

2002年1月22日至24日，交通部海事局在天津召开2002年交通部直属海事系统工作会议。常务副局长刘功臣作《全面认识形势，认真落实责任，努力完成2002年海事工作各项任务》的工作报告，提出2002年年度工作目标是：以水上交通安全监督管理工作为中心，以实施《“十五”水上交通安全工作纲要》和《中国海事工作发展纲要(2001—2015年)》为重点，以加强领导班子建设和队伍建设为基础，把握主题，确保不发生水上重特大安全责任事故，确保直属海事系统两级领导班子廉洁和海事执法队伍建设三年上台阶年度任务的实现。交通部海事局党委书记何建中代表党委在会上讲话，部署了领导班子建设、队伍建设、行风建设、机关建设等重点工作。交通部副部长洪善祥在会上讲话，要求直属海事系统要抓住重点集中整治，为实现水上交通安全监管工作长效管理奠定扎实基础；要继续加强队伍建设，特别把领导班子建设当作首要任务来抓，总结与反思工作中存在的问题并加以整改；要认真理顺管理关系，搞好水上安全监督管理体制改革的收尾工作等。会议审议了《关于加强直属海事系统执法队伍建设的意见》等文件。

2003年2月17日至18日，交通部海事局在上海召开2003年交通部直属海事系统工作会议。会议总结了交通部海事局成立四年来的工作经验，研究确定今后五年海事发展目标和主要任务，重点部署2003年直属海事系统的主要工作。常务副局长刘功臣作《与时俱进，坚持改革，扎实工作，开创海事工作新局面》的工作报告，提出2003年工作目标和主要任务是：深入学习和贯彻落实党的十六大精神，认真抓好年度各项工作任务的落实；认真总结“水上运输安全管理年”活动成果，加强预控监管，完善水上交通安全的长效管理机制；继续加紧海事信息化建设，提高综合管理水平；继续加强领导班子建设和队伍建设，提高行政执法和管理能力。党委书记何建中作《认真贯彻落实党的十六大精神，全面加强直属海事系统党的工作》党委工作报告，指出2003年党委工作任务要用“三个代表”重要思想武装党员、教育干部；要以提高素质，优化结构，平稳交替和增强团结为重点，切实加强领导班子和领导干部队伍建设；要围绕执法队伍素质三年上台阶的目标，深化干部人事制度改革，在“内强素质，外树形象”上取得突破性进展。交通部副部长洪善祥在会上讲话，指出当前和今后一个时期，海事工作的重点仍然是加强基础工作，其目标是谋求更高质量的发展；海事工作要注重解决监督管理与行业管理、监督与服务、基础建设与长远发展、直属海事工作与地方海事工作的关系。会议审议了《直属海事系统业务工作综合评价指标体系》等文件，并首次举行了《直属海事局目标管理责任书》签订仪式。

2004年2月3日至4日，交通部海事局在青岛召开2004年交通部直属海事系统工作会议。会议总结了五年海事工作的基本经验，提出了以科学发展观为指导，推进海事工作新发展的新课题。常务副局长刘功臣作《统筹兼顾，深化改革，全面推进海事工作新发展》的工作报告，提出2004年要按照交通新的跨越式发展目标要求，积极推进建立水上交通安全长效管理机制，依法行政，提高海事工作的质量和水平，确保水上交通安全有效监管作用发挥，推进水上交通安全形势稳定；加强执法队伍建设，加快信息化建设进程，提高行政执法效率，确保海事执法队伍建设三年上台阶目标实现。党委书记何建中作《把握机遇，开拓创新，以求真务实的精神和作风推动海事新发展》的党委工作报告，提出2004

图 4-1-3　2004 年 2 月 4 日，中国海事局在青岛召开直属海事系统工作会议期间举行新闻通气会，发布八项便民措施

年党委工作任务要以继续兴起学习实践“三个代表”重要思想新高潮为重点，大力加强领导干部队伍建设；以加强能力建设为重点，确保执法队伍三年上台阶目标的实现；以推进执法管理模式改革为重点，不断深化干部人事制度改革；全面完成宣传思想工作、党风廉政建设和反腐败工作的各项任务。交通部副部长洪善祥在会上讲话，他在肯定五年海事工作的成绩后，要求把“有效监管、优质服务”作为海事工作新发展的目标，继续加大力度解决制约海事工作发展的三大瓶颈(内部体制创新、高素质人才队伍建设、解决信息化建设滞后)。根据交通部提出的“作一个负责任的部门，负责任的行业”的要求，交通部海事局在会上向社会推出海事系统行政执法八项便民措施。

2005 年 1 月 23 日至 24 日，交通部海事局在杭州召开 2005 年交通部直属海事系统工作会议。常务副局长刘功臣作《加强行政能力建设，提高海事管理水平，促进海事事业全面协调可持续发展》的工作报告，提出 2005 年工作目标和主要任务是：以科学发展观统领全局，按照“船舶适航、船员适任、安全畅通、有效监管、优质服务”的要求，规范行政许可行为，加强对海事行政执法的监督，开展专项整治，加强对重点水域、船舶、时段的监控，狠抓水上交通安全的源头管理，构建海上安全综合服务系统，加快“长三角”船舶“一卡通”工程实施步伐，开展国际海事组织成员国自愿审核机制研究，继续深化海事执法管理模式改革和人事制度改革，全面履行对地方海事系统的业务管理职能，促进海事事业新发展。党委书记何建中作《落实科学发展观，提高行政执法能力，全面推进“三个海事”建设》的党委工作报告，提出 2005 年党委工作任务主要是：开展保持共产党员先进性教育活动；深入宣传“三个海事”的发展理念和管理目标；大力加强党政干部队伍和后备干部队伍建设；把执法队伍建设的重点从提高素质向提高能力转变；全面提升宣传思想工作水平；建立健全海事系统惩治和预防腐败体系等。交通部副部长徐祖远在会上讲话，要求直属海事系统认真落实科学发展观，实现全面协调发展，树立“全国海事一家人，水上监管一盘棋”的指导思想；切实加强能力建设，全面提升监管水平，重点是提高依法监管能力和水上重大突发事件的应急处置能力；落实安全监管重点工作，尽快建立水上安全监管长效机制，对水上交通安全突出问题，采取高压态势，加大专项整治力度，确保安全形势稳定；加快队伍建设步伐，提高领导管理水平等。

2006 年 2 月 16 日至 17 日，交通部海事局在福州召开 2006 年交通部直属海事系统工作会议，总结“十五”期间海事工作的主要成绩和经验，研究部署“十一五”期间海事工作发展目标和主要任务，安排 2006 年海事工作。常务副局长刘功臣作《站在新起点，再创新佳绩，为实现海事又快又好发展而努力奋斗》的工作报告，提出 2006 年主要工作任务是：开展“规范管理年”活动，全面提升海事系统整体管理水平；积极维护水上安全形势稳定，确保实现运输船舶死亡失踪人数比 2005 年下降 3% 的目标；努力推进依法行政，检查落实执法责任制；全面深化执法模式改革、干部人事制度改革、航标“管养分开”改革，开展海事职衔制试点工作，加强队伍建设；有效整合海事监管信息数据资源，推进海事信息系统工程建设和基础设施建设；严肃纠正损害群众利益的不正之风，全面推广创建“安全畅通文明”航区(航线)活动，积极推进海事文化建设，加强行业文明建设和党风廉政建设；保障国家战略物资运输安全畅通，做好重点工程项目的海事保障工作，提高服务经济能力；组织好在中国召开的国际航标协会大会，做好国际海事组织成员国自愿审核机制研究工作，进一步扩大对外交流与合作。交通部海事局党委书记梁晓安作《把握科学发展方向，着力加强党的建设，全力推进“十一五”海事事业又快又好发展》的党委工作报告，提出2006年党委工作任务主要是：深入开展学习贯彻党章活动，更加突出能力建设，提高领导班子整体功能，提高基层一线执法人员的综合素质和能力，着力形成党的组织资源与内部管理资源的良性互动；切实保障“规范管理年”重点工作的落实，全面提升文明行业创建水平，加大海事文化建设和宣传工作力度，开创党风廉政和反腐败工作新局面。交通部副部长徐祖远针对“十一五”时期海事发展的总体要求和基本任务，强调直属海事系统要深化改革，调整队伍结构，提高队伍素质，努力完善海事监管体系和工作机制，不断提高执法效能、降低行政成本；要从理念、机制和内涵上持续创新，抓住重点，在事关海事发展全局的战略领域有大的贡献，在事关服务地方经济社会发展的重要领域有大的作为，在事关解决安全与防污染薄弱环节的关键领域有大的突破；要发挥内部和外部力量建立水上交通安全长效管理机制，海事监管要从注重水上管理向注重陆地管理转变，从注重硬件建设向注重软件建设转变，从注重船员向公司转变，注重从主管向监管转变，保持水上交通安全形势稳定；要从围绕国家战略决策、监管对象多元变化、重要资源水路运输安全、水运经济发展等方面，拓展海事公共管理和服务保障职能；要通过规范管理年活动统筹资源，抓机关，促基层，打基础，加强党的组织建设和思想政治工作，实践“全国海事一家人，水上监管一盘棋”理念，推动交通海事、阳光海事、数字海事的建设。此次会议第一次通过视频系统向直属海事系统转播实况。2月16日上午大会，系统内共设79个分会场，1500多人通过视频系统参加了会议。

2007年1月18日至19日，交通部海事局在深圳召开2007年交通部直属海事系统工作会议，常务副局长刘功臣作《规范管理，强化监管，优质服务，全面推进海事事业又好又快发展》的工作报告，提出2007年工作目标和主要任务是：水上安全形势要有新面貌，通过建设水上平安交通活动，完善重点水域、重点船舶、重点时段、重点环节的监管措施，解决一些影响水上交通安全形势的棘手和突出问题；海事服务要有新拓展，在船员队伍发展、通航水域功能规划与交通组织、航行安全信息提供、船舶动态监管、重点工程安全保障、引导船舶结构调整等方面，做好服务经济社会发展大文章；依法行政水平要有新提高，通过深化“规范管理年”活动，进一步统一全国海事工作的基本制度、程序、台账，制定海事执法业务工作流程，进一步规范海事行政执法行为，加强执法督察力度，建设法治、效能、责任和服务型海事机构；监管能力要有新进展，继续推进海事基础设施建设，推广电子政务，提高巡航执法效能，确保海事发展纲要和“十一五”规划有效实施；海事发展要有新活力，完善海事执法管理模式改革，完成国际海事组织成员国自愿审核机制准备工作，完善队伍建设激励、评价、管理、投入机制；海事形象要有新提升，加强精神文明和行风建设，实施海事文化建设工程，培养树立海事先进典型，着力开展安全畅通文明航线创建活动，提高新闻宣传的策划能力和对外报道水平。党委书记梁晓安作《主动做好服务，着力工作创新，为海事事业又好又快发展提供坚强保证》的党委工作报告，提出2007年党委工作任务主要是：着力用科学理论指导实践，深入开展主题实践活动，增强思想教育的针对性，提升领导班子整体功能，开创基层党建工作新局面；突出海事特色，提升精神文明建设创建水平，实现新闻宣传新突破；标本兼治，确保党风廉政建设取得新成效。交通部副部长徐祖远在会上讲话，要求2007年直属海事系统工作要紧紧围绕“三个服务”，① 把握水上交通安全规律，顺应社会主义市场经济发展趋势，规范管理，强化监管，优质服务，提升能力，实现海事又好又快的发展，最大限度满足人民群众对保障水上交通安全和维护国家主权的要求。他指出2007年海事工作要以平安

① 2006年7月21，交通部党组在建设创新型交通行业工作会议上，提出在建设创新型交通行业过程中，要做好“三个服务”：服务国民经济和社会发展全局，服务社会主义新农村建设，服务人民群众安全便捷出行。

建设为核心，抓好安全监管与主权维护，打造责任链和编织安全网，运用社会资源建立应急机制，提高开放口岸服务效率；以能力建设为重点，抓好队伍发展和优质服务，提升服务经济能力；以创新发展为动力，抓好法制建设与机制调整，改进管理方式方法，完善管理机制；以构建和谐为保障，抓好规范管理和作风建设，进一步增强海事队伍的凝聚力和职工的归属感。

【全国海事系统年度工作目标任务】

1998年交通部海事局成立后，至2004年，研究部署全国海事系统年度工作目标任务，主要以召开年度全国水上交通安全工作会议、专业工作会议的方式进行。2005年，交通部在北京召开第一次全国海事工作会议，并将全国水上交通安全工作会议内容合并到全国海事工作会议内容中。之后，全国海事工作会议成为研究部署全国海事系统年度工作目标任务的重要方式。

2005年10月27日至28日，交通部在北京召开全国水上安全监督管理体制改革实施以来的第一次全国海事工作会议。交通部部长张春贤在会上讲话，要求海事系统在“十一五”期间，要抓住关系海事事业发展的宏观性、长远性、根本性问题，在完善体制和机制上下功夫，用改革的办法破解难题，用创新的思路开拓局面，抓规律、抓落实、站位要高、抓总谋大，在构建和谐交通，建设社会主义新农村，推进水运产业结构优化，促进区域经济社会协调发展，建设环境友好型社会等方面发挥职能作用，提供服务，作出应有的贡献。他指出，海事事业新发展，要处理好中央与地方的关系。交通部在研究海事工作时，提出“全国海事一家人，水上监管一盘棋”的指导思想，符合中央关于充分发挥中央和地方两个积极性的精神。他强调海事系统要把保障水上交通安全作为中心工作，全面履行法定职责，进一步推进海事领域的国际合作，进一步加强海事执法队伍建设。交通部副部长徐祖远作《海事一家人，监管一盘棋，开创全国交通海事工作新局面》工作报告，并就落实安全管理责任，推进水上交通安全管理再上新台阶作专题讲话。他在报告中，全面总结了水上安全监督管理体制改革以来海事工作的成绩和经验，分析了海事工作存在的问题和面临的形势，规划了“十一五”期间海事工作的发展思路，阐述了“全国海事一家人，水上监管一盘棋”的内涵、着力点和基本要求。他指出“十一五”期间海事工作主要的规划思路是：要用战略的思维，准确把握海事发展主线；要用发展的眼光，统筹考虑海事管理模式；要用整体的合力，着力解决影响海事发展的重大问题。交通部海事局常务副局长刘功臣作会议总结讲话，明确2006年全国海事工作的基本目标是：继续保持全国水上安全形势基本稳定，不发生重特大责任事故。他具体部署了深化低质量船舶、渡口渡船专项整治，开展内河危险品水上运输和船舶防污染专项整治；开展“提升能力、规范管理”主题年活动；组织开展全国海事执法监督专项检查活动；推进建立全国海事信息共享和区域海事协调及协查机制；在长江、京杭大运河和黄河等水域开展防止船舶污染水域的调查研究工作；继续调整执法队伍结构；统筹海事现有力量和资源加大培训力度，提升人员岗位适任能力；全面总结推广“结对子”活动经验；在内河推广创建安全畅通文明水域（航线）活动等2006年九项重点工作。

2006年9月21日至22日，交通部在河北廊坊召开2006年全国海事工作会议。交通部海事局常务副局长刘功臣作《科学创新，规范管理，提高能力，促进海事工作全面快速协调发展》的工作报告，提出2007年及今后一个时期全国海事工作任务是：继续深化“规范管理年”活动，进一步抓好基础管理、基本规范和基层建设“三基”工作；加强重点监管，继续深化水上交通安全专项整治，不断完善水上交通安全长效管理机制；加强应急反应能力建设和水上安全监管手段建设，地方海事系统要逐步实现海事信息网络接入和信息交换共享；深化“结对子”活动内涵，加强人员培训，着力提高队伍素质；加强精神文明和行风建设，大力实施“典型培树工程”，形成具有海事特色的文明创建体系，坚决纠正各种

图 4-1-4 2006 年 9 月 21 日至 22 日，全国海事工作会议在河北廊坊召开

损害群众利益的行为；善于利用社会媒体加强宣传工作，不断增强引导舆论的能力，切实营造内外顺畅的良好发展环境。交通部副部长徐祖远在会上就科学统筹、创新发展新时期水上交通安全工作发表讲话，他强调在贯彻“安全第一，预防为主，综合治理”的安全生产方针过程中，要重点抓好预防预控，做到有预案、有措施、有落实，从源头管理、过程控制、建立长效机制等方面进行综合治理，并要抓住重点，兼顾其他；为解决水上交通安全突出问题而开展的专项治理，在目前情况下还是一个非常重要、有效的手段，要坚持专项治理与长效管理相结合的原则；继续加大水上交通安全投入，重点加强水上交通安全监管和应急反应能力建设，加快内河巡航搜救一体化建设进度，加强水上交通安全信息化建设力度；要坚持依法行政，提供优质服务，在深刻理解“全国海事一家人、水上监管一盘棋”新理念的基础上，在工作的方式方法上有创新，求突破，见成效，采取有效措施确保海事执法行为、标准的一致性、规范性，缩小区域内同类执法的差异。交通部部长李盛霖在会议结束前到会讲话。他强调要站在构建和谐社会的高度，充分认识海事工作的重要性，并指出海事工作具有五个特性，即海事工作服务和服从于国民经济发展，具有很强的经济性；涉及专业知识面广，具有很强的专业技术性；承担履行国际海事公约义务，具有很强的涉外性；监督管理水上交通安全，具有很强的公益性；与水上交通活动紧密相关，与交通工作具有很强的整体性。这五个特性集中体现在海事工作“保障水上安全”、“维护国家主权”两大职能上。他要求海事系统紧紧围绕“三个服务”，加强队伍建设，切实提高海事行政执法能力，最大限度地发挥海事在交通又快又好发展中保障水上交通安全、改善水上交通运输环境、保护生态环境的重要作用。

2007 年 9 月 19 日至 20 日，交通部在成都召开 2007 年全国海事工作会议。会议提出在全国海事系统开展“行政执法一面旗”建设活动的理念，连同“全国海事一家人、水上监管一盘棋”的指导思想，形成了“三个一”的海事发展新理念。交通部海事局常务副局长刘功臣作《认清新形势，落实新要求，促进全国海事事业又好又快发展》的工作报告，提出 2008 年全国海事工作主要任务是：深入开展水上安全隐患全面排查整改工作，突出抓好源头管理；强化对通航密集区、砂石运输船舶、低标准方便旗船舶、原油及危险品运输船舶和渡口、库区、湖区旅游船舶，以及灾害天气下的现场监督管理；在加强通航管理、推进船员队伍发展、加强应急反应能力建设、加快电子政务建设上创新服务经济社会发展举措；深化规范管理年活动，推进“行政执法一面旗”建设，以执法窗口建设、“安全畅通文明”航区创建、先进典型培树、文明机关创建和海事文化建设等“五大工程”建设为重点，深入推进海事系统精神文明建设活动，加强海事系统政风建设。交通部副部长徐祖远在会上发表书面讲话，阐述了提出“行政执法一面旗”理念的原由，“行政执法一面旗”与“全国海事一家人、水上监管一盘棋”的相互关系，“三个一”理念的内涵，以及践行“三个一”理念需要把握的几个重点。他同时强调全国海事系统要贯彻国务院和交通部有关安全工作的要求，全力抓好水上交通安全管理中心工作；要推动“十一五”海事发展规划实施，增强规划的权威性和约束力，围绕如何达到中等发达国家海事监管水平，提出具体的可操作性实施对策。会议第二天，徐祖远赶到会上，就做好 2008 年水上交通安全工作发表讲话，他指出，要进一步认识到做好水上交通安全工作的艰巨性，增强紧迫感和责任感，继续抓好隐患排查专项治理工作，突出解决危害水上安全的不稳定因素，切实有效防范重特大事故发生。

〖全国海事一家人、水上监管一盘棋、行政执法一面旗〗

2005年1月在杭州召开的交通部直属海事系统工作会议上，交通部副部长徐祖远首次提出直属海事系统要树立"全国海事一家人，水上监管一盘棋"的指导思想。他指出，要达到水上安全监督管理体制改革统一政令、统一布局、统一监督管理的目标，必须要正确处理直属海事与地方海事的关系，海事事业的全面发展不能忽略地方海事的发展，在加强直属海事系统工作的同时，也要重视地方海事的工作，支持他们的发展，实现协调发展。

2005年8月12日，交通部海事局印发《关于对"全国海事一家人、水上监管一盘棋"有关情况进行调研的通知》，以问卷调查和分组调研的方式，对全国直属和地方海事系统的机构设置、执法人员、执法设施装备、管理辖区、执法规范、经费来源等情况进行调研；同时成立由河北、浙江、长江海事局和河北省、浙江省、四川省、云南省、青海省地方海事局以及交通部海事局有关部门组成的"全国海事一家人、水上监管一盘棋"编写组，分析调查问卷资料，编写有关文件。

2005年10月在北京召开的第一次全国海事工作会议上，交通部部长张春贤在讲话中肯定了"全国海事一家人，水上监管一盘棋"的指导思想，认为这是全国海事系统需要强化的理念。交通部副部长徐祖远在工作报告中指出，由于中国经济社会发展不平衡，资源相对不足的基本国情，使海事发展中的管理体制和资源配置的优化，客观上受到了制约。当前和今后一段时间，要进一步加强和改进全国海事工作，必须把"全国海事一家人，水上监管一盘棋"的理念贯穿于海事工作的方方面面。"全国海事一家人"，是指地方、直属海事局之间，各局部门之间同样承担水上安全监督管理任务，只是责任范围不同，工作性质上没有你我之分，在海事系统这个大家庭中，要互相支持、优势互补、共同提高、共同发展；"水上监管一盘棋"，是指不管直属还是地方，不管沿海还是内河，不管水网地区还是非水网地区，全国海事机构必须在法律法规赋予的职责范围内全面履职，分工不分家，在服务经济、维护水上交通安全形势稳定、维护海事形象中承担共同的责任。"全国海事一家人，水上监管一盘棋"是实现海事新发展的共同目标，是实现全国海事更快更好发展的内在要求。心存"全国海事一家人"，方能下好水上监管这盘棋；下好"水上监管一盘棋"，才能体现"全国海事一家人"，发挥出全国海事的最大工作效能。要站在全国海事的大局，转变工作思路，用这一理念，统一全国海事工作人员的思想。"全国海事一家人，水上监管一盘棋"，既是统一思想的过程，也是实现全国海事新发展目标的具体实践过程。

2006年1月20日，交通部印发《关于实现全国海事一家人水上监管一盘棋的指导意见》。该指导意见共有提高认识，转变理念；把握内涵，落实责任；基本要求；主要措施；抓好落实工作5个部分。该指导意见指出，全国水上安全监督管理体制改革以来，海事事业取得了长足的进步和发展，但是，与交通科学发展的总体要求和实现海事新发展需要相比，仍然还存在差距和不足，全国海事机构之间发展还很不平衡，因此，实现"全国海事一家人、水上监管一盘棋"的交通海事新局面，对于确保水上交通安全形势的稳定，促进海事新发展，构建和谐交通有着十分重要的意义。该指导意见提出实现"全国海事一家人，水上监管一盘棋"的八项措施，主要是建立完善海事机构之间的定期沟通、信息交流、互访和协作协调机制；从改善执法队伍结构，建立省级海事机构统一管理海事执法人员制度，制定全国统一的海事执法人员培训考试制度和因地制宜的培训教材等方面加强地方海事执法队伍建设；进一步统一全国海事管理和执法的标准、程序、工作要求以及执法监督机制，加强海事法制建设；制定沿海与内河、水网地区与非水网地区不同特点的海事执法设施设备的配备标准，各级交通主管部门要加大对海事执法设施设备建设的投入，加强海事执法设施设备建设；逐步建立全国统一的海事信息交换平台，提高海事信息资源的应用水平和共享程度，加强海事信息化建设；要配合当地人民政府尽快建立健全水上交通安全和船舶污染事故应急反应机制，开通全国统一的水上遇险求救电话“12395”；从加强人员交流和培训的针对性，扩大信息应用范围，建立结“对子”考核、评估机制等方面深化海事系统“结对子”活动；加强全国海事系统的宣传、精神文明与行风建设工作，促进“全国海事一家人，水上监管一盘棋”的实现。

该指导意见实施后，“全国海事一家人、水上监管一盘棋”的理念逐步深入人心，交通部海事局的管理思路不断调整，海事监管的工作合力和作用于水上交通安全的效果逐步显现，“结对子”工作取得了明显成效。各海事机构加强了区域之间的协调，部分水域建立了水上交通安全管理的协调互动机制。地方水上安全监督机构体制基本理顺，建立起省、市、县三级管理体制，部分单位人员编制得到解决，经费纳入地方财政预算。交通部海事局在全国海事系统统一开展“规范管理年”活动，促进了海事管理的标准化、制度化、程序化；并在全国海事系统进一步统一海事行政执法政务公开工作，组织开展全国海事系统执法对口检查，统一规范执法行为。船舶“一卡通”工程范围覆盖长江三角洲区域 4 个省级地方海事局和沿海 14 个直属海事局；内河水域水上应急反应能力建设得到地方政府的高度重视，应急处理实行统一指挥和协调，各方应急力量得到优化整合。交通部海事局编写出版了全国海事系统职工培训教材，开展了一系列的专题培训，实施了地方海事系统执法人员免交培训费用的倾斜政策，支持和安排地方海事局人员参加国际海事会议和国外培训。通过“结对子”活动，全面开展双向业务技术培训、挂职交流、科研合作，促进了全国水网地区和非水网地区水上交通安全工作的协调发展。召开了全国海事系统精神文明建设会议、纠风工作会议和政风建设现场会，提出了全国海事系统统一执行的“八项纪律、八大措施”。至 2007 年，全国海事统筹发展的局面开始形成。

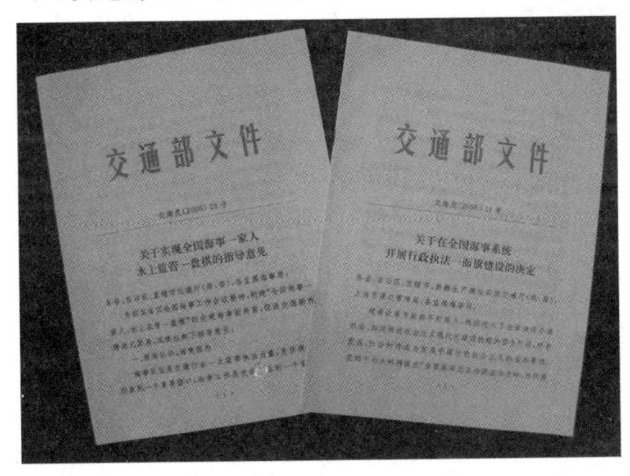
交通部文件

关于实现全国海事一家人 水上监管一盘棋的指导意见

交通部文件

关于在全国海事系统开展行政执法一面旗建设的决定

图 4-1-5　2006 年和 2008 年交通部印发的海事系统开展全国海事一家人、水上监管一盘棋、行政执法一面旗建设的文件

图 4-1-6　2007 年 8 月 13 日，交通部海事局局长助理叶红军(中)在张家港锦丰海事处调研“行政执法一面旗”

通过“全国海事一家人，水上监管一盘棋”的实践，2007 年 9 月在成都召开的全国海事工作会议又提出“行政执法一面旗”的工作理念，形成“全国海事一家人、水上监管一盘棋、行政执法一面旗”海事发展新理念。交通部副部长徐祖远在会上指出，提出“行政执法一面旗”，是根据国家深化行政体制改革、推进政府职能转变的新要求，对海事发展内涵进行了延伸和丰富。“行政执法一面旗”的内涵是执法队伍精干，执法活动规范，执法监督到位，执法手段先进，执法模式便民，执法行为文明。“全国海事一家人”强调的是海事队伍的整体性，要求坚持全局观念和大局意识，进一步推动全国海事协调发展；“水上监管一盘棋”强调的是海事目标任务的统一性，要求坚持统一布局、统一政令，统一监督管理，规范执法程序和执法行为，坚决履行好水上安全监督管理职责，维护好水上安全形势稳定；“行政执法一面旗”强调的是海事行政执法的先进性，体现海事执法的水平、质量、效率和作风，要求坚持依法行政，强化海事规范化管理，加快海事自身建设步伐，确保海事执法水平走在国家经济类执法队伍的前列。①

第二节　海事建设规划

【直属海事系统“十五”建设规划】

1999 年 3 月 8 日，交通部海事局根据交通部《关于编制“十五”计划的通知》的有关要求，印发《关于编报海事系统建设“十五”计划的通知》和“十五”计划编制提纲，提出“十五”建设计划编制原则是：加强手段、改善管理、填平补齐、突出重点、强化配套、协调发展，基本适应交通运输发展和行业管理的要求。4 月 28 日，交通部海事局在大连召开的直属海事系统计划基建和造船工作会议上，进一步明确编制“十五”计划的指导思想是：着眼于海事系统 21 世纪的发展，以适应保障通航水域安全、防止船舶污染、完成履约行为、建立应急反应机制的需求，总体上接近发达国家水平；建设重点是：加快海事系统信息系统建设，为海事管理业务提供全面的决策、支持能力，依靠科技进步，提高装备技术性能，加强现代化监督管理手段，建立多种手段现代化助航体系。

在各单位编制的“十五”计划的基础上，交通部海事局于 2000 年初，完成了《海事系统“十五”建设发展计划及 2015 年远景目标》编制任务，并上报交通部统一汇总。2000 年 4 月 12 日至 15 日在宁波召开的 2000 年直属海事系统计划基建和造船工作会议，具体研究了“十五”建设计划的项目和内容。鉴于沿海水上安全监督管理体制改革于 2001 年上半年才基本完成，针对地方水上安全监督机构划转交通部管理后的基础设施和技术装备的实际情况，2001 年上半年，交通部海事局组织各单位对“十五”建设计划进行了补充和完善。

2001 年 7 月 6 日，交通部印发《公路水路交通“十五”发展计划》，其中确定了直属海事系统“十五”建设目标和建设重点。

“十五”期间直属海事系统建设的主要目标是：初步建成“监管立体化、反应快速化、管理信息化、航测自动化”的统一、规范、高效的海事管理体系，50 海里内重要干线航道和重要港口附近船舶应急到达时间不大于 3 小时。

“十五”期间直属海事系统建设重点：建设长江口、珠江口、大连、宁波、厦门等船舶交通管理系统工程；完成海事信息系统三级网络；继续建设工作船码头和航标基地；对体制改革后新划转单位的业务用房进行统筹规划，按轻重缓急分步建设；控制巡逻船总量，优化船舶结构，更新各类船舶。

2003 年，交通部对直属海事系统“十五”建设项目进行了局部调整。

【直属海事系统“十一五”建设规划】

2004 年 2 月 23 日，编制直属海事系统“十一五”建设规划被列入 2004 年交通部海事局工作要点。3 月 26 日，根据交通部《关于编报公路水路交通“十一五”规划的通知》的有关要求，交通部海事局印发《关于编报直属海事系统“十一五”规划的通知》和“十一五”规划编制提纲，明确“十一五”建设规划要

① 2008 年 1 月 5 日，交通部印发《关于在全国海事系统开展行政执法一面旗建设的决定》；1 月 14 日，交通部海事局印发《关于贯彻实施〈关于在全国海事系统开展行政执法一面旗建设的决定〉的通知》。

突出体现海事工作有效监管，优质服务的目标，全面提高海事系统履约能力、监管能力和应急反应能力，编制工作要结合本地区水上交通安全形势发展趋势和海事监管模式改革趋势，突出重点，合理布局，更新规划编制理念，依靠科技进步和科技创新，从系统和整合资源角度出发，推动各种监管手段协调发展。在各单位编制的“十一五”规划的基础上，交通部海事局于2004年，初步完成了《直属海事系统“十一五”建设规划》编制工作。

图4-2-1　2004年3月31日至4月1日，交通部海事局副局长郭莘（右一）在南宁左江海事处调研基层海事机构发展规划和业务建设情况

2005年9月22日，交通部召开专题办公会研究“十一五”水上交通安全和救助系统建设规划。会议指出，“十一五”期间，水上交通安全面临的艰巨任务及需求与发展能力之间存在矛盾，要紧紧围绕到2010年实现重点水域的监管和救助能力明显提高，现代化水上交通安全和救助体系初步形成，水上交通安全形势明显好转的总目标，力求统筹兼顾，突出重点，强调节约，优势互补，资源共享，编制好“十一五”水上交通安全和救助系统建设规划。根据交通部有关“十一五”水上交通安全和救助系统建设规划的编制要求和总体规划，交通部海事局对《直属海事系统“十一五”建设规划》进行了修改、完善。

2006年1月13日至14日，交通部海事局在北京召开直属海事系统“十一五”建设规划前期工作会，会议总结了直属海事系统“十五”期间基础设施建设及其前期工作经验和问题，审查了直属海事系统“十一五”重点建设项目，并对其前期工作进行了部署。随后，交通部海事局将《直属海事系统“十一五”建设规划》上报交通部统一汇总。

2006年9月5日，交通部印发《公路水路交通十一五发展规划》，其中确定了水上安全和救助系统“十一五”建设目标和建设重点。

其主要建设目标是：监管和救助力量基本覆盖中国管辖水域和搜救责任区，险情预防和监控能力提高，在重点水域实现9级海况下全天24小时监管救助力量的出动，并可在6级海况下实施有效监管和救助。监管救助力量在规定时间内到达指定水域，沿海离岸50海里重要水域应急到达时间从目前的210分钟缩短到2010年的150分钟；长江干线应急到达时间由目前全线60%左右不超过45分钟提高到全线基本不超过45分钟。现场救助能力明显提高，人命救助有效率由目前的87%提高到90%左右；重点水域一次溢油性综合清除控制能力由目前的不足200吨达到500吨以上（局部达到1000吨）。在主要港口、重要水道和航段实现船舶动态实时监控。

其建设重点是：集中力量加强薄弱环节建设，基本完成渤海湾、长江口（含宁波舟山水域）、台湾海峡、珠江口、琼州海峡和长江干线六大水域的通信和监管指挥系统、飞机和船舶、机场及基地、船舶溢油应急设备等建设。

“十一五”期间，交通部安排了60亿建设资金，用于加强海事监管能力建设。

根据《国家水上交通安全监管和救助系统布局规划》和交通部的要求，2007年下半年，交通部海事局对直属海事系统“十一五”重点建设项目进行了调整。

【国家水上交通安全监管和救助系统布局规划】

2000年底，根据交通部的要求，交通部海事局开始组织编制《海事系统总体布局规划》，作为交通部前期工作的一个项目。编制工作由交通部规划研究院、交通部科学研究院、中交水运规划设计院和上海海事局承担。2002年,《海事系统总体布局规划》编制完成,其内容主要对直属海事系统船舶交通管理系统、航标测绘、安全通信、信息系统、船舶配置、船舶防污染设施等基础设施建设布局进行了规划。《海事系统总体布局规划》未正式印发,主要用于直属海事系统五年建设计划和年度建设计划的编制工作参考。

虽然经过多年努力,中国水上交通安全监管与救助能力得到提高,但仍然是低水平的,尤其是监管和救助装备的数量、性能与实际需求差距很大。根据2004年1月9日《国务院关于进一步加强安全生产工作的决定》中建立较为完善的安全生产监管体系和应急救援体系的要求,为实现到2020年水上交通安全状况根本好转的战略目标,国家发展和改革委员会与交通部于2004年开始共同组织编制国家水上交通安全监管和救助系统建设规划。

在该规划的编制过程中,交通部组织海事、救捞系统及部属有关单位先后进行了履行国际公约要求的研究、部分国家和中国香港特别行政区水上交通安全及救助系统发展经验的研究、通信监控和指挥系统建设方案的研究、飞机船舶等机动力量配置及基地布局的研究、污染清除和抢险打捞装备配置的研究、建设及维护资金的研究等多个专题的论证,走访相关省、自治区、直辖市人民政府有关部门,邀请宏观经济、产业布局、城市规划、综合交通、运输经济、通信信息等方面的专家进行咨询论证,征求有关部门及航运企业的意见,在总结多年来中国水上交通事故发生规律和水上交通安全监管、救助实践经验的基础上,借鉴国外水上交通安全监管、救助的科学理念和成功做法,形成《国家水上安全和救助系统建设规划》送审稿。2005年6月3日,该送审稿经交通部部务会原则通过并上报国务院。

国家发展和改革委员会在对交通部上报的《国家水上安全和救助系统建设规划》送审稿审查过程中,广泛听取了应急、国防、公安、财政、农业、海关、环保、海洋、气象等部门的意见,对有关内容作了适当调整,并更名为《国家水上交通安全监管和救助系统布局规划》。

2007年4月,国务院批准《国家水上交通安全监管和救助系统布局规划》。5月,国家发展和改革委员会印发该规划。

图4-2-2 2007年6月26日,国务院新闻办公室举行新闻发布会,发布《国家水上交通安全监管和救助系统布局规划》

2007年6月26日,交通部副部长翁孟勇、徐祖远在国务院新闻办公室举行的新闻发布会上发布《国家水上交通安全监管和救助系统布局规划》,并指出该规划是中华人民共和国成立以来第一个国家级水上交通安全监管和救助系统中长期规划,是全国突发性公共事件应急体系的组成部分,也是国家公共安全系统的重要内容。中国水上交通安全管理机制由水上交通安全监督管理和搜救应急指挥两大机制构成,中央政府和地方政府分别履行相应职责。水上交通安全监督管理由交通部设置的直属海事机构和地方政府设置的地方海事机构负责。水上搜救应急指挥由国家海上搜救部际联席会议负责,设在交通部的中国海上搜救中心负责统一协调指挥全国水上搜救应急反应工作;沿海及内河主要通航水域的各省(自治区、直辖市)海上搜救机构,在中国海上搜救中心的指导下负责本辖区的水上搜救应急组织指挥工作。国家专业救助打捞队伍隶属于交通部。该规划的地理范围是中央政府实施安全监管的水域，包括全部沿海水域(18000 公里大陆海岸线，300 万平方公里管辖海域面积)，长江干线(宜宾以下 2700 公里)，珠江、黑龙江水系主要通航水域，对外开放的额尔古纳河和澜沧江下游水域。该规划的基础年为 2005 年，规划的水平年份为 2010 年和 2020 年。该规划是集布局规划、系统规划和建设规划为一体的综合性规划。作为布局规划，根据风险水域分布和事故集中程度，对沿海和长江干线等水域的监管救助基地网络进行布点规划，具体分为监管救助综合基地、基地和站三个层次。作为系统规划，根据空间布点，对监管救助装备设施的配备标准进行配置和规划，具体分为通信监控指挥系统、飞机船舶等监管救助机动力量、船舶溢油清除和抢险打捞装备三大系统。作为建设规划，分近期和远期两个阶段安排建设，近期主要是指"十一五"期间内建设的重点项目，远期是指 2020 年内规划的重点项目。作为国家级的水上交通安全监管和专业救助力量布局规划，将服务于国家水上交通安全、海洋经济发展和海洋权益，体现政府履行公共服务、维护公共安全、有效应对突发性公共事件的意志，其建设投资全部由中央政府承担。7 月 18 日，交通部印发《国家水上交通安全监管和救助系统布局规划》，要求相关单位做好布局规划建设项目的落实工作。

该规划由现状评价、形势分析、功能定位、原则目标、规划方案、实施方案、实施前景和规划实施的保障措施等 8 个部分组成。该规划所确定的规划原则是：合理布局、突出重点；着眼长远、立足当前；整合资源、优化配置；防救结合、加强救助。

该规划所确定的 2020 年发展目标是：以中国沿海和长江干线水域为重点，基本建立全方位覆盖、全天候运行、具备快速反应能力的现代化水上交通安全监管和救助体系。全方位覆盖指水上监管和救助力量有效覆盖中国管辖水域和搜救责任区，在重点水域形成监管救助力量的多重覆盖；全天候运行指对险情进行实时预防和监控，在 9 级海况下(风力 12 级、浪高 14 米)全天 24 小时都能实现救助力量的出动，并保证在 6 级海况下(风力 9 级、浪高 6 米)能够实施有效监管和救助；快速反应指及时发现和应对险情，监管救助力量在规定时间内到达指定水域，沿海离岸 100 海里应急到达时间不超过 90 分钟，内河重要航段应急到达时间不超过 45 分钟；有效救助指发挥全社会综合救助的优势，保证现场救助基本成功，人命救助有效率大于 93%，重点水域一次溢油综合清除控制能力达到 1000 吨，沉船整体打捞吨位达到 8 万吨，水下救援打捞深度达到 300 米。

该规划所确定的 2010 年发展目标与交通部印发的《公路水路交通十一五发展规划》中水上安全和救助系统建设目标和建设重点相衔接：重点水域的监管和救助能力明显提高，现代化水上交通安全监管和救助系统初步形成，水上交通安全形势明显好转。

该规划指出：经对中央管辖水域进行风险分析表明，102 个规划水域中高风险水域共有 31 个(沿海 21 个)，较高风险水域 18 个(沿海 10 个)，一般水域 53 个(沿海 12 个)；高风险水域主要分布在沿海的渤海海峡、长江口(含舟山宁波水域)、珠江口、台湾海峡、琼州海峡和长江干线六大水域；这六大水域内的港口吞吐量占全国的 65% 以上，船舶进出港数量约占全国的 70%，水上交通险情数量占全国 75% 以上，在水上交通安全监督管理中占有举足轻重的地位；高或较高风险水域的分布规律与通过多年建设而形成的沿海和长江干线的重要港口、水道、交通流量较大的区域为重点的监管救助基地和设施布局是对应一致的。这是本次规划的基础。

该规划的"规划方案"，具体分为两部分：第一部分是长远的、分层次的空间布局规划，即沿海和长江干线等水域分综合基地、基地和站的三个层次的规划。综合基地、基地和站三者之间在监管和救助中有机结合、有效衔接，共同构成覆盖全国沿海和内河水域的监管救助基地网络(见表 4-2-1)。另一个部分是在空间布局基础上的装备配置规划，以现有装备设施为基础，由通信监控指挥系统、机动力量、船舶溢油清除装备和抢险打捞装备三大系统构成。

综合基地、基地、站布局规划一览（单位：个） 表4-2-1

水域	综合基地	基地	站	合计
沿海	4	18	21	43
长江干线	8	12	83	103
其他内河	—	—	143	143
总计	12	30	247	289

说明：综合基地是综合性设施，是监管、救助机动力量和油污清除、抢险打捞装备的大本营，是各种船舶靠泊、飞机起降和溢油应急设备、航标、打捞浮筒等装备的存放维修场地，并具有业务培训、实操训练等功能。基地是专业性设施，具有大中型船舶的停靠、航标存放维修等功能，部分基地还具备直升机起降功能和存放溢油应急设备。此外，为用于季节性监管救助值班待命的大中型船舶临时停靠，设置前沿待命点，作为基地的补充。站是中、小型船舶停靠码头，部分站具有航标存放维修功能。

通信监控指挥系统主要是按照国际公约要求建设专用通信监控指挥系统，形成覆盖沿海和长江干线的岸基电子信息网络。其中遇险安全通信系统，建设连续覆盖中国沿海近岸水域的甚高频通信系统；优化中高频海岸电台布局，将原有16座电台逐步调整为渤海湾、长江口、台湾海峡、珠江口和三亚5座，开通渔业协调通信电路，保证渔业安全通信；对原有长江甚高频通信系统进行升级改造，将遇险安全通信覆盖范围由目前的长江口至重庆延伸到宜宾；在中央管理的其他内河水域重要航段配置甚高频通信设备154套；对船舶报告系统进行改造，将原有6个船舶报告端站扩展为22个。监控系统，建设连续覆盖中国沿海近岸水域和长江干线的船舶自动识别系统；在高风险和较高风险水域布设船舶交通管理系统53个（其中沿海31个、长江干线18个、其他内河4个）；在其他内河水域建设小型船舶跟踪监控系统34个；完善船舶溢油监视监测系统。决策指挥系统，在中国海上搜救中心和主要省、市搜救中心和分中心建设75个应急决策指挥系统（其中沿海56个、长江干线19个），联结所有搜救成员单位，形成以中国海上搜救中心为核心的全国应急决策指挥联网。

机动力量主要指飞机和船舶。在烟台、上海、三亚综合基地配置直升机和固定翼飞机14架，在14个基地配置直升机和固定翼飞机32架；直升机和固定翼飞机总共46架，其中大型直升机4架、中型直升机25架、轻型直升机11架、固定翼飞机6架。船舶总共配置659艘，其中沿海334艘、长江干线162艘、其他内河163艘（见表4-2-2）。

船舶配置规划一览 表4-2-2

水　域	类　型	艘　数	备　注
沿海	综合基地	76	巡逻船、航标船、测量船、救助船。其中大、中型船舶36艘
	基地	199	各类船舶，其中大、中型船舶77艘
	站	56	各类船舶，其中大、中型船舶6艘
	前沿待命点	3	大型救助船舶
	小计	334	其中更新184艘，新增69艘
长江干线	综合基地	24	巡逻救助船舶，其中40米级、30米级船舶16艘
	基地	30	其中40米级、30米级船舶18艘
	站	108	其中30米级船舶25艘
	小计	162	其中更新71艘，新增43艘
其他内河		163	其中40米级、30米级船舶21艘，更新78艘，新增58艘
总计		659	其中更新333艘，新增170艘

船舶溢油控制清除装备主要是按照国家原油运输网络和敏感资源区分布，在中国沿海和长江干线综合基地、基地设置29个国家船舶溢油应急设备库（点），配置35艘溢油回收船舶。国家船舶溢油应

急设备库(点)按规模分为3个大型设备库(可对抗1000吨船舶溢油)、7个中型设备库(可对抗500吨船舶溢油)、14个小型设备库(可对抗200吨船舶溢油)、5个设备点(可对抗50吨船舶溢油)。其中沿海设置3个大型设备库、6个中型设备库、7个小型设备库，共16个。长江干线设置1个中型设备库、7个小型设备库、5个设备点，共13个。按基地类别和设备库规模配置相应的溢油回收船，其中在沿海配置22艘、长江干线配置13艘。溢油回收船按功能分为大、中、小型多功能溢油回收船，大、中、小型溢油回收船，中型快速溢油回收船。

该规划在“实施方案”中，对“十一五”期间重点建设项目作出具体安排，并指出“十一五”期间是水上交通安全监管和救助系统装备集中建造和更新改造的时期，在充分利用现有资源的同时，应集中力量加强薄弱环节建设，通过“十一五”期间的建设，使水上交通安全监管和救助系统的总体框架基本形成，基本完成渤海湾、长江口、台湾海峡、珠江口、琼州海峡和长江干线六大重要水域的布局建设和装备配置，重点水域的监管救助力量显著加强，基地空间布局基本完成，建成率达到65%以上。

第五章　海(水)上搜寻救助

简　述

海(水)上搜寻救助是政府协调一切公共和私有资源，提供海(水)上遇险监测和遇险通信服务，对在海(水)上遇险的人员、船舶及航空器展开搜寻救助，确定其位置，并将遇险人员转移到安全地点的行动和过程。海(水)上搜寻救助是国家应急救援体系的重要组成部分。1973年，国务院、中央军委成立全国海上安全指挥部，负责履行海(水)上搜寻救助政府职能。1982年，海(水)上搜寻救助被明确为交通部的主要职责之一。1985年，中国政府加入并开始履行《1979年国际海上搜寻救助公约》，承诺在中国沿海及内河通航水域，对海(水)上遇险人员提供及时、有效的搜寻救助服务。1989年，中国海上搜救中心成立，取代全国海上安全指挥部，负责全国海(水)上搜寻救助的统一组织协调工作。随着中国批准、加入、签订的多边、双边条约的增多和国际航运事业发展的需要，海上搜救职能内涵扩大，主要包括打击武装劫持船舶和防止船舶污染海洋环境。

中国海上搜救中心的日常工作和值班工作，在1998年中国海事局成立前，由交通部安全监督局具体承担；中国海事局成立后，至2005年，由中国海事局具体承担。

随着中国改革开放的不断深化，突发公共安全事件应急处置越来越受到国家和社会的关注与重视，交通部也加大对海(水)上搜救的值班设施配备和救助力量建设的投入，并对改革完善海(水)上搜救的体制、机制进行研究。

2004年1月15日，国务院召开专题会议，研究部署建立全国应急体系工作，海上搜救应急体系成为全国应急体系的一部分。按照交通部的统一安排，中国海上搜救中心开始编制《国家海上搜救应急预案》。3月11日，国务委员兼国务院秘书长华建敏、国务院副秘书长尤权视察中国海上搜救中心工作。华建敏肯定了水上搜救工作成绩，要求交通部进一步完善国家海上应急机制，高质量完成《国家海上搜救应急预案》编制工作，同时要根据预案内容编制科普教育影像材料，使全社会都了解支持海上搜救工作。6月10日，中央机构编制委员会办公室致函交通部，提出建立国家海上搜救部际联席会议制度的意见。7月12日，中央机构编制委员会办公室批复中国海上搜救中心人员编制和职责。7月29日，中共中央政治局常委、国务院总理温家宝在北京市视察交通运输工作时指示，要完善海上搜救体制改革。2004年12月26日，中共中央政治局常委、国务院副总理黄菊出席全国交通工作会议并讲话．他在讲话中强调要继续完善海上搜救体制改革。会议前，黄菊接见了在搜救“辽海”轮、“海鹭15”轮和搜寻打捞包头空难失事飞机黑匣子行动中作出突出贡献的先进集体代表和先进个人。

2005年，中国海上搜救体制实现新的变革。2月24日，交通部决定撤销中国海上搜救中心办公室，成立中国海上搜救中心总值班室，承担中国海上搜救中心各项工作和国务院海上搜救部际联席会议的日常工作。5月22日，国务院函复交通部，同意建立由交通部牵头的国家海上搜救部际联席会议制度。5月24日，国务院批准印发《国家海上搜救应急预案》。12月7日，国务委员兼国务院秘书长华建敏在国务院主持召开国家海上搜救部际联席会议第一次会议，国家海上搜救部际联席会议制度正式建立，国家海上搜救部际联席会议成为国家海上搜救工作的决策机构。12月21日，中国海上搜救中心总值班室成立。至2007年底，在国家海上搜救部际联席会议制度的框架下，中国海上搜救应急机制不断完善，进一步强化了中国海上搜救中心与国务院各相关部委、军队、武装警察部队在搜救工作中的配合协作关系，交通部(中国海上搜救中心)分别与公安部、卫生部、民政部、财政部、信息产业部、国家海洋局、中国民用航空总局、中国气象局建立了联动机制或签订了合作协议，并与海军、农业部就建立海上搜救联动机制达成一致意见，形成了以中国海上搜救中心组织、协调、指挥的专业力量与社会力量相结合、地方与军队相结合、多部门协同配合的海上搜救格局。

人命救助快速高效，一直是中国海(水)上搜救工作的总体目标和要求。围绕这一目标，交通部和中国海上搜救中心不断拓展海上搜救工作思路。2001年3月26日至28日，在南京召开的全国通航及搜救工作会议上，提出了"十五"期间海(水)上搜救工作方针：加强法制建设，完善搜救体系，增强组织协调能力，提高应急反应水平，使人命免受伤害，使海(水)域免遭污染。2003年1月31日，交通部部长张春贤到中国海上搜救中心检查春节值班工作时指示：中国海上搜救中心要加大投入，引进和运用最先进的管理手段和理念，用一流的装备武装起来；要优先在渤海湾、舟山水域、琼州海峡、长江口、长江沿线、珠江口等容易造成群死群伤事故的重点水域和海事巡逻船上安装电视监控设备，将现场险情和搜救情况传送到搜救中心；中国海上搜救中心要抓紧解决人员编制问题，要按专业化、高水平、规范化的标准和人员相对稳定的要求，选配和培养专职值班人员，把中国海上搜救中心办公室建成具有现代化、数字化、信息化管理水平，集水上安全管理、海上搜救决策、信息分析处理为一体的组织、协调、指挥中心。2003年4月7日至8日，中国海上搜救中心在厦门召开首次全国海上搜救中心办公室主任工作会议，重点研究加快水上搜救值班室技术装备建设和水上搜救值班专业队伍建设的措施。会议明确水上搜救的工作原则是：专业救助力量与社会救助力量相结合，以交通部所属专业救助力量为主；自救与他救、互救相结合；地方与军队相结合。会议同时提出了搜救中心运用这些原则的要求，还提出要开展重大海(水)上搜救活动的后评估工作。

图5-0-1　2003年4月7日至8日，全国海上搜救中心办公室主任工作会议在厦门召开

2003年2月11日，交通部部长张春贤在全国交通厅局长会议上提出，要建立全方位覆盖、全天候运行、快速反应的现代化水上安全保障系统，对发生在中国搜救责任区内的海上险情进行有效、快速救助。交通部副部长徐祖远在2004年9月24日召开的"大风浪搜救技术研讨会"上指出，海上搜救工作总要求是：以最快捷的速度获取最准确的信息情报，以最科学的决策制定最完善的计划部署，以最有效的手段配备最精干的搜救力量，以最满意的效果回馈最热切的社会期待。2005年建立国家海上搜救部际联席会议制度以后，完善应急机制，提高搜救能力，成为海上搜救工作的重点。2007年12月14日，在全国海上搜救电视电话会议暨国家海上搜救部际联席会议第三次会议上，国务委员兼国务院秘书长华建敏强调，为实现海上搜救工作中长期目标，要加强搜寻救助、预警防范、应急响应、协调联动、政策保障和技术支撑五种能力建设，建立中国特色的海上搜救体系。交通部部长李盛霖在会上提出，加强搜救能力建设，确保海上险情得到及时有效处置，筑牢海上安全的最后一道防线。

自1998年中国海事局成立至2007年底，中国海(水)上搜救工作体制、应急预案、反应机制在改革中不断完善，中国海(水)上搜救力量也在建设与整合中不断加强。在沿海11个省(自治区、直辖

图 5-0-2　2007 年 12 月 14 日，全国海上搜救电视电话会议暨国家搜救部际联席会议第三次会议在北京召开

市)成立了海上搜救中心，设置了 20 个救助基地、77 个动态值班待命点和 4 个飞行救助大队，部署了专业救助船舶 58 艘、专业救助飞机 9 架，还有各类海事监管船舶 700 余艘；在长江、黑龙江干线成立了水上搜救中心，长江干线实行海事巡航和救助一体化管理体制，每 20 公里设置一个海事监管和救助站点。1998 年至 1999 年，全国各类海(水)上搜救行动年均 540 次左右，救助遇险人员年均 3000 人左右，救助成功率不到 90%；2000 年至 2003 年，全国各类海(水)上搜救行动年均 300 次左右，救助遇险人员年均 7000 人左右，救助成功率在 90% 以上；2004 年至 2007 年，全国各类海(水)上搜救行动猛增至年均 1600 次左右，救助遇险人员年均 18000 余人，救助成功率提高到 94% 以上，2007 年达到 96.8%。

第一节　海(水)上搜寻救助体制

【中国海上搜救中心】

1973 年 12 月 28 日，国务院、中央军委联合发文，决定在国务院、中央军委领导下，由交通部、总参谋部、海军、空军、对外经济贸易部、农林部、国家海洋局、中国气象局(以后又增加石油化学工业部、邮电部、中国民用航空总局)组成海上安全指挥部，由交通部负责人任指挥，总参谋部、海军有关负责人任副指挥，主要负责统一部署和指挥海上船舶防台风、防止船舶污染海域和海难救助工作。1974 年 1 月 21 日，由国务院、中央军委有关部门组成的全国海上安全指挥部正式成立，在交通部机关设办公室，负责全国海上安全指挥部日常工作。3 月 1 日，交通部、总参谋部、海军、空军、对外经济贸易部、农林部、中国气象局指派人员组成的全国海上安全指挥部办公室开始办公和值班，从此建立起海上搜救昼夜值班制度。沿海各省(自治区、直辖市)根据国务院、中央军委的要求，也相继成立由各地方政府有关部门和军区组成的海上安全指挥部，其主要负责人由地方政府省级领导人担任。1976 年 11 月 29 日，国务院、中央军委同意将渤海防冻破冰工作交由全国海上安全指挥部负责。1982 年 2 月 24 日，国务院、中央军委将全国海上安全指挥部日常工作交由交通部负责，全国海上安全指挥部值班工作仍由各部门选派人员负责。同年，在交通部机构改革中，负责水上船舶安全指挥和救助打捞被明确为交通部的主要职责之一，全国海上安全指挥部办公室及其搜救职责合并到新组建的水上安全监督局(1988 年 7 月后为安全监督局)。1985 年 7 月 24 日，国际海事组织《1979 年国际海上搜寻救助公约》对中国生效。按照公约规定，各国要开展国家搜救服务，建立海上救助协调中心和救助分中心。根据 1988 年国务院机构改革方案中撤销非常设机构的决定，1988 年 11 月 7 日，全国海上安全指挥部被撤销。12 月 7 日，交通部向国务院请示，全国海上安全指挥部撤销后，建议在交通部设立中国海上搜救中心，负责海难人命搜寻救助工作。1989 年 7 月 18 日，国务院、中央军委批准在交通部建立中国海上搜救中心，作为交通部的非常设机构，负责全国海上搜救工作的统一组织和协调，并要求国务院有关部门和军队有关部门配合中国海上搜救中心，做好海上搜救工作；同意将沿海各省(自治区、直辖市)海上安全指挥部更名为海上搜救中心，除防冻破冰工作由海军和国家海洋局负责外，其他职责不变，业务受中国海上搜救中心指导。1990年6月22日，中国海上搜救中心正式成立，其日常工作由交通部安全监督局承担，中国海上搜救中心办公室与交通部安全监督局值班室(1994年后为通航监督处)合署办公。

1998年中国海事局成立前，中国海上搜救中心成员由交通部有关部门人员组成，主任为主管副部长，副主任为安全监督局和海上救助打捞局有关领导。安全监督局男性工作人员轮流参加海上(包括内河)搜救24小时双人值班工作，同时分期从交通系统借调2人至3人参加值班。

1998年10月成立的中国海事局，被中央机构编制委员会办公室和交通部授予组织、协调和指导水上搜寻救助并负责中国海上搜救中心日常工作的职责，其内设机构通航管理处与中国海上搜救中心办公室合署办公，具体负责水上搜救和船舶污染水域清除的监控值班，同时继续分期从交通系统借调3人至5人参加值班。中国海上搜救中心办公室设在交通部机关大楼主楼二层218房间。

2000年10月24日，交通部发文调整中国海上搜救中心及其办公室组成人员。中国海上搜救中心主任为交通部副部长洪善祥，副主任为交通部海事局常务副局长刘功臣、党委书记黄先耀和交通部海上救助打捞局局长宋家慧；中国海上搜救中心办公室主任为交通部海事局副局长刘实，副主任为交通部海事局副局长刘德洪、王金付和交通部海事局通航管理处处长翟久刚、副处长丁宝成。

2004年1月7日，海上搜救咨询专家组成立，中国海上搜救中心建立海(水)上搜救专家咨询机制。专家咨询组由具有航海、航空、船体构造、医疗救护、化学危险品、石油、消防、气象、海洋环境等相关方面专业知识的专家组成。交通部部长张春贤出席专家组成立大会并为专家们颁发聘书。当海(水)上搜救活动需要给予现场专业技术指导时，搜救指挥机关就可以起用专家咨询组，为科学决策提供咨询意见。

图5-1-1 2004年1月7日，交通部、中国海上搜救中心海上搜救咨询专家组在北京成立。图为交通部部长张春贤(左三)向受聘专家颁发证书

鉴于中国海上搜救中心作为设在交通部的非常设机构，成立以来一直未能核定人员编制，搜救值班长期由兼职和借调人员承担，这种缺乏稳定性的工作模式已不适应国际国内社会对水上搜救应急反应新的要求，2004年4月15日，交通部致函中央机构编制委员会办公室，请示核定中国海上搜救中心人员编制和职责。6月10日，经中央机构编制委员会同意，中央机构编制委员会办公室致函交通部，提出完善海上搜救应急机制的意见，主要是由交通部牵头，建立海上搜救部际联席会议制度；在现有中国海上搜救中心的基础上，建立一个以交通部为主值班的专业、权威的海上搜救指挥工作机构。7月12日，经中央机构编制委员会批准，中央机构编制委员会办公室批复中国海上搜救中心人员编制和职责。

中国海上搜救中心主要职责是：

1. 组织、协调、指挥重大海上搜救和船舶污染事故应急处置行动，承担海上搜救和船舶污染事故应急反应值班工作。

2. 起草海上搜救有关政策法规，制定重大海上搜救和船舶污染事故应急反应预案及有关规章制度。

3. 负责国家海上搜救和船舶污染事故应急反应信息系统建设，协调和指导地方海上搜救和船舶污染事故应急反应信息系统建设。

4. 指导地方海上搜救和船舶污染应急反应工作，开展人员培训工作。

5. 履行有关国际公约，开展与有关国家及国际组织在海上搜救和船舶污染应急反应方面的交流与合作。

中国海上搜救中心行政编制10名，其中司局级领导职数1名。

2005年2月24日，交通部发文，明确中国海上搜救中心作为交通部的内设机构设置，日常行政工作由交通部管理，业务委托中国海事局管理。撤销中国海上搜救中心办公室，成立中国海上搜救中心总值班室，承担中国海上搜救中心各项工作和国务院海上搜救部际联席会议的日常工作。行政编制10名，按公务员管理，人员不足部分从交通系统选派。中国海上搜救中心领导职数3名，其中主任1名，由交通部主管副部长兼任，常务副主任1名，由交通部海事局常务副局长兼任，副主任1名，由交通部救助打捞局局长兼任；中国海上搜救中心总值班室主任1名(副局级)，副主任3名(处级)。6月28日，交通部任命交通部副部长徐祖远为中国海上搜救中心主任，交通部海事局常务副局长刘功臣为常务副主任，交通部救助打捞局局长宋家慧为副主任，翟久刚为中国海上搜救中心总值班室主任；交通部人事劳动司任命杜永东、章荣军为中国海上搜救中心总值班室副主任。12月21日，中国海上搜救中心总值班室成立。12月31日12时，中国海上搜救中心总值班室与中国海事局通航管理处正式分离，开始履行海上搜救和船舶污染事故应急反应昼夜值班职责。中国海上搜救中心总值班室代行海事系统应急值班，中国海事局不再另设值班室。

图5-1-2 2005年9月23日，中国海上搜救中心总值班室主任翟久刚(左二)在河北曹妃甸港区调研海上搜救工作

因交通部机关大楼维修，2006年10月至2007年底，中国海上搜救中心总值班室随同交通部机关，临时迁到北京市北三环路安贞大厦，在20层05、06室办公和值班。①

【国家海上搜救部际联席会议】

2005年4月26日，根据中央机构编制委员会办公室关于建立国家海上搜救部际联席会议制度的意见，交通部将草拟的《国家海上搜救部际联席会议制度》、《国家海上搜救部际联席会议成员单位职责》、《国家海上搜救部际联席会议成员及联络员名单》上报国务院。5月22日，国务院函复交通部，同意建立由交通部牵头的国家海上搜救部际联席会议制度(以下简称联席会议)，联席会议由交通部、公安部、农业部、卫生部、海关总署、中国民用航空总局、国家安全生产监督管理总局、中国气象局、国家海洋局、总参谋部、海军、空军、武装警察部队组成，各成员单位按职责分工落实联席会议布置的工作。交通部部长担任联席会议召集人，各成员单位有关负责人为联席会议成员；中国海上搜救中心是联席会议的办事机构，负责其日常工作；联席会议设联络员工作组，由联席会议成员单位有关司局负责人担任联络员。《国家海上搜救部际联席会议制度》明确联席会议的主要职能是：在国务院领导

① 2008年1月21日，中国海上搜救中心总值班室随同交通部机关迁回交通部大楼，并改设在附楼四层。

下，统筹研究全国海上搜救和船舶污染应急反应工作，提出有关政策建议，讨论解决海上搜救和船舶污染处理工作中的重大问题，组织协调重大海上搜救和船舶污染应急反应行动，指导、监督各省(自治区、直辖市)海上搜救应急反应工作，确定联席会议成员单位在搜救活动中的职责；规定联席会议每年召开一次例会，研究解决重大问题时，可请国务院领导人主持召开会议，联络员工作组每半年召开一次例会，负责分析全国海上搜救、船舶污染应急反应工作形势和问题，通报情况，提出建议。2006年6月2日，国务院同意联席会议成员单位增加民政部和信息产业部。

国家海上搜救部际联席会议成员名单　　表5-1-1

年份	2005年	2006年
召集人	张春贤　交通部部长	李盛霖　交通部部长
成员	徐祖远　交通部副部长	徐祖远　交通部副部长
	孟宏伟　公安部副部长	孟宏伟　公安部副部长
	牛　盾　农业部副部长	李立国　民政部副部长
	王陇德　卫生部副部长	奚国华　信息产业部副部长
	盛光祖　海关总署副署长	范小建　农业部副部长
	王昌顺　中国民用航空总局副局长	王陇德　卫生部副部长
	梁嘉琨　国家安全生产监督管理总局副局长	吕　滨　海关总署缉私局局长
	许小峰　中国气象局副局长	王昌顺　中国民用航空总局副局长
	张宏声　国家海洋局副局长	王德学　国家安全生产监督管理总局副局长
	许纪文　总参谋部作战部副部长	许小峰　中国气象局副局长
	孙建国　海军副参谋长	王　飞　国家海洋局副局长
	赵忠新　空军副参谋长	许纪文　总参谋部作战部副部长
	刘红军　武装警察部队副参谋长	丁一平　海军副参谋长
	刘功臣　交通部海事局常务副局长	张建平　空军副参谋长
	—	薛国强　武装警察部队副参谋长
	—	刘功臣　交通部海事局常务副局长

2005年12月7日，国务委员兼国务院秘书长华建敏在国务院主持召开国家海上搜救部际联席会议第一次会议。国务院副秘书长尤权，联席会议成员或成员代表，国家发展与改革委员会、财政部、国务院法制办公室、中央机构编制委员会办公室、国务院政策研究室的有关领导及各成员单位联络员出席会议。会上，交通部副部长翁孟勇介绍了国家海上搜救联席会议成立的背景、目的和作用以及"十五"以来全国海上搜救工作的基本情况；交通部副部长徐祖远就联席会议工作规则及各成员单位的职责等作了说明；公安部、农业部、卫生部、总参谋部、中国气象局、国家海洋局、国家安全生产监督管理总局、海军、武装警察等部门和单位的代表发言表示要认真履行职责，积极参与海上搜救工作。华建敏要求各成员单位，要调动各方搜救资源，充分利用部际联席会议平台，加强部门间的沟通、协调和配合，共同做好海上搜救工作；要按照《国家海上搜救应急预案》和会议确定的职责分工，制定与应急预案相衔接、相配套的具体工作方案；要充分发挥中央和地方海上搜救指挥机构两个方面的优势，坚持条块结合的工作原则，特别要依靠地方政府做好海上搜救工作；海上搜救工作要关口前移，防备结合，加强合演合练，建立高效畅通的海上搜救应急信息系统，实现多部门间的协同应对。会议确定了联席会议各成员单位的职责分工，提出了海上搜救今后重点工作：加快海上搜救能力建设，开展海上搜救资源普查与整合，完善协作制度和联动机制，提高整体协同和快速反应能力；健全海上各种险情的分析预报预警监测体系和水上油污染应急体系；研究建立以政府投入为主的海上搜救经费保障和

补偿机制；加强海上搜救职工队伍建设；推进海上搜救立法进程；加强海上搜救行动的国际合作与宣传。会议还明确凡处理涉外海上特别重大突发事件，应通过外交途径。

2006 年 3 月 31 日，中国海上搜救中心在北京召开国家海上搜救部际联席会议联络员工作组第一次会议，研究 2006 年海上搜救重点工作。公安部边防局、农业部渔政局、卫生部应急办公室、海关总署缉私局、中国民航总局安全办公室、国家安全生产监督管理总局应急办公室、中国气象局预测减灾司、国家海洋局海监总队、总参谋部作战部海军局、海军司令部作战部、空军司令部作战部、武装警察部队司令部作战勤务部等联席会议联络员或代表，国务院应急办公室、国务院法制办公室、民政部等有关部门的代表出席会议。交通部副部长、中国海上搜救中心主任徐祖远讲话，中国海上搜救中心常务副主任刘功臣作报告。

2006 年 6 月 2 日，国家海上搜救部际联席会议召集人、交通部部长李盛霖在交通部主持召开了国家海上搜救部际联席会议第二次会议并讲话。联席会议成员或成员代表，国务院应急办公室、国务院法制办公室、民政部、财政部、信息产业部、国家防汛抗旱总指挥部、共青团中央的有关领导及各成员单位联络员出席会议。会上，播放了“中国海上搜救——海上安全的最后一道防线”宣传片，交通部副部长、中国海上搜救中心主任徐祖远作工作报告，交通部海事局常务副局长、中国海上搜救中心常务副主任刘功臣介绍“2006 年海上联合搜救演习”筹备情况；公安部、农业部、总参谋部、空军、海军、中国气象局、国家海洋局等成员单位的代表通报了本部门前一阶段参与海上搜救工作的情况。会议部署了下一阶段联席会议有关工作，要求各成员单位认真研究公安部制定的《关于做好海上搜救应急工作的意见》，尽快制定好本部门内部的相应程序和规范；研究建立海上搜救奖励机制。会议重点部署了 2006 年年度水上防抗台风工作，通过“2006 年海上联合搜救演习”方案。

图 5-1-3　2006 年 6 月 2 日，国家海上搜救部际联席会议第二次会议在北京召开

2006 年 8 月 20 日，交通部副部长、中国海上搜救中心主任徐祖远在交通部主持召开国家海上搜救部际联席会议配合福建省政府开展救灾工作专题会议（联络员工作组第二次会议），民政部代表，农业部、国家安全生产监督管理总局、总参谋部、海军等联席会议成员单位的联络员或代表出席会议，专题研究救助因“桑美”台风造成福建沙埕港沉没渔船的有关问题。会议决定，农业部指导地方渔业行政部门进行渔船损失调查评估，并将数据提供给地方政府；海军负责沙埕港军港内航道扫测和航标恢复工作，配合地方政府进行沉船打捞；交通部配合地方政府进行水域秩序维护、航标恢复、沉没渔船打捞工作。

2007 年 2 月 26 日，中国海上搜救中心在交通部召开国家海上搜救部际联席会议联络员工作组第三次会议，研究 2007 年海上搜救工作计划。联

图 5-1-4　2007 年 2 月 26 日，国家海上搜救部际联席会议联络员工作组第三次会议在北京召开

席会议成员单位的联络员或代表，国务院应急办公室、财政部、国家环境保护总局、共青团中央等有关部门和单位的代表出席会议。中国海上搜救中心副主任宋家慧主持会议，交通部副部长黄先耀受交通部部长李盛霖、副部长徐祖远委托出席会议并讲话。会上，中国海上搜救中心常务副主任刘功臣作报告，中国海上搜救中心总值班室主任翟久刚介绍筹备召开2007年全国海上搜救大会的设想，与会的各位代表通报了本单位开展相关工作的情况。

2007年12月4日，中国海上搜救中心在交通部召开国家海上搜救部际联席会议联络员工作组第四次会议，讨论修改中国海上搜救中心起草的《关于加强全国海上搜救工作的指导意见》和全国海上搜救大会工作报告。联席会议成员单位的联络员或代表，国务院应急办公室、外交部等有关部门代表出席会议。交通部海事局副局长王金付主持会议。交通部副部长徐祖远到会并讲话。会上，中国海上搜救中心副主任宋家慧介绍救助西沙、南沙群岛被困中外渔民情况，中国海上搜救中心总值班室主任翟久刚通报全国海上搜救大会暨国家海上搜救部际联席会议第三次会议筹备情况。会议对救助渔业遇险船舶时的通信、获救中国船员归国和外籍获救人员遣返、灾害性海况天气的预警预防、信息报送、新闻发布等问题进行了讨论。会议认为，海上搜救工作要利用奖励机制，广泛动员社会力量，发挥专群结合的工作优势；要对政府公务力量开展海上搜救科目的日常训练，发挥专业救助人员业务能力优势；要贯彻“早发现、早报告”和有新情况连续上报的原则，做好信息报告工作，使上级机关及时掌握突发事件的整体情况。

2007年12月14日，全国海上搜救电视电话会议暨国家海上搜救部际联席会议第三次会议在国务院小礼堂召开。国务委员兼国务院秘书长华建敏出席会议并讲话，国务院副秘书长张勇主持会议。15个联席会议成员单位，国务院办公厅、外交部、发展与改革委员会、财政部、国家环境保护总局、国务院法制办公室、国家防汛抗旱总指挥部、共青团中央的领导和有关负责人在主会场出席会议。全国共设37个分会场，各省(自治区、直辖市)和计划单列市、新疆生产建设兵团领导在当地分会场出席会议。会上，国家海上搜救部际联席会议召集人、交通部部长李盛霖作《深入落实以人为本的科学发展观，推进海上搜救工作再上新台阶》的工作报告，四川省副省长王宁、天津市副市长只升华、信息产业部副部长奚国华、交通部南海救助局局长尹干洪作交流发言。交通部副部长、中国海上搜救中心主任徐祖远宣读对全国海上搜救工作先进单位、集体、个人的表彰决定。会议总结了国家海上搜救部际联席会议制度建立以来中国海上搜救工作取得的成就，分析了海上搜救工作面临的形势，提出了海上搜救工作的任务与要求。华建敏在讲话中要求，海上搜救工作要加强五个方面的能力建设：搜救队伍建设专兼结合、素质过硬，技术装备全天候运行、安全可靠，搜救网络全面覆盖周边海域、内河、湖泊，提高搜寻救助能力；加强对灾害性天气的监测预报，对水上安全隐患的排查治理，对水上交通安全的宣传教育，提高预警防范能力；加强信息传递和接报能力建设，加强预案管理和搜救演练，完善海上搜救指挥体系，提高应急响应能力；发挥联席会议综合协调作用，加强条块、军地协调配合和信息共享，积极开展国际交流与合作，提高协调联动能力；推进海上搜救立法工作，加大资金投入和新技术、新装备的研究与应用，建立海上搜救奖励和补偿机制，提高政策保障和技术支撑能力。华建敏强调，海上搜救工作要落实属地管理责任，推进和完善内陆水上搜救体系建设，各地区要借鉴联席会议工作模式，完善搜救工作组织协调机制。会议提出海上搜救工作2010年目标是：重点水域的监管和救助能力明显提高，现代化水上交通安全和救助体系初步形成，水上交通安全形势明显好转；海上人命救助成功率在93%以上，距岸50海里内重要海域应急到达时间不超过150分钟，内河主要通航水域的重要航段应急到达时间不超过45分钟，“四区一线”和沿海主要港口一次溢油控制清除能力达到500吨。2020年目标是：以中国沿海和长江干线水域为重点，基本建成全方位覆盖、全天候运行、具备快速反应能力的现代化水上交通安全和救助体系，对发生在中国搜救责任区内的水上险情可实施有效、快速救助，水上交通安全形势根本好转；海上人命救助成功率在95%以上，距岸50海里内重要海域应急到达时间不超过90分钟，内河主要通航水域的重要航段应急到达时间不超过30分钟，沿海水域和内河主要通航水域的重要航段一次溢油控制清除能力达到1000吨。

【海（水）上搜救应急联动机制】

由于航行于中国沿海和内河水域的船舶数量不断增加，海（水）上伤病事故明显增多。根据已对中国生效的《1979年国际海上搜寻救助公约》、《海员社会保障公约》规定，2002年5月31日，交通部与卫生部决定在各海上搜救中心与当地同级卫生行政部门之间建立海上搜救医疗援助联动机制，并联合发文要求各海上搜救中心要与当地同级卫生行政部门相互配合，制定海上医疗救援预案，组织演练，要加强值班工作，及时处理海上医疗援助申请，确保海上伤病人员能够得到及时有效的医疗救援；各地卫生行政部门应指定当地急救中心和综合实力最强的医疗机构，作为负责本地区海上医疗援助的指定医疗机构；负责本地区海上医疗救援工作的医疗机构应当指定专人负责此项工作，并指派临床经验丰富，且英语好的医师承担具体工作，同时，按搜救中心的要求派出救护车辆和医疗小组执行海上医疗援助任务；接受医疗援助任务的医务部门应免费向船方提供医疗咨询；如船方要求派出船艇、航空器移送伤病人员，搜救中心应立即对其要求作出具体安排，并通知医疗机构接收伤病人员，接受任务的医疗机构接到通知后应立即安排救护车辆到指定地点接收伤病人员；如船方要求派出医疗小组随船、航空器赴海上救治伤病人员，搜救中心应立即对其要求作出具体安排，并通知指定的医疗机构派出医疗小组，接受任务的医疗机构接到通知后应立即派出医疗小组，随船或航空器参加救援活动，并做好安排伤病人员入院治疗事宜。鉴于一些地方建立海上医疗援助联动机制推进缓慢，2004年8月23日，中国海上搜救中心发文，要求各地海（水）上搜救机构，积极与当地卫生行政部门沟通协调，尽快建立各地海上医疗援助联动机制，作为各级海上搜救应急反应体系的组成部分，并使其具有合理性和可操作性。

2003年，交通部与国家海洋局协商建立“海洋气象资料查询系统”。

2006年5月，公安部印发《关于做好海上搜救应急工作的意见》。意见规定了公安系统有关部门执行、参与海上搜救应急工作的职责、程序，提出了相应措施和要求，明确公安边防部门主要负责调派船艇和人员参与海上搜救应急行动，出入境管理部门主要负责为跨国、跨地区海上搜救应急行动人员和外国籍获救人员、死亡人员提供出入境便捷服务，公安消防部门主要负责为海上搜救应急行动提供必要的消防装备器材和技术支持。

图5-1-5　2006年10月13日，交通部部长李盛霖（前左二）和中国气象局局长秦大河（前左一）在北京签署海上搜救气象服务协议

2006年6月7日，交通部与信息产业部决定充分发挥沿海及内河水域现代电信网络作用，在各海（水）上搜救中心或分中心、海事机构、通信管理部门、基础电信营运企业之间建立海（水）上搜救通信应急联动机制，并联合发文要求各海（水）上搜救中心和分中心、海事机构加强值班工作，及时处理海（水）上遇险者发出的遇险信息，需要时应及时向相关的基础电信营运企业及当地通信管理局提供相关遇险信息；要求各地通信管

理局应根据当地海(水)上搜救中心或分中心、海事机构的要求，协调和督促相关基础电信营运企业，充分发挥电信网络作用，积极服务于海(水)上搜救工作，各相关基础电信营运企业要根据通信管理局的要求，积极配合当地海(水)上搜救中心或分中心、海事机构开展紧急救援工作，有条件的地区，可以向搜救中心或分中心、海事机构提供遇险船舶上公用通信设备位置信息作为搜救参考。

2006 年 10 月 13 日，交通部与中国气象局签署海上搜救气象服务协议，明确双方共同完善海洋气象信息分发系统，应用多种信息传输方式使气象预报产品在第一时间传达至各级海上搜救机构和广大船员、渔民、海上作业人员等用户；共同制定针对台风、冬季季风的海上预警应急预案；共同利用电视媒体联合发布海上灾难性天气预警提示。

2007 年 2 月 7 日，中国海上搜救中心总值班室与中国民用航空总局空管局运行管理中心签订搜救信息通报协议。该协议确定双方应互相及时通报所接收的船舶、民用航空器发出的紧急求援信息；当发生空难无法确定航空器位置时，中国海上搜救中心总值班室应立即通知中国搜救卫星任务控制中心监测，并将监测到的遇难航空器定位信息及时反馈给中国民用航空总局空管局运行管理中心；当海上搜救工作需要实施飞行救助时，中国民用航空总局空管局运行管理中心在飞行计划、空中交通服务等方面提供必要支持。

2007 年 6 月 15 日，民政部与交通部决定建立民政救灾部门与交通应急部门、海(水)上搜救部门应对突发灾害应急救助联动机制，并联合发文要求各地民政救灾部门、交通应急部门、海(水)上搜救部门做好应对突发灾害联动工作的组织协调，实现灾害信息和应急救助信息共享；民政部门要配合海(水)上搜救部门做好获救人员安置、基本生活救助、因灾死亡人员遗体处理、优待抚恤等工作；海(水)上搜救部门要协助民政部门开展灾害预警和应急通信，组织海事船艇、专业救助船和飞机，配合民政部门开展船舶和人员紧急避险的现场疏导和转移。

为鼓励社会搜救力量参与海(水)上搜救行动，财政部与交通部决定设立海(水)上搜救奖励专项资金，并于 2007 年 9 月 29 日印发《海(水)上搜救奖励专项资金管理暂行办法》。该暂行办法明确：海(水)上搜救奖励专项资金由中央财政预算安排，其奖励的范围和对象是由中国海上搜救中心组织、指挥的重、特大海上搜救行动中作出突出贡献的社会搜救力量(指国家专业搜救力量以外，由中国海上搜救中心动员或自愿参加海(水)上搜救行动的企事业单位、社团组织和个人)。该暂行办法规定了海(水)上搜救奖励专项资金申请、审核、拨付、奖励的程序和要求，确定参与特大海(水)上遇险搜救的奖励标准最高每次不超过 4 万元，参与重大海(水)上遇险搜救的奖励标准最高每次不超过 3 万元。该暂行办法明确国家鼓励境内外企业、社会团体及其他组织和个人捐赠、资助海(水)上搜救事业。依据该暂行办法，中国海上搜救中心对 2006 年、2007 年参与重大、特大海上搜救行动并作出突出贡献的社会力量进行了奖励。其中，2006 年，社会力量参与海上险情救助的船舶和飞机达 3074 艘(架)次，成功救助遇险人员 3174 人，经有关专家评审，其中有 154 个单位、450 多艘船舶、4 架飞机、11 名个人受到奖励，共计 772 万元。2007 年，社会力量参与海上险情救助的船舶和飞机达 5210 艘(架)次，成功救助遇险人员 18514 人，其中参与 232 起重大、特大海上搜救行动并作出突出贡献的 166 个单位、498 艘船舶、2 架飞机、50 多名个人受到奖励，共计 775.38 万元。

【省级海(水)上搜救中心】

中国海(水)上搜救指挥体系分为三级，即：中国海上搜救中心、省级海(水)上搜救中心、市级海(水)上搜救中心。省级海(水)上搜救中心在本省(自治区、直辖市)人民政府领导下、在中国海上搜救中心指导下，负责本省(自治区、直辖市)的海(水)上搜救工作。市级海(水)上搜救中心是省级海

（水）上搜救中心根据需要，在所辖城市设立的分支机构。

1998 年前，天津、上海、广东、福建、河北、江苏、辽宁、山东、海南等省（直辖市）人民政府相继成立省级海上搜救中心，长江干线水上搜救协调中心于 1996 年在武汉成立，有的省在重要港口城市成立了海（水）上搜救分中心，初步形成中国海（水）上搜救体系构架。

2000 年以后，为适应水上安全监督管理体制改革后的实际情况，沿海各省（自治区、直辖市）人民政府对本省（自治区、直辖市）的海上搜救中心组成进行了调整，有的是新建或重建。

2002 年 6 月 3 日，浙江省海上搜救中心成立。

2003 年 6 月 20 日，广西壮族自治区海上搜救中心成立。10 月 19 日，江苏省水上搜救中心成立。

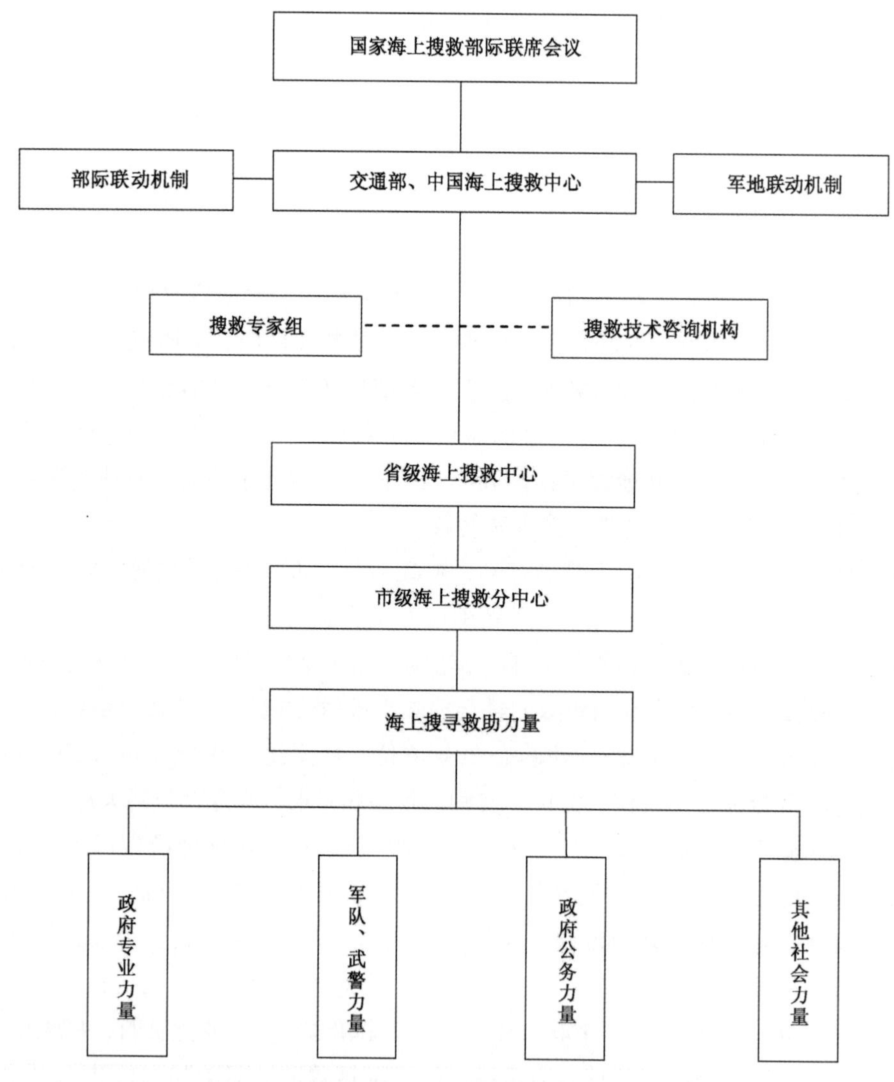

图 5-1-6　2005 年国家海上搜救应急反应组织结构示意图

2007 年 11 月 7 日，山东省海上搜救中心重新成立。12 月 25 日，黑龙江省水上搜救中心成立。至 2007 年底，沿海各省（自治区、直辖市）和长江、黑龙江干线的省级海（水）上搜救中心全部成立。除广东省海上搜救中心办公室继续留在省政府外，其余海（水）上搜救中心办公室均设在当地的交通部直属海事机构中。

2004 年 11 月 30 日，中国海上搜救中心印发《省级海上搜救中心应急预案编写指南》。至 2007 年底，省级海（水）上搜救中心应急预案编制工作全部完成。

【海(水)上救助力量】

中国的海(水)上救助力量主要由交通部所属的专业救助机构，军队和武装警察部队，各级政府所属公务船舶、航空器及人力物力信息资源，可投入救助行动的民用船舶、航空器及社会上各个方面的人力物力资源组成。

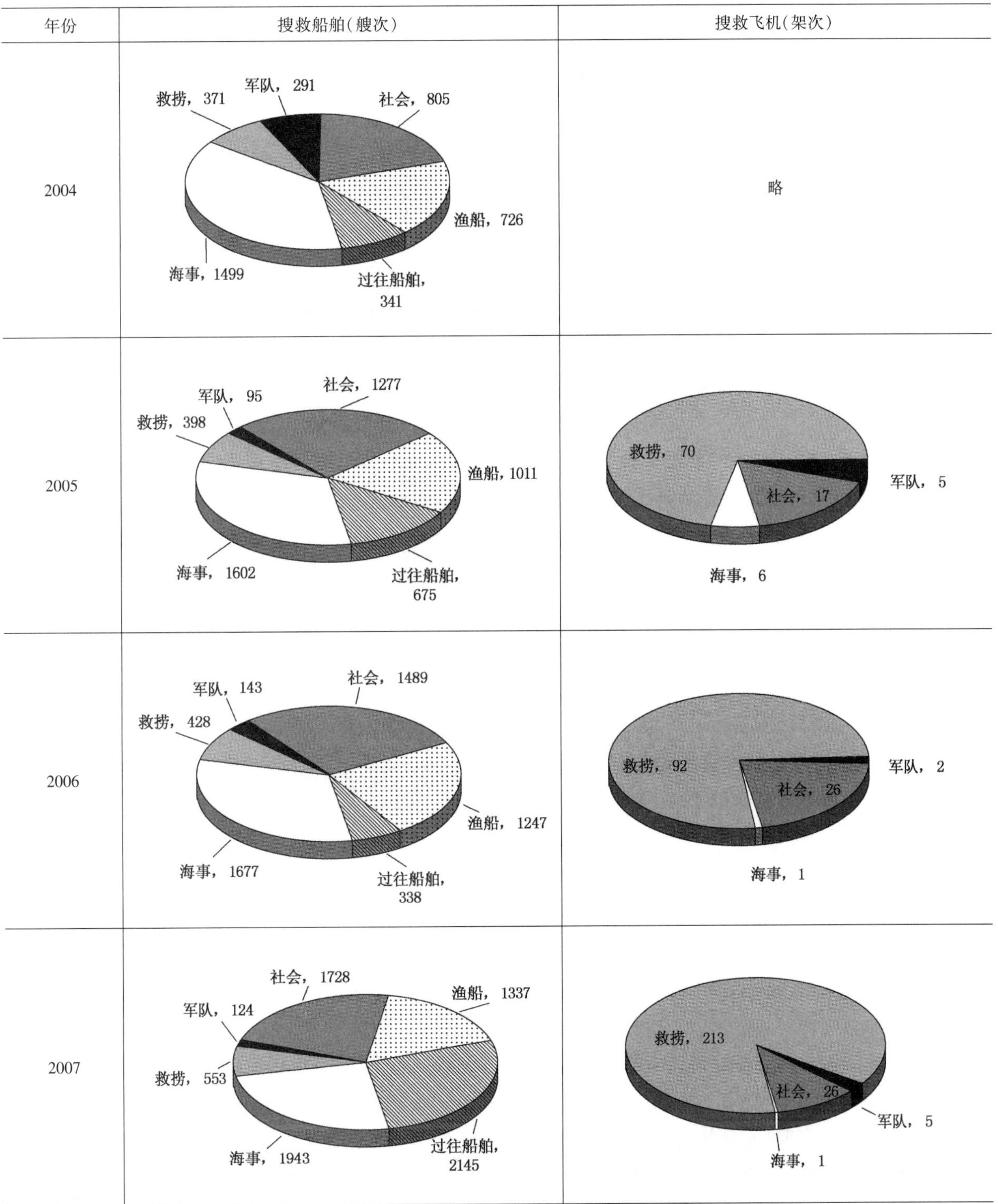

图 5-1-7　2004—2007 年海(水)上救助力量派出搜救船艇、搜救飞机数量分布图

1978 年 4 月以后，交通部分别在交通部和烟台、上海、广州成立海上救助打捞局，设置沿海救助站（点），形成中国海上专业救助打捞体系。1998 年以后，交通部加大对救助装备配备的投入，并于 2003 年进行救助与打捞分离的管理体制改革。至 2007 年底，交通部分别在烟台、上海、广州设立北海、东海、南海 3 个专业救助局，在沿海设立 20 个专业救助基地，在大连、烟台、上海、厦门、珠海设立 5 个海上救助飞行队，按照“关口前移、站点加密、动态待命、随时出击”的原则设立 77 个可调整的动态值班待命点，并配备了一批大型专业救助船舶、9 架专业救助飞机，实现了可在渤海湾、舟山群岛、台湾海峡、琼州海峡、北部湾等重点海域实施海、空立体救助的目标，初步形成中国海上专业立体救助网。

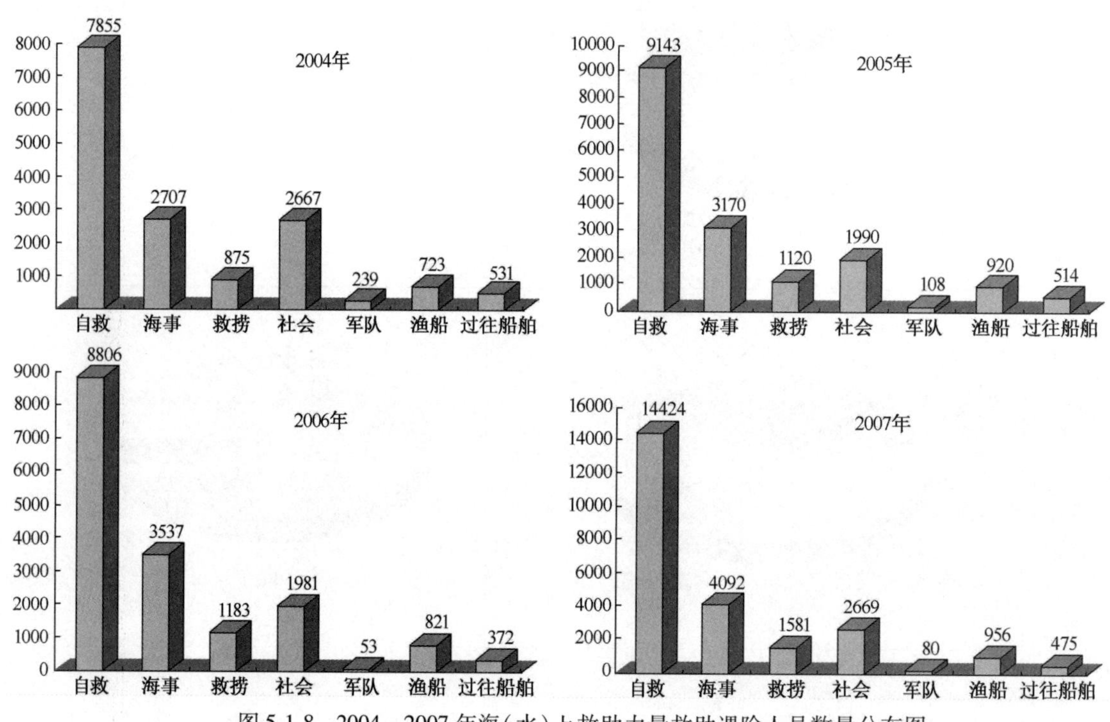

图 5-1-8　2004—2007 年海（水）上救助力量救助遇险人员数量分布图

海事机构的执法资源是水上搜救的重要力量，其基本覆盖中国管辖海域和内河主要通航水域的巡逻船舶，通常在水上搜救行动中承担现场的组织协调和救助任务，其建立和开发的船舶交通管理系统、船舶报告系统、船舶自动识别系统、电视监控系统和险情上报与查询统计分析系统，为海上搜救提供技术和信息支持。

2003 年 6 月 3 日，中国海上搜救中心印发《搜救力量指定指南》。根据该指南，沿海各海上搜救中心调查并初步掌握了当地可调用的海上搜救应急资源，并于同年 8 月前，将其指定为海上搜救力量，形成了中国海上搜救力量数据库。2004 年 7 月 26 日，中国海上搜救中心通知各省级海上搜救中心，决定调整海上搜救力量指定工作，其内容包括涉海政府部门、航运企业、中央和地方政府建立的专业救助机构、渔业部门搜救力量、陆上搜救力量等，军队所属海上力量不列为被指定力量，各级人民政府特别是县、乡政府作为联系对象，应收录到数据库，同时每年定期更新中国海上搜救力量数据库。

2004 年 7 月 21 日，交通部印发通知，决定实行长江干线海事巡航和救助一体化管理模式，提升长江干线搜救能力，实现“人命救助，快速高效”目标，长江干线不另设专业救助机构。通知要求江苏、长江海事局和四川省交通厅要依靠地方政府，成立地方政府领导为主，海事机构承担日常工作的水上搜救机构；要在综合规划、海事站点调整、海事船艇配备、搜救应急信息通信指挥系统建设、水上突发事件预警预防机制和应急预案完善方面，按照“就近救援，快速反应”原则，实现长江干线海事巡航和救助一体化；要在当地政府领导下，发挥有关部门和公安机关、武装警察部队、医疗单位作用，组织动员社会打捞力量、运输船舶和渔船参加水上人命救助。

至2007年底，在中国海(水)上救助力量中，交通部专业救助机构已成为骨干力量，军队和武装警察部队，各级政府所属公务船舶、航空器，社会和民间船舶、渔船是3支重要力量。在2007年海(水)上搜救行动中，交通部北海、东海、南海救助局共出动船舶553艘次、飞机213架次，救助遇险人员1581人；海事机构共出动船舶1943艘次，救助遇险人员4092人；军队共出动船舶124艘次、飞机5架次，救助遇险人员80人；社会共出动船舶1728艘次、飞机26架次，救助遇险人员2669人；协调渔船1337艘次，救助遇险人员956人，协调过往船舶2145艘次，救助遇险人员475人。

第二节　海(水)上搜寻救助应急制度

【水上交通险情报告制度与应急程序】

为便于海上搜救机构及时有效组织施救和国务院、交通部领导及时掌握重大险情，根据国务院办公厅下发的《关于加强政府系统值班和信息报送工作的通知》和《关于切实加强紧急重大情况报告工作的通知》，中国海上搜救中心自2000年起，开始建立健全水上交通险情报告制度和应急反应程序。

2000年1月31日，交通部与国家经济贸易委员会向国务院联合提交《关于建立水上交通险情报告制度的请示》。2月24日，国务院领导批准建立水上交通险情报告制度。该制度规定，凡船员和乘客超过50人(含50人)的船舶(设施)遇险，中国海上搜救中心接到报告后径报国务院，同时抄报国家经济贸易委员会；船员和乘客30人(含30人)以上、50人以下的船舶(设施)遇险，不论是碰撞、火灾和搁浅等任何险情，应及时报告国家经济贸易委员会。

2000年6月13日，交通部印发《关于切实加强水上交通险情报告工作的通知》。该通知规定，凡船舶(海上设施)发生险情，各有关单位和发生险情的船舶应立即向中国海上搜救中心或当地搜救中心报告和求救，对遇险船舶(设施)救助过程中的重要情况要及时续报；对发生水上遇险人员超过10人及以上或死亡、失踪人数3人及以上，3000吨级以上船舶发生碰撞、触礁、火灾等严重危及船舶安全或直接损失100万元以上，任何客船、客滚船、客渡船发生险情和事故，任何油轮、化学品船发生险情和事故，船舶造成污染及其他可能严重污染海域的情况，中国籍海船或有中国籍船员的外国籍船舶失踪的险情，各单位接到险情后应立即向中国海上搜救中心报告。7月25日，中国海事局印发《关于进一步加强水上交通险情报告工作的通知》，通报4起迟报、漏报重大险情和事故的情况，要求各搜救中心和水上安全监督机构建立水上交通险情报告工作责任制，确保及时、准确上报各类水上交通险情和事故。

为规范中国海上搜救中心在水上发生重特大险情时的工作程序，2002年8月27日，中国海上搜救中心印发《中国海上搜救中心水上险情应急反应程序》。该程序规定，其适用范围是中国海上搜救中心对危害水上人命安全和水域环境的险情统一组织、协调和指导的搜救活动，以及在中华人民共和国搜救责任区域以外发生的险情，由中国海上搜救中心组织、协调救助或参加救助的搜救活动；程序所针对的险情是指对水上人命安全、水域环境构成威胁，需立即采取措施控制、减轻和消除的各种事件，按危险程度划分为“一般险情”、“重大险情”和“特大险情”；程序明确，发生在各省级搜救中心搜救责任区内的险情，由各省级搜救中心负责组织、协调搜救行动，包括请求其他搜救责任区(包括港澳地区)救助力量支援，任何参与搜救的救助力量，由负责该搜救责任区的省级搜救中心统一组织、协调，参与搜救的军用船只、飞机由军队派出机关实施指挥，同时接受省级海上搜救中心的现场统一协调；程序明确对各省级搜救中心负责组织、协调的搜救行动，中国海上搜救中心进行业务指导，如应各省级搜救中心请求，可以负责协调某一省级搜救中心搜救责任区以外的救助力量，以及国外和中国港澳台地区的救助力量参与救助，并可为重特大险情的救助工作而组成临时应急协调小组；程序具体规定了中国海上搜救中心值班员接收到遇险报警或报告后，对险情现场情况，遇险船舶资料，自救、互救及搜救措施、效果的了解、核实、跟踪，以及针对险情的各种情况和上级指示、中国海上搜救中心对救助行动的指导性建议和协调情况所采取的请示、报告、通报、传达、记录、标绘、联系等措施的处理方式和工作程序。

2002 年水上险情等级划分一览 表 5-2-1

险情等级	危险程度
一般险情	①水上遇险人员在 30 人以下的险情； ②3000 总吨以下非客船的船舶发生碰撞、触礁、火灾等对船舶及人员生命安全造成威胁的险情； ③船舶溢油 10 吨以下； ④造成或可能造成一般危害后果的水上险情
重大险情	①水上遇险人员在 30 人及以上，50 人以下的险情； ②任何客船发生严重危及船舶及人员生命安全的险情； ③3000 总吨及以上，10000 总吨以下船舶发生碰撞、触礁、火灾等对船舶及人员生命安全造成威胁的险情； ④船舶溢油 10 吨及以上，50 吨以下； ⑤中国籍海船或有中国籍船员的外国籍船舶失踪； ⑥其他造成或可能造成较大社会影响的险情
特大险情	①水上遇险人员超过 50 人及以上的险情； ②任何客船遇险，尚不能确定人数是否超过 50 人及以上的险情； ③10000 总吨及以上船舶发生碰撞、触礁、火灾等对船舶及人员生命安全造成威胁的险情； ④船舶溢油 50 吨及以上； ⑤其他造成或可能造成重大社会影响的险情

2004 年 9 月 1 日，中国海事局印发《关于加强信息收集报送工作的通知》。该通知明确了收集和报送水上事故险情及处置情况基本信息和搁浅、碰撞、沉船、火灾、客(滚)船事故、载运危险货物船舶遇险等重点信息的内容要点，要求各海事机构和各搜救中心按照要点，及时、准确掌握和报送本辖区水上事故险情及处置情况，并利用现代通信、信息技术，直观报送现场信息和图像。

【国家海上搜救应急预案】

2004 年 1 月 15 日，国务院召开部署建立全国应急体系工作的专题会议。会后，按照交通部的统一部署，中国海事局于 1 月 28 日成立了《国家海上搜救应急预案》编写小组，依据《国务院有关部门和单位制定和修订突发公共事件应急预案框架指南》原则，结合中国海上搜救应急工作实际和海上搜救国际通行做法开展编制工作，并在编制过程中，多次征求在一线长期从事搜救工作的人员和有关专家，以及国务院有关部门和军队的意见。7 月 29 日，国务院办公厅应急预案工作领导小组组织专家对《国家海上搜救应急预案(修改稿)》进行了审查。

经国务院同意，2005 年 5 月 24 日，国务院办公厅印发《国家海上搜救应急预案》。《国家海上搜救应急预案》以海(水)上突发事件的预防预警、险情分级与上报、应急响应和处置、应急保障等内容为主线，确立了海(水)上搜救的工作原则，强调政府领导、社会参与、统一指挥、属地为主，明确了国家海上搜救应急组织指挥体系中应急领导机构(国家海上搜救部际联席会议)、运行管理机构(中国海上搜救中心)、咨询机构(海上搜救专家组和其他相关咨询机构)、应急指挥机构(中国海上搜救中心和地方各级水上搜救机构)、现场指挥员(由应急指挥机构指定)、应急救助力量(政府专业救助力量、军队武装警察救助力量、政府公务救助力量、其他社会救助力量)的职责、规定了海(水)上搜救应急各个阶段、各种处置以及平时应急准备的工作内容、要求、程序和各有关方面的具体职责。

2006 年 1 月，由中国海上搜救中心编写的《国家海上搜救应急预案》(简本)在中国政府网发布。中国海上搜救中心同时制定了《沿海客船遇险应急处置预案》、《内河客船遇险应急处置预案》、《船舶载运危险品货物应急处置预案》、《民用航空器海上遇险应急反应处置预案》4 个分预案。

为规范交通系统实施《国家海上搜救应急预案》工作，根据《中华人民共和国突发事件应对法》，2007 年 12 月 13 日，交通部印发《交通部海上突发公共事件应急反应程序(试行)》。该程序明确了交通系统海上突发公共事件应急反应组织体系组成，以及交通部内各有关厅、司、局，交通部部属各单位，各省(自治区、直辖市)海上搜救中心在预警、预防和处置海上突发公共事件中的职责、任务，规范了交通部海上突发公共事件应急反应程序；该程序将海上突发公共事件应急反应分为交通部部内 4 个级别反应和国家级响应，并规定了 5 级应急反应的条件和行动任务、要求。

2007 年水上险情等级划分一览　　表 5-2-2

险情等级	危 险 程 度
一般险情	①造成 3 人以下死亡(含失踪)的海上突发公共事件； ②危及 3 人以下生命安全的海上突发公共事件； ③500 总吨以下非客船、非危险化学品船发生碰撞、触礁、火灾等对船舶及人员生命安全构成威胁的海上突发公共事件； ④造成或可能造成一般危害后果的其他海上突发公共事件
较大险情	①造成 3 人以上、10 人以下死亡(含失踪)的海上突发公共事件； ②危及 3 人以上、10 人以下生命安全的海上突发公共事件； ③500 总吨以上、3000 总吨以下非客船、非危险化学品船发生碰撞、触礁、火灾等对船舶及人员生命安全构成威胁的海上突发公共事件； ④中国籍海船或有中国籍船员的外国籍船舶失踪； ⑤危及 3 人以上、10 人以下生命安全的海上保安事件； ⑥其他造成或可能造成较大社会影响的险情
重大险情	①造成 10 人以上、30 人以下死亡(含失踪)的海上突发公共事件； ②危及 10 人以上、30 人以下生命安全的海上突发公共事件； ③载员 30 人以下的民用航空器在海上发生突发事件； ④3000 总吨以上、10000 总吨以下非客船、非危险化学品船发生碰撞、触礁、火灾等对船舶及人员生命安全构成威胁的海上突发公共事件； ⑤危及 10 人以上、30 人以下生命安全的海上保安事件； ⑥其他可能造成严重危害、社会影响和国际影响的海上突发公共事件
特大险情	①造成 30 人以上死亡(含失踪)的海上突发公共事件； ②危及 30 人以上生命安全的海上突发公共事件； ③客船、化学品船发生严重危及船舶及人员生命安全的海上突发公共事件； ④载员 30 人以上的民用航空器在海上发生突发事件； ⑤单船 10000 总吨以上船舶发生碰撞、触礁、火灾等对船舶及人员生命安全构成威胁的海上突发公共事件； ⑥危及 30 人以上生命安全的海上保安事件； ⑦急需国务院协调有关地区、部门或军队共同救援的海上突发事件； ⑧其他可能造成特别重大危害、社会影响的海上突发公共事件

【海(水)上搜救应急通信及信息传递环境】

为及时获取各类海上遇险报警和搜救现场信息，1998 年，交通部建成中国全球海上遇险与安全系统，利用现代通信技术基本形成中国海上遇险与安全信息接收与播发网络。

为向遇险船舶及其人员提供更加便捷的报警求助渠道，经信息产业部批准，于 2000 年 1 月 3 日起在全国范围内统一使用水上搜救专用电话号码 12395。

2001 年 6 月 1 日，中国船舶报告系统开通试运行。该系统在中国海上搜救中心设有指挥端站，在辽宁、天津、山东、上海、广东省(市)海上搜救中心设有用户端站。2002 年 11 月 19 日，该系统正式运行，为组织协调海上搜救行动提供了一个现代通信技术、计算机技术和网络技术支撑的辅助系统。

2002 年以后，各级海上搜救中心借助交通部和中国海事局在全国沿海海域、主要港口和重要内河水域建成的船舶交通管理系统、中国船舶数据库、海事信息系统、海事电视监控系统、可视电话系统，船舶自动识别系统，基本具备实时监控船舶航行动态，及时获取水上各类安全信息的能力。中国海上搜救中心建立了报警或遇险船舶数据查询系统、海洋气象信息查询系统、险情上报查询统计分析系统、搜救力量数据库，并将海事卫星 F 站和海事电视监控系统视频终端引进中国海上搜救中心总值班室，可跨区域远程实时接收遇险现场视频图像信号，实现海上搜救跨区域的直接指挥。

2007 年，开发了中国海上搜救中心总值班室与山东、烟台、深圳、上海海事局综合通信平台、船舶动态信息交换平台、搜救应急辅助决策显示系统，安装了大屏幕显示系统、搜救会议系统、搜救指挥终端系统。

至 2007 年底，沿海主要港口可向中国海上搜救中心总值班室传递实时接收遇险现场视频图像信号，初步实现在北京跨区域远程实时监控船舶航行动态，及时获取水上各类安全信息的信息传递方式。

〖水上搜救专用电话号码 12395〗

1999 年 5 月 6 日，中国海事局致函信息产业部，申请全国统一、简单、易记的水上搜救电话特服号。经专家论证，信息产业部于 2000 年 1 月 3 日同意中国海事局核配全国统一水上搜救专用电话号码 12395(取 123“救我”之谐音)，作为搜救系统简便、快捷的补充报警求助途径，在全国范围使用。

2000 年 1 月 25 日，中国海事局印发通知，要求各海上搜救中心、搜救分中心和海事系统各单位，尽快与当地电信管理部门联系，公布启用水上搜救专用电话号码。3 月 29 日，中国海事局函致中国邮电电信总局，请该局就设置水上搜救专用电话号码，协调中国移动通信集团公司、联合通信有限公司、通信广播卫星公司互联互通问题，并提出在北京和沿海、沿长江各省(自治区、直辖市)省会、首府及主要港口城市先行启用水上搜救专用电话号码 12395。4 月 7 日，中国邮电电信总局通知各省(自治区、直辖市)邮电管理局，决定采用本地网集中设置方式，在中国电信固定电话网统一启用 12395 号码，作为中国海事局在全国统一的水上搜救专用电话号码，范围为全国本地网；并根据中国海事局要求，决定在北京、上海、天津、沈阳、济南、石家庄、合肥、杭州、福州、广州、南宁、海口、南京、武汉、大连、营口、秦皇岛、烟台、青岛、日照、连云港、宁波、温州、舟山、厦门、泉州、汕头、深圳、珠海、北海、南通、张家港、镇江、苏州、常州、芜湖、安庆、九江、宜昌、万州等 40 个本地网，先行启用水上搜救专用电话号码，其中继线收费标准按现行非经营性用户中继线资费标准收取，通话费按现行本地电话资费标准收取。至 2007 年底，全国已有 76 个城市启用水上搜救专用电话号码 12395。

2007 年已启用水上搜救专用电话号码 12395 城市名单　　表 5-2-3

已启用水上搜救专用电话号码 12395 城市	数量(个)
辽宁：大连、营口	2
河北：秦皇岛、黄骅、唐山	3
天津	1
山东：烟台、威海、青岛、日照、潍坊、滨州、东营	7
江苏：南京、镇江、南通、连云港、张家港	5
上海	1
浙江：杭州、温州、台州、宁波、舟山、嘉兴	6
福建：福州、宁德、泉州、莆田、厦门、漳州	6
广东：广州、深圳、珠海、汕头、汕尾、韶关、佛山、肇庆、湛江、中山、揭阳、茂名、东莞、潮州、云浮、阳江、清远、江门、惠州、梅州、河源	21
广西：南宁、桂林、北海、防城港	4
海南：海口、三亚、八所	3
安徽：合肥、安庆、芜湖	3
江西：九江	1
湖北：武汉、宜昌、荆州	3
湖南：岳阳	1
重庆：重庆、江津、涪陵、长寿、忠县、万州、云阳、奉节、巫山	9
合计	76

【客船与搜救中心合作计划】

《1974 年国际海上人命安全公约》第 V 章 73 条，要求所有符合该公约第 I 章的客船必须与相关搜救中心联合制定紧急情况下的搜救合作计划。为履行国际公约，中国海上搜救中心决定按国际航行客船和国内航行客船分期实施《1974 年国际海上人命安全公约》第 V 章 73 条。2006 年 4 月 29 日，交通部办公厅发文，要求有关海上搜救中心和航运公司，编制本地区国际航行客船、客渡船、滚装客船与搜救中心合作计划，并提出编制时间表和编制要求，同时印发《客船与搜救中心合作计划编写指南》。《客船与搜救中心合作计划》作为客船遇险时的应急执行文件和搜救演练的基本预案，发布到客船、客船公司和客船固定航线上的各搜救中心，内容包括搜救中心、客船、客船公司三方最新有效的基本信息，当客船遇险进行搜救时三方应急的责任和程序，以及三方之间相互联系协调的机制。至 2007 年底，已编制 7 个《客船与搜救中心合作计划》。

【海(水)上搜救演习】

为检验和健全、完善海(水)上搜救体制、制度、机制、预案运行效果，提高搜救水平，2000 年至 2007 年，中国海上搜救中心与中国海事局策划了多次海(水)上搜救演习。2000 年 6 月 5 日，在深圳海域举行珠江口(粤、港、澳)搜救和溢油应急联合演习，这是香港、澳门回归中国以后首次举行的粤、港、澳联合海上搜救和溢油应急演习。2001 年 9 月 26 日，经交通部、海军批准，海军北海舰队和山东海事局在青岛海域共同举行“海救一号”军地海上联合搜救演习，这是首次军队与海事机构联合举办的海上搜救演习，共出动舰艇、船舶 23 艘，飞机 5 架，演练了救助海上遇险人员、船舶消防灭火、船舶堵漏排水、海上溢油清污等科目。2002 年 9 月 28 日，在上海吴淞口水域举行海上搜救综合演习，演练了救助海上遇险人员、船舶消防灭火、海上溢油清污等科目，并首次设置船舶反恐怖行动演练科目；交通部副部长、中国海上搜救中心主任洪善祥任演习总指挥，上海市副市长、上海海上搜救中心主任韩正总结讲话。2003 年 11 月 26 日，在烟台海域举行海上模拟搜救演习，首次运用网络技术和视听手段，实现搜救信息传递和搜救力量调动在网上快速运行，为演习方式变革积累了经验。2004 年 6 月 23 日，与中国远洋运输(集团)总公司，在北京举行“实施 ISPS 规则应对恐怖袭击船岸联合演习”，演练了中国海上搜救中心与航运企业、运输船舶应急处置恐怖袭击，以及船岸应急通信、岸基对船舶的指挥支持等科目。2004 年 6 月 26 日，在三亚湾海域举行南海联合搜救演习，演练了海空救助、海上消防、海上应急污染处置等科目，并首次运用搜救漂移模型、油污漂移模型、现场图像实时远距离传输等技术；来自海事、救捞、军队、边防、渔政等单位的 20 余艘船艇和香港海事处的 2 架飞机参加演习；交通部副部长、中国海上搜救中心主任徐祖远任演习总指挥，海南省副省长刘琦、中国海上搜救中心副主任刘功臣任副总指挥。2005 年 7 月 7 日，在上海海域举行东海联合搜救演习，韩国、日本和中国香港参加演习，演习配合国家纪念郑和下西洋 600 周年活动，邀请参加国家纪念郑和下西洋 600 周年活动有关国际组织代表，有关国家代表和港、澳、台代表现场观摩搜救演习。2006 年 6 月 22 日，在大连海域举行海上联合搜救演习，此次演习全面检验了《国家海上搜救应急预案》，为完善海上搜救应急机制提供了经验，国务委员华建敏在现场观摩演习并给予肯定。2007 年 3 月 13 日，中日海上联合通信演习在上海举行。2007 年 9 月 22 日，三峡库区水上联合搜救演习在万州港水域举行。

〖2000 年珠江口搜救和溢油应急联合演习〗

2000 年 6 月 5 日，经国务院港澳事务办公室同意，交通部、中国海上搜救中心在深圳内伶仃岛附近水域，举行了珠江口(粤、港、澳)搜救和溢油应急联合演习。演习由中国海事局承办，是以深圳海事局为主，广东海事局、珠海市海上搜救分中心、香港海事处、澳门港务局、驻粤海军部队共同参加的联合演习。交通部副部长、中国海上搜救中心主任洪善祥任总指挥。广东省人大常委会副主任张凯和国务院参事室、总参谋部海军局、广东省政府、深圳市政府、香港海事处、澳门港务局以及交通部有关单位的负责人观摩演习。

图 5-2-1　左图为交通部副部长洪善祥(左三)、交通部海事局常务副局长刘功臣(左二)、交通部海上救助打捞局局长林玉乃(左一)、香港海事处副处长曾文清(左四)、澳门港务局局长黄穗文(左五)观摩“2000 年珠江口(粤、港、澳)搜救和溢油应急联合演习”。右图为围控溢油演习现场

8 时 50 分，演习开始。3000 吨级油轮“南海 888”满载燃油北向航行至内伶仃岛牛俐角以北海域时，与南向航行的货轮相撞后起火，500 吨燃油溢出，污染海域，船舶因火势猛烈失去控制，12 名船员准备弃船逃生。船方拨打 12395 电话向深圳市海上搜救分中心求救，搜救分中心接到报告后，即组织协调施救，各类救助船舶和直升机迅速向难船靠拢，先后进行了船艇、直升机救助遇险人员，消防

灭火，围控、回收、清除海面污油，监视污油漂流方向等科目演练。中午12时，演习结束。

此次演习，共出动了专业消防船2艘，海军舰艇2艘，直升机2架，巡逻艇、清污船、快艇、旅游船等各类功能船只40多艘，参演人员近千名。其中，蛇口船舶燃料运输供应公司派出一艘油轮充当模拟事故船，东鹏轮驳公司派出旅游船“南方明珠”担当嘉宾观摩船，广州救捞局深圳救助站与华威公司各挑选了6名潜水员充当落水船员。此次演习，深圳市人民医院派出医疗保健服务小组，60多家媒体130多名记者现场采访。

〖2005年东海联合搜救演习〗

2005年7月7日，交通部、上海市人民政府在上海洋山深水港区附近海域共同举行2005年东海联合搜救演习。演习由上海海上搜救中心和上海海事局承办，中国海上搜救中心、中国海事局、广东海事局、浙江海事局、中国民航华东管理局、海军上海猎护舰一支队、交通部东海救助局、交通部东海第一救助飞行队、上海市公安局、上海市边防海警支队、上海市深水港建设指挥部、东海渔政局、上海海关、浦东国际机场集团、上海市气象局、海员医院、上海国际港务集团公司、中国海运(集团)总公司、中国远洋运输(集团)总公司、东安海上溢油应急中心、万邦邮轮公司、香港特区政府飞行服务队等参加演习。演习首次邀请国外海上搜救力量参与，韩国海洋警察厅和日本海上保安厅各派1艘巡视船参加。交通部副部长徐祖远，上海市副市长杨雄共同担任演习总指挥。演习以“关爱生命，关注安全，共建和谐社会”为主题，按照全过程、多手段、立体化、合成性的要求，进行人命救助、船舶灭火、海上清污、保安防爆4个科目演练。

10时50分，演习开始。散装货轮“海铃”号与集装箱外轮“PARK TRADER”号相撞，“海铃”轮发生火灾和连续爆炸，船体破损，出现大量溢油，5名船员落水，在“PARK TRADER”轮上发现爆炸装置。上海海上搜救中心接到报警后，即启动海上搜救应急预案，指定正在巡航的海事巡视船“海巡31”为现场指挥船，并将险情报告中国海上搜救中心。中国海上搜救中心指令东海第一救助飞行队派出飞机和正在出事海域航行的船舶参加搜救，并协调香港特区政府飞行服务队支援搜救行动，与来自东海救助局、海军东海舰队、东海渔政局、上海国际港务(集团)公司、东安海上溢油应急中心、上海海关、上海市边防海警支队的船艇一起先后进行了落水人员搜救、重伤人员急救、船舶灭火、海面油污围控清除、船舶保安警戒、专家拆除爆炸装置等演练。11时40分，演习结束。

图5-2-2　左图为交通部副部长徐祖远(左六)、上海市副市长杨雄(左五)观摩“2005年东海联合搜救演习”。右图为人命救助演习现场

此次演习达到预期目的，共动用船舶30艘，直升机3架，飞机2架(其中1架用于现场航拍)。约200名国内外贵宾在总指挥船“海巡21”上观摩演习，其中包括国际海事组织代表，美国、俄罗斯、日本、韩国和东盟十国的代表，中国香港、澳门地区和台湾中华搜救协会的代表。演习首次面向

社会公众开放，50名“幸运嘉宾”在“假日”号邮轮观摩演习，60余家新闻单位的约250名记者在“新世纪”客船上现场报道，中央电视台对演习整个过程进行了现场直播。

〖2006年大连海上联合搜救演习〗

2006年6月22日，交通部和辽宁省人民政府在大连水域举行2006年海上联合搜救演习。演习由辽宁省海上搜救中心、辽宁海事局和大连市人民政府承办，主题是“关爱生命，爱护海洋，打造平安交通，共建和谐社会”。交通部部长李盛霖、辽宁省省长张文岳共同担任演习总指挥。交通部副部长徐祖远、辽宁省副省长李佳、大连市市长夏德仁、中国海上搜救中心常务副主任刘功臣共同担任演习副总指挥。国务委员兼国务院秘书长华建敏，辽宁省省委书记李克强，国务院有关部委以及辽宁省和大连市的其他有关领导观摩演习。

22日10时30分，演习开始，一艘载着368名旅客的大型客滚船“渤海”号突然与一艘小型货轮相撞，货轮沉没，船员落水，“渤海”号汽车舱着火。求救信号传到设在观摩船“葫芦岛”号上的现场总指挥部，现场执行总指挥刘功臣下达指令，要求“海巡31”轮迅速赶往出事海域，担当现场指挥船，并协调各方救助力量前往搜救。随后，冒着大雾，“海巡061”、“海巡052”、“海巡21”、“海巡041”、“海关823”、“公边21101”、“北海救201”、“北海救111”、“北海救159”等船艇和北海救助飞行队的飞机奔赴出事海域，针对处置渤海湾客滚船事故险情，先后进行了救助落水人员、疏散旅客和船员、封舱灭火、围控和清除油污等演练。12时10分，预定的险情处置、人命救助、消防灭火、海上清污4个演习科目全部完成。

图5-2-3 左图为国务委员华建敏（前排左一）、交通部部长李盛霖（前排左二）、辽宁省省长张文岳（前排左三）观摩“2006年海上联合搜救演习”。右图为疏散旅客顺逃生网转移演习现场

此次演习，是中国首次模拟客滚船发生海难进行的搜救演习，也是国家海上搜救部际联席会议制度建立后和《国家海上搜救应急预案》发布后的第一次大规模的海上搜救演习。海事、救捞、海军、边防、公安、渔政、海关、港航、卫生、气象等24个单位，共有28艘船艇、1架固定翼飞机、2架救助直升机和400余人参加演习，香港特区政府派飞机参加演习，演习针对性和实战性强，协同性高，社会参与广泛，有效检验了《国家海上搜救应急预案》，为进一步完善海上应急反应和搜救机制进行了有益的探索 。

〖2007年长江三峡库区水上联合搜救演习〗

经国务院批准，2007年9月22日，交通部与重庆市人民政府在长江三峡库区万州港水域联合举办2007年长江三峡库区联合搜救演习。演习设置人命救助、船舶救援、船舶消防、船舶溢油应急处置、船舶安保和山体滑坡应急处置6个科目，主题为“关爱生命、珍爱长江、共建平安黄金水道”，由交通部长江航务管理局与重庆市万州区人民政府共同承办，交通部部长李盛霖和重庆市市委书记汪洋担任演习总指挥。

9 时 30 分，演习开始。客渡船“泰安”轮满载乘客从长江南岸开向长江北岸，途中与正在下行的滚装船“平湖 1 号”发生碰撞，“泰安”轮失控，20 名乘客落水，船上其余 58 名乘客也处于危急之中。“泰安”轮立即组织自救，并用“12395”电话向重庆市水上搜救中心报告，请求救援。而“平湖 1 号”在紧急避让落水人员时，又与在该水域锚泊的油船“高峡油 1 号”发生碰撞。接到报告后，重庆市水上搜救中心迅速启动应急预案，同时将事故信息逐级上报重庆市人民政府、长江干线水上搜救协调中心、中国海上搜救中心。中国海上搜救中心紧急调派交通部专业救助直升机立即赶往事发现场参与救援。现场指挥船“海巡 31601”组织有关船舶和直升机用救生抛投器向落水者发射自动充气式救生圈实施援救，并先后进行了救助转移遇险乘客、急救重伤人员、船舶灭火、禁航警戒、围控清除回收溢油、公安机关 110 指挥中心调动警力抓获犯罪嫌疑人、排爆专家拆除爆炸物、海事机构发布航行警告并实施交通管制、组织疏散转移山体滑坡水域的船舶和人员等演练。11 时，演习结束。

图 5-2-4　左图为重庆市市委书记汪洋（前排左五）和交通部部长李盛霖（前排左六）、副部长徐祖远（前排左四）等观摩“2007 年长江三峡库区水上联合搜救演习”。右图为消防灭火演习现场

此次演习检验了《国家海上搜救应急预案》和《重庆市公共突发事件总体应急预案》的实用性和可操作性，海事、公安、救捞、通信、气象、卫生、武装警察部队、港航企业等 22 家中央和地方单位约 500 人、68 艘船艇、1 架专业救助直升机参加演习，国务院有关部委、军队有关部门、长江沿线和沿海各海(水)上搜救中心等 520 多名代表观摩演习。新华社、人民日报、中央电视台等 33 家新闻媒体作现场报道。重庆市约 10 万人到现场参观演习。

第三节　海(水)上搜救行动

【恶劣天气和海况下的搜救工作】

防抗天气灾害和海洋灾害对船舶航行的危害，在恶劣天气和海况下实施搜救，一直是中国海上搜救中心工作的重点。自 1999 年起，每年中国海事局或中国海上搜救中心都适时发出通知，通报根据气象部门和海洋部门预测的当年中国沿海灾害性天气生成、路径、强度情况，提出应对措施，部署船舶防台、防风，完善应急预案，落实抢险救助力量，并将客船、客渡船、客滚船、旅游船、危险品船、非机动船、渔船作为防抗天气灾害和海洋灾害的重点。

1999 年 4 月 30 日，9902 号台风袭击在中国南海东沙群岛附近作业的 48 艘渔船，600 多名渔民处于危险之中。经中国海上搜救中心办公室反复与台湾中华搜救协会协商，台湾方面允许遇险渔船进入南海东沙群岛避风，避免了沉船事故和人员伤亡。此次事件暴露出渔船防抗灾害天气的危险隐患，主要是：渔船抗风和通信能力差；作业海域远离陆岛，不能及时避风；一些渔船不适航，或独自航行、作业，无安全保障，救助困难。5月20日，中国海上搜救中心将上述情况通报农业部，并提出相应建议。

2004年9月24日至25日，中国海上搜救中心在大连召开“大风浪搜救技术研讨会”。交通部副部长徐祖远在书面致辞中提出，要关注海上搜救工作前沿理论和技术进步动态，从中国的实际出发，研究并形成中国海上搜救理论体系，用以指导实践，提高中国海上搜救实战水平。会议分析了2003年至2004年9月全国海上险情和搜救行动的统计数据，指出8级风力以上情况发生的海上险情所造成的百人死亡率，是一般天气情况下海上险情百人死亡率的3倍；提出要在总结以往海上搜救经验和教训的基础上，进一步研究搜救指挥、行动协调的科学性，要在探索船舶防抗台风规律的基础上，加强对船舶防抗冬季大风规律的研究，要在成功应用落水人员在水上漂移位置推测技术的基础上，扩展到对落水人员在救生筏上漂移位置推算，建立海上搜救漂移模型。

2005年12月16日至17日，中国海上搜救中心和中国海事局在福州召开全国水上防抗台风技术研讨会，总结2005年成功防抗台风的技术和经验。会上，交通部副部长徐祖远在书面致辞中指出，交通部在防抗台风工作中，坚持“宁可防而不来，不可来而不备”的指导思想和“早准备、早安排、早落实、早检查”的工作原则，实施“重点区域重点防范、重点时段重点防御、重点对象重点监控”的防抗策略，在2005年台风多、来势猛的情况下，最大限度避免和化解了险情；台风期间，救助成功率99.1%，未发生一起重大人员伤亡事故。国家防汛抗旱总指挥部、农业部、国家海洋局、中国气象局、总参谋部作战部、海军司令部和福建省的有关领导及专家参加会议，共收到学术论文32篇。

2007年4月25日，交通部印发《交通部防抗台风等极端天气应急预案》。该预案明确，中国海上搜救中心总值班室作为交通部突发公共事件应急领导小组办公室，是交通部防抗台风等极端天气应急协调机构，具体负责防抗台风等极端天气应急工作；交通部相关部门和直属单位，根据各自职责组织、指挥交通系统相关单位承担防抗台风等极端天气应急反应和抢险救灾工作。该预案根据影响或可能影响中国大陆和管辖海域的台风、冬季大风、风暴潮、海啸、海冰的等级、强度、特征、范围，将极端天气应急，从低到高分为蓝色、黄色、橙色、红色4个预警等级，规定了辽东湾、黄海北部、渤海湾、莱州湾的海冰预警启动标准，以及交通部防抗台风等极端天气应急各个阶段、各种处置的工作内容、要求、程序和各有关方面的具体职责。

2004年至2007年，中国籍运输船舶连续4年没有在台风袭击中国沿海期间发生因灾害性天气影响而造成人员伤亡的事故。

〖2002年寒潮大风搜救行动〗

2002年10月18日至19日，受寒潮大风影响，中国沿海出现恶劣海况，渤海、黄海、东海共有70多艘船舶、1000余人遇险。险情上报国务院后，国务院副总理吴邦国指示要全力搜救遇险人员，尽量减少人员伤亡，同时，要做好在恶劣天气情况下的安全生产工作。中国海上搜救中心紧急部署，并组织和协调各级海上搜救中心实施救助。

10月19日10时50分，中国海上搜救中心接江苏省启东市人民政府报告，18日下午，该市在外海作业的1艘养殖船“养殖1”失去联系，船上有106人，另有6艘渔船因风浪大失踪，具体遇险人数不详。接报后，中国海上搜救中心即启动应急反应程序，将险情逐级上报，并要求江苏、上海海事局核实险情，配合当地政府组织搜救。经核实，共7艘船舶、143人遇险。按照国务院副总理吴邦国的批示和交通部领导的指示，中国海上搜救中心紧急派出海事巡逻船和2艘专业救助船，协调南京军区2架直升机、上海民航1架直升机和3艘渔政船、10多艘渔船实施救助行动。经救助，“养殖1”和3艘渔船以及133人获救，另外3艘渔船沉没，10人失踪。19日上午，浙江省玉环县“浙玉渔3157”渔船遇大风沉没，27名渔民落水，经浙江海上搜救中心组织搜救，23名渔民获救，4人失踪。

〖2005年黄海、渤海跨辖区搜救行动〗

2005年10月21日至22日，受一场寒潮大风袭击，中国黄海、渤海海域接连发生9起船舶险情，在大连、营口、烟台、威海附近海域共有44人遇险，其中渔船12艘、渔民31人，商船2艘、船员13人。中国海上搜救中心接报后，立即启动《国家海上搜救应急预案》，组织协调山东、辽宁两个搜救区域的搜救力量实施跨辖区搜救行动。

辽宁、山东省海上搜救中心派出“海巡0602”海事巡逻船，5艘专业救助船，北海第一救助飞行队的2架专业救助直升机，东海第一救助飞行队的1架固定翼飞机；协调“中国渔政37503”等5艘公务船舶和“滨海266”、“鲁荣渔0114”等12艘社会船舶前往现场救助，除因火灾造成1人死亡、6人失踪外，其他37名船员和渔民脱险。其中大连海事大学运动中心教师用训练艇，在大连海事大学附近海面将一艘无动力养殖船上遇险的4名渔民救起；救助直升机“B7309”出动4个架次，在烟台附近海域、老铁山水道，将6名遇险渔民和因主机故障而失控的“集祥”轮上5名遇险船员救起；救助直升机“B7305”在莱州湾海域、成山头海域，将1名遇险渔民和失火的“苏响驳78”船上7名船员救起；“中国渔政21506”在营口港鲅鱼圈正西海域将失去动力的“辽葫渔11236”安全拖回港内，船上7名船员全部获救。

对于此次搜救行动，国务委员、公安部部长周永康在《海上搜救中心值班信息》上批示：对搜救中心及时启动应急预案，成功地组织了一起跨辖区搜救行动应当进行表彰，请春贤同志总结经验，表彰参战的各单位。2005年10月26日，交通部在北京召开表彰大会，对在黄海、渤海海域搜救行动中作出突出贡献的27个单位、23艘船舶、2架直升机、1架固定翼飞机通报表彰，交通部部长张春贤在表彰会上说，这次搜救中心组织的跨辖区、同时间对多起海难的立体搜救行动，是继去年冬季“辽海”轮等成功搜救之后的又一个成功搜救范例。

〖搜救台风“珍珠”中遇险越南渔民〗

2006年5月17日22时35分，获悉险情信息的中国海上搜救中心指令南海救助局的“德进”轮，搜救在2006年1号台风“珍珠”影响下遇险的越南渔船和渔民。19日16时25分，交通部收到中国驻越南大使馆电报。报文告知受台风“珍珠”影响，越南几十艘渔船和数百名渔民在南中国海东沙群岛附近海域失踪，越南政府照会中国驻越南大使馆，请求中国政府协助搜救失踪渔船和渔民。接报后，根据中共中央、国务院领导人的批示精神，交通部部长李盛霖主持召开专题会议部署搜救工作，要求中国海上搜救中心协调一切力量，本着人道主义精神，全力救助越南渔民。中国海上搜救中心迅速启动《国家海上搜救预案》，派出专业救助船4艘、海事巡逻船1艘、救助直升机1架前去搜救，协调香港特别行政区政府飞行服务队飞机3架参加搜救，通过中国船舶报告系统、船舶自动识别系统和航行警告台，组织和通知过往的中外商船协助搜救，有20多艘商船先后参与搜救。中国海上搜救中心同时联系农业部渔政指挥中心，组织在南海北部海域的中国渔船协助搜救，并指定南海救助局的“南海救111”为现场指挥船。

根据越南渔船可能遇险的海域和越方建议搜寻的海域，中国海上搜救中心组织了对20万平方公里海域大面积、全方位的两次拉网式搜寻，历时16天，专业救助直升机飞行2个架次，香港飞行服务队飞机飞行10个架次，共搜寻到22艘越南渔船、330名越南渔民，并提供了食品、淡水、医药、燃油等救援。在搜救过程中，交通部部长李盛霖、副部长徐祖远先后8次主持召开专题会议分析台风“珍珠”移动路径和海况，研究搜救措施；中国海上搜救中心及时向越南搜救部门通报搜救情况；国家防汛抗旱总指挥部提供技术和信息支持；外交部提供24小时畅通的外交渠道；农业部协调了大量渔船参加搜救；中国气象局提供及时、准确的气象信息；国家海洋局提供即时海况信息，并协助推算渔船可能漂流的位置。5月22日，越南国家主席陈德良致电中国国家主席胡锦涛，对中方及时救助遇险越南渔民表示感谢。5月27日，在交通部上报的《关于组织搜寻和救助越南渔民有关情况的报告》上，国务院总理温家宝批示：发扬成绩，再接再厉，进一步加强海上安全监管和搜救工作。国务院副总理回良玉和国务委员华建敏也分别作出批示，肯定了交通部在防抗2006年1号台风和搜救越南渔民行动中所取得的成绩，6月2日上午，交通部在北京举行新闻发布会，通报中华人民共和国成立以来中国组织的最大规模的国际海上搜救行动情况。经有关专家研究并商越南海上搜救中心同意，按照国际公约有关规定，中国海上搜救中心在新闻发布会上宣布，于格林威治时间6月2日4时，北京时间6月2日12时，与越方同时终止对遇险的越南渔船和渔民的搜救行动。6月21日，交通部在大连召开总结表彰大会，对在搜救越南渔民行动中作出突出贡献的中国海上搜救中心总值班室等8个单位和集体、50名个人进行表彰，中共中央政治局常委、国务院副总理黄菊发来贺信，交通部部长李盛霖、副部长徐祖远颁奖。

图5-3-1　2006年6月21日，交通部搜救越南渔民总结表彰大会在大连举行

〖防抗2007年温带风暴潮〗

2007年3月2日，根据中央气象台提供的信息，中国海上搜救中心启动应急预案，发布大风预警预报。3月3日，国家海洋局发布风暴、海浪Ⅰ级红色紧急警报。中国北部和东部沿海约有684艘航行船舶(其中渔船568艘、商船115艘、其他船舶1艘)、5170名人员和停泊在港内的9958艘各类船舶的安全受到严重威胁。对此，国务院总理温家宝，副总理曾培炎、回良玉和国务委员华建敏在国家海洋局值班信息上先后批示，要求交通部做好海运、港口防潮防浪准备，不漏掉每一个海上作业单位、每一个港口。同时，国务院应急办公室下发《关于做好防抗温带风暴潮工作的紧急通知》。

接到国务院领导的批示后，交通部部长李盛霖、副部长徐祖远立即在中国海上搜救中心总值班室，通过视频电话会议系统，向可能受到风暴潮影响海域的沿海各搜救中心、海事机构传达国务院领导的指示，听取辽宁、河北、天津、山东海事局领导对辖区内船舶防抗温带风暴潮情况的汇报。会议要求要密切关注温带风暴潮的动态，及时通过各种方式发布预防预警信息，充分利用船舶交通管理系统部署监控船舶进入安全水域避风；渤海及黄海北部所有船舶，特别是客船、客滚船、客渡船要立即就近避风；海上施工船立即停止作业，回港避风；加强值班待命，在重点航道、事故多发水域安排大马力救助船值班；各海岸电台、话台加强值守，一旦发生险情，确保及时有效救助；要积极与当地政府联系，提前做好风暴潮过后生产恢复工作。当晚，交通部以内部明电形式下发《关于做好防抗温带风暴潮确保水上安全的通知》。按《国家海上搜救应急预案》，海上搜救部际联席会议有关成员单位反应迅速、协同配合，发挥职能作用，使各项防抗温带风暴潮措施按预案要求执行到位，排除和化解了大量险情。

辽宁、河北、天津、山东海事局按照交通部的部署，一方面与当地政府和搜救中心各成员单位以及港航单位配合，启动应急预案，落实各类船舶安全措施；另一方面结合辖区内实际情况，采取了一系列有针对性的监管措施，主要是与海洋气象预报部门时刻保持信息畅通，不间断播发大风警报和航行警告，将预警信息传达到每艘船舶，清点并疏散船舶到锚地避风，严控船舶间距，适时采取封航措施，停止施工作业船舶、海上设施大型作业，加大现场巡查力度，提前维护巡检，确保助航设施正常发光、发讯，做好抢险救援准备工作。期间，辽宁、河北、天津海事局多次化解险情，组织救助遇险船舶 104 艘次，未发生一起重大事故。

3 月 4 日下午，江苏省启东市、盐城市、海安县附近海域 559 艘渔船(渔民约 4360 人)作业未能及时返航，受风暴潮袭击，当地政府请求救助。获悉该险情后，交通部部长李盛霖，副部长徐祖远、黄先耀立即赶到中国海上搜救中心总值班室组织救助行动，并通过可视电话系统与江苏省人民政府副秘书长韩庆华研究救助方案，明确分工。海军也多次在电话中与中国海上搜救中心磋商施救措施。按照救助方案，中国海上搜救中心协调出动专业救助船、军队舰艇、海事巡逻船和过往商船共 11 艘以及救助直升机 1 架前往施救遇险渔船。经过各方努力，当 3 月 7 日下午所在海域气象海况趋于平稳时，受困渔船全部脱离危险。

此次防抗 38 年不遇的特大温带风暴潮行动，克服了预防和救助点多、线长、面广的压力，共对 89 艘走锚或搁浅的商船和渔船、1796 名遇险人员实施搜救，运输船舶、工程船舶和港口设施未发生人员伤亡事故和重大财产损失，成功防抗了此次灾害性天气。辽宁、河北、天津、山东、江苏海事局共出动巡逻船艇 500 艘次、执法车辆 1000 台次、执法人员 3000 余人次，在现场组织、指挥、检查防抗工作，减少了险情事故的发生概率。4 月 18 日，中国海上搜救中心在南京组织有关方面代表，对此次防抗特大温带风暴潮行动进行了后评估。

【船舶及人命搜寻救助】

船舶及人命搜寻救助是中国海上搜救中心日常最主要的工作。根据接收到的不同级别、不同情况的险情信息，热带气旋和冬季大风等极端天气形成的信息，船舶发生碰撞、触礁、搁浅、火灾等事故信息，与水上搜救有关的其他信息，同时根据险情或事故发生的时段、水域、遇险船舶和人员国籍的不同以及其他原因，可能在国际、国内社会产生的影响程度，或者需要协调动用搜救力量的不同范围，中国海上搜救中心采取不同级别的部内应急反应行动，并按规定逐级上报请示，上一级指挥人员对下一级指挥人员的处置行动给予指示和指导，必要时可越级指挥。中国海上搜救中心值班员和搜救协调员，无论在什么情况下，都首先对水上险情或事故及其处置进行跟踪、评估、分析，判断其可能产生的影响和后果，指导当地海(水)上搜救中心应对措施，防止险情扩大或次生、衍生事故发生；同时跟踪、标绘热带气旋和冬季大风等极端天气运动路径，搜集了解相关信息，组织、协调、指挥、指导水上险情或事故的预警预防和处置工作，按规定起草、上报《搜救信息快报》和《海上搜救中心值班信息》等有关材料。当采取Ⅰ级以上部内应急响应行动时，交通部领导和相关部门人员进入指挥位置和工作位置。

为提高海(水)上搜救行动水平，中国海上搜救中心组织开展了一系列基础工作。

2003 年 4 月，中国海上搜救中心组织翻译出版国际民航组织、国际海事组织编写的《空海联合搜救手册》。在组织翻译该手册修正案后，于 2006 年 2 月，出版《空海联合搜救手册》增补本。2007 年启动《国家海上搜救手册》、《海上险情的预防、避险、自救、互救知识手册》、《海上搜救应急预案简明操作手册》、《航运企业应急预案编制指南》编写工作。

2004年12月3日至13日，中国海上搜救中心在交通部海事局武汉培训中心首次举办海上搜救协调员培训班，35名海上搜救协调员参加培训。2005年，在武汉举办两期海上搜救协调员培训班。2006年9月，在武汉举办省级海上搜救中心应急预案编写培训班；同月，组织海上搜救协调员29人赴英国参加海上搜救管理培训；11月，在大连举办海上搜救协调员遇险与安全通信培训班。2007年7月，在大连和武汉分别举办海上搜救协调员遇险与安全通信培训班、搜救协调员和港航企业应急管理人员的水上应急培训班。

2006年2月20日，交通部办公厅印发通知，自2006年2月25日起，统一调整海上搜救数据年度统计起止时间为上一年12月26日至当年12月25日；月度、季度统计起止时间相应调整。通知明确搜救数据统计以险情发生的时间为准，各直属海事局应在每月28日24时前，完成当月搜救数据向"险情上报与查寻统计分析系统"中的录入工作。

2006年10月13日，中国海上搜救中心会同中国渔政指挥中心在海口召开南海海区渔船搜救工作研讨会。2007年，中国海上搜救中心组织开展《水上搜救漂移模型》、《溢油漂移模型》课题研究。

图5-3-2　2006年12月26日，交通部部长李盛霖（左二）、副部长徐祖远（右一）在中国海上搜救中心总值班室指挥搜救朝鲜籍失事货轮"龙月山"号

2006年，中国海上搜救中心对"恒达1"、"鄂仙桃货368"、"龙运5"等搜救行动进行了后评估，开始建立海（水）上搜救行动后评估制度。2007年，中国海上搜救中心聘请37名船长和搜救专家为海（水）上搜救行动后评估专家库成员。6月5日至6日，中国海上搜救中心在杭州召开2007年重特大海上搜救行动后评估工作会议。会议初步确定海上搜救行动后评估指标和内容，主要是船舶遇险后，船舶自救措施、接警及其效果、遇险通信效果、信息发布与控制、搜救方案制定、搜救行动组织协调、搜救力量调配、搜救力量反应、现场搜救效果、终止搜救时间等；会议对"浙岱渔03520"14名遇险渔民、"奋威"轮与"地中海乔安娜"轮碰撞、"惠荣"轮与"鹏延"轮碰撞等9起搜救行动提出了后评估专家组意见。

2007年9月27日，在国家安全生产监督管理总局主办的第一届中国国际安全生产应急管理和应急救援论坛上，交通部副部长徐祖远发表了"加强应急能力建设，科学应对海上险情"的演讲，分析了中国海（水）上搜救应急现状，并在演讲中明确海上搜救精神是"险情就是命令，效率就是生命、团结就是力量"。12月6日，交通部决定向近几年在组织、参与海（水）上搜救工作中表现突出的37个单位授予"全国海（水）上搜救先进单位"称号、75个集体授予"全国海（水）上搜救先进集体"称号、113名个人授予"全国海（水）上搜救先进个人"称号。

1998—2007年水上搜救情况统计　　表5-3-1

年份	水上搜救(次)	遇险人数(人)	获救人数(人)	协调出动船舶(艘次)	协调出动飞机(架次)	水上救助成功率(%)
1998	536	4382	3856	726	35	88.0
1999	563	3720	2903	787	45	78.0
2000	298	8002	7450	472	15	93.1

续上表

年份	水上搜救(次)	遇险人数(人)	获救人数(人)	协调出动船舶(艘次)	协调出动飞机(架次)	水上救助成功率(%)
2001	375	8113	7346	881	15	90.5
2002	262	7950	7509	601	9	94.5
2003	542	6928	6465	700	14	93.3
2004	1492	16491	15597	3979	47	94.6
2005	1579	17807	16965	5058	98	95.3
2006	1620	17498	16753	5322	121	95.7
2007	1861	25087	24277	7830	245	96.8

〖长江客货船碰撞事故救助行动〗

1999年12月31日18时20分，金陵船厂的“阿哈托”集装箱船与武汉客运有限公司的“长航江汉21”客货船，在长江下游龙潭水道附近发生碰撞事故。“长航江汉21”轮上旅客和船员共计706人，有3人死亡、1人失踪，其余人员处于危险之中。18时25分，“长航江汉21”轮向南京水上搜救中心求救。因碰撞部位进水，船长决定以270度航向抢滩。在南京船舶交通管理系统中心指引下，“长航江汉21”轮于18时32分，在仪化锚地抢滩成功。

南京水上搜救中心接报后，分别将险情逐级上报。中国海上搜救中心即要求时刻保持与现场联系，紧急疏散旅客。南京水上搜救中心迅速调集“江申1号”、“长宁901”、“宁港1006”、“长江62016”、“监督81”、“监督028”、“公安110”等12艘船艇先后抵达现场，集中力量向“江申1号”轮疏散转移旅客。至2000年1月1日2时15分，共驳运9船次，将621名旅客安全转移到“江申1号”轮上。

〖“5·7”空难搜救扫测行动〗

2002年5月7日21时45分，辽宁省海上搜救中心值班室接大连周水子国际机场报告，北方航空公司的CJ6136航班客机在大连付家庄上空客舱起火，该机机型为MD82，由北京飞往大连，载客103人，机组人员9人。接报后，值班人员即向辽宁海事局领导和中国海上搜救中心、大连市政府报告，并通知有关方面做好搜救准备。21时50分，“辽大甘渔0498”船上渔民通过12395专用电话报告，一架飞机在大连石化公司附近栽到海里，海面有尸体。辽宁海事局即启动搜救应急程序，组织待命船舶前去搜救。辽宁海事局5艘船，大连港轮驳公司4艘船，海军旅顺基地11艘舰艇火速赶到出事海域，搜救幸存人员，打捞尸体、飞机残骸，实施交通管制。随后，又有更多的渔船、旅游快艇及其他船艇参加搜救。大连市政府指定辽宁海事局全面负责组织现场搜救。

图5-3-3　2002年5月8日，交通部部长黄镇东(前右一)在辽宁海事局值班室指挥“5·7”空难搜救行动

中国海上搜救中心收到空难信息后，即向国务院值班室和国家安全生产监督管理局报告，并启动搜救应急程序。国务院迅速派出“5·7”空难处理工作组飞抵大连，于凌晨3时40分在大连港务局召开紧急会议，5时25分乘“海巡021”巡逻船巡视出事海域，了解空难现场情况和搜救进展

情况。5月8日上午，交通部部长黄镇东在辽宁省海上搜救中心值班室指挥搜救，副部长洪善祥在现场指挥。17时30分，国务院副秘书长尤权主持召开“5·7”空难处理工作组领导小组会议，部署下一步搜救、打捞和善后处理工作。20时30分，交通部副部长洪善祥召开会议专题布置交通部海事、救捞机构与海军在搜寻、扫测、探摸、打捞中的任务和分工。5月9日至10日，中共中央政治局委员、国务院副总理吴邦国专程到大连察看空难现场，并要求进一步加大搜寻力度，扩大搜寻范围，加强军地协同作战，尽最大努力搜寻打捞遇难者遗体。

5月8日凌晨5时56分，交通部海事局常务副局长刘功臣向天津海事局下达紧急调集海测大队人员和扫测、定位仪器，赶赴大连飞机失事海域搜寻扫测的指令。9人组成的搜寻扫测小组迅速起程，于当日20时30分抵大连，23时在大连航标处“海标0507”船上完成扫测设备安装，准备待命出海。5月9日零时，搜寻扫测小组乘“海标0507”船出海，在与海军进行扫测工作交接后，开始以辽宁海上搜救中心提供的概位（北纬38°57′07″，东经121°40′10″）为中心，使用侧扫声纳搜寻扫海；至11日，共在35平方公里的海域搜寻扫海4次，确定失事飞机残骸分布在600米×400米范围，并标定35个可疑点。依据搜寻扫测小组提供的数据，打捞人员陆续打捞出飞机机头、发动机、发电机、起落架、仪表盘、座椅、机体、尾翼等残骸和驾驶员公文包。12日7时35分，从烟台航标处紧急调用的装有多波束测深仪的“海标0516”船，也赶到大连参加搜寻扫测。为搜寻打捞飞机“黑匣子”，从大连市国家安全局、大连市无线电管理委员会、中国船舶重工集团760所、哈尔滨工业大学等调来专用设备搜寻“黑匣子”，但均未能确定其真实位置。11日上午，中国海事局获悉美国劳雷公司可派专家携专用设备协助搜寻“黑匣子”的信息；经“5·7”空难处理工作组批准，与美方达成合作协议，并由搜寻扫测小组和大连航标处作配合准备。12日23时10分，交通部副部长洪善祥在“德润”轮指挥，美国专家与搜寻扫测小组登上“海标0507”船，用水下声纳信标接收机搜寻“黑匣子”。13日3时15分，美国专家带来的第二台DATASONIC公司的水下声纳信标接收机第一次收到“黑匣子”信标机发出的37.5千赫兹声波脉冲信号；随着多点探测和持续搜寻，位置被锁定的范围越来越小。14日13时05分，美国专家登上航标小艇，将“黑匣子”位置精确锁定在3米范围内；14时05分，潜水员打捞出第一个信标机，15时05分，打捞出第一个“黑匣子”——语音记录器；18日，打捞出第二个“黑匣子”——数据记录器。

图5-3-4　2002年5月14日，天津海事局搜寻扫测小组与美国专家在“5·7”空难搜救行动中进行失事飞机“黑匣子”搜寻定位作业

至6月2日，搜寻、扫测、救助、打捞等单位，出动船舶128艘，累计出海1331艘次，6955小时，17838人次，在飞机失事海域附近180平方公里范围内进行了大规模搜寻，对其中26.7平方公里的海域进行了重点搜寻，在2.4平方公里的海域实行了地毯式的潜水探摸打捞，对有可能发现漂浮遗体、遗物的53公里海岸线进行搜寻，打捞出92具遇难者遗体以及大量遇难者遗物，打捞出“黑匣子”和大部分飞机残骸数千件（片）。中国海上搜救组织较成功地实施了首次对民航客机坠海空难的海上搜救行动。

〖“辽旅渡7”客滚船遇险搜救行动〗

2003年2月22日14时30分，大连渤海轮船公司所属“辽旅渡7”客滚船搭载14辆汽车、81人，从旅顺开往龙口途中遇8级大风，在渤海海峡北砣矶岛西北8海里处，因主机故障，失去动力，船体左倾达20度到30度，严重危及船舶安全，紧急求救。辽宁省海上搜救中心接到求救信号后，立即上报中国海上搜救中心、辽宁省政府，同时通报山东省海上搜救中心，并立即组织搜救。交通部部长张春贤迅速赶到中国海上搜救中心值班室指挥搜救。中国海上搜救中心启动搜救应急反应程序，向国务院值班室、国家安全生产监督管理局报告。根据国务院总理朱镕基、副总理吴邦国的指示，张春贤要求辽宁、烟台海事局和“辽旅渡7”船长全力组织搜救，尽一切力量避免人员伤亡，同时派出中国海事局领导赴烟台，指导现场搜救。中国海上搜救中心紧急与总参谋部、海军司令部、农业部联系，请求派出船艇参加救助行动。烟台海事局迅速组织协调有关救助力量前往搜救。北砣矶岛镇政府组织了600余名群众在岸上展开紧急救援行动。

过往船舶、大连远洋运输公司的“艾丁湖”轮，于14时50分接到辽宁省海上搜救中心营救通知后，即调整航向，全速驶向遇险难船；最先赶到的渔船“鲁长渔3045”轮和当地驻军的“8002”艇在现场救起大多数落水人员；16时30分，“艾丁湖”轮抵达难船遇险海域，开始施救；17时15分，交通部部长张春贤打电话给“艾丁湖”轮船长，指定“艾丁湖”轮为现场指挥船。“艾丁湖”轮一方面及时向中国海上搜救中心和辽宁、烟台搜救中心报告现场情况，一方面指挥已到达难船附近的20余艘船艇开展救助，其中包括北海救助局“德汉”轮，海军旅顺基地护卫舰“519”、“海冰723”、“北救137”，辽宁海事局“海巡021”、“海巡0202”，大连港务局“连港22”等舰船以及渔船。

2月22日17时45分，“辽旅渡7”轮因倾斜过度最终沉没。经过6个小时的搜救，20时30分，81名旅客和船员，被参与救助的船艇和当地群众全部救起，其中4人因抢救无效死亡。

2月23日，国务院有关领导作出批示，肯定了此次救助行动。

〖“辽海”客滚船遇险搜救行动〗

2004年11月16日13时30分，大连新海航运有限责任公司所属客滚船“辽海”轮，载旅客291名、汽车78辆、船员49名，从烟台驶往大连途中，在大连港三山岛附近海域发生火灾，失去控制，严重威胁旅客和船员的生命安全。13时35分，辽宁海事局船舶交通管理系统中心接“辽渔拖2”轮报告“辽海”轮有失火迹象，即通过电视监控系统观察，并用甚高频电话与“辽海”轮联系。13时38分，辽宁海事局船舶交通管理中心叫通“辽海”轮，确认“辽海”轮起火后，迅速启动应急反应程序，并向上级报告。中国海上搜救中心接报后，即启动险情应急程序，并根据国务院有关领导指示，协调事故抢险工作。交通部副部长翁孟勇迅速赶到中国海上搜救中心值班室，通过视频监控传输系统，了解事故现场情况，组织指挥搜救行动。

图5-3-5 2004年11月16日，辽宁海上搜救中心通过电视监控系统和船舶交通管理系统，组织“辽海”客滚船火灾事故搜救行动

辽宁省海上搜救中心按照海上险情应急反应预案，派出7艘海事巡逻船赶赴现场，并调动北海救助局的专业救助船和救助直升机，协调边防、消防、军队、渔业、港口等30多艘船艇和医疗人员前往施救，仅12分钟，第一艘救助船就抵达事故现场。通过视频监控传输系统，中国海上搜救中心和辽宁海上搜救中心及时调整现场搜救方案，实施有效指挥，经过两个多小时的救助，291名旅客和49名船员全部获救。17日15时，"辽海"轮大火被扑灭，未造成水域污染，该轮从主航道被拖至安全水域。

根据国务院有关领导的批示精神，中国海上搜救中心和中国海事局对"辽海"轮火灾事故救助工作的成功经验、有效做法和需要进一步改善之处进行了总结评估，并于12月15日向国务院上报《交通部关于11·16"辽海"轮火灾等事故成功救助情况的评估报告》。该评估报告对海上搜救体制和应急机制的改革完善，以及搜救能力建设的加强，在海上几起成功救助工作中，特别在"辽海"轮火灾事故救助工作中的作用进行了分析，并提出进一步改进海上搜救工作的建议。

〖"阿提哥"油轮搁浅溢油救助行动〗

2005年4月3日，12万吨级的葡萄牙籍"阿提哥"(ARTEAGA)油轮装载119574吨原油，从也门驶往大连港途中，在大连新港险礁附近水域触礁搁浅，船体右3舱底部破损，少量原油溢出，对海洋环境构成严重威胁。接报后，中国海上搜救中心启动《国家海上搜救应急预案》和《海上船舶溢油应急计划》，交通部部长张春贤、副部长黄先耀迅即进入中国海上搜救中心总值班室指挥位置，指令在确保能够控制水域污染的前提下，帮助难船脱浅，并指定辽宁海事局负责此次救助行动组织协调，河北、天津、山东海事局给予配合。

图5-3-6　2005年4月3日，交通部部长张春贤(右三)在中国海上搜救中心值班室指挥葡萄牙籍油轮"阿提哥"触礁搁浅溢油救助行动

辽宁省海上搜救中心值班室于11时03分首先接到事故报告后，在第一时间展开救助行动和溢油清除行动，并根据上级指示，先后协调派出3艘海事巡逻船、2艘救助船、8艘港作船、2艘油轮奔赴事故现场，一方面救助"阿提哥"油轮脱浅，一方面布设围油栏、吸油毡，喷洒消油剂，进行清污作业，同时还组织当地可调用的救助、清污、消防力量赴现场待命。北海救助局的潜水员潜水探摸搁浅船舶水下情况。山东、河北海事局的专业清污力量赶赴现场增援。"永跃16"号、"阳澄湖"号等油轮，对"阿提哥"油轮所载原油轮番进行过驳作业，共过驳卸载原油9500吨。经过30小时救助，"阿提哥"油轮于4日14时50分成功脱浅，在4艘拖轮的协助下，由3艘海事巡逻船护航，于17时安全靠泊大连新港1区码头。除该轮在搁浅时造成原油泄漏外，未发生新的溢油污染。

〖"浙岱渔03520"轮沉没事故救助行动〗

2006年12月17日4时17分，上海海上搜救中心获悉，浙江省岱山县衢山镇大龙潭村籍渔船"浙岱渔03520"轮在长江口以东约140海里处发生倾斜后沉没，14名渔民弃船逃生。现场风力11级，浪高4米至5米。遇险渔民的生命受到严重威胁。

中国海上搜救中心收到上海海上搜救中心报告后，立即通过船舶报告系统查找和联系现场附近船舶，迅速核实险情。在确认现场情况与报告相符后，随即起草《海上搜救值班信息》，报送交通部领导和国务院应急办公室。国务院副总理回良玉在交通部、农业部分别向国务院应急办公室提交的报告上批示，请农业部渔政部门主动配合海上搜救中心进行搜救，千方百计寻找失踪人员。

交通部副部长徐祖远赶到中国海上搜救中心总值班室指挥搜救行动。上海海上搜救中心迅速派出交通部专业救助飞机和专业救助船，发布航行警告，通过船舶报告系统协调过往船舶前往施救，并与当地海洋管理部门推算弃船人员漂移位置。

交通部专业救助船“东海救112”轮，冒着狂风巨浪连续航行12个小时，于18日5时到达海上搜救中心利用“遇险位置漂移模型”确定的位置，将登上救生筏的14名遇险渔民全部救起。

〖“地中海乔安娜”轮与“奋威”轮碰撞事故救助行动〗

2007年3月8日13时09分，巴拿马籍集装箱船“地中海乔安娜”(WD FAIRWAY)轮出港时在天津港主航道7号、8号灯浮附近水域与荷兰籍挖泥船“奋威”轮发生碰撞事故。“地中海乔安娜”轮球鼻艏撞入“奋威”轮左舷中部，“奋威”轮左舷进水，左倾约25度，随时可能沉没，“地中海乔安娜”轮艏尖舱进水。

天津市海上搜救中心接到报告后，立即启动海上搜救应急预案，组织协调“海巡051”、“港引1”、“津港拖2”、“津港拖15”、“海洋石油653”、“海洋石油284”、“北海救195”等9艘船舶赶赴现场参加救助行动，并指定拖轮上的两名高级引航员担任现场指挥。

中国海上搜救中心获悉险情后，交通部部长李盛霖和副部长徐祖远即刻指示要防止难船沉没在进出港航道上；中国海上搜救中心常务副主任刘功臣通过视频电话部署应急处置工作。

天津市海上搜救中心根据水域现场具体情况，确定具体救助方案。在救助过程中，先把“奋威”轮上40名船员安全转移，后在3艘拖轮的协助下，两艘难船被拖离主航道和锚地。3月9日6时36分，两艘难船成功分离，“奋威”轮在天津市海上搜救中心指定海域抢滩坐浅，“地中海乔安娜”轮成功返港安全靠泊，两轮上的64名遇险船员(其中“奋威”轮40名、“地中海乔安娜”轮24名)全部获救。事故未造成海域污染。

〖“金盛”轮与“金玫瑰”轮碰撞事故救助行动〗

2007年5月12日3时，韩国籍货船“金玫瑰”(GOLDEN ROSE)在渤海海峡以西海域因遇大雾与圣文森特籍集装箱船“金盛”(JIN SHENG)发生碰撞。“金玫瑰”轮沉没，船上16名船员(韩国籍7人、缅甸籍8人、印度尼西亚籍1人)失踪。

山东省海上搜救中心接获报告后立即启动应急预案，同时将险情上报中国海上搜救中心和山东省人民政府。国家主席胡锦涛、国务院总理温家宝和国务委员唐家璇、华建敏对此次事故和搜救工作均作出批示。交通部立即启动《国家海上搜救应急预案》，部长李盛霖和副部长徐祖远、黄先耀到中国海上搜救中心总值班室指挥搜救。5月13日，山东省海上搜救中心按照中国海上搜救中心确定的搜救范围，调集专业救助船“北海救131”、“北海救169”、“北海救111”轮投入搜寻，增派救助直升机“B7312”、固定翼飞机“B3636”参与搜寻。

5月14日，中国海上搜救中心进一步调整了搜救方案，先后组织北海救助局所属“北海救111”、“北海救112”等6艘专业救助船舶按平行方式进行大面积地毯式搜寻；组织交通部北海第一救助飞行队所属“B7312”、“B7313”直升机及“B3636”固定翼飞机3架专业救助飞机，在以碰撞位置为中心、25海里为半径的海域实施空中搜寻；指示烟台、大连和成山头船舶交通管理系统协调过往船舶，按指定的搜寻路线和范围，对事发海域进行密集搜寻。5 月 15 日和 16 日，应韩国请求，中国同意，韩国海洋警察厅先后派出 4 艘船舶，在中国海上搜救中心统一指挥下参与搜救。6 月 4 日，韩国船舶结束搜救行动回国。

至 5 月 25 日，中国海上搜救中心共派出专业救助船 11 艘，海事巡逻船 7 艘，飞机 14 架次，协调过往船舶 1399 艘次，通过海洋漂移模型测算落水船员概位，利用侧扫声纳扫测沉船位置，对 4400 平方海里事发海域进行地毯式搜寻，并派出 30 名潜水员对沉船进行百余个班次的水下探摸，从沉船船舱中打捞起 6 具遇难者遗体，但未发现其余 10 名失踪船员。6 月 22 日，经与韩国有关部门商定，终止了此次持续 40 天的搜救行动。

〖太平洋遇险船员搜救行动〗

2007 年 7 月 11 日 8 时左右，巴拿马籍“海通 7”货船载木材，从巴布亚新几内亚开往中国张家港途中，受台风“万宜”影响，在太平洋美国关岛附近海域（北纬 16°52′，东经 139°25′）沉没。10 时 15 分，中国海上搜救中心收到美国海岸警卫队第 14 管区通报，称其接到一个不明性质的中国籍船舶报警，位置在关岛西北方向约 360 海里，请协助核查。中国海上搜救中心收到通报后，即将情况逐级上报，并查出该报警为福建海锦船务公司管理的“海通 7”货船，船员 22 人，并确定了该船本次航程。中国海上搜救中心将核查情况反馈给美国海岸警卫队第 14 管区，请求其到现场核查报警性质。12 日 11 时，美国海岸警卫队指派的过往船舶在报警海域发现 6 名落水人员，救起 1 名，并核实获救人员为报警船舶船员。随后，美国海岸警卫队展开了紧急搜救行动，派出巡逻船和飞机进行搜寻，并引导过往船舶参加搜救。至 12 日 17 时，1 艘日本籍货轮和 1 艘美国籍船舶分别救起 8 名船员（其中 2 人受伤）和 2 名船员。13 日，救起 2 名船员，捞起 3 具尸体。13 日 18 时 40 分，又救起 1 名船员。14 日至 16 日，美国海岸警卫队继续组织搜寻失踪船员。15 日，美方致函中国海上搜救中心，拟于 17 日晨终止搜救行动。

在搜救过程中，根据国务院领导的批示，交通部部长李盛霖，副部长翁孟勇、徐祖远两次召开会议研究搜救措施和善后处理工作。中国海上搜救中心始终保持与美国海岸警卫队、美国驻中国大使馆的联系，请其增派和协调一切可能的力量搜救遇险船员，将获救伤员尽快送到关岛接受治疗；并联系中国各远洋运输公司，要求其在出事海域附近的过往船舶赶赴现场参加搜救。徐祖远还通过卫星电话与参加搜救的过往船舶船长通话，了解搜救情况，并对其搜救行动表示感谢。截至 17 日，“海通 7”轮 22 名遇险船员中，13 人获救，3 人死亡，6 人失踪。获救船员分别随 4 艘船舶到达目的港后，转乘飞机回国。

〖西沙南沙被困中外渔民救助行动〗

2007 年 11 月 22 日，受 2007 年第 25 号强热带风暴“海贝思”影响，52 艘中国、菲律宾、越南渔船及 1022 名中外渔民被困于中国西沙、南沙海域，面临断水断粮的威胁。11 时 25 分，海南省琼海县“琼海 02029”等 9 艘渔船在南沙中业礁发现 1 艘菲律宾渔船和 1 艘越南渔船沉没，及时向海南省搜救中心报告险情，同时展开救助，29 名菲律宾渔民和 7 名越南渔民获救。接报后，海南省搜救中心迅速启动搜救应急反应程序，将险情上报中国海上搜救中心和海南省人民政府，并紧急组织协调，展开搜救。14 时 45 分，南海救助局所属抗风能力强的“南海救 112”轮载足粮食和淡水从珠江口赶往现场。

国务院总理温家宝、副总理曾培炎和国务委员华建敏获悉以上险情报告后分别作出批示。交通部部长李盛霖连夜召开紧急会议，研究在保证救助作业安全的情况下，进一步协调有关方面参加救助工作，尽快解决渔民断水断粮威胁的救助方案，并与农业部副部长张宝文协商两部共同做好渔民救助工作的具体措施。中国海上搜救中心协调中国远洋运输（集团）总公司、中国海运（集团）总公司航经该海域的船舶参加救助。海军南海舰队“东运 757”舰、“北拖 717”舰、“991”舰，农业部南海区渔政渔港管理局“中国渔政302”轮、“中国渔政303”轮及52艘渔船也迅速投入搜救行动。

24日18时，“南海救112”轮抵达南沙群岛渔船被困海域，但因海况恶劣，无法施救，只能暂离岛礁区，择机救助。对此，交通部部长李盛霖、副部长徐祖远及时主持召开专题会议，调整救助方案，派专业救助飞机从三亚飞往西沙海域，“南海救111”轮从西沙改航南沙，“南海救199”轮从三亚前往西沙。26日19时，“南海救112”轮在受困渔民最多的南沙中业礁海域实施救助，并将7名越南渔民安全转移到救助船上。27日12时30分，直升机抵达西沙群岛，分别向深航岛和鸭公礁附近的渔船空投食品和淡水。27日下午，随着“海贝思”的远离，现场风力减弱到6级。渔船纷纷驶出岛礁，接受3艘救助船的补给。西沙、南沙海域受困渔民的紧急状况逐步缓解。30日，大规模搜救行动结束，“南海救112”轮返回三亚，并通过外事部门将7名越南渔民遣返回国。过往船舶利比里亚籍“MERKUR CLOUD”轮于28日1时救起的3名中国渔民，被送往印度尼西亚雅加达后，由中国大使馆于12月6日安全送回广州。

国务院总理温家宝针对这次搜救行动，于12月1日批示：“交通部门多次成功实施海上救助，保护了国内外渔民的安全，受到普遍赞誉。希望继续发扬优良传统，再接再厉，更加有效地应对海上突发事件。”11月23日，菲律宾外交部长罗慕洛约见中国驻菲律宾大使宋涛，对中国在南沙成功救助29名被困菲律宾渔民表示感谢。

【反海盗及武装劫持船舶】

1998年10月2日，中国海上搜救中心接到国际海事局和韩国海上警察厅的“特殊报警”，请求中国协查失踪船舶“天裕”(TENYU)轮。1998年9月27日，巴拿马籍“天裕”轮载3006吨铝锭，有12名中国籍船员、2名韩国籍船员，自北苏门达蜡KUALA TANJONG港驶往韩国仁川港途中失去联系，下落不明。接报后，中华人民共和国港务监督局向全国水上安全监督系统发出协查通知。12月18日，中华人民共和国张家港港务监督在对洪都拉斯籍“姗妮1号”(SANEI 1)轮实施港口国监督检查时，发现该轮存在无线电台损坏，无《油类记录簿》等多项缺陷，决定予以滞留；同时发现该轮与失踪的“天裕”轮相似，遂于12月21日报告中国海事局。中国海事局要求即对该轮进行核对，并联系船东和曾在该轮工作过的船员上船辨认。经核实，该轮外形、尺度、特征与“天裕”轮一致，该轮伪造船籍、证书，假冒“姗妮1号”轮船名、呼号，真正的“姗妮1号”轮停泊在日本大阪港，故确认该轮即是失踪的“天裕”轮。12月24日，武汉海事法院南通法庭受理船东律师诉前申请后，下达扣船令，由当地边防检查站执行。1999年1月22日，国际海事局致函中国海事局，赞扬中国海事局在寻找被劫船舶方面的努力和成绩。7月，国际海事局提供2万美元，奖赏张家港港务监督局。8月12日，中华人民共和国长江港务监督局在张家港召开查获“天裕”轮表彰大会，中国海事局有关人员出席大会，会上总结了1998年查获“天裕”轮、1999年6月10日在防城港查获失踪的“海上主人”(MARINE MASTER)轮的经验。

1999年9月26日，厦门诚毅船务公司“育嘉”轮在驶往印度途中，遭多艘不明身份船舶枪炮攻击，并有人登上该轮。“育嘉”轮及时向中国海上搜救中心求救。中国海上搜救中心即向外交部和中国驻斯里兰卡大使馆通报。经外交途径联系，斯里兰卡派出军舰前往营救，使“育嘉”轮摆脱危险。

2000年2月13日，中国海事局通报7起中国籍船舶遭遇海盗和不明船只袭击事件的情况。要求航行或锚泊船舶认真执行防海盗措施，进行防海盗演习，做好自身防护。

2006年10月，中国政府签署了《亚洲地区反海盗及武装劫船合作协定》。经与有关部门协商确定，2007年2月9日，交通部办公厅发文公布中国海上搜救中心为中国履行《亚洲地区反海盗及武装劫船合作协定》的国家联络点。联络点主要负责接收海盗或武装劫船的信息，并将该信息通知设在新加坡的信息分享中心；将信息分享中心发出的海盗或武装劫船警报转发给位于事发区域内的相关船舶。

第六章 通航安全管理

简 述

本章所述通航安全管理，主要是指对船舶航行、停泊、作业行为及其通航环境、通航秩序的管理。

中国海事局成立时，实施通航安全管理的主要法律法规规章和国际公约依据是《海上交通安全法》、《内河交通安全管理条例》、《海上航行警告和航行通告管理规定》、《1972年国际海上避碰规则》、《内河避碰规则》、《船舶交通管理系统安全监督管理规则》等。中国海事局成立后，在船舶流量急剧增长和通航环境日趋复杂的不利条件下，不断探索和完善通航安全管理模式。一方面，根据通航环境、通航秩序变化所呈现的突出问题和特殊状态，采取专项治理、预警预防预控等措施，改善通航环境和通航秩序；另一方面，利用逐步增强的海事装备力量和先进的监管手段，扩展监管范围，完善监管机制，形成对重点水域、重点船舶的立体监控。

1999年4月5日至7日，中国海事局成立后的第一次全国水上通航管理工作会议在深圳召开。会议确定以保障“安全畅通”为通航管理工作目标，并针对通航环境和通航秩序存在的突出问题，提出“一年打基础，两年见成效，三年变面貌”的工作要求。会议将狠抓养殖、挖砂、捕捞等碍航行为的整治，规范水上水下施工作业行为，及时播发航行安全信息，做好季节性通航安全保障等列为工作重点；同时，要求海事系统进一步规范水域巡航管理和船舶交通管理系统使用管理并充分发挥其功能，加快研制船舶定线制，改革通航安全管理模式。2000年4月6日至9日在武汉召开的全国通航安全管理工作会议，重点围绕“水上运输安全管理年”活动部署通航安全管理工作，强调要利用现有资源，加大对通航环境和通航秩序的整治力度。2001年3月26日至28日在南京召开的全国通航及搜救工作会议，继续以“水上运输安全管理年”活动为主线，部署在“四项整顿”(整顿水上运输秩序、整顿船舶秩序、整顿船员秩序、整顿通航秩序)中抓好通航秩序整顿，强化现场监管等重点工作，强调要更新通航安全管理观念，由单一性的船舶管理转变为对船舶交通行为组合的全面管理，提高对通航环境和通航秩序的管制力和服务水平。2002年3月25日至26日在青岛召开的全国通航及搜救工作会议，总结了1999年以来的通航安全管理工作，认为三年来，特别是通过开展两年的“水上运输安全管理年”活动，养殖、挖砂、捕捞等碍航行为得到有效整治，水上水下施工作业管理日趋规范，违章航行现象得到有效遏制，“四区一线”重点水域现场监控加强，通航环境和通航秩序明显改善，水域巡航不断扩展，船舶交通管理系统监管服务成效明显，实现了“一年打基础，两年见成效，三年变面貌”的工作要求。会议在继续部署“水上运输安全管理年”

图6-0-1 2002年3月25日至26日，全国通航及搜救工作会议在青岛召开

活动重点工作的同时，强调要提高船舶交通管理系统的运行质量及其在监控体系中的中心地位，推进长江口和珠江口试行船舶定线制的研究，在重点水域实行定期巡航制度等。

2004 年 3 月 18 日至 20 日在广州召开的全国海事系统通航航测工作会议，将“有效监管、优质服务”作为通航管理工作新的发展目标。会议明确通航管理今明两年的主要任务是创造更加安全通畅的通航环境，推进建立通航安全管理长效管理机制；要继续依靠地方政府，建立治理养殖、挖砂、捕捞等碍航行为的联动机制；继续保持对重点水域和渡口通航秩序的有效监管，做好重点工程施工水域通航安全保障；编制船舶定线制编写实施指南，指导推进船舶定线制的编制与实施；提升船舶交通管理系统监管能力和服务水平；加强对巡航质量和巡航效益分析，有计划、有目的地组织辖区巡航和跨海区巡航，拓展巡航内涵。2006 年 3 月 21 日至 23 日，直属海事系统通航航测工作会议在南京召开。会议在总结“十五”期间通航管理的基础上，提出“十一五”期间要健全通航监督管理体系，其主要任务是建立健全通航环境风险评估机制，协调构建水域通航安全管理链，健全灾害性天气预警防范系统，健全执法立体监管系统，完善航行安全信息发布系统。4 月 22 日，中国海事局发文，提出“十一五”期间通航管理总体目标是：建立健全安全、便捷、通畅、高效的通航监督管理体系；全面掌握辖区通航环境状况和通航活动规律，实施科学管理，适应通航安全管理长效机制；充分运用监管资源，对辖区水域实施有效监管，对重点水域、重点时段、重点船舶实现全方位、全天候的立体监控，逐步在重要水域辖区间实施联动管理；推进通航安全管理工作法制化、制度化、信息化和国际化进程，确保“十一五”末通航管理工作达到中等发达国家的水平。

十年来，中国海事局在海事基础建设加大投入的基础上，通过狠抓水域巡航、船舶交通管理系统、航行安全信息播发工作的规范管理和通航水域功能的调整，以及船舶定线制和通航管理法规规定的制定等基础工作，提高了海事系统对通航水域的监控能力和安全保障能力，扩展了水域监管范围，优化了通航环境；通过依靠地方政府开展专项整治活动，加大水域现场监控，完善灾害性天气预警防范机制，规范引航行为，促进水上水下施工作业通航安全管理和评估规范化、法制化，改善了水域通航秩序，为重点工程、重要活动和重点港口、重点水运通道提供了有效的通航安全保障。至 2007 年底，在水上交通流量和水上水下施工作业量快速增长的情况下，全国通航安全形势保持稳定，通航安全管理工作取得明显成效。

图 6-0-2　2004 年 7 月 11 日，可装载 8468 个标准集装箱的集装箱船“中海亚洲”轮在厦门海事局两艘巡逻船的监护下，顺利靠泊厦门港海天码头

第一节　通航环境管理

【通航功能水域划定与调整】

通航环境，是由自然和社会两方面要素组成，指船舶、设施在水上航行、停泊、作业所需的条件。主要包括港口码头、停泊区、航道、锚地、交通管制区、养殖区、作业区、水上水下建筑物(包括管道

电缆）和碍航物，以及水文、气象等条件。

1998 年中国海事局成立后，依法组织开展通航环境评估，负责航道（路）、禁航区、交通管制区、分道通航制区、船舶报告区、港外锚地、安全作业区等水域的划定和监督管理。

为保证进出广州港船舶的安全畅通，1998 年 12 月 8 日，交通部批复广州港务局，明确在桂山引航、检疫锚地与桂山岛之间水域，禁止开辟新的作业点和锚地，禁止任何船舶在该水域从事水上过驳作业。12 月 28 日至 29 日，中国海事局在烟台召开渤海海峡禁航区调整研讨会。会议认为，为适应航运经济发展、船舶航行安全和国防建设的需要，有必要对 20 世纪 50 年代划定的渤海海峡禁航区进行调整。

1999—2007 年中国海事局批复同意的通航功能水域划定与调整情况一览 表 6-1-1

年份	通航功能水域划定与调整项目
1999	①辽宁省交通厅上报的绥中港港界、航道及锚地范围划定意见。 ②上海吴泾热电厂八期工程黄浦江航道原设计尺度和轴线进行调整并浚深。 ③适当放宽液化气体船舶通过天津新港船闸的船型限制尺度。 ④天津港主航道船舶双向通航标准由原两船船宽之和 40 米调整为 45 米，进港单向单船船宽 25 米调整为 27 米。 ⑤中远集装箱运输有限公司所属三艘巴拿马籍船舶使用非对外开放的青岛港第四航线。 ⑥中国海洋石油南海东部公司在北部湾设立惠州 32－5 油田永久性安全作业区。 ⑦中国海洋石油南海西部公司在北部湾设立涠 11－4C、涠 12－1 两个永久性安全作业区
2000	①原长江口锚地位置外移并增设长江口北锚地。 ②正式启用日照港东西港区进出港航道。 ③发布长江口深水航道水深变为 8.2 米的航行警告（受台风连续影响导致淤泥进入航道）。 ④日照港设立引航锚地。 ⑤宁波港新辟化工船及 3000 吨级以下杂货船待泊避风锚地和 3000 吨级以下货船待泊避风锚地，原金塘锚地位置北移并向北扩大作为 3000 吨级以上货船及油轮待泊避风锚地。 ⑥增扩大连港外货轮锚地范围
2001	①调整山东蓬莱长岛附近海域有关航路划定范围。 ②天津港锚地进行功能调整：大沽口锚地分为北锚地、南锚地和散化、液化气船锚地。 ③调整营口港鲅鱼圈港区大轮、小轮锚地范围。 ④在大沽口锚地外东南方向 3.5 海里处辟建天津港深水锚地。 ⑤在杭州湾开通上海化学工业区海运航道、锚地。 ⑥设置湛江港十万吨级龙腾航道引航候潮锚地和湛江港大型、超大型船舶过驳锚地。 ⑦新开辟和调整珠江口水域锚地范围和功能（超大型船舶、大型船舶作业、候泊、引航、防台锚地及危险货物过驳锚地）。 ⑧划定琼州海峡航路范围
2002	①广东潮阳港、南澳港引航锚地设置方案。 ②山东烟台港、蓬莱东港、栾家口作业区、长岛港、龙口港、莱州港、海庙港、海阳港的交通管制区、锚地和海阳千里岩海域临时挖砂区的划定方案。 ③辽宁丹东水域、锦州水域、葫芦岛绥中水域交通管制区划定方案。 ④设置上海洋山深水港区一期工程大中型施工船舶停泊锚地
2003	①调整珠江口水域大屿山附近的 Y2 锚地位置与范围，增设 Y3 锚地，用于油轮作业、防台
2004	①变更长江南京段部分航路、关闭大胜关水道
2005	—
2006	①新建天津港和唐山港曹妃甸港区停泊大型散装货船的共用深水锚地，明确该锚地的监督管理工作由河北海事局负责
2007	①日照港石臼港区调整 1、2、3、4、5 号锚地，熏蒸和洗舱锚地，1、2 号引航站范围。 ②上海白莲泾浦东南路—黄浦江航段实施永久性封航

2006 年，中国海事局组织各直属海事局收集通航环境内部资料，汇编了沿海和长江下游部分水域、黑龙江水域的通航环境资料①(汇编资料截止 2006 年 6 月底)，其中包括通航水域的自然条件、船舶进出港交通流、交通事故发生、航行通(警)告发布、通信和船舶交通管理系统服务、航道码头锚地作业区等设施、推荐航路及习惯航路、引航作业、船舶配备安全航行资料要求、助航设施、船舶定线制和报告制、水上搜救力量、沉船及碍航物、渡口桥梁及水上水下管道电缆、渔业养殖区、交通管制区及禁航区等详细资料。

为加强对锚地水域的安全管理，最大限度地提高锚地水域的利用率，2007 年，中国海事局委托浙江海事局开展《锚地安全容泊数量》研究，提出了船舶定点锚泊制度，并于 7 月 30 日在宁波港金塘锚地、七里锚地试行船舶定点锚泊制度。从试行近半年的效果看，金塘锚地、七里锚地及附近水域的通航环境、通航秩序明显改观，锚地利用率大幅度提高。

【通航环境整治与监管】

20 世纪 90 年代后期，沿海部分港口水域因无序养殖、捕捞挤占航道、锚地及习惯航线，内河重要通航水域，特别是长江中下游因非法采砂占据航道、锚地，都导致不同程度的碍航，甚至引发水上交通事故。中国海事局成立后，将解决养殖、捕捞和采砂影响通航环境问题列为重点工作之一。

1999 年 5 月，中国海事局指定大连海上安全监督局、长江港航监督局牵头，分别负责对沿海水产养殖、捕捞碍航和长江、珠江采砂碍航情况进行调研，提出治理对策。在 2000 年开始为期三年的“水上运输安全管理年”活动中，中国海事局要求各级海事机构，依靠地方政府，加强对所辖水域水产养殖和捕捞碍航的治理整顿；按照 2000 年 6 月 8 日《国务院办公厅转发水利部关于加强长江中下游河道采砂管理意见的通知》和 2001 年 10 月 25 日国务院公布的《长江河道采砂管理条例》，配合有关部门对长江采砂碍航活动进行禁采治理和专项检查，并将渤海湾、长江口、珠江口、琼州海峡作为通航环境专项治理整顿重点。至 2002 年底，大连、天津、烟台、威海、连云港、深圳、湛江、海口等沿海港口的海事机构，采取集中整治与分期分批清除碍航渔网、渔栅，有效遏制了无序养殖、捕捞对通航环境的危害；长江、江苏海事局和江苏、安徽、江西、湖北省地方海事局参加国务院组织的集中打击长江非法采砂专项工作，配合水利部门制定长江采砂规划，黑龙江海事局加强对松花江采砂现场监管，明显改善了长江、松花江的通航环境。

受 1998 年特大洪水影响，长江干线航道泥砂淤积较为严重，又因干旱少雨，导致长江干线部分航段出现枯水，严重影响船舶航行。江西张家洲南水道就是其中一段险情不断的枯水航道，1999 年 2 月 14 日，南京航道工程局“航浚 8”轮在张家洲南水道疏浚作业时搁浅，造成航道阻塞，由此开始为时一个多月的张家洲南水道战枯水、保通航的应急工作。根据交通部的统一部署，中国海事局组织长江港航监督局和九江港航监督局开展脱浅救援，疏导被堵客轮旅客，维护通航秩序，缓解了该水道阻航的紧张局面。至 3 月 18 日，九江港航监督局加强现场监督，采取交通管制、设置通航警戒线等措施控制通航，并多次化险为夷，基本保障了张家洲南水道在枯水期的安全通航。

鉴于重庆市巫山县危岩体局部崩塌可能对长江航行船舶的安全构成威胁，1999 年 8 月 9 日，中国海事局印发通知，要求长江港航监督局做好防范和应急准备工作。

2003 年 5 月 22 日，交通部办公厅印发《关于进一步加强长江水域非法采砂碍航整治工作的通知》，要求长江沿江各海事机构严格按照《长江河道采砂管理条例》规定，加强对非法采砂船碍航和超载运砂

① 2008 年，《全国沿海内河通航环境资料汇编》印刷出版，分上下两册。

船的监督管理。

2003年11月，大连市人民政府开始对影响大连港通航安全的违章养殖进行集中清理。为进一步推动对违章养殖的综合治理，2004年4月5日，交通部致函辽宁省人民政府，提出做好大连港水域碍航养殖治理工作建议，建议在大连市政府的统一领导下，组织各级乡镇政府采取统一行动，建立有关部门通力合作的综合治理长效机制，采取普遍预防和集中整治相结合的方法，利用多种渠道进行宣传教育，共同做好碍航养殖治理工作。经过大连市政府组织大连海事局及海洋与渔业、港航、公安等相关部门联合执法，至2007年底，有效解决了大连港水域多年未解决的碍航养殖问题。

2006年9月5日，中国海事局印发通知，要求各直属海事局在参与交通部统一组织的港口码头靠泊能力核查管理工作中，严格审查码头靠泊条件和靠泊方案，禁止超出码头核定靠泊能力的船舶靠离泊，建立健全船舶靠离泊核定工作程序和交接班制度，保障船舶航行安全。

2007年4月2日，中国海事局印发《关于加强沉船等碍航物安全管理的通知》，要求全国各级海事机构建立健全沉船等碍航物档案和应对沉船等碍航物的应急反应程序，采取措施加强对未清除的沉船等碍航物的管理，包括对沉船等碍航物碍航和潜在污染进行评估、发布航行警（通）告、协调相关部门设置标志、实施重点巡航、督促其所有人限期打捞清除、通报当地政府并提出清除建议、对长期未采取实质行动的船公司进行公告和通报等措施。

〖砂石运输船、施工船安全管理专项整治〗

为期两年的“砂石运输船、施工船安全管理”整治活动是从2007年下半年开始的。

由于沿海港口建设和其他涉海工程对运砂施工船舶需求量不断增大，一些内河运砂船、施工船进入沿海水域并参与作业。这些内河船舶的结构、稳性、救生设备、报警设备等不符合沿海航行作业的要求，加之船员不熟悉沿海通航水域环境，又缺乏必要的沿海操作技能训练，从而导致此类船舶事故频发。

为改变这种状况，中国海事局于2007年9月12日召开专题会议，决定自9月20日开始，先在渤海水域开展为期40天的港区施工作业船舶和海上远途砂石运输船舶集中整治活动，并于9月14日走访中国交通建设集团，通报即将在渤海水域开展集中整治活动，要求该公司按照集中整治要求，对自有船舶、雇用船舶和为其提供砂石料的运输船舶进行检查。9月18日，中国海事局印发《关于加强渤海水域施工作业砂石运输船舶安全管理的通知》，要求河北、辽宁、天津、山东海事局建立信息共享制度，实行区域联动机制，加强对施工作业海域的现场监管。集中整治期间，各海事局采取“疏堵结合”的办法，一方面，考虑施工实际，对不能完全满足海船规范和配员要求的船舶，制定特定水域和活动过渡期内的临时性简化检验规范和配员要求，限定在固定水域内作业，加强现场监管，并对合格守法船舶提供便捷高效服务；另一方面，严禁内河砂石运输船从事沿海长途运输，在活动过渡时期结束后终止实行临时性简化要求。同时，各海事局依靠地方政府整治渔港从事非法经营、采运砂石的行为，建立各局“不合格船舶”信息通报和协查制度，形成区域联动合力整治机制。10月30日，集中整治活动结束，取得一定成效，并初步建立起渤海水域内河运砂船、施工作业船数据库。

在渤海水域砂石船、施工船安全管理集中整治的基础上，根据2007年9月24日交通部安委会第六次会议要求，中国海事局决定在全国沿海开展为期两年（2007年11月1日至2009年11月1日）的砂石运输船、施工船安全管理专项整治活动，并于10月26日印发专项整治活动方案。该方案明确专项整治活动的总体要求是有关海事局要按照统一时间、统一标准，利用区域联动优势，疏堵结合，落实整改措施和安全生产责任制，加强安全监管，完善水上交通安全管理长效机制，力争用两年时间将参与沿海作业的内河砂石运输、施工船舶清除出沿海港口建设市场，规范沿海通航秩序；活动重点整治对象是在环渤海、长江口和珠江口水域航行、作业的内河砂石运输、施工船舶，严厉查处超航区航行、配员不足、超载、船舶安全状况差等违章、违法行为；要求各海事局进行调查摸底，建立内河砂石运输、施工船舶数据库，研究制定专项整治活动期间适合砂石运输船、施工船参与沿海作业的限定条件，对砂石运输船、施工船是否满足限定条件要求的情况要加强监督检查和强制整改。11 月 27 日，中国海事局在北京召开“砂石运输船、施工船安全管理专项整治活动”电视电话会议，部署专项整治工作。会议指出，专项整治活动初步确定为两年，主要考虑沿海建设工程与符合海上安全作业条件的砂石运输船、施工船之间的供需矛盾在短期内不能解决，需要有一个过渡期；在过渡期制定临时限定条件，使经过整改的船舶符合限定条件，以缓解上述供需矛盾，逐步建立和完善对海上砂石运输船、施工船安全监管的长效机制。为搞好区域联动，会议指定天津、上海、广东海事局分别为环渤海区域、长江口区域、珠江口区域的牵头单位。

图 6-1-1　2007 年 12 月 7 日，东莞海事局执法人员检查运砂船，拉开了砂石运输船、施工船安全管理专项整治活动的序幕

2007 年底，全国沿海砂石运输船、施工船安全管理专项整治活动按计划启动。

【恶劣自然环境中的通航安全管理】

1999 年 7 月 9 日，中国海事局印发《关于做好 1999 年洪水期安全管理工作的通知》，要求全国各级水上安全监督机构履行职责，落实责任，检查督促船舶、码头、趸船落实安全措施，加强对通航密集区、码头、锚地、桥区、闸区、库区、渡口、施工作业区等重点水域的现场监管，及时消除航行碍航物，保障防洪抢险路线畅通和航行安全。之后，2000 年至 2007 年之间，每年汛期、台风及其他自然灾害来临之前，中国海事局适时印发通知，通报有关大风、台风和洪涝干旱等自然灾害发展趋势，按照通航安全管理特点，要求全国海事系统或相关海事局，及时发布气象和航行安全信息，检查督促船舶落实防抗大风、台风和自然灾害的措施，加强对“四客一危”船舶、施工作业船舶、特种船舶、小型船舶、无动力船舶、渔业船舶和重点水域的现场监管，运用船舶交通管理系统掌握港口、航道、锚地的船舶动态，并组织好交通管制，根据防抗恶劣气象海况和防汛期间航行安全的需要采取限制航行、单向通航或禁止航行等临时性措施；建立和完善恶劣天气导致山洪、泥石流和山体滑坡等自然灾害对航行安全造成影响的预警、预控预案，加强应急反应值班和遇险报警与安全通信值守，积极配合地方政府做好应急救援工作。

2001 年 2 月 8 日，针对 2000 年冬季北方海区部分港口和海域出现的严重冰情、大风、浓雾、雨雪等恶劣气象海况及由此造成船舶走锚、搁浅、触礁、碰撞、沉没等恶性事故和险情的发生，中国海事局在秦皇岛召开北方海区水域航行安全座谈会，对北方海区各海事局冬季通航安全保障工作进行了检查和总结，研究制定了《北方海区冬季恶劣气象条件下安全监督管理指导性意见》，并于 12 月 24 日印发。该指导性意见要求相关海事机构制定在冬季恶劣气象海况条件下实施诸如强制引航、强制破冰护航、调整变更进出港条件、封港等强制措施在内的保障船舶航行安全的特别规定；加强对气象海况信息的实时跟踪搜集和发布工作；监督来港船舶，特别是破冰能力和抗风能力差的小功率船舶采取安全航行、锚泊措施和防冻、防滑安全措施；充分发挥船舶交通管理系统、差分全球定位系统对船舶进出港、锚泊、引航的监视、报警、提醒、纠正、导航等功能；及时发布航标动态，提高航标等助航设施适应冬季恶劣气象海况环境的能力。

2001 年 11 月 21 日至 22 日，中国海事局在湛江召开全国防抗台风及灾害性天气工作研讨会，要求各海事局根据本辖区防抗台风的需要，调整和规划好防台锚地和避风水域；依靠地方政府，制定防抗台风及灾害性天气的水上交通安全管理制度。

2004 年 2 月 24 日，针对北部湾、琼州海峡、东海部分海区及长江上游水域连续出现多雾天气，因能见度差而引发船舶碰撞事故的情况，中国海事局印发《关于进一步加强船舶雾航安全管理的通知》，要求各直属海事局加强雾季、雾天对船舶的监督力度，对事故多发、通航环境复杂、航行秩序较乱的水域加强巡逻，对各类船舶在不同视距和不同环境下的安全航速要有明确的限制，检查指导船舶遵守交通部有关船舶雾中航行的规定，及时发布雾航安全信息，发挥船舶交通管理系统监控作用，掌握船舶雾航动态等。

图 6-1-2　2006 年 8 月 9 日，中国海事局与交通部有关部门一起，专题研究防抗 2006 年第 8 号台风“桑美”和第 9 号热带风暴“宝霞”工作

2007 年 12 月 13 日，交通部印发《关于加强大风天气下黄海北部及渤海海域部分散杂货船舶安全管理的通知》，要求天津、辽宁、河北、山东海事局加强对部分散杂货船货物积载和系固的源头管理，根据情况，在特定气象条件下对船舶实施限制航行、单向通航或禁止航行等管理措施，规定计划航经黄海北部及渤海海域的载运卷钢、盘元的 5000 总吨及以下的船舶，载运矿砂、散装谷物的 10000 总吨及以下的船舶，当其航经的水域 24 小时内存在 8 级及以上大风天气时，海事机构要向该船提出避风待航建议，并要求船舶开航前向海事机构提交“船长开航前声明”。

第二节　通航秩序管理

【船舶定线制与船舶报告制】

船舶定线制是指定船舶在水上某些区域航行时所遵循或采用的航线、航路或通航分道的一种制度，包括分道通航制、双向航路、推荐航路、推荐航线、避航区、禁锚区、沿岸通航带、环形道、警戒区和深水航路等。国际海事组织 1985 年通过的《船舶定线制的一般规定》及其 1995 年通过的相应修正案，确立了船舶定线制的基本框架和标准。

1983 年和 1985 年颁布的《大连港大三山水道通航分隔制》、《珠江口青洲水道通航规定》，是中华人民共和国港务监督局批准实施的早期船舶定线制。1991 年，烟台海上安全监督局和大连海运学院，按照国际海事组织《船舶定线制的一般规定》的标准设计了《成山头水域船舶定线制规定》，经中华人民共和国港务监督局批准于 1992 年 1 月 1 日试行。

中国海事局成立后，加快了对船舶定线制的研究和运用，部署沿海有关海事局对一些重要航道、航路实施船舶定线制开展调研和编制工作。

1999年，中国将《成山头水域船舶定线制》和《成山头水域船舶报告制》提交国际海事组织审议；2000年5月19日，获国际海事组织海上安全委员会第72届会议审议通过，并将“成山头”改为“成山角”，决定自2000年12月1日正式施行《成山角水域船舶定线制》(推荐性)和《成山角水域强制性船舶报告制》。11月30日，交通部在北京召开新闻发布会，公布《成山角水域船舶定线制》和《成山角水域强制性船舶报告制》，交通部副部长洪善祥出席。该船舶定线制由分道通航制、沿岸通航带和警戒区组成；北行船舶和南行船舶分别在相应的通航分道内航行。该船舶报告制规定：客船、24米及以上渔船、300总吨及以上货船进入适用水域范围必须向成山角船舶交通管理系统报告船舶航行的有关情况。2001年4月2日，交通部与农业部联合印发通知，要求所有船舶、设施严格遵守成山角水域强制性船舶报告制和成山角水域船舶定线制，禁止在规定的通航分道内和警戒区内锚泊和养殖。

图6-2-1　2000年11月30日，《成山角水域船舶定线制》、《成山角水域强制性船舶报告制》新闻发布会在北京举行

2001年12月30日，中国海事局批复同意在长江口水域建立船舶定线制。2002年3月11日，上海海事局公布《长江口水域船舶定线制》。该船舶定线制将长江口水域分为A、B、C三个区，各区由圆形警戒区和若干条通航分道组成；船舶可根据各自目的港和吃水状况，选择适当的通航分道航行。为使长江口水域船舶定线制通航分道中轴线与长江口深水航道(二、三期工程)相衔接，2006年8月2日，中国海事局批复同意对《长江口水域船舶定线制》进行相应调整，撤销长江口水域船舶定线制原B区B1通航分道。

2002年，中国海事局按照“大船小船分流，避免航路交叉，各自靠右航行和过错责任原则”的设计理念，组织江苏、长江海事局研究长江干线航路改革和船舶定线制，以期通过改变传统航法，来改善长江干线通航环境。

图6-2-2　2002年11月30日，交通部副部长洪善祥(左三)同海事系统有关人员在北京研究长江江苏段航路改革方案

图6-2-3　2003年6月25日，交通部海事局常务副局长刘功臣(左二)在南京检查长江江苏段船舶定线制实施情况

图 6-2-4　2003 年 7 月，长江江苏段船舶定线制首座小型船舶航行警戒区标志牌在镇江丹徒落成

2003 年 5 月 6 日，交通部印发《长江江苏段船舶定线制规定》。该船舶定线制由深水航道、通航分道、分隔带（线）、推荐航路、特定航路、航行警戒区组成；规定超大型船舶、大型船舶、高速船舶在深水航道中的上、下行通航分道内行驶，小型船舶在推荐航路和特定航路内行驶，所有船舶均靠右行驶，并遵守船舶避让的特别规定和有关航路的专门规定。2003 年 6 月 25 日，交通部在南京召开《长江江苏段船舶定线制规定》新闻发布会，交通部副部长洪善祥、江苏省副省长李全林出席并讲话。2004 年 7 月 2 日，交通部印发决定，表彰在贯彻执行《长江江苏段船舶定线制规定》工作中作出突出贡献的 14 个先进集体和 50 名先进个人，并于 7 月 9 日在南京召开长江江苏段实施船舶定线制总结表彰会，肯定定线制实施后长江江苏段水上交通安全形势明显好转的成绩和经验。2005 年 9 月 20 日交通部印发《关于修改〈长江江苏段船舶定线制规定〉并重新发布的通知》。其修改内容主要是将原适用水域延伸覆盖至长江江苏段全部水域，并与《长江安徽段船舶定线制规定》相衔接，调整南通以下航道维护水深，调整优化部分航路和锚地等。

2003 年 9 月 18 日，交通部印发《长江三峡库区船舶定线制规定（试行）》，自 2003 年 10 月 1 日起在三峡大坝上游禁航线至鳊鱼溪段施行，自 2004 年 1 月 1 日起在三峡大坝上游禁航线至忠县长江大桥段施行。该船舶定线制由通航分道、控制航段、通航条件受限制的航段、警戒区、停泊区组成；明确在三峡库区围堰发电期，船舶靠本船右舷一侧通航分道航行并遵守船舶避让规定和有关航段的专门规定。9 月 27 日，交通部在武汉召开《长江三峡库区船舶定线制规定（试行）》宣贯会。为适应三峡库区运行水位的变化，2005 年 10 月 24 日，交通部颁布经修订的《长江三峡库区船舶定线制规定（2005）》，主要将适用范围向上游扩展至丰都水域，适用时间扩展至三峡库区初期运行期，并调整部分控制航段、通航条件受限制的航段、警戒区和停泊区。

根据交通部的要求和中国海事局的部署，广东海事局于 2001 年在整治珠江口现场通航秩序的同时，开始进行珠江口水域船舶定线制的研究和实验，并就与涉及香港管辖水域衔接问题，多次与香港特别行政区海事处协商讨论。2004 年 2 月，中国海事局与香港海事处在香港共同制定《关于实施〈珠江口水域船舶定线制〉的措施》。3 月 1 日，交通部发布第 4 号公告，公布《珠江口水域船舶定线制（试行）》、《珠江口水域船舶报告制（试行）》。3 月 19 日，交通部在广州召开珠江口水域船舶定线制和船舶报告制宣贯会，交通部副部长洪善祥、广东省副省长游宁丰出席会议并讲话。该定线制主要由担杆、大濠水道及相连水域的分隔带、通航分道、沿岸通航带和警戒区组成，船舶按分隔带两侧的各向通航分道航行。该船舶报告制规定：客船、24 米及以上渔船、500 总吨及以上货船进入适用水域范围必须向广州船舶交通管理系统报告船舶航行的有关情况。2006 年 2 月 15 日，中国海事局批准经修订的《珠江口水域船舶定线制》，主要调整了部分警戒区，设置了环行道。

2005 年 6 月 8 日，交通部印发《长江安徽段船舶定线制规定》。8 月 18 日，交通部在安徽省芜湖市召开《长江安徽段船舶定线制规定》宣贯会，交通部副部长徐祖远出席。该船舶定线制由通航分道、单向通行航路、推荐航路、深水航路、警戒区、停泊区组成；明确船舶在规定的航路内各自靠右航行并遵守船舶避让规定以及有关航路、桥区水域的专门规定。12 月 28 日，交通部发布第 17 号公告，公布

《长江上海段船舶定线制规定》和《上海黄浦江通航安全管理规定》。《长江上海段船舶定线制规定》明确该定线制由主航道、辅助航道、小型船舶航道、避航区、警戒区、锚地、禁锚区组成；要求船舶在规定的航路各自靠右航行并遵守其航行、停泊、避让规定。《上海黄浦江通航安全管理规定》明确黄浦江实行大船小船分流、各自靠右航行、分道通航原则，大型、小型船舶和船队分别在规定的主、辅航道和特殊航道航行并遵守其航行、停泊、作业、避让等有关规定，禁止在黄浦江从事捕捞作业，禁止挂桨机船在黄浦江航行、停泊和作业。

2006 年 4 月 28 日，交通部发布第 10 号公告，公布《老铁山水道船舶定线制》和《老铁山水道船舶报告制》。5 月 30 日，交通部在大连召开老铁山水道船舶定线制和船舶报告制宣贯会。该船舶定线制由分隔带、通航分道、警戒区组成；明确船舶在东西向通航分道分向航行并遵守其特别规定。该船舶报告制规定：使用老铁山水道船舶定线制的客船、300 总吨及以上的其他船舶进入适用水域范围必须向大连船舶交通管理系统报告船舶航行的有关情况。11 月 26 日，交通部发布第 42 号公告，公布《琼州海峡船舶定线制》、《琼州海峡船舶报告制》。12 月 23 日，交通部在海口召开琼州海峡船舶定线制和船舶报告制新闻发布会暨宣贯会。该船舶定线制由分隔带、通航分道、警戒区、避航区、边界线和沿岸通航带组成；明确船舶在东西向、南北向通航分道分向航行并遵守其特别规定。该船舶报告制规定：客船、客滚船、200 总吨及以上的其他船舶进入适用水域范围必须向琼州海峡船舶交通管理系统报告船舶航行的有关情况。12 月 7 日，中国海事局批准长江海事局制定的《长江中游分道航行规则(试行)》。该规则明确在武汉至宜昌约 630 公里长江中游航段，船舶在其设置的双向通航航段、单向通航航段和横驶区航行应遵守其分道航行、横驶、避让、停泊等规定。

2007 年底沿海内河船舶定线制一览　　表 6-2-1

名　称	施行时间	说　明
大连港大三山水道通航分隔制	1984 年 2 月 1 日	中华人民共和国港务监督局 1983 年 10 月 26 日公布
成山角水域船舶定线制	1992 年 1 月 1 日试行 2000 年 12 月 1 日正式施行	中华人民共和国港务监督局 1991 年 9 月 12 日公布《成山头水域船舶定线规定(试行)》；2000 年 5 月 19 日，国际海事组织海上安全委员会第 72 届会议通过并更名
长江口水域船舶定线制	2002 年 9 月 1 日试行	中国海事局 2001 年 12 月 30 日批准，上海海事局 2002 年 3 月 11 日公布；经中国海事局批准，2006 年 8 月 22 日，由上海海事局公布自同年 6 月 1 日起撤销长江口水域船舶定线制 B 区 B1 通航分道
长江江苏段船舶定线制规定	2003 年 7 月 1 日施行 2005 年 10 月 1 日施行 《长江江苏段船舶定线制(2005)》	交通部 2003 年 5 月 6 日公布； 为与长江安徽段船舶定线制相衔接，交通部 2005 年 9 月 20 日公布《长江江苏段船舶定线制(2005)》
长江三峡库区船舶定线制规定	2003 年 10 月 1 日试行 2005 年 12 月 1 日正式施行	交通部 2003 年 9 月 18 日公布； 交通部 2005 年 10 月 24 日公布《长江三峡库区船舶定线制规定(2005)》
珠江口水域船舶定线制	2004 年 6 月 1 日试行 2006 年 3 月 31 日正式施行	交通部 2004 年 3 月 1 日公布； 2006 年 2 月 15 日中国海事局批准修改
长江安徽段船舶定线制规定	2005 年 10 月 1 日	交通部 2005 年 6 月 8 日公布
长江上海段船舶定线制规定	2006 年 4 月 1 日	交通部 2005 年 12 月 28 日公布
上海黄浦江通航安全管理规定	2006 年 4 月 1 日	交通部 2005 年 12 月 28 日公布
老铁山水道船舶定线制	2006 年 6 月 1 日	交通部 2006 年 4 月 28 日公布
长江中游分道航行规则(试行)	2007 年 1 月 1 日试行	中国海事局 2006 年 12 月 7 日批准，长江海事局公布。长江中游指长江干线宜昌至武汉段
琼州海峡船舶定线制	2007 年 1 月 1 日	交通部 2006 年 11 月 26 日公布
青岛水域船舶定线制	2007 年 4 月 1 日	交通部 2007 年 3 月 1 日公布

2007 年 3 月 1 日，交通部发布第 7 号公告，公布《青岛水域船舶定线制》、《青岛水域船舶报告制》。4 月 1 日，交通部在青岛召开青岛水域船舶定线制和船舶报告制实施大会，交通部副部长徐祖远出席。该定线制由通航分道、警戒区和沿岸通航带组成；明确进、出港船舶按规定的通航分道和沿岸通航带分向航行并遵守其特别规定。该船舶报告制规定：使用青岛水域船舶定线制的客船、危险品船、300 总吨及以上的其他船舶进入适用水域范围必须向青岛船舶交通管理系统报告船舶航行的有关情况。

2007 年，中国海事局于 9 月 4 日印发《关于开展全国沿海船舶定线制研究规划的通知》，要求各直属海事局以事故多发区、通航密集区、海峡、重点水域、重点港口水域为重点，提出各辖区船舶定线制规划方案和实施计划，并对已实施的船舶定线制进行后评估；于 10 月 10 日批复同意由天津海事局牵头成立"渤海湾船舶定线制课题研究组"；于 11 月 27 日印发《建立和实施船舶定线制工作指南》，明确各级海事局建立和实施船舶定线制的工作职责、工作程序，以及规划、设计、实施船舶定线制的技术要求。

至 2007 年底，全国沿海和长江共有 13 处水域实施船舶定线制。中国海事局应用现代船舶定线制这种科学的船舶交通管理方式，组织设计实施了 8 个沿海重要水域的船舶定线制，并把这种理念和制度引入内河船舶交通管理，在长江干线 5 个重要航段设计实施船舶定线制，优化了通航环境；同时把实施船舶定线制与实施船舶报告制、加强船舶交通管理系统监管和水域巡航等结合起来，建立了相应水域规范、良好的通航秩序，减少了船舶碰撞事故，提高了水域通航效率。

【避碰规则与特定水域通航安全管理规定】

1999 年 7 月 8 日，中国海事局批复天津港务监督，同意其对 1991 年发布的《船舶通过天津新港船闸安全监督管理规定》所作的修订，并准予公布施行。所作修订主要是适当放宽了液化气体船通过新港船闸的尺度标准。

2001 年 1 月 11 日，中国海事局批复烟台海事局，同意其上报的《荣成湾锚地管理规定（2000）》公布实施。该规定对 1986 年实施的《荣成湾锚地管理规定》进行了修订，该锚地为船舶避风锚地。

由于 1991 年发布的《中华人民共和国内河避碰规则》对横越船的避让责任规定得不够明确，直航船与渡船、横越船的碰撞事故呈上升趋势。为此，中国海事局对《内河避碰规则》提出了修改调整意见。2003 年 9 月 2 日，交通部印发《关于修改〈中华人民共和国内河避碰规则（1991）〉的决定》，明确了长江干线客渡船必须主动避让顺航道行驶的船舶的责任，人力船、帆船不得占用机动船航道或航路等规定。

2003 年 9 月 28 日，交通部发布第 15 号公告，公布《关于〈1972 年国际海上避碰规则〉2001 年修正案生效的通知》和《1972 年国际海上避碰规则》修正案，要求所有在海上航行的水上船筏，包括非排水船舶、地效翼船和水上飞机遵照执行。该修正案于 2003 年 11 月 29 日生效。

图 6-2-5　2007 年 7 月 11 日，扬州市地方海事局在京杭运河扬州段汛期交通管制横流区进行巡航

2005 年 12 月 2 日，中国海事局印发通知，公布《上海洋山深水港区及其附近水域通航安全管理规定》，对船舶、设施在洋山深水港区及其附近水域，以及东海大桥通航孔、桥区安全水域航行、停泊、作业等有关事项作出规定。

鉴于 1998 年以来，京杭运河经常发生船舶航行严重受堵事件，交通部在分析京杭运河堵航问题成因的基础上，于2005年3月提出并实施《解决京杭运河堵航问题的方案》，其中包括由中国海事局牵头组织起草《京杭运河通航管理办法》的措施。4月，中国海事局与山东、江苏、上海、浙江省（市）地方海事局有关人员组成的起草小组，开始起草工作。经过广泛征求意见和专家评审，形成《京杭运河通航管理办法（试行）》，由交通部于2006年6月20日印发，自2006年8月1日起施行。该办法根据有关法律法规规定，突出京杭运河通航特点，通过规范船舶航行、停泊、作业行为和通航水域使用，制定进入京杭运河单船和船队的尺度、航速的特别规定，以解决影响京杭运河通航效率和导致堵航的源头管理问题。该办法同时对京杭运河沿线海事机构、航道管理部门、船闸管理部门在通航保障方面的职责作出规定，要求沿线海事机构建立通航管理协调联动机制，制定京杭运河排堵保畅应急预案。

【水上水下施工作业通航安全管理】

海事机构对水上水下施工作业通航安全的管理，主要包括对工程影响通航环境情况进行安全评估和审核，对涉及通航安全的施工作业进行审批和现场监督，工程竣工通航安全验收，水上水下建筑物影响通航环境的日常监督，沉船沉物打捞的审批与管理等。

1999年，中国海事局于1月19日批复同意长江港航监督局组织对南京港栖霞锚地沉船“大庆243”轮“整体打捞”方案调整为“解体打捞”方案；于6月24日批复同意福州海上安全监督局组织对闽江口沉船马耳他籍“JOINT DORCAS”轮“整体打捞”方案调整为“解体打捞”方案；于9月10日批复同意厦门港务监督组织对台湾海峡沉船“静水泉”轮碍航设施清除方案，要求沉船水域在低潮时至少保持25米水深。为实施交通部于1999年10月8日发布的《中华人民共和国水上水下施工作业通航安全管理规定》，12月7日，中国海事局印发通知，要求各级海事机构做好该管理规定的宣传贯彻工作和实施前的准备工作，明确《中华人民共和国水上水下施工作业许可证》及其防伪标贴由中国海事局统一印制发放。

2000年7月28日，中国海事局批复同意烟台海事局组织打捞清除在黄海北部海域成山头至大连港习惯航路上的碍航沉船“海荣”轮。

2001年，中国海事局于5月17日批复同意钦州港二期工程水上水下作业；于12月24日批复同意中英海底系统有限公司外籍船舶在珠江口禁航区进行环球北亚国际光缆系统海底铺设施工作业。6月26日至27日，中国海事局在武汉召开《水上碍航物对水上通航的安全影响评估》课题研讨会，确定该课题分为《水上碍航物碍航评价标准》、《水工建筑物碍航评估工程程序》两个子课题，由长江海事局牵头负责课题研究工作。2003年2月，《水上碍航物对水上通航的安全影响评估》课题研究在安徽芜湖通过专家评审，其中《水上碍航物碍航评价标准》将碍航物对水上通航环境的影响程度量化为5个碍航等级，并提出缓解或消除其碍航影响的应对措施，以便使水上水下建筑物在满足航运发展的前提下得到合理的控制。该研究成果为海事机构实施通航安全评估管理活动提供了技术参考。

2001年8月28日，中国海事局印发通知，要求全国海事系统开展《水上水下施工作业通航安全管理规定》贯彻执行情况自查活动；并于9月中旬组织4个组，分4个片区对各直属海事局和四川、重庆、湖北省（市）地方海事局辖区贯彻执行《水上水下施工作业通航安全管理规定》情况进行了检查。从检查结果看，各海事局能够依法严格进行水上水下作业施工的审核和审批，加强施工现场的通航安全监督管理，及时纠正了一些违章施工作业现象。通过检查，进一步促进了海事系统水上水下施工作业通航安全管理水平。

图6-2-6　2002年4月16日，连云港海事局巡逻艇现场监控沉船打捞作业，在连云港航道附近沉没近两个月的“航链702”轮被打捞出水

2004年4月15日至16日，中国海事局在江苏镇江召开研讨办公会，围绕大型水上水下工程作业项目通航安全管理的实际问题，就海事机构进一步加强通航安全保障，服务地方经济建设提出了建议。会议要求，要根据《水上水下施工作业通航安全管理规定》，规范业主提交的《施工方案、安全及防污染措施计划书》的编制内容，落实施工企业安全生产责任制，从技术论证、安全审批、现场监督、竣工验收各个环节，充分发挥海事机构对大型水上水下施工作业通航安全保障的职能作用。

海事机构在事故调查中发现，于2003年2月在渤海海峡沉没的“辽旅渡7”客滚船上遗存有害化学物质苯酚。为防止苯酚可能对沉船水域造成影响和危害，烟台海事局于2004年4月21日向大连渤海轮船公司发出沉船强制打捞令。后因大连渤海轮船公司破产无法执行，10月26日，交通部与国家安全生产监督管理局共同组成督办组赴辽宁督办沉船打捞工作。根据国务院有关领导的指示精神，2005年1月5日，交通部副部长徐祖远在北京主持召开“辽旅渡7”轮沉船打捞协调会，落实打捞资金，优化打捞技术方案。会议成立由交通部，国家安全生产监督管理局，国家环境保护总局，辽宁省、山东省交通厅，大连市、烟台市人民政府等单位组成的“辽旅渡7”轮沉船打捞领导小组，下设打捞施工、现场环境协调、资金保障和善后处理、综合保障4个工作组，分别由交通部救助打捞局、烟台市人民政府、旅顺口区人民政府和中国海事局负责。4月15日，中国海事局在北京召开综合保障工作组会议，审核烟台打捞局《“辽旅渡7”轮沉船打捞方案》和山东海事局《“辽旅渡7”轮沉船打捞现场监管实施方案》，进一步完善沉船打捞作业现场安全保障和监管措施。4月26日，《“辽旅渡7”轮沉船打捞方案》经“辽旅渡7”轮沉船打捞领导小组审定。4月28日，“辽旅渡7”轮沉船打捞工程正式开始，烟台海事局及时发布航行警告，划定禁航区，制定防污染预案，并组织船舶交通管理系统对作业水域船舶进行动态监视，派出海事巡逻船在作业水域连续巡查，跟踪水面污染情况，加强沉船打捞现场警戒。11月4日，“辽旅渡7”轮沉船上所载15辆汽车和包括100吨苯酚的货物全部打捞出水，污染源被彻底清除，打捞任务完成。在6个多月的打捞作业期，海事机构保障了作业水域通航安全。

2006年6月、9月，2007年6月，中国海事局在武汉培训中心举办3期共118人的海事系统水上水下施工通航管理人员培训班。2006年12月1日，中国海事局批复同意大庆油田工程有限公司在黑龙江上进行中俄原油管道穿越工程测量和地质勘察施工作业。

为使通航安全评估工作科学化、规范化、程序化，中国海事局于2007年开始组织制定《通航安全评估管理办法》。7月31日，中国海事局发文征求铁道部、水利部、国家海洋局、海军和交通部有关司局，有关国有大型企业和科研院所，全国海事系统对《通航安全评估管理办法》的修改意见。10月25日至26日，中国海事局在江苏南通召开《通航安全评估管理办法》审定会。会议在山东、广东、福建、长江、江苏海事局介绍有关水上活动通航安全评估管理工作实践的基础上，讨论审定了《通航安全评估管理办法》。11 月 27 日，中国海事局印发《中华人民共和国海事局通航安全评估管理办法》。该办法规定 10 类水上水下施工作业和活动项目对通航安全有重大影响时，需由业主或建设单位、举办单位在前期委托有资质的单位编制《通航安全评估管理报告》，并由海事机构组织专家进行评估，海事机构依据管理职责对评估工作实行分级管理；被通过(修改)的《通航安全评估管理报告》可作为海事机构核准水上水下施工作业许可、岸线安全性使用、码头安全靠泊条件和审批沉船沉物打捞作业，以及通航功能水域划定调整的重要依据。该办法还对通航安全评估程序、内容、报告编制格式、专家库的管理、报告编制单位资质与要求等作出规定。

2001—2007 年直属海事系统水上水下施工作业安全管理情况统计　　表 6-2-2

年　份	审批作业件数	累计监管作业天数
2001	3972	155073
2002	4482	170618
2003	4169	169202
2004	4093	207926
2005	4057	215775
2006	9852	264619
2007	14850	290864

【引航安全监督管理】

依据《海上交通安全法》和《内河交通安全管理条例》、《中华人民共和国对外国籍船舶管理规则》的规定，海事机构负责对船舶引航实施安全监督管理。

2001 年 11 月 30 日，交通部发布交通部令[2001]第 10 号，公布《船舶引航管理规定》。该规定明确海事机构的引航管理职责之一是负责对引航实施安全监督管理。鉴于因引航责任而造成的水上交通事故时有发生，2005 年 11 月 24 日，交通部印发《关于进一步加强引航安全管理的通知》。该通知在重申落实引航机构安全主体责任和港口行政管理部门引航安全管理责任的同时，突出强调引航员在引航过程中，要坚决杜绝不在登(离)轮点登离船舶、在登临前或离船后发布船舶操作命令、不及时向海事机构报告被引船舶动态、超越自身适任等级规定引领船舶、疲劳驾驶、不遵守港内安全航速规定等违反引航管理秩序的行为，各海事机构要将维护引航秩序和引航环境作为安全监督管理的重要内容，依法纠正和查处各种违规行为，会同有关部门定期核实、调整、公布引航登(离)轮点，保障引航安全。

2007 年 4 月 23 日，中国海事局印发《关于上报引航员登轮点的通知》，决定统一对外公布海上引航员的登轮点，要求各海事局会同港口行政管理部门对辖区内的引航员登(离)轮规定进行汇总分析，根据实际情况划定、调整并上报引航员登(离)轮点，制定引航员登(离)轮管理办法，规范引航员登(离)轮以及船舶进出引航员登(离)轮点的行为。为规范船舶引航行为，维护国家主权，保障水上交通安全畅通，根据《海上交通安全法》，交通部对全国主要港口引航员登轮点进行了调整和划定，并于 12 月 24 日发布 2007 年第 46 号公告，公布全国主要港口引航员登轮点。该公告公布了沿海和长江、黑龙江主要港口 242 个引航员登(离)轮点的经纬度和特殊要求，自公告发布之日起施行。

第三节　通航水域现场监控

【船舶交通管理系统运行与管理】

船舶交通管理系统（Vessel Traffic Services，缩写 VTS），指为保障船舶交通安全，提高交通效率，保护水域环境，由主管机关设置的对船舶实施交通管制并提供咨询服务的系统，是一个集雷达、通信设施、计算机于一体的技术监控系统，通过数据搜集与处理，建立船舶交通图像，并依据对交通图像的评估向船舶发出信息、建议和指令实现信息服务、助航服务、交通组织服务以及与搜救应急部门、港口企业合作的联合服务。

中国海事局成立后，主要依据 1997 年交通部发布的《中华人民共和国船舶交通管理系统安全监督管理规则》和《船舶交通管理系统运行管理规定》主管全国的船舶交通管理系统运行管理工作，并为进一步加强船舶交通管理系统的运行管理，采取了一些新的举措。

根据船舶交通管理系统维护与管理的实际需要，参照国际通行做法，经交通部批准，1998 年 12 月 31 日，中国海事局印发通知，决定调整沿海船舶交通管理系统管理关系，按照“两划转两不变”（人员划转和资产划转、计划投资渠道不变和既有隶属关系不变）原则，将直属海事系统沿海船舶交通管理系统的操作维护管理人员和固定资产，全部划入航标系列管理，其运行维护管理经费由航标事业经费支出，并明确尚未竣工的船舶交通管理系统待工程验收后再划转。至 2000 年底，完成划转工作，沿海和长江 20 个船舶交通管理系统的设备维护管理纳入航标系列管理。

1999 年 4 月，中国海事局组织两个小组，对直属海事系统 14 个船舶交通管理系统的运行管理和设备维护情况进行一次全面调查。调查结果表明，各局依据《船舶交通管理系统安全监督管理规则》、《船舶交通管理系统运行管理规定》，从建章立制、功能开发、人员培训入手，逐步加强了船舶交通管理系统的运行管理和功能发挥，在改善所辖水域通航秩序和交通安全方面取得明显成效，设备维护保养总体良好。11 月，中国海事局在广州举办第一期船舶交通管理系统操作维护人员培训班。12 月 27 日，中国海事局印发《船舶交通管理系统设备运行考核办法（试行）》，明确船舶交通管理系统维修养护工作考核指标为设备可用率和设备完好等级。

2001 年 2 月 23 日，中国海事局印发《船舶交通管理系统运行管理考核办法》，规定船舶交通管理系统运行管理年度考核内容为系统运行管理的机构建设、制度建设情况，系统功能的发挥情况及运行效果，包括用户满意率和系统覆盖水域的船舶交通事故率、船舶违章率等综合评价指标。

2002 年 3 月 20 日，中国海事局印发《关于加强 VTS 系统管理工作的有关事宜的通知》，明确船舶交通管理系统正式运行后，凡因计划性维护保养和设备故障停机时，应及时发布航行警告或航行通告。

在 2000 年至 2002 年“水上运输安全管理年”活动中，各船舶交通管理系统以“VTS 辖区水域内不发生重大水上交通责任事故”为目标，保障了辖区通航环境畅通和船舶航行安全，山东成山头水域创造了连续三年海上交通事故为零的纪录。

2003 年 1 月 9 日，中国海事局印发《中华人民共和国海事局 VTS 系统设备维护管理规则》，对各级海事机构维护管理船舶交通管理系统设备的职责，维护管理人员的职位配备、任职资格和技术培训，合同式设备维护管理要求，设备技术档案、日志、维修台账、统计报表填写管理，设备备件的采购和管理，设备维护质量的考核，系统工程建设中的技术管理和验收工作等作出规定。其中明确船舶交通管理系统维护管理人员的职位配备为机务长、机务值班长和机务员。该管理规则的附录印发了《VTS 设备安全管理制度》、《VTS 设备安全操作规程》、《机务员值班制度》、《VTS 系统应急处理程序》、《VTS 系统设备停机管理制度》、《VTS 设备维护保养制度》、《VTS 设备安全检查表》等具体制度。8 月 20 日至 21 日，中国海事局在山东成山头召开“全国海事系统 VTS 运行管理专项工作会议”，提出完善规章制度、跟踪研究国际动态、安排操作人员实船实习、建立专门人才库、完善与相关部门业务配合机制、确立岗位管理模式、编写操作人员培训教材、开发系统管理应用软件、编制系统标准用语、研究后评估方法、制定发展规划、编制考核细则和指南、制定系统必备图书资料目录等 13 项加强船舶交通管理系统运行管理的工作任务。

图 6-3-1　2003 年 8 月 20 日至 21 日，全国海事系统船舶交通管理系统运行管理专项工作会议在山东成山头召开，会议期间交通部海事局副局长郑和平(左三)在成山头船舶交通管理系统调研

2002 至 2003 年，中国海事局组织编写船舶交通管理系统运行管理培训大纲和教材，委托大连海事大学实施船舶交通管理系统人员培训，两年内共对 80 多名船舶交通管理系统人员进行理论知识培训。2003 年至 2004 年，中国海事局在香港举办四期船舶交通管理系统高级值班长培训班。

2004 年 4 月 30 日，中国海事局印发《关于进一步加强 VTS 系统运行管理工作的指导意见》，强调要通过完善内部规章制度、岗位责任、工作流程，合理确定值班机数、时间、监控范围，建全船舶交通管理系统中心与其他相关部门的信息交换制度，进一步规范船舶交通管理系统的运行管理；要通过加强对重点水域和载运危险货物船舶的监管，与执法部门分工合作加大对船舶违法行为的处罚力度，与航标部门加强沟通提供及时的航行安全信息，统计分析船舶交通事故特点规律，充分发挥船舶交通管理系统的监管和服务功能；要通过安排值班人员业务和英语培训、随船引航实习等措施提供人才保障，通过加强维修保养保持较高的设备完好率，不断提高船舶交通管理系统的运行管理水平。

2006 年 2 月 20 日，中国海事局同意广东海事局对 2000 年公布的《中华人民共和国广州海事局船舶交通管理系统安全监督管理细则》修订后重新颁布实施。6 月 21 日，中国海事局印发通知，要求各直属海事局贯彻落实 5 月 12 日在广州召开的船舶交通管理系统运行管理现场会精神，认真研究国际船舶交通管理系统先进管理经验，明确本辖区船舶交通管理系统达到先进水平的工作目标，为实现中国船舶交通管理系统运行管理在“十一五”期间达到中等发达国家水平而努力。该通知要求细化系统每一控制台的监管区域、任务目标、岗位要求、值班标准，以进一步规范船舶交通管理系统运行管理工作。2006 年第三季度，中国海事局组织直属海事系统，依据《中华人民共和国海事局 VTS 系统设备维护管理规则》开展船舶交通管理系统维护管理自查整改专项工作。10 月和 11 月，中国海事局在天津举办两期船舶交通管理系统设备管理人员培训班。

2006 年，中国海事局在 1997 年发布的《VTS 用户指南》(1999 年人民交通出版社出版发行)基础上，补充增加部分新的内容，编制完成《中国沿海内河水域 VTS 用户指南》，由人民交通出版社于 2007 年 2 月出版发行。该书涵盖沿海和长江水域 24 个船舶交通管理系统的基本情况和有关规定。2006 年和 2007 年，中国海事局组织四期船舶交通管理系统培训班。

2007 年 6 月 7 日，中国海事局在组织有关专家和人员对船舶交通管理系统存在主要问题进行分析的基础上，提出了有针对性的改进措施，印发《进一步提高 VTS 监管水平行动计划》。该行动计划强调，要加强船舶交通管理系统运行理论和国际动态的研究，推进操作标准化和精细化管理，建立多种途径选配、培训操作人员机制，研究提出应对系统性能存在局限性的技术处理措施；并从加强运行管理、科学配备人员、完善系统功能、建立激励机制等4个方面，提出2007年至2010年提高船舶交通管理系统监管水平的18项工作任务，分解下达给有关部门和直属海事局。依据该行动计划，中国海事局于当年组织开展船舶交通管理系统综合评估检查，分3个小组对18个船舶交通管理系统的功能发挥、内部规章制度及人员配备值班培训情况三个方面进行了检查评估；并于2007年底前，组织完成《VTS险情、事故评估规定》和《VTS值守人员配备标准》初稿。

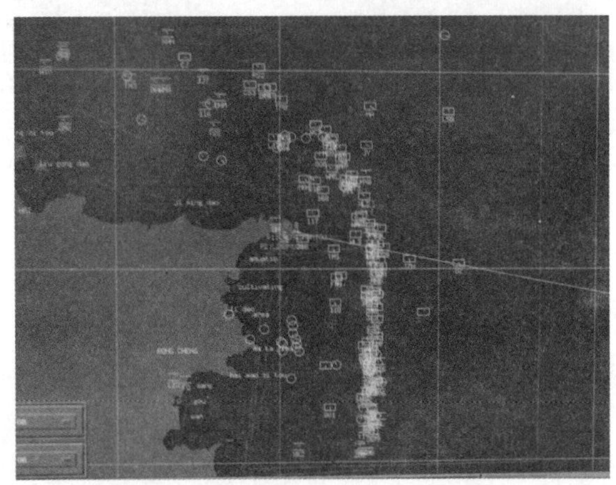

图6-3-2　2007年7月17日，山东半岛东部浓雾弥漫，为保障船舶航行安全，成山头VTS中心启动雾航应急程序，加强值班力量。图为VTS设备监控船舶画面

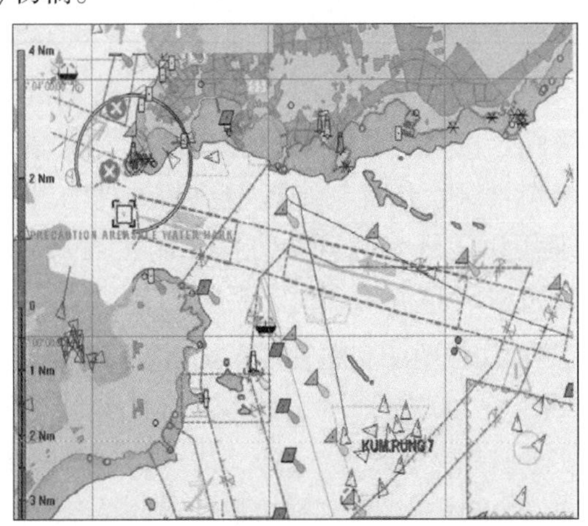

图6-3-3　2007年12月27日，青岛VTS中心严密监控引导一艘在雾中偏航的朝鲜籍货轮安全驶入前海2号锚地，化解了一起船舶可能触礁的险情。图为青岛VTS中心标绘的该轮航迹海图

至2007年，全国已正式运行或试运行的29个船舶交通管理系统，覆盖了沿海主要港口、航道水域和长江中下游主要航段，对重点水域、船舶实施了有效监管和服务，辖区通航环境和通航秩序明显改善；同时，形成一套较健全的运行管理机制，船舶交通管理系统运行管理逐步走向科学化、规范化，培养了一批有实践经验的船舶交通管理系统专业人才。

1999—2007年船舶交通管理系统监控服务情况统计　　表6-3-1

年份	参加统计的船舶交通管理系统数量(个)	跟踪船舶（艘次）	信息服务（次）	助航服务（艘次）	交通组织（艘次）	纠正违法（起）	避免险情（次）	参加搜救（次）
1999	17	557272	234246	28171	21985	1508	1892	—
2000	20	1003666	367643	—	350584	23688	2507	807
2001	20	318213	—	18478	56770	3770	158	624
2003	23	964268	50574977	63353	105340	10139	—	—
2005	24	1613443	1200850	247048	234435	—	—	—
2006	24	2523995	1697009	209813	386309	12809	12422	1006
2007	24	2430727	1837329	278789	342096	13619	7336	1564

说明：2002年、2004年无统计数据。

【水上巡航管理】

水上巡航是水上交通安全监督机构对管辖水域实施通航环境和船舶安全动态监管的一种重要手段。长期以来，水上交通安全监督机构实施水上巡航，主要限于在港区内对进出港航道、码头、港内锚地、港池等通航水域巡航。根据1996年《中国水上安全监督工作发展纲要》中有关逐步扩展水上巡视范围的要求和1998年3月交通部安全监督局印发的《关于扩展海区、水域巡航检查工作的通知》精神，直属水上安全监督系统各局自1998年起，在加强港区、内河通航水域巡航工作的同时，有计划、有重点地逐步扩展海区、水域巡航范围，发现和处理了一批在港区无法发现的船舶违法案件。至1999年，巡航范围基本覆盖了沿海距岸50海里的辖区海域，实现了从港区内对船舶的静态管理向以港口为基地，面对沿海海区运动中的船舶进行动态管理的转变。

1999年，中国海事局开始组织起草巡航管理规定。2001年3月2日，《中华人民共和国海事局水上巡航管理办法(试行)》印发。该管理办法将水上巡航分为港区巡航、辖区巡航、跨辖区巡航三类，由各直属海事局负责组织实施，跨辖区巡航由中国海事局制定计划并监督实施；规定巡航工作的基本任务是：依法对国家管辖水域航行安全和防止船舶污染进行监视和管理，维护国家主权，维护通航环境和秩序，实施抢险救助，保障船舶、设施和人命财产安全，防止船舶污染水域；巡航工作的主要内容是：巡视水上交通安全管理规定执行情况，通航环境和通航秩序变化情况，船舶航行、停泊、作业和水上水下施工作业状况，码头、港外系泊点、装卸点、船闸及渡口等靠泊设施安全状况；制止和纠正影响通航安全的活动、危害助航标志的行为和船舶污染水域的行为，及时报告巡视中发现的水上交通事故并做应急处理；根据上级指示参加抢险救助，协查过往船舶，调查了解船舶交通流，保障重点船舶的航行安全等15个方面。该管理办法对巡航工作计划、报告、总结，巡航管理部门、实施部门和巡航人员配备，巡航船舶的部署、值班和调度，巡航保障等作出规定，明确在老铁山水道、成山头水域、长江口、珠江口、琼州海峡等非港区重点水域，应部署1艘巡航船舶进行24小时值班，其日常巡航应每周不少于1次。

2001年，广东海事局为加强对珠江口水域船舶动态的巡视，租用社会上的直升机，成立了海巡空中分队。6月13日，直升机首次配合巡航船艇、船舶交通管理系统在珠江口水域进行空中巡航，之后，每周进行一次空中巡航，建立起海事系统立体巡航的新模式。2002年，广东海事局共组织空中巡航53架次、飞行100多小时，监管珠江口水域面积11950平方公里。9月6日，中国海事局批准营口海事局与河北海事局联合组织开展“环辽东湾跨辖区水上巡航活动”。

2003年，中国海事局首次组织上海海事局千吨级“海巡21”巡视船实行长距离跨海区巡航。9月16日，“海巡21”巡视船从上海启航，横跨东海、黄海、渤海，在上海、江苏、山东、辽宁海事局辖区巡航1757海里，航行时间91.4小时，9月22日返抵吴淞口。“海巡21”巡视船跨海区巡航期间除完成了各项重点巡视任务外，还进行了制止船舶违法行为、船舶污染海域事故调查处置、海上遇险搜救的模拟科目演练，实施了与中国海上搜救中心值班室多种通信方式的音像信息传输，取得了预期效果。

图6-3-4　2003年3月27日，辽宁海事局在大连大三山岛水域巡航

图6-3-5　2005年3月22日，新列编的“海巡31”巡视船从广州南沙港出发，首次在南海海区执行海上巡航任务

2004年4月30日，中国海事局印发《加强海上辖区巡航工作的指导意见》，强调海上辖区巡航是海事机构对中外籍船舶实施船旗国、港口国、沿岸国管理的一项重要工作，要在实现巡航从港区向辖区扩展的基础上，大幅度提高辖区巡航质量。该指导意见要求辖区巡航时要全面掌握辖区水域水上各种活动及特点，加强与相关部门的联系和协调，形成有效的工作机制，强化综合执法作用；要在现有资源力量基础上，充分发挥近海航区、40米级及以上尺度船艇的辖区巡航作用；要明确重点巡航水域，黄渤海、琼州海峡、北部湾、长江口、珠江口是全国海事机构重点巡航水域，对重点水域要实施空中巡航；要规范巡航中行政执法程序和对违法行为调查取证处理工作，查处船舶违法行为要及时通报给船籍港海事机构，查处外国籍船舶违法行为要上报中国海事局；要加强辖区巡航的对外宣传工作、效果后评估工作、人员培训和演练工作、基础工作、后勤保障工作，不断提高辖区巡航能力。9月3日，中国海事局批准辽宁海事局“海巡021”轮赴河北、天津、山东海事局开展跨辖区巡航业务交流。

2005年3月22日，广东海事局3000吨级“海巡31”巡视船从广州南沙港出发，执行首次海上巡航任务，历时11天，巡航里程1320海里，巡航范围覆盖广东海事局辖区沿海海域，并与湛江海事局的3艘巡逻艇及船载直升机在粤西海域举行了海空立体巡航演练。6月7日，中国海事局印发通知，下达“海巡31”巡视船执行2次跨辖区巡航任务。6月中下旬，“海巡31”巡视船与随船的海南、广西、深圳海事局执法人员一起，在南海海域执行跨辖区巡航任务；7月中下旬，“海巡31”巡视船与随船的辽宁、河北、天津、山东、江苏、上海海事局执法人员一起，在东海、黄海、渤海海域执行跨辖区巡航任务。“海巡31”巡视船在跨辖区巡航过程中，重点巡视了毗邻区及专属经济区海域海上过驳作业，东海平湖、春晓油气田等水上水下施工作业情况，查处海上非法过驳、非法施工作业以及船舶违法排污和超载等行为，监督检查船舶遵守定线制等航行规定情况。

2005年6月7日，中国海事局印发《关于做好2005年度巡航工作的通知》，要求各直属海事局全面落实巡航工作各项要求，有计划地开展海空立体巡航，并提出对巡航工作评估的11项内容，包括巡航计划、制度、任务的落实情况和综合效果等。

至2007年，辽宁、天津、山东、江苏、上海、浙江、广东、深圳海事局已利用飞机与巡逻船艇相配合实施海空立体巡航；各直属海事局不断完善船舶交通管理系统、船舶自动识别系统、电视监控系统等设备与巡逻船艇、巡航飞机相配合的水上巡航监管模式，加强对辖区所有通航水域及其助航设施的巡视，加大对港区、水上作业区、交通密集区、锚地、禁航禁锚区、抛泥区的执法监管，在船舶交通组织、航行保障、应急指挥等方面发挥了重要作用。

2001—2007年直属海事系统沿海海区通航水域巡航情况统计 表6-3-2

年份	完成沿海海区巡航工作任务					巡航次数（次）	巡航时间（小时）	巡航航程（海里）	出动船艇（艘次）
	次数	其中							
		纠正违法	处理异常	检查助航设施	参与救助				
2001	19195	3616	147	7337	106	17293	26988	192490	6873
2002	25377	4984	587	11281	136	2013	37940	210030	10284
2003	13244	3408	161	4658	144	6654	43333	286892	7226
2004	15071	3467	178	5437	189	11040	40145	269611	8417
2005	27707	5568	272	6843	208	12428	49385	395110	10249
2006	25375	5231	376	8184	324	13484	61311	525647	16585
2007	23800	4712	491	8842	366	12467	63075	570108	13137

说明：沿海海区巡航包括辖区巡航和跨辖区巡航。

2001—2007 年直属海事系统沿海港区通航水域巡航情况统计　　表 6-3-3

年份	完成沿海港区巡航工作任务					巡航次数（次）	巡航时间（小时）	巡航航程（海里）	出动船艇（艘次）
	次数	其中							
		纠正违法	处理异常	检查助航设施	参与救助				
2001	101898	25350	844	37794	573	123098	150297	574140	39151
2002	61812	17899	668	13923	568	28190	106099.6	514412.9	30856
2003	64520	16645	996	17705	589	30394	101140	573169	33110
2004	95536	23722	1528	26247	729	40884	125989	780506	42499
2005	77877	21815	1054	18745	605	41522	119941	738685	41154
2006	119677	28238	1535	40835	754	52005	151297	964797	52797
2007	150823	27491	1566	71924	795	64315	184363	1338562	65666

2001—2007 年直属海事系统内河辖区通航水域巡航情况统计　　表 6-3-4

年份	完成内河辖区巡航工作任务					巡航次数（次）	巡航时间（小时）	巡航航程（海里）	出动船艇（艘次）
	次数	其中							
		纠正违法	处理异常	检查助航设施	参与救助				
2001	125074	29247	800	25284	2247	84461	123715	913624	41519
2002	324965	75600	1330	42960	919	39403	202084	1912703	105391
2003	565781	141660	1725	56308	1272	139553	223766	1653860	90456
2004	844874	117240	1052	370478	929	176395	269151	2046267	105204
2005	294378	85460	1067	65798	1009	224804	265179	2367337	110046
2006	356683	74723	2879	67191	1822	167967	372350	2986031	142862
2007	270401	63278	5866	83134	2416	133077	316802	2574671	124009

2001—2007 年直属海事系统内河港区通航水域巡航情况统计　　表 6-3-5

年份	完成内河港区巡航工作任务					巡航次数（次）	巡航时间（小时）	巡航航程（海里）	出动船艇（艘次）
	次数	其中							
		纠正违法	处理异常	检查助航设施	参与救助				
2001	120685	44857	759	8091	965	103782	90379	623934	69658
2002	346360	76677	1608	34920	895	128711	249385	1932411	109126
2003	413289	115769	1502	44368	1093	244636	274488	2495783	106495
2004	454570	116992	1052	73003	1032	314410	312638	2936060	117136
2005	396603	110395	1718	97830	1298	334338	320173	2738333	134523
2006	295749	61131	1813	69848	1090	122336	269490	2110066	126971
2007	299937	60292	14954	107621	5653	119780	253614	2307503	122400

第四节　通航安全保障

【海上航行警告和航行通告】

海上航行警告，是由国家主管机关或者其授权的机关以无线电报或无线电话的形式，使用中、英文发布的一种临时性、紧急性的航行安全信息，时限性较短；海上航行通告，是由国家主管机关以书面形式或通过新闻媒体及其他信息传递渠道，使用中文发布的一种长期性的航行安全信息，时限性较长。

20世纪70年代，中国沿海无线电航行警告，由各地港务监督机构交给当地的海岸电台播发；上海和广州海岸电台，同时分别负责转播华东、北方沿海和华南沿海的航行警告、航行通告。1979年11月召开的联合国海事协商组织第10届大会通过的《建立世界无线电航行警告系统计划》决议，将世界海域划分为16个播发航行警告的区域。中国、朝鲜、韩国、日本、越南、泰国、柬埔寨、马来西亚、新加坡、菲律宾、印度尼西亚等11个国家和中国香港地区的海域被划为第11航行警告区，于1980年4月1日开始工作，日本国海上保安厅为第11航行警告区区域协调人，负责统一发布第11区航行警告。为做好第11区航行警告发布工作，1980年6月13日，交通部决定逐步建立统一管理的中国航行警告系统；在北京中华人民共和国港务监督局设立航行警告发布总台，负责管理全国沿海航行警告发布工作。1981年9月3日，交通部印发《关于加强无线电航行警告工作的通知》，明确沿海各港务监督设立航行警告台，其中天津、上海、广州港务监督为航行警告分台。该文所附中华人民共和国港务监督局通知，公布第11航行警告区示意图及其区域协调人——日本国海上保安厅的电台呼号、频率、播发时间；明确第11航行警告区中国沿海航行警告国家协调人是中华人民共和国港务监督局。1984年8月20日，交通部印发经修订的《沿海无线电航行警告和航行通告播发办法》，规定航行警告由各海岸电台作非定时播发后，转为由上海或广州海岸电台定时播发；航行通告只由上海或广州海岸电台作定时播发；船舶电台要求重复播发已发过的航行警告或航行通告时，海岸电台予以免费重播。经1992年12月22日国务院批准，1993年1月11日，交通部令[1993]44号发布《中华人民共和国海上航行警告和航行通告管理规定》。根据该规定，中华人民共和国港务监督局于1993年6月5日颁布《中华人民共和国海上航行警告和航行通告管理办法》，于6月29日，批复划定各航行警告台管辖区域。至1998年中国海事局成立前，中国已建立统一管理的海上航行警告和航行通告系统，其中包括航行警告总台1个(北京)，航行警告分台3个(天津、上海、广州)，航行警告台15个(大连、秦皇岛、天津、烟台、青岛、连云港、上海、宁波、温州、福州、厦门、汕头、广州、湛江、海南)，分别主管全国和本管辖区内的海上航行警告和航行通告发布工作；交通系统设置在沿海港口的海岸电台，负责并按照规定的时间、频率和要求播发沿海无线电航行警告，须由航行警告总台发布的无线电航行警告，由航行警告总台指定相关的航行警告分台和海岸电台承办；航行通告由各港务监督机构以书面形式张贴、散发或者通过报纸、广播、电视等新闻媒体发布。

经国家质量技术监督局1998年11月18日批准，由中华人民共和国港务监督局编制的《中华人民共和国中文航行警告标准格式》、《中华人民共和国英文航行警告标准格式》成为两项强制性国家标准，于1999年9月1日起实施。两项标准格式规定了航行警告的标准电文结构、句型、短语、词汇和编写方法。1999年5月10日，中国海事局印发通知，要求各航行警告台、海岸电台认真学习、贯彻实施中、英文航行警告标准格式两项国家标准，各航运单位和船舶要尽快熟悉两项国家标准。

为配合实施两项国家标准，中国海事局组织研制"航行警告编辑与管理软件"，经过部分地区试用，2000年在全国范围内统一推广应用。该软件用于航行警告电文的计算机编辑、查询、审核、统计和远程登录。同年在上海进行以网络方式发布航行警告的试点工作。

2001年9月25日，中国海事局印发《关于加强航行通告刊登发布工作的通知》，规定自2002年1月1日起，施工作业期或碍航活动有效期超过20日(含20日)的，其航行通告除在当地主要报纸上刊登外，还须在《中国水运报》申请刊登。

2002年8月30日，交通部印发通知，决定调整中国沿海航行警告和航行通告发布体系。新体系实行总台、区台、发布台分级管理模式；中华人民共和国航行警告总台设在中国海事局，主管全国航行警告和航行通告发布工作，行使国际第11航行警告区国家协调人职责；在天津、上海、广东海事局设立海区航行警告台(简称区台)，负责领导和协调本海区范围内的航行警告和航行通告发布工作，名称分别为中国北部海区航行警告台、中国东部海区航行警告台、中国南部海区航行警告台；北部海区为辽宁、河北、天津、山东海事局所辖海域范围，东部海区为江苏、上海、浙江、福建海事局所辖海域范围，南部海区为广东、广西、海南、深圳海事局所辖海域范围；在辽宁、河北、天津、山东、江苏、上海、浙江、福建、广东、广西、海南、深圳12个直属海事局设立航行警告发布台(简称发布台)，负责管辖区域内航行警告和航行通告发布工作。由于香港特别行政区海事处将于2000年11月1日实施新的《船舶和港口管理规则》，10月29日，中国海事局将有关规定印发海事系统和有关航运单位，并通知中国南部海区航行警告台立即就此事播发航行警告。

由于审查不严，2006年3月1日，中国海事局网站公布的浙海航[2006]05号航行通告，将东海平湖油气田工程作业水域范围的一个端点位置错误标成为“北纬27°07′29.077″，东经124°55′35.966″”，造成一定的社会影响。4月18日，中国外交部发言人秦刚在例行记者会上指出，中国海事局公布的该作业水域范围存在技术性差错，中方实际作业范围未涉及中日双方争议的海域。同日，中国海事局网站公布浙海航[2006]08号航行通告，根据海洋石油工程股份有限公司的更正申请，东海平湖油气田工程作业水域范围一个端点的位置为“北纬29°07′29.077″，东经124°55′35.966″”。4月24日，针对上述发布航行通告出现地理位置错误问题，中国海事局印发通知，要求严格审核有关水域的施工作业范围，规范航行警告和航行通告的审核、发布程序，核实有关资料，并跟踪、监控、复核有关水域施工作业动态与申请发布的航行警告或航行通告资料的一致性。5月11日，中国海事局在广州召开直属海事系统航行通(警)告管理工作会议，研究规范航行警告和航行通告发布工作的对策和措施。会议提出近期要查找航行通(警)告管理工作的缺陷和薄弱环节，制定整改措施；建立受理、审核、发布各环节的责任制和工作信息交流、协调机制；进一步规范沿海航行安全信息公布的标准、程序和方式，完善航海安全信息发布体系；加强航行通(警)告管理人员、播发人员的培训；适时公布辖区通航环境状况和有关航海图书资料。会议提出远期工作要进一步完善中国沿海和内河的水上安全通信规划，完善沿海通信保障设施，推动建立多层次覆盖、多方式协作的航行通(警)告播发体系；进一步开发和完善航行通(警)告发布功能和方式，综合运用现代通信和信息传递手段，提高航行通(警)告对船舶及其所有人的覆盖面；推动中文海上航行通(警)告播发系统建设，提高中国沿海非公约船舶接收中文航行警告的能力；力争用3至5年的时间，建成航行环境要素全面公布、制度标准程序体系基本健全、发布手段组合先进的中国航行通(警)告系统，其发布水平达到中等发达国家水平。会议成立航行通(警)告工作技术研究小组。8月30日，在上海召开的航行通(警)告工作技术研究小组第一次会议，分析讨论了航行通(警)告管理工作受理、审核、发布各个环节的主要技术问题和工作计划。

图6-4-1 2006年5月11日，直属海事系统航行通(警)告管理工作会议在广州召开

2007年10月16日至20日，中国海事局在广东培训中心韶关培训基地举行航行通(警)告业务培训班，对直属海事系统有关航行通(警)告管理人员，进行有关航行通(警)告国际公约、规定、技术标

准、发布手段，军事类航行通(警)告管理，无线电通信业务培训，共40人参加。同年，中国海事局制定《沿海航行警告发布管理工作程序》，组织对1998年发布的中、英文航行警告标准格式两项国家标准进行修订。其修订整合后的《中华人民共和国航行警告标准格式》征求意见稿，征求了全国有关单位意见，并通过专家审查。①

至2007年底，沿海航行通(警)告发布方式，既有无线电报、无线电话、广播、报纸和书面形式张贴、散发等传统手段，也有网络、电视、移动电话短信平台等现代信息传递手段，覆盖面和时效性不断提高。

【水上安全通信管理】

船舶遇险通信与水上安全通信，早期以莫尔斯电报为主要手段。20世纪70年代初，国际海事组织开始推进建立全球海上遇险与安全系统，利用现代通信技术改善海上船舶遇险与安全通信。1999年2月1日，交通部基本完成中国全球海上遇险与安全系统建设工作，各子系统相继开通运行。该系统包括北京海事卫星地面站、低极轨道搜救卫星系统北京终端站和任务控制中心、18个地区的地面无线电国际数字选择性呼叫系统值班台、5个地区的航行安全信息播发台和陆地搜救协调通信网。

根据1990年5月1日交通部《关于加强交通通信管理的通知》规定，沿海海上安全监督局通信导航管理职责主要是：建设和管理所管辖海岸电台(上海、广州海岸电台除外)，为交通系统和国内外船舶提供通信服务；代部组织和管理港口地区水上无线电通信网络，管理维护本局各种船、岸通信设施和通信业务，负责通信保密工作；代部纠察和维持港口地区无线电通信秩序和通信纪律，协调处理无线电干扰事项，处理违纪违章的单位和个人等。1998年中国海事局成立时，被赋予负责水上安全通信、搜救信息网络运行和国际搜救卫星组织事务的管理职责。

自20世纪80年代起，船舶开始安装遇险自动报警设备。由于在报废船舶拆解作业中触碰或遗弃遇险报警装置，经常引发误报警，干扰遇险与安全通信正常秩序。对此，中国海事局于1999年1月8日，印发《关于防止拆解船舶造成误报警的通知》，规定船舶拆解作业中对各种遇险报警装置拆除、销毁和船名、呼号、识别码等内设信息删除的方式和程序。5月11日，针对1997年以来中国籍船舶在国外水域航行时发生的3次未按规定进行船位报告的行为，以及因此而引起有关国家向中国提出外交照会与交涉的情况，中国海事局发文通报有关情况，并要求有关船公司督促各自的船舶严格执行国际海事组织有关船位报告、分道通航等规定；强调今后再发生类似情况，相关船舶返回国内港口后将被列为安全检查的重点对象。

交通部上海、广州海岸电台，原由中国海运(集团)总公司管理。自1999年中国海运(集团)总公司与交通部脱钩后，交通部开始研究上海、广州海岸电台管理体制调整问题。2000年1月10日，交通部召开专题会议，授权中国海事局和中国交通通信中心与中国海运(集团)总公司就海岸电台公益通信业务和经营通信业务能否分开进行商谈。

由于现代通信技术逐渐取代莫尔斯电报通信手段，自2000年开始，交通部分批终止莫尔斯电报通信业务，至2007年底，仅有大连、天津、上海、广州海岸电台保留莫尔斯无线电报电路。

为配合交通部对中国沿海数字选择性呼叫系统值班台(简称数选台)建设工程的验收工作，2001年10月至12月，中国海事局组织沿海各海上搜救中心与直属海事局对大连、秦皇岛、天津、烟台、青岛、连云港、上海、宁波、温州、福州、厦门、汕头、广州、湛江、北海、海口、八所、三亚等18个

① 2008年1月25日，中国海事局印发《沿海航行警告发布管理工作程序》。2009年11月15日，国家质量监督检验检疫总局和中国国家标准化管理委员会联合发布《中华人民共和国航行警告标准格式》。

数选台进行实船测试(其中温州数选台因城市建设对微波传输干扰未进行测试)，每个值班台选 2 至 3 艘不同航线的船舶，分别对该数选台的紧急呼叫覆盖范围及其确认后船台与岸台之间的后续通信情况进行了测试。测试结果表明，大多数数选台运行状况较好，其中甚高频数选台效果最好，但有些中频数选台效果较差。2002 年 3 月 20 日，中国海事局致函中国交通通信中心，函告具体测试结果，并归纳了沿海数字选择性呼叫系统设备和操作上存在的主要问题，供中国交通通信中心参考。

2003 年 7 月 1 日，针对 2001 年以来中国籍船舶在国外水域航行时发生的 5 次未按规定进行船位报告的行为，以及因此而引起有关国家向中国提出外交照会的情况，中国海事局再次印发通知，通报有关情况，并要求有关船公司要保障中国籍船舶严格执行国际海事组织和中国有关船舶报告制、船舶定线制的规定；强调今后如再发生类似事件，海事机构将此违章资料作为该公司安全管理体系不符合项目的证据，并对相关船员进行处罚和记分。

2003 年 10 月 16 日，中国海事卫星 F 站建成开通，首次实现中国全球移动卫星多媒体传输，可实时传送海上船舶遇险实际图像，便于陆地指挥机构根据情况组织救助。

2005 年 2 月 28 日，交通部与中国海运(集团)总公司在上海举行上海、广州海岸电台交接仪式。根据 3 月 11 日交通部《关于上海、广州海岸电台划回部管理有关事宜的通知》精神，自 2005 年 3 月 1 日起，上海、广州海岸电台的公益性、公众性海上通信业务职能，分别移交给上海、广东海事局管理，其中上海海岸电台还承担西北太平洋第七搜救区数字选择性呼叫系统中高频国际遇险安全通信值班任务。至此，沿海所有海岸电台全部由中国海事局管理。

图 6-4-2　2005 年 2 月 28 日，中国海运(集团)总公司与交通部在上海举行上海、广州海岸电台交接仪式

图 6-4-3　2005 年 7 月，福建海事局甚高频电台在防抗台风“海棠”期间 24 小时不间断播发最新台风动态

2006 年 2 月 10 日，为吸取埃及“萨拉姆 98”客轮失事的教训，进一步消除中国水上运输的安全隐患，中国海事局印发《关于进一步加强海岸电台值守的通知》，要求各海岸电台严格遵守交通部批准的电台业务种类、工作时间、工作频率，严格遵守通信纪律、值班制度，保证各项通信制度有效落实；建立应对突发险情、紧急通信处置预案，任何情况下都要首先保证遇险值守电路畅通，要与搜救中心密切配合，共同做好水上遇险和安全通信的值守工作；做好通信设备的日常测试维护工作，提高通信值班人员操作水平，开展安全检查，始终保持海岸电台处于正常的工作状态。6 月 2 日，中国海事局对海岸电台水上遇险安全通信保障情况进行调研，先后对大连、天津、上海、福州、厦门、汕头、广州、海口、八所、三亚海岸电台的遇险安全通信电路工作状态、设备和人员值班情况、设备技术状况、管理制度和工作规范落实情况等进行了详细调查。

2007 年 7 月 5 日，中国海事局印发《遇险安全通信人员守则》、《遇险安全通信人员值班制度》、

《遇险安全通信业务人员职责》、《遇险安全通信设备维护人员职责》。10月30日，中国海事局印发通知，决定自2007年12月1日起，安排5个海岸电台接收周边国家和地区航行安全信息播发台播发的海上安全信息。其中上海海岸电台负责接收日本那霸台（NAHA），识别字符为G；广州海岸电台负责接收马来西亚山打根台（SANDAKAN）、香港台，识别字符分别为S、L；大连海岸电台负责接收韩国边山台（PYONSAN），识别字符为W；福州海岸电台负责接收台湾基隆台（KEELUNG），识别字符为P；三亚海岸电台负责接收越南岘港台（DANANG），识别字符为K。11月6日至12日，中国海事局在广东培训中心沙田培训基地举办一期海岸电台遇险安全通信值守人员业务培训班。

〖中国船舶报告系统〗

根据《1974年国际海上人命安全公约》1997年修正案、《1979年国际海上搜寻救助公约》的有关要求，经国家计划委员会批准，交通部于1999年开始建设中国船舶报告系统。中国船舶报告系统是指参加中国船舶报告制的船舶按照规定的报告格式和程序向中国船舶报告管理中心报告有关资料，各地海上搜救中心应用报告信息对遇险船舶实施搜救的辅助系统，是全球海上遇险与安全系统的一个子系统。中国船舶报告系统是一个集计算机、通信和网络技术为一体的信息系统，具有对船舶报告的航线、船位进行自动接收、标绘和推算，对延时未报船舶自动预警等功能，系统可提供船舶资料和海况气象资料，为组织协调船舶参与搜寻救助提供相关信息。

1999年9月，中国船舶报告系统进入硬件安装和软件开发阶段时，中国海事局组织起草中国船舶报告制管理规定，并向有关单位征求意见。

2000年上半年，为使船舶在到达中国最近一个港口至少24小时航程的距离前，就应开始报告，满足中国船舶报告系统对船舶数据采集的最低要求，参照国际上各国船舶报告区域包含本国领海及附近公海的通行做法，经商香港海事处和外交部、国务院港澳事务办公室同意，交通部划定中国船舶报告区域为：其他国家领海和内水以外的北纬9°以北，东经130°以西的海域。

为保证中国船舶报告系统开通试运行，中国海事局于2001年2月15日在上海召开"已建通航与搜救管理工作设施使用协调会"，与中国交通通信中心、中国海运（集团）总公司等单位就利用已建成的全球海上遇险与安全系统设备和现有的安全通信设施试开通运行中国船舶报告系统达成共识，明确中国船舶报告系统是国家投资的公益性项目，各海岸电台应提供无偿服务；于3月6日在北京召开"中国船舶报告系统试开通协调会"，与有关航运公司协调中国船舶报告系统的报告内容、程序、方式。

2001年4月13日，中国海事局颁布《中国船舶报告系统管理规定（试行）》和《中国船舶报告系统船长指南》。该管理规定强制要求航行于国际航线300总吨及以上的中国籍船舶、航行于中国沿海航线1600总吨及以上的中国籍船舶、2005年1月1日后航行于中国沿海航线的300总吨及以上的中国籍船舶，当其航行在中国船舶报告区域内，且航行时间超过6小时时，必须加入中国船舶报告系统，并鼓励外国籍船舶和其他中国籍船舶志愿加入中国船舶报告系统。该船长指南规定了中国船舶报告系统报告的方式、种类、格式、内容和要求等。

2001年5月28日，中国海事局在上海宣布中国船舶报告系统于2001年6月1日开通试运行。该系统由中国海上搜救中心（指挥端站），船舶报告管理中心（设在上海海事局，负责船舶报告的信息收集处理），辽宁、天津、山东、上海海事局和广东省海上搜救中心的用户端站、报告接收站（负责接收船舶报告信息的海岸电台和卫星地面站）和参加中国船舶报告系统的船舶组成，由中国海事局负责组织实施，上海海事局负责管理。2002年11月19日，该系统通过交通部的验收，进入正式运行阶段。

中国船舶报告系统试开通后至2001年底，收录存储船舶静态资料1820艘，接收报文近70000份，输入台风等气象信息255次，共有841艘船舶36576航次参加该系统。2002年至2007年中国船舶报告系统存储接收处理船舶报告信息情况见表6-4-1。

2002—2007年中国船舶报告系统存储接收处理船舶报告信息情况统计　　表6-4-1

年份	储存船舶静态资料(艘)	接收船舶报告(份)	提供搜救信息(次)	参加报告船舶(艘)
2002	1864	133408	38	—
2003	1846	163936	56	—
2004	1897	110633	243	1055
2005	2017	—	—	—
2006	2093	149473(修改不合格报文110123份)	119	—
2007	2378	157557(修改不合格报文118960份)	53	1445

【重点工程和重要活动通航保障】

1999年，随着长江口深水航道工程开工，围绕长江口深水航道通航准备工作和试通航安全保障工作，中国海事局根据交通部的指示进行了专题研究，并对上海海事局提出要求。上海海事局采取合理布设深水航道航标，配套调整深水航道锚地及设施，制定深水航道试航期安全管理规定、监控措施和应急方案，发放深水航道海图等多项措施，保障了长江口深水航道自2000年4月28日试开通后的通航安全。经中国海事局批准，上海海事局于2000年7月13日公布《长江口深水航道试通航期航行安全管理办法(暂行)》。该管理办法主要对长江口8.5米深水航道试通航期间，船舶进出航道的条件、吃水、交通管制、船位报告、航行、追越、交会、航速、夜航、禁航等作出规定。由于连续受台风影响，长江口深水航道部分航段浮泥淤积严重，航槽大范围变浅，2000年8月28日，中国海事局批复同意上海海事局发布长江口深水航道水深变化为8.2米的航行警告。

2002年6月，国家重点工程洋山深水港区一期工程全面开工建设。鉴于其施工作业现场处于杭州湾水域及孤岛上，点多面广，参与施工船舶很多且来往频繁，为提高施工作业效率，保障工程建设进度和安全，上海市深水港工程建设指挥部拟专门设置洋山深水港区一期工程大中型施工船舶停泊锚地，并组织专门机构于11月11日编报了停泊锚地设置方案。经研究审核，中国海事局于2002年11月15日复函上海市深水港工程建设指挥部，同意在徐公岛水域设置1号、2号施工船舶停泊锚地，以满足洋山深水港区一期工程建设需要。同时组织了对该锚地进行扫海测量并设置助航标志，两个锚地的具体范围由浙江海事局公布。

图6-4-4　2005年9月19日，上海洋山港海事处为洋山深水港工程(一期)最后一批桥吊运抵码头全程护航

2004年5月31日，中国海事局函复国家体育总局，支持其批准的斯洛文尼亚游泳爱好者马乐丁·斯特雷举行探险式马拉松游长江的活动，并请就安全保障事项与长江、江苏海事局协商办理有关手续。6月10日至7月30日，马乐丁·斯特雷完成自云南丽江石鼓镇到上海崇明岛的游长江活动，沿江各海事局派出巡逻艇提供接力式全程护送安全保障服务。

2006 年 5 月 22 日，交通部批复长江航务管理局，同意在重庆石板坡长江大桥正桥主跨钢箱梁吊装定位施工期间，对桥区水域实施禁航 18 小时。

为保障第 29 届奥林匹克运动会测试赛“好运北京——2006 青岛国际帆船赛”在青岛国际帆船中心顺利进行，2006 年 7 月 21 日，第 29 届奥林匹克运动会组织委员会致函中国海事局，请求协调天津海事局帮助第 29 届奥林匹克运动会组织委员会帆船委员会(简称奥帆委)布设航标。经中国海事局与奥帆委和天津、山东海事局协调，由天津海事局于 7 月 28 日批复青岛航标处，同意在比赛期间临时设置灯浮标 6 座，并要求灯浮标设置完毕后，由青岛航标处验收合格后方可投入使用。2006 年 8 月 1 日，为确保青岛国际帆船赛和第 29 届奥林匹克运动会帆船比赛顺利进行，中国海事局批复山东海事局，明确由山东海事局统一对外联络，并要求认真履行监管职责，建立内部协调机制，充分发挥其奥帆委成员单位作用。2006 年 8 月 15 日，青岛航标处完成 6 座灯浮标和 120 套水上浮标布设任务。在 8 月 18 日至 31 日比赛期间和“好运北京——2007 青岛国际帆船赛”期间，山东海事局主动服务，加强监管，帆船比赛及附近海域通航秩序和通航环境良好，保证了赛事顺利和航行安全，受到奥帆委表彰。

苏通长江公路大桥自 2003 年 6 月正式开工以来，海事机构做了大量通航安全保障工作。为保障桥面钢箱梁吊装施工期大桥工程建设和船舶安全通航两不误，2006 年 8 月 14 日，中国海事局批复江苏海事局，同意索塔区梁段吊装作业期和标准梁段吊装作业期采取单向禁航或全面禁航措施，并要求在交通管制期加大现场巡航监视密度，充分利用船舶交通管理系统进行交通组织服务，加强对载运危险品船等重点船舶的监管，制定相应的应急预案。2006 年 8 月 18 日，中国海事局在镇江召开“苏通大桥钢箱梁吊装作业期间水上交通管制协调会”。会议针对实施交通管制涉及面广，控制环节多，安全风险高等特点，提出了整体联控，尽最大努力减少施工与通航之间矛盾的要求，协调落实了江苏、上海、浙江、长江海事局和江苏省地方海事局的控制任务，并成立了由江苏海事局牵头的“苏通大桥钢箱梁吊装期间水上交通管制领导小组”；会议同时要求施工单位进一步优化施工方案，严格落实各项警戒安全防护措施。2007 年 3 月 23 日，中国海事局在南通海事局举行誓师大会，正式启动大桥中跨钢箱梁吊装水上交通管制百日决战活动。在苏通大桥钢箱梁吊装作业期间(2006 年 8 月至 2007 年 6 月)，江苏海事局配合钢箱梁吊装作业，共在苏通大桥施工水域实施了 55 次禁航管制，其中全面禁航 26 次；上海、浙江、长江海事局和江苏省地方海事局落实联控措施，设置现场警戒线，控制进入施工水域的船舶，形成交通管制合力，并缩短了计划禁航次数和时间，累计为 10 万余艘次船舶缩短待航时间 40 余万小时，较好缓解了施工与通航之间的矛盾。在苏通大桥建设 1400 天期间，海事系统共组织海事巡逻船航行 39.7 万海里执行监管维护任务，成功处置避免船舶碰撞桥墩险情 47 次，超过 500 万艘次船舶安全通过苏通大桥施工水域；并成功组织桥区救助行动 287 次，救助遇险船舶 221 艘，救助遇险人员 1326 人；整个建设期间，未发生一起航行船舶碰撞施工设施事故，也未发生因通航安全保障工作不到位影响大桥建设的事件，保障了大桥施工顺利安全和船舶航行畅通安全。2007 年 6 月 12 日，交通部海事局党委印发通报，表彰在苏通大桥建设期通航安全保障工作作出突出贡献的江苏、上海海事局、江苏省地方海事局 3 个先进单位和中国海事局通航管理处等 9 个先进集体、33 名先进个人。

图 6-4-5　2007 年 3 月 23 日，中国海事局启动苏通大桥中跨钢箱梁吊装水上交通管制百日决战活动

6月18日，在苏通大桥正式合龙后，中国海事局在南通召开苏通大桥建设期通航安全保障工作总结表彰会议。

1999年至2007年，根据交通部和中国海事局的要求，海事系统还重点保障了长江三峡水利枢纽、上海亚太经济合作组织（APEC）领导人非正式会议、长江润扬大桥、“迎峰度夏，抢运电煤”、洋山东海大桥、杭州湾大桥、曹妃甸港区、钦州港和防城港深水航道、天津滨海新区、秦皇岛港煤五期码头、广州中船龙穴造船基地、“南海一号”古沉船打捞等大型工程建设项目和重要活动的通航安全。

图6-4-6　2005年12月13日，河北海事局“海巡041”巡逻船为满载21万吨矿石的“吉尔达”轮靠泊曹妃甸25万吨矿石码头护航，曹妃甸港区正式通航

〖长江三峡水利枢纽工程水域通航管理〗

1994年12月长江三峡水利枢纽工程（简称三峡工程）开工后，交通部根据其各个施工期的不同要求和通航环境的不同变化，相继制定了相应的通航管理规定，水上安全监督机构和1998年成立的中国海事局分别采取了有针对性的通航管理措施，以确保三峡工程顺利施工和三峡坝区通航安全、平稳、有序。

为在1999年至2002年汛期组织各类船舶安全、有序通过三峡坝区航段，1999年5月27日，交通部批复长江航务管理局，同意其上报的《三峡工程明渠汛期限航流量暂行规定》并公布执行。该暂行规定明确了明渠汛期限航的流量为25000～50000立方米/秒，并明确了明渠汛期对各类船舶实行限航、禁航、单向控制航行、禁止夜航的流量。

2000年6月8日，交通部批复长江航务管理局，原则同意其上报的《三峡工程二期通航管理办法（修订本）》，并提出修改意见。该办法根据一年来的实践经验，对1998年6月发布的《三峡工程二期通航管理办法》进行了修订，主要增加了汛期船舶通航管理的有关规定，删除了部分不符合实际的内容。7月1日，中国海事局函复长江航务管理局，同意其对1996年发布的《长江上游南津关至羊角滩控制河段安全管理规定》的修改意见。经修订的该规定，根据中国海事局召开的《长江上游南津关至羊角滩控制河段安全管理规定》执行情况座谈会精神和实际调研情况，主要增加了三峡水利枢纽工程施工后坝区水域通航安全管理特殊规定和大尺度小功率自航船的管理规定。

2001年，为保障长江三峡水利枢纽运行安全和通航安全，中国海事局依法划定三峡水利枢纽坝区水域交通管制区和禁航区，并组织三峡通航管理局起草《长江三峡水利枢纽水上交通管制区域通航安全管理办法》。经国务院三峡工程建设委员会同意，中国海事局于2001年9月27日发布公告，公布三峡水利枢纽坝区水域上下游禁航区和上下游交通管制区的设置范围以及禁航、交通管制规定。

2002年1月29日至30日，中国海事局在宜昌召开《长江三峡水利枢纽水上交通管制区域通航安全管理办法》审议座谈会。9月26日，交通部批复长江航务管理局，同意公布其组织起草的《三峡坝区碍断航期通航管理办法》，规定自三峡工程导流明渠垫底加糙施工开始至三峡永久船闸通航之间的碍断航期不同时段的通航设施和控制通航措施以及船舶航行、停泊、作业、翻坝转运等要求。

由于长江三峡水利枢纽工程建设进行隔流堤回填及水库蓄水，三峡临时船闸停止通航，交通部于2003年2月19日发布第1号公告，公告三峡坝区水域自2003年4月10日至6月15日实行断航管制；

于5月16日发布第6号公告，公告坝区水域自2003年5月25日至31日为三峡水库蓄水准备期，三峡坝址上游水位由80米逐步上升至98米，请过往船舶注意水位变化。5月16日，交通部公布《长江三峡水利枢纽水上交通管制区域通航安全管理办法》。针对三峡水利枢纽工程蓄水及围堰发电期，三峡坝区以上长江上游水域通航环境将发生很大变化的情况，中国海事局在反复调研论证的基础上，组织起草了《长江上游庙河至丰都河段通航安全管理办法》，由交通部于5月16日发布。该办法对三峡水利枢纽工程的自然蓄水期、蓄水准备期、强制蓄水期、围堰发电期的船舶航行、停泊及作业作出特别规定。5月29日，交通部批复长江航务管理局，同意公布其组织起草的《三峡工程围堰发电期通航管理办法》。该办法针对三峡工程永久船闸通航，水库蓄水在135米水位运行期间，对船舶在坝区航行、停泊、作业以及船舶通过三峡船闸和葛洲坝船闸提出要求，并明确船舶调度、停航、禁航等规定。10月1日，交通部开始在长江上游库区施行船舶定线制。

2006年8月5日，交通部批复长江航务管理局，同意公布其组织起草的《三峡工程初期运行期通航管理办法》。该办法针对三峡水库蓄水至156米水位后进入初期运行期，通航环境和坝区、船闸运行方式发生很大变化的情况，在规范船舶航行、停泊和作业行为的同时，突出坝区汛期限航流量、船舶过闸调度、翻坝转运等特殊规定。9月6日，交通部发布第36号公告，公告在长江三峡船闸完建施工期，南线船闸停止运行，北线船闸实施单线运行。9月16日，中国海事局在湖北宜昌召开"三峡水库156米蓄水及三峡船闸完建期水上交通安全管理协调会议"，中国长江三峡工程开发总公司，上海、江苏、长江、宜昌、三峡海事局及湖北省、四川省、重庆省市地方海事局等单位代表参加会议。会议要求各单位按照交通部部长李盛霖"早作打算、早做准备、早抓落实"的指示精神和副部长徐祖远"安全、有序、高效"的总体要求，做好三峡水库156米蓄水及三峡船闸完建期的水上交通安全保障工作；决定由中国海事局牵头成立"三峡水库156米蓄水及三峡船闸完建期水上交通安全保障协调领导小组"，进行动态跟踪、信息沟通、协调及反馈，根据坝区船舶积压情况及时启动应急反应机制，成员为上海、江苏、长江海事局及湖北省、四川省、重庆市地方海事局，在长江海事局设办公室负责日常工作。会议要求沿江各级海事机构做好宣传和船舶签证源头管理工作，在启动应急联动机制时，或实施过闸船舶分段签证管理，或采取暂缓签证措施，并在洪水期做好过闸船舶吃水控制工作。9月20日，交通部发布第37号公告，公告三峡水库156米蓄水情况。

图6-4-7　2006年8月10日，"三峡水库156米蓄水宜昌海事局百日会战誓师大会"在三峡库区巴东召开

图6-4-8　2006年10月27日，三峡水库实现156米蓄水目标，宜昌海事局圆满完成三峡水库156米蓄水安全管理任务

2007年1月18日，中国海事局函复长江航务管理局，同意在三峡水库蓄水156米后，将《长江上游南津关至羊角滩控制河段安全管理规定》中有关黄草峡河段控制航行规定，由原按当地水位9米进行

控制的条件调整为按时段进行单向航行控制。三峡水库156米蓄水后，库区水域大风、大浪、浓雾、山体滑坡等现象频繁出现，船舶流量和会遇概率增大。为此，2007年5月21日，中国海事局印发《关于加强三峡库区水上交通安全工作的通知》，要求重庆市、湖北省、四川省地方海事局和长江海事局研究制定三峡库区气象变化对通航环境影响的应对措施；建立通航信息通报制度；抓紧修订蓄水后相应的通航限制规定，完善三峡库区定线制规定；加大现场巡航和船舶安全检查力度；高度关注山体滑坡对通航环境的影响；做好库区船员掌握库区通航环境和航法的培训工作、搜救应急处置工作、事故调查处理工作等。

1998—2007年长江三峡水利枢纽工程水域通航管理规定施行情况一览　　表6-4-2

通航管理规范性文件及规章名称	适用范围	适用时段	适用说明
《长江三峡水利枢纽一期工程施工期水上交通安全管理规定》(文件)	长江莲沱至庙河水域(长江上游航道里程31.5公里至62.5公里，葛洲坝至三峡大坝之间31公里)	三峡水利枢纽施工准备期和一期工程施工期，至主河道截流前断航时止(1994年1月至1998年6月)	长江主河道保持天然形态下正常通航时，对船舶航行、停泊、作业要求
《三峡工程二期通航管理办法》及其修订本(文件)	长江中水门至庙河水域(长江上游航道里程3.5公里至62.5公里，葛洲坝以下至三峡大坝以上之间59公里)	三峡水利枢纽二期工程施工期，至三峡工程永久船闸通航止(1998年6月至2003年5月)	三峡工程明渠和临时船闸通航时，对船舶航行、停泊、作业提出要求
《三峡坝区碍断航期通航管理办法》(文件)	长江莲沱至庙河水域	三峡工程导流明渠垫底加糙施工开始，至三峡工程永久船闸通航止(2002年10月至2003年5月)	导流明渠垫底加糙施工期控制通航、截流停航，临时船闸封堵3个时段，对船舶航行、停泊、作业及翻坝转运提出要求
《三峡工程围堰发电期通航管理办法》(文件)	长江中水门至庙河水域	三峡水库蓄水135米水位，至蓄水156米水位期间(2003年5月至2006年10月)	三峡工程永久船闸通航后在围堰发电期，对船舶航行、停泊、作业提出要求
《三峡工程初期运行期通航管理办法》(文件)	长江中水门至庙河水域	三峡水库蓄水156米水位至蓄水175米水位期间(自2006年10月起)	三峡水库蓄水156米后，三峡工程永久船闸完建施工、水库水位运行方式和船闸运行方式发生很大变化情况下，对船舶航行、停泊、作业及翻坝转运提出要求
《长江上游南津关至羊角滩控制河段安全管理规定》(文件)	长江南津关至羊角滩水域(长江上游航道里程11.2公里至660公里，葛洲坝以下至三峡大坝以上648.8公里)	自1996年10月1日起施行，修订后自2000年7月1日起施行	针对长江上游(川江)控制河段特点，对船舶航行、停泊、作业提出要求
《长江上游庙河至丰都河段通航安全管理办法》(文件)	长江庙河至丰都水域(三峡大坝以上长江上游航道里程62.5公里至488公里)	自2003年5月25日起施行，至三峡水库2006年蓄水156米水位期间	三峡水库蓄水及围堰发电期对长江上游船舶航行、停泊、作业提出要求

续上表

通航管理规范性文件及规章名称	适用范围	适用时段	适用说明
《长江三峡水利枢纽水上交通管制区域通航安全管理办法》(交通部令)	长江乐天溪至曲溪水域(长江上游航道里程37公里至57.5公里，三峡大坝上下游之间20.5公里)	自2003年6月15日起施行	属部门规章，在划定的禁航区和交通管制区对船舶航行、停泊、作业作出规定
《长江三峡库区船舶定线制规定(试行)》(文件)	三峡大坝以上长江上游禁航线(不包括上游引航道)至忠县长江大桥(长江上游航道里程418.8公里)水域	三峡水库围堰发电期(135米水位运行区，2003年10月1日至2005年12月1日)	船舶在三峡库区实行分道航行制度，并先在长江上游禁航线至鳊鱼溪水域施行，自2004年1月1日扩展至忠县长江大桥水域
《长江三峡库区船舶定线制规定(2005)》(文件)	三峡大坝以上长江上游禁航线(不含上游引航道)至佛面滩(长江上游航道里程488公里)水域	三峡水库围堰发电期、初期运行期(自2005年12月1日起施行)	扩大船舶在三峡库区实行分道航行制度的水域范围和时段，并对部分分道航行规则进行了修订

至2007年底，长江三峡水利枢纽工程在经历大江截流及导流明渠截流，临时船闸及永久船闸开通，不同蓄水水位运行，碍断航及三峡船闸完建期等复杂多变通航形势的过程中，保持了水域交通安全形势稳定。

〖电煤运输通航保障〗

2004年入夏后，华南、华东地区全面出现电力紧张局面。为做好电力迎峰度夏工作，根据国务院的统一部署，交通部组织开展了为期一个多月的电厂用煤抢运工作。

中国海事局将“迎峰度夏，抢运电煤”工作作为重中之重，于7月20日印发《关于确保电煤运输的通知》，提出为电煤运输创造安全、便捷、畅通运输环境的安全保障措施。通知明确准予运煤船舶优先办理进出港口手续，提高其运行效率；对运煤船舶实施现场监督检查，要避免影响船舶的正常营运；加强现场巡航、安全监管和信息服务，充分发挥船舶交通管理系统组织交通的功能，确保辖区水域安全畅通，优先安排运煤船舶使用进出港航道；如运煤船舶发生事故，海事调查取证等工作要尽量避免影响船期。8月20日，中国海事局再次印发通知，传达交通部领导对直属海事系统保障电煤运输安全的批示，要求各直属海事局继续巩固成绩，总结经验，把好的做法固定下来，统筹抓好辖区水上交通安全监督和通航效率，完善应急预案，解决好电煤运输和监督管理中出现的突发性问题。

图6-4-9　在2004年“迎峰度夏，抢运电煤”活动中，河北海事局执法人员加强秦皇岛港港区巡逻，保障电煤运输船舶通航安全畅通

图6-4-10　在2004年“迎峰度夏，抢运电煤”活动中，宁波海事局建立了电煤运输船舶进出港签证“绿色通道”

至8月底，在为期一个多月的“迎峰度夏，抢运电煤”工作中，直属海事系统，特别是电煤运输重点区域的辽宁、河北、天津、山东、江苏、上海、长江、广东海事局在依法增运的原则下，把工作重点放在简化行政手续、提供便捷服务、保障船舶安全、提高营运效率上，采取整顿通航水域秩序、合理安排船舶交通流、提高航道使用率、保障航标助航效能、提供及时的安全信息、及时处置突发险情等措施，与船方、港口等加强工作配合，建立了电煤运输船舶安全检查、签证、靠泊、通航的“绿色通道”。期间，直属海事系统共投入巡逻船艇16300余艘次，动用执法力量65000余人次，保障6090余万吨电煤、19060余艘次电煤船舶的安全营运，未发生一起运煤船舶因海事监管过失而导致的责任事故和压船压港事件。

2005年至2007年，中国海事局针对每年夏季用电高峰，提前作出部署，提出要求，保障迎峰度夏，电煤运输船舶的通航安全。

第七章　船舶监督管理

简　　述

船舶监督管理，主要包括船舶登记、船舶进出口岸管理与签证管理、船舶安全检查与日常监督管理等。

中国海事局成立初期，通过完善、理顺内部管理机制，加大船舶开航前检查和安全检查力度，使船舶监督管理工作基本达到了规范检查、严格执法、保障安全的目的。其中突出的成绩是2000年实现了中国籍船舶全面脱离世界主要港口国监督检查“黑名单”的目标，扭转了在国外滞留率高的被动局面。此外，中国海事局组织海事系统参加交通部开展的水上安全专项整治和“水上运输安全管理年”活动，在1999年小型船舶安全管理联合检查行动、2000年水上统一执法行动、乡镇客渡船大检查、客滚船等重点船舶集中专项检查中，充分发挥船舶安全检查的功能与作用。2001年5月，中国海事局发布施行《重点跟踪船舶监督检查管理规定》，对“重点跟踪船舶”实施严格的船舶安全检查。

图7-0-1　2001年6月21日，全国船舶监督管理工作会议在上海召开

2001年6月21日，中国海事局在上海召开建局以来第一次全国船舶监督管理工作会议。会议总结了近两年来在船舶监督管理工作上取得的成绩，分析了在国内船舶安全检查、船舶监督管理协调、船舶签证、船舶登记、小型船舶管理等方面存在的问题和原因，提出了今后船舶监督管理工作的总体思路：要求加强船舶安全检查队伍建设，落实安全检查和降低滞留率目标责任制，推行现场监督目标管理制度，解决国内船舶安全检查数量、质量、检查力度等方面发展不平衡的问题；规范船舶登记、签证行为，重新进行船舶登记授权，提高签证把关作用，探索加强小型船舶管理措施；建立船舶监督管理协调机制，加强对重点运输船舶的监督管理力度等。此次会议之后，中国海事局对直属和地方船舶登记机关进行了清理整顿并重新授权，开展了船舶登记大检查活动，落实三级审批船舶登记工作程序，发布《船舶登记档案管理规定》；在全面加大船舶安全检查力度的同时，中国海事局结合“水上运输安全管理年”中开展的船舶专项整顿活动，于2001年开展船员实际操作和安全知识检查，2002年开展港口国监督集中检查会战和液货船专项检查，2003年采用下达船舶安全检查指标的方式，开始对各直属海事局年度船舶安全检查工作进行指标考核管理；为进一步解决船舶监督管理中的难点、热点问题，2002年发布实施《中华人民共和国小型船舶安全检查规定》和《海上滚装船舶安全监督管理规定》；为提高船舶监督管理人员专业技术水平，中国海事局组织了一系列业务培训和研讨交流活动，并于2002年4月发布《中华人民共和国海事局船舶安全检查员管理规定》和《船舶安全检查员培训大纲(试行)》，完善了船舶安全检查员培训、考核、管理制

度。至2002年底，中国海事局理顺了船舶监督管理工作关系，基本完成了由港区水域管理扩大到辖区水域管理，实现了由原来侧重具体管理到宏观管理、综合管理、业务管理、现场监督多层次职责清晰的管理模式的转变。

2003年4月16至17日，中国海事局在青岛召开全国海事系统船舶管理工作会议，着重就船舶监督管理中，对建立长效管理机制与专项整治相结合、实现重点跟踪船舶监督检查与信誉管理相结合、加强船舶安全检查任务指标考核管理、继续降低船舶在国外的滞留率、加大船舶现场监督力度、落实船舶登记工作程序、推进船舶监督管理信息化和实施电子签证等工作提出了具体要求。会后，至2005年上半年，中国海事局相继启动安全诚信船舶和安全诚信船长的评选工作，修订了重点跟踪船舶监督检查管理规定；开展直属海事系统船舶登记工作整顿和地方内河船舶登记工作大检查活动，发布实施《船舶登记工作规程》，建立海上运输船舶登记报备制度，颁布实施《船舶登记监督管理办法》；启动长江三角洲船舶电子签证“一卡通”工程试点工作；完善船舶开航前检查制度，建立船舶安全检查的船舶滞留专家复审制度，采用加权方法考核船舶安全检查年度任务指标完成情况；贯彻实施交通部发布的《船舶保安规则》和《中华人民共和国船舶最低安全配员规则》。2005年9月13日至14日，中国海事局在重庆召开直属海事系统船舶监督管理工作会议。此次会议以港口国监督检查为主要内容，提出从职能配置、内部业务管理关系调整入手，进一步完善工作机制，以建立政令统一、运转协调、科学高效、符合新形势要求的港口国监督管理机制。会后，中国海事局印发《关于进一步加强港口国监督工作的指导意见》，要求各直属海事局做好港口国监督职能设置和人力资源配置。2006年2月，交通部颁布经修订的《中华人民共和国高速客船安全管理规则》；11月，中国海事局印发《关于加强海事系统口岸管理工作的意见》，进一步明确了海事机构在口岸管理中的职权；12月，中国海事局发布《小型船舶船名标志管理暂行办法》，规范了小型船舶船名、船籍港标志的管理；同年，船舶电子签证“一卡通”工程在直属海事系统转入全面推广阶段，次年在水网地区整体推进。2007年，交通部颁布经修订的《船舶保安规则》和《船舶签证管理规则》。

2007年9月27日，中国海事局在南京召开的全国海事系统船舶监督工作会议上，提出不断提高监管效能，努力服务经济发展，力争使船舶监督管理工作率先达到中等发达国家水平的工作目标，要求系统研究完善船舶监督管理制度，逐步建立以船籍港源头管理为基础，现场综合监管为支撑的船舶监督管理新模式；全面推进船舶监督工作规范化、法制化，在船舶安全检查和船舶登记工作中推行质量管理体系；充分发挥船舶安全检查在现场监督中的突出作用，探索现场综合执法检查做法，并有重点地开展多种形式的专项检查活动，严厉打击低标准船；加快船舶监督管理信息化建设，做好船舶动态管理系统、船舶登记系统和船舶电子签证的推广应用工作，开发国内船舶进港远程报告签证系统；不断提高船舶监督队伍履行国际公约的能力和依法行政的执行力。

截至2007年底，中国有正式登记船舶23.6万艘，约7120万总吨，进入全国统一船舶登记数据库的165769艘，70548362总吨，其中海船19288艘，37032153总吨，内河船146481艘，33516209总吨；船舶电子签证“一卡通”工程已推广到所有直属海事局和沿长江各有关地方海事局，涉及152个船舶登记机关和784个船舶签证站点，共制发船舶IC卡11万张，达到了对船舶集中控制、智能管理、全程监督的要求；中国船旗连续7年被东京备忘录组织评估为“白名单”成员，连续8年被巴黎备忘录组织评估为“白名单”成员，连续5年获得美国海岸警卫队“优质船旗国”称号。2007年全国海事系统共实施沿海及内河船舶安全检查88451艘次，滞留船舶2932艘次，同比1998年分别增长62%、1511%；实施港口国监督检查4151艘次，发现并纠正缺陷29944项，滞留外国籍船舶465艘次，同比1998年分别增长237%、704%、481%。

第一节　船舶登记

【船舶登记授权】

船舶登记是一艘船舶为取得一国国籍和悬挂该国国旗航行的权利，以及取得船舶所有权、抵押权、光船租赁权的对抗效力而需要办理的法律手续。船舶的登记国即船旗国。1960 年，交通部颁布实施《船舶登记章程》。1986 年，交通部对该章程进行了修订，颁布《中华人民共和国海船登记规则》，《船舶登记章程》对海船作废，但仍适用于内河船舶。1994 年 6 月 2 日，国务院颁布《中华人民共和国船舶登记条例》，自 1995 年 1 月 1 日起施行，同时废止《船舶登记章程》和《中华人民共和国海船登记规则》。

《船舶登记条例》规定中华人民共和国港务监督局是船舶登记主管机关，各港务监督机构是船舶登记机关，其管辖范围由中华人民共和国港务监督局确定。为正确理解和执行《船舶登记条例》，中华人民共和国港务监督局于 1994 年 12 月 17 日颁布《〈中华人民共和国船舶登记条例〉若干问题说明》，对 38 个相关问题作出说明。中国海事局成立后，根据船舶登记工作遇到的新情况，于 1998 年 11 月 23 日颁布《〈中华人民共和国船舶登记条例〉补充说明》，对船名确定、船舶价值、船舶所有权认定、船舶抵押、注销和重新登记、临时船舶国籍证书、船舶登记与检验的关系、船舶呼号与尺度填写作补充说明；于 2004 年 10 月 28 日颁布《〈中华人民共和国船舶登记条例〉实施若干问题说明》，对该条例 36 个相关问题作出说明，同时废止 1994 年颁布的《〈中华人民共和国船舶登记条例〉若干问题说明》。

1998 年 12 月 16 日，中国海事局批复深圳水上安全监督局，同意深圳市明思克投资发展有限公司购买的报废“明思克”号航空母舰经修整后改变用途为旅游设施，固定在深圳盐田大梅沙海域，由深圳水上安全监督局办理船舶所有权登记。

2000 年 7 月 18 日，中国海事局批复山东省港航监督局，同意临沂市港航监督对其辖区内国内航区内河船舶开展登记工作。

2001 年 3 月 21 日，中国海事局批复长江海事局，同意该局船舶登记机关“宜昌长江港航监督局三峡站”更名为“三峡长江港航监督处”。

2001 年，中国海事局决定根据水上安全监督管理体制改革进展情况，对实施船舶登记工作的海事机构（简称船舶登记机关）进行调整和重新授权。首先于 2001 年 3 月，在全国开展船舶登记数据统计整理工作，以摸清船舶登记的实际情况。其后分别在 4 月、5 月要求各直属海事局和各省（自治区、直辖市）交通厅（局、委、办）提交各自辖区内的船舶登记机关登记工作授权方案。

2001 年 6 月 28 日，中国海事局印发通知，授权首批直属海事局及其分支机构在各自辖区范围内开展船舶登记工作，并公布了 92 个船舶登记机关的名称、登记号和登记船舶范围，以及船舶登记专用章样式和船舶登记号的组成含义。该通知明确各直属海事局负责各自辖区内船舶登记的管理工作，指导和监督检查所属各单位的船舶登记工作，组织有关船舶登记的培训工作；各直属海事局的分支机构根据授权，负责船舶登记的具体工作；各直属海事局的派出机构为国内船舶登记的受理机关，负责接受船舶登记的申请工作，不从事具体的船舶登记工作；各直属海事局可在授权范围内对船舶登记机关进行调整并报中国海事局备案。该通知要求各船舶登记机关建立初审、复审和审批三级审批制度。9 月 24 日，中国海事局印发通知，规定各地方海事机构自 10 月 10 日起停止办理国际航行船舶及海船登记，并在 12 月 31 日前将已登记的国际航行船舶和海船的登记档案及登记工作就近移交给具有该类船舶登记资格的直属海事局船舶登记机关。

2002年9月24日，中国海事局印发通知，授权216个地方海事机构在各自辖区范围内开展内河船舶登记工作，并公布了各船舶登记机关的名称、登记号及登记船舶范围。该通知明确各省(自治区、直辖市)地方海事局负责各自辖区内船舶登记的管理工作，指导和监督检查所属各单位开展船舶登记工作，组织有关船舶登记的培训工作；各地市级海事局根据授权负责船舶登记的具体工作；各地市级地方海事局的下属机构是国内船舶登记的受理机关，负责接受船舶登记的申请工作，不负责船舶登记的审核、批准和登记工作；获得授权的船舶登记机关未经中国海事局批准不得向其下属机构授权船舶登记工作；船舶登记机关和受理机关不得超出职权范围开展工作。该通知规定，自10月15日起，各海事机构正式启用新版内河船舶登记证书(所有权证书、国籍证书、抵押权登记证书、光船租赁登记证明书、登记注销证明书、废钢船登记证书)和新的船舶登记专用章，并以新授权的船舶登记机关名称开展工作。12月2日，中国海事局印发通知，增加授权12个船舶登记机关开展国内航行内河船舶登记工作，并变更16个地方海事机构船舶登记机关的名称。

经过调整和重新授权，2002年直属及地方船舶登记机关的数量为原有船舶登记机关总数的20%。在此之后的几年中，中国海事局继续根据实际工作需要对船舶登记机关进行了几次调整和增补。截至2007年底，在直属海事系统设有船舶登记机关106个，在地方海事系统设有船舶登记机关245个(分别见表7-1-1、表7-1-2)。

2007年底直属海事系统船舶登记机关一览　　表7-1-1

船舶登记机关名称	登记号	授权时间	登记船舶范围
上海海事局	0100	2001年6月28日	国际航行船舶及国内航行船舶
天津海事局	0200	2001年6月28日	国际航行船舶及国内航行船舶
辽宁海事局	0300	2001年6月28日	国际航行船舶
大连海事局	0301	2001年6月28日	国内航行船舶并受理国际船舶登记
丹东、锦州、葫芦岛海事局	0302—0304	2001年6月28日	国内航行船舶
河北海事局	0400	2001年6月28日	国际航行船舶
秦皇岛海事局	0401	2001年6月28日	国内航行船舶并受理国际船舶登记
黄骅、唐山海事局	0402、0403	2001年6月28日	国内海船
山东海事局	0500	2001年6月28日	国际航行船舶
青岛海事局	0501	2001年6月28日	国内航行船舶并受理国际船舶登记
济南、威海、日照海事局	0502—0504	2001年6月28日	国内航行船舶
江苏海事局	0600	2001年6月28日	国际航行船舶
南京、张家港、南通、镇江、江阴海事局	0601—0604 0606	2001年6月28日	国内航行船舶并受理国际船舶登记
扬州海事局、	0607	2001年6月28日	国内航行船舶
江苏常州、泰州、常熟、太仓海事处	0608—0611	2001年12月13日	国内内河船舶
浙江海事局	0700	2001年6月28日	国际航行船舶
宁波、嘉兴、舟山、温州、台州海事局	0701—0705	2001年6月28日	国内航行船舶并受理国际船舶登记
浙江上虞海事处	0706	2001年12月13日	国内海船
福建海事局	0800	2001年6月28日	国际航行船舶
福州、宁德、泉州海事局	0801、0802、0804	2001年6月28日	国内航行船舶并受理国际船舶登记
莆田海事局	0803	2001年6月28日	国内航行船舶
广东海事局	0900	2001年6月28日	国际航行船舶

续上表

船舶登记机关名称	登记号	授权时间	登记船舶范围
广州、珠海海事局	0901、0903	2001年6月28日	国内航行船舶及港澳航线船舶并受理国际船舶登记
东莞、惠州、汕尾、江门、阳江、中山、佛山、肇庆、云浮、清远、韶关、茂名、潮州、揭阳海事局	0902、0904 0906—0914 0916—0918	2001年6月28日	国内航行船舶及港澳航线船舶
河源、梅州海事局	0905、0915	2001年6月28日	国内内河船舶
广西海事局	1000	2001年6月28日	国际航行船舶
南宁、柳州、贵港、梧州海事局	1001、1005、1008、1009	2001年6月28日	国内航行船舶及港澳航线船舶
北海、防城港、钦州海事局	1002—1004	2001年6月28日	国内航行船舶及港澳航线船舶并受理国际船舶登记
河池、桂林海事局	1006、1007	2001年6月28日	国内内河船舶
广西百色海事处	1010	2004年6月30日	国内内河船舶
海南海事局	1100	2001年6月28日	国际航行船舶
海口、清澜、三亚、八所、洋浦海事局	1101—1105	2001年6月28日	国内航行船舶
长江海事局	1200	2001年6月28日	国际航行船舶
重庆海事局，重庆万州海事处，宜昌、九江海事局	1201、1203、1205、1210	2001年6月28日	国内内河船舶
重庆江津、涪陵、奉节、巫山海事处，荆州、岳阳、黄石、安庆海事局	1202、1204、1213、1214 1206、1207、1209、1211	2003年4月3日	国内内河船舶
武汉、芜湖海事局	1208、1212	2001年6月28日	国内航行船舶并受理国际船舶登记
黑龙江海事局	1300	2001年6月28日	国际航行船舶
哈尔滨、齐齐哈尔、牡丹江海事局	1301、1304、1305	2001年6月28日	国内内河船舶
佳木斯、黑河海事局	1302、1303	2001年6月28日	国内内河船舶并受理国际船舶登记
深圳海事局	1400	2001年6月28日	国际航行船舶及国内航行船舶
营口海事局	1500	2001年6月28日	国际航行船舶及国内航行船舶
盘锦海事局	1501	2001年6月28日	辖区封闭水域内船舶并受理辖区内国内船舶的登记申请
烟台海事局	1600	2001年6月28日	国际航行船舶及国内航行船舶
连云港海事局	1700	2001年6月28日	国际航行船舶及国内海船
盐城海事局	1701	2001年6月28日	国内航行船舶
厦门海事局	1800	2001年6月28日	国际航行船舶及国内航行船舶
漳州海事局	1801	2001年6月28日	国内航行船舶
汕头海事局	1900	2001年6月28日	国际航行船舶及国内航行船舶
湛江海事局	2000	2001年6月28日	国际航行船舶及国内航行船舶

说明：① 2001年6月28日，广州海事局的登记船舶范围为“国内航行船舶”；同年9月20日，调整为“国内航行船舶及港澳航线船舶”。

② 2001年12月13日，同意台州海事局受理国际航行船舶登记的申请工作。

③ 2002年12月2日，将2001年6月28日获授权的万州海事局更名为重庆万州海事处。

2007年底地方海事系统船舶登记机关一览　　表7-1-2

船舶登记机关名称	登记号	授权时间
北京市地方海事局	0000	2002年9月24日
吉林省长春市、吉林市、四平市、辽源市、通化市、白山市、白城市、松原市，延边朝鲜族自治州地方海事局	2101—2109	2002年9月24日
辽宁省沈阳市、鞍山市、抚顺市、本溪市、阜新市、辽阳市、铁岭市、朝阳市地方海事局	2201—2208	2002年9月24日
河北省承德市、张家口市、保定市、石家庄市、邢台市、邯郸市、衡水市、沧州市地方海事局	2301—2308	2002年9月24日
河北省唐山市地方海事局	2309	2002年12月2日
天津市地方海事局	2400	2002年9月24日
河南省周口市、信阳市、开封市、洛阳市、三门峡市、濮阳市、济源市、驻马店市、商丘市、焦作市、安阳市、南阳市、漯河市、郑州市、平顶山市、新乡市地方海事局	2501—2516	2002年9月24日
山东省济南市、济宁市、枣庄市、泰安市、菏泽市、德州市、临沂市、淄博市、莱芜市地方海事局	2601—2609	2002年9月24日
山东省聊城市地方海事局	2610	2003年4月3日
江苏省南京市、镇江市、扬州市、苏州市、无锡市、常州市、徐州市、淮安市、盐城市、连云港市、南通市、泰州市、宿迁市地方海事局	2701—2713	2002年9月24日
安徽省合肥市、阜阳市、亳州市、宿州市、淮北市、蚌埠市、淮南市、六安市、巢湖市、滁州市、马鞍山市、宣城市、池州市、黄山市、芜湖市、安庆市、铜陵市地方海事局	2801—2817	2002年9月24日
上海市地方海事局	2900	2002年9月24日
浙江省杭州市、嘉兴市、湖州市、金华市、丽水市、衢州市、绍兴市地方海事局	3001—3007	2002年9月24日
内蒙古自治区呼伦贝尔市(原呼伦贝尔盟)、兴安盟、通辽市、赤峰市、呼和浩特市、包头市、巴彦淖尔市(原巴彦淖尔盟)、鄂尔多斯市(原伊克昭盟)、乌海市、阿拉善盟地方海事局	3101—3110	2002年9月24日
内蒙古自治区乌兰察布市地方海事局	3111	2004年5月12日
山西省太原市、忻州市、吕梁市(原吕梁地区)、临汾市、运城市地方海事局	3201—3205	2002年9月24日
湖北省宜昌市、荆州市、武汉市、黄冈市、咸宁市、恩施土家族苗族自治州、十堰市、襄樊市、荆门市、孝感市、随州市、天门市、潜江市、仙桃市、鄂州市、黄石市地方海事局	3301—3316	2002年9月24日
湖南省长沙市地方海事局	3402	2002年12月2日
湖南省湘潭市、株洲市、衡阳市、常德市、邵阳市、张家界市、益阳市、怀化市、湘西土家族苗族自治州、永州市、娄底市、郴州市地方海事局	3403—3414	2002年9月24日
湖南省岳阳市地方海事局	3415	2002年12月2日
江西省赣州市、吉安市、九江市、抚州市、景德镇市、鹰潭市、宜春市、南昌市、上饶市、萍乡市、新余市地方海事局	3501—3511	2002年9月24日
陕西省安康市、汉中市、榆林市、渭南市、延安市、商洛市、西安市、咸阳市、宝鸡市、铜川市地方海事局	3601—3610	2002年9月24日

续上表

船舶登记机关名称	登记号	授权时间
宁夏回族自治区银川市、石嘴山市、吴忠市地方海事局	3701—3703	2002 年 9 月 24 日
青海省地方海事局	3800	2002 年 9 月 24 日
四川省成都市、德阳市、眉山市、巴中市、攀枝花市、遂宁市、绵阳市、凉山彝族自治州、广安市、南充市、泸州市、达州市、宜宾市、广元市、乐山市、内江市、雅安市、资阳市、自贡市、甘孜藏族自治州、阿坝藏族羌族自治州地方海事局	3901—3921	2002 年 9 月 24 日
重庆市地方海事局，重庆市万州区、涪陵区地方海事局，重庆市巫山县、奉节县、云阳县、忠县、丰都县、江津区、永川区、彭水苗族土家族自治县、合川区地方海事处	4000—4011	2003 年 6 月 16 日
贵州省贵阳市、遵义市、黔东南苗族侗族自治州、铜仁地区、毕节地区、黔西南布依族苗族自治州、六盘水市、黔南布依族苗族自治州、安顺市地方海事局	4101—4109	2002 年 9 月 24 日
云南省昆明市、玉溪市、昭通市(原昭通地区)、曲靖市、临沧市(原临沧地区)、丽江市(原丽江地区)、保山市(原保山地区)、德宏傣族景颇族自治州地方海事局	4201—4203 4205—4209	2002 年 9 月 24 日
中华人民共和国思茅海事局、西双版纳海事局	4210、4211	2002 年 9 月 24 日
云南省迪庆藏族自治州、怒江傈僳族自治州、大理白族自治州、普洱市(原思茅地区)、西双版纳傣族自治州地方海事局	4204、 4212—4215	2002 年 12 月 2 日
云南省红河哈尼族彝族自治州、楚雄彝族自治州、文山壮族苗族自治州地方海事局	4216—4218	2003 年 4 月 3 日
新疆维吾尔自治区乌鲁木齐市、昌吉回族自治州、石河子市、博乐市、伊宁市、阿勒泰地区、库尔勒市、阿克苏地区地方海事局	4301—4308	2002 年 9 月 24 日
福建省地方海事局，福建省福州市、莆田市、泉州市、漳州市、宁德市、南平市、三明市、龙岩市地方海事局	4400—4408	2002 年 9 月 24 日
甘肃省地方海事局	4500	2002 年 9 月 24 日
甘肃省陇南市(原陇南地区)、临夏回族自治州、兰州市、白银市地方海事局	4501—4504	2002 年 12 月 2 日

说明：①除思茅海事局、西双版纳海事局的船舶登记范围为国际国内航行内河船舶外，其他地方海事机构的船舶登记范围均为国内航行内河船舶。

② 北京市、德宏傣族景颇族自治州地方海事局于 2002 年 9 月 24 日被授权时，名称分别为北京市地方海事办公室、云南省瑞丽市港航监督，2003 年 12 月 12 日、2002 年 12 月 2 日分别更名或调整。

③ 部分船舶登记机关在被授权时的机构名称尚未由“港航监督(局、处、所)”变更为“海事局(处)”，但规定在船舶登记工作中使用的证书、文书和印章都应使用相关“海事局(处)”的名称。至 2007 年底，绝大部分船舶登记机关已更名为“海事局(处)”，部分行政区划还发生了变更。

2006 年 3 月 9 日，中国海事局函复北京第 29 届奥林匹克运动会组委会，指定青岛海事局为北京奥组委所属奥帆赛工作用船艇的登记机关。

图 7-1-1　2007 年 6 月 30 日，青岛海事局执法人员受理北京奥运会帆船比赛第一批共计 38 艘工作用船艇的登记申请

2007 年，为促进中国航运业发展，扩大国轮船队，国务院批准采取特案免税政策，鼓励中资外国籍国际航运船舶转为中华人民共和国国籍，悬挂中华人民共和国国旗航行。6 月 12 日，交通部发布《关于实施中资国际航运船舶特案免税登记政策的公告》。公告明确，在 2007 年 7 月 1 日至 2009 年 6 月 30 日期间报关进口、办理船舶登记的中资船舶，若在 2005 年 12 月 31 日以前已经在境外登记且符合一定船龄条件，免征关税和进口环节增值税。公告还规定了船舶办理特案免税登记的程序，指定上海、天津、大连为特案免税登记船籍港。2007 年 7 月 9 日，中国海事局发文明确了办理中资国际

航运船舶特案免税登记的3个船舶登记机关及其受理范围。2007年底，中国首批25艘、102万载重吨的特案免税船舶通过财政部审批。

2007年办理中资国际航运船舶特案免税登记的船舶登记机关一览　　表7-1-3

船舶登记机关	船籍港	船舶所有人住所或主要营业所所在地
上海海事局	上海	沿长江各省(直辖市)及以南地区
天津海事局	天津	北京市、天津市、河北省、山东省及以西地区
辽宁海事局	大连	辽宁省及以北地区

【船舶登记监督管理】

中国海事局成立后，依据有关船舶登记法规和1996年11月发布的《船舶登记监督管理办法(试行)》，对船舶登记证书版式、船舶名称、船舶登记机关及其登记行为进行统一规范，对船舶登记工作和中国籍船舶登记情况实施监督检查。

为适应水上安全监督管理体制改革后工作的需要，中国海事局于2000年1月27日印发通知，决定自2000年7月1日起启用新版船舶登记证书(简称00版登记证书)，2000年6月30日以前签发的且有效期不超过2001年12月31日的证书可继续使用至有效期届满，2001年12月31日前完成所有新旧证书换发工作。00版登记证书包括《船舶所有权登记证书》、《船舶国籍证书》、《船舶抵押权登记证书》、《光船租赁登记证明书》、《船舶登记注销证明书》、《废钢船登记证书》。考虑到部分海事机构启用00版登记证书准备时间不足等问题，中国海事局于2000年5月29日对证书启用换发时间安排进行调整：启用00版登记证书的日期由2000年7月1日推迟至10月1日；2000年9月30日以前签发的国际航行船舶旧版证书，维持在2001年12月31日前换发00版登记证书不变；2000年9月30日以前签发的国内航行船舶旧版证书，可继续使用到有效期届满，但有效期超过2003年9月30日的，一律在该日期前换发00版登记证书。2001年9月11日，中国海事局印发通知，规定自2002年1月1日起，各直属海事局不再签发旧版国际航行船舶及海船登记证书，同时正式启用新版国际航行船舶及海船登记证书；原国际航行船舶和海船的《船舶国籍证书》的有效期，可再次签注延期但不超过2002年6月30日；内河船舶登记仍使用旧版证书。该通知决定启用船舶初次登记号码，船舶初次登记号码为船舶第一次办理登记时所核发的《船舶国籍证书》上的登记号码，确定后不再变化。2002年9月24日，中国海事局规定自2002年10月15日起，各海事机构正式启用00版内河船舶登记证书，并于2003年6月30日前完成所有内河船舶各种登记证书的换发工作。2005年，中国海事局对船舶登记证书的栏目和内容进行了修改，并于12月2日印发通知，决定自2006年3月1日起启用采用高级防伪技术和材料制作的新版《船舶所有权登记证书》和《船舶国籍证书》(简称05版登记证书)，相应的00版登记证书于2006年9月1日起停止签发使用。2006年4月28日，中国海事局印发通知，决定自7月1日起启用新版《光船租赁登记证明书》、《船舶抵押权登记证书》、《船舶登记注销证明书》及《废钢船登记证书》，相应的00版登记证书自2007年1月1日起停止签发使用。

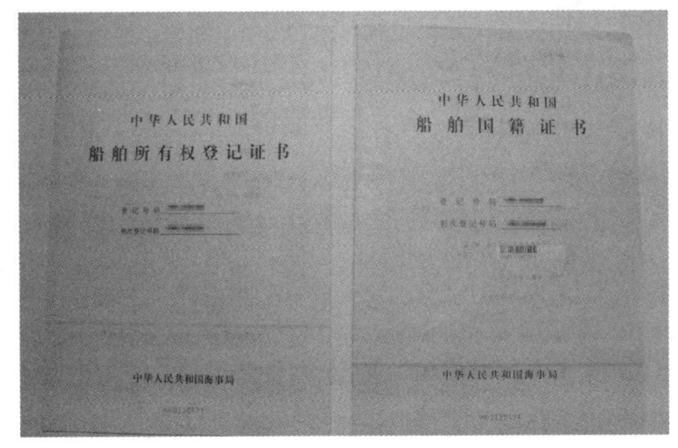

图7-1-2　2006年3月1日，2005版《船舶所有权登记证书》和《船舶国籍证书》启用

2000 年 4 月 28 日，中国海事局印发通知，规定未经中国海事局特别批准，各类船舶一律不得使用带有“监”、“督”字样名称。8 月 1 日，为规范船舶名称，充分利用船名资源，保护有关当事方的合法权益，中国海事局发布实施《船舶名称管理办法》。该办法经修改后，于 2004 年 10 月 28 日重新发布。《船舶名称管理办法》明确了船名的组成、船名不得使用的文字，对船名的申请及使用作出规定。一艘船舶只准使用一个船名，船名不得与登记在先的船舶重名或重音。船名由汉字(其英文译文为汉语拼音)或汉字并阿拉伯数字组成，其中汉字不得少于 2 个。船名字符数最多不超过 14 个，最少不少于 4 个(每个汉字计为 2 个字符，每个阿拉伯数字计为 1 个字符)。

2000 年 8 月 1 日，中国海事局发布实施《船舶登记工作程序》。在《船舶登记工作程序》的基础上，中国海事局于 2003 年 7 月 3 日发布《船舶登记工作规程》，自同年 9 月 1 日起施行，《船舶登记工作程序》同时作废。《船舶登记工作规程》对船名审核工作程序，船舶登记工作程序，单证审核、填写及证书制作，空白证书及印章管理，档案管理，船舶登记簿管理等作出详细规定。2004 年 8 月 9 日，中国海事局发文对《船舶登记工作规程》中部分内容进行了修改，同时将附录中的《船舶登记种类对照表》改为《船舶种类字典》。《船舶种类字典》明确了 7 大类 68 种船舶代码和中、英文名称。

2001 年 7 月 3 日，为规范船舶登记档案管理工作，有效地保护和利用船舶登记档案，中国海事局发布《船舶登记档案管理规定》，自同年 9 月 1 日起施行。该规定明确，船舶登记档案系指船舶登记机关在登记过程中收集和形成的各种文字、图表、照片等材料，以一船一档方式建立档案，由船舶登记机关的船舶登记部门集中管理，统一保存。2002 年 8 月 26 日，中国海事局针对一些单位利用船舶登记档案移交环节伪造档案材料和船舶证书等作假情况，印发《关于加强船舶登记档案移交管理的通知》，要求各船舶登记机关按照《船舶登记档案管理规定》进行船舶登记档案管理和移交，不得通过航运公司或船舶所有人等单位携带船舶登记档案；各船舶登记机关要及时做好档案发出或接收的查询记录工作。2005 年，中国海事局组织全国海事系统开展船舶登记档案自查清理工作，并就各单位反映上来的情况进行研究，于 2006 年 5 月 25 日印发通知，对登记档案资料不齐全不完整、“死档”、档案造假等问题提出了处理意见。

为发现和纠正船舶登记工作中的违法行为，规范船舶登记工作，中国海事局于 2002 年 9 月至 11 月在授权的海船登记机关开展船舶登记大检查活动。该活动检查的重点是三级审批制度落实情况，船舶登记工作程序的建立和落实，船舶登记档案的保管，政务公开、廉洁行政、越权登记、违规登记等情况。活动采取自查、互查方式进行，共对 47 个船舶登记机关和 1108 艘船舶的登记情况进行了检查。针对检查中发现的审核不严、违规登记、档案杂乱、登记和注销不规范等问题，中国海事局于 2003 年组织各直属海事局在各自辖区内对船舶登记工作进行了全面的清理整顿，进一步规范了船舶登记工作。2003 年 5 月至 7 月，中国海事局在授权的地方船舶登记机关，以自查和互查方式开展了地方内河船舶登记工作大检查。2007 年 6 月 3 日至 15 日，中国海事局再次组织 3 个检查组，在全国 11 个省市 29 个船舶登记机关开展内河船舶登记工作大检查，共抽查登记档案 456 份。8 月 20 日，中国海事局就内河船舶登记工作大检查情况印发通报，肯定了船舶登记工作在依法登记、规范登记，落实三级审批制度和登记工作规程，建立船舶登记档案、台账，实行政务公开等方面基本符合要求，同时指出一些登记机关在船舶名称审核与注册管理，一船一档规范存档，严格三级审批，越权违规登记等方面存在的问题，要求各省(自治区、直辖市)地方海事局组织辖区内船舶登记机关开展船舶登记工作清查活动，整改有关问题。

鉴于船舶价值经常变化，船舶登记机关没有核实船舶价值的责任，2002 年 12 月 27 日，中国海事局印发《关于船舶所有权登记取消船舶价值项目的通知》，决定船舶登记机关在签发船舶所有权登记证书时，证书中“船舶价值”一栏不再填写船价金额，只在船舶登记簿中载明；船舶登记机关不再受理船舶价值的变更申请；办理船舶抵押登记时，须提交双方认可的船舶价值确认书。

2003 年 8 月 20 日，中国海事局批复长江海事局，就船舶所属企业破产后的船舶所有权注销、非法人组织不能登记为船舶所有人、船舶所属企业更名后的船舶所有权变更、企业被吊销营业执照后船舶办理注销登记等问题明确了处理意见。

2003 年 9 月 16 日，交通部发布实施《海关公务船艇管理规定》，明确海关公务船艇应按照《船舶登记条例》向中国海事局授权的海事机构申请办理船舶登记，取得船舶登记证书；海关公务船艇免收船舶登记费。

为规范船舶登记行为，2004 年 3 月 16 日，中国海事局印发通知，决定自 4 月 1 日起对 500 总吨及以上海上运输船舶实施船舶登记报备制度：直属海事局各船舶登记机关每新登记或注销一艘船舶，须于登记或注销登记之日起三日内以传真方式上报中国海事局；各船舶登记机关每季度将本单位季内报备的船舶数据向隶属的直属海事局报送，由各直属海事局汇总再上报中国海事局。为便于对船舶登记数据进行统计分析，中国海事局于 3 月 19 日印发通知，决定对各船舶登记机关的船舶登记数据进行定期汇总，要求各船舶登记机关每半年利用船舶登记软件将船舶登记数据生成上报文件，并逐级上报至中国海事局。

2005 年 1 月 18 日，中国海事局印发通知，要求船舶登记机关不得受理船舶在未更换主机情况下的主机功率变更，对于已办理此种变更登记的，船舶登记机关必须在 2005 年 3 月 1 日前予以更正。12 月 7 日，中国海事局对湖南省岳阳市地方海事局越权异地签发海船登记证书、湖北省天门市地方海事局降低标准签发船舶最低安全配员证书情况，在海事系统内予以通报批评并要求进行整顿。

2005 年 8 月 23 日，中国海事局发布《船舶登记监督管理办法》，自 2005 年 10 月 1 日起实施，同时废除中华人民共和国港务监督局于 1996 年发布的《船舶登记监督管理办法(试行)》。《船舶登记监督管理办法》对船舶登记机关及登记人员的登记行为、船舶标识和船舶所持登记证书的合法性、规范性提出要求，明确对船舶登记工作的监督检查采取日常检查和专门检查方式进行，并对所发现问题的处理方式等作出具体规定。

2006 年 12 月 13 日，为加强小型船舶的安全管理，规范小型船舶船名、船籍港标志，中国海事局发布《小型船舶船名标志管理暂行办法》，自 2007 年 7 月 1 日起施行。该办法适用于依照《船舶登记条例》登记的 200 总吨以下的船舶，规定小型船舶应在船上显著位置标明登记的船名和船籍港。2007 年 3 月 2 日，中国海事局印发通知，要求各海事机构开展《小型船舶船名标志管理暂行办法》实施宣贯活动，并对各自辖区制作和安装小型船舶船名标志牌、灯箱的厂家进行资质认可，确保船名标志牌、灯箱的制作和安装质量。

〖船舶登记管理信息化〗

20 世纪 90 年代后期，船舶登记机关开发了船舶登记计算机软件，主要用于录入和查询船舶登记信息以及打印制作船舶登记证书。

2000 年，水上安全监督信息系统一期工程开始建设，船舶登记系统是重点开发的系统软件之一。

2001 年 9 月 11 日，中国海事局印发通知，决定启用在水上安全监督信息系统一期工程建设中开发的新版船舶登记软件(单机版)，并要求各直属海事局尽快将原船舶登记数据导入到该软件系统中。

为充分利用船名资源，简化工作程序，中国海事局组织开发了网上船舶名称审核和注册软件，并于 2001 年 12 月 24 日印发通知，决定自 2002 年 1 月 1 日正式启用该软件，由各直属海事局和各省级地方海事局负责直接在互联网开通的中国海事局网站上，依据《船舶名称管理办法》进行船名审核及注册工作；各船公司可在网上查核船名，但不能进行登记注册。

2002 年，中国海事局开展地方海事局船舶登记软件操作培训，并向已完成授权的全国 216 个地方海事系统船舶登记机关发放新版船舶登记软件(单机版)。

2004 年，为配合船舶“一卡通”工程的实施，中国海事局在水上安全监督信息系统二期工程建设中对原有的船舶登记软件进行了改造，建成 2005 版船舶登记系统，并自 2005 年 1 月 1 日起在首先实施船舶“一卡通”工程的长江三角洲地区的 8 个直属和地方海事局启用。2005 版船舶登记系统采用全国集中数据库的方式，由船舶登记机关通过海事专网联结中国海事局船舶数据库办理船舶登记业务，并可对船舶 IC 卡进行管理。

2005 年 8 月 23 日，中国海事局印发通知，决定其他直属海事局自 2005 年 10 月 1 日启用 2005 版船舶登记系统。

由于之前各船舶登记机关使用的是单机版或区域网络版的船舶登记系统，在将旧版船舶登记系统的数据导入到 2005 版船舶登记系统的过程中，出现了少量船舶由于船名重名或重音而无法导入的问题。为解决这一问题，中国海事局先后于 2005 年 8 月 23 日和 2006 年 5 月 25 日，在有关通知中提出初步处理意见，并于 2006 年 12 月 12 日印发《关于船舶登记系统中船舶重音重名问题的处理意见》。该意见明确按国际航行船舶优先保留船名、登记在先保留船名的原则协商处理船舶重音重名和更改船名问题；协商不成的，允许历史遗留下来的同音同名船舶继续存在，由中国海事局对同音不同名的船舶，从船舶登记系统后台导入数据作技术处理，对同音同名的船舶，采用“船名后加注船籍港”的方式进行处理。

2007 年，中国海事局发现一些船舶登记机关未按要求在互联网上的中国海事局网站进行船舶名称的审核与注册，而直接在船舶登记系统专网中进行船舶登记操作，造成互联网船名库中船舶名称信息不全，既影响船公司在网上查核船名，同时也造成部分在互联网审核注册过的船名无法录入船舶登记系统。为此，中国海事局于 3 月 30 日印发通知，规定中国海事局网站与船舶登记系统专网的船名数据库尚未合并前，船舶名称的审核与注册工作统一在中国海事局网站船舶名称审核和注册系统内进行。9 月 27 日，水网地区整体实施船舶“一卡通”工程启动时，2005 版船舶登记系统扩大至江西、湖南、湖北、重庆、四川、山东、河南七省(市)地方海事局推广应用。

中国海事局在水上安全监督信息系统二期工程建设中，同时开发了船舶动态管理系统，该系统依托船舶数据库，录入船舶进出港、船舶安全检查等动态管理数据。

至 2007 年底，船舶登记系统有船舶基本信息 164700 条、证书信息 538553 条；船舶动态管理系统有船舶基本信息 445230 条，全年办理签证信息 4799933 条、进出口岸查验信息 566773 条、国内安全检查信息 30891 条。

第二节　船舶进出口岸与进出港

【船舶进出口岸管理】

依据国务院《国际航行船舶进出中华人民共和国口岸检查办法》，船舶进出口岸管理是港务监督机构(中国海事局成立后为海事机构)、海关、边防检查机关、检验检疫机关(统称检查机关)对进出中国口岸的国际航行船舶及其所载船员、旅客、货物和其他物品所实施的监督检查。海事机构负责召集有其他检查机关参加的船舶进出口岸检查联席会议，研究解决船舶进出口岸检查的有关问题。

海事机构依法对船舶进出口岸的管理，包括船舶进口岸申请的审批、审查进出口岸船舶安全条件、办理进出口岸手续。根据1985年《国务院关于口岸开放的若干规定》，一类水运口岸开放由国务院批准，国家口岸管理办公室组织验收，交通部公布正式开放时间；临时从中国非开放的港口或沿海水域进出的中、外籍船舶，由交通部审批。按照交通部授权，中国海事局承办一类水运口岸开放有关具体事宜，负责协调国家有关部门对国际航行船舶临时进入非开放水域审批事宜。

根据国务院1995年12月同意福建肖厝港、秀屿港对外国籍船舶开放的批复精神，1999年11月5日至8日，国务院有关部委会同福建省有关单位对肖厝港、秀屿港对外开放准备工作进行了验收；12月16日，交通部致函福建省人民政府，公布肖厝港、秀屿港自12月16日起正式对外国籍船舶开放。1999年至2007年底，交通部以发函方式公布了27个水运口岸正式开放或扩大开放的时间。2007年8月24日，交通部决定，水运口岸正式开放时间，在保留发函公布方式的同时，以在报刊上发布交通部公告的方式对外公布。10月26日，交通部发布2007年第36号公告，公布深圳盐田港口岸大鹏液化天然气专用码头自2007年10月20日起正式对外开放。至2007年底，中国对外开放一类水运口岸共132个。

1999年至2007年，中国海事局共办理审批国际航行船舶临时进入中国非开放水域303件次。

2004年3月19日，中国海事局就日本海事主管当局将自5月起对进入日本的水产品冷藏运输船进行严格的港口国监督检查的情况通知各直属海事局，要求各直属海事局将此情况通报辖区内有关单位，并加强对中国水产品冷藏运输船的监督管理，在办理水产品冷藏运输船进出口岸手续时严格按照运输船舶的有关规定进行查验。

2006年9月4日，中国海事局印发《关于向电子口岸提供船舶基础数据的意见》，明确各直属海事局在参加地方电子口岸建设中，可提供相关的船舶基础数据，但在具体操作上要明确数据的所有权属海事机构所有，电子口岸有使用权，数据不得用于商业用途，变更需求应书面向海事机构提出申请；数据由各直属海事局统一提供，并保证数据的完整性、一致性和安全性，负责数据的更新管理和使用情况跟踪；数据传递要有必要的安全措施。

2006年11月9日，中国海事局印发《关于加强海事系统口岸管理工作的意见》，要求各直属海事局和澜沧江、呼伦贝尔海事局积极参与口岸开放范围确认工作，明确开放水域的范围和进出港航道、锚地，发挥海事机构作为口岸查验单位牵头人的作用，健全口岸管理内部工作程序，体现海事机构在口岸依法行政、执法有效、把关服务、促进外贸方面的重要作用和地位，同时积极参与电子口岸建设，提高服务水平，应对好口岸管理工作的新格局、新变化。

1999—2007年新增水运口岸对外开放情况一览 表7-2-1

年份	交通部公布日期	新增对外开放口岸或扩大口岸开放范围
1999	7月2日	山东青岛港口岸黄岛前湾港区1999年7月2日起正式对外开放
	12月16日	福建肖厝港口岸、秀屿港口岸(含湄洲岛客运码头)1999年12月16日起正式对外开放
2000	7月6日	辽宁葫芦岛港口岸2000年7月6日起正式对外开放
	11月9日	福建城澳港口岸白马港区2000年11月9日起正式对外开放
	11月29日	山东龙眼港口岸2000年12月1日起正式对外开放
2001	3月27日	云南思茅港口岸2001年4月1日起正式对外开放
	4月23日	浙江乍浦港口岸2001年4月20日起正式对外开放
	6月21日	云南景洪港口岸2001年6月21日起正式对外开放
	12月14日	广东新会港口岸2001年12月18日起扩大对外开放
	12月30日	福建漳州港口岸2002年1月1日起扩大对外开放

续上表

年份	交通部公布日期	新增对外开放口岸或扩大口岸开放范围
2002	—	无
2003	3 月 20 日	广东万山港口岸 2003 年 4 月 1 日起正式对外开放
	3 月 30 日	江苏常州港口岸 2003 年 4 月 1 日起正式对外开放
	8 月 25 日	浙江宁波港口岸大榭港区 2003 年 8 月 28 日起正式对外开放
	9 月 10 日	广东东莞虎门港口岸 2003 年 9 月 28 日起正式对外开放
	12 月 17 日	广东番禺南沙港口岸 2003 年 12 月 18 日起正式对外开放
2004	2 月 18 日	山东蓬莱港口岸栾家口港区 2004 年 2 月 28 日起正式对外开放
	7 月 1 日	福建福清松下港口岸江阴港区 2004 年 7 月 1 日起正式对外开放
	11 月 10 日	浙江舟山港口岸马迹山港区 2004 年 12 月 1 日起正式对外开放
	11 月 24 日	广东深圳盐田港口岸下洞港区 2004 年 12 月 18 日起正式对外开放
2005	5 月 21 日	海南海口港口岸海口港区、马村港区 2005 年 6 月 1 日起正式对外开放
	10 月 11 日	福建宁德港口岸 2005 年 10 月 30 日起正式对外开放
	11 月 14 日	广东潮阳港口岸 2005 年 11 月 30 日起正式对外开放
	12 月 1 日	上海港口岸洋山深水港区 2005 年 12 月 8 日起正式对外开放
	12 月 29 日	河北黄骅港口岸 2006 年 1 月 10 日起正式对外开放
2006	—	无
2007	8 月 21 日	江苏大丰港口岸 2007 年 8 月 28 日起正式对外开放
	10 月 26 日	广东深圳盐田港口岸大鹏液化天然气专用码头 2007 年 10 月 20 日起正式对外开放

〖船舶设备计算机 2000 年问题〗

1999 年 3 月 8 日，为防止船舶交通管理系统或其他涉及计算机管理的系统出现计算机 2000 年问题①，中国海事局印发《关于解决海事系统计算机 2000 年问题的通知》，要求直属海事系统各单位，统一组织清理、检查，制定可行的解决方案或应急措施。6 月 29 日，为消除船舶设备存在的计算机 2000 年问题对航行安全的潜在威胁，避免中国籍国际航行船舶在国外港口国监督检查中因 2000 年问题被滞留，中国海事局印发《关于船舶设备计算机 2000 年问题的通知》，要求各航运公司对所属船舶遭受计算机 2000 年问题的风险进行预测、评估和应急准备，并编制《船舶设备计算机 2000 年问题应急准备程序》，各港务监督负责对船舶计算机 2000 年问题的准备情况进行检查。8 月 27 日，中国海事局印发《船舶设备计算机 2000 年问题应急准备程序指南》，督促各航运公司尽快编制《船舶设备计算机 2000 年问题应急准备程序》，并进行应急措施的演习和对应急设备的检查，确保通讯畅通，做好接受海事机构检查的准备工作。12 月 3 日，中国海事局印发通知，决定成立中国海事局“2000 年问题应急指挥协调小组”，并要求各单位在 2000 年问题过渡日期加强值班。12 月 21 日，交通部印发《关于认真解决计算机 2000 年问题保障船舶安全的通知》，明确所有国际航行的中国籍船舶和从事国内运输拥有计算机系统的船舶，在办理船舶签证或进出口岸手续时应提交《船舶设备计算机 2000 年问题应急准备程序》；所有外国籍船舶申请进入港口必须配备《船舶设备计算机 2000 年问题应急准备程序》并提交船长声明；要求各相关部门对拟进出港口的船舶和所有锚泊、靠泊及正在码头进行货物作业的船舶实施更为严格的

① 计算机 2000 年问题，简称“千年虫”，是指 2000 年到来前，某些使用了计算机程序的智能系统，由于使用两位数字表示公元纪年（如 9 9 年），因此当系统进行跨世纪的日期处理运算时，会出现错误结果，进而引发各种各样的系统功能紊乱问题。

控制，同时加强值守，制定应对风险、保障船舶安全的救助措施。

在2000年到来之际，未因计算机2000年问题而导致中国水域发生船舶航行安全问题，实现2000年安全过渡。

〖中国便利海上运输委员会〗

国际海事组织于1965年4月召开会议通过《便利国际海上运输公约》(简称《便运公约》)。该公约旨在通过各国间的合作，对国际航行船舶的抵达、逗留和离开，力求减少文书，统一手续，简化程序，防止造成海上运输的不必要延误。中国于1995年1月16日加入《便运公约》，并在接受该公约的同时，对船舶入出境中国的手续，不同于其附则中的一些标准和推荐做法，提出了保留声明。1995年3月17日，《便运公约》对中国生效。为履行《便运公约》，协调有关部门关系，便利国际海上运输，1996年10月21日，经国务院批准成立中国便利海上运输委员会(简称便运委)。便运委是部际间处理国际海运业务的协调机构，其主要职责是根据《便运公约》，结合中国实际情况，制定和实施国家海上运输便利计划，研究与国际海上运输入出境有关的政策建议，提出对《便运公约》修正案建议，做好参加国际海事组织便利运输委员会会议准备工作等。便运委由与国家海上运输便利计划有关的政府管理部门、组织和大型企业代表组成，其主任单位是交通部，由一名副部长担任主任，副主任由国家口岸管理办公室负责人担任。便运委在交通部设办公室，1998年以前由交通部安全监督局负责其日常工作。

中国海事局成立后，便运委办公室与船舶监督处合署办公。根据国务院有关领导的批示精神，1999年6月后，便运委调整组成单位及人员由交通部商有关部门办理，不再报批。2005年，中国海事局委托江苏海事局开展“中国便利海上运输委员会运作模式”课题研究。2006年9月5日，中国海事局在连云港召开“中国便利海上运输委员会运作模式”课题研究成果评审会议，对课题组提交的《中国便利海上运输委员会章程》、《中国便利海上运输委员会办公室工作制度》进行了审查。

便运委成立后，主要在办理国际海上运输入出境手续中，通过应用《便运公约》附则中船舶进出港时向各口岸检查机关提交的标准检查单证(简称国际海事组织标准便运表格)，方便国际海上运输。至2005年，现行7份国际海事组织标准便运表格中，已有6份在中国应用，船舶申报格式基本得到统一。

针对国际海事组织便利运输委员会第30届会议关于对各国提出的不同于《便运公约》中标准和推荐做法的差异进行重新审议，并在此基础上制定国际海事组织标准便运表格新版本的决定，为使国际社会了解《便运公约》中有关标准和推荐做法在中国实施的最新信息，满足《便运公约》的修改需要，便运委于2003年5月30日致函各委员单位和有关单位，对中国便利海上运输的文书、手续、程序等现状和建议进行调查。公安部、海关总署、国家质量监督检验检疫总局等船舶进出口岸检查机关和有关企业函复了有关情况和建议，便运委办公室将情况和建议进行了汇总和研究。

2005年7月7日，国际海事组织便利运输委员会第32届会议通过《便运公约》附则修正案。该修正案对附则中6种标准便运表格格式进行了修改，并新增危险货物仓单。该修正案于2006年11月1日对中国生效。为履行该修正案，便运委结合中国具体情况，拟对原国际航行船舶进出中国港口检查单证格式进行修改。对此，中国海事局于2006年2月14日发文征求各直属海事局意见，于3月10日至16日，在江苏、浙江、福建进行调研，听取各地船舶进出口岸检查机关、基层海事机构和船舶代理公司、船公司对国际航行船舶进出港检查新单证的修改意见和建议。

2006年10月31日，中国海事局印发通知，决定自2007年1月1日起全国同时启用国际航行船舶进出港检查新单证。新单证根据《便运公约》附则修正案的7种标准便运表格式，对原总申报单、货物申报单、船舶物品申报单、船员物品申报单、船员名单、旅客名单格式进行了修改，新增《危险货物舱单》；同时对原有的《国际航行船舶进口岸申请书》、《船舶概况报告单(A)》和《船舶出口岸手续联系单》格式也一并进行了调整。上述单证由中国海事局统一印制，材料采用防伪丝纸张。至此，7种新的国际海事组织标准便运表格在中国统一应用。

【船舶签证管理】

交通部于1993年5月发布的《中华人民共和国船舶签证管理规则》是中国海事局对全国船舶签证工作实施管理的依据之一。国内航行船舶或某些特定国际航行船舶进出港口或在港内航行、作业，均应到海事机构办理签证，船舶签证是旨在取得合法航行资格的一种认可手续。申请办理出港签证的船舶应处于适航或适拖状态。船舶签证是海事机构对进出港口的中国籍船舶实施行政许可和技术监督，掌握船舶动态和适航性的重要环节。在2000年至2002年开展的"水上运输安全管理年"活动中，中国海事局要求全国各地海事机构，对重点类型、重点水域船舶实行现场签证，即海事执法人员到船舶现场核查船方所提交的签证申请材料的真实性。2000年3月1日确定的重点类型船舶为客船、滚装客船、客渡船、液化气船、散装化学品船、油船；2001年3月1日后，增加长江上游滚装船为核查重点。之后，中国海事局根据现场签证实施情况，对实施现场签证的效果和可行性进行评估，并将一些有效做法写入2002年5月交通部公布的《海上滚装船舶安全监督管理规定》等相关规章。2002年7月18日，中国海事局印发通知，要求各海事机构在办理船舶签证过程中，加强对"四客一危"船舶的现场监督，并做好监督记录；至少要对船舶载货、船员配备、船员所持证书等情况进行现场检查；对于滚装船舶按照《海上滚装船舶安全监督管理规定》有关要求进行现场监督；要求各省级海事机构制定本辖区现场监督的实施细则。

2006年3月10日，中国海事局授权广西海事局所属32个分支机构和派出机构，为辖区内航程超过20海里(海上)或30公里(内河)的船舶办理定期签证。7月11日，授权长江海事局所属58个派出机构，为辖区内航程超过30公里的船舶办理定期签证。

2006年，交通部决定依托海事机构和航道船闸管理部门建立全国水上交通流量统计调查工作体系，实施基于船舶签证和船闸管理数据的水上交通情况统计制度。为协助做好水上交通情况调查工作，中国海事局于6月22日发文要求各地方海事局、直属海事局，对全国海事系统海事处以及办理船舶签证和进出口岸查验的业务基层站点设置情况(包括名称、地点、管辖水域等)进行调查，调查的标准时点为2006年5月31日；规定自2006年7月1日起，办理船舶签证业务需加注海事机构业务应用编码。

2007年5月31日，交通部公布经修订的《中华人民共和国船舶签证管理规则》(简称《船舶签证管理规则2007》)，自2007年10月1日起施行。2007年9月27日，中国海事局在南京召开《船舶签证管理规则2007》宣贯会。10月15日，中国海事局印发《关于实施〈中华人民共和国船舶签证管理规则〉有关事项的通知》，确定2007年10月1日至2008年7月1日为《船舶签证管理规则2007》的施行过渡期，并就过渡期内船舶签证簿换发和船舶违反该规则的行政处罚作出规定，对办理航次船舶签证和短期定期船舶签证的情形以及进出港报告方式、要求作出具体说明，明确因不具备条件暂不受理年度定期签证申请，公布了航次船舶签证和短期定期船舶签证的程序。12月7日，中国海事局印发通知，决定自2008年7月1日起，所有国内航行船舶使用统一的新版《船舶签证簿》，并对在《船舶签证管理规则2007》施行过渡期换发新版《船舶签证簿》的工作，对新版《船舶签证簿》的日常管理、记录和校核工作等提出要求。

1999—2007 年直属海事系统船舶进出口岸数量统计(单位：艘次)　　表 7-2-2

年份	进口岸船舶		出口岸船舶	
	中国籍	外国籍	中国籍	外国籍
1999	47141	55089	47937	54831
2000	35823	62414	35176	62255
2001	38431	77656	38305	77534
2002	45959	87241	45740	89957
2003	58216	100579	60373	101294
2004	243068	120500	245052	120031
2005	66960	139593	66350	138886
2006	72917	157362	73466	159869
2007	58976	152586	59677	153142

2001—2007 年直属海事系统船舶签证数量统计(单位：艘次)　　表 7-2-3

年份	进 港 船 舶		出 港 船 舶	
	国内航行海船	国内航行河船	国内航行海船	国内航行河船
2001	790522	2162062	789357	2150389
2002	930916	2717534	926918	2790295
2003	1060478	2800834	1054318	2796409
2004	1226662	3008033	1225428	2988716
2005	1947905	3259456	1952191	3259272
2006	2088433	4626934	2086983	4622067
2007	2496324	5015890	2275732	4968496

〖船舶“一卡通”工程〗

为提高船舶签证的工作效率和质量，依托于 2002 年底建成的水上安全监督信息系统一期工程，部分海事机构开始试行电子签证。2003 年底，中国海事局提出建设船舶“一卡通”工程的设想，即利用存储有船舶基本信息的集成电路卡(IC 卡)办理船舶进出港签证和进行船舶管理；确定工程建设分三步实施，即首先在长江三角洲地区进行试点，第二步推广到直属海事系统各单位，第三步推广到水网地区的地方海事局；船舶“一卡通”工程建设目标是实现数据统一化、签证电子化、计费自动化、统计智能化、业务协同化、管理网络化六大功能。

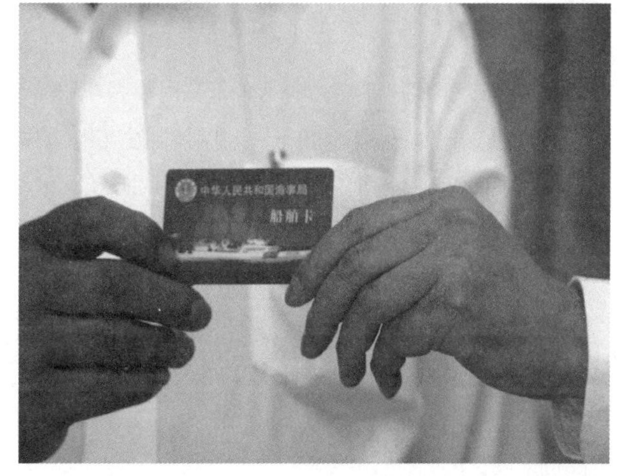

图 7-2-1　2005 年 4 月 27 日，浙江省第一张船舶 IC 卡在宁波海事局发放

2004 年 11 月 8 日，中国海事局与银科博星公司签订船舶“一卡通”工程建设总集成合同，确定船舶 IC 卡具有船舶身份标识、船舶基本信息、船舶所持证书信息、安全检查等现场监督信息、进出港信息的存储功能和船舶签证管理等功能。

2004 年 11 月 30 日，中国海事局印发《关于在长江三角洲地区推广使用船舶 IC 卡有关事宜的通知》，决定在上海、江苏、浙江、长江海事局及上海、江苏、浙江、安徽省(市)地方海事局等长江三角洲地区海事机构现场监督管理工作中推广使用船舶 IC 卡，制定了长江三角洲船舶“一卡通”工程运行环境要求及实施计划。同日发布《船舶 IC 卡管理规定》和《船舶 IC 卡管理工作程序》，自 2005 年 1 月 1 日起在上述 8 个海事局实施。《船舶 IC 卡管理规定》明确船舶 IC 卡适用范围是在指定区域航行的中国籍国内航行船舶，由船方到船籍港船舶登记机关申领，船舶办理进出港签证应持船舶 IC 卡。《船舶 IC 卡管理工作程序》明确中国海事局设置船舶 IC 卡管理中心，各直属海事局和省级地方海事局设置船舶 IC 卡制作中心，并规定了船舶 IC 卡制作、发放、信息录入和修改、管理的程序。2004 年 12 月 18 日，江苏海事局在南京发放了第一张船舶 IC 卡，标志着船舶“一卡通”工程在长江三角洲地区的试点工作正式启动。

2005 年 12 月 26 日，中国海事局在北京召开长江三角洲地区船舶“一卡通”工程推广会，确认长江三角洲船舶“一卡通”工程已取得初步成效，基本具备在全国逐步推广的条件。2005 年，长江三角洲地区累计发放 IC 卡 13729 张。2006 年 7 月，长江三角洲船舶“一卡通”试点工程通过工程验收。

图 7-2-2　2007 年 9 月 27 日，在南京召开的全国海事系统船舶监督管理工作会议上，中国海事局与湖南、湖北、江西、四川、河南、山东、重庆七省（市）地方海事局签订船舶“一卡通”工程共建协议

2006 年 5 月 8 日，中国海事局成立船舶“一卡通”工程领导协调小组和联络员小组。8 月，船舶“一卡通”工程在直属海事系统转入全面推广阶段。为推动船舶“一卡通”工程项目在水网地区地方海事局的应用，中国海事局组织开发了船舶 IC 卡应用接口，以建立数据统一更新机制，保证数据规范一致，实现地方海事局的签证系统与直属海事系统的船舶动态管理系统的数据交换。12 月 8 日，中国海事局决定自 12 月 18 日起在直属海事系统内开展为期三个月的船舶“一卡通”刷卡签证的试运行工作，要求所有沿海营运船舶持船舶 IC 卡刷卡签证，对未携带或未持有船舶 IC 卡的船舶予以提醒并发放持卡签证建议书。截至 2006 年 12 月 31 日，经中国海事局登记的海船（非营运船舶除外）的制卡工作全部完成，制卡总数为 15351 张，初步实现海船“一船一卡”；直属海事系统和上海、江苏、浙江、安徽省（市）地方海事局共登记内河船舶 107898 艘，制卡 59727 张。

2007 年 9 月 27 日，中国海事局与湖南、湖北、江西、四川、河南、山东、重庆七省（市）地方海事局签订了船舶“一卡通”工程共建协议，水网地区整体实现船舶 IC 卡管理的船舶“一卡通”工程正式启动。

至 2007 年底，船舶“一卡通”工程涉及 152 个船舶登记机关和 784 个船舶签证站点，共制发船舶 IC 卡 11 万张。沿海营运船舶 IC 卡集中制发工作结束，海船船舶发卡 17032 张，发卡率 87.5%，签证刷卡率达到 100%；内河船舶发卡 108151 张，发卡率 72.1%，签证刷卡率为 79.4%，在长江、珠江、黑龙江干线航行的内河船舶已基本普及刷卡签证。

第三节　船舶安全检查

【船舶安全检查综合管理】

船舶安全检查，是各国海事机构为保障水上人命财产安全和防止船舶污染水域，依据本国有关法律、法规、技术规范以及相关国际公约，按照规定程序对到港的船舶实施监督检查，以确定船舶、船员是否具有适当有效的证书，船舶的技术状况是否符合有关规定的要求，就检查中发现的缺陷提出处理意见，并督促船方予以纠正。船舶安全检查分为船旗国监督(FLAG STATE CONTROL，缩写 FSC)和港口国监督(PORT STATE CONTROL，缩写 PSC)。船旗国监督是指海事机构依据本国的法律法规对在本国港口的本国籍船舶所实施的安全检查，而港口国监督是指海事机构依据本国的法律法规以及所参加的国际公约对到达本国港口的外国籍船舶实施的安全检查。

中国的船舶安全检查工作始于1982年，当时在大连和天津港务监督进行试点。1985年7月1日起在全国各主要港口正式开展中国籍船舶安全检查业务。1986年，交通部在大连、天津、青岛、上海、广州港务监督进行港口国监督试点工作，中国开始实施港口国监督。1997年11月5日，交通部发布《中华人民共和国船舶安全检查规则》，自1998年3月1日起实施。该规则适用于中国籍200总吨或750千瓦以上海船、50总吨或36.8千瓦以上内河船舶和进出中华人民共和国港口(包括海上系泊点)的一切外国籍船舶。

在中国沿海各港口普遍开展船舶安全检查业务，内河船舶安全检查工作已经启动，全球性港口国监督检查区域网络正在形成的形势下，中国海事局于1999年10月13日至15日在天津召开全国第六次船舶安全检查工作会议①，分析三年来船舶安全检查工作取得的成绩和存在的问题，提出船舶安全检查阶段性工作思路，即全面强化船舶安全检查工作，提高船舶安全检查比例、覆盖面和质量。一方面，严格实施对中国籍国际航行船舶的开航前检查，降低其在国外的滞留率，并以长江水系为重点，加强对小型船舶和内河船舶的安全检查，消除低标准船舶；另一方面，扩展港口国监督检查的单位和项目，积极参与全球区域性港口国监督合作，不断健全安全检查机制，规范安全检查行为，培养适任的船舶安全检查员，努力完善船舶安全检查网络，发挥规模效应。

2000年以后，中国海事局一直将各种客船、油船、液化气船、散装危险化学品船、15年以上老龄船、船况较差的其他船舶、安全管理水平差的公司的船舶、重点跟踪船舶等，作为安全检查重点；并在实施过程中突出船舶重要设施技术状况检查及其操作性检查。

2001年10月24日，中国海事局就《内河船舶法定检验技术规则》中乘客的定义予以明确：除船长和船员，或船上以任何职位从事、参加该船业务的其他人员以及1周岁以下的儿童外，皆为乘客。中国海事局要求各海事机构在船舶安全检查中按此乘客定义和船舶检验机构签发的乘客定额证书来界定船舶是否超员。

2002年9月1日至30日，为避免船舶载运危险品发生重大事故，中国海事局在中国沿海、长江干线和珠江水域开展液货船专项检查活动，对中、外籍油船、散装化学品船、液化气船进行安全检查。

2002年10月29日，中国海事局发布《中华人民共和国小型船舶安全检查规定》，自2002年12月31日起施行，适用于中国籍200总吨和主机功率750千瓦以下的海船、50总吨和主机功率36.8千瓦以下的内河船舶，不适用于总长不足5米的船舶及军事船舶、公安船舶、渔船和体育运动船艇。该规定较之《中华人民共和国船舶安全检查规则》，主要是安全检查的内容和程序有所差异。

2003年1月30日，中国海事局首次采用船舶安全检查指标的方式，向各直属海事局下达年度船舶安全检查任务。自此以后每年对船舶安全检查工作进行指标考核管理。2005年3月4日，中国海事局在下达船舶安全检查年度任务指标时，尝试性地采用加权方法考核指标完成情况，即针对中国籍海船和河船的部分安全检查艘次数加乘对应系数后的艘次数为考核艘次数，考核艘次数的总数为船舶安全检查指标完成情况的依据。目的是通过加权系数将安全检查的重点向老旧船舶和“四客一危”等特殊种

---

① 在此之前，中华人民共和国港务监督局已召开5次船舶安全检查工作会议。

类船舶转移。为准确评估海船安全检查状况，强化船籍港海事机构责任，2007年2月15日，中国海事局在下达船舶安全检查年度任务指标时，对国内海船安全检查增加了船舶安全状况、船舶安全检查公允度和船舶安全检查水平三项质量考核指标，即以14个直属海事局为单位，要求本局登记船舶在外局(非船籍港所在局)接受安全检查的被滞留率不超过所有在外局接受安全检查船舶的平均滞留率的15%，本局登记船舶在本局接受安全检查的被滞留率与在外局接受安全检查船舶的被滞留率之比不低于所有在本局接受安全检查船舶的平均滞留率与所有在外局接受安全检查船舶的平均滞留率之比的1/2，外局登记船舶在本局接受安全检查的被滞留率不低于所有在外局接受安全检查船舶的平均滞留率的1/3。

2005—2007年船舶安全检查年度任务指标加权系数一览 表7-3-1

年度任务指标分类	依法滞留船舶艘次	船舶开航前检查艘次	老龄船舶检查艘次	其他船舶检查艘次
加权系数	3	1.5	1.3	0.8

图7-3-1 2006年5月26日，佳木斯前进海事处执法人员对佳木斯港区内的渡船、小型机动客船进行安全检查

2004年3月9日，为消除安全隐患，提高客船船员应急反应能力，淘汰不适航的老龄液货船，中国海事局印发通知，决定在全国范围内开展“四客一危”船舶专项安全检查活动。4月1日至30日，对中、外籍液货船进行专项安全检查，其中20年以上船龄的中国籍油船、散装化学品船、液化气船和外国籍单壳油船的检查率达到100%；9月1日至30日，对中国籍客船进行专项安全检查，检查重点为应急演习。活动期间共检查船舶7652艘次。其中检查液货船2738艘次，滞留30艘次；检查客船4914艘次，滞留87艘次。

2005年7月25日，为妥善解决海事机构对船舶实施滞留措施后可能发生的争议，切实保障船舶所有人、经营人和认可机构(船级社)的利益，中国海事局印发通知，决定实施船舶滞留专家复审制度，成立由海事系统、航运企业和中国船级社的资深船长、轮机长、验船师、船舶安全检查员组成的船舶滞留复审专家委员会，开展船舶滞留复审工作。中国籍船舶在国内港口接受船旗国监督检查或在国外港口接受港口国监督检查，外国籍船舶在中国港口接受港口国监督检查，船舶所有人或经营人对检查结果及采取的滞留措施提出申诉时，由中国海事局从专家委员会成员中随机抽取组成的专家工作组进行复审，作出技术评价，并向中国海事局提交专家工作组报告，中国海事局据此作出相应处理。

2006年，为吸取埃及“萨拉姆98”客轮火灾沉没事故教训，中国海事局于2月8日印发通知，要求各直属海事局进一步加大对客运船舶，特别是短途客运船舶、老旧客运船舶以及经改装从事旅客运输的船舶，在落实安全抗风等级制度、杜绝超员超载、载运车辆绑扎系固等方面的日常监督管理和安全检查力度，坚决杜绝船舶带“病”航行。并于2月10日至28日，组织各直属海事局开展对中外籍客运船舶(包括客船、客滚船、客渡船、高速客船)的集中专项检查活动，其重点是航行于中日、中韩、中越以及大陆与港澳台地区之间的客运船舶，从事沿海、长江客滚运输及陆岛运输的客运船舶。此次活动对全国77艘所有老旧滚装客船和经过改装或改建的滚装客船进行了全面的安全检查，共整改安全隐患536件。

为贯彻国务院《关于进一步加强消防工作的意见》，2006年8月10日，中国海事局印发通知，决定自8月18日至9月30日，在长江干线开展船舶消防专项安全检查活动。活动中，沿江海事机构对在长江干线水域航行、停泊和作业的船舶的消防设施、防火措施、消防和救生实际操作等进行了专项安全检查，其中检查重点为客(渡)船、涉外旅游船、高速客船、川江汽车滚装船以及500总吨以上的油船、化学品液货船和液化气体船舶，进一步促进了长江干线船舶消防安全状况的改善。

图7-3-2　2007年5月1日，交通部海事局副局长王金付(左二)在天津船舶安全检查站检查工作，观看了正在调试和试运行的由大型显示器和计算机组成的船舶安全检查培训系统

【船舶安全检查员管理】

船舶安全检查员，是指经中国海事局或各直属海事局、省级地方海事机构考核，取得船舶安全检查员资格，依据有关法律、法规和国际公约对船舶实施安全检查的海事行政执法人员。

2002年以前，中国的船舶安全检查员分为A类、B类，并由中国海事局(1998年以前由中华人民共和国港务监督局)核发A类船舶安全检查员证书。2002年4月10日，为规范对船舶安全检查员的管理，提高安全检查员的专业技术水平，中国海事局发布《中华人民共和国海事局船舶安全检查员管理规定》，自2003年1月1日起施行。该规定将船舶安全检查分为对外国籍船舶、中国籍国际航行海船、中国籍国内航行海船、中国籍国内航行河船、界河国际航行船舶实施检查的5个类别；将船舶安全检查员分为高级、A级、B级(沿海或内河船舶)、C级(沿海或内河船舶)4个等级，对不同等级船舶安全检查员的适任范围、任职资格条件、考试、发证、培训、考核、管理等作出规定；明确各等级船舶安全检查员证由中国海事局统一核发，建立了船舶安全检查员工作业绩评估机制和等级升降制度。同日，中国海事局发布《港口国监督检查培训大纲(试行)》、《船旗国监督检查(海船)培训大纲(试行)》、《内河船舶安全检查培训大纲(试行)》，明确船舶安全检查员培训、考试的范围和标准。12月16日，中国海事局印发通知，对《船舶安全检查员管理规定》中B级、C级船舶安全检查员任职资格申报条件进行调整，明确海事系统非海事专业工作人员可申报船舶安全检查员，如初次申报B级或C级船舶安全检查员，其从事船舶安全检查工作时间和检查船舶总数的资历要求分别比原规定多一倍。

图7-3-3　2005年12月5日，海事系统第18期船舶安全检查员培训班结业典礼在大连培训中心举行

2003年2月11日，中国海事局授权各直属海事局、各省(自治区、直辖市)地方海事局在各自辖区内核发B级、C级船舶安全检查员证。同年，中国海事局启动船舶安全检查统一培训教材编写工作，并于2005年10月完成编写工作。

1998 年以前，中华人民共和国港务监督局分别在大连和武汉举办了 8 期海船、2 期河船安全检查员培训班，并选派人员赴日本参加东京备忘录秘书处举办的港口国监督检查官员培训班。中国海事局成立后，为提高船舶安全检查队伍的整体业务水平，不间断地开展培训工作，除每年举办海船、河船安全检查员基础培训班，继续选派人员赴国外参加港口国监督检查官员培训班外，还多次举办船舶安全检查员专题培训班、知识更新培训班、专题研讨会，邀请国外专家在中国举办港口国监督专家培训班，与外国和中国香港地区开展港口国监督人员互访工作交流。自 2003 年起，中国海事局将 B、C 类船舶安全检查员的培训工作下放至各直属海事局。1999 年至 2007 年底，中国海事局共举办港口国监督检查基础培训班 9 期，培训海事系统船舶安全检查员 521 人次。至 2007 年底，全国海事系统共有船舶安全检查员 3338 人，其中 A 级检查员 473 人、B 级检查员 1117 人、C 级检查员 1748 人。

2003 年船舶安全检查员等级划分及其安全检查类别一览 表 7-3-2

等　　级		适 任 范 围
高级		① 检查国内航行船舶、中国界河国际航行船舶，并签发《船舶安全检查通知书》； ② 检查中国国际航行船舶，并签发《船舶安全检查通知书》； ③ 检查外国籍船舶，并签发《港口国监督检查报告》； ④ 指导 A、B、C 级船舶安全检查员的工作
A 级		① 检查国内航行船舶、中国界河国际航行船舶，并签发《船舶安全检查通知书》； ② 检查中国国际航行船舶，并签发《船舶安全检查通知书》； ③ 检查外国籍船舶，并签发《港口国监督检查报告》； ④ 指导 B、C 级船舶安全检查员的工作
B 级	沿海	① 检查中国籍国内航行海船，并签发《船舶安全检查通知书》； ② 检查除特种船舶、大型客船以外的中国籍国际航行船舶，并签发《船舶安全检查通知书》； ③ 在 A 级船舶安全检查员的指导下检查外国籍船舶，但无签发《港口国监督检查报告》的权利； ④ 指导沿海 C 级船舶安全检查员的工作
	内河	① 检查中国籍国内航行河船、中国界河国际航行船舶，并签发《船舶安全检查通知书》； ② 指导内河 C 级船舶安全检查员的工作
C 级	沿海	检查除特种船舶、大型客船以外的中国籍国内航行海船，并签发《船舶安全检查通知书》
	内河	检查除特种船舶、大型客船以外的中国籍国内航行河船，并签发《船舶安全检查通知书》

【港口国监督】

《1974 年国际海上人命安全公约》规定，每艘船舶当其在另一缔约国政府的港口时，应受到该国政府正式授权官员的监督，即：国际海事组织负责制定标准，船旗国负责实施标准，港口国负责检查监督。港口国监督通过港口国政府的力量，强制性地对到港的其他缔约国船舶实施公约的情况进行监督检查，并根据不予优惠原则，对到港的非缔约国船舶按同样的程序实施检查，迫使非缔约国船舶同样必须遵守国际公约的规定，从而保证所有国际航行船舶在同一标准下进行安全营运。鉴于采取区域性合作开展港口国监督，是限制和消除低于标准的船舶营运最有效的途径，因此，全世界有多个区域合作开展港口国监督。

中国对外国籍船舶实施港口国监督检查的主要依据是国际海事组织《港口国监督程序》、《亚太地区港口国监督谅解备忘录》（简称东京备忘录）和《中华人民共和国船舶安全检查规则》。安全检查员在对外国籍船舶进行安全检查后签发《亚太地区港口国监督检查报告》。

1990 年，中华人民共和国港务监督局授权 9 个港务监督首批开展港口国监督检查。至 1998 年底，经中华人民共和国港务监督局授权开展港口国监督检查工作的港务监督达 24 个。中国海事局成立之后，继续对开展港口国监督检查工作进行授权管理。至 2007 年底，经中国海事局授权开展港口国监督检查工作的海事机构计 46 个（见表 7-3-3）。

1999 年以后，中国海事局进一步扩展港口国监督的广度和深度。

2000 年 1 月 1 日，东京备忘录启用新的亚太地区港口国监督信息网络①。3 月 1 日，中国海事局印发通知，要求开展港口国监督的海事机构，将 2000 年 1 月 1 日后的检查报告输入到新的信息系统中，以实现信息共享。3 月 31 日，根据港口国监督和船舶登记工作的需要，中国海事局印发通知，决定由辽宁海事局负责建立港口国监督中国数据库中心。

2000 年 4 月 25 日，中国海事局印发通知，决定对实施禁止外国籍船舶离港审批的程序进行简化，授权 24 个开展港口国监督的海事机构直接对外国籍船舶实施禁止离港，并可再授权所属负责港口国监督的业务部门直接批准对外国籍船舶实施禁止离港。②

图 7-3-4　2003 年国庆节前，烟台海事局执法人员对毛里求斯籍“光荣之星”散货船实施港口国监督检查

2002 年 4 月 5 日，为落实《亚太地区港口国监督谅解备忘录》中关于开展区域内对船舶实施跟踪检查的要求，中国海事局印发通知，明确港口国监督跟踪检查联系程序，其中与国外海事当局的联系工作由中国海事局负责。8 月 30 日，为加强对外国籍船舶的港口国监督检查工作，加大对进入中国水域航行的外国籍低标准船舶的打击力度，中国海事局印发通知，决定将对拟开展港口国监督的海事机构的考核验收工作交由各直属海事局负责，验收合格后报中国海事局批准；通知还规定了开展港口国监督工作的验收条件和验收报告事项。

2003 年 1 月 30 日，中国海事局印发通知，授权各开展港口国监督的海事机构，将船舶滞留信息和跟踪检查信息，直接通知有关船旗国海事当局及船级社。

2004 年 2 月 17 日，中国海事局印发通知，规定了经授权的海事机构在开展港口国监督中，向有关船旗国海事当局或船级社发出船舶滞留通知或跟踪检查通知的程序、时限和格式。3 月 26 日，中国海事局印发通知，修订港口国监督检查船舶滞留审批程序，要求各直属海事局确定一名或数名“指定负责人”，负责直接与现场港口国监督检查官的电话联系，在半小时内通知是否滞留或是否解除滞留的决定。

2005 年 12 月 22 日，中国海事局印发《关于进一步加强港口国监督工作的指导意见》，提出有关港口国监督业务滞留案例调查通知、争议处理通知、跟踪检查信息、东京备忘录秘书处检查要求和技术规范等信息传递体现运转高效原则的程序，有关港口国监督职能、机构、岗位设置体现集中管理、突出专业特点原则的具体意见，要求各直属海事局在内部改革中，按照该指导意见做好港口国监督职能

① 亚太地区港口国监督信息系统主要存储航行在亚太地区船舶的安全检查数据，以实现区域间港口国监督合作和资源共享。中国 1993 年加入东京备忘录后开始建立亚太地区港口国监督信息系统国内二级信息网络。执行港口国监督的海事机构将检查数据输入二级信息网络，再由该网络输送到亚太地区港口国监督信息系统。

② 1998 年 1 月 10 日，中华人民共和国港务监督局发布《禁止船舶离港申报批准程序》，规定对外国籍船舶的滞留由中华人民共和国港务监督局授权或批准。

设置和人力资源配置。

2007 年底经授权开展港口国监督检查工作的海事机构一览 表 7-3-3

被授权的海事机构	授权开展港口国监督检查时间	被授权的海事机构	授权开展港口国监督检查时间
上海海事局	1990 年 7 月 1 日	常州海事处	2003 年 4 月 14 日
天津海事局	1990 年 7 月 1 日	宁波海事局	1990 年 7 月 1 日
大连海事局	1990 年 7 月 1 日	舟山海事局	2002 年 7 月 1 日
营口海事局	1996 年 7 月 22 日	温州海事局	2002 年 7 月 1 日
丹东海事局	2002 年 7 月 2 日	台州海事局	2003 年 5 月 16 日
锦州海事局	2002 年 7 月 2 日	嘉兴海事局	2003 年 5 月 16 日
秦皇岛海事局	1991 年 9 月 1 日	福州海事局	1997 年 8 月 19 日
唐山海事局	2003 年 2 月 12 日	厦门海事局	1997 年 8 月 19 日
黄骅海事局	2003 年 2 月 12 日	泉州海事局	2002 年 3 月 25 日
青岛海事局	1990 年 7 月 1 日	广州海事局	1990 年 7 月 1 日
烟台海事局	1990 年 7 月 1 日	湛江海事局	1990 年 7 月 1 日
威海海事局	1996 年 7 月 22 日	珠海海事局	1996 年 7 月 22 日
日照海事局	1997 年 8 月 19 日	汕头海事局	1997 年 8 月 19 日
连云港海事局	1990 年 7 月 1 日	茂名海事局	2001 年 9 月 29 日
南京海事局	1991 年 9 月 1 日	惠州海事局	2001 年 9 月 29 日
南通海事局	1996 年 7 月 22 日	东莞海事局	2005 年 1 月 1 日
张家港海事局	1996 年 7 月 22 日	北海海事局	2002 年 12 月 27 日
江阴海事局	1996 年 7 月 22 日	防城港海事局	2002 年 12 月 27 日
镇江海事局	1996 年 7 月 22 日	钦州海事局	2002 年 12 月 27 日
扬州海事局	2003 年 4 月 14 日	海口海事局	1991 年 9 月 1 日
太仓海事处	2003 年 4 月 14 日	芜湖海事局	2001 年 2 月 23 日
常熟海事处	2003 年 4 月 14 日	安庆海事局	2004 年 10 月 18 日
泰州海事处	2003 年 4 月 14 日	深圳海事局	1996 年 7 月 22 日

1998—2007 年港口国监督检查情况统计 表 7-3-4

年　份	1998	1999	2000	2001	2002	2003	2004	2005	2006	2007
初次检查总艘次	1231	1510	1576	1728	2444	3789	3897	4020	4020	4151
初次检查总缺陷数量(项)	3724	3905	5700	7758	10372	16435	16396	21244	24459	29944
滞留船舶总艘次	80	67	89	107	149	173	198	260	319	465
单船平均缺陷数量(项)	3. 03	2. 59	3. 62	4. 49	4. 24	4. 34	4. 21	5. 28	6. 08	7. 21
船舶滞留率(%)	6. 5	4. 44	5. 65	6. 19	6. 1	4. 57	5. 08	6. 47	7. 94	11. 2

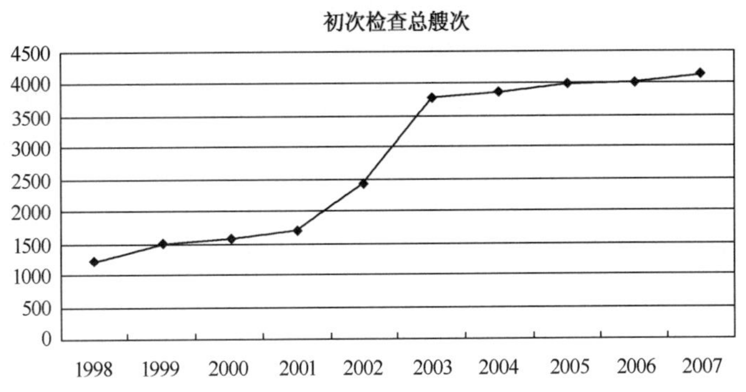

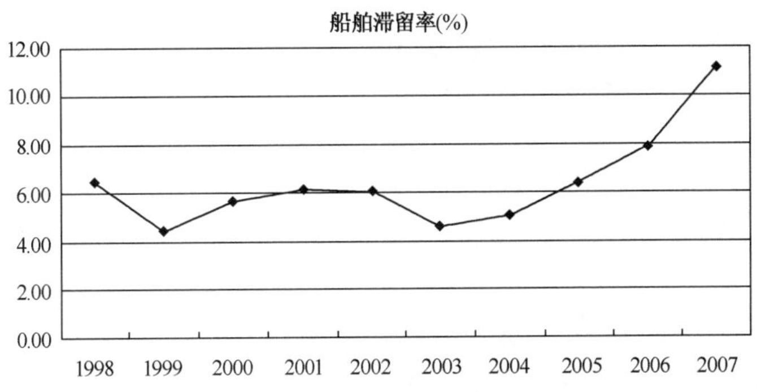

图 7-3-5　1998—2007 年港口国监督检查变化情况

2006 年 1 月 5 日，针对有的低质量船舶为躲避全国低质量船舶专项治理而改挂“方便旗”，并长期在中国沿海水域从事营运活动的情况，中国海事局印发通知，要求各直属海事局严格控制已列入整治范围的低质量船舶转移船籍，在进行港口国监督检查时如发现改挂“方便旗”的低质量船舶，即对其进行严格检查，并通知其不得再次进入中国水域。

2007 年 5 月 1 日至 2008 年 4 月 30 日，中国海事局在全国范围内组织对列入东京备忘录黑名单的船旗国所属船舶和半数以上船员为中国籍船员的方便旗船舶，开展船舶安全操作集中检查活动。截至 2007 年 12 月 31 日，共对 853 艘次的方便旗船舶实施了港口国监督检查，船龄在 20 年以上的目标船的检查率为 63%。其中，107 艘次方便旗船舶因缺陷严重被滞留，总滞留率为 12. 54%。

〖港口国监督集中检查活动〗

全球区域性合作开展港口国监督，除常规性检查外，还针对某些特定项目，在合作区域内，集中一段时间，按统一要求开展重点检查活动。1998 年 7 月 1 日至 9 月 30 日，中华人民共和国港务监督局参加东京备忘录组织开展的实施《国际安全管理规则》港口国监督集中检查大会战。1999 年以后，中国海事局组织海事系统 7 次参加港口国监督集中检查活动。在每一次的集中检查活动前，中国海事局均印发通知，提出注意事项，并告知航运企业有针对性地做好船舶接受检查的准备，防止船舶在国外港口国监督集中检查活动中被滞留。

1999 年 10 月 1 日至 12 月 31 日，中国海事局参加东京备忘录针对全球海上遇险与安全系统设备状态及其操作人员操作水平统一开展的港口国监督集中检查会战。会战期间，中国海事局共检查外国籍船舶 413 艘，其中 6 艘船舶由于全球海上遇险与安全系统方面的缺陷被滞留。

自 2002 年 7 月 1 日起，《国际安全管理规则》对所有国际航行船舶强制实施。7 月 1 日至 9 月 30 日，巴黎备忘录、东京备忘录各成员和美国海岸警卫队(美国海事主管当局)同步开展针对《国际安全管理规则》实施情况的港口国监督集中检查会战。中国海事局参加会战，共检查外国籍船舶835艘，滞留63艘。

2003年9月1日至11月30日，中国海事局参加东京备忘录针对国际大型散货船事故率较高的问题，统一开展的散货船结构安全港口国监督集中检查会战。

2004年7月1日至9月30日，中国海事局参加东京备忘录组织开展的实施《国际船舶和港口设施保安规则》港口国监督集中检查活动，共检查各类外国籍船舶1008艘次，滞留17艘。活动期间，无1艘中国籍船舶因执行《国际船舶和港口设施保安规则》方面的缺陷在国外被滞留。

2005年9月1日至11月30日，中国海事局参加东京备忘录针对船舶操作性要求统一开展的港口国监督集中检查会战，共检查船舶1017艘次，滞留32艘次。

图7-3-6　2006月2月，广州海事局开展履行《73/78防污公约》附则Ⅰ情况港口国监督集中检查会战

2006年2月1日至4月30日，中国海事局参加东京备忘录、巴黎备忘录各成员同步开展的实施《73/78防污公约》附则Ⅰ港口国监督集中检查会战。

2007年9月1日至11月30日，中国海事局参加东京备忘录、巴黎备忘录、黑海备忘录、印度洋备忘录及美国海岸警卫队联合组织的港口国监督集中检查会战，此次活动主要检查国际航行船舶实施《国际安全管理规则》的情况。与2002年集中检查不同，本次检查重点除验证安全管理体系在公约适用的船舶上是否实施外，同时还要求港口国监督检查员特别关注安全管理体系在船舶上是否有效运行。中国海事局共组织实施检查714艘次，滞留外国籍船舶10艘次，滞留率为1.4%。同期，116艘次中国籍国际航行船舶在亚太地区接受《国际安全管理规则》集中检查，无1艘因执行《国际安全管理规则》方面的缺陷在国外被滞留。

【船旗国监督】

在中国对中国籍船舶实施安全检查的主要依据是《中华人民共和国船舶安全检查规则》及《中华人民共和国小型船舶安全检查规定》。1998年中国海事局成立后，以船舶安全检查为主要手段，加强对中国籍船舶的适航监督。一方面，将降低中国籍船舶在国外的滞留率作为工作重点；另一方面，逐步加强对国内沿海和内河船舶的安全检查，特别是对小型船舶的检查力度。

在2000年至2002年交通部连续三年开展的“水上运输安全管理年”活动中，中国海事局组织全国海事系统进一步加强船舶安全检查，以100%检查率对重点航线国际航行船舶实施开航前检查，并对部分国内航行船舶开展开航前检查。

2001年5月至9月，在交通部组织开展的“水上交通安全专项整顿”活动中，中国海事局组织全国海事系统对10万余人次的船员实施了实际操作和安全知识检查，其中6000多名船员参加了安全知识培训。

2003年11月26日，为便于对船舶安全检查工作进行有效的统计分析，中国海事局印发通知，对原海船与河船安全检查缺陷代码进行了合并，制定了同时适用于海船与河船的“船舶安全检查缺陷代码表”和简化的“小型船舶安全检查缺陷代码表”，并相应更新了海船、河船 4 种安全检查情况、滞留船舶单船统计表。新的缺陷代码表及统计表自 2004 年 1 月 1 日起使用。

2004 年 2 月 16 日至 7 月 10 日，中国海事局在沿海小型船舶专项整治活动中，组织对 6845 艘次的沿海 3000 总吨以下运输船舶实施安全检查，发现并整改缺陷 5 万余项，滞留船舶 379 艘次。

2004 年 9 月，中国海事局组织对航行于渤海湾、琼州海峡的客船、客滚船及救助船实施了船载自动识别系统专项检查活动，共检查船舶 48 艘次，发现并纠正有关船载自动识别系统方面的缺陷 57 项。

2005 年 4 月 8 日，中国海事局印发通知，决定于 6 月 1 日至 30 日，对沿海 3000 总吨及以上，以及其他需要检查的散、杂货船开展专项检查活动，重点是船舶结构安全检查和船舶安全操作性检查。活动中共检查船舶 338 艘次，发现涉及结构方面的缺陷 1705 项，滞留船舶 17 艘次。

1998—2007 年直属海事系统中国籍船舶安全检查情况统计　　表 7-3-5

年　份	海　船		内河船	
	检查艘次	滞留艘次	检查艘次	滞留艘次
1998	4867	60	49585	122
1999	6713	74	81552	135
2000	10476	147	32098	239
2001	11912	177	38855	190
2002	13731	164	44112	145
2003	23118	339	67701	243
2004	23594	628	59593	266
2005	24118	401	60917	560
2006	23802	1203	65228	1133
2007	23048	1472	65403	1460

〖中国籍国际航行船舶“降滞脱黑”〗

20 世纪 90 年代，中国的国际航行船队规模随着国家改革开放和经济发展不断扩大，但由于整个船队的平均船龄偏大，船舶管理、船员素质、船舶安全状况整体水平较低，中国籍船舶在接受国外港口国监督检查中屡遭滞留，且滞留数量呈逐年增加趋势，从 1992 年的 15 艘次上升到 1996 年的 120 艘次。1994 年至 1996 年，中国籍船舶在东京备忘录（亚太地区）、巴黎备忘录（欧洲地区）和美国海岸警卫队的港口国监督检查中，3 年平均滞留率均超过各地区所有被查船舶的 3 年平均滞留率，因而在 1997 年中国船旗相继被上述三个地区列入作为港口国监督重点检查对象的“黑名单”。这不仅给船东和中国航运经济造成巨大损失，还严重影响了中国的国际形象和中国船队的国际声誉。为扭转此被动局面，1996 年 3 月 25 日，中华人民共和国港务监督局和中华人民共和国船舶检验局联合发文，决定对航经欧洲、美国、澳大利亚航线的部分中国籍国际航行船舶实施开航前检查。开航前检查由港务监督牵头，会同船舶检验机构以港务监督进行船舶安全检查名义进行，并邀请受检船舶的船公司代表参加。1997 年 11 月 22 日至 23 日，交通部在海口召开国际航线船舶船东大会，研究中国籍国际航行船舶降低滞留率，脱离“黑名单”（简称“降滞脱黑”）的改善措施，确定了“一年见成效、三年改面貌”的工作目标。一年见成效，是指 1998 年中国籍船舶在欧洲、亚太地区及美国的港口国监督检查的滞留率比 1997 年全面降低；三年改面貌，是指争取在 1999 年中国船旗从上述三个地区中的一个到两个地区脱离“黑名单”，2000年全面脱离“黑名单”。1998年2月12日，交通部印发《关于降低中国籍船舶在国外滞留率的若干规定》，对船公司责任、开航前检查、滞留情况报告、处理与处罚等作出具体规定。该规定明确：凡航经欧洲（巴黎备忘录成员国）、美国、澳大利亚、韩国航线，属于老龄、超龄的散货船、杂货船、油船、集装箱船和在国外港口国监督检查中曾被滞留的船舶，都应实施开航前检查；开航前检查依据《中华人民共和国船舶安全检查规则》，以港口国监督检查项目为主要内容。

自1998年7月1日起，中国船旗脱离巴黎备忘录“黑名单”，“降滞脱黑”工作取得初步成效。但在亚太地区，中国籍船舶的滞留率仍高于该地区平均滞留率，形势依然严峻。为提高船公司管理人员、船员对“降滞脱黑”工作的认识，并增加其对港口国监督的知识，中国海事局自1999年7月开始，分北方（大连）、华东（上海）、华南（广州）三个片区，举办以“降滞脱黑”为目的的港口国监督研讨培训班20期，各国际航线船公司管理人员924人参加了培训。

1999年7月22日，交通部副部长洪善祥在1999年大型航运企业安全管理座谈会上，要求海事机构对航经欧洲、美国、澳大利亚和日本航线的老旧船舶实施开航前检查，检查面要达到100%。12月30日，中国海事局印发通知，明确中国海事局将定期公布在国外港口国监督检查中滞留率连续两年超过全国平均滞留率的船公司名单、6个月内被滞留两次及以上的船舶名单、在国外被滞留后未按照规定向国内报告的船舶名单，并要求各港务监督暂停为这些船舶办理出口岸手续。

2000年2月22日，中国海事局印发《关于对国际航行船舶实施开航前检查有关规定的通知》，就开航前检查的适用范围、检查方式及实施程序等重新作出规定，将开航前检查适用范围调整为航经欧洲（巴黎备忘录成员国）、美国、澳大利亚、日本、韩国航线，船龄在15年以上的船舶和前往韩国、日本小于500总吨的“送鲜船”，以及过去一年中在国外港口国监督检查中被滞留的船舶；明确开航前检查由海事机构牵头，中国船级社当地机构参加，以对船舶实施安全检查的名义进行，如当地有受检船舶的船公司代表，其代表必须参加。该通知同时对航行于中、日、韩航线的班轮可申请1至3个月免检的条件和程序也作出规定。3月1日，中国海事局印发通知，决定在全国海事系统建立和实施降低中国船舶滞留率目标责任制，工作目标确定为，对适用船舶的开航前检查率达到100%，经开航前检查的船舶在合理时间内和正常情况下不得被滞留。4月17日，中国海事局在北京召开降低中国船舶滞留率专项工作紧急会议，24个开展港口国监督检查的海事机构的负责人与中国海事局在会上签署《开航前检查责任状》。4月20日，中国海事局向海事系统通报1998年、1999年连续两年超过中国籍船舶在国外平均滞留率的11家船公司名单和1999年在国外及港澳地区被滞留的88艘中国籍船舶名单，更新重点监督检查对象名单。4月21日，中国海事局印发通知，将开航前检查适用范围进一步扩展至航经俄罗斯航线的老龄船舶，即开航前检查适用范围修改为船龄15年以上航经欧洲（巴黎备忘录成员国）、美国、澳大利亚、日本、韩国、俄罗斯航线的船舶和前往韩国、日本小于500总吨的“送鲜船”，以及被中国海事局列入重点监督检查对象名单的船舶。同日，中国海事局成立降低滞留率专项工作督查团，自5月份开始，分组对24个海事机构开展开航前检查工作进行检查评估。6月20日，中国海事局印发通知，要求连续两年超过中国籍船舶在国外平均滞留率的11家船公司在当年12月31日前对公司的安全管理进行彻底整改，重点解决公司管理部门及所属船舶在接受国外港口国监督检查中存在的问题，配合主管机关做好开航前检查工作，做好开航前检查的自查。这一年，中国船旗脱离美国港口国监督“黑名单”和东京备忘录“黑名单”，从而实现了三年全面“降滞脱黑”目标。

2001年4月2日，中国海事局印发通报，向各直属海事局公布1999年和2000年连续两年超过中国籍船舶在国外平均滞留率的7家船公司、2000年超过全国平均滞留率的31家船公司、2000年在国外及港澳地区被滞留的41艘船舶的名单，要求各直属海事局对被列为重点监督检查对象的船舶严格实施开航前检查，对有关船公司的安全管理体系加强监督检查。同日，中国海事局印发通知，强调在“降滞脱黑”工作取得成效的情况下，继续对部分中国籍国际航行船舶实施开航前检查，并规定对实施开航前检查的港澳航线重点船舶由办理出口岸手续的海事机构确定。2001年7月11日，交通部对在“降滞脱黑”工作中作出突出贡献的单位进行表彰，其中有上海、广东、山东、深圳4个海事局，中国远洋运输(集团)总公司等12个航运企业。同日，交通部交通安全委员会授予64人“降低中国籍船舶滞留率工作先进个人”称号。

2001年以后，为巩固中国船旗“降滞脱黑”成果，逐步解决中国籍船舶安全状况方面存在的根本问题，将其滞留率控制在合理范围之内，中国海事局继续坚持综合治理方针，实行“重点检查、企业负责、船级社跟踪”策略。一方面，中国海事局要求从严实施开航前检查，加强对船舶履约状况符合性检查；自2001年起根据上年度中国籍船舶被滞留情况，每年统一发布一次开航前检查范围；自2002年起，规定各直属海事局除对检查范围内的船舶开展开航前检查外，还可根据各自实际自行确定需要进行开航前检查的目标船。另一方面，中国海事局要求各级海事机构发挥管理指导作用，与当地船公司定期召开安全联席会议，传达国际、国内安全检查新动态，督促船公司落实安全管理第一责任人的责任，监督和分析中国船级社实施船舶检验的源头管理情况。

1998—2007年中国籍船舶在国外(地区)接受港口国监督检查被滞留情况统计(单位：艘) 表7-3-6

年份	东京备忘录	巴黎备忘录	美国海岸警卫队	年度滞留总艘数
1998	54	9	3	66
1999	51	3	3	57
2000	24	4	0	28
2001	22	3	1	26
2002	15	1	0	16
2003	15	3	1	19
2004	15	1	1	17
2005	7	0	1	8
2006	6	2	1	9
2007	7	0	0	7

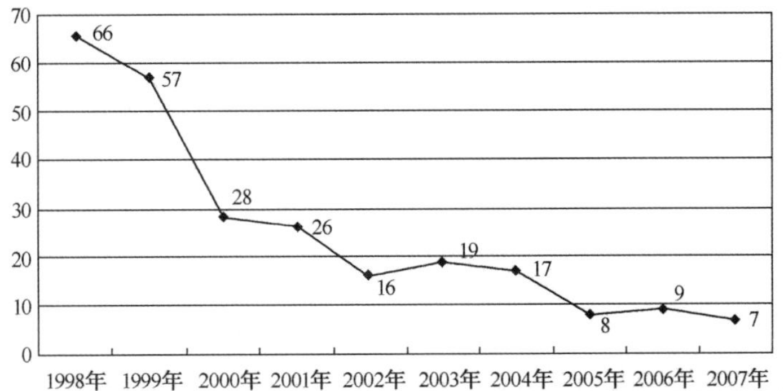

图7-3-7 1998—2007年中国籍船舶在国外(地区)接受港口国监督检查被滞留总艘数变化情况

2002年3月27日，中国海事局函告中国船级社，中国海事局自2002年开始实行船舶安全检查缺陷反馈制度。明确对于船舶在开航前检查或国外港口国监督检查中被发现的严重缺陷或滞留缺陷，如与船舶检验有关，中国海事局将通知中国船级社，并要求其采取有效措施，有针对性地加强船舶检验。在这一年，中国籍国际航行船舶在国外被滞留的数量比上一年降低了40%，中国船旗连续两年在世界范围脱离港口国监督检查“黑名单”。

2003年1月至5月，7艘中国籍船舶在国外港口国监督检查中被滞留，被滞留情况呈反弹趋势。5月22日，中国海事局发布紧急通知，要求各直属海事局认真分析上述7艘船舶和2002年在国外被滞留船舶的滞留原因，总结经验，提高开航前检查质量，对航经日本的船舶开航前检查率达到100%；同时，中国海事局决定建立船舶滞留案例调查制度，要求中国籍国际航行船舶被滞留后，有关船公司、海事机构对被滞留情况进行系统分析，形成调查报告后上报中国海事局。

图7-3-8　2005年12月14日，威海海事局执法人员冒雪为威海—大阪的集装箱班轮进行开航前检查

2004年6月29日，为防止中国籍国际航行船舶因不符合《国际船舶及港口设施保安规则》的缺陷而在国外被滞留，中国海事局印发通知，要求各海事局在船舶开航前检查工作中对不具备《国际船舶保安证书》或《临时国际船舶保安证书》以及《国际船舶保安证书》或《临时国际船舶保安证书》无效的中国籍适用船舶，不予办理出口岸手续。

2006年至2007年，中国海事局不再统一发布船舶开航前检查范围，开航前检查范围由各直属海事局自行确定。

至2007年底，中国船旗连续8年被巴黎备忘录列入代表“优质船旗”的港口国监督“白名单”，连续7年被东京备忘录列入“白名单”，连续5年被美国海岸警卫队评选为“21世纪质量船优质船旗”。

第四节　船舶适航与海上保安监督管理

【船舶适航综合管理】

2001年9月25日，中国海事局印发通知，决定自2002年3月1日起对中国国际航行船舶和500总吨以上国内沿海航行船舶统一使用国家标准（GB18093—2000）所规定的《航海日志》，要求各海事机构做好对船舶使用国家标准《航海日志》的监督检查；500总吨以下国内沿海航行船舶的《航海日志》可参照该国家标准执行。12月4日，中国海事局印发通知，明确各种专门从事水上采挖、工程作业的船舶，不从事运输业务的，不需持有《船舶营业运输证》。12月31日，交通部办公厅印发《关于加强长江枯水期超吃水船舶管理工作的通知》，其中要求海事机构在船舶签证和现场巡查时，注意核查船舶吃水，对超吃水船舶采取有效措施强制减载。

2004年3月25日，中国海事局印发通知，决定自2004年7月1日起，中国籍国际航行船舶和500总吨以上国内沿海航行的使用柴油机动力装置的海船统一使用国家标准（GB18436—2001）所规定的《轮机日志》和《车钟记录簿》；对未使用国家标准《轮机日志》和《车钟记录簿》的作为安全检查缺陷项目处理；《轮机日志》由具有海船登记权的海事机构签发；500 总吨以下国内沿海航行船舶的《轮机日志》和《车钟记录簿》可参照该国家标准执行。

2004 年 5 月 19 日，国务院决定取消第三批行政审批项目，其中包括外国籍船舶在港区水域内安全作业审批项目。该审批项目取消后的后续监管工作，中国海事局将之调整为事前报备、现场监管，并于 7 月 20 日发布实施《船舶港内安全作业监督管理办法》。该办法明确了船舶港内安全作业条件和注意事项，规定了事前报备、现场监管的程序和具体要求。8 月 27 日，交通部印发《关于公布第二批已取消和改变管理方式的交通部行政审批项目后续监管措施的通知》，明确外国籍船舶在港区水域内安全作业审批项目取消后的管理方式为事前报备、现场监管。

2004 年 12 月 3 日，中国海事局批复海南海事局，明确对琼州海峡粤海火车轮渡载运旅客列车的监督管理应有别于普通客车搭乘滚装客船的情况，旅客列车在上下火车轮渡过程中不适用“人车分流”的要求。

为强化对船舶、船员的跟踪管理，有力打击跨海事管理辖区的违法活动，确保各级海事机构能够客观公正地开展船舶安全审核和信誉管理评定工作，充分发挥源头管理、信誉管理的作用，2005 年 4 月 8 日，中国海事局印发通知，决定就船舶登记和最低安全配员管理、船舶进出港签证和现场监督检查等船舶监督管理工作建立协查和信息通报制度。各级海事机构在实施船舶监督管理过程中，如发现有证据证明船舶、船员有违法事实或嫌疑，需要有关机构协助查处的，或在立案查处过程中船舶、船员有逃逸情况的，可根据工作需要发出《船舶监督管理协查通知书》，委托有关海事机构予以立案调查处理。9 月 28 日，中国海事局印发通知，明确进出中国沿海港口水域的船舶必须配备中国海事局出版的港口航道图和航海出版物，其配备情况作为船舶安全检查的必检项目以及作为水上交通安全事故原因调查分析和责任认定的主要考虑因素之一。

根据《1974 年国际海上人命安全公约》1994 年修正案，除散装货船外，所有国际航行货船应配备经主管机关批准的《货物系固手册》，以促进船舶货物的安全积载和系固采用国际通用标准。按照国际海事组织《货物积载和系固安全操作规则》的有关要求，中华人民共和国港务监督局于 1997 年颁布了《编制 < 货物系固手册 > 导则》，以便各船公司为其所属船舶编制《货物系固手册》。但自该修正案 1998 年 1 月 1 日施行后，国际海事组织对《货物积载和系固安全操作规则》进行了多次修改。对此，中国海事局进行了整理和研究，于 2006 年 1 月 4 日发布新版《编制 < 货物系固手册 > 导则》，要求中国籍国际航行船舶按照该导则的要求完成船舶《货物系固手册》的编写或修订工作，并根据中华人民共和国港务监督局于 1997 年印发的《国际航行船舶 < 货物系固手册 > 审批规定》向相关海事机构提出审批申请。该通知废止了《国际航行船舶 < 货物系固手册 > 审批规定》所述技术咨询机构的设置，收回其为船公司代为编写《货物系固手册》的授权，各船公司所属船舶的《货物系固手册》由公司依照导则自行编写。该通知确定大连海事大学成立的《货物系固手册》编制小组为《货物系固手册》范本编制单位，可协助船舶及其所属公司编制《货物系固手册》。

【高速客船监督管理】

1996 年 12 月 24 日，交通部颁布《中华人民共和国高速客船安全管理规则》(简称《高速客船安全管理规则(1996)》)。高速客船中的中国籍船舶，系指载客 12 人及以上，设计静水时速在沿海水域为 25 海里及以上、在内河通航水域为 35 公里及以上的排水型船舶和动力支承船舶，但不包括常规客船、客滚船和旅游船；外国籍船舶系指符合《国际高速船安全规则》高速船定义的船舶。

中国海事局成立之后，按照该规则对高速客船进行监督管理，并于 1999 年 2 月 8 日印发《高速客船操作安全证书》年度审核程序。

2002 年 8 月 30 日，中国海事局向各直属海事局发出通知，就高速客船夜航审批事宜作出规定：国内高速客船公司申请抵达境外航线夜航，由船舶始发港海事机构的上级直属海事局负责审批；境外高速客船公司申请抵达国内航线夜航，由船舶抵达港海事机构的上级直属海事局负责审批。

2006 年 2 月 24 日，交通部公布经修订的《中华人民共和国高速客船安全管理规则》（简称《高速客船安全管理规则（2006）》，自 2006 年 6 月 1 日起施行。该规则重新定义高速客船是指载客 12 人以上，最大航速（米/秒）等于或大于 3.7 米$\nabla^{0.1667}$的船舶（“∇”系指对应设计水线的排水体积），但不包括在非排水状态下船体由地效应产生的气动升力完全支承在水面上的船舶。定义的更改，使部分船舶由非高速客船变更为高速客船。针对这一情况，中国海事局于 2006 年 5 月 26 日发文要求各直属海事局确保在上述船舶上任职的船员满足《高速客船安全管理规则（2006）》第十一条规定的任职条件；并明确在《高速客船安全管理规则（2006）》施行前已在上述船舶上任职的高级船员换发高速客船船长、大副、轮机长职务适任证书时，船员的年龄可以不受 45 周岁的限制。8 月 31 日，为配合《高速客船安全管理规则（2006）》的实施，中国海事局印发《高速客船操作安全证书》审核发证程序指南、《高速客船操作安全证书》附件编写指南及《航线运行手册》、《船舶操作手册》、《船舶维修及保养手册》、《培训手册》编写指南。

图 7-4-1　2007 年 1 月 9 日，厦门东渡海事处执法人员在厦门国际客运旅游码头，对航行厦门—金门航线的“五缘”高速客船进行春运安全检查

自 2007 年 1 月 1 日起，中国海事局启用经修改后的《高速客船操作安全证书》（中文版和中英文版），旧版《高速客船操作安全证书》于当年 7 月 1 日起停止签发使用。

【滚装船舶监督管理】

滚装船舶，包括滚装客船（客滚船）和滚装货船。滚装客船是指具有乘客定额证书且核定乘客定额（包括车辆驾驶员）12 人以上的滚装船舶；滚装货船是指滚装客船以外的、且核定乘客定额（包括车辆驾驶员）11 人以下的其他滚装船舶。

20 世纪 70 年代末，琼州海峡开辟了海安至海口的车客滚装船航线。至 1999 年，在南海、东海、渤海、黄海的海湾、海峡和岛屿海域形成了一定规模的滚装运输市场和滚装船队，之后川江跨省汽车滚装运输也逐步发展起来。随着滚装船队的发展，滚装船舶的运输安全问题也日渐凸现。为此，1999 年 8 月 31 日，中国海事局印发《关于加强渤海湾客滚船安全管理工作的通知》，要求各船公司保持客滚船良好的安全技术状况，严格遵守操作规程，保证船员适任；各海事机构要加强对客滚船的监督检查。

为吸取 1999 年 11 月 24 日发生的“大舜”号客滚船特大火灾沉没事故教训，1999 年 12 月 11 日，交通部交通安全委员会在大连召开“客滚船绑扎、系固、消防座谈会”。会上，中国海事局与渤海湾地区的交通行政主管部门、港航公安机关、经营客滚船运输的航运公司和港口，就客滚船在绑扎、系固、消防方面的具体要求和其他管理措施进行了讨论，提出了相应建议。

2000 年 2 月 23 日，交通部印发《关于加强客滚船安全管理的通知》，对客滚船的开航气象条件限制，开航前船长声明的提交，船舶承载车辆和货物的系固、绑扎、消防措施，船舶管理和应急反应措施，海事机构实施监督检查等提出了具体要求，同时规定禁止将进口的二手滚装货船改装后作为客滚船投入使用。为落实交通部该通知的上述要求，中国海事局于 3 月 16 日和 3 月 28 日两次印发通知，要求各海事机构严格执行该通知提出的监督检查的具体操作要求，特别强调对不满足有关要求的船舶自 4 月 1 日起不予办理船舶出港签证手续；明确客船、客滚船安全适航风级的有关问题，其中规定自 4 月 1 日起凡未经中国船级社或当地船舶检验机构核准安全适航风级的客船、客滚船的适航风级一律被视为 6 级(即见 7 不开)。4 月至 6 月，根据交通部《关于开展客滚船运输安全评估的通知》，在“水上运输安全管理年”活动中，中国海事局组织各有关海事机构牵头，对从事省际运输的所有客滚船(含船员)及其停靠码头和负责这些客滚船安全管理的公司进行了安全评估。

2001 年 2 月 28 日，中国海事局发布实施《长江上游汽车滚装船安全监督检查指南》，明确了对长江上游汽车滚装船进行安全检查以及现场签证的具体要求，其中规定对长江上游汽车滚装船的安全检查周期不长于两个月。该指南同时公布了宜昌至万县之间在枯水期、中水期、洪水期，汽车滚装船禁止追越、对会的航段及等让的水域。

图 7-4-2　2007 年 2 月 2 日，湛江海事局执法人员在春运期间检查琼州海峡海安港客滚船车辆绑扎是否牢固

2002 年 5 月 30 日，交通部发布《海上滚装船舶安全监督管理规定》，自 2002 年 7 月 1 日起施行。其中规定海事机构应加强对滚装船舶安全的日常监督检查和定期监督检查(至少三个月进行一次)，并到港口现场办理滚装客船的出港签证；在办理滚装货船的出港签证时，登轮检查搭载的乘客(包括车辆驾驶员)数量，使其不超过 11 人。6 月 12 日，中国海事局在宁波召开《海上滚装船舶安全监督管理规定》宣贯会议。11 月 13 日，交通部印发《关于加强渤海湾滚装客船安全监督管理的通知》，要求辽宁、山东、河北、天津海事局严格贯彻执行交通部《海上滚装船舶安全监督管理规定》，加强对渤海湾滚装客船的监督管理，除“海洋岛”、“棒槌岛”和“长兴岛”三艘船舶外，其他滚装客船在 8 级风以上(含 8 级风)时不得开航。

2003 年 4 月 18 日，交通部函致各直属海事局、各有关省(自治区、直辖市)交通厅(局、委)，就《海上滚装船舶安全监督管理规定》执行过程中关于短途滚装船舶安全监督管理以及滚装船舶船员任职的有关问题予以明确。

2005 年 12 月 22 日，中国海事局印发通知，针对几年来渤海湾滚装运输船舶火灾事故屡屡发生的情况，要求各船公司做好火灾事故的防范，加强巡舱检查工作，同时要求辽宁、山东、天津海事局加强对滚装运输船舶的日常监管，重点检查船舶巡舱情况记录。

【老旧运输船舶监督管理】

老旧运输船舶，按照船舶船龄与船舶类型分为 5 类老旧海船和 5 类老旧河船。国家对老旧运输船舶实行分类技术监督管理制度，对已达到强制报废船龄的运输船舶实施强制报废制度。

2001 年 4 月 9 日，交通部发布并施行《老旧运输船舶管理规定》，1993 年 4 月 19 日交通部发布的《老旧船舶管理规定》同时废止。该规定明确：一类、二类老旧海船、河船的强制报废规定自 2001 年 5 月 1 日起执行，其他类老旧船舶的强制报废规定自 2002 年 1 月 1 日起执行。5 月 9 日，交通部印发通知，明确了《老旧运输船舶管理规定》具体实施中有关船龄、船舶营运证、特别定期检验等事项，并明确报废船舶由交通部和省级交通主管部门定期对外公布。5 月 30 日，交通部印发《关于贯彻实施〈老旧运输船舶管理规定〉的通知》，其中要求海事机构、船舶检验机构要建立老旧运输船舶档案，进行跟踪管理。12 月 24 日，交通部发函，对《老旧运输船舶管理规定》中的运输船舶适用范围、沥青船和滚装船船舶类型确定、船舶改建的管理、船舶改变用途的管理等问题予以解释说明。12 月 27 日，中国海事局针对各海事机构在实施《老旧运输船舶管理规定》过程中对船龄问题理解不同的情况，就船龄问题予以明确。

2006 年 7 月 5 日，交通部公布经修订的《老旧运输船舶管理规定》，自 2006 年 8 月 1 日起施行。

【国际鲜销水产品冷藏运输船监督管理】

国际鲜销水产品冷藏运输船（简称送鲜船或鲜销船），在 2005 年前一直由农业部作为渔业辅助船舶实施船舶检验、船舶登记管理，并配备渔船船员。由于港口国监督的不断深入，日本、韩国等国家纷纷启动了对挂靠其港口的鲜销船按国际惯例作为运输船舶实施港口国监督检查，使这类船舶存在被滞留的风险。1999 年，中国沿海前往韩国、日本的一些送鲜船舶，由于证书及船舶状况等方面的严重问题在港口国监督检查中被滞留，对降低中国籍船舶滞留率工作产生了负面影响。鉴此，中国海事局于 2000 年将送鲜船列为开航前检查对象，并于 2000 年 4 月 29 日，印发《关于送鲜船舶管理若干问题的通知》，规定将鲜销船作为运输船舶管理，要求其按规定到各港务监督办理登记手续，到有资质的船舶检验机构申请检验；自 7 月 1 日起，这些船舶必须按照国际航线船舶的要求持证、配备船员，否则不予办理进出口岸手续。7 月 4 日，中国海事局印发补充通知，对部分送鲜船执行《关于送鲜船舶管理若干问题的通知》规定的日期暂缓至 2000 年底。

2004 年，经中国海事局与农业部渔业局、渔业船舶检验局研究，决定将从事国际航行鲜销船的船舶检验、船舶登记和船员考试发证从农业部门转由交通部门实施管理。12 月 21 日，中国海事局与农业部渔业局、渔业船舶检验局签署了《关于理顺从事国际鲜销水产品冷藏运输船管理关系的意见》。自 2005 年 7 月 1 日起，农业部渔业局、渔业船舶检验局停止签发鲜销船的渔业船舶登记证书、检验证书，各级渔政渔港监督、渔业船舶检验机构停止受理鲜销船的登记检验申请；自 2005 年 2 月 1 日起，中国船级社、海事系统各相关船舶登记机关开始受理鲜销船的船舶检验、船舶登记申请，按规定实施检验并核发相应证书；在鲜销船服务的船员于 2005 年 3 月 31 日前向海事系统船员考试发证机关申请办理船员职务适任证书；2005 年 6 月 30 日前已取得海事机构核发的船舶登记证书的鲜销船自取得证书之日起，其他鲜销船自 2005 年 7 月 1 日起，由各级海事机构负责日常监督管理；对鲜销船船员的日常监督管理自其取得海事机构核发的船员职务适任证书之日起转由各海事机构负责；中国海事局与农业部渔业局、渔业船舶检验局共同成立鲜销船管理业务交接工作组，分批次做好交接工作。2005 年 1 月 10 日，中国海事局向各直属海事局、中国船级社印发《关于理顺从事国际鲜销水产品冷藏运输船管理关系的通知》，就鲜销船交接、过渡期内的工作进行安排。至此，从事国际鲜销水产品冷藏运输船开始纳入中国海事机构的监督管理范围。

【重点跟踪船舶监督管理】

2001 年 5 月 23 日，中国海事局发布施行《重点跟踪船舶监督检查管理规定》。该规定适用于中国籍 200 总吨或 750 千瓦以上国内航行海船、50 总吨或 36.8 千瓦以上内河船舶。该规定第四条明确了在船舶安全检查中被禁止离港的船舶、在发生重大水上交通事故和污染事故中负有全部或主要责任的船舶、发生违章后不服从主管部门管理或逃避的船舶、持假证书或证书与实际状况严重不符的船舶、三分之一及以上的船舶被列为重点跟踪船舶的船公司的所有船舶以及海事机构认为需要重点跟踪检查或协查的船舶为重点跟踪船舶。根据该规定，各海事机构发现上述六种情况的船舶后即向直属海事局或省级地方海事机构报告，直属海事局或省级地方海事机构对该船舶的情况进行核实，确认为重点跟踪船舶后及时向中国海事局报告，由中国海事局公布《重点跟踪船舶名单》；各级海事机构对到港的重点跟踪船舶实施严格的船舶安全检查，并建立相应的台账记录。船舶被列入《重点跟踪船舶名单》后半年内若未发生该规定第四条所列情况的，由船籍港海事机构对其船公司安全管理状况作出评估后，向直属海事局或省级地方海事机构报告，直属海事局或省级地方海事机构审核并同意后上报至中国海事局，由中国海事局决定该船是否脱离《重点跟踪船舶名单》。8 月 1 日，中国海事局首次公布《重点跟踪船舶名单》，列入名单的船舶计 48 艘。11 月 2 日，公布了第二批计 50 艘船舶在内的《重点跟踪船舶名单》。

2002 年 1 月 30 日，为明确船舶脱离《重点跟踪船舶名单》的程序和评审方法，中国海事局发布《船舶脱离重点跟踪船舶名单评审办法》。针对一些船舶所有人将列入《重点跟踪船舶名单》的船舶进行买卖，给船舶安全监督管理工作造成困难的情况，中国海事局于 2 月 27 日印发通知，要求各海事机构在对已被列入《重点跟踪船舶名单》的船舶进行登记时，将该船已被列为重点跟踪对象的事实告知新的船舶所有人，并将原所有人、原船名和新所有人、新船名等情况，在登记后三个工作日内报中国海事局，同时对该船仍作为重点跟踪船舶进行监督检查，直至该船按《船舶脱离重点跟踪船舶名单评审办法》脱离《重点跟踪船舶名单》为止。

2004 年，为强化对恶意违法、对抗执法行为的查处力度，中国海事局对《重点跟踪船舶监督检查管理规定》进行修订后于 7 月 13 日重新发布。其中就重点跟踪船舶的范围作如下修改：将原“在船舶安全检查中被禁止离港的船舶”调整为“12 个月内在船舶安全检查中被禁止离港 2 次的船舶”；增加“弄虚作假、伪造船舶资料，或者对抗主管部门管理的船公司的所有船舶”。同时，为确保《重点跟踪船舶名单》能得以及时有效地更新和发布，便于基层单位现场跟踪监督检查，中国海事局对公布名单的方式进行调整，不再另行印发列入或脱离该名单的单行文件，仅公布业经更新汇总后的名单。2004 年 10 月 10 日，中国海事局首次公布了经调整汇总后的《重点跟踪船舶名单》。

2007 年底，列入《重点跟踪船舶名单》的船舶计 123 艘。

2001—2007 年重点跟踪船舶数量统计　　表 7-4-1

年　份	新增(艘)	脱离(艘)	年末数量(艘)
2001	98	0	98
2002	3	4	97
2003	10	16	91
2004	40	24	107
2005	34	51	90
2006	29	9	110
2007	34	21	123

【船舶安全诚信管理】

为鼓励和促进航运公司及其船员自觉做好公司和船舶的安全管理工作，2003 年 4 月 29 日，中国海事局颁布《中华人民共和国海事局“安全诚信船舶”评选规定》，自 2003 年 6 月 1 日起实施。该规定适用于除滚装船舶之外的中国籍国际航行船舶及省际航行船舶。符合评选条件的船舶自愿申请参评，经海事机构逐级核实后由中国海事局发布“安全诚信船舶”名单。中国海事局向“安全诚信船舶”颁发有效期为24个月的《安全诚信船舶证书》，免除对其24个月的船舶安全检查（含开航前检查）。5月14日，中国海事局发布实施船舶安全诚信管理的公告，请各国际航运公司和省际航运公司到船舶登记地的海事机构申请评选。7月18日，中国海事局公布首批146艘“安全诚信船舶”名单，并对该批船舶进行跟踪，及时掌握其获得“安全诚信船舶”称号后的安全状况。2004年8月，中国海事局更新了首批“安全诚信船舶”名单142艘，其他4艘船舶因有不良安全记录被取消“安全诚信船舶”资格。

图7-4-3　2003年7月24日至25日，2003年大型水运企业安全管理座谈会在青岛召开，会上向首批获得“安全管理诚信船舶”称号的146艘船舶颁发了证书

为进一步完善安全诚信船舶管理制度，充分体现人为因素对船舶安全的重要作用，中国海事局对《中华人民共和国海事局“安全诚信船舶”评选规定》进行修订，补充增加了评选“安全诚信船长”的内容，并更名为《中华人民共和国海事局安全诚信船舶、安全诚信船长评选规定》，于2005年2月6日发布，自2005年1月1日起实施。该规定适用于除滚装船舶之外的中国籍国际航行船舶及省际航行船舶（达到《老旧运输船舶管理规定》所确定的特别定期检验船龄的除外）、所有在中国籍船舶上任职的船长。凡符合该规定中评选条件的船舶、船长于每年2月至4月间自愿申请参评，经海事机构逐级核实后由中国海事局于每年7月发布“安全诚信船舶”、“安全诚信船长”名单，并颁发有效期为24个月的《安全诚信船舶证书》、《安全诚信船长证书》。对“安全诚信船舶”免除24个月的船舶安全检查（含开航前检查）；对由“安全诚信船长”连续在船担任船长的“安全诚信船舶”，免除36个月的船舶安全检查（含开航前检查），同时准予优先办理进出港手续。“安全诚信船舶”在免检期间发生事故、违反有关海事法规或被举报，海事机构可对船舶进行检查。

2005年7月25日，根据有关航运公司的申请，经由资深船长、轮机长和验船师组成的评审委员会评审，中国海事局公布111艘2005年年度“安全诚信船舶”名单和202名2005年年度“安全诚信船长”名单。此后，每年评审公布当年度“安全诚信船舶”和“安全诚信船长”名单。

2007年10月1日，《船舶签证管理规则2007》正式实施，该规则规定，“安全诚信船舶”若满足安装并按规定使用船舶自动识别系统、在前一个年度签证期内按照规定递交进出港报告、已经与有关金融机构签订船舶港务费交纳协议等3个条件，即可办理年度定期签证，在全国范围内有效。

2003—2007年“安全诚信船舶”及“安全诚信船长”评选情况统计　　表7-4-2

年　份	安全诚信船舶（艘）	安全诚信船长（名）	有　效　期
2003	146	—	24个月
2004	142	—	更新2003年评选的安全诚信船舶
2005	111	202	24个月
2006	83	30	24个月
2007	113	159	24个月

【船舶海上保安监督管理】

为加强海上保安、防范恐怖主义活动，国际海事组织于2002年12月在伦敦召开的海上保安外交大会上通过了《1974年国际海上人命安全公约》附则修正案和《国际船舶和港口设施保安规则》。经修正的《1974年国际海上人命安全公约》附则新增第Ⅺ－2章(加强海上保安的特别措施)，明确了《国际船舶和港口设施保安规则》强制实施的相关要求。《1974年国际海上人命安全公约》2002年修正案施行后，《国际船舶和港口设施保安规则》自2004年7月1日起对客船(包括高速客船)、500总吨及以上货船(包括高速货船)、海上移动式钻井平台等从事国际航行的船舶生效。

《1974年国际海上人命安全公约》2002年修正案及《国际船舶和港口设施保安规则》要求适用船舶对其自身进行安全评估，编制船舶保安计划，安装自动识别系统，配置船舶报警装置，配备经培训的船舶保安员，标识船舶永久识别号，具有主管机关签发的船舶《连续概要记录》，其船舶保安计划应得到主管机关或认可的保安组织的批准，并取得《国际船舶保安证书》。

2003年6月24日，中国海事局向各海事机构、中国船级社、有关航运企业印发《关于实施国际航行船舶海上保安工作的通知》，要求经营国际航线的船舶所有人或经营人、管理人，在2004年7月1日前编制国际航行船舶的保安计划，指定并培训公司保安员及船舶保安员，为所属国际航行船舶配备规定的设备、文件和标识，申请船舶保安评估，取得《国际船舶保安证书》。同日，中国海事局批准中国船级社作为认可的海上保安组织，授权其审批船舶保安计划、对船舶保安进行评估审核及签发《国际船舶保安证书》。8月15日，中国海事局颁布《中华人民共和国船舶和公司保安员专业培训、考试和发证管理办法(试行)》。10月13日至17日，国际海事组织在北京举办讲座，阐述了《1974年国际海上人命安全公约》2002年修正案关于海上保安的要求及在港口国监督检查中如何进行船舶保安系统的检查。10月23日，中国海事局批复中国船级社，确定了《国际船舶保安证书》格式。10月27日，中国船级社在北京颁发中国首批《国际船舶保安证书》。

2004年4月14日，中国海事局发布实施《国际航行船舶配备〈连续概要记录〉规定》，规定自2004年7月1日起，所有中国籍国际航行客船和500总吨及以上的货船必须配备《连续概要记录》，中国海事局统一制定《连续概要记录》格式，并授权各船舶登记机关签发《连续概要记录》。《连续概要记录》是《1974年国际海上人命安全公约》2002年修正案为加强国际航行船舶保安工作，而规定船舶必须配备的由主管机关签发的连续记录船舶本身及其相关公司、组织、机构信息的文书。

2004年6月16日，交通部印发通知，发布《船舶保安规则》，自7月1日起施行。该规则明确中国海事局负责履行《国际船舶和港口设施保安规则》规定的缔约国船舶保安主管机关的职责。6月24日，交通部发布公告，公布了中国海事局值班室及14个直属海事局的值班室作为船舶和港口设施保安联络点，以及联络点接收船舶保安数据的渠道和方式。中国海事局值班室是国家船舶和港口设施保安联络点，负责全国船舶和港口设施的保安报警接收和保安信息联络。6月29日，为防止中国籍国际航行船舶因不符合《国际船舶和港口设施保安规则》的缺陷而被国外港口国主管机关滞留，中国海事局要求各海事局就实施《1974年国际海上人命安全公约》2002年修正案和《国际船舶和港口设施保安规则》方面加强对辖区船公司的指导和管理力度，在开航前检查工作中对未按规定持有有效的《国际船舶保安证书》或《临时国际船舶保安证书》的中国籍船舶不予办理出口岸手续。6月30日，交通部发布公告，将中国籍国际航行船舶的保安等级设定为“保安等级1”(Security level 1)，即应当始终保持适当最低防范性保安措施的等级。

2004年7月1日前，中国海事局组织对所有航行于国际航线的中国籍船舶签发了《国际船舶保安证书》和《连续概要记录》，完成了船舶保安员和公司保安员专业培训考试发证工作，并与有关航运公司合作开展了两次海上保安演习。7 月 12 日，中国海事局印发通知，明确经交通部或交通部授权的省、自治区交通厅批准的从事内地至香港、澳门地区的运输船舶属于实行特殊管理的国内航行船舶，不适用《1974 年国际海上人命安全公约》2002 年修正案和《国际船舶和港口设施保安规则》。7 月 14 日，交通部发布公告，公布各开放口岸的船舶和港口设施保安联络点以及联络方式，其中船舶保安联络点 70 个，均为海事机构，港口设施保安联络点 74 个，为有关交通部门和单位。11 月 3 日，中国海事局印发《关于规范船舶保安报警工作的通知》，对船舶保安报警测试工作提出具体要求，避免因测试报警与真实报警发生混乱而影响保安联络点报警接收工作的正常进行。

2005 年 5 月 11 日，为规范国际航行船舶抵港前应予提供的保安信息，中国海事局根据国际海事组织海上安全委员会第 79 届会议通函的有关内容，发布《国际航行船舶抵港前应予提供的标准保安信息》，作为各有关公司、船舶编制船舶抵港前应予提供的保安信息的指导性文件。

2007 年 3 月 26 日，交通部公布《中华人民共和国国际船舶保安规则》（简称《船舶保安规则 2007》），自 2007 年 7 月 1 日起施行，同时废止 2004 年发布的《船舶保安规则》。《船舶保安规则 2007》规定中国海事局或其指定的海事机构负责审查《船舶保安计划》，核发《国际船舶保安证书》或《临时国际船舶保安证书》；《船舶保安计划》、《国际船舶保安证书》、《临时国际船舶保安证书》的许可条件和程序按照交通部颁布的关于海事行政许可条件和程序的有关规定执行。

【船舶最低安全配员】

船舶最低安全配员，是船舶在航行和停泊时足以保证船舶安全的最低船员配备标准。依据 1997 年 9 月 24 日交通部发布的《中华人民共和国船舶最低安全配员规则》，所有航行国际航线、200 总吨或 750 千瓦以上航行国内沿海航线、50 总吨或 36.8 千瓦以上航行国内内河航线的中国籍机动船舶，在航行和停泊期间，应配备不低于该规则所确定的船员构成和数量，并应申请和持有港务监督机构核发的《船舶最低安全配员证书》；港务监督机构负责对本辖区内船舶的配员情况和《船舶最低安全配员证书》实施监督检查。中国海事局成立后，主管船舶最低安全配员管理工作。

为解决内河船舶驾驶员与轮机员合一的“夫妻船”配员的特殊问题，1998 年 12 月 18 日，中国海事局印发通知，修改 1997 年发布的《船舶最低安全配员规则》附录三中 50 总吨以上至未满 200 总吨或 36.8 千瓦以上至未满 147 千瓦的内河船舶的配员构成和数量，此修订标准适用于 1998 年 12 月 31 日前取得该等级船舶国籍证书的货船。该通知同时明确，在使用该规则附录的船舶最低安全配员表时，甲板部船员按总吨位等级核定，轮机部船员按船舶主推进动力装置功率核定；但船舶按主推进动力装置功率划分的等级高于按总吨位划分的等级时，甲板部船员应按主推进动力装置功率等级核定。

1999 年 2 月 11 日，中国海事局批复广西壮族自治区港航监督局，明确 1998 年 12 月 18 日修订内河船舶最低安全配员标准，是针对部分地区历史上长期存在的“夫妻船”难于满足正常配员要求而实施的特殊解决办法，为避免新的“夫妻船”出现，1998 年 12 月 31 日后取得该等级船舶国籍证书的船舶，不得再按 1998 年 12 月 18 日修订的内河船舶最低安全配员标准核发《船舶最低安全配员证书》。

2000 年 4 月 13 日，中国海事局批复重庆市港航监督处，明确对驾机合一的 600 总吨以上至未满 1600 总吨或 441 千瓦以上至未满 1500 千瓦的内河自航货船，可参照自动化机舱的减免规定核定船舶最低安全配员。7 月 20 日，中国海事局批复深圳海事局，同意海船改为河船的，其船舶最低安全配员暂按海船最低安全配员标准执行。

为治理船舶低于最低安全配员要求的违法行为，2003 年 7 月 3 日，中国海事局印发紧急通知，要求全国海事系统加大现场监督力度，在办理船舶签证时，重点抽查船舶配员是否符合要求，并于7月7日至8月7日，组织开展船舶配员专项整顿活动，重点检查国内中小船公司所属的内河、沿海航行船舶。

2004年6月30日，交通部公布经修订的《中华人民共和国船舶最低安全配员规则》(简称《船舶最低安全配员规则2004》)。7月30日，中国海事局印发通知，对《船舶最低安全配员规则2004》有关条款作了说明，明确船舶登记机关是办理和发放《船舶最低安全配员证书》的机构，并就新版《船舶最低安全配员证书》签发、换发和监督检查有关问题作出规定。

2005年11月9日，中国海事局批复黑龙江海事局，同意该局所辖水域的50总吨以下、功率3.6千瓦以下的乡镇自用船舶、农用船舶，在连续航行不超过4小时的前提下，可仅配备1名驾驶员航行。

鉴于2004年颁布的《中华人民共和国海船船员适任考试、评估和发证规则》中，将大副、二副、三副统称为驾驶员，将大管轮、二管轮、三管轮统称为轮机员等职务船员类别划分规定，以及《船舶最低安全配员规则2004》配员表中，某些船舶等级划分跨度过大，对一些较小船舶的配员要求显得过高的情况，根据《船舶最低安全配员规则2004》中关于中国海事局可依据有关法律、行政法规和相关国际公约修改船舶最低安全配员表内容的规定，中国海事局于2006年对《船舶最低安全配员规则》附录一、附录二、附录三的最低安全配员表中船舶吨位或功率的等级划分、配备船员的构成和数量等内容进行了部分修改，并于3月2日印发通知，征求直属和地方各海事局以及大型航运企业意见。4月13日，中国海事局印发经修订的船舶最低安全配员表，自2006年5月1日起施行。其中，较大吨位船舶配员标准略有提高，较小吨位船舶配员标准略有降低，对客船从严。中国海事局规定在此之前签发的船舶最低安全配员证书如与修改后的配员表规定不一致的，船舶所有人应于2006年12月31日之前持原证书等有关材料到船舶登记机关免费办理换证手续。2006年11月10日，中国海事局印发通知，决定自2007年1月1日起，启用经修订的新版《船舶最低安全配员证书》，同时停止签发使用2004年版《船舶最低安全配员证书》(国际航行船舶)，自2007年7月1日起停止签发使用2004年版《船舶最低安全配员证书》(沿海船舶、内河船舶)。

针对中国沿海水域连续发生多起重大海上交通事故中暴露出来的在船舶安全配员、船员值班以及应急反应能力等方面存在的问题，2007年5月1日至12月31日，中国海事局在全国范围内组织开展船舶安全配员专项检查活动，共对11307艘次海船实施了检查，发现并纠正缺陷7498项，对118艘船舶采取了滞留或限期整改措施。

第八章　危管与防污

简　述

危管与防污，是指对船舶载运危险货物的安全监督管理和防治船舶污染的监督管理。船舶载运具有燃烧、爆炸、腐蚀、毒害、放射性等性质的货物，在运输过程中易发生事故，造成人身伤亡、财产毁损以及污染危害环境。对船舶载运危险货物和防治船舶污染的监督管理，涉及船舶检验、船员适任、船舶适装适运、安全检查、航行过程动态监控、船公司管理等方面。

本章主要记述中国海事局履行船舶载运危险货物和防治船舶污染的监督管理职责，在船舶适装适运安全防范及专项整治、事故应急体系建设和能力建设、事故调查处理及损害赔偿等环节上所做的工作。

中国海事局成立后，注重拓展思路，创新监管机制，提高危管防污工作人员监管水平，在突出重点的同时，全面推进危管防污工作深入开展。2000 年 12 月 13 日至 15 日，中国海事局在汕头召开海事系统危管防污工作会议。会议在分析了危管防污工作的特殊性和重要性以及存在的问题后，强调要抓住水上安全监督管理体制改革和新修订的《海洋环境保护法》实施后的有利时机，理顺工作关系，开创危管防污工作新局面，明确了对液化气船、油轮和内河危险货物运输的监管是危管防污工作的重中之重。2002 年 7 月 30 日至 31 日，中国海事局在深圳召开全国海事系统危管防污工作会议。会议确定危管防污工作要对船舶适装状况、货物适运状况、船岸界面状况三个关键环节实施有效监控，加大对重点危险有害货物及其载运船舶的现场检查率，进一步完善安全防范、应急反应、损害赔偿系统管理模式，提高污染事故调查处理水平。2005 年 2 月 28 日至 3 月 1 日，中国海事局在上海召开全国海事系统危管防污工作会议。会议提出下一阶段危管防污工作思路，强调要将危管防污专项整治与危管防污工作长效机制相结合，不断提高危管防污工作的预控能力和应急处置能力，提高危管防污工作人员业务技术水平；重点完善船舶溢油和化学品运输事故的应急体系，推动船舶污染损害赔偿机制建立，深入贯彻实施 2003 年公布的《船舶载运危险货物安全监督管理规定》，提高现场监督检查质量。2007 年 1 月 29 日至 30 日，中国海事局在厦门召开全国海事系统危管防污工作会议。会议提出下一阶段危管防污工作要按照“预防为主，防治结合”的原则，积极探索危管防污工作新模式，着力加强船舶污染应急反应机制和能力建设，建立危管防污工作监督管理长效机制；同时要建立完善危管防污工作行政督察、责任追究、指标考核和工作人员准入制度，加强危管防污工作执法队伍建设。

图 8-0-1　2005 年 2 月 28 日至 3 月 1 日，全国海事系统危管防污工作会议在上海召开

在船舶载运危险货物监督管理方面，中国海事局完善危险货物申报与危险货物过驳作业的审批管理，加强对载运危险货物船舶的现场监督，及时消除隐患，严厉打击危险货物瞒报、谎报、漏报行为，并建立起船舶载运危险货物信誉管理机制、备案管理机制、评估管理机制。为配合《船舶载运危险货物安全监督管理规定》的实施，2005 年、2006 年，连续开展了两年危险货物安全管理专项整治活动，《国际海运危险货物规则》和船舶载运危险货物的法规得到贯彻落实，危险货物运输船舶技术条件得到改善，从业人员素质得到提高，危险货物码头的作业条件进一步好转。

在防治船舶污染方面，对外，中国海事局根据《经 1978 年议定书修订的 1973 年国际防止船舶造成污染公约》及其附则的修正案，不断更新履行公约的措施，加大船舶防污染的监督检查和违章调查处理力度，提高了船舶防污状况和管理水平，减少了中国籍船舶在国外的滞留率，促进了中国远洋运输业的发展；对内，推动《中华人民共和国防治船舶污染内河水域环境管理规定》公布实施，在全面加强船舶防污染工作的同时，组织在长江三峡库区、太湖流域、渤海湾等重点水域开展船舶污染专项整治，对沿海海域船舶的排污设备实施铅封管理。2007 年 7 月，中国海事局发布《船舶污染事故调查处理管理规定》，建立船舶污染事故调查官制度，提升了船舶污染事故调查处理水平。

中国海事局重视船舶溢油应急反应体系的建立和能力建设。2000 年 3 月，交通部和国家环境保护总局联合发布《中国海上船舶溢油应急计划》及北方海区、东海海区、南海海区、台湾海峡水域船舶溢油应急计划。2003 年 12 月，交通部与河北省人民政府联合发布《秦皇岛海域船舶溢油应急计划》。为发挥地方各级人民政府的积极性，2004 年以后，中国海事局着力推进省、市级船舶溢油应急计划的编制。中国海事局自成立后，还积极推动适用船舶按照规定编制《船上油污(海洋污染)应急计划》，推动港口、码头、装卸点编制船舶污染应急计划，推动各地加强船舶污染应急能力建设。至 2007 年底，中国基本形成了国家、海区、省(市)、港口、码头和船舶六级船舶溢油应急反应体系，沿海主要港口初步具备了在港区和近岸水域内控制清除中、小规模船舶溢油事故的应急能力，建立了烟台溢油应急技术中心和秦皇岛海上溢油应急处理中心。中国海事局重视加强船舶溢油应急培训，倡导和组织开展船舶溢油应急演习，提高船舶溢油应急队伍水平。为解决船舶发生油污事故造成重大污染损害的赔偿问题，提高抵御油污损害能力，中国海事局提出了建立符合中国国情的船舶油污损害赔偿机制思路，并为建立中国船舶油污损害赔偿机制开展了大量调查、论证、协调、起草工作。

第一节　船舶载运危险货物监督管理

【船舶载运危险货物综合管理】

中国海事局成立时，对船舶载运危险货物的监督管理，主要依据是《海上交通安全法》、《内河交通安全管理条例》、《水路危险货物运输规则》、《船舶装载危险货物监督管理规定》等法律、法规、规章和规范性文件以及《国际海运危险货物规则》等有关国际公约，涉及船舶载运危险货物的申报审批、过驳作业审批、靠泊作业监督管理，以及对载运危险货物船舶的动态监控和现场检查。

根据中华人民共和国港务监督局的有关规定，开展危险货物申报员和集装箱装箱现场检查员的培训考试发证工作，须经中华人民共和国港务监督局核准授权。中国海事局成立后，又陆续对开展危险货物申报员和集装箱装箱现场检查员的培训考试发证工作进行了授权。于 1998 年 12 月 9 日授权广西港航监督局开展集装箱装箱现场检查员的培训考试发证工作；于 2000 年 1 月 27 日、7 月 31 日、9 月 11 日先后授权上海市港航监督开展内贸危险货物申报员的培训考试发证工作，厦门海事局开展危险货物申报员和集装箱装箱现场检查员的培训考试发证工作，福建海事局开展对辖区及闽江内河的危险货物申报员和集装箱装箱现场检查员的培训考试发证工作；于2002年，授权浙江海事局开展危险货物申报员和集装箱装箱检查员的培训考试发证工作，授权江苏海事局开展危险货物申报员的培训考试发证工作。

1999年3月18日，中国海事局颁布《船舶载运散装油类安全与防污染监督管理办法》，对从事散装油类运输、储存、装卸等相关作业的油船公司、油船、油码头和装卸设施及其所有人、经营人、操作人的安全技术资质、安全作业许可条件、作业过程安全措施以及油污应急反应、监督管理、法律责任等作出具体规定；明确建立油码头和装卸设施从事散装油类作业许可制度、《船岸安全检查表》和《供受油作业安全检查表》制度。6月24日，中国海事局发文就实施该办法的有关问题予以说明，明确油船及船公司建立安全管理体系、油码头和装卸设施申请散装油类作业许可应提交的文件资料及其作业操作人员培训持证上岗的具体要求等。

由于《国际海运危险货物规则》第29套修正案放宽了对硅铁等危险货物的运输要求，1999年4月7日，交通部印发通知，明确硅铁、炭、活性炭、棉花、干草、禾秆等，在规定条件下可作普通货物运输。

图8-1-1　2002年4月12日，交通部海事局副局长刘德洪（左三）在南京栖霞港检查油轮安全工作

2001年，各海事机构基本建立了货物申报、审查审批、监督检查三个重点环节的监管、预控体系，加强了对油轮、散装化学品船、液化气船等高危船种检查的频次，及时发现和纠正危险货物运输的隐患。同年，为借鉴国内外化学品安全运输管理经验，提高中国危险化学品运输和储存管理水平，中国海事局、国家安全生产监督管理局和国际化学品制造商协会于12月11日至12日在上海联合召开"全国化学品运输安全研讨会"。各省（自治区、直辖市）安全生产监督管理机构、交通主管部门、地方海事局和交通部直属海事局，有关航运企业的代表200多人出席会议。

2003年，中国海事局针对有的海事机构在船舶载运危险货物监督检查工作中做法不一致的问题，编写了《船舶载运危险货物监督检查指南》，供基层执法人员学习。

2004年1月1日，《港口法》和部门规章《港口危险货物管理规定》、《船舶载运危险货物安全监督管理规定》同日正式施行。为统一对有关法律和规章贯彻执行的认识和《船舶载运危险货物安全监督管理规定》的具体实施，2004年2月26日至27日，中国海事局在宁波召开宣贯研讨会，并于3月16日印发《贯彻实施〈船舶载运危险货物安全监督管理规定〉的指导意见》。该指导意见指出，《港口法》和《港口危险货物管理规定》的生效实施，没有改变海事机构对船舶航行安全和防污染实施监督管理的职责及执法依据；海事机构负责审批船舶载运危险货物申报审批的内容包括船舶适装和货物适运两方面，货物适运申报是船舶载运危险货物申报制度的组成部分；但海事机构不再进行危险货物码头安全作业条件许可审批，而是在港口行政管理部门批准新建、改建、扩建危险货物码头、锚地时提出具体意见；无论港内、港外，船舶进行海上散装液体污染危害性货物的过驳作业须经海事机构批准；集装箱装箱场站不纳入海事机构监督管理范围，对载运危险货物集装箱的管理重点放在过程监督和事后监督，为防止把安全隐患带到船上，防止瞒报、谎报危险货物，海事机构可以对拟装船的集装箱实施开箱检查，并组织对危险货物申报员和集装箱装箱检查员进行培训和知识更新。

根据2004年5月21日由国家安全生产监督管理局、公安部、监察部、铁道部、交通部、卫生部、国家工商行政管理总局、国家质量监督检验检疫总局、国家环境保护总局、中国民用航空总局、国家邮政局联合印发的《深化危险化学品安全专项整治方案》，中国海事局于2004年11月1日印发《船舶载运危险货物安全专项整治方案》，决定在2005年开展船舶载运危险货物安全专项整治活动，主要针对船舶载运危险货物运输中存在的不安全因素，通过整治及时发现和纠正船舶载运危险货物运输中存在的重大缺陷和潜在事故隐患，有效防止重、特大船舶载运危险货物事故的发生，提高船员、船舶、船公司和相关单位对危险货物运输的安全防范意识，重点打击危险货物运输瞒报谎报行为，严肃查处船舶不适装、货物不适运、码头不适靠、积载隔离不符合规定、不按规定办理进出港申报手续的问题以及载运危险货物船舶的安全设备和人员防护不符合有关特殊要求的现象，同时进一步规范船舶载运危险货物监督管理行为，逐步建立船舶载运危险货物安全管理的长效机制。整治活动中，全国海事系统在第一季度对船载危险货物运输相关人员及包装危险货物运输船舶进行集中检查，仅在烟台—大连客滚船航线上就查堵载有危险货物的车辆80余辆次；在第二季度重点开展船载危险货物集装箱安全专项整治，检查载运危险货物集装箱/罐柜3119个，查出缺陷355个，查获瞒报、谎报危险货物行为216起，纠正违章10251次；在第三季度重点开展船舶载运散装危险货物安全专项整治，全国直属海事系统共检查液货船近1.89万艘次，纠正违章和缺陷近2.2万项，并查出3起外国籍散装化学品船在中国领海非法排放洗舱水案件，25起液货船安全设备、作业安全和防污染措施不到位等违法行为。为期一年的专项整治活动取得成效，危险货物集装箱装箱质量有所提高，散装液体危险货物船舶缺陷率下降，液货船和液货码头作业安全、防污染工作得到改善。

图8-1-2　2007年2月6日，武汉青山海事处执法人员向在辖区内停泊的20余艘油船进行安全宣传，通报长江海事局辖区内发生的涉及危险品运输船舶的事故情况，并提出具体要求

根据国务院领导关于水上危险品运输专项整治工作的批示精神，在2005年船舶载运危险货物安全专项整治的基础上，针对从业人员素质低、危险品瞒报谎报、小型液货船技术状况差和危险品码头标准低等薄弱环节，交通部于2006年5月10日至8月18日在全国交通系统开展了水上危险品“百日会战”专项整治行动，中国海事局会同交通部水运司、公安局具体实施了该行动。

2001—2007年直属海事系统船舶载运危险货物监督管理数据统计　表8-1-1

年份	危险货物船舶进出港(艘次)		载运危险货物数量(万吨)			纠正违章(次)
	国内航行	国际航行	进港	出港	过境	
2001	197489	89583	21143	12411	1680	3244
2002	280798	4381795	27101	15609	1805	3990
2003	274646	67342	29717	17357	2680	3140
2004	308036	112745	36556	19786	2506	4397
2005	313787	71765	38668	20671	4083	5235
2006	265364	104455	37558	19397	2942	—
2007	290035	145099	41238	22621	3618	—

2005至2006年，各级海事机构通过加强与海关、检验检疫、安全生产监督管理等部门的沟通，建立起查处危险品谎报、瞒报信息链。

2006年7月19日，交通部发布2006年第30号公告，印发国际海事组织海上安全委员会第79届会议于2004年12月10日通过的《国际船舶安全载运包装的辐放射核燃料、钚和高放射性废料规则》的修正案，并要求遵照执行。该修正案于2006年7月1日生效，对中国具有约束力。7月25日，中国海事局转发国家安全生产监督管理总局《关于切实做好保险粉安全监督管理工作的通知》，要求各级海事机构按规定加强保险粉运输的安全监管工作。

〖船载危险货物信誉管理〗

2004年，中国海事局提出探索和建立危险货物信誉管理机制的思路。2005年至2006年开展试点工作，天津、上海、深圳等海事局在危险品申报、集装箱装箱等环节建立了信誉管理制度。2007年6月27日，中国海事局在上海召开船载危险货物诚信管理机制研讨会，总结试点经验，探索建立全国性危险货物诚信管理机制。10月25日，中国海事局印发《船舶载运危险货物申报与集装箱装箱诚信管理办法》，自2008年1月1日起全面推行危险货物信誉管理制度。该办法包括总则、信誉类别评定、分类管理措施、申报员及装箱员管理、附则等5章24条，规定海事机构对船舶载运危险货物的申报单位和集装箱装箱单位采用备案管理方式，将已经备案的申报单位和装箱单位纳入信誉类别评定管理，信誉类别依据备案评定单位违法、违规及发生事故的情况，采用当年度累计扣分制评定，分为A、B、C三类，并根据信誉类别的不同采取免除开箱检查、实施一定比例开箱检查、实施经常性开箱检查以及其他不同的管理措施；对危险货物申报员、装箱员采用记录在案并扣分的方式进行管理，对达到相应扣分量的申报员、装箱员采取暂扣或吊销培训合格证书等限制性措施。

图8-1-3　2007年6月27日，中国海事局在上海举行船载危险货物诚信管理机制研讨会

〖实施《国际海运危险货物规则》〗

《国际海运危险货物规则》(简称《国际危规》)，是国际海事组织专门为海上危险货物运输制定的国际规则，于1965年第一次出版，此后数次进行更新或修正。第30套修正案及以前的《国际危规》没有强制约束力，仅建议各国政府使用。1982年10月1日，中国开始在国际航线上强制实施《国际危规》。

《国际危规》对危险货物分类、包装、标志、积载、隔离、应急等作出规定，并在第25套修正案中增加了对海洋污染物的规定，使其成为实施《73/78防污公约》附则Ⅲ的具体规则。

2001年1月1日，《国际危规》第30套修正案(简称《国际危规2000》)生效，后延长生效过渡期至2001年12月31日，2002年1月1日正式实施。《国际危规2000》在包装、标识和容器包件构造、试验、检验等方面进行了修订，并将适用范围扩大到船舶、港口、危险货物集装箱运输、危险货物制造商、危险货物包装(包括中型散装容器和罐柜)、标志标记生产厂及检验、托运人、代理人及相关作业单位和人员。2001年，中国海事局翻译出版《国际危规2000》并进行了宣传贯彻和培训工作。2002年2

月19日，交通部印发通知，要求做好《国际危规2000》的学习、宣贯、实施及相关人员的培训工作，加强对危险货物申报、危险货物包装、集装箱、中型散装容器、可移动罐柜、标志标记、联合国编号以及危险货物积载隔离的监督管理。2002年，中国海事局在大连举办《国际危规2000》宣贯暨师资培训班，并针对实施该修正案对中国的影响开展了专题研讨。计57名从事危险货物监督管理工作人员接受了为期10天的培训，并取得了培训危险货物申报员和检查员的师资。随后，中国海事局在全国范围内组织对危险品货物申报员和集装箱现场装箱检查员进行全面的知识更新培训。

2004年1月1日，《国际危规》第31套修正案(简称《国际危规2002》)生效，正式成为强制性规则。《国际危规2002》增加了新定义、条款、危险货物品名以及用于运输非冷冻气体的多单元气体容器的设计、构造、检验、试验和批准等规定，并对船舶载运危险货物应急措施全新改版。1月5日，交通部就强制执行《国际危规2002》印发通知，要求交通系统、海事机构和各港口、航运企业，用《国际危规2002》规范船舶载运危险货物的行为和各个环节。自4月26日起，中国海事局用一个月的时间分片区开展《国际危规2002》的宣贯培训工作。

图8-1-4　2006年7月31日至8月4日，《国际海运危险货物规则》国家级培训班在大连培训中心举行

2006年1月1日，《国际危规》第32套修正案(简称《国际危规2004》)生效。7月31日至8月4日，交通部和中国海事局与国际海事组织合作，在大连联合举办一期《国际危规2004》国家级培训班，由来自澳大利亚、瑞典和南非的三位专家授课，直属海事系统38名学员参加培训，培训结束后由国际海事组织和中国海事局联合颁发培训证书。

〖水上危险品运输“百日会战”安全专项整治行动〗

为贯彻2006年1月27日国务院有关领导关于抓紧实施和督察水上危险品运输专项整治工作的批示精神，2006年4月10日，交通部印发《2006年水上危险品运输“百日会战”安全专项整治行动实施方案》，决定于5月10日至8月18日在全国交通系统开展水上危险品运输“百日会战”安全专项整治行动(简称“百日会战”)，并成立以交通部副部长徐祖远为组长，中国海事局，交通部水运司、公安局有关领导为成员的“百日会战”领导小组，其办公室设在中国海事局。“百日会战”目标是重点加强对水上危险品运输薄弱环节的安全监管力度，发现和纠正水上危险品运输中存在的重大缺陷和潜在的事故隐患，打击水上危险品运输瞒报谎报行为，有效防止重、特大事故的发生。主要任务是对水上危险品运输从业单位、设备、人员进行清查，从源头上消除事故隐患；强化集装箱开箱检查，加大对瞒报谎报危险品的查控力度；全面检查散装危险化学品码头，督促和指导散装危险化学品码头完善安全生产设施和应急预案；结合实施《防

图8-1-5　2006年5月10日，营口海事局开始开展水上危险品运输“百日会战”安全专项整治行动

治船舶污染内河水域环境管理规定》，对小型液货船（指从事国内运输且小于500总吨的散装液体危险品船）实施重点安全检查。

“百日会战”期间，参加整治行动的交通系统有关单位提供人员组织保障，营造宣传舆论氛围，搭建信息共享平台，运用电子数据交换系统、船舶交通管理系统、电视监控系统强化对水上危险品运输船舶监管，共出动执法人员90900人次、巡逻船艇12374艘次、巡视车22675车次，召开宣传贯彻会786次，发放宣传材料108779份；检查各类危险品运输船舶20640艘、客船14555艘、液货码头1984座，发现缺陷31479项，滞留液货船204艘；实施集装箱开箱检查2845次，涉及6952个集装箱，查获危险货物瞒报疑似案件107起，涉及296个瞒报集装箱。经过“百日会战”，解决了一批危险货物水上运输安全存在的突出问题，各辖区危险货物水上运输安全管理形势好转，取得了专项整治行动预期效果。2006年12月8日，交通部发文，对“百日会战”情况和取得的效果、经验进行通报。2007年1月12日，交通部对在“百日会战”中作出突出贡献的10个单位及50名个人进行通报表彰。

〖船载客货管理系统〗

船载客货管理系统，是水上安全监督信息系统工程开发的应用系统软件之一。

2001年7月6日，在北京召开的水上安全监督信息系统一期工程建设协调会上，中国海事局确定船载客货管理系统在一期工程中先在上海海事局进行试点开发应用。

2002年，上海海事局进行船载客货管理系统的试点应用。

自2004年4月5日起，船载客货管理系统开始在直属海事系统推广试运行，并进行了联网测试、优化完善。

2005年1月，船载客货管理系统在直属海事系统全面应用。

2005年9月至2006年4月，在水上安全监督信息系统二期工程建设中，中国海事局对船载客货管理系统进行了升级改造。

2006年5月，船载客货管理系统2.0版在辽宁海事局试点运行，并在上海、天津、山东、江苏、浙江、广东、深圳海事局进行模拟运行。2006年10月17日，中国海事局印发通知，决定在直属海事系统全面推广船载客货管理系统2.0版。

自2007年1月1日起，船载客货管理系统2.0版在直属海事系统正式运行。该系统主要用于船载危险货物网上申报与审批，并可对申报审批数据进行查询和统计。

【船舶载运包装危险货物监督管理】

包装危险货物系指将《国际危规》和《水路危险货物运输规则》中所包含的装入桶、箱、袋或运输组件等内以包装形式交付船舶运输的危险货物。从1982年开始，中国国际航行船舶的危险货物运输（包括港口装卸）适用《国际危规》。在中国境内从事危险货物国内运输、港口装卸、储存等业务的船舶则适用交通部自1996年12月1日起实施的《水路危险货物运输规则》（第一部分 水路包装危险货物运输规则）。《国际危规》与《水路危险货物运输规则》都主要是从危险货物的分类、包装、标志标记、限量、积载隔离和使用正确运输名称等方面作出规定，来保障包装危险货物水上安全运输。

由于天津海事局在检查中原石油勘探局天然气产销总厂使用九江福阳集装箱有限公司生产的可移动罐柜装载危险货物戊烷时发现了一些问题，中国海事局于2000年2月25日在天津召开关于国产可移动罐柜装载危险货物海运出口有关问题的专家研讨会，罐柜的使用方和生产方以及检验机构参加了会议。经过讨论，会议认为该国产罐柜的设计、构造、设备基本符合《国际危规》的要求，但在某些方面应进一步改进和完善；会议对国产可移动罐柜如何满足《国际危规》的要求及其认可、检验、发证和使用提出了建议。

2003 年 5 月 26 日，中国海事局印发通知，决定自 6 月 20 日至 7 月 20 日在全国范围内开展对船载危险货物集装箱的集中检查活动，以出口和内贸危险货物集装箱检查为主，重点检查装载易燃易爆危险货物、桶装液体危险货物和经熏蒸的集装箱，打击装箱不合格，货物不适运，标志不合格，谎报、瞒报危险货物等违法行为，并决定建立“集装箱检查报告制度”，要求各直属海事局、各省（自治区、直辖市）地方海事局每半年向中国海事局上报一次集装箱现场检查情况统计表。集中检查活动期间共检查危险货物集装箱 4095 箱，发现存在缺陷的集装箱 419 箱，缺陷率为 10. 23%。

2005 年 6 月 22 日，为规范船舶载运危险货物集装箱开箱检查行为，中国海事局印发《关于船舶载运危险货物集装箱开箱检查程序的指导意见》，要求船舶载运危险货物开箱检查工作坚持长效管理与重点整治相结合、信誉管理与便民相结合，以打击瞒报、谎报危险货物的违法行为和对装运危险货物集装箱的装箱质量实施监督为目的，明确了船舶载运危险货物集装箱开箱检查的重点、内容和程序，并强调开箱检查不应造成载运危险货物船舶的不当延误。

2006 年 11 月 1 日，中国海事局批复辽宁海事局，根据 2002 年公布的《海上滚装船舶安全监督管理规定》，同意辽宁海事局关于禁止滚装客船载运白酒的意见。

【船舶载运散装危险货物监督管理】

散装危险货物，包括固体散装危险货物、散装油品、散装液体化学品和散装液化气体。液货船，是指载运散装油品、散装液体化学品、散装液化气体等散装液态危险品的船舶。

2001 年 9 月 6 日，中国海事局针对长江水域连续发生小型散装化学品船舶翻沉事故造成水域污染的情况，印发《关于加强长江散化船舶监督管理的紧急通知》，要求各有关海事机构和中国船级社加强对抵港散装化学品船的安全检查、检验发证和现场监督工作，并要求各海事机构在 9 月至 10 月开展散装化学品船的集中安全检查。针对水上散装液态化学品泄漏污染事故时有发生的情况，为防止和减轻化学品污染危害，中国海事局在 2001 年至 2002 年开展了船舶载运有毒液体物质污染事故应急对策专题研究，并于 2001 年 12 月 24 日印发《关于对船舶载运有毒液体物质污染事故进行调查的函》，系统搜集基础数据。

2002 年 9 月 1 日至 30 日，中国海事局在中国沿海、长江干线和珠江水域范围内，针对中国籍和外国籍油船、散装化学品船、液化气船，开展液货船专项检查活动，检查内容包括船舶检验、船员实际操作和安全知识检查。中国海事局在其网站主页上建立了“液货船专项检查数据库”，各海事机构通过登陆该数据库直接输入检查数据，提高了检查数据的传输效率和准确度。此次检查还首次引入了船舶安全缺陷反馈制度，将船舶安全检查与船舶检验质量检查相结合，为船舶检验质量责任追究提供线索和信息。整个专项检查活动共检查中国籍船舶 2059 艘（油轮 1673 艘、化学品船 336 艘、液化气船 50 艘），滞留 26 艘；外国籍船舶 74 艘（油轮 23 艘、化学品船 37 艘、液化气船 14 艘），滞留 3 艘；对 2523 名船员进行了实际操作和安全知识检查，不合格人数比例为 3. 05%。

图 8-1-6　2002 年 9 月，天津海事局执法人员在液货船专项检查活动中检查液货船航行设备

2004年4月5日，交通部发布公告，就改建液货危险品船舶从事国内水路运输作出规定：禁止将普通货船改建为液货危险品船从事国内水路运输，禁止不同种类的液货危险品船之间改建后从事水路运输；禁止改建的国际航线液货危险品船从事国内运输；禁止从事非经营性运输的液货危险品船（如港内加油船、渔业加油船等）从事国内水路运输；新建液货危险品船从事国内水路运输，必须事先取得有关交通主管部门的批准，否则不得为其办理船舶检验、船舶登记及营运手续。上述规定自公告发布之日起施行。经批准已经改建并取得有关船舶检验证书的船舶，经中国船级社复核后可以投入营运；虽经批准但尚未改建的，一律停止改建；未经批准擅自改建的，禁止其投入营运。

2007年1月1日，《73/78防污公约》附则Ⅱ的2004年修正案生效。《73/78防污公约》附则Ⅱ第6.3条规定，对未收录在《国际散装运输危险化学品船舶构造与设备规则》中的未分类散装液体物质应根据《73/78防污公约》附则Ⅱ第6.1条进行分类，并在所有相关国家之间达成一致，否则不得装运。为履行国际公约，加强对国际、国内船舶载运散装液体物质的监督管理，中国海事局于5月15日印发《船舶载运散装液体物质分类评估管理办法》，就在中华人民共和国管辖水域内船舶载运未分类散装液体物质进行分类评估的申请与请求、评估程序、审定与公布等作出规定，明确委托大连危险货物运输研究中心作为评估机构，具体进行分类评估，各地受理评估申请的海事机构依据评估报告制定对未分类散装液体物质分类及其运输要求，报中国海事局经与相关国家协商确认后公布。

〖危险货物过驳作业审批管理〗

对危险货物过驳作业监督管理的主要依据是交通部1996年颁布的《液货船水上过驳作业安全监督管理规定》和2003年颁布的《船舶载运危险货物安全监督管理规定》。

依据《液货船水上过驳作业安全监督管理规定》，液货船水上过驳作业包括一般船舶过驳作业和水上储库过驳作业。过驳作业前须向拟进行过驳作业水域的海事机构提出书面申请，以取得过驳作业安全许可证。一般船舶过驳作业申请由各海事机构审批，水上储库过驳作业申请由中国海事局审批。在中国沿海水域和港口参加过驳作业船龄超过15年的外国籍船舶，应事先将有关船舶的技术资料呈报对作业点水域有管理权的海事机构，由其审核并提出审核意见报中国海事局审批后，才能从事过驳作业。

2000年1月27日，中国海事局批复广东海事局，同意广东省番禺粤燃油料公司“粤燃油趸”储油船在广州港大虎水道继续进行水上储库过驳作业，时间至2000年10月28日止。4月25日，中国海事局批复宁波海事局，同意宁波港务公司在虾峙门外水域进行原油减载过驳作业，其核发的过驳作业许可证有效期1年。

2001年2月20日，中国海事局批复宁波海事局，同意宁波港务公司在虾峙门外水域继续进行原油减载过驳作业，其核发的过驳作业许可证有效期1年。5月11日，交通部决定将液货船水上过驳作业的审批权限由中国海事局下放到各直属海事局，即水上储库过驳作业申请、在中国沿海水域和港口参加过驳作业船龄超过15年的外国籍船舶从事过驳作业由各直属海事局审批；经审批并同意作业的，报中国海事局备案。

2004年1月1日生效的《船舶载运危险货物安全监督管理规定》及中国海事局制定的贯彻实施该规定的指导意见，对载运危险货物的船舶从事危险货物过驳作业进行了规定。在港口水域外进行危险货物“单航次过驳作业”和“多航次过驳作业”，分别参照《液货船水上过驳作业安全监督管理规定》中的“一般船舶过驳作业”和“水上储库过驳作业”进行审批和管理。载运危险货物的船舶在港口水域内从事危险货物过驳作业，向港口行政管理部门提出申请，港口行政管理部门在审批时，应就船舶过驳作业的水域征得海事机构的同意。

第二节　防止船舶污染监督管理

【履行《73/78 防污公约》】

中国加入的《经 1978 年议定书修订的 1973 年国际防止船舶造成污染公约》(简称《73/78 防污公约》)及其所有附则，是中国海事局开展船舶防污染监督管理工作的主要依据之一。

1999 年 10 月 20 日，中国海事局印发 1997 年、1998 年中国执行《73/78 防污公约》向国际海事组织提供的强制报告报表的 1、4 部分，要求海事系统沿海各单位认真执行《73/78 防污公约》强制报告制度。

2003 年 2 月 8 日，交通部印发《关于执行〈73/78 防污公约〉附则Ⅱ有关问题的通知》，就加强对装运散装有毒液体物质船舶的监督管理提出要求，其中规定散装液体化学品船舶须在 2003 年 8 月 1 日前完成《货物记录簿》和《程序与布置手册》的配备工作。鉴于国际海事组织在《73/78 防污公约》2002 年综合版附则Ⅰ附录Ⅲ中对油类记录簿第一部分(所有船舶)的记载条目进行了修订，8 月 6 日，中国海事局决定启用新版油类记录簿，并要求中国籍有关船舶和船公司按照公约要求对船上现有的油类记录簿进行修改，以防止船舶由于油类记录簿不符合要求而在国外被滞留。

《73/78 防污公约》附则Ⅴ修正案于 2002 年 3 月 1 日生效后，部分中国籍国际航行船舶因未按要求执行该修正案而在国外被滞留，主要原因是垃圾记录簿和垃圾公告牌未按规定更正有关内容。2004 年 4 月 13 日，中国海事局印发《关于落实国际海事组织〈73/78 防污公约〉附则Ⅴ修正案有关事项的通知》，要求按公约规定格式修改船舶垃圾记录簿和垃圾公告牌的有关内容，国际和港澳航线船舶应全部更换使用中国海事局统一制作的带有防伪标记的新版垃圾记录簿和垃圾公告牌。

国际海事组织海上环境保护委员会于 2003 年 12 月 4 日通过的《73/78 防污公约》附则Ⅰ的修正案和配合其实施的《状况评估计划》修正案，于 2005 年 4 月 5 日生效。附则Ⅰ的修正案对 13G 条(淘汰单壳油船的时间表)进行了修订，增加了 13H 条(限制单壳油船载运重油)。2005 年 3 月 31 日，交通部发布公告，公布已对中国生效的这两个修正案。4 月 5 日，中国海事局印发《关于执行〈73/78 防污公约〉新修订的第 13G 条和新增第 13H 条的通知》，就逐渐淘汰单壳油船、拒绝不符合要求的单壳油船进入中国管辖水域作出规定，并明确中国国内沿海和内河航行油船暂不执行经修订的第 13G 条和新增的第 13H 条。8 月 23 日，中国海事局印发《关于加强〈73/78 防污公约〉附则Ⅰ修订第 13G 条和新增第 13H 条实施工作的通知》，要求各直属海事局严格执行该修正案，把好船舶进出口岸申报审批、船舶载运危险货物进出口岸申报审批和现场监督、船旗国监督检查和港口国监督检查三道关。

《73/78 防污公约》附则Ⅴ的 1995 年修正案于 1997 年 7 月 1 日生效后，中国籍国际航行和港澳航线的新建及现有船舶，自 1997 年 7 月 1 日和 1998 年 7 月 1 日先后开始执行该修正案，但国内沿海航行船舶尚未执行。为全面履行该修正案，防止船舶垃圾污染，2005 年 5 月 27 日，中国海事局印发通知，要求国内沿海航行船舶自 2005 年 10 月 1 日起执行《73/78 防污公约》附则Ⅴ的 1995 年修正案，按照该修正案的规定管理和处理船舶垃圾，设置垃圾公告牌、制定垃圾管理计划、填写垃圾记录簿。

国际海事组织 1997 年通过的《73/78 防污公约》的 1997 年议定书，新增附则Ⅵ(防止船舶造成空气污染规则)，以及与附则Ⅵ第 13 条有关的《船用柴油机 NOx 排放控制技术规则》，为强制性规则，于 2006 年 8 月 23 日对中国生效。11 月 7 日，中国海事局就实施该议定书印发通知，要求各级海事机构依据附则Ⅵ的规定对到港的中、外籍国际航行船舶进行监督检查；中国籍国际航行船舶应按照附则Ⅵ

第6条规定的期限取得《国际防止空气污染证书》，并符合控制臭氧消耗物质、氮氧化物（NOx）、硫氧化物（SOx）、挥发性有机化合物的有关规定，以及船上焚烧的要求；有关船舶拆解和修造单位应具备接收臭氧消耗物质和盛装从船上去除此种物质的设备的能力，港口应满足船舶排放废气清洗残余物的需要；供油单位应当为国际航线船舶提供符合公约要求的燃油、燃料装舱单（由中国海事局统一印制）和燃油样品。

《73/78防污公约》2004年修正案于2007年1月1日生效，该修正案对公约附则Ⅰ和附则Ⅱ进行了重大修正。2006年12月26日，中国海事局印发《关于执行〈73/78防污公约〉附则Ⅰ和附则Ⅱ2004年修正案的通知》，要求按照该修正案，中国船级社组织完成对适用船舶防污证书的换发工作，各船公司对适用船舶防污文书的内容格式进行更新，各海事机构按照经修正的化学品污染分类体系对从事化学品作业的港口码头开展安全和防污染监督管理。

【防止船舶污染水域综合管理】

2000年6月27日，中国海事局为配合国家治理白色污染行动，印发《关于切实做好船舶白色污染治理工作的通知》，决定在航行于中国管辖水域的船舶等水上流动运输工具上强制推行使用可降解餐具，2000年底前停止使用发泡餐具。同时要求海事机构加强对船舶使用可降解餐具的监督检查。12月18日至22日，中国海事局与国家环境保护总局在大连、青岛开展为期一周的海洋环境保护联合执法行动，执法检查组由大连、青岛环境保护局和辽宁、山东海事局派员组成。联合执法行动期间，环境保护部门和海事机构依据新修订的《海洋环境保护法》赋予的职权，分别对沿海防治陆源和船舶污染海洋情况进行检查，先后检查了大连、青岛港务局和"棒槌岛"轮、"天河"轮、"天燕"轮、"大洋1号轮"，对查出的问题进行了处理。

2003年，中国海事局开展《防止和处置重大油污染问题》、《沿海船舶载运散装有毒液体物质污染事故应急对策研究》两个课题研究工作。

2005年8月20日，交通部公布《中华人民共和国防治船舶污染内河水域环境管理规定》，自2006年1月1日起施行。2005年12月26日，中国海事局印发《〈防治船舶污染内河水域环境管理规定〉实施意见》，要求各级海事机构通过多种途径向船舶和船员宣传该规定，开展执法人员法规培训，在现场监管工作中强化巡查、严格执法，及时总结评估实施该规定的效果。该实施意见还就执行该规定中港口、装卸站污染物接收处理能力要求，船舶载运污染危害性货物进出港口申报，从事船舶污染物接收、船舶清舱作业活动单位的备案管理，有关防污文书配备，船舶打捞作业和水上水下施工作业中的防污染，船舶防污染事故应急计划的制定等6个问题进行了说明。同年，中国海事局组织开展《防止和处置重大船舶污染问题研究》、《燃油公约及建立国内燃油损害赔偿体系研究》、《渤海绿色航运政策研究》、《海峡两岸船舶油污应急协作研究》、《三峡库区船舶污染现状评估和对策研究》等课题研究。

2006年7月至10月，中国海事局组织在中国沿海和内河水域开展船舶及相关作业防污染专项检查活动。此次专项检查活动的重点是沿海、内河船舶防污染文书、防污染设备、污染物接收作业和处置、污染物接收设施运行以及港口、码头、装卸场站和船舶的溢油应急预案等。活动期间共检查船舶2.6万艘次，发现缺陷3.7万项，滞留船舶146艘次，处罚船舶883艘次；检查油码头963座，化学品码头291座，发现并纠正防污染缺陷885项。同时还对修造船厂、拆船场点实施了现场检查，对污染物接收能力不足等问题提出了限期整改要求。

在联合国环境规划署《保护海洋环境免受陆源污染全球行动计划》框架下，中国于2004年1月启动《中国保护海洋环境免受陆源污染国家行动计划》（简称"国家行动计划"）编制工作。根据2006年4月国家环境保护总局在北京主持召开的“国家行动计划”编制工作会议精神，9 月 5 日，中国海事局批复山东海事局，原则同意其提出的工作方案，并成立了交通部实施“国家行动计划”领导小组和工作组，由山东海事局具体承担“国家行动计划”交通专题编制工作。

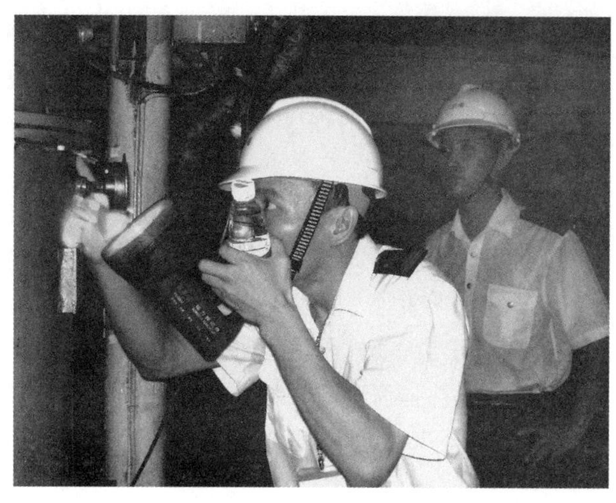

图 8-2-1　2006 年 8 月 1 日，八所海事局在船舶防污染专项检查活动中检查在港船舶的防污染设备

2005 年 9 月至 2006 年 6 月，中国海事局在水上安全监督信息系统二期工程中，完成防治船舶污染管理系统的开发工作，并在 5 个单位进行了试运行和完善，该系统覆盖了全部防污染监督管理业务。

1998 年至 2007 年，中国海事局组织各海事机构按照《73/78 防污公约》的要求对停靠中国港口的船舶进行防污染登轮检查，其检查情况见表 8-2-1。

1998—2007 年直属海事系统船舶防污染登轮检查情况统计(单位：艘次)　　表 8-2-1

年　份	登轮检查	国际防止油污证书不符合要求	油类记录簿不符合要求	防污设备不符合要求
1998	11066	230	840	423
1999	12486	33	645	355
2000	14867	58	635	554
2001	9813	152	605	334
2002	12313	171	528	447
2003	10646	188	615	497
2004	10948	185	691	551
2005	15749	151	900	621
2006	10810	153	1446	1011
2007	24672	125	1556	1022

【船舶污染事故调查处理管理】

船舶污染事故系指由船舶直接或者间接地把物质或者能量引入水环境，产生损害生物资源、危害人体健康、妨害渔业和水上其他合法活动、损害水资源使用素质和减损环境质量等有害影响的事故。

2002 年 1 月 6 日，中国海事局印发《水上油污染事故油样品取样程序规定》，自 2002 年 4 月 1 日起执行。该规定是中国海事局依据国内相关法律法规并参照国际海事组织出版的《溢油取样与鉴定指南》制定的，目的是通过规范水上油污染事故调查过程中油样品的取样程序，确保化验鉴定结论合法、有效，保证水上油污染事故得到及时、公正的处理。

为规范船舶污染事故调查处理行为，2007 年 7 月 10 日，中国海事局印发《船舶污染事故调查处理管理规定》，自 8 月 1 日起施行，中华人民共和国港务监督局 1990 年印发的《关于船舶污染事故处罚程序的规定》同时废止。该规定明确：船舶污染事故的调查处理按照地域管辖为主，级别管辖为辅的原则，由事故发生地的海事机构负责调查处理；事故发生地不明的，由事故发现地海事机构负责调查处理；跨管辖区域或对管辖区域有争议的船舶污染事故，由共同的上级海事机构确定调查处理机构；对有特别重大影响的船舶污染事故的调查处理，中国海事局或各直属海事局、省级地方海事局可以指定管辖或直接组织调查处理。该规定对船舶污染事故的调查人员资格条件、权利义务，调查装备和取证工具配备，事故调查的程序、方式、方法、要求，证据的构成，事故协查要求，事故处理、结案、调解等提出了具体要求。

2007 年 11 月 13 日，中国海事局印发《船舶污染事故调查官管理规定(试行)》及与之配套实施的《船舶污染事故调查官培训大纲》。《船舶污染事故调查官管理规定(试行)》对船舶污染事故调查官的等级与资格、培训考试与发证、管理等作出具体规定。船舶污染事故调查官，是指依据该规定取得船舶污染事故调查资格，可组织实施船舶污染事故调查工作的海事执法人员，分为助理级调查官、中级调查官、高级调查官三级。中国海事局对船舶污染事故调查官的管理实施注册制度，未经注册不得主持事故调查。

1998 年至 2007 年，海事机构依法调查处理船舶油污染事故 609 起，化学品污染事故 12 起。

〖消油剂产品检验发证管理〗

2000 年 10 月 27 日，中国海事局颁布实施《消油剂产品检验发证管理办法》，以加强对海上使用消油剂产品(用于港口、码头和船舶处理海上溢油)的审批管理，保障消油剂产品的质量，减少和防止二次污染。该办法规定消油剂产品必须由经过认可的检验单位进行检验，并取得中国海事局颁发的有效的产品型式认可证书；禁止销售和使用没有取得产品型式认可证书和被取消型式认可证书的消油剂产品。12 月 12 日，中国海事局就贯彻执行该办法印发通知，要求各直属海事局召集辖区内的消油剂储备单位、生产厂家进行宣传贯彻，并对 2001 年 2 月底前已批准使用的消油剂产品进行一次全面清理，按照规定程序申请产品检验；规定在海上使用的消油剂产品必须于 2001 年 7 月 1 日前取得产品型式认可证书；批准交通部环境保护中心为首批消油剂产品检验机构。

2001 年 8 月 1 日，中国海事局发布了第一批通过认可的 3 种消油剂产品名称。截至 2007 年底，经中国海事局认可的消油剂产品共 7 批 16 种。

中国海事局发布认可的消油剂产品名称一览 表 8-2-2

发布时间	批　次	产品名称	生产单位
2001 年 8 月 1 日	第一批	海环牌 1 号海面溢油分散剂	国家海洋局海洋环境保护研究所
		YD9705 型化油剂	勇达精细化工(珠海)有限公司
		海洋牌海上化油剂	厦门市韦特贸易有限公司
2001 年 10 月 18 日	第二批	GM - 2 型溢油分散剂	青岛光明环保技术有限公司
		MH 消油剂	温州市海洋环保设备厂
2001 年 12 月 14 日	第三批	BHX	江苏省太仓市碧海环保器材有限公司
		“双象”1#溢油分散剂	大连第二有机化工厂
2002 年 10 月 16 日	第四批	GFS 型(无毒类)溢油分散剂	大连双兴实业公司
		CLEANSTAR 溢油分散剂	珠海市洁星洗涤科技有限公司
		ZY - F1 溢油分散剂	石油大学卓越科技有限公司
		富莱德牌消油剂	大连富莱德环保制剂有限公司
2003 年 4 月 22 日	第五批	JDF - 2 溢油分散剂	上海交达科技实业公司
2005 年 7 月 26 日	第六批	碧海 1#常规型溢油分散剂	大连海环化工有限公司
		碧海 2#浓缩型溢油分散剂	大连海环化工有限公司
		白灵牌“919”型溢油分散剂	镇江百灵化学品有限公司
2006 年 7 月 25 日	第七批	919 型溢油分散剂	镇江市丹徒区日用化工二厂有限公司

第三节　重点水域船舶污染治理

【长江三峡库区船舶污染治理】

交通部于1996年在长江三峡库区开展了船舶污染源的监测工作，1997年制定了三峡库区船舶溢油应急计划。1997年12月21日，交通部、建设部、国家环境保护局联合发布《防止船舶垃圾和沿岸固体废物污染长江水域管理规定》，于1998年3月1日起实施。此规定实施后的三年多时间里，在一定程度上遏制了船舶垃圾造成污染的势头，但长江垃圾污染的状况没有得到有效控制，仍然对水体生态环境和葛洲坝电站正常运行产生严重影响。

为从根本上扭转船舶垃圾大量入江的局面，交通部于2001年9月11日印发《关于进一步做好长江船舶垃圾污染防治工作的通知》，要求各级交通部门、海事机构、港口和航运公司进一步贯彻《防止船舶垃圾和沿岸固体废物污染长江水域管理规定》和定线客班轮垃圾定点交付制度，重点做好船舶《垃圾管理计划》、《垃圾记录簿》、告示牌、船上垃圾贮存容器的配备和监督管理，并加大对船舶垃圾证明的检查和处理；沿江港口必须建设和完善船舶污染物特别是船舶垃圾接收设施，以确保到港船舶垃圾集中上岸接收处理；要求在8月至10月开展防止船舶垃圾污染专项治理和集中整改。2001年12月14日，中国海事局印发通知，决定对航行三峡库区的船舶及污染治理情况进行调研，并委托交通部环境保护中心具体实施。

2002年6月，国家环境保护总局组织对三峡库区船舶污染源进行调查。7月24日，在北京召开的国务院三峡库区水污染防治领导小组会议上，交通部介绍了船舶污染源的特点，并对治理长江三峡库区污染源提出了建议。

2003年，交通部组织推进川江及三峡库区船舶技术结构调整与船型标准化工程，自2003年10月1日起禁止新建非标准船，并禁止已有挂桨机船、水泥质船和木质船进入川江及三峡库区，为保障船舶航行安全、保护库区水域环境提供了新的标准和管理依据。4月8日，交通部与建设部联合印发《关于加强长江三峡库区船舶防污染工作的通知》，其中要求海事机构依法对船舶废弃物的排放进行严格管理，积极向有关航运公司宣传国家法律法规，并在4月、5月份开展一次船舶防污染大检查，检查内容包括船舶防污染设备、文书、管理制度，确保三峡库区蓄水前后有关防止船舶污染水域的规定落实。至2003年底，长江三峡库区船舶垃圾污染基本得到控制。

2003年12月30日，国务院批复并转发国家环境保护总局《三峡库区水面漂浮物清理方案》，明确交通部门负责船舶垃圾岸边接收工作，并对接收单位进行监督管理。2004年12月22日，交通部、建设部根据该方案的要求，联合印发《三峡库区水域船舶垃圾接收和转运管理规定》，提出了对港口、码头和垃圾转运单位的设备配备要求，船舶垃圾接收、转运单位的资质要求，船舶垃圾接收、转运的程序和管理要求，明确了库区各级海事机构、当地城市市容环境卫生行政主管部门分别负责对船舶垃圾接收作业、转运作业的监督管理职责。

图8-3-1　2006年9月，宜昌海事局执法人员在三峡库区现场检查船舶污油水回收情况

2005年6月1日至10日，中国海事局组织开展三

峡库区船舶防污专项检查活动，共检查船舶641艘次，“四客一危”船舶426艘次，查处缺陷869项。2005年至2006年，中国海事局参与交通部《三峡库区船舶污染防治关键技术研究》和中国科学院《三峡库区及其上游水污染防治重大战略咨询项目》的研究工作。

2007年，交通部批准建设长江海事局三峡库区船舶污染防治一期工程，建设内容为两个船舶污染监测实验室(重庆、万州)，三个应急防备设备库(重庆、万州、巫山)，两个应急反应设备配备点(涪陵、巴东)。至2007年底，三峡库区部分船舶油类污染初步实现零排放，游轮和大型货船基本能将船舶垃圾收集并交岸上处理，大型游轮已安装生活污水处理装置，主要港口已配备船舶污水、垃圾接收设施，且接收量增长较快，但依然存在小船偷排垃圾，大部分船舶没有能力处理生活污水、安装收集装置，小港口配备船舶污水、垃圾接收设施进展缓慢等问题。

【太湖水域船舶污染治理】

“九五”期间，太湖流域被国家确定为水污染防治的重点区域之一。根据国务院有关太湖流域水污染防治总体部署，1998年10月10日，交通部在苏州召开有关省市交通主管部门参加的太湖流域交通污染防治工作座谈会，明确了开展太湖水域船舶污染治理工作的目标和要求，重点实施座舱机船配备油水分离器、挂桨机船安装集油托盘的设备改造工作。根据该座谈会精神，12月3日，交通部环委会印发《关于进一步加强太湖流域交通污染防治工作的通知》，要求环湖交通主管部门按时解决太湖客船、旅游船“白色垃圾”污染问题，完成1998年底船舶达标排放目标任务，规划建设港口接收船舶垃圾、油污水、生活污水的设施。12月底，国家环境保护总局和中央有关部委联合开展以监测太湖流域排污单位达标排放为目的的“聚焦太湖零点行动”(至1999年1月1日零时，向太湖流域水体排污要做到达标排放)。中国海事局参与了此次零点行动。

2001年初，中国海事局和交通部环境保护委员会联合对太湖流域船舶污染防治工作进行了调研和检查，并参加了国务院太湖污染防治检查组，对太湖污染防治工作进行了评估。3月29至30日，交通部在苏州召开太湖流域交通污染防治工作会议，对贯彻实施国务院《太湖流域水污染防治“九五”计划和2010年规划》情况进行总结，现场查看了船舶、码头污染治理情况。交通部副部长洪善祥出席会议并讲话。会议认为1998年以来，经过源头治理、监督检查、规范执法，太湖流域船舶污染治理工作取得一定成效，但还存在集油托盘安装率未达到要求，使用效果也有待提高等问题，需要进一步采取治本措施。会议提出了“标本兼治、政策引导、综合治理”的工作方针，明确太湖船舶污染防治总体目标为：到2001年12月31日以前，所有挂桨机船都要按照规定安装集油托盘；2002年12月31日以后，禁止新造挂桨机船在太湖流域航行；2004年1月1日以后，禁止所有水泥船在太湖流域航行；2005年1月1日以后，禁止所有挂桨机船在太湖流域航行。根据会议精神，成立了由中国海事局为组长，有关省市交通厅(局)、直属海事局和地方海事局为成员的太湖流域交通污染防治协调小组，建立了联络员制度。

2001年8月31日，国务院批准实施《太湖水污染防治“十五”计划》。该计划在实施船舶污染控制工程任务中，要求遵循“标本兼治、政策引导、综合治理”的原则，江苏、浙江省及上海市要通过制定地方性法规，对航行于太湖流域的船舶进行规范和管理；航行太湖流域的总长12米及以上的船舶要设置固体废弃物收集装置；客船、客渡船和旅游船要按照规范要求设置生活污水收集装置；座舱机船舶要按照规范要求，配备油水分离器等防污设备或器材。该计划规定，2001年底，航行太湖流域的所有挂桨机船都要按照规定安装集油托盘；自2001年10月1日起，禁止水泥船进入京杭运河浙江段；自2002年1月1日起，禁止水泥船进入苏南运河；自2003年1月1日起，禁止新造挂桨机船在太湖及运河航行；2004 年底，水泥船禁止进入浙江省太湖流域；2005 年底，水泥船全部退出江苏航运市场，禁止挂桨机船进入京杭运河江南段；城市垃圾处理和污水处理系统建设，要一并考虑和建设船舶废弃物和污水的接收处理设施，以保证上述船舶固体废弃物和生活污水集中上岸处理。

2001 年 9 月 4 日，太湖水污染防治第三次工作会议在江苏苏州市召开，国务院副总理温家宝出席会议并讲话。会议要求一定要把太湖治理好，强调要从以陆上控制为主，向陆上与水上相结合的控制方向转变，优化船舶结构，强化船舶防污染的治理。为贯彻此次会议精神，搞好太湖流域船舶防污染工作，实现《太湖水污染防治"十五"计划》所确定的目标，交通部于 11 月 9 日印发《关于加强太湖流域防治船舶污染工作的通知》，其中要求有关交通主管部门、海事机构充分认识太湖水污染防治工作的长期性、复杂性、综合性，加强对挂桨机船的监督检查，并在 11 月 11 日至 20 日对现有挂桨机船舶安装集油托盘情况进行一次集中检查。

2001 年 12 月 24 日，中国海事局提出太湖水域船舶污染治理工作 2002 年年度工作计划，并报国家环境保护总局。重点是通过加强船舶检验和现场监督检查，落实船舶安装垃圾、污水收集装置和油水分离器、集油托盘，以及按《太湖水污染防治"十五"计划》规定期限淘汰水泥船、木质船、挂桨机船的工作。

《太湖水污染防治"十五"计划》中明确的太湖流域控制范围一览 表 8-3-1

地　区	控制范围
上海市	黄浦江上游段(闵行以上)、大治河、浦东运河、赵家沟、蕴藻浜(苏申内港线)、油墩港、长湖申线(太浦灌)、杭申线、苏申外港线、金汇港、平申线、罗蕴河、川杨河、龙泉港、大芦线、淀浦河、苏州河(吴淞江)
江苏省	苏西线、太湖航线、锡宜线、长湖申线、长江江苏段、京杭运河江苏苏南段、锡澄运河、申张线、望虞河、丹金溧漕河、苏申内港线、苏申外港线，苏州、无锡、常州、镇江所有内河七级以上航道
浙江省	钱塘江、京杭运河(浙江段)、长湖申线、杭申线、乍嘉苏线等六条航道
山东省	京杭运河山东段自济宁至台儿庄段 164 公里及其支流

2002 年 11 月 14 日，为规范挂桨机船改造的管理，中国海事局印发《太湖流域内河挂桨机船改造管理暂行规定》，将按该规定进行改造的挂桨机船的船舶类型定为"内河挂桨机改装船"。

至 2003 年底，江苏省为本省 95% 以上的挂桨机船安装了集油托盘，在太湖所有的水上加油站设置油污水收集处理设施。浙江省杭嘉湖地区共设置了船舶油污接收点 91 个、生活垃圾接收点 145 个，挂桨机船集油托盘安装率达到 83.5%。上海市所有座舱机船都配备了油水分离器，绝大多数挂桨机船安装了防污染设备或相应设施。

2007 年 8 月，中国海事局组织对太湖流域船舶污染防治工作进行了评估，认为江苏省、浙江省和上海市均在规定时间内，基本完成了《太湖水污染防治"十五"计划》要求的船舶防污染设施改造、配备工作；但还须进一步加强领导、落实责任、创新机制，综合治理，全面、及时完成太湖流域船舶污染防治工作。

【渤海碧海行动计划与船舶排污设备铅封管理】

为减少各种污染物对渤海的排入量，有效遏制渤海生态环境恶化趋势，国务院于 2001 年 10 月 1 日批准实施《渤海碧海行动计划》，并明确该计划主要由辽宁、河北、山东省和天津市负责实施，国务院有关部门负责给予指导和支持，其中有关港口、船舶的污染防治计划和海上污染应急计划的实施，由交通部门指导并监督。该行动计划要求在加强陆域环境保护的同时，大力加强船舶等海上污染源的监管，做好突发性污染事故的防范。该行动计划提出到 2005 年，初步建立进出渤海海域船舶污染物排

图 8-3-2　2002 年 5 月 14 日，交通部实施《碧海行动计划》研讨会在天津举行

放监控系统和船舶压载水排放管理制度，启动渤海船舶油类污染物“零排放”计划，建成港口船舶污染物接收处理设施，建立渤海海域溢油应急体系；2010 年建成港口船舶废弃物接收处理设施；2015 年全面实施对海上流动污染源及相关作业的监控和管理，全面实现船舶及相关作业油类污染物“零排放”计划。中国海事局自 1999 年 3 月参与《渤海碧海行动计划》的编制工作，并委托辽宁海事局会同环渤海各海事局开展《船舶及相关活动对渤海污染损害对策》的课题研究。

2002 年 5 月 14 日，中国海事局在天津主持召开交通行业实施《渤海碧海行动计划》研讨会，环渤海各海事局，大连、天津、秦皇岛港务局，大连海事大学参加会议。会议听取了辽宁海事局开展《船舶及相关活动对渤海污染损害对策》课题研究的汇报，就落实《渤海碧海行动计划》近期计划的重点工作统一了认识。

为达到渤海海域内船舶及相关作业油类污染物“零排放”计划标准，2003 年 2 月 8 日，交通部印发通知，发布《渤海海域船舶排污设备铅封程序规定》，自 2003 年 6 月 1 日起实施，明确在渤海海域内（含大连市和烟台市毗邻的黄海海域）航行、停泊、作业，且一个月内不驶离渤海海域的各类船舶禁止直接向水体排放油污水，排污设备要实施铅封管理，除机舱通岸接头（接收出口）管系外，油污水系统的排放阀应使用铅封钳和铅袋进行铅封；渤海海域各海事机构具体负责监督实施；驶离渤海海域的船舶在签证港海事执法人员认可或监督下启封，启封前将船上的油污水排放到岸上接收设备。该通知要求海事机构打击渤海海域船舶非法排污行为，要求有关港口配备船舶油污水接收设施，确保具有足够接收船舶排放油污水的能力。

依据该规定，中国海事局组织辽宁、天津、河北、山东海事局在渤海海域全面实施船舶铅封制度，并进行广泛宣传，逐步提高船舶自觉铅封的意识，同时加强对岸上污水接收处理设施的管理，防止二次污染。截至 2005 年 3 月，共实施船舶铅封 979 艘次，接收船舶油污水约 30000 吨。铅封工作有效地减少了船舶排污量，取得了良好的社会效果，中央电视台等媒体多次给予报道。

图 8-3-3　2006 年 2 月 10 日，威海海事局执法人员对施工船舶实施铅封管理

针对中国沿海水域环境质量日益恶化的趋势，2007 年 4 月 5 日，中国海事局印发通知和《2007 年限制船舶污染物排放专项行动实施方案》，决定扩大船舶排污设备铅封管理范围，在 2007 年全年开展限制船舶污染物排放专项行动，以限制沿海船舶油类污染物的排放，逐步实现全海域禁排目标。此次专项行动的主要任务是：对适用于《沿海海域船舶排污设备铅封管理规定》范围的船舶实施铅封管理，实现禁排；对非铅封船舶加强监督管理，实现限排；对辖区内船舶污染物接收单位加强监督，实现减排；推进船舶防污染监管信息化、现代化建设，实现动态监控；加强对海事

执法人员培训，提高限制船舶污染物排放的监管水平。4月26日，交通部印发《沿海海域船舶排污设备铅封管理规定》，自2007年5月1日起实施，该规定要求对适用于交通部《渤海海域船舶排污设备铅封程序规定》范围的船舶，船舶检验证书中注明遮蔽航区的船舶，仅在港口水域范围内航行、作业的船舶，辽东半岛至山东半岛间、雷州半岛至海南岛间定线航线的船舶，主管机关根据辖区情况确定的特殊航线或水域内航行、作业的船舶的排污设备实施铅封管理；明确中国海事局负责全国船舶的铅封管理工作，禁止该规定适用船舶向沿海海域排放油类污染物，船舶所产生的油类污染物须定期排放至岸上或水上移动接收设施。该规定附件同时印发了铅封说明，明确了铅封标记和各直属海事局的铅封钳编号。

图8-3-4　2007年7月2日，厦门海沧海事处执法人员对“闽厦门油0039”轮油水分离设备实施铅封管理，“2007年限制船舶污染物排放专项行动”在厦门海事局全面展开

经过准备和宣传发动，直属海事系统在2007年7月至8月，共对5229艘适用船舶的排污设备实施铅封，铅封率达到100%；9月对铅封船舶的油类污染物排岸接收情况、对非铅封船舶的油类污染物排放情况进行了检查，对港口接收处理船舶污染物能力进行了评估。

第四节　船舶污染事故应急反应

【船舶污染水域应急计划】

国际海事组织通过的《1990年国际油污防备、反应和合作公约》(简称《1990油污防备公约》)，要求加入国必须建立国家溢油应急反应体系，该公约于1995年5月13日生效。1998年3月30日，中国正式加入《1990油污防备公约》，该公约于1998年6月30日对中国生效。《73/78防污公约》附则Ⅰ的1991年修正案，要求凡150总吨及以上的油船和400总吨及以上的非油船应备有有效的《船上油污应急计划》；该修正案自1995年4月4日起对所有国际航行船舶适用。为防范、抵御海上船舶溢油事故，履行国际公约，中国自20世纪90年代开始开展船舶溢油应急计划的研究编制工作。1995年，交通部完成大连、天津、上海、宁波、厦门、广州六个港口的溢油应急计划编制和验收评审工作，中国国际航线船舶完成《船上油污应急计划》编制工作；1996年，中国国内航线船舶完成《船上油污应急计划》编制工作。1998年2月，交通部开始组织编制《北方海区溢油应急计划》。

1999年1月13日，中国海事局和交通部综合规划司在北京联合召开《中国海上船舶溢油应急总体规划》编制成员单位会议。会议确定中国设立三个层次的海上船舶溢油应急计划，即中国海上船舶溢油应急计划、海区船舶溢油应急计划、港口溢油应急计划。会议明确了各项应急计划编制工作的内容、分工和进度，成立了编制领导小组和技术专家组。2月，由交通部科学研究院承担编制的《北方海区溢油应急计划》完成并通过专家审查。12月，广州、深圳、珠海海(水)上安全监督局和香港海事处、澳门港务局联合编制了《珠江口区域溢油应急计划》。12月25日，新修订的《海洋环境保护法》公布，该

图 8-4-1　2000 年 3 月 12 日，全国《油污应急反应计划编制指南》审定会在北京举行

法规定国家海事行政主管部门负责制定全国船舶重大海上溢油污染事故应急计划。

2000 年 3 月 1 日，由交通部科学研究院、环境保护中心、水运科学研究所、信息科学研究所分别承担编制的《中国海上船舶溢油应急计划》、《东海海区溢油应急计划》、《南海海区溢油应急计划》、《台湾海峡水域溢油应急计划》完成并在北京通过专家审查。3 月 21 日，交通部和国家环境保护总局联合印发通知，发布《中国海上船舶溢油应急计划》及《北方海区溢油应急计划》、《东海海区溢油应急计划》、《南海海区溢油应急计划》、《台湾海峡水域溢油应急计划》，自 2000 年 4 月 1 日起施行。溢油应急计划内容主要包括溢油应急组织指挥系统，溢油防治队伍，溢油防治、通信、监视、监测设备，溢油应急反应对策、程序、基础资料，溢油扩散预测模型及风险评价，环境敏感区，人力物力数据资源配置，索赔与赔偿等。3 月 31 日，交通部和国家环境保护总局联合召开新闻发布会，公布国家和海区溢油应急计划。5 月 11 日，中国海事局召开贯彻实施《中国海上船舶溢油应急计划》及各海区溢油应急计划座谈会，会议提出贯彻实施溢油应急计划在硬件、软件建设，培训与演习等方面的工作建议，确定应急计划编制领导小组继续负责应急计划的实施工作。

国家和海区溢油应急计划实施之后，沿海各海事局按照要求相继开展了编制当地海域溢油应急计划工作，督促从事散装油类和化学品装卸作业港口、码头编制应急方案，配备防污器材和设施，建立应急反应队伍。2001 年 8 月，中国海事局发布《港口溢油应急计划编制指南》，以指导港口、码头、装卸点溢油应急计划的编制和审批。

《73/78 防污公约》附则Ⅰ第 26 条、附则Ⅱ第 16 条的 1999 年修正案自 2001 年 1 月 1 日起生效，要求凡 150 总吨及以上的油船和 400 总吨及以上的非油船应备有经主管机关批准的《船上油污应急计划》，凡 150 总吨及以上经核准载运散装有毒液体物质的船舶须备有经主管机关认可的《船上有毒液体物质海洋污染应急计划》，对于散装化学品船则要求不迟于 2003 年 1 月 1 日适用。为落实该修正案要求，确保中国籍船舶不因违反该项规定而在国外被滞留，中国海事局参照国际海事组织《船上（油类和/或有毒液体物质）海洋污染应急计划编制指南》，于 2002 年 7 月 5 日印发通知，公布《船上海洋污染应急计划编制指南》。该指南适用于为实施《73/78 防污公约》附则Ⅰ第 26 条、附则Ⅱ第 16 条的 1999 年修正案而新编制的船上污染应急计划，现有的《船上油污应急计划》可继续使用，但更新、修改可参照本指南编制。该通知要求航行国际航线的中国籍船舶在 2002 年 10 月底前根据该指南完成《船上海洋污染应急计划》编制工作，并提交船舶船籍港所在地的海事机构审批，各船公司加强船员实施《船上海洋污染应急计划》的培训并至少进行一次应急演习。受中国海事局委托，交通部水运科学研究所为有关船公司举办一期应急计划编制培训班，为海事系统举办一期应急计划审定培训班。

2003 年，中国海事局组织对船舶溢油应急体系进行了评估，并针对海区级溢油应急计划实施机制难于操作的问题，提出建立省级应急体系的建议，得到国家环境保护总局支持。3 月，为推进省（市）级和地（市）级水上溢油应急预案的制定发布工作，中国海事局组织编写了省级应急计划编制指南。广东、深圳、青岛、大连、厦门海事局发布了属地溢油应急计划。12 月 5 日，交通部和河北省人民政府联合发布《秦皇岛海域船舶溢油应急计划》。

2004 年，根据国务院制定突发事件应急预案的要求，交通部对原《中国海上船舶溢油应急计划》进行了修改，形成了《中国国家船舶污染水域应急计划》，将适用区域范围由海上扩大至内河水域，将污染物适用种类由油污扩大至油污和有毒有害化学品，并根据统一指挥、属地化负责的原则，增加了建立省、市级船舶污染应急计划的要求。明确省、市级和港口的船舶污染应急计划分别由相应地方各级人民政府制定并发布实施，船舶油污应急计划或船舶海洋污染应急计划由船舶负责制定并报船籍港海事机构批准。2006 年 1 月 8 日，国务院发布《国家突发公共事件总体应急预案》，《中国国家船舶污染水域应急计划》被纳入国家专项应急预案《国家突发环境事件应急预案》的分预案之中。

2005 年 2 月 17 日，中国海事局在 2005 年海事工作要点中，要求各海事局积极推动省、市级船舶污染水域应急计划制定工作，继续督促船舶、装卸油类的码头和装卸站点制定溢油应急计划。这一年，全国有 20 个沿海港口城市政府发布了船舶污染水域应急计划。

至 2006 年底，上海、天津、河北、山东、浙江 5 个省级和 31 个地市级的船舶污染水域应急计划通过地方政府发布实施；装卸油类的码头、装卸站点全部编制完成了船舶污染水域应急计划。

至 2007 年底，辽宁、河北、天津、山东、上海、浙江、广东、广西 8 个省级和 34 个地市级船舶污染水域应急计划(预案)通过有关地方人民政府发布实施。

【船舶溢油应急能力建设】

1995 年，交通部在完成大连、天津、上海、宁波、厦门和广州港口的溢油应急计划编制工作后，六个港口配备了一批清污设备。1996 年，交通部投资 5800 万元在烟台建设“北方海区海上船舶溢油防治示范工程”。

中国海事局成立后，交通部加大了船舶溢油应急能力建设力度。

1999 年 8 月，国家经济贸易委员会、中央机构编制委员会办公室、财政部批准同意成立秦皇岛海上溢油应急反应中心，并建立海上溢油清污专业队伍。

2000 年，全国各主要港口均配备了围油栏、消油剂、吸油毡等防污器材和设施，部分港口还配备了撇油器、回收船，初步具备了防止和控制船舶污染事故的应急反应能力。

2001 年 5 月 14 日，海事系统第一支海上溢油应急专业队伍——秦皇岛海上溢油应急处理中心成立。交通部投资 1000 多万元，为其配备撇油器、围油栏、消油剂、吸油毡等专业清污设备以及吸油船、船坞、设备库等设施。5 月 23 日，“北方海区海上船舶溢油防治示范工程”通过专家评审；11 月 28 日，通过交通部验收。该工程主要包括溢油监视、监测、控制和清除系统，卫星遥感图像处理系统，环境敏感资源图，计算机信息处理系统以及设备库、培训设施等，能对成山头水道、老铁山水道、长山水道等水域的船舶溢油信息进行跟踪分析推测，具有中等规模的船舶溢油控制和清除能力。8 月 30 日、12 月 14 日，交通部先后发布行业标准《港口码头溢油应急设备配备要求》和《围油栏》，分别自 2001 年 12 月 1 日、2002 年 5 月 1 日起施行。

2002 年 11 月 1 日，秦皇岛海上溢油应急反应中心成立。该中心总指挥由河北省主管副省长担任，常务副总指挥由河北海事局局长担任，成员单位有河北省环境保护局、海洋局、交通厅、财政厅、发展与改革委员会、水产局和秦皇岛市人民政府以及驻秦部队组成，形成了统一指挥的溢油应急反应联合性组织体系；该中心办公室设在河北海事局，具体承担指挥部的日常工作。2002 年，全国沿海和长江干线主要大型油港，均完成了相关防污器材的配备，进一步增强了防止和控制船舶污染事故的能力。

2003 年 9 月，为做好重特大船舶溢油事故的应对工作，协调利用好现有溢油应急反应资源，中国海事局建立中国船舶溢油应急防备反应资源信息库，并对该信息库每年更新一次。

2003 年，中国海事局为广州、上海和天津海事局的 3 艘大型航标船加装大型撇油器、围油栏，使其具备在近海海域进行溢油清污作业的功能。秦皇岛海上溢油应急处理中心完成了应急设备购置和配备工作，提高了该区域的溢油应急反应能力。

2004 年 4 月 5 日，中国海事局批准成立烟台海事局溢油应急技术中心，作为“北方海区海上船舶溢油防治示范工程”的运行机构。该技术中心于 2005 年 12 月更名为中国海事局烟台溢油应急技术中心。6 月 3 日，交通部发布行业标准《船用吸油毡》，自同年 9 月 1 日起施行。

2005 年初，中国船舶溢油应急能力已初具规模，但还不具备防治重特大船舶污染的能力。3 月，中国海事局在 2005 年全国海事系统危管防污工作会议上，要求各海事机构在应急能力建设方面开拓思路，继续争取地方政府和相关企业的支持；要求油类作业的码头、装卸站点必须配备应急设备，扶持引导市场化运作的清污单位，将沿海实力较强的清污公司作为海上清污队伍，并形成应急反应联系机制。中国海事局还要求各海事机构对辖区内的应急力量全面掌握，自 2005 年起每年 11 月对辖区应急力量进行调查汇总，形成数据库报备中国海事局。11 月 3 日，交通部综合规划司在福州召开《台湾海峡水域溢油应急反应中心工程可行性研究报告》审查会，台湾海峡水域溢油应急反应中心工程启动。这一年，中国船舶溢油防治网由烟台溢油应急技术中心开通；沿海主要港口一批市场化营运的溢油应急清污机构建立并开始发挥作用。

图 8-4-2　2003 年 12 月 12 日，秦皇岛海上溢油应急处理中心专业人员进行清污设备操作训练

图 8-4-3　2006 年 2 月 26 日，中国海事局烟台溢油应急技术中心揭牌成立

图 8-4-4　2006 年 10 月 26 日，辽宁、河北、天津、山东海事局共同签署《渤海海域船舶污染应急联动协作备忘录》

中国海事局通过整合国家、地方和企业的溢油应急资源，提升溢油应急能力。一方面加强对船舶溢油能力建设的规划研究，争取国家支持，选择重点区域配套设备，建设队伍，兼顾技术研究和培训等；另一方面，由各海事机构争取地方政府支持，结合区域特点，通过政府专项投入、港航企业自身投入、扶持专业清污公司市场化运作等手段，建设一支专、兼职清污队伍。至 2006 年底，全国各主要港口码头均已按标准配备了应急设备。共配置围油栏 26 万米，收油机 301 台/套，吸油毡 520 吨，消油剂 260 吨。沿海主要港口基本具备了在港区和近岸水域内控制和清除中小型规模船舶溢油事故的

应急能力。河北海事局代表河北省人民政府制定了《河北省海域重大污染事故应急联动协调机制》。2006 年 10 月 26 日，中国海事局组织辽宁、天津、河北、山东四个海事局建立了渤海海域船舶污染应急联动机制。12 月 19 日，交通部发布行业标准《船舶污染物接收和船舶清舱作业单位接收处理能力要求》，自 2007 年 3 月 1 日起施行。

2007 年 11 月 22 日，中国海事局组织华东片区上海、江苏、浙江、福建和长江海事局建立了溢油应急联动机制，签署了区域合作谅解备忘录。

〖2007 年“6 · 5”渤海船舶溢油应急演习〗

2007 年 6 月 5 日，由交通部、河北省人民政府主办的渤海溢油应急演习在秦皇岛港西锚地附近海域举行，河北海事局与秦皇岛海上溢油应急反应中心承办，交通部副部长徐祖远和河北省副省长张和共同担任演习总指挥。此次演习是一次大规模的海陆空立体海上专项溢油应急演习，主题是“维护海洋环境安全，推进平安交通建设”。演习分为险情处置、消防灭火与货油过驳、海上清污、岸滩清污四个阶段，全面演示海上油污处理过程中的各项技术和程序。

图 8-4-5 右图为交通部副部长徐祖远（前排右七）和河北省副省长张和（前排右六）在秦皇岛海域观摩2007 年渤海溢油应急演习，左图为围控清除船舶溢油演习现场

9 时 30 分，秦皇岛交通管理中心接报，模拟船——万吨级油轮“天鹏”号在进港时，突然起火爆炸，500 吨原油泄漏溢出。秦皇岛海上溢油应急反应中心立即启动《秦皇岛海域船舶溢油应急计划》，组织风险评估，制定应急方案，并向中国海上搜救中心和河北省海上搜救中心报告，渤海海域船舶污染应急联合行动机制和河北省海域重大污染事件应急联动协调机制启动。经协调，环渤海三省一市（辽宁、山东、河北、天津）专业和社会力量迅速集结现场。在现场指挥船“海巡 31”的指挥下，海空立体溢油应急行动全面展开。两艘消防船扑灭大火；一艘油轮实施残余货油过驳作业；两架直升机进行空中勘查，定点抛放溢油取样示位浮标，获取现场油污资料；两艘拖轮布设两道防火围油栏；分别携带堰式撇油器、绳式撇油器、侧挂式撇油器和喷洒“索科罗”吸油颗粒装置的几艘清污船进行海上清污作业，将大部分溢油在围油栏内清除。越过围油栏向岸滩扩散的少量溢油，由直升机和船舶喷洒消油剂进行清除，同时组织小型多功能收油船、岸滩吸油机、吸油毡等清污器材和 300 多名社会志愿者，彻底清除了已扩散至岸滩的溢油。11 时左右，演习结束。天津、辽宁、河北、山东、广东海事局和北海救助局、河北省公安边防总队、河北省渔政处、秦皇岛港务集团有限公司等 15 个单位参加演习，人数达 500 余名，动用各类船艇 20 余艘、直升机 2 架。演习利用了船舶交通管理系统、船舶自动识别系统、海事电视监控系统、电子沙盘和海陆空立体监视系统等科技手段，实现预警、决策和处理的信息化管理，全方位、立体化跟踪整个海上溢油应急行动的全部过程，首次使用和展示了中国最先进的溢油取样示位浮标、飞机喷洒消油剂装置、快速布放式围油栏、多功能溢油应急专业收油船等溢油应急

设备。中央电视台对整个演习过程进行了现场直播。

【船舶溢油事故及应急处置实例】

1999年3月24日2时26分，进入广州港的中国船舶燃料供应总公司福建分公司所属“闽燃供2”油轮与驶离广州港的浙江省东海海运公司所属“东海209”油轮在广州港伶仃水道7号、8号灯浮附近水域发生碰撞，“闽燃供2”油轮船体严重破损后沉没。该轮所载1032吨180号燃料油，溢出589.7吨，由于珠江口溢油应急反应体系薄弱和经验不足，溢油扩散至整个珠海水域和岸线，造成珠江口部分水域、岸线严重污染，使珠海市水产养殖业和旅游业遭受重大损失。事故发生后，在中国海事局的统一部署下，广东省海上搜救中心、广东海事局、深圳海事局迅速配合当地政府展开抗污抢险行动，清理出海面油污161吨(含油垃圾和少量污水)。8月23日至25日，中国海事局在珠海召开“3·24”珠江口重大水上溢油污染事故分析座谈会，全国人大法制工作委员会、国务院参事室、国家环境保护总局、香港海事处、澳门港务局、珠海市政府有关负责人出席会议，全国50多个单位的100多名专家和代表以及新闻记者参加会议。会议在分析“3·24”溢油事故教训后，指出要建立安全防范、应急反应、损害赔偿三个环节组成的“防、救、赔”船舶污染水域应急反应系统工程。

2000年11月14日凌晨，中国籍船舶“德航298”油轮在广东虎门大桥附近与挪威籍“宝塞斯”轮碰撞后沉没，“德航298”轮所载约200吨重柴油部分溢出造成污染。广东海事局及时启动《南海海区溢油应急计划》，深圳和广州海事局组织调动有关清污力量和设备器材，对现场布设四道围油栏，出动救助和清污船只38艘，使溢油在当天下午就得到了控制，回收污油40余吨，沾油垃圾30余吨，并采取有效措施阻止沉船继续溢油。11月20日该船被打捞出水，所溢污油得到有效清除。

2002年11月23日，马耳他籍“塔斯曼海”轮在天津港外与中国籍“顺凯1号”轮碰撞后，溢出轻质原油160吨。天津海事局接报后，立即启动油污应急反应计划，派出救助船舶携带围油栏和消油剂等防污设备器材赶赴现场清污，应急行动共动用直升机5架次，船舶25艘次，人员800人次，经大规模海上清污，基本清除了溢油污染。

2003年8月5日，中海货运公司所属“长阳”轮停泊在上海黄浦江上游水源保护区内的吴泾热电厂六期码头卸货时，其左舷船尾重柴油舱遭受往上游方向航行的“浙长兴货0375”轮碰撞，约85吨燃料油流入江中，积聚在浦西段8公里的区域内，近15万平方米的湿地、码头构件、沿线岸壁遭受不同程度污染。在中国海上搜救中心和上海市人民政府的组织领导下，上海海事局启动油污应急计划，至8月12日12时，共组织出动社会各方面人员6462人次，出动各类船艇495艘次，车辆206车次，回收污油水375.5吨，清理岸线8270米，回收沾油水草1960吨，含油废弃物426吨。事故未造成对黄浦江城市生活用水取水口的污染。

图8-4-6 2003年8月，上海黄浦江“长阳”轮溢油事故清污现场

2005年9月17日，中国籍“朝阳平8”轮在上海港与出口掉头的“乌山”轮发生碰撞，事故造成“朝阳平8”轮右舷油舱破损，溢漏汽油约185吨。事故发生后，上海海事局立即启动应急预案，组织应急力量实施处置，污染物得到消除。

2006年4月22日，英国籍“现代独立”轮在舟山万邦永跃船厂进坞过程中与船坞发生触碰，造成左舷破损，477 吨燃油(重油)外溢，事故发生后，浙江省海上搜救中心立即启动海上油污应急计划，采取清除措施，海事机构组织协调 31 艘船舶携带清污设备在现场控制、清除、回收溢出燃油，共回收油污水 407.75 吨，污染得到有效控制。

〖“12·7”珠江口船舶溢油事故应急处置〗

2004 年 12 月 7 日 21 时 35 分，巴拿马籍“HYUNDAI ADVANCE”集装箱船从深圳盐田港驶往新加坡途中，在珠江口担杆岛附近水域与德国籍“MSC ILONA”集装箱船发生碰撞，造成“MSC ILONA”轮燃油舱破损，溢出燃油 1268 吨。事故发生后，交通部和中国海事局立即启动油污应急预案，成立了以交通部副部长徐祖远为组长的事故应急处理领导小组和由广东海事局、深圳海事局、南海救助局、广州打捞局、广东省安全生产监督管理局组成的事故应急处置现场指挥领导小组，并迅速组织专业清污力量和社会清污力量进行清污，推算溢油可能漂移的方向和位置，派出直升机监测油污扩散情况。12 月 12 日至 13 日，9 名专家乘直升机对事故现场进行勘查评估，一致认为溢出污油已有结块风化现象，大面积污油带已经消失，担杆列岛、万山岛南侧没有发现油膜，清污效果良好。12 月 16 日，溢油全部清除完毕，没有造成岸线污染，保护了珠江口水域环境，清污行动结束。近 10 天的时间里，交通部副部长徐祖远多次召开专题会议研究部署清污措施，数百艘次船舶、数千人次投入清污行动，直升机每天出动两架次对溢油情况进行监控和拍照取证，广东海事局对事故船舶进行了海事调查。烟台溢油应急技术中心通过对购买的法国 SPOT 卫星拍摄的高精度图像进行分析，其判读结果与直升机监视结果吻合。此次油污应急处置和事故调查处理，得到了交通部和广东省人民政府的肯定和表扬，同时得到了国际海事组织和德国驻广州领事馆的赞赏。“HYUNDAI ADVANCE”轮所属的韩国公司向广东海事局送去牌匾：服务全心全意，树海事新貌；执法有理有据，展大国风范。广东海事局其后还配合完成了此次事故的索赔工作。2007 年 1 月 8 日，广东省人民政府对在此次船舶碰撞溢油事故应急处置行动中作出突出贡献的广东海事局、深圳海事局、南海救助局、广州打捞局、上海打捞局等 32 个单位予以通报表彰。

图 8-4-7　在 2004 年“12·7”珠江口船舶溢油事故应急处置行动中，清污船在抛洒吸油毡清污

图 8-4-8　在 2004 年“12·7”珠江口船舶溢油事故应急处置行动中，广东海事局“海特 151”在布设围油栏

【船舶溢油应急培训】

中国海事局主要依托烟台溢油应急技术中心开展溢油应急反应技术培训。

2001 年，中国海事局委托烟台海事局牵头编写《溢油应急反应培训教程》，培养师资，着手开展培训准备。7 月 25 日，全国直属海事系统首期溢油应急反应技术培训班在烟台海事局举行，60 余人参加培训。

2002 年 7 月，中国海事局与国际海事组织、“东亚海环境管理伙伴关系计划”项目，在烟台联合举办监督员暨现场指挥官油污防备与反应培训班。

2003 年 9 月，烟台溢油应急技术中心开始与新加坡东亚溢油应急反应有限公司联合举办国际油污应急培训班。同年，中国海事局首次举办全国内河危防监督管理培训班。

图8-4-9　2004 年 6 月 21 日至 25 日，国际海事组织二级溢油应急防备与反应培训班在烟台溢油应急技术中心举办

2004 年 6 月，烟台溢油应急技术中心与新加坡东亚溢油应急反应有限公司联合举办国际海事组织二级溢油应急防备与反应培训班，来自美国、英国、加拿大、印度尼西亚、马来西亚和韩国的 10 名外籍学员及 27 名中国学员参加培训。5 月，《溢油应急反应培训教程》出版。9 月，海事系统第二期船舶防污监督及溢油应急培训班在烟台举行，39 个海事分支机构的 39 人参加培训。11 月，烟台溢油应急技术中心对来自 10 个沿海省市的 103 个企业单位的 134 名学员进行溢油应急防备与现场指挥培训。

2005 年 6 月，中国海事局在烟台溢油应急技术中心对 32 名溢油应急高级指挥官进行了国际海事组织溢油防备与反应高级培训。11 月，中国海事局与国际海事组织、国际油轮船东防污染联合会、国际石油工业协会在烟台联合举办国际海事组织三级溢油应急培训班，来自海事系统、国家环境保护总局、国家海洋局、有关石油公司的 57 人参加培训。同年，中国海事局还举办内河危管防污培训班一期，企业界油污应急培训班两期。

2006 年 11 月，烟台溢油应急技术中心与新加坡东亚溢油应急反应有限公司联合举办第三期国际海事组织二级溢油应急防备与反应培训班，来自韩国、越南、阿曼、印度尼西亚和中国石油界以及海事机构的近 30 名学员参加培训。此次培训，烟台溢油应急技术中心人员首次参与授课，实现了由中外籍教员共同授课的计划。

2007 年，烟台溢油应急技术中心举办四期船舶溢油应急培训班。11 月，中国海事局在上海举办一期油轮安全预防污染检查培训班，并由外籍专家授课。

【船舶污染损害赔偿机制】

石油运量的增加和油轮尺度的增大，使船舶发生水上溢油污染事故的风险不断增加。船舶溢油污染事故往往造成巨大经济损失和环境损害，主要包括污染清除、渔业损失、旅游业损失及环境恢复等。为了解决船舶发生油污事故造成的重大污染损害的赔偿问题，国际海事组织通过制定《1969 年国际油污损害民事责任公约》和《1971 年设立国际油污损害赔偿基金公约》及其议定书①，按照船东和石油货主共同承担油轮溢油污染损害赔偿责任的原则，建立了一套完整的船舶油污损害赔偿机制。船东通过投保油污责任险承担限额之内的赔偿费用；货主按照其石油接收量进行摊款，建立油污损害赔偿基金，

① 《1969 年国际油污损害民事责任公约》和《1971 年设立国际油污损害赔偿基金公约》及其议定书适用于载运 2000 吨以上散装持久性油类船舶发生的油污损害。

用以补充超出船东责任限额的赔偿费用和支付无主的污染损害的赔偿费用。中国于1980年1月30日加入《1969年国际油污损害民事责任公约》，该公约1980年4月29日对中国生效。载运2000吨以上散装持久性油类的中国籍国际航行船舶，已全部按照公约要求进行了强制保险。

1999年1月5日，中国加入《1969年国际油污损害民事责任公约》1992年议定书和《1971年设立国际油污损害赔偿基金公约》1992年议定书，两个议定书于2000年1月5日对中国生效，但后者仅适用于香港特别行政区。2000年1月5日，中国退出《1969年国际油污损害民事责任公约》。

2000年1月4日，中国海事局就执行《1969年国际油污损害民事责任公约》1992年议定书印发通知，规定凡在中国登记的、载运2000吨以上散装持久性油类的船舶（包括油驳和油囊等）必须按照该议定书规定参加船舶油污保险或取得其他财务保证（如银行保证或国际基金出具的证明等），并办理和持有中国海事机构签发的《油污损害民事责任保险和其他财务保证证明书》后才准予从事船舶的货油运输；适用于该公约的国际航行油船应换发新版证书。2000年2月15日，中国海事局通知各直属海事局，为在斯库德（SKULD）保赔协会和标准保赔协会投保的油轮签发《油污损害民事责任保险和其他财务保证证明书》。2001年2月23日、2003年5月27日，中国海事局先后认可船东互保协会（卢森堡）与汽船保赔协会为中国籍船舶油污损害民事责任保险人。2006年10月25日，中国海事局对中国籍船舶油污损害民事责任保险人重新进行评估后公布了新的保险人名单（计3家），此前公布的保险人名单废止。2007年，中国海事局增补了7家认可的保险人。至2007年底，经中国海事局认可有效的中国籍船舶油污损害民事责任保险人计10家。

经中国海事局认可的中国籍船舶油污损害民事责任保险人名单　　表8-4-1

认可时间	保　险　人
2006年10月25日	中国船东互保协会
	中国人民财产保险股份有限公司
	瑞典保赔协会（The Swedish Club）
2007年1月4日	UK保赔协会（The United Kingdom Mutual Steam Ship Assurance Association）
	伦敦保赔协会（The London Steam Ship Owners Mutual Insurance Association Limited）
	SKULD保赔协会（Assuranceforeningen SKULD（Gjensidig））
	西英保赔协会（West of England Insurance Services（Luxembourg） S. A.）
	汽船保赔协会（The Steamship Mutual Underwriting Association（Bermuda） Limited）
2007年2月16日	北英保赔协会（North of England P&I Association Limited）
	Britannia保赔协会（ The Britannia Steam Ship Insurance Association Limited）

由于中国水上运输船队水平较低，小油轮多，事故率高，赔偿能力差，国内航行船舶未实施强制油污保险。鉴于中国现阶段发展水平，中国内地适用《1971年设立国际油污损害赔偿基金公约》1992年议定书的时机尚未成熟。面对日益增加的油轮溢油风险，交通部根据中国国情，于1997年开始进行建立中国船舶油污损害赔偿机制对策与实施办法的研究。

自2000年4月1日开始施行的经修订的《海洋环境保护法》为建立船舶油污损害赔偿机制提供了法律依据。该法规定，国家完善并实施船舶油污损害民事赔偿责任制度，按照船舶油污损害赔偿责任由船东和货主共同承担风险的原则，建立船舶油污保险、油污损害赔偿基金制度，其具体实施办法由国务院规定。中国海事局通过承担交通部下达的建立中国船舶油污损害赔偿机制及其实施办法两个课题的研究，并在广泛听取航运、石油公司、港口、保险等单位意见的基础上，于2000年11月起草了《船舶油污强制保险办法》和《建立国内油污基金实施办法》。

2002 年 4 月，中国海事局承担的“九五”重点软科学研究项目《建立我国船舶油污损害赔偿机制实施办法的研究》通过交通部评审。课题组对 12 个省（自治区、直辖市）的 121 个单位进行了调查，深入研究了建立中国船舶油污损害赔偿机制问题。中国海事局结合《防治船舶污染海洋环境管理条例》的修订，在该条例修订草案中增加“船舶油污损害责任与赔偿”一章，设定了船舶的强制保险要求，以及责任限制、赔偿范围等。8 月 1 日，中国海事局在深圳举办以“建立我国船舶油污损害赔偿机制”为主题的海事论坛，有关政府部门、司法、航运、保险、石油、院校、科研单位以及香港海事处、澳门港务局的领导、专家、学者 150 余人聚集论坛，为探索建立船舶油污损害赔偿机制提出建议，并通过了《尽快建立我国船舶油污损害赔偿机制倡议书》。11 月，交通部就建立中国油污损害赔偿机制有关问题向国家环境保护总局、国家海洋局、中国保险监督管理委员会和中国石油集团、中国石油化工集团公司、中国海洋石油总公司征求意见。

2003 年 1 月 30 日，交通部与财政部联合向国务院报送《关于尽快建立我国船舶油污损害赔偿机制的请示》，2 月底，国务院批复同意请示内容。根据国务院批复精神，交通部、财政部于 8 月联合组成调查组，赴上海、宁波等地召开企业座谈会，开展调研，并就起草的《船舶油污损害赔偿基金征收和使用管理办法》征求国务院有关部门和主要石油公司的意见。经征求意见后形成《船舶油污损害赔偿基金征收和使用管理办法》送审稿，待报国务院审批。

为进一步对建立国内船舶油污基金进行科学论证，更广泛地听取各方意见，吸收国际组织和其他国家的成熟经验，中国海事局组织开展了一系列的专题研究。2004 年，委托上海海事局与交通部科学研究院合作开展索赔规程、索赔手册、评估程序等专题研究以及有毒有害物质损害赔偿的研究。2005 年 7 月 5 日至 6 日，在上海举办以“船舶油污损害赔偿基金的征收和使用管理”为主题的国际海事论坛。交通部海事局常务副局长刘功臣在主题演讲中提出，根据中国国情，中国船舶油污基金将采取分步实施步骤。第一阶段，实行低保险、低摊款、低赔偿原则；第二阶段，逐步提高保险和赔偿水平，实现与国际接轨。

至 2007 年底，《船舶油污损害赔偿基金征收和使用管理办法》仍在修改完善之中。①

① 2009 年 9 月 9 日，国务院公布《防治船舶污染海洋环境管理条例》，其中第七章对船舶污染事故损害赔偿作出规定。

第九章　船舶检验管理

简　　述

船舶检验(简称船检)是指船舶检验机构对船舶、海上设施和船运货物集装箱的设计、建造、营运(使用)中安全技术状态的保持进行检验、鉴定或评审，从而作出适航、认可、合格、符合或认证结论的管理技术活动过程。船舶检验按其性质分为法定检验、入级检验和公证检验三大类。由船舶检验主管机关设置的船舶检验机构和各省(自治区、直辖市)交通主管部门设置的地方船舶检验机构，以及船舶检验主管机关委托、授权、指定或者认可的船舶检验机构，依据国家有关法规、规程、规范实施船舶法定检验(不含渔业船舶)。本章所述的船舶检验管理主要指船舶检验主管机关对船舶法定检验工作的管理活动。

中华人民共和国成立后，船舶检验工作即纳入交通部的管理范畴。1951 年 5 月 25 日，政务院批准交通部内设船舶登记局，负责船舶登记和技术检查。1956 年 8 月 1 日，交通部成立中华人民共和国船舶登记局，统一管理全国船检工作，1958 年 6 月 1 日更名为中华人民共和国船舶检验局(简称中国船检局)。1957 年 5 月，交通部将渔船登记、检验工作移交水产部，水产系统开始设置渔船检验机构。1963 年 10 月 7 日，国务院批准颁布《中华人民共和国船舶检验局章程》，明确中国船检局是国家船舶技术监督机构，直属交通部，负责对船舶执行监督检验，使船舶具备保证安全航行的技术条件，对各省(自治区、直辖市)设立的船舶检验机构在业务上进行指导。1986 年 1 月 1 日，为适应中国对外开放和远洋运输迅速发展的需要，经国务院批准，中国船级社成立，中国船级社与中国船检局实行“一个机构，两块牌子”的运作模式。1993 年 2 月 14 日，国务院发布《中华人民共和国船舶和海上设施检验条例》，明确中国船检局是实施各项船舶和海上设施检验工作的主管机构；中国船级社是社会团体性质的船舶检验机构，承办国内外船舶、海上设施和集装箱的入级检验、鉴证检验和公证检验业务，经中国船检局授权可代行法定检验。

1998 年 6 月 18 日，经国务院批准，在交通部机构改革中，中华人民共和国船舶检验局与中国船级社实行“局社、政事分开”，同中华人民共和国港务监督局合并组建中国海事局，中国海事局负责行使船舶及海上设施检验的管理职权。

建局之初，中国海事局为履行船舶检验管理职责，根据管理体制的改革要求和水上交通安全实际状况，主要从调查船舶检验机构管理现状，理顺船检管理关系，清理现行船检管理制度，建立新的船检管理模式，实施对重点船舶检验质量的监督管理和船检责任事故的跟踪调查，完善船检工作的监控方式和手段，规范验船师管理入手，全面加强船舶检验的行业管理。1999 年颁布《船检登记号授予办法》，启用船检发证计算机管理系统。2000 年制定并由交通部发布《船舶检验工作管理暂行办法》，在全国设置 5 个船舶检验管理处，分片管理全国船检业务工作。与此同时，组织全国船舶检验机构在“水上运输安全管理年”活动中，以“四客一危”船舶和“四区一线”水域为重点，开展船检质量检查、技术管理和安全技术评估等工作，遏制了船检质量下滑趋势，为确保水上交通安全形势稳定发挥了重要作用，初步确立了中国海事局是全国船舶检验工作主管机关的地位。

图9-0-1　2001年7月2日至4日，全国船检管理工作会议在哈尔滨举行

2001年7月2日至4日，中国海事局在哈尔滨召开建局以来第一次全国船检管理工作会议。会议回顾了半个世纪以来中华人民共和国船检事业的发展历程，总结了中国海事局成立以来在船检管理方面所做的工作，针对新体制下的船检管理模式还没有完全建立起来和船检质量上存在的问题，提出了开创21世纪船检管理工作新局面的工作措施。主要是从建立和完善各项管理制度入手，严格实行"谁检验，谁发证，谁负责"的责任制，尽快实施验船人员考试发证和船舶检验机构资质认可制度，把船检质量的监督检查作为海事机构一项日常工作来抓，确保船舶具备安全航行和防止水域污染的技术条件。会后，中国海事局开始实施《中华人民共和国验船人员适任考试、发证规则》、《中华人民共和国船舶检验机构资质认可与管理规则》以及《船舶检验机构及验船人员工作过错追究办法》，组织完成全国验船人员过渡考试并颁发了首批验船人员适任证书，开展了船舶检验机构资质认可、船舶法定检验质量管理体系建立与运行的试点工作。在船舶检验技术管理和质量监督方面，通过制定和实施对老旧运输船舶执行特别定期检验，加强建造船舶建造检验，船龄审定复核，救生筏检修站的认可与监督，对危险品运输船、油船、长江干线汽车滚装船安全技术状况复核与检验等有针对性的管理措施，进一步加强了水上交通安全的源头管理。

2002年11月21日至22日，中国海事局在武汉召开全国船检业务工作会议，研究建立船检管理长效管理机制，部署船舶检验机构资质认可工作和船舶法定检验质量管理体系推广工作。2003年至2004年，中国海事局先后颁布了《中华人民共和国船舶法定检验质量管理办法》、《中华人民共和国船舶法定检验质量管理体系审核、发证管理规定》、《中华人民共和国船舶检验机构资质认可与管理实施指南》，签发了首批船舶检验机构资质认可证书、船舶法定检验质量管理体系合格证书，继而在全国全面推开船舶检验机构资质认可工作，至2004年底基本完成水网地区和非水网地区(新疆除外)的船舶检验机构资质认可工作。在验船人员管理方面，中国海事局于2003年完成现职验船人员集中培训和过渡考试、发证工作，于2004年开始实行验船人员统一持证上岗制度，举行了首届验船人员适任考试全国统考，实现了验船师统一考试发证工作的规范化管理。在船检技术管理和质量监督上，中国海事局组织开展对新建船舶检验质量和"四区一线"的"四客一危"船舶检验质量的专项检查及整改活动，并于2004年底组织完成对渤海湾、琼州海峡100个客位以上的客船、客滚船及救助船安装船载自动识别系统设备的验收。

2004年11月14日至15日，中国海事局在重庆召开2004年全国船检工作会议。会议明确提出了船检工作今后一个时期的目标是：坚持船检质量为中心，规范检验行为，规范检验秩序，提高验船师素质，提高检验质量，提高管理水平。为达到这一目标，中国海事局作为主管机关重点强化源头管理，一方面抓好验船人员和船舶检验机构的资质管理，抓好船检法规和政策的制定，另一方面，抓好验船质量的监督检查和责任追究。会上还表彰了103名优秀验船师、船检工作者和船检科研人员。

2005年至2007年，中国海事局具体承担交通部、国防科学技术工业委员会、农业部、国家安全生产监督管理总局在全国范围内联合开展的低质量船舶专项治理活动的日常工作任务。此活动历时三年，有效遏制了非法违规造船行为，在航船舶质量问题得到整改和补救，一批存在严重缺陷的低质量船舶被清除出航运市场，并推动了船检质量管理长效机制的建立。2006年，中国海事局印发《船检机构执业道德准则》、《国内航行船舶船体建造检验管理暂行规定》、《国内航行船舶图纸审核管理规定》和《国内航行船舶变更船舶检验机构管理规定》，2007年印发《中国籍船舶等效、免除管理暂行规定》、《外国船舶检验机构在中国设立验船公司管理办法》，进一步规范对船舶检验机构和验船人员的检验行为、检验质量的管理，以及外国在华验船机构的管理。随着人事部、交通部、农业部联合制定的《注册验船师制度暂行规定》于2006年3月1日实施，对验船人员的管理开始由职业适任制度向职业注册制度转变，中国海事局成为船舶和海上设施注册验船师考试的管理机构。

至2007年底，全国设有直属海事系统省级船舶检验机构2个，分支机构26个；地方省级船舶检验机构27个，分支机构550个；船级社1个，分社19个；9家外国船级社在中国设立代表机构30个。29家省级船舶检验机构全部通过资质认可，中国船级社及大多数水网地区地方船舶检验机构建立了船舶法定检验质量管理体系。全国持验船人员适任证书人员计4783名。2007年全国船舶检验机构共检验船舶270036艘(次)、81684032总吨，同比1999年分别增长1.95%、114.1%。

第一节　船舶检验管理体制

【船舶检验管理模式】

1998年11月11日，交通部在《关于中华人民共和国海事局(交通部海事局)主要职责、内设机构和人员编制的通知》中，明确中国海事局负责行使国家船舶及海上设施检验的行业管理和行政管理职权。

1999年8月4日，交通部在《关于中国船级社主要职责、机构设置和人员编制的通知》中，明确中国船级社是中国从事船舶入级检验业务的专业机构，为交通部直属事业单位，主要承担国内外船舶、海上设施、集装箱和相关工业产品的入级检验、鉴证检验、公证检验，以及经中国和外国政府主管机关授权，承担法定检验业务。经中国海事局与中国船级社协商并经交通部批准，9月8日，交通部印发《中华人民共和国船舶检验局与中国船级社实行局社政事分开的实施意见》。该实施意见明确：中国海事局以中国政府海事主管机关名义，授权中国船级社开展法定检验工作，采取一揽子方式；认可1997年5月签署的《中华人民共和国船舶检验局授权中国船级社代行法定检验的协议》依然有效，待交通部新的规定印发后，再重新签署授权协议；委托中国船级社开展法定检验技术规范、标准的制定、修订工作和解释、放宽、免除的前期工作，并由双方签署协议。

根据《交通部、广东省关于在广东实施水上安全监督管理体制改革的协议》，原与广东省港航监督局合署办公的广东省船舶检验机构，成建制划入于1999年12月28日成立的广东、汕头、湛江海事局，广东海事局负责广东省船舶检验业务工作，并沿用广东省船舶检验局名称。

根据《交通部、福建省关于在福建实施水上安全监督管理体制改革的协议》，原与福州、厦门海上安全监督局合署办公的福建省船舶检验机构，成建制划入于1999年12月28日成立的福建、厦门海事局。2004年4月5日，中国海事局批准在福建海事局机关设置船舶检验处，明确福建海事局履行福建省船舶检验局职能。11月9日，鉴于福建省沿海船舶检验机构体制尚未理顺，中国海事局同意福建海事局仍可使用福建省船舶检验局名称，对外开展船舶检验业务。

根据《交通部海事局、黑龙江省交通厅关于委托管理黑龙江海事局的协议》，2000年8月20日成立的黑龙江海事局负责黑龙江省船舶检验业务工作。2002 年 4 月 26 日，经交通部同意，原中华人民共和国船舶检验局黑龙江分局更名为黑龙江海事局船舶检验处。

其他各省(自治区、直辖市，海南、西藏除外)的船舶检验业务工作，在水上安全监督管理体制改革后，仍由各省(自治区、直辖市)交通主管部门设置的船舶检验机构负责。

2000 年，为探索在社会主义市场经济条件下和水上安全监督管理体制改革后船舶检验的管理模式，中国海事局组织开展"船舶检验管理及运行机制"课题研究。2001 年 5 月 20 日至 6 月 30 日，中国海事局就该课题到中国船级社和浙江、上海、湖北、四川、广西、山东、河南、甘肃、宁夏、陕西等省(自治区、直辖市)船舶检验机构，以及广东、上海、黑龙江、汕头、湛江海事局进行重点调研。

2000 年 5 月 30 日至 31 日，中国船舶检验技术委员会在杭州成立并召开第一次会议。中国船舶检验技术委员会是中国海事局在管理船舶和海上设施检验以及防止船舶污染等业务方面的技术咨询机构，由中国海事局聘请船舶检验、船舶制造、航运、保险、海上开发等单位，以及相关院校、科研设计单位的专家和工程技术人员组成。其主要任务是：对船舶与海上设施法定检验工作及其重大技术政策提出意见和建议；研究国内外有关船舶检验的技术标准，进行技术交流，组织翻译、汇编船舶检验方面的科技资料和信息动态；必要时组织委员对重大海损事故进行研究和分析，对有争议的船舶检验结果参与复检和评议。

2000 年 7 月 17 日，中国海事局印发《关于筹建船舶检验管理处的通知》，决定在辽宁、天津、上海、广东、长江海事局设置船舶检验管理处，作为中国海事局的派出机构，分片管理全国船检业务工作。

为适应水上安全监督管理体制改革后船舶检验管理工作的需要，2000 年 11 月 9 日，交通部发布《船舶检验工作管理暂行办法》，共 10 章 42 条。该办法明确中国海事局是实施船舶检验管理工作的主管机关，负责制定并组织实施船舶法定检验技术规范、规则，监督管理船舶检验发证工作，审定船舶检验机构及验船人员资质并实施监督管理，负责法定检验授权，审批外国验船组织在中国设立代表机构并实施监督管理。国务院交通主管部门批准设置的船舶检验机构、国务院交通主管部门及各省(自治区、直辖市)人民政府设置的地方船舶检验机构，经中国海事局授权方可行使船舶法定检验业务。该办法规定了船舶、海上设施、船运货物集装箱、船用产品申请法定检验的适用情况，船舶检验登记号的授予与管理；明确外国船舶检验机构在中国设立常驻代表机构按交通部有关规章进行管理。该办法还对船舶检验机构、船舶检验人员的资质认可条件和要求，以及船舶检验规范的制定、解释和免除，法定检验证书、报告和记录，检验登记、检验管理等作出相应的原则规定。12 月 19 日至 20 日，中国海事局在南京举行研讨会，研究贯彻《船舶检验工作管理暂行办法》的措施，讨论有关船舶检验机构和验船人员资质管理等问题。

2003 年 1 月 15 日，中国海事局批复同意上海立衡工程咨询有限公司从事船舶及船用设备、材料的公正检验业务，有效期至 2006 年 1 月 15 日。6 月 9 日，中国海事局批复同意北京中英衡达海事顾问有限公司从事海事和船舶以及船用设备、产品的公正检验和勘验、评估业务，有效期至 2006 年 6 月 31 日。6 月 23 日，交通部批复中国船级社，同意该社接受多米尼克国政府授权代行船舶法定检验。

2004 年 4 月 30 日，中国海事局委托中国船级社代行船舶法定检验协议签字仪式在北京举行，交通部海事局常务副局长刘功臣和中国船级社总裁李科浚在委托协议上签字。根据该协议，中国海事局将在中国登记的国际航行船舶、部分国内航行船舶、船运货物集装箱以及船用产品、在中国管辖水域内设置的海上设施的法定检验工作，在中国登记的船舶的安全管理体系审核发证、船舶保安体系审核发证工作，有关船舶法定检验的技术规范、规则、标准的编制工作，委托给中国船级社，并经特别委托进行水上交通事故调查的技术鉴定。该协议有效期 5 年。交通部副部长冯正霖出席签字仪式并讲话，他指出，委托协议的签署，体现船检管理工作更加规范化，他要求中国海事局和中国船级社在签署协议后，继续加强联系与交流，共同促进船舶技术状况和航行安全的改善。

根据 2006 年 8 月 23 日对中国生效的《73/78 防污公约》附则Ⅵ的规定，以及中国船级社的申请，2006 年 8 月 21 日，中国海事局授权中国船级社自 2006 年 8 月 23 日起执行《73/78 防污公约》附则Ⅵ规定的检验并代表中国海事局签发《国际防止空气污染证书》。

根据 2007 年 2 月 2 日对中国生效的《73/78 防污公约》附则Ⅳ的规定，以及中国船级社的申请，2007 年 2 月 1 日，中国海事局授权中国船级社自 2007 年 2 月 2 日起代行《73/78 防污公约》附则Ⅳ规定的检验并代表中国海事局签发《国际防止生活污水污染证书》。根据交通部的决定，2007 年 3 月 20 日，交通部海事局常务副局长刘功臣和中国船级社总裁李科浚分别代表中国海事局和中国船级社，在北京签署福建海事局船舶检验业务移交中国船级社工作协议。根据该协议，福建海事局将其承担的所有船检业务和相关人员、资产一次性整体移交中国船级社。交通部副部长徐祖远出席签字仪式并讲话。为尽快培养中国船舶涂层检查员队伍，配合国际海事组织强制实施《船舶专用海水压载舱和散货船双舷侧处所保护层性能标准》，根据中国船级社 2007 年 3 月 2 日的申请，5 月 14 日，中国海事局授权中国船级社建立中国船舶涂层检查员资格审查、培训与考试机构，并要求建立健全涂层检查员资格认证标准、程序，开展相应考试大纲的编写、师资队伍组建和资格认定工作。为使遇险船舶能够获得科学的脱险技术服务，交通部决定在中国强制实施船舶应急响应服务系统①，2007 年 7 月 9 日，交通部办公厅印发通知，明确了分航区、分船种、分步骤实施船舶应急响应服务系统的具体安排。根据中国船级社 7 月 31 日的请示，8 月 27 日，中国海事局指定中国船级社为中国船舶应急响应服务系统岸上服务机构。

至 2007 年底，中国海事局对船检业务管理模式主要分为 4 类：中国海事局委托中国船级社代行船舶法定检验，并对其实行业务领导；各省（自治区、直辖市）交通主管部门设置的船舶检验机构负责本行政区的船舶法定检验，中国海事局实行业务领导；由中国海事局直接管理的广东、黑龙江海事局负责本行政区的船舶法定检验；中国海事局依据交通部《外国船舶检验机构在中国设立常驻代表机构管理办法》管理外国船舶检验机构在中国设立的常驻代表机构。此外，有两家公司于 2003 年经中国海事局批准，从事船舶公证检验业务。

2007 年底中国船级社及省级船舶检验机构一览　　表 9-1-1

船舶检验机构名称	编　码	船舶检验机构名称	编　码
中国船级社	00	江苏省船舶检验局	21
内蒙古自治区交通厅地方海事处	01	安徽省船舶检验局	23
山西省地方海事局	03	山东省交通厅船舶检验局	25
河北省船舶检验局	05	天津市船舶检验处	30
北京市船舶检验所	10	浙江省船舶检验局	31
辽宁省船舶检验局	11	江西省船舶检验局	33
吉林省地方海事局	13	福建省船舶检验处	36
黑龙江海事局	15	重庆市船舶检验局	40
上海市船舶检验处	20	湖南省船舶检验局	41

① 船舶应急响应服务（Emergency Response Service，缩写 ERS）系统，是指按船东与岸上服务机构预先签订的 ERS 服务协议，符合 ERS 要求的船舶在紧急状态下，可立即获得岸上服务机构协助船舶脱离危险而提供的技术支持，包括破损稳性、破损强度、溢油量等计算分析结果和建议。

续上表

船舶检验机构名称	编　码	船舶检验机构名称	编　码
湖北省船舶检验处	43	云南省船舶检验处	65
河南省船舶检验处	45	陕西省地方海事局	71
广东省船舶检验局	51	甘肃省船舶检验处	73
广西壮族自治区船舶检验局	53	宁夏回族自治区船舶检验所	75
贵州省地方海事局	55	青海省地方海事局	81
四川省船舶检验局	61	新疆维吾尔自治区地方海事局	83

至2007年底，全国共设省级船舶检验机构29个，其中直属海事系统内省级船舶检验机构2个；船级社1个，下设分社19个。海南省未设地方船舶检验机构，该省船舶检验由中国船级社负责。西藏自治区尚未成立船舶检验机构。

【船舶检验管理处】

2000年底，大连、天津、上海、广州和武汉船舶检验管理处筹建工作完成。12月29日，中国海事局印发《关于各船舶检验管理处正式开展工作的通知》，决定5个船舶检验管理处于2001年1月1日起正式开展工作，业务由中国海事局直接管理，行政工作分别由辽宁、天津、上海、广东、长江海事局负责，对外名称分别为中华人民共和国海事局大连、天津、上海、广州、武汉船舶检验管理处。该通知还明确了各船舶检验管理处的主要职责及管辖区域划分(见表9-1-2)。

2001年各船舶检验管理处管辖区域划分一览　　表9-1-2

机构名称	管辖区域
大连船舶检验管理处	辽宁、吉林、黑龙江
天津船舶检验管理处	天津、河北、山西、内蒙古、山东、河南、陕西、甘肃、宁夏、青海、新疆
上海船舶检验管理处	上海、江苏、浙江
广州船舶检验管理处	福建、广东、广西、海南
武汉船舶检验管理处	安徽、江西、湖北、湖南、重庆、四川、贵州、云南

说明：2002年，北京的船检业务划归天津船舶检验管理处负责管理。2008年，西藏的船检业务划归广州船舶检验管理处负责管理；内蒙古、河南、云南的船检业务分别调整由大连、武汉、广州船舶检验管理处负责管理。

各船舶检验管理处的主要职责是：贯彻执行国家有关船舶检验方面的方针、政策、法规和规范；负责辖区内船舶、海上设施及相关船用产品审图、检验、发证工作的监督管理和行业管理；受中国海事局委托，对辖区内的船舶检验机构资质进行认可和管理，对辖区内船舶检验机构的验船人员组织考试和协助发证工作，代行对辖区内外国船舶检验组织驻华机构的监督管理；收集并反馈对验船师执行法规、规范的意见和建议；受理对验船工作的投诉；参与重大海损事故调查；协调各船舶检验机构之间的关系。

2001年2月8日，中国海事局决定自2月26日起正式启用船舶检验管理处印章。3月12日，中国海事局印发《关于各船舶检验管理处职责及定岗定责有关问题的通知》，要求各船舶检验管理处除履行《关于各船舶检验管理处正式开展工作的通知》中规定的主要职责外，还要根据辖区的具体情况做好以下工作：跟踪国际公约，收集国际、国内有关资料，研究船舶检验工作发展情况；收集本辖区船舶检验信息和进出港船舶在船舶检验方面存在的问题，对违规检验进行调查处理和上报；对本辖区内认可或授权的船舶检验机构(包括外国验船机构常设驻华代表机构)和验船师、修造船厂、船用产品及船用产品制造厂、集装箱制造厂进行登记、建档和监督管理；向社会宣传有关国家船舶检验的方针、政策、法规和规范，并提供咨询服务；制定船舶检验监督管理工作程序；负责辖区内船舶检验机构向中国海事局的请示文件的上报和转呈，以及中国海事局文件在本辖区的转发工作；受中国海事局委托，对《船舶检验工作管理暂行办法》中指定的从事特殊工作的机构进行审批发证；组织对特种工作技术人员的培训和发证。3 月 13 日，中国海事局印发通知，就船舶检验管理处印章的使用范围和使用对象、印章的保管、对外行文格式和文件号编排予以说明。

【外国驻华船舶检验机构管理】

随着中国改革开放的深入，外国船舶检验机构陆续在中国设立代表机构，办理相关业务。1982 年 7 月 12 日，交通部印发《关于加强对在华工作的外国验船师的管理的通知》，其中规定外国验船师来华工作，需由中国船检局归口管理，外国验船师进入港区、码头、登轮，须通过中国船检局报交通部批准。1992 年 3 月 28 日，交通部颁布《外国船舶检验机构在中国设立常驻代表机构管理办法》，规定外国船舶检验机构因工作需要在中国设立常驻代表机构，应向中国船检局提出申请，经中国船检局审核后报交通部批准。交通部批准设立的常驻代表机构及其人员应在批准证书核定的业务范围内开展其业务活动，批准驻在期限最长为三年，期满后可申请延期。

1999 年 3 月 1 日，中国海事局发文通知各有关单位，原中国船检局负责的对外国驻华船舶检验机构的管理职能由中国海事局行使；要求各外国驻华船舶检验机构在中国设立常驻代表机构，延长驻在期，变更常驻代表、名称、业务范围，应向中国海事局提交申请；同时要求各外国驻华船舶检验机构于每年 1 月 31 日前向中国海事局报送年度业务工作报告。

1999 年初，中国海事局走访了部分外国船级社驻华机构，向他们介绍了中国海事局的主要职责，与原中华人民共和国船舶检验局、中华人民共和国港务监督局的关系，中国海事局对外国船级社驻华机构的管理职责，以及《外国船舶检验机构在中国设立常驻代表机构管理办法》的有关规定。9 月，中国海事局对外国船级社驻华机构进行了调查，对未经交通部批准成立的代表处进行了处理，理顺了外国船级社驻华机构管理与有关部门的关系。11 月 18 日，中国海事局在北京召开第一次驻华船级社座谈会，介绍了中国海事系统改革情况，以及外国船级社在华设立机构的有关规定等。国际船级社联合会 10 个成员中有 9 家派代表参加了此次会议。

1999 年 3 月 12 日，交通部批准英国劳氏船级社、法国国际验船协会分别在中国大连、青岛设立常驻代表机构。9 月 29 日，交通部批准英国劳氏船级社在中国广州、青岛设立常驻代表机构。此后，根据外国船舶检验机构的申请，中国海事局每年代交通部办理了多批次外国船舶检验机构在中国设立常驻代表机构、延长驻在期限、变更常驻代表和业务范围等事项。至 2007 年底，共有 9 家外国船舶检验机构经审批在中国设立常驻代表机构 30 个(见表 9-1-3)。

2007 年底外国船舶检验机构在中国设立常驻代表机构情况一览　　表 9-1-3

外国船舶检验机构	常驻代表机构所在地
法国国际验船协会	青岛、广州、北京、大连、上海
英国劳氏船级社(亚洲)	大连、广州、青岛、上海、武汉
挪威船级社	上海、大连、广州、北京
韩国船级社	大连、上海、青岛、南京、宁波

续上表

外国船舶检验机构	常驻代表机构所在地
德国劳氏船级社	上海
日本海事协会	大连、上海、青岛、北京、广州、天津、舟山
美国船级社	上海
意大利船级社	上海
印度船级社	青岛

2002年11月29日，为增强海事主管机关与各外国船级社驻华机构的联系，交流国际船舶检验机构管理经验，中国海事局在上海举办外国船级社驻华机构船检论坛。

根据中国加入世界贸易组织有关开放船舶检验的承诺，为进一步扩大船检业务对外开放，规范外国船舶检验机构在中国境内开展船检活动，2007年12月29日，中国海事局发布《外国船舶检验机构在中国设立验船公司管理办法》，自2008年3月1日起实施。该办法明确中国海事局是外国船舶检验机构在中国境内设立验船公司及其管理的主管机关，中国海事局下设的船舶检验管理处负责辖区内验船公司及其分支机构的监督检查。中国海事局向通过审核的验船公司颁发有效期不超过五年的验船公司许可批文。外国船舶检验机构依照该办法在中国境内设立的验船公司，可在主管机关许可范围内，依据船旗国政府授权，对悬挂该国国旗及拟悬挂该国国旗的船舶、海上设施，实施法定检验，或实施入级检验、船用产品检验、外国企业的船用集装箱检验，开展相关的评估、认证活动等；外国船舶检验机构在中国境内设立的常驻代表机构不得在中国境内从事船舶检验活动。该办法还规定了外国船舶检验机构在中国境内设立验船公司的条件和审批程序以及对其监督管理等事项。①

第二节　船舶检验资质管理

【船舶检验机构资质认可与管理】

1999年2月23日，为加强船舶检验行业管理工作，了解和掌握各地船检工作情况，做好船检统计工作，中国海事局印发通知，要求各省(自治区、直辖市)船舶检验机构于每年1月31日前报送船检年度工作总结。为保证在船检管理体制改革期间，不影响三峡工程明渠汛期通航船舶的检验发证工作，5月21日，中国海事局印发通知，授权沿长江中国船级社各分社及各省(直辖市)船舶检验局(处)签发《明渠船舶适航证书》。

1999年9月23日，为解决船检登记号管理中存在的计算机2000年问题和登记号重复授予等问题，建立船舶数据库，中国海事局印发通知，颁布《船检登记号授予办法》。该通知指定中国船级社、各省(自治区、直辖市)船舶检验机构代表中国海事局在各自辖区范围内负责船检登记号的授予工作；明确船检登记号是由中国海事局授予的，船舶在全国范围内唯一的、始终不变的法定代码标识之一；要求各船舶检验机构按该办法的规定确定每艘船舶的新登记号，并自2000年1月1日起，在船舶检验完成后所出具的各种技术文件上的船检登记号均为新登记号，于2001年底前完成现有船舶授予新登记号落实到船的工作。该办法规定，船检登记号由12位字符组成：第1—4位，船舶建造完工年；第5位，计算机纠错码；第6、7位，船舶检验机构编码；第8—12位，船舶检验年度登记流水号。该办法同时

① 2008年，外国船舶检验机构开始在中国设立验船公司。

规定了中国船级社和各省（自治区、直辖市）船舶检验机构的编码，明确船检登记号由第一次办理该船检验登记的船舶检验机构用钢印或其他有效办法将其打在易于看见且不易被腐蚀的船舶某一位置上，并将该位置在船检证书上注明。2001 年 3 月 7 日，中国海事局就船检登记号授予工作进行情况通报，指出在船检登记号授权工作中存在的问题，要求各船舶检验机构严格按照有关规定开展船检登记号授权工作。

1999 年 11 月 4 日，中国海事局印发通知，明确在有关法定检验授权的管理规定颁发之前，按照 1997 年 5 月 15 日签署的《中华人民共和国船舶检验局授权中国船级社代行法定检验的协议》，中国船级社对于在中国登记或拟在中国登记的入级船舶、海上设施和船运货物及其相应的材料、产品和设备负责实施检验和发证工作，并承担由原中国船检局直属机构检验的非入级船舶的检验及发证工作。

2000 年 6 月 11 日，中国海事局复函中国船级社，为不影响国际船级社协会对该社质量体系的审核，同意在 2000 年 12 月 31 日之前，中国船级社检验非入级船舶仍可以中国船检局的名义进行。

2001 年 10 月 16 日，交通部印发施行《中华人民共和国船舶检验机构资质认可与管理规则》①。该规则明确中国海事局对船舶检验机构（中国船级社和各省、自治区、直辖市交通主管部门设置的船舶检验机构）及船舶检验分支机构（船舶检验机构下设的具有检验发证权的机构）实施资质认可和管理，船舶检验机构及船舶检验分支机构必须按照该规则的要求通过资质认可，取得资质认可证书，方可从事船舶法定检验及签发船舶法定检验证书。该规则将船舶检验机构的资质分为 A、B 两类。具有 A 类资质的船舶检验机构可从事包括国际航行船舶在内的船舶、海上设施、集装箱和相关产品的图纸审查、法定检验及签发相应证书；具有 B 类资质的船舶检验机构可从事除国际航行船舶以外的船舶及其相关产品的图纸审查、法定检验及签发相应证书。资质认可证书的有效期为 5 年。该规则还对船舶检验机构的资质申请条件、资质认可程序和对船舶检验机构的监督管理作出规定。10 月 27 日，中国海事局就贯彻执行该规则在北京召开研讨会，要求各船舶检验机构和各船舶检验管理处做好船舶检验机构资质申请认可的准备工作。

为便于各船舶检验机构做好资质申请认可的准备工作，2002 年 5 月 14 日，中国海事局印发通知及《船舶和海上设施检验法规清单》、《船舶法定检验有效文件清单》，要求各船舶检验机构对照两个清单，结合各自检验业务实际情况，配备齐全船舶检验法规及有效文件，以备进行机构资质认可时查验。之后，各船舶检验管理处对辖区内船舶检验机构配备船舶检验法规及有效文件的情况进行抽查，并于第四季度，分别以辽宁、宁夏、江苏、广西和安徽等省（自治区）船舶检验局（处）为试点单位，开始进行船舶检验机构资质认可工作，并于年底前基本完成资质认可的资料审查工作。考虑到广西壮族自治区乡镇船舶点多面广的情况，9 月 10 日，交通部在《关于在广西开展乡镇船舶检验试点工作有关问题的通知》中，明确广西壮族自治区船舶检验局对于船舶检验机构难于覆盖的偏远地区，可签订代理检验协议，委托当地有关部门或人员，在船舶检验机构的指导下，对当地的乡镇船舶进行日常检验。

2003 年 1 月中旬至 3 月中旬，大连、上海、广州和武汉船舶检验管理处先后组成审核组，分别对辽宁、江苏、广西和安徽省（自治区）船舶检验局进行现场审核。7 月 28 日，中国海事局根据审核结果，决定向这 4 个试点单位签发首批船舶检验机构资质认可证书，并公布其分支机构和认可的业务范围。通过总结船舶检验机构资质认可试点工作经验，中国海事局于 5 月 20 日发布实施《中华人民共和国船舶检验机构资质认可与管理实施指南》。该指南明确船舶检验机构资质认可类型分为初次认可、不

① 《中华人民共和国船舶检验机构资质认可与管理规则》于 2008 年 4 月 24 日经修订后重新印发，将船舶检验机构资质划分为 A、B、C、D 四类。

定期检查和资质复核，对 A 类船舶检验机构的资质认可由中国海事局实施，对 B 类船舶检验机构的资质认可由中国海事局的派出机构实施。该指南同时对各类资质认可的具体实施程序和要求、审核机构的职责与审核员的资格和职责、审核组组成、资质认可工作的监督作出规定。随后，船舶检验机构资质认可工作在全国全面推开。至 2003 年底，中国海事局完成了对中国船级社及全国水网地区、非水网地区 20 个省级船舶检验机构（广西、广东、福建、浙江、江苏、上海、安徽、辽宁、黑龙江、山东、河北、北京、河南、天津、湖南、湖北、重庆、江西、吉林、宁夏）的资质认可工作。

2004 年 3 月 16 日，中国海事局在西宁召开非水网地区船舶检验机构资质认可工作研讨会，针对非水网地区船舶检验机构资质认可工作的实际情况提出实施指导意见。

2004 年 4 月 30 日，在中国海事局委托中国船级社代行船舶法定检验协议签字仪式上，中国海事局向中国船级社颁发 A 类《中华人民共和国船舶检验机构资质认可证书》（证书有效期自 2003 年 12 月 29 日至 2008 年 12 月 28 日）。

2004 年，中国海事局完成对山西、内蒙古、陕西、甘肃、青海、四川、贵州、云南 8 个省级船舶检验机构的资质认可工作，并开展了对上一年已通过资质认可的 20 个省级船舶检验机构的年度资质审核工作。除新疆维吾尔自治区和西藏自治区外，中国海事局对水网地区和非水网地区的船舶检验机构资质认可工作基本完成。

2005 年，完成新疆维吾尔自治区船舶检验机构资质认可工作。

2006 年 7 月 17 日，中国海事局印发《船舶检验机构执业道德准则》。该准则明确船舶检验机构应遵循公正诚信、严格自律、依法执业原则，并规定了具体要求。

2007 年 12 月 19 日，中国海事局印发通知，要求各船舶检验机构及其分支机构建立统一的船检工作基础台账，规定了工作台账的目录及其包含的主要内容；明确统一的工作基础台账的建立及记录情况作为船舶检验机构质量管理体系审核和资质认可审核的重要内容。

〖船舶法定检验质量管理体系〗

为配合船舶检验机构资质认可工作与质量管理的需要，2001 年，中国海事局立项开展了《船舶法定检验质量管理体系标准》课题研究，并在广西壮族自治区船舶检验局进行船舶法定检验质量管理体系建立和实施的试点工作，目标是按照 2000 版 ISO 9000 族标准的要求对船舶法定检验的各个过程进行有效地控制，保证并不断提高船舶法定检验质量。9 月 6 日至 7 日，该课题组在广西南宁召开首次会议，确定了课题研究的方案和要求，广西壮族自治区船舶检验局在会上介绍了建立船检质量管理体系工作情况。

2002 年 9 月，中国海事局派出审核组对广西壮族自治区船舶检验局质量管理体系进行了审核。

2003 年 1 月 30 日，中国海事局印发通知，颁布实施《中华人民共和国船舶法定检验质量管理办法》。该办法强制要求从事船舶法定检验的船检机构应建立和实施船舶法定检验质量管理体系，并提供了船舶法定检验质量管理标准，但对质量管理体系的结构和文件形式不作统一规定。该通知明确中国船级社按照国际船级社协会要求建立的质量管理体系（涵盖国际航行船舶、海上设施和相应的船用产品部分），中国海事局予以认可，但应接受中国海事局的验证性审核或抽查；对于其未涵盖的国内航行船舶检验的质量管理体系应符合该办法的要求，并应接受中国海事局的验证性审核。该通知明确各省（自治区、直辖市）船舶检验局（处）可根据实际情况，分步实施该办法，水网地区的船检机构不迟于 2005 年 12 月 31 日、非水网地区的船检机构不迟于 2007 年 12 月 31 日建立和实施船舶法定检验质量管理体系。2 月 9 日，中国海事局印发《中华人民共和国船舶法定检验质量管理体系审核、发证管理规定》。

该规定明确船舶法定检验质量管理体系审核分为初次审核、年度审核、换证审核、项目垂直审核和附加审核五种，由各船舶检验管理处负责组织实施审核，合格后，中国海事局签发有效期5年的《质量管理体系合格证书》；该规定对实施审核和审核管理的各级海事机构、审核组、审核员的资格、职责，审核组组成，审核发证程序和要求及其监督管理作出规定。6月4日、12月29日，中国海事局分别决定为广西壮族自治区船舶检验局、中国船级社颁发《中华人民共和国船舶法定检验质量管理体系合格证书》。

至2007年底，中国船级社及大多数水网地区地方船舶检验机构建立并实施了船舶法定检验质量管理体系。

【验船人员资质考试评估与管理】

2001年4月23日，交通部印发《中华人民共和国验船人员适任考试、发证规则》，自2001年10月1日起正式实施。该规则明确中国海事局主管全国验船人员适任考试、评估、发证、培训工作；从事各项船舶法定检验工作的验船人员必须按该规则要求取得相应类别、专业和等级的适任证书后，方可从事相应范围内的船检工作，并承担相应的技术责任，适任证书有效期3年。该规则将验船人员考试（评估）划分为三个等级、七个类别和六个专业（见表9-2-1），并就申报条件、考试培训、适任证书的签发及监督管理等作出规定；验船人员申请助理验船师、验船师适任证书，须通过中国海事局组织的适任考试，申请高级验船师适任证书，则须通过中国海事局组织的适任评估。

2001年10月15日，中国海事局印发《中华人民共和国验船人员适任考试、发证规则实施办法》，对验船人员适任考试实行全国统一组织、统一管理、统一命题、分区考试制度。该实施办法就考试评估的组织与申请、证书的签发和签注、现职验船人员的考试与发证等作出规定，并明确成立全国验船人员考试评估专家委员会，以指导验船人员考试评估工作，评估高级验船人员任职资格；全国验船人员考试设东北、华北、华东、华南、华中5个考区，分别由大连、天津、上海、广州、武汉船舶检验管理处具体组织实施；现职验船人员，应按该实施办法规定的程序申请并参加相应类别、专业、等级的验船人员过渡考试。同日，中国海事局印发《验船人员过渡考试大纲》。10月27日，中国海事局就贯彻执行该实施办法在北京召开研讨会，对执行该实施办法作出具体安排，要求各省（自治区、直辖市）船舶检验机构和各船舶检验管理处做好验船人员过渡考试准备工作。

2001年验船人员等级、类别和专业划分一览　　表9-2-1

<table>
<tr><th>等　级</th><th>类　别</th><th>专　业</th></tr>
<tr><td rowspan="7">助理验船师
验船师
高级验船师</td><td>国际航行海船</td><td rowspan="4">分船体、轮机、电气三个专业</td></tr>
<tr><td>沿海航行海船</td></tr>
<tr><td>内河船舶</td></tr>
<tr><td>海上设施</td></tr>
<tr><td>沿海小型船舶</td><td rowspan="2">（不分专业）</td></tr>
<tr><td>内河小型船舶</td></tr>
<tr><td>船用产品、设备、集装箱</td><td>分材料、船舶机械与设备、电气三个专业</td></tr>
</table>

2002年5月29日，中国海事局印发通知，规定初、中级验船师适任证书由中国海事局授权的各船舶检验管理处所在海事局的主管局长签发，高级验船师适任证书由中国海事局主管局长签发。2002年，全国共有3721人申请参加过渡考试，符合报考条件的3437人，考试合格的3407人，其中高级验船师1008人、验船师1283人、助理验船师1116人，首批发证3225人。10月11日，中国海事局在北

图 9-2-1　2002 年 10 月 11 日，中华人民共和国验船人员适任证书发证仪式在中国海事局举行

京举行中华人民共和国验船人员适任证书发证仪式，向中国船级社和部分地方船舶检验机构的验船师代表颁发适任证书。

根据《验船人员适任考试、发证规则实施办法》中关于不具有初级以上专业技术职务资格和本专业大专以上学历的现职验船人员应报考中国海事局组织的船舶检验培训班的规定，2003 年 1 月 21 日，中国海事局印发《关于未持证现职验船人员初级培训、考证等有关事宜的通知》，决定举办现职验船人员初级培训班，对达不到助理验船师任职资格申报条件的现有验船人员实行定点、定时段的集中培训，经培训考试合格者可获得经中国海事局认可的《现职人员初级培训合格证书》，凭此证书可申请助理验船师适任证书考试，并规定了培训的主要内容和工作要求。此次培训工作由交通部海事局武汉培训中心和有条件的单位具体承担。2003 年 4 月至 9 月，共完成来自 25 个省(自治区、直辖市)近 900 名现职验船人员的初级培训工作，交通部海事局武汉培训中心举办培训班 11 期，中国船级社武汉培训中心举办培训班 1 期；860 余人取得《现职人员初级培训合格证书》，其中 753 人通过验船人员适任资格考试，获得了有限制职责范围的助理验船师适任证书。至 2003 年 11 月 30 日，全国 4000 余名现职验船人员适任考试、证书签发工作全部结束。2003 年下半年至 2004 年，中国海事局在全国船检行业中开展 2003 年至 2004 年年度优秀验船师、优秀船检科研工作者、优秀船检工作者评选活动。经过在全国范围内的推荐和评审，2004 年 10 月 15 日，中国海事局印发决定，授予 52 名全国优秀验船师荣誉称号，表彰 46 名全国优秀船检工作者、5 名全国优秀船检科研工作者。

2003 年 9 月 8 日，为规范验船人员适任证书的制作，统一格式和内容，中国海事局印发《〈中国海事局验船人员适任证书〉制作细则》。

2003 年 11 月 6 日，中国海事局印发通知，决定自 2004 年 1 月 1 日开始实行全国船舶检验机构从事船舶检验工作的验船人员持证上岗制度。验船人员必须依照验船人员适任证书上载明的相应等级、类别、专业，从事相应职责范围内的船舶检验工作，并承担相应的技术责任。2004 年 4 月 7 日，中国海事局印发通知，要求各船舶检验管理处在 4 月至 5 月对验船人员持证上岗情况进行检查。

继 2002 年对在职验船人员实行过渡考试后，中国海事局于 2004 年，按照《验船人员适任考试、发证规则》要求，多次印发有关文件，组织首届验船人员适任统考。2 月 19 日、3 月 4 日，先后印发《中华人民共和国验船师适任考试大纲》、《中华人民共和国助理验船师适任考试大纲》。4 月 23 日，印发《关于 2004 年中国验船人员适任考试、评估事项的通知》和《全国验船人员考试评估专家委员会及其专业评估组评估工作规程》，对 2004 年年度验船人员适任考试、评估的组织，申请条件，报名，考试等具体事项予以明确；对高级验船师适任评估工作的内容、程序、纪律以及考试评估专家委员会及其专业评估组的组成作出规定。7 月 28 日，印发《关于 2004 年验船人员适任考试、评估工作补充通知》，对 2004 年高级验船师的评估工作，助理验船师和验船师考试的试题审题、组卷、考试、考务工作，以及考试、评估的保密工作作出规定，并公布了验船人员适任考试的准考证格式以及《中国验船人员适任考试考场规则》。8 月 5 日，在北京召开 2004 年全国验船人员统考工作协调会，确定了考务工作、报考类别的覆盖、考生资质审查、收费和考前培训等事项，明确了不同类别船舶的专业科目考试向下覆盖替代的类别。9 月 16 日，印发通知公布 2004 年年度全国验船人员适任统考的考试日程和考试科目。9 月 22 日，印发通知成立由 27 个委员组成的首届中国海事局验船人员考试评估专家委员会，其秘书处设在上海船舶检验管理处，同时公布了此次统考的命题组卷组(兼阅卷组)人员名单和组卷、审卷工作计划。9 月 24 日，发文要求各直属海事局协助做好本辖区内考点验船人员适任统考的组织和保障工作。10 月 18 日至 22 日，2004 年年度验船人员适任考试全国统考在全国 5 个考区 10 个考点 39 个考场举行，计 945 人参加考试，及格率为 81.72%。

2005 年 3 月 30 日，中国海事局印发通知，明确对通过验船人员全国统考的人员，一律签发新的适任证书，签发日期为 2004 年 12 月 30 日，但补考通过人员适任证书的签发日期为 2005 年 3 月 30 日。鉴于国家即将实行注册验船师制度，7 月 8 日，中国海事局发文，明确在新制度颁布之前，2002 年中国海事局签发的验船人员适任证书有效期延长。

2006 年 1 月 26 日，人事部、交通部、农业部联合颁布《注册验船师制度暂行规定》，自 2006 年 3 月 1 日起施行，验船人员适任考试同时停止。该规定明确，国家对从事船舶检验工作的专业技术人员实行职业准入制度，纳入全国专业技术人员职业资格证书制度统一规划；凡从事船舶检验工作的专业技术人员必须通过全国统一考试取得人事部统一印制的《中华人民共和国注册验船师资格证书》，并依法注册后方可从事规定范围内的船舶检验工作；注册验船师资格实行全国统一大纲、统一命题的考试制度，原则上每年举行一次，设船舶和海上设施、渔业船舶两个类别，每个类别分 A、B、C、D 4 个级别(船舶和海上设施类的 A 级为国际航行船舶、海上设施、国际航行的渔业辅助船舶，B 级为国内海上船舶，C 级为内河船舶，D 级为内河小船)；交通部、农业部分别为相应类别注册验船师资格的注册审批机构，负责核发《中华人民共和国注册验船师注册证》，该注册证是注册验船师的执业凭证，每次注册有效期 3 年；交通部直属的具有船舶检验管理职能的海事局是注册验船师(船舶和海上设施类)资格的注册审查机构。该规定还明确了注册验船师的权利和义务以及考试、注册的有关事项，明确在该规定下发之前的现职验船人员可通过资格考试认定办法取得相应类别级别注册验船师资格证书。2006 年 10 月 27 日，中国海事局印发通知，暂停高级验船师适任资格评估工作。

至 2006 年底，中国海事局共为全国 4783 名从事船舶检验的人员(助理验船师 1955 名、验船师 1706 名、高级验船师 1122 名)签发各类别、专业的验船人员适任证书总计 18703 本。

2007 年 6 月 22 日，人事部、交通部、农业部印发《注册验船师资格考试实施办法》。该办法明确人事部与交通部、农业部成立注册验船师资格考试办公室，分别设在交通部和农业部，负责相应类别注册验船师资格考试政策研究及管理工作，船舶和海上设施类的注册验船师资格考试具体考务工作委托中国海事服务中心负责；交通部、农业部分别成立相应类别注册验船师资格考试专家委员会，负责编写本类别的考试大纲、组织命题、建立考试题库、提出考试合格标准建议。该办法同时对各级别、各类别注册验船师资格考试的报名条件、考试内容和报考工作，以及 2006 年 12 月 31 日前的现职验船人员免试科目和条件作出具体规定。4 月 16 日，《中国交通报》刊登《中国验船师短缺拉响警报》的报道。7 月 6 日，中国海事局发文决定采取临时性措施缓解验船人员短缺压力，明确各船舶检验机构对 2006 年 1 月 26 日之后未持有适任证书的在岗及新聘用的验船人员进行船检法律法规与船检业务培训，参加培训的人员经考试合格可从事具体检验工作(不含特种船舶的检验)，并签发相应的检验报告。11 月 26 日，交通部印发通知，决定成立船舶和海上设施类注册验船师资格考试专家委员会。该委员会由来自中国船级社和黑龙江、辽宁、甘肃、河北、山东、浙江、江苏、安徽、重庆、广东、广西等省(自治区、直辖市)的船舶检验机构，以及中国海事局和 5 个船舶检验管理处的专家组成，其秘书处设在上海船舶检验管理处。①

【船舶检验业务培训】

中国海事局成立后，对验船人员和船检管理人员组织了多次业务培训。

1999 年 8 月，在合肥举办“小型散货船检验培训班”，来自各省（自治区、直辖市）的 78 名验船人员参加培训。10 月，在兰州对来自非水网地区的 88 名验船人员就船舶基础理论、船检实践、船检规范和船检质量管理等内容进行了系统培训。

图 9-2-2　2005 年 11 月 1 日至 4 日，中国海事局在青岛举办全国船检局长培训班

图 9-2-3　2007 年 6 月 22 日，中国海事局在兰州举办全国非水网地区验船人员第一期培训班

2001 年 3 月 26 日至 4 月 11 日，在上海对 5 个船舶检验管理处的工作人员进行了首次有关验船知识的全面培训。

2003 年 4 月至 9 月，在武汉举办了 12 期未持证现职验船人员初级培训班。4 月 28 日至 8 月 1 日，选派上海、天津船舶检验管理处各 1 人在英国劳氏船级社上海代表处实习。9 月 2 日至 5 日，在上海举办船舶检验机构资质认可暨船舶法定检验质量管理体系审核员培训班。

2004 年 3 月、6 月，在武汉举办 2 期西藏验船人员初级培训班。2004 年 6 月 2 日，中国海事局批复天津船舶检验管理处，同意青海省地方海事局派员参加青海湖豪华游轮的建造检验，中国船级社青岛分社负责该游轮的建造检验任务，并指导帮助青海省地方海事局参检人员学习检验业务；该轮投入营运后，其第一个周期的各类检验，由青海省地方海事局与其结对子的江苏省船舶检验局共同负责。

2005 年 11 月 1 日至 4 日，在青岛举办首届全国船检局长培训班，来自全国 28 个省（自治区、直辖市）的船舶检验机构负责人、中国船级社代表共 40 余人参加培训。11 月 7 日至 11 日，在珠海举办油船、散装化学品运输船检验业务培训班，全国 17 个省（自治区、直辖市）的地方船舶检验机构的 52 名验船人员参加培训。

2007 年 5 月 22 日至 26 日，在武汉举办地市级船检局长培训班，来自山东、上海、辽宁、湖北、四川、重庆、安徽、江西等省（直辖市）船舶检验机构的 45 名地市级船舶检验机构负责人参加培训学习。6 月 22 日至 27 日，在兰州举办非水网地区验船人员第一期培训班，来自甘肃、青海、陕西、内蒙古、贵州、宁夏、云南、北京、新疆、山西、黑龙江、吉林等 12 个省（自治区）的 50 名验船人员参加培训。

---

① 2008 年 7 月 2 日，人力资源和社会保障部、交通运输部印发《注册验船师（船舶和海上设施类）资格考试认定办法》；9 月 12 日，交通运输部印发《注册验船师（船舶和海上设施类）资格考试大纲》；至 2009 年 4 月底，全国现有验船人员的注册验船师（船舶和海上设施类）资格考试认定工作全部完成，申请报名 5052 人，参加考试 4632 人，考试合格率约 93%，2002 年开始实施的验船人员适任资格准入制度转变为职业资格准入制度。

【船舶检验工作过错追究】

2002 年 4 月 9 日，交通部公布实施《船舶检验机构及验船人员工作过错追究办法》。该办法中所称的"工作过错"是指船舶检验机构或验船人员在实施法定检验过程中，由于故意、过失或疏忽，导致违反有关法规、规章及有关规范性文件规定的行为。该办法将船舶检验机构和验船人员工作过错分为一般工作过错、严重工作过错和重大工作过错三类，并根据过错类别、情节、责任实施记分管理，当累计达到相应分值时，对船舶检验机构的工作过错分别采取通报批评、暂停检验发证权进行整顿、注销资质认可证书的追究方式，对验船人员的工作过错分别采取通报批评、暂停检验资格(1—3 个月)、吊销适任证书的追究方式。该办法还对工作过错的责任界定和处理以及过错追究程序作出明确规定。

2003 年 5 月 28 日，中国海事局批复武汉船舶检验管理处，同意对湖北省随州船检站在没有图纸情况下违规开展改建船舶检验并导致干舷和吨位有误的处理意见，对负主要责任的验船人员记 10 分，并暂停其检验资格三个月。

2004 年 9 月 10 日，中国海事局就"辽旅渡 7"轮(2003 年 2 月 22 日在渤海湾发生沉没事故)在签发检验证书和固定压载检验方面存在的问题发出通报，要求中国船级社对违规单位进行整顿和处理。

2004 年 9 月 20 日，中国海事局就"华源顺 18"轮(2003 年 10 月 12 日在渤海湾发生沉没事故)存在异地进行建造检验、稳性检验和舵机检验违反技术规范、漏检等问题进行通报批评，决定暂停安徽省船舶检验局皖江船检处沿海航行船舶建造检验和初次检验发证权 6 个月并要求其进行整顿，吊销 2 名当事验船人员的验船师资格证书，对船检证书签发人计 10 分处理。2005 年 10 月 14 日至 15 日，中国海事局对皖江船检处的整顿情况进行验收，12 月 13 日决定恢复该处海船检验业务。

2004 年 11 月 30 日，交通部就"赤壁 3"轮(2004 年 7 月 26 日在上海芦潮港码头附近发生翻沉事故)违规异地检验、检验发证不满足技术规范要求等问题进行通报，决定取消湖北省船舶检验处咸宁市船检所开展海船检验业务资格，同时暂停其内河船舶检验业务 3 个月并进行内部整顿，吊销 1 名责任验船师的船检资格证书。2005 年 10 月 12 日至 13 日，中国海事局对咸宁市船检所的整顿情况进行验收，11 月 18 日决定恢复其对乡镇渡船的检验业务，其他船舶的检验业务由湖北省船舶检验处负责。

2005 年 8 月 9 日，中国海事局针对浙江省温州市船检处违反技术规程和规范检验在建船舶，致使 3 艘船舶存在严重验船质量问题(船体断裂)，下发《船舶检验工作过错处理决定书》，决定暂停温州市船检处的检验发证权并要求进行整顿，吊销 3 名验船师的适任证书，暂停 4 名验船师的检验资格 3 个月，通报批评 1 名船检证书签发人。8 月 10 日，交通部就 3 艘船舶检验问题发出通报，并责成浙江省船舶检验局对船长大于 65 米的大开口海船审图业务进行全面整改。11 月 8 日至 10 日，中国海事局对温州市船检处的整顿情况进行验收，11 月 18 日决定恢复该处的船检业务。2006 年 1 月 25 日，同意恢复该处 4 名验船师的检验资格。2007 年 10 月 30 日，中国海事局组织专家组对浙江省船舶检验局 65 米以上大开口海船审图业务整改情况进行验收；12 月 10 日，决定恢复浙江省船舶检验局开展该项业务。

2005 年 10 月 20 日，中国海事局印发通知，针对河南省驻马店市船舶检验所在 7 艘船舶的检验发证过程中违规降低船舶证书吨位数、改变船舶干舷和扩大航区，出现重大过错问题，下发《船舶检验工作过错处理决定书》，决定取消驻马店市船检所船舶法定检验及发证权，吊销 2 名验船人员的《验船人员适任证书》，暂停 1 名验船人员检验资格 3 个月，并决定驻马店市船检所船舶法定检验及发证权交由信阳市船舶检验所行使。10 月 24 日，交通部就驻马店市船检所违规发证事件处理情况发出通报，其中补充对河南省船舶检验处进行通报批评的处理意见。

2006 年 12 月 30 日，中国海事局针对徐州市船舶检验局所属邳州市船舶检验处未经实船检验，编造数据，弄虚作假，违规签发33艘船舶检验证书及转港证明等问题，下发《船舶检验工作过错处理决定书》，决定对徐州市船舶检验局长期疏于监管出现的严重工作过错给予通报批评，撤销邳州市船舶检验处的法定检验发证资格，吊销2名责任验船师的《验船人员适任证书》。同日，针对淮北市船舶检验所未经实船检验对27艘转籍的船舶换发证书及2005年其他船舶检验重大工作过错等问题，下发《船舶检验工作过错处理决定书》，决定撤销安徽省淮北市船舶检验所的法定检验发证资格，吊销1名责任验船师的《验船人员适任证书》。

2007年6月23日，针对湖北省船舶检验处仙桃市船舶检验所在5艘船舶的船舶检验过程中存在随意更改船舶建造时间、吨位、尺度、干舷及增加航区等重大工作过错，中国海事局下发《船舶检验工作过错处理决定书》，决定暂停该所检验发证资格，吊销1名验船人员《验船人员适任证书》。7月6日，中国海事局印发通知，责成湖北省船舶检验处收回仙桃市船舶检验所违规签发的91艘船舶的检验证书，并对该批船舶按照技术法规重新检验发证。8月27日，中国海事局对2005年至2007年处理的5起船检违规违纪案件责任追究情况向全国船舶检验系统发出通报。

第三节　船舶检验技术管理与质量监督

【船舶检验技术质量综合管理】

1999年8月13日，为配合开展长江和太湖流域防污染治理工作，中国海事局批复江苏省交通厅港航监督局，明确了柴油挂桨机船防污染设施的检验要求。

1999年12月21日，中国海事局印发通知和《1999年版国内航行船舶检验证书填写说明》，决定自2000年1月1日起启用1999年版国内航行船舶检验证书，旧版船检证书的签发截止日期为2000年7月1日。1999年版国内航行船舶检验证书采用中国海事局统一规定的计算机发证软件（即船舶检验发证管理系统）及证书防伪专用纸制作。鉴于1999年版国内航行船舶检验证书的准备工作尚未完成，中国海事局于2000年6月14日和2001年2月1日，两次推迟旧版国内航行船舶检验证书的签发截止日期（分别推迟到2000年12月31日和2001年3月31日），并于2000年8月1日印发《1999年版国内航行船舶检验证书填写说明》的补充说明。2000年11月1日，中国海事局印发调查表，对新版船检证书换发情况进行调查。由于江苏省船舶检验局在实施全国船检计算机网络管理试点工作中存在实际问题，2001年10月23日，中国海事局批复同意江苏省船舶检验机构于2001年9月30日前签发的旧版国内航行船舶检验证书可在有效期内继续使用。2003年6月20日，中国海事局印发通知，公布2003年版国内航行船舶检验报告、记录和检验项目表格式，并于2006年12月1日随船舶检验发证管理系统同时启用。

2000年1月24日，为履行《73/78防污公约》附则Ⅵ（防止船舶造成空气污染规则）①，中国海事局印发通知，规定2000年1月1日及以后安放龙骨的国际航行船舶上使用的柴油机必须经中国海事局认可的检测机构检测，并在取得中国海事局《船用柴油机氮氧化物排放合格证书》后方可装船使用。该通知还明确了船用柴油机氮氧化物排放检测机构的认可程序。4月12日，中国海事局函告对外经济贸易部机电产品进出口司、海关总署政策法规司，决定自2000年起启用旧船舶进口技术评定书2000格式，同时停止使用旧格式的技术评定书。4月27日，中国海事局印发《关于加强船舶改装检验工作的通

① 《73/78防污公约》附则Ⅵ规定，船用柴油机氮氧化物的排放必须满足《船用柴油机氮氧化物排放控制技术规则》的要求。

知》，明确对涉及变更船舶种类的重大改建的船舶，一律按改建时的现行技术法规规范执行检验，改建后的检验证书上的建造日期填写原建造日期，并在证书上注明改建日期。4 月 29 日，中国海事局印发通知，对国际航线 500 总吨以下送鲜船舶的检验标准予以明确，凡《国际航行船舶法定检验规则》(1999)有明确规定的按照该规定执行，未明确规定的按照《非国际航行船舶法定检验技术规则(1999)》的要求执行。5 月 25 日，为落实珠江、琼州海峡船舶防抗雷雨大风的要求，中国海事局印发通知，要求有关船舶检验机构对各自检验的油船、危险品运输船和客船的船舶稳性证书情况进行一次检查。8 月 31 日，中国海事局印发《关于加强海上设施拖航检验及管理的通知》，规定所有在中国沿海水域内的移动平台、浮船坞和其他大型设施进行拖带航行，起拖前必须向当地直属海事局申请拖航检验，直属海事局接到申请后委托中国船级社具体执行拖航检验及颁发海上适拖证书和拖航检验报告。

根据《1974 年国际海上人命安全公约》、《船舶与海上设施法定检验规则》有关规定，船舶配置的每只气胀式救生筏和净水压力释放器均应在经主管机关认可的检修站进行定期检修。对此，中国海事局于 2001 年 1 月 21 日和 3 月 21 日两次印发通知，规定了气胀式救生筏检修站的设立及认可等事项，明确由中国海事局向通过认可的救生筏检修站颁发《气胀救生筏检修站认可证书》，规定自 2001 年 7 月 1 日起各气胀救生筏检修站统一使用中国海事局制作的防伪救生筏检修证明文书，并对此前已向中国船级社申请认可及已持有中国船级社认可证书的检修站换发中国海事局《气胀救生筏检修站认可证书》等事项予以明确。12 月 18 日，中国海事局发布实施《救生筏检修站监督管理暂行规定》，明确气胀式救生筏检修站的检修工作管理要求和检修人员的资质要求，并委托天津船舶检验管理处负责全国救生筏检修站监督管理的日常工作；规定自 2002 年 3 月 1 日起，凡未持有中国海事局认可证书的救生筏检修站一律不得从事救生筏检修工作。2003 年 1 月 8 日至 3 月 7 日，中国海事局在全国范围内开展对气胀式救生筏检修站专项检查活动，共检查 44 个检修站，抽查 55 只救生筏，并于 5 月 29 日印发专项检查通报，肯定成绩，指出问题，公布案例，强调要严把救生筏检修质量关。

2001 年 2 月 19 日，中国海事局印发通知，要求各船舶检验机构认真研究 1995 年至 1999 年水上交通事故中与船舶技术条件有关的 10 起案例，提高船检质量，避免因船检的责任导致水上交通事故的发生。8 月 6 日，交通部印发《关于对老旧运输船舶执行特别定期检验的通知》，对老旧运输船舶执行特别定期检验作出安排，要求凡 2001 年 4 月 9 日已达到或超过《老旧运输船舶管理规定》明确的特别定期检验船龄，但未达到强制报废船龄的运输船舶，应于 2001 年 8 月 31 日前向船籍港所在地海事机构认可的船舶检验机构申请特别定期检验，海事机构对在 8 月 31 日后仍未申请特别定期检验的相关船舶不予办理签证或出港手续。

2002 年 2 月 19 日，交通部印发《关于处理国内航行船舶建造日期不详的通知》，要求凡船舶检验证书上建造日期填写为 1949 年 1 月 1 日并注明建造日期不详的船舶应提供船舶建造日期证明资料，确定建造日期；无法提供船舶建造日期证明资料的船舶，由其船舶所有人或经营人向原船舶检验机构申请复核船龄。7 月 15 日，中国海事局印发《船龄复核指南》，明确了船舶船龄资料和船舶状况复核的内容、程序以及船龄复核结论填写要求。为实施交通部《内河运输船舶标准化管理规定》中不得新建、改建水泥质船舶从事内河运输的规定，交通部于 2002 年 6 月 11 日印发通知，决定自 2002 年 7 月 30 日起停止使用中国船检局于 1984 年实施的《内河小型钢丝网水泥船建造规范》，并停止对新造钢丝网水泥船的建造检验和发证。根据国务院批准的《太湖水污染防治"十五"计划》，太湖流域挂桨机船实施落舱改造，以控制挂桨机船对该流域的环境污染，11 月 14 日，中国海事局印发《太湖流域内河挂桨机船改造管理暂行规定》，对内河挂桨机船落舱改造的技术要求及其检验作出规定，并将按该暂行规定进行改造的挂桨机船的类型定为"内河挂桨机改装船"。

2003年5月21日，中国海事局印发通知，要求对于海关、法院拍卖的各类外籍船舶，其船龄必须符合交通部《老旧运输船舶管理规定》，且办理了船舶所有权登记，船舶检验机构方可进行检验。5月26日，中国海事局发文，要求各船舶检验机构在对内河船舶检验中注意船体基线以下是否有特殊装置的问题，并对有此类装置的船舶在检验发证时注明其航行中的实际最大吃水，以便海事机构在船舶签证时了解船舶的真实吃水，控制船舶通过航段浅区，杜绝搁浅。5月30日，中国海事局印发通知，针对4月8日专家组对温州至洞头和玉环的高速客船在安全技术评估中发现的安全隐患，决定立即收回6艘在海上遮蔽航区航行安全没有保证的高速客船的船检证书和其他船舶证书，责令其停航；禁止今后将内河高速客船用于海上航行；要求浙江省船舶检验局对其他在航的高速客船按照技术法规进行全面复核，并严格限制该水域高速客船的航行条件。由于自2003年6月1日起渤海海域船舶排污设备实施铅封管理，6月12日，交通部印发通知，免除仅在该水域航行的船舶配备排油监控系统、油水界面探测器和滤油设备的要求。6月16日，中国海事局发布《船舶检验技术档案管理暂行办法》，自8月1日起施行。该暂行办法对船舶法定检验中形成的技术档案的分类、立卷、管理和转移作出规定，明确中国海事局对船舶检验技术档案工作实行行业管理并规定了船舶检验机构的管理职责。9月16日，交通部发布实施《海关公务船艇管理规定》，其中明确船舶总长度在5米以上的非艇载的海关公务船艇应向中国海事局认可的船舶检验机构申请船舶检验。12月15日，中国海事局批复江苏省船舶检验局，同意苏州市河流、扬州瘦西湖、南京玄武湖等城区内公园的游览客船免装甚高频无线电话装置和紧急报警(集合)装置，但应确定保证船舶之间、船岸之间联系的通讯工具和报警系统。

2004年1月15日，中国海事局就内河汽车渡船船舶类型问题批复安徽省船舶检验局：对载客超过12人的内河汽车渡船，应将其作为客船进行管理，报废年限为30年；对载客不超过12人的汽车渡船，可将其作为滚装船进行管理。10月27日，中国海事局批复山东省交通厅船舶检验局，明确不同时期建造的海上客船的救生设备的配备适用技术规范。为配合京杭运河船型标准化推进工作，交通部于2004年2月23日发布施行《京杭运河航行船舶检验管理暂行规定》。该暂行规定明确了在京杭运河航行的现有船舶、新建船舶(包括按照交通部公布的标准船型建造的船舶)检验适用技术规范和检验要求，检验合格后签发《京杭运河型船舶航行证书》和其他法定检验证书。8月10日，中国海事局批复中国船级社，明确渤海湾火车渡船审图原则除应满足现行法规外，在稳性、消防、救生和车辆系固等方面还需满足国际航行远洋客船技术标准。

2005年4月8日，中国海事局批复中国船级社，同意对地效翼船的检验在暂无检验规范时暂按该社《地效翼船检验指南》执行。9月5日，为解决天生桥库区现有船舶受检率低的问题，中国海事局在南宁召开广西、贵州、云南三省(自治区)海事船检联席会议。会议确定，三省(自治区)各方在中国海事局的统一领导下，建立协调机制，按照统一检验规则、统一船舶尺度、统一操作方法、统一收费标准的原则，由广西壮族自治区船舶检验局牵头编制库区20米以下客、货渡船暂行规定，由贵州省船舶检验局牵头研究开发两种库区船型，强制库区船舶进行法定检验，统一库区船舶证书格式，统一检验周期，统一验船人员培训，统一时间治理库区现有船舶。

2006年7月17日，中国海事局印发《国内航行船舶船体建造检验管理暂行规定》(2006年9月1日生效)、《国内航行船舶图纸审核管理规定》(2007年3月1日生效)和《国内航行船舶变更船舶检验机构管理规定》(2007年3月1日生效)，对国内航行船舶加强船体建造检验、提高图纸审核质量、明确变更船舶检验机构时转入转出船舶检验机构的管理责任等作出具体规定；同时印发了《图纸审核工作程序指南》和《审图意见书的基本要求》。

2007年5月14日，中国海事局批复广西壮族自治区船舶检验局，不同意“新船新办法，老船老办法”的做法，明确内河船舶应按照规范要求配备通信设备和航行设备。7月4日，为提高船检质量，保证各船舶检验机构执行规范的一致性，同时促进新技术的研究、推广和应用，保证船舶营运的经济性，中国海事局发布《中国籍船舶等效、免除管理暂行规定》。该规定明确各船舶检验机构负责中国籍船舶等效、免除的受理、审查及上报，中国海事局负责等效、免除的最终审批，并对等效、免除的申请、受理、批准程序及等效签注、免除证书签发等作出具体规定。2007年，中国海事局共审批11件船舶等效、免除的申请事项。9月7日，中国海事局批复江西省船舶检验局，明确对于下水前进行了检验，但下水后长期脱检的船舶，一律按初次检验要求进行检验。

〖船舶检验管理信息化〗

1999年，为配合1999版国内航行船舶检验证书的使用，中国海事局组织开发了“船舶检验发证管理系统(VIMS 4.0)”软件。该系统能采集船检管理重要数据、印制船检证书、管理船检登记号的授予工作等。12月21日，中国海事局印发通知，决定自2000年1月1日起正式启用“船舶检验发证管理系统(VIMS 4.0)”，1999版国内航行船舶检验证书必须用该系统印制。

“船舶检验发证管理系统(VIMS 4.0)”启用后，各级船舶检验机构对本机构检验登记的船舶的静态数据(船舶基本数据)、动态数据(船检及其证书信息)实现了计算机管理。为充分利用这些船舶数据信息，中国海事局决定自2003年2月17日至3月28日开展船检计算机数据汇总、建立各级船检数据库工作。至2003年底，全国县、市、省、国家级船检数据库基本建成，国家船检数据库设在广东海事局。

至2004年11月，26个省(自治区、直辖市)的船舶检验机构及中国船级社已将约10万艘次检验登记的船舶技术数据录入船检数据库，并可提供网上在线查询。

2005年，中国海事局在水上安全监督信息系统二期工程建设中，完成“船舶检验发证管理系统(VIMS5.0)”的开发工作。

2006年，“船舶检验发证管理系统(VIMS5.0)”在广东、贵州、河北、四川、重庆、福建、浙江、安徽8个省(市)船检机构试运行。11月24日，中国海事局印发通知和“船舶检验发证管理系统(VIMS5.0)”推广方案，决定自2006年12月1日起正式启用“船舶检验发证管理系统(VIMS5.0)”，并分批在全国有关船检单位推广使用，以建立全国和各级船检机构的法定检验船舶技术数据库，并实现数据上传，实现计算机辅助管理船检工作和制作国内航行船舶检验证书、记录、检验报告。

2007年4月18日，中国海事局印发通知，要求五个船舶检验管理处做好全国法定检验船舶技术数据库和五个区域法定检验船舶技术数据库的建设以及数据接收的准备工作，为全国各船检机构提供数据交换邮箱服务。至2007年10月，全国“船舶检验发证管理系统(VIMS5.0)”软硬件建设任务完成，内外网邮箱建立并运行。全国法定检验船舶技术数据库接收广东、黑龙江、辽宁、河北、天津、山东、江苏、上海、福建、广西等10个船舶检验机构初次报送的数据，共计175648艘船舶379082次检验数据。①

〖船舶安装船载自动识别系统〗

根据经国际海事组织2000年修正的《1974年国际海上人命安全公约》第Ⅴ章规定，300总吨及以上的国际航行船舶和500总吨及以上的非国际航行货船以及不限尺寸的客船，强制配备船载自动识别系

---

① 2008年，法定检验船舶技术数据库在全国各级基本建成，包括1个全国、5个区域、30个省级法定检验船舶技术数据库。

统设备，并对建造时间不同的船舶，规定了相应的最后安装期限。2001 年 12 月 18 日，中国海事局发布公告，公布上述规定，并要求各海事机构和航运企业做好相应准备工作。

2004 年 8 月 18 日，中国海事局印发通知，要求航行渤海海峡、琼州海峡的载客 100 人以上的客船、客滚船和救助船于 2004 年 11 月 1 日前配备通用船载自动识别系统设备，并规定该设备的安装检验工作由中国船级社负责。10 月 19 日，中国海事局印发紧急通知，要求有关海事局检查相关船舶船载自动识别系统的安装情况，2004 年 11 月 11 日之后对未安装船载自动识别系统的船舶不予办理进出港手续。经查，2004 年 11 月 1 日前，渤海湾、琼州海峡 100 个客位以上的客船、客滚船及救助船共 85 艘全部安装了船载自动识别系统设备。

2005 年 10 月 14 日，中国海事局印发通知，要求沿海航行的所有客船，500 总吨及以上的油船、危险化学品船、集装箱船，必须于 2006 年 4 月 30 日前配备船载自动识别系统。各省(自治区、直辖市)船舶检验机构和中国船级社负责各自检验范围内的该设备的安装指导和验收工作。自 2006 年 5 月 1 日起，对未按要求安装船载自动识别系统的船舶禁止离港。

2007 年 5 月 14 日，中国海事局印发通知，根据《船舶与海上设施法定检验规则(2004)》的规定，要求所有海上航行的客船和 500 总吨及以上货船在规定时间内完成船载自动识别系统设备安装工作，其中，2002 年 7 月 1 日及以后建造的船舶在建造时配备，2002 年 7 月 1 日以前建造的船舶不迟于 2008 年 7 月 1 日前配备。

【危险品船检验技术管理与质量监督】

1999 年 1 月 22 日至 23 日，中国海事局在杭州召开研讨会，针对散装运输化学品船、液化气船检验工作中存在的实际问题提出解决措施，强调不得擅自进行规范免除，所有从事此类船舶检验的人员都应经过专门培训，并取得中国海事局签发的培训合格证书。会后，中国海事局发放调查表，对国内航行散装化学品船状况进行调查，同时在全国范围内开展内河小型散装化学品船执行船检规范大检查活动，并抽查内河小型散装化学品船 100 余艘，查出带有共性的问题 10 余项，提供给有关船检规范研制单位研究解决方案。

2000 年 7 月 12 日，针对国内某些装运闪点 F. P. ≤60℃油类小型油船出现爆炸和火灾事故的情况，中国海事局转发中国船级社有关处理该类小型油船艏楼覆盖油舱问题的规定，要求各船舶检验机构对有关小型油船进行检验时执行该规定，从而消除小型油船事故隐患。11 月 1 日，中国海事局印发《关于加强现有非国际航行散装液化气体船检验工作的通知》，明确此类船舶检验适用的有关国际公约和船检规范，要求各船舶检验机构结合最近一次年度检验或特别检验、换证检验，对中国现有非国际航行散装液化气体船进行全面复查。根据 11 月 9 日交通部印发的《关于加强液化气船安全管理的通知》和中国海事局《关于加强现有非国际航行散装液化气体船检验工作的通知》的要求，中国船级社对现有 47 艘非国际航行散装液化气体船的稳性进行了复核，其中 10 艘船舶破舱稳性不满足有关技术规则规定而被要求进行整改。2002 年 2 月 25 日，中国海事局印发通知，对此类船舶破舱稳性不满足有关技术规则要求应进行整改的事项作出规定。

2002 年 1 月 25 日，中国海事局印发通知，就执行国际海事组织海上环境保护委员会第 46 届会议通过的《73/78 防污公约》附则 I 13G 条修正案(2002 年 9 月 1 日生效)中单壳油轮“状态评估计划”检验(仅适用于国际航行船舶)的具体实施步骤予以明确。“状态评估计划”检验由中国船级社具体执行，中国海事局对通过检验的船舶签发《符合证明》。

【海上客滚船检验技术管理与质量监督】

为吸取1999年11月24日发生的“大舜”号客滚船特大火灾沉没事故教训，解决客滚船安全技术方面的问题，2000年1月5日至6日，中国海事局组织有关方面专家在北京召开“渤海湾客滚船安全技术状况评估会”，对该海域的客滚船安全技术状况进行了全面分析和评估，明确了对这些大部分从国外进口的二手客滚船进行检验的适用规范，并对其普遍存在的影响航行安全的主要问题提出了解决的原则和办法。针对中国海上客滚船检验的现实情况，1月11日，交通部印发《关于加强海上客滚船检验工作的通知》，规定所有跨省、区航行的海上客船、客滚船和客渡船一律由中国船级社检验。10月12日至13日，中国海事局在上海召开现有客滚船压力水雾系统灭火性能鉴定会，对客滚船压力水雾系统检验、试验依据提出建议。10月26日，中国海事局印发通知，明确检验客滚船压力水雾系统应以中国船级社的有关规定和鉴定会的要求为补充依据。

2001年6月4日，交通部印发《关于加强琼州海峡客滚船船检工作的通知》，明确琼州海峡客滚船检验适用技术规则和检验要求，以及开航条件限制的抗风等级，停止执行中国船检局1997年发布的有关对琼州海峡客滚船的一些免除和放宽措施；规定琼州海峡开敞式客滚船自2002年1月1日起除每辆车可允许两名工作人员(含司机)随船外，不得载运普通旅客，其抗风等级一律不超过6级。考虑到执行中的实际情况，中国海事局于2002年2月19日印发通知，决定琼州海峡开敞式客滚船除允许每辆货车搭乘两名司机外，还可增加一名货物押运员随车上船。

2004年4月21日，中国海事局批复中国船级社，同意公布实施《渤海湾客滚船审图原则2004》和《渤海湾高速客滚船审图原则》。

【长江航行船舶检验技术管理与质量监督】

鉴于春节运输期间长江客船运力基本能够满足载客需求，为确保船舶和旅客安全，1999年5月11日，中国海事局印发通知，停止执行1993年中国船检局实施的川江客船春运期间增加临时乘客定额的规定。

2000年11月20日，交通部印发通知，就长江滚装船适用法定检验标准等问题予以明确，其中规定，新建、改建内河滚装船适用《船舶与海上设施检验条例》、《内河船舶法定检验技术规则(1999)》、《内河钢质船舶入级与建造规范(1996)》及《内河钢质船舶入级与建造规范修改通报》对新建船的要求。

2002年3月20日，交通部针对川江滚装船船体断裂时有发生的情况印发通知，决定委托中国船级社在2002年8月31日前对川江滚装船的结构强度、完整稳性、破舱稳性进行复核，并明确8月31日后未经复核和复核不合格的船不得作为滚装船使用。10月24日，交通部印发《关于加强长江干线汽车渡船安全管理的通知》，提出了针对长江干线汽车渡船乘客定额、安全通道、水密舱壁、船体甲板、危险品适装条件、通信设备、救生设备等方面的检验要求，并强调长江干线汽车渡船在航行中应严格遵守有关安全管理规定。

2003年3月6日，中国海事局印发通知，要求中国船级社督促有关船公司对部分川江汽车滚装船船体总纵强度不符合规定进行整改，2003年8月1日达不到要求的不得签发船检证书。5月29日，中国海事局印发通知，要求中国船级社对部分在2001年5月1日以后建造或改建的不符合规范要求的川江滚装船进行清查和整改。为确保三峡库区船舶航行安全，2003年9月25日，交通部印发通知，规定自2004年1月1日起，所有在三峡库区长江干线航行的四类及以上客船和500总吨及以上的机动货船、368千瓦及以上的推(拖)船，必须配备一台雷达，未配雷达的其他客船应限制载客人数和夜航。

鉴于川江汽车滚装船车辆跳板形式不合理，对在川江航行的其他船舶特别是客船安全构成了潜在威胁，2003年12月12日，中国海事局发文，要求对川江汽车滚装船车辆跳板形式在2004年3月31日前完成改造。

为配合川江及三峡库区船型标准化推进工作，2004年10月30日，交通部公布施行《川江及三峡库区航行船舶检验管理暂行规定》。该暂行规定明确在川江及三峡库区航行的现有船舶、按照交通部公布的标准船型新建船舶的检验适用技术规范和检验要求，新船检验合格后签发《川江及三峡库区船舶航行证书》和其他法定检验证书。

2005年2月4日，中国海事局在武汉召开会议，宜昌、重庆两地的滚装船运输公司代表及有关专家与会，研究落实有关法规对川江及三峡库区滚装船车辆跳板形式要求，会议明确前伸吊臂式跳板不符合规范要求，应限时整改；折叠式跳板符合规范的原则要求，其检验具体技术要求由中国船级社制定。根据《川江及三峡库区航行船舶检验管理暂行规定》及有关船检规范的要求，4月13日，交通部印发补充通知，要求在川江及三峡库区航行的具有吊臂式跳板的Ⅱ型客滚船于2005年6月30日前提出跳板改造计划，并规定了不同情况下完成改造的期限和限制条件。

针对三峡大坝与葛洲坝间航行的滚装船跳板改造达不到规范有关盲区的要求，2006年8月23日，交通部印发通知，要求非标准滚装船跳板改造采取等效替代办法，办法由各船公司提出，中国船级社批准。10月26日，15家川江汽车滚装船公司联名提出吊臂直立式跳板加装红外夜视摄像机的盲区等效方案，经中国船级社组织专家评估、研究、完善和现场跟踪检查，12月21日，中国海事局批复同意川江非标准滚装船跳板改造盲区等效方案。

2007年6月12日，中国海事局印发由中国船级社编制、交通部水运司批复同意的《非标准川江汽车滚装船改造技术指南》，并规定现有非标准川江载货汽车滚装船按该指南改造并检验合格后，允许继续在库区使用至2010年12月31日。为规范川江及三峡库区船舶检验行为，2007年10月17日，中国海事局印发通知，决定开展川江及三峡库区船舶检验情况自查工作，要求中国船级社和四川、重庆、湖南、湖北、江西、安徽等省(市)船舶检验机构，对自2004年交通部推行川江及三峡库区运输船舶标准化以来检验的川江及三峡库区船舶进行清理，对不符合交通部公布的标准船型主尺度系列的船舶，立即收回《川江及三峡库区船舶航行证书》。

【船舶检验质量专项检查】

在交通部开展“水上运输安全管理年”活动三年期间，中国海事局对船检工作和验船质量组织了多次检查。

2000年，中国海事局于5月16日印发通知，要求各船舶检验机构对执行船检法规、制度情况以及落实“水上运输安全管理年”活动要求进行自查；于6月19日至25日，组织检查组，对中国船级社上海、南京、广东、海南分社和江苏、浙江、湖南、广东、广西船检局(处)落实船检法规和制度、现场检验是否到位等情况进行检查；于9月15日至10月31日，在上海、大连、天津、广州、武汉等地定点开展船检质量检查，共检查船舶292艘，查出船检质量方面的缺陷1907项。

2001年，中国海事局于4月20日至6月底，组织各船舶检验管理处和船舶检验机构开展对船用产品质量检查活动，重点检查已装船的救生、消防、通讯、防污染等产品的质量和检验情况；于5月至6月，以航行于重点水域的“四客一危”船舶为重点，组织各船舶检验管理处开展船舶检验质量检查活动，共检查各类船舶564艘次，涉及船舶检验机构99家，查出验船质量缺陷4392项。8月2日，中国海事局针对检查中发现的油船尤其是改装油船中存在不满足技术规范要求的问题印发通知，要求各船船检验机构开展改装油船的技术状况复核工作，共检查复核改装油船477艘；并于8月23日印发检查情况通报，指出船舶检验质量和检验证书签发中的突出问题，公布船舶检验质量问题典型案例。同年，中国海事局对发现的一些船检质量问题进行了调查处理，并于12月21日发文通报了5起船检质量问题责任追究的处理情况。

2002年9月，中国海事局以国内沿海、内河航行的油船、化学品船、货船改建油船的检验质量为重点，开展船舶检验质量检查活动。检查采取船舶检验机构自查自纠与各船舶检验管理处定点抽查相结合的方式，并通过培训，统一定点检查的内容和做法。共检查船舶132艘，涉及各级船舶检验机构48家，查出缺陷2140项，其中小型船舶检验质量问题较多。11月4日，中国海事局印发船检质量检查情况通报，并于11月21日在武汉召开的全国船检业务工作会议上组织对船检质量检查结果进行讨论。

2004年5月1日至6月30日，中国海事局在“四区一线”水域开展对“四客一危”船舶检验质量的督查活动，共检查船舶检验机构48家(其中含中国船级社及其分社共10家)，船舶329艘，船舶档案197份，查出缺陷699项，并在专项检查过程中对“华源顺18”、“赤壁3”等轮的检验质量问题进行了责任追究。

2005年至2007年，交通部、国防科学技术工业委员会、农业部、国家安全生产监督管理总局在全国范围内联合开展全国低质量船舶专项治理活动，中国海事局承办其具体日常工作。

【建造船舶检验技术管理与质量监督】

2002年1月21日，交通部针对一些地方船舶建造检验出现失控的现象，印发《关于加强建造船舶检验和管理的通知》，强调船舶建造必须严格实施建造检验(包括审图和试航)，不得随意免除规范标准和减免检验程序，严禁异地检验，各船舶检验管理处要加强对船舶建造检验的监督管理。2月28日，中国海事局在北京召开新建船舶建造检验管理专题会议，研究落实交通部关于加强建造船舶检验管理的措施，决定自本次会议纪要印发之日起，新建船舶不得使用旧设备和旧材料进行拼装。3月27日，《新建船舶建造检验管理专题会议纪要》印发。

2003年6月11日，中国海事局印发通知，要求各船舶检验机构依靠当地政府主管部门，制止使用废旧设备和材料拼装船舶的行为，并拒绝为此类船舶检验发证。7月16日、9月23日，中国海事局两次发布通告，分别禁止对江苏淮滨船厂使用旧材料设备建造的9艘船舶(包括已私自逃逸的6艘)检验发证，对安徽宣城市造船厂使用旧材料设备拼装的3艘货船检验发证。为进一步解决建造船舶检验质量问题，2003年8月15日至9月30日，中国海事局在全国范围内组织开展建造船舶检验质量检查活动，检查重点是建造检验程序、使用旧材料或旧设备拼装、异地检验、实船检验质量、焊工和无损检测人员持证等情况，检查活动涉及黑龙江、吉林、辽宁、河北、天津、山东、河南、重庆、湖北、江西、江苏、浙江、福建、广东、广西、海南等16个省(自治区、直辖市)的33家船舶检验机构，对40家船厂的92艘在建船舶和124艘在港船舶进行了检查，摸清了船舶建造检验质量状况，查处了违规检验的有关机构和个人，暂停了4家船舶检验机构的船舶检验资格。2004年1月16日，中国海事局印发通报，指出船舶建造检验总体把关较好，未出现重大检验质量问题，同时指出检查中发现的问题，要求各船舶检验机构进一步规范船检工作，提高船舶建造检验质量。

2005年3月14日，针对连续几艘新建船舶投入营运后不久即发生断裂事故的情况，中国海事局印发紧急通知，要求各船舶检验机构严格执行船检法规规范，做好新建船舶审图工作，确保船舶强度设计满足规范要求；船舶建造中要进行全过程检验和控制，注意检查钢材材质和焊接质量；签发船舶载重线证书前确认船舶已配备正规的《装载手册》，对尚未签发船检证书的在建船舶进行复查，对不符合质量要求的船舶不予签发检验证书。

图 9-3-1　2007 年 6 月 24 日至 29 日，安徽省船舶检验局举办全省船舶焊接质量检验培训班，提高验船人员船舶焊接质量检验技能

2007 年 6 月 21 日，中国海事局印发《关于加强新建船舶法定检验与检查的通知》，明确 2007 年 9 月 1 日及以后安放龙骨或开工的、《船舶和海上设施检验条例》明确规定要求入级检验的新建船舶，必须向中国船级社申请入级检验，其他船舶检验机构不得受理；2007 年 9 月 1 日以前建造的现有船舶，仍由已受理检验申请的船舶检验机构负责检验，入级检验问题待处理。2007 年 12 月 13 日，中国海事局印发《关于制止违规进行异地建造检验的通知》，要求天津、上海船舶检验管理处对违规进行异地建造检验的河北省船舶检验局、上海市船舶检验处及相关责任人员进行工作过错追究。同时要求各省（自治区、直辖市）船舶检验局（处）开展为期两个月的异地建造（改建）检验行为的自查自纠活动，各海事机构加强对新建或改建船舶的现场监督。

〖低质量船舶专项治理〗

低质量船舶是指无审批图纸，或未按图施工，或造船工艺达不到船检法规和规范要求，或建造质量低劣，或未完成必须的建造检验项目而生产出来的船舶。随着国内水运和渔业经济的发展，造船市场兴旺，具有投资小、成本低、价格便宜等特点的滩涂造船在部分地区呈蔓延趋势。但由于滩涂造船普遍存在设备简陋、技术力量缺乏、管理不规范的问题，导致大量低质量船舶进入运输和生产领域，成为水上交通安全的重大隐患。

2004 年 6 月和 7 月，中国海事局先后派出两个调研组到江苏、浙江、福建、安徽、河南等地进行调研，查清了滩涂造船的基本情况，发现低质量造船形势严峻。2005 年初，在两个月内，连续发生 4 起新造船舶因质量问题导致的船体断裂事故。

为改善低质量船舶安全技术条件，将不合格船舶清除出航运市场或停止其渔业生产，打击非法造船，制止违规造船，堵住低质量船舶生产源头，2005 年 4 月 13 日，交通部、国防科学技术工业委员会、农业部、国家安全生产监督管理总局（以下统称四部委）联合发布《全国低质量船舶专项治理活动方案》，决定自 2005 年 4 月 21 日至 11 月 30 日在全国范围内开展低质量船舶专项治理活动。该方案明确此次治理活动的对象为非法违规造船厂（点）、低质量船舶和未持有有效检验证书作业的渔船。非法违规造船厂（点）的治理范围为滩涂造船厂（点）。低质量船舶的治理范围为滩涂造船厂（点）于 2002 年 1 月 1 日以后建造完工的低质量船舶，非水网地区可根据实际需要扩大治理范围；低质量船舶的治理重点为滩涂造船厂（点）于 2002 年 1 月 1 日以后建造完工的船长大于 60 米的海船、船长大于 50 米的河船。该方案明确成立以交通部副部长徐祖远、国防科学技术工业委员会副主任张广钦、农业部副部长牛盾、国家安全生产监督管理总局副局长梁嘉琨为组长的全国低质量船舶专项治理领导小组，下设办公室在中国海事局。全国低质量船舶专项治理工作分为四个阶段：宣传发动阶段（2005 年 4 月 21 日至 5 月 20 日）、调查摸底阶段（2005 年 5 月 21 日至 6 月 10 日）、全面治理阶段（2005 年 6 月 20 日至 10 月

31 日)、总结深化阶段(2005 年 11 月 1 日至 30 日)。对具体的治理工作，该方案要求各省(自治区、直辖市)交通部门牵头，成立由交通、船舶工业、渔业和安全监管部门组成的领导小组，联合打击非法造船，制止违规造船，督促造船企业依据国家法律、法规和规范标准，规范造船行为；船舶检验机构加强船舶的建造检验，对重点治理船舶进行一次专项治理附加检验；海事、渔业监督机构加强对重点治理船舶的安全检查，对不满足安全航行条件的坚决不予放行，对未完成附加检验的重点治理船舶，在附加检验完成前每两个月作一次安全检查。4 月 19 日，四部委在北京联合举行全国低质量船舶专项治理活动新闻发布会，对外介绍了专项治理活动方案。4 月 21 日，四部委在北京联合召开“全国低质量船舶专项治理电视电话会议”，国家安全生产监督管理总局副局长梁嘉琨主持会议。会上，交通部副部长徐祖远代表四部委发表《联合治理，统一行动，努力构建和谐安全的水上交通和渔业生产环境》的主题讲话，国防科学技术工业委员会副主任张广钦、农业部总经济师薛亮和交通部海事局常务副局长刘功臣发言。徐祖远指出，此次专项治理活动是一次多部门的统一联动，各单位要树立“一盘棋”观念，按照职责分工，共同把好船舶“造、检、航”全过程的安全监督管理关；要争取地方政府支持，并通过宣传工作和社会舆论来推动专项治理工作。5 月 30 日，中国海事局向全国船舶检验机构发出《关于做好低质量船舶专项治理附加检验的通知》，就附加检验的基本要求、主要内容以及对附加检验船舶的处理提出了具体意见。其中明确进行附加检验的首选目标为“四客一危”船舶、大型船舶、大开口船舶、无图纸船舶、严重船图不符的船舶、有严重建造质量缺陷的船舶。6 月 21 日，全国低质量船舶专项治理领导小组办公室在北京召开四部委专项治理联络人会议，总结前一阶段工作，研究全面治理阶段工作指导意见。6 月 29 日，中国海事局印发《关于进一步做好低质量船舶专项治理工作的通知》，其中，为统一标准和实际操作，要求各海事、船舶检验机构对 2002 年 1 月 1 日以后建造完工的船长大于 60 米的海船、船长大于 50 米的河船范围内的所有国内航行船舶进行全面治理。7 月 6 日，全国低质量船舶专项治理领导小组办公室就全面治理阶段工作印发指导意见，对船厂(点)生产经营的检查，对在建船舶执行船检规范，重点治理船舶的附加检验和安全检查，对未持有有效检验证书作业的渔船的检查重点内容和处理方式提出指导意见。7 月、8 月，由四部委组成的两个联合督查组，分别赴江苏、安徽、浙江、福建、广东、广西、湖北、重庆、河南等省(自治区、直辖市)，对低质量船舶专项治理活动开展情况进行督查。

图 9-3-2 2005 年 4 月 19 日，交通部、国防科学技术工业委员会、农业部、国家安全生产监督管理总局在北京联合召开全国低质量船舶专项治理活动新闻发布会

随着低质量船舶专项治理活动的开展，全国治理范围内造船厂(点)和船舶的数量、质量已基本摸清，非法违规造船已有所收敛，专项治理活动促进船舶质量逐步改善。但有些问题依然存在，需要继续解决。主要是相当一部分造船企业的生产条件、造船质量没有实质性改观；相当数量的船舶仍未进行附加检验，已查出有质量缺陷的船舶需进一步治理，检验质量有待提高；各地开展专项治理的进度和力度不平衡；专项治理工作需复查，并总结经验，逐步形成长效管理机制。2005 年 11 月 22 日，四部委联合印发《关于进一步深化全国低质量船舶专项治理活动的通知》，决定将前段活动作为专项治理第一阶段，并开始进行第二阶段专项治理工作，将全国低质量船舶专项治理活动延续至 2006 年 12 月 31 日，其中 2005 年 12 月 1 日至 2006 年 5 月 31 日为强化治理阶段，2006 年 6 月 1 日至 11 月 20 日为

验收回顾阶段，2006年11月21日至12月31日为全面总结阶段。延续期间治理对象、治理目标和工作原则、组织领导均保持不变。截至2005年12月31日，各地关闭和处理存在严重问题的造船厂(点)202家，占治理范围总数976家的20.7%；对4229艘船舶进行了附加检验，占治理范围中船舶总数6327艘的66.8%，其中未通过检验的船舶449艘，占附加检验船舶总数的10.6%；对8943艘渔船进行附加检验，其中未通过检验的船舶370艘；对3621艘次重点治理船舶进行了安全检查，督促附加检验2503艘次，并对存在严重安全缺陷的178艘低质量船舶实施禁止离港的行政强制措施。

根据国务院领导的批示，国家安全生产监督管理总局将低质量船舶专项治理活动纳入2006年全国安全生产工作纲要之中。2006年1月5日，针对有的重点治理船舶为躲避全国低质量船舶专项治理而改挂“方便旗”，并长期在中国沿海水域从事营运活动的情况，中国海事局印发通知，要求各直属海事局对已列入整治范围的低质量船舶严格控制其转籍，对已改挂“方便旗”的低质量船舶进行严格的港口国监督检查，并通知其不得再次进入中国水域。2月23日，中国海事局结合前一阶段治理工作中出现的主要问题，印发《关于处理专项治理附加检验主要问题的指导意见》，对专项治理附加检验的管辖和检验中发现的主要问题的处理原则提出指导意见。3月20至24日，中国海事局组织天津、武汉船舶检验管理处分别对河南、安徽两省专项治理工作进行检查。3月30日，中国海事局印发《关于进一步加强全国低质量船舶专项治理强化治理阶段工作的通知》，对在5月31日前完成强化治理阶段工作提出具体要求。4月，四部委组成联合督查组分两批先后赴广东、安徽、山东、辽宁、江苏、浙江、湖南、江西等省，对低质量船舶专项治理活动开展情况进行第二轮现场督查。5月8日，中国海事局印发通知，要求各海事机构对重点治理船舶到港安全检查率保持在100%，对未进行附加检验的重点治理船舶要求其立即申请附加检验，对通过附加检验的船舶进行抽查，抽查率在50%以上；明确对2006年6月1日后仍未进行附加检验的重点治理船舶，不予办理签证手续，并要求其限期回船籍港纠正，2006年11月20日后仍未通过附加检验的重点治理船舶，其船检证书将被撤销或视为无效。7月18日，中国海事局发文，通报全国低质量船舶专项治理第二阶段督查情况，推广专项治理工作经验，指出存在问题，提出改进建议。同日，中国海事局向全国低质量船舶专项治理领导小组专题报告了第二阶段督查情况。9月18日，全国低质量船舶专项治理领导小组办公室在北京召开四部委联络人会议，研究专项治理活动的总结验收工作，提出构建水上交通安全信息通报及协调机制的意见。11月13日，在全国低质量船舶专项治理活动接近收尾时，四部委联合印发通知，部署全国低质量船舶专项治理活动总结和验收工作。

2007年1月23日至6月30日，全国低质量船舶专项治理领导小组办公室在各地专项治理自查验收的基础上，组织16个专家组采取审阅材料和现场抽查对照相结合的方式，对全国30个省(自治区、直辖市)共111个场次进行验收，并根据各地的实际情况提出整改意见，要求各地总结经验，巩固治理成果，逐步推进船舶质量安全管理长效机制的建立。

截至2006年底，共对1050家造船厂(点)进行了治理，约占全国造船企业总数的三分之一，其中关停并转457家，完成整改并通过验收的511家，仍在整改的82家；全国船舶检验机构对9150艘治理船舶进行了专项附加检验，8695艘船舶通过检验，对未通过检验的455艘船舶予以撤销证书或拆解取缔的处理；全国渔船检验机构对列入治理范围的16000多艘渔船进行治理，拆解、报废渔船3400多艘；海事机构对重点治理船舶进行安全检查6823艘次，责成船舶接受附加检验3612艘次，滞留391艘次，发现缺陷56567项。

历时近两年的低质量船舶专项治理活动，遏制了非法违规造船行为，规范了中小型船舶造船市场，提高了船舶生产质量总体水平，在航船舶质量问题得到整改和补救，一批存在严重缺陷的低质量船舶被清除出航运市场，2006年全国未发生一起因船舶建造质量而导致的重特大水上交通事故。

第十章　船员管理

简　　述

船员，广义上指包括船长在内的船上所有任职人员。对船员的管理，涉及众多的政府部门和社会组织，本章所述的船员管理具体指海事机构对船员的培训、考试、发证、持证以及船员出入境证件的管理。

在1998年中国海事局成立之前，中华人民共和国港务监督局是船员管理主管机关，经其授权的港务监督机构是船员考试发证机关。

1978年7月7日，国际海事组织通过《1978年海员培训、发证和值班标准国际公约》(International Convention on Standards of Training, Certification and Watchkeeping for Seafarers, 1978，简称《78海员培训值班国际公约》或STCW78公约)。1981年6月8日，中国成为《78海员培训值班国际公约》缔约国。1984年4月28日该公约生效，同时对中国生效。《78海员培训值班国际公约》经过了数次修正，其中影响最大的是《1978年海员培训、发证和值班标准国际公约》1995年修正案(简称《78/95海员培训值班国际公约》或STCW78/95公约)。该修正案对公约正文部分以外的内容作了全面修改，其中包括更加注重海员实际技能的培养和评估，规定海员必须接受系统的专业教育和培训，船员的培训、考试、评估和发证工作必须建立质量管理体系并受到连续有效地控制等。该修正案于1997年2月1日生效，过渡期5年，2002年2月1日全面强制实施。为在中国全面履行《78/95海员培训值班国际公约》，1995年至1997年，在交通部的领导下，中华人民共和国港务监督局组织开展了履约工作，并依据公约要求调整、修改和制定船员管理的各项法规规章和规范性文件。1997年，交通部颁布《中华人民共和国海船船员值班规则》、《中华人民共和国船员培训管理规则》和《中华人民共和国海船船员适任考试、评估和发证规则》(简称《97海船考试规则》)，中华人民共和国港务监督局颁布《中华人民共和国船员考试、评估和发证质量管理规则》、《中华人民共和国船员教育和培训质量管理规则》、《关于STCW78/95公约过渡规定实施办法》以及10个船员专业(特殊)培训、考试和发证办法、175个考试和评估大纲。1997年10月，中华人民共和国港务监督局向国际海事组织递交《中国政府履行STCW78/95公约报告》，按时完成履约资料交流工作，使中国成为第一批递交履约报告的国家，并于1998年3月第一个通过国际海事组织审核组的审核。自1998年起，中国全面开展履行《78/95海员培训值班国际公约》的过渡期船员培训、知识更新、考试评估和证书换发工作。2000年8月，中国海事局首次按照《97海船考试规则》进行海船船员适任证书全国统考。至2000年底，中国的船员考试发证机关和船员培训机构分别建立起质量管理体系并受到连续有效控制，船员培训机构按照国际公约要求全面修订、更新船员培训计划、教材、制度、设备，船员考试发证机关按照国际公约要求严格实施船员适任考试、实际操作评估和证书换发。在2000年11月27日至12月6日召开的国际海事组织海上安全委员会第73届会议上，国际海事组织认为中国海员考试发证体系完全和充分地实施了《78/95海员培训值班国际公约》，中国首批进入国际海事组织公布的“完全和充分履行《78/95海员培训值班国际公约》”的白名单，中国海事主管机关签发的海船船员适任证书被国际航运界接受和认可，使中国船员进入国际海员市场更有竞争力。2002 年底，中国海事局如期完成所有适任海员约 20 万人的履约培训换证工作。2003 年 12 月，中国海事局向国际海事组织递交《中华人民共和国海船船员教育、培训、考试、评估和发证质量体系管理独立评价报告》，并通过审核。中国履行《78/95 海员培训值班国际公约》的努力与成绩得到国际海事界的普遍赞誉。

2000 年至 2002 年，既是履行《78/95 海员培训值班国际公约》过渡期最关键的三年，也是以全面提高船员素质为宗旨，开展“水上运输安全管理年”活动，整顿船员秩序的三年。2000 年 10 月 16 日至 18 日，中国海事局在广州召开全国船员管理工作会议，总结回顾了 1996 年以来的船员管理工作，研究解决船员综合素质偏低问题的途径，提出要拓展船员管理内涵，从偏重对船员培训机构资质的监督管理向同时对船员培训质量进行跟踪控制的转变，从单纯对船员进行理论考试向同时对船员的实际操作技能进行评估、考核的转变，从对船员签发适任证书向同时对持证船员的实际适任能力进行连续跟踪管理的转变，并逐步探索建立船员管理新机制。会议还对推进履约工作和深化“水上运输安全管理年”活动作出部署。在“水上运输安全管理年”活动中，中国海事局提高了“四客一危”重点船舶船员任职要求，强化了对“四客一危”重点船舶和“四区一线”重点水域船员的教育培训。2002 年 7 月 11 日，中国海事局颁布《中华人民共和国船员违法记分管理办法(试行)》，实现船员管理由偏重考试发证向船员跟踪管理转变，由单纯的静态管理向动态管理转变；10 月，在上海举办首次海船船员适任证书计算机终端(无纸化)考试，在长江干线进行内河船员适任统考试点工作。

2002 年 12 月 11 日至 12 日，全国海船船员管理工作会议在上海召开。会议对 3 年来开展“水上运输安全管理年”活动中的船员秩序整顿工作和履行《78/95 海员培训值班国际公约》工作进行了总结。会议以“严格管理，方便船员，促进发展”为原则，提出要把监管船员培训质量作为工作重点；要落实船员违法记分制，加强船员跟踪管理；要发挥海事机构作用，研究提出政策措施，扩大海员劳务输出，推动西部船员就业等下一步工作思路。

2003 年，中国海事局在全国范围内开展“船员培训管理年”活动，进一步规范了船员培训体系，并初步形成了贯穿组织培训、考试评估、审核发证、现场检查、跟踪管理和行政处罚等各个环节的船员闭环管理机制。同年 8 月，航行长江干线三等及以上船舶船员职务适任证书理论统考正式举行。2004 年 2 月 16 日，中国海事局公布八项便民措施，其中有三项是船员管理便民措施。8 月 1 日，交通部施行《中华人民共和国海船船员适任考试、评估和发证规则》(简称《04 海船考试规则》)。

2004 年 11 月 23 日至 24 日，中国海事局在杭州召开全国海事系统船员管理工作会议。为确保船员适任，会议要求海事机构围绕“船员在想什么、船员在干什么”来开展船员管理工作，并提出以提高船员适任能力为重点，全面推行船员闭环管理机制的工作思路。会议同时部署了推动《船员条例》尽快颁布实施、跟踪研究《78/95 海员培训值班国际公约》新动态、推广船员考试无纸化、提高船员管理信息化水平、落实便民措施等工作。2004 年，船员管理信息系统在直属海事系统全面运行。2005 年 6 月 1 日，交通部施行《中华人民共和国内河船舶船员适任考试发证规则》(简称《05 内河考试规则》)。同年，珠江水系内河船员理论统考启动，并在长江干线开展了为期两个月的整治船员持假

图 10-0-1　2004 年 11 月 23 日至 24 日，全国海事系统船员管理工作会议在杭州召开

证上船任职统一执法行动。2006 年 7 月 4 日，中国海事局颁布施行《海船船员适任计算机终端考试实施办法(暂行)》，全面推广海船船员考试无纸化。7 月 13 日，中国海事局在新乡召开推进中西部海员发展工作座谈会，推广新乡海员培训工作经验。12 月 27 日，交通部颁布实施《非航海工科毕业生海员培训管理规定》，为吸收非航海工科毕业生加入海员队伍作出制度安排。

船员出入境证件包括海员证和海员出境证明。中国海事局成立之后，在船员出入境证件签发和管理上，主要采取了进一步加强规范管理，方便海员出入境的行政措施。中国海事局于 1999 年 10 月发布施行《关于加强海员证管理的若干规定》，并于同年 11 月，与公安部出入境管理局联合颁布施行《〈海员出境证明〉管理办法》。2006 年 9 月，中国海事局颁布实施《船员出境证件管理规定》。2007 年 1 月 1 日，《中华人民共和国护照法》正式施行，中华人民共和国海员证及其管理工作被该法赋予相应的法律地位。

经过多年的努力，中国已成为世界公认的船员大国，无论是船员数量还是船员培训规模均居世界首位，并建立了比较完善的、满足《78/95 海员培训值班国际公约》要求的航海教育、培训、管理体系。船员培训机构分布在沿海和内河干线主要港口城市，以及部分中西部地区，基本满足中国船员发展的需要。截至 2007 年底，中国拥有船员 155 万人，其中海船船员 51 万人(海船高级船员 17 万人)，内河船员 100 余万人；大中专航海院校 37 所，年培养能力达 17000 人，专业培训机构 44 个，每年开班培训 7000 余期，年培训规模 20 多万人；中国海事局已与 19 个国家和地区的海事主管当局签署了海员适任证书承认协议，中国的船员培训、考试、发证工作在国际上获得广泛认可。2007 年 4 月 14 日，国务院公布《中华人民共和国船员条例》，这是中国第一部涉及船员的专门行政法规。12 月 17 日，中国海事局在青岛召开交通部船员队伍建设工作座谈会，交通部副部长徐祖远出席会议并讲话，海事系统、航运企业、航海院校、船员中介服务机构参加会议。会议对促进船员队伍建设提出许多新的建议。随着《船员条例》的正式施行，中国船员管理实际与现代国际船员管理理念更好地结合，为中国船员管理工作水平的进一步提高奠定了坚实的基础。

第一节　船 员 培 训

【船员培训管理】

为全面履行《78/95 海员培训值班国际公约》，1997 年，中华人民共和国港务监督局颁布了 5 个船员特殊培训、考试、发证办法及 5 个船员专业培训、考试、发证办法。11 月 5 日，交通部发布《中华人民共和国船员培训管理规则》，明确中华人民共和国港务监督局是船员培训的主管机关，各港务监督具体负责船员培训的监督管理及考试、评估和发证工作。该规则对培训种类、培训机构资质条件、培训的实施要求和质量控制、培训的考试和发证、培训的审验等作出规定；该规则还明确规定：船员应根据其服务船舶的种类、等级、航区和担任的职务，按照主管机关规定的标准，在主管机关认可的船员培训机构中完成规定项目的培训；船员培训分为适任证书考前培训、特定类型船舶船员特殊培训、船员专业培训、精通业务和知识更新培训、船上培训 5 类。

1998 年 8 月 5 日，中华人民共和国港务监督局颁布《关于 STCW78/95 公约过渡规定的实施办法》和《过渡期知识更新培训纲要》，对 2002 年 2 月 1 日全面强制实施《78/95 海员培训值班国际公约》前的 5 年过渡期中，海船船员换发适任证书的培训、考试、发证工作作出具体规定和安排。此后，中国海船船员培训、知识更新、证书换发进入履约过渡期阶段。中国海事局成立后，继续按照该实施办法组织履约过渡期内的船员培训，并根据实际情况对培训工作进行调整。鉴于过渡期内需要参加培训的船员数量大，培训时间紧，部分船员要参加多项培训，中国海事局为方便航运单位调派船员，节省航运单位培训船员的经费，使船员在公休期内能完成尽可能多的培训项目，于1999年4月8日印发《关于过渡期内船员培训若干事项的通知》，鼓励航运单位与培训机构协商开展“一条龙”式培训（即几项培训一次性连续完成），有关港务监督牵头协调并制定相应的计划和管理措施；对5项培训项目（熟悉和基本安全培训、高级消防培训、雷达观测与标绘和雷达模拟器培训、自动雷达标绘仪培训、船员大型船舶操作特殊培训）的培训规模进行统一调整；符合《关于STCW78/95公约过渡规定的实施办法》规定的公司可为本公司所属船员申请开展基本安全知识更新培训和有关个人安全及社会责任培训，精通救生艇筏、救助艇知识更新培训，精通急救知识更新培训。针对履约过渡期轮机长（员）精通船电业务培训人数多、时间紧、投入大等情况，为加强和规范该项培训，8月9日，中国海事局印发通知，就履约过渡期开展轮机长（员）精通船电业务培训的条件、教材、规模、设施配备、操作训练规范等有关事项提出要求，明确该项培训不纳入船员培训许可证管理范围，且指定由大连、天津、青岛、上海、广州港务监督管辖。

1999年9月16日，中国海事局印发通知，颁布实施《中华人民共和国地效翼船船员培训、考试和发证办法（试行）》，授权浙江省港航监督开展地效翼船船员培训的考试、评估和发证工作，并负责对培训的监督管理。地效翼船系指利用地（水）面效应进行巡航航行的船舶。

2000年10月13日，中国海事局颁布实施《中华人民共和国海船船员船上培训管理办法》。船上培训是指申请三副、三管轮适任证书的船员通过理论考试后在船舶上进行的综合训练，以及申请船长、轮机长、大副、大管轮适任证书的船员通过理论考试后在船舶上进行的职务见习。该办法规定：参加船上培训的受训船员应领取相应的《船上培训记录簿》或《船上见习记录簿》，记录簿用于指导和监督船员的船上培训，并且是海事机构评价、鉴定船员适任能力，签发适任证书的依据，由中国海事局统一印制；该办法明确了船舶公司、船员公司和向船东派出船员的单位组织安排船员船上培训的相应职责，并对受训船员、培训船舶的船长、教员、评估员、监督员和海事机构提出具体要求。

2001年7月11日，中国海事局印发通知，对《关于STCW78/95公约过渡规定的实施办法》进行部分调整，主要是根据中国实际，降低了对丁类船员的培训要求。

2002年1月21日，中国海事局颁布实施《中华人民共和国海船水手、机工适任培训、考试和发证管理办法》。该办法规定：海船水手、机工任职前，应当经过适任培训，取得《培训证明》；海船水手、机工可在适任培训结业前申请值班水手、值班机工适任证书的评估和考试，合格者，可由海事机构签发《值班水手、值班机工适任考试、评估合格证》，取得规定的海上服务资历后，可向海事机构申请签发相应航区的值班水手、值班机工适任证书。

2003年3月19日，中国海事局印发通知，决定2003年全年在全国范围内开展“船员培训质量管理年”活动，活动采取培训机构自查与海事机构监督检查相结合的方式。活动期间，培训机构对1999年至2002年开展履约培训情况进行了全面总结，各海事机构针对培训过程和培训质量中存在的问题，采取了有针对性的措施，使活动取得一定效果。

为贯彻执行交通部《长江江苏段船舶定线制》和《三峡工程围堰发电期通航管理办法》，2003年5月26日，中国海事局印发通知，要求有关海事机构和航运单位组织相关船员学习、培训，尽快熟悉该定线制和通航管理办法，提高实际操作能力。为确保三峡库区形成后船舶航行安全，提高船员实际操作以及对航道变化的适应能力，8月5日，中国海事局印发通知，决定开展三峡库区专项培训，具体培训工作由长江海事局、重庆市地方海事局、四川省地方海事局、湖北省地方海事局负责。自2003年12

月 1 日起，未按规定进行三峡库区专项培训的船员不得在航行于川江重庆段的内河船舶上任职。2003 年，针对长江江苏段和三峡库区船舶定线制的实施，中国海事局共组织了两万余名船员的专项培训。

2003 年 10 月 30 日，中国海事局印发通知，颁布《海船船员内河航线行驶资格证明培训、考试和发证办法》，自 2004 年 1 月 1 日起实施。该办法规定：海船在黑龙江、长江、珠江行驶，其船长、驾驶员必须接受内河航行基础理论和实际操作的培训、考试，并取得相应航线的《海船船员内河航线行驶资格证明》(简称《资格证明》)，否则必须申请内河引航员引航；该通知授权黑龙江、长江、江苏、广东海事局分别负责黑龙江、长江、珠江的《资格证明》考试、发证工作及对培训机构的监督管理，并可授权其下一级海事机构开展《资格证明》考试、发证工作；中国海事局统一制作新版胶贴形式的《资格证明》，自 2005 年 1 月 1 日起统一使用，旧版《资格证明》可使用至 2004 年 12 月 31 日。

2005 年 6 月 8 日，中国海事局印发通知，颁布实施《〈中华人民共和国内河船舶船员适任考试发证规则〉过渡办法》。该过渡办法规定，在 2010 年 5 月 31 日之前符合相关条件，但在申请参加适任考试时不符合《05 内河考试规则》规定的文化程度要求的船员，可参加水运院校开办的内河船员等效职业培训(简称等效职业培训)，经考试合格取得“等效职业培训合格证明”，视为符合《05 内河考试规则》所规定的文化程度要求。该通知同时公布了等效职业培训机构资质标准和科目学时要求。9 月 5 日，中国海事局颁布实施《内河船员等效职业培训管理暂行办法》，对开展等效职业培训提出具体管理要求。10 月 10 日，中国海事局审核同意重庆交通学院等 15 家培训机构开展内河船员等效职业培训。12 月 22 日，审核同意江西交通职业技术学院等 11 家培训机构开展内河船员等效职业培训(见表 10-1-1)。2006 年 7 月 21 日，中国海事局印发通知，决定启用统一印制的防伪《内河船员等效职业培训合格证明》。

2007 年底开展内河船员等效职业培训的机构及其管理机关一览　　表 10-1-1

管理机关	培训机构	管理机关	培训机构
长江海事局	重庆交通大学	江苏海事局	南通航运职业技术学院
	重庆长江航运学校		江苏海事职业技术学院
	重庆市第二交通技校	广东海事局	广东交通职业技术学院
	重庆市万州技工学校	湖北省地方海事局	湖北省交通职业技术学院
	荆州港航中等专业学校		三峡大学华海职业培训学校
	武汉理工大学		黄冈交通学校
	武汉航海职业技术学院	江苏省地方海事局	江苏省无锡交通高等职业学校
	芜湖河运学校		淮安交通技工学校
	芜湖海事职业技术学校	江西省地方海事局	江西交通职业技术学院
	湖北三峡职业技术学院		九江职业技术学院
	武汉海事中等职业技术学校	安徽省地方海事局	安徽交通职业技术学院
广西海事局	广西航运学校	湖南省地方海事局	常德职业技术学院教育学院
	梧州市兴华职业技术学校	上海市地方海事局	上海海运学校

为提高在香港水域从事船上货物处理工作的船员的安全意识和安全操作技能，保证船上货物装卸和移动操作的安全，根据 2007 年中国海事局与香港海事处会谈精神，2007 年 7 月 9 日，中国海事局颁布实施《航行香港水域船员货物处理安全训练培训、考试和发证办法》。该办法规定，在香港特别行政区水域从事货物处理工作的内河船舶船员、丁类海船船员应参加货物处理安全训练培训，并通过考试取得训练合格的签注。

1997—2007 年船员培训管理规范性文件一览 表 10-1-2

序号	名　称	发布时间
1	《中华人民共和国高速船船员特殊培训、考试和发证办法》	1997 年 5 月 21 日
2	《中华人民共和国客船、滚装客船船员特殊培训、考试和发证办法》	1997 年 7 月 9 日
3	《中华人民共和国船员雷达操作与模拟器专业培训、考试和发证办法》	1997 年 9 月 23 日
4	《中华人民共和国船员高级消防专业培训、考试和发证办法》	1997 年 10 月 13 日
5	《中华人民共和国船员大型船舶操纵特殊培训、考试和发证办法》	1997 年 10 月 22 日
6	《中华人民共和国船舶装载散装固体和包装危险及有害物质作业船员特殊培训、考试和发证办法》	1997 年 10 月 22 日
7	《中华人民共和国船员基本安全专业培训、考试和发证办法》	1997 年 10 月 27 日
8	《中华人民共和国船员精通救生艇筏和救助艇专业培训、考试和发证办法》	1997 年 10 月 27 日
9	《中华人民共和国船员精通急救和船上医护专业培训、考试和发证办法》	1997 年 10 月 27 日
10	《中华人民共和国散装液体货船船员特殊培训、考试和发证办法》	1997 年 10 月 28 日
11	《中华人民共和国地效翼船船员培训、考试和发证办法（试行）》	1999 年 9 月 16 日
12	《中华人民共和国海船船员船上培训管理办法》	2000 年 10 月 13 日
13	《内河滚装船船员特殊培训、考试和发证办法》	2001 年 2 月 23 日
14	《中华人民共和国水上飞机驾驶员特殊培训、考试和发证办法（试行）》	2001 年 7 月 6 日
15	《中华人民共和国海船水手、机工适任培训、考试和发证管理办法》	2002 年 1 月 21 日
16	《中华人民共和国船员港澳航线专业培训、考试和发证办法》	2002 年 2 月 27 日
17	《内河散装液体货船船员特殊培训、考试和发证办法》	2002 年 10 月 16 日
18	《内河客船船员特殊培训、考试和发证办法》	2003 年 1 月 10 日
19	《中华人民共和国船舶和公司保安员专业培训、考试和发证管理办法（试行）》	2003 年 8 月 15 日
20	《海船船员内河航线行驶资格证明培训、考试和发证办法》	2003 年 10 月 30 日
21	《内河载运包装危险货物船舶船员特殊培训、考试和发证办法》	2004 年 1 月 13 日
22	《航行香港水域船员货物处理安全训练培训、考试和发证办法》	2007 年 7 月 9 日
23	《中华人民共和国内河船舶船员基本安全培训、考试和发证办法》	2007 年 11 月 23 日

说明：各船员培训、考试和发证办法的内容，主要规定必须参加某种船员培训并通过考试取得相应证明文书的人员范围、条件及有关要求，规定开展某种船员培训的培训机构的资质条件和有关工作要求，规定海事机构在某种船员培训、考试和发证工作中的职责和要求，公布开展某种船员培训的师资、设施设备配备标准和培训大纲，公布有关证明文书的样本和有效期。

〖特定类型船舶船员特殊培训管理〗

特定类型船舶船员特殊培训主要包括：散装液体货船船员特殊培训、客船及滚装客船船员特殊培训、船员大型船舶操纵特殊培训、高速船船员特殊培训、船舶装载散装固体或包装危险及有害物质作业船员特殊培训。1997 年，中华人民共和国港务监督局颁布了相应的 5 个特殊培训、考试和发证办法。

1999 年 4 月 12 日，中国海事局印发通知，规定内河高速船船员的特殊培训、考试和发证工作按照《中华人民共和国高速船船员特殊培训、考试和发证办法》执行，对特殊培训、考试合格者不使用《中华人民共和国高速船船员特殊培训合格证》，而是在其《船员服务簿》和内河船员适任证书内作相应的签注。2003 年 1 月 3 日，中国海事局授权江苏省地方海事局开展管辖范围内内河高速客船船员特殊培训考试和发证工作。2004 年 5 月 11 日、7 月 14 日，中国海事局分别授权江西、云南省地方海事局负责在管辖范围内登记和航行（不包括长江干线）的内河高速船船员的特殊培训、考试和发证工作。

针对1999年11月24日发生的“大舜”号客滚船特大火灾沉没事故和客船、滚装客船事故频发的情况，2000年3月7日，交通部印发通知，对客船和滚装客船船员的学历、任职资历提出了更高要求，规定在2000年6月30日前，所有在客船、滚装客船上任职的船员必须完成客船、滚装客船船员特殊培训和滚装客船船员强化培训，在客船、滚装客船上任职的船长、驾驶员、轮机长、轮机员必须完成高级消防专业培训，并取得相应的培训合格证和培训证明。3月8日，中国海事局印发通知，将5项强化培训内容纳入《滚装客船船员特殊培训纲要》中，将滚装客船船员特殊培训时间由不少于60小时调整为不少于70小时，同时调整授权，由上海、天津、辽宁、山东、广东、海南、烟台、湛江海事局和宁波海上安全监督局负责滚装客船船员特殊培训、考试和发证工作。2000年，中国海事局组织编写了《客船及滚装客船补充培训教材》，并协调各方力量实施集中培训。当年，约6000人次参加了客船、滚装客船船员特殊培训和专业培训并取得了相应证书。

2000年3月8日，中国海事局批复同意中国海事服务中心在香港开展客船船员特殊培训，并规定该项培训的考试、发证和监督管理由广州港务监督负责。

2001年2月23日，中国海事局印发通知，颁布实施《内河滚装船船员特殊培训、考试和发证办法》，授权长江海事局开展内河滚装船船员特殊培训的考试和发证工作，并负责对培训的监督管理，要求在内河滚装船上工作的船员必须在2001年10月31日前完成有关旅客、货物、船舶安全方面的特殊培训，并通过考试取得“培训合格”签注，签注有效期24个月。7月6日，中国海事局印发通知，颁布实施《中华人民共和国水上飞机驾驶员特殊培训、考试和发证办法(试行)》。水上飞机是指能在水面上起飞和降落的任何航空器。该通知授权烟台海事局开展水上飞机驾驶员特殊培训的考试和发证工作，并对该项培训进行监督管理。

2001年8月29日，中国海事局印发通知，决定启用新版海船船员特殊培训合格证书和签证，并对证书编号、签证打印和张贴、过渡期等有关事项作出规定，2001年10月1日起停止签发旧版证书和签证。

为规范海船船员特殊培训管理，统一考试和评估标准，保证培训质量，中国海事局于2002年4月1日印发通知，要求各直属海事局统一配发和使用海船船员特殊培训试题库管理系统。该系统具有《78/95海员值班培训国际公约》规定的强制培训项目的理论考试题目、实操评估规范和评估标准，具有随机抽取试题、自动组卷的功能。

图10-1-1　2001年8月29日，2001版海船船员特殊培训合格证书启用；2005年6月1日，2005年版内河船舶船员适任证书启用。图为2007年底中国海事局发放的部分船员证书，从左至右依次为：船员服务簿、海船船员特殊培训合格证书、海船船员专业培训合格证书、海船船员适任证书、内河船舶船员适任证书

2002年10月16日，中国海事局印发通知，颁布实施《内河散装液体货船船员特殊培训、考试和发证办法》，授权各直属海事局及各省(自治区、直辖市)地方海事局负责所管辖的内河散装液体货船船员特殊培训的考试、发证工作，并负责对培训的监督管理；对于内河油船船员特殊培训的考试、发证工作，各直属海事局及各省(自治区、直辖市)地方海事局可提出授权分支机构的意见，经中国海事局批准后公布。2003年至2004年，中国海事局陆续公布了经授权开展内河油船船员特殊培训考试、发证工作的各海事局分支机构名单。

2003年1月10日，中国海事局印发通知，颁布实施《内河客船船员特殊培训、考试和发证办法》。

内河客船是指航行于内河水域载客12人以上的船舶，包括客货(渡)船舶。该通知授权各直属海事局及各省(自治区、直辖市)地方海事局负责所管辖的内河客船船员特殊培训的考试、发证工作，并负责对培训的监督管理；各直属海事局及各省(自治区、直辖市)地方海事局可授权其下一级海事机构进行内河客船船员特殊培训的考试、发证工作及培训的监督管理；明确自2003年10月1日起，未按照该规定取得《内河客船船员特殊培训合格证》的船员不得在内河客船上工作。

2007年底经授权开展内河油船船员特殊培训考试、发证工作的海事分支机构名单 表10-1-3

海事机构名称	授权内容	授权时间
长江海事局所属重庆、宜昌、武汉、九江、芜湖海事局	内河油船船员特殊培训考试、发证	2003年3月10日
长江海事局所属岳阳海事局	内河油船船员特殊培训考试、发证	2004年1月9日
江苏省所属南京、镇江、扬州、无锡、常州、淮安、南通、泰州市地方海事局	内河油船船员特殊培训考试、发证	2003年4月10日
重庆市所属万州区、涪陵区地方海事局	内河油船船员特殊培训考试、发证	2003年4月15日
浙江海事局所属宁波、台州、温州海事局	内河油船船员特殊培训考试、发证	2003年5月12日
江西省所属赣州、吉安、宜春、抚州、南昌、上饶、九江市地方海事局	内河油船船员特殊培训考试、发证	2003年5月23日
江西省所属景德镇、鹰潭、新余市地方海事局	内河油船船员特殊培训发证	2003年5月23日

2004年1月13日，中国海事局印发通知，颁布实施《内河载运包装危险货物船舶船员特殊培训、考试和发证办法》，授权各直属海事局及各省(自治区、直辖市)地方海事局负责所管辖的内河载运包装危险货物船舶船员特殊培训的考试、发证工作，并负责对培训的监督管理，各直属海事局及各省(自治区、直辖市)地方海事局可授权其下一级海事机构进行内河载运包装危险货物船舶船员特殊培训的考试、发证工作及培训的监督管理；规定在内河载运包装危险货物船舶上任职的船员自2004年10月1日起必须持有《内河载运包装危险货物船舶船员特殊培训合格证》。

〖船员专业培训管理〗

船员专业培训主要包括：熟悉和基本安全培训、精通救生艇筏和救助艇培训、船舶高级消防培训、精通急救和船上医护培训、雷达操作和模拟器培训、船舶操纵模拟器培训、船舶轮机模拟器培训。

1997年，中华人民共和国港务监督局相继颁布了雷达操作与模拟器、船员高级消防、船员基本安全、船员精通救生艇筏和救助艇、船员精通急救和船上医护等5个专业培训、考试和发证办法。

2001年8月21日，为规范船员专业培训的考试和评估，中国海事局决定向各海事局配发海船船员专业培训试题库管理系统。该系统分专业培训和精通船电业务培训两部分，每部分包含理论试题库、实际操作训练规范和评估标准3项内容。

2002年2月27日，中国海事局印发通知，颁布实施《中华人民共和国船员港澳航线专业培训、考试和发证办法》。该办法规定：凡持有丙、丁类海船船员适任证书在港澳航线上任职的船员，或持有广东省和广西壮族自治区境内海事机构签发的河船船员证书在港澳航线船舶上任职的船员，应完成港澳航线专业培训，并通过考试取得培训合格签注。海船船员港澳航线培训、考试和发证的管理权限按照海船船员专业培训管理分工的规定执行，内河船员港澳航线培训、考试和发证由广东、广西、深圳、汕头、湛江海事局负责监督管理。根据有关船员培训考试发证规则规定，2006年6月7日，中国海事局批复广东海事局，同意停止在海船丙、丁类和内河船舶轮机长适任证书上签注"适用港澳航线"的业务，不再强制要求上述轮机长参加港澳航线专业培训，并在现场执法中不再检查此项签注内容。

鉴于国际海事组织通过的《国际船舶和港口设施保安规则》于2004年7月1日生效，2003年8月

15 日，中国海事局颁布《中华人民共和国船舶和公司保安员专业培训、考试和发证管理办法(试行)》，明确各海事机构按照船员专业培训分工开展保安员专业培训的考试、发证及其管理工作。该办法规定：《国际船舶和港口设施保安规则》要求配备的船舶保安员和公司保安员应完成规定的保安员专业培训，并通过考试合格取得相应的培训合格证明。

2007 年 11 月 23 日，中国海事局印发通知，颁布实施《中华人民共和国内河船舶船员基本安全培训、考试和发证办法》。该办法规定：所有在内河船舶上工作或任职的人员，在其初次上船工作或任职前应接受个人安全与社会责任、船舶防火与灭火、水上救生与求生、船上救护等基本安全知识和技能方面的专业培训，其考试分理论考试和实际操作考试两部分，完成培训并考试合格者，由海事机构签发《内河船舶船员基本安全培训合格证》。该通知授权各直属海事局、各省(自治区、直辖市)地方海事局负责所管辖的内河船舶船员基本安全培训的考试、发证工作，并负责培训的监督管理工作；各直属海事局、各省(自治区、直辖市)地方海事局可授权下一级海事机构进行内河基本安全培训的考试、发证工作及其培训的监督管理工作。该通知明确《内河船舶船员基本安全培训合格证》由中国海事局统一制作，签发后长期有效。

【船员培训机构】

船员培训机构是指从事各项船员培训的企业、事业单位，社会团体和院校。

1997 年 11 月 5 日交通部发布施行的《船员培训管理规则》规定，中国境内的船员培训机构在取得中华人民共和国港务监督局签发的《中华人民共和国船员培训许可证》后方可开展船员培训。《培训许可证》是船员培训机构具备在相应地点开展相应项目、规模的船员培训资格的证明文件。

1998 年中国海事局成立后，依照《船员培训管理规则》的规定，主要负责对船员培训机构培训项目立项申请进行审批，对经海事机构审验合格的船员培训机构核发《培训许可证》、《船员教育和培训质量体系证书》，对船员培训机构具体的监督管理由中国海事局授权的各海事机构负责。

1998 年 11 月 24 日，根据对《培训许可证》的再有效审验结果的审核，中国海事局印发通知，同意大连海事大学等 39 家培训机构按照该通知载明的培训项目、规模和地点开展船员培训。此后，每年根据申请和审核情况，中国海事局不定期批准符合规定要求的船员培训机构开展船员培训或新增培训项目。

1999 年 1 月 5 日，针对一些地区不同程度地存在盲目扩展培训项目、培训资源浪费、培训设备陈旧或数量不足等现象，以及普通船员供大于求的状况，中国海事局印发《关于加强船员教育和培训管理工作若干意见的通知》，就控制船员培训机构的数量、项目、规模，船员培训机构的资质、师资、设施设备，以及对船员培训项目立项审批等提出了具体要求，以适度控制船员培训机构的总数和规模总量，优化资源配置，规范管理行为，保证船员培训质量。3 月 26 日，中国海事局批复中国海运(集团)总公司，同意其所属上海海运学校 1999 年招收应届高中毕业生中的高考落榜生 50 名，与挪威船东协会合作培养驾驶、轮机操作级船员派往挪威船东船舶上工作。

2003 年 2 月 27 日，国务院决定取消第二批行政审批项目，其中包括船员培训机构资质审批项目。5 月 23 日，中国海事局印发通知，就该审批项目被取消后的后续监管工作予以明确：今后是否对船员培训机构实行许可证制度，将通过立法程序解决；鉴于中国船员培训机构已基本满足需要，中国海事局不再审批新的船员培训机构和培训项目；已通过海事机构筹备审验的船员培训机构，由中国海事局根据审验结果决定是否批准开展培训；已批准开展培训的船员培训机构可按照批准的培训项目、地点、规模以及海事机构对培训的管理要求和培训纲要、规范等开展培训；海事机构应继续加强对船员培训的监督管理，对违反船员培训管理秩序和要求的，不予受理其考试、评估申请，并依照有关规定进行相应处罚。8 月 12 日，交通部印发《关于公布已取消和改变管理方式的交通部行政审批项目后续监管措施的通知》，明确船员培训机构资质审批取消后的管理方式为备案审查制。

2005 年 10 月 21 日，中国海事局印发通知，就有关申请开展船员培训问题予以明确：初次申请成立船员培训机构的，应首先建立船员教育和培训质量体系，并应通过其辖区海事机构的初次审核，报中国海事局核准；现有培训机构新增培训项目的，应通过辖区海事机构的附加审核和验收，报中国海事局核准；现有培训机构扩大培训规模的，应通过辖区海事机构验收，报中国海事局核准；海事机构不得批准尚未通过船员教育和培训质量体系审核和(或)验收的培训机构开展船员培训。该通知还明确，船长和高级船员适任证书的再有效需经知识更新培训并考核合格；符合规定条件的公司可自行组织本公司船员进行知识更新培训和考核；对不具备培训条件的公司的船员和社会零散船员，由海事机构组织知识更新培训和考核。

2006 年 7 月至 10 月，中国海事局在全国所有开展海船船员培训的机构开展“船员培训质量和机构资质保持状况专项检查活动”。活动采取培训机构总结自查、海事机构加强日常监督检查及中国海事局组织专门检查的方式进行。通过专项检查活动，进一步强化和规范了对海船船员培训机构的管理。2007 年 4 月 14 日，国务院公布的《船员条例》以行政法规的形式重新确立了船员培训机构的资质审批这个行政审批项目，中国海事局恢复对船员培训机构实行船员培训许可证管理制度。

图 10-1-2　2004 年 9 月，90 名粤海铁路火车乘务员，在海南海员技术服务中心接受海船船员基本安全专业培训和客船船员特殊培训

图 10-1-3　2007 年 5 月 23 日至 24 日，受中国海事局委托，辽宁海事局对大连海事大学扩大船员培训规模进行验收

2007 年底船员培训机构一览

表 10-1-4

序号	代码	名　称	序号	代码	名　称
1	B05	大连海事大学	9	CT1	河北省航运职工中等专业学校
2	B06	大连海运学校	10	CT3	河北秦皇岛船员培训中心
3	BT1	大连水面舰艇学院培训中心	11	DT1	天津海员学校
4	BT2	大连远洋运输公司船员职工学校	12	DT2	渤海石油培训中心
5	BT3	大连海运(集团)公司培训中心	13	DT3	天津理工大学
6	BT5	大连北方海事科技咨询服务中心	14	DT4	天津航道局职工中等专业学校
7	BT8	营口市航海学会	15	DT5	河南新乡海运学校
8	BT9	辽宁省大连海洋渔业集团公司职业培训中心	16	ET1	青岛远洋船员学院

续上表

序号	代码	名　称	序号	代码	名　称
17	ET2	山东省水运学校	50	JT2	厦门市海员培训中心
18	ET3	烟台海员职业中等专业学校	51	JT5	福建省集美水产学校
19	ET4	青岛远洋公司职工学校	52	J37	福建交通职业技术学院
20	ET5	海军潜艇学院培训服务中心	53	J72	集美大学航海学院
21	ET7	烟台船员培训中心	54	K60	广州航海高等专科学校
22	E04	潍坊船员培训中心	55	KT0	湛江海洋大学
23	ET9	日照船员培训中心	56	KT1	广东省航运学校
24	E10	潍坊通达国际海运职业中等专业学校	57	KT2	明华—上海海大深圳进修学院
25	E11	潍坊华洋船员培训基地	58	KT3	中海国际广州培训中心
26	E12	青岛港湾职业技术学院	59	KT4	广州金桥管理干部学院
27	E28	青岛海安海事咨询中心	60	KT5	蛇口华南液化气船船员特殊培训中心
28	FT1	南通航运职业技术学院	61	KT6	广东省珠江航运公司职工培训中心
29	FT2	南京海运学校	62	KT8	广州海运(集团)公司海员医院
30	FT3	南京航运学校	63	KT9	国家海洋局南海分局培训中心
31	FT4	南京长江油运公司职工学校	64	KU1	汕头航运学校
32	FT6	连云港海事咨询服务中心	65	KU3	珠海船员培训中心
33	GT1	上海船员培训中心	66	KV1	湛江海员技术服务中心
34	GT2	上海海事职业技术学院	67	KV5	江门船员培训中心
35	GT3	上海远洋教育中心	68	KV6	深圳船务分公司船员培训中心
36	GT4	上海打捞局培训中心	69	KV7	深圳市海斯比高速船船员培训中心
37	GT5	上海航道局职工中等专业学校	70	LT1	广西北海海运技工学校
38	G08	上海海事大学	71	LT2	广西梧州船员专业培训中心
39	HT1	浙江交通职业技术学院	72	LT3	广西航运学校
40	HT2	国家海洋局宁波海洋学校	73	MT1	海南海员技术服务中心
41	HT4	宁波交通学校	74	NT1	哈尔滨航运学校
42	HT5	温州航区航运职工学校	75	NT2	延边海洋中等专业学校
43	HU0	台州航海学会	76	PT1	武汉航海职业技术学院
44	HU1	浙江省海运集团温州海运有限公司	77	PT4	万州长江船舶船员培训中心
45	HU2	浙江海洋学院	78	P02	武汉理工大学
46	H08	宁波大学	79	P24	湖北交通职业技术学院
47	H28	舟山航海学校	80	UT2	重庆交通大学
48	JB1	泉州海事学校	81	VT1	四川省交通厅航运职工培训中心
49	JT1	福州海员学校			

截至2007年底，中国共有船员培训机构81个，其中大学本科航海院校12所，大学专科航海院校13所，中等专科航海学校12所，其他船员培训机构44个。中国航海院校拥有11艘专门的教学实习船。中国船员培训机构配备了大量的真实的或模拟的航海设施和设备(包括雷达模拟器、船舶操纵模拟器、轮机模拟器、全球遇险与安全系统模拟器、船舶积载模拟器及液货船培训模拟装置等)，拥有种类齐全的实验室和实习(实训)基地。

〖船员教育和培训质量管理体系〗

按照《78/95 海员培训值班国际公约》的规定，从事海员教育和培训的机构必须建立质量体系，由主管机关或其授权的机构进行定期审核，并将审核结果报国际海事组织。为此，中华人民共和国港务监督局于 1997 年 10 月 9 日颁布《船员教育和培训质量管理规则》。该规则规定：经中华人民共和国港务监督局授权的港务监督，是对船员教育和培训机构实施质量监督、检查、评估和审核的管理机关（简称培训质量管理机关）；开展船员教育和培训的机构必须制定质量体系文件，使船员教育和培训工作在质量体系的连续控制之下进行，并通过培训质量管理机关的初次审核，取得中华人民共和国港务监督局签发的有效期为 4 年的《中华人民共和国船员教育和培训质量体系证书》。

1998 年 5 月 27 日，中华人民共和国港务监督局发布《中华人民共和国船员教育和培训质量体系审核实施细则》，明确了船员教育和培训质量体系审核机构、审核员的资格与职责以及实施审核的具体要求，质量体系附加审核、中间审核、再有效审核的有关规定；同时印发《船员教育和培训质量体系指南》、《船员教育和培训质量体系审核员培训纲要、培训计划》。7 月 28 日，中华人民共和国港务监督局发布《船员教育和培训质量体系内部审核员培训、发证规定》。1998 年，中华人民共和国港务监督局完成对大连海事大学、上海海运学院、集美航海学院、武汉交通科技大学、青岛远洋船员学院和上海海运职工大学等 6 家航海院校的船员教育和培训质量体系审核工作，于 9 月 2 日签发了首批《船员教育和培训质量体系证书》。

中国海事局于 1999 年 6 月 1 日公布 267 名船员教育和培训质量体系审核员（内审员）名单；于 7 月 27 日公布 63 名船员教育和培训质量体系审核员（外审员）名单；于 10 月 18 日，向大连海运学校等 28 个单位签发《船员教育和培训质量体系证书》。

2001 年，12 家船员培训机构通过了船员教育和培训质量体系中间审核。

2002 年，23 家船员培训机构通过了船员教育和培训质量体系审核。11 月 1 日，国务院决定取消第一批行政审批项目，其中包括船员教育和培训质量体系审核项目。

2003 年 5 月 23 日，中国海事局就船员教育和培训质量体系的审核项目被取消后的后续监管工作印发通知，明确船员教育和培训质量体系审核是中国政府主管机关履行《78/95 海员培训值班国际公约》的责任和义务，审核工作不能间断，船员教育和培训质量体系由中国海事局认可的培训质量管理机关（上海、天津、辽宁、山东、广东海事局）实施，审核结果通过中国海事局汇总后报国际海事组织。8 月 12 日，交通部印发《关于公布已取消和改变管理方式的交通部行政审批项目后续监管措施的通知》，明确船员教育和培训质量体系审核取消后的管理方式是实行专家审核与行政监督相结合的质量控制管理。10 月 10 日，中国海事局公布 37 名船员教育和培训质量体系审核员（外审员）名单。

2004 年 3 月 15 日，中国海事局公布 58 名船员教育和培训质量体系审核员（内审员）名单。

2005 年，通过监督检查，全国有 72 家船员培训机构的质量体系保持了正常的运行与定期审核。2 月 18 日，中国海事局决定启用新版《船员教育和培训质量管理体系证书》。9 月 13 日、12 月 5 日，中国海事局先后公布了 60 名、51 名船员教育和培训质量体系审核员（内审员）名单。

2006 年 6 月 16 日、12 月 12 日，中国海事局先后公布 136 名、69 名船员教育和培训质量体系审核员名单。同年，大连海事大学等 35 家单位的船员教育和培训质量体系通过审核。

2007 年 4 月 14 日，国务院公布的《船员条例》明确船员培训机构应建立符合国务院交通主管部门规定的船员培训质量控制体系。12 月 13 日，中国海事局公布 11 名船员教育和培训质量体系审核员名单。同年，45 家船员培训机构的船员教育和培训质量体系通过审核。

〖台湾船员履行公约培训〗

为解决台湾船员持有符合《78/95 海员培训值班国际公约》规定的新版适任证书问题，经与台湾有关组织协商和国务院台湾事务办公室批准，2002 年 2 月 11 日，中国海事局印发通知，同意台湾船员在大陆参加《78/95 海员培训值班国际公约》规定的培训和适任证书考试；台湾船员在大陆认可的船员培训机构参加培训，经海事机构考试合格，可签发大陆的船员培训合格证；中国海事局授权广东海事局统一办理台湾船员在大陆申请海员适任证书的考试、发证业务。当年共举办了 9 期计 216 名台湾船员的履约培训，颁发证书 332 本。

2007 年 5 月，中国海事局出台免收台湾船员考试发证费的鼓励措施。截至 2007 年底，广东海事局共举办 29 期台湾高级船员《78/95 海员培训值班国际公约》过渡期培训班，共有 852 名台湾高级船员接受培训；签发各种中华人民共和国船员适任证书 1369 本。

〖拓宽海员加入渠道〗

为引导渔业船员转入海船船员，2001 年 3 月 5 日，中国海事局颁布《海洋渔业船舶船员申请海船船员适任考试、评估和发证管理办法》。该办法规定了在海洋渔业船舶服务且持有渔政渔港监督部门签发的三等或三等以上海洋渔业职务证书的船员，参加海船船员适任考试、评估和发证的条件、培训等要求，明确了海洋渔业船舶船员申请海船船员适任考试的类别、等级和职务的相互对照关系。

图 10-1-4　2005 年 5 月 13 日，舟山海事局在转产渔民较集中的岱山县衢山岛开展船员培训考试发证咨询活动，并现场受理船员培训考试报名

图 10-1-5　2006 年 7 月 7 日，在河北沧县职业教育中心举行的沧州船员实习基地首批渔民转岗船员培训班结业典礼上，参加培训的 80 名学员获得河北海事局颁发的《中华人民共和国海船船员专业培训合格证书》

为拓宽军人退伍就业渠道，解决军事船舶复员转业军人参加海船船员考试问题，2000 年，中国海事局起草了相应的考试评估发证办法，经征求解放军总政治部办公厅、总后勤部军事交通部、海军司令部的意见后，于 2001 年 10 月 15 日颁布《军事船舶复转军人参加海船船员适任考试、评估和发证办法》，规定了曾在军事船舶服役的复员转业军人进入海员队伍，参加海船船员适任考试、评估和发证的条件、培训等要求，明确了军事船舶复员转业军人申请海船船员适任考试的类别、等级和职务的相互对照关系。

2004 年 2 月 16 日，中国海事局公布八项便民措施，其中明确海事机构接受公民以个人名义申办船员证件，使船员进入渠道由单位拓展到个人。3 月 9 日，为支持大连水产学院轮机工程专业毕业生进入海员队伍，中国海事局批复辽宁海事局，同意大连水产学院轮机工程专业毕业生参加海船船员适任证书全国统考。

为服务建设社会主义新农村，推进中西部地区海员培训工作，2004 年，中国海事局要求天津海事局针对河南省新乡市建设海员基地的需求，负责对新乡市建立船员培训机构进行指导和管理。2005 年 11 月，新乡市海运学校向天津海事局提出开展船员培训的申请。2006 年 5 月 16 日至 18 日，天津海事局派出专家组对新乡市开展船员培训项目进行验收。7 月 13 日至 14 日，中国海事局在新乡召开推进中西部海员发展工作座谈会，交通部副部长徐祖远出席座谈会并实地考察新乡海运学校，表示要在中西部地区推广新乡的海员培训经验。10 月 13 日，中国海事局印发通知，同意河南新乡海运学校开展船员培训。其获准开展的培训项目有值班水手和机工的适任培训、熟悉和基本安全培训、精通救生艇筏和救助艇培训。至 2007 年底，新乡海运学校共举办熟悉和基本安全培训、精通救生艇筏和救助艇培训 22 期，培训海员 1366 人；培训值班水手 9 期 404 人、值班机工 8 期 309 人。

图 10-1-6　2006 年 7 月 13 日至 14 日，中国海事局推进中西部海员发展工作座谈会在河南新乡召开

经中国海事局批准，2006 年 7 月 30 日，中国首个海船船员军地合作培训基地在山东长岛正式启用。该基地是烟台船员培训中心与解放军长山要塞区船运大队合作建立的，共同组织现役船艇士官在该基地利用周末和节假日开展海船水手、技工培训，是培养军地两用人才的有效方式。至 2007 年底，该基地共开展船员培训 3 批 367 人。

2006 年 12 月 27 日，为解决中国高级海员紧缺问题，缓解大学生就业压力，吸收非航海工科毕业生从事海员职业，交通部颁布实施《非航海工科毕业生海员培训管理规定》。该规定明确：具有全日制专科及以上学历且符合海船船员体检标准的非航海工科毕业生，可参加海员培训，并在完成不少于 12 个月的全日制海员培训和其他相关培训后，可申请所有航区和等级的海船三副、三管轮适任考试、评估和发证。

2007 年，中国海事局批准 14 所航海院校开展非航海工科毕业生海员培训，其规模达每年 4940 人次。根据推进中西部海员发展工作座谈会精神，8 月 19 日，天津海事局与延安职业技术学院在延安签订建立延安海员培训基地联合办学意向书；11 月 22 日，在天津海事局的协调下，大连海事大学与延安职业技术学院在延安签订合作开展航海职业教育协议。

第二节　船员考试评估发证

【海船船员考试评估发证管理】

在海船船上任职的船长、高级船员和值班水手、值班机工应当依法通过考试，取得由主管机关签发的相应航区、种类、等级、职务的适任证书。

1953 年交通部颁布的《海上轮船船员检定考试暂行办法》、《出海小轮船船员检定考试办法》、《船舶无线电报务员证书考试暂行办法》，是中华人民共和国成立后第一批有关海船船员考试发证的管理规定。1963 年 12 月，交通部公布《中华人民共和国轮船船员考试办法》，该办法包括海船和内河船舶船员的考试和发证。1979 年 6 月，交通部在《轮船船员考试办法》的基础上，根据当时船员队伍的技术状况，并参照《78海员培训值班国际公约》，制定颁布了《中华人民共和国轮船船员考试发证办法》。1984年4月28日《78海员培训值班国际公约》生效后，中国海船船员的考试发证和值班标准由于要符合该公约要求，已不适宜与内河船舶船员适用同一考试发证办法，故交通部于1987年2月、1992年4月先后颁布了《中华人民共和国海船船员考试发证规则》(简称《87海船考试规则》)和《内河船舶船员考试发证规则》(简称《92内河考试规则》)。《87海船考试规则》将海船船员适任证书适用航区分为A(无限航区)、B(沿海航区)、C(近岸航区)三类(1993年增加D类近洋航区)。为做好履行《78/95海员培训值班国际公约》工作，交通部于1997年11月5日发布《中华人民共和国海船船员适任考试、评估和发证规则》(简称《97海船考试规则》)，自1998年8月1日起实施，《87海船考试规则》在2002年1月31日前，对1998年8月1日前从事海员职业和正在接受海员教育培训的人员继续有效。《97海船考试规则》将适任证书的类别分为甲乙丙丁四类，增加了对船员的实际操作能力评估，并规定船员在获得适任证书前需经过规定的船上培训或见习。同年，中华人民共和国港务监督局制定印发一系列配套的船员专业培训、特殊培训考试发证办法以及船员培训、考试、发证的质量管理规定，颁布了与《97海船考试规则》配套实施的《中华人民共和国海船船员适任考试和评估大纲》(简称《97海船考试大纲》)。

1998年8月5日，中华人民共和国港务监督局颁布《关于STCW78/95公约过渡规定的实施办法》，对船员如何从持"87证书"过渡到"97证书"作出具体规定①，"87证书"在其有效期内可使用至2002年1月31日，按照《87海船考试规则》进行的海船船员适任证书考试于1999年12月31日停止举行。1998年12月18日，中国海事局就分发"97证书"印发通知，要求各港务监督及时、规范签发新版证书。1999年8月30日，中国海事局印发《关于船员培训、考试和发证工作若干问题的通知》，对《关于STCW78/95公约过渡规定的实施办法》进行了补充和调整，其中明确自2002年2月1日起"87证书"自动失效，船员不能持"87证书"在海船上任职，但凭"87证书"换发"97证书"的工作延续至2002年12月31日。

针对有境外机构违反《97海船考试规则》规定，未经主管机关批准，在中华人民共和国境内办理或授权办理涉及《78/95海员培训值班国际公约》的证书和签证，极少数船员持伪造的适任证书在这些机构换发其他缔约国的证书或承认签证的情况，为保障《78/95海员培训值班国际公约》在中国全面有效实施，中国海事局于1998年11月19日发布公告，重申未经主管机关批准，任何境外机构或人员不得在中华人民共和国境内设立办理或授权办理签发涉及《78/95海员培训值班国际公约》的各种证书和签证，并要求已设的此类境外机构在1999年2月1日前由有关缔约国的主管机关商中国海事局核准。1999年5月10日，中国海事局印发通知，再次申明未批准过任何境外机构和人员在中国境内办理或授权办理涉及《78/95海员培训值班国际公约》的各种证书或签证，1999年2月1日后，对境外机构在中国境内办理或授权办理的《78/95海员培训值班国际公约》的有关证书或签证不予认可。6月30日，中国海事局接受巴拿马海事局的备案申请，同意巴拿马海事局授权的CHINA MARINE SERVICES CORP.自1999年6月30日起在中国办理巴拿马临时船员证书，并对该公司1998年10月至1999年6月30日之间办理或代理的巴拿马《船员适任证书》予以认可。

1999年2月25日，鉴于履行《78/95海员培训值班国际公约》的过渡期内的发证、换证工作量大，中国海事局为提高办理船员证书的工作效率，印发《关于船员证书签发署名工作有关事项的通知》，就各类船员证书(海员证，海船船员适任证书和专业、特殊培训合格证)的签发署名工作进一步予以明确：所有船员证书均须经主管局领导批准后方可制作(批准人的权限不得下放)；船员证书制作中的签发署名工作按照分级办理原则进行，由中国海事局授权的有关人员亲手笔签。2000年11月13日，中

① "87证书"指按照《87海船考试规则》签发的适任证书；"97证书"指按照《97海船考试规则》签发的适任证书。

国海事局决定对海船船员适任证书和专业培训、特殊培训合格证的签发署名人授权方式作出调整，船员证书签发署名人由各海事局按《关于船员证书签发署名工作有关事项的通知》的原则自行确定和调整，并报中国海事局备案。

经商农业部渔业局，1999 年 4 月 2 日，中国海事局印发通知，同意中国对外贸易运输（集团）总公司派出的渔船船员申请全球海上遇险和安全系统普通操作员培训、考试和发证，要求有关港务监督按照交通部颁布的《全球海上遇险和安全系统船舶无线电人员考试发证办法（试行）》的有关规定进行办理，签发的证书仅适用于渔船或渔业辅助船。5 月 7 日，中国海事局授权宁波港务监督在管理范围内开展高级消防专业培训和客船、滚装客船船员特殊培训的考试发证工作。

1999 年 9 月 7 日，中国海事局印发通知，建立船员考试和发证情况半年汇总统计上报制度。11 月 18 日，考虑到航运企业缺少报务员的实际困难，中国海事局决定凡持适用中国沿海航区二等报务员适任证书者，可在符合规定要求情况下，换发有效期至 2002 年 1 月 31 日的新证书。

1999 年 11 月 30 日，中国海事局向 28 个海事局和港务监督配发统一刻制的《中华人民共和国海事局船员证书专用章》（简称“船员证书专用章”），自 2000 年 1 月 1 日起正式启用。每套印章均刻有单独的编号（见表 10-2-1），适用于甲、乙、丙、丁类海船船员适任证书、承认签证、专业和特殊培训合格证书、特免证明、船员服务簿等有关证件。

2000 年船员证书专用章编号一览 表 10-2-1

单　　位	专用章编号	单　　位	专用章编号
交通部海事局	01	深圳港务监督	15
上海海事局	02	营口港务监督	16
天津海事局	03	烟台港务监督	17
大连港务监督	04	连云港港务监督	18
青岛港务监督	05	厦门港务监督	19
广州港务监督	06	汕头港务监督	20
秦皇岛港务监督	07	湛江港务监督	21
南京港务监督	08	日照港务监督	22
浙江省港航监督	09	宁波港务监督	23
福州港务监督	10	辽宁省港航监督	24
广西壮族自治区港航监督	11	河北省港航监督	25
海南港务监督	12	山东省港航监督	26
武汉港务监督	13	江苏省港航监督	27
黑龙江港航监督局	14	广东省港航监督	28

2000 年 4 月 21 日，中国海事局就履行《78/95 海员培训值班国际公约》过渡期间的海船船员考试、评估和发证工作的有关事宜印发通知，其中明确过渡期区域统考至 2001 年 12 月 31 日结束，未完成过渡的船员可参加相应科目的全国统考。6 月 22 日，中国海事局印发通知，对海船船员适任证书和培训合格证制作的有关事项作出规定。

2001 年 1 月 7 日，根据水上安全监督管理体制改革进展情况，中国海事局印发通知，对海船船员考试发证分工和授权以及考区划分进行调整。通知明确各海事局按照授权，负责劳动关系所在单位在本局管辖范围内的船员或学籍在本局管辖范围内的船员教育和培训机构的学员的海船船员适任证书考试发证管理，以及本局管辖范围内的海船船员专业培训、特殊培训的管理和考试发证工作；各海事局管辖范围以外其他区域的海船船员管理业务由中国海事局指定。通知要求各有关海事局提出授权分支机构的建议，经中国海事局批准后向全国公布。向分支机构授权的原则是：分级管理，逐级负责；海船船员适任证书授权除甲类、乙类证书外可按照类别或等级进行授权；专业培训和特殊培训的考试发证工作一般由培训机构所在地的海事机构负责。中国海事局根据海船船员管理授权情况对“船员证书专用章”的配发进行了调整，要求经授权的海事机构在办理海船船员适任证书、专业培训、特殊培训合格证时使用统一制发的“船员证书专用章”。该通知还明确了引航员培训考试发证的分工，海港一级引航员的培训考试发证由中国海事局组织，海港二级、三级、助理引航员的培训考试发证由各直属海事局组织。

2001 年至 2005 年，中国海事局陆续公布了各直属海事局分支机构的海船船员管理分工授权并配发了相应的“船员证书专用章”。

2001 年 3 月 5 日，中国海事局颁布《内河船舶船员申请海船船员适任考试、评估和发证管理办法》，对在内河船舶服务，持有三等或三等以上内河船舶职务适任证书的船员以及持有通用电报员或一级电报员证书的内河船舶报务员，申请参加海船船员考试、评估和发证的条件、要求及其适任类别、等级、职务对照关系作出规定。6 月 20 日，中国海事局颁布实施《航海院校在校学生参加海船船员适任证书全国统考管理办法》，规定了航海院校学生参加海船船员适任证书全国统考的条件和科目要求。

2002 年 1 月 22 日，中国海事局发布公告，决定自《78/95 海员培训值班国际公约》全面实施之日(2002 年 2 月 1 日)起开始组织对海员的“97 证书”进行检查，并将对船员未按规定持有有效适任证书的中国籍和外国籍船舶的处理规定公告社会。7 月 31 日起，直属海事系统开展船员履约检查大会战。至 2002 年底，中国按照《78/95 海员培训值班国际公约》要求如期完成了所有适任海员约 20 万人的履约培训、考试、换证工作。12 月 3 日，中国海事局公布正式启用 2002 版《中华人民共和国引航员适任证书》，并明确签发海港二级、三级引航员适任证书的海事机构的分工不变，海港一级引航员适任证书由上海、天津、辽宁、河北、山东、江苏、浙江、福建、广东、广西、海南、深圳海事局按管辖范围签发。

2003 年 11 月 21 日，中国海事局印发通知，要求申请值班水手或值班机工适任证书者均应符合《97 海船考试规则》及《海船水手、机工适任培训、考试和发证管理办法》的规定，同时停止为 1998 年 8 月 1 日前取得《船员服务簿》的船员直接换发值班水手或值班机工适任证书。

2004 年 1 月 8 日，中国海事局批复广东海事局，同意该局对在珠江三角洲地区往返香港高速客船上任职的持有内河证书的船员开展特定的培训、考试和评估，并对完成培训和通过考试、评估者签发签注有“仅适用于珠江三角洲至香港的高速客船”的丙类海船船员适任证书。8 月 1 日，交通部《04 海船考试规则》施行，《97 海船考试规则》废止。9 月 14 日，中国海事局公布根据《04 海船考试规则》修订的适用于丁类(近岸航区未满 500 总吨或主推进动力装置未满 750 千瓦)船舶船长、高级船员的考试和评估大纲。

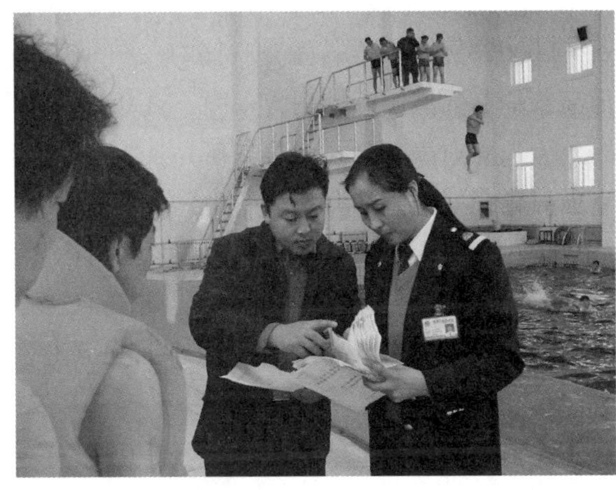

图 10-2-1　2004 年 2 月，烟台海事局对受训船员进行跳水实际操作能力评估

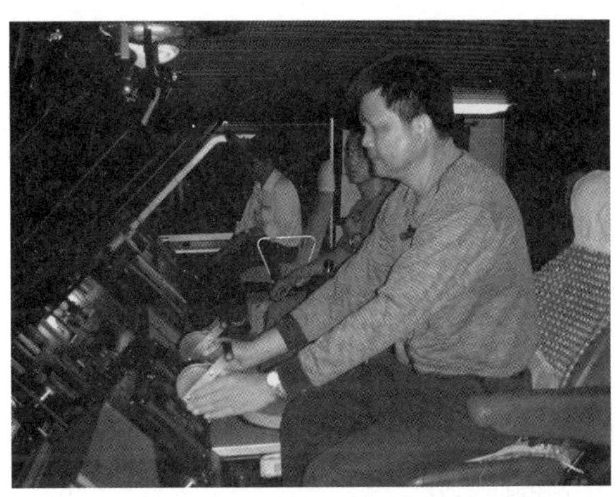

图 10-2-2　2006 年 11 月 6 日夜间，在九洲港至头洲航线上用两个航次，珠海海事局对参加高速客船夜航培训的学员进行夜航实际操作能力评估

2007年底海船船员管理分工授权情况（直属海事局、四川省地方海事局）一览 表10-2-2

海事机构	船员证书专用章编号	海船船员适任证书的考试、评估、发证管理以及海船船员专业培训、特殊培训的管理和考试、评估、发证的管辖范围			
		甲类适任证书	乙类适任证书	丙、丁类适任证书	专业培训、特殊培训合格证
上海海事局	02	上海市、浙江省、福建省及长江干线各省市	上海市	上海市	上海市
天津海事局	03	天津市、河北省、北京市	天津市	天津市	天津市
辽宁海事局	04	辽宁省、吉林省、黑龙江省	辽宁省、吉林省、黑龙江省	辽宁省（营口市、盘锦市除外）、吉林省、黑龙江省	辽宁省（营口市、盘锦市除外）、吉林省
山东海事局	05	山东省	山东省	山东省（烟台市除外）	山东省（烟台市除外）
广东海事局	06	广东省、广西壮族自治区、海南省	广东省	广东省（深圳市、汕头市、湛江市除外）	广东省（深圳市、汕头市、湛江市除外）
河北海事局	07	—	河北省	河北省	河北省
江苏海事局	08	—	江苏省、安徽省、江西省、湖北省、四川省、重庆市	江苏省（连云港市、盐城市除外）、安徽省、江西省、湖北省、四川省、重庆市	江苏省（连云港市、盐城市除外）
浙江海事局	09	—	浙江省	浙江省	浙江省
福建海事局	10	—	福建省	福建省（厦门市、漳州市除外）	福建省（厦门市、漳州市除外）
广西海事局	11	—	广西壮族自治区	广西壮族自治区	广西壮族自治区
海南海事局	12	—	海南省	海南省	海南省
长江海事局	13	—	—	—	安徽省、江西省、湖北省、四川省、重庆市
黑龙江海事局	14	—	—	—	黑龙江省
深圳海事局	15	—	—	深圳市	深圳市
营口海事局	16	—	—	营口市、盘锦市	营口市、盘锦市
烟台海事局	17	—	—	烟台市	烟台市
连云港海事局	18	—	—	连云港市、盐城市	连云港市、盐城市
厦门海事局	19	—	—	厦门市、漳州市	厦门市、漳州市
汕头海事局	20	—	—	汕头市	汕头市
湛江海事局	21	—	—	湛江市	湛江市
四川省地方海事局	30	—	—	—	四川省（仅基本安全专业培训考试发证）

2007年底海船船员管理分工授权情况(直属海事局分支机构)一览　　表10-2-3

海事机构	船员证书专用章编号	丙、丁类适任证书考试、评估和发证	专业培训、特殊培训合格证考试、评估和发证	管辖范围	授权时间
日照海事局	22	√	√	日照市	2001年5月14日
宁波海事局	23	√	√	宁波市	2001年5月14日
大连海事局	24	√	—	大连市	2001年5月14日
济南海事局	26	√	√	济南、东营、潍坊、滨州市	2001年5月14日
丹东海事局	29	√	—	丹东市	2001年5月14日
锦州海事局	31	√	—	锦州市	2001年5月14日
葫芦岛海事局	32	√	—	葫芦岛市	2001年5月14日
青岛海事局	33	√	√	青岛市	2001年5月14日
威海海事局	34	√	√	威海市	2001年5月14日
舟山海事局	35	√	√	舟山市	2001年5月14日
台州海事局	36	√	√	台州市	2001年5月14日
温州海事局	37	√	√	温州市	2001年5月14日
嘉兴海事局	38	√	√	嘉兴市	2001年5月14日
福州海事局	39	√	√	福州市	2001年5月14日
泉州海事局	40	√	√	泉州市	2001年5月14日
莆田海事局	41	√	—	莆田市	2001年5月14日
宁德海事局	42	√	—	宁德市	2001年5月14日
广州海事局	43	√	√	广州市	2001年8月16日
珠海海事局	44	√	√	珠海市	2001年8月16日
江门海事局	45	√	√	江门市	2001年8月16日
惠州海事局	46	√	√	惠州市	2001年8月16日
潮州海事局	47	√	√	潮州市	2001年8月16日
揭阳海事局	48	√	√	揭阳市	2001年8月16日
茂名海事局	49	√	√	茂名市	2001年8月16日
阳江海事局	50	√	√	阳江市	2001年8月16日
汕尾海事局	51	√	√	汕尾市	2001年8月16日
中山海事局	52	√	√	中山市	2001年8月16日
佛山海事局	53	√	√	佛山市	2001年8月16日
东莞海事局	54	√	√	东莞市	2001年8月16日
唐山海事局	55	√	√	辖区内	2002年5月13日
黄骅海事局	56	√	√	辖区内	2002年5月13日
重庆海事局	57	—	√	辖区内	2002年6月18日
北海海事局	58	√	—	辖区内	2002年8月23日
防城港海事局	59	√	—	辖区内	2002年8月23日
钦州海事局	60	√	—	辖区内	2002年8月23日
秦皇岛海事局	61	√	√	辖区内	2003年9月16日
浙江杭州海事处	62	见本表说明		杭州地区	2005年10月19日

说明：① 本表标记“√”的项目表示该项工作已授权。

② 中国海事局对重庆海事局的授权，仅指重庆海事局负责辖区内船员熟悉和基本安全专业培训的考试、评估和发证。

③ 2005年10月19日，中国海事局授权浙江杭州湾海事处(2007年6月27日，更名为浙江杭州海事处)负责权限内杭州地区海船船员考试、评估和发证申请的受理和批准，航运公司所属海船船员注册和船员服务簿的签发、审核和签注，以及海船船员的日常管理工作。

2005 年 1 月 19 日，中国海事局决定启用新版磁罗经校正人员证书，旧版证书可继续使用至 2005 年 12 月 31 日。同日，为规范船员考试考场秩序，中国海事局颁布《中华人民共和国海事局船员考试考场规则》，适用于中国船员的各种考试，自 2005 年 3 月 1 日起施行，同时废止《中华人民共和国港务监督局船员考试考场规则》。10 月 19 日，中国海事局颁布新的《中华人民共和国海船船员适任考试大纲》（简称《06 海船考试大纲》），自 2006 年 2 月 1 日起实施，第 41 期海船船员适任统考（包括其后的计算机终端考试）按新大纲执行。《06 海船考试大纲》对部分考试科目的内容作了删减或增加，并对部分考试科目设置了适量的综合性主观分析试题。

根据中国海事局与农业部渔业局、农业部渔业船舶检验局于 2004 年 12 月 21 日签署的《关于理顺从事国际鲜销水产品冷藏运输船管理关系的意见》中，关于在鲜销船服务的船员应于 2005 年 3 月 31 日前向海事系统船员考试发证机构申请办理船员职务适任证书的规定，2005 年 5 月 8 日，中国海事局印发通知，要求各船员考试发证机构为原由农业部门管理的且已完成知识更新培训的鲜销船船员换发仅适用于鲜销船的、有效期至 2007 年 6 月 30 日的海船船员证书，包括适任证书、船员服务簿、专业培训合格证。该通知对换发条件、原则和培训要求作出规定，同时印发了《鲜销船船员知识更新培训纲要》。9 月 13 日，中国海事局正式启用鲜销船船员管理信息系统，建立了鲜销船船员数据库，实现了对鲜销船船员培训、换证跟踪管理。2007 年 4 月 20 日，中国海事局就鲜销船船员换发海船船员证书临近有效期的有关事项印发通知，要求各直属海事局为符合条件的鲜销船证书申请人换发与原证书类别、等级、职务和适用船舶相同的有效期为 5 年的船员适任证书及签发与其职务相应的有效期至 2011 年 5 月 31 日的专业培训合格证，对于完成相应项目专业培训并考试合格的申请人，签发无有效期限制的专业培训合格证。

为实施交通部《关于印发〈海关公务船艇管理规定〉的通知》中有关海关公务船艇船员适任证书的规定，中国海事局委托广东海事局举行了对适用于海关公务船艇的船长、轮机长适任证书考试和评估，并于 2006 年 3 月 13 日印发通知，授权广东海事局为通过适用于海关公务船艇的船员适任证书考试和评估的船员签发《船员适任考试和评估合格证明书》，海关船员服务所在地的具有丙类海船船员适任证书发证权限的海事机构负责签发相应船员适任证书。该通知规定适用于海关公务船艇的船员适任证书为丙类二等适任证书，同时明确了申请签发适用于海关公务船艇的船长、轮机长适任证书的符合条件。

2007 年 5 月 28 日，中国海事局印发通知，颁布实施《中华人民共和国磁罗经校正人员考试发证办法》，同日废止中华人民共和国港务监督局 1995 年颁布的《中华人民共和国磁罗经校正师（员）考试发证办法》。该办法将磁罗经校正人员由原来的“三级制”（一级磁罗经校正师、二级磁罗经校正师、磁罗经校正员）改为“二级制”（磁罗经校正师、磁罗经校正员），磁罗经校正员可为中国籍船舶进行磁罗经校正并签发校正证书，磁罗经校正师可为中国和外国籍船舶进行磁罗经校正并签发校正证书。该办法对磁罗经校正人员申请考试的条件，考试内容和要求，核发、换发证书等作出规定，并明确中国航海学会承担磁罗经校正人员申请考试、换证的受理、培训和资格审查工作，海事机构负责其考试工作。该通知明确，凡持有原二级磁罗经校正师证书且需继续从事磁罗经校正工作者，可申请换发磁罗经校正员证书，或在参加英语培训并通过英语考试后申请换发磁罗经校正师证书，换证工作截止到 2007 年 12 月 31 日。2007 年 7 月 9 日，中国海事局印发通知，颁布实施《中华人民共和国海上非自航船舶船员考试、发证管理办法》。海上非自航船舶，是指自身不具备航行动力的船舶，包括海上非自航工程船舶和驳船。该办法规定在海上非自航船舶任职的船长、驾驶员、轮机长、轮机员、驳船驾长应持有相应的《适任证书》，其他船员应持有《熟悉和基本安全培训合格证》和《船员服务簿》。该通知对申请换发海上非自航船舶《适任证书》有关事项作出规定，并对实施该办法设立过渡期，规定了过渡期间有关工作要求。

〖船员考试发证机关编码〗

1998 年 8 月 20 日，中华人民共和国港务监督局颁布《海船船员适任证书和培训合格证书制作细则(试行)》。为便于实现计算机系统对各类船员证书的统一管理、识别和统计分析，该细则规定了海船船员适任证书和培训合格证书编号编制方法,① 其中第 2、3 位是船员考试发证机关编码，由两个英文大写字母组成。该细则附录公布了 53 个对外开放港口港务监督和 25 个省(自治区、直辖市)港航监督的船员考试发证机关编码。

2007 年底船员考试发证机关编码一览 表 10-2-4

海事机构	编码	海事机构	编码	海事机构	编码	海事机构	编码	海事机构	编码
辽宁海事局	BA	福建海事局	JD	北海海事局	LA	深圳海事局	KB	湛江港区海事处	TA
大连海事局	BE	福州海事局	JA	防城港海事局	LB	深圳蛇口海事处	YA	湛江遂溪海事处	TB
丹东海事局	BC	宁德海事局	JE	钦州海事局	LF	深圳南山海事处	YB	湛江徐闻海事处	TC
锦州海事局	BD	莆田海事局	JF	柳州海事局	LG	深圳宝安海事处	YC	营口海事局	BB
葫芦岛海事局	BF	泉州海事局	JB	河池海事局	LH	深圳盐田海事处	YD	营口老港区海事处	SA
河北海事局	CA	漳州海事局	JG	桂林海事局	LK	深圳大铲海事处	YE	营口鲅鱼圈海事处	SB
秦皇岛海事局	CD	广东海事局	KA	贵港海事局	LM	深圳大亚湾海事处	YF	盘锦海事局	SC
黄骅海事局	CC	广州海事局	KL	梧州海事局	LC	烟台海事局	EB	长江海事局	PC
唐山海事局	CB	东莞海事局	KM	海南海事局	MA	烟台港区海事处	XA	重庆海事局	UA
山东海事局	EA	珠海海事局	KE	海口海事局	MB	蓬莱海事处	XB	重庆万州海事处	UB
青岛海事局	EJ	惠州海事局	KN	清澜海事局	ME	龙口海事处	XC	重庆涪陵海事处	UC
济南海事局	EH	河源海事局	KS	三亚海事局	MC	莱州海事处	XD	武汉海事局	PA
威海海事局	ED	汕尾海事局	KJ	八所海事局	MD	连云港海事局	FA	宜昌海事局	PB
日照海事局	EC	江门海事局	KH	洋浦海事局	MF	连云港连云海事处	WA	三峡海事局	PD
江苏海事局	FG	阳江海事局	KT	上海海事局	GA	连云港墟沟海事处	WB	荆州海事局	PE
南京海事局	FB	中山海事局	KF	上海吴淞海事处	GB	连云港灌河海事处	WC	黄石海事局	PF
张家港海事局	FD	佛山海事局	ZA	上海董家渡海事处	GC	盐城海事局	WD	岳阳海事局	VA
南通海事局	FC	肇庆海事局	ZB	上海兰州路海事处	GD	厦门海事局	JC	九江海事局	TA
镇江海事局	FE	云浮海事局	ZC	上海吴泾海事处	GE	厦门东渡海事处	VA	芜湖海事局	RA
扬州海事局	FH	清远海事局	ZD	上海金山海事处	GF	厦门海沧海事处	VB	安庆海事局	RB
江阴海事局	FF	韶关海事局	ZE	上海外高桥海事处	GG	厦门鹭江海事处	VC	黑龙江海事局	NA
浙江海事局	HE	梅州海事局	ZF	上海宝山海事处	GH	汕头海事局	KD	哈尔滨海事局	NB
宁波海事局	HA	茂名海事局	KG	上海崇明海事处	GJ	汕头港区海事处	UA	齐齐哈尔海事局	NC
嘉兴海事局	HF	潮州海事局	ZG	天津海事局	DA	汕头榕江海事处	UB	牡丹江海事局	ND
舟山海事局	HB	揭阳海事局	ZH	天津新港海事处	DB	潮阳海事处	UC	佳木斯海事局	NE
温州海事局	HD	广西海事局	LE	天津南疆海事处	DC	南澳海事处	UD	黑河海事局	NF
台州海事局	HG	南宁海事局	LD	天津海河海事处	DD	湛江海事局	KC	四川省地方海事局	SZ

① 海船船员适任证书编号格式：共 15 位，1—3 位为英文大写字母，4—15 位为阿拉伯数字。第 1 位，适任证书的类别；第 2、3 位，发证机关编码；第 4 位，船上工作部门；第 5 位，适任证书等级；第 6 位，船上职务；第 7—10 位，证书签发年份；第 11—15 位，证书序号。船员专业或特殊培训合格证书编号格式：共 12 位，1—3 位为英文大写字母，4—12 为阿拉伯数字。第 1 位，Z 或 T(表示专业培训证书或特殊培训证书)；第 2、3 位，发证机关编码；第 4—7 位，证书签发年份；第 8—12 位，证书序号。

2001 年 3 月 19 日，中国海事局根据水上安全监督管理体制改革中海事机构设置以及海船船员管理分工授权情况，重新公布各直属海事局及其分支机构和四川省地方海事局的船员考试发证机关编码。2003 年 5 月 28 日，公布长江海事局、黑龙江海事局所属分支机构的船员考试发证机关编码。至此，取得船员考试发证机关编码的海事机构计 135 家(20 个直属海事局、112 个分支机构、2 个派出机构、1 个省级地方海事局)(见表 10-2-4)。

〖船员考试、评估和发证质量管理体系〗

按照《78/95 海员培训值班国际公约》的规定，船员考试、评估和发证机关均必须建立质量管理体系，由主管机关或其授权的机构进行定期审核，并将审核结果报国际海事组织。为此，中华人民共和国港务监督局于 1997 年 10 月 9 日颁布《船员考试、评估和发证质量管理规则》，自 1998 年 8 月 1 日起按该规则的规定组织对从事船员考试、评估和发证的机构进行质量认证。

《船员考试、评估和发证质量管理规则》规定中华人民共和国港务监督局是中国船员考试、评估和发证质量管理的主管机关，经其授权开展船员考试、评估和发证工作的各级港务(航)监督(简称考试发证机关)应建立质量管理体系并形成文件，使船员考试、评估和发证工作在连续的质量控制之下进行。主管机关定期对各级考试发证机关的质量管理体系进行审核，包括主管机关组织的外部审核(分初审和每两年一次的复审，并可根据需要进行不定期审核)和各港务监督自行组织的内部审核(每年一次，将审核报告报主管机关备案)。

1998 年，青岛、广州、大连、湛江、天津、上海港务监督相继建立了船员考试、评估和发证质量管理体系并试运行。

1999 年 2 月 13 日，中国海事局发布实施《中华人民共和国船员考试、评估和发证质量体系审核实施细则》，就审核员的资格与职责、审核的准备与实施、通过审核后的监督管理等作出具体规定。质量体系的审核工作由中国海事局或其指定的机构负责实施，由中国海事局认可的审核员组成审核组独立进行审核。中国海事局对通过审核的单位以文件形式予以通报并发给有效期不超过 2 年的《质量体系认可证明》。7 月 27 日，中国海事局公布 63 名船员考试、评估和发证质量体系审核员名单。

1999 年，中国海事局完成了对大连、天津、青岛、上海、广州港务监督的船员考试、评估和发证质量体系的审核工作，于 4 月 6 日向这 5 个港务监督颁发了首批《质量体系认可证明》(有效期至 2001 年 4 月 6 日)。

2000 年 3 月 14 日，中国海事局对经审核的河北、厦门、营口、海南、湛江、烟台、连云港海事局和日照、宁波港务监督的船员考试、评估和发证质量体系予以认可，有效期至 2002 年 3 月 14 日。

2004 年 4 月 2 日，中国海事局印发 2004 年船员管理工作安排，要求各直属海事局根据机构及业务调整的现状，进一步健全和完善船员考试、评估和发证质量体系，完成该体系文件的修改工作。12 月 6 日，中国海事局分别公布 117 名船员考试、评估和发证质量体系审核员(内审员)名单。

2005 年 9 月 13 日、12 月 2 日，中国海事局先后公布 23 名、30 名船员考试、评估和发证质量体系审核员(内审员)名单。

2005 年，全国 14 个直属海事局均建立船员考试、评估和发证质量体系，并全部通过中国海事局授权的审核组审核，各局质量体系的符合性、有效性、连续性达到了规定要求。同年，根据中国海事局将质量管理理念引入到内河船员管理工作中的要求，全国共有 32 个授权开展内河一、二等船员适任证书考试发证工作的海事机构，根据质量管理的基本要求编制了规范性的内河船员考试、评估和发证管理文件，并通过了由中国海事局组织的专家评审。

2006 年 3 月 13 日，中国海事局为上海、天津、辽宁、河北、山东、江苏、浙江、福建、广东、广西、海南、长江、黑龙江、深圳等 14 个直属海事局颁发《质量体系认可证明》(签发日期为 2005 年 12 月 31 日，有效期至 2007 年 12 月 31 日)。6 月 16 日、8 月 7 日、12 月 12 日，中国海事局先后公布 91 名、30 名(内审员)、42 名船员考试、评估和发证质量体系审核员名单。

2007 年 12 月 13 日，中国海事局公布 22 名船员考试、评估和发证质量体系审核员名单。

图 10-2-3　2005 年 3 月 7 日，海员培训与发证质量标准体系国家级研讨班在上海船员考试中心开班

〖海船船员适任证书全国统考〗

1988 年，A 类海船船员适任证书考试实行全国统考。1992 年，B 类海船船员适任证书考试实行全国统考。1991 年 11 月 7 日，中华人民共和国港务监督局颁布《海船船员适任证书全国统考实施办法(试行)》，规定海船船员适任证书全国统考实施统一组织、统一管理，采取统一试题、统一时间、统一评卷、分区考试的方法，在全国设立大连、天津、青岛、上海、广州、湛江 6 个考区，分别由大连、天津、青岛、上海、广州、湛江海上安全监督局设立考区办公室，考区办公室主要职责是组织实施本考区的统考工作，协调考区内的相关船员考试工作。在中国海事局成立之前，海船船员全国统考共举行了 21 期。

1999 年是按照《87 海船考试规则》实行海船船员适任证书全国统考的最后一年，共举办了 3 期统考。12 月 22 日至 26 日举办的 1999 年第三期(总第 24 期)海船船员适任证书全国统考是按照《87 海船考试规则》进行的最后一期全国统考，计 3579 人参加考试。此期统考不受理在职船员的新考申请，只受理补考和认可的在校学生的申请，考生如有不及格，不再享有《87 海船考试规则》补考的资格，而是按《97 海船考试规则》和新的考试、评估大纲重新申请考试。同年，根据《97 海船考试规则》中海船船员在申请适任证书考试前必须通过规定科目评估的规定，中国海事局于 7 月 20 日颁布试行《海船船员适任评估规范》，与《97 海船考试规则》及《97 海船考试大纲》配套实施。11 月 12 日，为保证 2000 年初开始的海船船员适任评估工作顺利进行，中国海事局印发通知，要求有关港务监督、航海院校做好适任评估的准备工作，并明确了评估人员的选聘资格及培训要求。为使船员考试工作规范化、标准化，中国海事局在 1999 年组织整理船员统考试题 6 万余道，通过了由海事机构、航海院校、航运企业人员参加的审核，为统考题库建设奠定了基础。

2000 年 1 月 10 日，中国海事局印发通知，明确 2000 年海船船员适任证书全国统考和实际操作评估工作各项安排。2 月 15 日至 3 月 15 日，各考区接受考试报名，并开始组织对申请海船船员适任证书考试人员的实际操作能力进行相应的评估工作。实际操作评估合格者，方可参加全国统考。6 月 9 日，中国海事局就 2000 年海船船员适任证书全国统考的时间、题型、题量、及格标准等发布公告。8 月 1 日至 4 日，首次按照《97 海船考试规则》和《97 海船考试大纲》实施的海船船员适任证书全国统考(总第

25 期)在各考区举行，纳入统考的适任证书包括无限航区、近洋航区、沿海航区的船长、轮机长、驾驶员、轮机员的适任证书以及全球海上遇险和安全系统一级、二级无线电电子员适任证书。共有3802名考生参加此期统考，这些考生均具有航海类专业中专或中专以上学历，受到正规的航海职业技术教育，并在统考前通过了海事机构组织的实际操作评估，既有理论知识，又有动手能力。此次统考首次使用了中国海事局自行开发的海船船员适任证书全国统考试题库管理软件，除英语科目外全部采用客观性单项选择题，由计算机组卷、阅卷。9月7日，中国海事局公布2000年海船船员适任证书全国统考成绩。此后，中国海事局每年适时公布船员适任证书全国统考计划和成绩。

图 10-2-4　2003 年 7 月 22 日至 25 日，交通部海事局副局长徐国毅巡视全国海船船员适任考试青岛考场

自 2000 年 8 月 1 日起，中国海事局在全国海船船员英语听力与会话评估中推广使用自行研制的“海船船员英语听力与会话计算机辅助多媒体评估系统”，对申请英语评估的海船船员实行无纸化评估，由计算机直接判分。2004 年，中国海事局对该系统进行了更新和升级，于 10 月 1 日起正式使用。

2001 年 1 月 7 日，中国海事局将海船船员适任证书考试考区调整为大连、天津、青岛、上海、广州 5 个，考区设考区办公室，负责组织实施本考区的全国统考和区域统考工作；考区办公室由考区内负责签发海船船员甲类适任证书的海事局牵头，会同该考区负责签发其他类别海船船员适任证书的海事局和考点所在地海事局共同组成。

2007 年底船员管理考区划分情况一览　　表 10-2-5

考区名称	牵头单位	相关单位
大连考区	辽宁海事局	黑龙江、营口海事局
天津考区	天津海事局	河北海事局
青岛考区	山东海事局	烟台海事局
上海考区	上海海事局	江苏、浙江、福建、长江、连云港、厦门海事局
广州考区	广东海事局	海南、广西、深圳、汕头、湛江海事局

2002 年 10 月 17 日，上海海事局船员考试中心首次利用建成的计算机辅助考试系统终端(海船船员考试系统)，对 99 名考生进行了海船船员适任证书无纸化考试，实现了船员由纸面考试向计算机无纸化考试的转变。计算机终端考试可以逐步改变每年集中统考的做法，使船员可以根据自己的安排报名参加考试，一年可以进行多次考试。2005 年 9 月 14 日，中国海事局同意辽宁海事局在大连考区进行海船船员适任证书无纸化考试。2006 年 7 月 4 日，中国海事局颁布施行《海船船员适任计算机终端考试实施办法(暂行)》。该办法适用于以计算机终端方式进行的海船船员适任证书理论统考，与全国纸面统考具有同等效力。该办法规定：经同意开展计算机终端考试的海事机构，应根据中国海事局印发的全国计算机终端考试计划，确定本辖区的计算机终端考试计划，并及时向社会公布；计算机终端考试的评卷和成绩公布，由实施考试的海事机构负责。8 月 23 日，中国海事局公布 2006 年下半年海船船员适任计算机终端考试计划，共 6 期，申请甲类和丙类海船适任证书的可参加计算机终端考试，乙类海船适任证书暂不实行计算机终端考试。

图 10-2-5　2006 年 6 月 23 日，辽宁海事局举行大连考区第二期海船船员适任证书计算机终端考试

图 10-2-6　2006 年 11 月 5 日，湛江海事局举行海船船员丙类值班水手适任证书计算机终端考试

2007 年，中国海事局共安排 11 期海船船员适任统考，其中 3 期纸面考试，8 期计算机终端考试。7 月 17 日，中国海事局批复同意上海海事局开展海船船员适任考试网上报名试点和在有关航海院校设立计算机终端考试考场。11 月 29 日，公布实施《海船船员适任考试远程计算机终端考场配置标准》。至 2007 年底，全国共有 6 个直属海事局开展计算机终端考试，分别为天津、广东、辽宁、山东、上海、福建海事局。①

1988—2007 年海船船员适任证书全国统考(纸面考试)情况统计　　表 10-2-6

年　份	期　数	参加人数
1988—1998	21(第 1 期至第 21 期)	—
1999	3(22 期、23 期、24 期)	22489
2000	1(25 期)	3802
2001	2(26 期、27 期)	10585
2002	2(28 期、29 期)	15206
2003	3(30 期、31 期、32 期)	17713
2004	3(33 期、34 期、35 期)	18181
2005	3(36 期、37 期、38 期)	22984
2006	3(39 期、40 期、41 期)	26387
2007	3(42 期、43 期、44 期)	37936

〖中国海事服务中心〗

1994 年 3 月 16 日，交通部决定成立中国海事咨询服务中心。该中心受中华人民共和国港务监督局的委托，承办全国船员适任考试的考务工作，同时开展水上运输安全技术咨询服务和海员就业指导服务等，为交通部直属事业单位，实行企业化管理。1994 年 5 月 8 日，中国海事咨询服务中心成立。1995 年 1 月 4 日，交通部批准中国海事咨询服务中心以华洋海事中心名称进行企业法人登记；2 月 23 日，经国家工商行政管理局批准，华洋海事中心成立。1999 年 7 月 20 日，交通部印发通知，将中国海事咨询服务中心更名为中国海事服务中心，划归中国海事局管理，作为中国海事局的直属单位。2002 年 3 月 14 日，中央机构编制委员会办公室在《关于交通部所属事业单位机构编制调整的批复》中，核准中国海事服务中心事业编制 60 名，经费自理。

① 2009 年 5 月举行的第 48 期全国海船船员适任证书统考，是此类考试最后一次使用纸质试卷。此后，全国海船船员统考全部实施计算机终端考试。

1994 年，中国海事咨询服务中心开始承办第十二、十三期海船船员适任证书全国统考部分工作。12 月 21 日，中华人民共和国港务监督局决定自 1995 年起，委托中国海事咨询服务中心承担每年各期海船船员适任证书统考的征题、审题、命题、组卷、审卷、印卷、成卷、分卷、运卷、阅卷、计分统计分析等工作。中国海事局成立后，中国海事服务中心继续承担每年全国船员适任证书统考的考务工作。

中国海事服务中心除承担全国船员适任证书统考的考务工作外，还开展了计算机信息工程、社会船员服务、国际海员劳务输出、船舶营运管理等业务，并搭建了覆盖全国主要港口和重要城市的服务网络。

1995 年 4 月 1 日，中国海事咨询服务中心被批准为海员出境证明签发单位。1999 年 11 月 4 日，中国海事局、公安部出入境管理局同意将中国海事咨询服务中心签发海员出境证明的名称变更为华洋海事中心。

2000 年 3 月 8 日，中国海事局同意中国海事服务中心在香港开展客船船员特殊培训，并规定该项培训的考试、发证和监督管理由广州港务监督负责。

2001 年 1 月 4 日，中国海事局委托中国海事服务中心编写《海船船员适任证书全国统考指南》、《驾驶专业统考试题汇编》、《轮机专业统考试题汇编》，其中《海船船员适任证书全国统考指南》对原理论考试大纲进行了修订，新修订的考试大纲在 2002 年第二期全国统考开始使用。

自 2003 年起，中国海事服务中心开始在四川、河南贫困地区招收、资助农村学生参加船员培训，并于毕业后将其分派上船工作，帮助贫困地区脱贫。自 2003 年起，中国海事服务中心经中国海事局同意，在洛阳黄河小浪底库区承建中国海事局母亲河绿化基地，并于 2007 年底在绿化基地成立华洋海事中心船员培训基地，招收中西部贫困地区学生，进行船员培训。

2004 年底，中国海事服务中心开始负责中国海事局水上安全监督信息系统网络维护工作，承办船舶签证卡（船舶“一卡通”）管理中心工作。

〖承认海员适任证书协议〗

根据国际海事组织的要求，《78/95 海员培训值班国际公约》的缔约国自 2002 年 2 月 1 日起，应向在悬挂其国旗的船舶上服务的持有另一缔约国签发的海员适任证书的海员，签发一份承认另一缔约国海员适任证书的签证，并要求缔约国在办理此种签证前，承认与被承认缔约国双方应签订一份协议，以保证双方均能严格遵守《78/95 海员培训值班国际公约》的规定。中国海事局于 2001 年 10 月 25 日与新加坡港口海事局签署两国相互承认对方签发的符合《78/95 海员培训值班国际公约》规定的海员适任证书的协议；于 11 月 22 日与巴哈马海事局签署巴哈马承认中国海事局签发的符合《78/95 海员培训值班国际公约》规定的海员适任证书的协议。自 2001 年 10 月至 2007 年底，中国海事局陆续与 19 个国家（地区）的海事主管当局签订了单方承认中国海员适任证书协议或互相承认海员适任证书协议（见表10-2-7）。这些协议的签署，使持有中国海船船员适任证书的海员可以申请上述国家海事机构签发的承认签证，并在悬挂这些国家船旗的船舶上服务。

2001—2007 年与中国签订承认海员适任证书协议的国家（地区）名单 表 10-2-7

年　份	国家（地区）名称
2001	新加坡（互相承认）、巴哈马
2002	荷兰、瓦努阿图、巴拿马、马耳他、利比里亚、中国香港、印度尼西亚、伯利兹、马来西亚、挪威、塞浦路斯
2003	韩国、英属马恩岛
2004	安提瓜和巴布达
2005	圣文森特和格林纳丁斯
2007	英国（互相承认）、伊朗（互相承认）

【内河船舶船员考试评估发证管理】

1998年中国海事局成立后，按照交通部1992年颁布的《内河船舶船员考试发证规则》(简称《92内河考试规则》，1993年1月1日生效)管理内河船舶船员考试发证工作。

2001年3月5日，中国海事局对长江、江苏海事局的船员和引航员考试发证分工授权进行调整，明确江苏海事局负责劳动关系在长江干线江苏省的内河船员考试发证工作，长江海事局负责劳动关系在长江干线其他省、直辖市的内河船员考试发证工作；长江干线一、二等船舶船员适任证书统考继续以“统一命题、统一时间、统一阅卷，各自组织和发证”的方式实施，统考工作由长江海事局牵头组织，共同负责；长江引航员的培训工作由长江海事局负责，其考试和发证工作由江苏海事局负责；劳动关系在除上海市、江苏省以外的沿江各省(直辖市)的船员海进江资格考试由长江海事局负责，劳动关系在其他省(自治区、直辖市)的船员海进江资格考试由江苏海事局负责。

2002年8月28日，中国海事局印发通知，明确长江海事局与重庆市地方海事局的船员管理分工：原重庆市地方港航监督机构成建制划转单位负责的船员管理业务由长江海事局负责，其中仅签注重庆市支流、湖泊、水库航线的船员由重庆市地方海事局负责；原重庆市地方港航监督机构管理的其他船员，一、二等船舶的船员管理划转长江海事局负责，三等及以下等级船舶的船员管理由重庆市地方海事局负责；内河新考入船员，一、二等船舶和仅签注航行长江干线其他船舶的船员管理由长江海事局负责；仅签注航行重庆市支流、湖泊、水库船舶的船员管理由重庆市地方海事局负责；其他船舶的船员管理由船员所在单位选择。12月30日，中国海事局决定建立内河船员考试专家库，并委托中国海事服务中心承办具体工作。该专家库主要承担对内河船员培训教材、考试大纲、试题题库的编写、修改、充实、完善和分析研究职能。

自2003年起，中国海事局统一组织航行于长江干线三等及以上船舶船员职务适任证书理论考试。2005年启动珠江水系内河船舶船员适任证书理论统考工作。

2005年3月21日，交通部公布《05内河考试规则》，自2005年6月1日起施行，《92内河考试规则》同时废止。《05内河考试规则》简化了低等级船员的职务配置和考试科目要求。为配合《05内河考试规则》的实施，中国海事局于5月8日颁布《中华人民共和国内河船舶船员适任考试大纲》，于6月8日颁布《05内河考试规则》的实施办法和过渡办法。该实施办法规定自2005年6月1日起启用新版内河船舶船员适任证书，2006年1月1日起不再签发旧版适任证书，旧版适任证书在其有效期内可使用至2007年12月31日，并对《内河船舶船员适任证书》换发、制作、签注及管理提出要求，公布了新版适任证书样式。该实施办法还对内河船舶船员考试发证机关的资质标准和条件以及资质评审，内河船舶船员职务等升职考试，内河船舶船员体检要求等作出具体规定；明确中国海事局负责全国一、二等《内河船舶船员适任证书》发证机关的资质评审和授权工作；各省级地方海事局及各直属海事局负责辖区内三等及以下《内河船舶船员适任证书》发证机关的资质评审和授权工作。该过渡办法则根据内河船舶船员的现状，对2005年6月1日《05内河考试规则》生效前，内河船舶船员适任证书换发、考试、补考，以及因船员文化程度不符合规定要求而实行等效职业培训等问题作出具体规定。9月13日，中国海事局颁布《内河船舶船员适任证书打印标准》。

2005年10月20日、12月2日，中国海事局对内河一、二等船舶船员适任考试发证权限、内河航线实际操作考试权限进行授权(见表10-2-8、表10-2-9)。要求无内河一、二等船舶船员适任考试发证权限的海事机构，在2006年4月30日前完成所管辖的内河一、二等船舶船员档案的移交工作。

2007 年底内河一、二等船舶船员适任考试发证授权情况一览 表 10-2-8

海事机构	内河船舶船员适任考试发证权限
广东、湛江、汕头、广州、珠海、惠州、东莞、中山、江门、佛山、肇庆、清远海事局	一、二等
江苏海事局	一、二等（另负责在航行长江干线一、二等船舶上工作的山东、浙江、河南省户籍船员的适任考试发证工作）
黑龙江、哈尔滨、佳木斯、黑河海事局	一、二等
吉林省地方海事局	一、二等
深圳海事局	一、二等
广西、南宁、柳州、贵港、梧州海事局	一、二等
长江海事局	一、二等（另负责在航行长江干线一、二等船舶上工作的贵州省户籍船员的适任考试发证工作）
重庆海事局，重庆涪陵、万州海事处，宜昌、荆州、岳阳、武汉、黄石、九江、安庆、芜湖海事局	一、二等
上海市地方海事局	一、二等
江苏省、南京市、扬州市、泰州市、南通市、无锡市地方海事局	一、二等
安徽省地方海事局，皖江、淮河、江淮船员管理中心	一、二等
江西省、南昌市、九江市地方海事局	一、二等
湖北省地方海事局	一、二等
湖南省地方海事局	一、二等
四川省地方海事局	一、二等（另负责在航行长江干线一、二等船舶上工作的云南省户籍船员的适任考试发证工作）
泸州市、宜宾市、乐山市、南充市地方海事局	二等
山东省地方海事局	一、二等（一、二等适任证书限山东省内使用）
浙江省地方海事局	一、二等（一、二等适任证书限浙江省内使用）
河南省地方海事局	一、二等（一、二等适任证书限河南省内使用）
云南省地方海事局	一、二等（一、二等适任证书限云南省内使用）
甘肃省地方海事局	一、二等（一、二等适任证书限甘肃省内使用）
青海省地方海事局	一、二等（一、二等适任证书限青海省内使用）
福建省地方海事局	一、二等（一、二等适任证书限福建省内使用）
陕西省地方海事局	一、二等（一、二等适任证书限陕西省内使用）

备注：在仅航行于长江干线内河船舶上任职的内河船员适任考试发证工作由长江海事局或四川省地方海事局按其管辖水域分别负责。在仅航行长江干线江苏段内河船舶上任职的内河船员适任考试发证工作由江苏海事局负责。

2007 年底内河航线实际操作考试授权情况一览 表 10-2-9

序号	海事机构	内河航线实际操作考试权限范围
1	黑龙江海事局	黑龙江水系
2	吉林省地方海事局	黑龙江水系
3	广东、湛江、汕头、广州、珠海、惠州、东莞、中山、江门、佛山、肇庆、清远海事局	珠江水系
4	深圳海事局	珠江水系
5	广西海事局	珠江水系
6	浙江省地方海事局	苏皖沪赣鲁内河，黄浦江，上海—武汉长江干线
7	山东省地方海事局	浙苏皖沪赣内河，黄浦江，上海—武汉长江干线

续上表

序号	海事机构	内河航线实际操作考试权限范围
8	上海市地方海事局	浙苏皖赣鲁内河，黄浦江，上海—武汉长江干线
9	江苏省地方海事局	浙皖沪赣鲁内河，黄浦江，上海—武汉长江干线
10	河南省地方海事局	浙苏皖沪赣鲁内河，黄浦江，上海—丰都长江干线
11	安徽省地方海事局	浙苏沪赣鲁内河，黄浦江，上海—重庆长江干线
12	江西省地方海事局	浙苏皖沪鲁内河，黄浦江，上海—重庆长江干线
13	湖北省地方海事局	浙苏皖沪赣鲁内河，黄浦江，上海—重庆长江干线
14	湖南省地方海事局	浙苏皖沪赣鲁内河，黄浦江，上海—重庆长江干线
15	浙江海事局	苏皖沪赣鲁内河，黄浦江，上海—武汉长江干线
16	江苏海事局	黄浦江，上海—泸州长江干线
17	重庆市地方海事局	黄浦江，上海—宜宾长江干线
18	贵州省地方海事局	黄浦江，上海—宜宾长江干线
19	长江海事局	黄浦江，上海—宜宾长江干线
20	四川省地方海事局	黄浦江，上海—宜宾及宜宾以上长江干线
21	云南省地方海事局	黄浦江，上海—宜宾及宜宾以上长江干线
备注	1. 以下航线应单独签注：钱塘江、乌江、岷江、赤水。 2. 无长江干线武汉以上至重庆之间部分或全部航段航线考试权限的考试发证机关发证的船员申请该段航线时，由长江海事局负责航线实际操作考试。 3. 无长江干线重庆至宜宾之间部分或全部航段航线考试权限的考试发证机关发证的船员申请该段航线时，由长江海事局或四川省地方海事局负责航线实际操作考试。 4. 无长江干线宜宾以上航线实际操作考试权限的考试发证机关发证的船员申请该段航线时，由四川省地方海事局负责航线实际操作考试。	

2005 年，中国海事局举办了两期内河船舶船员管理人员高级培训班，29 个内河船舶船员发证机构的 88 名管理人员参加培训。

2007 年 11 月 23 日，中国海事局颁布实施《中华人民共和国内河船舶船员实际操作考试办法》，对内河一、二等船舶船员适任考试的实际操作考试项目、内容、方法和要求，以及主考官、评估员的条件和职责作出规定。该办法明确船员实际操作考试实行主考官负责制，实施实际操作考试的人员至少由一名主考官和一名评估员组成；实际操作考试成绩表纳入内河船舶船员个人技术档案；经中国海事局认可，考试发证机关可采用模拟器进行实际操作考试；内河二等以下船舶船员实际操作考试可参照该办法执行或由各省(自治区、直辖市)地方海事局和直属海事局制定办法并向中国海事局报备。

〖长江、珠江内河船舶船员适任证书统考〗

2003 年以前，航行长江干线内河船舶上船员的考试由沿长江各海事机构各自组织。为加强长江干线船员的管理，提高长江干线船员素质，确保三峡库区蓄水及长江航运的安全，中国海事局于 2002 年 10 月在长江和江苏海事局进行长江干线三等及以上船舶船员职务适任证书理论考试统考试点工作。10 月 17 日，中国海事局印发通知，决定自 2003 年起，航行于长江干线三等及以上船舶船员职务适任证书理论考试实行统考，由中国海事局统一组织。该通知明确了 2003 年长江干线内河船舶船员统考时间安排和题型、及格标准，明确统考的命题、组卷、制卷、评卷等具体工作委托中国海事服务中心负责，有关海事局负责本辖区内应考人员的报名申请、资格审查、准考证制作、考点设置、监考、实际操作考试、证件制作及发放等工作。

2003 年 1 月 6 日，中国海事局颁布实施《航行长江干线内河船舶船员职务适任证书理论统考实施办法(试行)》。该办法规定了长江干线内河船舶船员统考的具体程序和要求以及考场规定、准考证样式、考试试卷代号等，明确统考成绩于统考结束之日起 1 个月内由中国海事局公布，应考人可向海事机构书面提出核分申请。8 月 27 日至 29 日，首次长江干线内河三等及以上船舶船员职务适任证书理论统考在 9 个考区、25 个考点举行，约 3000 名考生参加。

2004 年 4 月，中国海事局组织建立了“航行长江干线船舶船员统考证书数据库”和“航行长江干线船舶船员非统考证书数据库”。其中，“航行长江干线船舶船员统考证书数据库”将沿长江参加统考的考试发证机关所发放的证书信息进行了整合，可在网上查询。

2005 年 8 月 10 日，中国海事局正式颁布实施《航行长江干线内河船舶船员适任证书理论统考实施办法》。该办法对 2003 年颁布的《航行长江干线内河船舶船员职务适任证书理论统考实施办法(试行)》进行了局部调整，并增加了对统考进行督察的具体要求。同年 11 月，中国海事局启动珠江水系内河船舶船员适任证书理论统考工作，举行了第 1 期统考。

至 2007 年底，共举办长江干线内河船舶船员统考 12 期，参考总人数 138511 人；共举办珠江水系内河船舶船员统考 7 期，参考总人数 18862 人(见表 10-2-10)。

2003—2007 年内河船舶船员适任证书统考(长江干线、珠江水系)情况统计 表 10-2-10

年份	长　江		珠　江	
	期数	参加人数	期数	参加人数
2003	2(1、2 期)	7474	—	—
2004	2(3、4 期)	18301	—	—
2005	2(5、6 期)	47269	1(1 期)	1361
2006	3(7、8、9 期)	34043	3(2、3、4 期)	7893
2007	3(10、11、12 期)	31424	3(5、6、7 期)	9608

图 10-2-7　2006 年 8 月 12 日，广州海事局在广州考点举行珠江水系第 3 期内河船舶船员适任证书理论统考

图 10-2-8　2006 年 8 月 19 日至 20 日，四川省地方海事局在泸州考点举行航行长江干线一、二等船舶船员理论统考

【船员动态管理】

船员动态管理主要是对船员的持证情况、技术状态、安全记录、违法违章行为等实施不间断的跟踪管理。

1999 年 7 月 12 日，中国海事局印发通知，决定对经公安边防部门和海关确认的从事或参与海上走私的船员，处以扣留或吊销其适任证书的行政处罚。9 月 23 日，中国海事局决定加强对磁罗经校正工作是否规范的监督检查，明确规定自 2000 年起，客船、高速船、散装液货船和大型船舶（80000 载重吨及以上或船舶总长 250 米及以上）的磁罗经必须由持有有效证书的磁罗经校正师（员）进行校正。

2000 年，中国海事局在“水上运输安全管理年”活动中开展全国性船员证件大检查，查处了一批违法违纪案件，整顿了船员管理秩序，使船员证件管理进一步规范。

2001 年，中国海事局在“水上运输安全管理年”活动中组织编制了一套三本分别适用于沿海“四客一危”重点船舶船员的《船员实际操作和安全知识检查手册》，并广泛开展了对船员实际操作和安全知识的检查，对不合格的船员实施强制安全知识培训，确保了船员始终保持符合值班标准的能力和资格。

根据《78/95 海员培训值班国际公约》，交通部和人事部对 1992 年印发的《〈船舶专业技术资格考试暂行规定〉航运船舶实施办法》进行了修订，并于 2002 年 1 月 17 日重新印发实施。修订后的该实施办法明确，船舶中、初级专业技术人员名称沿用国际通用的船舶职务名称，分为驾驶、轮机、通信、引航 4 类，每类又分为员级、助理级、中级，船舶中、初级专业技术资格考试与中国海事局组织的船员适任证书考试合并进行，船舶中、初级《专业技术资格证书》按人事部有关规定，由海事系统各考试发证机关办理。

2002 年 3 月 7 日，中国海事局公布启用新版磁罗经校正表，以便对磁罗经校正人员的校正行为进行规范和监督管理。7 月 11 日，中国海事局颁布《中华人民共和国船员违法记分管理办法（试行）》，自 2002 年 10 月 1 日起实施。该办法适用于在中、外籍船舶上服务的持中华人民共和国海船船员适任证书、内河船员职务适任证书的中国籍船员和持有中华人民共和国引航员证书的引航员。该办法规定：中国海事局对因违反水上交通安全管理法规受到海事行政处罚的船员，船舶安全检查存在缺陷的当事船员或实际操作检查不合格的船员实施违法记分管理，对严重违法或屡次违法的船员实施强制培训和考试，船员违法记分不影响行政处罚的决定和执行。该办法对船员各种违法行为记分分值作出规定，各海事机构根据不同情况对违法船员给予 1 分至 15 分不等的违法记分，每一公历年为一个记分周期，上一个记分周期的记分分值不转入下一个记分周期，海事机构对违法记分满 15 分的船员给予滞留船员证书和强制培训、考试的处理，考试合格后发还证书，记分分值重新起算。

为有效保护和利用船员档案，中国海事局于 2004 年 10 月 15 日颁布实施《内河船员技术档案管理暂行办法》，于 2006 年 11 月 20 日颁布实施《海船船员技术档案管理办法》。这两个办法分别对内河船员和海船船员考试发证机关在船员注册、培训、考试、评估和发证管理工作中形成的船员档案的管理作出规定，明确船员适任证书档案采取一人一档方式建立，其范围包括船员注册、培训、考试、评估、证书发放、适任和受处罚情况，真实反映每个船员的水（海）上资历、业务技术水平、教育培训、考试评估情况和适任能力，其他培训、考试、评估等资料（如船员证书发放数量统计表、各类考试成绩表等）按规定分类建立集体档案。

2005 年 8 月 10 日，为整治内河船员持假证上船任职现象，中国海事局颁布实施《内河船员适任证书检查实施办法》，明确要求通过船舶签证、安全检查、日常巡航、事故调查、违章处理、专项整治、联合执法等途径加大对内河船员适任证书的检查，并规定了检查方式、非法适任证书的处理方式及适任证书的协查工作程序。

1998—2007年船员证书发放情况统计（单位：本） 表10-2-11

年份	海船				内河	
	船员适任证书	海员证	船员服务簿	引航员证书	船员适任证书	船员服务簿
1998	31507	91078	46091	0	41538	14597
1999	33079	80411	12500	105	48486	17149
2000	21867	43123	6916	48	20582	10491
2001	100174	76627	15744	198	72849	46893
2002	101218	81978	26350	63	30772	27367
2003	37371	83244	191576	0	65913	45778
2004	42704	79504	33064	322	101843	71318
2005	67716	85182	49716	168	100489	64642
2006	127218	93205	39111	178	171060	66765
2007	111393	107056	48352	158	204263	72697

2006年11月27日，烟台全洲海洋运输有限公司所属船舶“瑞祥”轮（圣文森特籍）在航行过程中遭遇强风被迫驶入朝鲜水域避风。因该轮驶入朝鲜某水域时未获得朝方同意且未悬挂船旗，被扣押达半月之久，一度影响到船员的正常饮食生活。鉴于该船船员皆为中国籍船员，为保障其合法权益，中国驻朝使馆多次向朝鲜政府进行交涉。12月15日，“瑞祥”轮遭扣押事件得以顺利解决。为了避免类似事件再次发生，中国海事局于12月26日向国内各船公司发出《关于“瑞祥”轮在朝鲜被扣押事件的通报》，要求各船公司及其所属船舶，特别是处于其实际控制下的悬挂方便旗的船舶以及所雇佣的船员，在从事国际航运期间严格遵守有关国际法及沿岸国法律规定，并积极采用国际海事组织就国际航行规则制定的决议和导则，同时本着为船员生命安全高度负责的态度，加强内部管理，提高危机处理的能力。

为配合“防船舶碰撞防泄漏专项整治活动”的开展，推动全国船员加强避碰知识学习，提高船员避碰技能，中国海事局组织制作了1972年国际海上避碰规则培训光盘、长江船舶定线制培训光盘和内河避碰规则挂图，并于2007年11月21日印发通知，免费发放给航运单位和船舶。

〖长江干线整治船员持假证上船任职统一执法行动〗

随着内河航运经济的发展，长江干线水上运输船舶的数量、吨位迅速提高，对船员的需求量急剧增加，社会上一些不法分子乘机制作假证，使少数船员通过不正当途径获得了假证并在船上任职，严重扰乱了船员管理秩序，给安全生产埋下隐患。为维护内河船员职务适任证书的严肃性，保证长江干线水上交通安全形势的稳定，2005年，中国海事局决定在长江干线开展整治船员持假证上船任职统一执法行动。在组织了对湖北、湖南、安徽、江苏等省船员管理工作的专题调研后，中国海事局于4月5日，在武汉召开长江干线整治船员持假证上船任职统一执法行动动员协调会，并于当日发布统一执法行动公告。

2005年4月15日至6月15日，上海、江苏、长江海事局和上海、江苏、安徽、江西、湖北、湖南、重庆、四川、河南、山东、浙江、云南、贵州省（市）地方海事局，根据统一的行动方案在长江干线及其支流水域进行为期两个月的整治船员持假证上船任职统一执法行动集中会战。会战期间，16个海事局共检查船舶86853艘次，检查船员316932人次，收缴假证2900余本，达到了形成打假态势、查处不法分子、建立沿长江各海事机构对内河船员证书核查管理协调机制的目的。7月13日，中国海事局对在统一执法行动中表现突出的上海、江苏、长江海事局和上海市、安徽省地方海事局5个先进单位，以及24个先进集体和28名先进个人予以表彰。7月21日至23日，中国海事局在南京召开“长江整治船员持假证上船任职统一执法行动总结表彰会暨《内河船舶船员适任考试发证规则》宣贯会议”，就如何巩固和扩大整治成果，建立内河船员证书长效管理机制作出安排，强调要尽快构建船员管理数据共享网络平台，把对船员证书的检查纳入船舶签证、安全检查等日常工作的重点检查项目，将船员证书的检查工作规范化、制度化。8月10日，中国海事局颁布实施《内河船员适任证书检查实施办法》。

图10-2-9　2005年7月21日至23日，长江整治船员持假证上船任职统一执法行动总结表彰会暨《内河船舶船员适任考试发证规则》宣贯会在南京召开

〖船员管理信息化〗

1997年至1999年，中国海事局先后组织开发了海员证、船员专业培训和特殊培训合格证、船员适任证书制作，以及船员档案的计算机辅助管理软件，沿海各主要海事机构的船员管理基本实现计算机局域网络化。

海船船员适任证书全国统考试题库管理软件开发完成后，在2000年8月首次按照《97海船考试规则》实施的全国统考中得到应用。

2000年9月，水上安全监督信息系统一期工程开始建设后，海船船员管理信息系统是其重点开发的系统软件之一。

2001年，海船船员管理信息系统应用软件设计开发完成并在部分沿海海事机构选点调试。

2002年，海船船员管理信息系统在直属海事系统联网试运行，并进行集中测试和软件优化。

2004年，海船船员管理信息系统在所有直属海事局和大部分分支机构联网运行，实现了海船船员“一人一档”、船员信息共享及其统计网络化的目标，解决了船员重复办证、异地办证以及处罚信息不畅等问题。

2005年，全面完成了海船船员信息系统的数据整合工作。9月至12月，在水上安全监督信息系统二期工程建设中，完成内河船员管理信息系统的需求分析、设计、编码、测试、培训和在广东海事局的试运行，并在山东、浙江、上海、江苏、安徽、江西、湖北、湖南、重庆、四川、河南等省(市)地方海事局和黑龙江、长江、江苏、广东、广西海事局安装该系统的网络版，在其他地方海事局安装该系统的单机版。

2006年1月1日，由内河船员管理信息系统计算机制作的新版《内河船舶船员适任证书》开始发放，内河船员管理信息系统正式运行。该系统采用数据省级海事局集中的方式，各级海事机构用专线接入，业务量少的海事机构也可采用电话拨号的方式接入；省级海事局可专线接入海事信息网，实现内河船员数据共享。船员管理信息系统由船员注册及船员档案管理、船员各类证书管理、船员培训管理、船员跟踪管理，以及船员考试试题库和组卷等子系统组成。

2007年4月10日，中国海事局印发通知，对各直属海事局实施海船船员计算机统考的海船船员考试系统软件进行统一规范。

至2007年底，海船船员管理信息系统有船员基本信息778006条，适任证书信息41778条，船员服务簿信息652628条，海员证信息605228条；内河船员管理信息系统有船员基本信息484648条，适任证书信息330270条，船员服务簿信息428976条。

第三节　海员出入境证件管理

【海员证】

中华人民共和国海员证(简称海员证)，是中国公民以船员身份出入中国国境和在境外通行使用的有效身份证件，颁发给在航行于国际航线的中国籍船舶上工作的中国船员和由中国有关单位派往外国籍船舶上工作的中国船员。

海员证的申办单位，是指有资格为与其签订劳动合同或管理协议的船员向海员证签发机关申请办理海员证的单位，必须由海员证主管机关授予"办理海员证编码"。

海员证的审批机构负责对海员证申办单位所申报的海员出境任务的合法性和有效性进行审核，并在确认有关海员符合交通部规定的海员职业和技术要求，并持有海事机构签发的适任证书和培训合格证后，为海员证申办单位出具申办海员证的主要依据文件——《办理海员证批件》。交通部在1996年6月印发的《关于加强海员证管理工作若干问题的通知》中，明确了海员证审批机构和相应的审批权限。除各省(自治区、直辖市)人民政府和国务院有关部、委直接出具《办理海员证批件》外，各省(自治区、直辖市)人民政府可授权其直属政府机构(不超过两个)和地(市)级人民政府，国务院有关部、委可授权其内部一个主管司(局)，交通部可授权从事航运的国有大型企、事业单位出具《办理海员证批件》。通知中同时规定上述经授权的各审批机构，应将其上级授权文书报交通部核准公布。

海员证的签发机关，是经海员证件主管机关授权签发海员证的机构。中国海事局成立前，经中华人民共和国港务监督局授权，中华人民共和国大连、秦皇岛、天津、烟台、青岛、连云港、上海、宁波、福州、厦门、汕头、广州、湛江、深圳、海南、南京、武汉、黑龙江、南宁港务监督为海员证签发机关。

交通部于1989年8月发布的《中华人民共和国海员证管理办法》和1996年6月印发的《关于加强海员证管理工作若干问题的通知》，中华人民共和国港务监督局于1996年7月颁布的《关于规范海员出境证件管理工作的规定》，是中华人民共和国港务监督局管理海员证的主要依据。1996年10月，交通部公布经重新授权的海员证审批机构名单及其审批权限。12月底，中华人民共和国港务监督局公布第一批经重新审核的海员证申办单位名单及其编码。此后根据经授权的备案情况和申办单位申请情况，每年适时公布经授权的海员证审批机构及权限，分批公布对海员证申办单位的增加及取消情况。

中国海事局成立后，根据1998年对经授权的海员证审批机构的审查结果，于1999年1月18日，以中华人民共和国港务监督局名义重新公布了15家非行政机构的海员证审批机构名单：中国远洋运输(集团)总公司、中国海运(集团)总公司、中国长江航运(集团)总公司、中国海洋工程公司、中国港湾建设总公司、中国海事咨询服务中心、交通部海上救助打捞局、大连海事大学、上海海运学院、集美航海学院、武汉交通科技大学、广州航海高等专科学校、黑龙江航运管理局、中国海洋石油总公司、中国对外贸易运输(集团)总公司。1999年3月2日，以中华人民共和国港务监督局名义公布了第十批计9家海员证申办单位的名单及其编码。

为规范海员证管理，遏制海员证申办和使用中的不法行为，方便海员出入境，1999年10月22日，中国海事局印发《关于加强海员证管理的若干规定》，该规定要求海员证审批机构将其出具的《办理海员证批件》及时报备中国海事局，逾期不得超过三个月；各申办单位不得易地办证或通过异地的申办单位办证，确需在其他海事机构申办海员证时，应当申明理由，征得原管辖海事机构的同意并报中国海事局备案后方可办理；各申办单位在1999年12月31日前将依法与其签定劳动合同的海员的名册向办理海员证的海事机构报备，纳入计算机海员证管理系统管理；未与任何单位签定劳动合同的海员或与没有申办单位编码的单位签定劳动合同的海员在申办海员证时，由经中国海事局认可的海员服务中介机构（至2007年底为中国海事服务中心一家）为其代理。该规定还明确了对违反海员证办理规定以及伪造、涂改、买卖海员证等行为所采取的行政措施。12月21日，交通部发布实施《因公临时随船人员申办海员证管理规定》。因公临时随船人员办理海员证由交通部出具《办理海员证批件》，中国海事局负责因公临时随船工作人员海员证的审查和管理，因公临时随船人员的海员证采用专用编号。

2000年9月1日，中国海事局就发现的持伪造海员证、利用过期的海员证伪造延期签证、替换持证人照片、海员证申报材料造假、未按规定收缴海员证而被不法分子利用等违法行为印发通报，要求有关海事机构和海员证申办单位严格执行海员证管理的有关规定，加强海员证的收缴管理和跟踪管理，防止、杜绝类似事件的发生；决定自2000年下半年开始，海员证申办单位必须在每年1月30日和7月30日前分别将全年和半年海员证管理工作总结及《海员证管理情况统计表》以书面形式报相应海事机构，由各海事机构负责审核后提出改进的措施、建议，并将汇总情况报送中国海事局。该通报还列出了暂停或取消申办单位申办海员证资格的7种情形。

2001年，中国海事局根据水上安全监督管理体制改革进展情况，对海员证管理分工授权进行调整，于4月10日印发通知，决定自2001年6月1日起授权上海海事局等20个海事机构签发海员证。

2001年6月1日，海员证签发机关开始使用新版海员证管理信息系统管理海员证的签发工作，该系统实现了中国海事局与各海员证签发机关的计算机联网，具有海员证办证前信息查询和办证后的数据上传，管理信息资源共享，实时查询和统计等功能。8月7日，中国海事局印发通知，就大连海事大学、上海海运学院、武汉理工大学、集美大学和广州航海高等专科学校等5所航海院校航海专业毕业班学生预分配实习办理海员证的程序及有关问题予以明确。

2001—2007年海员证签发机关一览（海员证管理分工授权） 表10-3-1

签发机关	受理范围	签发机关	受理范围
上海海事局	上海市	海南海事局	海南省
天津海事局	天津市、北京市、河南省	长江海事局	安徽省、江西省、湖北省、湖南省、四川省、重庆市
辽宁海事局	吉林省、辽宁省	黑龙江海事局	黑龙江省、内蒙古自治区
河北海事局	河北省	深圳海事局	深圳市
山东海事局	山东省（烟台市除外）	烟台海事局	烟台市
江苏海事局	江苏省（连云港、盐城市除外）	连云港海事局	连云港、盐城市
浙江海事局	浙江省（宁波市除外）	厦门海事局	厦门、漳州市
福建海事局	福建省（厦门、漳州市除外）	汕头海事局	汕头市
广东海事局	广东省（深圳、汕头、湛江市除外）	湛江海事局	湛江市
广西海事局	广西壮族自治区	宁波海事局	宁波市

2002年2月5日，中国海事局印发通知，要求各海员证申办单位、审批机构、签发机关严格执行2001年对外贸易经济合作部、交通部、国务院台湾事务办公室、外交部、公安部、农业部《关于全面暂停对台渔工劳务合作业务的通知》，不得为派往台湾渔船工作的船员办理海员证。①

① 2006年5月，中华人民共和国商务部在福州宣布正式重新启动两岸渔工劳务合作后，中国海事局恢复为派往台湾渔船工作的船员办理海员证。

2002年11月1日，国务院作出取消第一批行政审批项目的决定，其中海员证申办单位、审批机构的资质审批被取消。2003年8月12日，交通部印发《关于公布已取消和改变管理方式的交通部行政审批项目后续监管措施的通知》，其中明确海员证申办单位、审批机构的资质审批取消后，采取备案审查的方式对申办单位进行管理，即申办单位向海事局备案，由海事局进行监督检查，对不符合条件的单位不予受理考试、发证申请。

2004年8月4日，中国海事局发布公告，自2004年7月1日起，所有在非军事性船舶上工作的中国海员入境澳大利亚须同时持有有效护照和海员证。

2006年9月22日，中国海事局批复中国远洋运输（集团）总公司，同意其将海员证审批权限下放给广州远洋运输公司、上海远洋运输公司、中远散货运输有限公司、青岛远洋运输公司、大连远洋运输公司、中波轮船股份公司，由这6家公司按有关规定为所属船员出具《办理海员证批件》和《办理海员证审查批件》。9月29日，中国海事局颁布实施《船员出境证件管理规定》。该规定对船员取得海员证应具备的条件，申办单位的条件，申办海员证提交的材料，海员证的有效期及延期，船员、申办单位、海事机构在海员证管理方面的责任等予以明确，规定海员证的有效期最长不超过5年；1996年颁发的《关于规范船员出入境证件管理工作的规定》废止。

2006年4月29日公布的《中华人民共和国护照法》规定公民以海员身份出入国境和在国外船舶上从事工作的，应当向交通部委托的海事管理机构申请中华人民共和国海员证。根据该法中有关护照防伪性能的规定，2006年11月3日，中国海事局印发通知，决定制作具有多项防伪技术的新版海员证，包括持证人照片在内的个人资料页以及机读识别码一次打印成形后，用热压转移模技术取代原有贴照片塑封的方式。

2007年1月10日，中国海事局针对2006年11月17日发生在大连机场的利用渔船船员证书骗取海员证组织偷渡的严重事件中有关海事机构把关不严的问题，印发《关于进一步加强船员出境证件管理的紧急通知》，要求各直属海事局以此事件为鉴，严格执行《船员出境证件管理规定》，开展一次海员证管理工作自查自纠活动，清理海员证工作程序和审查项目，堵塞漏洞，并密切关注海员证管理中的违法新动向。

2007年4月14日，国务院公布《中华人民共和国船员条例》，该条例对海员证的申请、批准、管理、使用等作出规定。11月27日，为规范海员证制作管理工作，中国海事局印发通知，规定了海员证制作、发放过程中的管理制约措施，并印发了《海员证制作场所基本规范》。新版海员证于2008年启用。

截至2007年底，中国海事局共公布了39批海员证申办单位名单，计400多家海员证申办单位。

【海员出境证明】

《海员出境证明》是中国海员前往免办入境签证、在境外办签证和只办理过境签证国家（地区）以及前往或经由香港、澳门登轮时，向中国边防检查机关申请验收的必备证明文书。《海员出境证明》与海员证同时使用。

1999年11月17日，中国海事局与公安部出入境管理局（简称出入境管理局）根据《中华人民共和国公民出境入境管理法》的有关规定，联合印发通知，颁布施行《〈海员出境证明〉管理办法》。该办法规定：《海员出境证明》由中国海事局与出入境管理局按照该办法确定的职责范围共同管理；经授权办理海员证的海事机构，是《海员出境证明》的签发机关，可以受理所有航运企、事业单位《海员出境证明》申请，为持有有效海员证的海员出具《海员出境证明》；具备该办法规定条件的航运企、事业单位，经中国海事局和出入境管理局批准，可被授予《海员出境证明》签发权，在非特许的情况下为与本单位依法签订劳动合同且已在指定海事机构备案的海员出具《海员出境证明》，但前往或途经香港、澳门的《海员出境证明》由签发机关出具。该通知在附件中公布了具有《海员出境证明》签发权的19个港务监督机构名单和23家航运企、事业单位名单。

2000年3月14日，中国海事局和出入境管理局联合印发通知，公布新版《海员出境证明》的格式和填写规范，自2000年5月1日起统一启用，旧版《海员出境证明》于同年10月1日停止使用。根据《〈海员出境证明〉管理办法》的规定，5月15日，中国海事局公布海事机构对有权签发《海员出境证明》的航运企、事业单位的管辖划分，并要求有权签发《海员出境证明》的航运企、事业单位到中国海事局指定的海事机构申领空白《海员出境证明》，接受其监督管理。

2001年4月28日，根据水上安全监督管理体制改革进展情况，中国海事局与出入境管理局对《海员出境证明》签发机关名单进行了调整，原签发《海员出境证明》的19个港务监督机构名称变更为海事机构名称，同时增加浙江海事局、四川省地方海事局为签发机关，授予中国大连国际合作(集团)股份有限公司签发权。

此后几年内，具有《海员出境证明》签发权的航运单位有所增补或更名。

至2007年底，有权签发《海员出境证明》的海事机构是上海、天津、辽宁、河北、山东、江苏、福建、广东、广西、海南、长江、黑龙江、深圳、烟台、连云港、厦门、汕头、湛江、宁波、浙江海事局和四川省地方海事局，共21个；有权签发《海员出境证明》的航运企、事单位为28家(见表10-3-2)。

2007年底签发《海员出境证明》的航运企、事业单位名单 表10-3-2

序号	单位名称	序号	单位名称
1	中国远洋运输(集团)总公司	15	广州海顺船务公司
2	中海海员对外技术服务有限公司	16	中国交通建设集团有限公司
3	大连远洋运输公司	17	中国海洋工程公司
4	天津远洋运输公司	18	华洋海事中心
5	青岛远洋运输公司	19	中外运国际经济技术合作公司
6	上海远洋运输公司	20	威海国际经济技术合作股份有限公司
7	广州远洋运输公司	21	中国泉州国际经济技术合作公司
8	深圳远洋运输股份公司	22	山东国际经济技术合作公司
9	中远对外劳务合作公司	23	中国水产总公司
10	中国海运(集团)总公司	24	厦门海隆对外劳务合作有限公司
11	中海国际船舶管理有限公司	25	深圳香远船员管理有限公司
12	广州海运(集团)有限公司	26	中国长江航运(集团)总公司
13	大连海运(集团)公司	27	中波轮船股份公司
14	中国海洋航空集团公司	28	上海育海航运公司

说明：① 2002年6月28日，厦门海隆对外劳务合作有限公司、广州香远船员合作有限公司被中国海事局与出入境管理局授予《海员出境证明》签发权。

② 2004年8月25日，中国长江航运(集团)总公司、中波轮船股份公司、上海育海航运公司被中国海事局与出入境管理局授予《海员出境证明》签发权。

③ 2005年7月13日，中水远洋渔业有限责任公司变更为中国水产总公司，广州香远船员合作有限公司变更为深圳香远船员管理有限公司。

④ 2006年1月16日，上海海运(集团)公司变更为中海国际船舶管理有限公司，中国港湾建设(集团)总公司变更为中国交通建设集团有限公司。

第十一章　海区航标管理

简　　述

航标，是指供船舶定位、导航或者用于其他专用目的的助航设施，包括视觉航标、无线电导航设施和音响航标。

1980 年 4 月 24 日，国务院、中央军委批准由海军管理的海上干线公用航标全部划转交通部管理。1983 年 3 月 10 日，海上干线公用航标交接工作全部结束。依据 1982 年 8 月 23 日交通部《关于海区航标管理工作的若干规定》，交通部设置的海区航标管理机构负责中国海上干线公用航标和交通部直属港口航标管理，地方港口和小轮短程航线的航标由所属地方交通部门管理，其他企业、事业单位专用航道的航标由各企业、事业单位自行建设和管理，形成海上干线公用航标、商港和以商为主的军商合用港的航标由交通部统一管理的局面。1995 年 12 月 3 日，国务院发布的《中华人民共和国航标条例》，明确交通部负责管理和保护除军用航标和渔业航标以外的航标，交通部设立的海区港务监督机构和县级以上地方人民政府交通主管部门是航标管理机构，负责管理和保护本辖区内的除军用航标和渔业航标以外的航标。随着 1982 年交通部机关机构改革和 1986 年全国港口体制改革的实施，至 1998 年中国海事局成立前，中国海上干线公用航标和主要港口航标(简称海区航标)由天津、上海、广州、海南海(水)上安全监督局分区管理，交通部安全监督局经授权行使中国海区航标的统一管理职责。

1998 年中国海事局成立时，被赋予管理沿海航标、无线电导航设施的职责。管理的主要依据是：《海上交通安全法》,《航标条例》和 1996 年 12 月交通部发布的《海区航标设置管理办法》等法律、法规、规章，以及交通部于 1995 年 12 月印发的《海区航标动态通报管理办法》，于 1996 年 12 月印发的《海区航标作业管理规则》、《海区航标船艇管理规则》等规范性文件。

2003 年 7 月 10 日，交通部发布《沿海航标管理办法》部门规章，明确中国海事局、交通部直属海事机构和县级以上地方人民政府交通主管部门是沿海航标管理机构。

本章主要记述中国海事局对海区航标的管理活动。

中国海事局成立后，几乎每年都召开年度航标、测绘专业工作会议，部署年度航标规划、建设、维护和管理工作。其每年重点任务主要包括对海区航标配布调整和效能管理，接收地方移交的航标并进行效能改造；新建、重建、改造目视航标和差分全球定位系统台站、船舶自动识别系统基站以及其他航标基础设施；推进技术进步，研制应用新光源、新能源、新材料、新技术、新标准；加强航标维护管理和专项、“三项”项目管理，提高海区航标管理水平。

同时，在年度专业工作会议上，中国海事局又根据不同时期海事工作总要求，提出有关航标工作的相应措施。1999 年 3 月 10 日至 12 日，在大连召开的中国海事局成立后的第一次航标、测绘工作会议，提出 2010 年前航标工作的总体思路，强调 1999 年要理顺海区航标管理关系，推进无线电导航体制调整和船舶交通管理系统的划转工作。2000 年 3 月 7 日至 9 日在上海召开的航标、测绘工作会议，强调 2000 年航标工作要在深入开展“水上运输安全管理年”活动中，确保不因航海保障出现问题而发生重大水上交通责任事故。2001 年 3 月 19 日至 21 日在广东增城召开的航标、测绘工作会议，总结了“九五”期间航标、测绘工作，提出了“十五”期间航标、测绘工作发展思路；明确 2001 年要完成部分航标区行政管理关系调整任务，强化海区航标管理职能，推进航标人事制度改革，加强航标职工业务培训等。2002 年 2 月 28 日至 3 月 1 日在海口召开的航标、测绘工作会议，强调海区航标管理工作要从结果型管理向过程管理、预控管理转变，海区航标建设和改造要以提高助航效能和服务质量为目标。2003 年 1 月 15 日至 17 日在北京召开的航测工作座谈会，要求 2003 年要组织好《沿海航标管理办法》的公布实施和宣传贯彻，完善航标应急反应预案，并提出推进航标“管养分开”改革工作。2004 年 3 月 18 日至 20 日在广州召开的通航航测工作会议，总结了中国海事局成立五年来通航、航标、测绘工作，要求推进海区航标长效管理机制，强化航标预控性检查，建立航标社会(用户)评价体系，继续保持航标维护管理指标在较高水平，逐步实现通航、航标、测绘等各种海事管理资源的有机结合，进一步提高航标的综合助航效能。2006 年 3 月 21 日至 23 日在南京召开的通航航标测绘工作会议，总结了“十五”期间通航、航标、测绘工作成绩和经验，提出了“十一五”期间通航、航标、测绘工作的总体要求，明确要建立“沿海综合航海保障服务体系”，其主要指标在“十一五”期末达到中等发达国家水平；要求在深入开展“规范管理年”活动中，要建立和完善航测质量管理体系，开展航标服务效能评估，并安排了改善薄弱水域助航设施条件的建设和改造任务，方便人民安全出行。

图 11-0-1　2000 年 3 月 7 日，全国海区航测工作会议在上海召开

自 1998 年 10 月中国海事局成立，至 2007 年底。中国沿海海区航标逐步向统一规划，统一建设，统一管理迈进，配布日趋合理，功能不断完善，为船舶航行安全和国家经济建设提供了优质可靠的服务。

经过 20 世纪 80 年代至 90 年代航标建设的快速发展，1998 年底，交通部直属机构管理的海区航标共有 1872 座，并初步建立起海区航标法规标准、管理体制、制度机制、经费保障等建设和管理的基础条件，基本实现了 1988 年 1 月交通部提出的“沿海灯标亮起来”的目标。

2000 年底“九五”期末，结束了海上干线公用航标低矮破旧的历史，实现了“沿海灯标亮起来”的目标；完成沿海无线电导航体制调整，航标自动化程度提高；航标维护和管理的基础设施明显改善，取得一批新技术的研制成果。

2001 年，根据交通部的决定，中国海事局理顺了海区航标管理体制，解决了部分航标处行政管理关系与业务管理关系不统一的问题，形成北方、东海、南海、海南海区航标管理的新格局。

2005 年底“十五”期末，海区航标配布进一步优化，助航效能明显增强；重点水域和重点工程航标布设和改造成效突出，服务经济建设能力不断提升；在完成海区航标管理体制改革、完善海区航标三级管理格局的基础上，充分发挥了航标资源的整体优势；推动技术进步力度加大，新光源、新能源、新材料、新技术的应用率稳步提高。

至 2007 年底，中国沿海航标共有 7981 座，其中中国海事局管理 5096 座，占 63.9%；地方航标管理机构管理 559 座，占 7.0%；业主单位管理 2326 座，占 29.1%。中国海事局管理的 5096 座航标，其航标正常率99.94%，航标维护正常率99.98%，无线电指向标—差分全球定位系统信号可利用率99.75%。初步形成不同层次、交叉覆盖、功能先进的海区“航标链”，并向建设航海保障综合服务体系努力。

第一节　海区航标管理与保护

【海区航标管理格局】

1982年8月23日，交通部印发《关于海区航标管理工作的若干规定》，明确海上干线公用航标和交通部直属港口航标，按区域划分为北方、东海、南海三个海区进行管理，并规定了海区航标管理机构及其下属航标区的职责分工。虽然航标管理机构和航标区的行政管理关系以后多次发生变化，但按海区统一管理航标业务的格局基本没有变化。1995年1月14日，根据交通部《关于开展航标管理体制改革试点的通知》，海口航标区所属的沿海航标业务管理职能从广州海上安全监督局分离出来，直接由海南水上安全监督局负责。至中国海事局成立时，交通部直属机构管理的沿海各类航标1872座，其中北方海区583座、东海海区734座、南海海区427座、海南海区128座，分别由天津、上海、广州、海南海(水)上安全监督局统一管理业务。

根据2001年3月12日交通部《关于调整部分航标区行政管理关系的通知》精神，5月14日，中国海事局印发《关于海区航标机构调整有关事宜的通知》，组织各直属海事局对航标业务、基本建设项目、人员、财务、资产、档案等进行交接。到12月底，部分航标区行政管理关系调整结束，共交接各类航标1026座，人员1792人，资产4.86亿元。这次部分航标区行政管理关系调整，改变了对部分航标区实行双重领导的格局，天津、上海、广东、海南海事局不仅统一管理各自海区的航标业务，而且统一管理各自海区范围内所有航标处的人、财、物，形成新的统一管理、分级负责的海区航标管理格局。12月27日，中国海事局印发批复，重新确定天津、上海、广东、海南海事局(简称海区局)的海区航标管辖范围(见表11-1-1)。

2007年底海区航标管辖范围　　表11-1-1

海区	管理机构	海区航标管辖范围
北方海区	天津海事局	北起鸭绿江口海域南至折线：点A(35°05′10″N/119°18′E)至平岛北端连线再沿35°08′30″N纬线向东延伸线之间的中国管辖海域(含渤海湾海域)
东海海区	上海海事局	北起折线：点A(35°05′10″N/119°18′E)至平岛北端连线再沿35°08′30″N纬线向东延伸线，南至折线：自福建、广东两省分界线沿117°14′E经线向南延伸至点B(23°30′N/117°14′E)，再沿23°30′N纬线向东延伸线之间的中国管辖海域及长江口上海港港界下游水域
南海海区	广东海事局	为以下界线之间中国管辖海域及除海南岛沿海海域之外的南海海域：自福建、广东两省分界线沿117°14′E经线向南延伸至点B(23°30′N/117°14′E)，再沿23°30′N纬线向东延伸线；点C(20°18′32″N/111°34′E)至点D(20°18′32″N/111°00′E)至点E(20°07′N/109°20′E)连线，然后沿20°07′N纬线向西延伸线；自点C(20°18′32″N/111°34′E)沿140°方位线向东南延伸线
海南海区	海南海事局	为以下界线以南的海南岛沿海海域：点C(20°18′32″N/111°34′E)至点D(20°18′32″N/111°00′E)至点E(20°07′N/109°20′E)连线，然后沿20°07′N纬线向西延伸线；自点C(20°18′32″N/111°34′E)沿140°方位线向东南延伸线

2004年4月5日，中国海事局印发《关于进一步加强航标管理的若干意见》，明确各级航标管理机构的职责。中国海事局主要负责全国海区航标的行业管理，制定海区航标发展政策、总体规划、技术

标准；编制下达海区航标建设计划和经费计划，审批海区重要航标设置；监督检查海区航标建设与管理工作等。天津、上海、广东、海南海事局四个海区局主要负责编制下达本海区航标布局规划、工作计划、建设计划和经费计划，对本海区航标运行效能、维护质量进行监督评估，审核应急设标，组织航标新技术、新材料的研究与推广应用等。各航标处主要具体负责组织所辖航标的建设、维修、养护和管理工作。该意见要求海区航标管理机构要与当地海事机构建立航标管理协调机制，当地海事机构可提出航标规划、设置、调整建议。该意见提出要进行“管养分开”改革，将航标养护工作从各辖区航标处的工作中分离，成立相应的辖区航标养护中心；实行“管养分开”后，航标处工作管理职责不变，航标维护的具体工作由养护中心承担；养护中心是航标处下属单位，实行企业化管理。9 月 6 日，中国海事局在《关于印发“管养分开”改革实施中若干补充意见的通知》中进一步明确，实施“管养分开”，航标管理的社会公益性不变，不增加管理层次，重点是改革航标养护机制；养护中心以劳务、有偿服务等形式承担航标处下达的航标养护任务和后勤服务工作，并按企业管理方式建立合同用工制度、会计核算制度等，但原有职工的用工关系原则不变。

在水上安全监督管理体制改革过程中，部分原由地方交通部门管理的海上航标划转交通部管理。就此，2001 年 6 月 29 日，中国海事局印发《关于地方划转航标有关管理事宜的通知》，要求在地方与交通部完成水上安全监督管理体制改革正式划转交接手续后，各有关直属海事局尽早将地方划转的航标分别移交天津、上海、广东海事局管理，并按就近原则，暂交由所在地航标处具体负责管理和维护；在交接过程中，要做到航标管理不断、不乱，保持航标运行正常，海区局要及时组织对所接地方航标状况进行效能普查，提出建设、改造计划。在水上安全监督管理体制改革实施过程中，2001 年接收山东、广西、浙江省(自治区)地方划转的沿海航标 385 座，人员 230 人，固定资产 2452 万元；2003 年 12 月，接收浙江省地方划转的台州、杭州、嘉兴航标 23 座；2004 年 5 月，接收江苏省地方划转的连云港沿海航标 6 座，人员 5 人。

根据《航标条例》和《海区航标设置管理办法》，1999 年至 2007 年，中国海事局多次批复同意在港口和航道建设过程中配套建设或改造的沿海港口、航道公用航标，竣工验收后由业主移交相应的海区航标管理机构统一管理，批复同意原由地方港航管理部门或港航企业业主负责管理的公用航标移交相应的海区航标管理机构统一管理。并于 1999 年同意广州航标区将东莞市太平水道下段 5 座航标移交广东省航道局管理。

2007 年，交通部于 7 月 15 日、9 月 5 日，批复同意将福建省地方政府设置和管理的沿海港口 326 座航标、广西壮族自治区地方政府设置和管理的沿海港口 152 座公用航标分别全部移交上海、广东海事局管理。

1999—2007 年直属海事系统接收沿海航标情况一览 表 11-1-2

年份	航标移交接收情况	接收航标数量合计
1999	接收深圳港盐田港区 7 座航标和蛇口港 16 座航标	23 座
2000	接收青岛港前湾航道 14 座航标、秦皇岛港 10 万吨级航道 36 座航标、日照港东西港区进港航道 10 座航标、厦门湾 10 万吨级航道一期工程 15 座航标、湛江港霞海作业区 5 座航标	80 座
2001	接收广州港新增 4 座航标和珠海港高栏港区 11 座公用航标。 在水上安全监督管理体制改革过程中，接收山东、广西、浙江省(自治区)地方划转的沿海航标 385 座	400 座
2002	接收烟台港三期工程新增 8 座航标、锦州港 40 座航标、天津港主航道 9 座航标、营口港鲅鱼圈港区 1 座航标、秦皇岛港 4 座航标	62 座

续上表

年份	航标移交接收情况	接收航标数量合计
2003	接收大连港新增 18 座航标、秦皇岛港西航道 7 座航标、天津港主航道 9 座航标、营口港鲅鱼圈港区 1 座航标。在水上安全监督管理体制改革过程中，接收浙江省地方划转的沿海航标 23 座	58 座
2004	接收福建闽江口主航道 43 座航标。 在水上安全监督管理体制改革过程中，接收江苏省地方划转的沿海航标 6 座	49 座
2005	接收黄骅港 76 座航标和备用航标 58 座，接收福建沿海航标 64 座、厦门港航标 26 座	224 座
2006	接收青岛港新增 11 座航标、威海新港公用航道 7 座航标、秦皇岛港新增 7 座航标、大连港新增 19 座航标、唐山港京唐港区 33 座航标、长江口深水航道二期工程 32 座航标、惠州港西部港区 17 座航标、珠海港高栏港区 10 座航标、北海港石步岭港区 24 座航标和铁山港区 20 座航标、湛江港 10 万吨级航道 17 座航标、钦州港 47 座灯浮标	244 座
2007	接收福建省沿海港口 326 座公用航标、广西壮族自治区沿海港口公用航标 152 座，接收象山港、定海港、岱山水道 49 座航标	527 座

【海区航标效能管理】

航标效能管理，是指航标管理机关通过对航标的管理与维护，保证航标处于良好的使用状态和工作效能的正常发挥。

1999 年 5 月 21 日，中国海事局印发《关于做好沿海航标效能调查通知》。根据该通知，5 月至 11 月，各海区局和航标处对其所有直接管理的每一座目视航标和雷达应答器的现状、作用、效能及用户意见，通过向用户调查、实地勘查、性能复测等方式，进行了全面的调查和评估，提出了航标调整完善方案。调查结果表明，全国沿海航标布局和效能发挥总体适应船舶助航需要，但部分水域航标须调整完善。经专家小组复核审查，2000 年 3 月 22 日，中国海事局印发《关于调整部分海区航标的通知》，决定于 6 月 30 日前撤除失去效能的航标 78 座，12 月 30 日前调整位置或降低等级的航标 52 座，计划新增航标 65 座，纳入年度计划或“十五”建设规划逐年安排。

1999 年 12 月 16 日，中国海事局印发《关于进一步加强航标测绘安全管理的通知》，要求严格执行 1996 年 12 月交通部印发的《海区航标作业管理规则》，加强航标的巡检维护和应急值班，保证航标处于正常状态，及时发布航标动态通报和航行通告，及时改正有关港口航道图。

图 11-1-1　2001 年 5 月 16 日，交通部海事局党委书记黄先耀(左四)检查大连旅顺老铁山灯塔管理保养工作

2001 年 3 月 23 日，中国海事局印发《关于加强港口航标管理工作的通知》，要求各海区局根据港口航道的变化情况，定期对航标效能进行分析并征求所在地海事机构和港航单位的意见，及时调整航标配布，抓紧恢复因冬季大风影响受损的航标；航标失常或调整变动，要及时通报航标动态。同年，对全国沿海 101 座雷达应答器的效能和使用性能进行调查和综合测试，调整了部分雷达应答器的位置。

2003 年 7 月 10 日，为保证沿海航标使用效能，交通部公布的《沿海航标管理办法》，对沿海航标的规划、配布、维护、保护等作出具体规定。

2005 年 6 月，中国海事局在青岛召开航标效能评估和风险管理研讨会。同年，中国海事局组织各海区开展航标用户的问卷调查活动，先后发放中英文调查表 1.5 万份，收回中文调查表 1239 份、英文调查表 178 份。调查结果显示，灯塔目视效果满意率为 89%，浮动标志目视效果满意率为 87.6%，认为航标配布基本合理的占 76.1%。在此基础上，将风险管理理论引入海区航标效能评估，运用船舶自动识别系统技术对船舶流量进行定量分析，完成了 2005 年全国沿海航标效能评估，为调整完善沿海航标布局，制定建设规划提供了依据。

2007 年 6 月 7 日，经交通部批准，中国海事局印发《关于做好全国沿海航标普查工作的通知》，开始组织对全国沿海航标管理机构设置的视觉航标、音响航标、无线电导航设施和其他单位设置的专业航标进行普查。8 月 13 日，中国海事局印发通知，成立"交通部海事局航测专家委员会"，主要对沿海航标测绘业务工作进行指导、咨询和评审。8 月 22 日至 26 日，中国海事局在海口举办航测风险管理培训班，50 多名业务骨干学习了《海事系统水上交通安全预警管理——危机处理策略》、《航测管理与风险识别》、《风险管理和评估工具》等课程。至 2007 年底，由各省（自治区、直辖市）交通厅（委）和天津、上海、广东、海南海事局分别牵头组织，完成了对各自辖区内航标的普查，其普查资料截止日期为 2007 年 8 月 31 日。通过普查，全面掌握了沿海航标及其基础设施的数量、效能和管理现状，明确了沿海航标还存在助航设施的自主能力不高、覆盖范围和精度有待提高、服务水平参差不齐、航标船艇功能配备不足、航标基层站点应急反应能力较弱、航标管理信息化水平总体较低等问题。

1998 年至 2007，中国海事局管理维护的各类航标正常率、维护正常率绝大多数达到或超过交通部颁布的标准（见表 11-1-3）。

1998—2007 年沿海海区航标正常率、航标维护正常率一览　　表 11-1-3

年　份	航标座数（座）	航标正常率（%）	航标维护正常率（%）	是否超过行业标准
1998	1872	99.91	99.96	超过
1999	1875	99.92	99.97	超过
2000	2028	99.92	99.98	超过
2001	2348	99.93	99.98	超过
2002	2466	99.95	99.99	超过
2003	2607	99.10	99.99	一项超过
2004	2814	99.95	99.99	超过
2005	3395	99.92	99.98	超过
2006	3980	99.93	99.99	超过
2007	5096	99.94	99.98	超过

说明：1998 年 12 月 3 日，交通部发布的《海区航标作业管理规则》规定：航标正常率应达到 99.6%，南海海区应达到 98.5%；航标维护正常率应达到 99.8%，南海海区应达到 99%。

〖航测质量管理体系〗

为满足国际海事组织自愿审核机制在航海保障方面对成员国的要求，中国海事局参照国家标准《质量管理体系要求》（GB/T19001—2000）等和国际航标协会《质量管理体系在航标服务提供上的应用》，于 2005 年 12 月开始筹划建立航测质量管理体系。

2006 年 4 月 14 日，中国海事局印发《关于建立海事航测质量管理体系工作的通知》，决定建立中国海事局、海区海事局和基层航测单位（航标处、海测大队、航海图书印制中心）三级航测质量管理体系；通过建立质量管理体系，对航标测绘管理工作和业务流程及其结果进行控制与改进，对管理制度和规范标准的完善性进行一次检验，使沿海航标测绘管理工作进一步规范化。该通知同时提出了建立航测质量管理体系的工作计划和"自愿审核机制与建立质量管理体系培训计划"。

根据2007年2月在广东召开的航测质量管理体系推进工作会议精神，中国海事局于2007年3月19日印发《2007年推进航测质量管理体系工作实施意见》，明确2007年重点工作是在完善航测质量管理体系文件和组织培训管理人员、职工的基础上进行航测质量管理体系的试运行；于4月23日印发通知和适用中国海事局航标测绘业务管理的航测质量管理手册及程序文件，要求天津、上海、广东、海南海事局发布各自的航测质量管理体系文件，做好体系试运行工作。5月1日，海事系统航测质量管理体系开始试运行。6月22日、9月30日，中国海事局相继印发《交通部海事局航测质量管理体系运行管理办法（试行）》、《交通部海事局航测质量管理体系审核实施指南》，规定海事系统三级航测质量管理体系的运行情况，每年应逐级进行一次审核，确保各级航测质量管理体系有效和持续改进。

【海区历史灯塔保护管理】

1997年10月，经国际航标协会理事会审批，交通部安全监督局申报的大连老铁山灯塔（始建于1893年）、上海青浦泖塔（874年建成，1962年9月被公布为上海市文物保护单位）、舟山花鸟山灯塔（始建于1870年，1997年8月被公布为浙江省文物保护单位）、温州江心屿东西双塔（东塔869年建成，西塔969年建成）、海南临高灯塔（始建于1893年）5座中国历史灯塔，以及澳门地区申报的东望洋灯塔（始建于1865年），被编入《世界历史灯塔》画册。

为保护中国航标历史文化遗产，1999年4月15日，中国海事局批准《中国航标展馆总体方案》。

2001年6月25日，舟山花鸟山灯塔被公布为全国重点文物保护单位。

2002年5月18日，国家邮政局发行《历史文物灯塔》特种邮票1套5枚，分别是上述被编入《世界历史灯塔》画册的5座中国历史文物灯塔，5枚邮票的面值均为80分。同年，各海区整理、建立历史灯塔档案。

2003年3月20日，大连老铁山灯塔被公布为辽宁省文物保护单位。

2004年10月11日，中国海事局印发《中国海区历史灯塔保护管理办法（暂行）》。该办法明确：依据对历史灯塔历史、艺术、文化、科学技术价值以及助航功能的综合评估，将中国海事局管辖范围内的历史灯塔分为三级，并按照国家有关规定，相应申报国家、省级、县市级文物保护单位：已列为全国重点文物保护单位的灯塔为一级历史灯塔。该办法同时规定了对历史灯塔的保护原则、保护要求、开发利用等事项。

2006年5月22日，国家邮政局发行《现代灯塔》特种邮票1套4枚，分别是天津大沽灯塔（1978年建成）、珠江口桂山岛灯塔（始建于1953年，1997年重建）、上海吴淞口灯塔（1999年建成）、海南木栏头灯塔（1995年建成），4枚邮票的面值均为80分。

〖中国航标展馆〗

1995年，交通部安全监督局决定投资建设中国航标展馆，馆址选在秦皇岛市东山公园南侧。根据1997年交通部安全监督局《关于做好中国航标展馆筹备工作的通知》，天津海上安全监督局于1998年开始进行中国航标展馆的筹备工作。

1999年4月15日，中国海事局批准天津海上安全监督局上报的《中国航标展馆总体方案》，中国航标展馆开始布展设计。

2000年6月18日，中国海事局在秦皇岛举行中国航标展馆开馆揭幕仪式。航标展馆建筑面积1809.22平方米，展厅面积949.9平方米，展厅分为三层，设五个展区。第一展区为总体介绍，第二展区为中国古代航标，第三展区为中国近代航标，第四展区为中国当代航标，第五展区设在室外，展示几种大型航标设施。

图 11-1-2　2000 年 6 月 18 日，中国航标展馆开馆

2006 年，中国航标展馆进行了部分修缮，并重新设计布展，于 6 月 18 日正式对外开放。重新布展后的展馆设五个室内展区，分别为综合、目视航标、音响航标、航标船艇、无线电航标展区，共有展板 62 块，实物 125 件。室外展区为大型航标实物展区，展品 10 余件。展馆设有船舶模拟驾驶台、专题展室、演播厅、老船长酒吧、灯塔长廊等。同年，中国航标展馆成为秦皇岛市科普教育基地。2007 年 8 月，经中国海事局批复同意，中国航标展馆再次进行修缮工程，主要是改善室内通风条件，建设多媒体放映厅、船舶模拟厅。至 2007 年底，工程仍在进行中。①

第二节　海区航标建设

【沿海航标(测绘)规划】

1991 年，交通部组织编制的《全国沿海航标总体布局规划》，确定了其后 15 年间全国沿海航标总体布局主要原则、规划思路和目标。在该规划的指导下，交通部安全监督局制定“九五”期间沿海航标发展规划并组织实施。20 世纪 80 年代至 90 年代，沿海航标建设进入一个快速发展期，随着一批批灯塔、灯桩、导标的新建、重建、改造和无线电导航系统的调整、建设，以及航标信息系统、遥测遥控技术的开发运用，航标基础设施和装备的不断改善，至 1998 年底，基本实现了“沿海灯标亮起来”的规划目标。

1999 年初，中国海事局开始组织编制“十五”期间海区航标测绘发展规划。编写组在对沿海航标、测绘的现状及发展需求进行全面调研和综合分析的基础上，编制了《沿海航标系统“十五”发展规划与 2015 年远景目标》和《沿海港口航道测绘系统“十五”发展规划与 2015 年远景目标》，经同年 12 月中国海事局在上海召开的专家评审会审查通过，作为“十五”期间海区航标、测绘建设发展实施的依据。该航标规划明确：“十五”期间，海上公用干线航标以技术改造为主，逐步调整大型灯塔射程、降低功耗，向无人值守和遥测遥控的方向发展；合理调整港口航标(导标、灯浮标)配布，增加港口航标灯光强度，完成重要港口航标改造；推进新光源、新能源、新材料在航标上的应用，“十五”期末，太阳能在固定航标上应用率达到 85%，太阳能、波浪能在灯浮标上应用率达到 50%；进一步完善无线电指向标—差分全球定位系统网络，重点发展重要港口、水道转向点的雷达信标；以发展航标的自动监测系统为主，重点解决偏远、孤岛、维护困难的航标的自动监测；到 2015 年，建成布局合理、手段多种、定位精确、功能完备、安全可靠的海区综合助航系统。

2003 年，中国海事局组织开展对航标用户的调研工作，并根据 9 月 1 日开始施行的《沿海航标管理办法》，于 9 月 17 日印发通知，布置编制各海区航标总体规划。12 月 8 日，中国海事局在北京召开中国海事航测发展战略专家研讨会。2004 年，开始启动“十一五”期间沿海航标测绘发展规划和新的《全国沿海航标总体布局规划》编制工作。2005 年，中国海事局完成“中国海事航测发展战略”研究，提

① 2008 年，中国航标展馆成为河北省科普教育基地和秦皇岛市爱国主义教育基地。

出中国航标测绘工作的宗旨是：让航海者在任何时候、任何地点都可以享受到及时、可靠、全面、优质的航海保障服务；航标测绘工作的基本思路是：按照“需求引导，项目推动”的原则科学规划，以人为本，满足用户需求；坚持科技创新，引进先进技术装备，统筹安排，兼顾港口与航路、重点地区与一般地区、基础管理与应急处置、近期工作与远期目标，促进航标测绘工作协调、健康、全面发展；航标测绘发展战略目标是：在巩固和发展航标测绘现有服务的基础上，发挥海事管理整体优势，集成各类航标测绘资源，全面建设中国沿海综合航海保障服务体系。至2005年底“十五”期末，中国海事局维护管理的沿海海区航标达3395座，比“九五”期末增加1367座，航标助航效能明显增强；太阳能和LED灯器在灯浮上应用率达到80%，航标遥测遥控一期工程完成，管理创新能力和服务地方经济建设效果明显提高，基本实现“十五”期间海区航标发展目标。

2006年3月30日，中国海事局印发《海事航测“十一五”工作总体思路》。该文件明确“十一五”期间，重点建设航海保障综合服务体系，主要包括稳定高效的导航助航系统，科学合理的航海图书序列，集成可靠的航海保障信息收集发布体系，精干快速的海事航标测绘应急反应队伍；到“十一五”期末，建立起多手段、分层次的沿海航标助航系统，向航海者提供中国沿海成序列的纸质海图和电子海图、航行和进港指南等图书资料，使船舶从大洋到沿海、从沿海到港口航道的航行全过程都能得到完整有效的助航服务；重点水域航标建设，要保持沿海干线航路航标的合理布局和效能正常发挥，重点保障以国家能源集疏港、重要外贸进出港、长江三角洲、珠江三角洲、环渤海经济区为主的重点港口和水域，要加强对陆岛运输和沿海短程小船航线等助航设施相对薄弱区域航标的建设与管理，消除薄弱环节，改善海岛居民出行安全通航环境；进一步修改、完善航标、测绘法规标准体系；继续推进航标测绘信息化建设、应用水平，开发航标测绘信息基础数据库、信息航标、电子海图和地理信息系统，实现航标测绘网上业务审批，为海事综合管理提供便捷、高效、透明和实用的电子政务服务平台；加强海事航测能力建设，完善航测基地、站点配布，改进船艇和装备水平，提高海区航标的维护水平和应急反应能力，使灯浮标维护周期延长到2—3年/次，航标巡检周期延长到3—6个月/次，重要航标全部实现遥测遥控，提高测绘外业测量和数据采集能力，提高海图现势性，重要港口和区域的测量出图再版周期缩短到1年，实现航海图书资料销售和服务网点遍布主要港口。

2007年，中国海事局组织完成了全国沿海航标普查，为编制新的《全国沿海航标建设总体布局规划》做前期技术准备工作。①

图11-2-1　1999年，位于长江口与黄浦江交汇处的吴淞口灯塔建成

图11-2-2　2007年7月8日，东海领海基点之一的海礁灯塔改建完成发光，射程达15海里

① 2008年5月，中国海事局成立编写工作组，开始编制新的《全国沿海航标建设总体布局规划》。

【海区航标配布与设置】

依据《航标条例》和《海区航标设置管理办法》以及2003年公布的《海区航标管理办法》，按照统一管理、分级负责的原则，中国海事局负责沿海重大航标配布方案和沿海第一类航标的设置审批工作，海区航标管理机构负责沿海第二类航标配布方案和设置的审批工作。①

1999—2007年海区重点航标配布调整与设置情况一览　　表11-2-1

年份	海区重点航标配布调整与设置内容
1999	审批秦皇岛10万吨级航道、厦门10万吨级航道、马迹山航道、长江口深水航道整治等工程航标配布方案和设标申请。新建上海吴淞口灯塔，重建湛江白龙尾灯塔
2000	审批营口港、锦州港、黄骅港、广州港航道工程等4起航标配布方案和设标申请。全国海区航标撤除失效96座、改造或更新81座、新增125座。重建普陀山灯塔、粤东甲子角灯塔
2001	调整秦皇岛港、蓬莱登州水道、琼州海峡中水道的航标布设。对65座地方移交的灯浮标进行性能改造。改造舟山小龟山灯塔、珠江口小蒲台岛灯塔
2002	北方海区调整大连、天津、东营、龙口、潍坊、青岛等港口航标布设，增设19座，调整位置、灯质、标体18座；改造秦皇岛191航道东西边标；重建蓬莱老北山灯塔、日照煤码头导标；改造大沽灯塔(无人值守)。东海海区调整长江口南槽、宝山北水道、新桥水道航标布设，调整21座，增设6座灯浮标；调整瓯江北口航道灯浮标3座位置，增设2座；新建江苏大丰灯塔。南海海区调整珠江口航标布设9座次；重建珠江口竹洲灯塔；改造粤东田尾角灯塔。各海区对地方移交航标进行了较大规模的技术改造，完成海河航道立标布设、高栏港航标改造、尖嘴礁灯桩改造
2003	北方海区调整17个港口共109座灯浮标的位置、灯质、标号、种类；对地方移交的大连、锦州、秦皇岛港航标进行技术改造；重建胶州湾大桥岛灯塔。东海海区审批连云港航道工程、上海东海大桥临时航道等22起航标配布方案和设标申请；调整洋山港、长江口深水航道二期、洋口港进口航道等工程水域的航标布设。海南海区调整秀英港17座、洋浦港8座、三亚港4座灯浮标的布设，增设3座灯浮标。重建北海涠洲岛灯塔
2004	审批大连港30万吨原油和矿石专用码头、锦州港5万吨级航道、连云港7万吨级航道、长江深水航道二期、洋山港、东海大桥、杭州湾大桥、厦门10万吨级航道二期等工程航标配布设置方案和设标申请。东海海区在长江口、上海港新设灯浮标73座，调整63座，撤除37座，灯浮标标号更改201座，调整灯船3座，新设灯船1座，新设雷达应答器3座；在长江张家港福姜沙南水道设置大型LED电子助航信息显示屏；全面改造闽江口主航道地方移交的39座浮标。南海海区在珠江口水域开展大规模航标效能改造，调整布设间距，加大重要转向点航标尺寸，主航道航标应用同步闪技术。新建大连皮口灯塔；重建威海屺坶岛灯塔
2005	北方海区对黄骅港航标进行全面改造，改造灯桩39座、冰标13座。东海海区对福建沿海地方移交的64座航标进行了调整和维修，并全部更换为LED光源。中国海事局会同厦门港务管理局与金门港务处协商，完成厦—金航道厦门段航标配布方案，双方各自布设11座灯浮标，结束该航线无航道的历史。重建钦州湾大庙墩灯塔
2006	审批曹妃甸矿石码头一期、天津临港工业区、洋山港二期、长江深水港三期、北部湾港口等工程107项设标申请。完成渤海老铁山水道、长江口、珠江口、琼州海峡实施定线制的航标布设，新设和调整航标350座。完成天津临港工业区大沽沙航道33座灯浮标和33座冰标的抛设任务。完成洋山港二期、长江深水港三期工程航标配布调整。对秦皇岛、京唐、威海、青岛、惠州、高栏、湛江港地方移交的102座航标进行技术改造。重建大连险礁灯塔
2007	审批天津港东疆保税港区、杭州湾大桥、洋浦港等工程设标申请141起、涉及各类航标877座。完成大连港水域(二期)、烟台蓬—长水域(二期)、江苏沿海、上海港、浙江北部及中部水域、北部湾港口的航标效能改造。完成珠江口陆岛运输工程助航标志工程。完成连云港15万吨航道扩建、洋口港、上海港、海口港二期、八所新港区码头建设等工程的航标布设。对福建、广东、广西沿海及象山港、定海港、岱山水道地方移交的216座航标进行性能恢复性改造

说明：本表不含无线电指向标—差分全球定位系统和船舶自动识别系统。

① 《海区航标设置管理办法》明确第一类航标指灯塔和无线电导航台、无线电指向标、差分全球定位系统基准台站等；第二类航标指灯桩(包括导标)、立标、灯浮标、浮标、灯船、雾号、雷达信标等。

2007 年中国海事局管理沿海航标分类分布统计(单位：座) 表 11-2-2

海区	北方海区	东海海区	南海海区	海南海区	合计
管理机构	天津海事局	上海海事局	广东海事局	海南海事局	中国海事局
灯塔	53	66	33	25	177
灯桩	248	1028	163	17	1456
导标	141	67	68	12	288
灯浮标	977	906	587	106	2576
灯船	6	8	5	—	19
立标	90	31	20	3	144
浮标	15	18	4	3	40
其他视觉航标	—	1	6	—	7
雾号	6	3	3	—	12
雷达应答器	54	139	30	17	240
AIS 岸台	21	28	16	8	73
RBN－DGPS 台站	6	7	4	3	20
其他无线电航标	7	25	11	1	44
合计	1624	2327	950	195	5096

图 11-2-3　2005 年 4 月 29 日，天津海事局航标人员在黄骅港航标改造工程中进行抛设浮标作业

图 11-2-4　2007 年 12 月 5 日，珠江口陆岛运输助航标志正式启用

〖沿海无线电导航体制调整〗

根据《中国沿海无线电指向标—差分全球定位系统建设规划》，1995 年，交通部安全监督局决定将中国沿海部分无线电指向标台站改建为无线电指向标—差分全球定位台站，开始进行沿海无线电导航体制调整。1997 年 7 月，第一期经改建的 5 座无线电指向标—差分全球定位系统基准台站建成并正式对外开放使用。

由于 1995 年以后，中国开始引进先进的无线电指向标—差分全球定位系统，罗兰 C 中远程无线电导航系统①也建成投入使用，因此，1969 年建成的罗兰 A 中程无线电导航系统的作用日趋减弱。经国务院、中央军委批准，交通部于 1998 年 10 月 1 日起正式关闭罗兰 A 导航系统。

中国海事局成立后，一方面按照交通部 1998 年《关于做好关闭罗兰 A 导航系统工作的通知》精神，组织大连、天津、烟台、连云港、上海、宁波、广州、海南海(水)上安全监督局开展 10 个罗

① 罗兰 C 中远程无线电导航系统于 20 世纪 90 年代初建成，是军民共用系统，由海军和交通部共同投资并由海军负责建设和维护管理。该系统设置和龙、荣城、宣城、饶平、贺县、崇左 6 个发射台和 3 个检测站，组成三个台链，其最高定位精度优于 50 米。

兰 A 导航台关闭后人员分流安置和清产核资工作，另一方面，统筹安排沿海无线电导航体制调整工作，并参照交通部《关于做好关闭罗兰 A 导航系统工作的通知》精神进行无线电指向标站人员分流安置。

1998 年 12 月 7 日，中国海事局印发通知，明确无线电指向标—差分全球定位台站的编制定员按照交通部 1997 年《沿海无线电指向标—差分全球定位系统台站管理规则》执行，各单位在安置分流人员时，要结合无线电指向标站即将关闭以及灯塔向少人和无人方向发展的政策通盘考虑，保留必要的技术骨干，优化航标队伍结构。

1999 年 4 月 7 日，中国海事局在《1999 年海区航标、测绘工作安排》中，要求各海区要依据总体布局规划，对未列入无线电指向标—差分全球定位台站建设的无线电指向标站，自 1999 年起，一律停机保养。至 1999 年底，罗兰 A 导航台、无线电指向标站人员的分流安置工作结束，共分流安置职工 605 人。沿海无线电指向标系统于 1999 年 4 月 1 日停机关闭。22 个无线电指向标站中，大连圆岛、大连黄白嘴、山东镆铘岛、江苏射阳河、江苏弶港、上海佘山、浙江花鸟山、福建牛山岛、广东海陵、广东红坎 10 个站关闭；大连大三山、大连老铁山、秦皇岛、天津北塘、山东成山角、青岛王家麦、连云港燕尾港、江苏蒿枝港、长江口大戢山、厦门镇海角、湛江硇洲岛、海南抱虎角 12 个站，至 2000 年底被分为三期改造成无线电指向标—差分全球定位台站，完成沿海无线电导航体制的调整。

〖无线电指向标—差分全球定位系统〗

无线电指向标—差分全球定位系统（Radio Beacon—Differential Global Position System，缩写为 RBN－DGPS），是一种利用沿海无线电指向标站播发全球定位差分修正信息，向用户提供高精度服务的船舶助航系统。

1991 年，交通部安全监督局开始组织研究实时差分全球定位系统应用技术，并于 1994 年 6 月在秦皇岛指向标站利用原有指向标设施成功播发差分全球定位系统信息，验证了无线电指向标站播发全球定位差分修正信息的可行性。秦皇岛指向标站也被改造成中国第一座无线电指向标—差分全球定位系统台站。1995 年 5 月，交通部安全监督局制定了《中国沿海无线电指向标—差分全球定位系统规划》，并决定开始分三期在中国沿海建设 20 座无线电指向标—差分全球定位系统基准台站。1995 年至 1998 年，交通部安全监督局组织两次无线电指向标—差分全球定位系统基准台站位置联测，获得沿海 20 座基准台站在世界大地坐标系中的地心坐标，使其在 WGS－84 坐标系内的位置精度保持在 0.5 米之内。

1997 年，秦皇岛、天津北塘、大连大三山、青岛王家麦、长江口大戢山和海南抱虎角等第一期 6 座无线电指向标—差分全球定位系统基准台站建成；经交通部批准，7 月 21 日，除海南抱虎角基准台以外的其他 5 座基准台站正式对外开放使用。

1998 年 12 月，中国海事局组织建成连云港燕尾港、温州石塘、厦门镇海角、汕头鹿屿、珠海三灶、湛江硇洲岛、海南三亚等第二期 7 座无线电指向标—差分全球定位系统基准台站。经组织专家会诊，海南抱虎角基准台站反射功率过大的质量和技术问题得以解决。

为掌握第二期 7 座基准台站试运行后的覆盖范围、定位精度和稳定性指标，1999 年 1 月至 7 月，中国海事局组织联合测试小组对第二期 7 座基准台站进行陆地和海上测试，测试结果符合设计要求。经交通部批准，9 月 15 日，第二期 7 座无线电指向标—差分全球定位系统基准台站连同第一期的海南抱虎角基准台站正式对外开放。

2000年，中国海事局组织开展大连老铁山、山东成山角、江苏蒿枝港、宁波定海、福建天达山、广西防城港、海南洋浦等第三期7座无线电指向标—差分全球定位系统基准台站的建设。并于8月至12月，对第三期7座基准台站覆盖范围、定位精度和稳定性指标进行测试，同时对三期20座各基准台站信号衔接交叉覆盖情况及重点港口、重要水道的信号覆盖情况进行测试。第三期7座无线电指向标—差分全球定位系统基准台站全部建成并进入试运行阶段。测试结果，中国无线电指向标—差分全球定位系统基准台站布点较合理，各台站工作正常，信号稳定，在海上作用距离可达300公里，船舶使用亚米级接收机，其定位精度优于5米，台站信号之间交叉覆盖，大部分海域实现两重交叉覆盖，主要港口、重要水域和狭窄水道实现多重交叉覆盖。

图11-2-5　2001年12月27日，中国沿海无线电指向标—差分全球定位系统（RBN－DGPS）建成开通信息发布会在北京举行

2001年10月26日，中国海事局在对1997年制定的有关暂行规定修订之后，印发《沿海无线电指向标—差分全球定位系统台站管理规则》、《沿海无线电指向标—差分全球定位系统设备操作规程》、《沿海无线电指向标—差分全球定位系统建设技术要求》，对沿海无线电指向标—差分全球定位系统的台站管理、设备运行、维护保养，人员职责、值班制度、质量监测和操作规程、建设技术要求等作出规定；明确了系统质量考核指标，其中信号可利用率应大于或等于97%。12月27日，交通部在北京举行信息发布会，宣布中国沿海无线电指向标—差分全球定位系统建成开通，于2002年1月1日正式对外开放，向船舶等用户提供公共服务，系统播发的所有信息不收费。

2005年11月18日，南海海区无线电指向标—差分全球定位系统中央监控系统通过中国海事局组织的验收，其4座基准台、1座监测站实现全自动化管理，无人值守。

2000—2007年无线电指向标—差分全球定位系统信号可利用率一览　　表11-2-3

年　份	信号可利用率(%)	年　份	信号可利用率(%)
2000	99.59	2004	99.73
2001	99.45	2005	99.65
2002	99.63	2006	99.93
2003	99.93	2007	99.75

2007年，中国海事局开始对沿海无线电指向标—差分全球定位系统的信号盲区进行补点（营口）建设。至2007年底，沿海无线电指向标—差分全球定位系统共建成20座基准台站，其中北方海区6座、东海海区7座、南海海区4座、海南海区3座，形成从鸭绿江口到西沙群岛，覆盖中国沿海所有港口、重要水域和狭窄水道的高精度无线电导航定位服务网。系统建成后实行24小时连续工作制，每年信号可利用率均超过中国海事局规定的考核指标97%。

〖船舶自动识别系统〗

船舶自动识别系统（Automatic Identification System，缩写为AIS），是国际海事组织强制推行的一种新型的船舶自动化航行系统。该系统由船台、岸上基站及其数据信息网络组成，具有船—船、船—岸之间自动进行船舶静态、动态信息的播发、接收和处理功能。

作为一种新型的助航系统，中国海事局成立后，加强了对建设中国船舶自动识别系统的研究，于2000年组织完成《船舶自动识别系统应用技术研究》课题；于2001年3月在全国海区航测工作会议上，提出“十五”期间，要选择重要港口、水域建设船舶自动识别系统，并开始组织制定《中国海事AIS配布方案》。

2002年12月18日，根据国际海事组织海上安全委员会第73届会议于2000年12月5日通过的《1974年国际海上人命安全公约》修正案，中国海事局发布第2号公告，公布经修正的《1974年国际海上人命安全公约》第V章规定的300及以上总吨并从事国际航行的船舶和500及以上总吨非国际航行的货船以及不限尺度的客船强制配备通用船载自动识别系统设备最后安装期限时间表。

2003年，中国海事局除组织各海事局开展船舶强制配备船载自动识别系统设备的宣传、指导和监督检查工作外，还修改完善了《中国海事AIS配布方案》，作为船舶自动识别系统基站建设基本依据。该方案确定船舶自动识别系统基站建设目标是基本实现中国沿海水域的连续覆盖，对重点水域实行多重覆盖；以船舶自动识别系统为技术平台，整合已有的船舶助航系统和安全信息系统，构建中国沿海航行安全保障系统。该方案明确要求充分利用现有航标台站站址和资源，按照标准化、网络化的原则，建设船舶自动识别系统辖区、海区、国家三级管理中心和辖区、海区二级网络，其基站建设有重点的分期分批实施。同年，中国海事局启动了船舶自动识别系统基站建设，于10月21日，批复长江口、珠江口船舶自动识别系统基站建设工程可行性研究报告，并于11月21日下达了长江口、珠江口船舶自动识别系统基站一期工程建设计划。

图11-2-6 始建于1893年的大连旅顺老铁山灯塔同址，于2000年12月建成无线电指向标—差分全球定位系统基准台站，于2004年12月建成船舶自动识别系统基站

2004年5月，长江口、珠江口船舶自动识别系统一期工程8座基站及岸台网络系统建成并开始运行。8月25日，中国海事局批复渤海湾、琼州海峡船舶自动识别系统一期工程可行性研究报告。年底，渤海湾（烟台—大连航线及成山头水域）、琼州海峡船舶自动识别系统一期工程7座基站及岸台网络系统建成并开始运行。

自2005年起，中国海事局开始建设沿海船舶自动识别系统骨干网。年底，建成北方海区、东海海区、南海海区船舶自动识别系统一期工程35座基站。

2006年，建成北方海区、东海海区、南海海区船舶自动识别系统二期工程23座基站。8月18日，中国海事局印发《AIS岸基系统运行管理规定（试行）》，对船舶自动识别岸基系统运行、值班、日常维护及管理作出规定。

2007年，中国海事局开始对沿海船舶自动识别系统的信号盲区进行补点建设。至2007年底，中国沿海船舶自动识别系统骨干网建设完成，共建成73座基站，作用距离40—60海里，除江苏沿海滩涂地区外，船舶自动识别系统信号基本覆盖中国沿海及长江江苏段的主要港口和重要水域。

2007年中国沿海船舶自动识别系统（AIS）基站分布一览　　表11-2-4

海区AIS管理中心	辖区AIS维护管理中心	AIS 基 站
北方海区AIS管理中心（天津）（21个基站）	大连辖区AIS维护管理中心	丹东、大王家岛、黄白咀、老铁山、长兴岛
	营口辖区AIS维护管理中心	台子山、锦州
	秦皇岛辖区AIS维护管理中心	叼龙咀、南山头、京唐港
	天津辖区AIS维护管理中心	曹妃甸港、东突堤、黄骅港、东营
	烟台辖区AIS维护管理中心	潍坊港、北长山、崆峒岛、成山角
	青岛辖区AIS维护管理中心	海阳、团岛、日照
东海海区AIS管理中心（上海）（28个基站）	连云港辖区AIS维护管理中心	车牛山
	南京辖区AIS维护管理中心	栖霞山、镇江、高港、双山、海门
	上海辖区AIS维护管理中心	佘山、崇明、吴淞、横沙、龙华、金山、大戢山
	镇海辖区AIS维护管理中心	花鸟山、七里屿、虾峙岛、北渔山、石塘
	温州辖区AIS维护管理中心	灵昆岛、北麂岛
	福州辖区AIS维护管理中心	西台山、西洋岛
	厦门辖区AIS维护管理中心	壶江岛、天达山、湄洲岛、海沧、镇海角、古雷头
南海海区AIS管理中心（广州）（24个基站）	汕头辖区AIS维护管理中心	表角、甲子、大星山
	深圳辖区AIS维护管理中心	盐田、蛇口
	广州辖区AIS维护管理中心	黄埔、大角山、桂山、三灶、高栏、海陵岛
	湛江辖区AIS维护管理中心	湛江、硇洲岛
	北海辖区AIS维护管理中心	冠头岭、涠洲岛、防城港
	海口辖区AIS维护管理中心	木栏头、清澜、乌场联通基站、三亚西瑁洲、莺歌咀、八所鱼鳞洲、洋浦、玉包角

【航标应急反应活动管理】

航标应急反应活动主要指在特殊情况或发生突发事件的情况下，紧急抢修失常航标、紧急设置标志以及航标管理机构紧急执行清污、搜救、警戒等快速反应任务的行为。

在交通部连续三年开展的“水上运输安全管理年”活动中，沿海航标管理机构，逐步深化航标应急反应活动管理内容。按照中国海事局的要求，2000年，各航标处加强值班，及时恢复失常航标；2001年，各海区重点检查失常航标能否及时恢复、应急设标是否及时到位，并制定了航标应急反应预案；2002年，各海区研究制定“新危险船”应急设标方案，在总结两年来实施航标应急反应活动经验的基础上，建章立制，形成长效管理机制。2000年3月，中国海事局开始组织制定海区航标应急设标管理办法。

2003年4月8日，中国第一艘航标快速巡检艇在上海航标处交付使用，航速28节的该艇具有良好的耐波性和快速反应能力。

2004年1月8日，中国海事局印发《海区航标应急反应管理办法（试行）》。该办法规定了直属海事系统各级航标管理机构在航标应急反应活动中的职责分工和航标应急恢复、应急设标的信息处理、运行规则、资源配置等；明确中国海事局负责全国海区航标应急反应的管理、组织和协调工作，各海区局分别负责各自海区航标应急反应的指挥、监督、协调及应急设标的审核工作，建立航标应急反应工作机制，各航标处分别负责本辖区内航标应急反应具体实施工作，制定航标应急反应预案；并规定各地海事机构应负责辖区内航标应急反应信息的收集、通报、协调等工作，为航标应急反应提供必要的协助。同年，广东海事局“海标 31”、“海标 32”和“海特 151”航标船上加装配置侧挂式收油机、围油栏，具备海上溢油应急反应能力，并于 12 月 7 日参加了外伶仃水域船舶碰撞溢油清除作业应急活动。

2005 年，中国海事局组织完成《海事系统航标船加装溢油清污设备系统改造规划》。并于 1 月 21 日批复同意天津、上海海事局有关大型航标船加装清污设备的方案。经过论证，确定 30 余艘航标船可进行加装溢油清污设备系统改造，以提高航标应急反应能力。

2006 年 8 月，中国海事局调派“海标 1021”航标船到福建，完成了因强台风“桑美”袭击而严重受损的沙埕港、三都澳港的航标抢修任务。

由于国内外多次发生其他船舶碰撞已设标志的沉船事故，为更有效地标示新危险沉船的位置，中国海事局于 2002 年后，开始组织对紧急沉船标志技术规范进行实验和研究，并于 2005 年向国际航标协会提出有关建议被采纳。根据国际海事组织海上安全委员会批准的国际航标协会关于应急沉船标识的建议，2007 年 7 月 9 日，中国海事局印发《中国海区应急沉船示位标设置管理规则(试行)》，并组织各海区选点试行和评估。同时印制《中国海区应急沉船示位标宣传手册》，向航标用户宣传新型应急沉船示位标。该规则规定了用于标示新危险沉船位置的新型应急沉船示位标的特征和技术标准，以及有关设置、撤除和发布航标动态通告等事项。12 月 13 日至 18 日，根据韩国政府的请求和中国海事局的指派，上海海事局“海标 24”大型航标船完成赴韩国执行船舶溢油清污援助任务。

至 2007 年底，各海区航标应急反应机制和预案得到完善，航标应急反应能力得到提高，全年启动应急预案 255 次，应急设标 162 座。

图 11-2-7　2006 年 2 月，秦皇岛航标处在秦皇岛港抢修冰损的活节式灯桩

图 11-2-8　赴韩国执行船舶溢油清污援助任务的大型航标船“海标 24”

【航标技术改造、维修、设备购置管理】

中国海事局管理的海区航标，其日常维护管理经费由国家财政预算安排航标事业发展经费支出。航标工程、船艇建造以及码头、维修保养基地、航标堆场等基础设施建设，其投资规模较大的纳入交通部基本建设项目管理；但小型技术改造、小型修缮、专用设备购置等经费在航标事业发展经费支出列支。

中国海事局于 1999 年 2 月 8 日印发《海区航标、测绘进口设备管理办法》，对引进进口设备的申请、审批、验收、安装、培训、使用、维护保养和管理等作出规定；于 3 月 5 日印发《海区航标、测绘小型技术改造、零星土建、设备购置项目管理工作的若干规定》，规定小型技术改造、零星土建、设备购置项目(简称“三项”项目)由各海区航标管理机构归口管理，“三项”项目年度计划由中国海事局审批下达和调整，明确实施“三项”项目应执行国家基本建设和设备采购的有关规定。2001 年 11 月，中国海事局组织各海区开展专项、“三项”项目实施计划、质量、资金使用情况的检查工作。2002 年 6 月 17 日，中国海事局对该管理办法进行修订后，印发《航测技术改造、小型修缮、专用设备购置及航测专项改造项目管理办法》，明确“三项”项目是指小型基本建设和限额以下技术改造以外，由航标事业发展支出经费中安排的航标、测绘及其附属配套设施建设改造项目，以及生产、管理设备购置项目；“专项”项目是指由航标事业发展支出经费中安排的航标、测绘专项建设、改造项目；并进一步规范了“三项”、专项项目规划、项目库建设、立项、审批、实施、管理等事项。同年各海区建立了“三项”、专项项目库。2003 年 6 月 18 日，中国海事局印发通知，要求各海区加强专项、“三项”项目管理工作，强调立项要符合海区航标事业发展和有关规定，鼓励提高项目立项的科技含量，做好项目的前期管理工作和实施过程中的监督管理。

专项、“三项”项目的实施，为进一步加强航标效能建设，改善航标技术构成，提高航标管理水平提供了重要的经费物资保障。自 1999 年起，依据《海区航标、测绘小型技术改造、零星土建、设备购置项目管理工作的若干规定》，中国海事局每年下达各海区专项、“三项”项目年度计划和补充计划，并根据各海区的实际情况对“三项”项目进行适当调整。至 2007 年，中国海事局下达的海区航标测绘专项项目主要包括小型灯塔、灯桩、灯船等新建、重建、改造，船舶自动识别系统基站建设，差分全球定位系统台站改造，航标业务用房、码头、保养基地建设，测绘基地、溢油应急反应基地建设，地理信息系统开发，航标测量船艇、趸船改造，水文观测站点建设等。中国海事局下达的海区航标“三项”项目主要包括航标配布调整设置和效能改造，船舶交通管理系统运行、保养和改造，航标电源、避雷、防水等辅助设施配置、改造、修缮，电视监控系统建设，港口平面高程控制网改造，电子海图技术开发及其数据库的建立，海事专用图制作，差分全球定位系统控制网改造与测定，航标船艇、码头、海图印刷车间改造，航标应急设施、专用设备、管理设施购置，新光源、新能源、新技术、新材料等科技项目和软课题开发应用，航标、测绘技术标准规范研制等。

1999—2007 年航标测绘专项、“三项”经费安排情况统计 表 11-2-5

年　份	专项(万元)	三项(万元)	合计(万元)
1999	1271	5500	6771
2000	1718	8505	10223
2001	5999	7767	13766
2002	5502. 2	6622	12124. 2
2003	9381	10696	20077
2004	9005	8680	17685
2005	13720	5033	18753
2006	11967	4678	16645
2007	17342	1289	18631
合计(万元)	75905. 2	58770	134675. 2

图 11-2-9　2000 年 9 月 15 日，中国海事局第一艘夹持式航标船交付天津海事局使用

【航标科技】

中国海事局成立后，推动新光源、新能源、新材料、新技术在海区航标上的研究和应用，取得重要成果。

至 2007 年底，全国海区干线公用航标共有 3747 座航标应用太阳能发电，其中固定航标 1696 座，浮动航标 2051 座，应用率占视觉航标 4707 座的 79. 6%。2 座固定航标应用风力发电。32 座浮动航标应用波力发电。

1999—2007年海区航标新光源、新能源、新技术应用情况一览　　表11-2-6

项目	应用情况
发光二极管(LED)光源应用	1999年，上海港灯浮标开始应用LED冷光源灯器。 2000年，北方海区在重要港口和重点航道灯浮标上安装试用LED灯器。 2001年，各海区广泛开展LED灯器在灯浮标上的试用，共有140多座航标安装LED灯器。 2003年，北方海区224座灯浮标应用LED灯器。海南海区秀英、清澜港49座灯浮标使用LED灯器。 2004年，北方海区干线公用灯浮标全部换成LED灯器。 2006年，南海海区所有灯浮标全部使用LED灯器。全海区灯浮标LED灯器使用率达80%
太阳能、风力、波浪发电应用	1999年，福州牛山灯塔进行风力发电试验。南海海区18座灯浮标进行太阳能电池应用试验。 2001年，东海海区完成347座固定航标的太阳能电池改造，实现公用干线灯桩全部太阳能化。南海海区146座灯浮标应用太阳能电池，并开始应用波力、风力发电。全海区新能源在目视航标的应用率达到37.9%。 2002年，东海海区10座航标使用波浪发电，474座航标使用太阳能电池，车牛山、七里峙、牛山灯塔使用风力发电。 2003年，北方海区22座导标、40座浮标使用太阳能电池。东海海区灯浮标太阳能化达76%，共360座；海南海区完成71座航标太阳能电池改造。 2004年，全海区重要水域浮标应用太阳能电池达100%。部分无人灯桩广泛应用太阳能电池。 2005年，在洋山港灯船上开展小型风力发电应用试验。 2006年，在4座灯塔推广应用"风—光互补能源系统"。北方海区大连、青岛、烟台等港口的灯浮标基本实现太阳能化。南海海区航标广泛使用太阳能电池
新材料新技术	1999年，各海区开始采用差分全球定位技术抛设浮标。 2000年9月15日，中国海事局第一艘夹持式航标船在北方海区投入使用。该船将浮标与船体夹持为一体，改善了航标作业环境。 2003年12月3日，珠江口小船推荐航道上8座"沿岸通航标志"首次应用蓝色光源。 2004年，大连港等浮标加装同步闪和标号夜间显示装置。南海海区手持移动航标巡检系统试运行，可将巡检数据实时上传各级航标管理机构。 2005年，开展小型冰标应用试验，在部分灯浮标上试用分体式雷达应答器。 2006年，北方海区首次采用以聚脲弹性材料做外防护层的简易灯桩，大连、青岛部分航标安装标号显示器，在长岛水域使用扇形灯器明显标示航道和禁航区

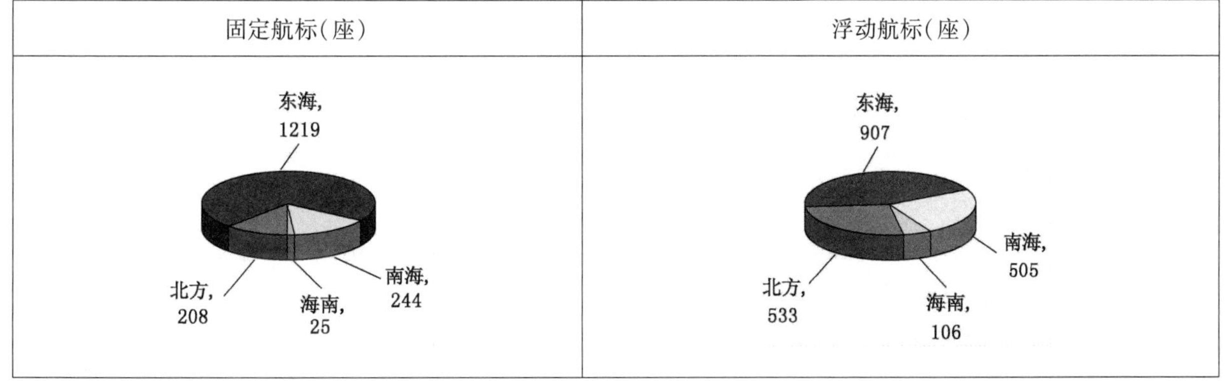

图11-2-10　2007年底各海区固定、浮动航标应用太阳能发电的数量分布

建设航标遥测遥控系统，是中国海事局组织开展的一项重要的航标科技工作。1999年，《全国沿海航标遥测遥控建设指导原则》编制完成，东海海区镇海东亭山等4座灯塔遥测遥控系统投入运行。2000年，上海5座航标遥测遥控系统开始运行。2001年2月5日至6日，中国海事局在北京召开航标

遥测遥控工程可行性研究审查会，分别对北方、东海、南海海区的航标遥测遥控系统工程可行性报告进行审议和评估，并于3月12日批复原则同意东海、南海海区航标遥测遥控系统工程(一期)可行性报告，要求北方海区重新选择一个航标处进行工程可行性研究。同年，东海、南海海区航标遥测遥控系统工程完成初步设计，开工建设。2002年7月16日，中国海事局批复同意北方海区航标遥测遥控系统工程可行性报告，北方海区航标遥测遥控系统工程(一期)于11月完成初步设计，开工建设。2003年6月，大沽灯塔遥测遥控系统建成，实现无人化值守。12月，北方海区航标遥测遥控系统工程(一期)建成投入试运行，该系统包括烟台航标处、蓬莱航标站2座监测站和18个终端，实现对蓬莱沿海7座灯塔、11座灯桩的遥测遥控。2004年，南海海区(珠江口)航标遥测遥控系统(1个海区监控中心、1个辖区监控中心、1个一级中继站、10个终端)于3月建成试运行；东海海区(长江口)航标遥测遥控系统(1个海区监控中心、1个辖区监控中心、3个一级中继站、36个终端)于6月建成试运行，并在长江口深水航道安装运行67个遥测遥控终端。2005年，中国海事局对各海区航标遥测遥控系统工程(二期)总体方案进行了审查，大连、青岛、洋山港、广州、海南的航标遥测遥控系统开始建设。2006年，厦门湾航标遥测遥控系统开始建设。至2007年底，各海区航标遥测遥控系统工程(二期)正在建设中。①

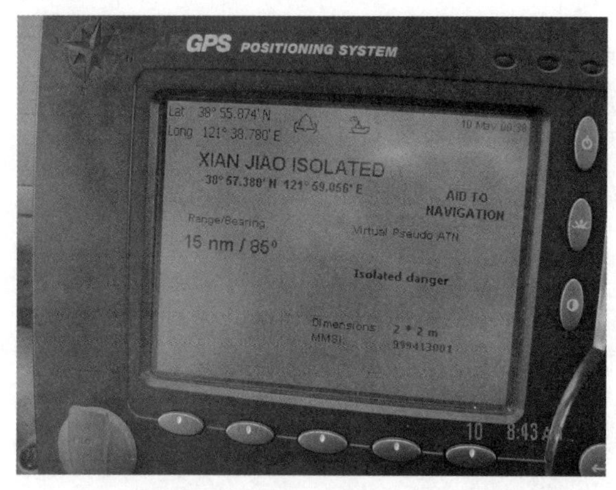

图11-2-11　2005年5月8日，中国首座虚拟航标在辽宁海域投入使用

船舶自动识别系统技术的应用与开发，是中国海事局组织开展的另一项重要的航标科技工作。2005年，中国海事局以船舶自动识别系统为基础，整合有关信息采集系统，在各海区实现船舶自动识别系统基站自动播发航行安全、水文气象信息的功能；将船舶自动识别系统数据用于船舶流量轨迹快速统计查询，为船舶流量统计和海事调查提供技术支持。同年，经过在珠江口桂山北灯船上试运行7个月，成功通过遥测遥控系统，将船舶自动识别系统采集端口和传感器采集的航标位置、灯器电压电流和灯质等信息，发送到船舶自动识别系统岸台网络，并在船舶电子海图上显示该航标信息。5月8日，通过船舶自动识别系统基站播发，并在船舶电子海图上显示的实际不存在的“孤立危险物”助航信息——首座虚拟航标在辽宁海域投入使用，用于警示船舶驾驶。2007年4月，在实施青岛水域船舶定线制航标配布时，在不便设置实体航标的水域，设置了虚拟航标。

2001年9月，中国海事局开通“航标助航”网。域名WWW. Aton. gov. cn。2004年网页改版，8月正式开通英文网页。

2003年2月中国海事局组织编译的《国际航标协会助航指南(第四版)》由人民交通出版社出版。

2005年6月21日，中国海事局印发《海区航标遥测遥控系统技术规范》，规定了海区航标遥测遥控系统的结构、功能、技术指标、数据接口、显示界面等。10月20日，中国海事局印发《海区航标用阀控式密封铅酸蓄电池技术要求》、《海区航标用锌空气电池技术要求》、《海区钢质浮标涂料技术要求》、《海区钢质浮标涂装工艺要求》、《海区钢质浮标涂装维护实施细则》、《海事系统助航设施防雷技术规范》等航标技术规范。2007年8月23日，中国海事局印发《中国海区可航行水域桥梁助航标志(试

① 2008年底，全海区航标遥测遥控终端共1759座。

行）》标准，规定了可航行水域桥梁助航标志的类别、功能、形状、尺寸、颜色、灯质、编号、设置原则及图例。9 月 25 日，根据数字电视监控技术特点和海事机构特殊监控要求，中国海事局制定并印发《海事数字电视监控系统技术要求（试行）》，规定了海事数字电视监控系统的组成、技术规范和安装要求。

“中国海区 RBN－DGPS 系统研究与实践”、“航标灯器智能控制器研制”两个研究成果获中国航海学会 2005 年科技二等奖。《船舶交通管理系统与信息服务系统》研究成果获中国航海学会 2006 年科技二等奖。《大沽灯塔航标遥测遥控系统》研究成果获中国航海学会 2007 年科技二等奖。《航行安全信息自动播发及船舶流量轨迹快速统计查询应用系统》、《基于 3G 和互联网技术的航标信息系统》、《风险管理在航标上应用》3 个研究成果获中国航海学会 2007 年科技三等奖。

〖航标（测绘）信息系统〗

海区航标（测绘）信息系统，统称全国海区航测信息系统，是水上安全监督信息系统的组成部分。

交通部安全监督局于 1997 年开始组织全国海区航测信息系统建设的前期工作，成立了航测信息技术工作组，并于 1998 年 3 月，组织专家审查通过《全国海区航测信息系统建设方案》，计划分两期建设全国海区航测信息系统。同年，全国海区航测信息系统一期工程立项，8 月，选定联想神州数码有限公司作为该项目的总承包商。在经过技术方案的比选和论证后航测信息系统一期工程正式开始建设。

中国海事局成立后，组织协调各海区与承包商安装设备、开发软件，推进航测信息系统一期工程建设。2000 年，航测信息系统一期工程基本建成，软件系统于年底通过初步验收，开始试运行。

2001 年 9 月 6 日至 7 日，全国海区航测信息系统一期建设项目在上海通过中国海事局组织的验收，开始运行。该系统建成覆盖交通部海事局航标测绘处、海区海事局航标导航处和测绘处、基层航标处的纵向网络，由航测公用信息系统、航标维护管理信息系统、测绘生产管理系统三个模块组成，具有航标测绘信息数据交换、航标维护计划管理和过程监控、测绘生产计划和技术管理、测绘数据转换和海图编辑校审等功能。

2002 年，中国海事局完成全国海区航测信息系统二期工程的前期准备工作，其实施方案和技术规格书通过专家评审，航测信息系统二期工程开始建设，由山东中创软件工程股份有限公司承建。

2003 年 3 月 28 日，中国海事局成立航测信息系统二期工程专项工作组，负责项目建设的协调、管理、验收及其使用、维护等后续工作。5 月 12 日，各海区航标导航处、航标处、海测大队、航海图书印制中心、航测科技中心等开通视频合作办公系统，该系统具有视频电话、视频会议和公文合作等功能。同年，全国海区航测信息系统二期工程项目建成。

2007 年，航标数据库建成投入使用，该库以航标基础信息数据为主要内容，并录入其他相关信息。

第十二章　沿海港口航道测绘管理

简　　述

沿海港口航道测绘，是指对沿海港口、航道进行测量并绘制海图等航海图书资料的活动。船舶配备必要的航海图书资料是构成船舶适航的重要条件之一。

“海图”按用途分为三种：总图(包括世界海洋总图、大洋总图和海区总图)、航行图(包括远洋航行图、近海航行图和沿岸航行图)和港湾图(包括港口图、港区图、港池图、航道图、狭水道图等)。1955年5月，交通部在广州成立所属第一支海港测量队以后，根据国务院和中央军委关于海洋测绘的分工，海军司令部航海保证部负责海洋测绘，出版海图，交通部所属沿海测绘机构承担沿海港口、航道的测绘任务，其编制的港口航道图属于港湾图范畴，主要供船舶进出港口、锚地，通过狭窄水道和管理使用。

根据1983年4月11日交通部《关于海区测绘工作的若干规定》，交通部将海区测绘工作划分为北方、东海、南海三个海区进行业务管理。分三个海区管理测绘业务的格局，至2007年底没有变化。

中国海事局成立前，交通部安全监督局负责沿海港口航道测绘管理工作。中国海事局成立后，被授权负责沿海港口航道测绘管理工作和归口管理交通行业测绘工作。2000年，中国海事局决定天津、上海、广东海事局海测大队与测绘处机构合一，海测大队既执行各项测绘专业任务，又履行各自海区测绘的管理职责，主要承担沿海港口、航道、锚地及附近水域的检测和基本测量任务，编辑、绘制、出版、发行相应的航海图书资料和海图改正通告，观测和收集海区潮汐水文、气象等航行参考资料。

中国海事局管理沿海港口航道测绘工作，主要从审批年度测绘计划、组织实施重大测绘任务和重大应急扫海(床)测量任务、编制有关测绘技术规范和管理规定、控制测绘产品质量、推进测绘技术进步、加强测绘基础设施建设等方面开展工作，以更好地为海事管理和航运经济发展服务。

1999年3月，在大连召开的航标、测绘工作会议上，中国海事局要求海区测绘工作要保质保量完成沿海港口航道测绘任务，加强测绘标准化工作和基础设施建设，并提出测绘工作的基本思路是，发展外业测量一体化数据采集系统和基于地理信息系统的集成式数字制图技术，要由生产纸海图过渡到电子海图与纸海图合版制作，合理规范配置测绘设备，降低生产成本，扩大测绘成果应用范围。2001年3月，在广东增城召开的航标、测绘工作会议上，中国海事局提出“十五”期间海区测绘工作目标是，加强港口航道测绘能力，扩大沿海港口航道测绘范围和港口航道图出版数量，测绘技术基本与国际先进水平同步，电子海图制作和纸海图生产接近发达国家同期水平，合理配置、充分利用测绘设备，调整海图生产结构，建立电子海图制作中心，继续做好测绘应急服务，扩大测绘成果的社会效益。2006年3月，在南京召开的通航航标测绘工作会议上，中国海事局提出“十一五”期间海区航标测绘工作总体要求是，在巩固、完善现有海区航标测绘服务功能的基础上，建设沿海综合航海保障服务体系，构建统一的航海保障信息平台，整合各类航标、测绘与其他海事管理资源，为航海者及其他海洋活动提供及时、可靠、全面的海上安全信息和应急反应服务。其中要求测绘工作建立科学合理的航海图书序列，继续开发电子海图和地理信息系统，完善测绘管理技术标准规范，增强海图的现势性，测绘产品优良率100%，优秀率90%以上。

2001年底"九五"期末，海区测绘覆盖沿海53个重点港口和航道，共计211幅港口航道图；每年完成50～80幅港口航道图的周期性复测改版任务，工作量达7000多换算平方公里，每年出版发行海图近4万份；外业测量实现数据自动采集，完成光学与微波定位技术向卫星定位技术的转变，完成手工海图绘制技术向计算机辅助制图的转变，海图要素全部实现数字化，海图印制引进激光照排印制系统，自主开发了电子海图制作软件；全海区测绘船艇13艘，拥有一批先进的测绘设备。

2005年9月16日，中国海事局在广州举行中国海事测绘50周年纪念活动。交通部海事局常务副局长刘功臣在纪念大会上发表的《弘扬优良传统，加快海测发展，为建设航海强国做出新的更大贡献》讲话中，回顾了50年来中国海事测绘工作所取得的成就，展望了中国海事测绘未来发展前景，提出海事测绘要走"科技兴测，人才强测"之路，通过观念创新、管理创新、产品创新，推动测绘技术自动化、测绘成果数字化、测绘服务网络化，构建面向公众的社会化信息服务系统。纪念活动同时运用各种手段，展示了中国海事测绘工作50年来取得的突出成就。交通部原副部长、中国航海学会理事长洪善祥及40个有关单位的同行和专家200余人参加纪念活动。

图12-0-1　2005年9月16日，中国海事局在广州举行中国海事测绘50周年纪念活动

2005年底"十五"期末，海区测绘基本形成沿海航海图书系列，建成电子海图数据中心和覆盖沿海港口航道的电子海图数据库，开发了海事地理信息系统，初步搭建了航海保障信息化平台，多波束测深技术普遍应用，建成长江口、珠江口和天津港的水文信息检测播发系统。

自1998年中国海事局成立，至2007年底，中国沿海港口航道测绘工作量大幅增长。港口航道测量工作量，1998年为7857.64换算平方公里，2007年为16321.26换算平方公里，基本覆盖了中国沿海所有对外开放港口及重要航路，并具备了从沿海港口到近海的综合海洋测绘能力；出版发行港口航道图，1998年为29886张，2007年为172639张；电子海图制作，1998年刚刚研制出第1套电子海图生成软件，2007年，累计制作沿海国际标准电子海图241幅，基本覆盖中国沿海44个主要港口，累计制作海事管理专用电子海图367幅，覆盖中国整个海区，发行电子海图11056幅次。同时，为航运经济和重点建设工程提供了及时、大量的优质测绘服务，并在一批应急扫测任务中发挥了关键作用。

1998年至2007年，中国海事局建立了全国沿海A级卫星定位系统控制网和潮位观测网，测定了沿海各港口的深度基准面，构建了中国沿海空间信息基础设施框架，开发了中国海事地理信息系统。

至2007年底，直属海事系统拥有专业测绘人员560多人，其中16人获得国际海道测量组织颁发的A、B级国际海道测量师、国际制图师资格证书。拥有现代化装备的测量船艇14艘、海道测量数据自动化采集系统100余套、高精度多波束测深系统12套、海底地层底质地貌探测系统6套、侧扫声纳12套、磁力探测仪5台、浅地层剖面仪5台、单双频测深仪70台、卫星定位设备120台、流速流向仪6台、激光照排机1台、胶印机4台，智能化海图制作系统及电子海图制作系统60余套；同时，进一步完善了海区测绘的技术规范、管理制度和质量控制体系，形成具有特色的中国民用沿海港口航道图测绘系统。

第一节 沿海港口航道测绘服务

【沿海港口航道图测绘任务管理】

1999年4月7日，中国海事局印发通知，下达北方、东海、南海海区沿海港口航道图测绘计划，确定天津、上海、广东海事局测量、制图工作量，提出测绘进度、质量要求，安排各海区测绘区域、图名、图号、比例尺、测量类别、测量面积、印刷数量。之后，中国海事局每年依据港口航道图目录和用户实际需要以及海事管理工作总体安排，下达各海区沿海港口航道图（简称海图）测绘计划，落实海图的改版复测和首版测绘，疑存碍航物及概位扫海测量（简称扫测），《中国沿海港口航道图改正通告》（简称《改正通告》）编制，专用海图和电子海图制作，航海图书资料出版发行等任务。

图12-1-1 中国海事局编制的港口、航道图目录

1999年，中国海事局组织对1994年版《中国海区港口、航道图目录》进行修订。并于10月出版1999年版《中国海区港口、航道图目录》。该目录提供中国海事局出版的港口航道图编号、名称、比例尺、范围、印制时间等信息。

2000年1月18日，中国海事局印发《沿海港口航道航行障碍物探测的一般规定（试行）》。对航行障碍物探测项目的确定、技术要求、工作量计算、实施要求等作出规定。

2002年2月11日，中国海事局在北京召开《港口航道图图幅调整方案审定会》，通过了国际海事研究委员会测绘政策、技术分委会提交的《海事系统海图分幅及配套航海图资料序列调整工作报告》，修订了1999年版《中国海区港口、航道图目录》，确定中国沿海港口航道图总图幅由原来210幅调整为290幅，其中保留171幅，调整31幅，增加88幅，覆盖64个港口。2004年，中国海事局对《中国海区港口、航道图目录》再次进行修订，于2006年3月出版新的《中国沿海港口航道图目录》，其总图幅调整为312幅。

1999—2007年测绘工作量完成情况一览（1） 表12-1-1

年份	测量港口或区域（个）	测量面积（换算平方公里）	纸海图制作（幅）	电子海图制作（幅）	专用图制作（幅）	印刷海图（张）	发行海图（张）
1999	19	7415.14	64	—	—	—	30053
2000	12	6668.39	51	30	—	—	40000
2001	18	7307.70	76	103	8	54390	39067
2002	12	8252.08	89	120	33	59820	66002
2003	23	9470.02	98	253	21	49050	34069
2004	15	10275.39	89	182	76	79400	54751
2005	18	13969.31	110	168	39	92760	94951
2006	42	15772.42	222	148	110	199000	119200
2007	44	16321.26	181	213	58	195600	172639

2006年10月，国家测绘局建局50周年，在北京国家博物馆举行“经纬之光——全国测绘成果成就展”。中国海事局利用动画、音像等手段，以文字、图片、实物等形式参展，展示了海事测绘成果、港口航道图等航海图书资料产品以及近十年来所取得的一系列重大创新科技成果，获“优秀展位奖”。

1999—2007年测绘工作量完成情况一览(2)　　表12-1-2

年份	海图绘制完成情况
1999	完成19个港口航道的64幅海图的复测改版任务、6处疑存障碍物和概位扫测；计算机制图62幅，印刷出版海图75幅，发行海图30053张；编印《改正通告》24期，发行15168册
2000	完成12个港口航道的51幅海图测量任务；出版发行海图4万余份、《改正通告》和潮汐表等航海图书资料3万余份
2001	完成18个港口航道的76幅海图的复测和检测任务；印刷出版海图90幅(54390张)，测绘出版长江口水域季节性双色海图21幅(24320张)；编印《改正通告》24期，编印《沿海港口信号规定(南海)》、《热带气旋(台风)位置标示图》等航海图书资料；发行海图39067张、《潮汐表》4500册、《改正通告》18440册，其他航海图书资料4060册
2002	完成12个港口航道的89幅海图测绘任务；印刷出版海图59820张，编印《改正通告》24期；发行海图66002张、《改正通告》17600份。完成编绘《大连港引航图集》、《2002上海港、杭州湾潮汐表》等航海图书资料和海事管理专用图
2003	完成23个港口航道的98幅海图测绘任务；印刷出版海图49050张，编印《改正通告》24期；发行海图34069张、《改正通告》19900册，完成编绘《2004年上海港潮汐表》、《2004年上海港、杭州湾潮汐表》等航海图书资料和辽宁、山东、长江口、珠江口、琼州海峡等海事管理专用图
2004	完成15个港口航道的89幅海图测绘任务；印刷出版海图135幅(79400张)，编印《改正通告》22期；发行海图54751张、《改正通告》21480册。制作《珠江口船舶交通航路图集》、《珠江口水域船舶航行指南》
2005	完成18个港口航道的110幅海图测绘任务；印刷出版海图141幅(92760张)，编印《改正通告》25期、海事专用图39幅，编印《2006年上海港、杭州湾潮汐表》6500册、编印《上海港航行参考图集》；发行海图94951张、《改正通告》26740册
2006	完成42个港口航道的222幅海图测绘任务；印刷出版海图292幅(199000张)，编印《改正通告》35期，《港口航道图目录》3000册，海事专用图110幅，大比例尺港口航道图270幅(覆盖42个港口)；发行海图119200张、《改正通告》55900册、天津航行图集250册、《上海港、杭州湾潮汐表》5290册
2007	完成44个港口航道的181幅海图测绘任务；印刷出版海图242幅(195600张)，编印《改正通告》37期，海事专用图58幅；发行海图172639张，《改正通告》80547册，专用图11593张，《2008年上海港、杭州湾潮汐表》8582册，《海南岛水域船舶航行指南》886册、《珠江口水域船舶交通航路图集》2000册

【电子海图研制与应用】

电子海图显示与信息系统，是一种新型交互式综合导航信息系统，而电子海图是该系统的重要基础之一。国际海道测量组织1996年制定的电子海图数据格式S－57标准，是国际电子海图发展的主要方向。

自1996年起，交通部安全监督局开始组织海区测绘机构研究电子海图。1998年，上海海上安全监督局研制出中国国内第一套符合S－57国际标准格式的电子海图生成软件，其“国际标准电子海图的研究和开发”项目，通过交通部组织的鉴定。

中国海事局成立后，于1999年4月7日印发通知，要求各海区测绘机构对国际电子海图开发应用情况继续进行跟踪研究，开展电子海图的试版生产，并完成电子海图的分幅研究及改版工作。同年，上海海事局研制出符合S－57国际标准格式的电子海图，并形成规模生产和发行电子海图能力。

2000年5月，为进一步推进电子海图开发工作，中国海事局组织三个海区进行电子海图的调研工作，全面了解大型、中小型航运企业和渔业公司，港口引航机构，海事机构对应用电子海图的需求。通过调查，了解到推广应用电子海图需要解决的问题，其中引航机构、海事机构对运用电子海图的需求较迫切。之后，中国海事局一方面组织生产符合 S－57 国际标准格式的电子海图，另一方面，结合差分全球定位技术、船舶交通管理系统技术的应用，开发多种形式的电子海图，并研制了一批海事监管需要的专用电子海图。

2001 年，中国海事局开始在上海海事局筹建“电子海图数据中心”。2002 年 9 月 28 日，占地 1300 平方米的“电子海图数据中心”业务用房建成并投入使用。2003 年 10 月，上海海事局“电子海图数据中心”开始运转。2004 年 4 月 5 日，中国海事局正式批复同意成立上海海事局“电子海图数据中心”，其主要职责是负责海事系统电子海图技术的研究开发，集中管理中国海事系统海道测量数据和海图成果数据，负责电子海图的编辑和制作，并对外公开提供电子海图、数据更新及其他后续服务。

2006 年 11 月 30 日，中国海事局在上海召开海事系统电子海图应用需求研讨会，对“电子海图数据中心”建设情况和电子海图平台开发情况进行了研究。根据会议讨论结果，中国海事局于 12 月 20 日印发通知，要求“电子海图数据中心”进一步改进工作，为海事系统提供完整准确的电子海图数据和完善的电子海图基础平台，并决定在上海、山东、深圳海事局开展电子海图平台的试点应用工作。

2007 年 8 月 18 日，中国海事局印发《关于海事系统内部推广应用电子海图的通知》，要求各海事局要充分发挥电子海图作用，提高监管水平和能力，并根据实际工作需要，向上海海事局“电子海图数据中心”提出电子海图的需求计划；“电子海图数据中心”负责海事系统内部电子海图的推广应用工作，按照统一的《电子海图服务协议》和《电子海图保密协议》提供所需电子海图数据（EP5 格式）、支撑软件和密匙、使用手册，以及安装、培训服务。

图 12-1-2　2007 年 12 月 20 日，由广东海事局，香港海事处及澳门港务局测绘部门联合测绘的“珠江口高速船电子海图”在珠海发布

至 2007 年底，“电子海图数据中心”已制作完成中国沿海各种比例尺系列的电子海图，开发了插件式电子海图应用客户端，具有地理信息系统基本功能，并为海事系统应用电子海图的二次开发设计了专门的插件接口。2000 至 2007 年，直属海事系统累计制作电子海图 1217 幅，其中国际标准电子海图 241 幅，基本覆盖中国沿海 44 个主要港口，海事管理专用电子海图 367 幅，覆盖中国整个海区。

1998—2007 年中国海事局电子海图研制应用情况一览　　表 12-1-3

年份	制作电子海图数量（幅）	电子海图研制应用进程
1998	—	研制出第 1 套电子海图生成软件并通过交通部鉴定
1999	—	研制出第 1 张符合国际海道测量组织标准 S－57 的电子海图，形成规模生产和发行电子海图能力
2000	30	完成电子海图分幅研究和电子海图的试版生产
2001	103	① 完成《三维可视化港口航道图显示分析软件》研制。 ② 研制《电子海图引航系统》并在天津港、黄骅港成功应用。 ③ 研制《中国海上搜救中心专用电子海图》和《琼州海峡 VTS 专用电子海图》。 ④ 完成天津—大连—香港的电子海图海上试验
2002	120	制作 VTS 专用电子海图
2003	253	① 制作中国沿海至日本东京航线图（1∶150 万）11 幅，全国海区形势图（1∶30 万）53 幅，各种比例尺的航行图 91 幅，辽宁、上海辖区 VTS 专用电子海图 48 幅，《杭州湾》、《马迹山》等专用电子海图 5 幅。 ② 沿海电子海图数据库基本建成

续上表

年份	制作电子海图数量(幅)	电子海图研制应用进程
2004	182	① 制作中国沿海航行电子海图(1∶50 万)，配合广东、深圳、海南、湛江 VTS 和 AIS 应用制作专用电子海图 8 幅，重要水域电子海图 32 幅。 ② 电子海图在海事通航安全管理和 VTS、AIS 系统中广泛运用
2005	168	① 制作中国沿海航行电子海图(1∶10 万)8 幅，其他专用电子海图 55 幅。 ② 研制出“海事搜救指挥电子海图平台系统”在各海事局投入使用。 ③ 研制出“电子海图桌”
2006	148	① 与东亚 7 国合作，完成南中国海电子海图制作，于 2006 年 4 月 1 日在全球范围公开发行。 ② 海事管理专用电子海图累计制作达 367 幅，覆盖中国整个海区。 ③ 发行电子海图 11056 幅次。 ④ 研制出方便用户网络获取(内部)实时电子海图“电子海图发布系统”
2007	213	沿海标准电子海图累计制作 241 幅，基本覆盖中国沿海主要港口

说明：2008 年 9 月 1 日，中国海事局电子海图对外公开发行。

【航海图书资料编绘发行】

1998 年，天津海上安全监督局开发的“中文全要素激光照排技术”项目，获交通部 1998 年科技进步三等奖。该项目成功运用激光照排技术印制成图，在各海区海测大队推广应用后，实现沿海港口航道图编辑、绘图、印刷一体化。

1998 年 12 月 29 日，中国海事局印发通知，决定自 1999 年 1 月 1 日起，将以原交通部安全监督局名义出版的沿海港口航道图和其他航行出版物改为以中华人民共和国海事局名义出版，同时出版物中的图徽作相应更改。

1999 年 5 月 1 日，国家标准《海道测量规范》(GB12327—1998)、《中国航海图编绘规范》(GB12320—1998)、《中国海图图式》(GB12319—1998)开始实施。为适应改革开放形势需要，海军取消民用海图编绘出版的双轨制，将“内部使用”的中国籍船舶用图与对外国籍船舶发行的英文版海图合并，按照上述新的国家标准编绘出版沿海航行图。对此，中国海事局于 6 月 17 日印发通知，组织各海区测绘人员培训贯彻新的国家标准，并在短时间内实现了新旧国家标准的过渡。同年，经交通部保密委员会批准，中国海事局于 12 月 7 日印发通知，决定自 2000 年 1 月 1 日起，取消 1986 年以来沿海港口航道图内部使用规定，按照上述新的国家标准测量、编绘、印制的沿海港口航道图上不再标注“内部使用”字样；其他非按上述新的国家标准编绘的测绘用图仍保留“内部使用”字样。

鉴于中华人民共和国海事局局徽和局旗于 2000 年 1 月 1 日正式启用，2000 年 1 月 10 日，中国海事局印发《关于在我局出版的航海图书资料上使用新图徽的通知》，规定自 2000 年 1 月 1 日起，中国海事局出版的航海图书资料上统一使用中华人民共和国海事局局徽作为新的图徽，原出版物中的图徽停止使用。1 月 18 日，中国海事局印发《航海图书资料印刷管理办法》，主要规定各局测绘机构与承担印刷任务的上海海事局的职责，以及印刷工作、印刷质量监督管理及保密等事项；明确中国海事局负责航海图书资料印刷任务的审批下达和印刷质量的监督管理。2 月 2 日，中国海事局印发《关于编绘港口航道图有关规定的通知》，要求港口航道图的英文加注和有航行方位意义的标注，严格执行《中国航海图编绘规范》、《中国海图图式》国家标准，规定港口航道图图徽外直径为 22 毫米单色印刷。

为保持沿海港口航道图的现势性，保障船舶航行安全，上海海事局测绘机构定期编发《中国沿海港口航道图改正通告》，其资料主要来自各测绘机构实际测量的数据，航标机构发布的《航标动态》和通航管理机构发布的《航行通告》、《航行警告》。2003 年 3 月 5 日，中国海事局印发《关于加强航海保障信息管理工作的通知》，要求有关机构在发布《航标动态》、《航行通告》、《航行警告》时，及时抄送有关测绘机构；上海海事局应将汇总编印好的《改正通告》及时发送给各有关海事局的航标、测绘、通航管理机构和海图使用单位；各测绘机构应主动与港口、渔政、海洋、航道、航运等部门和单位建立信息沟通渠道和交换机制，收集有关信息，实现航海保障信息资源共享。

2005 年 9 月 28 日，鉴于许多船舶没有按照《1974 年国际海上人命安全公约》要求，配备及时更新的港口航道图和航海出版物，并因此直接或间接引发多起水上交通事故，中国海事局印发《关于加强船舶海图配备情况监督检查的通知》，要求进出中国沿海港口水域的船舶必须配备及时更新的中国海事局出版的港口航道图和航海出版物，海事机构要加强对船舶规范配备港口航道图和航海出版物的监督检查，并为船舶或代理机构提供方便；明确中国海事局是中国沿海港口航道图和航海出版物的官方出版机构，其他任何机构的沿海港口航道图和航海出版物均不符合要求。

至 2007 年底，中国海事局在中国沿海设置航海图书资料主要代售点共 28 个，其中北方海区 8 个，东海海区 10 个，南海海区 10 个。

【通航环境和经济建设测绘服务】

中国海事局成立后，在 1999 年 3 月 10 日召开的全国海区航测工作会议上，明确提出海事测绘工作要为国民经济，特别是水运经济、海洋事业和国防事业的发展服务。一方面，要为船舶安全航行提供现势性强的港口航道图和其他航海图书资料；同时要为通航环境的改善和国家重点经济建设项目提供优质的测绘服务。同年，中国海事局组织 3 个海区测绘机构完成天津港主航道、青岛港马蹄礁附近、长江口北槽和南水道、惠州港、湛江外罗门水道等水域的疑存碍航物和概位的扫测任务，为改善通航环境提供了依据。

2000 年，为配合长江口深水航道治理一期工程，中国海事局组织上海海事局多次对该深水航道进行扫测，制作多幅《长江口深水航道及附近》航行图。

2001 年，上海海事局每月定期对长江口深水航道进行测量，在重点地段每天 24 小时提供实时水位和短期预报水位信息，为通航安全和航道水深维护服务。在亚太经济合作组织（APEC）上海会议期间，为创造良好的水域通航环境，上海海事局加大对黄浦江水域的测绘密度。为保证国家重点工程——黄骅港顺利提前开港试运行，中国海事局及时调整海区测绘计划，组织完成黄骅港港口航道图 800 多平方公里的测绘任务。

2002 年，天津海事局开发的“船舶电子海图引航系统”为超大型吃水船舶进出港口提供安全引航保证，并在天津港、黄骅港成功应用。中国海事局组织对长江口深水航道监测、珠江口通航水域交通秩序整治，洋山港重点工程建设等提供测绘服务。

2003 年，“船舶电子海图引航系统”在长江口成功应用。同年，完成“长江三峡 135 米库区航路扫床工程”任务。

2004 年，为保证《珠江口水域船舶定线制》于 6 月 1 日实施，中国海事局组织广东海事局对珠江口实施定线制水域进行扫测，调整了珠江口水域港口航道图目录，编印珠江口水域实施定线制的航行图和航行指南，同步制作了电子海图。

2005 年，在洋山深水港开港前，上海海事局编绘了有关洋山港水域的港口航道图、航行图、管辖示意图、航标配布专用图等。7 月，广东海事局为保证电煤运输，优先安排有关电厂及码头的港池航道测绘工作。天津海事局开发的“电子巡航系统”能准确测定渔网、养殖区、污染区，在辽宁海事局应用于通航安全管理。

2006年，中国海事局集中三个海区测绘力量，完成渤海超大型船舶航路扫测工作。同时，天津海事局为开发天津滨海新区制作了《临港工业区船用引航系统》；上海海事局对洋山港水域进行复测，为开辟西航道提供依据；广东海事局完成对洋浦海南炼化30万吨级航道、茂名港单点系泊通航水域，广东菠萝庙船厂港池及水道，深圳大鹏液化天然气码头港池及航道的扫测任务。

2007年，中国海事局继续组织对渤海湾、长江口、珠江口、北部湾等重点水域的港口航道建设提供扫测服务。其中，完成渤海超大型船舶航路浅点复测，湛江港30万吨级航道工程中期检测等任务。同时，上海海事局制作崇明、横沙、长兴岛出行图6000份，为方便海岛群众出行提供技术支持。

〖长江三峡库区航路扫床工程〗

为保证《长江三峡库区船舶定线制规定(试行)》自2003年10月1日和2004年1月1日分段实施，尽快确定长江三峡库区航道水下碍航物的分布、位置和高度，根据交通部的要求，中国海事局与长江航务管理局共同组织实施了“长江三峡135米库区航路扫床工程”。

2003年9月23日，天津海事局海测大队在长江航道局、长江三峡通航管理局和上海海事局的配合下，开始进行三峡库区的扫测工作。面对缺乏库区详细资料，扫测人员运用多波束测深系统，对库区内的多处险滩和碍航物疑存水域进行探测，确定浅点位置。9月27日，完成湖北段29处险滩及水下障碍物的扫测工作，为10月1日三峡库区湖北段实施船舶定线制做好了准备。10月1日，三峡库区重庆段的扫测工作完成，并于7日转入数据整理和工程报告编写阶段。至此，“长江三峡135米库区航路扫床工程”提前19天完成，对三峡库区380公里航路53处指定浅滩暗礁进行了扫测，测量面积约40平方公里。10月17日，中国海事局与长江航道局在重庆召开长江三峡扫测成果审定会，肯定了多波束扫测技术第一次在长江应用所取得的成果。之后，长江航道局利用扫测成果，调整三峡库区航标布设，编印航行资料，为三峡库区全面实施船舶定线制创造了条件。

〖渤海超大型船舶航路扫测工程〗

为在渤海湾规划和建设深水码头、划定超大型船舶航路提供决策依据，2005年，交通部领导要求有关部门开展渤海湾通行超大型船舶有关问题的研究。2005年12月1日，交通部总工程师办公室召集有关部门开会，落实开展渤海湾通行超大型船舶有关问题研究的各项工作。为调查渤海主要航路水深和碍航物情况，根据会议决定，中国海事局编制了《渤海超大型船舶航路扫测工作大纲》，并于2006年1月23日经交通部总工程师办公室专题会议审查通过，确定了需扫测航路的走向、长度、宽度和时间要求，会议决定由中国海事局进行具体扫测方案的设计和组织实施。

2006年2月至3月，中国海事局完成《渤海超大型船舶航路扫测工程方案设计》，并根据天津海事局于2月24日在天津召开的专家研讨会的论证和建议，提出《渤海超大型船舶航路扫测工程水位控制方案》。4月14日，中国海事局印发《关于开展渤海超大型船舶航路扫测工作的通知》，明确扫测的范围、任务、技术要求、成果要求、时间要求等。确定由天津海事局统一组织实施对渤海“老铁山水道至天津新港”和“老铁山水道至营口仙人岛”两条航路进行全覆盖测量，扫测宽度1公里，并对两条航路附近的沉船、留存海洋石油钻井井口等碍航物进行探测；按照国际海道测量组织的《海道测量规范》和中国国家标准《海道测量规范》要求，规定其综合测深精度达到0.3米，平面定位精度优于3米。

2006年6月，天津海事局在需测航路附近安装6个沿岸验潮站、10个海上验潮站。6月27日，来自天津、上海、广东海事局海测大队30多名测量技术人员，组成5个测量小组，调集6艘海事船舶，4套多波束测深设备，1套侧扫声纳，分4艘船舶同时开始进行外业测量。在辽宁海事局、北海救助局、国家海洋局北海分局、海军大连水面舰艇学院的协助下，280公里的“老铁山水道至天津新港”和

图 12-1-3　2006 年 7 月 3 日，天津海事局在大连旅顺救助基地码头举行渤海超大型船舶航路扫测工作启动仪式

260 公里的“老铁山水道至营口仙人岛”两条航路的外业测量工作于 8 月全部结束，完成多波束水深测量 445 平方公里，沉船障碍物声纳探测 262 平方公里，辽东浅滩单波束水深检测 520 平方公里，测线里程达 6500 公里。9 月，进入扫测数据后处理阶段。10 月，完成航路海域的平均海面和理论最低潮面计算。11 月，完成多波束测深数据处理。12 月，完成扫测成果图编绘，共编绘各种比例尺扫测图 41 幅，其中 1∶5000 基础比例尺扫测水深图 1 套 19 幅，《渤海超大型船舶航路扫测图集》1 套 22 幅（1∶5 万海图 14 幅、1∶15 万海图 5 幅、1∶30 万海图 3 幅）。此次扫测，精确测量了两条航路 1.1 公里宽度范围的全覆盖水深和碍航物分布情况，重新测定了航路深度基准面，获取大量航路基础测绘数据；航路多波束测深综合误差小于 0.3 米（95%置信度），水深点的实地间距平均 0.25 米，潮位改正精度达到 ±0.10 米。

2007 年 2 月 5 日，交通部在北京召开“渤海超大型船舶航路扫测工程”技术成果审查会，认为渤海两条超大型船舶航路扫测工程，技术路线先进，扫测方案论证充分，设计合理，施工组织科学周密，关键技术和质量控制严谨，测量成果符合国际海事组织和国家标准《海道测量规范》的要求，达到《渤海超大型船舶航路扫测工作大纲》所提出的任务目标和要求，扫测成果准确可靠，为渤海湾港口布局规划和深水码头建设提供了科学依据。

2007 年 5 月 22 日，中国海事局在天津召开渤海超大型船舶航路通航研究会议，与会专家根据“渤海超大型船舶航路扫测工程”技术成果，就渤海湾航路资源保护、疑存浅点清障、25 米水深航路双向通行超大型船舶的宽度和富裕水深要求、超大型船舶通航的安全保障措施、航路信息的对外公布、开通老铁山至营口港航路等问题进行了研讨。7 月至 9 月，在 2006 年实施“渤海超大型船舶航路扫测工程”的基础上，中国海事局对渤海两条航路发现的特殊水深浅点，进行多波束复测确认，并下潜探摸证实其性质，进一步为渤海超大型船舶航路规划提供基础性资料。

【水上应急测绘服务】

1999 年 10 月 17 日，山东烟大汽车轮渡股份有限公司所属的客滚船“盛鲁”轮，自大连驶往烟台途中汽车舱起火而沉没。为清除主航道碍航沉船，中国海事局于 10 月 25 日派出天津海事局所属的海测大队进行应急扫测，准确确定了“盛鲁”轮沉没位置。

2000 年，在交通部开展“水上运输安全管理年”活动中，中国海事局要求各海测大队，一旦发生碍航事故，要进行及时扫测，提供准确的碍航物有关资料。

2001 年，中国海事局组织完成应急扫测沉没于老铁山水道、长江口、珠江口碍航沉船 5 艘，集装箱 60 余只；在秦皇岛 10 万吨级主航道应急扫测发现因冰损而沉没的障碍物达 30 余处。

2002 年 5 月，在“5·7”空难的搜救打捞行动中，中国海事局派出天津海事局海测大队进行应急扫测，准确确定了飞机残骸和“黑匣子”的位置。在扫测飞机残骸的同时，搜寻扫测小组对离飞机失事地点很近的、已采取临时封航措施的甘井子、香炉礁、黑嘴子 3 条航道进行了全面扫测，排除了航道内存有飞机残骸的可能，为港口安全生产提供了可靠依据。在打捞出飞机两个“黑匣子”以后，根据现场搜寻指挥部的指令，搜寻扫测小组又对打捞水域进行全面扫海，天津海事局制图队赶制了两幅比例尺为 1∶2500 和 1∶5000 的《甘井子及附近"5·7"空难现场搜救打捞专用图》，共 20 张。5 月 8 日至 22 日，天津海事局参加"5·7"空难搜寻扫测人员达 1743 人次，出动船艇 6 艘 75 航次，航程 2456 海里，扫海面积 39.11 平方公里。

2003 年 2 月 14 日，中国海事局印发《沿海通航水域应急扫海测量管理规定》，规定了海事系统测绘机构在突发水上交通事故所在水域，启动、实施紧急海底全覆盖扫海测量(简称应急扫测)的程序和要求，规定执行应急扫测任务应服从海上搜救机构的统一指挥，并将扫测目标的位置、性质、高度、姿态、最浅水深等数据结论及时报告海上搜救机构。同年，根据国务院"6·19"特大水上交通事故调查组的指示，中国海事局派出上海、天津海事局海测大队紧急赴重庆进行扫测，4 天确定沉船"涪陵 10 号"客轮位置。

图 12-1-4　2003 年 6 月，上海、天津海事局海测大队在"6·19"特大碰撞沉船事故现场进行沉船扫测定位作业

2004 年，中国海事局于 6 月派出天津海事局海测大队赴河南小浪底水库，完成"6·22"沉船事故的扫测任务，确定了"明珠岛 2 号"沉没位置。11 月 21 日，东方航空公司 1 架小型客机在包头南海公园坠毁，在连续寻找"黑匣子"3 天未果的情况下，交通部紧急派出天津海事局海测大队赶赴现场，首次使用 DPL－275XS 声纳定位系统执行扫测任务，仅用 4 个小时就对失事飞机的两个"黑匣子"进行精确定位。

2005 年，中国海事局于 3 月，组织上海海事局海测大队赴连云港，完成黄海"3·8"船舶碰撞事故中的沉船扫测任务，确定了散货船"华凌"轮沉没位置。

图 12-1-5　2004 年 11 月 24 日，天津海事局海测大队在包头南湖公园湖中进行失事飞机"黑匣子"扫测定位作业

图 12-1-6　2007 年 6 月，广东海事局海测大队在广东佛山西江九江大桥水域进行探测落江汽车位置作业

2006年，中国海事局组织上海海事局赴连云港，对“海兴隆”轮4月12日在狂风中落海的16只集装箱进行扫测，4月13日，海测大队准确确定主航道不存在漂浮或半漂浮的集装箱，为尽快恢复正常通航提供了依据。8月，中国海事局派出天津、上海海事局海测大队完成对福建福鼎市沙埕港沉船的扫测任务。

2007年，中国海事局派出天津海事局海测大队完成渤海“5·12”船舶碰撞事故中的沉船扫测任务，5月14日确定了韩国籍杂货船“金玫瑰”轮的沉没位置和船体在海底的姿态，为搜救、布设沉船标志和事故调查取证提供了可靠依据。6月15日，广东佛山西江九江大桥被1艘大型运砂船撞断坍塌，4辆过路汽车及9人坠入江中。事故发生后，中国海事局迅速组织广东海事局海测大队进行扫测。经过14天的艰苦努力，通过判读旁侧声纳图像，分析多波束测深数据，在水下地形地貌及障碍物复杂的情况下，确定了沉没汽车位置，为探摸打捞提供了可靠依据。至28日，4辆坠江汽车和8名遇难者尸体打捞出水。

2001—2007年直属海事系统完成应急扫测任务统计 表12-1-4

年 份	2001	2002	2003	2004	2005	2006	2007
应急扫测任务(项)	8	28	35	42	44	78	48
应急扫测面积(平方公里)	601.3	1038	2368.7	2390.2	3062.22	1080.83	2178.81

〖沙埕港沉船扫测〗

2006年8月10日，超强台风“桑美”正面袭击福建省宁德市，台风中心经过福鼎市沙埕港时，滞留长达5个多小时，造成沙埕港重大损失，渔船沉没491艘，损坏1139艘，渔排损失殆尽，阻塞部分航道，港口及水上交通助航等基础设施损毁严重。根据胡锦涛、温家宝、回良玉等中共中央、国务院领导指示，受交通部党组和部长李盛霖的委托，交通部副部长徐祖远率工作组于8月18日抵达福建受灾现场，指导协调当地港口及公路的灾后重建工作，并成立由福建海事局牵头的交通部搜救清障工作组。

为摸清沉船的数量、材质、分布、位置及所处水深，制定清障打捞方案，须立即进行受灾水域扫测，以便尽快开展清障打捞工作。交通部副部长徐祖远在福建受灾现场要求，充分发挥交通系统的职能优势、专业优势和技术优势，增派海事系统测绘力量，配合地方政府开展航道扫测工作。据此，中国海事局派出天津、上海海事局海测大队前往福建进行应急扫测。

图12-1-7 2006年8月19日，上海海事局扫测组人员在福建沙埕港投放扫测声纳，探测沉船

图12-1-8 2006年8月31日，交通部海事局党委书记梁晓安(前右)到福建沙埕港，慰问奋战在防抗超强台风“桑美”、抢险救灾一线的海事人员

8 月 18 日，由天津、上海海事局海测大队的技术人员组成的沉船扫测小组抵达沙埕港后，立即进行扫测设备的安装调试等准备工作。

8 月 19 日，沉船扫测工作正式开始。扫测小组分 3 路，对沙埕港最为重要的金屿至莲花屿水域进行全方位覆盖扫测。扫测人员将声纳探测网布满整个水域，来回拉网式探测海底沉船，一边对疑点进行辨别、定位、量取，一边指挥测量船避让沉船。晚上，扫测小组又连夜对白天获取的扫测数据进行梳理分析，标注沉船位置和有关信息。由于沉船全部是渔船，海上渔业养殖的渔排、网箱也大都被台风毁坏，海底沉船附近存在的大量渔网、缆绳等经常将扫测设备缠挂住。为此，扫测人员要冒着烈日，站在船头清理前方的渔网。

经过 3 天的努力，3 艘扫测船加密扫测沉船水域面积 6 平方公里，提前一天完成对沙埕港从福建头至八尺门的全长约 34 公里航道的全方位扫测任务，为清障打捞工作迅速开展提供了可靠的技术支持。

第二节　沿海港口航道测绘质量管理与测绘科技

【沿海港口航道测绘质量控制与检查】

为加强对沿海港口航道测绘质量的控制，三个海区的测绘机构依据全面质量管理的要求，建立了质量管理体系，开展了质量管理小组活动。1997 年，天津、上海海上安全监督局海测大队通过 ISO9002 质量管理体系认证；1998 年，上海海上安全监督局海测大队被国家测绘局评为“测绘质量优秀单位”；1999 年、广东海事局海测大队和上海海事局航海图书印刷厂通过 ISO9002 质量管理体系认证。

1999 年 4 月 7 日，中国海事局在下达年度海区测绘任务时，提出要进一步提高测绘内外业生产的质量，确保制图合格率 100%，优良图比例 85% 以上。

2000 年至 2005 年，中国海事局每年委托国际海事研究委员会测绘政策、技术分委会牵头，组织专业检查组，对天津、上海、广东海事局测绘机构上一年度的测绘产品质量进行综合检查和抽查，重点是港口航道图的测绘质量和印刷质量，同时评定优质图，分析质量存在问题，提出改进意见。检查结束后，中国海事局印发沿海港口航道图质量检查通报，确认检查组评定的中国海事局年度优质港口航道图，转发检查组进行沿海港口航道图质量检查结果的报告，并提出改进测绘质量的措施和意见。

2005 年 6 月至 10 月，中国海事局委托天津海事局航测科技中心开展“中国海事局航测产品用户调查”活动，向航运、港口、海事、海洋工程等航海图书的有关用户发放《中国海事局航海图书调查表》，广泛征求意见，其中中文 10000 份、英文 5000 份。到 10 月份，收回航海图书调查表 858 份（其中英文 123 份）。通过对回收调查表进行统计分析，了解了航海图书用户需求，主要是要进一步建立畅通的海图发行网络，缩短海图改版更新周期，增加海图比例、要素和总的海图目录、索引，完善海图序列，提高海图纸张质量，提高电子海图可靠性，增加新建港口和重要航道海图的测绘出版等。

2006 年 6 月至 9 月防台季节，上海海事局在 15 幅港口航道图的背面，附印了《中国海区附近台风位置标示图》，以方便航海人员使用。但由于忽视了对公开发行的海图中有关敏感要素的质量控制和审核，致使该标示图存在中国南海诸岛表示不全等问题，引起了社会不良反应。对此，中国海事局于 11 月 16 日印发紧急通知，责令上海海事局立即停止发行附印有该台风位置标示图的港口航道图，尽快收回已发行的图纸；于 11 月 17 日印发《关于加强对港口航道图质量检查的紧急通知》，要求各海区测绘系统对所有编印的港口航道图进行全面的质量检查；于11月27日至12月27日组织专门检查组，对2005年至2006年测绘产品开展为期一个月的质量检查活动，全面检查海图和航海出版物涉及有关敏感要素的标注、质量管理体系运行、执行有关规范标准、对问题的整改等情况。

2007年3月12日，中国海事局在下达2007年测绘工作安排时，强调海图的质量检查，不能仅限于航行要素和出图成果，还应包括海图产品与国家内、外政策的关联性，包括生产流程、采用标准中的质量控制情况。为使三级航测质量管理体系于5月1日在直属海事系统测绘机构试运行，中国海事局于4月14日印发通知，要求原已建立质量管理体系的海测大队和航海图书印制中心，在继续运行原有体系的同时，要根据航测质量管理体系统一要求，完善和修订原有的质量管理体系文件，并平稳过渡到同步运行新的质量管理体系。11月1日至20日，中国海事局组织检查组，按照航测质量管理体系的基本要求，以《海道测量规范》、《中国航海图编绘规范》为依据，重点检查了31幅港口航道图、20幅专用图、10幅电子海图，平均抽检率为23%，并对其他海图产品的图面要素进行了100%的检查。检查结果表明，港口航道图和电子海图的年度合格率均为100%。

2000—2007年测绘产品质量情况一览 表12-2-1

年份	海图绘制合格率(%)	海图绘制优良率(%)	海图印刷合格率(%)
2000	100	90	—
2001	—	96	100
2002	100	100	100
2003	100	93	100
2004	100	100	100
2005	100	100	—
2006	100	—	—
2007	100	100	—

2000年，《青岛跨海大桥工程测量》获交通部优秀工程勘察二等奖。

2004年，《上海化学工业区海运航道及锚地扫测工程》获上海市优秀测绘工程一等奖。

2005年，《大洋山附近港口航道图测绘工程》获中国测绘学会优秀测绘工程银奖。

2006年，浙江《六横岛至象山港》海图测绘工程获交通部水运工程优秀勘察二等奖。

2007年，《毛礁山至缸爿山测绘工程》获上海市优秀测绘工程一等奖；《湛江港25万吨级航道工程竣工验收扫海测量》获中国测绘学会优秀测绘工程铜奖；《沙埕港测绘工程》获交通部水运工程优秀勘察三等奖和上海市优秀勘察设计三等奖。

【沿海港口航道测绘基础设施建设】

沿海港口航道测绘基础设施建设，是中国海事局每年安排海区测绘工作的重点内容之一。1998年中国海事局成立时，三个海区的测绘机构已经拥有差分全球测量定位系统、多波束测深系统、激光照排系统等先进水平的测绘设备。1999年至2007年，中国海事局利用国家财政预算安排的航标事业发展支出经费和基本建设投资，继续加大投入，有计划地完成了一批沿海港口航道测绘基础设施建设项目。

1999—2007 年沿海港口航道测绘主要基础设施建设完成情况一览　　表 12-2-2

年份	港口航道测绘基础设施建设项目
1999	长江口横沙水文站综合改造
2000	天津测绘基地建设
2001	完成天津、青岛、长江口、珠江口 GPS 平面基础控制网改造，长江口绿华山水位站改造。引进多波束测深系统 8 套、旁侧声纳 4 套等测量设备
2002	完成山东半岛北部、上海港、湛江至海口的 GPS 控制网改造工程。11 月 8 日，抗摇摆性好、能以多种速度进行测量作业的“海测 1504”船建成下水。引进便携式测深仪、侧扫声纳、五波束测深仪、GPS 信标接收机、小型多波束测深仪
2003	完成舟山地区、宁波港的 GPS 控制网联测。全面建成上海港水位自动测报网。引进数字侧扫声纳系统、沉浮探测仪、海流计
2004	完成厦门港、连云港的 GPS 控制网联测，日照、岚山 GPS 控制网改造。完成海图图档管理系统、天津港验潮站网技术改造。引进 8125 多波束测深系统、差分定位系统卫星站(用于无 DGPS 台站内陆地区)
2005	建成珠江口水文信息网站。完成“长江口、杭州湾基础面计算校对和调整”项目。引进海事卫星电话，用于移动通信不能覆盖的区域
2006	自动化程度高的“海测 1010”船建成下水
2007	建成小吃水双体测量艇“海测 0501”。引进罗兰大全开四色印刷机和计算机直接制版系统，实现数字化制版与印刷流程一体化，提高了海图产品的印刷质量

【测绘技术规范与标准】

2001 年 5 月 31 日，中国海事局在对 1997 年 8 月颁发的《水深测量自动化系统技术规定》修改后，印发《水深测量数据采集与处理系统技术规定》，进一步规范水深测量系统配置、测量前准备、数据采集、数据处理、资料检查验收等工作流程。

2003 年 3 月 4 日，中国海事局在对 1996 年 4 月颁发的《〈海道测量规范〉补充规定》和《港口、航道测绘产品质量验收办法及质量评定标准》进行修改后，印发《沿海港口、航道测量技术规定》、《沿海港口、航道测绘产品质量检查验收办法及质量评定标准》。《沿海港口、航道测量技术规定》对国家标准《海道测量规范》进行了细化和补充。

图 12-2-1　配备广东海事局海测大队的海测 1504 测量船，2002 年建造，装备了先进的多波速水深测量设备，可以在 2 ~ 600 米水深范围内，对海底进行全覆盖扫测，绘出三维海底地形图

中国海事局于 2003 年至 2004 年，组织完成《IHO 出版物汇编》三册的翻译出版工作；于 2007 年组织完成《IHO 出版物汇编（续册）》的翻译出版工作。

2001 年至 2007 年，中国海事局还组织制定或修订了《海事测绘工艺流程及软硬件配置规范》、《电子海图技术政策》、《电子海图生产技术规定》、《多波束测深系统测量技术要求》、《港口航道图编绘技术规定》、《沿海港口航道图改正通告编写规范》等内部技术规范。

【测绘技术开发与应用】

1999 年，中国海事局在港口航道测量与碍航物扫测中，推广多波束测深技术的应用，组织研制国际标准电子海图。

2000年，中国海事局重点组织电子海图的分幅研究。

2001年，中国海事局组织研制开发《GEOSTAR海图制图软件》、《外业快速成图软件》、《三维可视化港口航道电子海图显示分析软件》等测绘应用软件。

2001年9月，中国海事局开通“海道测绘”官方网站，域名www.hydro.gov.cn，11月，实现与国际海道测量组织网站的链接。2004年，中国海事局对“海道测绘”网站改版，并于8月开通“海道测绘”英文网站。

2002年12月18日，为配合新修订的《中华人民共和国测绘法》的实施，中国海事局在北京举办以“海道测量与海事安全”为主题的2002年中国海事测绘论坛，就新修订的《测绘法》的贯彻实施，海事测绘技术的发展与应用，以及数字信息技术、卫星导航定位系统技术、地理信息系统技术、电子海图技术的应用等测绘科技动态等进行了研讨。交通部副部长洪善祥代表交通部到会祝贺并讲话。国务院法制办公室、国家测绘局、解放军总参谋部测绘局、海军航海保证部等有关部门及交通部有关司局的领导，香港海事处、武汉大学、南京大学、大连海事大学、中国远洋运输(集团)总公司、中国海运(集团)总公司等单位的有关专家和负责人共130多人出席了论坛。同年，《国际标准电子海图的研究和开发》项目获上海市科学技术进步二等奖。

2003年2月11日，中国海事局在安排年度海区测绘工作时，下达了建设海事地理信息系统(MGIS)的任务。同年，上海海事局在天津、广东海事局的配合下，完成海事地理信息系统的可行性研究报告、初步设计、用户需求规格分析说明书等，并基本搭建起技术平台，进入安装测试阶段。11月24日，中国海事局批复同意海事地理信息系统的初步设计。该系统以沿海港口航道测绘数据为基础，利用海事系统信息系统网络，显示沿海海区和主要港口示意图，为通航、航标、搜救、防污等海事管理提供基础数据平台。2004年2月9日，首套三维地理信息系统——“珠江口海事三维地理信息系统”在广州通过中国海事局组织的技术鉴定。2006年，在已建海事地理信息系统基础上，继续开发了海事地理信息系统基础平台、航测分要素数据库、航测应用系统、广东省内河渡口地理信息系统，扩大了海事地理信息系统业务覆盖面。

图12-2-2　2006年7月7日，中国海事局在上海举行“海事地理信息系统(二期)综合基础平台”技术验收会

2004年，中国海事局组织开发完成“北方海事测绘信息平台”和对1991年研制的“水深测量外业自动化数据处理系统”更新升级等项目。

2005年，中国海事局组织开发完成“海洋信息管理系统”、“海事指挥管理挂图制作”、“CARI软件汉字加注研究”、“电子海图数据加密与发布”等项目。研制压力式遥测水位仪40余套。

2006年，“长江口、杭州湾基础面计算校对和调整”项目获中国测绘学会测绘科技进步二等奖。

2007年，中国海事局引进与推广HPD数据库制图技术，开发海图小改正软件、CARIS全要素制图技术专用数据转换软件，建成方便用户购图的“海图目录服务系统”，进行水上应急抢险搜寻测绘技术研究等。“海事地理信息系统(MGIS)”获中国测绘学会测绘科技进步三等奖、中国测绘学会黑田敏夫测绘科技进步奖。“珠江口水文信息系统”获中国航海学会科技三等奖。

第十三章　水上交通事故管理

简　　述

中国海事局成立后，在水上交通事故管理工作中，重点加强了事故调查和处理工作，不仅完成一批重大事故的调查处理和跟踪指导工作，而且在公开事故调查报告、统一事故调查文书和程序、规范事故调查结案管理、加强调查技术装备建设、修订完善有关法规、实行海事调查官制度等方面，开展了大量基础性工作；同时，进一步改进和完善了水上交通事故统计与分析工作。

1998 年 12 月 16 日至 17 日，中国海事局在北京召开水上交通事故调查处理工作座谈会。出席会议的代表和专家指出，水上交通事故调查处理工作是水上交通安全管理工作中的一个薄弱环节，必须全面改进。会议强调水上交通事故调查处理工作宗旨是为改善水上交通安全服务，其重点是对发生的事故进行认真调查，综合分析，提出防范措施，而不是民事调解。会议建议，中国海事局要抓好水上交通事故调查处理的基础工作，统一调查处理文书，实行规范管理；要依据中国实际情况，分步骤公开水上交通事故调查报告。

1999 年 2 月 8 日，中国海事局印发通知，明确水上交通事故调查处理工作必须逐步走向全面公开。1999 年 3 月 25 日，在上海召开的中国海事局国际海事研究委员会水上交通事故调查处理分委会上，中国海事局强调，依法调查水上交通事故，要履行查明原因，判明责任的职责。

2000 年 10 月 20 日至 21 日，中国海事局在福州召开水上交通事故调查处理工作座谈会。会议建议对水上交通事故调查处理工作，要加大投入，实行规范化管理，加快事故调查报告公开工作和事故调查结案工作，加强海事调查官队伍建设。10 月，中国海事局在《中国海事》杂志 2000 年第 5 期首次公布水上交通事故调查报告(1999 年 12 月 31 日“阿哈托”轮与“长航江汉 21”轮在长江下游发生碰撞事故)。12 月 28 日，中国海事局编印《水上交通事故调查报告集》，向大中型航运企业、有关院校和海事系统发放、公开部分水上交通事故调查报告。

2001 年 3 月 16 日，中国海事局启用统一的“水上交通事故调查处理文书格式”。6 月 1 日，中国海事局颁布《水上交通事故调查处理结案管理规定(试行)》。11 月 28 日，中国海事局印发《水上交通事故调查处理指南》。

2001 年 12 月 9 日至 10 日，中国海事局在杭州召开第一次水上交通事故调查处理工作会议。会议在总结中国海事局成立以来水上交通事故调查处理工作后，针对存在问题和差距，要求各海事机构要加大业务培训力度，逐步使事故调查人员具有船上工作资历，保持事故调查人员相对稳定，加快海事调查官队伍建设；要加强水上交通事故调查处理工作的硬件建设，特别是沿海及沿江的海事机构要配备较完善的事故调查设备，以保证事故调查手段的多样性和先进性；要加强事故调查的国际合作。会议明确水上交通事故调查工作要强化事故调查，淡化民事调解，真正履行查明原因、判明责任的职责。

2002 年 8 月 26 日，交通部公布《水上交通事故统计办法》，自同年 10 月 1 日起施行。12 月 19 日，中国海事局印发《关于水上交通事故调查报告公开有关事宜的通知》，统一规定水上交通事故调查报告的公开时间、公开方式、公开权限、公开范围。

2003年8月11日至12日，中国海事局在大连召开水上交通事故调查处理工作会议，全国部分省级地方海事机构和各直属海事局派员参加会议。会议进一步明确水上交通事故调查处理工作的法律地位，查明原因是查明事故的直接和间接原因，判明责任是判明当事人、当事船舶违反哪些法规的行政责任，而不是民事、刑事责任，事故调查主要是行政性技术调查，海事机构只是对当事人、当事船舶(或公司)进行行政处理。会议提出要尽快建立并试行海事调查官准入、分级、晋升等管理制度，进一步规范事故调查对外公开的宣传工作，强化事故结案率，加强督促和跟踪有关事故发生单位落实安全管理建议的情况，严格对事故责任人的行政处罚和处理。

2005年12月28日，中国海事局印发《海事调查官管理规定(试行)》，开始实行海事调查官制度。2006年上半年，中国海事局向通过培训考试的首批海事调查官颁发证书。

图13-0-1　2006年8月17日，水上交通事故调查处理工作会议在镇江召开

2006年3月30日，中国海事局印发通知，对水上交通事故调查处理对外信息发布提出统一要求。8月17日至18日，中国海事局在镇江召开水上交通事故调查处理工作会议，全国各省级地方海事机构和各直属海事局派员参加会议。会议确定今后两年水上交通事故调查处理工作的总体思路是：推行一项制度(海事调查官制度)，实现两个转变(工作理念实现从重责任追究和民事调解向重调查原因、重吸取教训转变，工作手段实现从简单的询问调查向重依靠先进科技手段采集证据转变)，达到两个提高(提高海事调查人员素质，提高海事调查工作质量)。

2006年8月7日，中国海事局成立水上交通事故调查专家委员会。12月4日，交通部公布《中华人民共和国内河交通事故调查处理规定》，自2007年1月1日起施行。

2007年4月3日，中国海事局印发内河交通事故调查处理文书标准格式。

1999年至2007年，中国海事局参与国务院组织的特别重大水上交通事故调查处理共8件，交通部或中国海事局组织的重大水上交通事故调查处理共37件，跟踪直属海事机构或地方海事机构组织的重大水上交通事故调查处理共18件。2001年至2007年，海事系统水上交通事故调查处理结案率每年均达到90%以上。

第一节　水上交通事故调查处理

【水上交通事故调查】

1999年6月1日，为加强涉外水上交通事故调查处理工作的管理，中国海事局印发《关于明确涉外水上交通事故调查处理有关事项的通知》，要求各级海事机构在调查处理涉外水上交通事故时，必须严格按现行法律法规授权依法办事，并避免不必要的时间延迟；如果需要滞留外籍船舶和船员，应书面说明理由并报中国海事局批准。该通知规定，涉及国际合作的水上交通事故调查(包括中国籍船舶及船员在国外水域发生的事故和外国籍船舶及船员在中国水域发生的事故)，均由中国海事局统一对外。

2001年3月16日，为进一步规范水上交通事故调查处理行政行为，中国海事局统一制定“水上交通事故调查处理文书格式”，包括水上交通事故报告书、水上交通事故调查询问笔录、水上交通事故现场勘查记录、水上重大交通事故结案表、海事签证审核表、水上交通事故民事纠纷调解申请书、水上交通事故民事纠纷调解撤销申请书、水上交通事故民事纠纷调解协议书、水上交通事故民事纠纷调解不成通知书、水上交通事故肇事逃逸协查书、解除协查通知、水上交通事故情况通报等12份文书格式，自同年7月1日起启用。2002年4月15日，中国海事局发布水上交通事故报告书、水上交通事故调查询问笔录、水上交通事故现场勘查记录等3份事故调查处理文书英文格式。2007年4月3日，为配合新修订的《中华人民共和国内河交通事故调查处理规定》颁布实施，中国海事局重新制定内河交通事故调查处理文书标准格式，包括内河交通事故报告书、内河交通事故立案调查通知书、撤销调查通知书、内河交通事故调查延期通知书、驶往指定地点接受调查通知书、解除指定地点接受调查通知书、船舶文书收存/返还清单、船员证书(件)收存/返还清单、内河交通事故调查结论书、内河交通事故安全管理建议书、内河交通事故调查询问笔录(首页)、内河交通事故调查询问笔录、内河交通事故现场勘查记录等13份文书格式，自2007年5月1日启用。

2001年6月1日，中国海事局颁布《水上交通事故调查处理结案管理规定(试行)》。该规定就结案工作的管辖、权限、程序、标准和时限等作出具体规定；明确水上交通事故结案实行分级管理，中国海事局委托调查的水上交通事故或事故管辖地海事机构组织调查的死亡失踪10人及以上的重大水上交通事故，要报请中国海事局结案；事故调查一般应在6个月内申请结案，结案批复不得超过2个月。该规定颁布实施后，海事系统水上交通事故调查处理结案率均达到90%以上。2007年6月24日，中国海事局发布经修订的《水上交通事故调查结案管理规定》。该规定按照“谁调查、谁结案”的原则，调整结案管辖权限，中国海事局、各直属海事局和省级地方海事机构负责调查的事故自行结案，分支海事局(处)和基层海事处调查处理的小事故自行结案，一般等级以上事故结案报上一级海事机构审批；并将结案时限由原来的6个月压缩至3个月，上级审批时限由原来的2个月压缩至1个月。

2001年11月28日，为规范水上交通事故调查处理程序，尽快提高水上交通事故调查处理整体水平，中国海事局印发《水上交通事故调查处理指南》，对水上交通事故调查的证据收集判断和运用、调查程序和方法、损失核定、原因分析、处理、调解、海事签证和档案管理等提出指导意见。

2003年12月3日，中国海事局印发《关于进一步明确海事调查处理管辖权限的通知》。该通知明确海事调查以海事机构辖区管辖为主，并对水上交通事故发生后可能出现的7种涉及海事调查处理管辖权问题作出规定。

2004年3月18日，交通部印发《关于进一步加强水上交通事故调查处理的通知》，强调各级海事机构是水上交通事故调查处理的主管机关，海事机构不得违反有关法律、法规的规定，放弃事故调查处理职能。该通知明确：除按规定由国务院或中央有关部门组成的事故调查组外，如果地方政府有关职能部门以及其他有关部门需参加事故联合调查，则由海事机构牵头进行，服从海事机构的统一协调、指挥和领导。同时，要求海事机构在调查处理事故时，不仅要查明事故的直接原因，还要查明相关的管理原因；不仅要判明当事人的直接责任，还要判明相关人员的管理责任；不仅要调查处理运输船舶交通事故，还要调查处理非运输船舶交通事故，但军用和渔业船舶的单方事故除外。7月21日，中国海事局印发《关于进一步加强中国籍船舶航行安全信息报告的通知》，要求中国籍船舶在公海及国外管辖水域发生水上交通险情或事故后，除需立即报告有关搜救机构或有关国家主管机关外，应同时尽快报告国内船籍港海事机构，否则将作为公司实施安全管理体系的严重不符合项处理。9月2日至3日，中国海事局在北戴河召开涉外海事调查处理研讨会，并于10月29日印发会议纪要。会议要求各直属海事局加强涉外海事调查的基础工作，认真研究有关国际标准，加强涉外海事调查官队伍建设；涉外事故调查范围要包括外轮在国内的厂修事故、工伤事故，重点调查事故的直接原因和人为因素，要形成英文事故调查报告；因海事调查滞留外轮一般不得超过三日，并无权扣留或吊销外籍船员的证书。

2005 年 8 月 25 日，为规范海上交通事故调查和海事案件审理，加强海事机构与海事法院之间的工作协调与配合，中国海事局与最高人民法院在厦门联合召开海事调查与海事诉讼研讨会，双方就海上交通事故证据收集等事宜相互交换意见，并达成证据共享合作共识。会议还就海事机构配合海事法院执行船舶扣押令、海事管理过程中发生的清除船舶油污染费用与油污染索赔优先受偿等问题进行讨论。2006 年 1 月 19 日，最高人民法院民事审判第四庭与中国海事局联合印发《关于规范海上交通事故调查与海事案件审理工作的指导意见》，就海事机构与海事法院、有关高级人民法院建立海事调查与海事诉讼协调机制、船舶扣押和船舶拍卖工作合作机制等事宜作出安排，并明确提出海事调查报告及其结论意见可以作为诉讼证据。

2005 年 10 月 14 日，中国海事局针对部分海事机构出现弱化事故调查处理的倾向，印发《关于加强水上交通事故调查处理工作的通知》，要求海事机构认真履行法律法规赋予的水上交通事故调查处理职责，及时向中国海事局报告一般等级及以上的水上交通事故和涉及 30 人遇险的重大险情。该通知明确要扩展水上交通事故调查范围，全面调查当事船员培训考试发证和资历情况、船舶建造和检验情况、通航水域航标设置和航道管理情况，查找事故发生原因中安全管理的因素，并严厉打击肇事逃逸船舶。

2006 年 8 月 7 日，中国海事局印发通知，成立水上交通事故调查专家委员会并公布其组成人员名单，主任、副主任委员由中国海事局领导担任，委员由航运企业、航道系统、公安消防系统、海事系统、救捞系统、引航系统和中国船级社、大连海事大学等方面的高级船长、高级轮机长、高级工程师、高级引航员和教授等 45 名专家组成，秘书处设在中国海事局安全处。该通知还规定了专家委员会工作制度。

2006 年 11 月 27 日，中国海事局印发《关于加强水上交通事故调查装备建设的通知》，主要就事故调查装备配备原则和标准作出统一规定。水上交通事故调查装备主要包括照相、摄像、录音、绘图设备，油漆、油样品提取设备，用于数据提取的测氧仪、测爆仪等设备，便携式计算机、打印机，防爆手电筒，防静电专用防护服，以及用于船舶交通管理系统、船载航行数据记录仪、船舶自动识别系统的电子数据证据提取、解读软件。通知要求交通部直属海事系统事故调查部门按标准配备事故调查装备，各地方海事机构参照执行。12 月 4 日，交通部公布《中华人民共和国内河交通事故调查处理规定》，自 2007 年 1 月 1 日起施行，交通部 1993 年发布的《中华人民共和国内河交通事故调查处理规则》同时废止。2007 年 2 月 8 日，中国海事局在武汉召开《内河交通事故调查处理规定》宣贯会。会议强调海事系统要充分发挥内河交通事故调查处理在内河交通安全管理工作中的作用，通过查明事故原因，找出制约航行安全的因素和普遍存在的安全隐患，同时也要找出海事监管工作的不足，不断改进内河交通安全管理工作。

【水上交通事故处理】

水上交通事故处理是指海事机构在水上交通事故调查的基础上，提出加强安全管理的措施和建议，处罚违法人员，公布调查结果以及对由于水上交通事故引起的民事纠纷进行调解的一系列活动。

1999 年 2 月 8 日，中国海事局印发通知，明确水上交通事故调查处理工作必须逐步走向全面公开，并规定自1999年1月1日起，无论当事人是否申请调解，对辖区内发生的事故，海事机构均应组织调查，其中重大事故调查报告均要报送中国海事局。12月30日，为统一规范水上交通事故行政处罚工作，避免因处理不当而造成不良影响，中国海事局印发《关于明确给予事故责任人行政处罚有关问题的通知》，就水上交通事故发生后，对相关中国籍商船、渔船事故责任人和外国籍船舶事故责任人的行政处罚类别、尺度及有关程序作出规定。

2000年12月28日，中国海事局将1995年至1999年50件典型的水上交通事故调查报告汇编成《水上交通事故调查报告集》(其中1995年至1998年23件事故为1册，1999年27件事故为1册)，首次向大中型航运企业、有关院校和海事系统发放、公开部分水上交通事故调查报告。之后，相继汇编了2000年、2001年、2002年《水上交通事故调查报告集》。2004年，中国海事局将《水上交通事故调查报告集》更名为《水上交通事故典型案例集》，汇编了2003年和2004年结案的15个水上交通事故调查报告。之后，继续按年度汇编印发《水上交通事故典型案例集》。2003年7月、2007年10月，中国海事局分别将1998年至2002年之间21个，2004年至2006年之间15个具有典型代表性的事故调查报告汇编成《水上交通事故典型案例集》，由人民交通出版社出版，向社会公开发行。从1999年开始，中国海事局在继续编印《水上交通事故月报》的基础上，增加编印《水上交通事故情况年报》(自2002年起，改为水上交通事故情况通报)，向各省(自治区、直辖市)交通主管部门、海事系统、大型航运企业提供年度水上交通事故统计分析、调查处理有关情况和数据。《中国海事》杂志2000年第5期、第6期，分别公布了1999年12月31日“阿哈托”轮与“长航江汉21”轮在长江下游发生碰撞事故的调查报告和1999年10月17日“盛鲁”轮火灾沉没事故调查报告。从此，中国海事局开始在《中国海事》杂志设置专栏，不定期公布部分水上交通事故调查报告。

2002年12月19日，中国海事局印发《关于水上交通事故调查报告公开有关事宜的通知》，就水上交通事故调查报告的公开时间、公开方式、公开权限、公开范围等作出统一规定，明确事故调查结束并已结案后或行政复议结束后，方可公开水上交通事故调查报告。

2004年1月30日，中国海事局印发通知，要求各直属海事局自2004年1月1日起，按照国际海事组织通函《海上事故和事件报告》的要求，将本辖区所有涉及中国籍国际航行船舶或外国籍船舶的水上交通事故以及本辖区内船籍港船舶在非中国管辖水域发生的水上交通事故上报中国海事局，以便及时向国际海事组织提交中国开展海事调查的有关情况。自2004年起，中国海事局每年都将特别严重和严重的水上交通事故资料提交给国际海事组织。

2004年12月22日，中国海事局针对陕西紫阳县沉船事故(12月17日，一艘处于严重不适航状态的木制机动客渡船，在当地海事机构给予停航整改行政处罚的情况下，擅自非法载客摆渡，因船舶进水沉没致10名中学生死亡)发出通报，要求各级海事机构加强现场监督检查力度，跟踪船舶安全隐患整改过程，督促整改措施落实到位；要求加强对重点水域、重点船舶的监督检查，突出对客运、渡运船舶适航状况检查，打击各种违法载客现象。

2006年3月30日，为保证水上交通事故调查处理信息发布的严肃性、公正性、客观性，中国海事局印发通知，对水上交通事故调查处理对外信息发布提出统一要求，要求各海事机构设立信息发布人，及时发布水上交通事故调查处理信息，并规定只发布本机构调查的事故信息，对正在搜救、调查的事故信息只公布客观事实，不对事故原因、责任进行评判，发布信息要不与法规条文相冲突，不与客观事实相矛盾，不泄露调查过程中的证据内容，不妨碍调查处理工作继续进行，把好客观事实和专业技术关，充分考虑信息发布将会产生的社会效果。

2006年11月29日，中国海事局对在珠江口“6・22”事故调查处理工作中表现突出的广东海事局

27 名主要人员给予通报表扬。通报指出，广东海事局在调查处理 2006 年 6 月 22 日发生的中国香港籍“太平洋冒险家”轮与中国海军“744”艇碰撞事故中，克服困难，依法行政，并充分维护“一国两制”方针，圆满完成事故调查和调解工作，得到香港公司、外籍人员和中国海军的高度评价。

2007 年 4 月 2 日，中国海事局对在浙江两起肇事逃逸重大事故调查处理工作中表现突出的浙江海事局 14 名主要人员给予通报表扬。通报指出，浙江海事局在追查和调查处理 2006 年 12 月 11 日和 12 日发生的两起渔船被撞沉而肇事船逃逸（分别造成 8 人和 6 人失踪）的事故中，克服困难，连续奋战，在短时间内查到并确定两艘外国籍肇事船，有效打击水上交通肇事逃逸违法行为，维护了中国法律尊严和渔民合法权益。9 月 3 日，交通部发出明传电报，就 2007 年 8 月 29 日“华航机 828”轮碰撞江苏昆山通城河桥事故（事故造成该桥上游中孔半幅桥梁坍塌，2 名船员死亡）和 9 月 2 日“赣天宜化 0037”轮在武汉市汉江起火事故（火灾蔓延，造成 2 轮沉没，2 轮严重受损）进行通报，要求把正在开展的船舶防碰撞防泄漏工作的具体要求进一步落实到每一家航运企业、每一艘船舶、每一名船员；要求各海事机构督促航运企业加强对船员的安全教育和操作培训，加强对重点水域的监控，对发生的事故坚持“四不放过”原则。①

〖船载航行数据记录仪〗

为使事故调查获得准确的事故船舶动态数据，根据国际海事组织有关决议要求和中国船舶检验法规的有关规定，结合中国实际情况，特别是吸取 1999 年 11 月 24 日烟台“大舜”轮特大火灾沉没事故和 2000 年 6 月 22 日四川合江特大触礁沉船事故教训，2000 年，中国海事局决定在中国籍船舶逐步推广安装使用船载航行数据记录仪。

船载航行数据记录仪（Voyage Date Recorder，缩写为 VDR）是一种以安全并可恢复的方式，实时记录保存有关船舶发生事故前后一段时间内的船舶位置、动态、物理状况、命令和操纵手段等有关信息的仪器，其最终记录信息数据是调查处理船舶事故的客观证据。

根据中国船载航行数据记录仪研制和安装试验进展情况，中国海事局于 2000 年 7 月 9 日至 10 日，在湛江召开船载航行数据记录仪推广使用研讨会，讨论船载航行数据记录仪的技术标准、管理规定和推广使用的方法步骤。10 月 18 日，中国海事局颁布《船载航行数据记录仪管理规定（试行）》。该规定明确，中国籍沿海航行的 50 及以上客位的客船于 2001 年 12 月 31 日前（但琼州海峡、渤海湾航行的客船于 2001 年 3 月 31 日前），100 总吨及以上的油轮、液化气船和散装化学品船于 2002 年 7 月 1 日前，200 总吨及以上的其他船舶于 2003 年 12 月 31 日前，应安装 1 台符合规定标准的船载航行数据记录仪，中国籍国际航行船舶及进入中国沿海港口水域的外国籍船舶的安装时间和适用标准按有关国际公约执行；中国海事局对实施该规定进行统一监督管理，各直属海事局是对船舶安装使用船载航行数据记录仪监督执行的主管机关，自 2001 年 4 月 1 日起按规定对到港船舶进行船载航行数据记录仪的监督核查和数据备份工作；中国海事局授权中国船级社负责船载航行数据记录仪的产品检验发证，船载航行数据记录仪的各种数据只能由中国海事局和各直属海事局提取使用，未经批准，任何单位或个人不得对数据再现、变更和删除。该规定还对船载航行数据记录仪的生产安装和保管维护提出具体要求。2000 年 11 月 27 日至 28 日，为实施《船载航行数据记录仪管理规定（试行）》，中国海事局在湛江召开现场办公会，组织推进船载航行数据记录仪的安装使用，大型航运企业和航行于琼州海峡、渤海湾的客船

① 2004 年 2 月 16 日，国务院总理温家宝主持召开国务院常务会议，研究进一步加强安全生产的有关问题。会议强调对已经发生的重大事故，要按照“事故原因不查清不放过，事故责任者得不到处理不放过，整改措施不落实不放过，教训不吸取不放过”的原则，查明原因，严肃处理，以维护法制和纪律的严肃性。

公司代表，以及直属海事系统、中国船级社，产品研制单位福建泉州布尔通信研究所的有关人员参加会议。

根据2000年12月国际海事组织海上安全委员会第73届会议通过的经修正的《1974年国际海上人命安全公约》第Ⅴ章第20条规定，2001年3月19日，中国海事局印发通知，明确国际航行客船、客滚船和3000总吨及以上的其他船舶强制配备船载航行数据记录仪时限，同时调整航行于琼州海峡、渤海湾及其他单程超过50海里的客滚船应于2001年9月30日前完成船载航行数据记录仪的安装工作。4月2日，中国海事局公布实施《船载航行数据记录仪技术条件和检验程序(国内船舶试行)》。8月30日，中国海事局印发通知，进一步明确船载航行数据记录仪在安装、检验、验收、维护、使用过程中，海事机构、中国船级社、生产厂家和航运企业的责任分工，规定船舶发生水上交通事故后，必须向有关海事机构报告并申请对船载航行数据记录仪数据的提取。

2002年4月1日，中国海事局印发通知，要求自2002年7月1日起，各有关海事机构对客滚船安装船载航行数据记录仪的情况进行检查，2002年8月1日后仍未安装的要予以滞留。该通知还明确，国内航行船舶可免除“雷达数据”和“船体开口状况数据”的收集功能。7月19日，中国海事局在北京召开船载航行数据记录仪工作专题会议，并于7月25日印发会议纪要。会议明确，如果船舶没有采集数据所需的设备，则不应要求船舶为安装船载航行数据记录仪而增加此设备；船舶取得船载航行数据记录仪检验合格的产品证书和安装检验报告，并通过海事机构对主要技术指标的现场检查，海事机构才能签发《船舶VDR证书》。

【重特大水上交通事故调查处理】

1989年2月，交通部建立重大水上交通事故调查处理跟踪制度。1989年3月，国务院发布《特别重大事故调查程序暂行规定》。根据国务院和交通部的有关规定，中国海事局作为水上交通事故调查处理主管机关，参与特别重大水上交通事故的调查，组织和跟踪重大水上交通事故的调查处理。2004年3月18日，交通部在《关于进一步加强水上交通事故调查处理的通知》中进一步明确，对死亡失踪10人及以上的水上交通事故，中国海事局将给予跟踪或组织调查。

图13-1-1　2002年，由国家安全生产监督管理局牵头组成重庆长寿“12·18”特大碰撞沉船事故调查组。图为事故调查组成员、交通部海事局副局长郑和平(右前)12月22日在事故现场

图13-1-2　2004年11月21日，海事执法人员在“辽海”轮火灾事故现场调查取证

图 13-1-3　2007 年 3 月 19 日，中国海事局事故调查组调查“惠荣”轮与“鹏延”轮碰撞事故

1999—2007 年中国海事局参与、组织或跟踪的重特大水上交通事故调查处理情况一览　表 13-1-1

年份	参与国务院组织的特别重大水上交通事故调查处理		交通部或中国海事局组织的重大水上交通事故调查处理		跟踪指导重大水上交通事故调查处理	
	事故名称	件数	事故名称	件数	事故名称	件数
1999	烟台“11・24”“大舜”轮特大火灾沉没事故	1	台湾海峡“11・18”“静水泉”轮沉没事故(1998 年)、闽江口“1・31”“联合多卡斯”轮触礁沉没事故、渤海“10・17”“盛鲁”轮火灾沉没事故、珠江口“3・24”“东海 209”轮与“闽燃供 2”轮碰撞溢油事故	4	台湾海峡“12・21”“新珠江”轮沉没事故	1
2000	四川合江“6・22”特大触礁沉船事故	1	长江下游“12・31”“阿哈托”轮与“长航江汉 21”轮碰撞事故(1999 年)、南海“12・29”“嘉定关”轮沉没事故	2	—	0
2001	重庆合川“1・29”特大触礁沉船事故	1	江苏射阳“1・6”“苏射 18”轮搁浅沉没事故、黄海“9・21”“重任一号”驳所载桥吊倒塌坠海事故、长江口“11・30”“浙舟 606”轮沉没事故(2000 年)、渤海“10・28”“通惠”轮爆炸沉没事故、厦门“9・20”“运鸿”轮与“爱丁堡”轮碰撞事故	5	—	0
2002	重庆长寿“12・18”特大碰撞沉船事故	1	琉球群岛“11・10”“飞云岭”轮沉没事故、珠海港“7・15”“长威”轮沉没事故(2000 年)	2	四川合江“8・2”特大碰撞沉船事故、杭州湾“3・22”“浙慈工 2”工程船沉没事故、连云港“2・16”“航链 702”轮沉没事故	3
2003	重庆涪陵“6・19”特大碰撞沉船事故	1	渤海海峡“2・22”“辽旅渡 7”轮沉没事故、渤海“10・12”“华源顺 18”轮沉没事故、渤海“10・12”“顺达 2”轮沉没事故	3	台湾海峡“5・25”“华顶山”轮火灾沉船事故、温州“12・3”“厦船 1 号浮坞”沉没事故	2
2004	河南小浪底水库“6・22”特大沉船事故、山西临猗黄河“9・23”特大农用船沉没事故、四川南充“9・27”特大沉船事故	3	长江口“2・10”“华商”轮与“浙嵊 97071”轮碰撞事故、大连港“11・16”“辽海”轮火灾事故	2	温州港“2・29”“神龙 9”轮与“银山湖 2”轮碰撞事故、长江下游“4・4”“环宇 8”轮与“长江 63003”船队碰撞事故、舟山“7・22”“GABY DELMAS”轮与“华雪 166”轮碰撞事故	3

续上表

年份	参与国务院组织的特别重大水上交通事故调查处理		交通部或中国海事局组织的重大水上交通事故调查处理		跟踪指导重大水上交通事故调查处理	
	事故名称	件数	事故名称	件数	事故名称	件数
2005	—	0	辽宁海洋岛“11·8”“辽普运777”轮沉没事故、南海“11·22”“安津”轮沉没事故、东海“11·14”“先锋海1”轮沉没事故、长江中游“12·25”“湘航3605”船队与“鄂荆州渡5002”轮碰撞事故、重庆长寿“9·1”“银河2号”轮触礁事故、山东石岛“9·11”“金达266”轮沉没事故、龙口港“12·21”“铭扬州178”轮沉没事故	7	黄海“3·8”“MSC CHRISTINA”轮与“华凌”轮碰撞事故、黄海“3·8”“RICKMERS GENOA”轮与“SUN CROSS”轮碰撞事故	2
2006	—	0	东海“10·25”“新连云港”轮与“EVER GAIN”轮碰撞沉没事故、长江口“11·18”“龙运5号”轮沉没事故、北海港“12·10”“茗花女王”轮与“美丘”轮碰撞事故、珠江口“6·22”“太平洋冒险家”轮与海军“774”艇碰撞事故	4	台湾海峡“2·16”巴拿马籍“HENG DA1”轮触礁沉没事故、舟山“4·22”英国籍“现代独立”轮触损溢油污染事故、长江三峡“10·13”“巴峡”轮与“航鲟668”轮碰撞事故、山东石岛“5·2”“经纬油1”油轮碰撞渔船事故、青岛港“6·26”“青油3”轮与“世元1号”轮碰撞事故、长江下游“12·12”“阳澄湖”轮与“赤壁8号”轮碰撞事故	6
2007	—	0	舟山“3·17”“惠荣”轮与“鹏延”轮碰撞事故、台州“4·8”伯利兹籍“HARVEST”货轮与“金海鲲”货轮碰撞事故、江阴基地“8·5”“港海666”轮碰撞靠泊船舶事故、渤海海峡“5·12”圣文森特籍“JIN SHENG”轮与韩国籍“GOLDEN ROSE”轮碰撞事故、佛山西江“6·15”“南桂机035”轮碰撞九江大桥桥墩事故、丹东“10·3”“东展彩艺5”轮与“辽丹渔25579”轮碰撞事故、哈尔滨“10·23”农用船翻沉事故、大连“10·28”“申海1”轮沉没事故	8	烟台“9·15”巴拿马籍“CHANG TONG”轮与德国籍“HANJIN GOTHENBURG”轮碰撞事故	1
合计		8		37		18

〖1999年“11·24”“大舜”轮特大火灾沉没事故〗

1999年11月24日13时20分，山东航运集团有限公司控股企业——烟大汽车轮渡股份有限公司所属客滚船“大舜”轮，在烟台载客264人，载车61辆，船员40人，开往大连，途中遇大风，舱内车辆发生碰撞，船舶掉头拟返回烟台。在返回途中，风浪加大，船舶摇晃加剧，汽车舱起火，船舶失控。搜救部门接到求救报告后，即调派17艘船舶进行施救，但因风浪太大，施救船舶或未能驶抵现场，或靠近施救失败。23时38分，“大舜”轮在烟台附近海域突然倾覆倒扣，船上人员全部落水。

事故发生后，中共中央、国务院领导人多次作出批示和指示，要求国务院有关部门、山东省人民政府和当地驻军全力以赴组织好搜寻打捞遇难人员和善后工作，对这起严重的交通事故认真组织调查，依法严肃处理，吸取教训，改进工作。11 月 25 日，国务院成立以国家经济贸易委员会副主任石万鹏为组长的“11・24”特大海难事故调查处理领导小组，中国海事局是该领导小组成员单位之一。在领导小组的全面领导下，交通部和当地政府、驻军开展了大规模的搜寻救助打捞遇难者的行动，同时进行善后处理和事故调查工作。12 月 2 日，国务院副总理吴邦国到烟台视察搜救现场，慰问遇难者家属和生还者。12 月 10 日，搜救行动结束，打捞遇难者遗体 244 具。这起特别重大水上交通事故，除 22 人（船员 5 人、旅客 17 人）获救外，其余 282 人（船员 35 人、旅客 247 人）全部遇难，直接经济损失约 6000 余万元。

“大舜”轮火灾沉没事故联合调查组，由航运、消防、船舶检验、海事等方面专家组成，中国海事局参与了联合调查组工作。

11 月 25 日至 12 月 11 日，联合调查组分别询问了“大舜”轮获救船员和旅客以及烟台救捞局、“兴鲁”轮、“棒棰岛”轮等参与救助单位和船舶的有关人员，查询了 11 月 24 日各气象台天气预报和国家海洋局烟台中心海洋站实测气象，查阅了打捞上来的“大舜”轮航海日志等船舶资料，调查了当日部分航行客滚船及“大舜”轮装载的车辆与乘客情况，调查了烟大公司及其所属船舶、上级公司、行业管理机构、船舶检验机构、港航监督机构、客运服务单位等相关单位的有关情况。中国海事局除参加上述调查活动外，还专门查询了 12 个单位，共 71 人次，制作笔录 70 份，同时核查了船舶的国籍证书、船舶检验证书、船舶航行安全证书等 20 余种证书，查证了车钟记录、电台日志、甚高频电话通话记录、卫星船站工作日志等有关“大舜”轮当日航行和通讯的记录等。

图 13-1-4　2000 年 6 月 1 日，“大舜”轮打捞起浮现场

12 月 12 日，经专家依据调查情况综合分析后，联合调查组形成《“大舜”轮特大海上交通事故初步调查报告》、《关于“大舜”轮起火原因的初步分析报告》、《关于“11・24”特大海难事故救助情况调查报告》、《1999 年 11 月 24 日烟台及其附近海域气象和海况报告》、《“11・24”特大海难事故有关管理情况的调查报告》。之后，又依据调查资料，通过建立事故模型，对事故原因进行了多次分析核实，于 2000 年 5 月 16 日正式形成《“11・24”特大海难事故调查报告》。

2000 年 6 月 1 日，“大舜”轮被打捞起浮后，联合调查组和特邀的两名船舶机电专家对“大舜”轮进行现场勘查取证，再次对事故原因调查确认。联合调查组最终认定，“11・24”特大海难事故是一起在恶劣气象和海况条件下，因船长决策指挥失误、船舶操纵不当、船载车辆超载且系固不良而导致的重大责任事故。船长决策指挥失误、船舶操纵不当是这起事故的主要原因，气象、海况恶劣和车辆超载、系固不良是这起事故的客观原因和重要原因，救助手段落后、救助失败是人员伤亡扩大的重要原因。

事故调查结束后，国务院总理朱镕基于 2000 年 9 月 1 日专门主持会议听取了事故调查处理领导小组的情况汇报。会议同意事故调查处理领导小组提出的处理意见。依据有关规定，对负有主要管理责任的 4 人移交司法机关处理，对负有重要管理责任的 9 人给予党纪、政纪处分，对负有直接责任的“大舜”轮船长因已在事故中死亡，依法免于责任追究。鉴于这起特大海难事故给国家和人民生命财产造成重大损失，在社会上造成不良影响，为了对广大人民群众负责，并警示各级领导同志，经中共中央、国务院批准，对负有领导责任的山东省省长李春亭和交通部部长黄镇东给予行政警告处分，山东省副省长韩寓群和交通部副部长洪善祥给予行政记过处分。

2000 年 11 月 22 日，中央电视台播发了“大舜”轮特大火灾沉没事故调查处理结果。这起事故的调查报告被收录在 2001 年《水上交通事故调查报告集》中。

〖2005 年“9 · 1”“银河 2 号”轮触礁事故〗

2005 年 8 月 29 日 11 时，重庆市长江三峡旅游船有限公司所属“银河 2 号”轮，上水由宜昌南津关起航开往重庆，载客 90 人(其中外国籍游客 85 人、中国籍游客和领队 5 人)，船员 73 人。9 月 1 日零时 15 分，该轮航行至重庆长寿王家滩进漕时，江上能见度逐渐降低。约零时 48 分(重庆市水上交通管理监控系统回放时间)，当该轮追越前行的“联盟 818”轮时，船体触礁，造成船舶中后部位搁置在鳝鱼尾水域礁石上(长江上游航道里程 592. 9 公里)，机舱进水，无人员伤亡。当时江面能见度下降到不足 100 米，探照灯照距严重受限，看不清前方和北岸岸形，船舶借助雷达行驶。

“银河 2 号”轮触礁后，船长立即用甚高频电话联系周围船舶请求救助，并向海事机构和公司报告船舶触礁险情。随后，公司有关负责人赶到办公室，要求船长立即根据现场事态发展情况采取相应安全措施，重点保证旅客的安全撤离。重庆长寿海事处派出“渝道 1103”航标艇和“新民”号、“长风 1”号、“江南 13”号客渡船，以及两艘海事巡逻艇赶到现场施救。3 时许，公司联系的两辆旅游公司的客车和公司有关负责人抵达事故现场。4 时许，船上全部人员被安全转移到岸上，无一人伤亡，旅客被旅游客车全部接往重庆。

图 13-1-5　“银河 2 号”轮触礁事故现场

事故发生后，交通部立即组织成立了事故调查组，并及时赶往出事地点展开事故调查。调查组人员在现场勘查了事故船舶和事故水域情况，对全球定位系统(GPS)回放的“银河 2 号”轮航行轨迹进行了鉴定分析，询问了当事船员，检查了姊妹船“银河 1 号”轮，并对该轮技术、检验、设备、船员和本次航行情况，以及公司有关管理情况进行了全面调查，同时对海事监管、航道维护和通信管理等相关情况进行了调查，于 9 月 6 日形成《重庆长寿“银河 2 号”轮触礁事故调查报告》和《重庆长寿“银河 2 号”轮触礁事故管理情况调查报告》。

经事故调查组调查分析认定，这起事故是由于船舶驾驶人员盲目追越、错误选择航路、瞭望疏忽并操作不当而直接造成的单方水上交通责任事故；船长监航制度执行不力以及船公司汛期安全管理不到位是事故发生的间接原因；能见度不良、水文紊乱是事故发生的客观原因。事故调查报告建议对事故发生负主要责任的当班驾驶人员、负有一定责任的船长和其他有关人员，由长江海事局依法进行处理；建议对重庆市长江三峡旅游船有限公司安全管理体系进行附加审核，停业整顿，是否复航由长江航务管理局根据整改情况和附加审核结果决定。

调查报告还就这起事故的教训，提出了安全管理建议：船公司对船员要加强安全法规培训，确保船员遵守雾航和特殊航段有关航行规定；注重技能培训，提高驾引水平，特别是不能放松对水上从业资历长的船员的继续培训和再教育，确保船舶正确选择航路，保持正规瞭望，驾引人员要掌握航道水文、气象及航行通（警）告等安全信息，不断提高船员理论和实际操作水平；要严格按照安全管理体系文件运行，将安全责任落实到船舶、船员和管理人员等。

2005 年 11 月 9 日，中国海事局印发通知，决定重庆长寿“银河 2 号”轮触礁事故结案。《中国海事》杂志 2006 年第二期公布了该事故的调查报告。

【海事调查国家间协作】

根据国际海事组织 A. 849（20）号大会决议通过的《船舶事故和事件调查规则》中有关加强船舶事故和事件国家间协作的要求，1999 年，中国海事局请求韩国釜山海事主管机关协助调查发生在成山头水域的碰撞渔船逃逸事故，获得了相关资料；并应韩国海事主管机关协助调查发生在韩国水域的碰撞渔船逃逸事故的请求，在浙江对肇事嫌疑船进行了调查。

2003 年，中国远洋运输（集团）总公司的“富山海”轮在丹麦水域与塞浦路斯籍船舶（波兰船东）碰撞沉没后，丹麦海事主管机关多次征求各有关主管机关意见，中国海事局反馈了书面意见，并体现在丹麦的事故调查报告中。

2005 年至 2007 年，中国海事局与韩国、越南、蒙古、马绍尔、巴拿马等国家开展了多起海事联合调查。2005 年 1 月，就中国籍船舶“通力”轮与韩国籍客箱班轮“MORNING GLORY”碰撞事故与韩国开展联合调查；3 月，就中国籍船舶“华凌”轮与塞浦路斯籍集装箱船“MSC CHRISTINA”碰撞事故与塞浦路斯开展联合调查，就马绍尔群岛籍多用途船“RICKMERS GENOA”与韩国籍杂货船“SUN CROSS”碰撞事故与韩国、马绍尔开展联合调查；5 月，就越南“EASTERN DRAGON SHIPPING CO，LTD”所属蒙古籍“SEA BEE”轮沉没事故与越南、蒙古开展联合调查。2006 年 2 月，就“恒达 1”（HENG DA 1）轮沉没事故与巴拿马开展联合调查。2007 年 5 月至 6 月，就韩国籍杂货船“GOLDEN ROSE”与圣文森特籍集装箱船“JIN SHENG”碰撞沉没事故，在大连与韩国中央海洋安全审判院开展联合调查。

〖2007 年“5 · 12”外国籍船舶碰撞事故〗

2007 年 5 月 12 日 3 时，从烟台开往大连的圣文森特籍集装箱船“金盛”（JIN SHENG）轮与从营口开往韩国的韩国籍杂货船“金玫瑰”（GOLDEN ROSE）轮在渤海海峡以西海域（北纬 38°14′41″，东经 121°42′17″）发生碰撞，造成“金玫瑰”轮沉没，16 名船员（韩国籍 7 名、缅甸籍 8 名、印度尼西亚籍 1 名）失踪。经中国海上搜救中心组织持续 40 天的搜救，打捞起船员遗体 6 具，其余 10 人失踪。“金盛”轮球鼻艏轻微变形，船舶及船员安全。

事故发生后，依据《国际海洋法公约》和《中华人民共和国海上交通安全法》规定以及 2005 年中、韩两国达成的海上事故调查合作协议，中国海事局开始研究和启动“5 · 12”碰撞事故的调查处理，并于事发当日向韩国、圣文森特、缅甸、印度尼西亚有关主管机关通报事故情况。5 月 16 日，韩国提出派员参与事故调查，并以中方为主导调查国，中国当即表示欢迎。5 月 22 日，韩国中央海洋安全审判院首席调查官等一行 4 人抵达大连，与中国海事局指派的海事调查官一起组成“5 · 12”碰撞事故联合调查组，开始参与事故调查。

为获取详尽的事故证据材料，中国海事局调集一批专家，为事故调查提供技术支持。中方调查人员通过对涉案人员询问笔录分析、船舶自动识别系统数据分析、沉船声纳扫测分析、水下探摸录像图片分析、油漆取样分析、电话记录单与通话录音比对分析，以及对过往船舶进行排查询问等，全面掌握了事故证据材料。在调查过程中，中方将所有调查证据全部向韩方调查人员公开，并邀请韩方参加专家分析论证会议，共同询问事故有关船员和分析水下探摸录像资料。中韩双方经调查分析后认为，两船在雾中航行时，未能按照《1972年国际海上避碰规则》规定保持正规瞭望，亦未采用安全航速航行并及早采取避免碰撞的行动是导致两船碰撞的主要原因；在两船形成碰撞紧迫局面后，两船避让措施不当是导致碰撞的次要原因；“金盛”轮盲目左转向行为的过失程度较“金玫瑰”轮右转向的过失程度更大，“金盛”轮对事故负主要责任，“金玫瑰”轮负次要责任；“金盛”轮及其船公司未及时向事发地海事机构报告事故情况和“金玫瑰”轮未发出应急报警信号，是延误搜救行动及时开展的直接原因；“金盛”轮擅自驶离事发现场，未履行救助义务，违反了中国法律有关规定。

6月15日，中韩事故调查组组长在大连签署联合调查会议纪要。6月19日，中华人民共和国交通部与韩国海洋水产部分别在北京和首尔，同时召开新闻发布会，对外公布“5·12”碰撞事故调查结论。中韩双方在相互合作的基础上，客观、公平、公正完成了此次海事调查工作。之后，韩国中央海洋安全审判院首席调查官致函中国海事局，对中方在此次事故调查中的积极协作表示感谢，对中方海事调查水平给予肯定；韩国驻青岛总领事致信山东海事局，对其在此次海难的搜救行动表示感谢。7月4日，交通部通报表彰在“5·12”外国籍船舶碰撞事故处置工作中和事故调查工作中表现突出的15个单位和33名个人。

图13-1-6　2007年6月15日，中国与韩国事故调查组组长在大连签署“5·12”船舶碰撞事故联合调查会议纪要

【海事调查官管理】

中国海事局成立后，在1998年12月16日召开的水上交通事故调查处理工作座谈会上提出，根据当前水上交通事故调查人员的现状，有必要采取多种形式开展培训工作，以尽快提高调查人员的素质。

1999年，中国海事局开展了水上交通事故调查人员培训大纲和教材的研究工作；6月，对全国水上交通事故调查处理人员进行统计摸底，建立了调查人员档案；11月，在大连海事大学举办第一期海事调查官培训班。自1999年起，中国海事局与大连海事大学联合举办海事调查官培训班，至2001年，每年举办1期，共培训了120名具有一定涉外能力和水上交通事故调查处理工作水平的海事调查人员。

为与国际接轨，中国海事局于2000年11月27日在2000年水上交通事故调查处理工作座谈会上提出建立海事调查官制度，同时提出海事调查官分级标准与资格条件，强调海事调查官实行考任制，海事调查官应有船上任职资历等。

2002年6月和11月，中国海事局在大连海事大学举办两期海事调查官培训班。

2003年10月，中国海事局组织20人赴澳大利亚参加为期20天的海事调查官培训班。同年，中国海事局组织有关专家编写海事调查官培训教材。2004年2月，海事调查官培训教材——海事调查官丛书《水上交通事故调查概论》、《水上交通事故调查处理相关法律法规选编》、《典型案例调查解析》由大连海事大学出版社出版。

2004年9月，中国海事局在大连海事大学举办1期高级海事调查官培训班，共有27名直属海事局的海事调查官参加培训。

2005年5月，中国海事局与国际海事组织合作，邀请国际海事组织海事调查专家授课，在上海举办国际海事调查官培训班，受训人员近40名。9月，中国海事局组织直属海事局20名海事调查官到英国参加海事调查模拟培训。

2005年12月28日，为加强海事调查官队伍建设，提高海事调查业务水平，中国海事局印发《海事调查官管理规定(试行)》，自2006年7月1日起实施。该规定主要就海事调查官等级划分、任职资格、培训与考试、资格注册、考核评估、责任追究和工作保障等作出规定。海事调查官等级分为助理海事调查官、中级海事调查官、高级海事调查官三级，其中，中、高级海事调查官又分为涉外海事调查官和非涉外海事调查官两种。该规定明确：高级海事调查官可以主持各等级水上交通事故的调查处理工作，中级海事调查官可以主持大事故及以下等级水上交通事故的调查处理工作，助理海事调查官可以主持一般及以下等级水上交通事故的调查处理工作，涉外事故的调查由具有涉外资格的高级或中级海事调查官主持；海事调查官经向各直属海事局和省级地方海事局注册后，方可主持海事调查。

图13-1-7　2006年4月11日至25日，华东片中级海事调查官培训班在交通部海事局上海培训中心举办，来自华东片区8个直属海事局和4个地方海事局的54名学员参加培训

2006年1月23日，中国海事局印发《海事调查官培训考试大纲》，同时指定交通部海事局大连、上海、武汉培训中心负责组织实施培训考试，委托大连海事大学、上海海事大学、武汉理工大学协助组织培训课程和任课教师。3月24日，根据各地实际情况，中国海事局就实施《海事调查官管理规定(试行)》发出补充通知，对参加培训的资历条件、直接参加考试和直接发证的条件作进一步明确和调整。2006年，全国海事系统共组织33期助理海事调查官培训班、5期中级海事调查官培训班、3期高级海事调查官培训班。经统一组织海事调查官培训考试后，中国海事局于2006年7月1日前按规定先后为首批海事调查官颁发了证书。

2007年6月，中国海事局在上海和武汉各举办1期中级海事调查官培训班；8月，在大连举办1期高级海事调查官更新培训班，授权部分直属海事局和地方海事局分别举办了若干期助理海事调查官培训班；11月，组织各直属海事局海事调查官赴美国参加模拟海事调查培训。

至2007年底，全国海事系统共有高级海事调查官123名，中级海事调查官331名，助理海事调查官1679名。

第二节　水上交通事故统计

【水上交通事故统计管理】

1999年4月15日，交通部交通安全委员会印发通知，要求自1999年1月1日起，原交通部部属航运企业及双重领导港口所属船舶发生水上交通事故，应纳入企业所在地的地方交通主管部门统计之中；本省(自治区、直辖市)籍的船舶在外省(自治区、直辖市)发生的水上交通事故，应纳入本省(自治区、直辖市)交通主管部门统计之中。

2000年12月8日，为了准确、及时分析和评估水上安全环境与安全管理效果，中国海事局印发

《关于加强水上交通事故统计上报工作的通知》，要求自2001年1月起，全国海事系统各单位的水上交通事故统计月报时限较原规定提前至次月5日内上报，并增加两个水上交通事故月报表，对水上交通事故统计中的船舶种类、船舶隶属关系进行了分解细化。

2001年3月16日，中国海事局印发《关于严格执行水上交通事故报告有关规定的通知》，强调中国籍船舶或外派的中国籍持证船员所在外国籍船舶在中国沿海水域以外发生水上交通事故后，应按规定及时向中国海事机构报告，要求中国籍船舶所有人、经营人、管理人和船员派出单位，将其船舶在中国沿海水域以外发生的事故情况，于事故发生后一周内报告船籍港海事机构或当地海事机构，否则，一经查实，将依照有关法律法规严肃处理，并作为该公司安全管理体系审核重大不符合项处置。6月4日，中国海事局印发《关于明确水上交通事故统计工作中有关问题的通知》，就水上交通事故统计中有关"乡镇运输船"的定义、船舶碰撞事故的责任比例分摊数额和事故等级认定标准等作出规定。

2002年8月26日，交通部公布《水上交通事故统计办法》，自同年10月1日起实施，1990年交通部发布的《船舶交通事故统计规则》同时废止。9月11日，交通部印发《关于深入贯彻实施〈水上交通事故统计办法〉的通知》，要求各级交通主管部门、海事机构和中央直属航运企业切实加强水上交通事故统计工作，及时填报有关事故报表；各省（自治区、直辖市）交通主管部门要全面掌握本省（自治区、直辖市）船舶事故状况，认真分析事故发生规律，以便加强水上交通安全的行业管理；海事机构在接到事故报告（一般事故及以上）5日内应将事故简况通报相关省（自治区、直辖市）交通主管部门，凡属乡镇船舶事故，还要通报相关县级人民政府；各海事机构要将本辖区死亡失踪1人及以上或直接经济损失50万元及以上的事故、遇险人数50人及以上或危险品运输船舶重大险情的简要情况，"一案一例"同时上报交通部。该通知还规定了《运输船舶水上交通事故统计表》、《非运输船舶水上交通事故统计表》、《水上交通事故调查处理统计表》的6种格式。10月，中国海事局在武汉举办一期统计人员培训班，宣传贯彻《水上交通事故统计办法》，全国60名水上交通事故统计人员参加培训。

2004年1月18日，中国海事局印发《关于进一步加强水上交通事故统计工作的通知》，主要就事故统计具体操作和"一案一例"报告的内容、格式等提出统一要求。4月1日至2日，中国海事局在广东韶关举办水上交通事故统计人员培训班，全国海事系统50多名负责水上交通事故统计工作的人员参加培训。

2007年11月12日，中国海事局印发通知，要求各级海事机构依法提高事故统计质量，明确在推广使用"水上交通事故管理"系统软件的同时，中国海事局将加强事故统计月（年）报的质量跟踪工作，并对迟报、漏报、错报等现象进行不定期通报。

2002年水上交通事故分级标准一览　　表13-2-1

船舶等级	重大事故	大事故	一般事故	小事故
3000总吨以上或主机功率3000千瓦以上的船舶	死亡3人以上；或直接经济损失500万元以上	死亡1～2人；或直接经济损失500万元以下，300万元以上	人员有重伤；或直接经济损失300万元以下，50万元以上	没有达到一般事故等级以上的事故
500总吨以上、3000总吨以下或主机功率1500千瓦以上、3000千瓦以下的船舶	死亡3人以上；或直接经济损失300万元以上	死亡1～2人；或直接经济损失300万元以下，50万元以上	人员有重伤；或直接经济损失50万元以下，20万元以上	没有达到一般事故等级以上的事故
500总吨以下或主机功率1500千瓦以下的船舶	死亡3人以上；或直接经济损失50万元以上	死亡1～2人；或直接经济损失50万元以下，20万元以上	人员有重伤；或直接经济损失20万元以下，10万元以上	没有达到一般事故等级以上的事故

说明：本表为2002年8月交通部公布的《水上交通事故统计办法》所规定，表内的"以上"包含本数或本级，"以下"不包含本数或本级。

1998—2007 年全国运输船舶水上交通事故四项指标统计 表 13-2-2

年　份	事故件数	死亡失踪人数	沉船艘数	直接经济损失(万元)
1998	985	606	295	14114.4
1999	832	769	253	25100.0
2000	633	576	243	13596.3
2001	645	490	290	16472.3
2002	735	463	384	16135.1
2003	633	498	343	38009.0
2004	562	489	330	36891.8
2005	532	479	306	49500.0
2006	440	376	250	44300.0
2007	420	372	248	40197.6

1998—2007 年全国运输船舶等级水上交通事故件数统计(单位：件) 表 13-2-3

年份	事故总数	其　中				
		重大事故	大事故	死亡失踪 10 人以上事故	死亡失踪 3～9 人事故	死亡失踪 1～2 人事故
1998	985	289	—	—	—	—
1999	832	280	—	12	73	—
2000	633	245	236	7	—	—
2001	645	231	214	7	46	90
2002	735	295	257	2	42	132
2003	633	93	325	3	42	192
2004	562	105	293	5	34	162
2005	532	91	277	5	47	153
2006	440	76	248	0	38	157
2007	420	84	210	1	42	158

1998—2007 年全国非运输船舶水上交通事故指标统计 表 13-2-4

年　份	事故件数	死亡失踪人数	沉船艘数
1998	83	366	46
1999	80	326	71
2000	211	382	136
2001	160	302	82
2002	103	160	68
2003	164	427	136
2004	154	441	133
2005	119	233	121
2006	126	348	119
2007	110	288	102

〖水上交通事故课题研究〗

为全面、客观反映中国水上交通事故实际情况及其与其他行业、领域的事故统计指标的差异性，建立科学、合理的水上交通事故统计指标体系，2003 年 4 月 10 日，中国海事局与国家安全生产监督管理局签订“水上交通事故统计指标体系研究”年度课题项目合同书。

2003 年 8 月 12 日，在大连召开的水上交通事故调查处理分委会会议上，中国海事局确定“水上交通事故统计指标体系研究”、“水上交通事故经济损失核定研究”、“推行责任认定制度研究”三项研究课题，分别由广东、浙江、上海海事局牵头组织实施。

“水上交通事故统计指标体系研究”课题项目的主管部门为国家安全生产监督管理局，中国海事局主办，广东海事局承办，国家安全生产监督管理局调度中心为协作单位。该课题的具体思路，是在原有水上交通事故绝对统计指标的基础上，提出相对统计指标的概念；在水上交通事故原有的分级基础上，突出重、特大事故的统计；按照水上交通安全长效机制的要求，突出重点监管船舶和水域的事故统计等。该课题组在广泛调研的基础上，通过分析比较国内和国际发达国家水上交通事故统计指标体系的发展过程与现状，运用社会统计学等相关理论，提出新的水上交通事故统计指标体系初步构想，并利用广东海事局和广州海事局历年的水上交通事故统计数据，对新指标体系中各项指标进行抽样分析评估，形成课题研究报告。2004 年 6 月 11 日，中国海事局在广东韶关召开专家评审会，通过了该项课题的研究报告。新的水上交通事故统计指标体系增加了死亡事故件数、死亡和失踪人数、受伤人数、重大伤亡事故件数、重大伤亡事故死亡人数、特大伤亡事故件数、特大伤亡事故死亡人数、千艘进出港船事故率、千艘船事故率、亿客公里死亡率、航运企业船舶安全率、千总吨公里经济损失率等 10 个指标，并将新的水上交通事故统计指标体系分为全国指标体系、海事系统辖区指标体系、航运企业指标体系三个层次。

由于水上交通事故直接经济损失数额没有统一标准的核定办法，“水上交通事故经济损失核定研究”的目的是要提出一套科学的水上交通事故直接经济损失核定办法，为判定事故等级、依法处理事故责任人提供合理合法的直接依据，为水上交通事故统计提供客观可信的直接经济损失数据。该课题由浙江海事局牵头负责，长江、辽宁海事局配合。其研究思路是改变长期以来，水上交通事故造成的直接经济损失核定，实行的是主管部门对相关评估报告实行确认的制度；按照权责一致的原则，把评估报告价值确认改为合规性审核，即谁作评估，谁签字，谁负责，主管部门保留监督检查的权力即可。所提出的水上交通事故直接经济损失核定办法要反映直接经济损失的客观实际和内在属性，综合归并，突出重点，简明扼要，计算方便，切实可行。该课题组在广泛调研的基础上，通过分析比较国内水上交通事故直接经济损失核定现状及有关行业事故经济损失核定现状，以及国外欧美国家事故经济损失核定保险公估业发展的历史和现状，提出了水上交通事故直接经济损失核定办法的框架，形成课题研究报告。2004 年 6 月 11 日，中国海事局在广东韶关召开专家评审会，通过了该项课题的研究报告。该办法的框架明确，中国水上交通事故直接经济损失核定实行世界上普遍采取的行业自律与政府管理并进的做法；由海事机构制定水上交通事故直接经济损失核定办法，明确水上交通事故直接经济损失构成范围，统一计算方式，规范事故直接经济损失估损数据采信来源，并委托或指定船舶检验机构等组成水上交通事故估损机构或有能力公估海损事故的保险公估机构；公估机构依据海事机构制定的水上交通事故直接经济损失核定办法，对事故造成的直接经济损失进行估价评损；同时，由海事机构制定相关的海事公估机构资质管理和从业人员资格认定规定，以保证从事水上交通事故直接经济损失估损的机构的资质和从业人员的资格。

“推行责任认定制度研究”由上海海事局牵头，长江海事局、四川省地方海事局及上海市斯乐马律师事务所参加。该课题主要分析沿海和内河水上交通事故责任认定工作的异同，提出既适用沿海又适用内河事故责任认定的各种程序，更好地依法查明原因，判明责任。课题组于 2004 年提出《水上交通事故责任认定办法(建议稿)》，并通过了该项课题的评审。

截至 2007 年底，这 3 项课题研究成果如何在实际工作中运用，仍在继续研讨之中。

【水上交通事故统计分析】

1998 年中国海事局成立后，在完成水上交通事故统计工作的同时，进一步加强了对水上交通事故的统计分析工作。

一方面继续向交通部、交通安全委员会及其召开的全国交通安全工作会议、大型水运(交通)企业安全工作座谈会、全国水上交通安全工作会议等综合性会议，以及其他水上交通安全管理专项工作会议、水上交通安全专项整治活动等提供年度的，或某一时段的，或某一水域的，或某一类型船舶的水上交通事故统计分析数据，并提出相应的改进安全管理的建议。另一方面，开始以年报的形式，公布水上交通事故统计分析数据。

1999 年以后，中国海事局在《水上交通事故情况年报》(2002 年改为《水上交通事故情况通报》)中向各省(自治区、直辖市)交通主管部门、海事系统、大型航运企业提供水上交通事故年度统计分析数据。这些统计分析数据，既包括全国水上交通事故的件数、死亡失踪人数、沉船艘数、直接经济损失四项指标和重大事故件数、碰撞事故件数与上一年度的同比分析，也包括乡镇个体运输船舶、客船(客滚船、客渡船、高速客船)发生水上交通事故四项指标与上一年度的同比分析，还包括非运输船舶发生水上交通事故件数、死亡失踪人数、沉船艘数与上一年度的同比分析。同时，年报对当年度发生碰撞事故件数中涉及各类船舶的分布，对当年度发生碰撞、搁浅、触礁、触损、浪损、火灾、风灾、自沉等各种事故涉及各类船舶的分布，对当年度各类船舶发生事故在 24 小时内的时间分布，对当年度非运输船舶发生事故件数中涉及无证无照船、渔船、农用船的分布等进行了专项分析。其中 1999 年、2000 年提供了长江干线发生水上交通事故四项指标与上一年度的同比分析，2001 年至 2002 年提供了事故船舶属性(中央直属企业、地方企业、乡镇运输船舶、个体运输船舶、“三无”船舶、外国籍船舶、其他非运输船舶)发生各种事故的分布，2005 年后增加中央直属企业运输船舶发生水上交通事故四项指标与上一年度的同比分析。

第十四章　交通安全生产行业管理

简　　述

作为全国公路、水路交通的主管部门，交通安全生产行业管理是交通部的一项重要职能。1986 年 10 月，城乡道路交通安全改由公安机关统一管理，从此以后，交通部重点负责水运交通安全行业管理，同时负责公路运输和公路建设安全生产的行业管理。在交通部和各级交通部门领导下的水上安全监督机构和水运、航道等管理部门，依法对水上交通安全生产施行监督管理。交通部将交通安全生产行业管理和交通安全生产监督管理紧密结合，依据国家有关安全生产的方针、政策、法律、法规和标准，统一对交通安全生产工作进行规划、组织、协调、指导和监督检查。

由于交通安全生产管理是一项综合性的工作，需要交通部相关部门和机构共同努力、协调配合，因此交通部履行交通安全生产行业管理职能，主要通过交通部成立的议事协调机构——交通部交通安全委员会来实施。交通部交通安全委员会负责研究部署、指导协调、监督检查全国交通安全生产工作。交通部交通安全委员会下设办公室，承担其日常工作。1998 年交通部海事局成立之前，交通安全委员会办公室设在交通部安全监督局，与安全管理处合署办公。交通部海事局成立时，被授权归口管理交通行业安全生产工作并承办交通安全委员会的日常工作，交通安全委员会办公室与交通部海事局的内设机构安全管理处合署办公。

1999 年，省级政府机构改革和水上安全监督管理体制改革在全国推进，交通部所属企业也与交通部脱离行政隶属关系。针对这种情况和当时交通安全生产形势，交通部一方面继续落实安全生产责任制，推进县乡政府建立健全乡镇船舶安全管理责任制和航运企业建立健全安全管理新机制，并针对交通安全生产工作中的突出问题和重点工作，开展安全生产宣传教育活动和专项治理整顿活动，维护交通安全生产形势稳定，做到安全管理工作在机构改革中不乱不断，保持交通安全管理工作的连续性；另一方面，对企业与政府脱离行政隶属关系后，如何进一步加强交通安全生产行业管理进行调查研究，提出了分级管理的工作思路。

1999 年 11 月 24 日，山东烟台海域发生客滚船“大舜”轮特大火灾沉没事故，全国水上交通安全形势严峻。为吸取“大舜”轮事故教训，扭转水上交通安全工作被动局面，交通部采取了一系列紧急措施。11 月 30 日，交通部召开加强渤海湾客滚船安全管理现场会议，传达中共中央、国务院有关领导人的指示，提出加强客滚船运输安全工作要求。12 月，交通系统在全国范围内开展水路、公路运输和公路施工的安全大检查。2000 年上半年，对从事省际运输的所有客滚船进行运输安全评估，并加大客滚船安全检查力度，实行客滚船强制报废制度和特别检验制度，开展客滚船船员特殊培训，进一步规范客滚船运输市场。在 2000 年 1 月 24 日召开的全国交通工作会议上，交通部决定在 2000 年开展“水上运输安全管理年”活动，旨在通过强化监督管理，整顿水上交通安全秩序，及时消除各种事故隐患，维护水上交通安全形势稳定。6 月，交通部又决定，全国性的“水上运输安全管理年”活动连续开展三年。

2001 年 2 月 7 日，交通部颁布《“十五”水上交通安全工作纲要》，提出“十五”期间安全工作指导思想、工作目标及其具体对策和措施。确定到“十五”期末，力争达到“四个明显一个确保”的目标，即：安全生产意识明显增强，安全规章制度明显完善，安全管理责任明显加强，安全管理水平明显提高，确保水上交通安全形势稳定，避免特大恶性责任事故发生。

在连续三年的“水上运输安全管理年”活动中，交通部组织全国交通系统按照宣传发动、专项整治、规范提高的活动思路，在开展安全教育，组织安全检查，督促隐患整改，整顿水运市场秩序和水上交通安全秩序，夯实水上安全管理基础等方面做了大量工作，实行了一系列强化管理的措施和制度。到2002年底“水上运输安全管理年”活动结束时，全国水上交通安全形势总体趋于稳定并逐步好转，活动基本达到预期目标。同时，在开展“水上运输安全管理年”活动中，通过对水上交通安全管理工作规律性的研究，确定以“四区一线”为水域监管重点，以“四客一危”为船舶监管重点。

为深化水上交通安全工作，交通部将2003年定为全国交通系统水上运输安全“巩固提高年”，主要内容是：巩固“水上运输安全管理年”活动成果，落实安全隐患整改措施，规范内部管理，提高整体安全管理水平，并要求总结三年“水上运输安全管理年”活动中一些有效做法，使之固化为规章制度，形成长效管理机制。此后，水上交通安全工作按照标本兼治，坚持长效管理与专项整治相结合的工作思路，一方面以专项整治为突破口，狠抓水上交通安全薄弱环节，另一方面，以建立健全水上交通安全长效管理机制为主线，探索水上交通安全管理工作治本之策。

在“水上运输安全管理年”活动中进行专项整治的基础上，2003年7月30日，交通部交通安全委员会印发《深化水上交通运输安全专项整治工作指导意见》，把水上交通运输安全专项整治工作作为整顿和规范水运市场经济的一项长期任务来抓。在以后几年里，相继开展打击超载船舶、“三无”船①联动执法行动，沿海小型船舶专项整治，渡口渡船安全管理专项整治，防船舶碰撞防泄漏专项整治，交通基础设施安全隐患排查专项行动等活动，重点解决水上交通安全存在的一些突出问题。

2004年5月28日，交通部交通安全委员会印发《交通部落实〈国务院关于进一步加强安全生产工作的决定〉工作方案》，提出到2010年，主要交通运输事故指标大幅度下降，实现全国交通安全生产形势明显好转；到2020年，主要交通运输事故指标达到中等发达国家水平，实现交通安全生产形势根本好转的奋斗目标。

2004年6月24日，国务院办公厅为加强对中央企业的安全生产管理，将交通行业中央企业的安全生产监督管理工作重新交由交通部管理。2005年11月11日，交通部印发《关于加强对交通行业中央企业安全生产工作的通知》，明确交通行业中央企业安全生产主体责任内容，交通部对其实行分级、属地安全监管的原则和职责。2006年3月1日，交通部制定《交通行业中央企业安全工作考核管理办法》。2007年7月9日，按照分级、属地管理的原则，交通部海事局印发《关于明确水上交通行业中央企业安全监管有关事项的通知》，明确各直属海事局对水上交通行业中央企业安全工作的监管范围、监管内容和监管方式方法。

为奠定水上交通安全管理长治久安基础，2005年4月6日，交通部印发《建立水上交通安全长效管理机制指导意见》，要求各级交通主管部门和各水运企业按照法制化、责任化、预防预控、系统化管理和持续改进的原则，建立水上交通安全长效管理机制；确立了“政府统一领导，交通综合管理，海事机构监管，各相关部门配合，企业安全自律，群众参与监督，社会广泛支持”的水上交通安全工作格

---

① 国务院于1994年10月16日批复的农业部、公安部、交通部、国家工商行政管理局和海关总署《关于清理、取缔“三无”船舶的通告》中明确“三无”船舶是指无船名船号、无船舶证书、无船籍港的船舶；交通部交通安全委员会于2003年7月30日印发的《深化水上交通运输安全专项整治工作指导意见》中明确“三无”船舶是指无船舶检验证书、无船员证书、无船舶登记证书的船舶。

局。之后，交通部按照“专项治理与长效管理相结合，坚持长效管理”的基本思路，开展交通安全生产行业管理工作。

根据党的十六届五中全会确立的安全发展的指导原则和交通快速发展的实际情况，交通部在2006年提出，必须尽快转变交通安全工作方式，使交通安全工作实现向法治管理转变，向源头管理转变，向规范化、经常化、制度化方向转变，向强化基础工作转变；按照“安全第一、预防为主、综合治理”新的安全生产方针，强调要继续运用经济手段、法律手段和必要的行政手段，综合解决制约交通安全工作的历史性、深层次问题，把工作重心转移到治理隐患上来；在“四客一危”船舶和“四区一线”水域监管重点的基础上，又提出“四季三节”的时段监管重点和“四船一链”的环节监管重点。

在2006年12月29日举行的全国交通工作会议上，交通部部长李盛霖强调，要始终把安全工作放在交通工作的突出位置，这是保持交通平稳发展的重要前提。2007年，交通部要求交通系统在广泛开展平安建设活动中，通过“水上交通安全惠民工程”，使水上交通安全工作更好地为国民经济和社会发展全局服务，为社会主义新农村建设服务，为人民群众安全便捷出行服务。

通过十年的努力，全国水上交通安全生产行业管理和监督管理成效明显。1998年至2007年，各级政府对水上交通安全工作的领导切实加强，交通部门和海事机构的监管更加严格，港航企业对安全生产的投入逐步加大，交通行业从业人员安全意识不断增强，重点水域和重点船舶安全状况有所好转，重点时段水上交通安全形势稳定，在水运生产量大幅增长的情况下，主要事故指标大幅下降；但各类事故隐患依然大量存在，导致重特大事故发生的概率没有明显减少。至2007年底，交通行业安全生产基本形势总体稳定，趋于好转，局部严峻，任务艰巨。

本章所述主要是交通部交通安全生产归口管理工作和水上交通安全生产行业管理情况，其中涉及水上交通安全监督管理工作的具体内容见本书其他章节。

第一节　交通安全生产行业管理机制

【交通部交通安全委员会】

1979年11月23日，交通部在原安全监察委员会基础上成立交通部交通安全委员会(简称安委会)，主要与各省(自治区、直辖市)交通安全委员会互通安全情况，协作配合，共同做好全国交通安全工作。1983年12月13日，交通部调整安委会职责，明确安委会统管全国公路、水运交通安全工作，包括行车安全和行船安全、职工劳动安全、劳动保护、防火防盗等安全工作。1984年，交通部实行管理方式的转变，即从主要抓直属企业，转变到加强整个交通运输行业管理和指导。安委会的工作方式也随之转变为，既要管好所属交通运输企业的安全生产，又要管好全行业的安全生产。1986年10月7日，国务院决定改革中国道路交通安全管理体制，交通部门负责的公路交通安全管理职能移交公安机关，由公安机关对城乡道路交通安全负责统一管理。从此，安委会的工作重点转向水运交通安全行业管理，同时负责公路运输和公路建设安全生产的行业管理。

安委会成立后，建立了交通部安全生产例会制度。自1984年起，交通部每季度召开一次安全生产办公会议，每年召开一次全国性的水上交通安全工作会议，总结部署工作。自1993年起，安全生产办公会议改为每年两次，于年初和年中分别召开一次，第四季度召开全国水上交通安全工作会议。安全生产办公会议主要研究部属企业、事业单位的安全生产问题，参加人员为交通部直属企业、事业单位有关负责人。全国水上交通安全工作会议参加人员主要是各省（自治区、直辖市）交通厅（局、委、办）及其水上安全监督机构负责人，以及交通部有关直属单位的负责人。

图 14-1-1　2000 年 11 月 15 日，全国水上交通安全工作会议在成都召开

1998 年 10 月 19 日，中央机构编制委员会办公室在批复交通部上报的交通部海事局主要职责中，明确交通部海事局归口管理交通行业安全生产工作。11 月 11 日，交通部在印发交通部海事局主要职责和机构编制的通知中，明确安委会办公室与安全管理处合署办公，归口管理交通行业安全生产并承办安委会的日常工作。11 月 20 日，交通部印发通知，对 1998 年以前成立的安委会及其办公室组成人员进行调整，交通部副部长洪善祥任主任、交通部海事局常务副局长刘功臣任副主任，成员由交通部各厅、司、局和交通部海事局、交通部海上救助打捞局的负责人组成，共 15 人，交通部海事局安全管理处处长张宝晨任安委会办公室主任。之后，交通部又多次发文，对安委会及其办公室组成人员进行调整。2001 年 2 月 1 日，交通部海事局副局长刘实任安委会办公室主任。2004 年 3 月 23 日，根据国务院关于加大统筹协调安全生产工作力度的精神，交通部为加强安委会领导力量，在对安委会组成人员进行调整时，由交通部部长张春贤任主任，副部长洪善祥、冯正霖任副主任，交通部海事局常务副局长刘功臣任执行副主任，并增加中国海员建设工会主席吴子恒为成员；交通部海事局副局长徐国毅任安委会办公室主任；增设安委会联络员，由除交通部海事局以外的成员单位各派一名处级干部担任。6 月 4 日，交通部副部长徐祖远任安委会副主任。2006 年 4 月 3 日，交通部部长李盛霖任安委会主任，并增加中国海上搜救中心总值班室主任翟久刚为安委会成员，交通部救助打捞局增加一个成员名额，交通部海事局副局长王金付任安委会办公室主任。4 月 29 日，增补交通部基本建设质量监督总站站长李彦武为安委会成员，安委会成员共 19 人。1999 年 4 月 23 日，安委会副主任刘功臣被交通部推荐为国家安全生产专家组成员。

由于交通部与部属企业脱钩，不再直接管理企业，1999 年，交通部将年初的安全生产办公会改为交通部年度安全生产工作会议，会议内容主要是总结部署水路和公路运输的交通安全生产年度工作，参加人员为各省（自治区、直辖市）交通厅（局、委、办）和大型航运企业的有关负责人；将年中的安全生产办公会改为大型航运企业安全管理座谈会，会议内容主要是分析研究水运企业安全生产工作，参加人员为原交通部所属、原中央其他部门所属和地方的大型航运企业以及交通部直属海事局的有关负责人。2000 年，大型航运企业安全管理座谈会更名为水运安全生产座谈会，参加会议人员扩大至大型港口企业。2001 年，交通部安全生产工作会议更名为全国交通安全工作会议，水运安全生产座谈会更名为大型水运企业安全管理座谈会。2005 年，鉴于国家将交通行业中央企业的安全生产监督管理工作重新交由交通部负责，大型水运企业安全管理座谈会更名为全国大型交通企业安全工作会议，参会人员不仅有中央和地方的大型航运企业、港口企业负责人，还有交通工程建筑施工企业负责人，并扩大到交通行业中央企业所属的部分分公司或子公司负责人。为精简会议，自 2005 年起，交通部将全国水上交通安全工作会议与全国海事工作会议合并召开，不再单独召开全国水上交通安全工作会议，而将有关内容纳入全国海事工作会议之中。自 2006 年起，交通部不再召开全国交通安全工作会议，将交通安全工作纳入全国交通工作会议内容之中。

1998—2007 年交通部交通安全委员会组成人员名单

表 14-1-1

安委会组成		1998 年 11 月—2001 年 2 月		2001 年 2 月—2004 年 3 月		2004 年 3 月—2004 年 6 月		2004 年 6 月—2006 年 4 月		2006 年 4 月—2007 年 12 月	
		姓名	职务	姓名	职务	姓名	职务	姓名	职务	姓名	职务
主任	交通部	洪善祥	副部长	洪善祥	副部长	张春贤	部长	张春贤	部长	李盛霖	部长
副主任	交通部	—	—	—	—	洪善祥	副部长	徐祖远	副部长	冯正霖	副部长
		—	—	—	—	冯正霖	副部长	冯正霖	副部长	徐祖远	副部长
	交通部海事局	刘功臣	常务副局长	刘功臣	常务副局长	—	—	—	—	—	—
执行副主任	交通部海事局	—	—	—	—	刘功臣	常务副局长	刘功臣	常务副局长	刘功臣	常务副局长
成员	交通部办公厅	唐学军	副主任	吴英琪	副主任	李　刚	副主任	李　刚	副主任	李　刚	副主任
	交通部体改法规司	薛庆祥	副司长	朱有亮	助理巡视员	朱永光	司长	朱永光	司长	朱永光	司长
	交通部综合规划司	孙国庆	副司长	孙国庆	司长	董学博	司长	董学博	司长	董学博	司长
	交通部财务司	徐文兴	副司长	徐文兴	副司长	徐文兴	副司长	徐文兴	副司长	徐文兴	副司长
	交通部人事劳动司	樊启华	副司长	沈宏光	副司长	沈宏光	副司长	沈宏光	副司长	沈宏光	副司长
	交通部公路司	王盈嘉	副司长	王盈嘉	副司长	张剑飞	司长	张剑飞	司长	张剑飞	司长
	交通部水运司	李悟洲	副司长	彭翠红	副司长	苏新刚	司长	苏新刚	司长	宋德星	司长
	交通部科技教育司	刘家镇	副司长	刘家镇	副司长	孙国庆	司长	孙国庆	司长	孙国庆	司长
	交通部国际合作司	胡景禄	司长	胡景禄	司长	李光灵	副司长	李光灵	副司长	李光灵	副司长
	交通部公安局	李良君	助理巡视员	张玉胜	副局长	李良君	副局长	李良君	副局长	李良君	副局长
	中国海上搜救中心总值班室	—	—	—	—	—	—	—	—	翟久刚	主任
	驻交通部监察局	曲淑辉	局长	钟　华	三室主任	钟　华	副局长	钟　华	副局长	钟　华	副局长
	交通部救助打捞局	孙富民	副局长	宋家慧	局长	丁平生	副局长	丁平生	副局长	宋家慧	局长
		—	—	—	—	—	—	—	—	张金山	副局长
	交通部海事局	宋家慧	副局长	刘德洪	副局长	郑和平	副局长	郑和平	副局长	王金付	副局长
		刘德洪	副局长	王金付	副局长	徐国毅	副局长	徐国毅	副局长	郑和平	副局长
		王金付	副局长	刘　实	副局长	李青平	副局长	李青平	副局长	李青平	副局长
	中国海员建设工会	—	—	—	—	吴子恒	主席	吴子恒	主席	吴子恒	主席
	交通部基本建设质量监督总站	—	—	—	—	—	—	—	—	李彦武	站长
办公室主任	交通部海事局	张宝晨	处长	刘　实	副局长	徐国毅	副局长	徐国毅	副局长	王金付	副局长
办公室副主任	交通部海事局	翟久刚	处长	曹德胜	处长	李光辉	处长	李光辉	处长	李光辉	处长
		曹德胜	副处长	李光辉	副处长	徐　春	副处长	徐　春	副处长	徐　春	副处长
联络员	安委会成员单位（交通部海事局除外）	—		—		共 13 名处级干部		共 13 名处级干部		共 15 名处级干部	

说明：2003 年 3 月 28 日，交通部海上救助打捞局更名为交通部救助打捞局。

2004 年 3 月 23 日，交通部印发《交通部交通安全委员会工作规则》。该规则明确：安委会是交通部议事协调机构，不代替交通部有关职能部门的安全生产监督管理职责；规定了安委会及其办公室具体职责、工作制度和安委会全体会议召开方式，建立了安委会联络员会议制度和安委会办公室编印《交通安全工作简报》制度。安委会的主要职责是：贯彻中共中央、国务院有关安全生产的方针、政策、法令和指示，研究、部署、指导、协调全国交通安全生产工作；分析全国交通安全生产形势，确定交通行业安全生产工作方针和目标；解决交通行业安全生产工作中的重大问题，提出改进意见和措施；监督检查和指导交通部有关司局和各级交通部门的安全生产工作，协调交通安全生产工作与其他部门的关系；召开全国性交通安全工作会议，组织全国性交通安全工作重要活动，总结、交流和推广交通行业安全生产先进经验等。

2006 年 2 月 17 日，交通部印发通知，进一步明确部内有关部门和单位的安全管理职责。该通知明确交通部的安全管理格局是：部统一领导，安委会统一协调，部内有关部门和单位各司其职，各负其责。安委会负责行业安全综合管理，协调部内各单位及交通系统内各单位共同做好交通安全管理各项工作，并负责交通行业中央企业安全生产监督管理工作。交通部公路司、水运司、公安局、海事局、救助打捞局、基本建设质量监督总站和中国海上搜救中心总值班室、中国船级社等按照各自职责，分别负责水上交通安全监督管理，港口、水运企业和道路运输企业安全生产监督管理，交通建设安全生产监督管理有关方面工作。该通知还明确了交通部机关和直属单位安全管理职责分工。

2007 年 2 月 9 日，交通部部长李盛霖在 2007 年交通部第一次安委会会议上重申和强调，部安委会是在部党组领导下的部安全工作的最高协调机构。9 月 24 日，交通部部长李盛霖在 2007 年交通部第四次安委会会议上的讲话中明确，在部党组的领导下，部安委会具体负责交通安全工作，部安委会工作由副部长徐祖远牵头，副部长徐祖远和交通部海事局负责水上交通安全工作，副部长冯正霖和公路司负责道路交通运输安全工作。

【交通企业安全管理机制】

为适应社会主义市场经济体制的建立，按照国家“企业负责，行业管理，国家监察，群众监督和劳动者遵章守纪”的安全生产总要求，1995 年以来，交通部对其直属和双重领导企业的安全管理，主要以推进交通企业建立健全安全管理新机制①，全面落实安全生产目标责任制为核心，实施对交通企业安全生产工作的指导和监督检查。交通部于 1997 年 11 月印发《交通部直属企事业单位领导干部安全管理责任处理规定》，自 1998 年起开始实行企事业单位领导干部安全生产红黄牌警告制度。

根据 1998 年 11 月 8 日下发的《中共中央办公厅、国务院办公厅关于中央党政机关与所办经济实体和管理的直属企业脱钩有关问题的通知》和 1999 年 1 月 2 日中共中央办公厅批复精神，交通部与所属企业的行政隶属关系于 1999 年初完全脱钩。企业脱钩后，交通部不再直接管理企业，不再对企业的安全生产负直接行政责任，从既抓行业又抓企业，转变为集中精力抓安全生产行业管理。交通部安全生产管理工作的具体内容、工作方法、会议方式也随之实行转变。1999 年 1 月 20 日在济南召开的交通部安全生产工作会议和 10 月 19 日在昆明召开的全国水上交通安全工作会议，以加强行业管理为主要内容；参加 7 月 21 日至 22 日在大连召开的大型航运企业安全管理座谈会的人员，从原交通部直属企业

---

① 1994 年，交通部在湖南省岳阳港务总公司组织开展企业建立安全管理新机制试点工作。企业安全管理新机制是指企业内部要形成一个组织成网，职责明晰，监督、反馈、调整、激励诸功能相互联系、相互作用、相互协调的企业自我约束和管理运行机制，包括以企业法定代表人安全责任和各级安全责任制为主体的安全运作机制，以专职安全监督为主渠道，专群结合的监控、反馈机制，以逐级负责为基础的自我调整机制，以安全教育和奖惩为内容的激励机制。

扩大到全行业的水运企业。交通部关于企业安全生产的方针、政策、规定，以及印发文件，统一面向全行业所有企业，不再区分直属与非直属企业。原交通部直属企业的水上交通事故统计报表改报当地交通主管部门后逐级上报。自1999年起，交通部及各级交通部门，从加强政策引导，严格市场准入，整顿安全秩序，强化源头管理，支持优胜劣汰，创造安全畅通良好环境等方面，对交通企业的安全生产工作进行行业管理；重点是指导交通企业建立健全安全管理新机制，全面落实安全生产目标责任制。

2000年1月27日，在昆明召开的2000年交通部安全生产工作会议上，交通部部长黄镇东指出，交通安全生产行业管理模式实行分级负责。之后，交通行业安全生产分级管理、逐级负责的格局逐步形成。交通部负责全国交通安全行业管理，主要是开展法制建设，提出加强交通安全生产的行业指导性意见，并进行监督检查；省、市、县交通主管部门负责本行政区交通安全行业管理并抓好本行政区内交通企业的安全生产。2000年7月19日，在上海召开的水运安全生产座谈会上，交通部安委会副主任刘功臣提出，要全面推行船舶所有人和航运企业安全生产责任制，建立健全航运企业法定代表人负安全生产第一位责任、安全主管领导负重要责任、其他领导负分管责任、有关部门各负其责的企业安全生产责任体系，使企业成为“安全自控型企业”，船舶、班组成为“安全自控型企业”船舶、班组。

2002年7月24日，在哈尔滨召开的大型水运企业安全管理座谈会上，交通部副部长洪善祥提出，各航运企业要以推行《国际安全管理规则》国内化为契机，加强安全文化建设，形成企业全员参与安全管理的新局面。

在连续三年开展“水上运输安全管理年”活动的基础上，交通部于2003年提出长效管理与专项治理相结合的水上交通安全管理工作思路。7月25日，在青岛召开的大型水运企业安全管理座谈会上，交通部副部长洪善祥从安全投入、人员培训、规章制度、安全文化等方面，向水运企业提出坚持长效管理原则的指导性意见。

2004年6月24日，国务院办公厅印发《国务院办公厅关于加强中央企业安全生产工作的通知》，明确国务院国有资产监督管理委员会、国家安全生产监督管理局和国家有关行业主管部门对中央企业（国务院国有资产监督管理委员会代表国务院履行出资人职责的企业）的安全生产监督管理工作职责分工，强调落实中央企业的安全生产主体责任，并按照分级和属地化管理原则，规定行业主管部门对中央企业安全生产进行监督检查的内容。7月22日至23日，在南京召开的全国大型水运企业安全管理座谈会讨论了大型水运企业安全生产监管问题，交通部副部长徐祖远就贯彻落实《国务院办公厅关于加强中央企业安全生产工作的通知》精神提出要求。会后，交通部对交通行业中央企业的经营范围、安全生产管理、事故情况等方面进行了调研；与国家安全生产监督管理局多次沟通，确定了交通行业中央企业安全生产监管有关问题；与建设部协商，将交通企业建筑施工安全由建设部监管改由交通部监管。10月11日，交通部办公厅印发通知，明确交通部基本建设质量监督总站，在公路司、水运司指导下，具体承担公路、水运基础设施建筑施工安全生产监督管理工作。

2005年7月29日，2005年全国大型交通企业安全工作会议在大连召开。会议通报一年来大型交通企业安全生产状况和事故发生情况，分析交通行业安全工作形势，讨论交通部安委会起草的《关于加强交通行业中央企业安全管理工作的通知（草案）》；交通部副部长徐祖远在会上就加强交通行业中央企业安全生产监督管理工作提出要求，并强调要从建立安全生产管理长效机制、加强安全生产基础工作、加大安全生产投入、提高从业人员素质等方面，提高企业的本质安全性，建设“没有隐患、不受威胁、不出事故”本质安全型企业。11月11日，交通部印发《关于加强交通行业中央企业安全生产工作的通知》，明确交通行业中央企业范围是中国远洋运输（集团）总公司、中国海运（集团）总公司、中国长江航运（集团）总公司、招商局集团有限公司、中国交通建设（集团）总公司、中国对外贸易运输（集

图14-1-2 2005年7月29日，全国大型交通企业安全工作会议在大连召开

团)总公司、上海船舶运输科学研究所(分别简称中远集团、中海集团、长航集团、招商局集团、中交建设集团、中外运集团、上海船研所)7家企业；按照分级、属地管理原则，7家企业总部的安全生产监督管理工作由交通部直接负责，7家企业中的子(分)公司及所属单位的安全生产监督管理工作，从事水路运输和施工的，由交通部各直属海事局负责，从事公路运输和施工的，由各省(自治区、直辖市)人民政府交通主管部门负责；7家企业涉及非交通领域生产经营的安全工作，依法接受各级政府有关主管部门的监督管理。通该知规定了交通行业中央企业安全生产主体责任内容和发生生产事故后的处置方法，建立了企业向交通部上报年度安全生产情况报告制度、向交通部安委会上报事故月报制度，规定了交通部、各直属海事局、各省(自治区、直辖市)人民政府交通主管部门对交通行业中央企业的安全生产监督管理职责，主要是监督检查企业落实国家有关安全生产的法律法规、规章制度及安全生产条件标准情况，督促企业落实安全生产责任制、安全防范和隐患治理措施、事故责任追究规定和制定安全生产规划，组织开展企业安全生产检查并对企业安全生产工作进行考核。

2006年1月4日，交通部安委会向长航、中交建设、中外运集团发出《关于加强安全生产工作有关建议的函》，建议三家集团设立独立的直属集团的安全管理机构，配备足够的、适任的安全管理人员并明确相应的安全管理职责。2月23日，交通部安委会印发《关于加强对重点船舶安全监管的通知》，要求中远、中海、长航、招商局、中交建设、中外运集团6家中央企业对拥有和经营船舶的安全状况进行全面梳理，按安全管理状况优劣进行排名，对排名靠后的船舶进行重点管理，并将排名后5%的船舶名单报交通部安委会办公室。各集团公司梳理上报后，对这些安全状况差的船舶，采取了有针对性的管理措施，其中包括实施特殊的跟踪管理，加大维修保养方面的投入，派高素质船长上船任职等，有的还将部分船舶及早淘汰出船队，提高了这些船舶的安全管理水平。3月1日，交通部印发《交通行业中央企业安全工作考核管理办法》，规定交通部对交通行业中央企业安全工作实施考核的内容，主要是安全生产责任制、安全管理机构和人员、安全生产规章制度、安全生产专项资金、安全教育与培训、安全文化建设、安全生产检查、事故应急处理、分包项目安全生产管理、方便旗船舶和境外中资企业安全生产管理、事故控制等；规定了事故控制指标，即工伤事故死亡率不高于0.2‰、工伤事故重伤率不高于0.5‰、船舶滞留率不高于15‰、船舶安全面不低于960‰、船舶污染事故率不高于10‰、机损事故率不高于30‰，发生死亡10人以上负有主要责任的重特大生产事故时，安全生产一票否决。考核方式由各企业每年进行自评并将结果上报交通部安委会办公室，安委会办公室对自评情况进行抽查。7月21日至22日，2006年全国大型交通企业安全工作会议在昆明召开。交通部副部长徐祖远在会上要求各企业认真落实党的十六届五中全会确立的“安全发展”指导原则，打造船长、船员等从业人员安全意识、安全技能和安全心态的“铁三角”，积极创建本质安全型企业。会上，交通部安委会执行副主任刘功臣代表交通部与交通行业7家中央企业的负责人签订《安全生产责任书》。之后，交通部每年都与交通行业中央企业签订《安全生产责任书》。

2007年2月9日，在2007年交通部第一次安委会会议上，交通部部长李盛霖指出，企业安全生产主体和政府(部门)安全监管主体是安全生产工作的两个主体，企业法定代表人负责制和政府(部门)行政首长负责制是安全生产工作的两项基本责任制度，交通系统要强化两个主体责任，落实两个负责制，确保安全生产落实到位。4 月 27 日，在全国交通安全工作电视电话会议上，李盛霖要求各交通主管部门、直属海事机构按照职责分工，细化对交通行业中央企业的监管措施。为落实交通部《关于加强交通行业中央企业安全生产工作的通知》中关于交通部直属海事局对交通行业中央企业安全生产工作监管责任，7 月 9 日，交通部海事局印发通知，明确交通部海事局与各直属海事局对交通行业中央企业安全监管工作的管辖分工、监管内容和监管方式方法，交通部海事局负责交通行业中央企业总部及其经营地在北京和境外从事水路运输、施工的子（分）公司及所属单位的安全生产监督管理工作，各直属海事局负责辖区内交通行业中央企业从事水路运输、施工的子（分）公司及所属单位的安全生产监督管理工作，并可授权所属分支机构开展交通行业中央企业从事水路运输、施工的子（分）公司及所属单位的安全生产监督管理工作。该通知要求各直属海事局监管辖区内交通行业中央企业安全工作，要建立安全生产工作会议制度、安全生产监督检查制度、安全生产信息报备制度、安全生产状况通报制度、安全生产举报制度、安全监管情况报告制度、安全生产宣传教育制度；针对企业存在安全生产隐患的情况，应送达《安全管理建议书》。7 月 26 日，2007 年全国大型交通企业安全工作会议在长春召开。交通部副部长徐祖远在会上指出，安全管理主要分为经验管理、制度管理、预控管理、安全文化管理四个阶段，国有大型企业处于第二和第三阶段之间，民营企业处于第一和第二阶段之间；从以控制重特大事故为主向安全文化管理高层次转变，将是今后交通企业安全管理的方向。

参加 2007 年全国大型交通企业安全工作会议企业名单　　表 14-1-2

中远集团（含下属单位）	天津市海运集团	烟台港集团
中海集团（含下属单位）	大连航运集团	青岛港集团
长航集团（含下属单位）	浙江海运总公司	连云港港口集团
中交建设集团（含下属单位）	福建省轮船总公司	南京港集团
招商局集团（含下属单位）	山东航运集团	上海港集团
中外运集团（含下属单位）	上海锦江航运公司	宁波港集团
上海船研所	大连港集团	厦门港集团
广东航运集团	天津港集团	广州港集团
江苏海运总公司	秦皇岛港集团	

【乡镇船舶安全管理机制】

乡镇船舶是指乡镇中企业事业单位、个体、合伙、承包经营户的运输船舶和从事游览、打捞、施工作业、季节性运输的其他乡镇船舶。改革开放以来，中国乡镇船舶发展迅速，成为繁荣地区经济不可缺少的水上运输生产力量。针对当时内河乡镇运输船舶事故多发的情况，1987 年 11 月 3 日，国务院发布《关于加强内河乡镇运输船舶安全管理的通知》，对内河乡镇运输船舶的交通安全，明确了县、乡（镇）人民政府的管理责任和水上安全监督机构的监督责任。经过各级人民政府和有关部门的努力，至 1998 年，基本形成了以县、乡（镇）人民政府责任制为核心，以交通主管部门和有关部门的行业管理为重点，以水上安全监督机构的监督检查为保障的乡镇船舶交通安全管理格局。

由于乡镇船舶构成复杂，量大分散，且发展变化快，特别是乡镇船舶交通安全管理责任制没有充分落实，管理滞后，导致乡镇船舶沉船事故频繁发生，其重特大交通事故已占全部重特大水上交通事故的 90%。根据以上情况，同时鉴于 1987 年国务院发布的《关于加强内河乡镇运输船舶安全管理的通知》仅适用于内河乡镇运输船舶，没有包括沿海乡镇运输船舶和从事游览、打捞、施工作业、季节性运输的其他乡镇船舶，为全面切实加强乡镇船舶的交通安全管理，1998 年 11 月 24 日，交通部向国务院上报请示，建议发布有关进一步加强乡镇船舶交通安全管理责任制的文件。12 月 1 日，在厦门召开的全国水上交通安全工作会议上，交通部副部长洪善祥要求各级交通主管部门拓展思路，建章立制，通过法制手段落实乡镇船舶安全管理责任制。

1999 年，根据国务院办公厅秘书二局的要求，交通部与国家经济贸易委员会（简称国家经贸委）对有关进一步加强乡镇船舶交通安全管理责任制的文件进行了反复修改，并会签农业部、水利部、国家旅游局，于 1999 年 11 月 16 日上报国务院。

经国务院同意，2000 年 1 月 3 日，交通部与国家经贸委联合印发《关于进一步加强乡镇船舶交通安全管理责任制的意见》，要求全面落实地方各级人民政府特别是县乡人民政府对乡镇船舶交通安全管理责任，同时进一步明确各级交通主管部门、其他有关部门、水上安全监督机构的监督管理责任和乡镇船舶所有人、经营人的交通安全责任。1 月 20 日，交通部和国家经贸委联合印发贯彻实施《关于进一步加强乡镇船舶交通安全管理责任制的意见》的具体措施，要求各省（自治区、直辖市）交通主管部门和安全生产综合管理部门协助政府制定乡镇船舶交通安全管理责任制、监控乡镇船舶整改事故隐患、总结推广安全管理经验；对乡镇运输船舶和非运输船舶进行分类指导，依法做好和监督乡镇船舶的检验、登记、船员培训和载重线、船名牌勘划的“三证一线一牌”办理工作，重点加强乡镇客渡船、游览船的监督管理。

图 14-1-3　2001 年 8 月 2 日，全国乡镇船舶安全管理工作会议在南京召开

由于 2001 年上半年乡镇运输船舶发生事故的件数和沉船艘数呈上升趋势，分别占全国水上交通事故的 48.9%、83.1%，且乡镇船舶重特大事故占全部重特大水上交通事故的 70%，乡镇船舶交通事故依然是影响水上交通安全的主要因素，因此，交通部和国家经贸委决定召开会议，全面总结和部署乡镇船舶安全管理工作。经国务院同意，8 月 2 日至 3 日，交通部、国家经贸委在南京联合召开全国乡镇船舶安全管理工作会议，各省（自治区、直辖市）人民政府分管水上交通安全工作的秘书长和经贸委、交通厅（局、委）的负责人，国防科学技术工业委员会、公安部、农业部的有关部门负责人出席会议。会前，国务院副总理吴邦国于 7 月 25 日作出批示，指出“乡镇船舶安全是水上交通安全管理的最薄弱环节。近年来，乡镇船舶事故频发，对人民群众的生命财产造成重大损失，影响社会稳定。抓好乡镇船舶安全管理、保障广大人民群众生命财产安全，是实践江泽民总书记‘三个代表’重要思想的具体体现和实际行动。各级地方人民政府要采取有效措施认真抓好本地船舶特别是乡镇船舶的安全管理工作，认真落实乡镇船舶交通安全管理责任制，要各司其职、各负其责，把乡镇船舶安全管理的责任真正落到实处。要重点抓好客、渡船的安全管理，确保水上运输安全，确保广大人民群众生命财产安全。”会上，交通部部长黄镇东总结了乡镇船舶安全管理基本经验，分析了乡镇船舶安全管理存在的突出问题，提出必须要由地方政府牵头，落实乡镇船舶安全管理分级责任制，抓好乡镇船舶的修造厂点资质认可和检验发证等源头管理，取缔“三无”船舶，明确重点，强化日常管理等措施。国务院安全生产委员会副主任、国家经贸委副主任石万鹏要求将乡镇船舶安全管理纳入各级政府任期目标，抓好乡镇船舶管理机构、人员、经费、责任“四落实”，齐抓共管，综合治理。交通部副部长洪善祥作会议总结，明确乡镇船舶的概念，是指县及其以下有关部门审批或管理，且主要在本行政

区域内航行的船舶，包括在相邻县、市、省之间航行的客渡船；明确各县(市、区)人民政府应建立健全县、乡(镇)、村、船主四级安全责任制。

2002 年 8 月 1 日生效的《中华人民共和国内河交通安全管理条例》，以行政法规的形式，明确县级以上地方各级人民政府对内河交通的安全管理责任，明确乡(镇)人民政府对内河交通安全管理履行四项职责。

2003 年以后，交通部继续推动以县乡人民政府责任制为核心，以交通主管部门和有关部门行业管理为重点，以海事机构的执法监督为保障的乡镇船舶安全管理机制的完善，并狠抓薄弱环节，将乡镇船舶安全管理机制逐步落实到渡口、渡船的安全管理上。

2005 年 4 月 6 日，交通部在《建立水上交通安全长效管理机制指导意见》中，将乡镇船舶安全管理责任制纳入水上交通安全责任体系，作为建立水上交通安全长效管理机制主要措施之一。7 月 22 日，交通部与国家安全生产监督管理总局联合印发《关于开展渡口渡船专项整治规范渡口渡船安全管理的意见》，要求县、乡政府落实渡口渡船安全管理责任制，要确保机构、责任、人员、经费、监管五到位，并在以后连年开展的渡口渡船专项整治活动中，将县、乡政府落实渡口渡船安全管理责任制作为专项整治重点内容和验收标准之一。

图 14-1-4　2006 年春运期间，湖北省仙桃市地方海事局在对渡口渡船进行安全检查

2006 年 6 月 23 日，交通部在《关于在交通系统开展平安建设的意见》中，将推动地方政府完善渡口管理机制作为交通系统平安建设的主要措施之一。

第二节　交通行业安全生产综合管理

【交通安全生产行业管理目标任务】

交通安全生产行业管理目标任务，主要分为中长期目标任务、年度目标任务及专项工作目标任务。中长期目标任务由交通部在相应文件中明确，年度目标任务一般在有关会议上提出，专项工作目标任务在相应的专项工作方案或文件中明确。

1995 年 9 月 8 日，交通部颁布《水上交通安全工作纲要》，提出了“九五”期间(1996 年至 2000 年)全国水上交通安全工作的总体目标和任务、措施。“九五”期间，各级交通部门贯彻落实安全生产的法律、法规、规章和政策，水上交通安全工作取得一定成绩，水上交通事故件数稳中有降，事故发生率和死亡人数得到有效控制。但是，重特大事故还时有发生，水运安全生产中还存在诸多问题。

在总结“九五”期间水上交通安全工作的基础上，2001 年 2 月 7 日，交通部颁布《“十五”水上交通安全工作纲要》，提出“十五”期间水上交通安全工作指导思想、工作目标及对策措施。该纲要指出，“十五”期间，水上交通安全工作要按照“标本兼治、远近结合、综合治理、狠抓落实”的原则，以清理整顿和深化管理为主线，力争达到“四个明显一个确保”的目标，即安全生产意识明显增强，安全规章制度明显完善，安全管理责任明显加强，安全管理水平明显提高，确保水上交通安全形势的稳定，避免特大恶性责任事故的发生。具体表现在：运输市场规范有序，安全法律法规形成体系，安全管理责任分级落实，通航环境得到改善，事故发生率明显降低。该纲要从完善水上交通安全法律法规体系、落实安全管理责任制、健全水运企业安全管理机制、清理整顿航运市场、加强水上交通安全意识宣传教育、增强船舶安全预控科技能力、抓住重点遏制重特大事故发生、加强非水网暨西部地区的水上交通安全工作、加强水上交通安全执法队伍建设、加强水上交通安全工作领导等10个方面，提出了具体任务和工作措施。

经过几年努力，到2004年，全国交通安全生产形势稳定。但由于交通安全生产基础比较薄弱，事故多发状况并未得到根本扭转，交通安全生产形势依然严峻。为加强交通安全生产工作，根据2004年1月9日《国务院关于进一步加强安全生产工作的决定》，5月28日，交通部安委会印发《交通部落实〈国务院关于进一步加强安全生产工作的决定〉工作方案》。该方案提出进一步加强交通安全生产工作的指导思想、奋斗目标和工作任务。其奋斗目标是：到2007年，通过开展系列专项整治，彻底遏制交通事故多发势头，确保全国交通安全生产形势持续稳定；到2010年，建立交通安全生产的有效监管制度，基本具备有效的监管手段，初步形成规范的交通安全生产法制秩序，使主要交通运输事故指标大幅度下降，实现全国交通安全生产形势明显好转；力争到2020年，建立起完善的交通安全生产法规体系，交通基础设施和交通工具安全状况好转，监管人员素质得到大幅度提高，交通安全意识深入人心，主要事故指标达到中等发达国家水平，实现交通安全生产形势根本好转。该方案以实现长效管理为主线，以专项治理为突破口，全面落实安全生产责任制，将交通安全生产工作分解为16项具体任务，明确落实到交通部12个有关部门和单位。

2006年初，一些地方非法从事危险化学品运输的问题较为严重，为严格执行《危险化学品安全管理条例》，保障运输安全，1月23日，交通部、公安部、国家安全生产监督管理总局联合印发《关于进一步加强水路公路危险化学品运输管理的通知》，提出进一步加强水路公路危险化学品运输管理的任务和措施，要求交通部门、公安机关、安全生产监管部门、海事机构进一步加强对从事危险化学品运输的单位和从业人员的资质监督管理，严把市场准入关；加大对危险化学品托运人的监督检查力度，严厉查处谎报、瞒报等违法托运行为；严格实施《道路运输危险货物车辆标志》国家标准，进一步加强对危险化学品运输船舶、车辆装卸作业、运输过程的监督检查；进一步加强对危险化学品生产、储存、包装的监督检查；各部门要加强协调配合，加强宣传和舆论监督，推动地方政府制定、完善省级和市级船舶污染应急计划和危险化学品事故应急救援预案。

根据中共中央办公厅、国务院办公厅转发的《中央政法委员会、中央社会治安综合治理委员会关于深入开展平安建设的意见》要求，2006年6月23日，交通部印发《关于在交通系统开展平安建设的意见》，提出开展平安建设的目标任务和主要措施。其中交通安全方面的目标任务是：不断完善水上交通安全长效管理机制，全面落实水上交通安全管理责任制，提高水上交通安全管理水平，预防和减少严重危害人民群众生命财产安全的重特大水上交通事故和工程安全事故；不断完善公路安全防护措施，提高公路行车安全水平。主要措施是：深入贯彻落实交通部《建立水上交通安全长效管理机制指导意见》；继续深化水上交通安全、车辆超限超载、临近铁路的公路安全、交通建设安全等专项整治；完善交通行业安全生产管理法律法规体系；依法加强交通监管，规范执法行为；稳步推进道路运输企业、车辆、驾驶员和客运站的安全精细化管理；深入实施公路安全保障工程；积极推进船舶更新和内河船型标准化，增强滚装码头、港口的车辆安全检查和危险品监控能力；加强驾驶员、船员和施工人员的培训、考试和发证管理；加大投入，加快水上安全监管和救助设施建设步伐；完善交通应急反应体系；深入开展“安全畅通文明航区(航线)”和交通行业平安企业创建活动，进一步做好港口设施和国际航行船舶保安工作等。为进一步推进平安建设工作，交通部提出2007年平安建设中有关交通安全工作的重点：深入开展"水上交通安全惠民工程"，为人民群众提供安全便捷的运输条件；深入推动公路平安畅通县区的创建工作，将公路安全保障工程向县乡公路延伸；大力加强法规制度建设，打造交通行业工程安全监督责任链；进一步完善应急机制，不断提高交通应急能力和管理工作水平。

2007年2月14日，交通部印发《关于进一步加强化工产品运输安全工作的通知》，提出进一步加强危险化学品运输安全工作的任务和措施。通知要求，各级交通主管部门、港口行政主管部门、海事机构，要落实已经建立的道路危险品运输从业人员、港口经营和从业人员、从事水上危险品运输船员的安全教育、培训考核和监督管理制度；健全危险品运输企业市场准入退出、经营资质和安全状况的动态监管机制；从制度和技术上加强对危险化学品运输车船的动态监管；指导督促运输企业完善危险化学品运输突发事件的应急预案；主动与公安机关、安全生产监督管理部门沟通、协调、配合，形成管理合力。5月25日，交通部安委会将《国务院办公厅关于印发安全生产"十一五"规划的通知》中涉及的交通安全工作，分解为20项具体任务和若干措施，主要包括交通安全监管、救助、通信、应急的设施、能力建设，安全系数高的标准船型推广，水上交通安全专项整治和通航秩序规范，交通安全生产管理队伍、执法队伍、专家队伍和中介组织建设，交通安全生产法规标准体系的完善和科技应用与研究，公路设计与建设安全性评价机制建立等，落实到安委会9个成员单位。同时提出"十一五"期间水上交通安全工作总体目标是：水上交通死亡和失踪人数下降10%以上。

1999—2007年交通安全年度工作目标一览　　表14-2-1

年份	交通安全年度工作目标	水上交通安全年度工作目标
1999	1998年11月30日，在厦门召开的全国水上交通安全工作会议提出：遏制恶性重特大事故的发生，把死亡和失踪人数降下来	1998年11月30日，在厦门召开的全国水上交通安全工作会议提出：遏制恶性重特大事故的发生，把死亡和失踪人数降下来。重点确保客船、渡船、危险品船舶的运输安全和长江的水上交通安全
2000	2000年1月27日，在昆明召开的交通部安全生产工作会议提出：确保不发生重大特大安全责任事故	1999年10月19日，在昆明召开的全国水上交通安全工作会议提出：把水上交通事故四项指标控制在1999年的水平之内，杜绝特大的水上死亡事故
2001	2001年1月11日，在郑州召开的全国交通安全工作会议提出：继续开展"水上运输安全管理年"活动，以规范水上安全秩序为重点，以调整结构为主线，全面整顿航运秩序，实现"四个明显，一个确保"的三年目标	2000年11月15日，在成都召开的全国水上交通安全工作会议提出：控制水上交通事故件数，遏制群死群伤事故的发生，降低死亡人数，杜绝特大恶性责任事故的发生
2002	2001年12月20日，在西安召开的全国交通安全工作会议提出：全力遏制重特大事故的发生，确保交通安全形势稳定	2001年11月5日，在南昌召开的全国水上交通安全工作会议提出：继续遏制重特大恶性事故的发生、降低死亡人数，稳定水上交通安全形势稳定
2003	2003年2月13日，在杭州召开的全国交通安全工作会议提出：继续深化"四个明显"，严防特大恶性责任事故的发生	2002年11月5日，在杭州召开的全国水上交通安全工作会议提出：继续遏制重特大恶性事故的发生、降低死亡人数
2004	2004年1月12日，在北京怀柔召开的全国交通安全工作会议提出：影响交通安全的突出问题得到进一步整治，交通安全环境进一步好转，重特大交通事故得到进一步遏制，特别是要避免死亡30人以上的特别重大水上交通事故，减少死亡10人以上的重大事故，持续稳定交通安全形势	2003年11月6日，在贵阳召开的全国水上交通安全工作会议提出：重点整治影响水上交通安全的突出问题，探索水上交通安全长效管理机制内涵，确保水上交通安全形势稳定

续上表

年份	交通安全年度工作目标	水上交通安全年度工作目标
2005	2004 年 12 月 27 日，在北京召开的全国交通安全工作会议提出：持续提高交通安全工作能力，确保安全形势稳定	2004 年 11 月 13 日，在重庆召开的全国水上交通安全工作会议提出：初步建立水上交通安全长效管理机制，提高遏制重特大交通事故的能力，避免发生一次死亡 30 人以上的特别重大水上交通事故，减少一次死亡 10 人以上的重大事故，持续稳定水上交通安全形势
2006	—	2005 年 10 月 27 日，在北京召开的全国海事工作会议提出：继续保持全国水上安全形势基本稳定，不发生重特大责任事故
2007	2007 年 2 月 9 日，在北京召开的交通部第一次安委会会议提出：以开展"平安建设"为主线，重点开展"公路安全保障工程"和"水上交通安全惠民工程"，进一步稳定交通安全形势	2007 年 2 月 15 日，交通部在《2007 年水上交通行业安全工作要点》中明确：水上交通安全形势进一步好转，重、特大事故及社会影响较大事故得到进一步遏制

【"安全生产月(周)"和"反三违月"活动】

为加强安全生产的宣传教育工作，全国安全生产委员会自 1991 年开始，每年 5 月第三周，在全国组织开展"安全生产周"活动。"反三违月"活动，是交通部自 1994 年开始，每年 5 月在交通系统开展的以反违章指挥、反违章作业、反违反劳动纪律为主要内容的安全生产活动。

1998 年交通部机构改革后，继续开展"安全生产周"和"反三违月"活动。2000 年至 2001 年，交通部将"安全生产周"和"反三违月"活动列为"水上运输安全管理年"活动的重点内容之一。2002 年 2 月 5 日，中共中央宣传部、国家安全生产监督管理局、国家广播电影电视总局、中华全国总工会、共青团中央结合当时安全生产工作形势，决定自 2002 年起，将全国"安全生产周"活动的形式和内容延伸，改为每年 6 月份在全国开展"安全生产月"活动，并确定当月第二个星期日为安全生产宣传咨询日。为配合全国"安全生产月"活动的开展，交通部于 2002 年 4 月 1 日决定，将开展"反三违月"活动的时间从每年 5 月改为每年 6 月，与全国"安全生产月"活动同步进行，同时将 2002 年"安全生产月"和"反三违月"活动列为 2002 年"水上运输安全管理年"活动的重点内容之一。2004 年 8 月 30 日，交通部安委会办公室对交通系统开展"反三违月"活动 10 年效果进行了评估，认为"反三违月"活动作为政府交通部门组织的一项以安全生产宣传教育为主的活动，每年根据交通系统安全生产形势特点和任务要求，调整主题，突出重点，循序渐进，将安全理念的宣传普及，与各项日常安全管理措施和专项工作相结合，取得良好效果，对保持交通系统安全生产形势稳定起到促进作用；但也存在活动形式比较单一，缺乏新意的问题。鉴于全国"安全生产月"活动已包含"反三违"的内容，为避免在同一时段开展两个名称和内容相近的主题活动，交通部于 10 月 16 日决定，自 2005 年起，交通部不再单独组织"反三违月"活动，而是将其内容一并纳入全国"安全生产月"活动范围，每年按照国家统一部署，结合交通工作实际开展"安全生产月"活动；交通系统每年的"安全生产月"活动，要结合一项专项整治工作开展。

"安全生产月(周)"和"反三违月"活动每年确定一个主题。1998 年至 2007 年的"安全生产月(周)"和"反三违月"活动期间，交通系统各个单位围绕活动主题，结合当年安全生产工作实际，利用板报、宣传栏、广播、电视、报刊、网络、宣传画、标语等多种宣传工具，开展有针对性的安全生产宣传教育、培训及专项活动，查处“三违”，整治隐患，推广安全生产先进典型和经验，营造安全生产氛围，提高交通系统干部职工和广大群众的安全意识、安全技能，落实安全生产责任，起到“以周促月”和“以月促年”的作用，推动了交通系统安全生产工作的深入开展。

图 14-2-1　2005 年 6 月 6 日，南通海事局在“安全生产月”活动中举办船民水上安全知识学校

图 14-2-2　2006 年 6 月，济南潍坊海事处在辖区开展“安全生产月”宣传咨询活动

1998—2007 年“安全生产月(周)”和“反三违月”活动主题一览　　表 14-2-2

年份	“反三违月”活动主题	“安全生产月(周)”活动主题
1998	加强安全宣传、提高职工素质、促进遵章守纪、落实安全责任	落实责任，保障安全
1999	严格管理，查处“三违”，整治隐患	安全、生命、稳定、发展
2000	抓管理，重落实；反“三违”，除隐患	掌握安全知识，迎接新的世纪
2001	完善安全规章制度，落实安全管理责任	落实安全规章制度，强化安全防范措施
2002	强化安全生产意识，落实安全管理责任	安全责任重于泰山
2003	强化事故隐患整改，提高安全管理水平	实施安全生产法，人人事事保安全
2004	坚持以人为本，夯实安全基础	以人为本，安全第一
2005	—	遵章守法，关爱生命
2006	—	安全发展，国泰民安
2007	—	综合治理，保障平安

【交通行业安全生产大检查】

交通部组织开展安全生产大检查，包括例行的安全生产大检查和专项工作安全大检查。例行安全生产大检查，主要是春节、“五一”、“十一”节假日期间，每年按惯例开展的安全生产大检查。专项工作安全大检查主要根据国务院的有关要求或当时交通安全形势需要而开展的即时性的安全检查。

1999 年国务院实行春节、“五一”、“十一”长假制度后，交通部更加重视春节、“五一”、“十一”期间的安全生产工作，每年将其作为特殊时段的重点工作，通过会议、电报、传真和文件等形式进行部署，并组织由部领导和司局负责人带队的若干检查组，深入公路、水路重点运输现场，进行安全生产大检查。检查的主要内容是全面排查公路、水路运输中的各种事故隐患和监督管理方面的薄弱环节，重点排查客运、渡运、风景旅游站点和道路、航道等交通设施以及客运车辆和船舶，敦促各项安全管理法规制度和措施有效落实，并针对检查中发现的问题，及时向地方政府反馈，督促、跟踪有关部门、单位进行整改，防止发生群死群伤重、特大事故。

1999年11月24日，“大舜”轮特大火灾沉船事故发生后，交通部于1999年12月3日至31日在全国范围内开展水路、公路安全大检查，对所有投入营运的客滚船、客(渡)船、危险品运输船及客车、装运危险品车辆和超限运输车辆进行重点检查。这次大检查，交通部组成4个水运组和2个公路组，对渤海湾、琼州海峡、舟山群岛、长江干线的水上交通安全，及山区省份的公路运输安全和南方省份的在建公路施工安全进行检查；各地交通主管部门和有关单位成立检查组，对本地区的水路、公路运输安全状况进行检查；全国共出动23002人，对32723艘船舶进行安全检查，发现缺陷17090项，其中客船7387项，客滚船1394项，其他船舶7322项，整改或采取预防措施13637项，占发现缺陷总数的79.8%；出动2729人次对1372个标段的公路建设项目进行检查，发现缺陷693项，整改647项，占发现缺陷总数的93.4%；出动61150人次对172236车次、161661人次的驾驶员进行检查，发现问题35936项，整改35892项，占发现缺陷总数的99.87%。

2000年6月22日，四川省合江县乡镇客渡船“榕建”轮因超载和违章航行，发生特大触礁沉船事故。事故发生后，交通部于2000年7月1日至31日，在全国开展乡镇客渡船的安全大检查，组织由各交通主管部门牵头，海事机构和船舶检验机构参加的检查组，对本地区乡镇客渡船的审批、登记、检验情况和安全技术状况、船员适任配备状况进行全面清查，查处安全技术状况差的船舶，特别是“三无”船舶载运旅客问题，督促以县乡政府责任为核心的乡镇船舶交通安全管理责任制的落实。根据《国务院办公厅关于切实加强安全生产工作有关问题的紧急通知》要求，交通部在7月份组织全国交通系统开展安全大检查，突出对客车、客船、危险品船、危险品仓库、码头、车站、水上旅游区等重点部位的安全检查。交通部成立5个检查组，分赴渤海湾、舟山水域、琼州海峡、长江干线和西南山区河流等重点水域，以旅客和危险品运输安全为重点开展检查，共检查客船91艘，发现安全隐患549项，5艘存在严重隐患的船舶被责令停航整顿；交通部部长黄镇东、副部长洪善祥分别参加长江组和西南山区河流组的检查。

2002年4月15日和5月7日，中国民航先后在韩国釜山和大连发生特大空难事故。为贯彻国务院由此而召开的第58次常务扩大会议和5月14日全国安全生产电视电话会议精神，5月20日，交通部召开交通系统水运安全生产电视电话会议。部长黄镇东在讲话中，对进一步扎实有效开展“全国安全生产月”、“反三违月”和“水上运输安全管理年”活动，加强水上交通安全工作提出要求，并根据《国务院办公厅关于立即组织开展安全生产大检查的紧急通知》，决定在水运系统开展水运安全生产大检查。5月下旬，部长黄镇东、副部长洪善祥带队对舟山水域、渤海湾地区进行安全生产专项检查。6月8日至17日，根据统一安排，副部长洪善祥带领国务院安全生产第四检查组，对西南山区河流、长江干线、琼州海峡水上交通安全进行了专项检查，并将检查情况和发现的问题分别向云南、重庆、海南、广东等省、市领导进行了反馈。根据9月25日全国安全生产电视电话会议精神，10月下旬，交通部组织4个检查组，分别赴渤海湾水域、琼州海峡、舟山水域及长江(主要是川江)水域，检查水上交通安全生产及管理情况，重点检查对安全生产中的重大危险源、事故隐患的监控、治理、整改情况，乡镇船舶安全管理责任制和安全生产规章制度落实情况，水上交通安全生产监督管理力量配备和职责的履行情况，“四客一危”船舶安全设备保养维护情况及航运市场整顿情况等。2002年一系列的安全生产大检查，使一大批水上交通事故隐患被及时发现和消除，促进了安全责任普遍落实，收到良好效果。

图 14-2-3　2000 年 11 月 27 日至 28 日，交通部海事局副局长刘实(左三)一行在大连检查渤海湾地区冬季水上安全生产情况

图 14-2-4　2006 年 1 月 21 日，交通部海事局副局长李青平(右三)率交通部安全检查组在舟山检查客滚船安全生产情况

2007 年 8 月 13 日，湖南省凤凰县发生桥梁坍塌事故。8 月 17 日，交通部召开电视电话会议，部署在全国开展以桥梁为重点的交通基础设施安全隐患排查专项行动。9 月 18 日，国务院办公厅印发通知，决定开展全国重大基础设施安全隐患排查工作，并将公路和水运交通设施列为 9 项重点排查对象中的 2 项。根据国务院的决定，交通部将重大基础设施安全隐患排查工作与当时正在开展的以桥梁为重点的交通基础设施安全隐患排查专项行动和防船舶碰撞防泄漏专项整治活动相结合，于 9 月 30 日制定了《公路交通基础设施安全隐患排查工作方案》和《水运交通基础设施安全隐患排查工作方案》。交通系统各单位按照统一领导、分工负责、突出重点、密切配合的原则，组织实施隐患排查治理工作。8 月中旬至 11 月初，采取省内自查、省际互查、专家抽查、领导督查相结合的方式，对以桥梁为重点的所有在建和投入使用的公路、桥梁、隧道工程进行集中排查；8 月底，交通部将全国分为 6 个片区，组织 6 个督查组，对公路交通基础设施安全隐患排查工作进行督查。10 月上旬至 11 月底，采取省内自查、部属单位自查、省际互查、复查抽查相结合的方式，对以港口、航电枢纽为重点的在建和已营运的万吨级以上沿海港口码头、500 吨级及以上内河港口码头、船闸以及所有航电枢纽工程进行集中排查；11 月初，组织 6 个督查组，对江苏、上海、天津、河北、广东、广西、辽宁、重庆、四川以及交通部直属海事、救捞、长江航务系统的水运基础设施安全隐患排查进行督查。集中排查期间，全国共排查万吨级及以上沿海码头泊位在建 210 个、已投入营运 1115 个，500 吨级及以上内河码头泊位在建 69 个、已投入营运 1262 个，通航 500 吨级及以上船闸在建 9 个、已投入营运 40 个，航电枢纽项目在建 10 个、已投入营运 16 个，共查出存在安全隐患项目 13 个；共排查 38 万余座在用桥梁，约占全国桥梁总数的 70%，按照轻重缓急、分类整改原则，对 2 万座存在安全隐患的桥梁，采取设置警示标志、限制通行、专人看守、封闭交通、废弃、列入危桥改造计划等整治措施。排查结果表明，重大交通基础设施安全基本处于受控状态，未发现重大隐患，但存在一些不容忽视的问题。2007 年底，交通基础设施安全隐患排查工作取得阶段性成果。

第三节　水上交通安全行业管理

【水上交通安全综合管理】

为促进船舶、班组安全管理标准化、规范化和制度化，自 1994 年以来，中国海员工会全国委员会(2001 年后为中国海员建设工会全国委员会)与交通部安委会，在全国水运系统联合开展优秀船舶、优秀班组安全竞赛活动，每次评选、表彰一批安全优秀船舶、安全优秀班组。1998年，交通部安委会与中国海员工会全国委员会开展第四次优秀船舶、优秀班组安全竞赛活动，共有47个单位、70791艘船舶、61946个生产班组参加竞赛，评选出100艘安全优秀船舶、99个安全优秀班组。以后，此项活动每年开展，为提高船员、职工安全意识和安全技能，夯实船舶、班组安全管理基础，起到促进作用。2003年，交通部安委会和中国海员建设工会全国委员会联合开展“全国水运系统船舶、班组安全知识竞赛”活动。

1999年，昆明举办世界园艺博览会。为保障博览会期间水上交通安全，交通部划拨100万元专项资金，帮助云南改善水上交通安全设施。4月中下旬，国务院安全生产委员会副主任、国家经贸委副主任石万鹏和交通部副部长洪善祥带领水运检查组，对云南大理洱海等地的水上交通安全现场进行检查。博览会举办期间(5月1日至10月31日)，云南没有发生水上交通事故。

1999年11月24日，“大舜”轮特大火灾沉没事故(简称“11·24”海难事故)发生后，交通部采取一系列紧急措施以扭转水上交通安全生产形势严峻局面。11月26日上午，交通部与山东省人民政府研究，决定对“大舜”轮所属的烟大汽车轮渡股份有限公司给予停业整顿处理；下午，召开全国交通系统电话会议，交通部部长黄镇东在会上宣布对烟大汽车轮渡股份有限公司处理决定，部署近期交通安全生产工作，特别是客滚船运输安全生产工作。11月30日，交通部在威海召开加强渤海湾客滚船安全管理现场会议。会上，部长黄镇东在讲话中提出立即组织开展安全大检查，要求根据客滚船运输的特殊性，把好客滚船的运输市场准入关，加强客滚船船员适任培训，加强客滚船货物车辆管理，严格客滚船运输科学配载和加固绑扎；国家经贸委副主任石万鹏在讲话中，介绍国务院领导人对“11·24”海难事故处理的关注情况和有关指示，强调要认真总结“11·24”海难事故教训，按照水运工作特点和客滚船运输特点，完善安全管理法规和制度。12月10日，交通部向各省(自治区、直辖市)和新疆生产建设兵团交通厅(局、委、办)，部属有关单位，交通行业大型国有企业转发国务院副总理吴邦国在12月1日召开的全国安全生产工作紧急电视电话会议上的讲话。同日，交通部在海口市召开华南地区客滚船安全管理现场会议，副部长洪善祥在会上讲话，要求认真落实客滚船安全管理规章制度；会议明确，在琼州海峡营运的开敞式客滚船，包括海口至湛江航线的客滚船，6级及以上东风、东北风不得开航，其他类型和航线的客滚船，7级风及以上不得开航。12月，交通部派出4个检查组，在渤海湾、舟山群岛、琼州海峡、长江干线进行水上交通安全大检查。

2000年至2002年，交通部以开展“水上运输安全管理年”活动为载体和主线，全面推进水上交通安全行业管理工作和监督管理工作。

为加强对客滚船运输安全管理，2000年3月3日，交通部印发《关于开展客滚船运输安全评估的通知》，决定对从事省际运输的所有客滚船及其船公司、船员和停靠码头进行安全评估，并成立由交通部海事局、水运司、公安局和中国船级社等有关部门、单位负责人组成的交通部评估领导小组。该通知明确了客滚船运输安全评估的法规和标准依据、安全营运条件；要求有关港口地区，由当地海事机构牵头，当地交通主管部门和中国船级社分支机构参加，成立评估委员会；规定评估程序是，船公司和港口企业自评后，由评估委员会评估，报交通部评估领导小组审批。根据该通知，大连、天津、烟台、威海、上海、宁波、舟山、深圳、湛江、海安、海口等港口，开展了客滚船运输安全评估工作。4月12日，交通部评估领导小组在北京召开扩大会议，交通部停航船舶复验组专家成员列席会议。会议明确烟大汽车轮渡股份有限公司所属停业整顿的客滚船复航以及其他4艘因安全检查查出严重缺陷而被停航的客滚船复航，应经整改、复检、评估，核准满足安全技术条件和经营管理要求后，可恢复航行；渤海湾地区在大连、烟台、威海成立客滚船运输安全评估委员会。针对评估中出现的问题，交通部评估领导小组办公室邀请有关专家研究解决措施，于6月27日至28日，分别由交通部和交通部安委会印发《关于开展客滚船运输安全评估的补充通知》和《关于客滚船运输安全评估工作有关事项的通知》，对客滚船检验标准和客滚船码头条件的具体问题处理作出规定，统一规范安全评估表格，并明确对客滚船公司、船舶、航线、管理人员、管理制度的具体评估内容，规定自9月1日起，未通过评估的船舶、船公司和码头不得继续从事客滚船运输业务。7月7日，交通部安委会在烟台召开渤海湾客滚船安全管理座谈会。会议通报了2000年"反三违月"期间，交通部安委会对客滚船运输安全进行暗访情况，介绍渤海湾各港口客滚船运输安全评估情况以及"齐鲁"号客滚船6月4日火灾事故情况，提出了渤海湾客滚船运输安全管理意见。2000年，各地评估委员会共对29家客滚船运输公司、28座码头和87艘客滚船进行了安全评估。经交通部评估领导小组审查，9月19日，交通部印发《关于对客滚船运输安全评估审批的通知》，分别对客滚船及其船公司、船员和停靠码头存在的问题提出整改要求。

由于上半年川江(指长江干线上游宜昌南津关至重庆羊角滩控制河段)事故全面上升，2000年6月2日，交通部在重庆召开加强川江客船安全管理座谈会，与有关监督管理部门和客船公司商讨加强川江客船安全管理对策。鉴于1995年以来液化气船多次发生事故，11月9日，交通部印发《关于加强液化气船安全管理的通知》，对液化气船的检验，船员适任和消防专业培训，现场靠离泊、过驳和装卸作业监管，船公司安全管理和整顿，液化气船码头安全评估与管理，液化气船及其船公司的营运资质的清理审查等提出要求，规定所有液化气船由中国船级社检验，25年及以上船龄的液化气船每次作业前应接受安全检查，所有管理液化气船的船公司必须于2001年建立安全管理体系。

为遏制长江干线水域特大险情、事故接连不断发生的现象，2001年1月15日，交通部印发《关于加强长江干线水上交通安全管理的通知》，要求沿江交通主管部门、海事机构、航道机构加强对长江水上交通安全的行业管理、现场监督、安全检查，做好航道变化情况通告，要求航运企业整改隐患，落实安全生产责任制。12月14日，交通部印发《关于进一步明确水上交通安全管理工作职责的通知》，明确交通部是全国水上交通安全行业管理和监督管理的主管机关，各省(自治区、直辖市)交通厅(局、委)是本行政区水上交通安全主管部门，负责水上交通安全行业管理工作，交通部直属各海事局和各地方海事局分别是交通部和各地方交通主管部门设置的辖区水上交通安全监督管理机构。

2003年7月24日，交通部安委会印发通知，组织交通部海事局、水运司、长江航务管理局和江苏、长江海事局，对长江水上交通安全管理开展全面研究，主要研究三峡库区航路改革、三峡库区船舶检验技术规范、长江干线船员管理等内容。2003年以后，其研究成果被转化为管理措施，如2004年1月1日施行《长江三峡库区船舶定线制规定(试行)》，2004年10月30日公布《川江及三峡库区航行船舶检验管理暂行规定》，2005年8月10日印发《航行长江干线内河船舶船员适任证书理论统考实施办法》等。

2004年9月5日，交通部海事局就农用船监管问题批复山东省地方海事局，明确农用船属于乡镇船舶，根据有关法规和2000年1月20日交通部、国家经贸委《关于贯彻实施〈关于进一步加强乡镇船舶交通安全管理责任制的意见〉的通知》，农用船的交通安全管理工作由地方政府负责，海事机构应主动协助地方政府做好农用船的交通安全管理工作，并推动制定地方性法规或规定，明确农用船交通安全的主管部门。11月10日，交通部针对近年来船舶引航事故多发问题印发通知，要求进一步落实引航机构安全管理责任。该通知规定引航机构必须建立安全管理体系，要求海事机构加强引航安全现场监管，港口行政管理部门要对引航机构的安全管理制度执行情况进行督查，并实行责任追究制度。

为加强地处云南、广西、贵州三省(自治区)交界地的天生桥库区水上交通安全管理，2004年11月8日，交通部安委会印发通知，提出加强天生桥库区水上交通安全管理工作任务，并成立由珠江航

图 14-3-1　2005 年 9 月 22 日，交通部交通安全委员会在贵州兴义举行天生桥库区水上交通安全管理现场办公会

务管理局牵头，云南、广西、贵州三省（自治区）交通主管部门和广西海事局为成员的库区航运和安全管理协调领导小组。2005 年 9 月 22 日，交通部安委会在贵州兴义组织召开天生桥库区水上交通安全管理现场办公会，研究加强天生桥库区水上交通安全管理的措施。10 月 27 日，交通部安委会在北京召开天生桥库区水上交通安全管理汇报会，交通部副部长徐祖远主持会议并对加强天生桥库区水上交通安全管理工作提出进一步要求。会议决定天生桥库区水上交通安全管理协调工作的牵头单位改为交通部海事局，交通部海事局委托广西海事局具体负责现场协调工作，并要求广西海事局对天生桥库区水上交通安全风险进行一次全面评估，提出加强防范的具体措施。12 月 13 日，交通部印发《天生桥（万峰湖）库区水上交通安全管理办法（试行）》，对涉及云南、广西、贵州三省（自治区）的天生桥（万峰湖）库区的船舶和船员管理，通航环境安全管理及保障，航道维护和助航标志的设置，渡口安全管理，库区船舶营运管理，水上交通事故调查处理和应急搜救等水上交通安全管理事项作出规定，明确天生桥（万峰湖）库区严禁船舶夜航，当库区气象恶劣或风力达到 7 级及以上，以及库区水位超过停航封渡水位时，禁止船舶冒险航行，库区船舶禁止运输油类等污染危害性物质以及剧毒的农药等毒害性物品。该办法仅规范交通部门及其管理相对人的相关行为，未涉及与水上交通安全相关的地方政府、水电、渔业等相关部门的管理职权和责任。

2005 年 3 月 4 日，中央机构编制委员会办公室印发《关于进一步明确水上交通安全监管职责分工有关问题的通知》。该通知明确：在船舶安全监管方面，渔船安全监管由农业（渔政）部门负责，参加比赛的体育运动船艇安全监管由体育部门负责，其他船舶及经批准从事客货运输的渔船安全监管均由交通部门海事机构负责，船舶建造质量安全监管由国防科学技术工业部门负责，乡镇非运输船舶由县乡政府参照乡镇运输船舶安全监管的有关规定落实监管责任；在水域安全监管方面，通航水域安全监管由交通部门海事机构负责，渔港水域安全监管由农业（渔政）部门负责，城市园林水域安全监管部门由各省（自治区、直辖市）人民政府确定。该通知强调：各部门要认真履行职责，共同把好船舶“造、检、航”全过程安全管理关，交通部门海事机构要加强水上交通安全的统一监管，牵头建立信息通报及沟通协调机制，充分发挥各相关部门及地方人民政府的作用，协调配合，形成合力；农业（渔政）部门要加强对渔船和渔港水域的安全监管，并配合交通部门海事机构坚决打击不符合运输条件未经批准擅自从事客货运输的渔船；体育部门要在交通部门海事机构对体育运动船艇统一管理的基础上，进一步做好参加比赛活动的体育运动船艇的安全监管；国防科学技术工业部门要尽快建立健全船舶建造质量监管法规、标准及相关制度，并在其他部门的配合下，加强对船舶建造企业的监督检查，依法规范船舶建造市场。

2005 年 3 月 27 日，粤海铁路火车轮渡船舶“粤海铁 1 号”在进港途中偏离进港航道，触碰防波堤搁浅。为加强琼州海峡特别是粤海铁路的交通安全监督管理工作，9 月 28 日，交通部印发《关于进一步加强琼州海峡交通安全监督管理工作的通知》，要求广东、海南海事局加大对琼州海峡日常监管和巡航执法，对粤海铁路火车轮渡航线进行实时监控，加强对公司安全管理体系审核管理，加大对危险化学品的检查力度，维护通航秩序，保证船舶适航；要在广东、海南省人民政府的协调下，与交通、渔政、铁路、公安等部门联合开展碍航物专项治理；要求广东、海南省交通厅督促港口企业在琼州海峡建立危险化学品检查站，安装滚装运输、火车轮渡安全检查系统，加强对超限超载车辆的治理，监督和引导企业落实安全管理的主体责任等。为贯彻落实中央领导同志有关指示和国务院2005年11月24日安全生产工作专题会议精神，12月5日，交通部印发《关于切实落实水上交通安全管理各项措施的紧急通知》，要求各级交通主管部门和海事机构加大水上交通安全的监管力度，重点查处非客船载客行为和剧毒危险化学品通过船舶运输行为；要求交通系统在今冬明春实行领导安全值班制度。

2006年2月2日(当地时间)，埃及“萨拉姆98”客轮在红海沉没，造成一千多人死亡或失踪。为吸取“萨拉姆98”轮事故教训，2月4日，交通部印发《关于切实加强水上交通安全工作的紧急通知》明传电报，要求全国交通系统和各航运企业，在春节长假即将结束、旅客运输高峰期间，加强客船、客滚船、渡口、渡船的安全管理和现场监督检查，严格执行安全适航风级规定，加强车辆的加固绑扎工作，杜绝装载危险品的车辆和超载车辆上船，严禁船舶超载；要求有关航运企业督促航行于红海水域的所属船舶加强值班和瞭望，积极配合当地政府对埃及沉船落水人员进行搜寻救助。3月15日，四川省广安市岳池县，一艘农用船非法载客，渡运翻沉，事故造成28人死亡。鉴于农用船等非运输船舶非法载客已造成多起重特大沉船事故，根据国务院领导有关批示，交通部、国家安全生产监督管理总局于3月16日联合发出《关于切实加强水上交通安全工作的紧急通知》的明传电报，要求交通系统有关部门和各地安全监管部门，督促地方政府落实水上交通安全管理责任，严厉查处无照船舶和农用船、渔船等非法载客行为，深入开展渡口渡船安全管理专项整治，切实加强乡镇船舶、客滚船和水上水下施工的安全管理以及事故调查工作。4月5日，为加强港口引航管理体制改革期间引航安全，交通部印发通知，要求在改革期间，保持引航员队伍稳定，切实抓好引航安全工作。该通知明确，引航机构划转前后的安全管理责任，分别由港口企业和港口行政管理部门承担；海事机构要会同港口行政管理部门，督查引航机构安全管理体系运行情况和安全管理责任制落实情况，并加强对引航员登(离)轮和适任等级的安全监管。5月12日，交通部海事局印发《关于加强船舶海上施工安全管理的通知》，要求各直属海事局在2006年6月整治内河船舶超过核定航区航行、作业的突出问题，将不符合航区要求的内河船舶从海上清除，规范沿海港口建设船舶施工安全秩序。8月22日，交通部印发《关于加强游艇管理的通知》。该通知明确游艇是指符合游艇检验规范，用于非营业性游览观光、休闲娱乐等活动的船舶；对游艇的管理应按照游艇业的特点和规律，依据有关水上交通安全和防治船舶污染的法规进行。该通知对游艇的检验、登记、驾驶人员培训、专用水域、航行停泊、防治污染水域、日常管理、应急管理以及接受游艇安全管理的游艇俱乐部的条件和职责等作出规定，并明确海事机构对游艇监督管理的要求。

鉴于海上施工船舶尤其是施工运砂石船舶事故时有发生，2007年1月10日，交通部海事局印发《关于进一步加强海上施工船舶安全管理的通知》，要求各直属海事局将海上施工船舶安全管理作为当年重点工作来抓，依法从水工审批、船舶签证、安全检查、现场巡航检查等方面施行安全监督管理措施并严格执行，逐步建立起长效管理机制。考虑到施工的实际需要，该通知明确对不能完全满足海船规范和配员要求的船舶，各地可根据当地海域实际情况，制定临时性简化检验、配员要求的规定，但对按照简化要求检验的船舶，必须严格限定其航行区域、抗风等级、海况条件等，严禁这些船舶从事海上长途运输。

2007年10月22日，为加强各主管部门对船舶质量“造、检、航”的综合监管，实施长效管理目标，在全国低质量船舶专项治理活动的基础上，交通部、国防科学技术工业委员会、农业部、国家安全生产监督管理总局联合印发《关于进一步建立水上交通安全信息通报及沟通协调机制的意见》。该意见明确成立由交通部为召集人的四部委协调机制领导小组，其办公室设在交通部海事局；建立船舶“造、检、航”管理政策信息通报制度，建立沟通研究船舶“造、检、航”基层反馈的情况及管理难点、热点问题，开展联合治理工作的沟通协调机制，并对其工作方式和工作要求作出规定，强调系统管理、明确责任、加强预控与源头治理、持续改进，不断解决水上交通安全中的深层次问题。

【水上交通安全工作重点】

1998 年 11 月 30 日，在厦门召开的全国水上交通安全工作会议提出，1999 年水上交通安全工作重点是客渡船、危险品船舶运输的安全管理和长江干线的水上交通安全管理。

1999 年 10 月 19 日，在昆明召开的全国水上交通安全工作会议提出，2000 年水上交通安全工作重点在 1999 年的基础上增加渤海湾客滚船运输的安全管理。

针对当时水上交通安全形势和四川、重庆、贵州等西南山区河流经常发生水上重特大交通事故的情况，在 2000 年 4 月 7 日召开的“水上运输安全管理年”活动电话会议上，交通部部长黄镇东在讲话中将“四客一危”（客滚船、客渡船、船载客车、旅游船和危险品运输船）、“四区一线”（即渤海湾水域、舟山水域、琼州海峡水域、西南山区河流和长江干线）作为检查、监控重点，同时指出 2000 年“五一”节是中国公共假日制度改革后的第一个长休假期，要重点抓好节日期间的水上交通安全工作。7 月 31 日，交通部在向国务院上报的《关于水上交通安全情况的报告》中，将“四客一危”重点船舶种类调整为客船、客滚船、客渡船、高速客船和危险品运输船。11 月 17 日，在成都召开的全国水上交通安全工作会议上，交通部副部长洪善祥在讲话中将“四客一危”重点船舶种类确定为客滚船、客（渡）船、高速客船、旅游船和危险品运输船。

2000 年至 2005 年，交通部在水上交通安全管理工作中，一直将“四客一危”作为监管的重点船舶，将“四区一线”作为监管的重点水域，将春节、“五一”、“十一”长假作为监管的特殊时节，利用相对有限的监管资源，狠抓薄弱环节，以点带面，保持了水上交通安全形势持续稳定。其主要做法是加强对生产现场和航行水域的监控与执法，对重点船舶的经营资质、技术标准、安全状况和船员适任能力强化评估、检验、检查、管理，严格把关，加大对事故隐患整改力度，营造水运安全生产良好的外部条件等。

2006 年，交通部在水上交通安全规律课题研究中，拓展水上交通安全工作重点工作的内涵和外延，在“四客一危”、“四区一线”的基础上，增加“四季三节”（春季防雾、夏季防台、秋季防火、冬季防风，春节、“五一”、“十一”长假防止发生群死群伤事故）和“四船一链”（船公司是主体，船舶是基础，船员是重点，船长是关键，四者通过安全管理体系形成一条管理链）。4 月 4 日，在北京召开的交通部安委会第一次全体会议，明确将“四季三节”作为水上交通安全工作的重点时段，将“四船一链”作为水上交通安全工作重点管理对象。7 月 21 日，在昆明召开的大型交通企业安全工作会议，明确加强对“四船一链”的监管，是要通过加强船公司、船舶、船员、船长的日常管理，将企业内部的安全管理和海事机构的外部监管落实到最基层的生产单位，转化为船长、船员主动的安全行为。9 月 12 日，交通部印发通知，对“四季三节”重点时段水上交通安全监管工作提出具体要求。雾季重点是防止船舶发生碰撞事故，落实雾航安全措施，加强雾季通航环境和通航秩序监管；台风季节重点是检查客船、客滚船、客渡船、旅游船、危险品船、特种船舶、无动力船舶以及沿海小型船舶落实防、抗台风措施，加强对防台水域航行船舶、避风船舶、施工作业船舶、过驳作业船舶的动态监管，维护航行秩序和锚泊秩序；秋季防火重点是督促检查油轮、危险品运输船舶、危险品仓库、堆场等落实防火措施，加强对船舶载运危险货物各个环节和现场作业的监管；冬季寒潮大风期间重点是加强对“四客一危”和沿海航行船舶防风、防冻、防滑、防火的安全检查和监管；各个长假期间重点是对水上客运、旅游船舶和载运危险货物船舶加强安全检查，全面排查、整改事故隐患，加大现场监管和巡航力度，维护通航密集区、旅游水域、比赛水域的通航环境和通航秩序。

图 14-3-2　2006 年 10 月 1 日，河南省周口市地方海事局在市区开展水上交通安全宣传活动

图 14-3-3　2007 年 1 月 8 日，舟山海事局执法人员对全市所有投入春运的 160 多艘客船开展为期 25 天的春运前安全大检查

图 14-3-4　2007 年 2 月 15 日，张家港港区海事处执法人员在渡船上张贴春运安全宣传标语

图 14-3-5　2007 年 4 月 28 日，秦皇岛海事局执法人员对小型旅游船艇进行安全检查

【水上运输安全管理年】

2000 年，交通部将水上运输安全管理作为交通工作的重中之重，并决定通过开展“水上运输安全管理年”活动，动员全国交通系统各级领导干部和广大职工向管理要安全，以安全保稳定，以安全促发展，扭转水上交通安全工作被动局面。1 月 24 日和 1 月 27 日，在昆明召开的全国交通工作会议和交通部安全生产工作会议，对开展“水上运输安全管理年”活动作了部署和动员。2 月 24 日，交通部印发《关于开展“水上运输安全管理年”活动的通知》，要求各级交通部门把开展“水上运输安全管理年”活动纳入重要日程，成立一把手牵头的活动领导小组，制定本地区、本单位的活动方案，广泛宣传“水上运输安全管理年”活动开展情况。该通知同时印发“水上运输安全管理年”活动方案，宣布成立以部长黄镇东为组长，副部长洪善祥为副组长，办公厅、体改法规司、海事局、水运司、公安局、海上救助打捞局有关负责人为成员的交通部“水上运输安全管理年”活动领导小组，其办公室设在交通部海事局。该方案明确活动目标是达到“四个明显一个确保”，即安全意识明显增强，安全规章制度明显完善，完全管理责任明显加强，安全管理水平明显提高，确保 2000 年不发生特大恶性责任事故，维护水上交通安全形势稳定。参加活动的范围是全国各级交通部门，各航务管理、海事、船舶检验机构，以及从事

水上运输、港口、航运、工程、作业、服务的企事业单位及其他船舶所有人，重点突出水运企业。活动分四个阶段：第一阶段(第一季度)，在抓好春运安全的同时，重点开展水上安全管理自查自纠，找出薄弱环节和事故隐患；第二阶段(第二季度)，开展“全国安全生产周”和“反三违”活动，发动社会公众举报事故隐患，由各省(自治区、直辖市)交通厅(局、委、办)在报纸公布本地区航运企业安全管理第一责任人名单；第三阶段(第三季度)，开展水上交通安全统一执法行动，航运企业建立健全安全管理机制；第四阶段(第四季度)，整改后评估。该方案要求在活动中突出重点，全国范围内，重点船舶是客船(包括客滚船、客渡船)和危险品运输船，重点水域是渤海湾、琼州海峡、舟山群岛水域和长江干线水域，重点内容是水上运输的行业安全管理、监督检验管理和企业(业主)内部安全管理。3 月 1 日，中国海事局印发全国海事系统(包括船舶检验系统)开展“水上运输安全管理年”活动实施意见，要求全国海事系统发挥国家监察职能，结合海事工作职能和日常安排，突出重点，确保不因为海事管理和服务问题而发生重特大责任事故。

2000 年 4 月 7 日，交通部召开“水上运输安全管理年”活动电话会议，通报“水上运输安全管理年”第一阶段活动情况，部署第二阶段活动，进一步动员交通系统广大干部职工积极投入到“水上运输安全管理年”活动中去。部长黄镇东在会上讲话。5 月 15 日，交通部安委会派出 5 个暗访组，分赴渤海湾、琼州海峡、长江干线开展为期一周的暗访活动，了解水上交通安全管理中存在的事故隐患和问题，并督促有关海事局进行调查处理和整改。6 月 22 日，四川省泸州市合江县发生“榕建”号客渡轮特大触礁沉船事故。30 日，交通部召开水上交通安全工作紧急电视电话会暨“水上运输安全管理年”活动第二次工作会议。部长黄镇东在会上分析了“6·22”特大触礁沉船事故等 5 起水上交通事故情况和管理方面的问题，提出“水上运输安全管理年”活动第三阶段工作要求；宣布为吸取“6·22”特大触礁沉船事故教训，交通部决定在 7 月份开展为期一个月的乡镇客渡船安全大检查，全国性的“水上运输安全管理年”活动连续开展三年。7 月 1 日至 31 日，交通系统在全国范围内开展乡镇客渡船安全大检查，清理乡镇客渡船从事营运的审批情况、安全技术情况，查处“三无”船舶，制止超载和客货人畜混装、冒雾航行等违章行为。7 月 6 日至 31 日，直属海事系统对沿海及长江、珠江、黑龙江干线载客 12 人以上的客船(含客滚船、高速客船、旅游船)和危险品运输船舶，开展集中安全检查会战，共检查船舶 7146 艘次，查处缺陷船舶 4845 艘次，查出并责令整改缺陷 22200 项，滞留船舶 178 艘次。8 月 17 日至 31 日，在全国范围内开展 2000 年水上统一执法行动。9 月 22 日，交通部召开“水上运输安全管理年”活动第三次电视电话会议，部长黄镇东在会上总结“水上运输安全管理年”活动第三阶段工作，部署第四阶段工作。2000 年“水上运输安全管理年”活动期间，交通部安委会在《中国交通部》、《中国水运报》公布举报隐患和开展活动的热线电话号码，受理有关安全问题的举报和咨询，开辟安全专栏，推广安全经验，通报事故隐患。各地通过报纸向社会公布航运企业及其安全生产第一责任人名单。各地和中央媒体关注、报道水上交通安全工作，中央电视台新闻联播和焦点访谈栏目，相继播发有关新闻和节目。11 月 15 日，在成都召开的 2000 年全国水上交通安全工作会议，对“水上运输安全管理年”活动效果进行了评估，认为通过开展“水上运输安全管理年”活动，水上交通安全工作的组织领导得到加强，宣传教育形成声势，安全检查力度加大，日常监管和专项治理针对性增强，客滚船运输安全管理水平提高，水上交通事故总件数、沉船艘数、直接经济损失下降，全国大部分地区水上交通安全形势好转；但活动开展不平衡，重特大事故没有得到有效控制，事故死亡人数上升。会议同时部署了 2001 年开展“水上运输安全管理年”活动的主要工作。

2001 年 1 月 11 日，在郑州召开的全国交通安全工作会议，对继续开展“水上运输安全管理年”活动进行了动员。2 月 1 日，交通部印发 2001 年全国“水上运输安全管理年”活动方案。该方案明确 2001

年开展活动的目标、参加范围和组织机构与2000年相同，强调确保水上交通安全形势稳定，避免特大恶性责任事故的发生；确定活动内容以整治客船(包括客渡船、客滚船、旅游船、高速客船)和液化气船、油船等危险品运输船舶及公司的安全管理为重点，抓好“四项整顿”，把好“四道关口”(即整顿水上运输秩序，严把市场准入关；整顿船舶秩序，严把船舶现场监督、检验关；整顿船员秩序，严把船员培训监督管理和考试发证关；整顿通航秩序，严把监督检查关)。3月1日，交通部海事局印发通知，对海事系统开展2001年“水上运输安全管理年”活动进行具体部署。4月10日，交通部召开2001年“水上运输安全管理年”活动电视电话会议，副部长洪善祥在会上对个别地区、个别单位不重视、不落实“水上运输安全管理年”活动的情况提出批评，并强调要遏制乡镇船舶和长江干线事故多发的局面。4月30日，交通部印发《水上交通安全专项整顿方案》。该方案明确整顿目的是，水路运输市场秩序明显好转，取缔非法水路运输现象，各种违反水上交通安全管理秩序的现象大幅度减少，遏制群死群伤事故发生；整顿重点是“四客一危”船舶及其经营者、乡镇船舶和“四区一线”，同时查处农用船舶、渔业船舶和未经交通部门许可的船舶载客载货现象，取缔达到报废年限船舶和无证无照船舶参与营运；并就抓好“四项整顿”，把好“四道关口”提出了具体措施。5月至9月，“水上交通安全专项整顿”工作在全国范围展开。7月底，交通部会同国家安全生产监督管理局到广东等地对“水上交通安全专项整顿”工作进行督查指导。通过整顿，水运市场得到净化，一批不具备资质的企业被清除出水运市场；船员素质得到提高，有10万余人次的船员接受了实际操作和安全知识检查，6000多名船员参加了安全知识培训；船舶运力结构得到初步优化，一批老旧船被强制拆解或停航；部分重点水域的通航环境治理取得成效；安全管理责任制落实程度有所提高。2001年，水上交通安全工作把市场整顿、结构调整和加强安全监督管理结合起来，重点进行“四项整顿”，使“水上运输安全管理年”活动取得阶段性成果，全国水上交通安全形势相对稳定，没有发生特大恶性事故，死亡失踪人数下降。11月5日，在南昌召开的全国水上交通安全工作会议，总结了开展两年的“水上运输安全管理年”活动经验和工作体会，部署了2002年开展“水上运输安全管理年”活动的主要工作，强调2002年的“水上运输安全管理年”活动要本着“巩固整顿成果，立足长效管理”的原则，向深度、广度推进。

2002年1月21日，交通部印发2002年“水上运输安全管理年”活动方案。该方案提出活动的目标是进一步做到“四个明显”，并把“一个确保”作为长期的工作方向。活动内容主要是：规范水运市场秩序、船舶管理秩序、船员管理秩序、通航管理秩序，强化市场监管和水上交通安全现场监管，加大防止船舶污染水域工作力度，提高溢油污染事故的预防和应急能力。该方案要求各地、各单位对前两年的活动“回头看”，总结经验，分析和整改存在问题，夯实基础，注重创新，探索水上交通安全管理有效方法和模式。2月1日，交通部海事局印发通知，对海事系统开展2002年“水上运输安全管理年”活动进行具体部署。2月24日，交通部召开交通系统电视电话会议，对2002年“水上运输安全管理年”活动进行全面部署。9月2日，交通部印发通知，布置对“水上运输安全管理年”活动开展情况进行考核检查和推荐先进的工作。该通知要求考核检查在9月至11月进行，采取各地区、各单位自查和交通部抽查相结合的方式，并明确了考核检查内容。在2002年“水上运输安全管理年”活动中，交通系统各单位结合经修订的《内河交通安全管理条例》的施行，坚持长效管理原则，深化安全管理责任制，强化水运市场管理，重点整改安全隐患，使水上交通安全管理基础工作进一步加强；同时，对前两年的活动“回头看”，在自查中总结分析活动的成绩和存在的问题，巩固了水上交通安全专项整顿成果。交通部在活动中，扩大水运市场整治范围，重点开展川江滚装船公司化整顿、长江涉外旅游船市场整顿、渤海湾滚装船运输市场结构调整和琼州海峡客滚船整顿；颁布《海上滚装船舶安全监督管理规定》，对海上滚装船的经营资质、船舶及船员条件、检验及监督检查等进行了规范；多次组织安全生产大检查，促进安全隐患的整改。

交通部在全国范围内连续三年开展的“水上运输安全管理年”活动，2000 年主要抓宣传发动、抓基础管理工作；2001 年主要围绕“四客一危”、“四区一线”等重点开展“四项整顿”，把安全管理同市场整顿、结构调整结合起来；2002 年，主要坚持长效管理原则，巩固水上交通安全专项整顿成果，夯实水上安全管理基础。活动思路明晰，目标明确，内容具体，步骤稳妥，成效明显。2002 年 11 月 5 日，在杭州召开的全国水上交通安全工作会议，对开展三年的“水上运输安全管理年”活动进行总结，认为“四个明显，一个确保”的活动目标基本实现，其主要成效是：广泛宣传，水上交通安全工作得到社会普遍重视；建立健全规章制度，水上交通安全管理逐步走上规范化轨道；明确职责，水上交通安全管理责任进一步落实；明确监管重点，深化对水上交通安全管理工作规律性认识；重特大水上交通事故得到有效遏制，全国水上运输船舶交通事故造成死亡失踪人数三年来呈逐年下降趋势，水上交通安全形势总体平稳。2003 年 1 月 2 日，交通部安委会对在三年的“水上运输安全管理年”活动中涌现出的 103 个先进集体和 146 名先进个人进行通报表彰。

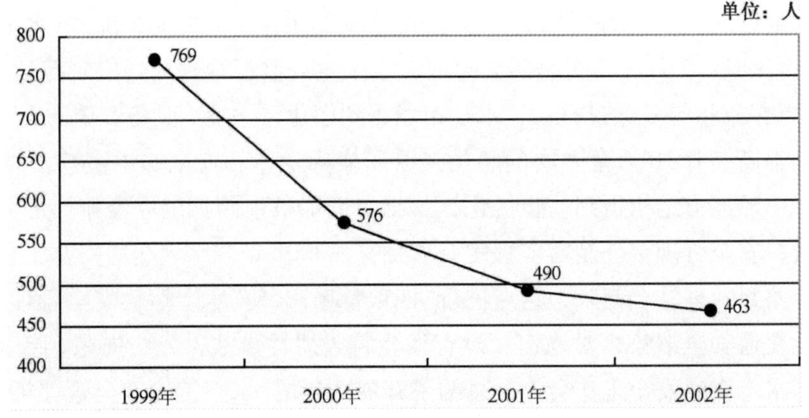

图 14-3-6　1999—2002 年全国水上运输船舶交通事故死亡失踪人数变化情况

为巩固“水上运输安全管理年”活动各项成果，2003 年 2 月 13 日，交通部在杭州召开的全国交通安全工作会议上，将 2003 年定为“巩固提高年”，要求按照“巩固、落实、规范、提高”的方针，重点加强内部管理。4 月 8 日，交通部印发《水上运输安全“巩固提高年”工作指导意见》，明确工作目标是以建立水上交通运输安全长效管理机制为方向，继续做到“四个明显，一个确保”；主要措施是，将“水上运输安全管理年”活动中好的经验和作法上升为规章制度，落实安全隐患整改措施，规范内部管理，提高整体安全管理水平，建立长效管理机制。在 2003 年水上运输安全“巩固提高年”活动中，交通系统各个部门齐抓共管，良性互动的水上交通安全管理链初步形成；对水路运输经营资质进行复查，老旧船舶淘汰和内河船型标准化工作取得新进展；继续开展“四客一危”和“四区一线”专项整治和安全检查，在船舶、船员、船舶检验、通航管理等方面，采取了一系列强化管理、规范管理新举措，巩固“水上运输安全管理年”活动成果取得较好效果。

【水上交通安全长效管理机制】

2000 年 11 月 17 日，交通部副部长洪善祥在成都召开的全国水上交通安全工作会议上提出，在建立社会主义市场经济体制转轨时期，交通行业安全管理方式发生变化，必须研究新的水上交通安全管理的手段和机制，依法管理。2001 年 11 月 5 日，交通部海事局常务副局长刘功臣在南昌召开的全国水上交通安全工作会议上指出，开展“水上运输安全管理年”活动必须坚持长效管理原则，将活动中形成的一些好的做法和经验延续和坚持下去。三年的“水上运输安全管理年”活动为建立水上交通安全长效管理机制积累了经验，奠定了基础。2002 年 11 月 5 日，在杭州召开的全国水上交通安全工作会议提出，2003 水上运输安全“巩固提高年”要坚持推进长效管理与专项整治相结合的原则。2003 年 4 月 8 日，交通部在《水上运输安全“巩固提高年”工作指导意见》中，明确提出要建立水上交通运输安全长效管理机制。2003 年 11 月 6 日，在贵阳召开的全国水上交通安全工作会议提出，建立长效管理机制是今后一段时期全国水上交通安全工作的目标。

2004 年 7 月 23 日，交通部副部长徐祖远在南京召开的全国大型水运企业安全管理座谈会上，提出水上交通运输安全长效管理机制的具体内容。11 月 13 日，在重庆召开的全国水上交通安全工作会议，讨论了《建立水上交通安全长效管理机制指导意见(讨论稿)》。交通部副部长徐祖远在会上指出，水上交通安全管理是一项系统工程，通过开展各项安全生产活动，实现风险控制、按章操作、依法行政、有效管理、集中整治、持续改进，落实阶段性目标，固化经验，并长期坚持下去，是形成水上交通安全长效管理机制的办法，是实现水上交通安全工作长治久安的必由之路；建立水上交通安全长效管理机制，必须以科学发展观分析、解决问题，引入现代管理理念和先进科学技术。

2005 年 4 月 6 日，交通部印发《建立水上交通安全长效管理机制指导意见》，提出建立水上交通安全长效管理机制的指导思想、基本原则、总体目标和主要措施。

该指导意见按法制化、责任化、预防预控、系统化管理和持续改进原则，提出建立水上交通安全长效管理机制总体目标是：全面落实水上交通安全管理责任制，健全水上交通安全法律法规体系，全面改善水运安全基础设施和船舶安全技术条件，提高船员素质，加强安全生产自控型水运企业建设，提高水上交通安全生产从业人员的素质，提高水上交通安全管理水平，提高遏制重特大水上交通事故的能力，努力促进水上交通安全生产状况持续改进，实现水上交通安全形势持续稳定。

该指导意见提出要建立健全七个体系，即：水上交通安全法律法规体系，水上交通安全责任体系和责任追究制度，水上交通安全生产源头控制体系，水上交通安全保障体系，水上交通安全生产应急反应体系，水上交通安全宣传教育培训体系，水运企业安全生产自控体系；提出强化对船舶检验、船员考试发证、航运公司审批及安全管理体系审核的监督管理和过程控制；禁止不合格的航运公司和低于标准的船舶进入航运市场，加快淘汰老旧船舶、挂桨机船、水泥船；逐步实现长江、珠江、京杭运河等重点水域船型标准化；增加等级航道通航里程，实现重点航道、山区急流航道渠化，重点水域建立船舶定线制；把农村渡口建设纳入总体规划，推行支、小河流以桥代渡；建立立体、快速反应的水上搜救应急体系，建立船舶溢油监视网络和应急反应体系；推进水运企业公司化管理进程，推动个体、联户经营管理的船舶走向公司化管理道路，所有航运企业都要建立安全管理体系等措施。该意见明确水上交通安全长效管理机制方向是：政府统一领导，交通综合管理，海事机构监管，各相关部门配合，企业安全自律，群众参与监督，社会广泛支持。

2006 年以后，交通系统将贯彻落实《建立水上交通安全长效管理机制指导意见》，作为开展平安建设的主要措施之一，并通过开展各项安全生产专项整治活动，深化对监管重点工作的研究和认识，使水上交通安全长效管理机制不断完善。

【非水网地区水上交通安全行业管理】

非水网地区，指航道等级低，通航里程少，水运不发达，航运企业少的内陆地区。其水上交通安全管理特点是，渡口、渡船和旅游船多且分布零散，船舶设施落后，从业人员和群众安全知识贫乏，监督管理力量相对薄弱。1990 年和 1995 年，交通部就加强非水网地区水上交通安全工作两次召开专门会议进行研究，并印发了有关文件。1998 年以前，非水网地区水上交通安全行业管理，主要是通过抓住旅游船、渡口渡船两个重点，落实水上游览安全责任单位和县乡政府的管理责任，并采取多种形式加强水上交通安全监督队伍建设，多渠道筹集安全管理经费，开展结“对子”活动，解决管理上的薄弱环节。

1999 年 9 月 9 日，交通部在乌鲁木齐召开第三次非水网地区水上交通安全工作会议，陕西、甘肃、宁夏、青海、新疆、贵州、云南、山西、内蒙古、北京、吉林、河南等 12 个省(自治区、直辖市)交通厅(局)的有关负责人出席会议。会议总结和布置了非水网地区水上交通安全工作，强调非水网地区水上交通安全管理要全方位，不能有死角，要把新出现的水上飞机、漂流排筏等新型水上交通工具逐步纳入正常管理渠道，禁止农用船非法载客和运输；要因地制宜，制定适应本地区通航水域特点和小型船舶特点的规范，跨省航行船舶执行全国统一规范；要把游览船、客渡船和节假日、赶集日的安全管理，以及中小学生的水上交通安全教育作为重点工作；要加强非水网地区水上交通安全管理人员的培训工作，继续开展结“对子”活动。

2002 年 8 月 12 日，交通部在乌鲁木齐召开 2002 年非水网地区水上交通安全工作会议，西藏自治区交通厅和新疆生产建设兵团交通局的有关负责人为新增代表。会议总结了非水网地区开展“水上运输安全管理年”活动情况，分析了非水网地区通航水域和旅游运输增多，船舶和船员由小吨位、非机动型向大吨位、机动型发展，船舶种类及其经营活动日趋多样化，大量漂流艇(筏)、帆船、摩托艇、快艇、高速客船投入营运等水上交通形势变化情况，指出非水网地区水上交通安全管理工作问题是“基础弱、素质低、隐患多、经费少”。交通部副部长洪善祥在会上提出加强非水网地区水上交通安全工作对策是，推进非水网地区水上交通安全监督管理体制改革，全面实施经修订的《内河交通安全管理条例》，根据实际明确管理重点，加大水上交通安全的社会宣传和对船员、管理执法人员培训，调整结“对子”活动的“对子”和内容，多渠道筹集水上交通安全管理经费。

鉴于非水网地区水上旅游发展迅猛和乡镇船舶、农用船事故不断发生，为持续改进非水网地区水上交通安全管理工作，推动结“对子”活动尽快调整到位，2003 年 9 月 25 日，交通部在兰州召开 2003 年非水网地区水上交通安全工作会议。副部长洪善祥在讲话中，针对非水网地区湖泊、水库客渡船、旅游船超载和农用船非法载客成为突出隐患的现象，强调抓好乡镇船舶安全管理，核心是落实县乡政府安全管理责任制；针对非水网地区水上旅游新型运输方式不断出现，要求对从事水上旅游企业的资质认定，船舶登记、检验，航行水域划定等制定相关规定和标准，规范管理，并可开展旅客运输强制保险工作；强调要建立水上交通安全长效管理机制和深入开展结“对子”活动。

2003 年以后，交通部开展非水网地区水上交通安全行业管理工作，主要是督促、协调地方政府落实乡镇船舶安全管理机制，落实水上交通安全管理机构、经费、人员、设备，落实日常监管措施；在按照全国统一部署开展水上交通安全专项工作的同时，有针对性地提出非水网地区水上交通安全工作要求；注重开展结“对子”活动并取得实效，全面提高非水网地区水上交通安全管理水平和执法人员素质；将非水网地区海事工作发展要求纳入全国统一规划。

2003 年 10 月，交通部安委会对结“对子”单位进行调整。

2005 年 10 月，在北京召开的全国海事工作会议，按照“全国海事一家人，水上监管一盘棋”的要求，指出非水网地区海事机构必须同水网地区海事机构一样，在法律法规赋予的职责范围内全面履职。

2006 年 4 月 3 日，交通部印发《中国海事工作发展纲要(2006—2020)》，明确海事工作新发展的方式是要实现沿海、内河水网和非水网地区协调发展。9 月 18 日至 11 月 3 日，交通部海事局在大连举办内河海事管理业务培训班，统一培训来自非水网地区 19 个地方海事局业务骨干 65 人。9 月 19 日，交通部安委会印发《水网地区与非水网地区海事结“对子”工作指导意见》。

图 14-3-7　2006 年 11 月 3 日，地方海事执法人员海事管理业务培训班在大连培训中心举行结业典礼。图为结业典礼前，来自全国非水网地区 19 个地方海事局的 57 名学员参加结业考核

至 2007 年底，包括非水网地区在内的地方水上交通安全监督管理体制基本理顺，省、市、县三级地方海事机构建立起来，部分机构人员编制得到解决，管理经费纳入地方财政预算；通过结“对子”活动，达到了非水网地区与水网地区海事工作相互促进，水上交通安全管理水平共同提高的目的。但非水网地区在水上应急反应搜救机制，内河通航水域基础资料的搜集整理和基础设施建设等方面，还存在薄弱环节。

〖结“对子”活动〗

鉴于非水网地区水运不发达，港务监督、船舶检验管理机构基础差、底子薄，迫切需要提高队伍的业务素质和管理水平，经 1994 年底全国水上交通安全工作会议讨论决定，交通部安委会于 1995 年初发文，要求开展水网与非水网地区港务监督、船舶检验机构结“对子”活动。至 1998 年，本着自愿与安排相结合的原则，湖北与内蒙古、上海与青海、广东与贵州、浙江与云南、山东与河北、安徽与陕西、福建与甘肃、四川与新疆、辽宁与河南、江苏与山西、广西与吉林、湖南与宁夏等 24 个省(自治区、直辖市)的港务监督、船舶检验机构结成 12 个“对子”，采取一省帮一省的方式，从人员培训、健全规章、改善手段、加强管理等方面相互帮助和扶持，有条件的地区在经济上也给予对方力所能及的扶持，推进了非水网地区水上交通安全工作水平提高。

根据水上安全监督管理体制改革后情况，按照东部帮扶西部的原则，2003 年 10 月 29 日，交通部安委会对结“对子”单位进行了调整，将范围扩大至直属海事系统，重新确定了全国海事系统 13 个结“对子”单位，分别是：陕西省地方海事局与安徽省地方海事局、云南省地方海事局与浙江省地方海事局、河南省地方海事局与长江海事局、青海省地方海事局与江苏省地方海事局、山西省地方海事局与浙江海事局、西藏交通厅运输管理局(2005 年后为地方海事局)与深圳海事局、新疆自治区地方海事局与江苏海事局、北京市地方海事局与天津海事局、贵州省地方海事局与广东海事局、甘肃省地方海事局与山东海事局、宁夏自治区地方海事局与上海海事局、吉林省港监船检局(2004 年后为地方海事局)与海南海事局、内蒙古自治区地方海事处与辽宁海事局。2006 年增加新疆生产建设兵团海事局与福建海事局。

2006 年 9 月 19 日，交通部安委会印发《水网地区与非水网地区海事结“对子”工作指导意见》。该指导意见明确结对子活动的目标、任务、措施，强调深入开展结“对子”活动，加强人员培训交流，完善健全海事管理规章制度，交流行风建设和创建文明行业活动经验，适当改善非水网地区海事监管手段，促进水网与非水网地区水上安全监督管理工作均衡发展。至 2007 年底，全国 28 个水网地区与非水网地区海事机构结成的 14 个“对子”，在定期开展业务技术培训、实行海事人员相互交流挂职制度、制定完善非水网地区海事管理规章制度和规范标准、改善非水网地区海事监管条件等方面取得了实效。2005 年至 2007 年，水网地区为非水网地区培训海事工作人员近千人，非水网地区海事工作人员到水网地区交流挂职 150 余人，水网地区援助非水网地区 500 万元及一批巡逻艇、计算机等监管设备和办公设备。

图 14-3-8　2005 年 6 月 24 日，深圳海事局向西藏自治区地方海事局赠送的两艘巡逻艇缓缓放入高原湖泊中

图 14-3-9　2006 年 12 月 19 日，福建海事局与新疆生产建设兵团海事局海事管理业务交流培训班在福州举办

【水上交通运输安全专项整治】

改革开放以来，中国水运事业快速发展，但由于中国水运生产力水平不高，水运市场不十分规范，水上交通安全管理基础比较薄弱，还存在多年积累下来的影响水上交通安全的一些突出问题。为及时消除严重影响水上交通安全的因素和事故隐患，交通部根据实际情况，适时开展各种水上交通运输安全专项整治，并注意把集中整治规范化、经常化、制度化，不断完善水上交通安全长效管理机制。

1999 年 8 月 17 日至 26 日，交通部组织开展“小型船舶安全管理联合检查行动”。

2000 年 8 月 17 日至 31 日，交通部组织开展“2000 年水上统一执法行动”。

2002 年 12 月 16 日至 2003 年 2 月 28 日，交通部安委会组织开展打击超载船、“三无”船联动执法行动。

2003 年 6 月 22 日，《国务院办公厅关于深化安全生产专项整治工作的通知》明确，安全生产专项整治工作由地方人民政府负责具体实施，国务院主管部门负责指导。根据该通知精神，7 月 30 日，交通部安委会印发《深化水上交通运输安全专项整治工作指导意见》。该指导意见明确深化水上交通运输安全专项整治工作目标是，进一步整顿和规范水上交通运输安全生产秩序，有效遏制重点地区、重点船舶的重特大事故多发势头，进一步稳定水上交通安全形势，逐步建立水上交通运输安全长效管理机制；专项整治工作重点是，“四客一危”船舶、“三无”船舶、超载船舶、非法载客载货船舶、水上水下施工作业、通航环境、水运市场秩序、非法乱建和私建码头等，其中突出整治运砂运煤船超载违章航行、大小洋山港施工作业通航安全，改善长江下游和三峡库区通航水域环境，严格执行老旧运输船舶淘汰制度。

2004 年 2 月 16 日至 7 月 10 日，交通部海事局组织开展沿海小型船舶专项整治活动。

2004 年 4 月 1 日至 6 月 15 日，交通部安委会组织开展 2004 年打击水上运输超载统一执法行动。

2005 年 9 月 27 日至 2007 年 9 月 30 日，交通部、国家安全生产监督管理总局在全国组织开展渡口渡船安全管理专项整治活动。

2005 年 11 月 29 日，根据国务院有关领导在《当前水上交通安全工作中存在的问题及下一步工作重点》专报信息上的批示精神，国家安全生产监督管理总局会同交通部、农业部、国防科学技术工业委员会等部门召开专题会议，提出 2006 年水上交通安全基本工作思路，决定在 2006 年继续深化水上交通安全专项整治工作，严防重大事故发生。2006 年 1 月 14 日，交通部、国家安全生产监督管理总局联合向国务院报告加强水上交通安全工作措施，明确国家安全生产监督管理总局将渡口渡船安全管理、低质量船舶和水上危险品运输三项专项整治工作列为全国安全生产工作重点之一。1 月 27 日，国务院有关领导在报告上批示，要求对水上交通安全三项专项整治重点工作抓紧实施和督察。

2007 年 7 月 1 日至 12 月 31 日，交通部在全国统一开展防船舶碰撞、防泄漏的专项整治活动。

〖小型船舶安全管理联合检查行动〗

1999 年，交通部为加强小型船舶的安全管理，遏制小型船舶事故多发势头，于 8 月 17 日至 26 日组织开展“小型船舶安全管理联合检查行动”（简称“99 联合行动”），在全国沿海水域及港口、内河干线、水网地区水运干线，对 500 总吨以下海船和 600 总吨以下内河船舶进行集中检查，重点是客渡船、游览船、危险品船、液化汽船、参加营运的农用船等。此次联合行动是在交通部统一组织下首次开展的全国性联合检查行动，交通部组成以副部长洪善祥为组长的领导小组。在为期 10 天的联合检查行动中，各地交通主管部门和水上安全监督机构，在广泛宣传动员的基础上，共检查船舶 102260 艘，查处无船名船号和船籍港的船舶 12658 艘、超载船舶 15181 艘、不按规定办理船舶签证的船舶 8220 艘、无船员安全配员证书的船舶 4952 艘，查处涉及船舶证书缺陷 15710 项，救生设备缺陷 14617 项，消防设备缺陷 19013 项，查处“三无”船舶 4510 艘，禁止离港船舶 964 艘，解除动力船舶 150 艘。通过“99 联合行动”，基本掌握了小型船舶的安全管理现状，消除了部分小型船舶事故隐患，对小型船舶船员普遍进行了一次安全教育。

〖2000 年水上统一执法行动〗

“2000 年水上统一执法行动”是 2000 年“水上运输安全管理年”活动的一项重要内容。7 月 14 日，交通部印发“2000 年水上统一执法行动”实施方案，以交通部副部长洪善祥为组长，交通部海事局、公安局、体改法规司、水运司的有关负责人组成水上统一执法行动领导小组，确定了各省（自治区、直辖市）和长江干线水上统一执法行动领导小组组长、副组长单位。水上统一执法行动在“99 联合行动”的基础上，适当扩大检查范围，以小型船舶为重点，突出检查乡镇客渡船及危险品船，打击“三无”船非法营运、船舶超载和违章航行，查处影响水上交通安全违法行为。8 月 17 日至 31 日，全国交通系统共出动车辆 9669 台次、执法船艇 22328 艘次、执法人员 91756 人次，检查船舶 182341 艘次，查处“三无”船舶 6765 艘次，制止船舶超载 23242 艘次，查处各类船舶缺陷 160712 项，滞留船舶 2049 艘次，依法强制拆解“三无”船舶 246 艘。水上统一执法行动集中解决了一批水上交通安全突出问题，达到预期目的。10 月 27 日，交通部安委会印发决定，对有关交通主管部门、航务管理部门、海事机构、船舶检验机构在水上统一执法行动中表现突出的 45 个先进集体和 143 名先进个人予以表彰。

图 14-3-10　湛江海事局执法人员在辖区水域开展“2000 年水上统一执法行动”

〖打击超载船、“三无”船联动执法行动〗

针对长江流域、京杭运河船舶超载和“三无”船舶违法航行现象严重的情况，2002 年 12 月 6 日，交通部安委会印发通知，决定自 2002 年 12 月 16 日至 2003 年 2 月 28 日，在长江干线武汉以下水域及其支流水域、上海黄浦江、京杭运河开展打击超载船、“三无”船联动执法行动，其联动执法形式，是交通部海事局组织湖北、江西、安徽、江苏、河南、山东、浙江省地方海事局，上海市航务管理处及江苏、上海、长江海事局等11个水上安全监督机构，统一时间、统一方法、统一标准，对从事营运的超载船、“三无”船开展集中整治行动。负责协调联动执法行动的联络办公室设在江苏海事局。12月9日，交通部安委会在《中国交通报》、《中国水运报》发布《关于开展超载船、“三无”船整顿的通告》，向社会通告对超载船、“三无”船整顿的要求和处罚规定。根据统一部署，11个水上安全监督机构在集中联动执法阶段，在本辖区设立检查线(点)，在相邻水域设立联合检查线(点)，制定相应的检查工作程序和强制卸载方案，依法对过往船舶实施现场监督检查和现场签证，对严重超载的船舶实施强制卸载直至符合载重线规定为止。联动执法行动期间，共检查船舶116047艘次，其中查处超载船舶27191艘次，强制卸载3727艘次，暂扣、吊销船员适任证书1200余本，查处“三无”船舶1820艘。

由于健康的水运市场特别是黄砂运输市场没有真正建立，短期整治行动结束后，船舶超载，冒险航行，逃避执法部门监管的现象在上述部分地区死灰复燃，因超载而造成的水上交通事故屡屡发生。为此，交通部决定2004年在长江干线武汉以下水域及其支流水域、上海黄浦江、京杭运河开展打击水上运输超载统一执法行动。2004年3月5日，交通部安委会印发《2004年打击水上运输超载统一执法行动方案》。3月22日，交通部安委会在南京召开打击水上运输超载统一执法行动动员协调会。3月25日，交通部安委会在《中国交通报》、《中国水运报》发布《关于整顿超载船和“三无”船的通告》，向社会通告对超载船、“三无”船整顿的要求和处罚规定。3月30日，交通部印发通知，对超载违法船舶实施海事行政处罚的做法和标准统一规范。统一执法行动期间，11家水上安全监督机构，设立56个整治水上超载临时检查点，按照始发港严查、中途港堵截、目的港处罚的原则加强检查，部分检查点针对船舶夜间航行躲避检查的现象，实行24小时巡查。4月1日至6月15日，共检查船舶617537艘次，其中查处超载船舶63845艘次，实施卸载38782艘次，暂扣船员适任证书3290本，吊销船员适任证书13本，暂扣船舶26艘次。4月14日至24日，交通部安委会办公室组织3个督查组，对湖北、江西、安徽、江苏、上海、浙江等地反超载统一执法行动进行专项督查。为防止船舶超载现象反弹，巩固统一执法行动成果，6月3日，交通部印发《关于建立反水上运输超载长效管理机制的实施意见》。该实施意见将反水上运输超载工作日常化，其目标是杜绝水上运输超载现象并防止反弹；明确交通主管部门、港口主管部门和船舶检验、海事机构在反水上运输超载中的工作职责，并建立协调机制、督查机制、通报反馈机制、协查机制、奖惩机制等，在交通部安委会长设反水上运输超载办公室；要求海事机构继续设立一定数量的集中检查点(线)，依法拦截查处超载船舶。6月16日，交通部在《中国交通报》、《中国水运报》发布《关于建立反水上运输超载长效机制的通告》。

图14-3-11　2004年11月2日，镇江海事局执法人员查处超载拖轮

图14-3-12　2007年8月28日，岳阳海事局执法人员在洞庭湖口对进入长江的严重超载的砂石运输船舶强制卸载

2005 年，交通部安委会于 3 月底至 4 月初组织两个督查组，对长江水域(安徽、江西、湖北、湖南)和黄浦江、京杭运河水域(上海、江苏、浙江、山东)建立反水上运输超载长效机制工作进行专项督查。4 月 5 日，交通部安委会在武汉召开反水上运输超载协调会，上海、江西、安徽、江苏、河南、山东、浙江、湖南省(市)地方海事局，江苏、上海、长江海事局的代表现场签订《反水上运输超载承诺书》。会议总结了 2004 年以来反水上运输超载工作成效，认为长江中下游地区水上运输严重超载现象基本得到遏制；会议要求治理水上运输超载工作力度不减，各海事局要狠抓源头管理，狠抓小型船舶，加大目的港处罚力度、夜间巡查力度和洞庭湖水域治超力度，落实建立反水上运输超载长效管理机制。

〖沿海小型船舶专项整治活动〗

鉴于沿海小型船舶事故较多，2004 年 1 月 19 日，中国海事局印发通知，决定开展沿海小型船舶专项整治活动，并印发专项整治方案。整治内容和目标是，对沿海 3000 总吨以下的所有运输船舶(特别是改造过的船舶)的公司安全管理情况、船舶登记情况、船舶检验情况、船员配备情况等进行专项调查、清理、整顿，并加大现场监督检查，集中解决沿海小型船舶安全管理存在的一些突出问题，减少事故。2 月 16 日至 7 月 10 日，沿海各直属海事局分调查摸底、联动执法、总结提高三个阶段，在全国范围对沿海小型船舶情况进行详细调查和严格的安全检查，并于 6 月份开展全国沿海联动执法。5 月 26 日，中国海事局印发通知，进一步明确联动执法阶段集中检查重点包括挂靠船舶、重点跟踪船舶、老旧船舶、“四客一危”船舶、近一年被滞留或连续 6 个月未经安全检查的船舶等。此次活动对沿海近 1 万艘小型船舶进行了全面调查，基本掌握沿海小型船舶安全状况；共对沿海小型船舶实施安全检查 6845 艘次，查出缺陷 5 万余项，滞留船舶 379 艘次，使沿海小型船舶安全状况明显好转。

图 14-3-13　2004 年 3 月 17 日，上海海事局执法人员在港区开展沿海小型船舶专项整治活动

〖渡口渡船安全管理专项整治活动〗

2004 年 11 月 13 日，全国水上交通安全工作会议在重庆召开。会议在分析近五年水上交通事故情况的基础上，提出在 2005 年与国家安全生产监督管理局联合开展乡镇渡口渡船安全管理专项整治活动。2000 年至 2004 年，全国共发生一次死亡 30 人以上特大水上交通事故 6 起，其中 4 起是客渡船事故(2000 年四川合江“6 · 22”特大触礁沉船事故死亡 130 人，2002 年重庆长寿“12 · 18”特大碰撞沉船事故死亡 40 人，2003 年重庆涪陵“6 · 19”特大碰撞沉船事故死亡 52 人，2004 年四川南充“9 · 27”特大沉船事故死亡 66 人)，1 起是农用船非法渡运造成的(2004 年山西临猗黄河“9 · 23”特大农用船沉没事故死亡 49 人)。事故发生的主要原因是县、乡政府落实安全管理责任制存在薄弱环节，渡口、渡船设施安全技术状况较差，违规违章营运和非法渡运屡禁不止。

根据《中华人民共和国内河交通安全管理条例》规定，渡口的设置审批和安全管理由地方县级人民政府负责。为推动县、乡政府进一步落实渡口渡船安全管理责任制，提高渡口渡船安全管理水平，营造安全、便捷的渡运环境，经与国家安全生产监督管理总局(简称安全监管总局)协商，2005年4月15日，交通部与安全监管总局向国务院请示，联合开展渡口渡船专项治理整顿活动(简称渡口渡船整治活动)。经国务院同意，7月22日，交通部与安全监管总局联合向各省(自治区、直辖市)人民政府印发《关于开展渡口渡船专项整治规范渡口渡船安全管理的意见》。该意见指出：渡口渡船整治活动由地方人民政府组织实施，并负责落实专项经费，交通部、安全监管总局给予指导协调并进行督促检查，地方各级交通、安全监管部门在当地政府统一领导下，制定渡口渡船整治活动方案和验收标准，当地农业、公安、旅游、宣传部门密切配合，联合行动。该意见要求县、乡政府落实渡口渡船安全管理责任制要确保机构、责任、人员、经费、监管五到位，明确了渡口、渡船的安全技术要求和审批条件，以及渡工的安全培训要求，明确了加大渡运安全投入资金筹集政策，渡口改造可纳入公路建设计划，渡船改造要优选安全经济船型，要求加强节假日、集会、集市等渡运高峰时段和水库、公园等风景旅游区游船的现场安全监管，完善渡口、渡船事故应急预案，普及渡运安全宣传教育等。根据该意见，交通部、安全监管总局于9月8日，联合印发《渡口渡船安全管理专项整治实施方案》和渡口渡船整治活动验收标准，决定自2005年9月27日至2007年9月30日在全国范围内开展为期两年的渡口渡船安全管理专项整治活动，并成立以交通部副部长徐祖远为组长、安全监管总局副局长梁嘉琨为副组长的活动领导小组，下设办公室在交通部海事局。整治对象是全国范围内的渡口、渡船以及从事非法载客的其他船舶，重点是乡镇渡口、渡船和从事非法载客的渔船、农用船等非运输船舶。活动目标是通过两年的专项整治，进一步落实安全管理责任，消除渡口、渡船安全隐患，杜绝非法渡运，使渡口达标率达到90%以上，逐步建立起以县、乡政府安全管理责任制为核心，以交通主管部门和有关部门行业管理为重点，以海事机构执法监督为保障的渡口、渡船安全管理长效机制，确保不发生重大责任事故，确保水上交通安全形势持续稳定。渡口渡船整治活动实施步骤分组织动员(2005年9月27日至2005年11月10日)、调查摸底(2005年11月11日至2005年12月31日)、检查整改(2006年全年)、验收总结(2007年1月1日至2007年4月30日)、再整改验收(2007年5月1日至2007年9月30日)5个阶段。渡口渡船整治活动验收标准，包括落实渡口渡船安全管理责任9条标准、渡口管理6条标准、渡船管理7条标准、渡船船员和渡工管理2条标准。经国务院同意，9月28日，交通部、安全监管总局召开渡口渡船整治活动电视电话动员会议。在北京主会场，交通部部长张春贤、安全监管总局局长李毅中分别讲话，交通部副部长徐祖远介绍渡口渡船整治活动方案，安全监管总局副局长王德学主持会议。各省(自治区、直辖市)人民政府分管领导及交通、安全监管、农业、公安、旅游、宣传等部门负责人在各地分会场参加会议。张春贤指出，渡运是近几年来水上交通安全的最大隐患，开展渡口渡船整治活动就是要解决这个隐患，让农民群众乘上放心渡。李毅中在分析全国安全生产形势时指出，渡口渡船安全是水上交通安全中亟待解决的突出问题之一。他要求各地区要坚持全国统一部署，地方人民政府负责具体实施，部门指导协调，各方联合行动，新闻媒体积极参与的整治工作原则，充分调动各方面的积极性，使渡口渡船整治活动取得实效。会后，各省(自治区、直辖市)人民政府结合实际，制定方案，组织开展渡口渡船整治活动。在组织动员阶段，各地通过召开会议，举行新闻发布会，组织媒体报道，进行渡口渡船整治活动的宣传动员；在调查摸底阶段，各地根据渡口渡船整治活动办公室下发的统计标准，对本地区渡口渡船情况进行调查，基本摸清渡口渡船的现状。截至2005年底，除北京市没有渡运外，中国内地30个省(自治区、直辖市)共有渡口20900道、渡船29259艘，其中义渡、半义渡11664道，共有3521道渡口未经审批，每年通过渡运出行的人数达数亿人次，一些岛屿和偏远水库区，渡运仍是群众出行的唯一途径。

图14-3-14　2005年9月28日，交通部、国家安全生产监督管理总局在北京联合召开全国渡口渡船安全管理专项整治电视电话会

图14-3-15　2005年10月，韶关海事局执法人员分别到辖区渡口、渡船悬挂横幅，张贴宣传标语，发放宣传单

2006年，渡口渡船整治活动进入检查整改阶段。1月12日，全国渡口渡船整治活动办公室印发《2005年渡船交通事故的通报》，分析了2005年渡运安全形势和事故特点。3月1日，交通部召开水上交通安全专项整治工作交流电视电话会议，交流各地渡口渡船整治活动经验，部署下一步工作。3月20日，交通部、安全监管总局印发2006年渡口渡船安全管理专项整治工作要点，从8个方面提出了23项重点工作。其中包括制定本地区的渡口渡船安全管理法规、规章和制度，制定渡口渡船更新改造计划和撤渡建桥规划，建立渡口渡船台账，建立渡运流量和事故统计分析制度等。3月下旬，交通部联合安全监管总局派出三个督查组，分赴四川、安徽、江西、湖南、湖北5省对渡口渡船整治活动进行督查。督查组在各地共召开17个座谈会，实地检查15道渡口、3个库区、2个渡改桥项目的安全管理情况。交通部部长李盛霖带队到四川进行督查。由于近年水上交通事故造成中小学生伤亡情况时有发生，且在2006年上半年，重庆丰都查处1起涉及小学生的重大水上交通事故隐患，广东肇庆发生1起农用船非法搭载学生的沉船事故，6月5日，交通部、教育部、安全监管总局联合发文，要求各级交通、教育、安全监管部门，从完善制度、严格监管、宣传教育等方面采取措施，加强对中小学生往返学校和旅游过程中的水上交通安全的组织、管理、监督和保障；在渡口渡船整治活动中，优先更新学生渡船，改造学生渡口，学生渡口达标率要达到100%。2006年，各省（自治区、直辖市）累计派出21875个检查组，135721人次参加渡口渡船整治活动检查工作。共检查渡船178482艘次、渡口94711道次，发现各类隐患33554项，并分别被列为各级政府整改项目，撤销非法渡口840道，取缔非法渡船1241艘。

2007年3月8日，交通部与安全监管总局联合发文，部署渡口渡船专项整治活动验收总结阶段和再整改验收阶段工作。验收工作由各省（自治区、直辖市）渡口渡船整治活动领导小组组织，对经验收达标的渡口，在当地省级媒体上进行公告，对不达标的渡口，责令限期整改或予以取缔。截至2007年9月底，全国各地累计验收渡口15360道，达标12511道，验收渡船23536艘，达标20059艘，验收渡工41671人，合格39861人。由于其达标率、合格率仅为65.8%、69.2%、81.4%，距离渡口渡船整治活动目标还有一定的差距，为确保渡口渡船整治活动取得实效，真正解决老百姓的出行安全问题，交通部与安全监管总局于2007年10月28日联合发文，决定延长渡口渡船整治活动期限。渡口合格率未达到90%的地区，要继续开展渡口渡船整治活动；经全国渡口渡船整治活动办公室审查验收合格的地区方可结束渡口渡船整治活动。渡口渡船整治活动期间，全国渡口渡船整治活动办公室编发简报33期，通报情况，总结广东、湖北、四川、江苏、云南、安徽等地的整治工作经验；全国各地在理顺管理职责，排查事故隐患，筹集资金用于渡船渡口更新改造、撤渡建桥或渡工培训等方面做了大量工作。渡口渡船安全管理状况得到改善，渡运事故明显下降，渡口渡船整治活动取得阶段性成果。自2004年至2007年底，交通部在公路专项资金中，累计切块安排农村公路渡口改造资金19亿元，各地配套投入渡口改造资金14.6亿元，投入渡船改造资金3.7亿元，共改造公路渡口1032道、其他渡口3798道，改造渡船5204艘，设立渡口警示牌17401面，撤渡建桥1058座。为实现全国渡口达标率达到90%以上的目标，2008年以后，渡口渡船整治活动继续开展。

图14-3-16　左图为2007年9月，浙江省对富阳市渡口渡船安全管理专项整治工作进行验收，右图为验收组在里山渡进行专项整治工作现场评估

〖防船舶碰撞防泄漏专项整治活动〗

2007年6月15日，广东省佛山市南海裕航船务有限公司管理的"南桂机035"运砂船，航行至广东省西江下游九江大桥水域时，在突遇浓雾、江水流速快的情况下，因船方未采取安全航速或停航措施，并疏忽瞭望，应急避让措施不当，船体与大桥第21号桥墩发生碰撞，致使3个桥墩和约长200米的桥面坍塌，造成"南桂机035"轮沉没，4辆过桥汽车坠江，7人死亡，2人失踪，325国道中断的重大事故。事故发生后，国务院有关领导分别作出批示。为吸取这起事故和渤海"5·12"外国籍船舶碰撞事故以及其他事故的教训，落实国务院领导批示精神，查明原因，总结教训，举一反三，对水上航运安全事故以及船载原油、化学品泄漏有针对性地开展安全隐患排查整治工作，交通部决定在全国范围内开展防船舶碰撞、防船舶油品化学品泄漏的专项整治活动。

2007年6月17日，交通部印发通知和《防船舶碰撞防泄漏专项整治活动方案》，明确自2007年7月1日至12月31日，在全国统一开展防船舶碰撞、防泄漏的专项整治活动（简称"两防"活动），并成立"两防"活动领导小组，领导小组办公室设在交通部海事局。"两防"活动主要解决船舶带病营运、船员安全意识淡薄和应急能力不强、主管部门对船舶和船员违法行为执法不力、船公司安全管理措施严格不起来和落实不下去、危险货物泄漏预防工作中的薄弱环节、桥梁及跨海跨河建筑物防撞设施安全隐患等6个问题；整治的重点水域是沿海和内河主要港口水域及进出港口的主要航道，内河和沿海的通航密集区、交通管制区、水上水下施工作业区，以及主要通航水域的桥区、坝区和船闸区；重点船舶是客船（含客滚船、客渡船）、油船、危险品船、化学品船和砂石料运输船。"两防"活动分为三个阶段，第一阶段自7月1日至8月15日，为安全隐患排查和船公司自查阶段；第二阶段自8月16日至

11 月 15 日，为通航环境治理和安全隐患整改阶段；第三阶段自 11 月 16 日至 12 月 31 日，为总结验收阶段。6 月 28 日，交通部召开“两防”活动电视电话会议。会上，交通部部长李盛霖阐述了开展“两防”活动的紧迫性，要求在“两防”活动中，做到专项整治与建立长效机制相结合、安全监管与市场管理相结合、教育与惩处相结合、专项整治与公路危桥改造相结合、专项整治与河道采砂整治相结合；副部长徐祖远通报和分析了几起重大事故情况，对“两防”活动进行了具体部署。2007 年 7 月 2 日，交通部印发“两防”活动实施意见，提出各个阶段安全隐患排查重点项目、环节、方法和整改内容、要求。7 月 3 日，交通部海事局印发通知，对全国海事系统开展“两防”活动提出要求，提出强化海事监管，督促企业落实安全管理责任，排查事故隐患，遏制船舶碰撞和泄漏事故发生，建立水上交通安全长效管理机制的具体措施。按照交通部的统一部署和统一标准，各级交通主管部门，运输、港口、航道管理机关，海事机构，交通部派出机构，船舶检验机构，港口及航运企业等相关单位，对可能造成船舶碰撞和船舶油品化学品泄漏的安全隐患进行排查和自查，对船员开展安全教育、技能培训和实际操作的检查评估，对企业安全管理体系运行落实情况进行自查和检查，并制定整改方案，将整改过程中的有效措施固化为长效管理机制。8 月 21 日，交通部安委会召开第五次全体会议，通报“两防”活动第一阶段工作情况，分析排查出的隐患主要是船舶配员不足、部分船员对通航环境的适应性和应变能力差、大部分船公司对安全问题不能及时自查自纠、船舶管理公司“挂而不管”、通航环境数据不全、部分水域通航环境复杂、海事监管力量和溢油污染应急处置能力不足、部分桥梁等构筑物通航安全设施和标志缺失和不清、部分渡口渡船安全隐患依然较大、内河船舶参与海上施工运输管理不善等方面，解决这些问题需全面综合治理。会议决定派出 8 个督查组，对全国开展“两防”活动进行督查。交通部部长李盛霖要求督查组要深入一线，严格督查，并将“两防”活动督查纳入到国务院安委会开展的安全生产隐患排查治理专项行动督查中去。8 月 22 日至 9 月 30 日，由交通部部长李盛霖，副部长翁孟勇、徐祖远和 5 个司、局长带队的 8 个督查组，在全国 16 个省(自治区、直辖市)进行“两防”活动专项督查。至 11 月中旬，“两防”活动取得初步成效。11 月 15 日，交通部结合贯彻《国务院关于开展重大基础设施安全隐患排查工作的通知》精神印发通知，要求继续深入开展“两防”活动，各地交通、航务、港口主管部门和海事机构要针对督查发现的问题，下达整改通知书，建立健全对企业安全隐患自查、排查和整改工作的考核机制、责任追究机制和奖惩机制，宣传推广“两防”活动中好的经验，做好“两防”活动总结工作，并决定在 2008 年上半年开展“两防”回头看活动。第四季度交通部又多次组织“两防”活动专项督查。

图 14-3-17　2007 年 8 月 5 日，哈尔滨海事局在“两防”活动中为大型船队安全过桥护航

图 14-3-18　2007 年 9 月，荆州海事局执法人员在“两防”活动中现场监管船舶安全通过荆州大桥

通过为期半年的“两防”活动，有关航运、港口企业安全生产管理得到加强，船员应急知识和操作技能提高，船舶“带病”或冒险航行行为减少，违法采砂行为得到遏制，桥梁通航安全和船舶防泄漏措施进一步细化。至2007年底，在“两防”活动半年期间，各企业、事业单位共有11万余人次参加自查，查出各类安全隐患44529项，组织培训82718人次。各级交通主管部门，运输、港口、航道管理机关，海事机构，共出动船舶196979艘次、人员60万余人次进行排查，查出各类安全隐患85516项、违法行为83928件，实施行政强制1935次、行政处罚30528次，组织培训242525人次，完成隐患整改80292项，整改率为93.8%。共发生运输船舶碰撞事故70件，与2006年同比下降28.9%，与前半年相比下降15.1%。交通部结合开展重大基础设施安全隐患排查工作，共组织了22个督察组，对各地区的安全生产隐患排查治理工作进行督促检查。

第十五章 航运公司安全管理

简 述

航运公司指承担船舶安全与防污染管理责任和义务的航运企业，包括船舶所有人、经营人和管理人。本章主要记述中国海事局对实施航运公司安全管理体系审核发证的管理活动。

国际海运安全管理实践表明，仅靠制定和执行针对船舶安全技术状况和船员技能的公约与规则，不能有效遏制事故发生，必须把安全管理和事故预控从船舶延伸到岸上航运公司，促使其提高整体安全营运和防污染管理水平，以达到降低事故发生概率的目标。为此，1993 年 11 月国际海事组织第 18 届大会审议通过推荐性的《国际船舶安全营运和防止污染管理规则》(英文全称《International Management Code for the Safe Operation of Ships and for Pollution Prevention》，简称《国际安全管理规则》或 ISM 规则)，并于 1994 年 5 月将其纳入《1974 年国际海上人命安全公约》第Ⅸ章，成为强制实施的管理规则。《国际安全管理规则》采用国际通行的质量保证过程控制原理，将航运公司安全营运和船舶安全操作的各项活动归纳成一套适合本公司和船舶的安全管理体系，是船舶安全营运及防止污染管理的国际标准。该规则要求：航运公司及其所营运的船舶应建立一套科学、系统和程序化的安全管理体系，并通过定期的内部审核和外部审核，不断改进，不断完善；船旗国主管机关及其认可机构应对航运公司和船舶的安全管理体系文件及其岸基运行情况进行审核，判断安全管理体系与强制性规定的符合性，判断安全管理体系活动与安全管理体系文件规定的符合性，并对符合条件的公司和船舶分别签发《符合证明》(DOC)和《安全管理证书》(SMC)。

1994 年，中国开始对实施《国际安全管理规则》进行研究和部署。1995 年 3 月 22 日，交通部印发《关于做好实施〈国际安全管理规则〉准备工作的通知》，在国际航运公司正式推行实施《国际安全管理规则》。随后成立了交通部实施《国际安全管理规则》领导小组和顾问小组。1995 年 11 月，交通部选取 8 家国际航运公司及其船舶进行实施《国际安全管理规则》试点工作。1997 年 1 月 12 日，交通部安全监督局发布《关于实施〈国际安全管理规则〉的通告》，规定了第一批强制实施《国际安全管理规则》的船舶及其公司建立安全管理体系的时限；公告交通部安全监督局作为主管机关，负责在中国组织实施《国际安全管理规则》和对审核发证工作进行监督，同时负责对公司的审核发证；授权中国船级社依据《国际安全管理规则》对中国籍船舶审核发证。随后交通部和交通部安全监督局制定了一系列制度，规范安全管理体系审核发证工作。1998 年 7 月 1 日前，第一批实施《国际安全管理规则》的 59 家国际航运公司及 260 艘船舶全部通过审核并取得相应证书。

为尽快降低中国籍国际航行船舶在国外港口国监督检查中的滞留率，交通部决定将《国际安全管理规则》对管理第二批船舶的公司生效时间从 2002 年 7 月 1 日提前至 2000 年 7 月 1 日，并于 1998 年 1 月 1 日由交通部安全监督局发布公告。10 月，中国海事局成立后，在完成第一批船舶及其公司实施《国际安全管理规则》审核发证的基础上，继续推进第二批船舶及其公司实施《国际安全管理规则》。1999 年 6 月 17 日，中国海事局与中国船东协会在北京联合召开实施《国际安全管理规则》推进研讨会，全面推动第二批国际航运公司实施《国际安全管理规则》。2000 年 7 月 1 日前，106 家第二批国际航运公司按要求建立安全管理体系，并通过了海事机构的审核。至2002年7月1日《国际安全管理规则》完全生效之日，中国海事局完成了对中国所有国际航运公司安全管理体系的审核发证工作，在当年7、8、9三个月全球范围内的港口国监督检查会战中，无一艘中国籍船舶因《国际安全管理规则》实施问题被滞留。

为提高国内航运企业安全管理水平，2001年，中国海事局依据《国际安全管理规则》基本原理，并结合国内航行船舶及航运公司安全管理特点，制定了《中华人民共和国船舶安全营运和防止污染管理规则》(简称《国内安全管理规则》)，由交通部于7月12日发布，自2003年1月1日起对第一批国内航行船舶生效。2001年10月11日，中国海事局在青岛召开全国海事系统《国内安全管理规则》宣贯会，对实施《国内安全管理规则》进行总体部署，确定了以公司为实施主体，充分发挥主管机关推进指导作用的指导思想和有序、有效、稳步实施的工作方针。之后，中国海事局突出重点，以点带面，于2001年、2003年、2005年分三批对部分国内航行船舶及航运公司强制实施《国内安全管理规则》，并于2003年1月、2004年9月，2007年12月，完成了对三批国内航行船舶及航运公司安全管理体系的审核发证工作，促进了国内航行船舶安全管理水平提高和水上交通安全形势稳定。《国内安全管理规则》的实施，标志着中国实施《国际安全管理规则》跨入一个新的阶段。2007年5月23日，交通部发布[2007]第6号令，公布《中华人民共和国航运公司安全与防污染管理规定》，为进一步加强航运公司安全管理体系的审核发证及其监督管理提供了新的法律依据。

在推进实施《国际安全管理规则》、《国内安全管理规则》的过程中，中国海事局注重提高审核质量，不断强化对公司的初次审核、年度审核及对船舶的各种审核，并于2001年引入跟踪审核和附加审核，于2003年开始加大对船舶管理公司审核的管理力度，确保航运公司及其船舶的安全管理体系的符合性、有效性。中国海事局不断优化安全管理体系审核机制，完善管理制度，加强审核员培训和管理，于2001年9月7日发布《航运公司安全管理体系审核员管理规定》，10月8日重新发布经修订的《航运公司安全管理体系审核发证规则》、《航运公司安全管理体系审核发证程序》，于2002年1月14日发布《航运公司安全管理体系审核发证机构资质管理办法》，于2007年7月23日开始试行航运公司安全诚信管理制度。

1999年、2002年，中国海事局对航运公司实施《国际安全管理规则》的效果进行了调查。2004年6月，中国海事局决定开展“安全管理规则在我国实施情况及发展战略”课题研究。2004年6月7日至9月8日，交通安全质量管理体系审核中心采用问卷调查、现场调研、召开座谈会等方式，就《国际安全管理规则》、《国内安全管理规则》实施情况和运行效果，以及审核发证机构工作情况进行调研，之后，编写了《安全管理规则在我国实施现状及发展战略课题报告》。该报告指出，国际航运公司实施《国际安全管理规则》后，80%的公司认为安全管理体系运作程序适合公司管理模式，70%的公司业务完全依据安全管理体系运作，86%的公司认为安全管理体系使业务运作更加规范，97%的公司认为安全管理体系运行后公司经济效益有所提高或明显提高，船舶的滞留率、事故率、死亡率、经济损失在逐年下降后保持稳定。国内航运公司实施《国内安全管理规则》后，公司各项安全和防污染工作日趋规范，船舶安全技术状况改善，上等级事故和营运成本有所下降，公司安全管理水平逐步提高，但由于国内航运公司具有数量大、规模小、底子薄、船况差、人员素质低、资金投入少等特点，实施安全管理规则的难度和阻力远比国际航运公司大。该报告同时指出，主管机关推进安全管理规则实施，使中国履行《国际安全管理规则》等国际公约处于国际先进国家行列，使海事管理内涵不断深化，对管理对象从单线监管向系统监管转变，从单纯的监管向事前事后主动服务转变。该报告在分析了存在的问题后，提出了实施安全管理规则的发展目标和措施，规划2015年安全管理规则在国内沿海及内河主干线全面实施。为进一步解决航运公司安全管理体系运行与管理中的深层次问题，确定审核重点，2007 年，中国海事局对 2002 年至 2007 年间取得《符合证明》的国际、国内航运公司进行了全面调查(2008 年 5 月 4 日印发该调查报告)。调查结果显示，90% 以上的国际航运公司自我评价安全管理体系运行是有效的，并正在使公司岸基管理逐步实现系统化、标准化和科学化，安全管理体系已成为现代航运企业安全管理长效机制，但国际航行船舶的安全管理指标在局部时段出现不同程度反弹；国内航运公司的单船年度事故率、人员死亡率、平均经济损失明显下降，船舶在航率保持稳定，其自我评价安全管理体系正在发挥作用，但国内航运公司基础薄弱，安全管理体系运行质量有待提高。该报告提出今后工作方向，强调要注重预审，优化外审，促进内审，提高审核效能；研究制定更加适合中国航运公司及其船舶安全管理特点和安全管理文化的安全管理标准、审核技术规范，实现安全管理规则本土化、标准化；结合贯彻实施《中华人民共和国航运公司安全与防污染管理规定》强化对公司安全管理体系的日常监管，不断提高安全管理体系运行质量。

第一节　安全管理规则实施

【国际安全管理规则(ISM 规则)】

国际海事组织于 1994 年 5 月修正的《1974 年国际海上人命安全公约》第Ⅸ章规定，客船(包括载客高速船)，500 总吨及以上的油船、化学品船、气体运输船、散货船和载货高速船(第一批船舶)，其公司及船舶应不迟于 1998 年 7 月 1 日满足《国际安全管理规则》要求，并分别取得《符合证明》和《安全管理证书》；500 总吨及以上的其他货船和移动式近海钻井装置(第二批船舶)，其公司及船舶应不迟于 2002 年 7 月 1 日满足《国际安全管理规则》要求，并分别取得《符合证明》和《安全管理证书》。否则，在规定期限后上述船舶不能继续从事国际航运活动。据此，按照交通部统一部署，交通部安全监督局于 1994 年 12 月组织全国大中型航运企业在宜昌召开会议，推进实施《国际安全管理规则》。

1995 年 9 月，交通部印发《实施〈国际安全管理规则〉的指导意见》，主要就强制实施《国际安全管理规则》的工作内容、时间安排和基本要求等提出原则性意见。11 月 10 日至 11 日，交通部在北京召开实施《国际安全管理规则》动员大会，决定将上海、广州、大连海运(集团)公司和上海、天津、大连、广州、青岛远洋运输公司作为实施《国际安全管理规则》的试点单位。1996 年 9 月，交通部安全监督局派出审核组对第一家申请审核的上海远洋运输公司进行审核。之后，又分别审核了其他试点单位。

1997 年 1 月 12 日，交通部安全监督局发布《关于实施〈国际安全管理规则〉的通告》，要求第一批实施《国际安全管理规则》的国际航运公司及船舶，应于 1997 年 7 月 1 日前建立安全管理体系并至少进行三个月的运行，以便于适时组织审核并如期取得相应证书。随之，为规范《国际安全管理规则》审核发证工作，1997 年，交通部印发《航运公司安全管理体系审核的若干准则(第一部分)》，交通部安全监督局发布《航运公司安全管理体系审核发证规则(试行)》和《航运公司安全管理体系审核发证程序(试行)》；1998 年，交通部印发内地航行香港航线高速客船实行安全管理体系审核发证制度，中华人民共和国港务监督局印发《实施〈国际安全管理规则〉的港口国监督指南》。1998 年 1 月 1 日，交通部安全监督局发布通告，告知自 1998 年 7 月 1 日零时起，中国港务监督机构及各国港口国监督当局将对第一批实施《国际安全管理规则》的船舶检查持有《符合证明》副本和《安全管理证书》情况，不持有符合规定证书的船舶将被禁止离港；同时告知，中国政府决定第二批实施《国际安全管理规则》的船舶的公司，应于 2000 年 7 月 1 日前按《国际安全管理规则》要求建立、实施安全管理体系，并取得《符合证明》和“代表船”的《安全管理证书》，2002 年 7 月 1 日前所有第二批船舶应取得《安全管理证书》。截至 1998 年 7 月 1 日，第一批实施《国际安全管理规则》的 59 家国际航运公司及 260 艘船舶全部通过审核并取得相应证书。

1998 年 10 月中国海事局成立后，继续推进《国际安全管理规则》实施工作，并于同年 11 月 18 日发布经修订的《航运公司安全管理体系审核发证规则》、《航运公司安全管理体系审核发证程序》。该规则明确：中国海事局是负责实施《国际安全管理规则》的主管机关；要求具有中国籍的国际航行船舶及其公司应按《国际安全管理规则》要求建立、实施和保持安全管理体系，船舶取得《安全管理证书》或《临时安全管理证书》，公司取得《符合证明》或《临时符合证明》；对安全管理体系审核，包括公司审核和船舶审核，分别由主管机关和经主管机关授权的中国船级社实施，审核分为初次审核、公司年度审核、船舶中间审核、换证审核、临时审核，通过审核的公司和船舶，将取得主管机关或中国船级社签发的相应证书和签注。该规则和程序对安全管理体系各种审核发证签注的申请条件、审核内容和运作程序，以及审核方与被审核方的权利、责任和义务等作出具体规定。

1999 年 5 月 20 日，中国海事局就第二批国际航行船舶及其公司强制实施《国际安全管理规则》发布通告，除重申 1998 年 1 月 1 日交通部安全监督局发布的通告要求外，另明确国际航行移动式近海钻井装置及其公司应于 2002 年 7 月 1 日前满足《国际安全管理规则》要求并分别取得《安全管理证书》和《符合证明》。同年，中国海事局对第一批国际航运公司实施《国际安全管理规则》前后的事故指标进行了调查，并于 6 月 17 日至 18 日，与中国船东协会在北京联合召开实施《国际安全管理规则》推进研讨会。会议对中国第一批国际航运公司实施《国际安全管理规则》情况进行了总结，并公布了调查结果。调查结果显示，第一批国际航运公司实施《国际安全管理规则》后，其单船年度发生事故平均次数由 0.163 降到 0.041，单船年度人员死亡人数由 0.029 降到 0.005，单船年度事故经济损失由 16.55 万元降到 13.43 万元。会议对第二批国际航运公司提前实施《国际安全管理规则》工作进行了研究和部署。8 月 25 日至 26 日，中国海事局在秦皇岛召开海事系统《国际安全管理规则》审核工作研讨会，就深化和统一对《国际安全管理规则》认识、加强审核员队伍建设、完善审核标准制度、做好对被审航运公司的服务工作等进行了讨论。

2000 年一季度，中国海事局对强制实施《国际安全管理规则》的第二批国际航运公司建立安全管理体系情况进行了调查。根据调查情况，3 月 14 日，中国海事局印发《关于进一步做好第二批国际航行船舶及其公司强制实施〈国际安全管理规则〉及有关工作的通知》，强调第二批实施《国际安全管理规则》的国际航运公司应按规定时限将《符合证明》副本及《安全管理证书》配发到船，否则不得离境。2001 年 5 月 22 日至 24 日，中国海事局在北京召开第二次《国际安全管理规则》工作研讨会，对安全管理体系审核业务技术及管理工作进行了讨论。会议提出要加大审核力度，提高审核质量，引入对航运公司实施“附加审核”、“跟踪审核”概念，即持有《符合证明》的航运公司如平时发生重大不符合规定的情况，审核发证机构可主动追加对其实施附加审核，或航运公司在“年度审核”或“换证审核”中发现严重问题并在限定期限内纠正后，由航运公司申请审核发证机构实施跟踪审核。

至 2000 年 7 月 1 日，106 家第二批国际航运公司按要求建立起安全管理体系，通过了海事机构和中国船级社的审核。至此，中国共有 165 家国际航运公司实施《国际安全管理规则》，并有部分公司承担其他公司船舶的安全和防污染管理工作，使全国 231 家公司的 1400 多艘国际航行船舶基本按《国际安全管理规则》要求纳入安全管理体系管理。

2001 年 5 月 17 日，中国海事局发布《移动式近海钻井平台公司安全管理体系审核若干准则》，就移动式近海钻井平台公司安全管理体系审核标准作统一规定。10 月 8 日，在总结《国际安全管理规则》

审核发证工作经验的基础上，中国海事局重新发布经再次修订的《航运公司安全管理体系审核发证规则》、《航运公司安全管理体系审核发证程序》，主要增加了对公司的“跟踪审核”和“附加审核”，以利于及时改进和完善航运公司安全管理体系。

2002年4月1日，中国海事局印发通知，为避免重复审核，明确对同时经营国际和国内航线的航运公司，由中国海事局统一安排审核发证，一次性完成。7月4日，中国海事局就加强多旗船公司安全管理体系审核管理印发通知，对外国籍船舶及其管理公司持有或申请由中国海事局签发《符合证明》的条件及其管理要求作出规定。8月8日，中国海事局印发通知，对拖轮和驳船实施《国际安全管理规则》或《国内安全管理规则》的船舶种类予以明确。8月26日，中国海事局印发通知，简化对因变更船籍而改挂中国旗的船舶签发实施《国际安全管理规则》有关证书的程序，避免在办理过程中影响船舶的正常营运。同日，中国海事局印发《签发DOC副本及DOC年度审核签注的补充规定》，明确审核发证机构应依据审核结果和航运公司提交的船舶清单，核发相应数量的《符合证明》副本或年度审核签注，确保船舶及时持有《符合证明》副本或年度审核签注；规定了对新增船舶增发《符合证明》副本的程序。

2002年6月9日至10日，中国海事局在北京召开第三次《国际安全管理规则》工作研讨会，对《国际安全管理规则》的理解及其在审核中的运用，以及审核业务的管理等问题，进行了讨论。会议提出《有关ISM规则条款理解的指导意见》，强调审核工作要在统一对《国际安全管理规则》理解的基础上，提高审核质量；对安全管理体系的年度审核要在对文件审核的基础上，把对安全管理体系的操作运用活动审核作为重点。

2003年9月1日，针对一些船舶管理公司未能完全履行对所管理船舶的安全和防污染责任，中国海事局印发《关于加强对船舶管理公司审核管理的通知》，要求强化对船舶管理公司的年度审核。对同时管理中国籍和外国籍船舶的公司，年度审核优先选择外国籍船舶作为代表船进行审核；对有自营船舶同时又管理非自营船舶的公司，年度审核优先选择非自营船舶作为代表船进行审核；各船舶管理公司应将所管理的船舶接受港口国监督检查情况每半年向海事机构报告一次。之后，仍然存在一些船舶管理公司“代而不管”或船东“让代而不让管”的现象。为此，2007年7月24日，中国海事局印发《关于进一步加强船舶管理公司审核管理的通知》，再次要求加大对船舶管理公司安全管理体系运行情况的审核、验证、管理力度，强调船舶公司应配备保证安全管理体系正常运行的适任并足够的岸基管理人员，对船舶管理公司实施审核，要重点审核代管船舶船员配备、船长指挥资格确认、船舶维修等需要岸基资源支持的情况。

为落实2004年2月交通部发布的《关于公布全国海事系统行政执法八项便民措施的公告》中的第八项措施，中国海事局在2月24日印发的通知中，对拥有中国籍国际航行船舶的公司，实施《国际安全管理规则》审核实行一次审核可签发多个船旗国的《符合证明》和相应证书副本的便民措施提出了具体要求。即申请增发方便旗《符合证明》的船公司必须已经取得中国海事局签发的《符合证明》；对安全管理体系运行记录较好的航运公司申请签发“利比里亚”和“圣文森特”旗的《符合证明》时，可直接签发《符合证明》；对申请“香港”、“巴拿马”、“新加坡”、“马耳他”、“马绍尔”、“伯里

图15-1-1　2004年6月23日，中国海事局在广州走访航运企业，了解《国际安全管理规则》运行情况

兹”、“塞浦路斯”等方便旗《符合证明》的公司，在得到方便旗主管机关认可后直接签发《符合证明》，均不需要另行安排审核，待下次审核时一并安排。①

1998 年至 2007 年，按照《国际安全管理规则》要求，中国海事局及其认可的审核发证机构对国际航运公司及船舶实施了不同类型的审核。至 2007 年底，191 家国际航运公司持有《符合证明》，1254 艘国际航行船舶持有《安全管理证书》。

1996—2007 年中国国际航运公司安全管理指标调查统计 表 15-1-1

年份	调查船舶总数(艘)	被滞留船舶艘次	单船平均滞留率(%)	事故件数	单船平均事故率(%)	死亡人数	单船平均死亡率(‰)	经济损失(万元)	单船平均经济损失(万元)	船舶在航率(%)
1996	1907	91	4.77	183	9.60	62	0.033	36518	19.15	—
1997	1674	56	3.35	183	10.93	31	0.019	32621	19.49	—
1998	1742	49	2.81	157	9.01	74	0.042	14092	8.09	—
1999	1801	48	2.67	119	6.61	23	0.013	11384	6.32	—
2000	1758	36	2.05	130	7.39	19	0.011	10366	5.90	—
2001	1759	31	1.76	108	6.14	12	0.007	8763.5	4.98	—
2002	963	11	1.18	31	3.31	3	0.003	5659	6.05	89.81
2003	1034	25	1.42	26	2.51	4	0.004	8070	7.80	90.84
2004	1497	19	1.27	34	2.27	7	0.005	5159	3.45	91.51
2005	1445	19	1.31	42	2.91	14	0.010	18132	12.55	91.47
2006	1579	18	1.14	29	1.84	22	0.014	11934	7.56	91.85
2007	1826	28	1.53	48	2.62	28	0.015	8312	4.55	91.56

说明：本表为 2002 年和 2007 年分别对按照《国际安全管理规则》建立、运行安全管理体系的 156 家、183 家国际航运公司进行调查的统计数据，其船舶数量包括方便旗等其他船旗的船舶。

【国内安全管理规则】

鉴于国际航运界全面实施《国际安全管理规则》后取得了良好效果，为提高国内航行船舶的安全管理水平，交通部安全监督局自 1997 年开始进行《国际安全管理规则》国内化研究，探讨如何应用《国际安全管理规则》的原理和方法全面提高中国航运企业的安全管理水平。

1999 年 11 月 24 日发生“大舜”轮特大火灾沉没事故后，中国海事局加快了《国际安全管理规则》国内化研究步伐，于 2001 年完成该课题研究并通过交通部组织的专家评审，并在其研究成果的基础上，制定了国内安全管理规则及其实施计划。决定在船舶航行区域上，按照先远洋、后沿海、再内河的顺序，在船舶种类上，按照先客船（客滚船、高速客船等）、后危险品船（液化气船、油船等）、再其他船舶的顺序，分三批对国内航线船舶实施国内安全管理规则。

2001 年 7 月 12 日，交通部发布《中华人民共和国船舶安全营运和防止污染管理规则（试行）》（简称《国内安全管理规则》），自 2003 年 1 月 1 日起对国内跨省航行载客定额 50 人及以上的客船（包括客滚船、旅游船、高速客船）、150 总吨及以上的气体运输船和散装化学品船生效，原则上对油船不迟于 2003 年 7 月 1 日生效。该规则源于《国际安全管理规则》，其原理、思路、形式、内容和要求等基本相同，但结合中国存在船舶管理公司的实际状况，增加了对船舶所有人与船舶管理公司签订符合该规则规定的《船舶管理协议》等要求。该规则适用于国内航行船舶及其公司，提供了船舶安全营运和防污染

① 根据国际海事组织大会有关决议要求，中国海事局于 2007 年以前，接受了利比里亚、圣文森特、巴拿马、新加坡、马耳他、马绍尔、伯里兹、塞浦路斯、巴哈马、坦桑尼亚、瓦努阿图等《1974 年国际海上人命安全公约》缔约国海事主管机关和中国香港特别行政区海事处的请求，为悬挂方便旗船舶的中国船东签发《符合证明》。

的管理标准，规定了公司建立和实施安全管理体系的功能要求及其审核发证的具体事项。9月29日，中国海事局印发《关于做好第一批船舶实施〈国内安全管理规则〉工作的通知》，对实施《国内安全管理规则》的第一批船舶及其所属公司建立的安全管理体系的审核工作作出安排，并确定辽宁、天津、山东、江苏、上海、浙江、福建、广东、广西、海南、长江海事局为本片区国内航运公司及其船舶审核发证机构；明确各省（自治区、直辖市）地方海事机构和船舶检验机构满足资质条件，经中国海事局授权或认可，可成为批准权限范围内的国内航运公司及其船舶审核发证机构。该通知要求国内跨省航行载客定额50人及以上的客滚船、旅游船、高速客船，150总吨及以上的气体运输船和散装化学品船应于2003年1月1日前通过主管机关审核并取得相应证书，否则，各地海事机构将禁止其离港。10月11日至12日，中国海事局在青岛召开全国海事系统《国内安全管理规则》宣贯会，对实施《国内安全管理规则》进行总体部署，各直属海事局和沿长江各省、直辖市地方海事局，以及中国船东协会和中国船级社的代表60多人参加会议。

图15-1-2 2001年10月11日，全国海事系统《国内安全管理规则》宣贯会在青岛召开

2002年12月9日、2003年5月26日，中国海事局两次印发通知，要求各海事机构分别自2003年1月1日、9月1日起，在进行船舶签证及船舶安全检查时，对第一批实施《国内安全管理规则》相应的适用船舶持有《符合证明》副本情况和持有《安全管理证书》情况进行监督检查，对未持有的签发“警告信”，至规定期限仍未持有的予以滞留。至2002年底，110家国内航运公司建立了安全管理体系，并通过主管机关的审核。2003年底，第一批适用《国内安全管理规则》的243家国内航运公司和1623艘船舶全部取得《符合证明》和《安全管理证书》。

图15-1-3 2005年12月4日至6日，应广东番禺南沙港客运有限公司请求，交通安全质量管理体系审核中心对该公司健全和执行安全管理体系进行相关知识强化培训

2003年6月10日，交通部印发《关于〈国内安全管理规则〉对第二批船舶生效的通知》，决定自2004年7月1日起，《国内安全管理规则》对载客定额50人及以上的所有跨省航行客船（内河客渡船除外）和500总吨及以上油船（港内作业船舶除外）生效。

2005年12月14日，交通部印发通知，决定自2007年7月1日起，对第三批国内航行船舶（500总吨及以上沿海跨省航行的散货船和其他货船）生效。

2006年1月17日，中国海事局发布通告，要求在2007年7月1日前，所有500总吨及以上沿海跨省航行的散货船和其他货船（包括航行于港澳航线的中国籍海船）应取得《安全管理证书》或《临时安全管理证书》，其营运公司应取得《符合证明》或《临时符合证明》，告知海事机构届时将检查船舶持有证书情况。8月1日，中国海事局在福州召开第三批船舶实施《国内安全管理规则》推进研讨会，强调要加大第三批船舶实施《国内安全管理规则》宣贯力度和公司内审员、外审员的培训力度，严格执行审核标准，不断完善审核机制。10 月 12 日，针对许多航运企业子公司以非独立法人的形式管理船舶安全与防污染的实际情况，中国海事局印发通知，允许非独立法人航运公司经上级独立法人书面授权后，可以申请安全管理体系审核。

2007 年 5 月 8 日，中国海事局印发《航运公司安全管理体系不符合规定情况判定指南》，对安全管理体系运行状况一般、重大、严重不符合规定的判定原则和判例，向审核员提出指导意见。至 2007 年 6 月上旬，全国第三批国内航运公司的 96.98% 通过审核(其中 83.84% 获得《符合证明》)，3.02% 正在准备或申请审核。

鉴于国务院在 2004 年第 412 号令中决定将“航运公司安全营运与防污染能力符合证明核发”列为确需保留的行政审批项目之一，为提升航运公司建立安全管理体系的法律强制效力，中国海事局于 2005 年开始对《中华人民共和国船舶安全营运和防止污染管理规则(试行)》进行修改和完善。2007 年 5 月 23 日，交通部令[2007]第 6 号公布《中华人民共和国航运公司安全与防污染管理规定》，自 2008 年 1 月 1 日起施行。该规定的公布，使《国际安全管理规则》从国际公约转化为国内行政规章，为航运公司建立安全管理体系提供了法律依据。

2001 年至 2007 年，按照《国内安全管理规则》要求，中国海事局及其认可机构对国内航运公司及船舶实施了不同类型的审核。至 2007 年底，全国共有 1021 家国内航运公司持有《符合证明》，6170 艘国内航行船舶持有《安全管理证书》。

2002—2007 年中国国内航运公司安全管理指标调查统计 表 15-1-2

年份	调查船舶总数(艘)	被滞留船舶艘次	单船平均滞留率(%)	事故件数	单船平均事故率(%)	死亡人数	单船平均死亡率(‰)	经济损失(万元)	单船平均经济损失(万元)	船舶在航率(%)
2002	919	67	7.29	29	3.16	62	0.070	5438.1	5.92	74.36
2003	1307	23	1.76	37	2.83	10	0.008	5055	3.87	75.00
2004	1874	31	1.65	89	4.75	20	0.011	12598	6.72	76.28
2005	2387	71	2.97	78	3.27	44	0.018	12507	5.24	76.27
2006	3873	109	2.81	63	1.63	11	0.003	6254	1.61	76.89
2007	5340	231	4.32	64	1.19	18	0.003	9256	1.73	78.01

说明：本表为 2007 年对按照《国内安全管理规则》建立、运行安全管理体系的 923 家国内航运公司进行问卷调查的统计数据。

【航运公司安全诚信管理】

2007 年 7 月 23 日，为提高海事管理效能与服务水平，鼓励航运公司加强自我管理，中国海事局在实施船舶安全诚信管理手段的基础上，发布实施《航运公司安全诚信管理办法(试行)》，将安全诚信管理手段由船舶延伸至中国境内注册的航运公司。该办法对安全诚信航运公司的申报条件、审批程序、优惠待遇、资格撤销、档案管理等作出具体规定；明确航运公司持有中国海事局及其授权或认可机构颁发的《符合证明》3 年及以上，并在最近两年内未被实施跟踪审核或附加审核，每年对国际航运公司(或国内航运公司)外审开具的不符合规定的情况的数量不超过全国平均数的二分之一，以及所属船舶在安全检查、发生事故、列入重点跟踪名单、严重违反海事法律法规等方面符合规定条件的，可申报安全诚信公司评选，经交通部直属海事局或省级地方海事机构审核并签署意见，由中国海事局颁发有效期为 5 年的《安全诚信公司》证书，可享有公司安全管理体系年度审核按简化程序办理，公司所属船舶 12 个月免于安全检查(含开航前检查)，向金融、保险、航运交易所等提供公司有关安全诚信信息等优惠待遇。①

1999—2007 年对国际国内航运公司安全管理体系审核情况一览　　表 15-1-3

年份	审核工作实施情况	持有《符合证明》公司数(家)		持有《安全管理证书》船舶数(艘)	
		国际	国内	国际	国内
1999	完成对 50 家第一批国际公司、20 家第二批国际公司审核	99	—	—	—
2000	完成对 106 家国际公司实施审核	165	—	—	—
2001	调派公司审核组 160 个、审核员 600 人次，对 160 家国际公司实施审核，其中对 5 家公司实施跟踪审核或附加审核	160	2	—	—
2002	调派公司审核组 186 个、审核员 702 人次，对 172 家国际公司实施审核，其中对 14 家公司实施跟踪审核或附加审核，吊销或收回 2 家公司的符合证明，宣布 4 家公司的符合证明失效；完成对 111 家国内公司的审核，其中 2 家公司未通过	172	55	—	—
2003	调派公司审核组 194 个、审核员 741 人次，对 182 家国际公司实施审核，其中对 10 家公司实施跟踪审核，2 家公司实施附加审核，吊销或收回 3 家公司的符合证明，宣布 11 家公司的符合证明失效；完成对 243 家国内公司的审核发证，签发船舶安全管理证书 1623 份	182	243	—	1623
2004	调派公司审核组 209 个、审核员 809 人次，对 176 家国际公司和 14 家国内公司实施审核，其中对 6 家公司实施跟踪审核，4 家公司实施附加审核	177	372	1275	1696
2005	调派公司审核组 1097 个、审核员 3447 人次，对国际公司和国内公司实施审核，其中对 16 家国际公司、32 家国内公司实施跟踪审核，3 家国际公司、3 家国内公司实施附加审核	190	424	1383	2502
2006	调派公司审核组 803 个、审核员 2943 人次、实习审核员 738 人次，调派船舶审核组 1773 个、审核员 3139 人次、实习审核员 133 人次，其中对 10 家国际公司、30 家国内公司实施跟踪审核，4 家国际公司、7 家国内公司实施附加审核，1 家国际公司和 10 家国内公司的符合证明被吊销，1 家国际公司和 3 家国内公司不予发证，31 艘船舶未通过审核	186	514	1286	3153
2007	调派公司审核组 1346 个、审核员 4472 人次，调派船舶审核组 3873 个、审核员 6985 人次，其中对 13 家国际公司、26 家国内公司实施跟踪审核，3 家国际公司、24 家国内公司实施附加审核，1 家国际公司和 1 家国内公司的符合证明被吊销，1 家国际公司和 23 家国内公司不予发证，72 艘船舶未通过审核	191	1021	1254	6170

第二节　安全管理体系审核机构

【安全管理体系审核发证机构授权与管理】

1996 年 5 月 24 日，交通部印发《关于港监系统做好〈国际安全管理规则〉实施工作的通知》，要求有关港务监督机构推动本地区各航运公司实施《国际安全管理规则》，并按照中国国际航运公司分布特点，将全国划分为辽宁及黑龙江、天津及河北、山东、江苏沿海、上海、浙江、福建、广东及广西、

① 中国海事局于 2008 年开始开展安全诚信公司评选工作，当年 6 月，4 家航运公司被评为 2007 年年度安全诚信公司。

海南、长江等10个片区，并指定大连、天津、青岛、连云港、上海、宁波、福州、广州、海南港务监督和长江港航监督局分别牵头负责本片区国际航运公司实施《国际安全管理规则》的管理及审核发证工作。1997年1月12日，交通部安全监督局授权中国船级社依据《国际安全管理规则》对国际航行船舶实施审核发证。1998年2月12日，交通部安全管理体系审核事务所成立，具体负责航运公司安全管理体系审核发证等管理工作。

1999年4月7日，交通部安全管理体系审核事务所更名为“交通安全质量管理体系审核中心”，并于同年7月20日划归中国海事局管理。

鉴于1999年水上安全监督管理体制改革后，原10个片区牵头单位的名称、职能和辖区发生变化，中国海事局于2001年2月26日印发通知，对实施《国际安全管理规则》管理片区划分及牵头单位作出调整，将全国划分为辽宁与黑龙江、天津与河北、山东、江苏、上海、浙江、福建、广东、广西、海南、安徽至重庆长江干线等11个片区，并分别指定辽宁、天津、山东、江苏、上海、浙江、福建、广东、广西、海南、长江海事局作为本片区航运公司实施《国际安全管理规则》管理的牵头单位。该通知同时规定了各类审核的编号构成。同年9月，上述11个海事局设立安全管理体系审核办公室，具体负责本片区航运公司安全管理体系审核工作。2001年，国际安全管理规则审核管理信息系统研制成功并通过验收。9月28日，中国海事局印发通知，决定在辽宁、天津、山东、上海、浙江、广东、海南海事局安装和试运行该系统。

2002年1月7日，中国海事局印发通知和《SMS相关证书及审核工作表格编号细则》、各种审核工作表单格式，决定自2002年2月1日起，启用新的安全管理体系审核工作表单和编号。1月14日，中国海事局发布《航运公司安全管理体系审核发证机构资质管理办法》，对安全管理体系审核发证机构的资质条件、审批管理等作出规定。

自2002年起，随着航运公司实施《国内安全管理规则》的分步推进，中国海事局将审核发证机构授权范围扩展至部分水网密集地区的地方海事机构，于2002年4月9日授权重庆市、湖北省港航监督局，于7月12日授权江苏省地方海事局为实施《国内安全管理规则》审核发证机构。2002年9月2日，中国海事局印发《关于长江地区实施〈国内安全管理规则〉有关审核发证问题的通知》，明确已经授权的重庆、湖北、江苏省（市）地方海事（港航监督）局及长江、江苏、上海、浙江海事局，对在本局登记的国内航行船舶及其所属航运公司开展安全管理体系的审核发证工作；在四川、湖南、江西、安徽、上海、浙江省（市）地方海事（港航监督）局登记的国内航行船舶及其所属航运公司的安全管理体系审核发证工作，暂由中国海事局负责，并指定这六省（市）的地方海事（港航监督）局为申请安全管理体系审核的受理机构。

2002年12月3日，中国海事局印发通知，决定增加河北、深圳海事局为片区牵头单位，自2003年1月1日起，分别负责在河北省、深圳市注册的国际航运公司实施《国际安全管理规则》管理工作，亦是辖区内《国内安全管理规则》的审核发证机构。

2003年1月13日，中国海事局印发通知，建立各审核发证机构每季向主管机关报送国内航运公司及船舶审核发证情况制度。3月6日，中国海事局批复江苏海事局，明确对所属船舶在多个登记机关登记的航运公司审核发证的管辖，按海船登记优先于河船登记、实施批次早优先于实施批次晚、公司所在地优先、公司自由选择的原则和次序确定；对船舶审核发证的管辖与船舶登记发证管辖相一致。3月11日，中国海事局印发通知，授权中国船级社为国内航行船舶实施《国内安全管理规则》的审核发证机构，并负责签发《安全管理证书》。5月13日，中国海事局印发通知，明确加强实施《国内安全管理规则》在机构编制、经费保障方面的有关事项，其中直属海事局安全管理体系审核办公室人员配备标准依年度指派审核组次数而定，审核发证日常工作经费纳入各单位执法业务经费预算管理，对公司及船舶实施审核的直接费用由被审核单位承担等。授权开展审核发证的地方海事机构，可参照上述要求设立机构，配备人员，落实管理经费。5 月 30 日，中国海事局印发《船舶审核管理补充规定》，对直属海事系统审核发证机构依据《国内安全管理规则》，对船舶实施审核发证工作的管辖权等事项作出规定，明确船舶的临时、初次和换证审核，由核发该船舶所属公司《符合证明》的审核发证机构负责，中间审核由签发该船舶《安全管理证书》的审核发证机构负责，但为方便航运公司，船舶的初次和换证审核，可实施委托审核，中间审核可由非签发该船舶《安全管理证书》的审核发证机构实施。6 月 6 日，中国海事局印发通知，借鉴国际上的成功经验，对《国际安全管理规则》实施以来安全管理体系审核费用一直由航运公司垫付的方式进行改革，确定直属海事系统指派审核组对航运公司或船舶进行安全管理体系审核，由被审单位直接负担其直接费用(包括审核员的审核补助、差旅费、住宿费、餐费、工作通信费等)和承担接待、会务工作，并明确了各项直接费用标准。

2004 年 1 月 19 日，中国海事局发文，授权安徽省、浙江省地方海事局为安全管理体系审核发证机构。5 月 31 日，中国海事局印发《〈国内安全管理规则〉空白证书申领管理办法》，明确《符合证明》、《安全管理证书》等由中国海事局统一印制，并对其空白证书的管理作出规定。

图 15-2-1　2004 年 7 月 8 日，天津海事局根据授权，将安全管理体系《符合证明》颁发给天津港轮驳公司

由于部分船舶实施《国内安全管理规则》已进入中间审核、签注期，2005 年 1 月 18 日，中国海事局印发通知，对实施中间审核、签注的审核组工作提出具体要求。鉴于国务院 2004 年 6 月在第 412 号令公布的对确需保留的行政审批项目设定行政许可的目录中，明确“航运公司安全营运与防污染能力符合证明核发”项目的实施机关为交通部，交通部于 2004 年 11 月 12 日明确该行政审批的实施机关为中国海事局及交通部直属海事机构，2006 年 3 月 24 日，中国海事局印发通知，决定自 2006 年 4 月 1 日起取消对重庆、湖北、江苏、安徽、浙江省(市)地方海事局为实施《国内安全管理规则》审核发证机构的授权，同时委托这 5 个地方海事局受理船舶及其航运公司的审核申请报中国海事局，并参与审核的有关工作。

2007 年 11 月 29 日，中国海事局印发通知，决定自 2007 年 12 月 1 日起，正式运行安全管理体系审核管理信息系统，各直属海事局的审核办公室开始录入、更新、维护、上报本辖区航运公司及其船舶的审核管理信息。

〖交通安全质量管理体系审核中心〗

交通安全质量管理体系审核中心的前身是交通部安全管理体系审核事务所，1998 年 2 月 12 日经交通部批准成立，为交通部机关直属事业单位，正处级，编制 11 名，经费渠道为自收自支，业务工作由交通部安全监督局归口管理。其主要职能是依据《国际安全管理规则》拟订审核发证的规定、标准、程序等有关规章制度；受交通部主管机关委托，管理航运企业安全管理体系审核发证工作；负责安全管理体系审核员管理、培训与考核工作；承担与审核发证相关的业务研究和服务工作等。

1998 年 10 月中国海事局成立后，交通部安全管理体系审核事务所的业务工作由中国海事局管理。

1999年4月7日，交通部将交通部安全管理体系审核事务所更名为交通安全质量管理体系审核中心，并向中央机构编制委员会办公室报送其机构编制调整的意见。1999年7月20日，交通部印发通知，将交通安全质量管理体系审核中心划归中国海事局管理，作为中国海事局的直属单位。2002年3月14日，中央机构编制委员会办公室在《关于交通部所属事业单位机构编制调整的批复》中，同意交通法律事务中心更名为交通安全质量管理体系审核中心，事业编制30名，经费自理。

2004年5月10日，经国家事业单位登记管理局批准，交通安全质量管理体系审核中心登记注册为独立法人事业单位。

2005年9月27日，国家发展改革委员会办公厅复函交通部办公厅，同意交通安全质量管理体系审核中心在从事船舶安全管理体系审核工作时，按照2001年《国家计委办公厅关于修订中国船级社检验计费规定的通知》附件二中有关船舶安全管理体系审核规定执行。

2007年7月24日，中国海事局印发通知，决定交通安全质量管理体系审核中心在辽宁、河北、天津、山东、江苏、上海、浙江、福建、广东、广西、海南、长江、深圳海事局派驻审核业务部，与各局的审核办事机构合署办公；交通安全质量管理体系审核中心负责对其派驻的各审核业务部的业务工作进行检查、督促和指导，并划拨一定额度的业务经费。该通知明确，为使审核工作逐步从基本由兼职审核员完成过渡到主要由专职审核员完成，各审核业务部可聘用适量的专职审核员。8月31日，中国海事局印发通知，同意交通安全质量管理体系审核中心内设机构设置综合管理部、审核业务部、研究发展部，人员控制数为16名，其中，中心领导职数2名，部门领导职数4名；综合管理部负责中心内部的综合行政管理工作，审核业务部负责组织航运公司安全管理体系审核发证工作，研究发展部负责拟订审核发证方面的制度规定、技术服务和审核员管理等工作。

〖海事信息专刊〗

2000年，中国海事局创办不定期发行的内部资料刊物《海事信息》，免费发放给各航运公司，提供国际海事组织动态信息和国内外海事管理业务信息。3月14日，《海事信息》试刊第一期发行，大16开本。至2004年底，共发行《海事信息》试刊22期。2005年1月，在《海事信息》试发行的基础上，《海事信息专刊》创刊号出版发行。《海事信息专刊》为人民交通出版社定期出版的图书，每两个月一期，开本32开，印数3000至5000册，著作者为中国海事局(主办)，各航运公司及有关单位向人民交通出版社订阅。该专刊设置政务公告、国际海事动态、港口国监督快讯、安全管理规则实施问题解答、海事案例分析、安全管理体系审核论坛等专栏，公布最新的海事法规、国内外海事管理信息，为航运公司建立、运行、改进安全管理体系服务。至2007年底，《海事信息专刊》出版18期。

【航运公司安全管理体系审核员管理】

对航运公司安全管理体系进行审核，由审核发证机构指派审核组具体实施，审核组由持有主管机关认可的审核员证书的审核员组成。1995年和1996年，交通部在印发有关做好实施《国际安全管理规则》准备工作的文件中，要求各审核发证机构做好审核员队伍建设的统筹规划和培训工作。交通部安全监督局于1996年10月印发《交通部安全管理体系审核员守则(试行)》，于1997年印发《航运公司安全管理体系审核发证规则(试行)》，对安全管理体系审核员的行为规范和责任、义务作出规定。之后，交通部安全监督局连续举办4期安全管理体系审核员资格培训班，共229人取得审核员资格。

1998 年中国海事局成立后，进一步加大审核员培训管理力度，组织编写了《SMS 理解指南》、《SMS 知识问答》、《审核员培训教材》等培训材料，并结合《国际安全管理规则》、《国内安全管理规则》实施进度，适时开展审核员培训。1999 年 6 月，中国海事局在北京举办第五期安全管理体系国家审核员资格培训班，48 人考试合格取得审核员资格。9 月 2 日，中国海事局公布 48 名国家审核员名单。此后，中国海事局在每期培训班结束后，公布考试合格人员名单。

2001 年 9 月 7 日，中国海事局发布《航运公司安全管理体系审核员管理规定》。该规定对审核员的分类、培训、考核、评估、注册、调派、奖惩以及审核组运作机制等作出具体规定，将具有国际、国内航行船舶及其航运公司审核资格的审核员分为 A、B 两类，每类审核员又分为主任审核员和普通审核员两级，并按审核员的类别和级别，将审核员培训与考试分为资格培训与考试、类别转换培训与考试、等级晋升培训与考试。该规定明确，交通安全质量管理体系审核中心对全国的审核员实施统一管理，片区海事机构对本片区的审核员实施具体管理；审核员经注册后可被调派参加审核。2002 年 3 月 22 日，中国海事局发文，对《航运公司安全管理体系审核员管理规定》第十条进行了修订，将原申请普通审核员培训与考试的资格条件分为 A、B 两类，降低了 B 类审核员的学历要求，以适应内陆地区海事机构的实际情况。12 月 26 日，中国海事局重新发布经修订的《航运公司安全管理体系审核员管理规定》，重点细化了对审核员考核评估的内容和程序，同时降低了 B 类审核员工作年限资质条件，对培训、考试和审核组长任职资格等进行了调整。

根据《航运公司安全管理体系审核员管理规定》中有关审核员注册的规定，中国海事局于 2002 年 1 月 29 日公布 480 名安全管理体系国家审核员初次注册名单，于 2003 年 1 月 29 日公布安全管理体系国家审核员 441 名 2003 年年度注册名单和 117 名 2003 年初次注册名单。此后，中国海事局每年公布安全管理体系国家审核员年度注册名单和初次注册名单。

2003 年，中国海事局对 1996 年 10 月颁布的《交通部安全管理体系审核员守则(试行)》进行修订，主要为保证审核工作公正、高效、廉洁，就审核员的审核行为、态度、纪律等提出新的要求，强调审核员要行为规范，严守程序，保守秘密，廉洁自律。9 月 1 日，中国海事局颁布《交通部安全管理体系审核员守则》。

图 15-2-2　2004 年 5 月 9 日，中国海事局在杭州举行安全管理体系审核员考试试题库研讨会

图 15-2-3　2007 年 9 月 14 日，中国海事局第 29 期安全管理体系审核员资格培训班在广州结业

2004 年 4 月，中国海事局在北京举办第一期安全管理体系国家审核员晋升培训班；5 月 3 日，公布 47 人考试合格名单。

至 2007 年底，中国海事局先后举办安全管理体系国家审核员资格培训班 25 期、晋升培训班 5 期，1380 人取得审核员资格，233 名审核员获得晋升资格。2007 年，在中国海事局年度注册的安全管理体系国家审核员全国共有875人，其中A类主任审核员183人、A类普通审核员493人、B类主任审核员18人、B类普通审核员181人；审核员来自海事系统747人、航运企业109人、救捞系统6人、船舶检验系统3人、院校2人、交通部机关和其他直属单位8人。

2002—2007年安全管理体系审核员注册人数统计(单位：人)　　表15-2-1

注册类型	2002年	2003年	2004年	2005年	2006年	2007年
初次注册	480	117	271	58	72	85
年度注册	—	441	429	753	804	875

第十六章　交通环境保护

简　　述

交通行业环境保护工作起步于20世纪70年代。1973年8月，交通部在第一次全国环境保护(简称环保)会议后，开始以港口“三废”(废气、废水、废渣)治理为主开展交通环保工作，并于1973年成立交通部环境保护办公室(简称交通部环保办)，1975年成立交通部环境保护领导小组。根据1974年1月30日国务院转发交通部制定的《中华人民共和国防止沿海水域污染暂行规定》，沿海港务监督机构开始开展防止船舶污染水域工作。1979年，交通部开始进行港口建设项目的环境影响评价工作，并于1979年3月制定《1979—1985年交通部直属企业环境保护纲要》，于1980年1月颁发《交通部清洁工厂标准(试行)》，于1980年6月发布《交通部环境监测工作条例(试行)》，明确了交通部直属企业“三废”治理和噪声治理的目标、标准，以及环境监测办法。1983年12月，第二次全国环境保护会议将环境保护明确为中国的基本国策后，交通部在继续治理“三废”的同时，将交通环保逐步转向预防为主，与交通建设同步发展的新阶段，实施环保设施与主体工程“三同时”制度①，将交通建设项目的环境影响评价和环境保护管理从港口建设项目扩展至公路建设项目，并重点加强了防止船舶污染水域的管理工作。1983年12月国务院发布《中华人民共和国防止船舶污染海域管理条例》。1987年交通部发布《交通建设项目环境保护管理办法(试行)》。1989年交通部环境保护领导小组更名为交通部环境保护委员会(简称交通部环委会)。1993年12月交通部印发《交通行业环境保护管理规定》。1997年12月，交通部、建设部、国家环境保护局发布《防止船舶垃圾和沿岸固体废物污染长江水域管理规定》。这期间交通部还先后发布了《港口工程环境保护设计规范》、《公路环境保护设计规范》、《港口建设项目环境影响评价规范》、《公路建设项目环境影响评价技术规范(试行)》等行业标准。

1998年交通部机构改革后，交通环保工作处于一个新的起点上。一方面，理顺交通部机构改革后交通环保工作管理关系，明确交通部环保办的机构设置、人员编制、主要职责，进一步发挥交通部环委会和交通部环保办的行业管理职能；同时，促进交通行业各单位环保机构的设置，不断健全交通行业环保管理机制。另一方面，根据国务院于1998年11月发布施行的《建设项目环境保护管理条例》，进一步加强对交通建设项目的环保管理，组织修订交通建设项目环保工作法规标准，落实交通建设项目环保工作责任制，强化西部开发交通建设生态保护和水土保持工作，注重提高交通建设项目环境影响评价的质量和环保措施的针对性、实用性，开展施工阶段的环境监理工作，加强对交通建设项目环保工作的监督。再一方面，根据国家统一部署，重点开展长江三峡流动污染源的监测和长江、太湖流域“白色污染”的治理。

2003年以后，根据党的十六大所确定的全面建设小康社会和可持续发展目标，交通部在实现交通新的跨越式发展目标的过程中，提出一系列交通环保新的理念，要求交通建设项目设计施工要遵循“安全、环保、舒适、和谐”的方针，树立“不破坏就是最大的保护”的理念，坚持“最大限度地保护生态环

① 建设项目中防治污染的措施与主体工程同时设计、同时施工、同时投产使用。

境、最小程度地影响生态环境、最强力度地恢复生态环境”的原则。为落实这些交通环保的新理念，交通部和交通部环保办在总结交通系统开展环境保护工作30周年经验的基础上，采取了一系列交通环保新的举措。

2003年2月，交通部在全国交通厅局长会议上，将四川省川主寺至九寨沟公路改建工程作为公路与自然环境相和谐的“示范工程”。5月13日，交通部公布经修订的《交通建设项目环境保护管理办法》。

2004年4月6日，交通部印发《关于在公路建设中实行最严格的耕地保护制度的若干意见》。4月13日，为推广川主寺至九寨沟公路改建“示范工程”的经验，交通部开展公路勘察设计典型示范工程活动。6月15日，交通部印发《关于开展交通工程环境监理工作的通知》，决定在交通行业广泛开展交通工程环境监理工作。8月19日，交通部印发《关于交通行业实施规划环境影响评价有关问题的通知》，将交通行业实施规划环境影响评价工作纳入交通行业环保管理体系之中。

2005年9月23日，交通部印发《关于进一步加强山区公路建设生态保护和水土保持工作的指导意见》。2005年至2006年，交通部环保办组织推广4项重点交通建设项目环境监理试点工作经验。

2007年4月9日，交通部印发通知，确定交通建设项目环境监理是交通工程管理的一项制度。12月1日，国家环境保护总局、国家发展和改革委员会、交通部联合印发《关于加强公路规划和建设环境影响评价工作的通知》。

截至2006年底，全国交通行业公路、水路共有环保机构100多个，从业人员1万余人。2006年公路运输企业环保人员数量占全部从业人员的比例较2002年增长了一倍左右，多数企业配备了一定数量的环保专业人员。

在交通建设项目环境保护管理方面，2006年全国公路环保总投资约73.1亿元，占公路总投资的1.84%；公路建设项目平均环保投资比例从2002年的1.4%上升到1.8%，呈明显增长趋势；大部分沿海和内河港口环境保护设施投资分别占各类港口年末固定资产原值的2.0%和1.1%，较2002年有大幅增加。2006年用于公路绿化及生态恢复工程的投资占到公路环保总投资的69%，公路景观和绿化得到进一步改善；公路、港口项目在建设过程中避让自然保护区的核心区、缓冲区，使环境敏感区域得到最大限度地保护，沿海和内河港口平均绿化率分别达到5.4%和2.6%，港区绿化水平较以往有明显提高。2006年重大交通建设项目环境影响评价的执行率近100%。2006年全国公路建设用于环境监理的总费用达到9747万元，用于公路施工期环境监测的总费用达到6489万元；2006年全国规模以上沿海和内河港口的在建项目中开展环境监理的比例分别达到55%和44%，开展环境监测比例分别为56%和44%。截至2007年底，全国大多数港口和公路网已开展规划环境影响评价工作。

在交通污染治理方面，水路运输虽经历了近几年的快速发展，但其污染物排放总量却一直维持在较低水平。2006年全国规模以上港口COD（化学耗氧量）排放总量约4165吨，占当年全国COD排放总量的0.29‰；SO_2（二氧化硫）排放总量为2905吨，仅相当于国内一个大型城市当年SO_2排放量的1.7%。沿海港口平均拥有污水处理设施19.6套，内河港口平均拥有污水处理设施16套，港口污水排放得到较好控制。截至2006年底，全国高速公路污水处理设施数量达到3857台，污水处理总量达到2234.82万吨，污水达标排放率为85.91%。多数公路运输企业的污水直接排入市政管网，统一处理；未能将污水排入市政管网的运输企业，其污水处理设施的正常使用率达到了94.5%；绝大多数企业能够将运输过程中产生的固体废弃物运送到专门的处理场进行处理。全国交通噪声治理设施数量达1820处，声屏障依然是使用最普遍的噪声防治措施；公路沿线噪声敏感点达标率保持在较高水平，部分省达到或接近100%。

在防治船舶污染水域方面，中央管辖水域的船舶污染防治水平相对较高，船舶污染物接收工作已经成为港口服务的重要产业。截至2006年底，全国有从事到港船舶污染物接收处理的单位(公司)达431家，中央管辖水域内从事到港船舶污染物接收的船舶达587艘，总吨位达99930吨。纳入交通部直属海事机构统计的船舶油污水接收量合计为234.94万吨，接收船舶垃圾7.58万吨。2006年，中央管辖水域在册登记的150总吨以上的油船油水分离器安装率为74.8%。

但是，交通基础设施建设和运输生产过程中的环境问题仍然存在，交通行业在环保管理体系、环保投入、环保人员、环保设施、生态保护、能耗结构等方面还需要进一步加强和改善。

2006年12月在北京召开的全国交通工作会议上，交通部对加快推进交通发展方式转变，建设资源节约型、环境友好型交通行业的工作进行了部署。

本章重点记述交通部环保办在交通部环委会的领导下，所开展的主要工作。防治船舶污染水域的内容在第八章记述。

第一节　交通部环境保护管理机构

【交通部环境保护委员会】

1975年，领导交通行业环保工作的非常设机构——交通部环境保护领导小组成立。1989年，交通部环境保护领导小组更名为交通部环境保护委员会，其主任委员由交通部主管副部长担任。交通部环委会成立后，由于机构和人事变动，其组成人员几经调整。

在1998年交通部机构改革中，交通部于1998年10月16日印发《关于调整交通部议事协调机构和临时机构的通知》，决定保留交通部环委会，其具体工作由交通部海事局承担。

根据1998年交通部机构改革和人员变动的实际情况，1999年2月24日，交通部印发《关于新一届交通部环境保护委员会人员组成的通知》，调整交通部环委会组成人员。交通部副部长洪善祥任主任委员，交通部海事局常务副局长刘功臣、副局长宋家慧任副主任委员，委员由交通部有关司局负责人组成，共8人。其办事机构设在交通部环保办。该通知同时印发《交通部环境保护委员会主要职责》，规定交通部环委会主要职责是：贯彻执行国家各项环境保护方针政策和法规；研究审定交通环境保护法规；审议交通环境保护规划和工作要点；组织推动重大环境保护措施的实施；决定行业环境保护工作的重大奖励惩处事宜。之后，至2007年底，交通部对交通部环委会的职责进行了一次调整，对其组成人员进行了三次调整。

2000年11月29日，交通部印发《关于调整交通部环境保护委员会及办公室职责等事宜的通知》，将交通部环委会的主要职责调整为：组织贯彻执行国家环境保护方针政策和法规；研究审定交通环境保护政策和法规；负责审议交通环境保护规划计划和工作协调；组织推动重大环境保护措施的实施；组织交通行业环境保护督察工作；决定交通行业环境保护工作的重大奖励与惩处事宜。该通知将交通部环委会原副主任委员宋家慧调整为交通部海事局副局长刘实。

2001年3月13日，第七次交通部环委会会议在北京召开，会议总结了自1996年7月第六次交通部环委会扩大会议以来的交通环保工作，明确提出“十五”期间交通环保的工作思路是，围绕交通工作的重点开展环保工作，加强交通环保宣传工作，完善交通环保法规体系，加大交通环保执法力度；水上环保工作重点是继续加强太湖、长江流域船舶油污染和“白色污染”的治理，组织实施船舶、港口、海区、国家4级溢油应急计划，建立溢油应急损害赔偿机制；公路环保工作重点是研究探索西部开发中交通建设环保工作，落实预防为主，防治结合的方针。会议要求进一步健全交通环保工作机制，加强交通部各部门的配合，充分发挥交通部环委会的作用。

2003 年 10 月 13 日，交通部印发通知，决定增加交通部综合规划司副司长庞松、公路司副司长李彦武、水运司副司长徐光为交通部环委会副主任委员，将交通部环委会原副主任委员刘实调整为交通部海事局副局长郭莘。

1999—2007 年交通部环境保护委员会组成人员名单 表 16-1-1

交通部环委会组成		1999 年 2 月		2000 年 11 月		2003 年 10 月		2007 年 10 月	
		姓名	职务	姓名	职务	姓名	职务	姓名	职务
主任委员	交通部	洪善祥	副部长	洪善祥	副部长	洪善祥	副部长	徐祖远	副部长
副主任委员	交通部海事局	刘功臣	常务副局长	刘功臣	常务副局长	刘功臣	常务副局长	刘功臣	常务副局长
		宋家慧	副局长	刘 实	副局长	郭 莘	副局长	叶红军	局长助理
	交通部综合规划司	—	—	—	—	庞 松	副司长	庞 松	副司长
	交通部公路司	—	—	—	—	李彦武	副司长	李 华	副司长
	交通部水运司	—	—	—	—	徐 光	副司长	徐 光	副司长
委员	交通部体改法规司	薛庆祥	副司长	薛庆祥	副司长	柯林春	副司长	柯林春	副司长
	交通部综合规划司	董学博	副司长	董学博	副司长	—	—	—	—
	交通部财务司	徐文兴	副司长	徐文兴	副司长	徐文兴	副司长	徐文兴	副司长
	交通部人事劳动司	樊启华	副司长	樊启华	副司长	沈宏光	副司长	沈宏光	副司长
	交通部公路司	李彦武	副司长	李彦武	副司长	—	—	—	—
	交通部水运司	徐 光	副司长	徐 光	副司长	—	—	—	—
	交通部科技教育司	刘家镇	副司长	刘家镇	副司长	陈毕伍	副司长	李祖平	副司长
	交通部国际合作司	胡景禄	司长	胡景禄	司长	李光灵	副司长	李光灵	副司长
	交通部基本建设质量监督总站	—	—	—	—	—	—	成 平	副站长

2004 年 4 月，徐祖远任交通部副部长后，分管交通部环委会工作。之后，交通部未正式行文调整交通部环委会组成人员，但经内部协商调整，徐祖远实际担任交通部环委会主任委员，同时根据人事变动，相应调整了交通部环委会其他组成人员和交通部环境保护办公室组成人员。

2005 年 6 月 5 日，交通部副部长徐祖远以交通部环委会主任委员的身份在《中国交通报》、《中国水运报》上发表《坚持科学发展观，建设绿色交通》的书面讲话。

2007 年 8 月 30 日，交通部海事局局长助理叶红军以交通部环委会副主任委员的身份出席在航行于重庆至宜昌的“维多利亚 7”轮上召开的交通行业环境保护研讨座谈会。

2007 年 10 月 13 日，中国海事局网站公布了交通部环委会调整后的组成名单，其中交通部环委会原副主任委员李彦武调整为交通部公路司副司长李华，增加交通部基本建设质量监督总站为交通部环委会委员单位。

〖交通部环境保护专家委员会〗

为发挥环境保护专家的作用，促进交通行业环境保护工作的开展。2000 年 2 月 28 日，交通部环委会印发通知，决定成立交通部环境保护专家委员会，并请各省、自治区、直辖市交通主管部门，交通部所属有关单位，中国环境保护科学研究院，国家环境保护总局评估中心，中国环境监测总站和部分省市环保部门推荐专家，参加交通部环境保护专家委员会。根据各单位的推荐情况，交通部环委会决定聘请环保法律政策、环境影响评价、环保工程方面的 187 名专家组成交通部环境保护专家委员会，并于2000年11月27日印发通知，公布交通部环境保护专家委员会名单。

该专家委员会的专家分布在全国26个省、自治区、直辖市的交通、环保、海事行政管理部门，交通、环保科研、规划、设计、监测单位，公路水路工程建设和港口、水运企业，有关院校。该专家委员会由常务委员会和技术委员会两部分组成。技术委员会由咨询分委会、环境影响评价分委会、环境工程分委会组成。常务委员会委员共53人，其中主任1人、副主任3人。技术委员会委员共134人，其中咨询分委会50人、环境影响评价分委会42人、环境工程分委会42人。

该专家委员会的主要职责是：对交通行业的环保管理、监督、环境影响评价、污染防治、监测科研、教育培训、信息宣传等方面的决策提出建议，为交通行业环保工作提供咨询服务，参加交通部组织的有关环保调查、检查活动等。常务委员会侧重提供交通环保方面的重大决策性建议；技术委员会侧重提供有关交通环保技术方面的咨询。咨询分委会委员可以提供交通行业环保的法律、技术、政策等有关方面的咨询；环境影响评价分委会委员可以参与交通建设项目环境影响评价报告的评审，同时提供相关咨询；工程分委会委员可以对交通行业环保工程进行鉴定、检查及监督等，并提供相关咨询。

该通知要求，被聘请的专家委员每年应以书面形式给交通环保工作提出建议。专家委员会每年定期或不定期召开咨询会议研究工作，听取专家的有关建议。

【交通部环境保护办公室】

第一次全国环境保护工作会议于1973年8月召开后，交通部即在其内设机构船检港监局，设立了环境保护专职管理机构——交通部环境保护办公室，主管全国交通行业环保工作。1975年交通部环境保护领导小组成立后，交通部环境保护办公室同时成为该领导小组的办事机构(1989年后为交通部环境保护委员会的办事机构)。随着交通部机关机构设置的变动，虽然交通部环保办的隶属关系有所变化，但作为一个相对独立的职能机构始终存在。1994年5月至1997年8月，交通部环保办与交通部安全监督局下设的船舶监督处合署办公。1997年8月14日，交通部印发通知，明确交通部环保办从船舶监督处划出，成为单独的办事机构，交通部环保办专职工作人员编制3名，其中行政编制2名，事业编制1名。

在1998年交通部机构改革中，交通部在1998年10月16日印发的《关于调整交通部议事协调机构和临时机构的通知》中，决定保留交通部环保办，并将其设在交通部环境保护中心，由交通部海事局归口管理。

1999年2月12日，交通部海事局在给交通部环境保护中心《关于由我局代管部环保办公室有关事项的批复》中，明确交通部环保办使用交通部环境保护中心3个编制；交通部环保办对交通行业环保工作的行政管理职能不变，业务工作关系、工作程序及办公地点不变。交通部环保办专职副主任由交通部任免，其余人员按交通部环境保护中心的现行制度聘任管理。交通部环保办人员的行政关系、工资关系从1999年1月1日起转入交通部环境保护中心；有关经费由交通部海事局核拨。

1999年2月24日，交通部在调整交通部环委会组成人员的同时，调整了交通部环保办组成人员，并印发《交通部环境保护办公室主要职责》。交通部环保办主任由交通部环委会副主任、交通部海事局副局长宋家慧兼任，其成员由2名专职成员和4名兼职成员组成。杨洪文主持交通部环保办日常工作；兼职成员由交通部水运司、财务司、规划司、公路司的有关人员组成。交通部环保办的主要职责是：负责交通行业环境保护管理工作；承办交通部环委会的日常工作；监督检查国家和行业环保法规在本行业的贯彻实施；组织制订交通行业环保法规、标准、政策和发展规划；组织交通行业环境监测工作，掌握交通行业污染状况，提出污染治理措施；负责新(扩、改)建交通大中型基建项目的环境保护管理、环境影响报告书的预审和工程项目环保“三同时”的监督管理工作；监督检查和指导交通行业污染治理工作；协助组织交通环保科研和环保产业管理工作；组织交通环保情报(信息)国内外交流及其他有关活动；组织交通环保宣传培训和教育等活动。

为进一步理顺管理关系，使交通部环保办更好地履行交通行业环境保护管理职能，根据2000年2月交通部部长办公会的决定，交通部环境保护办公室使用交通部海事局人员编制3名，并作为交通部海事局内设机构进行管理。

2000年11月29日，交通部印发通知，在调整交通部环委会组成人员和职责的同时，将交通部环保办主任改由交通部环委会副主任委员、交通部海事局副局长刘实兼任。交通部环保办职责调整为：监督检查国家和交通行业环保法规的贯彻实施；组织拟定交通行业环保法规和政策；归口交通行业环境保护管理和对外的联系协调工作；组织拟定交通行业环境保护发展规划；组织交通建设项目环境影响评价、实施和工程环境保护验收工作；监督检查和指导交通行业环境监测和污染治理工作；组织交通环境保护科研、信息和技术交流；组织交通环境保护宣传、教育工作等。

2003年10月13日，交通部在调整交通部环委会组成人员的同时，调整了交通部环保办的组成人员。交通部环保办主任由交通部环委会副主任、交通部海事局副局长郭莘兼任；专职副主任为李树兵(主持日常工作)，胡滨(交通部公路司)、白景涛(交通部水运司)、崔学忠(交通部规划司)为兼职副主任；专职成员2人，兼职成员为交通部公路司、水运司的3人。

2007年10月13日，中国海事局网站公布经调整的交通部环保办组成人员。交通部环委会副主任、交通部海事局局长助理叶红军兼任交通部环保办主任，交通部公路司陈胜营接任交通部环保办兼职副主任；兼职成员组成扩大到交通部规划司和交通部基本建设质量监督总站，共6人组成。

〖交通部环境保护中心〗

1985年，交通部在北京建立交通部环境监测总站，设在交通部水运科学研究所。1995年8月16日，交通部部长办公会议决定以交通部环境监测总站为基础成立交通部环境保护中心，并报中央机构编制委员会办公室审批。经中央机构编制委员会办公室批准，1996年5月29日，交通部决定将交通部环境监测总站从交通部水运科学研究所划出，成立交通部环境保护中心(简称交通部环保中心)，保留交通部环境监测总站名称。

1997年，交通部在《关于交通部环境保护中心主要职责、机构设置、人员编制的批复》中，明确交通部环保中心为交通部直属事业单位，正处级，业务工作由交通部安全监督局归口管理，人员编制35名。同时明确交通部环保中心在进行环境影响评价、环境工程设计和环保工程等工作时，应按照“事企分开”的原则，设立具有企业法人资格的经营实体，独立进行环保业务工作。12月19日，交通部环保中心举行挂牌仪式。

1999年7月20日，交通部印发通知，将交通部环保中心划归交通部海事局管理，作为交通部海事局的直属单位。9月29日，由于交通部环保中心具有甲级环境影响评价资质，承担环境影响评价报告和竣工环境保护验收调查报告的编制任务，不宜再参加环境影响评价的审查和验收工作。交通部批复交通部环保中心不再承担“受部委托，负责组织对交通建设项目环境影响评价报告的技术评估工作”的职责，同时不再挂“交通部环境监测总站”的牌子。

2002年3月14日，中央机构编制委员会办公室在《关于交通部所属事业单位机构编制调整的批复》中，核准交通部环保中心事业编制40名，经费自理。

交通部环保中心具有“工程环境影响评价”甲级资质、“规划环境影响评价”资质、“工程水土保持评价”甲级资质。主要负责交通行业环境保护监测网站的技术管理和交通行业环保信息统计工作；承担交通环保科研开发、环境影响评价、环境工程设计任务；受交通部委托，参加交通环保规划的编制和交通环保政策、法规、标准的制定工作，参与交通建设项目环保“三同时”的管理验收工作；承担船舶废弃物跟踪系统和计算机网络管理工作；承担交通行业环境监测、分析和污染调查仲裁等工作。

第二节　交通环境保护行业管理

【交通行业环保综合管理】

1999年，交通部环保办开始组织编制《交通环境保护法规标准选编》。

2000年7月17日，国家环境保护总局发文决定，对全国在建设项目环保管理及环境影响评价工作作出显著成绩的90个先进单位(集体)、204名先进个人进行表彰。其中交通部环保办和重庆市交通局被授予“全国建设项目环境保护管理先进单位”称号，交通部公路科学研究所被授予“全国建设项目环境影响评价先进单位”称号，交通系统有3人被授予“全国建设项目环境保护管理先进个人”称号，有3人被授予“全国建设项目环境影响评价先进个人”称号。

2000年9月6日，交通部环委会决定表彰优秀交通环保信息工作者。9月16日至19日，“纪念交通部环境保护科技信息网①建网20周年大会暨21世纪中国交通可持续发展与环境保护研讨会”在青岛召开。会议总结了该信息网的工作，布置了近期工作计划，通过了经修订的信息网章程，选举产生了第七届信息网工作委员会，交流了30余篇有关论文，宣读了交通部环委会对91名优秀交通环保信息工作者的表彰决定。交通部环委会副主任委员宋家慧在会上讲话，要求该信息网的信息内容要集交通环保的政策性与趣味性于一体，同时要有时效性，全方位地为交通环保事业服务。

2001年3月23日，交通部环委会印发通报，对交通环保统计工作做得好的和比较好的64个交通主管部门和交通企事业单位进行通报表扬，并要求缺报单位补报1996年至2000年的交通环保统计。4月29日，交通部环委会发文决定，对14个“交通建设项目环境保护管理先进单位”、2个“交通建设项目环境影响评价先进单位”、126名“交通建设项目环境保护管理先进个人”进行表彰。

2002年8月，交通部环保办组织编制的《交通环境保护法规标准选编》由人民交通出版社出版发行，该选编分上下两册，上册为法律、法规、规章和规范性文件，下册为标准规范。2004年7月，交通部环保办组织交通部环境保护中心编制印发《交通环境保护法规标准续编》(内部资料)。

2004年8月1日至6日，交通部环保办在兰州市举办第一期交通行业环保管理人员培训班。来自各省、自治区、直辖市交通主管部门，交通设计单位、建设单位，各主要港口等单位的80余人参加培训。

2005年9月20日，交通部环保办印发通知，公布《交通行业环境保护专家库管理办法(试行)》。该办法明确，交通部组织的交通环保方面的各类审查，包括环保工程咨询、环保设计、水土保持方案、景观绿化设计、规划和建设项目环境影响评价、工程环境监理方案、环保科研项目等，所需专家原则上从该专家库中选取。该通知请各单位推荐各类专业的专家。2006年，经各省、自治区、直辖市交通主管部门推荐，交通部环保办建立了187人的交通行业环境保护专家库。

---

① 交通部环境保护科技信息网于1980年建立，由交通部环委会和交通部环保办归口管理，日常工作由网长单位天津水运工程科学研究所负责，其网刊为《交通环保》杂志。2005年8月，《交通环保》在出版三期(总第150期)后停刊，交通部环境保护科技信息网也随之停止活动。

图 16-2-1　2007 年 8 月 30 日，交通行业环境保护研讨座谈会在航行于重庆至宜昌的“维多利亚 7”轮上举行

2005 年至 2007 年，交通部环保办组织制定交通行业环保统计办法，并于 2007 年试行有关报表制度，其中包括环境保护基本情况、到港船舶污染物接收处理情况、船舶防污设备安装情况、污染治理设施使用情况、污染物排放及处理利用情况、建设项目环境保护“三同时”执行情况、突发污染事故应急设备配备情况以及排放废水、排放废气、水质常规、环境空气常规、噪声污染监测情况等 12 个报表。①

2006 年 11 月和 2007 年 4 月，交通部环保办与交通部水运司在成都举办第一期和第二期全国水运工程环境保护培训班，各省、自治区、直辖市交通主管部门、港口主管部门，海事机构，水运设计、施工、监理单位，港口企业等先后有 100 多人和 110 多人参加 5 天的培训。

2007 年 8 月 30 日至 9 月 1 日，交通部环保办在航行于重庆至宜昌的“维多利亚 7”轮上召开交通行业环境保护研讨座谈会。会议讨论了交通环境保护热点、难点问题，交流了交通示范工程环保管理经验和交通建设项目生态保护、污染治理、环境风险防范、环境监测经验，以及三峡库区流动污染源治理情况，研究了第一次交通行业环保调查工作。

〖第一次交通行业环保调查〗

为落实国务院 2006 年 10 月 12 日印发的《关于开展第一次全国污染源普查的通知》要求和为《公路水路交通环境保护中长期规划》编制工作提供数据支持，2007 年 6 月 20 日，交通部办公厅印发通知，决定从 6 月起开展第一次全国公路水路交通环境保护调查工作，并印发《公路水路交通环境保护调查实施方案》。

该通知明确，第一次全国公路水路交通环境保护调查工作（简称交通环保调查）成立以副部长徐祖远为组长，由交通部海事局、交通部规划研究院、交通部科学研究院和交通部环保办有关领导和人员组成的调查工作领导小组，在交通部规划研究院设调查办公室；交通环保调查以交通行业污染源调查、交通环保设施建设与运行情况调查、交通环保投入及管理状况调查、交通行业生态影响调查为重点，分为填报调查表及问卷调查、现场调研、研讨会议、信息汇总并形成调查报告四个阶段进行。

交通环保调查实施方案包括项目背景、工作目标、工作方案、进度安排、成果形式、组织实施等内容。

交通环保调查的工作目标是：通过调查，掌握交通发展过程中出现的环境问题和面临的环境约束，摸清交通行业环境保护工作的主要内容和基本业务情况，确定交通行业内应重点控制的污染物和重点治理的污染源；了解交通环保设施的基本情况和运行效果，了解交通建设中存在的生态影响以及生态保护和生态恢复工作情况，了解交通环保投入、环保法规政策执行、交通环保管理现状。

交通环保调查采用调查表及问卷调查、研讨会议和现场调研相结合的方式进行。公路调查的对象主要是高速公路和大型运输企业，适当考虑其他等级公路；水路调查的对象主要是全国沿海、内河主要港口和交通部直属海事局，适当考虑地区性重要港口、一般港口和部分地方海事局，船舶主要是商

① 经国家统计局批准，2008 年 12 月，交通部印发《交通运输行业公路、水路环境统计报表制度》。

船、客船和港作船（不含渔船）。调查内容主要是交通设施建设期和营运期的污染源、污染物排放、生态影响、环境风险、土地占用、水土流失、植被修复、动物通道设置、绿化与景观建设、服务区污水处理与回用、除尘、噪声防治、地质灾害防治、环保设施运行、环保投资、环保“三同时”执行、机构设置、环境管理、船舶污水垃圾的接收处理、船舶污染事故、装卸的噪声防治、油品危险化学品的风险防范与管理、煤炭矿石的防尘技术措施等情况。

交通环保调查自2007年6月开始后，各省、自治区、直辖市交通厅（委）、交通部各直属海事局、沿海24个和内河28个主要港口管理部门相应成立了调查机构，按照实施方案组织属地范围内交通环保调查，并负责数据的汇总与填报。调查过程中，交通环保调查办公室按照实施方案所确定的重点，进行了现场调查，并针对部分地区环保统计基础薄弱等情况，结合调查工作进度，通过现场指导、试点填报、研讨交流以及先后在北京、南昌、武汉、天津、广州等地召开专题会议等方式，协调调查事宜，交流调查经验，核实调查数据，不断提高交通环保调查的工作质量和数据准确。

至2007年底，交通环保调查仍在进行之中。①

【交通建设项目环保管理】

根据国务院于1998年11月29日发布施行的《建设项目环境保护管理条例》，交通部环保办自1999年起，开始组织修订交通部于1990年6月发布的《交通建设项目环境保护管理办法》。

1999年9月，为贯彻国家环境保护总局与交通部、水利部、铁道部联合印发的《关于对建设项目环境管理中的水土保持工作进行检查的通知》精神，交通部组织4个环保检查工作组，分赴四川、重庆、云南、贵州、河北、河南、山东、山西、陕西、甘肃、宁夏、内蒙古等12个省（自治区、直辖市），对33个公路建设项目的环境保护和水土保持情况进行了检查。

2001年，交通部与国家环境保护总局联合对重庆、贵州、内蒙古、安徽、四川、天津、西藏7个省（自治区、直辖市）的交通建设项目环保工作进行检查和调研。5月9日至10日，交通部环委会在昆明召开第一次交通建设项目环境保护工作会议。会议在总结自1979年开展交通建设项目环保工作以来所取得的成绩和还存在的问题的基础上，提出了2001年至2010年交通建设项目环保工作的思路，强调要进一步加强交通环保工作的领导，健全交通环保工作机构，落实交通建设项目环保工作责任制，完善交通建设项目环保工作法规规范，加强交通建设项目环保监理队伍和执法队伍建设，开展环境监理工作，加强交通建设项目环保工作的监督。会议宣读了交通部环委会对交通建设项目环境保护先进单位和先进个人的表彰决定，并交流了交通建设项目环保工作经验。

2002年，交通部对安徽、天津等省、市的交通建设项目环保工作进行了检查，并与国家环境保护总局联合检查了青藏公路改建项目的环保工作，协调解决了有关问题。

2003年2月，交通部在杭州召开的全国交通厅局长会议上，将四川省川主寺至九寨沟公路改建工程作为公路与自然环境相和谐的“示范工程”，要求该项工程落实生态保护和可持续发展战略，按照“安全、舒适、环保、示范”的方针进行建设；通过这个“示范工程”，探索交通可持续发展的有效途径。经过交通部和四川省交通厅的努力，该项“示范工程”取得显著成效。5月13日，交通部部长张春贤签署[2003]第5号交通部令，公布经修订的《交通建设项目环境保护管理办法》，自同年6月1日起施行，1990年6月16日发布的《交通建设项目环境保护管理办法》同时废止。该办法共有总则、环境影响评价程序、环境保护设施、罚则、附则5章26条，主要修改内容为，明确各级交通主管部门对交

① 交通环保调查于2008年8月结束；8月21日，全国第一次公路水路交通环境保护调查工作总结会议在江西南昌召开。2009年3月，交通运输部发布《中国公路水路交通环境保护状况报告（2007年度）》。

通建设项目环境保护的管理职责，根据《环境影响评价法》完善了交通建设项目环境影响评价程序，对交通建设项目需要配套建设的环保工程和设施，作出与主体工程同时设计、同时施工、同时投入使用的具体规定，强调要落实防治环境污染、生态破坏的措施和环境工程投资概算等。8 月 9 日至 14 日，交通部与铁道部、水利部、国土资源部、国家林业局等部门参加由国家环境保护总局牵头组织的联合检查组，对青藏公路、青藏铁路施工期环境保护工作进行检查，督促落实生态环境保护、动植物保护、水土保持等措施。

2004 年 4 月 6 日，交通部印发《关于在公路建设中实行最严格的耕地保护制度的若干意见》，对在公路建设中实行最严格的耕地保护制度提出要求和具体措施，强调对公路建设用地要做到依法、规范、科学、合理、节约，提高土地利用率；既要控制占地数量，同时要采取改地、造地、复垦等综合措施进行土地恢复；要重视环境保护，不破坏原有自然生态，与周围环境、景观相协调。4 月 13 日，为推广川主寺至九寨沟公路改建"示范工程"的经验，推动"安全、环保、舒适、和谐"设计建设原则的落实，交通部决定开展公路勘察设计典型示范工程活动，并将江西省景婺黄高速公路江西段、甘肃省宝鸡至天水高速公路甘肃段、北京市京承高速公路密云至京冀界段、云南省小勐养至磨憨二级公路、广东省德庆至郁南高速公路双凤至平台段、吉林省环长白山二级公路 6 个建设项目作为交通部和省级交通主管部门联合组织实施的典型示范工程，另有 6 条公路建设项目作为省级交通主管部门负责组织实施的典型示范工程。同年，交通部环保办组织对上海洋山深水港一期工程、国道主干线青岛至银川公路宁夏段等工程进行环保检查。

2005 年 9 月 23 日，交通部印发《关于进一步加强山区公路建设生态保护和水土保持工作的指导意见》。该指导意见要求各级交通主管部门和公路建设从业单位认真贯彻国家有关法律、法规，在山区公路建设中全面落实"安全、环保、舒适、和谐"的建设理念，按照"预防为主，保护优先，防治结合，综合治理"的原则，牢固树立"不破坏就是最大的保护"的理念，坚持最大限度地保护生态环境、最小程度地影响生态环境、最强力度地恢复生态环境，进一步加强生态保护和水土保持工作，实现公路建设与环境保护并重，公路项目与自然环境和谐；并提出在公路建设的前期工作阶段、工程实施阶段、营运养护阶段采取保护和改善生态环境，做好水土保持工作措施的指导意见。该指导意见强调山区公路建设项目工程可行性研究阶段应进行环境影响评价，编制水土保持方案，严格执行环境影响评价制度，并在工程实施阶段加强山区公路建设项目的环境监理工作。

2007 年 12 月 20 日，交通部发布 2007 年第 44 号公告，公布强制性行业标准《港口工程环境保护设计规范》(JTS149－1—2007)，自 2008 年 2 月 1 日起施行，1994 年公布的《港口工程环境保护设计规范》(JTJ231—94)同时废止。

【交通行业环境影响评价】

根据 1979 年 9 月公布的《中华人民共和国环境保护法(试行)》，交通部于 20 世纪 70 年代末，开始开展港口建设项目的环境影响评价工作；1987 年，交通部将环境影响评价工作扩展至公路建设项目。随着国家港口、公路建设工程的数量和规模日趋增加，交通建设项目环境影响评价范围逐步扩大，环境影响评价报告书的质量不断提高，并力求使其更加符合中国国情和交通建设的实际状况。至 1998 年，交通建设项目的环境影响评价执行率达 90% 以上，环境影响评价报告书所提出的环保措施更具针对性和实用性，成为交通建设项目环保"三同时"的执行依据。

根据规定，交通部环保办具体主持交通建设项目环境影响评价预审会议，会议邀请有关专家对该项目的环境影响报告书(或环境影响报告表)进行评审，并提出专家评审意见。会后，环境影响报告书编制单位根据会议和专家评审意见对该报告书(表)进行补充修改。经复核后，将对该交通建设项目环境影响评价的预审意见和有关材料，以交通部的名义报送国务院环境保护主管部门审批。

1999 年以后，交通建设项目环境影响评价预审工作量逐年增大，至2007 年底，交通部环保办共主持了 617 个交通建设项目的环境影响报告书预审。

1998—2007 年交通部环境保护办公室环境影响评价数量统计　　表 16-2-1

年　份	交通建设项目环境影响报告书预审(项)		交通规划环境影响报告书审查(项)
	公路	水路	
1998	16	10	—
1999	33	2	—
2000	31	2	—
2001	25	16	—
2002	38	4	—
2003	49	10	—
2004	80	25	—
2005	86	41	12
2006	87	26	2
2007	48	14	10
合计	493	150	24

根据《中华人民共和国水土保持法实施条例》规定，在山区、丘陵区、风沙区开发建设项目，其环境影响报告书必须有经水行政主管部门审查同意的水土保持方案。针对交通建设项目环境影响评价中，对涉及水土保持方案审查程序存在不协调的问题，2000 年 6 月 28 日，交通部环保办致函国家环境保护总局监督管理司，提出解决审查水土保持方案有关问题的建议。8 月 21 日，国家环境保护总局监督管理司复函交通部环保办，明确对涉及水土保持方案的环境影响报告书审批问题的暂定处理办法。9 月 7 日，交通部环保办印发通知，向交通系统转发了该复函，并要求在山区、丘陵区、风沙区进行建设的交通工程项目，必须严格执行国家有关水土保持法规的规定，其环境影响报告书必须按规范编制水土保持方案，交通部环保办组织对涉及水土保持方案的交通建设项目环境影响报告书进行预审时，邀请水行政主管部门有关人员参加。该通知同时规定了涉及水土保持方案的交通建设项目环境影响报告书审查程序。

2000 年，交通部开始组织修订 1996 年公布的《公路建设项目环境影响评价技术规范(试行)》。

2001 年 9 月 5 日，交通部印发通知，发布强制性行业标准《内河航运建设项目环境影响评价规范》(JTJ227—2001)，自 2002 年 1 月 1 日起施行。

2002 年 10 月 28 日，《中华人民共和国环境影响评价法》公布，自 2003 年 9 月 1 日起施行。该法不仅明确了对建设项目的环境影响评价的法律规定，而且增加了对规划的环境影响评价的法律规定。

根据 2003 年 5 月 13 日公布的《交通建设项目环境保护管理办法》规定，需报环境保护行政主管部门审批的交通建设项目，其环境影响报告书、环境影响报告表或者环境影响登记表，必须事先经同级交通主管部门预审。

2004 年 3 月 6 日，交通部环保办在重庆召开交通行业环境影响评价单位研讨会。会议强调要加强对从事交通行业环境影响评价单位和人员的资质管理，交通行业各环境影响评价单位要提高为建设单位服务的水平，对交通建设项目作出公正、科学、客观的评价，提出行之有效的环保措施，保证环境影响评价的质量和进度；要认真贯彻《环境影响评价法》，探索符合交通行业特点的规划环境影响评价体系和方法，开展交通规划环境影响评价工作。8 月 19 日，交通部印发《关于交通行业实施规划环境影响评价有关问题的通知》，该通知根据《环境影响评价法》中有关专项规划环境影响评价的规定，决定将交通行业实施规划环境影响评价工作纳入交通行业环保管理体系之中，并明确了交通行业开展规划环境影响评价的范围和程序，以及从事交通行业规划环境影响评价的资格条件。交通行业规划环境影响评价的范围为，需编制环境影响报告书的规划，包括国、省道公路网规划，主要港口和地区性重要港口总体规划，流域（区域）、省级内河航运规划；需在规划中编制环境影响篇章和说明的规划，包括公路主枢纽总体布局规划、港口布局规划、其他指导性的专项规划。该通知推荐交通部公路科学研究所、交通部水运科学研究所、交通部环境保护中心、交通部规划研究院、交通部科学研究院、交通部天津水运工程科学研究所、重庆交通科研设计院、中交第二航务工程勘察设计院、长安大学、上海船舶运输科学研究所 10 家单位为从事交通规划环境影响评价的单位。

2004 年，营口港务集团有限公司委托上海船舶运输科学研究所编制《营口港总体规划环境影响报告书》，这是交通行业第一个进行环境影响评价的专项规划。11 月 7 日，交通部环保办在北京主持召开《营口港总体规划环境影响报告书编制提纲》技术评估会。会议原则通过该提纲，并要求按专家审查意见补充修改，作为营口港总体规划环境影响报告书编制依据。2005 年 6 月 30 日，交通部环保办和国家环境保护总局环境影响评价司在北京主持召开《营口港总体规划环境影响报告书》审查会，交通部综合规划司、水运司，国家环境保护总局环境评估中心，辽宁省发展和改革委员会、交通厅、环境保护局，营口市发展和改革委员会、规划建设委员会、交通局、环境保护局，营口海事局，营口港务集团公司以及该规划的编制单位、环境影响评价单位参加会议，并特邀 7 名专家与会。12 月 12 日，交通部向营口港务集团有限公司函复对《营口港总体规划环境影响报告书》的审查意见，原则同意该报告书提出的主要结论意见和环境保护对策措施。《营口港总体规划环境影响评价研究》获 2006 年年度“中国航海学会科学技术三等奖”。

2005 年 3 月 1 日至 2 日，交通部环保办在武汉召开交通行业环境影响评价单位研讨会，研究进一步落实环境影响评价的法律和规章，加强对交通行业环境影响评价工作管理，提高建设项目环境影响评价工作的质量和效率等。

图 16-2-2　2006 年 4 月 11 日至 12 日，交通行业环境影响评价单位会议在西安召开

2006 年 2 月 8 日，交通部发布 2006 年第 5 号公告，公布《公路建设项目环境影响评价规范》（JTG B03—2006），自 2006 年 5 月 1 日起施行，1996 年公布的《公路建设项目环境影响评价技术规范（试行）》（JTJ005—96）同时废止。4 月 11 日至 12 日，交通部环保办在西安组织召开 2006 年交通行业环境影响评价单位会议。会议在肯定前一阶段交通行业环境影响评价各项成绩和经验的基础上，分析了交通行业环境影响评价存在的问题，主要是个别环境影响评价单位对环境影响评价报告书的预审工作和预审意见不够重视，所提环保措施出现一些不科学、不切实际的要求，环境影响评价工作的服务意识和质量、效率有待提高，行业内对环境保护技术措施缺乏统一认识等，并有针对性的提出相关要求。同年，交通部环保办组织完成《国家高速公路网规划环境影响报告书》的编制和审查任务。

2007 年 12 月 1 日，国家环境保护总局、国家发展和改革委员会、交通部联合印发《关于加强公路规划和建设环境影响评价工作的通知》，要求各省级交通主管部门在组织编制或修订国、省道公路网规划时，应当编制环境影响报告书，并依法做好公路规划环境影响评价工作；要严格公路建设项目准入条件，加强环境影响评价工作。该通知强调环境影响评价文件经批准后，公路项目或防止生态环境破坏的措施发生重大变动，可能造成环境影响向不利方面变化的，必须在开工建设前依法重新报批环境影响评价文件；并对公路工程建设避免穿越需要特殊保护的环境敏感区，尽量少占耕地、林地和草地，重点保护野生动物和野生植物的生存环境，规范噪声环境影响预测和防治噪声污染措施，保护饮用水水源地，公开有关建设项目环境影响评价信息，收集公众反馈意见等提出具体要求；该通知明确各级交通和环保主管部门应加强公路建设、运行过程中的环保监督管理，切实落实各项生态环境保护措施，必要时开展环境影响后评价工作。12 月 17 日，交通部部长李盛霖发布 2007 年第 11 号交通部令，公布《港口规划管理规定》，自 2008 年 2 月 1 日起施行。该规定明确编制港口规划应当依法进行环境影响评价，并符合国家规定的环境影响评价程序、内容及深度要求。

2005 年至 2007 年，交通部环保办先后组织了对上海、深圳、南京、湛江、大连、厦门、烟台、苏州、广州、天津、珠海、马鞍山、青岛等港口的总体规划环境影响报告书进行审查，并逐步建立起规划环境影响评价的框架、内容、技术和方法。

【交通工程环境监理】

交通工程环境监理，是依据国家和地方有关环境保护的法律法规和文件、环境影响报告书、有关技术规范及设计文件等，对交通工程施工期的生态保护、水土保持、地质灾害防治、绿化、污染物防治等环境保护工作的所有方面进行现场监督、检查、评估、考核。

为解决交通建设项目在施工阶段对环境保护实施监督的问题，交通部环保办于 1999 年举办环境保护监理培训班，为公路、港口建设单位开展环境监理培养工程环境监理人员。

自 2001 年起，交通部环保办会同交通部基本建设质量监督总站开始组织专家编写交通工程环境保护监理教材。经专家审查会评审和进一步的修改，由人民交通出版社于 2006 年 3 月出版发行《公路施工环境保护监理》，于 2006 年 8 月出版发行《水运工程施工环境保护监理》，作为交通工程环境监理人员培训教材。

为进一步加强建设项目设计和施工阶段的环境管理，控制施工阶段的环境污染和生态破坏，逐步推行施工期工程环境监理制度，2002 年 10 月 13 日，国家环境保护总局、铁道部、交通部、水利部、国家电力公司、中国石油天然气集团公司联合印发《关于在重点建设项目中开展工程环境监理试点的通知》，决定在生态环境影响突出的国家 13 个重点建设项目中开展工程环境监理试点，其中包括上海国际航运中心洋山深水港区一期工程、上海至瑞丽国道主干线贵州清镇至镇宁段高速公路(实际试点为三穗至凯里段)、上海至瑞丽国道主干线湖南省邵阳至怀化段和怀化至新晃段高速公路(实际试点为邵阳至怀化段)、青岛至银川国道主干线银川至古窑子段高速公路 4 项交通建设项目。

2003 年，交通部加强了对推进 4 项交通建设项目环境监理试点工作的指导和监督。2003 年至 2004 年，交通部环保办与交通部基本建设质量监督总站，在上海、银川、凯里、邵阳分别举办工程环境监理培训班，300 多人参加培训，经考试合格后获得工程环境监理上岗证书。各建设项目成立了由交通主管部门、建设单位、设计单位、监理单位等组成的试点工作领导小组，统一组织、指挥试点工程项目的环境监理工作。

2004 年 5 月 24 日，交通部环保办在长沙召开《上海至瑞丽国道主干线邵阳至怀化段高速公路工程环境监理方案》审查会，并于 6 月 2 日印发该审查会纪要。会议原则同意《上海至瑞丽国道主干线邵阳至怀化段高速公路工程环境监理方案》，认为经修改和补充后可作为开展该工程环境监理工作的依据。会议同时要求，建设单位不仅要切实做好该相关工程的环境监理，同时要为全行业开展交通工程环境监理工作提供实践经验。6 月 15 日，交通部印发《关于开展交通工程环境监理工作的通知》和《开展交通工程环境监理工作实施方案》，该通知明确，根据交通工程环境监理试点工作经验，交通部决定在交通行业广泛开展交通工程环境监理工作，并作为工程监理的重要组成部分，纳入工程监理管理体系。该实施方案明确交通工程环境监理工作分为准备、组织实施、完善三个阶段，要求各级交通主管部门负责交通工程环境监理工作的组织管理，主要是建立和推行工程环境监理制度，开展对工程环境监理单位和人员的资质管理，落实工程环境监理经费，开展工程环境监理宣传工作和人员培训工作；规定建设单位应委托具有工程监理资质并经过环保业务培训的单位承担工程环境监理工作，并制定施工期工程环境监理计划，在施工招标文件和施工合同中明确双方在建设项目中的环保责任和目标任务。该实施方案提出了交通工程环境监理的原则要求，明确工程环境监理主要包括环保达标监理和环保工程监理，环保达标监理指对主体工程是否符合污水、废气、噪声等排放标准的监理，环保工程监理指对污水处理、声屏障、边坡防护、排水、绿化等环保设施建设情况，以及对生态环境保护，水土保持，自然保护区、风景名胜区、水源保护区的保护所采取措施的监理。

图 16-2-3　2007 年 6 月 23 日至 28 日，交通部环境保护监理培训班在北京举行

2005 年 3 月 1 日至 2 日，交通部环保办在贵阳召开交通工程环境监理试点工作阶段性总结会议，总结、交流和研究环境监理试点工作经验。

2006 年 8 月 28 日至 30 日，交通部环保办在上海市召开交通建设项目环境监理试点工作总结座谈会。贵州、宁夏、湖南交通厅及试点公路建设单位和上海洋山深水港建设指挥部介绍了工程环境监理试点经验。

2007 年，交通部环保办会同交通部基本建设质量监督总站继续推动交通建设项目环境监理工作，并使之成为交通工程管理的一项制度。4 月 9 日，交通部印发通知，决定在公路、水运工程施工监理工作中增加安全、环保监理职责，要求各级交通主管部门进一步完善相关制度和措施，明确施工安全、环保监理职责。6 月 23 日至 6 月 28 日，交通部环保办协助交通部基本建设质量监督总站在北京举办公路工程环境监理培训班，96 人参加培训。至 2007 年底，施工环保监理在公路、水运工程建设项目中逐步推行，并取得了一定经验和良好的社会效益。

【交通行业环境监测】

交通行业环境监测工作起步于 20 世纪 70 年代中期。为适应沿海港口环保管理工作发展的需要，一些港口开始建立环境监测站，开展环境监测工作。之后，沿海和长江干线、黑龙江干线主要港口相继建立环境监测站。交通部于 1982 年、1987 年分别印发《交通部环境监测工作条例》和《交通部环境监测工作条例实施细则》，规定交通行业环境监测内容主要包括水环境、大气环境、环境噪声监测和污染源监测、污染事故监测。1985 年，交通部在北京建立交通部环境监测总站。20 世纪 90 年代中、后期，随着公路建设的快速发展，部分省(自治区)先后建立公路环境监测站。1996 年。交通部按照国务院三峡工程建设委员会的要求，参加“三峡工程环境污染监测网”的有关工作，并于1998年建立了以交通部环境保护中心、长江港航监督局为牵头单位，由宜昌、万县、重庆3个环境监测站组成的三峡库区船舶流动污染源监测网，承担三峡库区船舶污染监测任务。

1999年以后，交通部环保办在行业环境监测工作中，一方面针对1982年印发的《交通部环境监测工作条例》主要适用港口环境监测工作，组织对该条例进行修订；另一方面，推动交通行业环境监测机构的建立和完善，并实施资质管理。

2000年3月9日，交通部环保办批复长江航务管理局，同意宜昌、万县环境监测站分别定名为“长江三峡流动污染源三峡监测站”(隶属长江三峡通航管理局)、“长江三峡流动污染源万州监测站”(隶属长江港航监督局)。(另一检测站为重庆长江轮船公司所属的“三峡库区流动污染源重庆监测站”)

2001年，交通部环保办委托交通部环保中心，根据公路建设对环境监测工作的需要，对1982年印发的《交通部环境监测工作条例》进行了重大修改和补充，形成《交通部环境监测工作条例(2001年修改稿)》。

2002年4月18日，交通部环委会印发通知，决定对在交通行业环境监测工作中作出突出贡献的7个先进单位和58名先进个人进行表彰。4月26日至28日，交通部在广西南宁召开交通行业环境监测工作会议。会议总结了交通行业环境监测工作，交流了环境检测经验，表彰了先进，并讨论修改《交通部环境监测工作条例(2001年修改稿)》，将其更名为《交通行业环境监测管理办法》。会议提出要开展交通行业环境监测机构的资质管理，不断提高交通行业环境监测水平。之后，交通部环保办在交通行业开展交通行业环境监测站资质的考核发证工作。8月，交通部环保办和交通部环保中心组织了3批交通行业环境监测人员上岗、实验室检测质量控制培训和实验室分析质量考核，17个单位通过考核审查，取得交通行业环境监测资质，其中交通部环境保护中心取得交通行业环境监测一级站资质。

2003年1月28日，交通部环保办印发通知，公布获得《交通行业环境监测资质证书》的单位名单。

2004年1月27日，交通部环保办在北京召开会议，征求交通部有关部门和部分公路、港口环境检测中心(站)对《交通行业环境监测管理办法》的修改意见和建议。根据会议审议意见，交通部环保中心完成了《交通行业环境监测管理办法(报批稿)》。

图16-2-4　2004年11月，长江三峡流动污染源万州监测站(重庆万州海事处)对过往船舶的排污进行取样化验，实施对三峡库区水域的水质污染监测

2004年至2005年，根据交通部公路司、水运司的意见，交通部环保办组织对《交通行业环境监测管理办法(报批稿)》进一步修改。

2005年，根据河北省交通环境监测中心和天津港环境监测站的申请，交通部环保办组织交通部环保中心对其实验室检测质量控制情况进行了考核，并审查了监测专业人员、专用仪器设备配备情况。5

月11日、8月17日，交通部环保办先后批复同意河北省交通环境监测中心、天津港环境监测站为交通行业环境监测二级站，并颁发资质证书。

2006年，根据山东省交通科学研究所和湖南省交通环境监测中心的申请，交通部环保办组织交通部环保中心对其进行了考核。经审查，2月13日、10月8日，交通部环保办先后批复同意山东省交通科学研究所、湖南省交通环境监测中心为交通行业环境监测二级站，并颁发资质证书。4月，交通部环保办组织对交通行业环境监测站人员进行培训。

2007年6月7日，交通部办公厅印发通知，向各省、自治区、直辖市和计划单列市的交通主管部门征求对《交通行业环境监测管理办法①(征求意见稿)》的修改意见。

2007年具有交通行业环境监测资质证书的单位名单 表16-2-2

机构名称	资质级别	机构名称	资质级别
交通部环境保护中心	行业一级站	南京港环境监测站	行业二级站
江苏省交通环境监测中心	行业二级站	湛江港务局环境监测中心站	行业二级站
湖北省交通环境监测中心	行业二级站	秦皇岛港务集团有限公司环境监测站	行业二级站
山西省交通环境监测中心	行业二级站	连云港港务局环境监测站	行业二级站
贵州省交通环境监测中心	行业二级站	营口港务局环境保护监测站	行业二级站
广西壮族自治区交通环境监测中心	行业二级站	江西省交通环境监测中心	行业二级站
交通部长江航务管理局环境监测中心站	行业二级站	河北省交通环境监测中心	行业二级站
烟台海事局水域环境监测站	行业二级站	天津港环境监测站	行业二级站
广州港务局环境监测站	行业二级站	山东省交通科学研究所	行业二级站
宁波港环境监测站	行业二级站	湖南省交通环境监测中心	行业二级站
大连港务局环境监测站	行业二级站		

至2007年底，获得交通行业环境监测资质证书的单位共21家，形成以交通部环保中心为一级站，以各省级公路环境监测中心、各主枢纽港环境监测站为二级站，以交通行业各企业监测站为三级站组成的交通行业环境监测网络，拥有监测人员1000多人，大型仪器设备1000多台(套)。通过开展公路、港口、航道建设项目施工期和营运期陆域、水域排放废水、废气、噪声、固体废弃物等污染源环境监测和生态环境监测，公路、港口、航道污染事故监测，船舶溢油(化学品)污染源监测及船舶污染事故应急监测，以及三峡库区船舶流动污染源监测，每年获得监测数据近10万个，编制环境统计表报国家统计局，为交通行业、交通企事业的环境保护工作规划、管理和防治污染等方面提供数据服务。

〖“白色污染”治理〗

20世纪90年代中期，中国开始治理“白色污染”(指塑料包装物因大量随意丢弃所造成的环境污染)，并将长江、太湖流域列为治理“白色污染”的重点区域。1997年11月17日和12月24日，交通部、建设部、国家环境保护局联合发布《加强长江船舶垃圾和沿岸固体废物管理的若干意见》、《防止船舶垃圾和沿岸固体废物污染长江水域管理规定》，禁止向长江排放、抛弃垃圾和其他固定废物，船舶应尽早使用可降解材料制作的餐盒用具。

1998年4月29日，交通部印发《关于做好长江船舶垃圾防治工作的紧急通知》，明确规定经营长江航线的客船和旅游船自1998年7月1日起全面停止在船上使用不可降解的发泡聚苯乙烯(发泡塑料)一次性餐具制品。9月22日，国家环境保护总局、建设部、铁道部、交通部、国家旅游局联合发布《关于加强重点交通干线、流域及旅游景区塑料包装废物管理的若干意见》，将“白色污染”的治理范围

① 2008年6月20日，交通部公布实施《交通行业环境监测管理办法》。

扩大到所有重点交通干线、流域及旅游景区，并禁止在铁路车站和旅客列车、长江及太湖等内河水域航运的客船和旅游船上使用不可降解的一次性发泡塑料餐具。10 月至 11 月，交通部组织开展长江治理“白色污染”专项大检查，共检查船舶 1340 艘。

1999 年 4 月 3 日，交通部环委会印发《关于加强长江、太湖流域治理船舶垃圾污染工作的通知》，要求加大对长江、太湖水域“白色污染”治理的检查力度和宣传教育，检查客班轮是否已停止使用不可降解的一次性塑料餐具，是否按规定做好船舶垃圾的收集、回收和处理工作，确保长江、太湖水域“白色污染”综合治理工作的有效性和长期性。国家环境保护总局、交通部等 10 个部门于 1999 年 4 月和 5 月，对长江和太湖流域治理“白色污染”情况进行了联合检查。检查结果表明，船舶执行防治“白色污染”规定的情况明显好转。同时，交通部环保办组织制定《水上可降解餐具通用技术条件》行业标准，由交通部于 10 月 21 日发布。

2000 年 11 月 27 日，交通部环委会和交通部海事局在大连召开交通行业治理“白色污染”法规标准宣贯会，宣传国家和交通部有关治理“白色污染”的法规和标准，动员部署交通行业深入治理“白色污染”的工作任务。会议明确，船舶、港口要严禁购买、销售和使用一次性发泡塑料餐(饮)具，推广使用经交通部审查合格的可降解餐(饮)具；会议要求全行业要向社会和旅客，广泛宣传治理“白色污染”的法规和标准，各级海事局加强对治理“白色污染”的监督检查，交通部环保中心做好可降解餐(饮)具的检验发证工作。

2001 年，长江、太湖水域“白色污染”在一定程度上得到遏制，治理工作取得初步成效。之后，船舶的“白色污染”治理同其他船舶垃圾污染治理一起，根据《防止船舶垃圾和沿岸固体废物污染长江水域管理规定》，纳入常态的监督管理之中。

2001 年 9 月 11 日，交通部印发《关于进一步做好长江船舶垃圾污染防治工作的通知》。

2003 年 4 月 8 日，交通部、建设部印发《关于加强长江三峡库区船舶防污染工作的通知》。

2004 年 12 月 22 日，交通部、建设部印发《三峡库区水域船舶垃圾接收和转运管理规定》。

2005 年 8 月 20 日，交通部公布《中华人民共和国防治船舶污染内河水域环境管理规定》，以部门规章的形式，规定禁止向江、河、湖泊、水库等水域排放船舶垃圾，禁止使用不可降解的一次性发泡塑料餐具。

【交通行业环保宣传】

6 月 5 日是世界环境日，联合国环境规划署每年制定一个“6 · 5”世界环境日的主题。中国自 1985 年 6 月 5 日开始每年举行世界环境日纪念活动，并自 2005 年开始每年制定一个世界环境日的中国主题。1998 年 6 月，交通部与国家环境保护总局联合开展“发展长江航运，保护长江环境”的宣传月活动。

1999 年，围绕“6 · 5”世界环境日的主题“拯救地球，就是拯救未来”，交通部组织全行业重点宣传《防止船舶垃圾和沿岸固体废物污染长江水域管理规定》、《关于加强重点交通干线、流域及旅游景区塑料包装废物管理的若干意见》等管理规章和规范性文件。

2000 年 6 月 5 日，交通部在深圳举行珠江口(粤、港、澳)搜救和溢油应急联合演习，60 多家媒体进行了现场采访报道；围绕“6 · 5”世界环境日“环境千年——行动起来吧”的主题，交通部组织全行业重点宣传交通环保的成绩与问题以及新千年交通环保面临的机遇与挑战；在交通部机关大楼布置了“6 · 5”世界环境日宣传栏。

2001 年 6 月 5 日，交通部环委会主任、交通部副部长洪善祥在《中国交通报》、《中国水运报》和《交通环保》杂志发表《再接再厉，努力推进交通环境保护工作》的书面讲话；《中国水运报》刊登《做好交通环保工作，保护水域环境》的对交通部环委会副主任刘功臣的专题采访文章。同时，交通行业各单位通过发放宣传材料，举办环保知识竞赛，运用广播、专栏等形式，广泛宣传交通环保的方针政策、法律法规和工作成绩。

2002 年 6 月 5 日，围绕“6・5”世界环境日主题“让地球充满生机”，交通部组织全行业开展交通环保宣传活动；交通部副部长洪善祥在《中国交通报》、《中国水运报》和《交通环保》杂志上发表《与时俱进，开拓创新，让交通环保事业充满生机》的书面讲话。

2003 年 6 月 5 日，交通部环委会主任、交通部副部长洪善祥在《中国交通报》、《交通环保》杂志发表《加强环境保护工作，促进交通事业可持续发展》的书面讲话；交通部组织全行业广泛宣传交通环保 30 年的成绩和经验，宣传交通环保新理念以及 6 月 1 日施行的《交通建设项目环境保护管理办法》；利用报纸在交通行业进行环境保护知识竞赛。6 月 9 日，《中国交通报》刊登《交通与环保同行——访交通部海事局副局长郭莘》的专访文章。

图 16-2-5　2006 年 6 月 5 日，河北海事局青年志愿者制作条幅和宣传材料，在秦皇岛市区、港区和到港的货轮上进行“燕赵之窗 蓝色海洋”宣传活动

2004 年 6 月 5 日，中国交通报刊登《以新理念新思路新举措推进交通环保工作——世界环境日前夕交通部副部长徐祖远答记者问》的专题报道；交通部组织全行业开展环境保护宣传活动，重点宣传交通基础设施建设坚持科学发展观，贯彻“安全、舒适、环保、示范”的方针，并围绕世界环境日“海洋兴亡，匹夫有责”的主题，宣传水运行业保护海洋，保护内河环境的义不容辞的责任。

2005 年 6 月 5 日，交通部环委会主任、交通部副部长徐祖远在《中国交通报》、《中国水运报》发表《坚持科学发展观，建设绿色交通》的书面讲话；围绕世界环境日中国主题“人人参与，创建绿色家园”，交通部组织全行业宣传交通环保工作所取得的成绩，突出报导交通基础设施建设与自然环境和谐发展的典型；中国海事局网站开设“交通环保”栏目。

2006 年，围绕“6・5”世界环境日中国主题“生态安全与环境友好型社会”，交通部组织全行业重点宣传“不破坏就是最好的保护，在设计上最大限度地保护生态环境，在施工中最小程度地破坏和最大限度地恢复生态环境”的交通建设新理念，宣传 2006 年 1 月 1 日施行的《防治船舶污染内河水域管理规定》和重点水域的船舶防治污染工作，宣传上海洋山深水港一期工程等注重生态保护的典范工程。

图 16-2-6　2007 年 6 月 5 日，大连大窑湾海事处发出“航运界朋友携手，减少船舶污染物质的排放，保护蓝色星球”的倡议，并组织海事执法人员乘坐交通艇现场清理港池内垃圾漂浮物

2007 年 6 月 5 日，交通部与河北省人民政府在秦皇岛海域举行渤海溢油应急演习，中央电视台进行了全程现场直播；围绕世界环境日中国主题“污染减排与环境友好型社会”，交通部组织全行业广泛开展交通环保宣传活动，重点宣传交通

建设中坚持社会效益、经济效益、环境效益相统一的原则，宣传一批环境保护示范工程和环境友好型企业，宣传港口建设与环境保护管理工作经验。6 月 4 日《人民日报》和 6 月 5 日、6 月 6 日《光明日报》，分别刊登交通环境保护综合性专题文章以及广东渝湛公路、云南思小公路、湖南张常公路和江苏苏通大桥环境保护工作的有关报道。

〖交通环保 30 年纪念活动〗

2003 年是交通系统开展环境保护工作 30 周年。对此，交通部环委会举行了系列纪念活动。

2003 年 9 月 27 日至 30 日，交通部环保办和交通部环境保护科技信息网联合在宁夏银川市举行“纪念交通环保 30 周年・回顾与展望”专题研讨会。交通行业有关专家近百名参加会议。交通部环委会副主任、交通部海事局副局长郭莘在会上发表讲话指出，交通环保工作经过 20 世纪 70 年代拓荒起步、80 年代创业发展、90 年代逐步深化壮大三个阶段，到新世纪步入了理性和持续发展道路。

2003 年 10 月 16 日，交通部印发通知，决定对在交通环境保护工作中作出优异成绩的 43 个先进集体和 194 名先进个人予以表彰。

2003 年 10 月 29 日至 30 日，交通部在湖南长沙市召开交通环境保护工作 30 周年总结表彰大会。国家环境保护总局向大会发来贺信。会议向交通环境保护工作先进集体和先进个人颁发了奖状，9 个先进集体的代表作典型发言。

图 16-2-7　2003 年 10 月 29 日至 30 日，交通部环境保护工作三十周年总结表彰大会在长沙召开

交通部副部长、交通部环委会主任洪善祥在大会上发表《与时俱进，开拓进取，再创交通环保工作的新局面》的讲话。他在讲话中从健全组织机构、专业资质，完善工作体系、管理模式；逐步形成较为完善的环境管理、污染防治、科研检测、信息教育的交通环保法规标准体系和管理制度；全面执行交通建设项目的环境影响评价和环保“三同时”制度，开展工程环境监理试点工作，做好交通建设项目的生态保护、水土保持工作；采取积极措施治理交通行业污染源，有效防治和处理污水、粉尘、船舶垃圾、噪声的污染；落实国务院有关重点区域环境治理工作，加大对太湖、渤海、长江及三峡库区、青藏公路建设期的环境治理和监督检查力度；加强海事执法，防治船舶污染水域，建立船舶污染事故应急反应机制；提高交通行业环境监测水平，有针对性地开展交通环保科研和宣传教育培训工作；积极参加和推进交通环保项目的国际合作与交流，不断提高履行国际公约的能力和水平等八个方面总结了交通环保 30 年的主要成绩和经验。交通部环委会副主任、交通部海事局常务副局长刘功臣在大会闭幕式上的总结讲话中，概括了 30 年交通环保工作的四个特点是：与国家的环保事业同步发展，环保理念不断升华与更新，船舶防污染工作与国际接轨，环保成为交通人的自觉行动。大会分析了交通环保工作还存在的问题、差距和困难，提出了进入 21 世纪后一段时期交通环保的工作目标和重点任务，强调要坚持交通事业的发展与保护环境和维护生态相统一，大力推广应用环保技术，节约资源，保持水土，减少污染，建设绿色通道，逐步实现交通建设和运输与自然和社会环境的协调和谐。

在纪念交通环保 30 周年期间，交通部环委会发放制作录像、画册、宣传画，并在《中国交通报》上设立专栏，宣传交通环保 30 年来所取得的成就。

第十七章　国际合作及港澳台事务

简　　述

为履行国际海事公约，提高中国海事机构的监管水平，中国海事局自成立后，在交通部的统一领导下，不断加强与国际性、地区性海事组织的联系与合作，以及与有关国家和地区双边或多边的交流与合作。

在国际性、地区性海事组织方面，中国海事局主要参与国际海事组织、国际海道测量组织、国际航标协会、国际劳工组织和亚太地区港口国监督谅解备忘录的有关会议和活动，提交有关符合中国和国际海事管理实际的提案和建议，参与有关国际海事事务的讨论、研究、起草、跟踪工作，介绍中国海事工作情况和履约情况，承办有关海事方面的国际性、地区性国际会议及国际培训班等。2000 年，中国海事局关于《成山角水域船舶定线制》和《成山角水域强制性船舶报告制》的提案在国际海事组织海上安全委员会第 72 届会议获得通过。2001 年，中国海事局在北京成功承办国际海图展览。2004 年，中国海事局圆满完成全球船舶压载水管理项目中国国家项目实施工作。2005 年，国际航标协会航标管理委员会接受中国海事局关于增加应急沉船标志的建议。2006 年，中国海事局在上海承办以“数字世界的航标”为主题的国际航标协会第 16 届大会，交通部海事局常务副局长刘功臣在会上当选为该协会理事会主席，成为国际航标协会成立以来的首位中国主席。2007 年，中国海事局编制完成《中华人民共和国 IMO 强制性文件履约报告》，为顺利接受国际海事组织成员国自愿审核机制审核奠定了基础。1998 年至 2007 年，中国海事局通过国际海事研究委员会跟踪研究国际海事动态，取得一大批研究成果。国际海事研究委员会的研究活动和研究成果，推动了中国海事机构履行国际海事公约(简称履约)的实践活动，提高了中国参与国际海事事务的能力和水平。

在双边或多边国际海事合作方面，中国海事局重点加强与周边国家、亚太地区国家在海事事务方面的交流与合作。先后参加了西北太平洋四国海上搜救与防污染会议、西北太平洋行动计划溢油防备与反应区域合作，开展了中俄之间有关船舶检验方面相互代理的合作，建立了中韩海上安全事务协商机制、中日港口国监督合作机制、中国—东盟海事磋商机制，并在海上搜救、船舶溢油应急、海事调查等方面，与有关国家开展了具体事项的有效合作。中国海事局还通过举办上海国际海事论坛、深圳国际海事论坛，承办有关国际性、地区性的海事论坛，以及组团访问有关国家的海事机构，与来访的有关国家的海事机构代表团或有关国际组织的代表团举行会谈，促进双边或多边的国际海事交流与合作。

与此同时，中国海事局还与香港、澳门特别行政区的海事机构，以及台湾地区的有关组织开展了有关海事事务方面的交流与合作。与香港特别行政区海事处和澳门特别行政区港务局建立了海上安全定期会议制度，对海事管理的有关问题进行了广泛交流，并举行了海上搜救和溢油应急联合演习。与台湾中华搜救协会建立了海上搜救联系机制，开展了为台湾船员进行履约培训、考试和发证工作。

2007 年 11 月 19 日至 30 日，国际海事组织第 25 届大会在英国伦敦召开，会上，中国再次当选为该组织的 A 类理事国，这是自 1989 年以来中国连续第十次当选该组织 A 类理事国。23 日，出席本届大会的交通部副部长徐祖远与国际海事组织秘书长米乔普勒斯签署《中华人民共和国交通部和国际海事组织关于IMO技术合作的备忘录》，为中国海事局进一步加强国际海事领域的合作与交流搭建了一个新的平台。

第一节 国际组织合作

【国际海事组织】

国际海事组织(International Maritime Organization，缩写IMO)，是负责海上航行安全和防止船舶造成海洋污染的政府间国际组织，属联合国的一个专门机构，其制定和通过的条约对缔约国具有强制性约束力。国际海事组织成立于1959年1月6日，原名“政府间海事协商组织”，1982年5月22日更名，总部设在英国伦敦。国际海事组织由大会、理事会和5个委员会组成。大会是最高权力机构；理事会是执行机构，分A、B、C三类理事国；海上安全委员会、海上环境保护委员会、法律委员会、技术合作委员会、便利运输委员会是负责处理和协调技术事务的机构；海上安全委员会下设9个分委会，协助各委员会工作。1973年，中华人民共和国恢复在国际海事组织中的成员国席位，为国际海事组织第9届至第15届大会B类理事国；1989年，中国在国际海事组织第16届大会上首次当选为A类理事国。交通部代表中国政府参加国际海事组织的会议和活动，中国海事局作为履行国际海事组织公约的主要执行机构参与其中的有关会议和活动，重点参加国际海事组织海上安全委员会、海上环境保护委员会、法律委员会，以及各分委会的有关会议和活动。中国海事局参加国际海事组织的有关会议，事前有预案，事后有报告，通过“国际海事研究委员会”跟踪研究其动态，做好履约的有关工作。

1999年1月，中国海事局、中国驻英国大使馆海事处组团出席在伦敦召开的国际海事组织船员培训和值班标准分委会第30次会议。会议根据中国代表团的建议，起草并通过了一份关于港口国监督官员检查船员证书指南的通函，以防止在港口国监督中因对国际公约理解有偏差而造成船舶被误滞留。9月，中国海事局组团出席在伦敦召开的国际海事组织航行安全分委会第45次会议，并向会议递交有关成山角水域实施船舶定线制和船舶报告制的提案。经讨论审议，分委会通过成山角水域推荐性船舶定线制和强制性船舶报告制提案。11月，中国海事局派员参加中国代表团，出席国际海事组织第21届大会，会上，中国连续第六次当选A类理事国。之后，国际海事组织第22、23、24、25届大会分别于2001年、2003年、2005年、2007年召开，中国均在每届大会上当选A类理事国，中国海事局派员出席了各届大会。

图17-1-1 2001年11月19日至30日，交通部副部长洪善祥(左一)率中国代表团出席在伦敦召开的国际海事组织第22届大会

2000年5月，中国海事局派员参加中国代表团，出席在伦敦召开的国际海事组织海上安全委员会第72届会议。会议审议并通过《成山角水域船舶定线制》和《成山角水域强制性船舶报告制》，自2000年12月1日起正式实施。11月27日至12月6日，中国海事局派员参加中国代表团，出席在伦敦召开的国际海事组织海上安全委员会第73届会议。会议以通函的形式公布“完全和充分履行《78/95海员培训值班国际公约》”的白名单，白名单包括中国和中国香港在内的共

72 个国家和地区。

2001 年 2 月，中国海事局、中国船级社组团出席在伦敦召开的国际海事组织船旗国履约分委会第 9 次会议。会上，美国代表提交的有关港口国监督的报告中，提到中国籍船舶于 1999 年在美国脱离了港口国监督“黑名单”。对此，中国代表团进行了分析，建议对中国籍船舶在美国港口国监督检查的滞留率要有清醒的认识，不能放松“降滞脱黑”工作。4 月，中国海事局印发通知，强调在“降滞脱黑”工作取得成效的情况下，要继续采取有效措施，巩固中国船旗“降滞脱黑”成果。

2002 年 9 月，中国海事局、中国船级社组团出席在伦敦召开的国际海事组织危险货物、固体货物和集装箱分委会第 7 次会议，参加了《散装固体货物安全操作规则》工作组对该规则进行审核和修改，并在会上介绍了中国在船载危险货物管理中实施的危险货物申报员和集装箱装箱检查员制度。7 月，中国海事局、中国船级社、农业部渔船检验局组团出席在伦敦召开的国际海事组织稳性、载重线和渔船安全分委会第 45 次会议。会上，中国代表团的提案中关于船舶最小船艏高度公式和改进储备浮力分布措施被会议采纳，写入 1966 年国际船舶载重线公约 1988 年议定书修正案中。

图 17-1-2　1999 年 6 月 27 日至 7 月 6 日，中国代表团在伦敦出席国际海事组织海上环境保护委员会第 43 届会议

图 17-1-3　2002 年 12 月 13 日，中国代表团在伦敦出席国际海事组织海上保安外交大会

2004 年 1 月，中国海事局、中国船级社、中国驻英国大使馆海事处组团出席在伦敦召开的国际海事组织消防分委会第 48 次会议。为会后继续跟踪研究会议重点议题，中国代表团参加了“大型客船安全”、“消防安全系统性能试验和认可标准”、“2000 国际高速船安全规则等修正案审议”3 个通信组工作。2 月 25 日至 3 月 5 日，中国海事局、中国船级社、中国船舶重工集团公司组团出席在伦敦召开的国际海事组织船舶设计与设备分委会第 47 次会议，会议选举中国代表团成员向阳（中国船级社）担任本次分委会副主席。中国代表团关于保温救生服与救生艇兼容性的提案在会上引起关注和争议，会议决定下次会议继续讨论并请各国提交有关提案。

2005 年 2 月，中国海事局、中国船级社、中国驻英国大使馆海事处组团出席在伦敦召开的国际海事组织船舶设计与设备分委会第 48 次会议。会上，中国代表团成员向阳继续担任分委会副主席，并担任客船安全工作组主席，同时，分委会确定由中国牵头成立船舱“保护涂层性能标准”通信工作组。3 月，中国海事局、交通部国际合作司、中国船级社、中国驻英国大使馆海事处组团出席在伦敦召开的国际海事组织履约分委会第 13 次会议。会议成立工作组对“IMO 成员国自愿审核机制”审核标准——《IMO［强制性］文件实施规则》进行了讨论，经过中国代表团和其他大多数国家代表的共同努力，删除了标题中的方括弧，明确该规则只适用于成员国所加入的强制性文件；同时，中国代表团关于删除有关“海上保安”内容的建议受到会议关注。11 月 21 日至 12 月 2 日召开的国际海事组织第 24 届大会通过的《国际海事组织强制性文件实施规则》，最终文本未包括海上保安的相关内容。

2006年3月，中国海事局、中国海上搜救中心、交通部救助打捞局、中国船级社、中国交通通信中心组团出席在伦敦召开的国际海事组织无线电通信与搜救分委会第10次会议，并于会前(2月27日至3月3日)参加该分委会工作组关于船舶远程识别与跟踪系统(LRIT)的会间会议。会上，中国代表团在讨论中就船舶远程识别与跟踪系统数据中心的设置、系统结构、船舶报告频率、信息成本等问题表明了在预案中确定的观点和意见。会后，中国代表团在总结报告中提出尽快研究筹建中国船舶远程识别与跟踪系统国家数据中心的建议。(2007年，交通部关于建设中国船舶远程识别与跟踪系统国家数据中心的请示，得到国务院批准。)4月，中国海事局参加中国代表团，出席国际海事组织海上安全委员会第81届会议。会上，经过中国代表团与美国、欧洲联盟一些国家在小范围内反复磋商，就船舶远程识别与跟踪系统沿岸国获取信息的最大距离等问题达成折中方案。会议还原则同意中国关于船舶投入营运后对涂层适当维护和修理的提案建议。

2007年1月，中国海事局、中国远洋运输(集团)总公司、中国海运(集团)总公司、大连海事大学、上海海事大学组团出席在伦敦召开的国际海事组织船员培训和值班标准分委会第38次会议。会上，中国代表团提出关于全球海上遇险与安全系统(GMDSS)设备更新后，对《78/95海员培训值班国际公约》相应条款的审议和中国部分GMDSS操作员适任情况的调查两个提案，得到会议接受与认可。2月，中国海事局、中国船级社与中国驻英国大使馆海事处组团出席在伦敦召开的国际海事组织消防分委会第51次会议，并担任船舶“起居处所、服务处所和控制站内手提式灭火器的数量和布置统一解释”起草工作组主席。工作组以中国、美国和日本提案为基础形成的工作报告，总体获得分委会批准。4月，中国驻英国大使馆海事处与中国海事局、中国船级社组团出席在伦敦召开的国际海事组织散装液体和气体分委会第11次会议。中国代表团在会上要求秘书处就《国际船舶压载水和沉积物控制与管理公约》的追溯性进行澄清，并坚持将秘书处的澄清解释写入会议报告。该立场得到大部分国家支持，最终秘书处的澄清解释被保留在会议报告中。

2007年，国际海事组织成立由15名专家组成的独立专家组，于3月至5月召开4次会议，采用对国际船级社协会油船共同结构规范的试审核方法，进行“目标型新船建造标准”有关文件的编制工作，交通部海事局副局长李青平被推选为专家组成员之一。在中国海事局和中国船级社组成的技术小组协助下，中国专家提出书面议案10余份，其中一些建议被采纳并写入专家组编制的文件之中。

中国驻英国大使馆设有海事处，主要负责处理与国际海事组织有关的日常事务，并负责处理有关双边及多边海事合作事务。中国海事局成立后，至2007年底，先后有2人在该海事处任职。徐翠明于1998年7月至2005年8月任该海事处一等秘书；谢辉于2004年7月至2008年8月任该海事处二等秘书。

〖全球压载水管理项目〗

为应对船舶压载水对海洋生态和人类健康的威胁，1997年11月，国际海事组织第20届大会通过非强制性的《关于控制和管理船舶压载水，减少有害水生物和病原体传播的指南》。为帮助发展中国家应用该指南，国际海事组织通过联合国发展计划署，向全球环境保护基金申请了一个“帮助发展中国家克服有效实施船舶压载水管理和控制措施方面的困难”的项目(简称全球压载水管理项目)，选择巴西、中国、印度、南非、乌克兰、伊朗为项目实施国。经过两年的准备，2000年该项目进入实施阶段。

按照全球压载水管理项目的要求，2000年上半年，中国海事局作为该项目的牵头机构，在与有关政府部门和单位磋商后，于6月15日召开国家项目筹备会议，成立了全球压载水管理项目中国国家项目实施小组（简称国家项目实施小组），由中国海事局（牵头机构）、国家环境保护总局、农业部渔业局、国家海洋局、国家出入境检验检疫局、交通部国际合作司、交通部环境保护中心、辽宁海事局、大连海事大学、中国远洋运输（集团）总公司、联合国发展计划署北京办事处的代表组成，并讨论了全球压载水管理项目中国国家项目工作计划要点草案，确定大连港为中国国家项目演示地。6 月 22 日，国家项目实施小组在北京召开第一次会议，通过中国国家项目工作计划要点草案，确定了国家项目实施小组的作用、职责和任务。国际海事组织海洋环境保护司副司长 Koji Sekimizu 出席会议并就该项目作介绍。7 月 5 日至 7 日，全球压载水管理项目实施机构第一次会议在伦敦召开，会议确定了项目实施计划和国家工作计划框架，其项目主要涉及压载水管理的软科学项目；中国代表在会上介绍了中国在该项目实施中所完成的工作。7 月 24 日，为开展全球压载水管理项目的数据收集和评估，摸清渤海湾海域船舶压载水的来源和排放情况，中国海事局印发通知，决定自 2000 年 8 月 1 日起，对到达大连、营口、秦皇岛、天津港的船舶使用国际海事组织规定的压载水申报表格。按照全球压载水管理项目实施机构确定的计划框架，中国国家项目实施小组制定了国家项目工作计划和宣传计划，并于 9 月 20 日至 21 日，在北京召开全球压载水管理项目中国国家项目工作计划和宣传计划研讨会。12 月，中国国家项目联络人、交通部海事局副局长刘实赴英国出席全球压载水管理项目实施机构第二次会议。

图 17-1-4　2002 年 10 月 28 日至 30 日，全球压载水管理项目实施机构第四次会议在北京召开

2002 年 10 月 28 日至 30 日，中国海事局承办的全球压载水管理项目实施机构第四次会议在北京召开，来自中国、伊朗、南非、印度、乌克兰、巴西等国和国际海事组织、地球之友组织的约 30 名代表出席会议。10 月 31 日至 11 月 2 日，中国海事局承办的第一次东亚地区压载水管理合作研讨会在北京召开，会议交流了各国在压载水管理方面的情况，中国、朝鲜、日本、韩国、菲律宾等 5 个国家和中国香港地区共 10 名代表出席会议。

2003 年 11 月 6 日至 7 日，第二次东亚地区压载水管理合作研讨会在大连召开。会议通过《东亚地区压载水管理工作合作行动计划》，中国、朝鲜、日本、韩国、菲律宾、越南、新加坡等国家，以及国际海事组织、东亚海域环境管理区域项目的约 20 名代表出席会议，中国国家项目联络人、交通部海事局副局长郑和平担任会议联合主席。

2004 年 2 月，交通部海事局副局长徐国毅赴英国出席国际海事组织召开的关于船舶压载水管理的外交大会，中国海事局参与起草制定的《国际船舶压载水和沉积物控制与管理公约》在会上通过。9 月 21 日至 23 日，中国海事局承办的中国—东盟压载水管理培训班在北京举行，中方 4 名压载水管理专家对来自东盟 9 个国家（文莱未派员参加）的学员进行培训。

根据全球压载水管理项目实施计划安排，中国于 2004 年底完成了国家项目的实施工作，主要开展了压载水管理的国家法规调研，大连港生物压载水采样分析、基线调查和压载水风险评估，压载水管理船员培训，东亚地区压载水管理合作，制定国家压载水管理战略计划，压载水管理宣传普及教育等活动，同时开展了有国家特色的项目活动，包括建立对船舶的赤潮信息发布系统，压载水化学处理、加热和电解处理方法的研究。2004 年 12 月，全球压载水管理项目（第一阶段）结束，项目总资金 1020 万美元。国际海事组织在伦敦召开的全球压载水管理项目实施机构第六次会议上，对全球压载水管理项目在中国成功实施和中国政府对该项目的支持给予高度评价，认为是唯一全部完成各个项目活动的国家。该项目在中国的成功实施，为中国履行将要生效的《国际船舶压载水和沉积物控制与管理公约》打下了初步基础。

2005 年 1 月 7 日，中国海事局通报表彰在压载水管理工作项目中作出突出贡献的中国国家项目联络人助理、天津海事局船舶监督处处长赵殿荣。

全球压载水管理项目在中国完成后，中国海事局委托辽宁海事局继续跟踪研究《国际船舶压载水和沉积物控制与管理公约》。2005 年 11 月 11 日，由辽宁海事局起草的《我国加入压载水公约的前景分析和对策研究报告》，在大连通过中国海事局组织的评审。该报告分析了中国加入该公约需努力的方向和应采取的措施。同时，中国海事局与韩国有关方面开展了在压载水管理方面的合作。2007 年 11 月 27 日，中韩黄海压载水管理研讨会在大连举行，中国海事局，辽宁、河北海事局，中国船级社，大连海事大学，中国远洋运输(集团)总公司，中国海运(集团)总公司等中方代表与韩国海事事务与渔业部安全管理局、韩国海洋研究与发展研究院、韩国船级社等韩方代表，对实施《国际船舶压载水和沉积物控制与管理公约》、压载水管理策略、划定压载水交换区、风险评估等交换了意见，并就有关合作事项达成一致意见。

〖国际海事组织成员国自愿审核机制〗

为促进国际海上安全和海洋环境保护相关公约全面、统一、有效实施，2003 年 11 月，国际海事组织第 23 届大会通过决议，建立成员国自愿审核机制；2005 年 11 月，国际海事组织第 24 届大会通过有关《国际海事组织强制性文件实施规则》和《国际海事组织成员国自愿审核机制的框架和程序》的决议，规定了审核标准、框架和程序，并决定自 2006 年 1 月起在全球实施。该机制的实施是以成员国自愿申请为前提，国际海事组织根据成员国的申请组建审核组，按照规定标准、框架、程序，对申请国政府履行《1974 年国际海上人命安全公约》、《经 1978 年议定书修订的 1973 年国际防止船舶造成污染公约》、《1969 年国际船舶吨位丈量公约》、《1966 年国际载重线公约》、《1972 年国际海上避碰规则公约》、《1978 年海员培训、发证和值班标准国际公约》等 6 个重要国际海事公约(10 个文件)的立法、实施机构、管理机制、资源配置、执行措施及其效力和效果、评估及改进等进行审核。审核结束后，审核组向被审国和国际海事组织递交审核报告，然后由国际海事组织向各成员国发出通函，通报审核情况，包括履约效果、经验、问题和改进建议。

按照中国政府的职能分工，履行国际海事公约涉及国务院几个相关部门和海军，其中交通部是履行国际海事公约的主要政府部门；在交通部内部，涉及几个相关司、局和组织机构，其中中国海事局是履行国际海事公约的主要执行机构。2005 年 1 月，中国海事局成立“国际海事组织成员国自愿审核机制对策研究”课题组，对中国履行国际海事公约的现状进行调查、分析，提出应对国际海事组织自愿审核机制的对策和方案。2 月 23 日，中国海事局召开该课题组第一次会议，确定课题研究的思路、任务和方案，并决定由江苏海事局具体承担课题研究任务。12 月 27 日，中国海事局召开该课题组第二次会议，听取课题组的课题研究情况报告。会议分析了中国参加自愿审核的内部、外部环境形势，认为中国应积极申请参加国际海事组织的审核。

图 17-1-5　2006 年 1 月 24 日至 25 日，中国海事局在扬州召开国际海事组织成员国自愿审核机制准备工作会议

2006 年 7 月 17 日，中国海事局印发《关于做好国际海事组织成员国自愿审核机制准备工作的通知》，成立国际海事组织成员国自愿审核机制领导小组和工作组。9 月 1 日，中国海事局召开“国际海事组织成员国自愿审核机制对策研究”课题组第三次会议，审议课题组的课题研究报告，要求课题研究进一步补充其他有关部门在履行国际海事公约方面所做的工作，并突出履约的执行力和实践性。11 月 13 日至 16 日，中国海事局在南京举办国际海事组织成员国自愿审核机制讲习班。11 月 24 日，中国海事局召开自愿审核机制领导小组扩大会议，布置中国海事局机关各部门开展梳理履约情况，准备预审问卷，整理履约记录，改进履约薄弱环节等工作，并确定将自愿审核机制准备工作列为 2007 年目标管理任务中。12 月，中国海事局制定《国际海事组织成员国自愿审核机制工作组工作导则》，明确工作组的工作职责和编制履约报告的要求，同时在各直属海事局建立自愿审核机制联络员制度。

2007 年 3 月 9 日，“国际海事组织自愿审核机制对策研究”课题通过中国海事局组织的专家评审。根据该课题提出的对策建议，中国海事局进一步加强自愿审核机制准备工作，于 4 月 19 日印发通知，要求各直属海事局做好国际海事组织自愿审核准备工作，总结管辖范围内履行国际海事公约情况，开展自愿审核机制的全员培训，编制履约报告等；于 5 月 24 日至 25 日，在北京召开自愿审核机制联络员研讨会，统一各局开展自愿审核机制准备工作的思路和方法，要求各局以接受审核为契机进一步规范海事管理工作，加强与其他有关部门的沟通和协作。8 月，各直属海事局完成履约报告的编报工作。9 月，交通部致函与履行国际海事公约有关的部门，请其协助准备相关材料。11 月 5 日，《中华人民共和国 IMO 强制性文件履约报告》编制完成。该报告共分 IMO 强制性文件履约总报告、6 个国际海事公约履约分报告、缔约国义务条款及相关国内法对照表三个部分，对照《国际海事组织强制性文件实施规则》和 6 个国际海事公约规定的政府义务条款，梳理了中国履行国际海事公约的国内立法、工作机制、工作程序、工作记录及其实施情况，系统描述了中国履约的现状（主要是直属海事系统的履约工作），是接受国际海事组织审核的基础文件之一，也是应对审核准备工作的指导性文件。①

【国际海道测量组织】

国际海道测量组织（International Hydrographic Organization，缩写 IHO），是政府间技术咨询性的国际组织，其任务和宗旨是通过各国海道测量机构的合作，推广可靠和有效的海道测绘方法，促进海图和航海出版物统一，为海上航行和其他用途提供准确和实时的全世界范围内的海道测量信息，发展海道测量学领域的科学技术。1921 年 6 月，国际海道测量局成立。1967 年在摩纳哥召开的第 9 届国际海道测量大会制定的《国际海道测量组织公约》，于 1970 年 9 月 22 日由联合国注册正式生效，国际海道测量组织正式成立，其成员为沿海国家政府，总部设在摩纳哥的蒙特卡洛，国际海道测量局成为该组织的常设机构。该组织每 5 年召开一次大会，由成员国政府的代表参加。东亚海道测量委员会是国际海道测量组织中区域性海道测量委员会之一。中国是国际海道测量局的创建国之一，1979 年，中华人民共和国恢复在国际海道测量组织的合法席位。

1998 年中国海事局成立前，交通部安全监督局负责国际海道测量组织的有关事务。中国海事局成立后，由中国海事局负责国际海道测量组织的有关事务，并与海军航海保证部、香港特别行政区海事处、澳门特别行政区港务局代表组成中国代表团参加国际海道测量组织的大会和重要活动。

2000 年 7 月，中国海事局组团参加在印度尼西亚雅加达召开的东亚海道测量委员会第 7 届会议，会上，交通部海事局副局长王金付当选下一届东亚海道测量委员会主席。

---

① 2008 年 6 月，交通部向国际海事组织递交自愿审核机制审核申请。2009 年 11 月，中国履行国际海事公约情况顺利接受了国际海事组织审核。

2001年8月6日至9日，受国际海道测量局的委托，中国海事局承办在北京第20届国际制图大会期间举行的国际海图展览，国际海道测量组织的15个成员国和国际海道测量局的100余幅海图参展。出席会议的国际制图协会主席雷斯特德、国际海道测量组织主席安格里萨诺和来自世界各地的制图专家参观展览。海图展览由中国海事局、海军航海保证部、香港海事处具体筹办并参展，中国展品被评为最佳展品，中国被评为最佳展出国。2001年，作为东亚海道测量委员会的主席国，中国海事局为推进东亚地区海道测量合作，完成了东亚海道测量委员会的会徽设计工作和向国际海道测量组织提交的工作报告的起草工作。

图17-1-6　2001年8月6日至9日，中国海事局在北京国际会议中心举行国际海图展览。图为国际海道测量组织主席安格里萨诺先生(左三)在展览大厅观看中国老铁山灯塔模型

2002年4月，中国海事局组团参加在摩纳哥召开的国际海道测量组织第16届大会，在大会开幕式上，摩纳哥大公国君主向中国海事局颁发2001年北京国际海图展“最佳展出国”奖牌。大会期间，中国有6幅海图参加了展览，其中中国海事局第一次在国际展览中展出专题海图。8月15日至17日，中国海事局在上海承办国际海道测量组织信息系统需求委员会第14次会议，该委员会是国际海道测量组织的技术委员会之一。会议对全球电子海图技术发展起到促进作用，中国、美国、加拿大、法国、德国、英国等17个国家及国际海道测量局的38名代表出席会议。11月12日，经外交部同意，中国海事局召集国家测绘局、国家海洋局、总参谋部测绘局、海军航海保证部、中国地图出版社、海军出版社等单位的专家，就国际海道测量组织《海洋的名称与界限》一书中涉及中国沿海海域名称及界限问题进行研讨，形成修改意见，经外交部同意，由中国海事局将修改意见致函国际海道测量组织。

2003年8月，中国海事局组团参加在南非德班召开的第21届国际制图大会，并选出8幅海图(中国海事局3幅、海军航海保证部3幅、香港海事处1幅、澳门港务局1幅)参加国际海图展览。11月11日至14日，中国海事局以主席国身份，在上海主持召开东亚海道测量委员会第8届会议，中国、日本、韩国、新加坡、马来西亚、印度尼西亚、菲律宾、泰国8个成员国27名代表，国际海道测量组织和英国、美国、文莱、朝鲜、越南等国的13名观察员出席会议。大会审议了本届委员会工作报告，进行了技术交流。

2004年9月，国际海道测量组织南极海道测量委员会第4次会议在希腊召开，中国海事局组团第一次出席该委员会会议。

2005年7月，中国海事局组团参加在西班牙召开的第22届国际制图大会，并在大会上交流了21篇论文，参加了国际海图展览。

2005年6月1日，交通部海事局常务副局长刘功臣代表中国政府签署了《南极海道测量委员会章程》，中国成为该委员会的正式成员。11月2日至4日，南极海道测量委员会第5次会议在新西兰召开，中国海事局与中国南极测绘中心组成中国代表团出席会议。会上，中国代表团介绍了中国南极长城站、中山站的测绘工作，表示将继续参与南极地区海道测量和国际海图事务。

2006年，中国海事局组团于5月参加在韩国召开的国际海道测量组织第8次战略工作组会议；于6月参加在韩国召开的东亚海道测量委员会第9届会议、在澳大利亚召开的国际海道测量组织潮汐委员会第7次会议；于11月参加在智利召开的南极海道测量委员会第6次会议。

2007 年，中国海事局组团于 5 月参加在摩纳哥召开的国际海道测量组织第 17 届大会；于 11 月参加在荷兰召开的国际海道测量组织信息系统需求委员会第 19 次会议。

【国际航标协会】

国际航标协会(The International Association of Lighthouse Authorities，缩写 IALA；1998 年在德国汉堡召开的国际航标协会第 14 届大会上，更名为 The International Association of Marine Aids to Navigation and Lighthouse Authorities，缩写仍为 IALA)，成立于 1957 年 7 月，是由从事航标服务的各国航标管理机构、航标生产厂商和咨询机构组成的一个非盈利的、非政府间的国际性技术组织，致力于海上航标的协调一致，总部设在法国巴黎，其主要目标是通过相应的技术措施，促进助航设施的不断改进，保证船舶航行安全。国际航标协会设有会员大会、理事会、秘书处和各技术委员会(包括工程环境保护委员会、航标管理委员会、船舶交通管理系统委员会、无线电导航委员会、船舶自动识别系统委员会)、工业委员会等机构，并定期召开大会、专题研讨会，举办展览等。中华人民共和国于 1984 年 1 月 1 日恢复在国际航标协会的活动，于 1994 年当选为理事会理事。

1998 年中国海事局成立前，交通部安全监督局负责国际航标协会的有关事务。中国海事局成立后，由中国海事局负责国际航标协会的有关事务，并参加了国际航标协会理事会历次会议。

1999 年 1 月 28 日，交通部向国务院上报《关于拟承办国际航标协会(IALA)第十六届大会的请示》。经外交部审核，3 月 8 日，国务院同意交通部于 2006 年在上海承办国际航标协会第 16 届大会。5 月，中国海事局在日本召开的国际航标协会理事会第 22 次会议上，向理事会递交中国承办 2006 年国际航标协会第 16 届大会的申请。年底，国际航标协会理事会第 23 次会议正式确定国际航标协会第 16 届大会 2006 年在上海召开。

2001 年 4 月 10 日，中国海事局成立“2006 年 IALA 大会”筹备领导小组，并在上海海事局设立筹备工作办公室。6 月、12 月，中国海事局在巴西、法国巴黎召开的国际航标协会理事会第 26 次、27 次会议上，介绍中国筹备 2006 年国际航标协会第 16 届大会的准备工作情况。2002 年 3 月 11 日至 15 日，中国海事局参加在澳大利亚悉尼召开的国际航标协会第 15 届大会，中国当选为新一届理事会理事，交通部海事局常务副局长刘功臣当选为理事会副主席。同年，上海海事局开通“IALA2006”网站，介绍中国航标建设情况和国际航标协会第 16 届大会筹备情况。

在 2003 年 4 月召开的国际航标协会航标管理委员会第 2 次会议上，中国海事局提出的在国际航标协会助航指南的修订中增加数字导航描述的建议，被该委员会作为会议提案。11 月在韩国釜山召开的 21 世纪航标发展国际研讨会上，中国海事局发表《数字航标——传统航标的变革》演讲，并建议成立工作组，就全球数字航标进行研究。12 月，在马来西亚吉隆坡召开的国际航标协会理事会第 33 次会议上，理事会根据中国海事局的建议，决定成立数字航标工作组，并确定国际航标协会第 16 届大会主题为：数字世界的航标。

2004 年 5 月 24 日，中国海事局协办的国际航标协会理事会第 34 次会议在上海召开。会议除举行例行议程外，重点检查了国际航标协会第 16 届大会筹备工作，并参观了上海海事局的船舶交通管理系统、船舶自动识别系统。

2005 年 4 月和 10 月，在国际航标协会航标管理委员会第 6 次、第 7 次会议上，中国海事局提出《关于紧急沉船标志的建议》和《对紧急沉船标志技术规范的研究和建议》提案，会议采纳了中国有关沉船标志的灯质、颜色、形状的建议，并依据中国等国家的提案制定国际航标协会《新沉船标识应急反应计划指南》和向国际海事组织提交的《紧急沉船标识建议草案》，建议在航标体系中增加“应急沉船浮标”这一新标志。

经交通部批准，2006 年 5 月 8 日，以交通部海事局常务副局长刘功臣为团长，直属海事系统有关人员共 18 人组成的国际航标协会第 16 届大会中国代表团成立。5 月 22 日至 27 日，中国海事局承办的国际航标协会第 16 届大会在上海国际会议中心召开。大会开幕式由刘功臣主持，交通部副部长徐祖远、国际海事组织秘书长米乔普勒斯、国际航标协会理事会主席戴维森致辞。来自世界 44 个国家、地区和组织的航标主管当局、生产制造商和咨询机构的 570 名代表，围绕“数字世界的航标”这一主题展开交流，并通过下一个四年期间国际航标协会的工作计划框架，中国代表作主题发言。27 日，由 24 名各国理事组成的新一届国际航标协会理事会，投票选举交通部海事局常务副局长刘功臣为该理事会主席。29 日，作为大会议程之一的专题研讨会移至大连举行，研讨会以航标人员培训为主题，宣读了 7 篇论文。大会期间，同时在上海举办了航标器材、设备展览会；美国海岸警卫队、日本海上保安厅、马来西亚海事局的航标工作船应中国海事局邀请到上海访问。直属海事系统各海区航标导航处处长、航标处处长和航标测绘科技中心主任列席会议。7 月 31 日，中国海事局设立国际航标协会主席国办公室，作为中国海事局机关非常设机构，主任由航标测绘处处长兼任，副主任由局办公室负责外事工作的副主任兼任，主要负责协助国际航标协会主席做好协会的日常事务性工作和联络协调工作。

图 17-1-7　2006 年 5 月 27 日，交通部海事局常务副局长刘功臣在国际航标协会第 16 届大会上当选为该协会理事会主席

2006 年 7 月，国际海事组织航行安全分委会第 52 次会议审议通过国际航标协会提交的《紧急沉船标识建议草案》，并以通函的形式报国际海事组织海上安全委员会。11 月，国际海事组织海上安全委员会第 82 届会议批准该通函《应急沉船示位标》。

2006 年 10 月在法国召开的国际航标协会航标管理委员会第 8 次会议上，中国海事局代表被任命为应急沉船标志国际标准制定的跟踪汇报人。11 月 28 日至 30 日，国际航标协会理事会第 40 次会议在法国巴黎总部召开，交通部海事局常务副局长刘功臣作为理事会主席首次主持该理事会会议，审议了财务事项、会员资格、会议安排，任命了战略组主席，审议和批准有关委员会、工作组、研讨会提交的报告、建议和指南等文件。

2007 年 6 月、12 月，交通部海事局常务副局长刘功臣以国际航标协会理事会主席的身份，在巴黎主持召开国际航标协会理事会第 41 次、42 次会议，并于第 41 次会议期间在法国交通部举办的国际航标协会成立 50 周年庆典大会上发表讲话，称赞已有 211 个会员的国际航标协会 50 年来对促进国际航标的统一和革新所作的贡献。

2007 年 4 月，在苏格兰欧本召开的国际航标协会航标管理委员会第 9 次会议上，作为项目跟踪汇报人，中国海事局代表介绍了应急沉船示位标在全球的应用情况。9 月，在巴黎召开的国际航标协会船舶交通管理系统委员会第 26 次会议上，中国海事局代表关于船舶交通管理系统间的数据交换问题建议被会议采纳。10 月，在巴黎召开的国际航标协会航标模拟和地理信息系统研讨会上，中国海事局发表《模拟在航标上的应用》、《广东海事局——地理信息系统在航标上的应用》的演讲。会上，在国际航标协会航标模拟指南和航标地理信息系统指南的编写中，中国海事局提出的模拟指南文件的范围、模拟的用户和限制条件，以及航标信息框架图等意见被采纳。

【亚太地区港口国监督谅解备忘录】

为改善和协调亚太地区港口国监督体系，加强亚太地区港口国监督的合作与信息交流，1993 年 12 月 1 日，包括中国和中国香港在内的 18 个国家和地区的海事机构当局在日本东京签署《亚太地区港口国监督谅解备忘录》，成立了亚太地区区域性港口国监督组织（简称东京备忘录），其秘书处设在东京。东京备忘录计算机数据库系统设在俄罗斯，于 2000 年 1 月开始运行。中国海事局成立后，参加了东京备忘录委员会（该备忘录的执行机构）历次会议。

2000 年 2 月，东京备忘录委员会第 8 次会议在新加坡召开，中国海事局组团出席。会议原则通过亚太地区港口国监督 1999 年年度报告，通过新的备忘录修正案，包括将亚太地区港口国监督检查率由 50% 提高至 75%，并决定于 2002 年 7 月至 9 月与巴黎备忘录同步开展第二次《国际安全管理规则》实施情况港口国监督集中检查会战。

2003 年 3 月，东京备忘录委员会第 12 次会议在智利召开，中国海事局组团出席。会议经表决一致同意接收中国澳门为东京备忘录的观察员。会议决定于 2003 年 9 月至 11 月开展散货船结构安全港口国监督集中检查会战。

2004 年 11 月 2 日至 3 日，交通部副部长徐祖远率团出席在加拿大温哥华召开的巴黎和东京港口国监督谅解备忘录第二届联合部长会议，并代表中国交通部与其他参加会议的巴黎备忘录、东京备忘录成员代表签署了部长联合声明，在 1998 年 3 月巴黎和东京港口国监督谅解备忘录第一届联合部长会议“把网收紧——采取区域间行动消除低标准航运”主题的基础上，呼吁“强化责任链——采取区域间行动消除低标准航运”。11 月 19 日至 20 日、22 日至 25 日，中国海事局承办了在上海举行的东京备忘录数据库主任第 13 次会议和东京备忘录委员会第 14 次会议，澳大利亚、加拿大、智利、中国、斐济、中国香港、印度尼西亚、日本、韩国、马来西亚、新西兰、俄罗斯、新加坡、泰国、瓦努阿图的代表以及秘书处成员出席会议，来自中国澳门、朝鲜、美国海岸警卫队和港口国监督巴黎、黑海、印度洋备忘录秘书处，国际海事组织的代表作为观察员参加会议。会议接受中国代表关于中国台湾在船旗国编码列表排序方式的建议，通过亚太地区港口国监督 2003 年年度报告和新的备忘录修正案以及《亚太地区港口国监督手册》修订版，决定自 2005 年 1 月 1 日起正式启动船舶滞留措施复议机制，于 2005 年 9 月至 11 月开展针对船舶操作性要求的港口国监督集中检查会战。

2005 年 5 月，东京备忘录第 12 次研讨会在中国澳门举行，会议安排了 4 个有关港口国监督检查发现缺陷的案例供代表讨论。11 月，东京备忘录委员会第 15 次会议在泰国曼谷举行，中国海事局组团出席并在会上通报了中国实行船舶滞留复审制度情况。会议决定于 2006 年 2 月至 4 月开展实施《73/78 防污公约》附则 Ⅰ 港口国监督集中检查会战。

图 17-1-8　2004 年 11 月 3 日，交通部副部长徐祖远（左一）在温哥华签署巴黎和东京港口国监督谅解备忘录第二届联合部长会议联合声明

2006 年 9 月，中国海事局组团出席在加拿大维多利亚举行的东京备忘录委员会第 16 次会议。会议就港口国监督“黑名单”标准、船舶滞留复议机制、跟踪检查机制等议题进行了讨论，并决定 2007 年开展实施《国际安全管理规则》港口国监督集中检查会战。12 月 1 日，中国海事局委托辽宁海事局完成东京备忘录组织的港口国监

督检查员高级培训，来自泰国和印度尼西亚的两名检查官接受了为期两周的培训并获得中国海事局颁发的培训证书。

【远东无线电导航服务协调网理事会】

1992年9月，中国、日本、韩国、俄罗斯在莫斯科签署非政府间的《建立远东地区罗兰C和恰卡台联合导航服务国际项目的协定》，建立了远东地区无线电导航服务协调网理事会。经中国、日本、韩国、俄罗斯四国政府同意，2000年12月22日，该协定成为政府间协定并在莫斯科签署。远东地区无线电导航服务协调网每年召开理事会会议或专题会议，主要是协调中国、日本、韩国、俄罗斯四国在该地区所拥有的无线电导航系统罗兰C和恰卡台链的运行工作，同时开展其他无线电导航系统的技术交流和合作。远东地区无线电导航服务协调网理事会会议，由中国海事局和海军组团参加。

1999年9月26日至10月2日，中国海事局组团参加在日本召开的远东地区无线电导航服务协调网理事会第8次会议。会议讨论了作为政府间《建立远东地区罗兰C和恰卡台联合导航服务国际项目的协定》的修改草案。

2001年9月，中国海事局组团参加在韩国汉城召开的远东地区无线电导航服务协调网理事会第10次会议。会上，各国介绍了本国罗兰C和恰卡台链运行(信号可用率)、改造、停机等情况，讨论了有关合作台链技术事务；中国代表团介绍了中国差分全球定位系统的建设和运行情况。

2002年10月14日至18日，中国海事局在西安承办远东地区无线电导航服务协调网理事会第11次会议，中国、日本、韩国、俄罗斯4个理事会成员国，以及理事会观察员国际航标协会和美国海岸警卫队共20名代表出席会议，交通部海事局副局长王金付作为会议主席主持会议。会议就解决同频台站相互干扰问题进行了讨论，完成对合作台链运行指南的修改，通过了有关合作台链的配布、时间基准、坐标系统、监控等问题的六项决议案。

图17-1-9　2002年10月14日，远东地区无线电导航服务协调网理事会第11次会议在西安召开

2003年9月、11月，中国海事局组团分别参加在日本东京和韩国召开的远东地区无线电导航服务协调网理事会第12次会议及其合作台链改造计划工作会议。同年，在远东地区无线电导航服务协调网框架下，中国海事局分别与日本、韩国完成了无线电指向标—差分全球定位系统频率干扰问题的联合测试工作。

2004年9月，中国海事局组团参加在俄罗斯圣彼得堡召开的远东地区无线电导航服务协调网理事会第13次会议。

2005年10月，中国海事局组团参加在韩国济州召开的远东地区无线电导航服务协调网理事会第14次会议。会上，中国代表团介绍了中国差分全球定位系统、船舶自动识别系统的建设和运行情况。

2006年11月13日，中国海事局在海南承办远东地区无线电导航服务协调网理事会第15次会议。会议听取各理事国关于罗兰C系统的发展、运行和管理方面的报告，交流了台链管理经验，并就远东地区合作台链的运行、协调和技术问题进行了研究。

2007年10月，中国海事局组团参加在日本召开的远东地区无线电导航服务协调网理事会第16次会议。

【国际搜救卫星组织】

国际搜救卫星组织于1988年7月1日成立，其宗旨是为支持国际社会的搜救作业和搜救合作，保证国际搜救卫星系统长期运行，不加歧视地提供遇险警报和测位数据。1992年经国务院批准，中国以“使用国”身份加入该组织，并开始建设全球海上遇险与安全系统（GMDSS），其中包括低极轨道搜救卫星系统（COSPAS—SARSAT）。1998年1月26日，中国搜救卫星系统通过国际搜救卫星组织的入网测试，进入全功能运行状态，中国在国际搜救卫星组织的身份由“使用国”转变为“地面设备提供国”。

中国海事局成立后，与中国交通通信中心等有关部门组团出席了国际搜救卫星组织历届联合委员会会议，并向会议提交《中国搜救卫星系统状态及运行报告》。

1999年6月，国际搜救卫星组织第13届联合委员会在英国伦敦召开，中国海事局、中国交通通信中心组团出席会议。会议审议了有关国家和地区搜救卫星系统状态及运行报告，讨论了系统若干操作与技术问题。会议在审议香港、台湾任务控制中心（MCC）状态和运行情况报告时，标题中出现“国家报告”字样，经中国代表团、中国驻英国大使馆和香港海事处代表的交涉，国际搜救卫星组织秘书处改正了有关错误，并于6月21日致函中国驻英国大使馆，保证今后不再发生类似情况。会上，香港代表提出将香港任务控制中心服务区由北纬11°延伸到北纬10°的议案，得到中国代表团的支持和新加坡代表团的同意。该议案于2000年初在国际搜救卫星组织第25次理事会通过。

2000年6月，国际搜救卫星组织第14届联合委员会在英国伦敦召开，中国海事局、中国交通通信中心组团出席会议，并在会上介绍了中国搜救卫星系统按照国际搜救卫星组织要求，于1999年完成软件升级改造的情况。

由于日本任务控制中心接替美国任务控制中心成为国际搜救卫星系统西北太平洋数据分布区的节点控制中心，根据国际搜救卫星组织安排，中国搜救卫星系统的任务控制中心于2004年完成从美国任务控制中心到日本任务控制中心的转接。

2007年9月5日至7日，国际搜救卫星组织西北太平洋地区工作会议在日本东京举行，研究和协调国际搜救卫星系统西北太平洋区域内任务控制中心（MCC）运行和技术问题，中国海事局组团出席。会议决定中国任务控制中心暂时先与中国香港任务控制中心建立相互备份计划，同意中国代表团关于通过香港搭建中国任务控制中心与日本搜救卫星系统之间的第二条通信线路。

2001—2007年中国搜救卫星系统履行“地面设备提供国”义务情况统计 表17-1-1

年份	国际搜救卫星系统监测 中国任务控制中心搜救服务区内遇险报警数量			与有关国家交换发生在其他搜救服务区的遇险报文数量（份）
	合计（次）	真实遇险报警（次）	非真实遇险报警（次）	
2001	643	28	615	28000
2002	162	7	155	—
2003	197	4	193	—
2004	177	8	169	7312
2005	136	12	124	7133
2006	213	15	198	6953
2007	221	12	209	6187

【联合国海洋法公约】

2003 年 6 月，中国海事局参加中国外交部组织的代表团，出席在美国纽约联合国总部召开的联合国海洋事务和海洋法非正式磋商进程第四次会议。会议主要围绕海图制作能力建设、船舶载运危险品、渔船非法捕捞、船旗国和港口国履约及强制执行等议题进行讨论；中国代表团在会上发言，介绍了中国海事机构在海图制作方面，为在中国沿海航行的中外籍船舶的航行安全所做的努力，并建议进一步发挥国际海道测量组织和国际海事组织的作用，加强发展中国家海图制作能力建设。

2004 年 11 月 3 日至 4 日，中国海事局和中国航海学会在北京联合召开纪念《联合国海洋法公约》生效十周年暨海事管理研讨会，中国航海学会理事长林祖乙出席会议并讲话，来自外交部、农业部、国务院法制办公室、国家海洋局、海军司令部等部门的有关负责人和北京大学、大连海事大学、上海海事大学的专家，就《联合国海洋法公约》与海事行政管理的有关问题进行了讨论和交流。交通部海事局常务副局长刘功臣、副局长李青平在会上讲话，介绍了中国海事局履行《联合国海洋法公约》和国际海事组织有关公约情况，表示中国海事局将根据公约要求，结合中国国情，进一步完善海事法规体系，加强对远海海事监管能力建设，加快建立船舶油污损害赔偿机制，加强对公约的研究和宣传，积极推进国际海事领域合作，并与有关涉海主管部门加强协同配合，共同维护国家主权和海洋权益。

图 17-1-10　2004 年 11 月 3 日，中国航海学会理事长林祖乙（左一）在纪念《联合国海洋法公约》生效十周年暨海事管理研讨会上发表讲话

【国际劳工组织】

国际劳工组织（International Labour Organization，缩写 ILO）是一个以国际劳工标准处理有关劳工问题的机构，1919 年成立，总部设在瑞士日内瓦。1946 年 12 月 14 日，该组织成为联合国的一个专门机构。该组织是以国家为单位参加的国际组织，但在组织结构上实行独特的“三方机制”原则，即参加各种会议和活动的成员国代表团由政府、雇主组织和工人组织的代表组成，三方代表有平等独立的发言权和表决权。中国是国际劳工组织的创始成员国和常任理事国。1971 年，中华人民共和国恢复了在该组织的合法席位。

国际劳工组织的一项重要活动是从事国际劳工立法，即制定国际劳工标准。该组织自成立起至 2001 年，已通过专门针对船员而制定的 41 项国际劳工公约、29 项劳工建议书。随着航运业的不断发展和行业结构的深刻变化，许多劳工标准未能得到及时更新，已无法满足为现代船员提供劳动和社会保障的新要求。为此，国际劳工组织理事会于 2001 年决定对以前制定的海事劳工公约和建议书进行修订并制定一部新的综合海事劳工公约，同时又能确保新公约获得全球广泛批准和有效实施。2001 年至 2004 年，国际劳工组织召开了 4 次海事劳工标准高级三方工作组会议，并于 2004 年召开海事劳工标准技术预备会议，起草和审议了综合海事劳工公约。中国是国际劳工组织理事会确定的海事劳工标准高级三方工作组的 12 个成员国政府代表之一，也是该工作组下设小组会议的成员国政府代表之一。中国政府代表团参与了全部高级三方工作组会议和两次小组会议，并组织国内船东和船员工会代表共同出席了海事劳工标准技术预备会议和第 94 届国际劳工大会。中国海事局派员参加中国政府代表团，于

2001 年 12 月、2002 年 10 月、2003 年 6 月、2004 年 1 月、2004 年 9 月、2005 年 4 月先后出席了海事劳工标准高级三方工作组第一、二、三、四次会议和海事劳工标准技术预备会议、会间会议，并于 2006 年 2 月出席了第 94 届国际劳工大会，参与讨论、起草、审议制定新的综合海事劳工公约的基本原则、基本框架、基本内容、适用范围以及公约的生效条件和修正程序、海员工资、船长工作时间、起居舱室的尺寸、船东责任等焦点议题，并同与会各国代表就综合海事劳工公约草案文本达成了一致意见。

2006 年 2 月 7 日至 23 日，第 94 届国际劳工大会暨第 10 届海事大会在日内瓦召开。会议通过了《2006 年海事劳工公约》。该公约对船员上船工作的最低要求、就业条件、劳动和生活环境、社会保障等船员的从业权利作出详细规定，明确了公约缔约国的相应义务和责任。该公约的生效条件是至少占世界商船总吨位 33% 的 30 个成员国批准后 12 个月生效。交通部副部长徐祖远率中国政府代表团会同中国船东协会、中国海员建设工会组团出席大会并在会上发言。他指出，经过多年努力即将形成的综合海事劳工公约的实施，将会有效地统一全球海员劳动保护和管理的法律及实践，必将对航运业的可持续发展带来革命性的进步；他同时指出，由于各国发展水平的不平衡，制定国际统一的海事劳工标准应该有一个渐进的过程，不能不切实际地盲目追求高标准，制定标准的根本出发点是保证所有劳动者有体面工作的权利。

图 17-1-11　2006 年 2 月 7 日，交通部副部长徐祖远(前)在日内瓦第 94 届国际劳工大会上发言

2006 年以后，中国海事局对中国批准和履行《2006 年海事劳工公约》开展了前期研究工作和准备工作,[①] 并对将该公约规定的基本制度如何吸收到《船员条例》中提出建议。

【国际海事研究委员会】

1996 年 2 月 8 日，交通部安全监督局决定成立非常设机构国际海事研究委员会，下设 10 个专业分委会，其职责主要是跟踪研究国际海事发展动态及其有关国际公约。4 月 20 日，国际海事研究委员会第一次会议在广州召开。会后，交通部安全监督局印发《国际海事研究委员会工作导则(试行)》，船员培训发证，测绘政策、技术，航标管理，航行安全，搜救及全球遇险，危管防污，港口国管理分委会相继成立，并制定了各分委会的工作导则。

中国海事局成立后，于 1998 年 12 月 6 日对国际海事研究委员会组成人员进行了调整，交通部海事局常务副局长刘功臣为主任委员，副局长宋家慧、刘德洪、王金付为副主任委员，直属海事系统各局主要领导和中国海事局有关处、室负责人担任委员，并特邀顾问若干名。

1999 年 3 月 25 日至 26 日，国际海事研究委员会海事调查分委会在上海召开第一次全体委员会议，该分委会正式成立。

---

① 2008 年 5 月 4 日，交通运输部令 2008 年第 1 号公布《中华人民共和国船员注册管理办法》；7 月 22 日，交通运输部令 2008 年第 6 号公布《中华人民共和国船员服务管理规定》。2008 年 9 月，中国海事局组团参加国际劳工组织在日内瓦召开的政府、船东和船员三方会议，参加讨论《关于就国际海事劳工公约的港口国检查指南》和《关于就国际海事劳工公约的船旗国检查指南》，会议通过了两项指南。2009 年 12 月 23 日，由交通运输部、中国船东协会、中国海员建设工会三方组成的全国海上劳动关系三方协调机制建立，其办公室设在中国海事局；同日，《中国船员集体协议》在北京签订。

2000年2月24日，中国海事局在北京召开国际海事研究委员会第二次会议。会议听取各分委会的工作报告，讨论修改《国际海事研究委员会工作导则》。会议要求各分委会进一步完善工作机制，加强对有关国际海事组织信息动态的跟踪研究工作。6月16日，中国海事局印发《中国海事局国际海事研究委员会工作导则》。该规则对国际海事研究委员会的宗旨、性质、组成、职责、活动以及专业分委会的组成、挂靠单位、活动方式等作出规定；明确该委员会是进行水上安全监督、防止船舶污染、船舶检验、保证通航秩序和航海保障等国际海事研究的专业性组织；委员会秘书处设在中国海事局办公室；委员会设船员培训发证，测绘政策、技术，航标管理，航行安全，搜救及全球遇险，危管防污，港口国管理，海事调查，综合履约，国际安全管理规则，船舶检验11个分委会，开展对有关国际公约的规定、国际组织和区域性组织以及双边多边合作的现状和发展动态、中国履约现状及存在问题的研究活动，提出中国履约和参与国际海事事务的对策和建议，收集整理、翻译出版有关资料，建立国际海事研究信息资料管理系统等。

2001年5月21日，国际安全管理规则分委会在北京召开第一次全体委员会议，该分委会正式成立。8月22日，国际海事研究委员会在青岛召开第三次会议。会议强调各分委会不仅要跟踪国际海事动态，更要有专人系统研究有关国际海事公约，多提提案和建议。

2005年1月25日，国际海事研究委员会在杭州召开第四次会议。会议调整了委员会组成人员，讨论了其工作导则的修改方案。会议强调要加强研究工作的针对性，重点研究国际海事组织成员国自愿审核机制、目标型新船建造标准、国际海事调查规则改为强制性、船舶远程识别与跟踪系统等问题。3月30日，中国海事局印发通知和经修订的《中国海事局国际海事研究委员会工作导则》。该导则主要修订是设立便利运输分委会，挂靠浙江海事局；并明确综合履约分委会、船舶检验分委会，分别挂靠江苏、辽宁海事局。该通知同时公布了调整后的国际海事研究委员会组成人员名单，其中交通部海事局常务副局长刘功臣为主任委员，副局长郭莘、郑和平、李青平、徐国毅为副主任委员，局办公室副主任姜雪梅为秘书长。

图17-1-12　2001年8月22日，中国海事局国际海事研究委员会第三次会议在青岛举行

2006年1月12日，中国海事局印发通知，公布综合履约分委会组成名单，该分委会正式成立。

2007年1月10日，中国海事局印发通知，调整国际海事研究委员会成员，交通部海事局常务副局长刘功臣为主任委员，副局长王金付、郑和平、李青平、翟久刚和局长助理叶红军为副主任委员，局办公室副主任姜雪梅为秘书长。1月20日，国际海事研究委员会在深圳召开第五次会议。会议在总结前段工作的基础上，布置了2007年研究任务，要求在国际海事研究中，要充分吸收中国航运界的意见和建议。会议强调要加强国际海事研究人才队伍建设，并决定在中国海事局内部网站上设立“国际海事研究”专栏。4月28日，国际海事研究委员会便利运输分委会在杭州召开第一次全体委员会议，该分委会正式成立。

至2007年底，各分委会每年通过会议、调研、交流、培训或通讯联系等方式，在国际海事跟踪研究中取得一批成果(见表17-1-2)。

1997—2007 年国际海事研究委员会各分委会研究成果一览 表 17-1-2

分委会名称	主要研究成果
船员培训发证分委会（挂靠广东海事局）	①协助完成《履行 STCW78/95 公约配套法规体系的研究》课题，协助起草与该公约配套的船员培训、考试、发证管理法规和规范性文件，协助组织宣贯会和船员管理人员培训工作。 ②完成中国向国际海事组织提交的《中国政府履行 STCW78/95 公约报告》和《中华人民共和国海船船员教育、培训、考试、评估和发证质量体系管理独立评价报告》起草工作。 ③协助修改《海船船员适任考试、评估和发证规则》；协助起草海员专业培训和特殊培训评估标准和实操规范。 ④组织翻译和研究国际海事组织关于海员培训的示范教程。 ⑤派员参加有关船员管理的国际组织会议，开展公平对待海员课题研究。 ⑥编辑出版分委会内部刊物《STCW 信息简报》
航标管理分委会（挂靠上海海事局）	①跟踪研究国际航标协会动态，编制有关技术报告，选派专业人员参加国际航标协会会议和活动，提出中国参与国际航标事务的对策和建议。 ②定期出版分委会内部刊物《国际航标信息》。协助举办风险管理研讨会。 ③翻译出版国际航标协会《导标设计指南》、《风险管理指南》等标准、文件以及大会论文。 ④完成《沿海航标法规体系暨标准体系表》、《航标效能和维护水平评估方法及指标体系》课题研究。 ⑤组织撰写 2006 年国际航标协会第 16 届大会论文，翻译上海《国际航标协会第 16 届大会报告》和大连研讨会论文。完成《AIS 应用研究报告》
测绘政策、技术分委会（挂靠天津海事局）	①协助开展《中国航海图编绘规范》、《中国海图图式》和《海道测量规范》三项国家标准的宣传贯彻工作，完成《我国〈海道测量规范〉与国际海道测量组织的〈海道测量规范〉对比主要差别的报告》。完成《船舶配备海图情况的调研报告》。 ②研究制定障碍物扫海测量范围和有关要求，起草《测深仪稳定性测试及测前、测后检查标准的技术规定》等技术标准和《通航水域测绘管理办法》等规范性文件。 ③参与上海港长江口整治工作中测量工作和协助完成渤海湾大型船舶航路扫测工程项目。 ④参与并完成交通部测绘史的编写工作。 ⑤开展港口航道图图幅目录调整研究工作，协助修订《中国沿海港口航道图目录》。 ⑥开展电子海图研究工作，对沿海航路和港口航道的电子海图进行改版。 ⑦编制中国航海图书资料体系建设实施方案，参与港口航道图发行统计工作。 ⑧参与、指导通航水域验收测量工作和应急扫测工作。进行年度测绘产品质量检查工作
航行安全分委会（挂靠深圳海事局）	①参与向国际海事组织提交成山角定线制及船舶报告制提案的研究起草工作。 ②完成《中国船舶定线制研究报告》课题，起草《建立和实施船舶定线制工作指南》。 ③完成《SOLAS 公约第 V 章修正案及我国履约建议》调研报告，翻译 SOLAS 公约第 V 章修正案。 ④协助完成《高速船航行对避碰规则的影响》、中国客船实施船载航行记录仪要求课题研究。 ⑤开展 AIS 在通航秩序管理工作中应用的研究，完成《ATS 在 VTS 中应用研究报告》。 ⑥派人出席国际海事组织航行安全分委会会议并完成会议预案制定和报告编写工作。 ⑦参与珠江口船舶定线制前期规划工作，完成深圳港船舶避难地研究工作。 ⑧承担船舶远程识别与跟踪系统在中国应用的课题研究。 ⑨开展电子海图显示和信息系统以及电子海图发展评估的研究。 ⑩编辑出版《VTS 法规汇编》和《VTS 用户指南》，翻译《船舶定线制和报告制》等国际海事组织文件
搜救及全球遇险分委会（挂靠山东海事局）	①翻译出版国际海事组织《商船搜寻救助手册》、《1979 国际海上搜寻救助公约》修正案和国际海事组织，国际民航组织联合出版的《国际航空和海上搜寻救助手册》。 ②参与协调建立中国船舶报告制系统。 ③派员参加国际海事组织无线电和搜救分委会会议；跟踪研究国际公约有关搜救的内容。 ④起草《青岛海区海上搜救应急处置预案》和青岛海区防、抗热带气旋预案。 ⑤完成《搜救力量指定指南》和《搜救行动后评估报表》编写工作。 ⑥完成《我国海上搜救体制改革研究》和有关开展搜救工作的专题研究报告等。 ⑦完成《事故与应急》海事职工培训教材编写工作。 ⑧编辑出版分委会内部刊物《海事与搜救》

续上表

分委会名称	主要研究成果
港口国管理分委会(挂靠天津海事局)	①跟踪分析国外港口国监督检查动态，与有关船公司建立港口国监督业务联系制度，掌握和分析中国籍船舶在国外接受港口国监督检查情况，为“降滞脱黑”工作提供指导意见，提出开航前检查的对策。完成“加强方便旗船舶监督管理”课题研究。 ②举办专家研讨会，就巴黎备忘录港口国监督部长会议宣言草案、东京备忘录修正案、国际海事组织有关决议和《船舶安全检查规则》开展研究，并提出建议。 ③翻译出版国际海事组织有关决议和《港口国监督程序》、《东京备忘录》修正版；编制关于 ISM 规则港口国监督检查指南和关于 GMDSS 港口国监督检查参考资料，修订、出版港口国监督检查表格和业务指导书、手册等。 ④编制《港口国监督船舶缺陷代码与有关公约对应条款汇编》，并建立相关数据库。 ⑤派员参加亚太地区港口国监督谅解备忘录委员会会议、数据库主任会议、专家研讨会。 ⑥参与船舶安全检查员培训授课工作，开展港口国监督相关培训；参加编写国内统一的《船舶安全检查员培训教材》及其考试大纲、试题题库。 ⑦完成“中国船旗国履约问题现状和对策”课题研究，协助编写提交给国际海事组织的中国船旗国履约自评表。 ⑧编制分委会内部刊物《中国港口国监督年报》和《中国船旗国履约情况简报》
综合履约分委会(挂靠江苏海事局)	①承担自愿审核机制对策研究课题任务并承办相关培训班。 ②启动实施国际海事公约国内立法研究；跟踪研究 10 个常用海事公约。 ③汇编出版常用国际海事公约研究和应用。 ④编辑出版分委会内部刊物《综合履约信息》
危管防污分委会(挂靠辽宁海事局)	①跟踪研究“73 / 78 防污公约”附则 V、附则 IV 和附则 VI，《1990 年国际油污防备、反应及合作公约》，《1969 年国际油污损害民事责任公约》，《控制船舶有害防污底系统国际公约》，《国际船舶压载水和沉积物控制与管理公约》。 ②开展船舶压载水管理课题研究，完成船舶在航行途中深海置换压载水安全问题的调研报告，承担国际海事组织的全球压载水管理项目中国国家项目演示地的有关工作。 ③开展中国船舶油污损害赔偿机制研讨工作；邀请专家对油污损害赔偿机制问题进行巡讲。 ④参与翻译第 30 套《国际海运危险货物规则》修正案，并参与相关议题的研讨。 ⑤与辽宁航海学会共同举办大连海区油类及化学品污染事故应急对策学术报告会。 ⑥编辑出版分委会内部刊物《危防通讯》。举办有关危防的国际培训班。 ⑦参与推动渤海海域船舶污染应急联动协作区机制建立
海事调查分委会(挂靠上海海事局)	①完成水上交通事故调查报告公开原则及报告标准格式、海事调查处理文书格式、水上交通事故调查处理条例、水上交通事故调查指南等课题的研究工作。 ②开展对水上交通事故民事赔偿范围和原则、水上交通事故责任认定制度专题研究。 ③跟踪研究国际海事组织有关海上交通事故调查方面的最新动态，搜集整理国际上有关海事调查处理方面的资料。完成《海事调查与仲裁相结合可行性研究》等课题。 ④编辑出版《水上交通事故调查报告集》。协助举办海事调查官培训班。 ⑤撰写对国际海事组织《海事调查研究规则》和《海事报告格式》修正案的综合分析报告，对中国海事调查工作提出多项建设性意见。 ⑥组织翻译《澳大利亚交通运输安全调查法案》和《英国海事调查流程》
便利运输分委会(挂靠浙江海事局)	①调研和分析《1965 年便利国际海上运输公约》履行状况和口岸管理工作存在问题。 ②完成“国际航行船舶进出港检查单证”的翻译和修改工作。 ③完成“先进国家口岸管理研究”课题。 ④编辑出版分委会内部刊物《便利运输通讯》
国际安全管理规则分委会(挂靠中国海事局)	①编写国际安全管理规则释义等。 ②研究制定安全管理体系审核员培训大纲和管理规定。 ③研究国际安全管理规则国内化分船种实施方案。 ④研究开发安全管理体系有效性评价体系

说明：2009 年 3 月，船舶检验分委会成立，挂靠广东海事局。

第二节　双边与多边合作

图 17-2-1　2003 年 11 月 17 日，交通部副部长洪善祥在上海国际海事论坛开幕式上致辞

【上海、深圳国际海事论坛】

自 2000 年起，上海海事局以“航运安全与防污染”为主题连续三年举办的国际研讨会取得一定成效。为进一步加强与国内外海事界、航运界在海上安全与海洋环境保护方面的经验交流，信息互通，2003 年 10 月，经交通部批准，中国海事局决定在上海国际研讨会的基础上定期举办上海国际海事论坛。

2003 年 11 月 17 日，中国海事局以“液化气船舶运输风险控制”为主题，首次主办上海国际海事论坛。论坛由上海海事局承办，英国保赔协会协办。来自国内外有关政府部门、航运公司、船级社、保赔协会、石油化工货主、保险公司、科研院校的代表 200 余人出席论坛。交通部副部长洪善祥、上海市人大常委会副主任刘伦贤出席论坛开幕式并致辞，交通部海事局常务副局长刘功臣作主题演讲，国际气体船和码头经营者协会总经理詹姆士 · 麦卡迪在大会发言。论坛围绕石油和液化气船舶的检验、管理、作业、事故预控和处置等议题展开讨论交流。

2005 年 7 月 5 日至 6 日，中国海事局以“船舶油污损害赔偿基金的征收和使用管理”为主题主办 2005 年上海国际海事论坛。论坛由上海海事局承办，英国保赔协会协办。国务院法制办公室、中央机构编制委员会办公室、财政部、农业部、交通部、国家环境保护总局、最高人民法院的代表，中国、美国、英国、俄罗斯和东盟十国以及中国香港特别行政区的海事机构的代表，国际海事组织、国际油污基金组织、国际油轮船东防污染联合会、国际保赔协会等国际组织的代表，中国船东保赔协会等单位的代表近 240 人出席论坛。交通部副部长徐祖远，上海市人大常委会副主任刘伦贤、副市长杨雄，国际海事组织秘书长特派代表出席论坛开幕式并致辞，交通部海事局常务副局长刘功臣作主题演讲。论坛围绕船舶油污损害赔偿基金征收和使用运作过程中涉及的法律、技术和管理问题展开讨论交流。本届论坛同时举办以介绍中国海事机构、船舶污染事故应急清污设备、油污损害检测技术为内容的小型展览。

2006 年 4 月 19 日至 20 日，中国海事局以“高素质海员”为主题主办 2006 年深圳国际海事论坛。论坛由深圳海事局承办。国务院法制办公室、国务院台湾事务办公室、外交部、商务部、农业部、劳动和社会保障部、交通部的代表，中国、德国、法国、希腊、新加坡、喀麦隆等国家和中国香港、澳门、台湾地区的代表，国际海事组织、国际运输工人联合会、国际劳工组织、国际海运联盟、欧洲海事安全局等国际组织的代表，以及国内有关行业组织、航运公司、航海院校的代表近 300 人出席论坛。交通部副部长徐祖远出席论坛开

图 17-2-2　2006 年 4 月 19 日至 20 日，以“高素质海员”为主题的深圳国际海事论坛在深圳举行

幕式并致辞，国际海事组织秘书长米乔普勒斯、交通部海事局常务副局长刘功臣作主题演讲。论坛围绕主题和“当代航运对海员的影响”、“海员与海上安全、环境、保安”、“履行78/95海员培训值班国际公约十年回顾与展望”、“海员劳务输出”、“海员权益与体面工作”五个分议题展开讨论交流。

2007年4月2日，中国海事局批复深圳海事局，同意深圳国际海事论坛定位于以船员相关热点问题为主题的国际性、专业性论坛，并决定2008年4月举办第二届深圳国际海事论坛。①

2007年11月7日至8日，中国海事局以“全球关注石油运输和海洋环境保护”为主题主办2007年上海国际海事论坛。国务院有关部门和最高人民法院的代表，中国、美国、英国、西班牙、韩国和东盟十国的海事机构代表，中国香港海事处代表，国际海事组织、国际油污基金组织、国际独立油轮船东协会、国际油轮船东防污染联合会、石油公司国际海事论坛、国际保赔协会等国际组织的代表，美国、法国、日本、挪威驻上海总领事馆的代表，以及国内外航运公司、石油公司、科研院校、法律界、保险界的专家学者239人出席论坛。上海市副市长杨雄、国际海事组织海上环境保护委员会主席克雷索斯托默、交通部总工程师蒋千出席论坛开幕式并致辞，交通部海事局常务副局长刘功臣作主题演讲。论坛围绕主题和“高质量的石油运输和防污染管理”、“国际防污染公约的履约现状及发展趋势”、“船舶重大污染事故应急处置关键问题及技术”、“船舶油污损害赔偿法律、技术问题”四个分议题展开讨论交流。本届论坛同时举办以介绍中国海事机构、国际著名石油货主和航运集团、溢油应急能力和前沿技术为内容的小型展览。

【国际海事合作】

1999年10月，中国海事局组团出席在新加坡召开的马六甲及新加坡海峡国际会议，并作题为《加强区域合作，促进马六甲及新加坡海峡安全》的发言。

2000年4月，中国海事局与公安部刑侦局组团参加在东京召开的海上警备机构首脑会议。

2001年9月18日至20日，中国海事局承办的亚洲地区海事调查官论坛第4次会议在北京举行，中国、日本、韩国、新加坡和中国香港的25名代表出席会议，会议就海上事故调查体制、海事案例分析、实施国际海事组织有关决议等议题进行了讨论。

图17-2-3　2002年11月，国际海事组织地区性《国际安全管理规则》审核员培训班在广州举办

2002年11月18日至22日，中国海事局在广州承办国际海事组织《国际安全管理规则》审核员培训班，来自亚洲16个国家和地区的学员31人参加培训。

2004年2月，中国海事局组团出席在香港举行的第10届船舶交通管理系统国际学术研讨会，并发表《港口VTS的效益评价和风险评估》、《VTS中心及雷达站的防雷技术研究》两篇论文，研讨会由国际航标协会和中国香港海事处联合主办。4月2日，交通部副部长洪善祥与新加坡交通部常任秘书王文辉就两国加强海运与海事合作问题进行会谈，并草签海运海事合作谅解备忘录。备忘录主要内容涉及港口管理和发展、航运合作、海事安全与政策、海事培训与发证、海事技术等领域。10月21日，中国海事局与菲律宾海岸警卫队在马尼拉举行代号为“中菲合作2004”中菲联合沙盘搜救演习。

① 2008年4月17日，2008年深圳国际海事论坛举行，主题是“海员与发展”。

2004 年 7 月 28 日，首次中日港口国监督双边合作会谈在大连举行，中国海事局与日本海上保安厅就港口国监督检查有关事宜交换意见，并约定将这种会谈形式固定下来。2005 年 5 月，第二次中日港口国监督双边合作会谈在日本东京举行。2006 年 5 月 30 日至 31 日，第三次中日港口国监督双边合作会谈在桂林举行，双方就老旧客船管理、低质量船舶整治、鲜销船港口国监督检查等问题进行了讨论。

图 17-2-4　2005 年 8 月 30 日至 9 月 1 日，首次“中美港口国监督研讨会”在上海海事局船员考试中心举行

2005 年 2 月，公安部边防局会同中国海事局、农业部、国家海洋局组团出席在日本东京召开的第 6 次北太平洋海岸警备机构高官论坛专家会，这是中国被接纳成为该论坛正式代表后参加的第一次专家会，此前，中国以观察员身份参加了第 2 至 5 次专家会。会议期间，中国海事局代表参加了海上安全、联合行动、信息交换工作组会议和全体会议。2005 年上半年，中国海事局邀请菲律宾海岸警卫队访华，双方商谈并草签中菲海事合作谅解备忘录。4 月 27 日，在国家主席胡锦涛访问菲律宾期间，中国交通部部长张春贤与菲律宾交通通信部部长雷恩德洛·门多萨正式签署《中华人民共和国交通部与菲律宾共和国交通通信部海事合作谅解备忘录》，交通部海事局常务副局长刘功臣随团访问。8 月 30 日至 9 月 1 日，中国海事局在上海举办中美港口国监督研讨会，特邀美国海岸警卫队负责船舶及港口设施保安的专家进行专题讲座，各直属海事局从事船舶保安现场检查的执法人员及中国船级社的部分代表共 85 人参加研讨会。10 月 10 日至 18 日，中国海事局与国际海事组织技术合作司在上海联合举办涉外海事调查培训班，各海事局选派海事调查官参加培训，国际海事组织技术合作司两位专家授课。

2006 年 9 月 19 日至 20 日，中国海事局主办的亚洲海事调查官论坛第 9 次会议在上海举行。

图 17-2-5　2006 年 9 月 19 日，亚洲海事调查官论坛第 9 次会议在上海举行

2007 年 2 月 5 日至 8 日，由中国海事局承办，中国拆船协会协办的国际海事组织地区拆船研讨会在珠海召开。国际海事组织、国际劳工组织、国际拆船协会、巴塞尔公约秘书处、波罗的海国际海运理事会、国际海运协会等国际组织及印度、孟加拉、土耳其、巴基斯坦、日本、法国、英国、荷兰、挪威、中国等 10 国的政府官员、拆船专家、船东代表共 40 多人出席会议。会议围绕“安全和环境无害化拆船”主题，讨论国际海事组织起草的《安全与环境无害化拆船国际公约（草案）》并提出修改意见。会议期间，与会代表参观了广东新会双水拆船钢铁有限公司和中新拆船钢铁有限公司。10 月 2 日，伯利兹籍“HENG TAI”轮（船员 28 名，其中中国籍船员 26 名）在泰国普吉岛附近海域船舱进水遇险，经中国海上搜救中心联系，缅甸、泰国、印度的搜救机构即刻组织搜救力量进行搜救，26 名船员被过往的一艘中国台湾籍船舶和一艘外国籍船舶救起，另 2 名船员失踪。10 月 15 日至 19 日，中国海事局承办的第 16 届国际海事调查官论坛在北京举行，论坛主席美国海岸警卫队的 Doug Rabe 先生主持会议，来自 25 个国家和地区的 49 名代表参加本届会议。这是该论坛第一次在中国举行会议，交通部副部长徐祖远宴请了论坛主席及各国代表，交通部海事局常务副局长刘功臣在开幕式上致辞。

〖亚太地区海事机构首脑论坛〗

亚太地区海事机构首脑论坛由澳大利亚海事局发起，于1996年设立，为一松散型组织，其宗旨是通过海事机构首脑定期对话，促进亚太地区航运安全。

2000年3月，亚太地区海事机构首脑论坛第四次会议在新加坡举行，中国海事局组团出席会议，并当选为本次会议副主席。会上，中国代表团发表了有关船位报告、全球海上遇险与安全系统、油污应急反应、差分全球定位系统等论文。之后，中国海事局多次出席亚太地区海事机构首脑论坛会议。

图17-2-6　2001年9月11日至13日，亚太地区海事机构首脑论坛第五次会议在北京举行

2001年9月11日至13日，中国海事局主办的亚太地区海事机构首脑论坛第五次会议在北京举行，来自中国、美国、加拿大、智利、日本、韩国、新加坡、马来西亚、澳大利亚、新西兰等16个国家和中国香港、澳门地区的海事机构，以及国际航标协会秘书长共52名代表出席论坛，就海上搜救、油污应急反应、航行安全、海员及事故人为因素、海事管理、高速船管理等议题展开讨论，中国海事局提交了有关溢油应急联合演习、船舶交通管理系统、船员管理质量控制体系的论文。交通部海事局常务副局长刘功臣作为会议主席主持论坛，交通部副部长洪善祥致辞。

2003年4月，中国海事局组团出席在美国檀香山召开的亚太地区海事机构首脑论坛第六次会议。

2004年4月，中国海事局组团出席在新西兰惠林顿召开的亚太地区海事机构首脑论坛第七次会议，并介绍了中国实施《国际船舶和港口设施保安规则》的准备工作情况以及在船舶压载水管理方面所做的工作，发表了有关船员培训、考试、发证质量控制体系方面的论文。

2005年4月，中国海事局组团出席在韩国召开的亚太地区海事机构首脑论坛第八次会议。

〖中俄船舶检验技术合作〗

1999年7月，交通部海事局副局长刘德洪率中国海事局代表团赴莫斯科访问俄罗斯内河船舶登记局，就1992年签署的合作协议执行情况，以及中国海事局成立后双方进一步合作等问题举行了会谈。

2000年6月7日，交通部海事局常务副局长刘功臣、副局长刘德洪在北京会见来访的俄罗斯内河船舶登记局局长尼科来·叶符列莫夫一行，商定重新签署双边合作协议。俄代表团还先后访问了辽宁、上海海事局。

2001年7月1日至7日，交通部海事局党委书记、副局长黄先耀率中国海事局代表团访问俄罗斯内河船舶登记局，双方在莫斯科重新签署了《中华人民共和国海事局与俄罗斯内河船舶登记局关于合作和相互代理的协议》，确定继续开展互为对方在己国修理、建造的船舶及船用设备实施代理技术检验的合作，并明确在船舶检验规范的应用、技术文件的审批、证书的颁发和认可、信息交换与联系等方面的合作事项。

之后，中国海事局与俄罗斯内河船舶登记局继续保持密切合作关系，每年举行定期会晤。

2004年9月，中国海事局代表团访问俄罗斯内河船舶登记局，就高速船的设计、审图、建造、营运检验，以及内河小船检验管理等问题进行探讨，俄方同时提供有关内河小船和高速船的技术规范、标准，供中方参考。

图 17-2-7　2005 年 9 月 9 日，中国海事局在北京与来访的俄罗斯内河船舶登记局代表团举行会谈

2005 年 9 月 9 日，交通部海事局常务副局长刘功臣、副局长李青平在北京与来访的俄罗斯内河船舶登记局代表团举行会谈，并签署会谈纪要。之前，俄代表团还先后在上海、南京访问参观了上海、江苏海事局，中国船级社上海分社和上海外高桥造船有限公司等单位，进行了工作交流。

〖中韩海上安全事务协商会议〗

1999 年，中国海事局与韩国海洋水产部安全管理局建立中韩海上安全事务协商机制，主要就海上巡逻、海难救助、船舶安全管理、海洋环境保护及防污、渔船紧急避难、通航水域、履行国际海事组织公约等问题进行定期会谈。11 月 4 日至 5 日，第一次中韩海上安全事务协商会议在韩国汉城举行。

2000 年 5 月 9 日至 10 日，第二次中韩海上安全事务协商会议在北京举行，双方就港口国监督检查合作、非公约船管理和检验标准协调等问题交换了意见。会后，韩国代表团访问了辽宁海事局和大连海事大学。

2001 年，中国海事局就中韩两国关于黄海油污防备、应急合作事项与韩国有关方面举行会谈，并在基本原则上达成一致意见。

2002 年 5 月 30 日至 31 日，第三次中韩海上安全事务协商会议在上海举行，交通部海事局副局长郭莘与韩国海洋水产部安全政策担当官金钟义举行会谈。10 月 27 日，交通部海事局副局长郑和平在北京与来访的韩国海洋警察厅次长李尚奎就签署海上搜救合作协定交换意见。

2003 年 8 月，交通部海事局常务副局长刘功臣率团出席在韩国济州岛召开的第四次中韩海上安全事务协商会议和中韩海上搜救合作事务会议，分别与韩国海洋水产部安全管理局局长吴恭均和韩国海洋警察厅警备救难局局长权东玉举行了会谈。

2004 年 6 月 1 日至 3 日，中韩海上搜救合作协定第一次事务级会谈在北京举行，双方对该协定文本草案大部分内容基本达成一致意见。8 月 31 日，第五次中韩海上安全事务协商会议在重庆举行。

2005 年 5 月，第六次中韩海上安全事务协商会议在韩国济州岛举行。11 月，交通部海事局副局长徐国毅率团出席在韩国首尔举行的第一届中韩海事调查合作会议，双方就海上事故信息交换、事故联合调查等问题达成共识。

2006 年 5 月 9 日至 11 日，第七次中韩海上安全事务协商会议在西安举行，双方就港口国监督检查合作及其检查员交流、鲜销船管理、国际海事组织成员国自愿审核、船舶压载水公约实施准备工作、中韩间航行的客轮检查周期调整等问题交换了意见。11 月 16 日，第二届中韩海事调查合作会议在杭州举行，双方就共同关注的海上事故、互派海事调查官等问题达成共识。2006 年，中韩海上搜救合作协定继续举行事务级会谈。

图 17-2-8　2005 年 11 月 24 日至 25 日，第一届中韩海事调查合作会议在韩国首尔举行

2007 年 4 月 10 日，在国务院总理温家宝访问韩国期

间，中国交通部部长李盛霖与韩国外交通商部长官宋旻淳在韩国首尔正式签署《中华人民共和国政府和大韩民国政府海上搜寻救助合作协定》，这是中国与周边国家在海上搜寻救助合作领域签署的第一个政府间协定。4 月 11 日，交通部部长李盛霖与韩国海洋水产部长官金成珍就双方进一步加强海上搜救合作与海上安全事务合作等举行会谈，交通部海事局常务副局长刘功臣参加会谈。

2007 年 5 月 12 日，韩国籍货船“GOLDEN ROSE”轮在渤海海峡以西海域与圣文森特籍集装箱船发生碰撞而沉没，船上 16 名船员失踪。在中国海上搜救中心组织搜救的过程中，应韩国请求，经中国同意，韩国海洋警察厅先后派出 4 艘船舶，在中国海上搜救中心统一指挥下参与了 20 天的海上搜救。

〖西北太平洋四国海上搜救合作〗

西北太平洋四国海上搜救与防污染会议，是由俄罗斯、日本、韩国联合发起的区域性会议，其目的是加强西北太平洋各国在海上搜救与防污染等方面的交流与合作，第一届会议于 1996 年 6 月在日本东京召开。中国代表团以观察员的身份参加了 1997 年 5 月在日本东京召开的第二届会议，并于 1998 年 6 月在韩国仁川召开的第三届会议上，开始以正式代表身份出席该会议。

1999 年 5 月，中国海事局组团参加在俄罗斯符拉迪沃斯托克召开的第四届西北太平洋四国海上搜救与防污染会议。7 月 28 日，交通部海事局副局长宋家慧在北京与来访的韩国海洋警察厅总监一行，就海上巡逻、海难救助、船舶安全管理、海洋环境保护、渔船避难、通航水域、履行国际海事组织公约等问题交换了意见；双方一致认为应加强海上搜救和事故调查处理方面的合作，并推动中、韩、日、俄联合行动。

2000 年 5 月 25 日至 26 日，中国海事局在上海承办第五届西北太平洋四国海上搜救与防污染会议。中国、俄罗斯、日本、韩国海事机构的有关代表 10 余人出席会议，并在海上搜救与防污染信息交换、渔船避险、搜救合作等方面交换了意见。中国代表团就渔船避险和船位报告数据交换提出两个提案，会议同意船位报告数据交换方案交由专家会议研究，并同意韩国代表提出的通过外交途径向与会各国提交关于建立搜救协定的提案。中国国内部分海上搜救中心和直属海事系统的近 30 名观察员列席会议。会议期间，各国代表参观了上海搜救中心、中国船舶报告中心和上海海岸电台。

2001 年至 2007 年，中国海事局或中国海上搜救中心均组团参加每年轮流在四国召开的西北太平洋四国海上搜救与防污染会议。

应日本海上保安厅邀请，2004 年 5 月 29 日，中国海事局代表团及“海巡 21”巡视船观摩和参加了在日本海域举行的“海上保安厅检阅式及综合演习”。6 月 3 日，“海巡 21”返回上海。11 月 21 日至 22 日，中国海上搜救中心在青岛承办第九届西北太平洋四国海上搜救工作会议。会上，各国通报了区域海上搜救合作所做的工作和存在问题，交流了搜救工作经验，并就中国代表团提出的统一搜救通报格式的提案和日本代表团提出的交换洋流资料的建议案进行了讨论。

图 17-2-9　2004 年 5 月 22 日，“海巡 21”巡视船驶离上海，出访日本，参加日本海上保安厅检阅式及综合演习活动

2005 年 7 月 7 日，应中国海事局邀请，韩国海洋警察厅和日本海上保安厅首次各派 1 艘巡视船观摩了在上海水域举行的 2005 年东海联合搜救演习。

2006 年 3 月 13 日，上海邦建船务有限公司“邦兴 1”轮（船员 24 名）在日本那霸附近海域遇风，船舱进水，请求救助，经中国海上搜救中心联系，日本海上保安厅即刻组织搜救，22 名船员被过往的安提瓜籍货船救起，2 名船员被日本救助直升机救起。3 月 14 日，中国海上搜救中心与日本海上保安厅在北京成功举行中日联合海上搜救通信演习。

2007 年 3 月 13 日，上海海上搜救中心与日本海上保安厅鹿儿岛搜救中心在上海海事局举行 2007 中日海上搜救通信演习。

〖西北太平洋行动计划溢油防备与反应区域合作〗

在联合国环境规划署和国际海事组织的倡导支持下，1994 年 9 月在韩国汉城召开的西北太平洋行动计划第一次政府间会议，中国、韩国、日本、俄罗斯四国通过西北太平洋海洋和沿岸地区环境保护、管理和开发的行动计划(简称西北太平洋行动计划)。该计划包括海上船舶溢油应急反应合作，建立溢油应急协调中心等内容。1998 年 6 月 30 日，《1990 年国际油污防备、反应及合作公约》对中国生效，中国海事局在开展履约研究、宣传、贯彻工作的同时，参与了西北太平洋行动计划中“海洋污染防备、反应与合作”项目的文件制定工作，与韩国、日本、俄罗斯开展了有关信息交换和技术交流活动，提交了《中国海洋污染防备、反应和合作国家报告》。中国海事局是该项目的中国联络点，委托山东海事局承担中国联络点的日常工作。

2001 年 5 月 14 日至 18 日，中国海事局在青岛承办西北太平洋行动计划海洋污染防备、反应与合作第四次专家论坛会议。11 月 4 日至 9 日，中国海事局派员参加在日本东京召开的西北太平洋行动计划区域溢油应急计划和谅解备忘录顾问专家会议。这两次会议主要对国际海事组织专家起草的西北太平洋行动计划区域溢油应急计划和谅解备忘录进行讨论和修改。

2003 年 11 月，在中国三亚召开的西北太平洋行动计划第八次政府间会议通过《西北太平洋地区海洋环境溢油防备与反应区域合作谅解备忘录》和《西北太平洋行动计划区域溢油应急计划》。

图 17-2-10　2004 年 11 月 15 日至 18 日，在青岛召开西北太平洋行动计划海洋污染防备、反应与合作专家工作组会议暨西北太平洋行动中心应急计划国家主管机关代表会议

2004 年 11 月，中国、韩国、日本、俄罗斯四国政府签署的《西北太平洋地区海洋环境溢油防备与反应区域合作谅解备忘录》、《西北太平洋行动计划区域溢油应急计划》生效。11 月 15 日至 18 日，中国海事局承办的西北太平洋行动计划海洋污染防备、反应与合作专家工作组会议在青岛举行，来自国际海事组织、西北太平洋行动计划海洋污染防备反应区域行动中心和中国、韩国、日本、俄罗斯的海上防污专家、主管机关代表，以及中国的观察员 30 余人参加会议。中国海事局向会议提交了“溢油应急最低防备水平研究”、“溢油应急演练情景模拟”和“在西北太平洋地区实施船舶压载水控制与管理”等建议。会上，各国代表对《西北太平洋行动计划区域溢油应急计划》中有关溢油应急监视、环境敏感资源管理、化学消油剂的应用、最低防备能力要求和溢油应急辅助决策系统建设等技术支持项目的实施进行了研究，并达成共识；同时就启动和实施该应急计划协作配合等其他相关问题进行了深入探讨，拟定了四国西北太平洋地区海上溢油应急联合演习方案。

2005 年 6 月，在韩国召开的西北太平洋行动计划海洋污染防备反应与合作第 8 次联络点会议和实施西北太平洋区域溢油应急计划第一次主管机关代表会议上，中国海事局向西北太平洋行动计划海洋污染防备反应区域行动中心递交由中国交通部部长张春贤签署的《西北太平洋地区海洋环境溢油防备与反应区域合作谅解备忘录》，中、韩、日、俄四国政府开展海上溢油应急合作开始进入实质性实施阶段。11 月，在日本召开的西北太平洋行动计划第十次政府间会议，决定将《西北太平洋行动计划区域溢油应急计划》适用的地理范围由东经 121°— 143°、北纬 33°— 52°扩展至东经 121°— 145°、北纬 33°— 55°，并决定将设在韩国的西北太平洋行动计划海洋污染防备反应区域行动中心工作范围逐步扩大至有毒有害物质泄漏事故和海洋垃圾污染等应急反应方面。

2006 年 11 月 7 日至 9 日，中国海事局派员参加了在俄罗斯萨哈林召开的修订“西北太平洋区域有毒和有害物质事故应急计划”会议。

2007 年，中国海事局继续跟踪研究西北太平洋“海洋污染防备、反应与合作”项目，重点进行西北太平洋地区海上溢油应急联合演习的准备工作①，并于 2007 年 4 月 20 日向西北太平洋行动计划海洋污染防备反应区域行动中心提交《溢油应急最低防备水平要求》专题研究报告和《有毒有害物质事故应急国家工作报告》、《防治海洋垃圾污染国家工作报告》。

2007 年 12 月 7 日，中国香港籍超大型油轮“HEBEI SPIRIT”轮在韩国西海岸大山港锚泊期间被韩国籍失控浮吊船擦碰，导致上万吨原油泄漏入海，造成韩国海域严重的污染事故。应韩国政府请求，西北太平洋行动计划海洋污染防备反应区域行动中心于 10 日首次启动《西北太平洋行动计划区域溢油应急计划》。12 日，韩国政府请求周边国家给予飞机、船舶、清污器材方面的清污援助。中国政府在接到韩国政府的请求后立即组织援助行动。中国海事局紧急调运的首批援韩物资 33.14 吨吸油毡，14 日由山东海事局在青岛港组织装船发运，15 日中午到达韩国仁川交给韩国使用。中国海事局 13 日派出 27 名清污技术人员随上海海事局“海标 24”大型航标船于 16 日抵达大山港，将携带的 20 吨吸油毡和收油机、围油栏、消油剂等清污物资交给韩国使用。由于当时油污基本得到控制，韩国海洋警察厅只接受了物资援助，“海标 24”轮不需要参加岸线具体清污行动，于 12 月 18 日完成清污援助任务返回上海港。

〖中国—东盟海事磋商机制〗

2003 年 10 月 21 日至 31 日，在缅甸仰光召开的中国—东南亚国家联盟（简称东盟）交通部长第二届会议上，根据中国交通部部长张春贤的建议，会议决定建立“中国—东盟海事磋商机制”，旨在促进中国与东盟各国在海事领域的合作与交流。

2004 年，中国海事局向东盟提交了《中国—东盟海事磋商机制概念文件》，得到东盟各国的积极响应。11 月 27 日，在老挝万象召开的中国—东盟交通部长第三届会议上签订了《中国—东盟交通合作谅解备忘录》，中国—东盟海事磋商机制成为该备忘录的重要组成部分。

图 17-2-11　2005 年 12 月 14 日至 16 日，中国—东盟海事磋商机制第一次会议在广州召开

2005 年 12 月 14 日至 16 日，作为执行“中国—东盟海事磋商机制”中方代表的中国海事局在广州举办中国—东盟海事磋商机制第一次会议。文莱、柬埔寨、马来西亚、缅甸、菲律宾、新加

① 2008 年 9 月 2 日，西北太平洋行动计划中韩海上溢油应急联合演习在青岛水域举行。

坡、泰国、越南8个东盟国家海事机构，中国海事局和东盟秘书处共39名代表出席会议，交通部海事局常务副局长刘功臣主持会议，泰国运输部海事局副局长 Sub. Lt. Preecha Phetwong 担任会议联合主席。会上，与会各国发表了有关本国海事管理的国家报告，一致认为在海事领域进行区域合作十分重要。会议讨论了由中国海事局起草的《中国—东盟海事磋商机制概念文件(草案)》，通过了经修订的文本，并决定每年在中国举办一次中国—东盟海事磋商机制会议，就海上安全、海上保安和海洋环境保护方面等共同关心的问题进行讨论，中国海事局和东盟秘书处承担中国—东盟海事磋商机制秘书处工作，中国—东盟海事磋商机制会议报告提交中国—东盟交通高官会和中国—东盟交通部长会议。会议听取了新加坡代表关于实施国际海事组织成员国自愿审核机制的经验介绍，同意在这方面开展多边合作。会议结束后，代表们参观了广州南沙港和“海巡31”巡视船。

2006年11月7日至9日，中国—东盟海事磋商机制第二次会议在上海召开。文莱、柬埔寨、印度尼西亚、老挝、马来西亚、缅甸、菲律宾、新加坡、泰国、越南10个东盟国家海事机构，中国海事局和东盟秘书处共46名代表出席会议，交通部海事局常务副局长刘功臣主持会议，泰国运输部代表担任会议联合主席。会议围绕国际海事组织成员国自愿审核机制、航行安全和海上应急反应等议题进行论文交流与讨论。中国海事局就国际海事组织成员国自愿审核机制准备情况、船舶远程识别与跟踪、海上溢油应急反应体系、油污基金设立等议题发表论文。

2007年9月5日至7日，中国—东盟海事磋商机制第三次会议在青岛召开。文莱、柬埔寨、老挝、马来西亚、缅甸、菲律宾、新加坡、泰国、越南9个东盟国家海事机构，中国海事局和东盟秘书处共43名代表出席会议，交通部海事局常务副局长刘功臣主持会议，泰国运输部船舶标准局局长 Pimook Prayoonprohm 担任会议联合主席，山东省政府特别咨询、原副省长孙守璞到会并致辞。会议重点讨论了中国与东盟各国海事合作的进展、国际海事组织成员国自愿审核机制、航行安全(包括内水与内河运输)、港口国监督、海上应急与搜救、国际海事组织关于目标型新船建造标准问题等10项议题。会议结束后，代表们参观了青岛港和山东海事局海上搜救指挥中心。

通过中国—东盟海事磋商机制，中国海事局与东盟各国海事机构之间逐步建立起在海上交通安全和防治船舶污染海洋环境领域的合作关系。自中国—东盟海事磋商机制第二次会议以来，至2007年底，中国海事局与东盟各国海事机构合作的广度、深度不断加大，中国海事局先后参加了在新加坡举行的亚洲地区反海盗和武装抢劫船舶协定指导理事会会议、东亚海道测量委员会电子海图工作组会议和南中国海主航路浅滩沉船情况评估工作组会议、国际海事组织马六甲和新加坡海峡航行安全及海洋环境保护大会，在马来西亚举行的马六甲合作“3+1”会议、打击海盗和海上保安会议，在缅甸举行的澜沧江—湄公河中老缅泰四国通航联委会会议，在印度尼西亚举行的国际海事组织海上电子高速路会议，中国与印尼海上合作技术委员会第二次会议，赴印度尼西亚实施恢复被海啸损坏航标的马六甲海峡合作项目，进行马六甲和新加坡海峡有毒有害物质反应和防备合作能力建设项目需求评估，参加在新加坡举行的多波束测量声纳制图培训班、国际海事组织地区性模拟器教员培训班等。

【来访与出访】

1999年6月29日，交通部海事局副局长王金付在北京与来访的朝鲜海道测量局官员，就海道测绘技术发展和设备更新、电子海图研究、航标管理、航行警告发布系统等问题进行了探讨。8月11日，交通部海事局常务副局长刘功臣在北京与来访的英国国防部海道测量局局长、海军少将克拉克等，就测绘技术及设备发展、电子海图技术、中英航海图书资料交换、测绘人员培训、海图产品开发合作等交换了意见。8月13日，交通部海事局副局长王金付在北京与来访的巴拿马海事局船员司、船队司司长，就船员证书相互承认、国际安全管理规则实施、港口国监督、联合打击海盗和武装抢劫船舶等问题进行了探讨。10 月 28 日，交通部海事局常务副局长刘功臣在北京与来访的新加坡港口海事局局长曾子鹏等，就马六甲海峡航行安全（打击海盗区域性合作）、国际安全管理规则实施、电子海图生产出版、港口国监督检查标准及其检查官培训等事项举行了会谈。同年，中国海事局安排日本海上保安厅保安官中村正重，自 11 月起在中国海事局和天津、福建、深圳、广州、上海海事机构进行为期 5 个月的学习研修活动。

2000 年 3 月 31 日，交通部海事局常务副局长刘功臣在北京会见来访的朝鲜海道测量局局长、中将 Choi Jun Gil 一行。4 月 5 日，交通部海事局常务副局长刘功臣、副局长王金付在北京会见来访的国际海道测量局局长 J. W. Leech。11 月 2 日，交通部海事局副局长刘德洪在北京会见来访的日本海事协会会长间野忠一行，双方就船舶安全措施、船舶油污排放标准、海上事故等问题进行了探讨。同年 4 月、5 月、10 月，中国海事局组团，先后考察了英国、荷兰、挪威、美国、澳大利亚、日本等国海事机构的设置、职能、编制、法律依据、工作方式、经费来源、主要业务等情况，以及船舶交通管理系统、大型巡逻船、海上防灾基地等海事基础设施建设情况。

图 17-2-12　2000 年 5 月 28 日，中国海事局代表团在澳大利亚海事局访问考察

图 17-2-13　2000 年 11 月 2 日，中国海事局在北京会见来访的日本海事协会代表团

2001 年 4 月 14 日，交通部海事局常务副局长刘功臣在北京会见来访的利比里亚国际船舶注册公司首席执行官 Yoram M. Cohen 一行，双方就履行 STCW78/95 公约、海员劳务合作等问题交换了意见。8 月 24 日，交通部海事局常务副局长刘功臣、副局长王金付在北京会见来访的英国海道测量局局长 David Wynford Williams 一行，双方就电子海图、测绘技术装备等问题交换意见，并初步商定重新修订 1997 年签署的《中英航海图书资料交换双边协议》。

2002 年 1 月，交通部海事局党委书记、副局长何建中率中国海事局代表团赴丹麦、德国、挪威、英国，进行航运公司安全管理体系审核工作的交流与考察。5 月，交通部海事局副局长刘德洪率中国海事局代表团赴加拿大和美国，进行船舶检验管理体制调研。7 月 31 日，交通部海事局副局长刘德洪在北京会见来访的美国船级社太平洋地区代表。9 月 6 日，日本驻华大使馆公使限丸优次一行拜会交通部海事局常务副局长刘功臣，就国际海道测量组织出版物《海洋的名称与界限》中“日本海”的名称问题进行沟通。9 月 16 日，交通部海事局常务副局长刘功臣在北京会见来访的日本无线株式会社社长牟田忠弘一行，就海岸电台建设、船用雷达、全球海上遇险与安全系统、船舶自动识别系统等问题交换意见。11 月 1 日，日本海上保安厅水路部副部长 Nishida 在北京会见交通部海事局副局长刘德洪，就国际海道测量组织出版物《海洋的名称与界限》中“日本海”的名称问题进行沟通。11 月 10 日至 16 日，交通部海事局副局长刘德洪应邀赴瑞典世界海事大学讲课。

2003 年 3 月 31 日至 4 月 4 日，由欧洲联盟官员及其成员国代表组成的海事考察团，在北京与交通部国际合作司、科技教育司和中国海事局举行了会谈，考察了辽宁、上海海事局和大连海事大学、上海海运学院、集美大学，了解了中国海员教育培训和考试发证管理情况，并对中国履行STCW78/95公约的工作给予较高评价，同时也提出了改进建议。10月，交通部海事局副局长郭莘率中国海事局代表团赴美国、加拿大进行海事法规体系调研。

2004年6月11日，交通部海事局常务副局长刘功臣、副局长郑和平与来访的美国海岸警卫队司令柯林斯上将一行举行会谈。美国代表团还参观了中国海上搜救中心，并于6月15日访问上海海事局。

2005年11月，中国海事局代表团访问新加坡港口海事局航运司，对2004年为论证国际海事组织成员国自愿审核机制的可行性，新加坡与法国、伊朗有关当局相互实施引导审核情况进行了调研。

2006年7月25日至27日，交通部海事局副局长郑和平率中国代表团(由交通部海事局、国际合作司、中国海上搜救中心总值班室和外交部条约法律司、中国驻越南大使馆派员组成)在河内与越南海事局就越南搜救卫星系统任务控制中心服务区划界问题举行第二轮会谈，并签署了会谈纪要。12月19日，交通部海事局常务副局长刘功臣在北京与来访的英国海道测量局局长Mike Robinson、副局长Ian Moncrieff一行，就电子海图有关问题交换了意见。12月20日，英国海道测量局一行参观了上海海事局电子海图数据中心和航海图书印制中心。

2007年6月11日，交通部海事局常务副局长刘功臣、副局长李青平在北京与来访的马来西亚海事执法局局长莫哈默德海军上将就海上安全合作事宜进行了会谈。8月17日，交通部海事局常务副局长刘功臣前往停靠在上海港的美国海岸警卫队“鲍特韦尔”号执法船上进行工作交流。

第三节　港、澳、台合作

【港澳地区】

香港、澳门回归中国以后，中国海事局加强了与香港、澳门海事机构之间的联系与合作。

按照香港特别行政区政府赞助内地政府官员访港计划安排，应香港特别行政区政府邀请，1998年10月18日至24日，交通部海事局常务副局长刘功臣一行，参观了香港特别行政区政府海事处(简称香港海事处)和香港回归后的社会情况，并与香港海事处有关人员就海上船舶安全事务举行了会谈。11月，香港海事处处长崔崇尧一行访问中国海事局，双方就两地海上船舶安全管理等相关事宜举行会谈并达成一致意见。

1999年5月21日，国务院港澳事务办公室致交通部《关于与香港特区海事处定期举行会议事的复函》，同意中国海事局与香港海事处定期轮流在北京和香港举行内地与香港海上安全会议，半年左右一次。自此，中国海事局与香港海事处举行内地与香港海上安全定期会议形成制度。12月2日，交通部海事局常务副局长刘功臣、副局长宋家慧在北京与来访的香港海事处处长崔崇尧一行举行会谈，双方就两地小型船舶安全、船舶防污、海上搜救合作、国际安全管理规则实施、担杆水道分道通航、香港与蛇口水域使用、香港船舶进入内地二类开放港口、船舶进出香港通报等问题交换了意见。同时，双方同意成立工作小组，策划准备在珠江口举行搜救与防污应急联合演习等事项。香港海事处访问期间，还参观了天津海事局船舶交通管理系统和天津新港。12月16日至20日，中国海事局组团赴香港，与香港海事处就内地与香港相邻水域的测绘、航海图书资料交换、香港海事处向驻港部队提供航海图书资料、香港海图审核及其提交国际海道测量组织的程序等问题举行了会谈。经国务院同意，12月28

日，交通部副部长洪善祥和香港特别行政区政府经济局局长叶澍堃以函签方式签署《内地和香港特别行政区关于对内地和香港两地登记注册的船舶在对方港口停靠时征收船舶吨税的备忘录》。该备忘录明确在香港登记注册的船舶到达内地港口时按优惠税率计征船舶吨税，在内地登记注册的船舶到达香港港口按香港特别行政区《船舶及港口管制规例》附表13“港口费及费用”执行，自2000年1月28日起生效。

根据交通部《关于澳门回归后内地与澳门、香港航线有关航运管理的通知》精神，内地与澳门之间的海上运输为实行特殊管理的国内航线。据此，中国海事局于2000年1月14日印发通知，明确在内地或澳门登记注册的船舶，经营内地对外国籍船舶开放的港口与澳门之间的海上运输，其船舶进出港管理、船舶安全及防污染管理、船员管理仍按现行规定执行，但不再适用体现国家主权管理的强制引航规定；在中国海事局未通知有效截止日期之前，原葡澳政府于1999年12月20日之前为澳门船舶和船员签发的船舶证书、船舶检验证书、船员证书均予以认可；航行于内地和澳门之间航线的船舶技术规范暂按现行规定执行；在澳门登记注册的船舶国籍，依澳门特别行政区法律改为“中国澳门(MACAU CHINA)”，其船舶挂旗按交通部《关于澳门回归后内地与澳门、香港航线有关航运管理的通知》的规定执行。

2000年4月13日和6月6日，内地与香港海上安全定期会议先后在北京和深圳举行，双方就搜救与油污应急联合演习、深圳水域管理、担杆水道分道通航及测绘、船舶交通管理系统协作、船舶报告线、内地到香港船舶强制保险、小船检查标准、海事调查等问题交换了意见。6月5日，珠江口(粤、港、澳)搜救和溢油应急联合演习在深圳水域举行。7月13日至14日，中国海事局与香港海事处技术工作组第一次会议在北京举行，双方就小船安全标准规范进行了业务交流和探讨。

2001年1月4日至6日、9月13日，内地与香港海上安全定期会议先后在香港和北京举行。

2002年4月9日、10月24日，内地与香港海上安全定期会议先后在深圳、北京举行。10月26日，澳门港务局局长黄穗文女士在北京拜会交通部海事局副局长刘德洪，就澳门三桥建设对船舶通航的影响、施工船舶管理、十字门水道使用等问题进行了沟通。

2003年4月2日，为协调澳门特别行政区附近水域的海事管理工作，交通部海事局常务副局长刘功臣与澳门特别行政区港务局(澳门海事当局)局长黄穗文女士在北京举行会谈，双方就澳门附近水域的安全管理、施工船管理和信息交换等问题交换了意见，并就双方海事管理合作事宜达成共识，同意建立合作与协调机制，举行定期或不定期会议，以协商解决澳门附近水域海事管理合作中的问题，并及时相互通报有关违规船舶的信息。4月9日与10月23日，中国海事局与香港特别行政区海事处先后在厦门、宁波举行海上安全定期会议，双方就船舶交通管理系统信息交换、内地到港船舶强制保险、实施珠江口船舶定线制、加强与海南省海上搜救中心联系、海船检验技术规范、实施国际海事组织有关海上保安规则和防止船舶生活污水污染规则、珠江口海事调查合作等事项达成共识。

图17-3-1　2005年9月1日至3日，中国海事局与香港海事处在哈尔滨举行内地与香港海上安全定期会议

2004年6月26日，内地与香港海上搜救联合演习在海南三亚举行。6月28日，内地与香港海上安全定期会议在三亚举行。

2005年4月22日，应香港海事处邀请，中国海事局派出“海巡31”巡视船赴港访问团，对香港海事处进行了为期3天的工作访问。7月7日，香港海事处和香港特别行政区政府飞行服务队参加在上海海域举行的东海联合搜救演习。9月1日至3日，内地与香港海上安全定期会议在哈尔滨举行。

图17-3-2　2007年5月29日，中国海事局与澳门港务局在福州举行内地与澳门海上安全会议

2006年2月23日和10月18日，内地与香港海上安全定期会议先后在广东清远、杭州举行，双方就实施国际海事组织《73/78防污公约》附则Ⅰ、Ⅳ、Ⅵ，港口国监督检查合作，海员管理及其健康证明书的互认，海船检验规范的立法程序，集装箱装运危险货物监督管理、亚太地区海事机构首脑论坛、国际海事组织成员国自愿审核机制、船舶远程识别与跟踪系统等问题交换了意见。4月7日，内地与澳门海上安全会议在南京举行，双方就水域管理、内地与澳门的航运关系、履行国际公约、船舶检验技术规范方面的交流、海上搜救合作、亚太地区海事机构首脑论坛等问题交换了意见。8月4日，经中国海上搜救中心协调，香港特别行政区政府飞行服务队救助直升机成功救助在台风"派比安"中遇险的巴拿马籍散货船"永安4"轮23名船员和中国海洋石油总公司工程船"海洋石油298"轮68名船员。10月24日至27日，交通部派出海事巡逻船和专业救助直升机赴香港，首次参加香港特别行政区政府组织的海上空难搜救演习。

2007年3月16日、9月15日至18日，内地与香港海上安全定期会议先后在香港、成都举行。5月29日，内地与澳门海上安全会议在福州举行。

【台湾地区】

2001年4月9日，交通部海事局副局长刘德洪、王金付在北京会见来访的台湾中华海员总工会理事长方福樑一行；10月，交通部海事局副局长王金付率团赴台湾进行交流访问。双方就履行STCW78/95公约以及台湾船员在大陆培训、发证、换证等问题交换意见。2002年，中国海事局开始为台湾船员进行履约培训、考试和发证工作。

2002年1月29日，交通部批复海南海事局，明确在台湾地区登记注册的商务船舶可挂公司旗或不挂旗通过琼州海峡；在台湾、香港和澳门地区登记注册的商务船舶通过琼州海峡时，按照国轮进行管理；在台湾、香港和澳门地区登记注册的商务船舶进出及停泊国内港口时，按现有规定进行管理。1月30日至2月7日，中国海上搜救中心、福建省海上搜救中心和中国交通通信中心组团应邀赴台湾，参加"海峡两岸海难救助专家研讨会"，并发表了三篇论文。中国海上搜救中心办公室副主任翟久刚与台湾中华搜救协会秘书长银柳生于6日共同签署了研讨会会谈纪要，一致认为应进一步加强两岸海难救助的合作与交流，中华搜救协会可请中国海上搜救中心提供中国船舶报告系统数据库中遇险船舶附近航行船舶的动态资料，以利海上搜救。5月25日，台湾中华航空公司CI611航班在台湾海峡澎湖列岛附近海域失事，根据国务院有关部门指示，中国海上搜救中心迅速组织协调专业救助船和渔船参加搜救行动，并将捞起的11具遇难者遗体和25块飞机残骸移交台湾有关部门。9月27日，中国海上搜救中心、中国海事局在上海举行全国海上搜救学术研讨会，香港特别行政区和台湾地区的有关方面派员参加了会议。

2003年8月28日至29日，海峡两岸船舶油污应急协作研讨会在福州举行，中国海上搜救中心、福建省海上搜救中心、交通部科学研究院、台湾船长公会、台湾中华搜救协会、台湾中山大学的有关专家和人员参加会议。会议对制定海峡两岸船舶油污应急协作方案进行了讨论。9月，应台湾中华搜救协会的邀请，中国海事局派员参加中国航海学会组织的代表团，赴台湾参加两岸航行管理专家研讨会，发表了5篇论文，并与台湾中华搜救协会就两岸加强海上搜救和船舶溢油应急反应合作进行了讨论。双方同意继续保持中国海上搜救中心与中华搜救协会既定的联络渠道，确保两岸海岸电台对于遇险报警的有效使用，相互通报发生在台湾海峡的船舶油污事故，并一致认为有必要在台湾海峡实施船舶定线制。

图 17-3-3　2003年9月21日至30日，由中国航海学会和台湾中华搜救协会联合主办的“两岸航行管理专家研讨会”在台北市举行

2005年7月10日，中国海上搜救中心与台湾中华搜救协会在南京举行海峡两岸海上搜救座谈会。

第十八章　内部行政管理

简　　述

本章所述内部行政管理，主要指直属海事系统内部的政务管理、事务管理、财务管理和审计。

1998年交通部海事局成立后，为实行对直属海事系统的垂直领导和综合管理，在保证水上交通安全监督工作不断、不乱的情况下，积极协调与交通部有关部门的职能分工，理顺上下左右管理关系，从制度建设入手，使机关和直属海事系统的政务管理秩序及其运作机制有了一个良好开端。1998年至2000年，交通部海事局在机关和直属海事系统先后建立和健全了以局长负责制为主要内容的领导工作制度、会议制度、外事管理制度、目标管理制度等基本政务制度；同时狠抓公文管理、档案管理、信息管理等基础工作，建设交通部海事局内、外网站。自2003年起，交通部海事局在直属海事系统实施目标管理责任制，对各直属海事局的主要行政业务年度工作目标开展绩效管理、量化考核和效能督察，以推动直属海事系统政令的高效实施和管理工作规范化。自2006年起，为全面提升海事行政管理效能和依法行政能力，交通部海事局在全国海事系统开展为期3至5年的"规范管理年"活动。经过几年的不断努力，至2007年底，交通部海事局和直属海事系统已建立起运转比较协调、适应垂直管理体制需要的政务管理体系。

直属海事系统依法征收船舶港务费和港务监督管理费，其水上安全监督经费由船舶港务费等预算外资金列支，航标测量经费由国家财政预算安排航标事业发展经费支出，基本建设经费按项目的资金渠道分别由非经营基金和港口建设费列支。

交通部海事局成立后，为履行直属海事系统资产管理、财务会计管理和海事行政事业性收费管理职责，从理顺财务管理关系，加强财务管理和会计核算基础工作入手，落实国家有关财政政策、管理法规和改革要求，逐步形成以深化"收支两条线"管理为主线，以强化预算管理、推进各项财政改革为重点，以规范财务管理为基础，围绕海事事业发展目标，合理配置财政资源，提高依法理财、科学理财能力，促进海事事业又好又快发展的工作思路。

自1999年起，交通部海事局几乎每年都召开直属海事系统财务工作会议，研究部署财务工作和内部审计工作，推进财政改革，核定各单位的年度收支预算。1999年4月12日至16日，在宁波召开第一次财务工作会议。2000年4月10日至14日，在海口召开2000年财务工作会议。2001年4月23日至26日，在上海召开2001年财务工作会议。2003年4月16日至18日，在杭州召开财务预算会议，总结交通部海事局成立5年来的财务工作。2004年3月23日至25日，在南京召开2004年财务工作会议。2005年3月31日至4月1日，在深圳召开2005年财务工作会议。2006年4月11日至12日，在南宁召开2006年财务工作会议，总结"十五"期间直属海事系统财务工作，提出"十一五"期间海事财务工作总体要求是，贯彻落实科学发展观，依法理财，规范管理，以预算管理为中心，合理配置资源、加强财会队伍建设，使海事财务管理水平上一个新台阶。2007年4月16日至17日，在杭州召开2007年财务工作会议。

1999年至2007年，交通部海事局在水上安全监督管理体制改革和内部机构变更的过程中，不断调整和完善直属海事系统财务管理体系，规范、统一财务会计制度和运作方式，开展“小金库”、银行账户和国有资产等专项清查工作，树立科学理财、规范管理的理念，加强财会队伍建设，逐步建立起适应直属海事系统垂直管理需要的“统一领导、分级管理、分级负责”的财务管理体制，构建了以预算管理为中心、会计核算为基础、制度建设为保障、资金监管为关键、内部监督为促进、相关部门密切配合的规范、安全、高效的海事财务会计工作运行机制。截至2007年底，交通部海事局共管理具有独立法人资格的预决算单位277个(包括178个海事机构和99个经济实体，不含长江海事局)；直属海事系统拥有财会人员687人，其中高级会计师35人，会计师203人，占35%；本科及以上学历财会人员379人，占55%，提前达到交通部提出的“十一五”时期交通财会人员队伍建设目标要求。直属海事系统有6名财会人员进入交通行业百名优秀会计师行列。同时，会计基础工作规范化基本达到，会计电算化全面实现，并依托海事信息系统建立起财务管理综合信息平台。

1999年至2007年，交通部海事局建立了船舶港务费等行政事业性收费(规费)“收支两条线”管理的长效机制，规范了规费征收的账户管理、资金管理、票据管理，建立了“收支两条线”规定实施情况的不定期检查机制和专项审计制度，研究起草了《直属海事系统船舶港务费征收管理办法》，以进一步适应政府转变职能和规范行政事业性收费行为的要求；同时全面推广应用“海事费收信息管理系统”，建立了规范、准确、高效、安全的电子征收规费管理体系，确保国家规费应征不漏，足额收缴，为行政相对人提供优质服务。规费征收数额逐年增长，从1998年的4.6亿元，增长到2007年的27.5亿元，增长近5倍，累计征收额达140亿元。

1999年至2007年，交通部海事局在直属海事系统稳步推进部门预算改革、国库集中支付改革、政府收支分类改革，积极实施政府采购，不断扩大政府采购覆盖面，使直属海事系统财务会计管理体系与国家公共财政框架体系相适应。按照“实际支出有预算、预算编制有依据”的原则，规范预算编制工作，树立全面预算观念，“一个单位一本预算”的框架在直属海事系统基本形成，预算执行总体状况良好。2007年，在收入预算执行方面，实现各类收入55.7亿元，收入预算执行率达101.3%；在支出预算执行方面，实际完成各类支出53.5亿元，支出预算执行率达97.2%。项目支出的管理水平也在不断提高。2007年，在审计署对交通部海事局2007年预算执行审计中，在交通部组织对直属海事系统单位负责人任期期中经济责任审计、基本建设专项审计调查和财务管理工作调研中，交通部海事局的财务管理工作得到肯定。

1999年至2007年，交通部和财政部充分考虑直属海事系统的实际情况，实施了财政倾斜政策，保持了资金投入的持续增加，解决了一些历史遗留问题，使财务管理在海事事业发展中发挥了较好物质基础保障作用，人员经费增长需求基本得到落实，重点项目支出需求得到保障，专项资金投入取得成效。直属海事系统事业经费投入规模由1999年的12.66亿元，增长到2007年的45.25亿元，增长2.6倍，期间累计投入232.22亿元；资产总额由1999年初的33.5亿元，增加到2007年底的123.6亿元，增长2.7倍。

1999年至2007年，交通部海事局建立了财务收支审计、领导干部任期经济责任审计、基本建设工程项目审计等制度，在直属海事系统全面开展了内部审计，加强了财务监督。财务收支审计覆盖各个单位，领导干部离任经济责任审计覆盖面达100%，工程项目竣工决算审计严格执行交通部提出的不经审计不得进行竣工验收和报批竣工决算的要求。同时，交通部海事局还完成了一批专项审计、绩效审计、审计调查任务和专项检查工作，促进了财务会计、海事规费、资金账户、固定资产、经济实体的规范管理，提高了资金使用效益，推动了国家财经政策法规的落实和各项财政改革的实施。2007年，交通部海事局被审计署评为2005年至2007年全国内部审计工作先进单位。

第一节　政务管理与事务管理

【交通部海事局机关政务】

根据1998年11月2日交通部办公厅印发的通知，中华人民共和国海事局、交通部海事局印章于发文之日起正式启用，原交通部安全监督局、交通部船舶检验局印章同时停止使用；交通部海事局起草的交通部文件字号为交海发[××××]××号、交函海[××××]××号。11月3日，交通部海事局印发《关于启用海事局公文文种、字号的通知》，规定交通部海事局设9类公文："中华人民共和国海事局文件"（适用于涉外事宜及对社会发布法定事项的发文）、"交通部海事局文件"（适用于涉及海事的交通系统内部及局内工作事项的发文）、"中华人民共和国港务监督局文件"（暂保留）、"中华人民共和国船舶检验局文件"（暂保留）、"中共交通部海事局委员会文件"、"中共交通部海事局纪律检查委员会文件"、《海事工作简报》、《情况通报》、《海事政务信息》和《水上交通事故月报》；并规定了公文编号格式及字号，公文编号格式为"海××字[199×]×××号"。12月14日，交通部海事局印发《海事局印章使用管理规定》，明确交通部海事局各种印章、钢印、印模和常务副局长名章的使用和管理办法。

1999年3月17日，交通部海事局印发《交通部海事局工作规则（暂行）》。该暂行规则规定了交通部海事局领导工作制度、请示报告制度和出差审批制度；明确交通部海事局实行局长负责制、处长（主任）负责制，局长领导全面工作，日常工作委托常务副局长负责；规定局领导班子对重大问题的决策，按照民主集中制的原则进行。5月20日，交通部海事局印发《海事局会议制度（暂行）》。该暂行制度对海事系统工作会议、专业工作会议、专题会议和机关局长办公会议、工作例会、局务会议、干部职工大会、处（部、室）务会议的性质、内容、审批、主持、出席人员、召开时机等作出规定。6月25日，交通部海事局印发《海事局机关目标管理暂行办法》，规定了机关年度工作目标制定的依据、内容、程序和目标考评、目标津贴等事项。

1999年7月2日，交通部海事局印发《海事局公文处理办法（试行）》。2000年10月26日，交通部海事局印发《交通部海事局公文会签、审签办法（试行）》。根据《国家行政机关公文处理办法》和交通部2001年4月印发的《交通部公文处理办法》，交通部海事局对《海事局公文处理办法（试行）》进行了修订，并于2001年8月25日印发《交通部海事局公文处理办法》。该办法明确交通部海事局公文种类按《交通部公文处理办法》规定制发，其中专用文件包括《交通部办理海员证批件》、《局长办公会纪要》、《交通部海事局情况通报》、《海事工作简报》、《水上交通事故月报》等；并明确交通部海事局党委、纪委、工会、团委等党群工作文件，交通部交通安全委员会、交通部环境保护委员会、中国海上搜救中心工作文件按该办法规定精神执行。

1999年2月8日，交通部海事局成立保密工作委员会。9月3日，印发《交通部海事局机关保密工作暂行规定（试行）》。

2001年12月10日，交通部海事局印发《交通部海事局机关政务工作督促检查规定（试行）》，对交通部海事局各处（室、部）完成上级领导批示和交办事项，办理答复全国人民代表大会代表议案、建议和中国人民政治协商会议全国委员会委员提案事项，落实会议决定和目标管理计划事项的情况进行督促检查的方式、内容、时限、程序作出规定，具体工作由交通部海事局办公室负责。

根据交通部2002年1月印发的《交通部工作规则》，交通部海事局对1999年试行的《交通部海事局工作规则(暂行)》、《海事局会议制度(暂行)》进行了修改和整合，于2002年7月29日印发《交通部海事局工作规则》。该规则对交通部海事局的领导工作制度、会议制度、内事外事活动制度、请示报告制度、公文审批制度作出规定。其中将会议制度调整成党政联席会议、局务(扩大)会议、局长办公会议、专题办公会议、局领导周例会、局机关业务工作例会(分为月度和周工作例会)、处(室、部)务会议，并明确每年召开一次直属海事系统工作会议，每两年召开一次有关专业工作会议，每年召开一至二次机关全体干部职工大会。

2002年，交通部海事局对1999年印发的《海事局机关目标管理暂行办法》进行了修改，并于11月20日印发《交通部海事局机关工作任务目标管理办法》。其主要修改内容是增加了实施目标管理的组织保障措施，成立目标管理工作领导小组及其办公室，发挥局办公室、人事教育处、财务会计处、党委工作部、法规规范处和监察处的职能作用。

建局之初，交通部海事局即在机关建立起领导工作制度、会议制度、内事外事活动制度、请示报告制度、公文处理制度、目标管理制度，并逐步完善。至2007年底，坚持每周召开局领导和机关业务工作周例会，每月召开机关业务工作月例会，通报海事工作重要情况，布置每周、每月重点工作；通过召开局长办公会议、专题办公会议，研究有关海事工作的重大问题。1999年至2007年，交通部海事局每年按月编写《机关工作月报》，在机关内部通报有关上级领导批示、局领导动态、机关工作动态等情况。自2003年起，开始根据每周召开的工作例会内容，于会后编写《机关工作动态》，在机关内部通报交通部海事局一周工作安排，至2007年，共印发《机关工作动态》180期。

【直属海事系统政务】

为统一规范新成立的直属海事机构的公文处理工作，1999年12月23日，交通部海事局印发通知，对直属海事局的公文用纸、编号格式及字号设置，公文用印要求，公文文种设置与办理，公文的行文规则等作出规定。

根据国务院办公厅1999年12月27日《关于颁发交通部直属的中华人民共和国上海海事局等20个海事机构印章的通知》，2000年1月17日，交通部海事局印发《关于启用交通部直属海事机构印章的通知》，要求已挂牌成立的16个直属海事局，自1月17日起启用国务院颁发的海事机构印章，原交通部直属海(水)上安全监督局印章不再使用；浙江、江苏、长江、黑龙江海事局的印章，待机构成立后再予启用。3月29日至4月1日，交通部海事局在厦门举办直属海事系统公文处理培训班。4月13日，交通部海事局印发《关于加强和改进海事系统办公信息管理工作的通知》，对做好海事系统办公信息管理工作，建立办公信息管理工作机制，提高信息质量提出指导意见。5月24日，交通部海事局印发《海事机构公文主题词补充表》，依据有关规定作为直属海事系统执行国务院和交通部的《公文主题词表》的补充。根据海事工作特点，补充的主题词共78个。9月21日，交通部海事局印发通知，对直属海事局分支机构和内设机构的印章制作，进行了统一规范。12月19日，交通部海事局印发通知，确定了直属海事机构及其分支机构、派出机构、内设机构和党、团、工会组织的规范简称。

2001年6月8日，交通部海事局印发通知，对直属海事局分支机构所属海事处的印章制作和管理，进行了统一规范。

2003年3月12日，交通部海事局印发通知，在直属海事局试行目标管理责任制。

2004年8月17日，交通部海事局印发《交通部海事局政务信息工作管理办法》，对建立直属海事系统政务信息网络和管理机制，规范政务信息收集、整理、传递和利用行为作出规定。根据该办法，交通部海事局办公室将汇总的政务信息，编制《每日海事动态》书面信息、内网信息和互联网信息，分别提供给有关领导和部门参阅，或提供给交通部网站和中国海事局内、外网站发布。为进一步规范和改进信访工作，9 月 15 日，交通部海事局印发《交通部海事局信访工作暂行办法》。

2006 年至 2007 年，交通部海事局根据《关于在全国海事系统开展规范管理年活动的意见》，在直属海事系统全面开展规范管理年活动。

2007 年 4 月 29 日，交通部海事局印发《交通部海事局海事工作记录管理规定》和《交通部海事局机关工作记录程序》，对全国海事系统各局通过公文、传真、电话记录、签报、领导批示、工作台账、表格报表、执法文书、工作计划、总结报告、照片、录音、录像等形式形成的海事工作记录的规范填写、印制和管理作出规定，明确必须建立和保持有效记录的 7 种情况。

〖直属海事局目标管理责任制〗

2003 年，交通部海事局决定开始试行直属海事局目标管理责任制。2 月 18 日，在 2003 年交通部直属海事系统工作会议上，14 个直属海事局的局长，分别向常务副局长签订了《直属海事局目标管理责任书》。3 月 12 日，交通部海事局印发《关于试行直属海事局目标管理责任制的通知》。该通知明确 2003 年直属海事局目标管理责任内容 12 项，并规定了评估考核、履职奖励和违责追究办法。2004 年初，交通部海事局目标管理责任制领导小组对各局责任目标完成情况组织了考核，通过对各局上报的责任目标自查完成情况表和专题报告的审核与评估，于 1 月 19 日印发通报，确认 14 个直属海事局全部完成了目标管理责任内容，并按规定兑现奖励措施。长江、黑龙江海事局因其行政隶属关系不同，交通部海事局将其责任目标落实情况，分别通报其上级主管机关。

之后，交通部海事局根据各局工作职能和每年工作任务的侧重点，及时调整和完善目标管理责任内容、履职奖励和违责追究办法，坚持每年在交通部直属海事系统工作会议上签订目标管理责任书，并对各局责任目标完成情况进行年度考核，通报考核、奖励、追究结果。2005 年，黑龙江海事局因改由交通部海事局直接管理，其目标责任考核后的奖励、追究由交通部海事局实施。2003 年至 2006 年，交通部海事局共实施了 9 次对未完成责任目标内容的直属海事局的违责追究。

2003 年、2007 年直属海事局目标管理责任内容对照一览 表 18-1-1

序 号	2003 年目标管理责任内容（12 项）	2007 年目标管理责任内容（17 项）
1	不发生有海事责任的重特大水上交通事故	不发生有海事责任的重特大水上交通、船舶污染事故
2	不发生（重大）行政诉讼或败诉案件；不发生因海事管理责任而导致国家赔偿人民币 20 万元及以上的案件	不发生行政诉讼或败诉案件；不发生因海事管理责任而导致国家赔偿人民币 20 万元及以上的案件和造成重大经济损失的事件；不发生违反法定程序、条件实施行政许可、行政处罚、行政强制事件
3	完成年度各类船舶安全检查指标任务；开航前检查船舶被国外滞留无海事责任	完成年度各类船舶安全检查指标任务；经开航前检查的船舶被国外滞留无海事责任；无不正当滞留发生
4	不发生违法发证或船员考试重大泄密事件	100% 不发生因违规签发船员证书而造成水上交通安全事故，100% 不发生因签发船员证书的错误而造成船舶被滞留，不发生船员考试泄密事件
5	不发生重特大险情漏报、瞒报或超时限报告事件	水上搜救成功率达到 90%，不发生重特大险情事故漏报、瞒报或超时限报告事件
6	发布航行通（警）告差错率为零	船艇适航率不低于 91%，船舶交通管理系统重点船舶跟踪率达 100%，巡航、巡检计划完成率不低于 100%；发布航行通（警）告差错率为零

续上表

序号	2003年目标管理责任内容（12项）	2007年目标管理责任内容（17项）
7	完成年度航运公司及相关船舶审核发证任务	完成辖区航运公司及船舶安全管理体系各类审核发证工作任务，如期完成辖区第三批航运公司和船舶审核发证任务
8	按规定时限完成年度人员编制控制数，不超过单位工资总额的控制数	直属海事系统内，交通部海事局统一推广的软件应用系统的推广应用率达到100%；在系统正常、硬件设备完好的状况下，船舶“一卡通”工程IC卡发卡率达到100%，持卡海船的刷卡签证率达到100%
9	完成规费征收指标任务，不发生严重漏收和擅自代收费用	不超过单位工资总额的控制数，经济实体（含技协）发放职工的收入不超过上年度工资总额计划数的10%
10	完成基建和造船项目工程进度，按时上报各类统计报表，不发生基建质量不合格问题	完成年度规费征收指标任务；不发生严重漏收和违规代收费用问题
11	不发生因海事责任被中央媒体曝光的事件	单位内部不发生交通部海事局以上机构认定的严重违反财经纪律情况，单位内部不发生重大安全事故和因管理责任造成群体进京上访事件
12	单位内部不发生重大安全责任事故和群体上访事件	廉政合同的执行率100%，不违反基本建设程序；经考核认定，按期完成项目进度
13	—	重大正面典型事件和人物上中央媒体率100%；海事管理负面影响上中央媒体率为零
14	—	不发生因海事管理责任造成重大国际、国内社会和上级领导机关影响的事件
15	—	航标正常率98.5%，航标维护正常率99.0%，港口航道图合格率100%
16	—	对辖区具备检验发证权的船检机构进行检查的覆盖率不少于机构总数的40%
17	—	不发生因检验责任而造成重大水上交通安全事故，检验发证差错率为零

说明：第15项至17项目标管理内容，只适用承担该项相应工作任务的直属海事局。

2006年12月26日，交通部海事局印发《交通部海事局目标管理海事行政效能督察实施办法（试行）》，对各直属海事局落实年度目标责任情况和交通部海事局书面下达给各直属海事局的重点行政工作任务完成情况实施行政效能督察作出规定，明确行政效能督察分为日常督察、专项督察、专案督察。根据该办法中关于日常督察以网上督察方式为主的规定，交通部海事局在海事内网上建立了“行政效能督察”专栏。自2007年开始，各直属海事局将日常督察内容，于每季度公布在“行政效能督察”专栏内，交通部海事局办公室对“行政效能督察”专栏公布的有关内容进行跟踪了解、分析汇总。

〖“规范管理年”活动〗

水上安全监督管理体制改革于2005年全面完成后，全国水上安全监督管理工作形成了统一政令、统一布局、统一监督管理的局面；同时随着水运经济的快速协调发展，国家和社会对海事机构的要求愈来愈高。为落实交通部关于建设责任型和服务型交通部门的要求，规范管理，规范执法，提升海事行政管理效能和依法行政能力，交通部海事局在2005年全国海事工作会议上提出，要在全国海事系统开展“提升能力、规范管理”主题年活动，以进一步规范全国海事工作的基本制度、基本程序、基本台账。会后，该主题年活动名称被确定为“规范管理年”活动。交通部海事局决定，用3至5年时间在海事系统按步骤、分年度、有重点地全面开展“规范管理年”活动，实现全国海事管理的标准化、制度化、程序化。

2006年，全国海事系统开展规范管理年活动被列为交通部的年度重点工作目标。2月16日，交通部直属海事系统工作会议讨论了“规范管理年”活动方案，部署了2006年开展“规范管理年”活动的目标任务。4月4日，交通部海事局印发《关于在全国海事系统开展规范管理年活动的意见》。该意见明确，2006年“规范管理年”活动的目标是：规范管理，强化监管，提高效能，优质服务。活动的主要任务是：在议事决策机制、海事执法标准程序、基本建设项目管理、固定资产管理、财务会计管理、统计台账建立、人事劳动工资管理和审计监督等方面，清理并修改完善内部管理制度，着力提高各项制度的规范统一性、可操作性和有效落实。各省、自治区、直辖市地方海事局主要落实海事业务管理方面的要求，并参照落实综合管理方面的要求。

按照交通部海事局的统一要求，海事系统各单位在2006年全面启动“规范管理年”活动，细化实施方案，强调“抓基层、打基础”，把工作重心向一线倾斜，有序推进活动逐步深入。在2006年“规范管理年”活动中，交通部海事局通过宣传贯彻《海事行政许可条件规定》，修订《中国海事系统政务公开指南》，梳理海事执法依据、职责和程序，试行海事业务综合评价工作，颁布海事执法人员“八大纪律”，开展全国海事系统行政执法对口检查，进一步规范了海事执法行为；通过统一启用船舶《航海日志》、《轮机日志》和制定《直属海事系统工作船舶管理办法》，逐步建立直属海事系统船舶管用养修的长效机制；通过在23个航标测绘基层单位推进质量管理体系的建立，进一步完善了航标测绘工作管理制度；通过健全货币资金的内部控制制度，开展对“三产”经济实体的监督检查，以及对重点工程项目审计和领导干部的离任经济责任审计，加大了对规范执行财务制度的监督力度。

在总结2006年“规范管理年”活动经验的基础上，2007年4月12日、4月13日，交通部海事局先后印发《2007年全国海事系统规范管理年活动方案》、《2007年交通部海事局机关开展规范管理年活动的方案》。2007年“规范管理年”活动的目标是：抓落实，求实效。活动的主要思路是，继续落实2006年确定的活动主要任务，以规范内部管理为重点，增强各级海事机构的执行力，全面落实交通部和交通部海事局的各项规章制度。

根据交通部海事局的统一部署，海事系统各单位在2007年“规范管理年”活动中，进一步抓好基础管理、基本规范和基层建设，建立督察、考核制度，逐步形成目标、执行、监督、反馈的全过程闭环机制。在2007年“规范管理年”活动中，交通部海事局通过贯彻《全国海事系统全面推进依法行政实施意见》，促进海事系统健全执法程序和制度；通过在各直属海事局开展国际海事组织成员国自愿审核准备工作，全面梳理审查了海事法规规范，管理工作程序制度，及其实施情况和记录情况；通过完善海事执法模式改革，规范了直属海事系统机构编制，进一步理顺了管理关系；通过进行海事职务等级标识制试点工作，推动直属海事系统干部人事工作进一步规范管理；通过实行直属海事系统船舶和水上浮动标志统一保险制度，全面开展固定资产清查工作，健全了资产管理机制；通过建立目标管理行政效能督察制度，进一步增强了直属海事系统行政执行力。

至2007年底，“规范管理年”活动取得阶段性成果。2008年，全国海事系统继续开展“规范管理年”活动。

〚中国海事局网站〛

中国海事局网站，指单独注册的中华人民共和国海事局网站和在交通部网站下设的中华人民共和国海事局子站。

2000年1月6日，中国海事局向中国互联网络信息中心（CNNIC）注册，在互联网上建立了中华人民共和国海事局网站，域名msa.gov.cn，为中国海事局“外网”。2001年3月10日，中华人民共和国海事局网站开始运行，其首页设置“近期要闻”、“网站导航”、“专题”、“政务公告”、“政务公开”等栏目，向社会发布海事管理信息、管理动态。经过改版，至2007年底，中华人民共和国海事局网站首页设置“机构简介”、“新闻中心”、“政务公告”、“热点查询”、“IMO”（国际海事组织）、“局长信箱”、

“航行通警告”、“专题”等栏目，进一步增扩了向社会发布海事管理信息、管理动态的范围和内容，并设置“船员管理”、“船舶管理”、“安全管理”、“水上事故”、“公司管理”、“船检管理”、“航标测绘”、“危防管理”、“搜救管理”、“法律法规”、“交通环保”等服务平台，具备网上申报、网上查询、网上征题等功能。

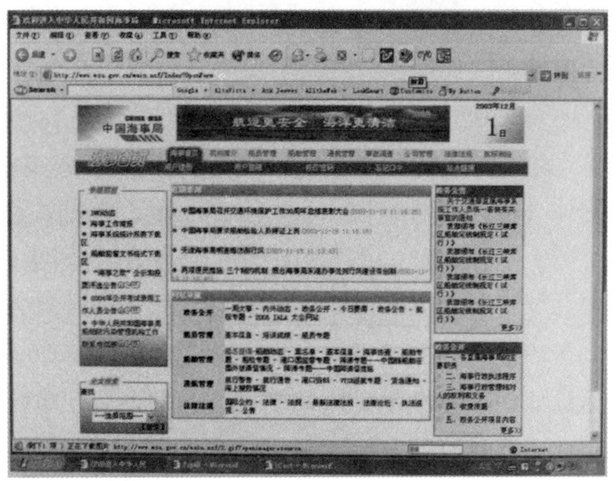

图 18-1-1　2001 年 3 月 10 日，中国海事局网站开通。图为 2003 年 12 月 1 日中国海事局网站首页

2006 年 9 月 8 日，交通部新版政府网站开通，下设直属机构子站，其中包括中华人民共和国海事局子站。中华人民共和国海事局子站于 2006 年 9 月 10 日正式开通，域名 www. not. gov. cn/zizhan/zhishujigou/haishiju/。至 2007 年底，中华人民共和国海事局子站首页设“机构职能”、“机构设置”、“政策规定”、“法律法规”、“通知公告”、“工作动态”、“风采集锦”等栏目，由交通部通过该子站向社会发布有关海事管理信息、管理动态。

〖交通部海事局内部网站〗

2000 年 11 月，随着水上安全监督信息系统一期工程的建设，交通部海事局开始组织开发“海事局行政办公软件系统”，并在直属海事系统安装内部 LOTUS NOTES 电子邮件系统。

2001 年，“海事局行政办公软件系统”和 NOTES 电子邮件系统开始试点运行。12 月 10 日，为规范海事信息上网工作，交通部海事局印发《交通部海事局上网信息管理工作暂行办法》，主要对交通部海事局机关上网信息的管理与分工，上网信息的主要内容，上网信息的收集、编辑与审批，上网信息资源的保密等作出具体规定，明确交通部海事局办公室是海事系统上网信息主管部门。

2002 年 6 月 27 日，交通部海事局印发通知和《海事信息网络 NOTES 内部电子邮件用户命名规则》，推进和规范内部电子邮件用户开通，实现了交通部海事局与各直属海事局机关各部门及其工作人员之间应用海事内部电子邮件进行信息交换和沟通。

2003 年 1 月 30 日，交通部海事局印发通知，决定“海事局行政办公软件系统”于 2003 年 3 月在中国海事局机关试运行。至此，交通部海事局内部网站初步建成，其主要功能是发布、查询海事管理信息，进行电子邮件交换。

由于依托水上安全监督信息系统一期工程建设的 LOTUS NOTES 电子邮件系统扩展能力无法满足水上安全监督信息系统二期工程建设要求，且该电子邮件系统技术支持服务于 2004 年 4 月到期。2004 年，水上安全监督信息系统二期工程开工建设后，交通部海事局于 11 月 10 日重新组织研制新版 sure mail 电子邮件系统，于 11 月 20 日重新组织研制“海事办公政务系统”（交通部海事局内部网站）。新版 sure mail 电子邮件系统于 2005 年 4 月 1 日试运行，于 5 月 8 日通过验收。“海事办公政务系统”于 2005 年 5 月 1 日试运行，于 8 月 1 日通过验收。

2005 年 8 月 19 日，交通部海事局印发《交通部海事局内部网站管理办法（暂行）》，对交通部海事局内部网站的栏目设置、管理、维护作出分工和管理规定。9 月 1 日，“海事办公政务系统”取代原“海事局行政办公软件系统”正式运行，交通部海事局内部网站全面更新，其首页设置领导动态、干部任免、部局发文、图片新闻、文字新闻、政务信息、专题、领导讲话、法律法规、通知、组织机构、通讯录、直属局链接、视频点播等栏目。2005年10月12日，交通部海事局印发通知，决定原LOTUS NOTES电子邮件系统于10月20日起停止使用，新版电子邮件系统自10月12日起在交通部海事局内部网站正式启用。

自2005年5月1日试运行至2007年底，交通部海事局内部网站运行良好，其主要功能是直属海事系统各级机构、部门可以在该内部网站上实现文件和信息的上传、下达，同时为直属海事系统所有工作人员开设了电子邮件信箱(E-mail)。期间，共发布文字新闻135058条、图片新闻1978张。

【直属海事系统档案管理】

1995年以来，根据交通部的安排，交通部直属水上安全监督系统各单位开展了档案工作目标管理达标活动。1999年8月20日，交通部办公厅印发通知，向在企、事业单位档案工作目标管理活动中作出突出贡献的242名人员，发放由国家档案局印制的荣誉证书，其中直属水上安全监督系统有26名。

2001年7月15日，交通部海事局印发《交通部海事局机关会计档案管理办法》，建立了交通部海事局机关会计档案立卷、归档、查阅、保管、销毁等制度。

根据交通部档案鉴定工作要求，2001年，交通部海事局成立档案鉴定工作领导小组和档案鉴定小组，对交通部档案馆保存的，1966年至1985年间水上安全监督局、安全监督局、海上安全指挥部、交通部环境保护办公室、港务监督局、船检港监局、船舶检验局、通信导航局等8个立档单位形成的2020卷定期档案进行定期价值鉴定。在完成了档案价值鉴定工作后，11月15日，交通部海事局向交通部机关档案鉴定工作领导小组提交《关于档案鉴定工作的报告》，建议销毁1077卷、变动保管期限943卷。

2002年9月17日至20日，交通部海事局在厦门举行直属海事系统档案管理工作培训班。11月20日，为落实交通部办公厅《关于印发进一步做好交通档案工作的意见的通知》精神，交通部海事局印发《关于加强直属海事系统档案管理工作的通知》，要求在水上安全监督管理体制改革后，理顺直属海事系统档案管理工作体制，做好地方水上安全监督机构移交档案的管理工作，进一步完善档案管理工作制度，加强对分支机构档案管理工作的指导，加快引进电子档案管理步伐。至2002年底，直属海事系统档案工作目标管理达国家标准一级的有5家，达国家标准二级的有36家。

2003年，交通部海事局在直属海事系统开展了“档案达标回头看”活动，并组织对水上安全监督科技档案分类实施细则进行修订，起草海事业务档案管理办法。12月15日，根据《交通部科学技术档案分类编号办法》，交通部海事局印发《海事科学技术档案分类编号办法实施细则》。该细则是以海事系统专业职能活动分工为基础，将海事科技档案设8个大类：综合类、基本建设类、设备类、科学研究类、水上交通安全监督管理类、航海保障类、环境保护类、经营管理类，以适应水上安全监督管理体制改革以后对档案分类管理的新要求。

经征求直属海事系统各单位和11个省级地方海事局的意见并修改完善后，2004年1月14日，交通部海事局印发《海事业务档案管理办法》。该办法对全国海事系统业务档案的管理，实行统一规定，明确了船舶签证、船舶安全检查、航行警(通)告、渡口渡船管理、水上搜救、水上交通事故调查处理、船舶污染事故调查处理、水上水下施工审批、航标建设、航道测绘、船舶交通管理系统记录数据以及海事行政执法、处罚、复议、诉讼等海事业务档案立卷方法、归档时限、查阅利用手续；海事业务档案中的船舶登记档案、船员档案分别由船舶监督、船员证件管理部门负责保管和提供利用。

2004年9月22日，交通部海事局印发通知和《海事业务文件材料归档范围和保管期限(试行)》，规定了各类海事业务文件材料归档范围和保管期限，明确凡是反映本单位海事职能活动，具有查考利用价值的文件材料，均属海事业务归档范围，其保管期限分为永久、长期、短期3种。12月18日，交通部海事局印发《交通部直属海事系统档案管理考核办法》、《交通部直属海事系统档案管理工作标准》，明确对直属海事系统各单位档案管理工作的考核，主要考核各单位档案管理工作的组织管理、制度建设、业务建设、开发利用等状况和水平，其考核结果分为三级。

2007年12月3日，交通部海事局印发《关于加强交通建设项目档案管理工作的通知》，要求各直属海事局，凡是由交通部审批初步设计的直属海事系统建设项目，均要按照交通部印发的《交通建设项目档案管理登记办法》和相应的计算机操作手册实行档案登记管理，并在建设项目实施的各个阶段规定时限内，向交通部海事局汇总登记上报建设项目档案管理情况。

自1998年交通部海事局成立起，至2007年，交通部海事局机关共有各类档案3类；其中文书档案660卷6821件、海事业务档案231卷、会计档案855卷，全部保存在交通部档案馆。

【直属海事系统外事管理】

1999年8月24日至25日，交通部海事局在深圳召开直属海事系统外事工作研讨会。会议重点研究了在国际海事合作活动日益增多的情况下，如何进一步加强外事工作的管理，强调直属海事系统各单位要建立外事活动信息交流共享机制，为跟踪研究国际海事发展动态服务；会议讨论了《交通部直属海事系统外事工作管理规定》草稿。

2000年5月15日，交通部海事局印发《交通部直属海事系统外事工作管理规定》，对直属海事系统人员因公出国(境)执行任务，承办国际性会议，邀请、接待外宾来访等涉外公务活动作出规定。8月21日，交通部海事局印发《交通部海事局因公出国(境)人员审查管理暂行办法》。

2001年8月21日，交通部海事局在青岛召开交通部直属海事系统外事工作座谈会，总结1998年建局以来的外事工作，研究外事活动中出现的各种问题，强调要提高整个系统的外事工作水平，做好船旗国履行国际公约工作和外事资料的翻译出版工作。11月2日，交通部海事局印发《关于海事系统出国培训管理有关问题的通知》，对规范海事系统人员出国培训管理工作提出要求，强调海事系统人员出国培训要坚持按需组团、择优选派、学用一致、讲求实效的原则，各单位派员参加跨地区、跨系统组团赴国外培训，须经交通部海事局批准。

2003年1月20日、5月30日，交通部海事局先后印发《关于加强直属系统因公出国(境)证件管理的通知》、《关于进一步加强直属海事系统因公出国(境)证件管理的通知》，要求各直属海事局落实因公出国(境)证件的统一管理工作制度。7月1日，交通部海事局印发《交通部海事局航测系统涉外事务管理办法》，主要就航测系统人员出席、跟踪、研究国际航标、测绘组织会议动态作出规定。

1999年至2007年，直属海事系统共组团出访1324批次、出访人员3605人次，其中交通部海事局机关出访926人次，各直属海事局出访2679人次。

【交通部海事局机关事务管理】

1998年11月6日，交通部海事局印发通知，公布中华人民共和国海事局中、英文名称及其办公地址、电话号码。办公地址为北京市建国门内大街11号——交通部办公大楼附楼。因交通部机关大楼维修，根据交通部的统一安排，2006年10月21日至23日，交通部海事局除部分部门搬迁到北京市和平里东街10号院综合楼临时办公外，其余大部分搬迁到北京市北三环中路环球贸易中心A栋八、九层临时办公场所。①

① 2008年1月18日至21日，交通部海事局回迁到交通部机关大楼十一、十二层办公。

为加强交通部海事局机关事务管理，保障机关工作正常运转，交通部海事局于1999年集中制定了一批管理制度。之后，又补充制定了一些管理制度。

1998—2007年交通部海事局机关事务管理制度一览 表18-1-2

制度名称	印发日期
《交通部海事局机关无线移动电话管理暂行办法》	1999年6月28日
《关于加强局机关附楼安全保卫工作的通知》	1999年6月29日
《交通部海事局机关汽车使用暂行规定》	1999年8月26日
《交通部海事局机关工作人员在公务活动中接待标准的规定》	1999年8月26日
《海事局机关办公用品管理暂行办法》	1999年10月22日
《交通部海事局机关固定资产管理办法(试行)》	1999年12月3日
《交通部海事局机关办公用品购置程序规定》	2002年3月13日
《交通部海事局机关临时集体宿舍管理暂行办法(试行)》	2003年8月19日

交通部海事局成立后，在机关设立了司机班，聘用专职驾驶员负责公务用车服务，车辆使用归口局办公室管理。至2007年12月，交通部海事局机关聘用司机5人。

〖参加交通部定点扶贫工作〗

1994年，按照国务院扶贫开发领导小组的部署，河南省洛阳市7个县和云南省怒江傈僳族自治州4个县为交通部定点扶持的国家级贫困县。在交通部的统一安排下，交通部安全监督局参加河南省洛阳市的定点扶贫工作，国家级贫困县——洛阳市嵩县是交通部安全监督局的定点扶贫对象。1998年交通部海事局成立后，继续负责嵩县的定点扶贫工作。

1998年1月至1999年2月，交通部安全监督局派刘根生参加交通部第四批驻洛阳市扶贫联络组，蹲点扶贫，刘根生任副组长，并挂职任洛阳市人民政府副秘书长。

图18-1-2 2002年12月28日，交通部海事局常务副局长刘功臣(后排左三)、副局长郭莘(后排右二)一行在直属海事系统捐资兴建的嵩县“希望小学”看望师生，并向学校捐赠计算机

洛阳市嵩县库区乡教育事业基础设施薄弱。1998年，交通部安全监督局开始筹建资金，帮助库区乡龙驹村新建希望小学。经组织沿海17个航标区(站)、3个海测大队和航测科技中心捐款，共筹资20多万元。当地政府和群众也筹资25万元，于1999年初开始建设龙驹村希望小学，并定名为灯塔小学。在洛阳市政府、市交通局及嵩县县委、县政府的配合下，2000年6月2日，灯塔小学竣工并投入使用，新建成的教学楼建筑面积1140.6平方米，共3层、12个教室，并建有相应的配套设施。之后，交通部海事局多次向灯塔小学组织捐赠电视机、计算机、复印机、书柜、桌椅、书包、体育用品等教学办公设备和图书，2006年还向该校教师发放了慰问金。

2002年，交通部海事局组织连云港海事局、深圳海事局分别向洛阳市地方海事局捐赠1艘17米巡逻艇和1艘巡逻快艇，用于解决嵩县水库水上交通安全监督力量的不足。12月28日，捐赠交接仪式在嵩县陆浑水库大坝举行。

2002年11月12日，交通部海事局发函启动教育扶贫专项计划，由中国海事服务中心(以华洋海事中心名义）与南通航运职业技术学院签订教育扶贫委托培养协议书，委托江苏南通航运职业技术学院定向录取来自洛阳市嵩县参加高考的贫困学生。2003 年 8 月 28 日，“交通部海事局嵩县扶贫点首批外派海员委培生欢送会”在嵩县举行，被录取的高考学生在会上与华洋海事中心签订了船员劳动合同书。经河南省高校招生办公室批准，2003 年、2004 年、2005 年，南通航运职业技术学院分别定向录取 21 名、12 名、10 名来自嵩县的贫困学生，进入该学院海洋船舶驾驶、轮机管理专业 3 年大专班学习，华洋海事中心资助其全部学费和部分助学金；学生毕业并取得相应的适任证书后，由华洋海事中心外派到海船上当船员。

2003 年 1 月至 2004 年 1 月，交通部海事局派韩国庆参加交通部第九批驻洛阳市扶贫联络组，蹲点扶贫，韩国庆挂职任洛阳市交通局副局长。①

为加强小浪底库区水上安全监督管理，促进地方经济发展，洛阳市人民政府请求交通部海事局对小浪底库区进行扫测。2004 年，交通部海事局实施技术扶贫项目，于 3 月 15 日至 4 月底，组织天津海事局海测大队运用多波束测深和差分全球定位系统等设备，对黄河小浪底大坝至三门峡大坝 110 公里的主干道进行扫测，完成外业测量 112 平方公里水域。之后，绘制小浪底库区航行图 26 幅（1∶1 万的水下地形图），提供给洛阳市使用。

2004 年 3 月 27 日，“中国海事局母亲河绿化基地——洛阳华洋生态科技园”在河南省洛阳市新安县石井乡黄河小浪底水库边的荒山上举行开园仪式。交通部海事局机关和中国海事服务中心、交通部环境保护中心部分干部职工，河南省地方海事局、洛阳市交通局部分干部职工参加了开园仪式并进行了荒山植树活动。该绿化基地位于新安县石井乡桃树坡，规划面积 1168 亩，由华洋海事中心承包投资兴建，是交通部海事局扶贫项目之一。之后，华洋海事中心每年都在中国海事局母亲河绿化基地组织植树，并于 2007 年开始建设洛阳船员培训基地，招收贫困学生参加培训。② 至 2007 年底，中国海事局母亲河绿化基地已植树 20 余万棵，交通部海事局共组织 200 多人次参加植树活动。

〖防控非典型性肺炎疫情〗

2003 年上半年，中国发生非典型性肺炎（简称“非典”）疫情。交通部海事局根据交通部的指示，连续发布《关于做好预防“非典型性肺炎”工作的紧急通知》、《关于进一步做好预防和控制非典型性肺炎工作的紧急通知》和船员管理工作中预防非典型性肺炎有关事宜的公告，并于 5 月 6 日印发《交通部海事局防治“非典”工作应急预案》。

按照交通部海事局的统一要求，直属海事系统各单位周密部署防控“非典”工作，在沿海、内河干线水域迅速构成防控“非典”的网络。一方面，把防控“非典”工作与水上交通安全监督管理各个环节结合起来，群防群控，加强对旅客的管理，加强对船舶和船员的监督，努力切断“非典”通过水上交通工具进行传播的可能性，防止因船员换班、参加培训和考试导致“非典”扩散；建立船舶疫情报告制度和应急预案，落实防控措施，突出对重点船舶、重点区域、重点时段的监控，确保所有“健康”进港的船舶“健康”地出港；配合当地政府和社会有关方面，发挥海事管理的资源优势，及时处理监督管理中发现的疫情“死角”；并对运送防控“非典”物资的船舶优先审批、优先签证、优先放行，有力支持了交通系统防控“非典”工作。另一方面，坚持水上交通安全监督管理的中心工作不动摇，针对“非典”疫情对水上交通运输的影响，在防控“非典”期间，海事监督管理工作和航海保障工作采取了一些特殊措施，

---

① 2008 年 1 月至 2009 年 1 月，交通部海事局派周旻参加交通部第十四批驻洛阳扶贫联络组，蹲点扶贫，周旻挂职任洛阳市交通局副局长。

② 2009 年 6 月，交通部海事局批准华洋海事中心洛阳船员培训基地开展普通船员的相关培训。

确保各项工作不断不乱，使水上运输安全“巩固提高年”各项工作任务得以落实。防控“非典”期间，全国水上交通安全形势保持稳定。再一方面，依靠地方政府，采取有效措施，加强直属海事系统各单位人员的自身防治工作，成立内部防控“非典”工作机构，明确防控职责，建立疫情值班报告制度和不同等级的应急预案。防控“非典”期间，直属海事系统工作人员中未发现感染“非典”的疫情。

第二节　财务管理与审计

【海事行政事业性收费及罚款收入管理】

根据国家法律法规有关规定以及有关行政事业性收费项目和标准，水上安全监督机构(1998 年 10 月后为海事机构)依法征收船舶港务费和港务监督管理费(规费)。自 1996 年 1 月 1 日起，交通部各直属海(水)上安全监督局按照交通部 1995 年 12 月 20 日印发的《关于海监局实行统收统支财务管理办法的通知》的规定，对所征收的规费实行“收支两条线”管理，即将所征收的规费(包括其他预算外收入)全部及时上缴财政专户，每年支出由交通部审定后拨付。

外国籍船舶进出中华人民共和国领海水域，所交纳使用中华人民共和国设立的海上干线公用航标的规费，称为船舶吨税。根据 1986 年 6 月 2 日国务院《关于将海关吨税划归交通部管理问题的通知》和 1989 年 5 月 27 日交通部《关于加强船舶吨税管理工作的通知》的规定，船舶吨税由海关代交通部征收，由交通部管理和使用，直接用于海上干线公用航标的维护和建设，以及航海图书资料的测量编绘出版。

1998 年交通部海事局成立后，对交通部直属海事系统所征收的船舶港务费和港务监督管理费，以及船舶吨税，继续实行上述管理办法。同时，根据水上安全监督管理体制改革进展情况，对已划转交通部垂直管理的原地方水上安全监督机构的规费征收，限期要求统一按交通部的具体规定实行“收支两条线”管理。1999 年 4 月 2 日，交通部海事局印发通知，要求直属海事系统各单位按财政部 1998 年 3 月 24 日印发的《关于统一印制交通部所属海(水、港)监局船舶港务费等行政事业性收费票据的函》的精神，征收规费统一使用财政部印制的《中华人民共和国港务监督船舶港务费收据》(包括涉外收据和国内收据两种)、《中央单位行政事业性收费统一收据》。

根据国家计划委员会、交通部关于开展全国交通收费检查的要求以及交通部关于对交通行政事业性收费和罚没收入执行“收支两条线”规定情况进行清理检查的要求，交通部海事局分别于 1999 年 3 月至 5 月、6 月至 7 月，2000 年二季度组织直属海事系统，对 1997 年以来所发生的全部收费情况，对落实“收支两条线”规定情况，对 1999 年和 2000 年一季度的规费征收和罚款收缴工作进行了清理、自查和抽查。通过检查，进一步规范了直属海事系统各局规费征收、罚款收缴行为，落实了“收支两条线”的具体规定，纠正了个别不合理的收费现象和管理不规范的问题。1999 年 9 月 15 日，根据交通部的紧急通知，交通部海事局印发通知，要求直属海事系统各单位严格执行交通部有关“收支两条线”的各项规定，并对落实罚款决定与罚款收缴分离的规定提出具体要求。

2001 年 11 月 13 日，2002 年 4 月 15 日，交通部海事局先后印发《海事系统收费票据管理暂行规定》和《海事系统票据核销暂行规定》，完善了直属海事系统行政事业性收费和罚没款票据的管理使用制度，并对票据的填写、检查、审核以及收费站点的票据管理提出统一规范要求。

2003 年，根据财政部和交通部的统一要求，交通部海事局组织直属海事系统对执行“收支两条线”规定情况进行了自查。

为进一步规范交通部海事行政事业性收费票据的管理，根据财政部 2004 年 6 月 25 日复函同意，船舶港务费和港务监督管理费的专用收费票据统一归并为《中华人民共和国海事行政事业性收费专用收据》。该专用收据由财政部统一印制，分为机器打印和手工填制两种，自2005年1月1日起在交通部直属海事系统正式启用。

2003年，交通部海事局主持开发的“海事费收信息管理系统”软件在深圳海事局试运行，通过“海事费收信息管理系统”与“船舶动态管理系统”联合运行，实现了船舶港务费征收、管理的电子化、信息化。2004年后，交通部海事局逐步推广“海事费收信息管理系统”。至2006年底，直属海事系统船舶港务费征收管理工作全部实现电子化，促进了“收支两条线”管理工作更趋规范，海事规费征收水平稳步提高。2007年，开始研究开发并试点运行港务监督管理费信息管理系统软件。

2006年4月，根据财政部的统一要求，交通部海事局对直属海事系统的罚款收入管理情况进行了调查。调查结果表明，直属海事系统各单位的罚款收入执行国家“收支两条线”管理规定，实行属地化管理原则，均开设了罚没款汇缴专户，并根据当地财政部门的规定，全额或按比例上缴罚款到国库。

【财务会计管理】

1998年交通部海事局成立前，交通部各直属海（水）上安全监督局所需年度经费，按照国家“收支两条线”管理要求，由各局根据交通部1996年制定的港务监督经费核定办法和1994年制定的航标单标定额标准编报预算，经财政部和交通部批准，由交通部财务司分别从上缴的船舶港务费等规费和船舶吨税中核拨。各局执行交通部1989年制定的《海上安全监督局航标测量财务管理、会计核算暂行规定》和1996年制定的《海（水）上安全监督局（港务监督部分）财务管理和会计核算试行办法》。船舶港务费等规费的收支实行“统收统支、核定收支、超收分成、超支自负、结余全留”的财务管理办法，船舶吨税的收支实行“预算管理，包干使用，超支不补，结余全留”的财务管理办法。

交通部海事局成立后，成为交通部所属的一级财政核算单位，按照国家和交通部的上述制度，负责局机关和直属海事系统各单位的财务会计管理工作，核定各单位所需年度经费计划，汇编局机关和直属海事系统各单位的财务预、决算。

交通部海事局于1999年1月6日印发《海事局机关行政经费管理暂行办法》、《海事局机关行政财务管理制度》，《海事局机关会计核算基础工作制度》，于1999年2月1日、8月5日先后印发《关于进一步明确海事局机关差旅费报销有关事项的通知》、《关于局机关经费报销手续的补充通知》，于2000年6月27日印发《交通部海事局财会处内部管理工作规程》，建立起局机关财务会计管理制度。

为适应1997年1月1日起实施的《事业单位财务规则》和1998年1月1日起实施的《事业单位会计制度》要求，规范直属海事系统财务管理和会计核算工作，交通部海事局于1999年1月15日，印发《关于执行新的事业单位财务会计制度若干问题的补充规定》，明确了事业收入和支出明细科目及核算内容；并于1999年9月8日印发通知，对航标单标核算各项费用归集和分摊办法进行了重新修订和补充。1999年11月5日，交通部海事局印发《关于加强VTS财务管理工作和会计核算工作的通知》，对船舶交通管理系统的日常经费和零星修理、零星购置费的财务管理和会计核算工作，提出规范要求。

根据交通部的统一部署，1999年至2001年，交通部海事局连续三年组织直属海事系统开展清查“小金库”工作。

为贯彻落实于2000年7月1日起施行的经修订的《会计法》，根据交通部的统一安排和授权，交通部海事局于2000年制定了直属海事系统会计基础工作规范化达标验收计划，并开始组织考核小组对各直属海事局的会计基础工作和会计电算化工作进行考核验收。2000年，交通部海事局财务处的会计基础工作规范化达标工作通过交通部的验收。2005年，沿海各直属海事局全部实现会计电算化，会计基础工作规范化达标均通过验收，并开展了会计基础工作规范化达标“回头看”活动。2006 年，黑龙江海事局完成会计基础工作规范化达标验收准备工作。截至 2007 年底，直属海事系统各单位全面实现会计电算化，除黑龙江海事局及交通部环境保护中心尚在进行达标整改外，各直属海事局的会计基础工作规范化全部达标验收合格。

2000 年，财政部开始推进部门预算改革。根据财政部和交通部的要求，交通部海事局在 9 月编制 2001 年部门预算时，一方面根据海事业务发展需要，围绕水上安全监督管理中心工作，坚持量入为出，收支平衡，统筹安排，保障重点，兼顾一般，精打细算；另一方面，按照部门预算改革内容，自下而上采用综合预算编制方法，将预算内、外所有收支统一纳入部门预算反映和管理。之后，每年按照财政部深化部门预算改革的要求和交通部的安排，交通部海事局逐步强化对直属海事系统各单位的预算管理和预算执行情况的监督。

经国务院批准，财政部自 2001 年 1 月 1 日起，将船舶吨税纳入财政一般预算管理，由船舶吨税开支的航标测绘经费，由财政部核定预算后予以核拨。2001 年 7 月 16 日，交通部海事局印发《交通部海事局法制、科研、人才专项经费财务管理办法》，对直属海事系统法制、科研、人才专项经费的开支范围、财务管理和会计核算等作出规定。

2001 年至 2002 年，根据国务院办公厅有关清理整顿行政事业单位银行账户的要求，交通部海事局组织直属海事系统各单位对本单位的银行账户进行了全面清理，并于 2002 年 4 月 15 日印发通知，对各直属海事局银行账户的设立和管理提出明确要求，要求除国家另有规定外，财务独立核算单位只能在一家银行一个营业网点开设一个“基本存款账户”，其他“专用存款账户”按规定开设。根据财政部部门预算改革的有关规定，交通部海事局在 2002 年年度部门预算中，将部门支出划分为基本支出和项目支出两部分。2002 年 11 月 26 日，交通部海事局印发《交通部海事局机关基本建设财务管理办法（暂行）》，对交通部海事局机关基本建设资金的预算编制、财务管理和会计核算作出规定。

图 18-2-1　2001 年 8 月 13 日至 14 日，交通部直属海事系统 2002 年度部门预算编制暨清理整顿银行账户工作会议在青岛举行

为增强项目支出预算管理的计划性和前瞻性，2003 年 6 月 20 日，交通部海事局印发《关于加强项目库管理的通知》，要求直属海事系统根据财政部有关项目库管理规定，搞好交通部海事局项目库和各单位项目库的设立、审批、排序及管理。

2003 年、2004 年，交通部海事局继续对直属海事系统各单位的银行账户进行清理和确认，并组织直属海事系统自查清理“小金库”、“账外账”，自查港口建设费资金的使用情况。2005 年，交通部海事局再次组织直属海事系统自查清理“小金库”，未发现设立“小金库”的现象。

随着国库集中支付制度的逐步推行，2005 年，航标事业发展经费支出和基本建设财政拨款，在交通部海事局实行了财政授权支付，山东海事局的“青岛中港浮码头”项目实行了财政直接支付。2006 年，直属海事系统使用的财政拨款全部在交通部海事局实行了财政授权支付。在总结 2005 年试点工作的基础上，交通部海事局准确把握财政授权支付关键环节和资金拨付使用特点，合理编报资金使用计划，保证各项财政资金及时拨付使用单位，年终没有资金结余在国库，完成了当年国库集中支付制度改革任务；同时做好国库集中支付制度向二、三级预算单位延伸的培训、研讨等准备工作，为各直属海事局在银行开设了零余额账户。2007 年，按照交通部的统一部署，直属海事系统使用的财政拨款全部在所有基层预算单位实行财政授权支付。2005 年至 2007 年，直属海事系统共有 37.8 亿元的资金实施了财政授权支付，200 万元实行了财政直接支付。

2006 年、2007 年，根据交通部的统一要求，交通部海事局组织直属海事系统各单位，对 2006 年、2007 年预算执行情况进行了自查和整改。自查结果表明，直属海事系统预算执行情况总体状况良好，但少数单位的预算编制不够准确，与实际执行衔接有不一致的现象，个别单位尚未将各项收支全部纳入部门综合预算，项目支出执行的有效监控机制有待进一步健全。

根据财政部政府收支分类改革的统一要求和交通部的部署，交通部海事局于 2005 年 7 月进行了政府收支分类改革预算执行模拟试点工作，于 2006 年开始按照新的收支科目编制年度部门预算。在政府收支分类改革工作中，交通部海事局组织直属海事系统完成了预算数据转换和新旧收支分类科目并行的运转工作，并在研究政府收支分类改革内容的基础上，结合海事系统的实际情况，于 2007 年开始起草《直属海事系统财务管理办法》和《直属海事系统会计核算办法》。

【资产管理】

交通部海事局成立后，为尽快摸清"家底"，于 1999 年 5 月 12 日印发通知，在直属海事系统开展了为期半年的国有资产清查工作。通过清查，各单位进一步健全了国有资产使用、管理、处置制度，加强了对国有资产的管理。12 月 3 日，《交通部海事局机关固定资产管理办法（试行）》印发。

为推进部门预算管理制度改革，财政部于 2000 年要求中央预算单位进行清产核资。按照交通部的统一部署，交通部海事局组织直属海事系统对各单位的财产、债权和债务进行了全面清查，核查了人员情况、收入渠道、支出结构等基本情况，并抽查了 6 个单位的清产核资工作。

2002 年，交通部海事局被交通部确定为政府采购试点单位。为此，交通部海事局于 9 月 17 日印发通知，成立直属海事系统政府采购试点工作领导小组，并决定由上海海事局具体实施政府集中采购试点工作，其项目为建造灯船 1 艘，用于长江口航标的更新改造。12 月 5 日，交通部海事局批复上海海事局，基本同意上报的灯船政府集中采购实施方案，并要求完善其招标合同和设计要求。2003 年，交通部海事局在总结上海海事局灯船集中采购的试点经验后，继续在天津、上海、广东海事局进行航标用蓄电池的集中采购试点工作。同时，交通部海事局机关和直属海事系统各单位按照《政府采购法》的规定，采取集中采购和分散采购的组织形式开始进行政府采购。之后，直属海事系统各单位逐年扩大政府采购范围，并结合本单位实际制定具体的实施办法，同时加强了政府采购的预算管理力度。至 2007 年底，直属海事系统初步形成了财务部门组织实施，业务部门配合，监察和审计部门监督检查的政府采购工作机制；2007 年政府采购规模达 6.2 亿元，其预算执行率为 68%，分别较上年增长 97%，提高 15 个百分点。1998 年底，直属海事系统资产总额约 33.5 亿元；2005 年底，全国水上安全监督管理体制完成后，直属海事系统资产总额近 99 亿元；2007 年底，直属海事系统资产总额达 123.6 亿元（均不含长江海事局，1998 年不含黑龙江海事局）。

为利用市场机制规避直属海事系统事故责任风险，保护海事人员的合法权益，2006 年，交通部海事局启动直属海事系统船舶、水上浮动标志实施统一的商业保险工作，并将直属海事系统船舶、水上浮动标志统一投保项目作为政府集中采购的试点项目。11 月 3 日，交通部海事局在网上向社会发布《2007 年船舶、水上浮动标志统一保险保险经纪人招标公告》。11 月 23 日，交通部海事局印发通知，要求各直属海事局做好船舶及水上浮动标志统一保险的有关工作。经过政府采购的规定程序和公开竞争，交通部海事局选定江泰保险经纪有限公司为保险经纪人，中国人民财产保险股份有限公司为保险人，对交通部直属海事系统所属的 808 艘船舶、2418 座水上浮动标志提供船舶保险和财产保险等风险

图 18-2-2　2007 年 2 月 28 日，船舶及水上浮动标志统一保险项目签约仪式在北京举行

保障服务，保障期限 1 年。2007 年 2 月 28 日，交通部海事局、中国人民财产保险股份有限公司船舶及水上浮动标志统一保险项目签约仪式在北京钓鱼台国宾馆举行。交通部副部长徐祖远，中国保险监督管理委员会主席助理袁力，交通部海事局常务副局长刘功臣、副局长杨省世，中国人民财产保险股份有限公司总裁王毅、副总裁赵淑贤，江泰保险经纪有限公司董事长沈开涛出席签约仪式。2007 年，直属海事系统共发生船舶及水上浮动标志保险理赔事故 276 起，保险赔付金额 1100 多万元。

根据财政部关于开展全国行政事业单位资产清查工作的要求和交通部的统一部署，2007 年初，交通部海事局组织直属海事系统各事业单位和所属企业全面开展资产清查工作。2 月 5 日，印发《直属海事系统单位资产清查工作方案》，并成立交通部海事局资产清查工作领导小组。2 月 6 日，交通部海事局召开直属海事系统单位资产清查布置工作视频会议，要求各单位将资产清查工作列为 2007 年重点工作目标进行管理。在为期一年的资产清查工作中，直属海事系统各单位通过对本单位的基本情况清理、账务清理、财产清查和制度完善，基本摸清了家底，掌握了资产状况，处理了历史遗留问题，纠正了会计差错，清理了往来账款，提出了清查处理建议，共申报核销资产 4. 36 亿元。交通部海事局、广西海事局被交通部评为 2007 年部属行政事业单位资产清查先进单位，2 人被财政部评为 2007 年全国行政事业单位资产清查先进个人，4 人被交通部评为 2007 年部属行政事业单位资产清查先进个人。

〖经济实体管理〗

由于历史的原因，交通部各直属海（水）上安全监督局和划转交通部管理的原地方水上安全监督机构内，存在一些从事第三产业经营活动的经济实体。为规范这些经济实体的经营行为和财务管理，交通部于 1998 年在直属水上安全监督系统开展了对“三产”经济实体的清理整顿活动。

1999 年 6 月 3 日，交通部海事局印发《交通部直属海事系统经济实体管理办法（试行）》，明确直属海事系统经济实体是指由各局工会及所属非执法性质的事业单位所办的从事生产、经营和有偿服务的经济组织，直属海事系统兴办经济实体的目的是安置富余人员，稳定职工队伍。该办法对直属海事系统经济实体的组织管理、经营管理、财务管理和会计核算等作出规定，强调各局经济实体必须与基层执法机构、执法人员、执法职能、执法行为脱钩，其财务管理纳入直属海事系统统一管理。6 月 7 日，交通部海事局印发《关于加强直属海事系统经济实体管理工作的通知》，要求继续清理整顿“三产”公司。1999 年，交通部海事局成立“三产”清理指导监督小组；各局按照《交通部直属海事系统经济实体管理办法（试行）》，对与执法有关联、管理混乱的“三产”公司进行关、停、并、转，重点规范“三产”公司的经营行为，每季度各局向交通部海事局编报所属经济实体的基本情况和资产负债表、损益及利润分配表等。2000 年，交通部海事局继续组织清理整顿“三产”公司，并对水上安全监督管理体制改革后由地方划转的经济实体进行调研、抽查；各局加强对“三产”公司的财务管理和审计检查，按规定将“三产”公司作为基本户进行清产核资和产权登记。2001 年，各直属海事局重点规范“三产”公司的财务管理。2002 年 8 月 8 日，交通部海事局印发《直属海事系统经济实体从事船舶残余油类物质接收作业的内部管理规定》，强调直属海事系统经济实体从事船舶残余油类物质接收作业的经营活动必须与海事执法行为脱钩，并对其经营行为、财务管理进行规范。

2003年10月19日至20日，交通部海事局在大连召开直属海事系统“三产”管理座谈会。会议明确保留“三产”经济实体是直属海事系统深化人事制度改革的需要，是吸纳转岗分流富余人员的重要渠道；从长远看，这是一项过渡性措施，总体上定位是限制发展、规范发展、有效发展。针对“三产”经营还存在依赖海事执法，国有资产使用、收益分配和财务管理不规范的问题，会议提出要对“三产”经济实体进行整合规范，其思路是，归并重组，减少总量，提升层次，规范管理，加强监督，提高效益，重塑形象；强调对归并重组后的经济实体由各直属海事局统一管理，所有的经济实体必须与执法的分支机构、派出机构完全脱钩。12月31日，交通部海事局印发经修订的《交通部直属海事系统经济实体管理办法》。其主要修订内容是增加了经济实体人事与劳资管理规定，明确各直属海事局的经济实体要优先接收本局的转岗分流人员。同日，交通部海事局印发《交通部直属海事系统经济实体安置转岗分流人员管理办法》，规定经济实体安置转岗分流人员进行双向选择、竞争上岗、择优录取的具体做法。2004年，各直属海事局对本单位的经济实体进行了集中整合归并与规范管理，基本实现经济实体与执法职能和基层执法机构相分离，人事制度改革中人员转岗分流的出路问题进一步缓解。经整合归并，2005年底，沿海各直属海事局共有国有及国有控股的经济实体86家，总资产约3.5亿元。2006年12月13日，交通部海事局印发《直属海事系统经济实体财务管理办法（试行）》。按照该办法，直属海事系统各单位进一步加强了对经济实体的财务预算管理、流动资产管理、投资管理、固定资产管理、收入费用管理、经济合同管理、利润分配管理、税收管理、财务会计报告、清算管理。

【内部审计】

1998年交通部海事局成立后，在机关设置审计处，负责直属海事系统内部审计工作。

1999年4月23日，交通部海事局印发《关于加强直属海事系统审计工作的通知》和《直属海事系统定期审计实施办法》，要求直属海事系统各单位建立健全内部审计机构和工作制度，规定各单位每半年对海事行政事业性收费解缴情况进行一次审计，每年对本单位财务收支情况和航标测绘事业费等使用管理情况进行一次审计，交通部海事局每两年对各单位财务收支情况进行定期审计。5月4日，交通部海事局印发《直属海事系统工程项目审计规定》，对投资额在50万元以上的基本建设、专项工程、技术改造、维（装）修等项目的竣工决算审计和建设期间审计作出规定，明确交通部海事局负责土建部分投资额在1000万以上工程项目的竣工决算审计，各单位负责本单位建设期超过一年的工程项目建设期间审计和交通部海事局审计范围以外的竣工决算审计，工程项目在建设期间至少进行一次审计。2001年3月23日，交通部海事局印发《交通部直属海事系统内部审计工作规定（试行）》。2005年6月9日，经修订的《交通部直属海事系统内部审计工作规定》印发。该规定对直属海事系统各单位财政收支、财务收支、经济活动进行内部审计的机构和人员、职权、程序、奖惩作出规定。2002年3月10日、交通部海事局印发《直属海事系统领导人员任期经济责任审计规定》，对直属海事系统领导人员任期经济责任审计的分工和职权、审计内容、审计程序作出规定。至2007年，直属海事系统各单位根据内部审计制度，全面开展了内部审计工作。

交通部海事局成立后，首先于1998年12月组织审计处对中国海事服务中心和交通部环境保护中心的财务收支情况进行审计。此后，按照交通部要求和年度工作计划，交通部海事局对所属单位履行内部审计职责。1999年至2007年，交通部海事局共完成382项审计任务，其中包括47项财务收支审计、29项领导干部离任经济责任审计、279项基本建设项目竣工决算审计、27项专项审计（包括海事规费征收管理审计和航标测绘专项经费、船舶交通管理系统维修经费、业务招待费、福利基金、修购基金的使用管理审计)、3项绩效审计(包括广东海事局差分全球定位系统、上海海事局船舶交通管理系统、山东和辽宁海事局船舶建造的资金使用效益审计);同时,于2005年完成对江苏、浙江、辽宁、山东、广西、深圳海事局所属的57个经济实体的审计调查,2006年完成对直属海事系统执行政府采购制度的审计调查,2007年完成对上海、浙江、江苏海事局配套设施经费和财政补贴办案经费的审计调查等。

为提高直属海事系统内部审计工作水平,1999年至2007年,交通部海事局共举办7期审计业务培训班,召开8次审计工作座谈会;2004年开展海事系统经济活动内部控制制度评价体系研究,并制定了有关评价指标和标准;2007年,开展直属海事系统领导干部离任经济责任审计评价指标和优秀审计项目评选制度的研究工作,并推广使用审计管理应用软件。

2004年,交通部海事局审计处处长贾琪被审计署评为2002年至2004年全国内部审计先进工作者;2007年,交通部海事局被审计署评为2005年至2007年全国内部审计工作先进单位。

第十九章　基础设施建设

简　　述

海事系统基础设施建设，主要包括码头、办公和业务用房、船舶交通管理系统、通信系统、信息系统、防治船舶污染系统、灯塔等基本建设项目和海事船舶的建造。

交通部海事局成立后，交通部于1999年7月20日印发通知，明确交通部海事局与交通部有关部门在直属海事系统基本建设和船舶购置方面的职责分工，规定直属海事系统各单位的基本建设和船舶购置五年计划、年度计划，由交通部海事局负责编报，交通部综合规划司负责审核并按规定报批，纳入交通部五年计划、年度计划；直属海事系统各单位300万元以上基本建设项目可行性研究报告和新型船舶设计任务书由交通部海事局提出初审意见，交通部综合规划司负责审批；300万元(含)以下基本建设项目可行性研究报告由交通部海事局根据五年计划负责审批；交通部海事局负责直属海事系统各单位基本建设项目的初步设计审批、管理和竣工验收，交通部海事局机关的基本建设项目按规定报交通部水运司审批。

按照职责分工，交通部海事局几乎每年都召开会议，总结和部署直属海事系统基本建设和船舶建造工作。1999年4月28日至30日在大连召开的第一次直属海事系统计划基建和造船工作会议，提出海事系统基础设施建设，要紧密围绕水上交通安全中心工作，增强水上巡航和对船舶航行安全与防污染的监控能力。2000年4月12日至15日和2001年4月19日至21日，先后在宁波、深圳召开的直属海事系统计划基建和造船工作会议，确定了“十五”期间基础设施建设原则是“统一规划、突出重点、强化配套、适应发展”。2003年8月5日至7日在北京召开的直属海事系统基建、造船计划座谈会，对“十五”期间后两年的建设计划进行了调整，并强调随着海事系统基础设施规模的扩大和力量的增强，其基本建设要摒弃外延粗放型发展方式，形成注重内涵和集约化的发展方式，更加科学合理地配置资源。2004年7月13日至16日在哈尔滨召开的直属海事系统计划基建和造船工作会议，提出要围绕海事工作新发展总体思路和目标，以科学发展观为指导，启动海事系统“十一五”发展规划编制工作。2006年1月13日至14日在北京召开的直属海事系统“十一五”建设规划前期工作会议，提出海事系统“十一五”建设规划思路不仅要考虑海事基础设施的功能性和管理的方便性，更要侧重社会公众、管理对象的实际需求，不断提高海事机构公共服务水平；同时要坚持以人为本，注重基础设施建设向基层和一线倾斜。2007年7月24日在北京召开的计划基建工作视频会议，强调海事监管设施是水上交通安全系统中岸基支持的重要组成部分，加快海事监管设施建设是交通部提升水上交通安全管理水平的战略部署，要抓重点，带全局，确保中国水上交通安全监管设施硬件在“十一五”期末达到中等发达国家水平。

图19-0-1　2006年1月13日至14日，直属海事系统“十一五”建设规划前期工作会在北京召开

1999年至2007年，交通部海事局在基础设施建设方面，一是重视海事系统中长期建设规划的编制工作和指导

作用，依据各个时期水上交通安全形势对海事监管工作的需求，以及水上安全监督管理体制改革后的实际情况，科学合理编制海事五年建设计划，并注意年度计划与五年计划的衔接，强调落实计划的严肃性；二是狠抓前期工作，加强对前期工作的指导和审查，不断提高前期工作的深度和质量，做好项目储备工作，落实五年建设计划和年度计划，并为海事系统基础设施建设的持续发展创造新的空间；三是严格对基本建设和造船工程在建项目的管理，规范执行工程建设程序和开展招投标工作，狠抓进度、质量管理和廉政建设，实行基础设施建设在建项目目标考核制度；四是突出重点，精心组织船舶交通管理系统建设与改造，重点通信设施建设与改造，重点溢油应急系统建设，差分全球定位系统建设，船舶自动识别系统建设，大型灯塔建设与改造，千吨级巡视船建造，60 米、40 米、30 米巡逻船批量建造，一期、二期水上安全监督信息系统建设等重点工程项目的前期工作和施工期间的监督检查以及竣工验收。

至 2000 年底，直属海事系统共完成“九五”期间基础设施建设投资 20. 95 亿元，其中基本建设投资 15. 2 亿元，造船投资 5. 75 亿元。2005 年底，直属海事系统共完成“十五”期间基础设施建设投资 22. 34 亿元，其中基本建设投资 14. 69 亿元，造船投资 7. 65 亿元。直属海事系统两个五年的建设计划得到较好执行，计划内的一批重点建设项目按照年度计划分期分批得到实施并竣工。2006 年和 2007 年，直属海事系统“十一五”期间头两年基础设施建设总体比较顺利，一部分建设项目和船舶完工并投入使用。1999 年至 2007 年，直属海事系统基础设施建设没有发生重大质量问题和其他重大问题，总投资 46. 14 亿元，固定资产总额达约 100 亿元；海事系统基础设施建设力度逐步加大，以海事信息化带动海事管理现代化取得重要成果，海事监管手段显著改善，公共服务功能不断提升，为中国水上交通安全监管水平达到中等发达国家水平奠定了重要物质基础。

第一节　计划管理与统计

【基本建设与造船投资计划】

交通部海事局通过加强基本建设项目工程可行性研究和初步设计等前期工作，以及船舶设计任务书和船舶方案设计、技术设计等前期工作，统筹编制直属海事系统基本建设、造船的五年计划和年度计划报交通部审批。根据交通部每年下达的年度计划和年度追加、调整计划，交通部海事局下达年度直属海事系统各单位的基本建设和非经营船舶购置计划。

2004 年、2005 年，根据交通部分别与云南省、四川省和内蒙古自治区在水上安全监督管理体制改革中达成的有关协议，交通部海事局先后将澜沧江海事局，四川省宜宾市、泸州市地方海事局，呼伦贝尔海事局的部分基本建设项目和船舶购置，纳入直属海事系统的基本建设和船舶购置计划。

为合理确定和规范直属海事系统各级机构办公用房、业务用房的建设规模，交通部海事局会同交通部综合规划司制定了《直属海事系统办公和业务用房建筑规划面积指标暂行规定》，并由交通部办公厅于 2002 年 8 月 12 日印发。该规定明确了直属海事机构办公用房等级分为二级，各直属海事局为一级办公用房，人均建筑面积 24 平方米，分支机构和派出机构为二级办公用房，人均建筑面积 18 平方米；明确了海上搜救中心、船舶污染防治中心、船舶交通管理中心、雷达站、船员考试发证中心、信息网络用房、政务大厅、海事调解处理室、污染监测实验室、差分全球定位系统监测中心、海岸电台及专用通信设备机房、专业档案室等业务用房和培训、机要等其他用房的建设等级和面积指标。

2003 年 6 月 27 日，交通部办公厅印发《水上安全监督和救助打捞设施建设项目可行性研究报告编制办法》，明确水上安全监督设施主要包括码头、办公和业务用房、船舶交通管理系统、通信系统、信息系统、防治船舶污染系统、灯塔等建设项目，均应按照该办法规定的内容和要求进行可行性研究并编制相应报告。

2005年3月25日，为加强直属海事系统基本建设的计划管理和工程项目管理，规范基本建设工作程序及其管理人员工作行为，交通部海事局印发《交通部直属海事系统基本建设管理办法(试行)》，对直属海事系统基本建设的五年计划及年度计划管理、立项管理、初步设计管理、施工图设计管理、工程招标与采购管理、工程竣工验收管理等作出具体规定，明确在建项目实行年度建设项目考核制度，投资在1000万元及以下的建设项目由各直属海事局进行竣工验收。

1998年10月交通部海事局成立后，交通部逐年加大对直属海事系统基本建设和造船的投资。1998年，下达基本建设资金2.5亿元、船舶建造资金1亿元。1999年，下达基本建设资金2.9亿元、船舶建造资金1.25亿元。2000年，下达基本建设资金3.19亿元，船舶建造资金1.12亿元。2001年，下达基本建设资金2.67亿元，船舶建造资金0.66亿元。2002年下达基本建设资金2.64亿元，船舶建造资金1.93亿元。2003年下达基本建设资金2.6亿元，船舶建造资金1.55亿元。2004年下达基本建设资金1.77亿元，船舶建造资金1.45亿元。2005年下达基本建设资金3.5亿元、船舶建造资金1.27亿元。2006年下达基本建设资金5.15亿元，船舶建造资金2.46亿元。2007年下达基本建设资金6.16亿元，船舶建造资金3.87亿元。

【海事科技研究与开发】

交通部海事局成立后，结合海事工作实际，每年安排直属海事系统开展有关科技项目的研究与开发，主要内容是与水上交通安全监督、防治船舶污染、船舶及海上设施检验、航海保障等管理和水上交通安全生产行业管理、交通环境保护，以及直属海事系统内部管理等方面有关的管理课题研究、计算机辅助管理软件开发、应用技术开发、规划与标准研究等。

年度海事科研计划印发后，各项目主持部门(交通部海事局机关有关部门)与项目承担部门(海事系统有关单位和其他有关科研院所、院校)签订《交通部海事局科研项目合同书》，交通部海事局依据合同书下达科研项目资金，监督科研项目实施；科研项目完成后，由交通部海事局组织专家评审与验收，颁发验收证书。1999年至2007年，交通部海事局科研成果有60多项被应用和推广至交通部海事局以及海事系统的法规规范制定、管理机制建立、计算机辅助管理等工作之中。2007年11月30日，交通部下达2007年海事科研计划，其16个项目要求于2008年完成课题研究。

1999—2007年主要海事科技研究与开发情况一览　　表19-1-1

年份	科技项目名称
1999	海事法规体系研究、海事系统统计制度研究、船舶检验发证管理系统软件、全国水上搜救统一报警电话论证、国轮进出口电子签证收费系统、客滚船安全管理研究、干部考评管理软件
2000	船舶检验管理机制研究(该项目列入交通部科研执行计划)、水深测量数据采集与处理系统技术研究、中国电子海图分幅方案研究、杭州湾地区理论最低潮面确定研究
2001	中国海事发展纲要研究、“IMO船旗国履约自评标准及应对”研究、海员国际公约研究、船舶安全管理证书(SMC)有效性指标研究、水上碍航物对通航安全的影响评价、水上搜救指南、船舶定线制，党风廉政建设责任制考核指标体系、海员专业培训试题库管理系统软件、履行国际海事组织STCW78/95公约配套法规体系研究(该项目列入交通部科研执行计划)、中国海区岸基AIS配布研究
2002	船舶污染损害及防治对策研究、沿海化学品船运输应急对策研究、船舶法定检验质量管理体系研究、港口VTS运行效益评估、直属海事系统人才发展规划研究、航标效能及维护水平评价体系研究、海事执法人员绩效考核研究、海事系统领导干部适任能力考核评价标准研究、台湾海峡两岸船舶溢油应急协作计划研究、水上交通安全形势及对策研究

续上表

年份	科技项目名称
2003	海事系统业务工作综合评价指标体系研究、风险管理在航标系统的应用研究、推广船员计算机辅助无纸化考试系统、规费征收管理软件
2004	交通安全生产"十一五"发展规划研究、实施《控制船舶有害防污底系统国际公约》对策研究、船舶安全检查质量船体系及模型设计、三峡库区船舶污染现状评估及对策研究
2005	IMO 成员国自愿审核机制研究、小康社会水上交通安全指标研究、防治和处置重大船舶污染问题研究、船舶油污损害赔偿运行机制研究、巡航工作指标系统研究、沿海小型船舶及动态监控研究
2006	锚地安全容泊数量研究、交通环保体系研究、交通行业环境监测现状调查研究、船载 GPS 综合应用技术标准研究、中国海事体制改革研究、海事信息化"十一五"发展规划及实施方案研究、老铁山水道船舶定线制研究、固体危险货物海运安全技术条件研究
2007	验船业务量与验船人员配备量对应关系研究、港口工程和碍航设施建设时的安全设施配备标准研究、船员管理机制研究、LNG 船海上运输安全管理研究、直属海事系统实行职衔制研究、直属海事系统人才分类管理及专业技术人才评价体系研究

说明:①部分航标、测绘科技研究与开发项目列在相应章节中,不在本表列出。

②许多项目为跨年研究与开发项目。

【海事统计】

海事系统统计报表是交通部统计调查的一部分。交通部海事局归口负责全国海事系统的统计工作。根据交通部的有关规定,交通部海事局成立后,自 1999 年开始,每年汇总编报海事系统统计报表。1999 年海事系统统计报表项目是:水上交通事故统计、海上搜救报警情况统计、船舶交通管理系统数量及运行情况统计、进出港船舶统计、船舶安全检查统计、船员考试发证情况统计、海区航标数量统计、安全管理体系审核情况统计、直属海事系统固定资产投资情况及总额统计。

为规范海事系统统计工作,经交通部综合规划司同意,交通部海事局根据《统计法》及有关规定,结合海事系统具体情况,制定了《海事系统统计报表制度及主要指标解释》,并于 2000 年 3 月 15 日印发。该制度规定了海事系统统计报表的填报范围、报送渠道、目录、表式、填报说明及主要指标解释等,将海事系统统计报表项目分为计划基本建设、通航、船舶监督、船员、航标测绘、安全管理 6 大类,自 2000 年 1 月 1 日起执行。其中具体项目,对比 1999 年的年度报表,增加了直属海事系统设备管理、船舶基础资料,巡航工作、水上水下施工作业情况,进出港船舶货运量、船舶装载危险货物监督管理,海区航标维护质量和能源分类、沿海港口航道测量工作量、海区航标及测绘人员等统计项目;删减了安全管理体系审核情况、直属海事系统固定资产总额统计项目。

根据 2002 年交通部《关于公布经审批(备案)正式生效的交通统计调查项目的通知》要求,交通部海事局制定了新的《海事系统统计报表制度》,经国家统计局备案生效。2002 年 6 月 7 日,交通部海事局印发通知和《海事系统统计报表制度》,决定自 2002 年 7 月 1 日起执行。该通知明确,海事系统统计资料编辑的日常工作,委托交通部科学研究院承担。该统计报表制度明确海事系统统计范围是全国海事系统、全国船舶检验机构、有关水上交通事故统计的各省(自治区、直辖市)的交通主管部门和中央直属航运企业、有关海区航标管理的各省(自治区、直辖市)的相关部门。其中增加"船舶检验管理统计报表"一类,包括船舶检验登记数量及检验业务量、船用产品认可数量及检验业务量、验船人员情况及发证、签证情况的统计项目;并删减了直属海事系统设备管理统计项目。

根据 2005 年交通部《关于公布经审批(备案)生效的交通统计调查项目的通知》要求,交通部海事局制定了《海事系统统计报表制度(2005年修订版)》，经国家统计局备案生效，2005年8月22日，交通部海事局印发《海事系统统计报表制度(2005年修订版)》，决定自2006年1月1日起执行。其中增加“行政处罚及审核登记管理统计报表”一类，包括海事行政处罚情况、安全管理体系审核情况统计项目；在船舶监督管理类中增加船舶登记注册情况、液货船舶情况、集装箱现场检查、船舶污染事故情况、防治船舶污染管理工作的统计项目；在船舶检验管理类中增加中国船舶检验机构和外国驻中国船舶检验机构情况的统计项目。共计8类60项报表。

为满足海事系统业务数据规范管理的需要，交通部海事局于2006年6月22日，在《关于协助做好水上情况调查工作的通知》中，公布《海事机构业务应用编码编制规则》，并要求各省级地方海事局和各直属海事局编制报送基层海事机构站点的机构业务应用编码；于12月1日印发《直属海事机构业务应用编码》、《地方海事机构业务应用编码》，公布了全国各级海事机构及其基层站点的业务应用编码。该编码编制规则规定了全国海事机构业务应用编码的编制方法，明确直属海事系统各局派出机构及以上机构的标识码和县级及以上地方海事机构的标识码由交通部海事局统一编制，每年年底在中国海事局网站上发布经更新的全国海事机构业务应用编码。各海事机构业务应用编码由6位阿拉伯数字组成；第1、2位为直属海事局或省(自治区、直辖市)地方海事局的标识码；第3、4位为直属海事局分支机构或地市级地方海事机构的标识码；第5、6位为直属海事局派出机构或县级地方海事机构的标识码；同时，为便于对直属海事局派出机构以下或县级地方海事机构以下的海事基层站点的管理，在对应的6位业务应用编码基础上扩充2位标识码，组成8位基层站点业务应用编码。根据该规则，各海事机构可获得一个唯一的业务应用编码。

第二节　基本建设工程管理

【基本建设项目管理】

为贯彻《国务院办公厅关于加强基础设施工程质量管理的通知》精神，1999年4月23日，交通部海事局印发《关于加强直属海事系统基本建设管理工作的若干规定》，要求直属海事系统认真贯彻国家及交通部有关基本建设的法规制度，严格规范基本建设程序，不得擅自简化手续，确保基本建设项目工程质量。该规定明确直属海事系统基本建设实行项目责任制和工程质量终身负责制；经交通部海事局委托，投资在300万元以下的建设项目初步设计可由直属海事局审批，1000万元以上或专业性强的建设项目应组织专家审查；水运工程、进口设备和投资在300万元以上的国内采购设备的招标文件、评标小组和评标结果报交通部海事局审批。

1999年，交通部海事局组成两个检查组，对直属海事系统重点工程进行了质量检查。之后，交通部海事局于2002年11月、2004年11月、2006年11月、2007年11月，先后组织直属海事系统各单位对当年基础设施在建项目进行自查，自查重点是：在建项目的程序、进度、管理、质量、资金使用、廉政建设情况，在建项目的合同管理、标准规范执行情况以及项目设计、施工单位的资质等是否符合要求。2007年1月，交通部海事局组成两个检查组，对山东、江苏、浙江、广西、海南、黑龙江海事局的8个基本建设项目进行了抽查；3月9日，交通部海事局印发通知，公布抽查情况。总的来看，直属海事系统基础设施建设的建设规模、建设程序、工程质量、廉政建设、进度和投资等处于整体受控状态，没有发现大的违反规定的情况和安全、质量问题；但在程序、质量、进度、产权清晰、施工和监理资料等方面还存在一些问题。

自2003年起，交通部海事局开始对直属海事系统各单位进行基础设施建设在建项目目标考核，将各单位的基本建设和船舶建造在建项目的进度和质量纳入目标管理责任制考核内容。

“九五”期间，直属海事系统共完成基本建设投资15.2亿元，其基本建设重点项目包括，建成广州、成山头、上海、琼州海峡、深圳、湛江、营口、南京、镇江、江阴、张家港、南通船舶交通管理系统12个，建成船舶报告中心和全球海上遇险与安全系统端站，重建和改建了一批灯塔、灯桩，建成沿海差分全球定位系统台站20座，引进购置了一批先进的港口航道图测绘设备，建成基层监督站50个、航标基地和灯塔工基地9个、工作船码头9座及一批综合业务用房，建成北方海区海上船舶溢油防治示范工程和大连危险货物运输咨询中心等。

图19-2-1 2002年11月8日，江苏大丰灯塔竣工

“十五”期间，直属海事系统共完成基本建设投资14.69亿元，其基本建设重点项目包括，集中解决一批水上安全监督管理体制改革中，新组建海事机构和地方划转交通部管理的海事机构的业务用房，共建成辽宁、江苏、浙江、福建、广西、黑龙江、营口、连云港、厦门、济南、丹东、葫芦岛、黄骅、威海、舟山、台州、温州、宁德、泉州、潮州、肇庆、阳江、云浮、柳州、梧州、海口、黑河、牡丹江等28个综合业务用房和近100个基层站点业务用房，建成5个工作船码头和40多个趸船浮码头，开展了天津、青岛、连云港、南通、宁波、上海、广州、深圳船舶交通管理系统改扩建工程，建成上海、大连、深圳、海口、烟台、天津、汕头等港口水域电视监控系统，进行上海、大连、福州、青岛海岸电台的改造和福建、浙江沿海甚高频通信系统建设，建成秦皇岛海上溢油应急处理中心工程，建成长江口、珠江口、渤海湾、琼州海峡船舶自动识别系统一期工程15座基站，完成水上安全监督信息系统一期、二期工程，建成上海、山东、辽宁、天津海事局电子化船员考试中心，开展长江三角洲船舶“一卡通”建设工程，建成电子海图数据中心等。

图19-2-2 2001年3月竣工的宁波大榭海事处业务用房

图19-2-3 2002年建成的广东海事局仑头航标基地码头

“十一五”期间头两年，即2006年和2007年，直属海事系统基础设施建设共安排投资17.64亿元，其中基本建设11.31亿元，造船6.33亿元。其基本建设重点项目包括，重建新建江阴、泰州、芜湖、武汉、珠海、湄洲湾船舶交通管理系统，开展秦皇岛、成山头、镇江船舶交通管理系统改扩建工程，建成大连、南京、南通、海口、钦州海事监管救助基地，建成船舶自动识别系统骨干网，开展了辽宁、山东、广东、广西、海南沿海甚高频通信系统建设等。

【船舶交通管理系统工程建设】

图 19-2-4　2007 年 12 月 24 日，交通部海事局副局长杨省世在海口海事监管基地动工仪式上发表讲话

1982 年，中国第一个船舶交通管理系统在宁波建成后，大连、连云港、青岛、秦皇岛船舶交通管理系统于 20 世纪 80 年代相继建成。进入 20 世纪 90 年代，交通部加大船舶交通管理系统建设力度，先后在沿海主要港口和重要航道建成营口、天津、烟台、成山头、上海、广州、深圳、湛江、琼州海峡等 9 个船舶交通管理系统，在长江下游南京至浏河口航段建成南京、镇江、江阴、张家港、南通 5 个船舶交通管理系统，并对大连、宁波、青岛船舶交通管理系统的老旧设备进行改造扩建。1997 年，由长岛县政府投资建设的北长山船舶交通管理系统移交烟台海上安全监督局管理使用。至 20 世纪末，中国沿海和长江水域共建成 20 个船舶交通管理系统。

交通部海事局成立后，根据交通部的总体安排和五年建设计划以及海事发展布局规划，继续推进船舶交通管理系统建设，并分期对老旧设备进行更新改造。

图 19-2-5　2000 年 11 月 18 日，广州船舶交通管理系统正式对外运行

交通部海事局于 1999 年 1 月 18 日批准成山头船舶交通管理系统 1999 年 1 月 28 日正式对外运行，于 12 月 2 日批准青岛船舶交通管理系统 1999 年 12 月 8 日正式对外运行。

交通部海事局于 2000 年 9 月 21 日批准湛江船舶交通管理系统 2000 年 9 月 28 日正式对外运行，于 11 月 23 日批准广州船舶交通管理系统 2000 年 11 月 18 日正式对外运行。

鉴于船舶交通管理系统建设出现多渠道筹资的状况，2001 年 3 月 1 日，交通部海事局印发《关于加强船舶交通管理系统建设管理工作的通知》，明确不论建设资金来自何方，各直属海事局辖区水域的船舶交通管理系统建设(含改造)项目，必须纳入海事系统总体布局规划和五年计划，并严格按照基本建设程序执行。

图 19-2-6　2002 年 6 月 1 日，琼州海峡船舶交通管理系统正式对外运行

2001 年 9 月 10 日，交通部批准建设广州船舶交通管理系统一期完善工程和上海船舶交通管理系统改造、扩建工程。10 月 8 日，交通部海事局批准营口船舶交通管理系统 2001 年 8 月 28 日正式对外运行。12 月 1 日，交通部批准建设南通船舶交通管理系统改造工程。12 月 25 日，交通部海事局批准深圳船舶交通管理系统 2001 年 12 月 28 日正式对外运行。

2002 年 3 月 20 日，交通部海事局印发《关于加强 VTS 系统管理工作的有关事宜的通知》，明确 2001 年以后建成的船舶交通管理系统，凡经过设备验收后即投入试运行，经过系统验收合格后次日起应正式对外开通运行，不再报交通部海事局批准；系统验收前，应达到《船舶交通管理系统运行管理规定》有关要求。

2002 年 7 月 22 日，交通部批准建设深圳东部船舶交通管理系统一期工程。

2003 年 1 月 2 日，交通部海事局批复海南海事局，同意接收粤海铁路轮渡雷达设施。

2003 年 8 月 5 日，交通部海事局印发《关于加强非海事系统投资建设的 VTS 设施接收管理工作的通知》，明确接收非海事系统投资建设的船舶交通管理系统设施须经交通部海事局批准；船舶交通管理系统设施接收后应配齐人员，加强管理，按规定编报运行维护经费预算，保证设备正常运行。

2003 年 11 月 8 日、11 月 13 日，交通部先后批准建设连云港、青岛船舶交通管理系统改造、扩建工程。

2004 年 9 月 14 日，交通部分别批准建设天津船舶交通管理系统改造、扩建工程和泰州、江阴船舶交通管理系统工程(其中江阴船舶交通管理系统工程在原系统基础上重建)。

2005 年 12 月 6 日，交通部分别批准建设成山头、秦皇岛、镇江船舶交通管理系统改造、扩建工程和珠海、湄洲湾船舶交通管理系统工程。12 月 13 日，交通部批准建设深圳船舶交通管理系统改造、扩建工程。

2005 年 12 月 30 日，交通部海事局印发《关于非交通部出资建设船舶交通管理系统纳入海事运行管理的意见》，规定凡纳入海事系统运行管理的非交通部出资建设的船舶交通管理系统，应满足其系统功能、站点布局等符合海事发展总体规划和监管要求，其前期工作出资方已与海事机构协商一致，重大事项已报交通部海事局核准，其工程建设程序参照交通部基本建设程序执行，出资方承担工程建设期间和系统试运行期间设备运行维护费用等条件；并明确各级海事机构在非交通部出资建设的船舶交通管理系统前期论证、规划、设计、验收、接收、运行、管理、维护等方面的职责分工，以及非交通部出资建设的船舶交通管理系统工程建设各个阶段的主要要求，明确交通部海事局负责核准直属海事局与出资方签订的船舶交通管理系统建设协议、建设方案，负责组织工程验收及资产正式移交工作等。

2006 年 2 月 6 日，交通部海事局印发通知，同意浙江海事局接收中国石油化工股份有限公司投资建设的舟山册子船舶交通管理系统①设施，纳入海事系统运行管理。

至 2007 年底，中国沿海和长江中下游已建成 29 个船舶交通管理系统(见表 19-2-1，其中涉及非交通部投资的有 8 个)，交通部海事局管理的在建(包括改造、扩建)船舶交通管理系统工程项目 9 个(广州、连云港、青岛、成山头、秦皇岛、镇江、珠海、湄洲湾、深圳)。

2007 年底船舶交通管理系统建设运行情况一览 表 19-2-1

序号	名　称	隶属单位	建设运行情况	投资情况
1	大连船舶交通管理系统	辽宁海事局	1988 年 9 月建成运行；2003 年 9 月 18 日完成更新改造工程投入正式运行	交通部投资
2	营口船舶交通管理系统	辽宁海事局	1999 年 11 月 7 日建成试运行；2001 年 8 月 28 日正式运行	交通部投资
3	秦皇岛船舶交通管理系统	河北海事局	1990 年 2 月建成试运行；1994 年 11 月 28 日正式运行	交通部投资
4	京唐港船舶交通管理系统	河北海事局	2007 年 10 月 30 日建成试运行	京唐港投资有限责任公司投资
5	曹妃甸船舶交通管理系统	河北海事局	2007 年 10 月 30 日建成试运行	曹妃甸实业开发公司投资

① 舟山册子船舶交通管理系统于 2008 年 7 月底通过交通部海事局设备验收，于 2009 年 7 月 16 日通过竣工验收。

续上表

序号	名　　称	隶属单位	建设运行情况	投资情况
6	黄骅船舶交通管理系统	河北海事局	2002 年 5 月 30 日建成正式运行	神华黄骅港务有限责任公司投资
7	天津船舶交通管理系统	天津海事局	1997 年 7 月建成试运行，1998 年 7 月 15 日正式运行；2007 年底完成改扩建工程投入试运行	交通部投资
8	烟台船舶交通管理系统	山东海事局	1994 年 11 月建成试运行；1995 年 4 月 30 日正式运行	交通部投资
9	北长山船舶交通管理系统	山东海事局	1997 年 12 月建成运行	长岛县政府投资
10	成山头船舶交通管理系统	山东海事局	1996 年 10 月建成试运行；1999 年 1 月 28 日正式运行	交通部投资
11	青岛船舶交通管理系统	山东海事局	1990 年 5 月 20 日建成试运行，1995 年 6 月 1 日一期完善工程建成试运行，1999 年 12 月 8 日正式运行	交通部投资
12	连云港船舶交通管理系统	江苏海事局	1990 年 8 月建成试运行，1993 年 6 月 1 日正式运行	交通部投资
13	南通船舶交通管理系统	江苏海事局	1997 年 12 月 18 日正式运行；2007 年完成改造工程于 11 月 30 日正式运行	交通部投资
14	张家港船舶交通管理系统	江苏海事局	1997 年 12 月 18 日正式运行	交通部投资
15	江阴船舶交通管理系统	江苏海事局	1997 年 12 月 18 日正式运行；2007 年完成重建工程于 11 月 25 日试运行	交通部投资
16	泰州船舶交通管理系统	江苏海事局	2007 年 11 月 25 日建成试运行	交通部投资
17	镇江船舶交通管理系统	江苏海事局	1997 年 12 月 18 日正式运行	交通部投资
18	南京船舶交通管理系统	江苏海事局	1997 年 12 月 18 日正式运行	交通部投资
19	上海吴淞船舶交通管理系统	上海海事局	1994 年 3 月建成试运行，1994 年 9 月 12 日正式运行；2007 年 1 月 24 日完成一期改造、扩建工程并通过验收	交通部投资
20	洋山港船舶交通管理系统	上海海事局	一期工程 2004 年 7 月建成运行；二期工程 2006 年 1 月 23 日建成试运行	上海同盛投资(集团)公司投资
21	宁波船舶交通管理系统	浙江海事局	1982 年建成运行；2003 年 12 月 16 日更新改造工程通过验收正式投入运行	交通部投资
22	舟山马迹山船舶交通管理系统	浙江海事局	2002 年建成试运行；2003 年 6 月 1 日正式运行	宝山钢铁股份有限公司投资
23	厦门船舶交通管理系统	福建海事局	2004 年 8 月 20 日建成试运行；2005 年 7 月 27 日正式运行	交通部与厦门市政府共同投资

续上表

序号	名　　称	隶属单位	建设运行情况	投资情况
24	广州船舶交通管理系统	广东海事局	1998年1月建成试运行，2000年11月18日正式运行	交通部投资
25	湛江船舶交通管理系统	广东海事局	1998年11月7日建成试运行，2000年9月28日正式运行	交通部投资
26	深圳船舶交通管理系统	深圳海事局	1999年8月建成，2000年6月16日试运行；2001年12月28日正式运行，深圳东部船舶交通管理系统于2005年建成试运行	交通部投资
27	琼州海峡船舶交通管理系统	海南海事局	1998年9月建成试运行；2002年6月1日正式运行	交通部投资，其中粤海铁路轮渡雷达设施由粤海铁路有限责任公司投资
28	芜湖船舶交通管理系统	长江海事局	2006年8月25建成试运行	交通部投资
29	武汉船舶交通管理系统	长江海事局	2006年5月9日建成试运行；2007年12月1日正式运行	交通部投资

说明：①洋山港船舶交通管理系统于2008年1月25日通过交通部海事局验收后正式投入运行。天津船舶交通管理系统改扩建工程于2008年7月23日通过交通部海事局验收后正式投入运行。京唐港、曹妃甸船舶交通管理系统于2008年9月12日通过交通部海事局验收后正式投入运行。

②芜湖船舶交通管理系统于2009年3月24日通过交通部验收后正式投入运行。江阴、泰州船舶交通管理系统改扩建工程于2009年9月1日通过交通部海事局验收后正式投入运行。

第三节　船舶建造与管理

【海事船舶配置与管理】

直属海事系统为行使法定职能所配置的公务性、公益性船舶，主要包括水上执法巡逻船舶、航标作业船舶、港口航道测量船舶。交通部海事局成立前，原交通部直属水上安全监督系统和将在水上安全监督管理体制改革中划转交通部管理的地方水上安全监督机构，分别由交通部和有关地方交通主管部门配置了一批公务性、公益性船舶。“九五”期间，交通部注重海事船舶的船型规范和船舶技术使用性能的提高。1998年，20米级、14米级的玻璃钢船舶已广泛配置于直属水上安全监督系统，用于执法巡逻和航标、测绘作业，并已开展30米级、45米级和千吨级巡逻船的前期工作。

交通部海事局成立后，对直属海事系统的船舶配置与建造，按照“控制总量，优化船型”的原则进行。根据交通部“九五”建设计划调整后的投资总额和水上安全监督管理体制改革后发展的实际需要，交通部海事局对直属海事系统的船舶购置计划，进行了适当调整，优先配置建造航速较快、操作性能优良、维护成本较低、技术含量较高的船舶，使巡逻船、航标船、测量船各自形成系列。1999年确定的海事船舶系列，巡逻船型有12~14米级、17米级、20米级、30米级、45米级、60米级和千吨级，航标船型有小型、120吨级、150吨级、400吨级、中型、大型，测量船型有小型、中型等。

2000年4月8日至9日，交通部海事局在深圳召开技术评估会，会议确认已交船在深圳海事局投入使用4个月的45米巡逻船“南海巡21”设计建造成功，最大航速26.6节，同意该船设计图纸经修改完善后作为海事系统后续配置45米巡逻船的定型图纸。6月13日至14日，交通部海事局在南通召开技术评估会，会议认为已交船在南通港航监督局投入使用100天的长江首制30米巡逻船“监督107”性能优良，是长江原30米巡逻船较为理想的替代船型，适合配置在长江中下游执行水上交通安全监督管理任务。

2000年11月至2001年11月，根据《交通部海事局船舶着色、标志、旗帜和命名办法》，交通部海事局批复确定各直属海事局所属船舶重新命名方案。

2001年2月4日至5日，交通部海事局在湛江召开技术评估会，会议认为已交船在湛江海事局投入使用3个月的首制20米玻璃钢高速巡逻船"湛港巡21"在原20米玻璃钢巡逻船基础上更换主机和建造成功，同意该船设计图纸经修改完善后作为海事系统后续配置20米玻璃钢高速巡逻船的定型图纸。5月13日至14日，交通部海事局在青岛召开技术评估会，会议认为已交船在天津海事局投入使用8个月的首制沿海航标夹持装置航标巡检船"海标0513"具有良好的适航性、操纵性、快速性，建造质量良好，夹持装置功能可靠、实用，实现航标传统作业方式突破，同意该船设计图纸经修改完善后作为海事系统后续配置120吨带夹持装置航标巡检船的定型图纸。8月10日至11日，交通部海事局在宁波召开60米级巡逻船方案论证和需求分析会，会议确认海事系统开发配置60米级海上巡逻船的必要性，并确定了该船型的主要功能和主尺度。9月22日至23日，交通部海事局在上海召开技术评估会，会议认为1999年交船在上海海事局投入使用1001小时的首制30米高速巡逻船总体性能、设备选型基本满足设计任务书和快速反应的要求，同时针对存在问题提出改进意见。

2001年7月6日，交通部在印发的《公路水路交通"十五"发展计划》中明确，"十五"期间直属海事系统船舶配置建造原则是"控制巡逻船总量，优化船舶结构，更新各类船舶"。

2002年9月2日至3日，交通部海事局在镇江召开26米内河玻璃钢巡逻船技术评估会，认为该船技术性能满足了设计任务书和使用要求，同时对完善该型船舶设计，做好后续船舶建造工作提出了建议。

2004年11月30日，交通部海事局在北京召开大型航标工作船方案论证和需求分析座谈会，会议确认海事系统开发配置新型大型航标工作船的必要性，并确定了新型大型航标工作船主要功能以海上航标作业和无线电信号监测为主，适当兼顾扫海测量和海上清污功能。

2005年1月21日，交通部海事局在上海召开26米沿海玻璃钢巡逻船技术评估会，会议认为该船技术性能满足了设计任务书和使用要求，用于海事执法具有良好的经济性，同时对完善该型后续船舶设计提出了改进意见。7月7日，交通部海事局在湛江召开技术评估会，会议认为南海海区测量船"海测1504"将现代测量技术和设备与船舶技术有机结合，为海上测量提供了一个良好平台，投入使用后，在沿海测量和应急扫测中发挥了良好功能，同时提出完善该船型的改进建议。

2005年，交通部海事局在直属海事系统开展船舶"管用养修"专项工作。

2006年1月13日，交通部海事局在北京召开的直属海事系统"十一五"建设规划前期工作会上，确定"十一五"期间直属海事系统船舶配置建造原则是"总量适度、结构合理、性能先进、标准统一、管理规范"。3月9日，交通部海事局在北京召开设计审查会，会议确认首制新型60米级巡逻船的修改设计方案，并对完善后续船舶设计提出修改建议，确定航速为22节左右。3月10日，交通部海事局在北京召开北方海区和台湾海峡千吨级巡视船研讨会，会议确认南海海区3000吨级海上巡视船在近一年的使用中，适航性、操纵性及其主要机电设备性能优良，确定北方海区千吨级巡视船可以该船为母型船修改设计，台湾海峡千吨级巡视船可以该船为母型船进行修改设计的比选。

2006年3月30日，交通部海事局成立海事系统新船型研发工作组，进行海事系统新型60米级、40米级和30米级巡逻船舶的调研论证工作。8月22日至23日，交通部海事局在北京召开论证会，会

图 19-3-1　2006 年 6 月 2 日，7 艘新型快速巡逻艇在秦皇岛正式列编河北海事局

议认为武汉船舶设计研究所(701 所)提供的新型 60 米级、40 米级和 30 米级巡逻船船型方案，可作为“十一五”期间海事系统的主力船型，并确定了三个船型的设计任务书。11 月 14 日至 16 日，交通部海事局在北京召开海事系统新型 30 米级、40 米级和 60 米级巡逻船的方案设计评审会，会议经过比选，确定长江船舶设计院提交的新型 30 米级第二设计方案、701 所提交的新型 40 米级设计方案为首选方案，认为 701 所提交的新型 60 米级设计方案基本满足设计任务书的要求，并提出了修改意见。11 月 29 日，交通部海事局将编制完成的新型 60 米级、40 米级和 30 米级巡逻船设计任务书报送交通部综合规划司。

2007 年 1 月 5 日，交通部印发《海事船舶配备管理规定(试行)》，规定各类海事船舶船型、数量配置、服役年限的标准，及其主要技术参数、性能指标和功能用途等，并采用船舶交通流量、大和重大事故次数、遇险人数、货物吞吐量、旅客吞吐量、危险品吞吐量等因素，明确水域风险程度测算方法，以及依据基本配置标准和水域风险程度测算海事船舶配置数量的方法。1 月 24 日至 25 日，交通部综合规划司在温州召开上海海事局 400 吨航标工作船后评估会，会议认为该船使用一年来，其技术性能满足了设计任务书和温州航标处的使用要求，同时对完善该型后续船舶设计、建造工作提出了改进建议。

2007 年底直属海事系统船舶配置数量分布情况(单位：艘)　　表 19-3-1

机构名称	总计	巡逻船	航标船				测量船			特种船		
			合计	大型	中型	小型	合计	中型	小型	合计	沿海	内河
辽宁海事局	22	21	—	—	—	—	—	—	—	1	1	—
河北海事局	13	11	—	—	—	—	—	—	—	2	2	—
天津海事局	31	6	20	2	4	14	2	1	1	3	3	—
山东海事局	27	25	—	—	—	—	—	—	—	2	2	—
江苏海事局	53	53	—	—	—	—	—	—	—	—	—	—
上海海事局	88	50	26	3	4	19	8	5	3	4	1	3
浙江海事局	68	67	—	—	—	—	—	—	—	1	1	—
福建海事局	43	43	—	—	—	—	—	—	—	—	—	—
广东海事局	285	249	22	2	2	18	4	2	2	10	9	1
深圳海事局	12	10	—	—	—	—	—	—	—	2	2	—
广西海事局	72	72	—	—	—	—	—	—	—	—	—	—
海南海事局	18	14	4	—	1	3	—	—	—	—	—	—
长江海事局	146	146	—	—	—	—	—	—	—	—	—	—
黑龙江海事局	45	45	—	—	—	—	—	—	—	—	—	—
总计	923	812	72	7	11	54	14	8	6	25	21	4

2007 年底直属海事系统各型巡逻船舶配置数量分布情况(单位：艘)　　表 19-3-2

机构名称	总计	海上巡逻船							内河巡逻船				
		合计	80 米级以上	60 米级	40 米级	30 米级	20 米级	15 米级以下	合计	40 米级	30 米级	20 米级	15 米级以下
辽宁海事局	21	17	—	—	2	11	3	1	4	—	—	1	3
河北海事局	11	11	—	—	1	2	1	7	—	—	—	—	—
天津海事局	6	6	—	1	1	1	2	1	—	—	—	—	—
山东海事局	25	25	—	—	2	7	9	7	—	—	—	—	—
江苏海事局	53	3	—	—	—	—	2	1	50	1	22	15	12
上海海事局	50	27	1	—	3	14	8	1	23	—	—	13	10
浙江海事局	67	36	—	1	3	10	17	5	31	—	1	5	25
福建海事局	43	28	—	—	1	7	8	12	15	—	—	5	10
广东海事局	249	49	1	—	2	13	16	17	200	—	2	58	140
深圳海事局	10	9	—	—	2	2	4	1	1	—	1	—	—
广西海事局	72	16	—	—	1	6	2	7	56	—	—	21	35
海南海事局	14	14	—	—	1	2	7	4	—	—	—	—	—
长江海事局	146	—	—	—	—	—	—	—	146	2	43	53	48
黑龙江海事局	45	—	—	—	—	—	—	—	45	1	4	2	38
总计	812	241	2	2	19	75	79	64	571	4	73	173	321

〖海事船舶配置标准〗

1999 年 4 月 28 日，在大连召开的海事系统基本建设和造船工作会议上，交通部海事局提出要研究《直属海事系统监督船舶配置标准》。

“十五”期间，交通部海事局对海事系统公务船、公益船的配置，进行了大量的需求分析、船型论证和技术评估，为海事系统船舶配置标准的编制奠定了基础。

2005 年，交通部下达了《海事系统船舶配备标准》研究课题，由交通部海事局和交通部规划研究院共同承担。9 月 23 日，交通部海事局印发《关于做好海事系统船舶配备标准制定工作的通知》，并于 10 月组成南方、北方两个工作组，对浙江、上海、福建、广东、广西、江苏、长江、山东、天津等海事局使用的代表船型和重点管辖水域情况进行了调研。随后组成研究小组开展《海事系统船舶配备标准》课题研究。2006 年，《海事系统船舶配备标准》编写工作完成，该标准对船舶类型定义、配备依据和使用年限等进行了详细的论述。在此基础上，交通部综合规划司组织制定了《海事船舶配备管理规定(试行)》。

2007 年 1 月 5 日，交通部在印发的《海事船舶配备管理规定(试行)》中，明确了直属海事系统各类、各型船舶的配置标准。

2007 年海上巡逻船系列划分标准和配置标准一览 表 19-3-3

船舶系列(级别)		船舶总长(米)	标准船型	主要巡逻水域和配置标准
大型	100 米级	>100	1 个	全国统一配置，离岸 50 海里以远水域，在中国管辖水域平均每 22 万平方公里配置 1 艘
	80 米级	80～89	1 个	
中型	60 米级	60～69	2 个	按各局辖区配置，离岸 50 海里以内水域，每 2.8 万平方公里的基本配置数量为 1 艘，每个直属海事机构至少配置 1 艘
	40 米级	40～49	2 个	重要航道和岛屿型港口水域，重要进港航道每 35 海里配置 1 艘，换算吞吐量超过 700 万吨的岛屿型港口配置 1 艘
小型	30 米级	26～39	3 个	港口及附近水域，其中 20 米级巡逻船主要在遮蔽水域执行任务，港口或独立港区的基本配置数量为 2 艘
	20 米级	16～25	4 个	
艇	15 米级	10～15	不设标准船型	
	10 米级	<10		
合计	8 个系列		13 个标准船型	

说明：列为基本配置标准的，可根据该水域风险程度调整具体配置数量。

2007 年内河巡逻船系列划分标准和配置标准一览 表 19-3-4

船舶系列(级别)		船舶总长(米)	标准船型	主要巡逻水域和配置标准
大型	40 米级	40～49	1 个	A、B 级航区的Ⅲ级及以上航道水域，每 240 公里的基本配置数为 1 艘
中型	30 米级	26～39	4 个	A、B、C 级航区的Ⅳ级及以上航道水域，每 60 公里的基本配置数量为 1 艘，但 30 米级 D 型船不适用 A 级航区
小型	20 米级	16～25	4 个	A、B、C 级航区的Ⅴ级及以上航道水域，每 30 公里的基本配置数量为 1 艘
艇	15 米级	10～15	3 个	A、B、C 级航区的Ⅳ级及以上航道水域
	10 米级	<10	不设标准船型	
合计	5 个系列		12 个标准船型	

说明：列为基本配置标准的，可根据该水域风险程度调整具体配置数量。

2007 年海事航标船系列划分标准和配置标准一览 表 19-3-5

船舶系列(级别)		船舶总吨(吨)	标准船型	主要任务和配置标准
大型(航标布设船)	2000 吨级	1700～2400	1 个	主要承担大中型浮标的布设和维护任务；按海区配置，每 300 座大中型浮标配置 1 艘
中型(航标布设船)	800 吨级	800～900	1 个	主要承担中小型浮标的布设和巡检维护任务，兼顾大型浮标布设；按航标处配置，超过 100 座浮标且距配有大型航标船基地 500 公里以上的航标处配置 1 艘
	400 吨级	400～500	1 个	主要承担港区及附近水域小型浮标的布设和巡检维护任务，兼顾中型浮标布设；按航标处配置，未配置中型航标船的航标处配置 1 艘
小型(航标巡检船)	150 吨级	120～180	2 个	主要承担港区及附近水域航标巡检维护任务，按航标处配置，每 60 座航标配置 1 艘
合计	4 个系列		5 个标准船型	

2007 年海事测量船系列划分标准和配置标准一览　　表 19-3-6

<table>
<tr><th colspan="2">船舶系列(级别)</th><th>船舶总长(米)</th><th>标准船型</th><th>主要任务和配置标准</th></tr>
<tr><td>大型</td><td>80 米级</td><td>80～89</td><td>1 个</td><td>主要承担深海航道测量、潮流潮汐和气象观测、扫海任务，全国统一配置 1 艘</td></tr>
<tr><td>中型</td><td>40 米级</td><td>40～49</td><td>1 个</td><td rowspan="2">主要承担沿海和港口水域航道的测量和扫海任务，其中 20 米级测量船主要承担港区及其附近水域航道的测量和扫海任务；按海区配置，每 800 换算平方公里指令性测量面积(含辅助测量面积)配置 1 艘</td></tr>
<tr><td>小型</td><td>20 米级</td><td>16～25</td><td>1 个</td></tr>
<tr><td>合计</td><td>3 个系列</td><td></td><td>3 个标准船型</td><td></td></tr>
</table>

2007 年，交通部海事局组织开展了海事巡逻船舶通信导航设备、取证设备、网络系统、救助设备等专用设备配备标准的研究。①

〖海事船舶“管用养修”〗

2005 年初，为进一步加强和规范海事船舶管理工作，交通部海事局决定在直属海事系统内部开展加强船舶管理、使用、养护、维修专项工作(简称船舶“管用养修”专项工作)，于 4 月 7 日印发《关于加强直属海事系统船舶“管用养修”专项工作的指导意见》，成立船舶“管用养修”专项工作领导小组。船舶“管用养修”专项工作的主要内容是直属海事系统各单位要建立、完善海事巡逻船和航标、测绘工程船的“管用养修”制度、工作标准、应急预案；进行海事系统船员适任能力和操作技能的岗位培训；全面开展各类海事船舶的维修、保养工作，组织船舶应急演练。根据该指导意见的要求，直属海事系统各单位于 2005 年 4 月至 9 月期间，全面开展了船舶“管用养修”专项工作。

2005 年 6 月 13 日，交通部海事局印发《直属海事系统船舶“管用养修”专项工作检查标准》，将船舶“管用养修”专项工作检查内容细化为 26 个标准项目。8 月 15 日至 31 日，交通部海事局组织各直属海事局对船舶“管用养修”专项工作进行相互交流、交叉检查。

9 月 30 日，交通部海事局印发通报，对各单位开展船舶“管用养修”专项工作阶段性情况进行了通报，介绍了各单位在船舶“管用养修”专项工作中，进行技术培训、岗位演练、技能竞赛、制度完善、台账规范、自修保养等活动的经验。11 月下旬至 12 月初，交通部海事局组织南北两个检查组，分别对直属海事系统各单位推荐的 17 艘标兵船舶和 18 个船舶管理单位进行了检查，并随机抽查了 15 艘海事船舶，均达到检查标准。12 月 30 日，交通部海事局印发通报，公布了检查结果。该通报认为，船舶“管用养修”专项工作初步健全了海事船舶管理规章制度和基础台账，加大了船舶自修力度，提高了船舶设备完好率和船舶适航率；但还存在工作不平衡，船员文化素质偏低、年龄偏高、操作技能水平不高，船舶维修保养经费投入不足等问题。该通报同时提出下一步改进措施，包括建立海事船舶安全检查制度，规范航海日志、轮机日志，研究制定扩大船舶自修、节能和提高船员技能的措施。该通报在各单位推荐的基础上，公布了评选出的 6 艘“管用养修”标兵船舶、6 艘“管用养修”先进船舶、6 个“管用养修”先进船舶管理单位和 27 名船舶“管用养修”先进标兵的名单。

2006 年 12 月 5 日，交通部海事局印发通知，要求各直属海事系统在 2005 年船舶“管用养修”专项工作的基础上，开展 2006 年船舶“管用养修”自查工作，强调各局应建立船舶安全检查制度。同年，根据海事船舶的实际情况，交通部海事局制作了适用于各种海事船型的《航海日志》和《轮机日志》。

2007 年 1 月 30 日，交通部海事局印发通知和《直属海事系统工作船舶管理办法》，决定自 2007 年

① 2008 年 5 月 26 日，交通部海事局印发《海事巡逻船舶专用设备配备规定》。

4月1日起，正式启用中华人民共和国海事局《航海日志》、《轮机日志》。该办法对海事系统工作船舶的各级管理职责、基础管理、技术管理、维护保养、修理、调用、安全管理、节能管理等作出具体规定，明确将海事工作船舶的技术状况分为四类，规定了船舶完好率和适航率的考核方法。

通过开展船舶“管用养修”专项工作，进一步建立和完善了海事船舶“管用养修”的规章制度和工作标准，建立和完善了规范化、制度化、标准化的船舶管理长效机制，保持海事船舶处于良好的技术状态。

【海事船舶建造管理】

根据1996年1月1日起试行的《交通部直属航运支持保障系统①非经营性船舶购置计划管理办法》规定，直属海事系统建造船舶必须是已纳入交通部五年船舶发展计划中的船型，并按照先确定五年计划，后确定年度计划；先安排设计，后安排建造；先签订造船合同，后批准开工；先单船初建，后批量建造的原则进行计划管理和建造管理。

1999年2月13日，交通部海事局印发《关于进一步加强船舶建造管理工作的通知》，明确直属海事系统要继续坚持“国内开发设计，国内建造，引进关键机电设备”的船舶建造方针，要求各单位抓好船舶建造的前期工作、招投标工作和船舶建造管理各个环节的工作，按照交通部规定的合同样本，规范编写船舶设计合同和建造合同；做好千吨级巡逻船的前期工作和30米级、45米级巡逻船的建造管理工作。

2001年8月2日，交通部印发《支持系统船舶购置招标投标管理办法（试行）》，规定购置单船预估价格达到200万元以上的，必须按照该办法进行招投标，交通部负责其监督管理，并委托交通部海事局负责直属海事系统购置单船预估价格在500万元以下项目的招投标活动的监督管理。9月12日，交通部印发《关于改革支持系统船舶购置管理方式的通知》，对1995年发布的《交通部直属航运支持保障系统非经营性船舶购置计划管理办法》中某些规定进行了修改，明确支持系统船舶五年发展计划和调整计划仍由交通部规划部门组织编制，报交通部批准后执行；新型船舶设计任务书的审批，仍由交通部规划部门会同水运管理部门办理；直属海事系统新型船舶的方案设计和技术设计，改由交通部海事局组织审查和审批。

为合理有效利用资源，2002年交通部决定集中资金和力量，对技术成熟的船舶进行批量建造。9月5日至6日，交通部海事局在广州召开海事系统60米级、45米级巡逻船建造管理协调会，会议认为45米级巡逻船技术较成熟，确定将已纳入建造计划的4艘45米巡逻船集中选厂，批量建造，由广东、广西、福建、深圳海事局派人组成批量建造管理工作组，广东海事局为组长单位；而新开发的60米级巡逻船暂不实施批量建造。9月18日，交通部海事局印发通知，要求首次45米巡逻船批量建造，应统一与设计单位修改技术方案、统一招标选择建造船厂、统一主要船用设备生产厂家、统一进行商务谈判和起草设计、建造合同。

2006年3月30日，交通部海事局印发通知，决定对2006年开工建造的60米级、40米级、30米级的巡逻船进行批量建造，并分别组成由广东、上海、浙江海事局为组长单位的60米级、40米级、30米级巡逻船批量建造工作组，负责批量建造的修改设计、招投标、建造管理、验收等工作。11月17日，交通部海事局在北京召开经验总结会，对首次45米巡逻船批量建造工作进行总结，认为船舶批量建造节省资金，提高了建造效率和质量以及建造管理水平；会议针对存在问题，要求在2006年船

① 1990年全国交通工作会议提出建设公路主骨架、水运主通道、港站主枢纽和交通支持保障系统的规划设想，其中交通支持保障系统（简称支持系统）包括水上安全监督、海上救助、通信信息等系统。

舶批量建造中，成立由组长单位任首席监造，与其他成员单位一起组成统一的建造验收工作组。

2007 年 2 月，交通部海事局将新船型研发工作组部分成员集中在北京办公一年，对直属海事系统新船型号研发、技术设计和建造工作进行统一管理。6 月 12 日，根据交通部综合规划司的要求，交通部海事局印发通知，明确凡需列入年度造船投资建议计划的船舶均需编制可行性研究报告，并规定了新型船舶和定型船舶的可行性研究报告内容。6 月 13 日，交通部海事局印发通知和《海事系统船舶批量建造管理办法(试行)》。通知决定成立 2007 年新建 60 米级 A 型、60 米级 B 型、30 米级 A 型巡逻船批量建造工作组，分别由上海、广东、江苏海事局为组长单位；成立三个 2006 年开工建造的在建船舶联合监造工作组。该管理办法明确了船舶批量建造工作组的主要职责是，组织船舶批量建造的招标工作、技术谈判、商务谈判，组织和指导船舶监造工作；船舶建造管理仍遵循项目承建单位负责制，合同签订、工作验收、培训及工程具体实施由各承建单位负责；在船舶建造期间成立联合监造工作组，负责监督船舶建造质量和进度，船舶批量建造工作组组长单位派员担任首席监造。11 月 11 日，北方海区 3000 吨级巡视船建造合同签字仪式在威海举行，该船将配置在山东海事局，由中国船舶工业集团公司第 708 研究所负责设计，黄海造船有限公司承建。

1999—2007 年重点海事船舶建造情况一览　　表 19-3-7

年份	重点海事船舶建造情况
1999 年	辽宁、深圳海事局 45 米巡逻船，上海、河北海事局 30 米巡逻船，长江港航监督局内河 26 米、30 米巡逻船建造完工
2000 年	天津海事局夹持式航标船"海标 0513"，河北、上海、湛江海事局 20 米玻璃钢高速巡逻船建造完工
2001 年	上海海事局千吨级海上巡视船"海巡 21"，浙江海事局 45 米巡逻船，福建、广西海事局 30 米巡逻船建造完工
2002 年	广东海事局中型测量船"海测 1504"建造完工
2003 年	上海海事局航标船"海标 1022"，广东海事局快速航标巡检船"海标 1513"建造完工
2004 年	广东海事局 3000 吨海上巡视船"海巡 31"，浙江海事局 60 米巡逻船"海巡 113"建造完工
2005 年	广东、深圳、福建、广西 45 米巡逻船，广西漓江水域 30 米巡逻船建造完工
2006 年	上海海事局测量船"海测 1010"、400 吨级航标船建造完工。 辽宁、河北、福建、广东海事局 60 米巡逻船，上海、浙江海事局 45 米巡逻船，河北、江苏、浙江、福建海事局 30 米巡逻船建造开工
2007 年	天津海事局小吃水双体测量艇"海测 0501"建造完工。 山东海事局 3000 吨巡视船"海巡 11"，天津、广东海事局航标夹持船，天津、上海 40 米水文测量船建造开工。 6 月 15 日，交通部批准开发洋山深水港水域 50 米双体穿浪高速巡逻船。 12 月 28 日，搭载 3000 吨级巡逻船的 2 架轻型直升机 A109E 购置合同在北京签订

"九五"期间，直属海事系统造船投资 5.75 亿元，共建造各类船舶 145 艘；"九五"期末，2000 年底，直属海事系统共有船舶 691 艘，其中巡逻船 573 艘、航标船 62 艘、测量船 13 艘。

"十五"期间，直属海事系统造船投资 7.65 亿元，共建造各类船舶 182 艘；"十五"期末，2005 年底，直属海事系统共有船舶 803 艘，其中巡逻船 678 艘、航标船 78 艘、测量船 13 艘、特种船 21 艘。

图 19-3-2　2005 年 1 月 5 日，60 米级巡逻船"海巡 113"在大榭岛试航成功交付宁波海事局列编使用

〖"海巡 21"巡视船〗

海事系统第一艘千吨级海上巡视船的前期工作，于

1998 年开始进行。根据交通部《关于千吨级巡视船设计任务书等有关问题的批复》、《关于海事系统千吨级巡视船方案设计审查等有关问题的批复》精神，交通部海事局于 1999 年 6 月、8 月，先后组织完成第一艘千吨级海上巡视船的方案设计和技术设计，并于 9 月 7 日至 10 日在上海召开海事系统千吨级巡视船技术设计审查会，对中国船舶工业集团公司第 708 研究所提交的该船技术设计报告进行了审查并原则通过。之后，上海海事局开始进行该船建造的招标工作。

2000 年 2 月 18 日，根据交通部综合规划司《关于同意上海海事局千吨级巡视船建造中标结果的函》，上海海事局与求新船厂签订千吨级船舶建造合同。3 月 29 日，交通部批准执行该建造合同，千吨级巡视船建造正式开工。12 月 6 日，交通部海事局批复上海海事局，同意对该局所属船舶重新命名方案，其中已开工建造的千吨级巡视船被命名为“海巡 21”。

2001 年 5 月 26 日，“海巡 21”巡视船在上海求新造船厂下水，并开始试航。12 月 20 日，“海巡 21”巡视船交接仪式在上海举行，海事系统第一艘千吨级中程海上巡视船正式在上海海事局投入使用。

“海巡 21”巡视船船长 93.23 米，型宽 11.2 米，吃水 3.23 米，排水量 1500 吨，航速 22 节，满载时最大续航力为 4000 海里，设有直升机起降平台和指挥控制中心，主要承担中国东海海域的海事巡视执法、海上事故调查、海上搜寻救助、船舶污染监测和维护国家海洋权益等任务。

〖“海巡 31”巡视船〗

自 1998 年 9 月开始，广州海上安全监督局历时一年多，开展了对南海海区千吨级巡视船的调研、计算、论证、咨询等船舶建造的前期论证工作。1999 年 12 月 24 日，广州海上安全监督局向交通部海事局报送了南海海区千吨级巡视船设计任务书。

2000 年 2 月 25 日，交通部海事局在北京召开南海海区千吨级巡视船技术研讨会，对南海海区千吨级巡视船使用范围、功能、主要技术指标进行了研讨，并于 3 月 8 日印发会议纪要，要求广东海事局尽快报送补充论证材料。3 月 28 日，广东海事局报送了有关补充论证材料。

2001 年 2 月 6 日，交通部批复交通部海事局，明确了南海海区千吨级巡视船主要用途和主要性能指标。2 月 26 日，交通部海事局在转发该批复时，要求该船方案设计中要有 5 个以上船型效果图。6 月 29 日至 7 月 1 日，交通部海事局在上海召开海事系统 3000 吨级海上巡视船方案审查会，经过比选，确定中国船舶工业集团公司第 708 研究所提交的方案之一为该船的设计方案。11 月 14 日，交通部海事局批复广东海事局，同意执行该局与 708 所签订的《南海海区千吨级巡视船设计合同》。

2002 年 6 月 12 日至 14 日，交通部海事局在广州召开南海海区千吨级巡视船技术设计审查会，原则通过该船技术设计方案，并要求广东海事局补报有关直升机和主机设计的论证报告。之后，广东海事局在补报了有关论证报告后，开始进行该船建造的招标工作。2003 年 3 月 3 日，广东海事局与中标厂商广州广船国际股份有限公司签订建造南海海区千吨级巡视船建造合同。4 月 9 日，交通部批复同意南海海区千吨级巡视船评标结果和所签订的建造合同，并明确了该船建造的投资概算，南海海区千吨级巡视船建造正式开工。4 月 17 日，交通部海事局印发通知，要求广东海事局对南海海区千吨级巡视船的建造加强质量、进度管理和廉政建设。根据该通知要求，广东海事局组织监造组驻厂监造。9 月 9 日，交通部海事局批复广东海事局，同意南海海区第一艘千吨级巡视船命名为“海巡 31”。

2004 年 6 月 6 日，南海海区千吨级巡视船命名及下水仪式在广州广船国际船厂举行，交通部原副部长洪善祥出席仪式并剪彩。11 月，该船开始试航。该船为钢质双层连续甲板，船长 112.6 米，型宽 13.80 米，吃水 4.38 米，排水量 3000 吨，最大航速 22 节，速度 18 节时续航力为 6000 海里，自持力达 40 天，总投资 1.5 亿元；该船可抗 11 级大风浪，在海况 5 级条件下，船舶纵遥 ±2°、横遥 ±5°范围

图19-3-3　2005年2月22日，“海巡31”巡视船交接暨列编仪式在广东海事局仑头航标基地码头举行

内均能满足直升机安全起降要求。该船配有船载直升机，设置直升机起降平台、飞行指挥塔和机库，设有信息传输网络系统、监测取证设备，备有电动反渗透造水装置，每天可造水15吨，配备先进的导航雷达，与电子海图等组成综合数字航行系统。该船是中国海事系统第一艘适航无限航区的国际航行入级船舶，主要承担中国南海海域的海事巡视执法、海上事故调查、海上搜寻救助、船舶污染监测和维护国家海洋权益等任务。

2005年2月22日，“海巡31”巡视船交接列编仪式在广东海事局仑头航标基地码头举行，交通部副部长徐祖远、广东省副省长游宁丰参加交接列编仪式。海事系统第一艘3000吨级远程巡视船正式在广东海事局投入使用。

第四节　海事信息化

【海事信息化规划与建设】

1997年，交通部制定了《公路、水运交通信息化“九五”规划和2010年远景目标纲要》。根据该纲要，交通部开始进行中国交通运输信息网络工程(“金交”工程)建设，该网是联结交通行业内各级交通主管部门，具有行政管理职能的事业单位，大型企业集团和主要港口，以及其他企业、事业单位，覆盖全国交通系统的信息网络。水上安全监督信息系统(简称水监信息系统)是中国交通运输信息网络的一个资源子网和组成部分。

为提高建设成效，水监信息系统采用统一规划，分步实施，突出重点，以点带面的建设原则。1998年8月，海区航标测绘信息系统一期工程开始建设。

交通部海事局成立后，推进水监信息系统工程建设是其重点工作之一。1999年5月21日，交通部海事局成立由主要领导和相关人员组成的海事信息系统建设领导小组及其办公室，负责海事信息化建设的规划、组织、决策、协调和监督管理。至2007年，由于人员变动，其成员进行了3次调整。

2000年9月，水监信息系统一期工程开始建设。12月，海区航标测绘信息系统一期工程竣工。

2001年3月，中华人民共和国海事局网站在互联网开通。

根据交通部《公路、水运交通信息化“十五”发展规划》，2001年4月19日，交通部海事局在深圳召开的计划基建工作会议上，提出“十五”期间海事信息化建设重点是：统筹规划和建设直属海事系统二级、三级信息网络，建成覆盖交通部海事局与各直属海事局、地方海事局的信息网络平台，建立全国统一的海事业务数据库，开发相应应用软件，依托互联网初步对外形成海事政务信息服务网，实现资源共享，提高海事管理效率和水平。

2002年，海区航标测绘信息系统二期工程开始建设。11月，水监信息系统一期工程竣工。

2003年3月，交通部海事局内部网站开始运行。7月29日至30日，交通部海事局在江苏扬州召开首次全国海事系统信息化工作会议。会议在总结“九五”以来海事信息化工作的基础上，进一步明确“十五”期间海事信息化建设原则和主要建设任务。建设原则是：加强领导、统一规划，需求主导、突出重点，统一标准、资源共享，保障安全、先进实用。主要建设任务是：全面推进水监信息系统二期工程建设，构建一个大网（覆盖直属海事系统各级机构和基层单位的网络互联），推广一套系统（已开发的各项业务管理应用系统），整合一批资源（建立统一信息标准、综合信息交换平台和几个主题数据库），启动一个项目（启动搜救辅助决策系统工程建设），完善一个机制（信息化工作机制）。同时，会议要求：由于水监信息系统二期工程资金有限，各直属海事局要安排必要资金，保障本局分支机构、派出机构和基层单位的网络配套建设；要完善海事系统对外门户网站，逐步开展船舶、船员有关管理信息网上查询和业务申报；要继续推进船员考试电子化、财会电算化、海事规费收缴管理网络化等；要开发和推广应用软件提供地方海事机构使用，建立全国海事系统统一标准的船舶、船员、水上交通事故数据库。会议讨论了《海事系统信息化建设指导意见》。同年，海区航标测绘信息系统二期工程竣工。

2004 年 1 月 1 日，水监信息系统二期工程开工建设。12 月，实施船舶“一卡通”工程在长江三角洲地区各直属海事局和地方海事局开展试点工作。

2005 年至 2006 年，交通部海事局组织开展了海事应急辅助指挥系统前期工作。

2006 年 8 月，实施船舶“一卡通”工程在直属海事系统全面推进。

根据交通部《公路水路交通信息化“十一五”发展规划》，2006 年 9 月 1 日，交通部海事局印发《海事信息化“十一五”发展规划》。该规划确定海事信息化“十一五”规划原则是：加强领导、统一规划，需求主导、突出重点，统一标准、资源共享，保障安全、先进实用，协调发展、分步推进；明确建设目标和主要建设任务是：建设两级数据中心（建成全国海事数据中心和各直属海事局数据中心，逐步建立各省级地方海事数据中心）；构建四个管理平台（海事业务应用管理平台、海事应急管理平台、航海保障基础平台、海事公共服务平台），建设推广一批应用系统（船舶卡和船舶“一卡通”工程、业务应用系统、海事综合统计分析系统），完善两大门户网站建设（中华人民共和国海事局网站、交通部海事局内部网站），建设两个支持体系（海事信息化安全体系、海事信息化标准体系），完善一个网络（优化海事信息网络结构，拓展主干网带宽，延伸网络覆盖范围，引导地方海事信息接入海事信息网）。

2006 年 10 月，水监信息系统二期工程竣工。

2007 年 6 月 1 日至 2 日，交通部海事局在青岛召开全国海事系统信息化工作会议，宣传贯彻《海事信息化“十一五”发展规划》，部署 2007 年、2008 年海事信息化重点建设工作。会议强化了以海事信息化带动海事管理现代化的战略定位，强调要以推进政府职能转变的原则推动海事信息化工作，要以解决水上交通安全监管突出问题为主导提高海事信息化工作水平，要以推进地方海事信息化发展来促进全国海事信息化的均衡发展。

2007 年 9 月，船舶“一卡通”工程开始在水网地区地方海事局整体启动。同年，海事应急辅助指挥系统试点工程在中国海上搜救中心总值班室和上海、山东、烟台、深圳海事局全面实施，完成了通信系统、指挥软件系统、应用事例系统的开发与测试；同时，开始建设中国海上搜救中心显示系统工程，完善、升级船舶防污染管理、事故与应急管理、法制管理、组织人事管理、计划基建管理等应用系统。

2007 年，交通部海事局开始进行水监信息系统三期工程的前期工作，按照打基础、深化应用和智能管理、辅助决策“三步走”的战略，继续推进海事信息化建设。

〖水上安全监督信息系统一期工程〗

1997 年，交通部安全监督局委托交通部规划研究院和天津海上安全监督局编制《水上安全监督信息系统一期工程可行性研究报告》。

1999 年 3 月 24 日，交通部海事局在北京召开专家评审会，对《水上安全监督信息系统一期工程可行性研究报告》进行评审，并于 6 月 4 日报送交通部综合规划司。11 月 26 日，交通部批复交通部海事局，批准建设水监信息系统一期工程，要求按照统筹规划、统一标准、专通结合的原则，以水上安全监督业务应用开发为重点进行建设；明确建设方案是建设交通部海事局局域网（一级网）和全系统的广域网，开发建设船舶管理、船员管理、通航管理、防止船舶污染管理、法规管理和公用信息管理等应用系统，并集成已建和在建的航测信息系统、船舶报告制系统及北方海区海上船舶溢油防治示范工程等，统一纳入水监信息系统。之后，交通部海事局委托中交水运规划设计院进行水监信息系统一期工程的初步设计。

2000年5月26日、7月4日，交通部水运司先后批复交通部海事局，基本同意交通部海事局报送的水监信息系统一期工程初步设计报告和技术规格书，明确其设计方案包括建设交通部海事局（一级网）和20个直属海事局（二级网）的局域网，以及主干广域网；广域网采用星型拓扑结构，局域网采用100兆快速交换以太网技术。7月至9月，交通部海事局委托中技国际招标公司组织进行水监信息系统一期工程的招标、评标工作，山东中创软件工程股份有限公司中标。9月28日，交通部海事局与该公司在北京举行水监信息系统一期工程建设项目合同签字仪式，该项工程建设实施阶段全面启动。

图19-4-1　2000年9月28日，中国海事局水上安全监督信息系统一期工程项目合同签字仪式在北京举行

与此同时，为顺利实施水监信息系统一期工程，交通部海事局在直属海事系统开展了一系列组织、协调、培训工作，于2000年8月28日在北京召开协调会，对各局网络设备现状和需求进行澄清，明确水监信息系统一期工程设备安装、运行场地和环境要求；于10月23日成立水监信息系统一期工程项目领导小组和项目办公室，以及硬件网络工作组、应用软件工作组；于10月至11月，在济南举办水监信息系统一期工程网络硬件系统技术培训班；于12月配合中创软件工程股份有限公司，组织应用软件工作组进行业务需求调研，安装调试硬件设备。

2001年1月至5月，应用软件工作组中各业务小组对中创软件工程股份有限公司提交的各业务子系统需求报告进行了审核。7月，水监信息系统一期工程硬件设备安装调试完成。7月6日，交通部海事局在北京召开协调会，对水监信息系统一期工程的应用软件开发范围进行界定。12月至2002年2月，应用软件设计开发完成并在部分单位选点试运行。

2002年4月，交通部海事局在珠海举行网络管理员培训班。7月8日至9月底，交通部海事局组织各直属海事局，广州、大连、青岛海事局及其所属的海事处，上海、天津、深圳海事局所属全部海事处进行水监信息系统一期工程应用软件安装、培训，并联网试运行，主要进行集中测试、意见征求、软件优化等工作。联网试运行取得成功，水监信息系统一期工程于11月18日竣工，其硬件工程、软件工程分别于8月和11月通过交通部海事局组织的预验收。

2003年7月22日，水监信息系统一期工程在上海通过交通部组织的竣工验收。水监信息系统一期工程基本建成交通部海事局、19个直属海事局（不含黑龙江海事局）和部分分支机构的局域网，以及联结交通部海事局、各直属海事局之间的主干网，初步建立直属海事系统公用信息服务网站框架；重点开发了船舶管理、船员管理、事故应急管理3个应用系统软件，兼顾开发了通航管理、船载客货管理、行政办公及法规信息管理、海事业务公用信息发布等7个应用系统软件，部分海事机构实现船舶登记、船舶签证、船舶安全检查、船员证件管理、危险货物运输通过电子数据交换系统（EDI）申报审批，航行警（通）告管理，事故统计和海事统计的网络信息管理；初步建立海船船员考试试题库，上海海事局船员考试实现无纸化；实现上海、深圳、烟台、天津、海口港电视监控现场图像传输。

自2004年4月开始，已开发的船舶管理、船员管理、通航管理、船载客货管理、事故应急管理应用系统软件在直属海事系统全面安装，联网调试，培训推广。2005年1月，应用系统软件在各局全面运行。

2007年，交通部海事局组织对水监信息系统一期工程服务器设备进行了更新。

〖水上安全监督信息系统二期工程〗

2001年，在建设水监信息系统一期工程的同时，交通部海事局开始进行水监信息系统二期工程的前期工作，并委托中交水运规划设计院编制水监信息系统二期工程可行性研究报告。5月24日，交通部海事局在北京举行水监信息系统二期工程可行性研究报告预审会，并于8月25日将该报告报送交通部综合规划司。

经对水监信息系统二期工程可行性研究报告进行修改完善后，2002年4月1日，交通部海事局将该报告再次报送交通部综合规划司。9月25日，交通部批复交通部海事局，批准建设水监信息系统二期工程；明确建设主要内容是建设覆盖直属海事系统全部分支机构和部分派出机构的局域网和各局域网之间的广域网，并对现有网络链路容量扩容，建设交通部海事局至各直属海事局的视频会议系统和可视电话系统，完善一期工程应用系统软件，重点开发船舶检验管理系统和电子海图应用平台，建设网络和信息安全系统；要求建立健全直属海事系统各级信息管理机构，科学合理，分期分批地组织工程实施。之后，交通部海事局委托中交水运规划设计院进行水监信息系统二期工程的初步设计，并于11月6日向交通部水运司报送了该工程的初步设计。

2003年5月27日，交通部印发《关于水上安全监督信息系统二期工程初步设计的批复》，基本同意水监信息系统二期工程初步设计方案，明确各直属海事局主干网络扩容采用2兆链路，应用软件设计采用多种应用结构模式，强调数据库建设分层分级管理和一致性等。9月至10月，交通部海事局委托中技国际招标公司组织进行水监信息系统二期工程的招标、评标工作。经审查，确定由山东中创软件工程股份有限公司、北京亚细亚集创科技有限公司、沈阳东软软件股份有限公司、安徽皖通科技发展有限公司、北京方正世纪信息系统有限公司、北京联通公司分别承担水监信息系统二期工程总集成、视频会议系统、网络安全系统设备、服务器及储存设备、网络设备建设、可视电话系统等工程建设和设备供应，并于12月分别签订相应合同。

2004年1月1日，水监信息系统二期工程开工建设。2月，交通部海事局分别在济南、韶关举办两期水监信息系统二期工程建设培训班。4月，完成交通部海事局、20个直属海事局（含黑龙江海事局）、70个分支机构和55个派出机构的网络建设及硬件设备安装，并在上海海事局建立了海事数据备份中心系统；扩展了主干网宽带，将一期工程的低速帧中继线路提升为15条2兆SDH数字电路，利用宝视通视讯网建立了主干网的备份链路系统。自8月1日起，硬件系统进入3个月的试运行阶段。同时，建成以交通部海事局为主会场，覆盖各直属海事局的视频会议系统，建成联结中国海上搜救中心值班室与各直属海事局搜救值班室的可视（IP）电话系统。9月30日，利用视频会议系统召开直属海事系统第一次视频会议，布置国庆期间水上交通安全生产工作。11月11日至12日，交通部海事局在深圳召开会议，在对水监信息系统二期工程建设和一期工程应用系统软件推广使用工作总结的基础上，提出水监信息系统二期工程建设要以业务需求为主导，完善业务应用软件的开发设计；改善基层机构网络基础环境，提高业务应用系统建设和使用水平；规范系统建设管理，健全系统维护管理机制，保障水监信息系统安全稳定。

2005年1月28日至29日，水监信息系统二期工程硬件设备通过交通部海事局组织的预验收。4

月至9月，通过竞争性谈判，确定由山东中创软件工程股份有限公司、杭州益赛公司、安徽皖通科技发展有限公司开发部分新的业务应用软件。

2005年9月至2006年6月，在水监信息系统二期工程业务应用软件开发与改造工作中，船舶登记系统、船舶动态管理系统、船员管理系统，事故应急系统进一步完善并全面推广，完成内河船员管理系统开发、船舶检验管理系统开发、防治船舶污染管理系统开发、船载客货管理系统改造的需求分析、设计、编码和测试，完成法制管理、人事管理、计划基建管理和统计管理等系统的开发、改造。2005年12月16日，交通部海事局在北京召开评审会，通过对浙江海事局综合门户系统数据整合和广东海事局综合业务信息查询平台数据整合项目的评审，要求进一步完善后推广应用。

图19-4-2　2007年2月14日，水上安全监督信息系统二期工程在北京通过竣工验收

2006年10月，水监信息系统二期工程竣工，并通过交通部海事局组织的单项项目的预验收、交通部水运司组织的现场验收、交通部档案馆组织的竣工档案专项验收。

2007年2月14日，水监信息系统二期工程在北京通过交通部组织的竣工验收。

经过水监信息系统一期、二期工程建设，四级海事信息网基本建成，交通部海事局至各直属海事局、直属海事局至分支机构、分支机构至派出机构的三级网络覆盖率达100%，长江三角洲地区实现了地方海事局与海事信息网的联结；由网络设备、安全设施、终端设备和系统软件构成的海事信息化网络系统运行稳定，基本满足应用需求；开发建设了船舶登记、船舶动态管理、船舶“一卡通”、海船船员管理与考试、内河船员管理、通航管理、船载客货管理、险情信息管理、事故应急管理、船舶检验管理、防治船舶污染管理、计划基建管理、法制管理、人事管理、财务费收、综合统计、海事业务信息查询等17个业务应用系统，视频会议系统和可视电话系统运行良好。

【海事信息系统管理】

2003年1月30日，为规范直属海事系统内部计算机网络建设和管理工作，交通部海事局印发《直属海事系统计算机网络管理办法》，该管理办法对网络建设或改造、网络结构和网络资源管理、网络运行维护及安全保密等作出规定，明确交通部海事局信息化工作办公室（挂靠计划基建处）是交通部海事局计算机网络建设、运行的归口管理部门，规定了各级信息管理部门和计算机网络管理员职责。

为规范海事信息系统的建设、应用和管理，2005年，交通部海事局于1月16日印发《直属海事系统视频会议管理暂行办法》；于2月1日、11月28日相继印发船舶部分和船员部分的《海事信息系统数据字典和数据库表结构》。4月5日，交通部海事局委托中国海事服务中心承担水监信息系统设备及交通部海事局机关局域网维护工作。4月21日，交通部海事局印发《海事信息网安全管理指导意见》，明确海事信息网各级安全管理组织机构及其职责，提出了安全策略、系统保护、系统检测、数据备份、安全事件应急处理响应等海事信息网安全管理指导意见，公布了海事信息网信息安全管理人员和安全产品厂商，以及行业技术支持的联系方式。

2007年2月1日，交通部海事局印发《海事数据规范化及交换标准指导意见》，对海事信息系统内异构业务应用系统之间及其与外部信息系统的数据规范和交换标准提出管理要求和技术要求。

第二十章　党群工作

简　述

交通部海事局党委成立后，即通过制定并实施《中国共产党交通部海事局委员会工作规则(暂行)》，明确了党委工作要围绕水上安全监督管理中心工作，服务海事事业改革发展稳定大局，发挥政治核心作用的定位，并结合海事工作任务特点，建立起党委发挥保证和监督作用的机制。

2000年，按照交通部统一部署，交通部海事局党委在党员领导干部中开展“三讲”(讲学习、讲政治、讲正气)教育，重点提高了党委依靠自身力量解决问题的能力和政治理论素质。2001年1月，交通部海事局党委印发《海事局机关及在京直属单位党建工作规则》，建立起基层党组织的党建责任制和党建工作考核标准。2003年，交通部海事局机关及其在京单位参加交通部统一组织开展的保持共产党员先进性教育活动试点工作，把党支部和党员学习实践“三个代表”重要思想与推动水上安全监督管理中心工作、促进海事事业发展结合起来，基本达到预期目的。2005年9月，交通部海事局直属机关党委成立，进一步加强了机关党的建设。与此同时，针对直属海事系统各单位党建工作既要实行组织关系属地管理，又要适应海事工作垂直管理需要，交通部海事局党委对直属海事系统党建工作从组织上和主题内容上提出一系列指导意见，并结合实际，有针对性地统一开展形势任务教育、党风廉政建设警示教育、先进模范典型事迹教育等思想宣传工作。2007年，交通部海事局党委被交通部直属机关党委评为“先进基层党组织”。

交通部海事局党委一直把推进直属海事系统党风廉政建设和反腐败工作作为工作重点。一方面，按照中央和交通部的工作部署抓好领导干部廉洁自律、查处违法违纪案件、纠正部门和行业不正之风三项基本工作格局开展工作；另一方面，以实行党风廉政建设责任制为抓手，确定直属海事系统党风廉政建设重点，围绕领导干部廉洁从政、海事执法人员依法行政、海事基础设施建设廉政监督三条主线开展工作，初步形成了直属海事系统教育、制度、监督并重的惩治和预防腐败体系。

海事系统精神文明建设，主要以创建文明达标单位、文明执法示范窗口、安全畅通文明航区(航线)活动为载体，全面推进全国海事系统创建文明行业活动。同时，交通部海事局党委不断加强对外宣传报道工作，贴近社会公众集中宣传报道了一批重大海事新闻，建立起重大突发事件新闻报道应急反应机制。这一期间，交通部海事局创办《中国海事》、《海事研究》杂志，组织创作《中国海事之歌》，并从形象标识、制度规范和价值理念三个层面入手，开展海事文化建设。至2007年，全国海事系统共有文明达标单位233个、文明执法示范窗口90个，有10个水域开展“安全畅通文明”航区(航线)活动，并推出一批文化创作成果。

交通部海事局成立后，即建立起机关工会和共青团组织，2001年，中国海员工会交通部海事局委员会成立。交通部海事局的工会和团委，围绕海事中心工作，发挥群团组织作用，开展了一系列具有海事特点、青年特点的职工活动。

第一节 党建工作

【交通部海事局党委】

1998年9月29日，交通部党组印发通知，决定成立中国共产党交通部海事局委员会，委员会由5至7人组成，其中书记、副书记各1名。10月27日，交通部宣布交通部海事局党委成员的任命，交通部海事局党委正式成立。10月28日，交通部海事局党委书记黄先耀主持召开交通部海事局第一次党委会。自交通部海事局党委成立后，因人事变动，交通部党组对交通部海事局党委成员进行了多次调整，至2007年底，已有3任党委书记、3任党委副书记。

1998年11月24日，交通部海事局党委印发《中国共产党交通部海事局委员会工作规则(暂行)》。该暂行工作规则实施六年后，交通部海事局党委对其进行了修订，于2004年12月14日印发《中国共产党交通部海事局委员会工作规则》。该工作规则规定了交通部海事局党委的具体职责和任务、党委工作运行机制和会议制度，规定了党委参与行政业务重大问题决策的两种主要形式是事先听取党委意见和召开党政联席会议讨论。在交通部党组和交通部直属机关党委领导下，交通部海事局党委围绕水上安全监督管理中心工作，服务海事事业改革发展稳定大局，发挥政治核心作用，一方面把保证和监督贯穿于行政业务工作全过程，支持行政领导依法正确行使行政业务领导权和决策权，在党委书记和常务副局长形成共识的基础上，参与行政业务重大问题的研究与决策；另一方面在党的基层组织建设、党内监督、干部队伍建设、思想政治工作、精神文明建设、党风廉政建设等方面开展工作，为海事事业发展提供组织、思想、纪律保证。同时，交通部海事局党委坚持定期召开党员领导干部民主生活会制度和党委中心组定期学习制度，不断提高依靠自身力量解决问题的能力和政治理论素质。

根据中共中央统一部署，交通部机关及其部属单位分两批在处级以上党政领导班子、领导干部中深入开展以“讲学习、讲政治、讲正气”为主要内容的党性党风教育(简称“三讲”教育)。交通部海事局为第二批开展“三讲”教育单位，交通部派出以张永泰(交通部长江航务管理局党委书记)为组长的巡视组进行指导。自2000年8月1日至9月18日，交通部海事局党委按照统一要求，以局领导班子及其成员为重点，在副处级以上党员领导干部，中国海事服务中心、交通部环境保护中心领导班子中分四个步骤开展“三讲”教育，并把学习贯彻“三个代表”重要思想贯穿于“三讲”教育全过程。在交通部海事局“三讲”教育中，通过群众民主测评，对局领导班子自我剖析材料满意率和基本满意率为100%，对领导班子成员自我剖析材料平均满意率和基本满意率为99%；针对征集的731条群众意见，局党委制定整改方案，把“三讲”教育成果转化为加强领导班子建设和推动海事事业发展的措施。

2000年，交通部海事局领导班子被交通部党组评为“五好领导班子”。

2007年，交通部海事局党委被交通部直属机关党委评为“先进基层党组织”。

【交通部海事局纪委】

1998年9月29日，交通部党组印发通知，决定成立中国共产党交通部海事局纪律检查委员会，委员会由3至5人组成，其中书记1名(党委副书记兼)。11月10日，交通部海事局党委宣布交通部海事局纪委由纪委书记孙继(兼)和纪委委员王卓兰、郑和平组成，交通部海事局纪委正式成立。自交通部海事局纪委成立后，因人事变动，交通部党组对交通部海事局纪委书记进行了几次调整，交通部海事局党委对纪委委员也进行了调整，至2007年底，已有3任纪委书记(党委副书记兼)。

1998—2007 年交通部海事局纪律检查委员会成员名单 表 20-1-1

<table>
<tr><th>纪委书记</th><th>任职时间</th><th>纪委委员</th><th>任职时间</th></tr>
<tr><td rowspan="2">孙　继</td><td rowspan="2">1998 年 9 月—2004 年 6 月</td><td>王卓兰　郑和平</td><td>1998 年 11 月—2002 年 2 月</td></tr>
<tr><td>解启杰　郑和平</td><td>2002 年 2 月—2003 年 3 月</td></tr>
<tr><td>范亚祥</td><td>2004 年 6 月—2007 年 4 月</td><td>解启杰　宋　溱
曹　玉　徐鹏展</td><td>2003 年 3 月—2007 年 6 月</td></tr>
<tr><td>王国华</td><td>2007 年 4 月起</td><td>解启杰　曹　玉
邱　铭　葛仁义</td><td>2007 年 6 月起</td></tr>
</table>

1999 年 6 月 29 日，交通部海事局党委印发《中国共产党交通部海事局纪律检查委员会工作规则（暂行）》，规定了交通部海事局纪委具体职责和纪委工作运行机制、会议制度。

2000 年 7 月 5 日，交通部海事局党委建立诫勉提醒谈话制度，谈话对象为交通部海事局机关工作人员和直属海事系统各单位领导班子成员，按干部管理权限由谈话对象的上级组织或领导实施。自 2000 年 1 月至 2007 年 12 月底，交通部海事局党委或纪委共实施诫勉谈话 30 起。

对直属海事系统干部的立案调查权限，经中央纪委、监察部驻交通部纪律检查组、监察局（简称驻交通部纪检组）同意，在《交通部直属海事系统领导干部管理办法》中明确：对交通部海事局党委协助交通部党组管理的干部的立案调查，由驻交通部纪检组负责；对代交通部党组管理的干部的立案调查，由交通部海事局党委报驻交通部纪检组批准后按批复意见办理；对直接管理的干部的立案调查，由交通部海事局纪委负责；对委托管理的干部的立案调查，由主管单位纪委负责并报交通部海事局纪委备案。

2003 年 12 月 10 日，交通部海事局纪委印发《交通部直属海事系统纪检监察信访举报工作管理暂行办法》，对直属海事系统各级纪检监察机关受理和处理来信来访举报件、办理和管理信访案件、实施信访监督等工作进行了规范。

根据驻交通部纪检组工作部署，2006 年 2 月至 11 月，交通部海事局纪委在直属海事系统纪检干部队伍中开展"做党的忠诚卫士，当群众的贴心人"主题实践活动。

在规定的职权范围内，交通部海事局纪委对直属海事系统各单位党委（党组）及其成员，交通部海事局机关及其所属在京单位党组织、党员遵守党纪情况进行监督检查，协助交通部海事局党委在直属海事系统开展反腐败和党风廉政建设工作。自 1999 年初起，至 2007 年底，交通部海事局纪委共受理检举、控告 1421 件次，申述 7 件次，检查和处理有关违反党纪案件 1 起。

【交通部海事局机关党建】

1998 年 11 月 18 日，交通部海事局党委召开机关党员大会，宣布成立局机关临时党支部，书记孙继（兼），副书记王敬东、蒋国芳。

根据交通部的决定，1999 年 7 月 20 日，原由交通部直属机关党委管理的中国海事服务中心党支部和交通部环境保护中心党支部划归交通部海事局党委管理。经过一段时间筹备，交通部海事局党委决定将机关党员按部门分为三个支部；10 月 11 日，交通部海事局机关第一、二、三党支部在经过规定选举程序后正式成立，首任支部书记分别为谢凌、梁宇、翟久刚；机关临时党支部同时撤销。至此，交通部海事局党委下属5个支部。

经交通部直属机关党建研究会批准，交通部海事局党建研究分会于1999年6月成立。

2001年1月16日，交通部海事局党委印发《海事局机关及在京直属单位党建工作规则》。该规则的主线是建立海事局机关及在京直属单位党组织的党建责任制和党建工作考核标准，规定交通部海事局党委、各党支部和党委工作部、纪委办公室，以及未担任党内职务的党员领导干部的党建责任内容。11月，交通部海事局党委组织各支部和机关处以上干部学习《中共中央关于加强和改进作风建设的决定》，发动大家查摆机关作风建设问题；针对191条意见和建议，交通部海事局党委提出了《关于加强和改进部海事局机关作风建设的意见》。

2002年5月至8月，交通部海事局党委采取专题教育方式，组织机关三个党支部开展共产党员先进性教育，教育活动以树立正确的权利观为主题，剖析个别领导干部发生违纪问题的原因和危害，要求机关党员努力做到"四个领先"：思想领先、工作领先、作风领先、纪律领先。此项活动获中共中央国家机关工作委员会"组织工作创新"奖。

2003年，根据中共中央统一部署，交通部开展以学习实践"三个代表"重要思想为主要内容的保持共产党员先进性教育活动试点工作（以下简称"教育活动试点工作"）。在交通部党组"教育活动试点工作"领导小组领导下，在中共中央国家机关工作委员会"教育活动试点工作"派驻交通部蹲点组指导下，交通部海事局党委于2003年3月初至8月底，组织开展了"教育活动试点工作"。在"教育活动试点工作"过程中，北京发生非典型肺炎疫情，按照交通部提出的"抓试点、抗非典，促重点"方针，交通部海事局完成了"教育活动试点工作"与抗击非典型肺炎任务，促进了海事中心工作。为巩固保持共产党员先进性教育活动成果，交通部海事局党委于12月29日印发《关于进一步加强党支部建设的决定》，强调要把党支部建设成为贯彻"三个代表"重要思想的组织者、推动者和实践者，要求围绕中心工作，创建特色党支部，并提出交通部海事局机关共产党员先进性具体要求17条、党员领导干部先进性具体要求12条。

2005年9月5日，交通部海事局党委决定成立交通部海事局直属机关党委，管理机关第一、二、三党支部和中国海事服务中心党支部、交通部环境保护中心党支部。9月26日，中国共产党交通部海事局直属机关第一次党员代表大会召开，由各党支部选举的38名代表参加大会，选举产生了中国共产党交通部海事局直属机关第一届委员会，书记范亚祥（兼），副书记谢笑红（专职），委员陆卫东、解启杰、郭洁平。12月30日，新设置的中国海上搜救中心总值班室成立党支部。至此，交通部海事局直属机关党委下属6个支部。

交通部海事局党委于2006年8月16日、11月16日，先后印发《交通部海事局直属机关党委主要职责（试行）》、《中共交通部海事局直属机关党建工作三年规划(2006年—2009年)》。规划提出交通部海事局直属机关党建工作总体目标是以科学发展观为统领，使支部工作充满活力，落实保持共产党员先进性长效机制，使党员队伍成为海事事业又好又快发展的组织者和实践者；具体目标是培养树立10名优秀党员、3个先进党支部典型。12月22日，交通部海事局直属机关党委决定调整交通部海事局机关党支部设置方式，原则上每个部门单独成立党支部（党员3人以下的联合成立党支部）。之后，按规定程序，交通部海事局机关14个党支部和法规研究中心临时党支部相继成立。至2007年底，交通部海事局直属机关党委下属17个支部和1个临时支部，党员169名，其中正式党员146名、预备党员23名。

2007年，交通部海事局直属机关党委在各党支部开展"牢记党的宗旨，主动做好服务"主题实践活动。活动围绕交通部党组提出的"建设服务性机关，努力做好'三个服务'"的要求，以机关效能建设为突破口，引领全体党员为海事事业又好又快发展作贡献。

1998—2007年交通部海事局直属机关党支部设置情况一览 表20-1-2

时　　间	支部名称	党员范围	上级组织
1998年11月—1999年10月	机关临时党支部	交通部海事局机关	交通部海事局党委
1999年10月—2005年12月	机关第一党支部	局领导、办公室、财会处、船检处、安全处、审计处、审核中心	交通部海事局党委
	机关第二党支部	局领导、计划处、人教处、船员处、航测处、党工部	
	机关第三党支部	局领导、法规处、通航处、船舶处、纪委办、工会办、环保办	
	海事中心党支部	中国海事服务中心	
	环保中心党支部	交通部环境保护中心	
2005年12月—2006年12月	机关第一党支部	局领导、办公室、财会处、船检处、安全处、审计处、审核中心	交通部海事局党委
	机关第二党支部	局领导、计划处、人教处、船员处、航测处、党工部	
	机关第三党支部	局领导、法规处、通航处、船舶处、纪委办、工会办、环保办	
	总值班室党支部	中国海上搜救中心总值班室	
	海事中心党支部	中国海事服务中心	
	环保中心党支部	交通部环境保护中心	
2007年1月—2007年12月	办公室党支部	办公室	交通部海事局直属机关党委
	法规规范处党支部	法规规范处	
	计划基建处党支部	局领导、计划基建处	
	财务会计处党支部	局领导、财务会计处	
	人事教育处党支部	人事教育处	
	通航管理处党支部	局领导、通航管理处	
	船舶处船检处党支部	局领导、船舶监督处、船舶检验处	
	船员管理处党支部	船员管理处	
	航标测绘处党支部	航标测绘处	
	安全管理处党支部	局领导、安全管理处	
	党委工作部党支部	局领导、党委工作部	
	纪委办审计处党支部	局领导、纪委办公室、审计处	
	环保办工会办党支部	交通部环境保护办公室、工会办公室	
	审核中心党支部	交通安全质量管理体系审核中心	
	总值班室党支部	中国海上搜救中心总值班室	
	海事中心党支部	中国海事服务中心	
	环保中心党支部	交通部环境保护中心	
	法规研究中心临时党支部	海事政策法规与发展战略研究中心	

2000—2007 年交通部海事局党组织开展“两优一先”活动情况一览　　表 20-1-3

年 份	交通部海事局先进基层党组织数量(个)	交通部海事局优秀党务工作者数量(名)	交通部海事局优秀共产党员数量(名)	上级党组织授予交通部海事局“两优一先”称号情况
2000	—	4	10	交通部直属机关党委授予：海事中心党支部为先进基层党组织，孙继为优秀党务工作者，翟久刚为优秀共产党员
2001	1	5	2	—
2002	1	5	1	中共中央国家机关工委授予：海事中心党支部为先进基层党组织，翟久刚为优秀党务工作者，刘功臣为优秀共产党员；交通部直属机关党委授予：翟久刚为优秀共产党员
2003	2	3	7	交通部直属机关党委授予：刘功臣为优秀共产党员标兵，郑平为优秀共产党员
2005	1	3	10	交通部直属机关党委授予：刘功臣为优秀共产党员
2006	—	—	6	交通部直属机关党委授予：刘功臣为优秀共产党员标兵
2007	1	10	3	交通部直属机关党委授予：交通部海事局党委、海事中心党支部为先进基层党组织，张宏宇为优秀党务工作者，刘功臣、翟久刚、韩伟、马道玖为优秀共产党员

说明：2004 年未评选表彰。

〖保持共产党员先进性教育活动试点工作〗

交通部海事局保持共产党员先进性教育活动试点工作，于 2003 年 4 月 14 日召开动员大会后正式开始，经过动员学习、检查评议、整改提高三个实施阶段，至 8 月底结束，共有 118 名党员参加；各党支部发挥责任主体作用，以强化党员先进性意识为出发点，以打通党员思想障碍为着眼点，以激发党员内在动力为支撑点，以解决党员突出问题为落脚点，基本达到中共中央的预期要求。针对机关和中国海事服务中心、交通部环境保护中心不同性质和特点，各支部提出不同类型党员先进性具体要求，并在全体党员中开展了为实现交通新的跨越式发展和海事事业新发展作贡献的主题实践活动。经民主评议，正式党员全部合格，没有不合格，好的占 35%，较好占 61%，一般占 4%。在“教育活动试点工作”中，交通部海事局党委成立了监督组，监督“教育活动试点工作”全过程，进行阶段性效果评估。“教育活动试点工作”结束后，通过评估，99% 的党员认为开展保持共产党员先进性教育活动完全必要，91% 的党员认为党员先锋模范作用比以前发挥更好，63% 的党员认为教育活动能在较长时间起作用，29% 的党员认为教育活动能在 1 至 2 年起作用，8% 的党员认为教育活动只能在较短时间起作用。

图 20-1-1　2003 年 9 月 12 日，交通部海事局保持共产党员先进性教育活动总结大会在北京举行

【直属海事系统党建】

根据交通部与各省(自治区、直辖市)签订的实施水上安全监督管理体制改革协议规定，直属海事系统各单位成立的中国共产党基层组织，其领导关系实行属地化管理。鉴于全国水上安全监督管理体

制改革后，直属海事系统各基层单位党组织在设置、隶属关系、管理方式等方面不尽相同，2000 年 12 月 21 日，交通部海事局党委印发《关于直属海事系统基层党组织建设的指导意见》，规范直属海事系统基层党组织的设置。除深圳海事局设置党组外，交通部其他各直属海事局均成立党委。

2004 年 4 月 9 日，交通部海事局党委在直属海事系统组织学习贯彻《中国共产党党内监督条例（试行）》和《中国共产党纪律处分条例》；5 月和 7 月，先后组织直属海事系统 79 名副职和 42 名正职领导干部参加两个条例学习班，并将《中国共产党党内监督条例（试行）》规定的监督制度和要求分成 7 个专题，分别交由上海、江苏、广东、山东、天津、浙江、辽宁海事局进行课题研究，其研究成果被应用于建立健全交通部直属海事系统教育、制度、监督并重的惩治和预防腐败体系工作中。

根据中共中央和各地方党委的统一部署，2005 年，直属海事系统各单位相继开展保持共产党员先进性教育活动。2 月 6 日，交通部海事局党委根据交通部海事局机关试点工作经验，提出对直属海事系统开展保持共产党员先进性教育活动 8 条具体指导意见。

2006 年 5 月，交通部海事局党委在大连海事大学举办直属海事系统党务领导干部海事管理知识培训班。10 月 14 日至 17 日，交通部海事局党委在广东省深圳市、东莞市举行直属海事系统党的工作座谈会。会上观摩了深圳南山海事处、深圳蛇口海事处、东莞沙田海事处、"海巡 31"巡视船等单位党建工作情况，探讨了在现有管理体制下建立党建有效工作机制的工作思路。

2007 年 2 月 17 日，交通部海事局党委印发《关于进一步加强直属海事系统基层党建工作的指导意见》，提出直属海事系统基层党建工作总体目标、任务措施，明确党组织设置、工作机制要适应党组织关系属地管理、海事工作垂直管理体制，规定了交通部海事局党委和各直属海事局党委、党组抓基层党建工作的主要责任。

2007 年 3 月 20 日，交通部海事局党委召开视频会议，动员部署开展"牢记党的宗旨、主动做好服务"主题实践活动，驻交通部纪检组组长、交通部直属机关党委书记杨利民在会上讲话，要求直属海事系统各级党员领导干部率先垂范，围绕中心，创新机制抓好党建工作。自 3 月开始，直属海事系统各级党组织把中共中央关于加强党的先进性建设要求、交通部党组关于落实"三个服务"理念工作部署与直属海事系统各单位党建工作实际情况结合起来，开展了为期一年的"牢记党的宗旨、主动做好服务"主题实践活动，促进了海事中心工作，增强了直属海事系统广大党员主动服务国民经济社会发展、主动服务行政相对人的自觉性。6 月 26 日，交通部海事局党委首次表彰直属海事系统优秀共产党员 61 名、优秀党务工作者 47 名、先进基层党组织 47 个。12 月 15 日至 16 日，交通部海事局党委在南通召开直属海事系统党建工作座谈会，对贯彻落实党的十七大精神，改革创新直属海事系统党建工作思路进行了座谈讨论。

图 20-1-2　2007 年 7 月 28 日，交通部海事局党委副书记王国华（后排左三）在温州航标处调研基层党组织开展主题实践活动情况

2007 年，交通部党组决定在交通部各直属海事局设置党组，取代交通部各直属海事局原党委。11 月 7 日，交通部党组任命上海海事局党组成员和纪律检查组组长，免去上海海事局领导班子成员原党委、纪委职务，上海海事局党组成立。11 月 20 日，浙江海事局党组成立；12 月 13 日，山东、烟台海事局党组成立。①

① 其他直属海事局党组在 2008 年相继成立。

【党风廉政建设】

1997 年，交通部广州海上安全监督局 10 名局、处级领导干部因犯受贿罪或贪污罪被判刑。针对此情况，交通部于 1998 年在直属水上安全监督系统开展了整顿思想、整顿作风、整顿队伍和清理三产活动（简称“三整顿一清理”活动），重点整顿各局领导班子思想作风，清理与海事执法行为有关的“三产”公司经营行为。1998 年 11 月，交通部海事局党委与驻交通部纪检组组成 3 个检查组，对“三整顿一清理”活动开展情况进行了检查验收。“三整顿一清理”活动促进了各局领导班子和干部职工队伍廉政意识，进一步健全行风监督制约机制，规范了对“三产”公司管理，371 名在“三产”公司兼职的执法人员全部脱钩。

自 1999 年开始，交通部海事局在推进直属海事系统党风廉政建设和反腐败工作中，一方面，按照中央和交通部的工作部署抓好领导干部廉洁自律、查处违法违纪案件、纠正部门和行业不正之风三项基本工作格局开展工作，包括领导干部廉洁自律自查自纠、落实“收支两条线”规定、清查“小金库”、治理水上“三乱”、治理商业贿赂等专项工作；另一方面，以实行党风廉政建设责任制为抓手，按照直属海事系统实际情况，确定具体工作目标和重点。

在 1999 年 2 月第一次直属海事系统工作会议上，交通部海事局党委提出在直属海事系统两级（交通部海事局和各直属海事局）领导班子和领导干部中不出新的不廉洁问题的党风廉政建设工作目标，并根据各级领导干部在党风廉政建设中承担的不同责任内容，由直属海事系统各单位党政正职领导干部和交通部海事局副职领导干部向交通部海事局常务副局长、党委书记签订《党风廉政建设责任书》，由交通部海事局各部门负责人向对其负直接领导责任的主管局领导签订《党风廉政建设责任书》。《党风廉政建设责任书》每年签订一次，至 2007 年，在每年直属海事系统工作会议上，都实行这一制度。交通部海事局党委对直属海事系统各单位党政领导班子及其成员、交通部海事局部门负责人承担党风廉政建设责任情况，每年进行考核，并向交通部党组和交通部直属机关党委报告，向直属海事系统通报。

图 20-1-3 2001 年 2 月 14 日，天津海事局局长王怀凤（左三）、党委书记齐世峰（左四）在交通部直属海事系统工作会议上向交通部海事局常务副局长刘功臣（左二）、党委书记黄先耀（左一）签订《党风廉政建设责任书》

1999 年 4 月 20 日，为贯彻落实中共中央、国务院《关于实行党风廉政建设责任制的规定》，交通部海事局党委印发《交通部直属海事系统党风廉政建设责任制实施办法（试行）》。该实施办法试行至 2001 年底。2002 年，根据交通部党组《关于实行党风廉政建设责任制规定的实施办法（试行）》，交通部海事局党委对《交通部直属海事系统党风廉政建设责任制实施办法（试行）》进行修订，并于 1 月 15 日印发《交通部直属海事系统党风廉政建设责任制实施办法》。该实施办法明确了直属海事系统两级领导班子和领导干部以及交通部海事局各部门负责人，在党风廉政建设中的责任范围和责任内容，规定了责任考核和责任追究的方式、内容、程序，建立了党风廉政建设责任制情况报告制度、限期整改制度、责任书签订制度。自 2000 年初至 2007 年底，共发出《党风廉政建设责任制检查通知书》4 件，用组织处理方式对 12 名局级领导干部实施责任追究 13 次。

1999 年下半年，交通部海事局纪委应用北京市哲学社会科学“九五”规划项目《当代中国廉政建设研究——廉政考核指标体系和综合评价方法》研究成果，组织直属海事系统党风廉政建设责任制考核指标体系及评价方法课题研究，并开发了相应的计算机操作软件。经修改完善，交通部海事局党委于2005年11月1日印发《交通部直属海事系统党政领导班子及其成员履行党风廉政建设责任制年度考核指标体系及评价办法》。该指标体系包括建立党风廉政建设工作机制、专项任务完成、领导干部廉洁自律、廉政教育、源头上防治腐败、执行廉政制度、民主监督、干部选拔任用、信访举报处理、发生职工违法违纪案件、工作创新措施及群众评议等方面内容的量化考核指标。自2001年开始至2007年，每年对直属海事系统各单位党政领导班子及其成员、交通部海事局机关各部门负责人执行党风廉政建设责任制情况进行考核、评价和分析，均运用该考核指标体系和评价办法实施。2002年6月，该考核指标体系及评价办法获得交通部直属机关党委授予的"基层党组织工作创新奖"。

2000年以后，交通部海事局党委继续将"直属海事系统两级领导班子成员不出新的不廉洁问题"作为党风廉政建设工作目标；2003年将这一工作目标，延伸为直属海事系统两级领导班子成员和交通部海事局机关处级干部在廉洁自律上不出问题。

2000年7月10日，交通部海事局党委颁布交通部海事局机关工作人员廉洁从政12条规定和《海事局机关上交礼品处理办法(试行)》。9月22日，交通部海事局印发《直属海事系统船员管理廉政规定》，对船员培训、考试、发证、管理工作各个环节的廉洁要求、公务回避进行了规范。10月12日，交通部海事局印发《海事局机关第一批关键环节工作程序》，对交通部海事局机关有关申办海员证审批、外轮申请进入中国非开放水域审批、外国船舶检验机构申请设立驻华机构审批、旧船进口技术评定工作和资金划拨、经费预算管理、基建项目审查、办公用品和设备采购、干部考核、人事管理、印章使用管理等17项工作的操作程序作出规定，从工作程序上对其关键环节进行制约。

图20-1-4　2002年11月23日，交通部海事局党委副书记兼纪委书记孙继(左二)在张家港海事局调研党风廉政建设工作

2001年3月6日，根据交通部关于在交通基础设施建设中推行廉政合同的决定，交通部海事局发文通知在直属海事系统基础设施建设中实行廉政合同签订制度，即由国家计划委员会，或交通部，或交通部海事局审批的可行性研究报告，且由中国国内企业进行施工和监理的直属海事系统新开工基础设施建设项目，建设单位与施工单位、监理单位在签订工程合同的同时签订廉政合同。自2001年初至2007年底，共签订廉政合同133份。

2004年，交通部海事局党委提出直属海事系统党风廉政建设要围绕领导干部廉洁从政、海事执法人员依法行政、海事基础设施建设廉政监督三条主线开展。

2005年，交通部海事局对直属海事系统基础设施建设廉政工作进行了检查评估，总结推广了直属海事系统基础设施建设中，一些单位实行的廉政合同检查考核制度、纪检监察部门廉政派驻或廉政联系点制度、廉政工程归档制度。广东海事局的"海巡31"巡视船建造工程项目被评选为全国交通基础设施廉洁工程项目典型。

2005年8月8日，交通部海事局党委印发《交通部直属海事系统建立健全教育、制度、监督并重的惩治和预防腐败体系的实施意见(试行)》，经修改后，于2006年3月21日重新印发并正式实施。该实施意见提出工作目标是在2010年建成与"三个海事"目标相适应的交通部直属海事系统教育、制度、监督并重的惩治和预防腐败体系基本框架；从教育、制度、监督三个方面入手，围绕海事系统权力比较集中的环节、部位，以惩治和预防领导干部职务腐败和海事执法人员以权谋私行为为重点，提出建立健全惩治和预防腐败体系的基本工作要求，并分解为133项工作任务，落实到交通部海事局各个部门承办。2007年6月14日至15日，交通部海事局党委在哈尔滨召开直属海事系统惩治和预防腐败体系建设工作推进会，强调构建惩治和预防腐败体系是一个动态的、开放的工作过程，既要在海事工作重点岗位、关键程序、薄弱环节上求突破，全面推进，又要在在机制创新、载体创新、切入点创新上下功夫，不断丰富惩治和预防腐败体系的内涵。至2007年底，建立健全惩治和预防腐败体系的133项工作任务，已全部完成。

图20-1-5　2005年4月18日，直属海事系统惩防腐败体系征求专家意见座谈会在大连举行

【思想政治工作】

1999年2月12日，交通部海事局发文表彰直属海事系统1998年年度先进单位、先进集体、先进个人，并通报表彰一批优秀集体和个人。此后，直属海事系统每年都开展此项年度评选表彰活动。对于全国海事系统在专项、单项工作中表现突出的单位、集体和个人，交通部海事局适时组织评选表彰；其中更为突出的，呈报交通部进行表彰。

图20-1-6　2007年1月18日，在深圳召开的直属海事系统工作会议向先进单位和先进集体颁发奖牌

1999年和2000年，交通部海事局党委按照交通部的要求，在直属海事系统开展与“法轮功”邪教组织的斗争，并完成了对直属海事系统44名“法轮功”练习者的思想转化工作。

2000年，交通部海事局党委委托河北、福建海事局进行直属海事系统党员和职工思想状况专题调查，他们以本局为重点，抽样调查了16个海事局党员和职工思想状况，共发放调查问卷670份，回收654份，经统计汇总形成调查报告，由交通部海事局党委于2000年8月1日转发。该调查报告指出，有71%的党员和63%的职工认为思想政治工作“作用明显”和“有作用”，29%的党员和37%的职工认为思想政治工作“作用不大”和“没作用”；认为影响思想政治工作成效的原因，选项最多是“工作机制不适应”。调查报告提出了加强和改进海事系统思想政治工作的建议，强调要营造党员和职工主动参与、自我学习、自我教育、自我提高的思想政治工作大环境。

此后，交通部海事局党委在直属海事系统主要从形势任务教育、党风廉政建设警示教育、先进模范典型事迹教育等方面统一开展思想教育活动。

2000年，在直属海事系统开展廉政教育月活动。2001年在全国海事系统开展征集海事廉政警语、廉政论文活动，共征集警语500余条、论文116篇。针对交通部海事局2001年发生个别领导干部违纪问题，交通部部长黄镇东于2002年2月19日和5月9日两次批示指出：“海事系统廉政建设任重道远，要警钟长鸣，常抓不懈，一靠教育，二靠制度，在基础工作上下工夫”；“关键还是要抓教育，抓制度，干部素质不提高，类似问题还会发生。”2002年，直属海事系统以此案和其他案件为例开展警示教育活动。2003年9月19日，交通部海事局纪委将近5年直属海事系统在船舶登记、船员考试发证、船舶签证、规费征收、以权谋私、失职渎职等方面发生的具有海事工作特点的33个典型案例汇编成册，作为当年开展警示教育活动学习材料。2007年7月，交通部海事局纪委印发《海事系统违纪违法典型案例选编》，选编汇集了近10年查处的海事系统贪污受贿、失职渎职、违反廉政规定、执法过错、伪造变造印章的58个典型案例，作为海事系统开展廉政教育月活动的读本。

2002年7月，交通部海事局先后在北京、青岛、上海、广州举行4场直属海事系统"5·7"空难搜救先进事迹报告会。2004年2月27日，交通部海事局党委印发《关于加强海事系统宣传思想工作的意见》。意见提出海事系统职工宣传思想工作的主要内容是政治理论教育、日常思想政治工作、创建文明行业活动、培养和宣传先进典型工作等。2004年，直属海事系统开展了弘扬振超①精神，开展创建三个一流(个人干一流工作、企业创一流品牌、社会造一流环境)活动，引导职工为海事新发展作贡献、创一流。2006年，交通部党组授予湖北省交通规划设计院的陈刚毅同志为交通工程技术人员的楷模荣誉称号。3月6日，交通部海事局党委邀请陈刚毅在交通部海事局机关作先进事迹报告，并把现场实况通过视频传送到直属海事系统14个分会场。4月19日，交通部海事局党委印发通知，决定在直属海事系统开展做"刚毅式"的海事人主题思想教育宣传活动。2006年4月21日，交通部海事局党委印发通知，要求海事系统大力宣传先进模范人物，关心先进模范人物，做好先进典型培养工作。11月24日，《直属海事系统年度先进评选表彰办法》印发。

图20-1-7　2006年3月6日，陈刚毅同志先进事迹报告会在中国海事局机关举行

2003年，在直属海事系统开展学习贯彻党的十六大精神活动中，交通部海事局党委要求各单位开展以"展现海事新形象，为交通新的跨越式发展作贡献"为主题的教育活动。10月27日至28日，交通部海事局党委在南京召开全国海事系统文明执法示范窗口建设和宣传思想工作座谈会。会议提出要加大对海事系统先进典型的培养、宣传、学习力度。2006年4月3日，交通部海事局党委发文，部署在直属海事系统开展社会主义荣辱观学习教育实践活动。7月6日，交通部海事局党委在青岛举行"共塑海事新形象"演讲比赛决赛。此前，全国海事系统分4个片区，由中国交通职工思想政治工作研究会海事分会各组组织演讲比赛初赛，选拔出8支直属海事局代表队和4支地方海事局代表队参加决赛。2007年10月19日，交通部海事局党委发文，部署开展深入学习贯彻党的十七大精神工作。直属海事系统结合实现海事事业又好又快发展实际，掀起学习实践科学发展观的热潮。

2001年至2007年，交通部先后8次通报表彰或通令嘉奖在海事工作和应急处置活动中表现突出、作出重大贡献的海事系统有关单位和个人。其中有亚太经济合作组织(APEC)②上海会议期间水上交通管制任务(2001年10月26日)，搜寻打捞"5·7"空难遇难者遗体遗物和飞机残骸行动(2002年5月20日)，研究、制定、实施《长江江苏段船舶定线制规定》工作(2004年7月2日)，"辽海"轮火灾、包头

① 振超，即许振超，青岛港职工，全国劳动模范，被誉为新时期产业工人的杰出代表。

② 2001年10月，亚太经济合作组织领导人非正式会议(APEC会议)在上海召开。为保证与会人员乘坐的机群起降时长江南槽航道封闭和黄浦江畔大型焰火表演安全的水域环境，上海海事局动用执法人员500人、巡逻艇50艘，完成了黄浦江近15年来，管制范围最广、局部断航时间最长、控制船舶数量最多的一次水上交通管制任务。10月22日，江泽民等中央领导同志接见了包括上海海事局局长王志一在内的为APEC会议作出贡献的主要单位领导同志。

民航客机失事、“海鹭15”轮翻沉、渔船渔民被困南海东沙群岛等重大搜寻救助行动(2004年12月21日)，葡萄牙籍超大型满载油轮“阿提哥”触礁脱浅救助行动(2005年5月18日)，搜寻救助黄海、渤海10起船舶遇险和人员行动(2005年10月25日)，搜寻救助南海遇险越南渔民行动(2006年6月21日)，2006年水上危险品运输“百日会战”安全专项整治行动(2007年1月12日)。2004年7月9日，交通部在南京召开长江江苏段实施船舶定线制总结表彰会，交通部副部长徐祖远、原副部长洪善祥，江苏省常务副省长蒋定之出席会议，徐祖远、蒋定之讲话。2005年10月26日，交通部在北京召开黄海渤海海区成功搜救表彰大会(电视电话会)，交通部部长张春贤、副部长徐祖远出席并讲话。2007年6月18日，交通部海事局在南通召开苏通大桥建设期通航安全保障总结表彰会，交通部部长李盛霖、副部长冯正霖，江苏省省长梁保华、副省长仇和出席会议，李盛霖讲话。

1998年至2007年，直属海事系统共有17人获省、部级先进工作者称号，1人获全国先进老干部工作者称号，6个单位获全国交通系统先进集体称号。

〖中国交通职工思想政治研究会海事分会〗

中国交通职工思想政治工作研究会海事分会的前身是中国交通职工思想政治工作研究会水监分会。

经中国交通职工思想政治工作研究会批准，1989年11月15日，中国交通职工思想政治工作研究会水监分会在广州成立，并制定相应章程，共30个会员单位，秘书处设在上海海上安全监督局。至2000年底，中国交通职工思想政治工作研究会水监分会共有34个会员单位，召开过四届年会，章程于1991年11月和1996年6月经过两次修订；中国交通职工思想政治工作研究会水监分会围绕水上安全监督系统职工思想政治工作，开展课题研究，交流经验，发布信息，取得一批成果。

根据水上安全监督管理体制改革后的实际情况，经中国交通职工思想政治工作研究会同意，中国交通职工思想政治工作研究会水监分会更名为中国交通职工思想政治工作研究会海事分会(以下简称海事分会)，并于2001年6月24日在北京召开第五届会员大会。大会由上海海事局党委书记周尤喜代表上届理事会作海事分会1996年至2000年年度工作报告，修改并通过了海事分会章程；25个会员单位参加大会，选举产生了海事分会理事会领导成员，其中理事长为交通部海事局党委书记黄先耀，常务副理事长为交通部海事局党委副书记孙继，副理事长为上海海事局党委书记周尤喜，常务理事为天津、辽宁、山东、浙江、广东、长江海事局党委书记齐世峰、从选斌、肖维强、顾德裕、钱保尔、刘开智和安徽省港航监督局党委书记张先道，交通部海事局党委工作部主任梁宇任常务理事兼秘书长。秘书处设在交通部海事局党委工作部。黄先耀在会上表示海事分会要定期举行高水平的理论研讨会，办好高质量的会刊——《海事研究》，要围绕海事中心工作，突出解决水上安全监督体制改革后海事系统面临的难点，使海事分会有作用，有成果，出经验，把海事分会办成中国交通职工思想政治工作研究会中有特色、有影响的分会。会议将会员单位分成四个片区小组开展研究工作。

图20-1-8　2001年6月24日，中国交通职工思想政治工作研究会海事分会第五届会员大会在北京召开

《中国交通职工思想政治工作研究会海事分会章程》对海事分会的性质、任务、会员组成及其权利义务、组织机构、会费作出规定，明确海事分会是中国交通职工思想政治工作研究会和交通部海事局

党委领导下的群众社会团体；主要任务是结合海事系统特点，开展党建工作研究和职工思想工作研究；活动形式以各会员单位自主研究为主，以专题研究为主，以当前课题研究为主。章程规定会员是团体会员，由自愿申请入会的交通部各直属海事局和全国各省级地方海事局组成，会员单位即为理事会成员；会员大会每四年召开一次，理事会一般每两年召开一次；理事会领导成员人选采取单位代表制，即任期内岗位发生变化，由原单位继任者自动接替在海事分会的相应职务。

海事分会成立后，各会员单位和四个片区小组，结合海事系统实际，有计划地开展调查研究和理论探讨，从多方面推出研究成果和典型经验，推动了海事系统职工思想政治工作和精神文明建设。

2004 年 11 月 5 日，海事分会理事会(年会)在重庆召开，会议强调海事分会要贴近海事系统职工实际，深入调查研究带有倾向性的问题，并抓好成果的推广运用。

2006 年 7 月 5 日，海事分会理事会(年会)在青岛召开，四个片区介绍了开展思想政治工作研究情况。会议提出要逐步健全海事分会、片区小组、各会员单位职工思想政治工作研究会三个研究层次，发挥好各自功能；要逐步建立思想政治工作研究工作联系制度、特邀研究员制度、交流研讨制度、课题立项和成果评估制度，使海事分会工作制度化、规范化；要把着力点放在为基层服务上，围绕解决基层职工思想政治工作和精神文明建设中难点、热点、疑点问题，重点推出能指导实践的实效性成果。

至 2007 年底，海事分会共有会员单位 48 个(包括交通部海事局，20 个交通部直属海事局和 27 个省、自治区、直辖市地方海事局)。

第二节　精神文明建设

【创建文明行业活动】

为贯彻党的十四届六中全会关于开展创建文明行业活动的精神，交通部于 1996 年 12 月提出交通系统创建文明行业奋斗目标，于 1997 年 3 月提出交通系统文明示范“窗口”建设要求。按照交通系统创建文明行业总体部署，1997 年 8 月 26 日，交通部印发《关于在全国水监系统开展创建文明行业活动的实施意见》，制定了全国水上安全监督系统文明达标单位标准和执法示范“窗口”建设要求，及其管理办法、考核实施细则。随后，全国水上安全监督系统成立了创建文明行业指导委员会，各单位开始有计划、有标准、有重点地组织开展创建文明行业活动。1998 年 1 月，交通部安全监督局公布全国水上安全监督系统第一批“文明执法示范窗口”63 个。

交通部海事局成立后，按照《关于在全国水监系统开展创建文明行业活动的实施意见》等文件精神，继续组织全国海事系统开展创建文明行业活动。1999 年 2 月 12 日，交通部命名并公布全国海事系统第一批文明达标单位 40 个。

2000 年 3 月 27 日，交通部海事局印发《海事系统“文明执法示范窗口”规范(试行)》，规范明确海事系统“文明执法示范窗口”在海事处、机关执法部门和基层执法站点范围选建，并统一了海事系统“文明执法示范窗口”建设在执法环境布置、执法设施配备、实行政务公开和执法行为公正、文明方面的要求。该规范试行四年。2004 年，交通部海事局对该规范进行修订，并于 4 月 8 日公布施行《海事系统文明执法示范窗口规范》。新的规范将政务大厅和海事巡逻艇列入示范窗口选建范围，增加对示范窗口海事执法人员统一的政治、业务素质要求和服务规范、纪律规范。同日，交通部海事局就进一步加强海事系统文明执法示范窗口建设和管理印发通知，明确示范窗口分为全国海事系统文明执法示范窗口和各单位、各地区文明执法示范窗口两级，指出文明执法示范窗口建设既要按照统一规范实施，又要因地制宜，量力而行，创新思路，突出海事特点，提供优质服务，自觉接受社会监督，发挥好示范作用。

2000 年 2 月 15 日，交通部海事局公布全国海事系统第二批“文明执法示范窗口”21 个。2 月 18 日，交通部命名并公布全国海事系统第二批文明达标单位 34 个。同年在直属海事系统开展“五个一”工程建设活动(即每个局树立一个文明执法示范窗口、一个先进基层单位、一个模范班组、一个执法标兵，交通部海事局制定一个海事行政执法人员守则)。12 月 4 日，全国水上安全监督系统创建文明行业指导委员会更名为全国海事系统创建文明行业指导委员会，其组成由交通部体改法规司、人事劳动司和海事局有关领导和人员组成。

针对全国水上安全监督管理体制改革后出现的新情况，交通部海事局对《关于在全国水监系统开展创建文明行业活动的实施意见》进行修改，并由交通部于 2001 年 8 月 15 日印发《全国海事系统深入开展创建文明行业活动的实施意见》。该实施意见根据《全国交通系统“九五”精神文明建设规划和 2010 年远景目标》，提出海事系统创建文明行业活动 2010 年总目标是交通部各直属海事局和各省(自治区、直辖市)地方海事局符合文明达标标准，海事系统建成交通系统文明子行业；明确加强海事职业道德建设、规范海事执法行为、树立海事行业新风，建设政治坚定、行为规范、办事高效、从政廉洁的海事行政执法队伍是重点，管理严格、执法规范、服务优质、环境优美、秩序优良、群众满意是海事文明的主要标志；制定了创建文明行业活动的方针原则、标准体系、保证措施、管理办法。8 月 30 日至 9 月 1 日，交通部海事局在深圳召开全国海事系统创建文明行业现场经验交流会。会议强调海事系统开展创建文明行业活动，要以“三个代表”重要思想为指导，抓住水上安全监督管理工作特点，并指出是否达标主要看各单位创建文明行业活动是否有健全的工作机制、是否促进了海事中心工作，是否抓住了海事队伍建设这个根本，是否取得了群众和社会满意的效果。会上参观了深圳盐田海事处创建文明行业活动现场，有 9 个单位介绍了经验。

图 20-2-1　2001 年 8 月 30 日，全国海事系统创建文明行业现场经验交流会在深圳举行

2002 年 3 月 13 日，交通部命名并公布全国海事系统第三批文明达标单位 37 个。

2003 年 10 月 13 日，交通部命名并公布全国海事系统第四批文明达标单位 47 个。同年，交通部海事局组织上海海事局开展创建船员考试文明样板考区活动。10 月 27 日至 28 日，交通部海事局党委在南京召开全国海事系统文明执法示范窗口建设和宣传思想工作座谈会。会议强调示范窗口要重建设、抓基础、强素质、见实效，克服表面文章，实行滚动管理；示范窗口要成为海事系统开展创建文明行业活动的试验田和排头兵，发挥好示范辐射作用。驻交通部纪检组组长金道铭在会上讲话，他说示范窗口对内是榜样，对外是形象，是精神文明建设与海事业务工作很好的结合点，要通过抓典型示范，带动海事系统创建文明行业活动向纵深发展。

2004 年，交通部海事局组织江苏海事局、长江海事局在长江干线江苏段和三峡库区开展“安全畅通文明”航区创建活动试点工作。2005 年 8 月 12 日，交通部海事局党委印发《关于全国海事系统开展“安全畅通文明”航区(航线)创建活动的意见》，全面推进开展“安全畅通文明”航区(航线)创建活动。“安全畅通文明”航区(航线)创建活动以解决水上交通安全管理难点为主要任务，以提高海事依法行政能力和海事执法文明程度为重点，使航区(航线)达到以下目标：水上交通安全形势持续稳定，不发生因海事监管不到位而造成的重特大事故，船舶航行畅通有序，不发生因海事监管不到位而导致的航道中断和堵塞，水上交通环境文明和谐，海事执法的社会综合满意度在95%以上。“安全畅通文明”航区（航线）创建活动在地方政府支持下，采取以海事机构为主体，与相关部门和港航企业合作的形式共建。至2007年底，有渤海湾烟台至大连航线、黄骅港、洋山港、黄浦江、舟山水域、厦门湾、琼州海峡和长江上海段、江苏段、三峡库区等辖区开展了“安全畅通文明”航区（航线）创建活动。交通部副部长徐祖远于2005年9月27日参加烟台—大连“安全畅通文明”航线创建活动启动仪式。

2005年1月21日，交通部命名并公布全国海事系统第五批文明达标单位36个。

图20-2-2　2005年6月10日，共建琼州海峡火车轮渡“安全畅通文明”航线签字仪式在海口举行

图20-2-3　2005年9月27日，创建烟台—大连“安全畅通文明”航线启动仪式在烟台举行

2006年3月13日，交通部命名并公布全国海事系统第六批文明达标单位25个。4月11日，交通部海事局在对海事系统原公布的“文明执法示范窗口”复查的基础上，重新公布全国海事系统“文明执法示范窗口”90个、“文明执法示范窗口”标兵10个。7月6日至7日，交通部海事局在青岛召开全国海事系统精神文明建设工作会议，贯彻6月召开的全国交通行业精神文明建设工作会议精神。会议强调海事系统精神文明建设要以科学发展观为统领，以学习实践社会主义荣辱观为主线，融入海事中心工作，从建立海事职业道德体系、培树海事先进典型、健全海事文明创建体系、推出一批海事文化成果、形成海事文明新风尚、增强思想政治工作成效等方面开创海事系统精神文明建设新局面。会上有8个单位介绍经验。10月9日，交通部海事局党委、交通部海事局印发《全国海事系统十一五时期精神文明建设工作指导意见》，提出海事系统十一五时期精神文明建设工作目标、任务、原则、措施，明确实施五大工程，即培树一批影响广泛的先进典型、建成一批社会公认的文明执法窗口、打造一批富有特色的“安全畅通文明航区”、创建一批效能突出的文明机关、推出一批内涵丰富的文化成果。

图20-2-4　2005年12月10日，交通部海事局党委副书记兼纪委书记范亚祥（前右二）在汕头广澳海事处调研文明执法示范窗口建设情况

2007年2月27日，交通部命名并公布全国海事系统第七批文明达标单位27个。

至2007年底，全国海事系统共有全国文明单位4个，全国精神文明建设工作先进单位7个，全国创建文明行业工作先进单位3个，全国交通文明行业3个，全国交通行业文明单位6个，全国交通系统创建文明行业先进单位6个，全国交通行业文明示范窗口 14 个，全国交通行业十佳文明示范窗口 1 个，全国巾帼文明岗 6 个，全国青年文明号 20 个，全国海事系统文明达标单位 233 个，全国海事系统文明执法示范窗口 90 个，全国海事系统文明执法示范窗口标兵 10 个。

2007 年底前交通部海事局、交通部直属海事局、省级地方海事局创建文明行业活动成果一览　　表 20-2-1

序号	单　位	荣　誉　称　号
1	交通部海事局	全国交通行业文明单位(2007 年)
2	中国海上搜救中心总值班室	全国交通行业文明示范窗口(2007 年)
3	上海海事局	全国交通系统创建文明行业先进单位(2001 年) 全国创建文明行业工作先进单位(2003 年) 全国文明单位(2005 年) 全国交通文明行业(2005 年)
4	天津海事局	全国交通行业文明单位(2007 年)
5	辽宁海事局	全国海事系统文明达标单位(2007 年)
6	营口海事局	全国海事系统文明达标单位(2003 年)
7	河北海事局	全国海事系统文明达标单位(2006 年)
8	烟台海事局	全国海事系统文明达标单位(2002 年)
9	山东海事局	全国交通行业文明单位(2007 年)
10	连云港海事局	全国海事系统文明达标单位(2005 年) 全国交通行业文明单位(2007 年)
11	浙江海事局	全国海事系统文明达标单位(2007 年)
12	厦门海事局	全国海事系统文明达标单位(2005 年)
13	汕头海事局	全国海事系统文明达标单位(2005 年)
14	广东海事局	全国精神文明建设工作先进单位(2005 年) 全国交通系统创建文明行业先进单位(2005 年) 全国海事系统文明达标单位(2007 年)
15	深圳海事局	全国交通系统创建文明行业先进单位(2003 年、2005 年) 全国海事系统文明达标单位(2006 年) 全国交通文明行业(2007 年)
16	湛江海事局	全国海事系统文明达标单位(2006 年)
17	长江海事局	全国文明单位(2005 年) 全国海事系统文明达标单位(2005 年) 全国交通行业文明单位(2007 年)
18	江苏省地方海事局	全国海事系统文明达标单位(2002 年) 全国创建文明行业工作先进单位(2003 年) 全国交通文明行业(2005 年)
19	河北省地方海事局	全国海事系统文明达标单位(2006 年)
20	江西省地方海事局	全国海事系统文明达标单位(2006 年)
21	湖北省地方海事局	全国海事系统文明达标单位(2007 年)

【对外宣传报道】

1999 年 5 月 11 日至 13 日，交通部海事局党委在汕头举行海事系统宣传工作座谈会，研究交通部海事局成立后海事系统对外宣传报道工作的思路、任务和措施，强调要以海事业务工作、海事法制建设和海事系统的先进典型、先进事迹宣传报道为重点。

1999年9月，为庆祝建国50周年，中国海事局在交通部机关大楼二楼举办《中国海事新貌图片展览》。10月9日，中国海事局印发《海事系统新闻宣传报道工作管理暂行办法》，规定建立海事系统新闻宣传报道网和突发重大海事的快速宣传报道反应机制。

2000年，《中国海事》杂志创刊，内部发行；《中国交通报》交通部海事局记者站成立。12月13日，交通部海事局党委公布由全国海事系统各单位有关人员组成的“海事系统新闻宣传报道网”联络员名单。联络员既要履行《海事系统新闻宣传报道工作管理暂行办法》规定的职责，做好在本地区新闻媒体的宣传报道工作，同时又要承担《中国交通报》交通部海事局记者站特约通讯员和《中国海事》杂志联络员任务。

2001年9月17日至19日，交通部海事局在北京举办全国海事系统新闻宣传报道通讯员培训班。20日，《中国海事》杂志首次通联工作会议召开。

2002年，交通部海事局与《中国水运报》联合举行《中国海事行》系列宣传报道活动，通过对沿海13个直属海事局的采访，在《中国水运报》上宣传报道水上安全监督管理体制改革成果、水上运输安全管理年活动成效、海事工作对地方社会经济发展的作用和贡献等。

2003年10月27，交通部海事局党委在南京举行的全国海事系统文明执法示范窗口建设和宣传思想工作座谈会上提出要调整思路，建立海事系统大宣传的工作格局；把宣传报道目的与群众的可接受程度结合起来，营造一个利于海事执法的良好环境。

2004年2月27日，在《关于加强海事系统宣传思想工作的意见》中，交通部海事局党委提出要积极宣传海事法规、政策，传播海事文化，加强对重大海事活动、海事成就的宣传报道，正面引导突发事件的舆论宣传；建立和完善宣传工作信息交流机制、重大突发事件新闻报道应急反应机制、与社会媒体联系沟通机制、宣传工作激励机制。3月9日至12日，海事系统宣传人员培训班在成都举办。培训班聘请《人民日报》、《中国交通报》、《中国船检》杂志、《大众摄影》杂志记者、编辑授课，并进行现场采风、作品点评。鉴于海事系统个别单位工作疏漏，一些媒体报道了与事实不符的海事新闻，8月3日，交通部海事局党委印发通知，要求海事系统对外报道重要新闻，要遵守审查和报告制度，防止负面影响。8月4日和8月30日，交通部海事局先后印发《海事系统新闻宣传报道工作评优办法》、《海事系统新闻宣传报道资料管理办法》。11月5日至8日，交通部海事局在重庆召开全国海事系统新闻宣传工作座谈会，提出重要新闻的对外宣传报道工作，要总体规划，选好专题，超前策划，深度跟踪，增强针对性和影响力。

2005年，交通部海事局党委提出在海事系统各单位建立新闻发言人制度①。此后，海事系统各单位逐步建立起新闻发言人制度。4月5日至8日，海事系统宣传人员培训班在韶关广东培训中心举办。

2006年5月11日，交通部海事局党委印发《关于进一步规范海事新闻宣传管理工作的通知》，要求各单位建立和完善新闻发布制度，定期或不定期向社会发布有关海事管理的重大决策、活动、法律法规以及按照有关规定需要向社会公布的重大突发事件和社会关注的重大问题等政务信息；并要求各单位坚决杜绝有偿新闻。

2007年，交通部海事局党委提出“让社会更了解海事，让海事更好服务社会”的要求，促进海事系统的对外宣传工作更加贴近社会公众对海事的信息需求和关注热点。

---

① 2008年9月28日，交通部海事局印发《海事系统新闻发布管理暂行办法》。

自2003年至2007年，交通部海事局党委每年组织多起重大海事新闻集中宣传报道活动。包括电煤运输通航保障、长江下游船舶超载整治、“海巡21”巡视船出访日本、内地香港南海联合搜救演习、长江江苏段和三峡库区船舶定线制实施、珠江口水域船舶定线制实施、落实八项便民措施、东海联合搜救演习、上海国际海事论坛、大连海上联合搜救演习、推进中西部船员培训工作、船舶防抗风暴潮强台风、“辽海”客滚船遇险搜救行动、“5·12”外国籍船舶碰撞事故、渤海船舶溢油应急演习、《船员条例》颁布、防船舶碰撞防泄漏专项整治、海事劳模事迹等。2005年7月6日，以2005年东海联合搜救演习为背景，交通部海事局常务副局长刘功臣作为演习现场总指挥，在上海接受中央电视台“新闻会客厅”栏目组专访，就中国近几年所发生的几起重大水上交通事故的应急处置过程，以及为防止类似事故再次发生、减少事故危害程度，交通部和中国海事局所采取的有效措施和建立、完善水上交通事故应急反应程序的过程，回答了记者的提问。该专访节目于7月7日下午在中央电视台新闻频道“新闻会客厅”栏目播出。7月7日上午，交通部海事局副局长郑和平作为嘉宾，在东海联合搜救演习中央电视台现场直播厅对演习过程进行现场解说。

图20-2-5　2007年6月1日，吉林省地方海事局在全省范围集中开展海事宣传日活动

〖《中国海事》杂志〗

交通部海事局成立后，决定创办《中国海事》杂志，并于1999年4月15日印发通知，委托天津海上安全监督局(1999年7月8日后为天津海事局)承办和筹备。当月，天津海上安全监督局成立《中国海事》杂志编辑部。此前，天津海上安全监督局受交通部安全监督局委托承办有关船舶安全检查的内部资料性刊物。1985年6月，《船舶安全检查内部通讯》创刊，不定期发行；1989年《船舶安全检查内部通讯》改为双月刊，定期发行；1992年10月，《船舶安全检查内部通讯》更名为《船舶检查》杂志；1996年2月，《船舶检查》更名为《船舶安全与防污》。内部资料性双月刊《船舶安全与防污》杂志发行至1999年底。《中国海事》杂志在《船舶安全与防污》杂志的基础上筹备创办。

经天津市新闻出版局批准，《船舶安全与防污》杂志自2000年起，更名为《中国海事》杂志。2000年2月23日，交通部海事局在北京召开《中国海事》杂志编委会成立大会暨编委会第一次会议。2月底，《中国海事》杂志创刊，出版第一期，每期发行约1千册。《中国海事》杂志为内部资料性刊物，大16开双月刊，4封彩色，内文黑白48页，封面铜版彩印；刊名“中国海事”4个字由天津书法家韩家祥书写。《中国海事》杂志由中国海事局主办，天津海事局承办，编辑部设在天津海事局，由交通部海事局党委工作部归口管理。2月1日，交通部部长黄镇东，副部长洪善祥、张春贤为《中国海事》杂志创刊题词。黄镇东题词是：“《中国海事》作为中华人民共和国海事局主办的刊物，要坚持‘航运更安全、海洋更清洁’的宗旨，宣传国家海事政策与法规，传播国内外海事重要信息，研究探讨水上安全监督管理、防止船舶污染、船舶及海上设施检验、航海保障等行政执法及管理工作，提高执法水平，树立海事主管机关的良好形象，促进我国航运事业的发展。”洪善祥题词是：“开拓进取，务实高效，团结奉献，廉洁公正。”张春贤题词是：“传播科技信息，弘扬海事精神，扩大国际影响，促进友好合作。”

2000年4月18日，交通部海事局党委印发《中国海事》杂志章程(暂行)和编委会成员名单。章程明确《中国海事》杂志是一本综合性海事专业技术期刊，面向社会发行。编委会成员由交通部海事局领导人、各部门负责人，天津海事局、交通部海上救助打捞局、中国船级社、中国交通通信中心、大连海事大学有关领导人组成，并聘请中国海事界有关专家为顾问；天津海事局1名局领导为执行主任，分管《中国海事》杂志编辑出版工作。

2001年2月23日，交通部海事局核定《中国海事》杂志编辑部为正处级机构，设主任兼主编1名，副主任兼副主编1名，编辑暂定3名。

经交通部海事局同意，《中国海事》杂志自2002年起改为月刊。每期发行约3千册。

由于国家实施期刊出版单位总量规划，经交通部体改法规司同意，拟采取置换交通部主管的老期刊的方式，创办公开发行的《中国海事》杂志。2002年7月26日，交通部天津水运工程科学研究所与天津海事局签订协议，双方同意将天津水运工程科学研究所主办的公开发行的《交通环保》杂志，更名为《中国海事》，并转为由交通部海事局主办、天津海事局承办。经交通部海事局和天津水运工程科学研究所联合请示，交通部体改法规司向科学技术部递交关于更改《交通环保》刊名和主办单位的申请，科学技术部以后将申请转新闻出版总署审批。

图20-2-6　2000年2月，内部资料性刊物《中国海事》杂志第一期发行。2005年8月8日，《中国海事》杂志正式对国内外公开发行

2004年12月31日，新闻出版总署批准《交通环保》杂志更名为《中国海事》杂志，由交通部海事局主办、天津海事局承办。2005年4月25日，《中国海事》杂志取得北京市新闻出版局核发的中华人民共和国期刊出版许可证。2005年8月，内部资料性刊物《中国海事》杂志在出版55期后停刊。8月8日，向国内外公开发行的《中国海事》杂志在天津创刊，为大16开月刊，80页，全彩色印刷。

《中国海事》杂志于2006年4月成为《中国期刊全文数据库》收录期刊、《中国学术期刊（光盘版）》入编期刊，于2006年8月成为《万方数据——数字化期刊群》入编期刊、《中国核心期刊（遴选）数据库》收录期刊，于2007年5月成为《中国学术期刊检索与评价数据规范》执行优秀期刊，于2007年9月成为《中国学术期刊综合评价数据库》来源期刊。

2007年底，《中国海事》杂志每期发行约7千册。

〖《海事研究》杂志〗

《海事研究》杂志原名《水监研究》，创刊于1990年1月，是中国交通职工思想政治工作研究会水监分会会刊，由上海海上安全监督局代为编辑、出版和发行；刊物出版时间、页数不固定。1994年，《水监研究》获得上海市新闻出版局核发的连续性内部资料准印证，定为一年两期，并可根据来稿情况再出1～2期增刊。同年，为了加快信息传播，每月不定期增出《水监信息》。

经上海市新闻出版局批准，《水监研究》自2000年第二期（总第24期）起，更名为《海事研究》，注册为48页季刊，大16开；同时《水监信息》更名为《海事信息》。因《海事研究》发布信息已能满足需要，《海事信息》不久停办。

2001年6月，中国交通职工思想政治工作研究会水监分会更名为中国交通职工思想政治工作研究会海事分会，《海事研究》成为中国交通职工思想政治工作研究会海事分会会刊，由中国海事局主管，中国交通职工思想政治工作研究会海事分会主办，上海海事局承办。《海事研究》杂志编辑部设在上海海事局，由中国交通职工思想政治工作研究会海事分会秘书处(交通部海事局党委工作部)归口管理。

2002 年 1 月，《海事研究》杂志编辑部正式成立，主编 1 名，编辑 2 名；编辑部与上海海事局宣传处合署办公，由宣传处处长兼任主编。同年 7 月 11 日，交通部海事局印发《关于成立 <海事研究> 杂志编委会及印发 <海事研究> 杂志章程的通知》。该章程明确《海事研究》是一本以宣传全国海事系统党建工作、思想政治工作、精神文明建设、队伍建设和综合管理为主要内容的内部刊物，其办刊方针为“把握主题、突出重点、贴近热点、体现特色”。

图 20-2-7　2000 年 9 月 20 日，原《水监研究》(半年刊)自 2000 年第二期起更名为《海事研究》(季刊)

《海事研究》杂志编委会，由交通部海事局领导和中国交通职工思想政治工作研究会海事分会常务理事、理事会正副秘书长、编委会执行主任组成，执行主任具体领导编辑部的各项工作。

《海事研究》杂志编辑部实行主编负责制。《海事研究》杂志发行对象为海事系统各单位，在中国交通职工思想政治研究会海事分会会员单位设立通信联络员。2004 年，《海事研究》每期扩版为 96 页，发行量由 2002 年的 800 本增加到 2006 年的 2500 本。2007 年，又由 96 页扩版到近 180 页，发行量增加到 4000 本。

1990 年 1 月至 2007 年底，《水监研究》、《海事研究》共出版 53 期和少量增刊，杂志围绕中心，贴近实际，为推动海事系统队伍建设和事业发展，在传递信息、交流经验、研讨理论、宣传典型、展示成就、树立形象、弘扬精神方面，发挥了积极作用。①

【海事文化建设】

1999 年 11 月 9 日至 11 日，中国海事局在天津召开专家会议，审定《中国航标史》稿。《中国航标史》编纂工作于 1996 年 5 月由交通部安全监督局主持启动。经广州市新闻出版局批准，由中国海事局编纂的《中国航标史》，于 2000 年 5 月在广东省顺德市印刷出版，内部发行。

2000 年 2 月 29 日，交通部海事局在年度工作要点中提出要积极探索开展海事文化建设思路，制定统一的海事行为规范，设计统一的海事职业形象，逐步形成富有海事事业特性的文化价值观念体系。

2003 年，中国交通职工思想政治工作研究会海事分会在各会员单位开展海事文化论文征集活动，共征集论文 53 篇。同年，交通部海事局党委在全国海事系统开展海事之歌歌词征集和歌曲创作活动。至 2003 年 8 月底，共征集歌词 148 首，评选出特色奖 10 名、优秀奖 11 名、三等奖 4 名、二等奖 2 名，一等奖空缺。根据应征歌词的素材，交通部海事局党委邀请词作家胡宏伟进行再创作，并邀请曲作家铁源为其谱曲，产生了《中国海事之歌》。

2004 年 11 月 3 日，交通部海事局党委向全国海事系统颁布《中国海事之歌》标准版(包括由中国人民解放军总政治部歌舞团演唱的合唱版和中国人民解放军军乐团演奏的进行曲版)。

2005 年 12 月 28 日，交通部海事局党委在《全面推进“三个海事”建设指导意见》中提出深入开展海

---

① 自 2008 年 4 月起，《海事研究》由季刊改版为双月刊，96 页。

事文化的研究和实践，探索海事先进文化建设的方法和途径。通过不断深化和丰富海事文化的内涵，形成与中华民族传统美德相承接，又具有鲜明时代特征和行业特点的海事文化。

图 20-2-8　2007 年 7 月 11 日，江阴海事局在庆祝“航海日”活动中宣传保护江河环境

经国务院批准，自 2005 年起，每年 7 月 11 日为“航海日”，同时也作为“世界海事日”在中国的实施日期。2006 年 7 月 4 日，中国海事局决定将“航海日”活动作为全国海事系统一项长期任务，持续开展下去。2006 年，2007 年，海事系统在“航海日”活动中，通过内外宣传教育、评选表彰和向社会开放部分海事工作场所、船艇，宣传海事工作，弘扬海事文化，增强了海事职工使命感和管理相对人对海事工作认知感。

2006 年 4 月，中国海事局编著的《中国灯塔》大型画册，由人民交通出版社出版发行。10 月 9 日，交通部海事局党委、交通部海事局印发《海事文化建设纲要》。该纲要提出了海事文化建设的目标、任务、原则、措施、方法、步骤；明确海事文化建设的基本内容是培育海事核心价值观，完善海事职业道德规范，建立海事标识体系，推出海事文化创作成果；要求从形象标识、制度规范和价值理念三个层面入手，通过创建学习性组织、培树海事先进典型、建立海事准军事化管理模式、编纂海事史志、建立海事博物馆陈列室、借助社会媒体传播、丰富群众文化创作活动等载体，开展海事文化建设，形成以先进价值观为核心的海事文化体系，提升以全面履职为基础的海事综合能力，营造以促进人的全面发展为根本的海事人文环境，树立以依法行政、卓越服务为标志的海事社会形象，使广大海事职工参与海事文化建设，认同海事文化内涵，共享海事文化建设过程和成果。2006 年 11 月，作家汪卫兴编著的描写海事工作和人物的长篇报告文学《使命与大海同辉》，由作家出版社出版发行。12 月 15 日，交通部副部长徐祖远、黄先耀共同按下鼠标，启动“海事文化成果展”在中国海事局局域网开展，同时辅以实物图片展；成果展展出了海事文化体系内容、基本原则、功能内涵等成果。

2007 年 3 月，交通部海事局颁发《海事风纪风貌规范(试行)》。按照交通部《交通文化建设实施纲要》和《交通文化建设研究工作方案》的要求和部署，交通部海事局于 2007 年组织开展海事文化建设和航标文化课题研究工作。2007 年 6 月 8 日，航标文化课题组成立，课题组由天津海事局牵头，上海、广东、海南海事局和长江航道局参加，并与南开大学、大连海事大学合作。课题组围绕航标的历史沿革、结构特征、技术功能、人文内涵、美学价值等物质文化层面进行调查研究。9 月 24 日，海事文化建设课题组成立。课题组由河北海事局牵头，山东、江苏、浙江、长江、深圳海事局和江苏省地方海事局参加，并与社会专业机构北京仁达方略管理咨询有限公司合作。课题组围绕提炼海事核心价值体系，明确海事文化的概念、内涵、体系以及建设路径与方法等组织文化层面进行调查研究。

2007 年，设在上海市的中国航海博物馆中海事展馆布展设计论证工作和《中华人民共和国海事局志》编纂工作开始启动。

第三节　群 团 组 织

【交通部海事局直属机关工会】

1998 年 12 月 15 日，交通部海事局召开机关职工大会，选举并经交通部直属机关工会委员会批准，产生了海事局机关工会第一届委员会，主席蒋国芳，副主席张清汇、肖传寰。1999 年 2 月 28 日，北京市社会团体管理办公室核准北京市职工技术协会交通部海事局分会成立。鉴于中国海事服务中心和交通部环境保护中心划归交通部海事局管理，经交通部直属机关工会委员会批准，2002 年 7 月 9 日，交通部海事局直属机关工会第一次会员代表大会召开，43 名代表选举产生了交通部海事局直属机关工会第一届委员会和工会经费审查委员会，主席张清汇，副主席陆卫东、欧阳小立。下属局机关、中国海事服务中心和交通部环境保护中心的三个工会组织。

图 20-3-1　1999 年 9 月 28 日，中国海事局职工在北京长安大戏院参加交通部直属机关庆祝建国五十周年歌咏演唱会

交通部海事局直属机关工会成立后，每年针对直属机关特点和重点工作，开展了一系列有利于提高职工素质、维护职工权益的学习、交流、调研、帮扶、文体、竞赛活动。2001 年 11 月 2 日，交通部海事局印发《交通部海事局机关局务公开实施办法（试行）》，由有关责任部门负责组织实施，局机关工会负责局务公开的日常组织协调工作。至 2007 年底，每年主要公开项目包括机关有关经费开支情况、住房分配情况、中长期海事工作发展规划、干部竞争上岗选拔任用情况、职工年度考核等次情况、机关党风廉政情况等。

图 20-3-2　2004 年 9 月 28 日，中国海事局代表队在奥林匹克体育中心参加交通部直属机关第四届职工运动会

2004 年 4 月 27 日，中国海上搜救中心办公室被中央国家机关工会联合会授予中央国家机关“五一劳动奖状”。2005 年，交通部海事局财务会计处获“全国巾帼文明岗”称号。

【中国海员工会交通部海事局委员会】

1990 年，经中国海员工会全国委员会（简称中国海员工会，2001 年以后为中国海员建设工会）同意，中国海员工会水监系统联委会成立。联委会结合系统特点以协商方式开展活动，推动了水上安全监督系统各单位工会工作。

交通部海事局成立后，交通部海事局党委于 2000 年就筹建海事系统工会组织，进行了专题调研和方案论证，并多次与海员工会商议。2000 年 9 月 18 日，中国海员工会致函交通部海事局，建议海事系统按照联合制、代表制原则，建立中国海员工会交通部海事局委员会；同时，将此意见报告中华全国总工会组织部。

2001 年 4 月 26 日和 4 月 27 日，中华全国总工会组织部和中国海员工会分别批复和复函，同意建立交通部海事局系统工会，并明确由中国海员工会审批。

2001 年 10 月，交通部海事局党委决定，成立中国海员工会交通部海事局委员会筹备组。10 月 15 日，中国海员工会交通部海事局委员会筹备组向中国海员工会全国委员会行文，请示成立中国海员工会交通部海事局委员会筹备组及其筹备工作方案。10 月 27 日，交通部人事劳动司明确，交通部海事局领导班子中不设专职工会主席，工会主席由局党委(或行政)副职领导兼任。10月30日，中国海员工会批复同意成立中国海员工会交通部海事局委员会筹备组及其筹备工作方案。

经中国海员工会批准，2001年12月25日至26日，中国海员工会交通部海事局第一届委员会第一次全体会议在青岛市召开。会议审议通过了中国海员工会交通部海事局委员会组织办法、工作规则、工作方针和目标任务，选举产生了中国海员工会交通部海事局第一届委员会常务委员会委员和主席孙继，副主席张清汇。中国海员工会交通部海事局委员会由18个直属海事局工会主要负责人和适当比例的科技、劳模代表以及交通部海事局党委推荐人选联合组成，共23名委员；各单位工会实行中国海员工会交通部海事局委员会与地方工会组织双重领导，以中国海员工会交通部海事局委员会领导为主的领导体制；因行政隶属关系不同，长江、黑龙江海事局工会以联系会员身份参加中国海员工会交通部海事局委员会工作与活动。

图20-3-3　2003年12月19日，为庆祝建局五周年，中国海事局在北京举行海事系统文艺汇演。图为交通部领导在观看演出后与演出人员合影。第二排：左三，冯正霖；左五，翁孟勇；左七，张春贤；左九，洪善祥；左十一，金道铭

2002年11月20日，交通部海事局党委印发《直属海事系统局务公开实施办法(试行)》。该办法所指局务公开，是指各局将本单位改革发展重大决策、重要管理活动、涉及职工切身利益有关事项、领导班子建设有关事项、工会维护职工合法权益有关事项等，按照一定程序，通过一定形式向本单位职工公示、征求意见，并进行整改的活动，其形式主要有局域网、板报、电话、文件、会议等；局务公开在党委(党组)统一领导下进行，由有关责任部门组织实施，工会负责日常组织协调，监察部门负责效能监察。

2004年10月24日，中国海员工会交通部海事局第一届委员会第四次全体会议在杭州市召开，会议选举范亚祥接任中国海员工会交通部海事局第一届委员会主席。

2005年3月2日，中国海员工会交通部海事局第一届委员会第五次全体会议修改组织办法，将黑龙江海事局工会从联系会员身份改为正式会员。

图20-3-4　2005年6月27日，直属海事系统局务公开现场经验交流会在秦皇岛举行

图20-3-5　2005年6月29日至7月1日，交通部直属海事系统乒乓球比赛在秦皇岛举行

经中国海员建设工会批准，2007年5月22日至23日，中国海员工会交通部海事局第二届委员会第一次全体会议在上海市召开，会议修改了中国海员工会交通部海事局委员会组织办法，选举产生了中国海员工会交通部海事局第二届委员会常务委员会委员和主席王国华、副主席张清汇。中国海员工

会交通部海事局委员会由13个直属海事局工会主要负责人（不含营口、烟台、连云港、厦门、汕头、湛江海事局工会）和适当比例的先进职工代表以及交通部海事局党委推荐人选联合组成，共19名委员；会议吸收澜沧江海事局工会与长江海事局工会以联系会员身份参加中国海员工会交通部海事局委员会工作与活动。

中国海员工会交通部海事局委员会成立后，至2007年底，立足各局工会实践，突出海事特点，围绕中心工作，履行四项职能，开展了一系列活动。包括2002年组织直属海事系统职工为“水上运输安全管理年”活动献计献策，1297条建议被有关部门和单位采纳和参考；2003年9月16日在青岛人民会堂举行海事系统职工文艺调演，各直属海事局和4个地方海事局共49个节目参加调演，并于12月19日选取部分节目在北京国务院机关事务管理局礼堂向交通部汇报演出；2003年11月10日，设立“海事风采奖”，每两年评选一次，向工作成绩显著的直属海事系统职工颁发“海事风采奖”；2004年组织直属海事系统职工思想反映调研，向交通部海事局党委和行政领导提出工作建议，维护职工合法权益，推动航标“管养分开”改革和执法模式改革；2005年6月27日，在秦皇岛召开局务公开经验交流会，观摩河北海事局推行局务公开工作情况；2005年11月10日至11日，在大连举行海事法律法规及公文处理知识竞赛；2006年9月12日组织直属海事系统劳动关系调研，重点调研长、短期合同工劳动用工状况，促进建立和谐劳动关系；2007年11月，组织直属海事系统劳动模范和先进个人到深圳、广东、海南海事局参观学习。

图20-3-6　2007年11月20日至25日，中国海员工会交通部海事局委员会组织直属海事系统劳动模范及先进个人在广东、深圳、海南海事局进行学习考察活动。图为直属海事系统劳动模范、先进个人在参观“海巡31”巡视船后合影

1998年至2007年底，交通部直属海事系统共有2人获全国劳动模范称号，10人获全国“五一”劳动奖章，12人获省、部级劳动模范称号，15人获省、部级“五一”劳动奖章；3个单位获全国“五一”劳动奖状，4个单位获省、部级劳动模范集体称号，4个单位获省、部级“五一”劳动奖状。

1999—2007年直属海事系统全国“五一”劳动奖状获得集体名单　　表20-3-1

单位名称	所获奖项	获奖时间
上海海事局船舶交通管理中心	全国“五一”劳动奖状	2002年
镇江大沙海事处	全国“五一”劳动奖状	2004年
深圳盐田海事处	全国“五一”劳动奖状	2004年

说明：2008年，广东海事局“海巡31”巡视船获得该奖项。

【交通部海事局直属机关团委】

2000年5月10日，共青团交通部海事局第一次团员大会在北京召开，选举产生了共青团交通部海事局第一届委员会，团委书记解启杰，副书记邱铭。团委下属交通部海事局机关、中国海事服务中心、交通部环境保护中心的3个团支部。2002年12月26日，共青团交通部海事局第二次团员大会选举产生了共青团交通部海事局第二届委员会，团委书记邱铭，副书记朱可欣。2004年4月20日，交通部海事局团委印发《交通部海事局团委工作规则》。2007年5月16日，共青团交通部海事局第三次团员大会选举产生了共青团交通部海事局第三届委员会，团委书记朱可欣，副书记张宏宇。

交通部海事局团委自成立以来，至2007年底，带领交通部海事局直属机关团员和青年，除开展理论学习、岗位奉献、传统教育、读书文体等活动外，还组织了一系列具有海事青年特色的活动，如："支持北京申奥"主题实践活动——考察北京水上交通安全状况，向北京奥申委递交考察报告；考察母亲河黄河小浪底水利枢纽工程水上交通安全和环保状况；举办国际海事业务讲座；与河北安新县地方海事处交流海事监管工作体会；与全国青年文明号——天津海事局船舶交通管理中心交流创建经验；邀请到基层交流挂职干部介绍海事系统基层工作情况等。2004年6月8日，交通部海事局团委在扬州召开直属海事系统青年文明号和青年工作研讨会，探讨海事系统青年工作联系机制，并与直属海事系统20个团委联合开展"立足本职学振超，奉献青春促发展"的主题实践活动。

2001年，交通部海事局李光辉获共青团中央国家机关工作委员会授予的2000—2001年度"中央国家机关优秀青年"称号。同年，交通部海事局朱可欣获共青团中央授予的"全国优秀共青团员"称号，并参加了2002年5月15日在北京召开的中国共青团成立80周年大会。2003年11月6日，共青团中央国家机关工作委员会确定交通部海事局团委为第四批"中央国家机关五四红旗团组织创建单位"之一。2004年6月21日，交通部海事局团委获交通部直属机关团委2002—2003年度"五四红旗团组织"称号。7月28日，交通部海事局团委获共青团中央联合23个中央、国家机关有关部委局和单位授予的"十年全国青年文明号活动优秀组织奖"。2004年，交通部海事局马道玖获交通部、共青团中央授予的2004年年度"全国交通系统青年岗位能手"称号。2007年12月28日，交通部海事局团委获共青团中央、全国绿化委员会、全国人大环境与资源保护委员会、全国政协人口资源环境委员会、水利部、农业部、国家环境保护总局、国家林业局授予的"2007年全国保护母亲河行动先进集体"称号。

第二十一章　干部人事工作

简　述

交通部海事局成立后，于1999年2月提出抓班子作表率，抓队伍打基础，抓行风树形象的海事队伍建设三项任务，并在干部人事工作上，采取了一系列措施，重点是加强本级和各直属海事局两级领导班子的组织建设和思想作风建设，实施直属海事系统执法队伍的结构调整、素质培训和选人用人机制的改革。

自1999年起，交通部海事局在直属海事系统逐步推行新任领导干部试用制、中层领导干部任期制、领导干部任前公示制、执法人员考任制、其他人员聘用(任)制，加大领导干部理论培训和执法人员思想教育、学历教育、专业培训以及职工的岗位培训力度。自2000年起，交通部海事局在直属海事系统大范围实行领导干部异地交流任职，采取措施促进领导班子提高民主生活会质量，开始启动面向社会公开考试录用工作人员工作。

2002年，交通部海事局确定了直属海事系统执法队伍整体素质三年上台阶的建设目标，并重点推进执法人员考任制的实施、完善公开考试录用工作人员制度。10月，直属海事系统首次干部人事工作会议提出“十五”期间直属海事系统着力抓好两级领导班子、海事执法队伍、专业技术人才队伍三支队伍建设的思路和任务。

图21-0-1　2002年10月14日至15日，交通部直属海事系统干部人事工作会议在杭州召开

到2004年底，两级领导班子建设取得明显成效，直属海事系统执法队伍建设三年上台阶目标顺利实现。2004年12月，在北京召开的直属海事系统人才工作会议指出，直属海事系统要以能力建设为核心，抓好党政管理人才、执法专业人才、高层次拔尖人才三支队伍建设。按照2005年直属海事系统工作会议提出的加强海事执法、应急处置、服务经济发展、综合管理、参与处理国际海事事务五种能力建设的要求，直属海事系统围绕三支队伍的建设，进入以提高依法行政、履行职责能力建设为重点的阶段。

根据2005年全国海事工作会议提出的“全国海事一家人、水上监管一盘棋”指导思想和2007年全国海事工作会议提出的“行政执法一面旗”的新要求，交通部海事局进一步统筹规划直属和地方海事系统队伍建设，在重点加强直属海事系统三支队伍建设的同时，采取统一规范执法行为，加强行风、政风建设，进一步深化创建文明行业活动，加大人员交流、挂职、培训力度等措施，促进地方海事系统队伍建设水平不断提高，为实现海事执法水平走在国家经济类执法队伍的前列而努力。

至2007年底，直属海事系统共有职工16306人(含中国海事服务中心、交通部环境保护中心，不含长江海事局)，其中干部11354人、工人4952人，具有专业技术职务任职资格的9120人，占56%，具有大专以上学历的11038人，占68%。直属海事系统普遍实行领导干部公示制、试用制、任期制，以及处级领导职位竞争上岗制度；"凡进必考、公开竞争、择优录用、民主监督"为主要内容的选人用人机制初步建立，执法人员适任资格考试全面展开，海事职务等级标识制开始试点，对航标、测绘、通信、后勤人员实行聘用制进行了探索；建立了"十、百、千"海事人才梯队，一批具有航海资历的专业技术人员充实到海事系统，队伍总体结构得到优化，整体素质得到提升。

第一节　干部人事综合管理

【交通部海事局机关干部人事管理】

1999年3月31日，交通部海事局印发《海事局机关交流、借调、实习和聘用人员审批及有关管理暂行规定》，对其他单位到交通部海事局机关交流的人员，交通部海事局机关向其他单位借调的人员、到基层单位实习的人员、返聘的退休人员和聘用的工作人员的时间、审批手续、待遇和管理等作出规定。

2000年12月14日，交通部海事局印发《交通部海事局机关工作人员年度考核暂行办法》。根据该暂行办法，交通部海事局机关正处级及其以下干部和聘用人员、交流人员、借调人员，每年按规定参加年度考核，考核内容为德、能、勤、绩、廉，考核方法为个人述职、民主测评或评议，主管领导提出考核评语和等次意见，考核结果分为优秀、称职、不称职三个等次。并设立由局领导、有关部门负责人和处、科级各两名职工代表组成的年度考核小组负责审定年度考核结果，职工代表由工会提名，机关全体人员大会通过。局领导的年度考核由交通部人事劳动司安排。2006年12月14日，交通部海事局对该考核暂行办法修订后，印发《交通部海事局机关工作人员年度考核办法》，其中部门正职可在交通部海事局内部网站上采用书面方式公开述职，考核结果增加"基本称职"一个等次。

2001年6月4日，交通部海事局印发《交通部海事局机关非领导职务管理暂行办法》，对局机关科员、副主任科员、主任科员、助理调研员和调研员等非领导职务的初次任职、免职、晋职、降职等工作作出规定。

2002年8月22日，交通部海事局印发《交通部海事局机关人事管理暂行办法》，对局机关处级及以下工作人员的录用、调任，试用、任职，借调、交流、聘用、调动、辞职、辞退，退休、返聘以及公派、自费出国(出境)留学和公派出国(出境)工作等作出规定；明确局机关正式工作人员参照公务员管理，录用人员按国家有关规定，参加国家公务员统一招考，局机关不直接向社会招收聘用人员。

1998年至2007年，交通部海事局因工作需要的聘用人员，主要通过中国海事服务中心或交通安全质量管理体系审核中心招聘。

【直属海事系统干部人事管理】

1999年4月9日，为落实第一次交通部直属海事系统工作会议关于控制进人、精简人员、调整人员结构的要求，交通部海事局印发《关于加强部属海事系统各单位人员调入管理的通知》，规定自发文即日起，冻结直属海事系统各单位人员调入权，由交通部海事局对直属海事系统人员调入实施统一管理；对因工作需要确需调入个别人员，由交通部海事局统一审批。2000年6月20日，交通部海事局印发《关于进一步加强部直属海事局人员调入管理的通知》，强调各单位人员调入实行逐级上报，统一审批，并明确接收军队转业干部、退伍军人、应届毕业生，录用和调入特别需要的紧缺人才，应向交通部海事局提交的相关材料，以达到严格控制编制，按需进人的目的。10月14日，交通部海事局批复同意深圳水上安全监督局参照国家公务员制度实施人员管理，可设置非领导职务。

根据中央组织部1998年有关干部人事档案工作目标管理的要求，直属海事系统各单位开展了人事档案目标管理达标工作。1999年至2000年，直属海事系统有9个单位通过交通部海事局组织的干部人事档案工作目标管理达标验收。为进一步推进人事档案目标管理达标工作，交通部海事局于2002年8月15日，印发《直属海事系统人事档案管理办法》，重点解决人事档案归口一个部门管理问题；于2003年3月21日，印发直属海事系统人事档案达标验收计划。2003年至2005年，直属海事系统有39个单位通过交通部海事局组织的干部人事档案工作目标管理达标验收。

在天津海事局和宁波海上安全监督局试点基础上，交通部海事局党委制定的《交通部直属海事系统中层领导职务任期制暂行办法》和《交通部直属海事系统中层领导干部任前公示暂行办法》，于2000年8月9日印发，明确各直属海事局中层领导职务任期为3年，任前公示时间为10天。

2001年3月12日，交通部海事局党委、交通部海事局印发《关于直属海事系统深化干部人事制度改革的指导意见》，在直属海事系统推行以领导干部试用制、中层干部任期制、干部任前公示制、执法人员考任制、其他人员聘用制为主要内容的干部人事制度改革，建立符合海事系统特点的人才梯队。4月28日，交通部海事局印发《交通部直属海事系统航标机构定编与人事制度改革总体方案》，以及《交通部直属海事系统航标处领导岗位任职标准（试行）》，提出改革航标系统的干部人事制度，主要是根据海区航标管理特点，逐步破除干部身份终身制，改革用工和分配制度，实行事业单位聘用合同制、岗位聘用制、岗位工资制，妥善安置分流人员。6月7日，交通部海事局印发《关于直属海事系统实施聘用（任）制改革试点工作的通知》和《关于直属海事系统实施聘用（任）制改革试点工作的若干意见》，决定在直属海事系统部分单位进行以实施聘用（任）管理为主要内容的人事制度改革试点工作。该通知确定试点单位为辽宁海事局通信站（处），天津海事局通信站（处），上海海事局上海航标处、厦门航标处，福建海事局通信导航站，广东海事局广州航标处、船员中心（筹），海南海事局海口航标处8个单位；各试点单位根据确定的改革实施方案和机构编制以及岗位设置等，组织本单位人员进行双向选择、竞争上岗，并履行有关聘用（任）手续。该若干意见明确直属海事系统实施聘用（任）制改革试点工作的主要内容是：实行事业单位全员聘用合同制和单位岗位聘任两种制度；规定实行聘用合同制、实行单位岗位聘任、改革内部分配制度、安置分流人员的要求、程序和方法等。

2002年7月18日至19日，交通部海事局在海南海事局召开聘任制改革试点工作研讨会，各试点单位介绍了试点工作情况。8个试点单位原有职工1345人，经过改革试点，重新定岗、上岗1024人，待岗9人，内退109人，转岗分流203人，精简幅度为24%；上岗职工的学历、专业结构得到优化，竞争激励机制初步建立；但多数单位的用工制度改革带有过渡性，实行的是单位内部协议，没有真正实行聘用合同制，安置分流人员办法比较单一。

2002年10月14日至15日，交通部海事局在杭州召开首次直属海事系统干部人事工作会议。会议提出“十五”期间直属海事系统干部人事工作的主要任务是，调整结构，实行分类管理，推进领导干部任期制、新提干部试用制、执法人员考任制、其他人员聘用制和新进工人合同制五项干部人事制度改革，通过创新选人用人机制、干部监督管理机制、分配激励机制、分流转岗机制和社会保障机制，重点抓好直属海事系统两级领导班子建设、执法队伍建设和专业技术人才队伍建设，不断提高领导班子整体活力、提高行政执法水平、提高专业技术素质。

2002年10月30日，交通部海事局印发通知，统一规定了直属海事系统工作人员工作证制作式样。

2003年2月25日，交通部海事局党委印发《交通部直属海事系统中层领导职务竞争上岗工作暂行办法》和《交通部直属海事系统处级领导干部选拔任用工作暂行办法》，规定了参加各直属海事局内设机构，分支机构，直属单位正、副职等中层领导职务竞争上岗的干部和处级领导干部选拔任用的资格条件和工作规范。

2003 年 4 月 2 日，交通部海事局印发《交通部直属海事局转岗分流人员管理暂行办法》，明确转岗分流人员是指各直属海事局的未上岗人员，其转岗分流方式为：待岗、提前退休、内部退养、转岗(包括转岗到经济实体)、调出等；规定转岗分流人员的条件、待遇、培训和管理要求。

2007 年 1 月 11 日，交通部海事局党委印发《关于进一步加强直属海事系统离退休干部工作的意见》。

〖工作人员录用〗

按照中央垂直管理的国家行政机关 2001 年年度公务员录用工作安排，2000 年 8 月，交通部海事局启动直属海事系统 2001 年国家公务员录用工作，并于 11 月 27 日印发《海事系统 2001 年国家公务员录用考试实施办法》，对 2001 年直属海事系统国家公务员录用考试的组织工作和准备、报名、资格审查、笔试、面试、体检、考察、报批等作出规定，明确采用交通部海事局——考试中心协调局(主要负责统计汇总、统一协调录用考试具体工作)——考试片区协调局(主要负责对报考人员的资格审查及面试、体检等工作)——录用人员直属海事局分级管理模式。12 月中旬，辽宁、上海、江苏、浙江、广东、长江 6 个考试片区协调局在指定地点，受理报考直属海事系统人员的报名并进行资格审查。12 月 20 日，交通部海事局印发《交通部直属海事局工作人员录用暂行办法》，自 2001 年 1 月 1 日施行。该办法对各直属海事局录用应届毕业生、社会在职人员和军队转业人员的计划、资格条件、录用、回避与处罚等作出规定；明确依录用人员的对象不同，录用方式分考试录用和考核录用两种，录用考试包括笔试和面试，交通部海事局负责直属海事系统工作人员录用计划的审批和录用人员的审定工作，各直属海事局负责具体的录用工作和录用人员的管理工作。

图 21-1-1　2001 年 11 月 5 日，直属海事系统公开考试录用工作人员会议在上海召开

2001 年，直属海事系统首次面向社会公开招录工作人员，计划招录 121 人，全国有 400 多人报考。通过人事部组织的 1 月 6 日公开录用考试和其他录用程序，直属海事系统最终录用 65 人。

2001 年 12 月 30 日，交通部海事局印发《交通部直属海事局 2002 年公开考试录用工作人员实施方案》，其中明确提出要改革传统的人员选拔和录用制度，建立“凡进必考、公开竞争、择优录取、民主监督”为主要内容的人员录用机制。同日，《交通部直属海事局公开考试录用工作人员面试实施细则(暂行)》和《交通部直属海事局公开考试录用工作人员体检实施细则(暂行)》印发。

2006 年 12 月 23 日，交通部海事局印发《直属海事系统考试录用工作人员办法》和《直属海事系统考核录用工作人员办法》，分别对直属海事系统考试录用担任主任科员以下非领导职务的工作人员和考核录用人员(不宜采取笔试录用的其他人员)的录用计划、录用条件、录用程序等作出规定；考试录用人员笔试是参加国家公务员招录主管机关组织的考试，面试由交通部海事局统一组织，各直属海事局具体实施；考核录用人员主要指直属海事系统内部商调人员和持有船长、高级船员适任证书和验船师任职资格证书的人员，须通过各直属海事局的审查、面试、体检、考察、复审。

按照国家公务员年度录用工作安排和要求，2001年至2007年，交通部海事局每年面向社会组织公开招录工作人员的工作，下达录用计划，印发实施方案或工作要求，审定公布录用名单。直属海事系统各单位受交通部海事局委托负责具体的录用考试工作，其中上海海事局一直承担具体协调工作，2004年后各项录用考试具体工作由各单位负责，不再设置片区协调局。2005年的公开考试录用工作取消对招考对象的限制，不再区分应届毕业生和社会在职人员。2001年至2007年，直属海事系统通过国家公务员考试录用应届毕业生和社会在职人员2196人；通过考核录用航海等专业技术人员和接收军队转业干部等共643人。

2001—2007年直属海事系统录用工作人员数量统计　　表21-1-1

年份	通过考核录用和其他方式调入人数	通过国家公务员考试录用人数	合计(人)
2001	—	65	65
2002	86	178	264
2003	58	175	233
2004	76	205	281
2005	76	294	370
2006	148	375	523
2007	199	904	1103
合计	643	2196	2839

〖海事职务等级标识制〗

2001年第九届全国人民代表大会第四次会议期间，上海市全国人民代表大会代表陈丽龄提出第1681号《关于中国海事执法队伍实行职衔制的建议》。9月10日，交通部行文答复陈丽龄的建议，告知交通部海事局正在研究海事执法人员职衔制问题。

2004年12月，交通部海事局在北京召开的直属海事系统人才工作会议上，提出在研究制定海事执法人员晋升考试制度的基础上，逐步试行海事管理技术职衔制。

自2005年起，交通部海事局开始研究海事管理技术职衔制相关的制度设计和实施办法，于2006年8月16日印发《关于在直属海事系统进行职衔制试点工作的意见》，明确经交通部同意，决定在深圳海事局开展职衔制试点工作；于11月制定《交通部海事局执法人员职衔管理(暂行)办法》和《交通部海事局执法人员首次评定授予海事职衔的实施办法》，由深圳海事局进行虚拟运行试点。

图21-1-2　2007年11月13日，海事职务等级标识制试点单位——深圳海事局海事职务等级标识授予仪式在深圳举行。图为交通部海事局常务副局长刘功臣(前右)向深圳海事局副局长林志豪(前左)授予海事职务等级标识和颁发证书

2006年12月，交通部海事局正式启动在深圳海事局进行海事职衔制的试点工作。根据交通部海事局的统一筹划，深圳海事局拟订了一套较完整的海事职衔制试点工作管理文件，并进行了首次授予海事职衔的培训和考试、等级测算等前期准备工作。

2007年11月12日，交通部海事局批复深圳海事局，决定将海事职衔制名称修改为海事职务等级标识制，同意深圳海事局正式试点实行海事职务等级标识制，批准实施《深圳海事执法管理人员海事职务等级标识制管理办法（试行）》、《深圳海事执法管理人员首次授予海事职务等级标识实施办法（试行）》、《深圳海事执法管理人员海事津贴实施办法（试行）》、《深圳海事执法管理人员海事职务等级标识晋升实施办法（试行）》。同日，交通部海事局印发《关于授予深圳海事局张建斌等同志副总监的决定》。11 月 13 日，交通部海事局在深圳举行深圳海事局海事职务等级标识授予仪式。深圳海事局有 230 人被授予副总监及以下相应的海事职务等级标识。

海事职务等级标识设置首席总监、总监、副总监、监督长、监督官、监督员六等十三级，其中副总监、监督长、监督官设一、二、三级，监督员设一、二级。①

【职工教育培训】

1999 年至 2007 年，交通部海事局分类、分层次组织海事系统职工教育培训，主要通过三条渠道：在交通部海事局大连、上海、广东、武汉培训中心组织的和各单位组织的岗位培训、资格培训、知识更新培训、短期专题培训等；与大连海事大学、上海海事大学、清华大学、国家行政学院等院校合作办学，定向定期组织中青年领导干部和专业技术人才进行学历教育、专业培训和高级研修；选拔优秀人才参加世界海事大学进修，或出国进行高级业务培训和研修。同时，鼓励职工参加社会相应专业的学历教育和业务培训。

根据交通部有关交通行政执法人员 3 年岗位培训的工作部署，1997 年，交通部安全监督局开始组织全国水上安全监督系统开展执法人员岗位培训。先后组织编写了《水上安全监督实用法规教程》、《水上安全监督行政执法基本法律知识》、《国际海事条约简明教程》、《水上安全监督行政执法人员职业道德教程》一套四本岗位培训教材，委托大连海事大学举办执法人员岗位培训师资培训班和处级以上领导干部执法岗位培训班。1998 年交通部海事局成立后，继续推进海事系统执法人员岗位培训工作，于 1999 年 12 月 23 日印发通知，实施《航标执法人员培训教学计划》；于 2000 年组织编写有关高速客船安全管理的执法人员岗位培训教材。1997 年 9 月至 2000 年 6 月，全国海事系统完成执法人员 3 年岗位培训工作。

2000 年 12 月 20 日，交通部海事局印发《海事局机关职工教育经费管理暂行办法》，对交通部海事局机关职工参加各类培训、进修和学历教育的经费使用和管理作出规定。

2001 年，根据交通部《关于印发“十五”交通行政执法人员提高学历层次教育实施意见的通知》和到 2003 年，在岗 45 岁以下的交通行政执法人员必须达到大专文化水平的要求，交通部海事局于 7 月 3 日印发《关于开展全国海事系统执法人员大专文化层次培训的通知》，分别委托大连海事大学（负责北方片区）、上海海运学院（负责南方片区）于 2001 年 9 月、2002 年 2 月、2002 年 9 月为全国海事系统执法人员举办三期交通运输管理（航政管理②）专业大专证书班，每期一年半，并在全国海事系统设立 21 个函授站和 1 个业余教学点，采用函授教学和业余学习两种形式，开始在全国海事系统中开展执法人员大专文化层次学历培训，12 门相关专业课程总学时 818 小时。至 2004 年 8 月，海事系统执法人员大专文化层次培训结束，全国海事系统共有 2632 人报名，通过考试实际录取 2317 人（其中直属海事系统录取 2041 人），2071 人取得相当于大专文化层次的专业证书。2003 年 5 月 19 日，交通部海事局发文，对在全国海事系统大专文化层次培训工作中作出显著成绩和表现优异的 10 个先进函授站、24 名优秀管理人员、4 名优秀教师、40 名优秀学员进行表彰。

---

① 交通部海事局于 2008 年 6 月决定在山东、上海、江苏、福建海事局扩大试行海事职务等级标识制，于 11 月决定在直属海事系统全面实施职务等级标识制。2009 年 2 月 1 日，交通运输部在北京举行海事职务等级标识授予仪式，部长李盛霖分别向徐祖远、刘功臣、梁晓安等授予首席总监、总监、副总监海事职务等级标识。至此，直属海事系统全面实行职务等级标识制。

② “航政管理”系沿用历史旧名称，实际是指海事管理中的水上交通安全监督和防治船舶污染水域管理。

2004年2月11日，为配合海事系统执法人员适任资格考试，交通部海事局印发通知，决定编写一套海事系统职工培训教材，并成立教材编审委员会，分工上海、广东、江苏、辽宁、山东海事局等为编写单位。2006年6月，全国海事系统职工教育培训丛书一套六册(《海事基础》、《船舶管理》、《通航管理》、《船员管理》、《危管与防污》、《事故与应急》)由人民交通出版社出版发行。

2004年，经国务院学位办公室批准同意，大连海事大学与世界海事大学合作办学，开办“海上安全与环境管理”硕士班，脱产学习15个月。为选拔优秀人才参加该班进修，交通部海事局于8月20日印发通知，组织直属海事系统各单位在纳入各层次拔尖人才培养对象中推荐选派报名人员。直属海事系统就读“海上安全与环境管理”硕士班2004年第一期35人，2005年第二期32人，2006年第三期31人，2007年第四期39人。

2005年3月25日，交通部海事局印发《交通部直属海事系统教育培训管理办法》，明确直属海事系统教育培训分为党政领导干部人才教育培训、海事执法专业人才教育培训和海事拔尖人才教育培训，其中海事执法专业人才教育培训又分为在职人员国内学历(位)教育、任职资格培训、岗位培训、辅助技能培训、国外教育培训；规定一般职工每3年累计离岗培训时间不少于100个小时。

2007年4月，交通部海事局开始在直属海事系统组织海事履约论文英语演讲竞赛。经过论文申报、专家评选，78名选手于8月5日在天津参加海事履约论文英语演讲竞赛，12人获一、二、三等奖和优胜奖，24人获优秀论文奖，其中部分获奖人员于10月赴瑞典，参加了由交通部海事局与世界海事大学联合举办的港口国监督高级研修班。

图21-1-3　2007年8月5日，直属海事系统海事履约论文英语演讲竞赛在天津举行

自2002年起，交通部海事局对职工培训实行计划管理，每年下达年度培训计划，包括领导干部理论培训、海事业务和综合管理专业培训，其中船舶安全检查员培训、海事调查官培训、船舶法定检验质量管理体系审核员培训、船舶交通管理系统操作培训、航运公司安全管理体系审核员培训形成较为完善的培训体系和管理机制。

为落实“全国海事一家人，水上监管一盘棋”的理念，交通部海事局针对地方海事系统队伍建设的需要，于2006年举办一期地方海事局长培训班，于2006年、2007年各举办一期地方海事执法人员海事管理业务培训班。

1999年至2007年，直属海事系统共选拔45人出国留学进修。

2002—2007年交通部海事局职工教育培训情况统计　　表21-1-2

年份	交通部海事局举办各类培训班		公派出国培训	
	培训班数量(个)	参加培训人数(人)	人数合计(人)	其中世界海事大学(人)
2002	—	—	40	5
2003	12	1617	—	—
2004	25	1500	—	—
2005	27(49期)	2122	5	4
2006	32(52期)	2346	44	6
2007	32(43期)	2070	5	4

图 21-1-4　2006 年 6 月 19 日，交通部海事局主办的地方海事局长培训班在大连培训中心举行，来自 24 个地方海事局的 24 名学员参加培训

图 21-1-5　2007 年 12 月 5 日至 6 日，经人事部授权，直属海事系统面试考官培训班在广东培训中心东莞沙田培训基地举办，各直属海事局共有 100 名学员参加培训

【劳动工资管理】

1998 年 12 月 3 日，交通部海事局印发《海事局机关工作人员请假暂行规定》。

1999 年 9 月 18 日，交通部海事局印发《交通部海事局直属单位工资管理暂行办法》，对交通部海事局机关和所属单位的工资计划、工资统计、工资支付、津贴分配、工资审批、监督检查等作出规定，明确根据工资属地化管理原则，驻京外的各直属单位人员的工资经交通部或交通部海事局委托，由所在地政府人事（劳动）部门代为管理，执行所在地政府制定的机关和事业单位工资政策。按照该办法规定，自 1999 年起，每年由交通部海事局汇编直属海事系统各单位的劳动工资计划并上报交通部，根据交通部下达的直属海事系统职工人数和工资总额计划，由交通部海事局再分解下达直属海事系统各单位的职工人数和工资总额计划；交通部海事局局领导的工资变动由交通部人事劳动司审批，直属海事系统各单位领导班子成员和部管干部以及交通部海事局机关工作人员的工资变动由交通部海事局审批，其他工作人员工资变动依所在地政府规定程序审批。2002 年 3 月 8 日，交通部海事局印发经修订的《交通部海事局工资管理暂行办法》，其中增加“标准工资”一章，明确各单位分别按机关工资制度和事业单位工资制度的规定执行不同的工资标准。该办法进一步明确直属海事系统的工资管理，按照交通部海事局“管总额、管审批、管监督”的原则，实行交通部海事局与交通部海事局委托地方政府有关部门双重管理、以交通部海事局管理为主的管理体制，以及交通部海事局委托地方政府有关部门代为管理各单位日常工资变动的审批等内容。在京单位的工资管理由交通部海事局直接管理。

经交通部办公厅发文批复同意，2001 年 5 月 16 日，交通部海事局印发《地方水监机构人员划转交通部海事局管理后规范工资和社会保险制度管理的意见》，明确划转人员暂统一执行事业单位工资制度，工资构成中津贴所占比例暂按 40% 确定；原执行机关工资制度的部分划转机构，如未与原交通部直属单位合并，其人员可继续执行机关工资制度。直属海事系统的正式工作人员暂不参加地方养老保险统筹（深圳海事局除外），合同制职工参加地方养老保险统筹不变。执行新工资时间为 2001 年 1 月 1 日。根据 7 月 25 日人事部、财政部、交通部印发的关于 2001 年调整交通部所属水上作业事业单位工作人员工资标准的通知，直属海事系统各单位在将所属工作人员工资关系理顺规范后，其所属船员、水上作业工人和管理人员自 2001 年 1 月 1 日起，执行新的工资标准。

2001 年 8 月、2002 年 6 月、2005 年 10 月，交通部海事局分别致函有关省（自治区、直辖市）的人事厅（局），委托其按照中央驻该省（自治区、直辖市）机构有关规定，对相应的交通部直属海事局及其所属单位劳动工资进行管理。

2001年8月25日，交通部海事局印发《交通部直属海事局职工年休假管理暂行办法》，要求各单位尽量根据规定安排职工年休假。

为进一步加强直属海事系统职工收入的管理，控制职工非工资性收入的支出比例，2004年6月2日，交通部海事局印发《关于加强交通部直属海事系统工资总额控制数核定工作的通知》，规定直属海事系统各单位工资总额控制数按其职工收入构成的三部分(上级下达的年度工资总额计划项目、上级批准的符合地方有关工资政策的各类津贴补贴、本单位经济实体和职工技术协会收入支付的职工福利)内容分项核定；各单位用于分配的每部分总量必须小于或等于核定的该部分工资总额控制数，并不得相互占用；本单位经济实体和职工技术协会收入支付的职工福利总额控制数，不超过上年度下达的工资总额计划数的15%；各单位工资总额控制数由上级机关人事部门按年度定期核定。

2004年11月12日，针对直属海事系统近期发生的安全生产事故，交通部海事局印发《关于进一步加强海事系统劳动安全管理的通知》。

根据国家有关机关事业单位工资制度改革和规范收入分配秩序文件精神，以及2007年1月25日、6月14日交通部海事局印发的通知，2007年，直属海事系统各单位按原执行的工资制度实施2006年工资制度改革工作，并按地方政府有关政策规定规范本单位的津贴补贴分配秩序。其中交通部海事局机关、深圳海事局、福建海事局机关、厦门海事局按公务员工资制度进行套改，其他单位按事业单位工资制度套改。

第二节　领导干部队伍建设

【交通部海事局干部管理权限】

根据交通部1998年11月11日明确的交通部海事局主要职责，交通部海事局党委按规定管理局机关干部和所属单位领导干部。

1999年6月5日，国务院办公厅转发的《水上安全监督管理体制改革实施方案》，明确交通部直属水上安全监督机构的领导干部管理以交通部为主，交通部在任免其党政主要领导干部时，应征求地方的意见。7月20日，交通部将部属各海(水)上安全监督局和中国海事服务中心、交通部环境保护中心、交通安全质量管理体系审核中心划归交通部海事局管理，明确按部授予权限，交通部海事局负责所属单位领导班子的组织建设和思想作风建设，负责局机关和所属单位专业技术干部队伍建设。

2000年11月6日，交通部海事局党委发文明确中国海事服务中心、交通部环境保护中心的正职领导干部由交通部海事局党委管理和任免，副职领导干部由各中心管理，其人选经各中心行政正职提名推荐，局党委考察同意后，由各中心行政正职聘任(或解聘)。

2001年1月12日，交通部党组发文正式调整部属单位干部职务管理范围，委托交通部海事局党委代部管理上海、天津、辽宁、山东、江苏、浙江、福建、广东、广西、海南、深圳海事局副局长、党委副书记、纪委书记职务和河北、营口、济南、烟台、连云港、宁波、厦门、汕头、湛江海事局局长、党委书记职务以及由上述职务改任的非领导职务，交通部海事局党委直接管理河北、营口、济南、烟台、连云港、宁波、厦门、汕头、湛江海事局副局长、党委副书记、纪委书记职务以及由上述职务改任的非领导职务。8月9日，交通部海事局党委印发《交通部直属海事局领导干部管理办法》。除上述交通部党组已明确的代部管理和直接管理的领导干部权限外，该办法明确交通部海事局党委管理领导干部的权限，还包括协助交通部党组管理上海、天津、辽宁、山东、江苏、浙江、福建、广东、广西、海南、深圳海事局局长、党委书记职务以及由上述职务改任的非领导职务，直接管理中国海事服务中心、交通部环境保护中心党政正职职务，委托山东、浙江海事局党委分别管理济南、宁波海事局副局长、党委副书记、纪委书记职务以及由上述职务改任的非领导职务，审批有关海事局局长助理和中国海事服务中心、交通部环境保护中心党政副职职务；各直属海事局党委协助交通部海事局党委管理本单位的上述领导干部。该办法还对领导干部任免、考核、奖惩、待遇、培训、监督工作和后备干部培养管理工作作出规定。

2003 年 1 月 11 日，《交通部直属海事局领导干部管理办法》经修订后重新印发，将黑龙江海事局局长、党委书记职务列为交通部海事局党委代部管理的领导干部权限范围，将济南、宁波海事局副局长、党委副书记、纪委书记职务调整为交通部海事局党委直接管理的领导干部权限范围，委托黑龙江交通厅党组管理黑龙江海事局副局长、党委副书记、纪委书记职务以及由上述职务改任的非领导职务；按照“一省一局”管理模式，辽宁、山东、江苏、浙江、福建、广东海事局党委分别归口负责本省内营口、烟台、济南、连云港、宁波、厦门、汕头、湛江海事局领导干部的日常管理工作。

鉴于黑龙江海事局于 2005 年 1 月 1 日调整为由交通部海事局直接管理，河北海事局机构规格于 2006 年 5 月 25 日调整为正厅级，原委托黑龙江交通厅党组管理的黑龙江海事局干部，改由交通部海事局党委直接管理，将河北海事局的党政正职和副职领导干部，分别改由交通部海事局党委协助部党组管理和代部管理，并于 2007 年 1 月 4 日在重新修订印发的《交通部直属海事局领导干部管理办法》中予以明确。

【直属海事系统领导干部管理】

1999 年 3 月 3 日，交通部党组发文，决定实行交通部部属单位领导班子任期制，行政领导班子每届任期 4 年，以行政正职任期为准；党委（党组）中的领导干部任期按党章规定执行，每届为一任期。3 月 18 日，交通部海事局印发通知，要求直属海事系统各单位党政正职（包括主持工作的副职）因公、因私离开单位所在地 3 天以上须向交通部海事局报备。4 月 16 日，交通部海事局党委决定在直属海事系统深入开展交通部在部属单位组织开展的创建“五好领导班子”（指学习好、团结好、工作好、作风好、廉政好），争当“优秀班长”（指党委、党组书记）和“模范带头人”（指行政主要领导）活动，并将评选条件具体化。2003 年 7 月 8 日，交通部海事局党委印发《交通部直属海事系统“五好领导班子”、“优秀班长”和“模范带头人”评选办法（试行）》，决定自 2003 年起，评选直属海事系统“五好领导班子”、“优秀班长”和“模范带头人”。

1999 年 12 月 15 日，交通部海事局党委印发《交通部直属海事系统领导班子工作规则》、《交通部直属海事系统领导干部交流管理实施办法》。该工作规则规定直属海事系统各单位坚持发挥党组织的政治核心作用，执行和完善局长负责制，全心全意依靠广大职工的领导体制；明确了重要问题决策内容和程序，干部管理内容和领导干部任免程序，规定直属海事系统各局中层干部和下属单位行政领导干部实行任期制。该实施办法规定直属海事系统领导干部交流形式有调任、转任、轮换和挂职锻炼，范围包括直属海事系统内外不同单位和不同岗位之间交流任职。

2000 年 4 月 7 日，交通部党组确定直属海事系统部管领导干部职数，其中上海、广东、长江海事局为 7 名，党委（党组）人数 7 至 9 名；天津、辽宁、河北、山东、江苏、浙江、福建、广西、海南、黑龙江海事局为 6 名，党委（党组）人数 5 至 7 名；营口、烟台、连云港、宁波、厦门、汕头、深圳、湛江海事局为5名，党委(党组)人数5名；济南海事局为3名，党委(党组)人数3至5名。

2000年6月12日，交通部海事局印发《交通部直属海事系统领导干部调研工作制度》，要求领导干部每年专题调研工作时间不少于22个工作日。此后，交通部海事局和各直属海事局的领导干部，每年选定1至2个专题进行调查研究，提出了大量改进工作的措施和建议。2007年4月26日，交通部海事局党委印发《关于进一步加强直属海事系统调查研究促进作风建设的意见》，强调要严格执行领导干部调研工作制度，明确实行建立调研联系点制度，交通部海事局领导班子成员进行联点调研，各直属海事局领导班子成员进行蹲点调研，交通部海事局机关各部门主要负责人进行选点调研，把工作重心放到管理现场和基层建设上。

图21-2-1　2000年10月21日，交通部宣布广东海事局领导班子成员任命大会在广州召开

2001年2月14日，交通部党组印发《交通部部管干部交流任职管理办法》。4月7日，交通部党组发文，决定实行交通部部管领导干部任前公示制。6月29日，交通部海事局党委印发《直属海事局党员领导干部民主生活会质量测评表(试行)》，2002年6月13日，经修改后正式印发。测评表将民主生活会会前准备、会议质量、会后整改等要求，量化为13项指标，由与会领导干部不署名独立自我测评填写，汇总后作为各单位对民主生活会进行评估和改进的参考。7月11日，交通部党组印发《交通部部属单位部管干部任职试用期实施办法》。

图21-2-2　2002年11月27日至30日，交通部直属海事系统学习贯彻十六大精神局长书记培训班在北京举办

2001年11月27日至29日，交通部海事局党委在北京西藏大厦举办直属海事系统局长书记培训班。培训班聘请中央党校教授作关于学习党的十五届六中全会精神的辅导报告，探讨加强直属海事系统领导干部作风建设问题，并对直属海事系统2002年工作思路进行了研讨。交通部副部长洪善祥在培训班上讲话，要求直属海事系统在今后一个时期，把作风建设提到重要议事日程上，按照中央“八个坚持、八个反对”要求，把各级领导班子建设好。此后每年年底前，交通部海事局党委都举办年度直属海事系统局长书记培训班，用专题培训和务虚讨论方式，研究下一年度工作思路。2002年11月27日，交通部部长张春贤在直属海事系统局长书记培训班上讲话，肯定4年来海事事业的发展取得长足进步，两个文明建设取得有目共睹的成绩，要求海事系统以党的第十六次全国代表大会精神总揽全局，总结经验，认真解决海事工作的四个不适应：法制建设的速度、层次和执法力度不适应水运经济快速发展需要，管理体制和模式不适应统一的、开放的、尤其是与国际接轨的水运市场的需要，管理手段不适应快速反应、严格监管和全面监督的需要，队伍结构、比例和素质还不够适应满足现场执法、实现文明执法和活跃国际海事舞台的需要。

2004年5月10日，交通部海事局党委印发《关于加强后备干部培养工作的意见》。该意见提出通过3至5年努力，使直属海事局党政正职、副职后备干部数量与职数比例分别为1∶2和1∶1，且分别以45岁和40岁为主体，并有一定数量35岁左右的局级后备干部，同时要改善后备干部的知识结构。2004年，交通部海事局党委确定局级后备干部124名。2004年和2005年，交通部海事局党委先后开

图 21-2-3　2007 年 11 月 14 日至 16 日，2007 年度直属海事系统局长书记培训班暨 2008 年海事工作务虚会在北京举办

始与国家行政学院、清华大学联合举办直属海事系统局、处级领导干部和中青年干部公共管理高级培训班，至 2007 年底，共举办 11 期培训班，428 名领导干部参加培训。

2006 年 1 月 4 日，交通部海事局党委印发《关于进一步加强直属海事系统基层单位领导班子建设的意见》。基层单位领导班子是指按照干部管理权限，由各直属海事局党委（党组）直接管理的所属单位领导班子。该意见提出争取用三年左右时间，使基层单位领导班子建设取得明显成效。10 月 11 日，交通部海事局党委印发《十一五时期直属海事系统党政领导班子建设规划纲要》。该纲要提出到“十一五”期末，交通部直属海事局及其所属单位两级领导班子自身建设达标率超过 90%；年龄结构、知识结构明显改善，其中局级领导班子形成并保持以 50 岁左右干部为主体的梯次配备，处级领导班子形成并保持以 45 岁左右干部为主体的梯次配备；引领发展和创新能力明显增强；决策水平和处理复杂问题的能力明显提高；作风建设取得明显成效，发生职务违纪、违法案件人数每年不超过 0.5%。①

2004 年至 2007 年，交通部海事局党委共选派 12 名领导干部到企业挂职锻炼。其中 2004 年 8 月至 12 月，选派上海、天津、辽宁、山东、广东海事局各 1 名处级领导干部到中国远洋（集团）总公司下属企业挂职锻炼（另同期，长江海事局选派 1 名处级领导干部到厦门远洋运输公司挂职锻炼）；2006 年 6 月至 12 月，选派上海、河北、浙江、海南、深圳海事局各 1 名处级领导干部到中国海运（集团）总公司下属企业挂职锻炼。2007 年选派天津、福建海事局各 1 名副局级领导干部到中国海运（集团）总公司下属企业挂职锻炼。

图 21-2-4　2004 年 8 月 6 日，海事系统赴中国远洋运输（集团）总公司挂职锻炼干部欢送会在北京举行

自 1999 年 7 月起，至 2007 年底，交通部和交通部海事局任命干部 262 人次担任交通部直属海事系统各局领导干部职务（包括济南、宁波海事局，但不含交通部海事局和长江海事局），其中异地交流任职 100 人次。

【交通部海事局机关中层领导干部管理】

1998 年 9 月 30 日，交通部人事劳动司任命交通部海事局机关各部门首批正副负责人 27 名。交通部海事局成立后，局机关处级及以下职级干部按规定由交通部海事局任免和管理。12 月 17 日，交通部海事局公布本局机关首批 41 名非领导职务干部任职名单。

2000 年 10 月 10 日，交通部海事局党委印发《交通部海事局机关中层领导职务竞争上岗管理办法（试行）》。依据该办法，交通部海事局机关于 11 月至 12 月，首次采取竞争上岗方式选任通航管理处、

① 2008 年 1 月 31 日，交通部海事局党委印发《直属海事系统领导班子自身建设标准》。

图 21-2-5　2000 年 11 月 10 日、13 日，中国海事局举行中层领导职位竞争上岗演讲

船舶监督处、安全管理处的副处长，3 个职位共有 11 人参加竞争。2002 年 2 月 19 日，该办法经修订后，交通部海事局党委重新印发《交通部海事局机关处级领导职务竞争上岗管理办法(试行)》。局机关(必要时可扩大至局直属单位)正式职工，参加竞争局机关各部门中正副领导职务(包括交通安全质量管理体系审核中心领导职务)岗位的，适用本办法，其基本程序为公布方案、公开报名、资格审查、民主测评、演讲答辩、考察研究、公示任命。2007 年，交通部海事局党委在总结几年来机关处级领导职位竞争上岗工作后，于 6 月 26 日印发《交通部海事局处级领导职位竞争上岗实施办法》，该办法将原竞争上岗参加人员范围，进一步扩大为相关机构和直属单位(必要时)，将程序中的演讲答辩改为考试，考试分笔试和面试，面试采取演讲与答辩相结合的方法，笔试和面试的满分为 100 分，民主测评也采用量化记分办法，满分 100 分，考试成绩和民主测评结果按 1∶1 比例记入总分(满分 200 分)。

2002 年 2 月 19 日，交通部海事局党委印发《交通部海事局机关干部交流暂行办法(试行)》和《交通部海事局机关处级领导职务任期制暂行办法(试行)》，局机关干部交流是指在机关内部平级职位轮换和跨单位、有时限的挂职锻炼两种形式，局机关处级领导干部任期每届三年。10 月 10 日，交通部海事局党委印发《交通部海事局机关退休干部管理暂行办法》，该办法明确局机关干部退休后，主要日常管理工作委托交通部离退休干部局代管。

至 2007 年底，交通部海事局机关共开展 7 次处级领导职位竞争上岗工作，89 人次参加 25 个职位的竞争；共有 13 人职位轮换，15 人挂职锻炼。

第三节　海事执法队伍建设

【海事系统执法队伍教育管理】

2001 年，交通部决定在全国交通行政执法队伍中开展“四项教育”活动，即“四个如何认识”(如何认识社会主义发展历史进程、资本主义发展历史进程、我国社会主义改革实践过程对人们思想的影响、当今的国际环境和国际斗争带来的影响)的理想信念教育，“全心全意为人民服务”的宗旨教育，“依法行政、文明执法”的法制教育，“爱岗敬业、诚实守信、办事公道、服务群众、奉献社会”的职业道德教育。3 月 20 日，交通部海事局党委印发《关于在部直属海事系统行政执法队伍中开展“四项教育”的指导意见》，要求各单位用一年时间分期分批组织实施，通过正面教育和自我教育，解决海事执法人员思想上和执法活动中存在的突出问题，树立与海事行政执法队伍任务相一致的职业理想、职业道德和职业作风。至 2001 年底，直属海事系统 6000 多名执法人员参加了“四项教育”，教育活动对水上安全监督管理体制改革后合并的海事执法队伍的整合，起到了统一思想、规范行为的基础性作用。

根据交通部提出的“建设交通行政执法队伍素质形象工程”任务要求，2002 年 2 月 28 日，交通部海事局党委印发《关于加强直属海事系统执法队伍建设的意见》。该意见提出力争在三年之内使直属海事系统执法队伍建设取得明显成效，目标是：到 2004 年，直属海事系统执法队伍整体素质上一个台阶，实现海事执法人员的思想道德素质、文化业务素质、执法能力和执法水平、行风廉政建设水平明显提高，创新海事执法监督管理机制和海事行政执法手段，并提出10条具体措施；明确到2003年，45岁以下在岗海事执法人员文化水平全部达到大专以上文化层次，开始实施执法人员轮岗制度，2004年，执法机构行风评议社会满意率达到90%以上，基本实现执法队伍“三分开”（行政执法与执法监督分开，行政审批与受理分开，违法调查与违法处理分开），开发推广电子签证系统和行政执法计算机辅助管理系统等。

2003年，交通部海事局在全国海事系统开展海事执法“百优十标”评选活动，产生了10名“海事行政执法标兵”、100名“海事行政执法优秀工作者”。

2004年6月，根据交通部统一要求，交通部海事局在全国海事系统开展“执法为民，服务社会”集中宣传教育活动，以学习贯彻《行政许可法》和国务院《关于全面推进依法行政实施纲要》为主题，进行海事执法活动的纪律作风整顿。

2005年10月27日，在全国第一次海事工作会议上，交通部部长张春贤要求各级交通主管部门和海事机构要把加强海事执法队伍建设，提高海事行政执法能力作为一项重要工作抓好，实行海事执法人员资格管理制度，不合格的一律不准上岗执法，宁缺毋滥。

2006年1月20日，交通部在《关于实现全国海事一家人水上监管一盘棋的指导意见》中提出，全国各级海事机构要提高海事执法人员在总人数中的比重，提高现场执法人员与机关管理人员的比例，地方海事机构还要提高大专以上学历海事执法人员的比例和专业人员所占海事执法人员的比例；各级交通主管部门要保证各级地方海事机构主要负责人的相对稳定，省级地方海事局主要负责人的任免要征求交通部海事局的意见，各地（市）地方海事局主要负责人由各省（自治区、直辖市）地方海事局任免或者任免前征求省（自治区、直辖市）地方海事局的意见；建立由省级地方海事局统一负责本省（自治区、直辖市）地方海事执法人员进人管理机制，凡进必考，把住进人关；强化省级地方海事局对海事执法人员资格的统一管理，包括培训、资格审查、考核和跟踪管理等。该指导意见要求交通部海事局要制定全国海事系统统一的人才培养、培训、考试制度，并充分考虑沿海与内河、水网地区与非水网地区的不同特点，制定不同的培训教材、标准和考试内容；各级海事机构要加强对本机构海事执法人员的执法培训，提高海事执法人员的执法水平和岗位适任能力。

在2007年9月19日召开的全国海事工作会议上，交通部决定在全国海事系统开展“行政执法一面旗”建设。要求到2010年底，海事执法队伍整体素质和结构适应海事又好又快发展的需要，以加快海事执法队伍能力建设为重点，以创新和完善海事执法队伍培养机制为手段，建设一支“政治合格、行为规范、办事高效、从政廉洁、结构合理”的海事执法队伍。

至2007年底，直属海事系统在实现执法队伍建设三年上台阶目标后，进一步完善了以考任制为核心，凡进必考，双向选择，竞争上岗，岗位培训机制；地方海事系统执法队伍建设，在实施人才引进，加强教育培训，规范执法行为方面也取得成效。

〖海事执法人员考任制〗

2000年2月，根据《交通部关于深化部属单位人事制度改革意见》精神，交通部海事局在北京召开的直属海事系统工作会议上，决定在直属海事系统推行执法人员考任制，并确定先在上海海事局进行试点。上海海事局选择兰州路海事处为试点具体实施单位。兰州路海事处在2000年的试点过程中，主要对118名在职职工进行了适任资格考试和综合测评，合格者签订执法岗位上岗协议。9月24日，交通部海事局在上海召开执法人员考任制改革现场座谈会，总结了兰州路海事处的试点经验。

2001年，交通部海事局决定扩大执法人员适任考试试点范围，于3月7日印发《关于海事系统执法人员考任制试点工作指导意见》，确定在天津、山东、江苏、广东、海南和营口、连云港、宁波8个海事局选择1至2个基层执法单位继续进行执法人员适任考试的试点工作。该指导意见明确适任考试包括考试和考核两项内容，并针对不同对象制定符合实际情况的考试内容；适任考试内容分为政治常识与职业道德、基本法律法规、基本行政能力、相关专业知识和基本技能等四部分。5月，交通部海事局在江苏张家港召开座谈会，研究执法人员考任制试点工作中遇到的问题，明确海事执法人员适任资格考试分为录用考、适任考和晋升考三类。当年，进行试点工作的8个海事局共有1069人参加执法人员适任考试和准入考试，其中1020人通过考试，合格率为95.41%。

2002年，交通部海事局在直属海事系统全面推进执法人员考任制的实施工作。4月，在连云港召开执法人员考任制试点工作总结会，重点部署海事执法人员适任考工作。5月28日，印发《直属海事系统实施执法人员考任制的指导意见》，对实施执法人员考任制的指导思想和原则、适用范围、基本内容、适任资格考试、竞争聘用(任)上岗、组织领导、工作步骤等事项作出规定。该指导意见明确执法人员考任制主要包括适任资格考试和竞争上岗、择优聘用等内容，适任资格考试分为录用考(凡进入直属海事系统执法职位的人员，必须参加国家或交通部海事局组织的公开录用考试)、适任考(凡在执法职位的人员，应进行定期的适任资格考试或考核，竞争上岗，以重新确定其执法职位)和晋升考(执法人员通过参加竞争上一等级职位考试，确定其是否晋升职位)三类；适任考分为A、B两类，各直属海事局机关及分支机构机关的执法职位实行A类考试，科目为《海事基础》和海事《管理实务》，基层海事处等的执法职位实行B类考试，科目为《海事基础》和海事《职位技能》，岁数偏大的人员可采取开卷考试方式；各直属海事局机关及分支机构机关的综合管理职位参照执法职位管理，并实行A类考试，但《管理实务》内容应按职位不同有所区别。随后印发《直属海事系统执法人员考任制适任资格考试大纲》。9月28日，印发《直属海事系统执法人员适任资格考试与培训工作实施细则》，对执法人员适任资格考试的培训内容、教材、学时、师资，适任资格考试的组织、试题、时间、补考等作出规定；鼓励直属海事系统非执法人员通过参加执法人员适任资格的培训和考试，进入执法职位从事执法工作，鼓励执法人员通过参加规定的考试取得多个执法职位的适任资格。11月11日，印发《直属海事系统执法人员适任考试考务规则(暂行)》。

图21-3-1　2002年4月11日，直属海事系统执法人员考任制试点工作总结会议在连云港举行

2002年至2003年，交通部海事局在直属海事系统统一组织了《海事基础》考试，各直属海事局组织了海事《管理实务》和《职位技能》考试，共有13206人在职人员参加了执法人员适任考，12750人通过考试，合格率为96.5%，通过转岗、待岗、内部退养和提前退休共分流2146人。

图21-3-2　2006年4月20日，福建海事局组织执法人员适任考试

2004年，交通部海事局对2002年印发的执法人员考任制适任资格考试大纲进行修订并更名，于1月20日印发《直属海事系统执法人员适任考考试大纲》。至2005年底，直属海事系统约15600人(不含长江海事局)，比2000年减少1780人；在岗执法人员增加到约9100人，占在岗人数

的比例由 2000 年的 47% 增长到 58%；在岗大专以上文化程度职工约 10100 人，占在岗人数的比例由 2000 年的 37% 增长到 65%。

至 2007 年，交通部海事局每年适时组织各直属海事局进行执法人员适任考试。

【海事系统政风建设】

1999 年 11 月 22 日，交通部海事局印发《交通部海事局机关作风建设若干规定（试行）》，对机关工作人员仪表举止、办公环境、工作秩序以及电话文明用语、办公文明用语进行规范。

2002 年 1 月 21 日，交通部海事局党委印发《关于加强和改进交通部海事局机关作风建设的意见》，从七个方面提出了落实中共中央关于作风建设"八个坚持，八个反对"要求的具体措施。

按照交通部关于"跳出行业看行业"的要求，2003 年，交通部海事局委托中国船东协会在南京、深圳召开座谈会，收集行政相对人对海事系统行风建设意见。同时委托中国统计信息咨询中心对全国海事系统行风状况进行普遍调查，经数据采集和统计分析，形成《全国海事系统行风调查报告》（分为全本和简本）。2004 年 1 月 30 日，交通部海事局党委印发《全国海事系统行风调查报告》，并向 21 个海事局分别反馈了调查中获取的原始意见 173 条。之后，全国海事系统各单位利用此调查报告，分析本单位行风建设薄弱环节，制定了相应整改措施。

2003 年 8 月 27 日，交通部海事局党委印发《关于进一步规范海事执法行为加强行风建设的通知》，决定在直属海事系统开展进一步规范海事执法行为的检查整顿工作，提出检查整顿的六项措施和规范执法行为的八项纪律。直属海事系统在 2003 年下半年，从解决当时海事系统行风建设中涉及群众普遍反映最突出问题抓起，在思想教育、落实行风建设责任制、规范执法行为、推行便民措施、清理整顿经济实体等方面下工夫，取得阶段性成果。

2004 年 1 月 2 日，交通部海事局决定在直属海事系统推广深圳海事局实行的廉政告示制度和福建海事局开发的政务公开、执法监督举报电话语音系统。

2006 年 6 月 2 日，交通部海事局印发《关于全国海事系统进一步加强行风建设的通知》。该通知对 2003 年提出的八项纪律和六项措施进行了修改，并在全国海事系统颁布八大纪律和八项措施。6 月 5 日至 6 日，全国海事系统第一次纠风工作会议在桂林召开，总结和部署行风建设工作。会议通报了近期全国海事系统发生的几起损害群众利益的案件情况，10 个单位交流了纠风工作经验。

2006 年颁布的"八大纪律"是：

一、严禁海事执法人员及其家属接受可能影响执法公务的吃请和娱乐、旅游等活动。非工作需要，执法人员不准着海事制服或使用带有执法标志的车辆出入营业性餐饮、娱乐场所。

二、严禁各级海事机构违反规定擅自收取规费或代征、协征其他规费、费用。严禁海事执法人员利用职务之便要求行政管理相对人报销应由个人负担的各种费用或索要、收受钱物、有价证券、支付凭证等。

三、严禁海事执法人员私自借用行政管理相对人的车辆、通讯工具或其他设备。

四、严禁海事执法人员利用工作之便要求船舶无偿运送个人物品、搭载乘客。

五、严禁海事执法人员通过中介、代理、入股等形式从事与执法活动有关或可能影响执行公务的经商活动。

六、严禁各级海事机构或海事执法人员非法倒卖违法船舶载运的货物，为单位或个人谋取非法利益。

七、严禁在海事执法场所或在执法工作时间内饮酒或酒后执法。

八、严禁海事执法人员赌博。

2006年10月13日，交通部海事局在《中国交通报》、《中国水运报》公布全国海事系统各直属海事局和各省、自治区、直辖市地方海事局行风监督举报电话号码。

鉴于海事机构是国家行政管理体系的有机组成部分，本质属性是依法行政，主要职责是开展对水上交通安全监督管理政务活动，2007年初，中国海事局将海事系统行风建设更改为海事系统政风建设。

为鼓励管理相对人、社会群众署实名举报海事系统政风案件线索，交通部海事局于2007年1月23日公布《关于署实名举报政风案件奖励办法(暂行)》。该奖励办法明确，凡署实名举报海事机构及其工作人员发生损害群众利益的违法违纪案件，经查证属实的，对举报有功人员给予人民币500元至10000元的奖励。3月28日，交通部海事局兑现该奖励办法颁布后的首次奖励，在江苏扬州向署实名举报某海事处个别执法人员收受船员好处费问题的船员颁发了5000元奖金，并将情况通报全国海事系统。

2007年3月13日，交通部海事局下发《海事风纪风貌规范(试行)》的专题片。7月12日至13日，全国海事系统政风建设现场会在上海召开。会议代表对上海海事局政风建设情况进行了现场观摩，9个单位在会上交流了政风建设经验，两家航运企业代表发言。会议以解决在服务意识、制度设计、办事效率、管理方式、执法流程、职业道德和经济实体管理方面存在的问题为重点，提出了加强海事系统政风建设任务。驻交通部纪律检查组组长杨利民在会上讲话，要求海事系统从主动服务区域经济发展、方便行政相对人角度出发，把政风建设的着力点放在海事基层执法机构，建立健全政风建设长效机制，使海事系统政风建设有质的提高。

〖全国海事系统行风调查〗

2003年，交通部海事局委托中国统计信息咨询中心对全国海事系统行风状况进行调查。调查目的是了解海事系统执法机构和执法人员在依法行政、服务质量、纠正不正之风方面的状况以及调查对象对海事系统行风状况的看法和意见，并对海事系统行风状况进行客观、公正的分析评价，提出改进工作建议。调查对象是航运公司、船公司、船舶代理公司、港务公司、港口管理局、船员培训机构及其有关人员，个体船民，水运口岸相关机构及其人员。

2003年3月至9月，中国统计信息咨询中心信息部组织各省、自治区、直辖市的统计机构和有资质的市场调查公司实施调查，运用普遍调查、随机访问和实地观察相结合的方法，选取态度测量表法(评比量表)匿名进行，并采取了保证样本回收率和误差控制的措施。其中邮寄问卷3031份，电话(传真)问卷2000份，共回收915份问卷，回收率18.18%，回收样本覆盖全国23个省、自治区、直辖市(山西、内蒙古、陕西、甘肃、宁夏、新疆、贵州、西藏除外，不含港、澳、台)；同时在沿海和沿长江、黑龙江干线17个省(自治区、直辖市)的80个海事机构进行实地观察，并随机拦访3400人次，回收问卷2212份，回收率65.1%；在大连、青岛、上海、芜湖、九江、杭州、广州、福州、海口、南宁、武汉、重庆12个城市召开100余人参加的座谈会。在对调查资料进行处理、汇总、统计、分析后，于12月形成《全国海事系统行风调查报告》，报告指出本次调查中，被调查者对海事系统执法工作满意度和主要业务服务质量满意度的抽样误差分别为0.75%、1.33%。调查结果是：社会对海事系统执法工作总满意度为77.07%，其中政务公开79.15%、公平公正76.93%、办事效率72.38%、文明服务76.68%、廉洁从政78.69%；社会对海事系统主要业务服务质量满意度为81.61%，其中船舶登记83.38%、海员证管理83.14%、船员培训考试发证82.92%、运载危险货物审批82.68%、船舶进出港管理82.51%、船舶明火作业审批81.55%、油舱含油污水作业审批80.49%、船舶安全检查80.48%、水上水下施工审批79.50%、事故调查78.69%；社会对海事系统工作总期望度为19.65%，其中被调查者有30%认为海事系统要加强服务意识，有15%认为海事系统廉政建设和克服乱收费方面应进一步改进，在执法规范、执法标准、办事效率和投诉渠道等方面，还存在不少问题。调查报告还分地区对海事系统的行风状况进行了统计分析。通过调查分析，调查报告得出结论："近几年海事系统在行风建设方面取得很大成绩，在政务公开、办事效率、廉洁从政和文明服务等方面得到较高程度的认可。但是还存在一些问题，这些问题有制度管理方面的，也有执法队伍素质方面的"。针对这些问题，中国统计信息咨询中心信息部从树立为企业服务的思想、制度建设、执法队伍建设、从源头加强安全管理、规范统一执法行为、加强内部执法监督等六个方面，向海事系统的工作提出了建议。

对于本次调查，调查报告也列出被调查者的基本态度：多数被调查者对中国海事局委托第三方独立、客观地进行本系统行风调查持肯定态度，反响强烈，少数被调查者感到好奇和不理解，相当多的被调查者持观望态度，没有回复问卷，部分被调查者心存疑虑。中国统计信息咨询中心信息部认为，本次海事系统行风调查，是中国海事局行风建设的一个新举措，是一次尝试；虽还有不成熟地方，但本次调查各项回收率达到设计要求，具有统计意义的显著性和代表性，总体比较成功，调查结果比较符合实际，有助于海事系统对本系统行风状况有一个比较客观的认识，有针对性地进一步加强行风建设。

第四节　人 才 工 作

【海事人才培养】

1998年11月14日，根据交通部1997年《"十百千人才工程"实施方案》要求，经各单位推荐，交通部直属水上安全监督系统专家评审组评审，直属海事系统有10人进入交通部"十百千人才工程"1997/1998年度第二层次人选。

2000年5月和8月，交通部海事局先后在天津和北京召开专题会议，研究"海事系统执法人员培养政策"和"十五"期间海事人才规划。9月21日，交通部海事局调整直属水上安全监督系统专家评审组，由7人组成直属海事系统专家评审组，负责评选享受政府特殊津贴人员和优秀专业技术人才工作。

2002年4月22日，交通部海事局印发《直属海事系统拔尖人才(学术带头人)培养工作实施意见》，开始在直属海事系统实施拔尖人才的选拔、培养工作。该实施意见明确拔尖人才的培养以海事执法领域人才培养为重点，兼顾其他方面；要通过分层次、分类别、多渠道拔尖人才培养体系，建立"十、百、千"人才梯队，实现第一层次培养20名左右在全国海事系统内的拔尖人才，第二层次培养100名在各海事局内的骨干力量，第三层次培养1000名在各业务岗位上的青年后备人员。

2003年3月7日，交通部海事局印发通知，确定并公布22名直属海事系统拔尖人才第一层次培养对象人选名单。同年，各直属海事局确定拔尖人才第二层次培养对象共144人、第三层次培养对象共315人。10月14日，交通部海事局授予12名技术工人为"直属海事系统技术能手"称号。

2004年12月15日至16日，交通部海事局在北京召开直属海事系统人才工作会议，提出建设具有海事特色的新型人才队伍的总体目标是，建设一支政治坚定、求真务实、开拓创新、勤政廉政，有创造力、凝聚力和战斗力的海事领导干部人才队伍，建设一支政治合格、行为规范、办事高效、从政廉洁、结构合理的海事执法专业人才队伍，建设一支精通业务、技术领先、具有学术带头作用、具备国际竞争能力，适应国际合作和交流需要的海事拔尖人才队伍；直属海事系统今后一个时期人才工作的主要任务是制定人才发展规划，通过创新海事管理技术职衔制度和海事津贴制度、教育培训制度、领导干部适任能力评价制度、海事执法专业人员绩效考核制度，重点加强三支人才队伍的建设。

2005 年 12 月 30 日，交通部授予 101 名技术工人为 2005 年年度“全国交通技术能手”称号，其中直属海事系统有 3 名。

图 21-4-1　2004 年 12 月 15 日至 16 日，交通部直属海事系统人才工作会议在北京举行

2006 年 3 月 17 日，交通部海事局党委印发《直属海事系统 2006—2020 年人才发展规划》，提出到 2010 年和 2020 年直属海事系统人才需求规划。预计到 2010 年，直属海事系统在岗人才总量达 25000 人，其中海事执法专业人才总量 18000 人，拔尖人才和各专业有影响力的高层次人才总量 200 人，在相关国际组织中有一定影响力的专家 10 人，具备在国际组织中担任重要职位的专家 5 人，形成以 50 岁左右干部为主体、40 岁左右干部约占三分之一的领导干部梯次结构；海事执法专业人才队伍全部达到大专文化程度，其中本科以上学历占 60%，具有航海资历或水上专业的人员占 20%。预计到 2020 年，直属海事系统在岗人才总量达 35000 人，其中海事执法专业人才总量 26000 人，航标测绘 5000 人，其他 4000 人。人才队伍建设的主要任务是全面提高人才队伍素质和依法行政能力，实施党政管理人才、海事执法人才和海事拔尖人才三大人才工程，调整各类人才的比例结构、专业结构和知识结构，完善三支人才队伍的管理机制和培训制度，逐步建立健全领导干部适任能力评价制度、海事执法专业人员绩效考核制度、海事管理技术职衔制和海事津贴制。

2006 年 10 月 13 日，交通部海事局印发《海事“优秀人才奖”评选奖励和管理办法》，规定“优秀人才奖”分为行政执法、综合管理、专业技术和职业技能四类。

至 2007 年底，直属海事系统有 2 人进入国家级百千万人才工程队伍，4 人进入交通部新世纪“十百千人才工程”第一层次人才队伍，5 人被评为交通部青年科技英才，55 人享受国务院政府特殊津贴。

【专业技术职务任职资格评审】

1998 年交通部海事局成立之前，交通部设有若干个中、高级专业技术职务任职资格评审委员会，其中安全监督、通信、救助打捞工程技术系列高级专业技术职务任职资格评审委员会由交通部安全监督局牵头负责。1998 年 12 月，该评审委员会在深圳召开第七次会议，评审各单位推荐的高级工程师任职资格，直属海事系统 42 人获高级工程师任职资格。

由于交通部机构变动，1999 年 11 月 11 日，交通部批复同意交通部海事局与中国交通通信中心联合组建海事、通信工程技术系列高级职务任职资格评审委员会，评审委员会由 30 人组成，任期 3 年，下设水上安全管理、船舶检验与防污、航标导航、测绘及工程、船舶及设施管理、通信工程 6 个专业评审组。2004 年 10 月 1 日，海事、通信工程技术系列高级职务任职资格评审委员会进行调整，建立 45 名委员组成的评审委员会专家库，每年从专家库中随机抽取委员组成相应的评审组开展评审工作，设立水上安全、航标测绘、基建与船舶设施、通信 4 个组，任期 5 年。

鉴于福建、厦门海事局的部分人员，在水上安全监督管理体制改革划转交通部管理前按公务员制度管理，自 1994 年以来未开展专业技术职务任职资格评审工作，为妥善解决其工程技术人员的专业技术职务任职资格问题，经交通部人事劳动司同意，2000 年 6 月 14 日，交通部海事局印发《关于福建及厦门海事局工程技术人员专业技术职务任职资格评审办法》，明确符合条件者可申报评审相应的专业技术职务任职资格，其中对任职资历要求作灵活处理，规定了可越级申报的具体条件；其评审工作由海事、通信工程技术系列高级职务任职资格评审委员会负责，并代为进行中级职务任职资格评审。

2001 年 5 月 11 日，交通部海事局印发通知，重新组建直属海事系统工程系列中级专业技术职务任职资格评审委员会。同年，辽宁（含营口）、天津（含交通部海事局及其所属在京单位、河北海事局）、山东（含烟台）、江苏（含连云港）、上海、福建（含厦门）、广东（含汕头、深圳、湛江）、海南海事工程系列中级专业技术职务任职资格评审委员会经交通部海事局批准成立。8 月 1 日，交通部海事局印发《海事工程系列中级专业技术职务任职资格评审委员会工作细则》、《对符合申报高级工程师任职资格评审人员业绩考评程序》、《海事系统专业技术职务任职资格评审材料规范》，明确海事工程系列各中级专业技术职务任职资格评审委员会负责评审海事工程系列初、中级专业技术职务任职资格，并负责对申报评审高级工程师任职资格人员的业绩进行考评。

2002 年 4 月 26 日和 5 月 14 日，浙江、广西海事工程系列中级专业技术职务任职资格评审委员先后成立。2006 年 7 月 10 日和 20 日，河北、黑龙江海事工程系列中级专业技术职务任职资格评审委员先后成立。

2005 年 5 月 30 日，交通部海事局印发通知，明确海事工程系列中级专业技术职务任职资格破格评审标准，对符合破格评审标准的，可不受学历、资历、外语、计算机技术水平和专业技术职务等条件限制，申报海事工程系列中级专业技术职务资格评审。

至 2007 年底，直属海事系统共有各类专业技术人员 9120 人，是 1998 年 4654 人的 1.96 倍；其中取得高、中、初级专业技术职务任职资格的分别为 1558 人、3327 人、4235 人，是 1998 年底 369 人、1596 人、2689 人的 4.2 倍、2.1 倍、1.6 倍。1999 年至 2007 年，直属海事系统有 36 人被评为成绩优异的高级工程师。

第五节　人 物 名 录

【交通部海事局局领导成员】

自 1998 年交通部海事局成立，至 2007 年底，交通部对交通部海事局领导班子成员进行了多次调整，先后有 20 人担任交通部海事局局领导成员，其中局长先后由 2 名交通部副部长兼任。交通部于 2002 年 4 月在交通部海事局增设 1 名副局长，于 2006 年 11 月在交通部海事局任命 1 名挂职局长助理。2000 年 9 月后任命的 13 名交通部海事局局领导成员中，有 3 名来自水运企业，1 名来自中国船级社，4 名来自交通部机关，3 名来自直属海事局，2 名来自交通部海事局机关。王金付被两次任命为交通部海事局副局长。

1998—2007 年交通部海事局历任局领导干部名录　　表 21-5-1

姓名	性别	行政职务	党内职务	任职时间	级别	职责分工
洪善祥	男	局长（兼）	—	1998 年 9 月—2004 年 7 月	副部级	领导海事局全面工作
徐祖远	男	局长（兼）	—	2004 年 7 月起兼任局长	副部级	领导海事局全面工作
刘功臣	男	常务副局长	党委委员	1998 年 9 月起任常务副局长	正局级	受局长委托主持海事局日常行政业务工作，主管办公室、财务会计处、人事教育处、安全管理处、审计处

续上表

姓名	性别	行政职务	党内职务	任职时间	级别	职责分工
黄先耀	男	副局长	党委书记	1998年9月—2001年10月	正局级	主持海事局党委工作，主管党委工作部，协助常务副局长分管水上安全监督管理体制改革工作和人事教育处
何建中	男	副局长	党委书记	2001年11月—2005年6月	正局级	主持海事局党委工作，主管党委工作部，协助常务副局长分管人事教育处
梁晓安	男	副局长	党委书记	2005年6月起任党委书记	正局级	主持海事局党委工作，主管党委工作部，协助常务副局长分管人事教育处
宋家慧	男	副局长	党委委员	1998年9月—2000年9月	副局级	协助常务副局长分管通航管理处、船舶监督处以及交通环境保护工作和局机关行政后勤工作
刘德洪	男	副局长	—	1998年9月—2003年6月	副局级	协助常务副局长分管法规规范处、船舶检验处、审计处
王金付	男	副局长	党委委员	1998年9月—2003年2月 2005年12月起再次任副局长	副局级 正局级	协助常务副局长分管计划基建处、船员管理处、航标测绘处、通航管理处以及局机关行政后勤工作；2005年12月起协助常务副局长分管船员管理处、航标测绘处、安全管理处
刘　实	男	副局长	党委委员	2000年9月—2002年7月	副局级	协助常务副局长分管通航管理处、船舶监督处、交通部环境保护办公室、交通安全质量管理体系审核中心
郭　莘	女	副局长	党委委员	2002年4月—2006年12月	副局级	协助常务副局长分管法规规范处、计划基建处、交通部环境保护办公室以及外事工作和局机关行政后勤工作
郑和平	男	副局长	党委委员	2002年4月—2007年4月	副局级	协助常务副局长分管通航管理处、船舶监督处、船员管理处、航标测绘处、交通安全质量管理体系审核中心
徐国毅	男	副局长	党委委员	2003年6月—2005年12月	副局级	协助常务副局长分管船舶监督处、安全管理处、交通安全质量管理体系审核中心
李青平	男	副局长	党委委员	2003年6月起任副局长	副局级	协助常务副局长分管船舶检验处、审计处、船舶监督处以及船舶检验规范工作和局机关行政后勤工作
杨省世	男	副局长	党委委员	2006年12月起任副局长	副局级	协助常务副局长分管计划基建处、财务会计处、审计处以及信息化工作
翟久刚	男	副局长(兼)	党委委员	2007年4月起任副局长	副局级	协助常务副局长分管通航管理处以及海事值班工作
孙　继	男	—	党委副书记兼纪委书记	1998年9月—2004年6月	副局级	主管纪委办公室、工会办公室，协助党委书记分管精神文明建设、行风建设、宣传、工会、局直属机关党建工作
范亚祥	男	—	党委副书记兼纪委书记	2004年6月—2007年4月	副局级	主管纪委办公室、工会办公室，协助党委书记分管精神文明建设、行风建设、宣传、工会、局直属机关党建工作

续上表

姓名	性别	行政职务	党内职务	任职时间	级别	职责分工
王国华	男	—	党委 副书记 兼纪委书记	2007年4月起任党委副书记兼纪委书记	正局级	主管纪委办公室、直属机关党委、工会办公室，协助党委书记分管精神文明建设、行风建设、宣传、工会工作
叶红军	男	局长 助理 （挂职）	—	2006年11月起挂职任局长助理	正处级	协助常务副局长分管法规规范处、交通部环境保护办公室

说明：①洪善祥，1995年3月—2004年4月任交通部副部长，2004年11月起，任中国航海学会理事长。

②徐祖远，2004年4月起，任交通部副部长。

③刘德洪，中国农工民主党党员，2003年6月后，继续担任全国政协委员。

④刘实，2002年7月调中国船东互保协会工作。

⑤孙继、郭莘离任后退休。

⑥郑和平，2007年4月到广西壮族自治区挂职，任防城港市副市长。

⑦1998年12月，中国海事局局领导进行第一次职责分工，之后经过6次调整(2000年9月、2002年5月、2003年9月、2004年7月、2005年8月、2007年5月)。表中所列分工，是该领导干部在任职期间内曾经承担过的职责，有的前后有所变化。

【交通部海事局中层领导干部】

交通部海事局中层领导干部，指交通部海事局机关各部门、交通部环境保护办公室、交通安全质量管理体系审核中心的处级领导干部。

1998—2007年交通部海事局机关各部门领导干部名录 表21-5-2

内设机构	历任负责人					
	正职	姓名	任职时间	副职	姓名	任职时间
办公室	主任	赵东野(男)	1998年9月—2005年1月	副主任	姜雪梅(女)	1998年9月—1999年10月；2000年2月—(正处级)
		陆卫东(男)	2005年1月—		肖传寰(男)	1998年9月—1999年10月；2000年2月—(正处级)
法规规范处	处长	胡江山(男)	1998年9月—1999年11月	副处长	郑　平(女)	1998年9月—1999年10月；2000年2月—2007年4月(正处级)
		陈　鹏(男)	1999年11月—2007年2月		张志刚(男)	1998年9月—2000年3月；2000年9月—(正处级)
		郑　平(女)	2007年4月—		刘少清(男)	2007年9月—
计划基建处	处长	曾　晖(女)	1998年9月—	副处长	刘根生(男)	2000年2月—2005年8月(正处级)
					王　路(男)	2006年3月—2007年4月
					余剑翔(男)	2003年11月—2004年11月(挂职)；2007年9月起任副处长
财务会计处	处长	曹　玉(女)	1998年9月—	副处长	周　虹(女)	2000年12月—2003年9月；2004年4月—(正处级)

续上表

内设机构	历任负责人					
	正职	姓名	任职时间	副职	姓名	任职时间
人事教育处	处长	郑和平(男)	1998 年 9 月—2001 年 1 月	副处长	马晓莉(女)	1998 年 9 月—1999 年 10 月；2000 年 2 月—2001 年 2 月(正处级)
		徐鹏展(男)	2001 年 1 月—2003 年 2 月			
		宋　溱(男)	2003 年 2 月—2006 年 7 月		张吉庆(男)	2001 年 2 月—
		葛仁义(男)	2006 年 7 月—			
通航管理处	处长	翟久刚(男)	1998 年 9 月—2006 年 1 月	副处长	刘根生(男)	1998 年 9 月—1999 年 10 月
					丁宝成(男)	1998 年 9 月—2002 年 9 月
					李树兵(男)	2000 年 12 月—2003 年 5 月
		宋　溱(男)	2006 年 7 月—		杜永东(男)	2003 年 5 月—2006 年 1 月
					胡锡润(男)	2003 年 9 月—
船舶监督处	处长	智广路(男)	1998 年 9 月—2003 年 6 月	副处长	杨新宅(男)	1998 年 9 月—2000 年 9 月
					李恩洪(男)	2000 年 12 月—2003 年 9 月
		杨新宅(男)	2003 年 9 月—2007 年 3 月		鄂海亮(男)	2003 年 9 月—2007 年 4 月
		鄂海亮(男)	2007 年 4 月—		孙大斌(男)	2007 年 9 月—
船舶检验处	处长	刘晓明(男)	1998 年 9 月—2003 年 9 月	副处长	谢　凌(男)	1998 年 9 月—2004 年 4 月
					杜国光(男)	2002 年 4 月—
		李恩洪(男)	2003 年 9 月—2006 年 7 月		张仁庆(男)	2002 年 6 月—2003 年 6 月(挂职)
					韩国庆(男)	2004 年 4 月—
		杨新宅(男)	2007 年 3 月—		周　镇(男)	2005 年 3 月—2007 年 2 月(挂职)
船员管理处	处长	陈　鹏(男)	1998 年 9 月—1999 年 11 月	副处长	陆卫东(男)	1998 年 9 月—2003 年 2 月
		宋　溱(男)	2000 年 9 月—2003 年 2 月		宋　溱(男)	1999 年 11 月—2000 年 9 月(主持工作)
		陆卫东(男)	2003 年 2 月—2005 年 1 月		卓　立(男)	2003 年 5 月—2004 年 4 月
		李忠华(男)	2005 年 1 月—2006 年 7 月		谢　凌(男)	2004 年 4 月—2006 年 12 月(正处级)
		李恩洪(男)	2006 年 7 月—		王　路(男)	2007 年 4 月—
航标测绘处	处长	梁　宇(男)	1998 年 9 月—2001 年 1 月	副处长	张清汇(女)	1998 年 9 月—2001 年 2 月
					韩　伟(男)	2001 年 8 月—2003 年 2 月(正处级)
		郑和平(男)	2001 年 1 月—2002 年 4 月		鄂海亮(男)	2003 年 5 月—2003 年 9 月
					程立民(男)	2003 年 10 月—2004 年 11 月(挂职)
		韩　伟(男)	2003 年 2 月—		金胜利(男)	2006 年 3 月—(正处级)

续上表

内设机构	历任负责人					
	正职	姓名	任职时间	副职	姓名	任职时间
安全管理处	处长	张宝晨(男)	1998年9月—2000年9月	副处长	曹德胜(男)	1998年9月—2000年9月
		曹德胜(男)	2000年9月—2002年11月		李光辉(男)	2000年12月—2003年2月
		李光辉(男)	2003年2月—2007年1月		徐　春(男)	2003年5月—2007年4月
		徐　春(男)	2007年4月—		马道玖(男)	2007年7月—
审计处	处长	贾　琪(男)	2000年3月—	副处长	贾　琪(男)	1998年9月—2000年3月(主持工作)
党委工作部	主任	刘　强(男)	1998年9月—2001年1月	副主任	解启杰(男)	1998年9月—2001年9月
		梁　宇(男)	2001年1月—2002年10月		谢笑红(女)	2002年4月—2006年1月(正处级，2005年10月起任交通部海事局直属机关党委专职副书记)
		徐鹏展(男)	2003年2月—2007年2月		邱　铭(男)	2002年4月—2007年4月
					王　韬(男)	2006年3月—2006年7月
		邱　铭(男)	2007年4月—		宋永强(男)	2007年9月—
纪委办公室	主任	王卓兰(女)	2000年3月—2001年9月	副主任	王卓兰(女)	1998年9月—2000年3月(主持工作)
		解启杰(男)	2001年9月—			
工会办公室	主任	张清汇(女)	2001年9月—	—	—	—

2000—2007年交通部环境保护办公室处级领导干部名录　　表21-5-3

职　　务	姓　　名	任职时间
副主任(正处级)	杨洪文(男)	2000年12月—2003年5月
	李树兵(男)	2003年5月—

说明：交通部环境保护办公室于2000年2月设置正处级领导职数1名。交通部环境保护办公室主任由交通部环境保护委员会副主任委员(1名司局级领导干部)兼任。

2000—2007年交通安全质量管理体系审核中心领导干部名录　　表21-5-4

职　　务	姓　　名	任职时间
主任(正处级)	杨新宅(男)	2000年12月—2003年9月
	丁宝成(男)	2004年4月—
副主任	李金山(男)	2005年1月—

说明：2000年9月，杨新宅任交通安全质量管理体系审核中心负责人(副处级)，主持工作。

【交通部直属海事系统局级领导班子成员】

在1999年开始实施的水上安全监督管理体制改革中，交通部党组先后发文，决定于1999年10月10日成立福建海事局筹备组，于2000年1月11日成立广东、广西海事局筹备组，于2000年7月18日成立江苏海事局筹备组，于2000年8月22日成立浙江海事局筹备组，并公布了相应筹备组成员名单；交通部海事局党委于2000年8月10日复函黑龙江省交通厅，同意黑龙江海事局筹备组组成人员名单。其他各直属海事局的筹备工作，以交通部原直属的各水上安全监督机构领导班子为基础组织开展。之后，交通部、交通部党组或交通部海事局党委，在干部考核的基础上，适时分别任命了各直属海事局行政、党委(党组)领导班子成员。至2007年底期间，又多次对各局领导班子成员进行了调整。

1999—2007年交通部直属海事系统局级领导班子成员干部名录　表21-5-5

机构	局　长	党委(党组)书记	副　局　长	党委副书记兼纪委书记(党组副书记兼纪律检查组组长)
上海海事局	王志一(1999年7月—2003年6月任局长，1999年7月—2000年1月任监督长) 陈爱平(2003年6月起任局长；2007年2月—2007年11月任党委副书记，2007年11月起任党组副书记)	周尤喜(1999年7月—2007年2月任党委书记，2000年10月—2007年2月任副局长) 李　青(2007年2月—2007年11月任党委书记、副局长，2007年11月起任党组书记、副局长)	陈爱平(1999年7月—2000年11月任副局长，1999年7月—2000年1月任副监督长) 赵海林(1999年7月—2000年10月) 张云龙(1999年7月—2005年11月) 茅光华(1999年7月—2000年1月任副监督长，2000年1月—2000年10月任副局长) 俞成国(2000年10月—) 徐国毅(2000年10月—2003年6月) 智广路(2003年6月—) 常富治(2003年6月—2007年7月) 洪　冲(2005年11月—)	施石根(1999年7月—2000年10月) 陈正伟(2000年10月—2005年11月) 季求知(2005年11月—2007年11月任党委副书记兼纪委书记，2007年11月起任党组副书记兼纪律检查组组长)
天津海事局	王怀凤(1999年7月—2003年2月任局长，1999年7月—2000年3月任监督长) 徐津津(2003年2月起任局长，2006年1月起任党委副书记)	肖维强(1999年7月—2000年6月) 齐世峰(2000年6月—2003年2月) 肖维强(2003年2月—2006年1月) 徐俊池(2006年1月起任党委书记、副局长)	李增才(1999年7月—2000年2月) 赵亚兴(1999年7月—2007年4月) 魏占超(1999年7月—2000年3月任副监督长，2000年3月—2004年11月任副局长) 李国祥(1999年7月—2000年3月任副监督长，2000年3月—2003年2月任副局长) 黄　何(2003年2月—) 孔繁弘(2003年2月—) 李国平(2004年11月—2007年1月) 李国祥(2007年1月—) 吴建平(2007年4月—)	李振清(1999年7月—)
辽宁海事局	熊国武(2000年6月—2003年2月) 王金付(2003年2月—2005年12月) 侯景华(2005年12月起任局长、党委副书记)	丛选斌(2000年6月—2003年2月) 武　军(2003年2月起任党委书记，2005年12月起任副局长)	黄　何(2000年6月—2003年2月) 王杰武(2000年6月—2003年2月) 程绍田(2000年6月—2000年9月) 杨　春(2000年6月—) 郭子瑞(2003年2月—) 林　波(2003年2月—2007年1月) 陈　鹏(2007年1月—)	戴　东(2000年6月—)

续上表

机构	局　　长	党委（党组）书记	副　局　长	党委副书记兼纪委书记（党组副书记兼纪律检查组组长）
河北海事局	杨盘生（2000年6月—2004年9月） 丁培良（2004年11月起任局长，2006年9月起任党委副书记）	范河林（2000年6月—2003年2月） 徐俊池（2003年2月—2006年1月） 于庆昌（2006年9月起任党委书记、副局长）	郭子瑞（2000年6月—2003年2月） 赵兴林（2000年6月—） 李世新（2003年4月—） 杨敏君（2003年4月—2006年9月） 齐利平（2006年9月—）	庞海燕（女，2000年6月—2006年9月） 徐鹏展（2007年1月—）
山东海事局	姜　勇（2000年6月—2004年8月） 张宝晨（2004年8月—）	肖维强（2000年6月—2003年2月） 范何林（2003年2月—2007年12月任党委书记，2007年12月起任党组书记）	侯景华（2000年6月—2001年9月） 曲启文（2000年6月—） 迟双龙（2000年6月—2003年2月） 王玉成（2001年10月—） 李国祥（2003年2月—2007年1月） 林　波（2007年1月—）	吕贤德（2000年6月—2003年2月） 马玉清（2003年2月—2006年7月） 王宏图（2006年7月—2007年12月任党委副书记兼纪委书记，2007年12月起任党组副书记兼纪律检查组组长）
江苏海事局	陈爱平（2000年11月—2003年6月） 张同斌（2003年6月主持行政工作，2004年12月起任局长，2006年12月起任党委副书记）	于庆昌（2000年11月—2006年9月） 邵士林（2006年12月—）	张同斌（2000年11月—2004年12月） 李国凯（2000年11月—2006年12月） 邵士林（2002年8月—） 韦之杰（2002年12月—） 陈桂平（2006年12月—）	张炳泉（2000年11月—2003年6月） 李玉连（2003年6月—）
浙江海事局	邱云龙（2001年1月—2003年6月） 顾德裕（2003年6月—2005年12月） 徐国毅（2005年12月起任局长；2005年12月—2007年11月任党委副书记，2007年11月起任党组副书记）	顾德裕（2001年1月—2003年6月） 董永芳（2003年6月—2005年12月） 孙立成（2005年12月—2007年2月） 黄大斌（2007年11月7日起任党委书记、副局长，20日党委书记改为党组书记）	施石根（2001年1月—2007年11月） 张宝晨（2001年1月—2004年8月） 冯　俊（2001年1月—2005年6月） 何易培（2002年9月—） 孙立成（2004年8月—2007年2月） 王长勇（2005年12月—）	董永芳（2001年1月—2003年6月任党委副书记） 施石根（2001年1月—2007年11月任党委副书记，2002年9月—2007年11月兼任纪委书记）
福建海事局	杨水来（2000年5月—2001年11月） 吴德训（2001年11月—2005年8月） 高　军（2005年8月起任局长，2007年6月起任党委副书记）	江德顺（2000年5月—2003年6月） 邱志雄（2003年6月—2007年6月） 陆鼎良（2007年6月起任党委书记、副局长）	邱志雄（2000年5月—2003年6月） 胡江山（2000年5月—2007年4月） 陈志武（2000年5月—2005年8月） 申亚平（女，2000年5月—2003年6月） 池津光（2003年6月—2005年8月） 肖跃华（2005年8月—） 李　伟（2005年8月—） 赵亚兴（2007年4月—）	邱志雄（2000年5月—2003年6月） 申亚平（女，2003年6月—）

续上表

机构	局　长	党委(党组)书记	副　局　长	党委副书记兼纪委书记 (党组副书记兼纪律检查组组长)
广东海事局	汪湘涛(2000年10月—2006年11月) 梁建伟(2006年11月起任局长、党委副书记)	钱保尔(2000年10月—2005年1月) 梁建伟(2005年1月—2006年11月) 刘恒伟(2006年11月起任党委书记、副局长)	吕锦尽(2000年10月—2005年1月) 吴德训(2000年10月—2001年11月) 莫　奇(2000年10月—) 李叔保(2000年10月—2002年11月) 谭永烈(2002年11月—2007年12月) 曹德胜(2002年11月—2005年8月) 张性平(2005年1月—) 钟国青(2006年11月—)	吕锦尽(2000年10月—2005年1月任党委副书记) 满福海(2000年10月—2007年12月任纪委书记，2005年1月—2007年12月任党委副书记)
广西海事局	耿文福(2001年2月—2007年11月) 李国凯(2007年11月起任局长、党委副书记)	耿文福(2001年2月—2002年10月) 梁　宇(2002年10月任党委副书记，主持党委工作，2006年12月起任党委书记，2007年11月起任副局长)	刘玉彬(2001年2月—2002年10月) 李华成(2001年2月—2007年11月) 张志颖(2001年2月—) 芦庆丰(2002年10月—2006年4月) 李国凯(2006年12月—2007年11月)	黄开元(2001年2月—2006年12月) 高建光(2007年11月—)
海南海事局	欧阳宝奎(2000年1月—2004年8月) 杨盘生(2004年8月起任局长、2007年6月起任党委副书记)	林嘉祥(2000年1月—2007年6月) 邱志雄(2007年6月起任党委书记、副局长)	王同礼(2000年1月—2003年7月) 杜梦怀(2000年1月—2004年8月) 吴　辉(2000年1月—) 张　捷(2003年7月—) 祁军辉(2004年8月—)	林嘉祥(2000年1月—2004年8月兼任纪委书记) 夏建兰(女，2000年1月起任党委副书记，2004年8月起兼任纪委书记)
长江海事局	胡体淦(2000年7月—2003年10月) 袁宗祥(2003年10月—)	刘开智(2000年7月任党委副书记、主持党委工作，2001年7月起任党委书记)	袁宗祥(2000年7月—2002年8月) 吴修鹏(2000年7月—2003年10月) 朱伟桥(2000年7月—2001年11月) 阮瑞文(2001年11月—2005年7月) 刘富华(2002年8月—) 李玉华(2003年10月—) 张奇南(2003年10月—2005年7月) 能学斌(2005年7月—) 朱汝明(2005年7月—)	鄢元超(2000年7月—2002年4月任党委副书记) 李玉华(2000年7月—2003年10月任纪委书记，2002年4月—2003年10月任党委副书记) 闻新祥(2003年10月—)
黑龙江海事局	孙晓秋(2002年5月—2007年6月) 王俊波(2007年6月起任局长、党委副书记)	卢晓萍(女，2002年5月—2005年2月任党委书记、副局长) 王仁民(2005年4月起任党委书记，2007年6月起任副局长)	王广德(2002年5月—) 金永灿(2002年5月—) 邵长青(2002年5月—)	胡国强(2002年5月—)

续上表

机构	局　长	党委(党组)书记	副　局　长	党委副书记兼纪委书记（党组副书记兼纪律检查组组长）
深圳海事局	吴显基(2000 年 4 月—2004 年 3 月) 张建斌(2002 年 12 月任副局长、主持行政工作，2004 年 3 月起任局长，2007 年 6 月起任党组副书记)	万松义(2000 年 4 月—2003 年 6 月任党组书记) 王国华(2003 年 6 月主持党组工作，2004 年 3 月—2007 年 6 月任党组书记) 林嘉祥(2007 年 6 月起任党组书记、副局长)	祁军辉(2000 年 4 月—2004 年 8 月) 谭永烈(2000 年 4 月—2002 年 11 月) 林志豪(2000 年 4 月—) 王建华(2004 年 8 月—)	马建华(2001 年 4 月—2002 年 12 月) 王国华(2002 年 12 月—2004 年 3 月任党组副书记，2002 年 12 月—2007 年 6 月兼任纪律检查组组长) 林嘉祥(2007 年 6 月起兼任纪律检查组组长)
营口海事局	徐津津(2000 年 6 月—2003 年 2 月) 王杰武(2003 年2 月—)	李广平(2000年6 月—)	李国平(2000 年 6 月—2004 年 11 月) 王兴邦(2000 年 6 月—) 张凤伟(2005 年 1 月—)	柳絮深(2000 年 6 月—)
烟台海事局	马喜臣(2000 年 6 月—2001 年 9 月) 侯景华(2001 年 9 月—2003 年 5 月) 王俊波(2003 年 10 月主持行政工作，2004 年 11 月—2007 年 7 月任局长，2006 年 7 月—2007 年 7 月任党委副书记) 马玉清(2007 年 7 月起任局长、党委副书记，12 月党委副书记改为党组副书记)	钟　阳(2000 年 6 月—2004 年 5 月) 王宏图(2004 年 6 月—2006 年 7 月任党委副书记，主持党委工作) 马玉清(2006 年 7 月—2007 年 7 月任党委书记、副局长) 孙晓秋(2007 年 7 月任党委书记、副局长，12 月党委书记改为党组书记)	王俊波(2000 年 6 月—2004 年 11 月) 韩鲁蓬(2001 年 9 月—) 丰彦文(2003 年 10 月—2005 年 3 月) 张杰平(2003 年 10 月—)	李炳岩(2000 年 6 月—2005 年 3 月) 丰彦文(2005 年 3 月—2007 年 12 月任党委副书记兼纪委书记，2007 年 12 月起任党组副书记兼纪律检查组组长)
连云港海事局	丁培良(2000 年 1 月—2004 年 11 月) 陆鼎良(2004 年 11 月—2007 年 7 月) 常富治(2007 年 7 月起任局长、党委副书记)	武　军(2000 年 1 月—2003 年 2 月) 陆鼎良(2003 年 6 月—2004 年 11 月) 赵东野(2004 年 11 月起任党委书记，2007 年 7 月起任副局长)	韦之杰(2000 年 1 月—2002 年 12 月) 施俊标(2000 年 1 月—) 缪昌文(2001 年 10 月—) 张　浩(2004 年 11 月—) 芦庆丰(2006 年 4 月—)	施俊标(2001 年 1 月—)
厦门海事局	池津光(2000 年 3 月—2003 年 6 月) 郑东兵(2003 年6 月—)	洪我追(2000 年 3 月—2005 年 4 月) 郑卓凡(2005 年 4 月—)	郑卓凡(2000 年 3 月—) 王宏生(2000 年 3 月—2006 年 5 月) 李　伟(2003 年 6 月—2006 年 1 月) 王高耀(2006 年 1 月—) 林文璋(2006 年 5 月—)	陈正杰(2000 年 3 月—)

续上表

机构	局　长	党委(党组)书记	副　局　长	党委副书记兼纪委书记（党组副书记兼纪律检查组组长）
汕头海事局	陈新流(2000 年 5 月—2005 年 9 月任局长、党委副书记) 江德亮(2005 年 9 月起任局长，2006 年 7 月起任党委副书记)	徐俊池(2000 年 5 月—2003 年 2 月任党委书记、副局长) 江德亮(2003 年 7 月—2006 年 7 月) 刘丽扬(女，2006 年 7 月起任党委书记、副局长)	江小明(2000 年 5 月—) 余汉坚(2000 年 5 月—) 陈佳云(2000 年 5 月—)	刘楚兴(2000 年 5 月—2003 年 7 月) 周耀华(2003 年 7 月—)
湛江海事局	张建斌(2000 年 4 月—2002 年 12 月) 钟国青(2003 年 7 月—2007 年 1 月任局长，2006 年 7 月—2007 年 1 月任党委副书记) 李国平(2007 年 1 月起任局长、党委副书记)	范亚祥(2000 年 4 月—2004 年 6 月) 刘楚兴(2006 年 7 月任党委书记、副局长)	彭建忠(2000 年 4 月—2003 年 7 月) 李华汉(2000 年 4 月—2001 年 4 月) 邓本荣(2000 年 4 月—2001 年 4 月) 陈云峰(2000 年 4 月—2001 年 4 月) 申春生(2001 年 4 月—) 骆伟强(2003 年 7 月—)	刘兆光(2000 年 4 月—2001 年 4 月) 陈云峰(2001 年 4 月—2003 年 7 月) 刘楚兴(2003 年 7 月—2006 年 7 月) 王争鸣(2006 年 7 月—)
济南海事局	曲启文(2001 年 1 月—2003 年 2 月兼任局长、党委副书记) 郑东兵(2003 年 2 月—2003 年 7 月) 许仁华(2003年10 月—)	郑东兵(2001 年 1 月—2003 年 7 月任党委书记，2001 年 1 月—2003 年 2 月任副局长) 许仁华(2003年10 月—)	吴绍煜(2001 年 1 月—2007 年 1 月) 高法清(2001 年 1 月—) 徐智海(2007 年 1 月—)	吴绍煜(2001 年 1 月—2007 年 1 月) 徐智海(2007 年 1 月—)
宁波海事局	高　军(2001 年 4 月—2005 年 10 月) 周荣祥(2005 年 10 月起任局长、2007 年 4 月起任党委副书记)	董永芳(2001 年 4 月—2004 年 8 月兼) 张燕峰(2004 年 8 月—2007 年 4 月) 胡其红(2007 年 4 月起任党委书记、副局长)	何易培(2001 年 4 月—2002 年 9 月) 周荣祥(2001 年 4 月—2005 年 10 月) 亓卫国(2001 年 4 月—2007 年 9 月) 梁永铭(2002 年 11 月—) 王宏生(2006 年 5 月—)	许弟恒(2001 年 4 月—2007 年 4 月) 徐承荣(2007 年 8 月—)

说明：① 括号内为任职时间。

② 自 2000 年起，各直属海事局不再设监督长、副监督长。

③ 除深圳海事局设置党组和纪律检查组外，其他各直属海事局原设置党委、纪委，2007 年 11 月后，上海、浙江、山东、烟台海事局改设党组和纪律检查组。

④ 河北海事局机构规格于 2006 年 5 月升为正厅级。

【交通部海事局调出任职领导干部】

1999 年至 2007 年，交通部从交通部海事局机关共调出 15 名干部，到其他单位任司局级领导干部职务。

1999—2007 年交通部海事局调出任职其他单位司局以上领导干部名录 表 21-5-6

姓名	调出后任职职务和任职时间
胡江山(男)	2000 年 5 月—2007 年 4 月，任福建海事局副局长 2007 年 4 月起任交通部公安局副局长
宋家慧(男)	2000 年 9 月起任交通部海上救助打捞局局长
张宝晨(男)	2001 年 1 月—2004 年 8 月，任浙江海事局副局长 2004 年 8 月起任山东海事局局长
黄先耀(男)	2001 年 10 月—2004 年 2 月，任监察部驻交通部监察局局长 2004 年 2 月—2004 年 8 月，任黑龙江省人民政府副秘书长(挂职) 2004 年 8 月起任交通部副部长
梁　宇(男)	2002 年 10 月—2006 年 12 月，任广西海事局党委副书记(主持党委工作) 2006 年 12 月起任广西海事局党委书记
曹德胜(男)	2002 年 11 月—2005 年 8 月，任广东海事局副局长 2005 年 8 月起任交通部水运司副司长
王金付(男)	2003 年 2 月—2005 年 12 月，任辽宁海事局局长
智广路(男)	2003 年 6 月起任上海海事局副局长
赵东野(男)	2004 年 11 月起任连云港海事局党委书记
何建中(男)	2005 年 6 月—2007 年 3 月，任大连市人民政府副市长(挂职) 2007 年 3 月起任交通部体改法规司司长
翟久刚(男)	2005 年 6 月起任中国海上搜救中心总值班室主任(副局级)
徐国毅(男)	2005 年 12 月起任浙江海事局局长
陈　鹏(男)	2007 年 1 月起任辽宁海事局副局长
徐鹏展(男)	2007 年 1 月起任河北海事局党委副书记兼纪委书记
范亚祥(男)	2007 年 4 月起任交通部长江口航道管理局党委书记

【海事系统先进个人】

1999 年至 2007 年，交通部直属海事系统共有 2 人获得由国务院授予的全国劳动模范荣誉称号，15 人获得由中华全国总工会、中华全国妇女联合会、共青团中央授予的荣誉称号。2004 年 2 月 16 日，交通部海事局在全国海事系统各单位层层推荐、公示、评选的基础上，发文公布了 10 名全国海事系统“海事行政执法标兵”名单。

1999—2007 年直属海事系统获全国性荣誉称号先进个人名录 表 21-5-7

姓名	性别	所在单位	荣誉称号	获奖时间
陈纪如	男	九江海事局	全国“五一”劳动奖章	1999 年
张继杰	男	武汉海事局	全国“五一”劳动奖章	1999 年
朱可欣	女	交通部海事局安全管理处	全国优秀共青团员	2001 年
陈韵娴	女	上海吴泾海事处	全国“三八”红旗手	2002 年

续上表

姓名	性别	所在单位	荣誉称号	获奖时间
黄灿明	男	广东海事局广州航标处	全国"五一"劳动奖章	2002 年
王炳交	男	天津海事局青岛航标处	全国"五一"劳动奖章 全国劳动模范	2002 年 2005 年
苏贵聪	男	广东海事局汕头航标处	全国劳动模范	2005 年
崔永发	男	天津海事局天津航标处	全国"五一"劳动奖章	2006 年
肖伟如	男	东莞海事局执法巡查大队	全国"五一"劳动奖章	2006 年
姚泽炎	男	长江引航中心南通引航站	全国"五一"劳动奖章	2006 年
石腾阁	女	天津海事局党委工作部	全国巾帼建功标兵	2007 年
王　军	女	宁波大榭海事处	全国巾帼建功标兵	2007 年
黄机宏	男	深圳南山海事处	全国"五一"劳动奖章	2007 年
姜　新	男	南通海事局执法支队	全国"五一"劳动奖章	2007 年
王翠强	男	广东海事局湛江航标处	全国"五一"劳动奖章	2007 年
黄习刚	男	深圳海事局信息化工作办公室	全国"知识型"职工先进个人	2007 年

2004 年全国海事系统"海事行政执法标兵"名录　　表 21-5-8

姓名	性别	所在单位	姓名	性别	所在单位
马　军	男	上海吴泾海事处	肖伟如	男	东莞沙田海事处
邢士占	男	辽宁海事局通航管理处	许俊辉	男	芜湖荻港海事处
王海宇	男	威海海事局	彭恩富	男	扬州市地方海事局
吴周宏	男	镇江大沙海事处	骆曼萍	女	淮南市地方海事局
张钧浩	男	宁波海事局	曾昭文	男	云南省地方海事局

附　　录

国务院办公厅关于印发交通部职能配置内设机构和人员编制规定的通知(节选)

(国务院办公厅　国办发[1998]67号　1998年6月18日)

各省、自治区、直辖市人民政府，国务院各部委、各直属机构：

《交通部职能配置、内设机构和人员编制规定》经国务院批准，现予印发。

交通部职能配置、内设机构和人员编制规定

根据第九届全国人民代表大会第一次会议批准的国务院机构改革方案和《国务院关于机构设置的通知》(国发[1998]5号)，设置交通部。交通部是主管公路和水路交通行业的国务院组成部门。

一、职能调整(略)

二、主要职责(略)

三、内设机构(略)

四、人员编制(略)

五、其他事项

(一)(略)

(二)关于水上安全监督管理体制。

沿海(包括岛屿)海域和港口、对外开放水域及主要跨省、自治区、直辖市内河(长江、珠江、黑龙江)干线及港口的水上安全监督管理，实行"一水一监、一港一监"垂直管理体制，由交通部统一领导。合并中央与地方的水上安全监督机构，统一政令、统一布局、统一监督管理；在统一领导体制下，界定有关水域的中央与地方的管理分工。

中华人民共和国船检局(交通部船舶检验局)与中国船级社实行"局社、政事分开"，同中华人民共和国港务监督局(交通部安全监督局)合并组建中华人民共和国海事局(交通部海事局)。海事局为交通部直属机构，局长由交通部主管副部长兼任，实行垂直管理体制。主要负责行使国家水上安全监督管理和防止船舶污染、船舶及海上设施检验、航海保障的管理职权。

中国船级社作为社团组织(事业法人)，承担船舶及海上设施的具体检验业务。

交通部长江航务管理局、珠江航务管理局、黑龙江航务管理局为交通部派出机构，对所在内河行使航运行政主管部门职责。其中，黑龙江航务管理局在政企分开、减员增效、逐步扭亏的基础上下放给地方管理。

(三)(略)

(四)(略)

关于中华人民共和国海事局(交通部海事局)主要职责、内设机构和人员编制的通知

(交通部　交人劳发[1998]691号　1998年11月11日)

部直属及双重领导各单位，部内各单位：

根据国务院批准的《交通部职能配置、内设机构和人员编制规定》和中央机构编制委员会办公室《关于中华人民共和国海事局(交通部海事局)主要职责和人员编制的批复》(中编办字[1998]40号)，设置中华人民共和国海事局(交通部海事局，以下简称海事局)，为交通部直属机构，实行垂直管理体制，主要负责国家水上安全监督和防止船舶污染、船舶及海上设施检验、航海保障管理与行政执法，并履行交通安全生产等管理职能。中华人民共和国海事局保留使用中华人民共和国港务监督局和中华人民共和国船舶检验局的名称。现将其主要职责、内设机构和人员编制通知如下：

一、主要职责

(一)拟订和组织实施国家水上安全监督管理和防止船舶污染、船舶及海上设施检验、航海保障以及交通行业安全生产的方针、政策、法规和技术规范、标准。

(二)统一管理水上安全和防止船舶污染。监督管理船舶所有人安全生产条件和水运企业安全管理体系；调查、处理水上交通事故、船舶污染事故及水上交通违法案件；归口管理交通行业安全生产工作。

(三)负责船舶、海上设施检验行业管理以及船舶适航和船舶技术管理；管理船舶及海上设施法定检验、发证工作；审定船舶检验机构和验船师资质、审批外国验船组织在华设立代表机构并进行监督管理；负责中国籍船舶登记、发证、检查和进出港(境)签证；负责外国籍船舶入出境及在我国港口、水域的监督管理；负责船舶载运危险货物及其他货物的安全监督。

(四)负责船员、引航员适任资格培训、考试、发证管理。审核和监督管理船员、引航员培训机构资质及其质量体系；负责海员证件的管理工作。

(五)管理通航秩序、通航环境。负责禁航区、航道(路)、交通管制区、港外锚地和安全作业区等水域的划定；负责禁航区、航道(路)、交通管制区、锚地和安全作业区等水域的监督管理，维护水上交通秩序；核定船舶靠泊安全条件；核准与通航安全有关的岸线使用和水上水下施工、作业；管理沉船沉物打捞和碍航物清除；管理和发布全国航行警(通)告，办理国际航行警告系统中国国家协调人的工作；审批外国籍船舶临时进入我国非开放水域；办理港口对外开放的有关审批工作和中国便利运输委员会的日常工作。

(六)负责航海保障工作。管理沿海航标、无线电导航和水上安全通信；管理海区港口航道测绘并组织编印相关航海图书资料；归口管理交通行业测绘工作；组织、协调和指导水上搜寻救助并负责中国海上搜救中心的日常工作。

(七)组织实施国际海事条约；履行“船旗国”及“港口国”监督管理义务，依法维护国家主权；负责有关海事业务国际组织事务和有关国际合作、交流事宜。

(八)组织编制全国海事系统中长期发展规划和有关计划；管理所属单位基本建设、财务、教育、科技、人事、劳动工资、精神文明建设工作；负责船舶港务费、船舶吨税有关管理工作；负责全国海事系统统计和行风建设工作。

（九）承办交通部交办的其他事项。

二、内设机构

根据以上主要职责，中华人民共和国海事局（交通部海事局）设置12个职能处（室）和两个党的工作机构：

（一）办公室

组织协调局机关日常事务，负责文秘、信息、新闻、档案、信访、保密和机关行政事务的管理工作；负责所属单位有关海事业务的国际事务工作。

（二）法规规范处

组织拟订船舶技术政策和综合性海事法规；制订并组织实施船舶和海上设施法定检验技术规范、规则；管理全国海事系统的法制工作；跟踪和研究、实施有关国际海事公约；实施全国海事系统的标准化和质量管理工作。

（三）计划基建处

组织编制、上报并下达全国海事系统中长期发展规划和有关计划，管理所属单位固定资产投资计划和基本建设、科技项目并组织实施；负责所属单位基建的前期审查、项目管理、竣工验收；负责所属单位的装备管理；负责全国海事系统统计、信息工作。

（四）财务会计处

代部管理所属单位资产，负责局机关和所属单位的财务会计工作，研究提出船舶港务费、船舶吨税征收管理办法的修订意见；汇编局机关和所属单位的财务预、决算；核定所属单位年度经费收支计划；负责船舶港务费、船舶吨税的汇缴和请款，检查监督预算的执行情况；负责对所属单位财会部门的负责人任免提出意见。

（五）人事教育处

按照管理权限负责局机关和所属单位的人事、劳动工资、机构编制、教育培训和技术干部工作；归口管理全国海事系统业务培训工作。

（六）通航管理处（中国海上搜救中心办公室）

管理通航秩序和通航环境；组织实施水上巡逻和交通管制，维护水上交通秩序；划定航道（路）、禁航区、交通管制区、港外锚地和安全作业区等水域；管理航道（路）、禁航区、交通管制区、锚地和安全作业区等水域；负责水上水下施工作业（含使用岸线）碍航性审核和监督检查，管理沉船沉物打捞和碍航物清除；管理航行警（通）告工作；负责水上搜救、船舶污染水域清除和监控值班；管理水上安全通信和信息网络运行工作；负责国际搜救卫星组织事务和船舶报告制工作。

（七）船舶监督处（中国便利运输委员会办公室）

负责船舶登记和适航管理；管理船舶装运危险货物及其他货物的安全监督工作；管理船舶安全检查工作并负责亚太地区港口国监督合作事务；负责船舶最低安全配员管理工作；负责防止船舶污染的监督管理工作；审批外国籍船舶临时进入我国非开放水域，承办港口对外开放的有关审批工作；负责船舶进出港（境）有关手续的管理工作；办理中国便利运输委员会办公室日常工作。

（八）船舶检验处

管理船舶检验和船舶技术监督工作；监督管理中国籍船舶、海上设施及在我国沿海作业的外国海上设施的法定检验发证工作；审定船检机构及验船师资质并实施监督管理；承办法定检验授权事宜；审批外国验船组织在我国设立代表机构并实施监督管理。

（九）船员管理处

负责船员管理工作。组织制定船员、引航员、磁罗经校正员和海上设施检验工作人员适任资格标准；管理船员、引航员、磁罗经校正员培训、考试、发证工作；审定船员、引航员、磁罗经校正员技术培训机构资质并管理其质量体系审核工作；负责海员证件管理工作。

（十）航标测绘处

负责沿海航标和无线电导航管理；负责海区港口航道测绘管理工作和交通系统测绘归口管理工作，组织中国海区有关航海图书资料的编印、发行和改正工作；组织航标、交通管理系统等助航设施的维护管理工作。

（十一）安全管理处（交通部安全委员会办公室）

负责水上安全综合管理和事故处理工作。综合协调和指导水运安全生产工作，归口管理交通行业安全生产并承办交通部安全委员会的日常工作；管理水上交通事故的报告、调查、处理、统计分析和跟踪结案工作，具体组织重大特大水上交通事故的调查处理和跟踪结案；管理并组织水运企业安全生产条件和安全管理体系审核发证工作。

（十二）审计处

负责对所属单位资产管理、财务收支以及专项资金和船舶港务费、船舶吨税等规费的征收使用管理情况进行审计；管理所属单位内部审计工作。

党委工作部

按规定管理局机关干部和所属单位领导干部；负责局机关及在京所属单位的党群工作；负责所属单位精神文明建设，指导全国海事系统行风建设和宣传工作。

纪委办公室（监察处）

负责所属单位的纪律监督和行政监察；在职权范围内调查处理违纪案件；负责所属单位反腐倡廉工作。

三、人员编制

中华人民共和国海事局（交通部海事局）暂定事业编制90名，参照公务员管理。局长由交通部主管副部长兼任。局级领导职数6名，其中：常务副局长1名，党委书记1名，副局长3名，党委副书记兼纪委书记1名；处级领导职数31名。

关于印发《交通部直属海事系统各级海事机构主要职责分工的暂行规定（业务部分）》的通知

（交通部海事局　海人教[2001]562号　2001年9月20日）

各直属海事局：

根据中编办《关于中华人民共和国海事局（交通部海事局）主要职责和人员编制的批复》（中编办字[1998]40号）和《国务院办公厅关于印发交通部直属海事机构设置方案的通知》（国办发[1999]90号）精神，我局组织制订了《交通部直属海事系统各级海事机构主要职责分工的暂行规定（业务部分）》，现印发给你们。

各局要严格按照文件的规定划分、调整、完善各级海事机构职责分工，并尽快落实到位。各局可依照本规定的分工制订实施细则，但除有第八十四条（编者注：原文如此）规定的情形外，不得对各级海事机构的业务分工进行调整。各局在执行过程中，有何问题与建议应以书面形式向部海事局报告，部海事局将在适当时候对各级海事机构职责分工的落实情况进行检查。

交通部直属海事系统各级海事机构主要职责分工的暂行规定（业务部分）

第一章　总则

第一条　为规范各级海事机构职责分工，根据《国务院办公厅关于印发交通部直属海事机构设置方案的通知》（国办发[1999]90号）、《关于中华人民共和国海事局（交通部海事局）主要职责和人员编制的批复》（中编办[1998]40号）和《交通部直属海事机构设置指导意见》（交人劳发[2000]180号）的有关规定和要求，制定本规定。

第二条　本规定适用于部海事局、直属海事局、分支海事局（处）、基层海事处的职责分工。

第三条　确定直属海事系统各级海事机构主要职责分工的原则：

分级管理的原则。充分发挥四级海事机构的作用，实现管理资源的合理配置，发挥海事系统的整体功能。

转变职能、简政放权的原则。在确定各级海事机构基本定位的基础上，对各级海事机构主要职责进行科学、合理地划分，避免层级之间的职责交叉、工作错位，做到权责一致。

依法授权、依法定责的原则。各级海事机构职责的确定应与国家现行法律、行政法规保持一致。

体现普遍性的原则。按照现行的海事管理的基本模式进行职责分工，对于因现行体制、机构设置、管理区域等客观情况，造成职责分工的特殊问题将作个案处理。

第四条　直属海事系统各级海事机构职责分工的基本指导思想：

部海事局主要负责海事系统各项业务工作的统一领导；负责海事系统重大问题的组织协调；负责海事政策、法规的研究制订；代表国家对外履约以及负责海事系统与上级机关和有关部门的工作协调；全面负责对海事系统各项工作的监督检查。

直属海事局主要负责辖区内各项业务工作的统一管理；承办辖区内重要业务工作的组织、管理；对所属机构执法工作和其他工作的监督检查；协助地方、人大拟订有地域性特点的特殊规定。

分支海事局（处）具体负责有关水上安全监督管理的政策、法律、法规、规章、标准和操作规程在辖区范围内的贯彻执行，以承办有关海事业务事项的审核、审批工作为主。

基层海事处负责对辖区内水上安全实施现场监督和管理。

第五条　本规定为直属海事系统内部各级海事机构业务分工的依据，不作为对外执法的根据，执法行为必须依据现行有效的法律、法规、规章实施。

第二章　部海事局

第六条　领导全国水上安全监督管理、防止船舶污染、航海保障、船舶和海上设施检验工作，对各级海事机构业务工作实施监督检查；协调处理各项海事业务工作中的重大问题；负责交通部安全委员会办公室的日常工作。

第七条　拟订和审核有关水上安全监督管理、防止船舶污染、航海保障、船舶和海上设施检验的法律、法规、规章、规范、标准和操作规程，并指导各直属海事局的立法工作；负责全国海事行政执法工作的组织实施与监督检查、指导；统一组织、协调和指导国际条约的履约工作；负责国际国内海事法规的汇编、翻译和出版工作。

第八条　指导直属海事系统行政复议和行政诉讼工作，受理对直属海事局的复议案件。

第九条　划定、审批和公布沿海航路、各水上安全管辖区、禁航区、搜救区、引航区、交通管制区、港外涉外锚地。

第十条　审批跨海区巡航、进入禁航区作业、外商或外国籍船舶参与打捞沿海沉船、沉物，协调划定海洋倾废区、铺设和拆除沿海电缆、管道设施的涉及通航安全事宜的审核工作。

第十一条　协调一类口岸开放的审核工作，代部审批外国籍船舶临时进入我国非开放水域，负责中国便利海上运输委员会办公室工作。

第十二条　制订港口国监督机构、船舶登记机构的资质标准和港口国监督检查员及其他类海事官员的任职标准，确定船舶登记机构的登记范围，制订船用规范性文书。

第十三条　制订船员教育和培训质量管理体系标准；制定考试、评估和发证质量体系标准并负责审核工作；制定船员、引航员、磁罗经校正人员和海上设施有关人员的任职资格、配备标准，以及考试、评估大纲和专业与特殊培训纲要，建立试题库及管理考试组卷工作，并组织全国统考；负责海员出入境证件签发工作的管理和非船员办理出入境证件的审批。

第十四条　负责船员培训机构、船员公司、船员中介机构资质标准的制订和行业管理工作；制定引航机构的安全资质标准。

第十五条　负责国际航行航运公司安全管理体系的审核和发证工作。

第十六条　调查或参与调查一次死亡50人及以上水上交通事故，审批一次死亡10人及以上水上交通事故或有较大影响的事故结案；组织和协调重大船舶污染事故(溢油或污染危害性物质50吨及以上)的应急反应和调查处理。

第十七条　组织拟订全国及各海区溢油应急计划，实施全国溢油应急计划，协调组织海区溢油应急计划的实施。

第十八条　负责全国海区航标的总体布局规划，审批重要海区公用航标和第一类航标的设置、撤除或变更；确定各海区航标管辖范围，审批增加航标管理数量。

第十九条　审批各海区测绘范围和年度测绘任务；归口管理交通行业测绘工作。

第二十条　统一管理和指导全国航行警(通)告的发布工作，直接发布国家重要航行警(通)告，承担世界航行警告系统中国国家协调人的职责。

第二十一条　负责全国水上遇险安全通信和搜救信息网络管理工作。

第二十二条　拟订全国水上搜救的法律、法规、规章、标准和操作规程；组织、协调重大或跨搜救责任区的海上搜救行动；组织跨搜救责任区的搜救演习；负责中国海上搜救中心办公室工作。

第二十三条　审批外国验船机构在华设立验船机构；负责船舶法定检验授权，对被授权机构和验船师进行资质审核；受理有关船舶检验的投诉；办理船检规范免除及等效处理。

第二十四条　负责水上安全监督管理、防止船舶污染、航海保障、船舶和海上设施检验工作的国际事务。

第三章　直属海事局

第二十五条　对辖区内水上安全监督管理、防止船舶污染、航海保障、船舶及海上设施检验工作实施宏观管理和监督检查；协调处理辖区海事业务工作中的重大问题。

第二十六条　拟订辖区内有关水上安全监督管理、防止船舶污染、航海保障、船舶及海上设施检验方面的特别规定或协助地方政府、人大拟订区域性有关海事管理的法规、规章。

第二十七条　管理辖区内巡航工作，负责各分支海事局(处)辖区以外水域的巡航工作。

第二十八条　划定、审批和公布辖区航路、港外水上非涉外锚地、危险货物过驳作业点；参与有关部门关于海域划定方面的协调工作；负责特定水域交通管制区的通航管理工作；负责辖区内水上储库过驳作业的审批和监督管理。

第二十九条　审核辖区水域内重大的或跨区域的水上水下施工项目通航安全事宜；审批各分支海事局(处)辖区以外水域的沉船、沉物打捞以及碍航物清除工作。

第三十条　调查或参与调查辖区内涉外水上交通事故和一次死亡 10 人及以上水上交通事故，审批辖区内一次死亡 3 人及以上水上交通事故的结案。

第三十一条　审核权限范围内船员教育和培训机构质量管理体系；负责权限范围内一、二级引航员、磁罗经校正人员、海上设施有关人员、海船船员甲、乙类和内河船员一、二等适任证书的考试、发证和管理工作；负责海员证及船员出境证明的签发和管理工作。

第三十二条　监督和审核权限范围内船员公司、船员中介机构、船员培训机构的资质和引航机构的安全资质。

第三十三条　负责辖区内航运公司所属或所经营的国际航行船舶的登记工作，以及所登记的国际航行船舶有关船舶管理和危管防污方面的法定证书、操作性手册和文书的签发和审批。

第三十四条　受理外国籍船舶临时进入辖区非开放水域的申请；协调和审核辖区内二类口岸开放工作。

第三十五条　负责权限范围内港口国监督机构和港口国监督检查员的审批。

第三十六条　负责辖区内非国际航行航运公司安全管理体系的审核、发证及所有航运公司安全管理体系运行的日常监督。

第三十七条　组织实施海区(编制溢油应急计划时所确定的范围)溢油应急计划，审批辖区内港口溢油应急计划；组织和协调辖区内溢油(污染危害性物质)10 吨及以上、50 吨以下的船舶污染事故的应急反应和调查处理。

第三十八条　负责辖区内危险货物申报员和权限范围内集装箱装箱检查员的培训、考试和发证。

第三十九条　规划、设置、维护和保护权限范围内的海区助航标志。

第四十条　审查权限范围内海区重要公用助航标志设置，审批其他助航标志设置，负责权限范围内水运工程项目中助航标志配布设计的审查、审批和竣工验收工作；负责助航标志通报的动态管理工作。

第四十一条　负责权限范围内港口航道的测绘及其管理工作。

第四十二条　管理辖区内水上遇险安全通信工作。

第四十三条　负责权限范围内航行警(通)告的发布及管理工作。

第四十四条　作为省级海上搜救中心办公室，负责组织、协调搜救责任区内的重大海上搜救行动，处理省级海上搜救中心日常业务。

第四十五条　负责权限范围内船舶检验管理工作；受理权限范围内有关船舶检验的投诉。

第四十六条　负责权限范围内船舶、海上设施及相关船用产品法定检验、审图和发证的管理工作。

第四十七条　审核权限范围内船舶检验机构资质，负责权限范围内验船人员的考试、发证工作和外国驻华验船机构的监督管理。

第四十八条　在权限范围内审查船舶修造企业的技术条件、无损检测机构资质，考核船舶焊工、无损检测人员。

第四十九条　负责辖区内海事业务的统计上报工作。

第四章　分支海事局(处)

第五十条　负责辖区水上安全监督管理、防止船舶污染、航海保障工作；按照统一要求，负责辖区内执法工作的监督检查。

第五十一条　协调、划定、审核或审批辖区内水域港内非涉外锚地、临时锚地、安全作业区、船舶调头区、水产养殖区、挖沙区、引航员登(离)船点，以及水上游览、水上体育竞技活动区域。

第五十二条　审核辖区内与通航安全有关的港区岸线使用和辖区内水上水下施工项目通航安全事宜；审批有关施工船舶。

第五十三条　负责辖区内水上巡航工作；管理辖区内交通管理系统；对辖区内引航工作监督管理。

第五十四条　审批辖区内沉船、沉物打捞和碍航物清除，以及航行通告和航行警告的发布工作。

第五十五条　负责权限范围内海船船员丙、丁类和内河船船员三、四等适任证书的考试、发证和跟踪管理工作；船员的专业和特殊培训的考试、发证；负责三级引航员的考试、发证。

第五十六条　负责辖区内航运公司的船员注册和船员服务簿的签发、审核和签注工作。

第五十七条　负责辖区内航运公司所属或所经营的非国际航行船舶的登记工作，以及所登记的非国际航行船舶的管理和危管防污方面的法定证书、操作性手册和文书的签发和审批；受理辖区内航运公司所属或所经营的国际航行船舶的登记申请，并进行初审〔该国际航行船舶的船籍港为受理申请的分支海事局(处)所在港口〕。

第五十八条　审批国际航行船舶进出辖区港口、港外装卸作业点。

第五十九条　实施辖区港口国监督和中国籍国际航行船舶安全检查，以及船舶防污染设备和证书、文书的检查。

第六十条　调查处理辖区内非涉外、一次死亡 3 人及以上水上交通事故，以及辖区内一次死亡 3 人以下(不含 3 人)水上交通事故的结案审批。

第六十一条　办理辖区内外国籍船舶的海事签证。

第六十二条　审批辖区码头、装卸站点溢油应急计划，组织和协调辖区内溢油(污染危害性物质)1 吨及以上、10 吨以下的船舶污染事故的应急反应和调查处理。

第六十三条　负责辖区内港区水域污染监视及船舶拆解的防污染监督工作。

第六十四条　审核辖区内排污口设置和海洋工程、海岸工程环境影响报告书。

第六十五条　审批辖区内从事危险货物装卸作业的码头和液货舱清洗队伍、船舶污染物接收处理单位的资格，审批和监督一般液货船过驳作业。

第六十六条　参与辖区内非干线航道助航标志配布的审核。

第六十七条　作为海上搜救分中心办公室，协助省级搜救中心组织、协调责任区内的搜救行动，处理海上搜救分中心的日常业务。

第五章　基层海事处

第六十八条　负责辖区水域内禁航区、航道、交通管制区、锚地、安全作业区、施工作业区等区域的现场安全监督和秩序管理。

第六十九条　维护辖区水域内水上游览区、水上体育竞技活动区的现场通航秩序。

第七十条　监督辖区内引航工作。

第七十一条　监督检查辖区码头、泊位安全状况，监督辖区锚地、航道、调头区、泊位水深情况。

第七十二条　受理辖区内航运公司所属或所经营的非国际航行船舶的登记申请，并进行初审(如果该基层海事处辖区为一独立港口，则受理登记申请的非国际航行船舶的船籍港即为该港口)。

第七十三条　应急处理辖区水域内有碍通航秩序、影响通航环境的异常情况。

第七十四条　现场监督检查辖区内船舶的船员配备、持证、适任、值班等情况；负责权限范围内内河船员五等适任证书的考试、发证工作。

第七十五条　负责辖区内的国际航行船舶进出口查验和国内航行船舶进出港签证。

第七十六条　负责辖区内国内航行船舶的安全检查，以及船舶防污染设备和证书、文书的检查。

第七十七条　现场监督检查辖区内船舶、设施的航行、停泊和作业情况，处理辖区内船舶、设施的违法行为。

第七十八条　审批和现场监督辖区内船舶明火作业、熏蒸作业等需经批准后方可进行的作业。

第七十九条　调查处理辖区内非涉外、一次死亡 3 人以下(不含 3 人)水上交通事故；配合辖区内所有水上交通事故的现场初步调查和取证工作。

第八十条　负责辖区内中国籍船舶的海事签证。

第八十一条　负责辖区内船舶载运危险货物的申报审批及现场监督。

第八十二条　审批辖区内船舶排放洗、压舱水和舱底水；负责辖区内船舶拆解的防污染的现场监督管理和船舶污油水、残油及生活垃圾等接收工作的监督管理。

第八十三条　负责辖区内港区、码头和船舶溢油应急计划的监督实施及港区水域污染监视，应急处理船舶污染事故；调查处理溢油(污染危害性物质)低于 1 吨的小规模船舶污染事故。

第八十四条　负责辖区助航标志的监督检查。

第六章　附则

第八十五条　本职责分工是以四级管理为基本框架，对只有三级管理层次的职责分工，按以下情况处理：

1. 直属海事局所属分支海事局(处)，在某一区域内不设基层海事处的，则由分支海事局(处)在履行分支海事局(处)职责的同时履行基层海事处职责。

2. 直辖市和港口直属海事局的分支海事局(处)原则上应履行本规定中分支海事局(处)和基层海事处职责；其分支海事局(处)履行部分分支海事局(处)职责确有困难或明显不合理的(如将造成资源

上浪费或不利于建立监督机制等)，这部分职责可由直属海事局直接履行。

3. 直属海事局所属的直属基层海事处，其业务工作在履行本规定基层海事处职责的同时，履行本规定分支海事局(处)职责。

第八十六条　凡由部海事局和直属海事局负责审核、审批的工作，均应由其下一级海事机构负责受理；凡受理申请的海事机构，均应负责将办理结果通知申请人。

第八十七条　各直属海事局可依照本规定的分工制订实施细则。直属海事局所属的各航标处、站的内部管理分工，由有关直属海事局参照本规定予以确定。

第八十八条　本规定下列用语含义为：

“辖区”指上级海事机构规定的下级海事机构水上安全管辖区；

“权限范围”指部海事局就某项海事业务进行授权时，指定的某一海事机构负责该项业务的范围。

第八十九条　本规定由部海事局负责解释。

第九十条　本规定自颁布之日起执行。

关于印发《海事行政执法人员守则》的通知(节选)

(交通部海事局　海事字[2001]280号　2001年5月25日)

部直属各海事局，各省、自治区、直辖市地方海事局：

为树立海事系统行政执法人员良好的职业道德，统一规范海事行政执法人员职业形象，现将《海事行政执法人员守则》印发给你们，请组织广大海事执法人员认真学习，广泛宣传，严格遵守。

为便于学习和使用，《海事行政执法人员守则》分为全本和简本(见附件一、二)，全本一般用于教材、手册等培训学习及其他适用的地方，简本一般用于标语、卡片等内外宣传及其他适用的地方。

附件一：

海事行政执法人员守则(全本)

一、政治坚定，热爱祖国海事事业。做到服务人民，奉献社会，保障水上交通安全，保护水域环境，维护国家权益。

二、忠诚法律，树立海事法治观念。做到依法行政，不枉不纵，执法行为合法、公正、合理、适当，法律法规有效实施。

三、恪尽职守，维护海事管理秩序。做到管理严格，服务周到，正确果断处置险情事故，竭诚保护船舶、人命财产安全。

四、行为规范，体现海事执法文明。做到示证执法，风纪严整，执法文书填写严谨，言谈举止文明礼貌。

五、接受监督，实行海事政务公开。做到方便群众，讲求效率，向社会提供真实可信的承诺，尊重船舶船员的合法权利。

六、顾全大局，发扬海事协作精神。做到遵章守纪，政令畅通，请示报告及时，主动搞好辖区内外的协调配合。

七、廉洁自律，执行海事廉政规定。做到秉公执法，反腐拒贿，正确行使手中权力，不为自己设定法外权利和免除法定义务。

八、努力学习，提高海事执法水平。做到积极探索，勇于创新，熟练掌握法律业务知识和执法技能，为海事事业多做贡献。

附件二：(略)

关于确定各直属海事局海域管辖范围的通知

（交通部海事局　海人教[2002]161号　2002年4月4日）

各直属海事局：

为使各直属海事局更好地履行国家法律、法规赋予的各项职责，按照统一政令、统一管理和科学合理的原则，我局确定了各直属海事局的海域管理范围，并就有关事项通知如下：

一、本海域管辖范围仅作为界定各局工作责任范围的依据，不涉及海域行政区划的界定范围，各局要在各自的责任海域范围内切实履行法律、法规赋予海事机构的职责和管理责任。

二、海上搜救和清除船舶污染时，相关海事局有为负责该海域的海事局、搜救中心提供援助的义务和责任。

三、当包括港口生产在内的各种海洋开发利用、划定锚地、安全作业区等工作需要涉及到其他海事局管辖海域的，或需要共同利用某一水域的，应本着有利于海洋的综合开发利用的原则，由相关海事局协商确定管理机关和划定海域范围。

四、为方便管理对象而确定的某一项业务（如海上勘探开发、桥梁及管缆建设等）由某一海事局负责的，负责该项业务的海事局在涉及到海域审批、现场管理、航标设置等工作时应征求负责相关海域海事局的意见。

五、助航、导航设施的设置和建设应按照总体规划和发展战略进行，要尽可能地满足船舶通航安全的需要。某一海区的助航、导航设施的设置和建设应充分征求相关海事局的意见。

六、海域范围的划定未包括除长江干线以外的内河水域。内河水域的界线、长江干线与支流界线的划定，原则上按行政区划（国境河流、国际河流按我国与相关国家的协议）及交通部与有关省、自治区、直辖市有关水监机构改革的协议确定，由各局对外公告。

七、本海域管辖范围，在执行中遇有问题，由部海事局进行协调解决。

附件：各直属海事局的海域管辖范围

附件：

各直属海事局的海域管辖范围

一、辽宁海事局管辖海域

辽宁海事局管辖海域为下列A、B、C点顺序连结并自C点沿38°30′00″N纬度线向正东延伸与海岸之间的我国管辖海域(营口海事局管辖海域除外)。

A：40°00′00″N/119°56′00″E，同河北I点。

B：39°08′00″N/120°10′00″E，同河北H点、天津F点。

C：38°30′00′N/120°20′00″E，同天津E点、烟台D点。

(参考图号：103、10011)

二、营口海事局管辖海域

营口海事局管辖海域为下列A、B、C、D点顺序连结与海岸之间的海域。

A：39°32′00″N/121°13′30″E

B：39°32′00″N/121°00′00″E

C：40°20′00″N/121°00′00″E

D：40°55′00″N/121°30′00″E

(参考图号：103、10011)

三、河北海事局管辖海域

河北海事局管辖海域由1、2两部分组成。

1. 下列A、B、C、D点顺序连结与海岸之间的海域。

A：歧河口38°37′00″N/117°30′00″E，同天津A点。

B：38°37′00″N/118°13′00″E，同天津B点。

C：38°18′00″N/118°48′00″E，同天津C点、山东B点。

D：38°18′00″N/117°54′00″E，同山东A点。

2. 下列E、F、G、H、I点顺序连结与海岸之间的海域。

E：三间河口约39°14′00″N/118°04′00″E，同天津I点。

F：39°00′00″N/118°05′00″E，同天津H点。

G：38°50′00″N/118°40′00″E，同天津G点。

H：39°08′00″N/120°10′00″E，同天津F点、辽宁B点。

I：40°00′00″N/119°56′00″E，同辽宁A点。

(参考图号：103、10011)

四、天津海事局管辖海域

天津海事局管辖海域为下列A、B、C、D、E、F、G、H、I点顺序连结与海岸之间的海域(渤海地区的石油平台设施和相关的船舶由天津海事局负责管理)。

A：歧河口38°37′00″N/117°30′00″E，同河北A点。

B：38°37′00″N/118°13′00″E，同河北B点。

C：38°18′00″N/118°48′00″E，同河北C点、山东B点。

D：38°18′00″N/120°20′00″E，同烟台C点。

E：38°30′00″N/120°20′00″E，同辽宁 C 点、烟台 D 点。

F：39°08′00″N/120°10′00″E，同河北 H 点、辽宁 B 点。

G：38°50′00″N/118°40′00″E，同河北 G 点。

H：39°00′00″N/118°05′00″E，同河北 F 点。

I：三间河口约 39°14′00″N/118°04′00″E，同河北 E 点。

（参考图号：103、10011）

五、山东海事局管辖海域

山东海事局管辖海域由 1、2 两部分组成（成山角分道通航、荣成锚地和烟台南部沿岸海域除外）。

1. 下列 A、B、C、D 点顺序连结与海岸之间的海域。

A：38°18′00″N/117°54′00″E，同河北 D 点。

B：38°18′00″N/118°48′00″E，同河北 C 点、天津 C 点。

C：38°18′00″N/119°35′00″E，同烟台 B 点。

D：37°08′00″N/119°35′00″E，同烟台 A 点。

2. 下列南北界线之间的我国管辖海域。

北界线：下列 E、F 点连线并自 F 点沿 38°30′00″N 纬度线向正东延伸。

E：37°28′18″N/121°58′00″E，同烟台 F 点。

F：38°30′00″N/121°58′00″E，同烟台 E 点。

南界线：自 35°05′10″N/119°18′00″E 至平岛北端再沿 35°08′30″N 纬度线向正东延伸（同连云港海事局北界线）。

（参考图号：103、10011）

六、烟台海事局管辖海域

烟台海事局管辖海域为下列 A、B、C、D、E、F 点顺序连结与海岸之间的海域（包括成山角分道通航、荣成锚地和烟台南部沿岸海域）。

A：37°08′00″N/119°35′00″E，同山东 D 点。

B：38°18′00″N/119°35′00″E，同山东 C 点。

C：38°18′00″N/120°20′00″E，同天津 D 点。

D：38°30′00″N/120°20′00″E，同辽宁 C 点、天津 E 点。

E：38°30′00″N/121°58′00″E，同山东 F 点。

F：37°28′18″N/121°58′00″E，同山东 E 点。

（参考图号：103、10011）

七、连云港海事局管辖海域

连云港海事局管辖海域为下列南、北界线之间的我国管辖海域。

南界线：自岸边沿 32°40′00″N 纬度线向正东延伸至 32°40′00″N/121°05′00″E，再沿 121°05′00″E 经度线向正北延伸至 33°00′00″N/121°05′00″E，再沿 33°00′00″N 纬度线向正东延伸。

北界线：自 35°05′10″N/119°18′00″E 至平岛北端再沿 35°08′30″N 纬度线向正东延伸（同山东海事局南界线）。

（参考图号：103）

八、江苏海事局管辖海域

江苏海事局管辖海域由下列 1、2、3 部分组成。

1. 自岸边沿32°40′00″N纬度线向正东延伸至32°40′00″N/121°05′00″E，再沿121°05′00″E经度线向正北延伸至33°00′00″N/121°05′00″E，再沿33°00′00″N纬度线向正东延伸至33°00′00″N/121°55′00″E，再沿121°55′00″E经度线向正南延伸至31°40′00″N/121°55′00″E，再沿31°40′00″N纬度线向正西延伸至崇明岛。上述线段与海岸所围成的海域由江苏海事局负责管理，但崇明岛的沿岸水域由上海海事局负责管理。

2. 牛棚港高压线(121°14′30″E)经度线上游的北支水道，但上海市一侧的岸线及沿岸工程管理由上海海事局负责管理。

3. 长江干线江苏段下游界线：浏河口下游的浏黑屋(30°30′52″N/121°18′54″E)与崇明岛施翘河下游的施信杆(31°37′34″N/121°22′30″E)的连线。

长江干线江苏段上游界线：慈湖河口(31°46′30″N/118°29′48″E，长江下游里程390.8公里)与乌江河口(31°50′42″N/118°29′24″E，长江下游里程384.5公里)的连线。

上下游界线之间的水域。但上述水域崇明岛附近长江干线主航道右侧标以北的水域除外。

(参考图号：103)

九、上海海事局管辖海域

上海海事局管辖海域由下列1、2、3、4部分组成。

1. 下列南、北界线之间除江苏、连云港海事局管辖海域以外的我国管辖海域。

北界线：自岸边沿33°00′00″N纬度线向正东延伸。

南界线：自上海市与浙江省的陆域交界处(30°41′32″N/121°16′00″E)沿121°16′00″E经度线向正南延伸至30°37′10″N纬度线，自该点作与滩浒山北端的连线，自滩浒山北端与小洋山北灯标(69)、北鼎星北岛北端、花鸟山北端、海礁北端顺序连接，再从海礁北端向正东延伸(同浙江海事局北界线)。

2. 牛棚港高压线(121°14′30″E)经度线下游的北支水道，但江苏省一侧的岸线及沿岸工程管理由江苏海事局负责管理。

3. 崇明岛附近长江干线主航道右侧标以北的水域。

4. 长江干线江苏海事局下游界线以下的水域。

上海海事局除负责管辖上述水域外，还负责绿华山锚地、金山锚地、金山航道以及33°00′00″N纬度线以北附近的海上石油平台与相关船舶的管理。

大小洋山及附近海域的管理，在港口建设阶段由上海海事局管理。

(参考图号：103、13300)

十、浙江海事局管辖海域

浙江海事局管辖海域为下列南、北界线之间的我国管辖海域。

南界线：自沙埕港港界北点(27°10′06″N/112°25′54″E)，沿118°方位线向东南沿至27°00′00″N纬度线，再沿27°00′00″N纬度线向正东延伸(同福建海事局北界线)。

北界线：自浙江省与上海市的陆域交界处(30°41′32″N/121°16′00″E)沿121°16′00″E经度线向正南延伸至30°37′10″N纬度线，自该点作与滩浒山北端的连线，自滩浒山北端与小洋山北灯标(69)、北鼎星北岛北端、花鸟山北端、海礁北端顺序连接，再从海礁北端向正东延伸(同上海海事局南界线)。

(参考图号：103、13300、13910)

十一、福建海事局管辖海域

福建海事局管辖海域为下列南、北界线之间的我国管辖海域。

南界线：自界河口(24°36′00″N/118°23′30″E)沿118°23′30″E经度线向正南延伸至24°30′00″N/118°

23′30″E 处，再向正东延伸(同厦门海事局北界线)。

北界线：自沙埕港港界北点(27°10′06″N/112°25′54″E)，沿 118°方位线向东南沿至 27°00′00″N 纬度线，再沿 27°00′00″N 纬度线向正东延伸(同浙江海事局南界线)。

(参考图号：103、13910、14240)

十二、厦门海事局管辖海域

厦门海事局管辖海域为下列南、北界线之间的我国管辖海域。

南界线：自福建、广东两省分界线沿 117°14′00″E 经度线向正南延伸至 23°30′00″N 纬度线，再沿 23°30′00″N 纬度线向正东延伸(同汕头海事局北界线)。

北界线：自界河口(24°36′00″N/118°23′30″E)沿 118°23′30″E 经度线向正南延伸至 24°30′00″N/118°23′30″E，再向正东延伸(同福建海事局南界线)。

(参考图号：103、14240、14300)

十三、汕头海事局管辖海域

汕头海事局管辖海域为下列南、北界线之间的我国管辖海域。

南界线：自惠来县与潮州市的行政区交汇处(23°08′30″N/116°31′15″E)以 135°方位线向东南延伸(同广东海事局东界线)。

北界线：自广东、福建两省分界线沿 117°14′00″E 经度线向正南延伸至 23°30′00″N 纬度线，再沿 23°30′00″N 纬度线向正东延伸(同厦门海事局南界线)。

(参考图号：103、14300、15100)

十四、广东海事局管辖海域

广东海事局管辖海域为下列东、西界线之间的我国管辖海域(香港特别行政区和深圳海事局管辖海域除外)。

东界线：自惠来县与潮州市的行政区交汇处(23°08′30″N/116°31′15″E)以 135°方位线向东南延伸(同汕头海事局南界线)。

西界线：自茂名市与湛江市行政区交汇处沿 110°57′53″E 经度线向正南延伸至 21°00′00″N/110°57′53″E 处，再以 140°方位线向东南方向延伸。

(参考图号：104、15100)

十五、深圳海事局管辖海域

深圳海事局管辖海域由下列 1、2 两部分组成。

1. 下列 A、B、C、D 各点顺序连线与深圳一侧海岸、深新河中心线及香港特别行政区 6、7、8、9、10、11、12 号各点顺序连线所围海域(香港管辖海域除外)。但 Y1 锚地归广东海事局管理，矾石水道、铜鼓水道归深圳海事局管理。

A：东宝河口(22°44′21″N/113°45′15″E)

B：22°44′08″N/113°44′00″E

C：内伶仃西侧牛利角灯桩

D：鸡翼角灯桩

2. 下列东、西界线之间的我国管辖海域。

东界线：下列 E、F、G、H、I、J 各点顺序连线再自 J 点向正南延伸。

E：22°40′08″N/114°30′32″E

F：22°39′42″N/114°35′00″E

G：22°39′25″N/114°35′31″E

H：22°39′16″N/114°35′41″E

I：22°30′00″N/114°38′18″E

J：22°32′45″N/114°53′00″E（大星山顶角）

西界线：香港特别行政区大鹏湾海域下列 1、31、30、29、28、27、26、25、24、23、22、21 号各点顺序连线再从 21 号点沿经度线向正南延伸。

（参考图号：104、15300、15374）

十六、湛江海事局管辖海域

湛江海事局管辖海域为下列东、南、西界线与海岸之间的海域。

东界线：茂名市与湛江市行政区交汇处沿 110°57′53″E 经度线向正南延伸至 21°00′00″N/110°57′53″E 处再以 140°方位线向东南延伸至 20°18′32″N/111°34′00″E（南界线的 A 点）。

南界线：下列 A、B、C 三点连线。

A：20°18′32″N/111°34′00″E

B：20°18′32″N/111°00′00″E

C：20°07′00″N/109°20′00″E

西界线：自 21°27′30″N/109°46′15″E 向西南延伸至 21°13′30″N/109°20′00″E 处，再向正南延伸至 20°07′00″N/109°20′00″E（同广西海事局东界线）。

（参考图号：104）

十七、广西海事局管辖海域

广西海事局管辖海域为下列东、南界线以北我国管辖海域。

东界线：自 21°27′30″N/109°46′15″E 向西南延伸至 21°13′30″N/109°20′00″E 处，再向正南延伸至 20°07′00″N/109°20′00″E（同湛江海事局西界线）。

南界线：自 20°07′00″N/109°20′00″E 向正西延伸。

（参考图号：104）

十八、海南海事局管辖海域

海南海事局管辖海域为琼州海峡及下列东北、北界线以南我国管辖海域。

东北界线：自 20°18′32″N/111°34′00″E（北界线的 A 点）沿 140°度方位线向东南方向延伸。

北界线：下列 A、B、C 点连线并自 C 点向正西延伸。

A：20°18′32″N/111°34′00″E

B：20°18′32″N/111°00′00″E

C：20°07′00″N/109°20′00″E

（参考图号：104）

十九、长江干线长江海事局管辖水域（除长江干线江苏段、四川段）

长江海事局管辖水域（除长江干线江苏段、四川段）为以下上、下游界线之间的水域。

下游界线：慈湖河口（31°46′30″N/118°29′48″E 长江下游里程 390.8 公里）与乌江河口（31°50′42″N/118°29′24″E，长江下游里程 384.5 公里）的连线（同长江干线江苏海事局管辖段上游界线）。

上游界线：以南岸四川省合江市与重庆市江津市行政区交界点，羊石镇界石盘（宜昌上游航道里程 824.7 公里）与航道中心线垂直线的延伸线为界。

中国海事之歌

（齐唱合唱）

1=C $\frac{4}{4}$　　　　　　　　胡宏伟 词

♩=108　激情、自豪地　　　　铁　源 曲

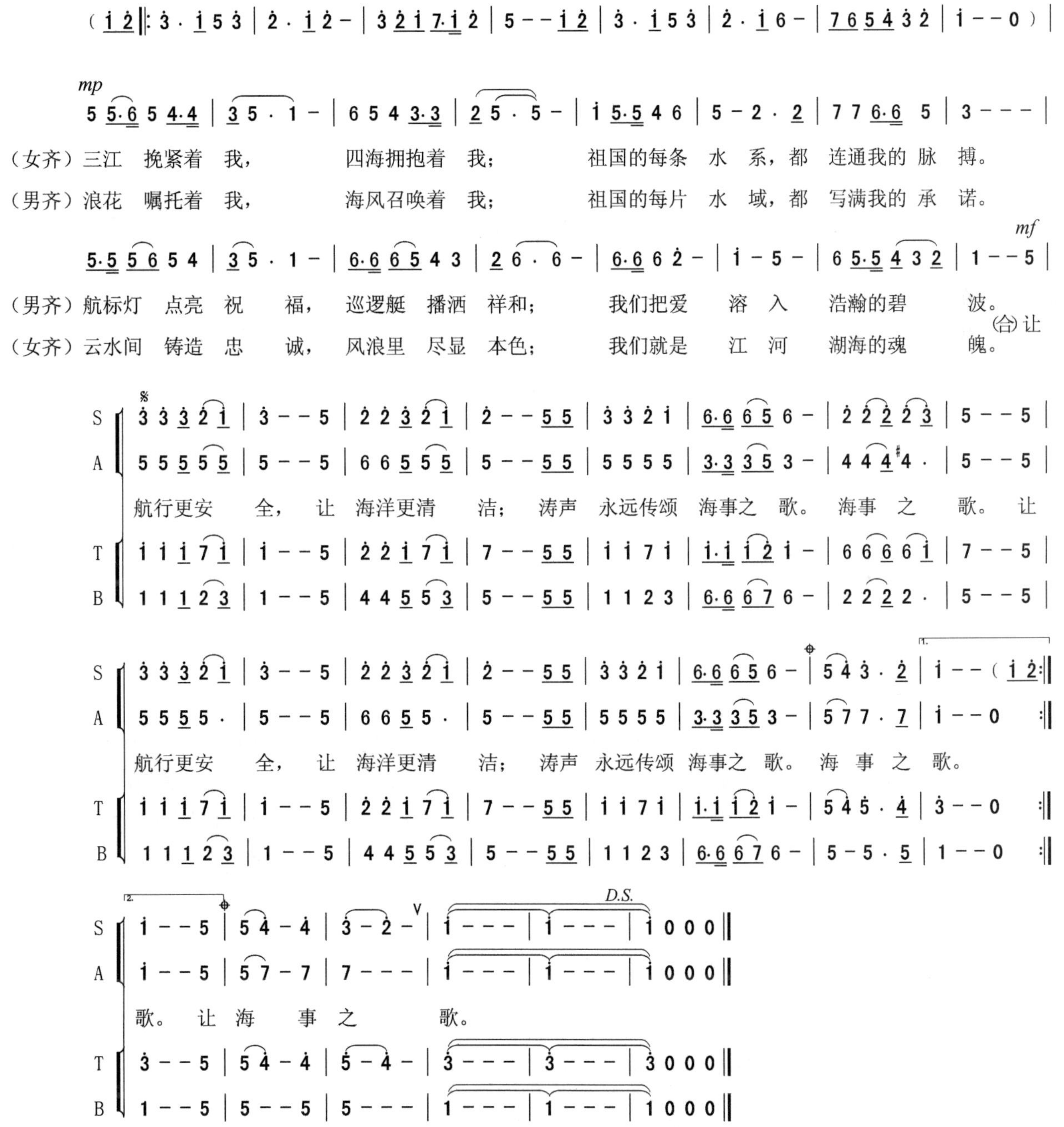

（1 2 |: 3 · 1 5 3 | 2 · 1 2 - | 3 2 1 7·1 2 | 5 - - 1 2 | 3 · 1 5 3 | 2 · 1 6 - | 7 6 5 4 3 2 | 1 - - 0 ）|

mp

5 5·6 5 4·4 | 3 5 · 1 - | 6 5 4 3·3 | 2 5 · 5 - | 1 5·5 4 6 | 5 - 2 · 2 | 7 7 6·6 5 | 3 - - - |

（女齐）三江　挽紧着　我，　四海拥抱着　我；　祖国的每条　水　系，都　连通我的 脉　搏。

（男齐）浪花　嘱托着　我，　海风召唤着　我；　祖国的每片　水　域，都　写满我的 承　诺。

mf

5·5 5 6 5 4 | 3 5 · 1 - | 6·6 6 5 4 3 | 2 6 · 6 - | 6·6 6 2 - | 1 - 5 - | 6 5·5 4 3 2 | 1 - - 5 |

（男齐）航标灯　点亮　祝　福，　巡逻艇　播洒　祥和；　我们把爱　溶　入　浩瀚的碧　波。

（女齐）云水间　铸造　忠　诚，　风浪里　尽显　本色；　我们就是　江　河　湖海的魂　魄。(合)让

S | 3 3 3 2 1 | 3 - - 5 | 2 2 3 2 1 | 2 - - 5 5 | 3 3 2 1 | 6·6 6 5 6 - | 2 2 2 2 3 | 5 - - 5 |

A | 5 5 5 5 5 | 5 - - 5 | 6 6 5 5 5 | 5 - - 5 5 | 5 5 5 5 | 3·3 3 5 3 - | 4 4 4 #4 · | 5 - - 5 |

航行更安　全，让　海洋更清　洁；涛声　永远传颂　海事之　歌。海事　之　歌。让

T | 1 1 1 7 1 | 1 - - 5 | 2 2 1 7 1 | 7 - - 5 5 | 1 1 7 1 | 1·1 1 2 1 - | 6 6 6 6 1 | 7 - - 5 |

B | 1 1 1 2 3 | 1 - - 5 | 4 4 5 5 3 | 5 - - 5 5 | 1 1 2 3 | 6·6 6 7 6 - | 2 2 2 2 · | 5 - - 5 |

S | 3 3 3 2 1 | 3 - - 5 | 2 2 3 2 1 | 2 - - 5 5 | 3 3 2 1 | 6·6 6 5 6 - | 5 4 3 · 2 | 1 - - (1 2 :||

A | 5 5 5 5 · | 5 - - 5 | 6 6 5 5 · | 5 - - 5 5 | 5 5 5 5 | 3·3 3 5 3 - | 5 7 7 · 7 | 1 - - 0 :||

航行更安　全，让　海洋更清　洁；涛声　永远传颂　海事之　歌。海　事　之　歌。

T | 1 1 1 7 1 | 1 - - 5 | 2 2 1 7 1 | 7 - - 5 5 | 1 1 7 1 | 1·1 1 2 1 - | 5 4 5 · 4 | 3 - - 0 :||

B | 1 1 1 2 3 | 1 - - 5 | 4 4 5 5 3 | 5 - - 5 5 | 1 1 2 3 | 6·6 6 7 6 - | 5 - 5 · 5 | 1 - - 0 :||

D.S.

S | 1 - - 5 | 5 4 - 4 | 3 - 2 - | 1 - - - | 1 - - - | 1 0 0 0 ||

A | 1 - - 5 | 5 7 - 7 | 7 - - - | 1 - - - | 1 - - - | 1 0 0 0 ||

歌。让 海　事　之　歌。

T | 3 - - 5 | 5 4 - 4 | 5 - 4 - | 3 - - - | 3 - - - | 3 0 0 0 ||

B | 1 - - 5 | 5 - - 5 | 5 - - - | 1 - - - | 1 - - - | 1 0 0 0 ||

关于印发中国海事工作发展纲要（2006—2020）的通知（节选）

（交通部　交海发[2006]137 号　2006 年 4 月 3 日）

各直属海事局、地方海事局：

现将我部组织修订的《中国海事工作发展纲要（2006—2020）》印发给你们，请结合本地区、本部门实际，认真贯彻执行。

中国海事工作发展纲要（2006—2020）

《中国海事工作发展纲要》（2001—2015）颁布实施以来，中国海事工作取得了令人瞩目的成就。原确定的 2005 年工作目标已经基本实现。在党的十六大提出的全面建设小康社会的奋斗目标的鼓舞下，我国经济社会各个领域都发生了巨大变化。航运事业发展迅速，到 2004 年底，我国沿海和内河港口货物吞吐量、集装箱吞吐量已经提前 6 年实现翻一番的目标。面对新形势，围绕全面建设小康社会的宏伟目标，结合海事发展的新情况，我部对原制定的《中国海事工作发展纲要》（2001—2015）进行了修改完善，提出 2006—2020 年我国海事工作的指导思想、发展原则、发展目标和主要任务，以指导全国水上交通安全监督管理工作。

一、成就和问题（略）

二、形势分析和发展走向（略）

三、指导思想和发展原则

（一）指导思想

以邓小平理论和“三个代表”重要思想为指导，以人为本，坚持全面、协调、可持续的科学发展观，以服务经济发展为目的，以水上交通安全监督管理为中心，以深化改革和科技进步为动力，以提高执法队伍的整体素质为关键，瞄准国际先进水平，加强执法能力建设，完善管理体制和工作机制，实现装备和管理手段的现代化。海事工作与我国经济和社会的发展相协调，与交通运输的发展相适应，为航行更安全、水域更清洁、航运更便捷做出新贡献。

（二）发展原则

1. 坚持符合国情与面向国际相结合的原则

海事机构是我国水上交通安全监督管理的执法部门，涉及面广，涉外性强，因此海事工作发展既要立足国情，又要面向世界，不断学习国际海事管理先进的经验和做法。

2. 坚持继承传统与发展创新相结合的原则

海事机构多年来的建设与管理经验是宝贵财富，需要在工作实践中继续发扬光大。要继承和深化长期以来、特别是水监体改以来的各项改革措施和经验，并加大体制创新、机制创新、科技创新、文化创新、管理创新，用发展和改革的办法解决前进中的问题，促进海事事业全面发展。

3. 坚持立足内部与依靠外部相结合的原则

海事新发展是一项全局性的工作，复杂程度高、涉及面广。既要发挥海事内部的合力，也要紧紧依靠各级地方党政，切实加强与各有关部门、社会各界和航运相关企业的密切配合，为各项改革和建设提供良好的内外环境和动力。

4. 坚持整体推进与重点突破相结合的原则

牢固树立“全国海事一家人，水上监管一盘棋”新理念，沿海和内河海事工作管理水平要同步提高，直属海事机构和地方海事机构要协调发展。同时又要充分考虑区域经济发展不平衡的特点，既要有总体规划，又要选择若干重点领域和环节重点突破，以点带面，整体推进。

四、发展目标

（一）总目标

海事工作新发展的总目标是：水上交通安全监督管理做到“船舶适航、船员适任、安全畅通、有效监管、优质服务”，使航行更安全，水域更清洁，航运更便捷；迈向“交通海事、阳光海事、数字海事”新阶段，达到“人员精干、装备精良、技术精湛，关键时刻发挥关键作用”的要求，为实现交通新的跨越式发展提供有力保障。

“交通海事”——海事队伍是交通行业一支重要执法力量，是体现交通形象的一个重要窗口，海事工作是交通事业的一个重要组成部分，其发展要最能代表交通行业的形象，最能体现交通行业的管理水平。

“阳光海事”——海事系统代表国家履行水上交通安全监督管理职责，要以“公正透明、文明规范、廉洁高效”为标志，全面推进依法行政，大力加强行风建设，树立良好的社会形象。

“数字海事”——运用现代科技信息技术改善技术装备和监管手段，促进管理理念、管理方式的转变，提高监管能力和服务水平，实现以信息化带动海事管理的现代化。

（二）2010 年发展目标

到 2010 年，在沿海和水网地区全面实现“监管立体化、反应快速化、执法规范化、管理信息化”的目标，重点水域、重要航段具备全方位覆盖、全天候运行、快速反应的能力；内河非水网地区，初步实现“装备现代化、反应快速化、执法规范化、管理信息化”。“三个海事”战略目标框架基本形成，确保水上交通安全监管和行政执法能力显著提高，确保水上交通安全形势持续稳定，确保综合能力和发展水平在经济执法队伍中处于最前列，确保水上交通安全监管主要指标达到中等发达国家水平。

1. 水路客运运输亿人公里死亡人数、货运运输 100 亿吨公里死亡人数降至 1 人以下；万艘运输船舶重大事故率比在“十五”期间统计的平均数下降 10%。

2. 海事有效监管范围基本覆盖我国专属经济区及其他管辖海域，内河主要通航水域的重要航段有效监管 100%。按计划逐步扩大建立安全管理体系公司和船舶范围；水网地区船检机构 100% 实施船舶法定检验质量管理体系；船舶在国外的滞留率低于各备忘录地区平均水平。

3. 海上人命救助成功率大于 93%；距岸 50 海里内重要海域应急到达时间不超过 150 分钟，内河主要通航水域的重要航段应急到达时间不超过 45 分钟；“四区一线”和沿海主要港口一次溢油控制清除能力达到 500 吨。

4. 沿海重点建设海巡飞机、千吨级及 60 米级多功能巡视船、综合应急保障基地，建成覆盖中国沿海的 AIS 网络系统，更新完善 VTS 系统及沿海通信系统；进一步提高测绘和航标维护能力；沿海及内河主要通航水域公共安全通信覆盖率100%；内河重点建设满足全方位覆盖、全天候运行、反应快速的通信信息系统，适合辖区特点的各类巡逻船艇、车辆及监管设施；基础设施的工程质量合格率达到100%。

5. 形成较完善的海事法规体系并与国际海事公约接轨；直属和分支局两级机构的政务公开合规率达到90%以上，沿海和内河水网地区海事行政执法监督、考核中的执法过错和错案率不超过5%，发现的执法过错和错案责任100%追究；行政诉讼胜诉率达到90%以上；重大事故结案率及结案合规率均达到100%；沿海及内河水网地区海事机构重要海事行政许可项目实现网上办理，初步实现电子政务。

6. 海事人员工作条件和生活水平在全面建设小康社会进程中不断提高；队伍整体素质和结构满足履行职责和适应海事发展的需要。培养出各专业高层次人才达到200人，其中在相关国际组织有影响力的海事专家10人，国内各类高级专家50人。

7. 理顺并形成现代海事监管体制，内部组织结构合理，资源配置不断优化，职责划分清晰合理，岗位权责具体明确，管理制度系统科学，权力运行全面受控，内部管理基本实现科学化、规范化和信息化。

8. 省、部级“文明单位”达标率90%以上；服务对象满意率达到95%以上；领导班子和处级以上干部执政能力明显提高，处级以上干部职务违纪、违法案件人数控制在年均0.5%以下；职工违纪率控制在0.2%以下。

（三）2020年远景目标

到2020年，建立全方位覆盖、全天候运行、具备快速反应能力的现代化水上安全管理系统，全面实现“三个海事”战略目标，水上交通安全监督管理主要指标达到发达国家管理水平。

1. 水路客运运输亿人公里死亡人数、货运运输100亿吨公里死亡人数降至0.8人以下；万艘运输船舶重大事故率较在“十一五”统计平均数据的基础上下降10%。

2. 海上人命救助成功率大于95%；距岸50海里内重要海域应急到达时间不超过90分钟，内河主要通航水域的重要航段不超过30分钟；沿海水域和内河主要通航水域的重要航段一次溢油控制清除能力达到1000吨。

3. 建立责任型、法制型、服务型海事管理机构。海事法规体系健全完善，执法严明，行为规范；全面实现电子政务；海事机构内外相关管理系统无缝连接、协同处理，全方位地向社会提供优质、规范、透明、符合国际水准的管理服务。

4. 实现海事人员的全面发展，各类人才满足海事工作需要。建成三支高素质的人才队伍，即建成一支政治坚定、求真务实、开拓创新、勤政廉政的领导干部队伍；一支政治合格、行为规范，办事高效，从政廉洁，结构合理的专业人才队伍；一支精通业务、技术领先，具有学术带头作用，具备国际竞争能力、适应国际合作和交流需要的拔尖人才队伍。

五、主要任务（略）

六、保障措施（略）

七、组织和实施（略）

交通部部长李盛霖在2006年全国海事工作会议上的讲话

（2006年9月22日）

同志们：

今天，非常高兴能与全国各地从事水上交通安全工作的同志们见面。这次全国海事工作会议是交通部召开的一次非常重要的会议，主要是总结部署全国水上交通安全管理工作。会议时间不长，但开得很好。刚才，5位召集人汇报了讨论情况，听了很受启发。会上，功臣同志作了一个很好的工作报告，祖远同志作了一个很好的讲话。希望同志们能结合实际，认真地把这次全国海事工作会议精神贯彻落实好。

去年全国海事工作会议以来，按照“全国海事一家人，水上监管一盘棋”的理念，全国海事工作又取得了新的进展。给人们印象比较深刻的有这么5条：一是防抗台风工作，今年台风具有登陆个数多，强度大的特点，海事系统上上下下做了大量细致的工作，取得了运输船舶无人员死亡的好成绩，这是不容易的，海事部门在关键时刻发挥了关键作用；二是全国海事系统干部职工团结协作，实现了全国水上交通安全形势持续稳定；三是认真汲取埃及“萨拉姆98”沉船教训，全面落实温家宝总理等国务院领导同志的重要批示精神，提高了客滚船安全标准，加强了监督管理；四是在大连成功举行了“2006年海上联合搜救演习”，华建敏国务委员亲临演习现场观摩并作了重要讲话，充分展现了交通海事新形象；五是成功举办了深圳国际海事论坛，承办国际航标协会第16次大会，加强了国际交流合作，扩大了中国海事在国际上的影响。当然，今年海事工作远不止这些。这些成绩的取得，是中央正确领导、交通系统上下共同努力的结果。在此，我谨代表部党组，对在座各位，并委托大家，向辛勤工作在一线基层的干部职工们致以亲切地问候！

一年来，海事工作取得了显著的成绩，总的讲，部党组是满意的。这里需要强调的是，我国经济社会发展进入了一个新的历史时期，在新的历史时期，交通行业面临着新的考验，也面临着新的任务。海事系统作为交通的一支重要力量，一定要站在新的历史起点，发挥出应有的作用，为交通又快又好发展作出新的更大的贡献。为此，我想强调三点意见。

第一，始终站在构建和谐社会的高度，充分认识海事工作的重要性

党的十六大以来，以胡锦涛同志为总书记的党中央从全面建设小康社会、加快推进社会主义现代化建设的全局出发，提出了构建社会主义和谐社会的重大战略任务。交通作为经济社会发展的基础产业，与构建社会主义和谐社会的战略任务有着极其密切的关系。人民生活水平的提高离不开交通发展，国民经济的发展离不开交通发展，社会主义新农村建设离不开交通发展，区域经济的协调发展也离不开交通发展。为构建社会主义和谐社会提供强有力的交通运输保障，是当前我们所有交通系统干部职工追求的最主要的目标。海事工作是交通工作的有机组成部分，我们应当充分认识海事工作在构建和谐社会伟大实践中的重要性。

海事机构是国家重要的行政执法监督机构，代表国家行使水上交通安全监督、防止船舶污染、船舶及海上设施检验、航海保障管理等职能。从这些职能来看，我觉得海事工作具有五个特性：一是海事工作服务和服从于国民经济发展，具有很强的经济性；二是海事工作专业性强，涉及知识面广，具有很强的专业技术性；三是海事工作承担履行国际海事公约义务，具有很强的涉外性；四是海事工作监督管理水上交通安全，具有很强的公益性；五是海事工作与水上交通活动紧密相关，与交通工作具有很强的整体性。这五个特性集中体现在海事工作“保障水上安全”、“维护国家主权”两大职能上。

在保障水上安全方面，海事负责水上交通安全监督管理的诸多方面，既有对船舶检验登记、船员考试发证的源头管理，也有对船舶航行、停泊、作业秩序的过程控制，还有对水上交通突发事件、自然灾害的应急处置。从更大的方面讲，应该讲海事涉及到经济安全、社会公共安全、生态环境安全。

在维护国家主权方面，海事代表国家参与制订和组织实施国际公约，维护着我国乃至其他发展中国家整体权益；负责履行国际海事公约赋予的港口国权力和义务，开展港口国监督；负责审批外国籍船舶进入我国领海和内水，监督在我国专属经济区内航行的外国籍船舶遵守“无害通过”的原则，保障国家安全；有义务通过开展多边和双边国际交流与合作，维护国家海上战略运输安全；有责任严格按照国家法律法规，认真做好航行警告和航行通告的发布、水上水下施工的监督管理、海上突发事件的应急处置工作，维护好水上交通秩序和国家海洋权益。我讲的这些，都是大家平时做的。最近，我访问了东南亚三国、韩国和希腊，我觉得海事工作不仅在国内，在国际上要有位置，应该发挥好应有的作用。

无论从保障安全方面，还是从维护主权方面来讲，海事工作对于构建和谐社会都具有十分重要的意义和作用。我们所做的工作关系着交通事业的发展，关系着人民群众的生命财产安全，关系着国民经济的健康发展，关系着人与自然的和谐发展，还关系到社会稳定、国防建设和国际形象。我去年12月23日到交通部工作，主持的第一次部党组会议，是研究06年元旦、春节“两节”期间的交通运输组织和安全工作；第一次下基层，是检查渤海湾地区的水上安全工作。

总之，海事工作使命光荣，任务艰巨，我们要始终站在构建和谐社会的高度，充分认识海事工作的重要性，把海事工作作为建设社会主义和谐社会一个重要领域来抓，更加重视社会发展和民生，切实促进经济平稳、快速、协调发展，为交通行业“平安建设”、构建社会主义和谐社会提供良好的环境。

第二，紧紧围绕“三个服务”，最大限度地发挥海事在交通又快又好发展中的重要作用。

部党组按照国家发展战略要求，提出“十一五”期间全国交通系统要紧紧围绕“三个服务”，即为国民经济和社会发展服务，为建设社会主义新农村服务，为人民群众安全、便捷出行服务，在新的历史起点上实现交通又快又好发展。同时，还指出要通过理念创新、科技创新、体制机制创新和政策创新，推动交通又快又好的发展。

水运是实现交通又快又好发展的重要领域和组成部分，也是建设资源节约型、环境友好型社会的重要举措。在“十一五”期间，国务院和各级地方人民政府将充分发挥占地省、污染小、运量大的水运优势，把加快水运发展摆在更加突出的位置。可以说当前水路运输面临着一个十分难得历史机遇期。预计“十一五”末，全国水路货物周转量将增长38%，全国港口货物吞吐量、沿海主要港口集装箱吞吐量将分别增长46%和78%。未来水运发展会保持一个较快的发展速度。但也应该指出，我们要求的是有质量和效益的速度，有管理和服务水平高的速度。因此，水运的快速发展必须建立在结构优化、质量提高、效益增长、资源节约和环境保护的安全发展基础上。这是水运发展的指导思想和面临的机遇。水运发展也面临诸多重大挑战，在这种情况下，我们希望海事要主动应对各个方面的挑战，紧紧围绕部党组提出的“三个服务”和“四个创新”，最大限度地发挥在交通又快又好发展中的重要作用。这种作用，我想主要体现在三个方面。

一是保障水上交通安全。保障水上交通运输安全是海事机构在实现交通又快又好发展过程中的中心任务。应该讲，改革开放初期实行“有水大家行船”的政策，这在当时解决了运量不足的瓶颈问题。但当时的一些吨位小、污染大、安全性能差的船舶，已不适应当前交通又快又好发展的要求。这就需要海事部门进一步提高适应能力，加大有效监管力度，加快船型结构优化和调整。通过严格的船员考试评估发证、船舶安全检查、船舶检验及安全和防污管理体系审核，保持水上交通安全形势稳定，促进水运安全健康协调发展。

保障水上交通安全，要坚持“安全第一，预防为主，综合治理”的方针，水上交通安全管理工作要谋事在先，尊重科学，探索规律，采取有效的事前控制措施，防患于未然，将事故消灭在萌芽状态。预防为主这是实现又快又好发展要求，古人就有这个思想。我们都知道，扁鹊是春秋时期的神医；但一般不知道，扁鹊兄弟三人的医术都挺高明。有一次，魏文王问扁鹊：“你们家兄弟三人，医术谁最高明?”扁鹊答道：“大哥最好，二哥次之，我最差。”魏文王不解：“那为什么你名气最大?”扁鹊解释：“我大哥治病，是治于未发之前。一般人不知道他事先能铲除病根，他的名气也就无法传出去。我二哥治病，是治病于初起之时。一般人以为他只能治些小病，所以他的名气只传于乡里。而我治病，是在病人病情严重之时，所以大家认为我的医术高明，名气因此传遍全国。”扁鹊阐述的“良医治未病”的哲理，对于我们正确认识中央提出“安全第一，预防为主，综合治理”安全生产的方针，具有深刻的启迪意义。安全管理如同治病，“良医治未病”。安全工作应以预防为主，事后控制不如事中控制，事中控制不如事前控制。最有效的就是要加大预防力度，像扁鹊的大哥那样，治病于未发之前；发现有苗头性的隐患，要像扁鹊的二哥那样，治病于初起之时。关键是要敬业，从点滴小事入手，工作要仔细、考虑问题要全面、效率要提高、制度要落实、督促检查要仔细，这样，方可把安全隐患消灭在萌芽状态。我们海事工作不为名，也不为利，这也正符合了“扁鹊之兄不出名”的现象。我认为这种“不出名”又何妨呢?

二是改善水上交通运输环境。“十一五”期间，在通过加快沿海和内河重要港口建设，推进长江三角洲、珠江三角洲、长江黄金水道和京杭运河等高等级航道网建设来扩能的同时，海事机构也可以通过加强有效监管，维护良好的通航秩序，保障水运的安全、畅通和高效。要落实排堵保畅应急预案各项措施，建设安全、畅通、便捷通道。“十一五”时期发展很快，海事要主动介入。加强国际海事合作和交流，进一步保障石油、矿石等战略物资运输畅通。能源是经济社会发展的基础，海事部门责无旁贷。

三是保护生态环境。当前，我们应该看到，我国危险化学品水上运量大、周转频繁，一旦发生事故，不仅影响生命财产安全，还直接威胁生态环境。我国船舶数量多，船舶自身带来的污染问题也不可小视。各级海事机构必须加大水上运输危险化学品监督管理和防治船舶污染的工作力度。不仅要重视大船，更要重视小船；不仅要加强沿海，更要重视内河。交通又快又好发展，绝不能以牺牲生态环境作为代价。海事部门在这方面责任很大。

总之，海事部门的全体干部同志们一定要千方百计地发挥好作用，开拓创新，为交通又快又好发展积极作贡献。

第三，加强队伍建设，切实提高海事行政执法能力

海事工作是要靠人去做的，队伍建设十分重要。加强队伍建设，切实提高海事行政执法能力，是做好海事工作的重要保证。各地、各单位要继续按照家宝总理、回良玉副总理提出的“两加强、两提高”(注：温家宝总理和回良玉副总理关于救助越南渔船的批示。温家宝总理批示：“发扬成绩，再接再厉，进一步加强海上安全监管和搜救工作”。回良玉副总理批示：“交通部在防抗今年1号台风行动中，指挥有力，搜救有方，举措有效。台风期间，我国海上渔民、船舶全部安全避港，未造成人员伤亡，没发生重大事故，实属不易。在搜救越南渔民行动中，成效很为突出，展示了我国海上搜救力量，体现了一个负责任的大国形象，越南给予了高度评价。切望认真总结经验，不断提高水上防灾抢险和监管能力，不断提高海上救助水平”)和部党组“三精两关键”的要求，加大培养力度，提升队伍素质，

不断适应经济社会发展和维护国家主权的需要。

目前，海事队伍总体是很好的。面临新形势、新任务和新要求，我们一定要加快实现“三个转变”（职能转变、作风转变和工作方法转变），提高工作效率，多方面解决“人少事多”问题。要强化“四个意识”，养成“四个作风”，即：强化忧患意识，养成勤勉敬业的作风；强化责任意识，养成求真务实的作风；强化执行意识，养成雷厉风行的作风；强化自律意识，养成廉洁奉献的作风。要求大家做到的，领导班子应率先做到，各级领导要体察基层工作状况；体谅基层工作难度；体会基层工作的经验；体察基层干部职工的冷暖。特别是要关心基层一线执法人员，关心好离退休老同志生活，注意发挥好老同志的积极作用，确保队伍永远有活力和队伍的稳定。

从今年 7 月 1 日起，全国已经实施了《公务员法》，海事机构属于行政执法监督机构，我们要认真履行好自己的职责，关键是有为才会有位。部党组已专门就此事向国务院专题汇报，也希望地方交通主管部门积极向地方政府汇报，争取纳入公务员管理。

同志们，今年是“十一五”开局之年，我们一定要站在新的历史起点上，加强监管、服务经济、保障安全、维护主权，为建设创新型交通行业，不断推进交通事业又快又好发展，为迎接党的十七大胜利召开作出新的更大的贡献！

谢谢大家。

——摘自交通部海事局 2006 年 10 月 12 日《情况通报》第十四期

后　记

《中华人民共和国海事局志(1998—2007)》由中华人民共和国海事局(交通部海事局)编著。

2008年1月2日，交通部海事局决定编纂《中华人民共和国海事局志(1998—2007)》。7月29日，交通部海事局成立《中国海事局志》编纂委员会，下设编纂工作办公室、编写组。2008年7月至2009年3月，交通部海事局各部门对《中华人民共和国海事局志(1998—2007)》的编纂原则、方案设计、结构体例、篇目大纲进行了审定。2009年3月30日，编纂委员会批准《中华人民共和国海事局志(1998—2007)》篇目大纲。2009年12月1日，交通部海事局调整编纂委员会及其工作机构成员，并于2012年4月20日增补部分编纂委员会成员。

《中华人民共和国海事局志(1998—2007)》编纂工作分为搜集资料、编写资料长编、撰写初稿、修改统稿、评议定稿等步骤。2008年1月开始搜集整理入志资料，开展编纂准备工作，8月正式开始编写资料长编和初稿。2009年9月，完成资料长编和初稿，并将初稿印发编纂委员会各委员征求意见。2009年12月7日，编纂委员会在北京召开编纂工作座谈会，编纂委员会部分委员和工作机构成员参加。会议对本志初稿进行了讨论，提出了修改意见，并确定志稿框架原则上不作大的调整。根据各委员的意见和编纂工作座谈会的要求，编写组对初稿进行修改，于2011年4月形成评议稿。2011年5月24日至25日，编纂委员会在天津召开专家评审会，来自山东省、天津市地方史志办公室，以及交通运输部和交通运输部海事局的19名专家，对本志评议稿进行审查和评议，并通过评审。根据专家评审会的评审意见，编写组进行修改和补充，于2012年4月形成本志评审稿。2012年7月27日，编纂委员会在北京召开委员会议，对本志评审稿进行了评审，并同意根据会议评审意见补充完善后定稿。9月，本志送审稿完成，报编纂委员会。经进一步审查修改，《中华人民共和国海事局志(1998—2007)》于2013年1月定稿。

《中华人民共和国海事局志(1998—2007)》是中国海事局的一部资料性著述，主要记述中国海事局成立后的第一个十年内机关的业务、政务和事务的基本状况以及履行职能所做的主要工作，突出水上交通安全管理中心工作，突出各项海事工作的管理关系，突出全国海事系统领导机关决策职能，力求全面、客观地记述中国海事局的发展历史和真实面貌，正确反映海事工作在现代交通运输系统中的地位和作用，以及在国家经济建设和社会发展中的重要功能。

本志在编纂过程中，得到交通运输部办公厅，交通运输部档案馆，交通运输部海事局各处、室、部，交通安全质量管理体系审核中心，中国海事服务中心，交通部环境保护中心，《中国海事》杂志编辑部，《海事研究》杂志编辑部，江苏、广东、长江、天津海事局的大力支持，还得到山东省地方史志办公室、天津市地方志编修办公室的有关专家，交通运输部海事局的老同志、有关人员的热情帮助和具体指导，在此一并致以诚挚的谢意。

《中国海事局志》编纂工作办公室

2013年2月5日